W0085453

Gert Hack

Autos schneller machen

Gert Hack

AUTOS
schneller machen

Einbandgestaltung: Luis dos Santos

Fotos und Abbildungen im Innenteil:
Alfa Romeo (6), Alpina (13), AMG (6), Archiv (73), Artec (1), Audi (23), Bilstein (2), BMW (79), Borg Warner (3), Bosch (73), Bosal (2), Brabham (1), Brabus (6), Champion (2), Carlsson (1), Citroen (2), Continental (2), Cooper (1), Dennert (5), Dunlop (1), Euritec (2), Ferrari (2), Fiat (4), Ford (4), Garrett (1), GNK (3), H & R (1), Hack (157), Hartmann (1), Heymann (1), Honda (9), IKD (1), INA (2), Irmscher (2), Jaguar (1), Kia (1), Koni (5), Lancia (5), Lexmaul (3), Mercedes (13), Michelin (7), Monroe (1), Moon Space (4), NSU (1), Oettinger (8), Opel (22), Peugeot (5), Pierburg (5), Pirelli (9), Porsche (34), Porsche Salzburg (3), Ruf (4), Saab (3), Sachs (1), Schenck (5), Schrick (2), Seufert (12), S.U. (1), Subaru (3), Suzuki (2), TDE (2), Toyota (2), Uniroyal (1), Volvo (2), VW (28), Zender (1), ZF (3).

ISBN 978-3-613-02962-0

1. Auflage 2008

Ein Unternehmen der Paul Pietsch Verlage GmbH + Co.

Sie finden uns im Internet unter www.motorbuch-verlag.de

Lektorat: Joachim Kuch
Innengestaltung: IPa, 71665 Vaihingen/Enz
Druck und Bindung: Druck und Medienzentrum, 70839 Gerlingen
Printed in Germany

Inhalt

Vorwort

Man kann Automobile kaufen und damit herumfahren, ohne jemals selbst Hand an diese zu legen. Es gibt aber auch Autofahrer – und es sind gar nicht so wenige –, die mit diesem Zustand nicht zufrieden sind und fast jede freie Minute dazu benutzen, dem eigenen Auto mit einem Kasten voller Werkzeuge zu Leibe zu rücken. Das Ziel dieses Do-it-yourself-Dranges ist nicht immer nur Wartung oder Reparatur. Häufig ist auch der Wunsch nach höherer Leistung, besseren Fahreigenschaften oder einer sportlicheren Optik die Ursache, den man auf diese Weise glaubt, in die Tat umsetzen zu können. Oft genug aber trägt dieser Tatendrang keineswegs die beabsichtigten Früchte, denn Tuning – so nennt man das Schnellermachen von Automobilen – will gelernt sein; zumindest erfordert es die Kenntnisse einiger grundlegenden Zusammenhänge.

Dieses Buch soll sie vermitteln. Doch wäre es verkehrt, von einem Tuning-Buch ausschließlich Patentrezepte zu verlangen, wie man bei einem bestimmten Modell die PS direkt vom Papier in den Motor zaubert. Damit wäre nur einem sehr begrenzten Personenkreis gedient, vor allem aber würde die Aktualität eines solchen Buches zu schnell durch die normale Entwicklung und unvermeidliche Modellwechsel überholt werden.

Andererseits besteht oft der Wunsch, bei der Restauration eines Oldtimers oder Youngtimers gleich einige Tuningmaßnahmen einfließen zu lassen. Aus diesem Grund wurden bei der Neuauflage dieses Buches die alten Rezepte zur Vergaserwahl und deren Einstellung oder die Funktion von Spulenzündanlagen keineswegs eliminiert. Sie geben auch heute noch wertvolle Hinweise. Denn es ist prinzipiell wichtig, die allgemeinen Grundlagen eines Automobiltunings zu vermitteln, aus denen ja auch der Leser etwas lernen kann, der sein Auto nicht unbedingt den in diesem Buch beschriebenen Verfahren unterziehen möchte. Solcherart gerüstet, sollte es andererseits aber auch möglich sein, handelsüblichen Automobilen ohne weiteres auf die Sprünge zu helfen. In jedem Fall wird man auch das Angebot der gut sortierten Tuning-Branche besser beurteilen können und für manchen Preis, der ursprünglich etwas zu hoch schien, Verständnis aufbringen.

Das Angebot ist mittlerweile groß. Es gibt kaum eine Automarke, die da ausgeklammert wird. Und während früher unter dem Begriff »Tuning« meist nur Leistungssteigerung des Motors, bestenfalls verbunden mit einem Fahrwerks-Kit verstanden wurde, umfasst heute Tuning das ganze Auto. Die in Deutschland auf diesem Gebiet inzwischen recht rührige mittelständische Industrie trägt dem Wunsch der Kunden Rechnung. Eine ganze Tuning-Branche ist entstanden, mit eigenem Verband (VDAT: Verein Deutscher Automobil-Tuner) und diversen Ausstellungen. Als die bekannteste Tuning-Messe darf dabei die jährlich im November bzw. Dezember stattfindende *Essen Motor Show* gelten, die größte dieser Art weltweit und mit durchaus internationalem Charakter. Dort sind nicht nur fast alle Tuningfirmen vertreten, sondern auch Automobilhersteller oder die Zulieferer der Tuningbranche.

Bei dieser Gelegenheit noch ein Wort an die professionellen Schnellermacher: Dieses Buch soll für sie keineswegs eine Konkurrenz darstellen, sondern vielmehr Wege zu vernünftigem Tuning zeigen, auch unter Berücksichtigung der gesetztlichen Bestimmungen. Dieser Weg führt jedoch in den meisten Fällen zu einer Firma, die ihr Handwerk versteht.

Auch die Automobilhersteller selbst, die früher dem Thema Tuning eher ignorant gegenüber standen, haben inzwischen erkannt, dass damit gutes Geld zu verdienen ist. Man gibt sich zwar nach wie vor vornehm und nimmt das Wort Tuning nicht in den Mund. Unter dem Oberbegriff »Individualisierung« werden jedoch umfassende Veränderungen angeboten, bis hin zu kompletten Autos. Dabei werden natürlich auch alle Wege klassischen Tunings auf entsprechend hohem entwicklungs-technischen Niveau beschritten. Die AMG-Modelle von Mercedes, die Audi-RS- Varianten oder die M-BMW sind dafür die besten Beispiele. Massenhersteller wie Opel folgen diesem Trend mit OPC-Modellen, Ford mit STI.

So hat Tuning in der heutigen Zeit einen festen Platz in der bunten Welt des Autos und ist zugleich ein seriöser, ernst zu nehmender Wirtschaftszweig mit Milliardenumsätzen geworden. Das Automobil-Tuning hat damit einen Stellenwert erreicht, den vor Jahren niemand für möglich gehalten hätte. Vielleicht hat auch dieses nun seit mehr als dreißig Jahre existierende Buch zu dieser positiven Entwicklung einen Beitrag geleistet.

All jenen, die durch Informationen, Tipps, Hinweise oder Abbildungen geholfen haben, diesen Band wieder einmal zu aktualisieren und zu vervollständigen, herzlichen Dank.

Dipl.-Ing. Gert Hack

Mit Tuning zum individuellen Auto

Seit sich der Mensch entschlossen hat, seine Fortbewegung weitgehend solchen fahrbaren Untersätzen anzuvertrauen, die entweder auf zwei oder vier Rädern mit Hilfe eines so genannten Verbrennungsmotors bewegt werden, gab es Leute, die mit den serienmäßig gebotenen Möglichkeiten des betreffenden Kraftfahrzeuges in irgendeiner Form nicht zufrieden waren. Um Missverständnissen vorzubeugen: Wir denken in diesem Fall nicht an die üblichen Mängel und Fehler, die nun einmal jedem Serienfahrzeug anhaften, sondern in erster Linie an die Unzufriedenheit bezüglich Leistung, Straßenlage oder Aussehen.

Zum Entsetzen ihrer Mitbürger beginnen dann solche Leute, Motoren in ihre Bestandteile zu zerlegen, den ohnehin diffizilen Vergaser durch mehrere zu ersetzen, die vom Werk mit viel Liebe und Phantasie ausgedachte Auspuffanlage in ein einfaches, aber großes Rohr zu verwandeln oder die ehemals komfortable Federung und Dämpfung so zu verhärten, dass längere Reisen nur mit Mühe ohne körperliche Schäden überstanden werden.

Der Hinweis normaler Autofahrer, man könne sich – vom Arbeitsaufwand abgesehen – für den oft beträchtlichen finanziellen Aufwand einer Motor- und Fahrwerksüberarbeitung gleich einen stärkeren Wagen kaufen, wird bestenfalls mit einem verständnislosen Kopfschütteln quittiert.

Aber bei näherer, objektiver Betrachtung kann man dafür durchaus Verständnis aufbringen. Denn ein individualisiertes oder getuntes Automobil besitzt ganz besondere Reize, die man bei Serienautos eben nur ganz selten vorfindet und die mit Geld allein nicht zu erfassen sind.

Abgesehen von der Genugtuung, dass man mit einem solchen Wagen den eigenen Klassengenossen und oft auch der hubraumstärkeren Konkurrenz auf und davon fahren kann, kommt ein Tuning dem im Zeitalter der Massenproduktion immer stärker zu Tage tretenden Wunsch nach einem individuellen Auto am meisten entgegen.

Erfreulicherweise trägt die deutsche Zubehörindustrie diesem Wunsch nach Individualismus in letzter Zeit mehr und mehr Rechnung. Es gibt eine ganze Reihe von »Tuning- und Rallyeshops«, die zum Teil recht brauchbare Dinge verkaufen. Soweit es sich um reines Zubehör handelt, steht einem Kauf in diesen Läden nichts entgegen. Etwas diffiziler wird die Sache freilich schon, wenn man Räder, Reifen, Stoßdämpfer oder gar leistungssteigernde Motorteile auf diesem Wege erstehen möchte, da nicht immer mit einer profunden Sachkenntnis der Verkäufer gerechnet werden kann. In diesem Fall sollte man sich auf bewährte Tuningfirmen stützen, die sich auf einen oder wenige Automobiltypen spezialisiert haben und infolgedessen einen tieferen Einblick in die Materie besitzen. Vor obskuren Frisierküchen und selbsternannten Universalgenies, die alles schneller machen, sei in diesem Zusammenhang ausdrücklich gewarnt. Besondere Vorsicht ist dann geboten, wenn die Preise konkurrenzlos niedrig und die versprochenen Leistungen ebenso konkurrenzlos hoch sind.

In Deutschland konnten auf dem Tuningsektor vor allem in den letzten Jahren verstärkte Aktivitäten beobachtet werden. Professionelle Tuner gibt es inzwischenn für fast alle Marken, was auch ein wenig damit zusammenhängt, dass die zunehmend verschärften Zulassungsbestimmungen wildem Tuning-Eifer ein Ende gesetzt haben. Was heute noch verkauft und für die Straße zugelassen werden soll – und davon leben ja die Tuning-Betriebe – muss ein Gutachten des TÜV oder eine ABE (Allgemeine Betriebserlaubnis) des Kraftfahrt-Bundesamtes besitzen. Und diese zu erlangen, ist in der Regel alles andere als einfach.

Doch sind es nicht nur die gesetzlichen Einschränkungen, die dem Tuner das Leben schwer machen. Auch die Tücke des Objekts selbst kann unlösbare Probleme schaffen. Mit anderen Worten: Die komplizierte Mechanik, vor allem aber die Elektronik moderner Automobile erfordert sowohl theoretisches als auch praktisches Fachwissen, um in diesem Metier erfolgreich zu sein. Doch reicht dies allein oft noch nicht aus. Gute Tuning-Betriebe und solche, die es werden wollen, können auf Einrichtungen wie Leistungsprüfstand, Rollenprüfstand und die wichtigsten Metall-Bearbeitungsmaschinen sowie teure Messgeräte nicht mehr verzichten. Nur so ist eine gute, professionelle Entwicklungsarbeit möglich. Und Entwicklung ist wiederum nötig, um langfristig im Tuning-Geschäft mitzumischen.

Das Vorhandensein guter Tuning-Betriebe ist aber auch eine wichtige Voraussetzung dafür, dass die zahlreichen privaten Bastler überhaupt ans Werk gehen können. Denn ohne Spezialteile wie Kolben, Zylinder, Ansaugrohre, Auspuffanlagen usw., die von Tuningfirmen oder Zulieferern fertig entwickelt oder hergestellt werden, wären ihre Möglichkeiten sehr stark eingeschränkt. Es lohnt sich also unbedingt, wenn man die Absicht hat, sein Auto schneller zu machen, die Angebote der einschlägigen Tuningbranche einzuholen. Vieles wird dort nämlich besser und oft auch billiger gemacht, als man es selbst anfertigen könnte. So ergänzen sich private Tuner und Tuning-Betriebe oft ganz vorzüglich.

Hierbei soll noch eine angenehme Nebenerscheinung der Tuningarbeit nicht unerwähnt bleiben. Selten wird man mit der Technik und den Problemen eines Autos so vertraut wie bei leistungssteigernden Maßnahmen. Wenn man gar etwas handwerkliche Begabung auf diesem Gebiet mitbringt, wird man Inspektionen und ähnliche Arbeiten, die zur Instandhaltung des Wagens dienen, bis auf wenige Ausnahmen sparen können, um so wenigstens ei-

Musterbeispiel für ein Werkstuning des kompletten Fahrzeugs war der Fiat Cinquecento Trofeo. Zum Tuning-Kit, der bei Abarth entwickelt wurde, zählen neben dem Motorumbausatz (von 40 auf 62 PS) sämtliche Fahrwerks- und Karosseriebauteile, inklusive Sitzschalen – alles zu einem erschwinglichen Preis. Die Weiterentwicklung für den Seicento (115 PS) geriet schon wesentlich teurer.

Heckmotor mit Wasserkühler in der vorderen Stoßstange: Richtig verstandenes Tuning betrifft nicht nur den Motor, sondern muss das gesamte Fahrzeug umfassen. Das erkannte Carlo Abarth schon 1949.

nen Teil des investierten Geldes wieder hereinzuholen.

In diesem Buch wird nun versucht, die theoretischen und praktischen Grundlagen für Tuning aufzuzeigen, um auch dem Nichttechniker das Verständnis der Änderungen zu erleichtern. Mit diesem Rüstzeug sollte es einem geübten Auto-Bastler möglich sein, für nahezu jedes Serienauto ein geeignetes Tuningrezept zu finden, da die wesentlichen prinzipiellen Maßnahmen besprochen werden. Bleibt noch zu sagen, dass man ausgesprochene Spitzenleistungen nicht an Hand einer Anleitung durchführen kann, da hierzu sehr viel mehr Aufwand und ganze Versuchsreihen gehören, die sich nur größere Betriebe oder Fachleute leisten können, die sich ausschließlich mit einem Fahrzeugtyp beschäftigen und dadurch die nötigen Erfahrungen sammeln. Freilich sind solche Spitzentunings nur für Rennen oder andere Wettbewerbe zweckmäßig. Für den normalen Straßenverkehr sind sie nicht sehr geeignet.

Tuning mit Vernunft

Viele Autofahrer sind mit ihrem fahrbaren Untersatz so vertraut, daß sie kleinere Reparaturen und Wartungsarbeiten selbst vornehmen, teils weil es ihnen Spaß macht, teils um zeitraubende Werkstattaufenthalte und Geld zu sparen. Trotzdem schrecken oft auch versierte Selbstmonteure davor zurück, leistungssteigernde Eingriffe vorzunehmen, weil sie fürchten, damit ein unkalkulierbares Risiko einzugehen und weil sie um die Lebensdauer ihres Motors bangen.

Freilich besteht diese Befürchtung nicht ganz zu Unrecht, denn jede echte Leistungssteigerung bedeutet eine höhere Belastung und als mögliche Folge eine gewisse Verringerung der Motorlebensdauer und kann die Reparaturanfälligkeit erhöhen. Andererseits sollte man hiervor jedoch nicht allzu große Angst haben, da ein sachgemäß durchgeführtes Motortuning mit relativ geringer Leistungsanhebung in dieser Hinsicht noch kaum Gefahren birgt. Zudem kann man gegen die Nachteile der höhe-

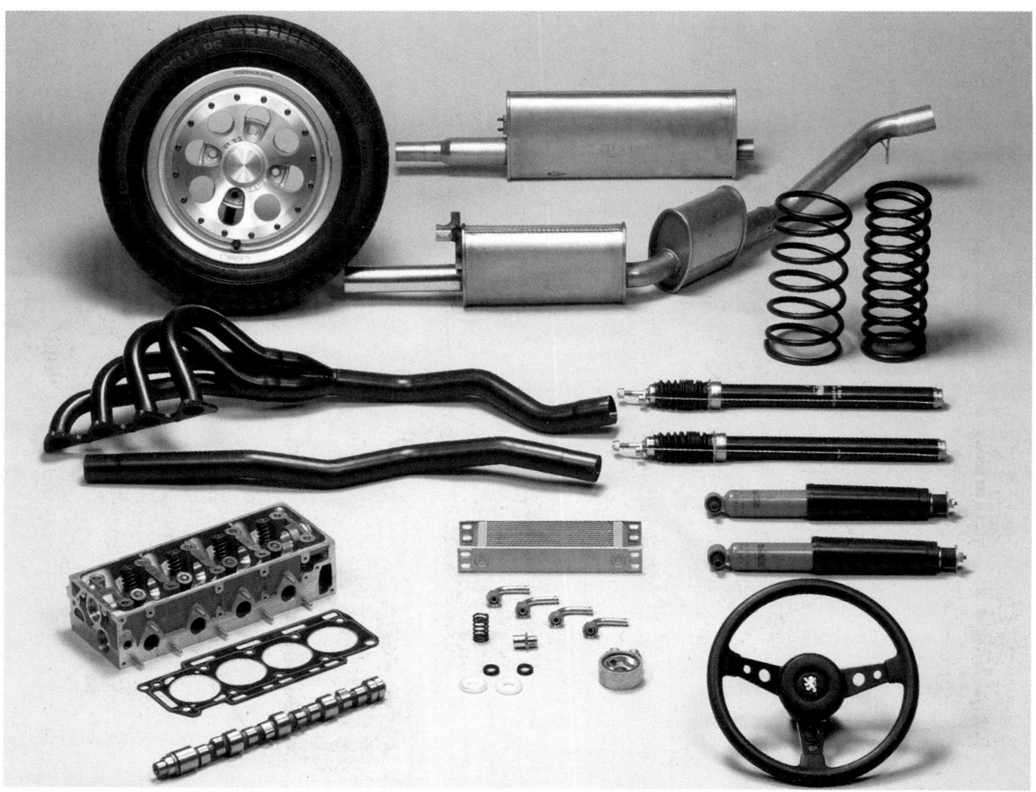

Beispielhaftes Tuning: Neben einem modifizierten Zylinderkopf, einer schärferen Nockenwelle und einer verstärkten Kopfdichtung umfasst dieser Tuning-Kit eine angepasste Auspuffanlage mit Fächerkrümmer, andere Stoßdämpfer samt Federn, einen Ölkühler, Leichtmetallfelgen sowie ein Sportlenkrad.

ren Motorbelastung auch Maßnahmen ergreifen wie z.B. intensivere Motorkühlung oder bessere Ölkühlung und Ölfilterung, die diese zum Teil wieder wettmachen.

Doch es ist nicht nur die Furcht vor Pannen, die einem Tuning oft hindernd im Wege steht, meist weiß man auch nicht, welche Verbesserungsmöglichkeiten am Motor und Fahrwerk überhaupt bestehen und welche Maßnahmen wirklich Erfolg versprechen. Insbesondere in der Zubehörindustrie werden von mehr oder weniger obskuren Händlern ebenso teure wie nutzlose Wundermittel angeboten, deren wirklichen Gebrauchswert man als Laie nicht immer durchschauen kann, da oft in der diesbezüglichen Werbung die unglaublichsten Versprechungen gemacht werden. Wir wollen hier gar nicht erst auf die Funktion und Wirkungsweise dieser Mittel und Zauberapparate eingehen, sondern uns auf die Feststellung beschränken, dass Tabletten, Säfte, Wunderkerzen, Zündverstärker, Zusatzvergaser, Auspuffblenden und ähnliche Dinge hinsichtlich der Leistungssteigerung keiner ernsthaften Prüfung standhalten und oftmals sogar eine Verschlechterung mit sich bringen.

Andererseits hat sich mit dem so genannten *Chip-Tuning* eine relativ einfache Möglichkeit eröffnet, ohne innere Eingriffe in den Motor zum Teil beträchtliche Leistungssteigerungen zu erzielen. Doch auch hier muss bedacht werden, dass höhere Leistung immer auch eine höhere Belastung der Triebwerksmechanik bedeutet, was bei häufiger Inanspruchnahme unter Umständen zu Schäden führen kann.

Aber auch bei Fahrwerksveränderungen ist

Beste Voraussetzung für gute Abstimmung und keine Zulassungsschwierigkeiten bieten vom Werk entwickelte Fahrwerksätze. Hier ein so genanntes Gruppe N-Fahrwerk für den BMW.

Vorsicht geboten, denn nicht jeder angebotene Stoßdämpfer bringt eine Verbesserung, und nicht jeder Breitreifen läuft auf jedem Auto optimal. Auch dürfte es kaum sinnvoll sein, ein für den Alltag bestimmtes Gebrauchsauto nach allen Regeln der Kunst tiefer zu legen und härter zu machen, da hierdurch die allgemeine Gebrauchstüchtigkeit zu stark eingeschränkt würde. In der Technik gibt es keine Wunder, und wenn man auf der einen Seite etwas gewinnt, muss man bereit sein, dafür woanders Nachteile in Kauf zu nehmen. Im Endeffekt läuft auch hier alles auf einen vernünftigen Kompromiss hinaus, den jeder Autofahrer allerdings selbst bestimmen muss, da nur er selbst über den allgemeinen Zustand seines Autos und dessen hauptsächlichen Verwendungszweck informiert ist.

Es soll deshalb Aufgabe dieses Buches sein, dem interessierten Bastler Maßnahmen und Möglichkeiten der Motor- und Fahrwerksverbesserung sowohl prinzipiell wie im Detail nahe zu bringen. Es soll dabei nicht verborgen werden, dass wirksame Verbesserungen bei manchen Autos einen erheblichen Aufwand an Zeit, Arbeit und Geld, aber auch ein gewisses Maß an Enthusiasmus erfordern. Auch sollte man mit etwas Idealismus an die Sache herangehen und bei etwaigen Rückschlägen nicht gleich die Flinte ins Korn werfen. Um diese jedoch nach Möglichkeit zu vermeiden, werden wir jeweils darauf hinweisen, wo die Grenzen der einzelnen Maßnahmen liegen. Die Erfahrungen und Werte, die in diesem Buch aufgeführt sind, stammen zum Teil aus dem Repertoire professioneller Tuner, zum Teil auch aus eigenen Erfahrungen auf diesem Gebiet.

Stimmen die PS?

Bei allen Leistungsbetrachtungen muss man berücksichtigen, dass Großserienmotoren von Haus aus oft eine nicht unbeträchtliche Leistungsstreuung aufweisen, dass heißt, sie können stärker oder schwächer ausfallen. Die offiziell zulässige Toleranz liegt hier bei ± 5 Prozent. Aber nicht nur Streuungen in der Serie beeinflussen die Leistung eines Motors, auch Betriebs- und Einfahrzustand spielen eine wesentliche Rolle. So liegen Fahrzeuge, die vorwiegend im Stadt- und Kurzstreckenbetrieb genutzt werden, in der Leistung meist niedriger als solche, die hauptsächlich auf langen Strecken zügig bewegt werden. Da nicht jeder über einen Motorprüfstand verfügt, genügt in der Regel eine Nachprüfung der Fahrleistungen (Höchstgeschwindigkeit und km mit stehendem Start) mit der Stoppuhr, um sich über die Potenz des eigenen Gefährts klar zu werden. Vergleichswerte findet man in guten Autozeitschriften, wie z. B. *auto motor und sport*.

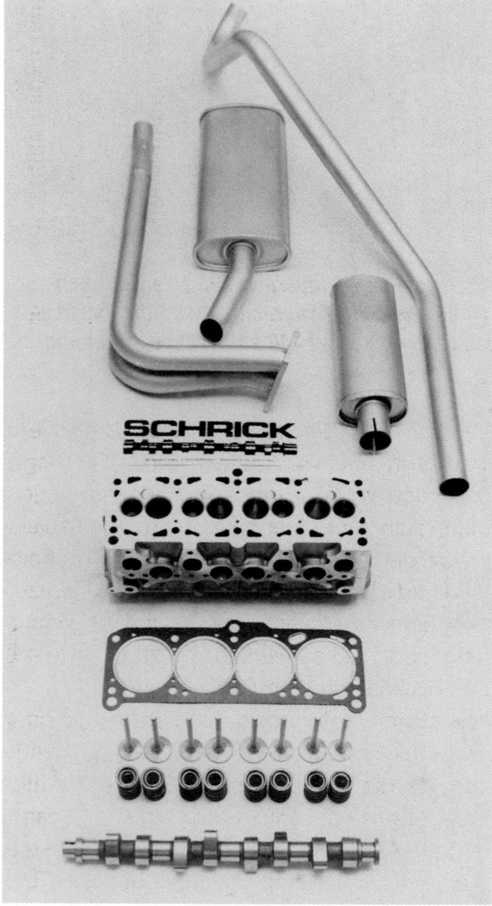

Ein professionell von Dr. Schrick entwickelter Tuning-Kit für den (alten) Golf GTI-Motor. Er umfasst bearbeiteten Zylinderkopf, Kopfdichtung, Ventile, Federn, Nockenwelle und die komplette Auspuffanlage nach dem Krümmer. Leistungssteigerung: von 110 auf 130 PS.

Bei dieser Gelegenheit noch ein Wort zum Leistungsbegriff. Früher wurde die Leistung in PS (Pferdestärke) angegeben, das Drehmoment in mkp (Meterkilopond) bzw. mkg – Begriffe, die heute noch gebräuchlich sind. Nach dem internationalen Maßsystem wird nun die Leistung in kW (Kilowatt) und das Drehmoment in Nm (Newtonmeter) angegeben. Die alten Dimensionen lassen sich wie folgt umrechnen:

1 kW = 1,36 PS; 1 PS = 0,7355 kW;
1 mkp = 9,81 Nm.

Tuning und TÜV

Alle Automobile, die in Deutschland für den öffentlichen Straßenverkehr zugelassen sind, besitzen eine sogenannte »Allgemeine Betriebserlaubnis«, kurz ABE genannt, die vom Kraftfahrt-Bundesamt in Flensburg ausgestellt ist. Ausnahmen gibt es nur bei Exoten, Kleinserien und Sonderbauten, die durch Einzelabnahme – ein relativ aufwendiges Verfahren – zugelassen werden. Aber auch diese müssen den Bestimmungen der StVZO (Straßenverkehrs-Zulassungsordnung) entsprechen.
Daraus folgert, daß alle Veränderungen des Serienproduktes, die eine bauliche Veränderung im Sinne der StVZO darstellen – und dazu kann man fast alle Tuningmaßnahmen rechnen –, die ursprünglich erteilte ABE zum Erlöschen bringen. Das veränderte bzw. getunte Auto ist somit nicht mehr zugelassen, auch wenn es noch ein amtliches Kennzeichen besitzt.

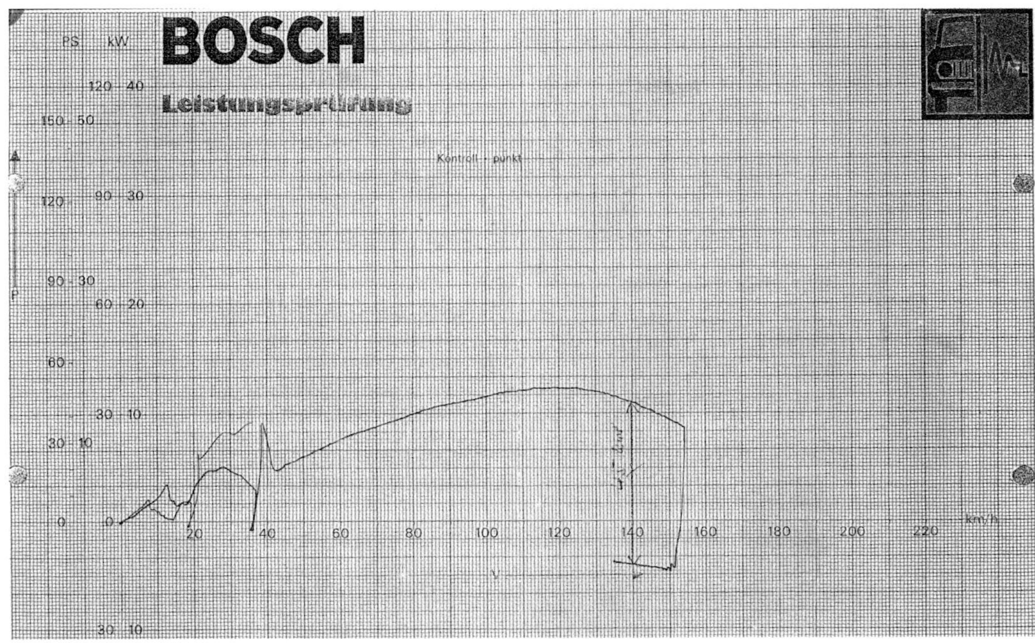

Die Leistungsprüfung auf dem Rollenprüfstand ist durch Schlupf- und Temperatureinflüsse gewissen Ungenauigkeiten unterworfen. Im Diagramm (Faksimile eines Bosch-Prüfdiagramms) wird die maximale Differenz zwischen Zug und Schub als Leistungsmaximum (hier 45 kW bei 140 km/h) abgegriffen und anschließend auf Normzustand korrigiert.

Um eine neue Zulassung zu erlangen, muss das Fahrzeug beim TÜV oder anderen zugelassenen Prüfinstitutionen wie z.B. der Dekra vorgefahren werden, wo eine Einzelabnahme der Änderungen nach Paragraph 19 Abs.2 der StVZO vorgenommen werden kann. Dabei kann und darf der TÜV in der Regel nur solche Veränderungen zulassen, die auch vom jeweiligen Herstellerwerk sanktioniert sind. Was im einzelnen für jeden Fahrzeugtyp zulässig ist und was nicht, kann beim Kundendienst der jeweiligen Werke oder beim TÜV direkt erfahren werden.

Darüber hinaus muss für alle motorischen Umbauten ein sogenanntes Mustergutachten oder eine Teile-ABE vorliegen, in denen die neuen Daten des Motors (Leistung usw.) amtlich festgestellt sind. Fahrzeuge, die nach dem 1.10.1971 zugelassen wurden, müssen außerdem hinsichtlich der Abgasemission bestimmte Grenzwerte einhalten (CO-Emission im Leerlauf und Europatest). Diese Grenzwerte wurden im Laufe der Jahre mehrfach herabgesetzt und somit verschärft. Abgasprüfungen, die freilich sehr teuer sind, nehmen beispielsweise die Abgasprüfstellen des TÜV Rheinland und TÜV Süddeutschland vor. Für Einzelabnahmen erscheint eine solche Abgasprüfung jedoch zu aufwendig und zu teuer, zumal das Risiko besteht, durchzufallen.

Wer seinen Motor selbst tunt, sollte also nach Möglichkeit nur solche Umbausätze benutzen, für die ein komplettes Mustergutachten samt Abgastest vorliegt oder eine so genannte Teile-ABE. Dies erspart nicht nur Kosten, sondern auch Komplikationen bei der TÜV-Abnahme. Gleiches gilt natürlich für komplette Einbaumotoren, wie sie von einigen Tuningfirmen angeboten werden.

Was für den Motor gilt, hat prinzipiell auch für alle anderen Bauteile eines Fahrzeugs Bedeutung. Wenn also Lenkräder, Fahrwerksteile,

Zu jedem professionellen Tuning gehört heute eine Abgasprüfung auf dem Rollenprüfstand. Eine Straßenzulassung ist nur mit Abgasgutachten zu bekommen.

Felgen oder auch Karosserieteile ausgetauscht werden, so müssen die neu eingebauten Teile entweder eine ABE oder ein Mustergutachten besitzen. Nur dann ist eine reibungslose Abnahme zu erwarten. Wenn eine Teile-ABE vorliegt, wie dies für manche Sportlenkräder oder Auspuffanlagen der Fall ist, so kann in der Regel sogar der Gang zum TÜV entfallen. Die Teile-ABE muss dann mit den Wagenpapieren mitgeführt werden.

Überhaupt keine Sorgen um den TÜV brauchen sich jene zu machen, die ihr Fahrzeug nur für Wettbewerbe auf geschlossenen Strecken herrichten. Hier ist im Rahmen der Sportgesetze nahezu alles erlaubt. Die jeweiligen Änderungen werden freilich – mit Rücksicht auf ein eventuelles Sicherheitsrisiko – von einem ONS-Sachverständigen begutachtet. Nur wenn dieser alle Änderungen in Ordnung befindet, wird der zur Teilnahme an Wettbewerben notwendige Wagenpass ausgestellt.

Wo die Leistung herkommt

Alle wirksamen Maßnahmen zur Leistungserhöhung bei einem Verbrennungsmotor lassen sich auf die grundlegenden Zusammenhänge der Leistungserzeugung im Motor zurückführen. Wir müssen darum etwas die Theorie bemühen – was in diesem Buch so selten wie möglich geschehen soll –, die auch dem Nichttechniker in einfacher und verständlicher Form den Sinn und Zweck einzelner Tuningmaßnahmen klarmacht. Für unsere Betrachtungen wird ausschließlich der am weitesten verbreitete Hubkolbenmotor, eine so genannte Wärmekraftmaschine mit innerer Verbrennung, herangezogen. In ihr wird die Leistung durch Umsetzung der im Kraftstoff gebundenen chemischen Energie in Wärme erzeugt. Die freiwerdende Wärmeenergie muss wiederum in mechanische Arbeit umgesetzt werden. Zur Verbrennung des Kraftstoffs ist Sauerstoff notwendig, der mit der Luft zugeführt wird. Diese dient gleichzeitig als Arbeitsmedium, das durch Verdichtung und vor allem durch die Wärmezufuhr unter Druck gesetzt wird und bei der Expansion Arbeit leistet. Der Vorgang wiederholt sich periodisch in einem sogenannten thermodynamischen Kreisprozess. Das Zuführen der Frischladung (Luft und Kraftstoff) und das Ausstoßen der verbrannten Gase (Abgase) nennt man Ladungswechsel oder kurz Gaswechsel. Die Leistung bei gegebener Motorgröße ist demnach um so größer, je mehr Kraftstoff pro Zeiteinheit in Leistung umgesetzt werden kann.

Vier wichtige Takte

Um den Vorgang des Ladungswechsels so sauber und korrekt wie möglich durchzuführen, werden bei Hubkolbenmotoren, wie sie in Automobilen Verwendung finden, in der Regel vier Arbeitstakte benötigt.

Der ventilgesteuerte Viertaktverbrennungsmotor, mit dem wir uns hier vorrangig beschäftigen, arbeitet nach folgendem Verfahren:

1. Ansaugtakt:
Das Auslassventil ist durch den Druck der Ventilfeder geschlossen, während das Einlassventil durch einen Mechanismus geöffnet wird. Durch die Abwärtsbewegung des Kolbens wird das zündfähige Luft-Kraftstoffgemisch durch das Ansaugsystem in den Zylinder gesaugt.

2. Verdichtungstakt:
Bei geschlossenen Ventilen wird das Luft-Kraftstoffgemisch durch den nach oben gehenden Kolben komprimiert (zusammengedrückt). Der direkt einspritzende Ottomotor (DI) saugt kein Gemisch, sondern nur Luft an. Der Kraftstoff wird während der Verdichtung vor dem Zündpunkt in den Brennraum eingespritzt. Beim Diesel, der ohne Fremdzündung auskommt, initiiert die Einspritzung die Zündung.

3. Arbeitstakt:
Bei weiterhin geschlossenen Ventilen entzündet beim Ottomotor ein Funken der Zündkerze das Gemisch knapp bevor der Kolben seinen oberen Totpunkt erreicht hat. Beim Dieselmotor mit seiner hohen Verdichtung entzündet sich der kurz vor dem oberen Totpunkt eingespritzte Kraftstoff von selber in der durch die Verdichtung sehr heißen Luft. Der Zündzeitpunkt wird durch den Einspritzzeitpunkt definiert.
Das Gasgemisch verbrennt, und der Druck der entstandenen Verbrennungsgase treibt den Kolben nach unten. Die sich ausdehnenden Gase verrichten dabei die Arbeit.

4. Auspufftakt:
Bevor der Kolben seinen unteren Totpunkt erreicht hat, wird nun das Auslassventil geöffnet. Durch den im Zylinder herrschenden Überdruck und die folgende Aufwärtsbewegung des Kolbens werden die Verbrennungsgase aus dem

Wo die Leistung herkommt

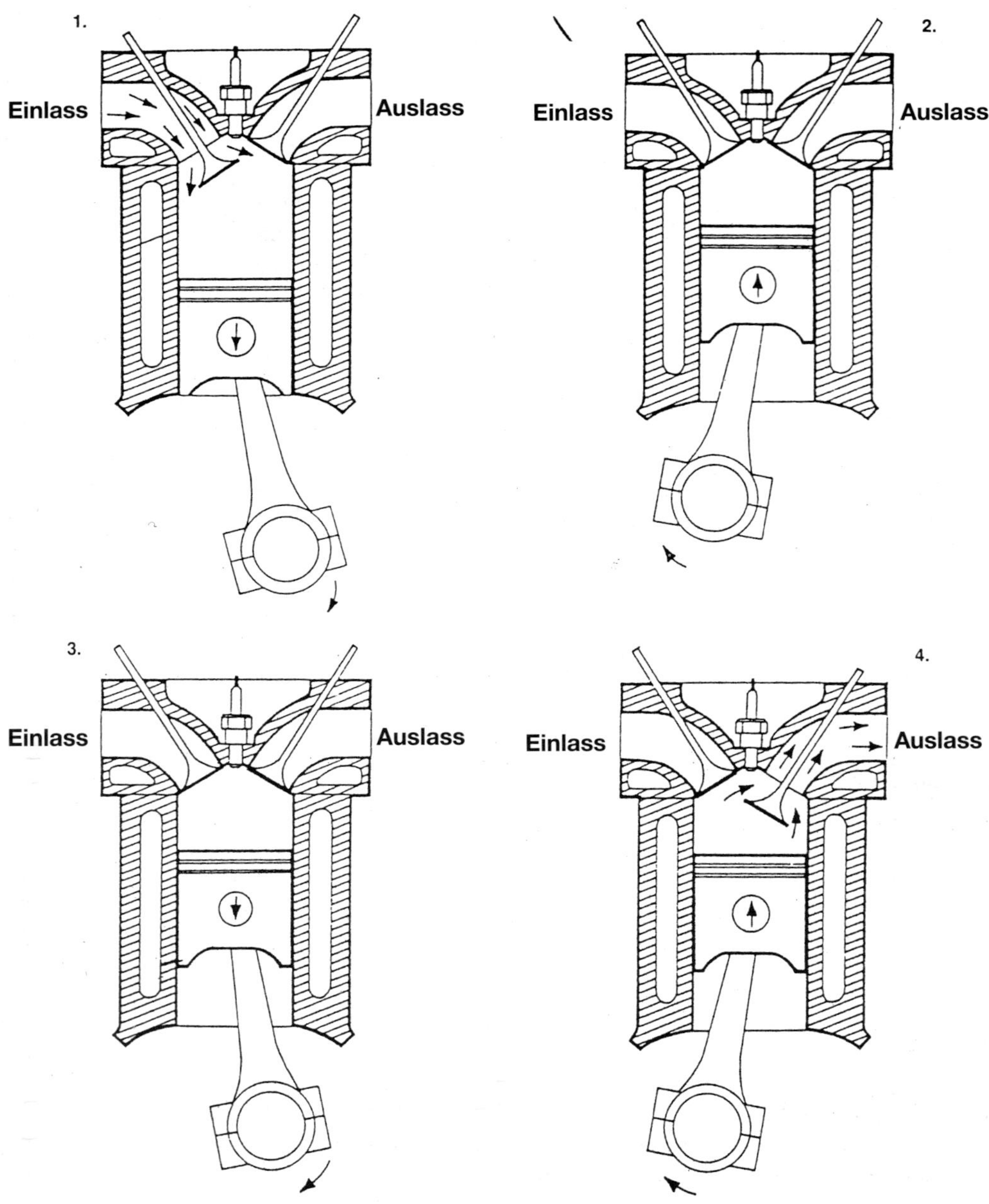

Das Arbeitsprinzip des Verbrennungsmotors wird aus diesen vier Skizzen deutlich:

1.) ***Ansaugen des Frischgases (Einlassventile geöffnet)***

2.) ***Verdichtung des Kraftstoff-Luftgemischs (Ventile geschlossen)***

3.) ***Zündung und Verbrennung des Gemischs (Ventile geschlossen)***

4.) ***Ausstoß der verbrannten Gase (Auslassventile geöffnet)***

Zylinder gedrückt. Über den Auslasskanal, den Auspuffkrümmer sowie die Auspuffanlage gelangen die Abgase ins Freie. Nach dem Schließen des Auslassventiles wird wieder das Einlassventil geöffnet, und der gesamte Vorgang beginnt von neuem mit dem Ansaugtakt.

Der Mitteldruck

Alle Motortakte vollziehen sich nach einem thermodynamischen Kreisprozeß. Während der Verbrennung (Wärmezufuhr) übt das Gas auf seine Umgebung und somit auch auf den Kolbenboden einen starken Druck aus, der um so höher ist, je höher das Verdichtungsverhältnis ist – mit dem wir uns noch ausführlich beschäftigen werden – und je größer die angesaugte Frischgasmenge war. Da der Verbrennungsdruck während des Verbrennungsvorganges nicht gleichmäßig ist (er steigt steil an bis zu einem Höchstwert und fällt dann wieder ab), hat man den Begriff des »mittleren Verbrennungsdruckes«, kurz Mitteldruck genannt, eingeführt. Dieser bewirkt, daß sich der Kolben nach unten bewegt und über die Pleuelstange auf den Kurbelzapfen der Kurbelwelle, der ja als Hebelarm wirkt, eine Kraft ausübt. Eine an einem Hebelarm angreifende Kraft bedeutet jedoch nichts anderes als ein Drehmoment, das an der Kurbelwelle vorhanden ist. Es wird im allgemeinen an einem Kurbelwellenende, dort wo Schwungrad und Kupplung sitzen, abgenommen. Das Drehmoment ist um so größer, je höher der Verbrennungsdruck ist, oder mathematisch ausgedrückt, proportional dem Mitteldruck.

Wesentlich bei dieser Betrachtung ist noch, dass der im Brennraum herrschende Verbrennungsdruck sich um den sogenannten Reibungsdruck verringert, der durch die Reibung der Kolben, Lager und des Ventiltriebes entsteht. Dieser Reibungsdruck wird auch als mechanischer Verlust des Motors bezeichnet und geht als sogenannter »mechanischer Wirkungsgrad« des Motors in die Berechnung der Leistung ein. Dieser für die Leistungsformel relevante Mitteldruck wird in der technischen Literatur auch als der effektiv wirksame mittlere Nutzdruck bezeichnet.

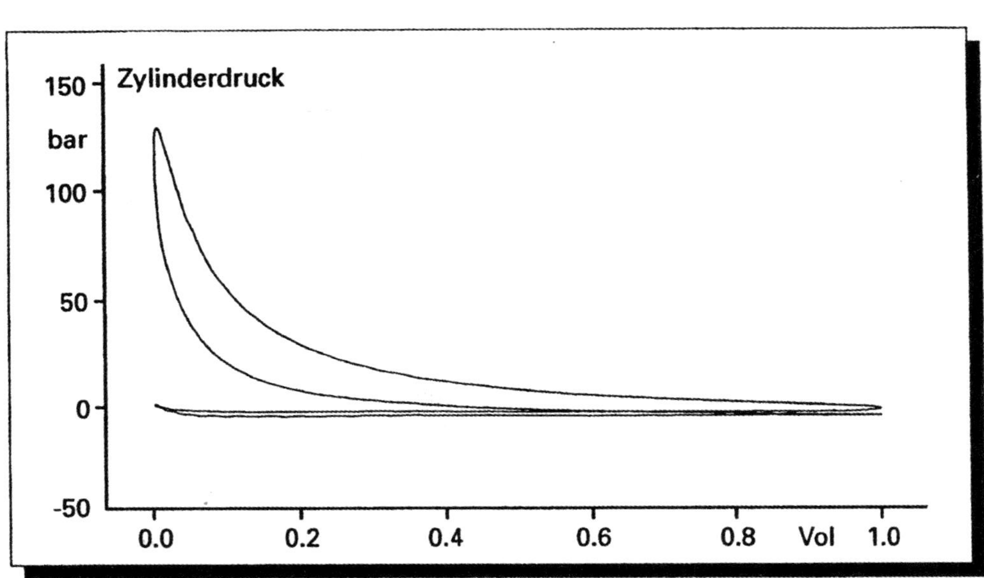

Hoher Mitteldruck als Entwicklungsziel: Je höher der Mitteldruck bei vergleichbaren Motoren ausfällt, desto besser ist der Wirkungsgrad. Die Druckverhältnisse im Zylinder lassen sich mit einem p-v-Diagramm anschaulich darstellen.

Wo die Leistung herkommt

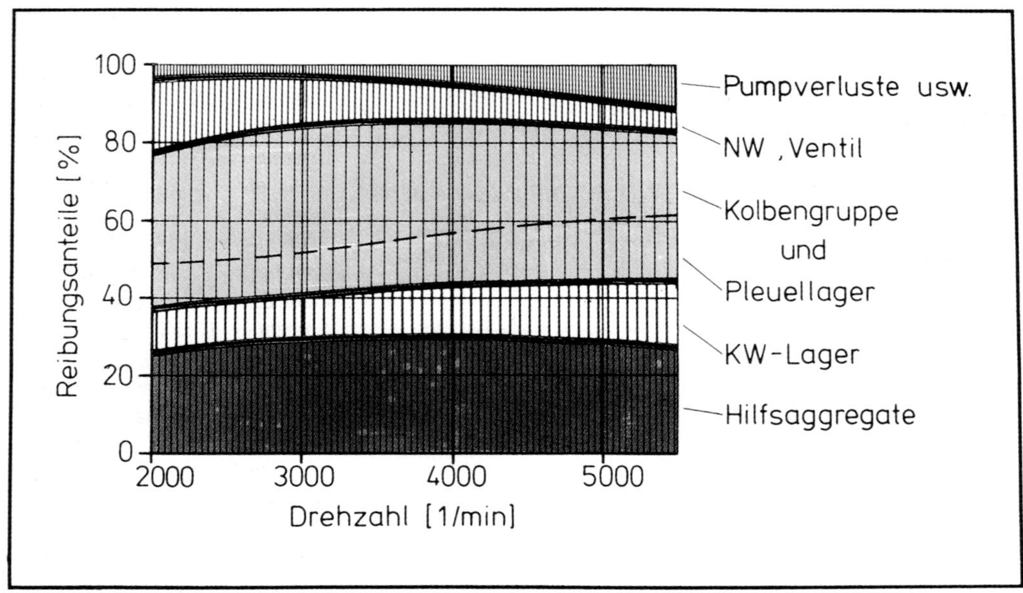

In diesem Diagramm ist die Verteilung der Reibungsverluste über der Drehzahl dargestellt. Den höchsten Anteil haben die Kolben und Pleuellager.

Wie wir gesehen haben, entspricht das an der Kurbelwelle entstehende Drehmoment dem auf den Kolben einwirkenden Verbrennungsdruck. Ebenfalls einleuchtend ist, dass das Drehmoment eines Motors – wir bezeichnen es hier mit M_d – bei gegebenem mittlerem Druck um so größer wird, je größer der Hubraum wird. Diese beiden Tatsachen lassen sich in einfache und anschauliche Formeln kleiden:

$$\mathbf{M_d = p_m \cdot V_h \cdot (K)}$$

In dieser Formel bedeuten: M_d das schon erwähnte Drehmoment, p_m den effektiven Mitteldruck (Reibungsverluste schon berücksichtigt) und K eine Konstante, also einen gleichbleibender Zahlenwert, dessen Größe nur für diese Gleichung gilt.

Bei jedem Expansionshub eines Kolbens wird also ein bestimmtes Drehmoment aufgebracht, d.h. eine Arbeit geleistet. Für den Hubkolbenmotor gilt also, dass seine Leistung um so größer ist, je öfter ein solcher Expansionshub stattfindet. Die Häufigkeit der Expansionshübe steigt aber mit der Drehzahl an. Daraus ergibt sich wiederum, dass die Leistung eines Verbrennungsmotors von zwei Faktoren abhängig ist, nämlich vom Drehmoment und von der Drehzahl. Wenn man die Leistung mit P und die Drehzahl mit n bezeichnet (diese Buchstaben haben sich dafür eingeführt), lässt sich die oben durchgeführte Überlegung in die folgende Formel bringen:

$$\mathbf{P = M_d \cdot n \cdot (K)}$$

Für das Drehmoment M_d hatten wir allerdings vorhin schon einen anderen Ausdruck gefunden, den man für M_d in die obige Formel einsetzen kann. Es ergibt sich dann für die Leistung:

$$\mathbf{P = p_m \cdot V_h \cdot n \cdot (K)}$$

Aus diesen Betrachtungen wird deutlich, welche Maßnahmen notwendig sind, um die Leistung eines Motors zu erhöhen.

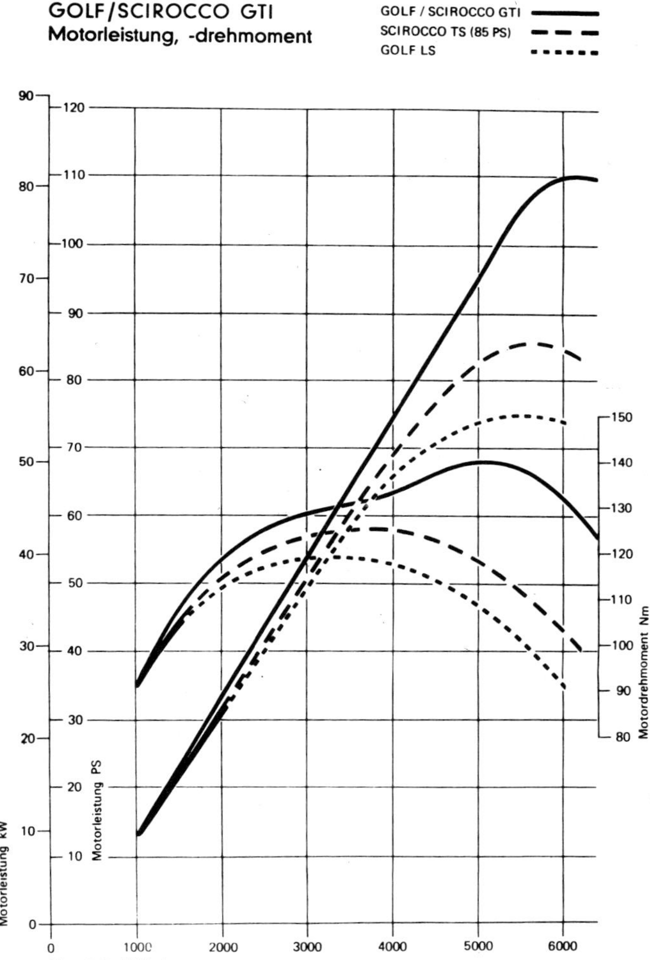

Der Zusammenhang zwischen Drehmoment und Drehzahl und deren Einfluss auf die Leistung lässt sich gut am Beispiel dreier VW-Motoren mit jeweils 1,6 Liter Hubraum zeigen. Der 75-PS-Motor erreicht sein maximales Drehmoment von 119 Nm bei 3200/min, seine Nenndrehzahl liegt bei 5600/min. Wesentlich mehr Drehmoment bei höherer Drehzahl (140 Nm bei 5000/min) muss der GTI-Einspritzmotor mobilisieren, um seine Nennleistung von 110 PS bei 6100/min zu erreichen. Der dazwischen liegende TS-Motor erzielt seine höhere Leistung nur durch ein besseres Drehmoment (= bessere Füllung), die Drehzahlen werden nicht angehoben.

Man kann

- den Hubraum vergrößern
- den mittleren Druck erhöhen
- die Drehzahl anheben

oder alle drei Maßnahmen zugleich anwenden.

Es ergeben sich weiterhin Möglichkeiten, durch eine Verbesserung des thermischen und mechanischen Wirkungsgrades die Verlustleistungen zu verringern und dadurch Leistung zu gewinnen. Jedoch sind die dadurch erzielbaren Leistungsgewinne deutlich geringer als die Leistungssteigerung durch die oben erwähnten drei Hauptmaßnahmen.

Formeln und Normen

Für die Ermittlung der Leistung und die Angaben der entsprechenden Werte sind allgemein gültige Formeln und international anwendbare Normen unerläßlich. Hier soll nur das Notwendigste dargelegt werden, um die eine oder andere Umrechnung selbst vornehmen zu können und um die Vergleichbarkeit der unterschiedlichen Leistungsnormen besser abschätzen zu können. Wie im vorigen Abschnitt dargelegt, errechnet sich die Leistung aus dem Produkt von Drehmoment und Drehzahl, wobei für Viertaktmotoren die folgende Formelkonstante gilt:

Wo die Leistung herkommt

Leistungsdiagramm des BMW M3: Die Qualität der geleisteten Entwicklungsarbeit zeigt sich im Drehmoment von über 320 Nm, das von 3000/min bis 7000/min bereitsteht.

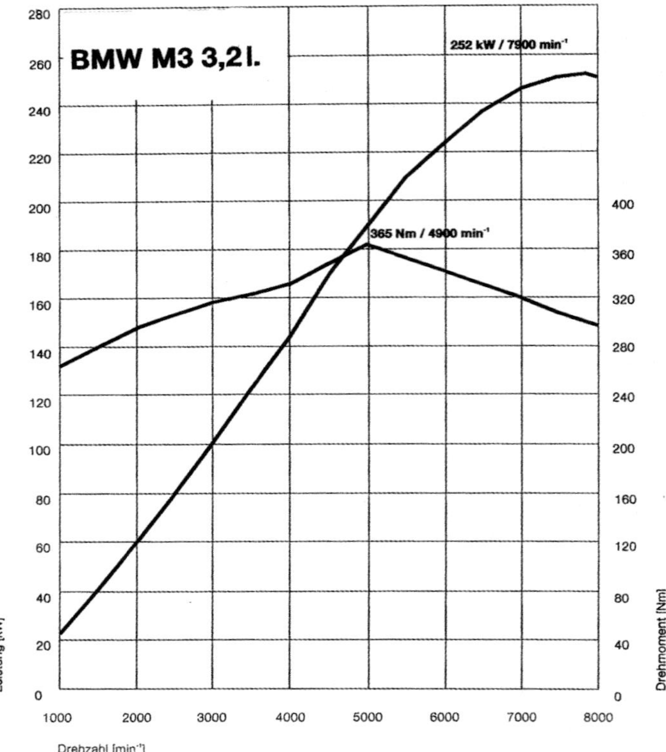

$$\text{Leistung} = \frac{\text{Drehmoment x Drehzahl}}{9550}$$

$$\text{oder } P = \frac{M_d \cdot n}{9550}$$

Dabei gelten die Dimensionen des internationalen Maßsystems (SI)

- Leistung (P) in Kilowatt (kW)
- Drehmoment (M_d) in Newtonmeter (Nm)
- Drehzahl (n) in min^{-1}

Im alten technischen Maßsystem lautet die Formel wie folgt:

$$\text{Leistung} = \frac{\text{Drehmoment x Drehzahl}}{716{,}2}$$

$$\text{oder } P = \frac{M_d \cdot n}{716{,}2}$$

Dabei gelten folgende Dimensionen:

- Leistung (P) in Pferdestärke (PS)
- Drehmoment (M_d) in Meterkilopond (mkp)
- Drehzahl (n) in min^{-1}

Das alte technische Maßsystem ist jedoch nicht mehr gebräuchlich, so dass alle weiteren Formeln für das internationale Maßsystem (SI) angegeben sind. So auch die folgende für das Drehmoment:

$$\text{Drehmoment} = \frac{\text{Hubraum x Mitteldruck}}{0{,}12566}$$

$$\text{oder } M_d = \frac{V_h \cdot p_m}{0{,}12566}$$

Es gelten die folgenden Dimensionen

- Drehmoment (M_d) in Newtonmeter (Nm)
- Hubraum (V_h) in Liter (dm^3)
- Mitteldruck (p_m) in bar

Ersetzt man in der Leistungsformel das Drehmoment durch das Produkt der vorherigen Formel, so ergibt sich:

$$P = \frac{V_h \cdot p_m \cdot n}{1200} \text{ (in kW)}$$

Die Wirbelstrom-Leistungsbremse

Technische Daten und Abmessungen

Bremsen-größe	Nenndreh-moment	n_{max}	P_{nenn}	max. anteilige Kupplungs-masse bei n_{max}	Gewicht*	Abmessungen in mm (Richtmaße=ca. Maße)					
	Nm	1/min	kW	ca. kg	ca. kg	A	E	J	Q	W	R
E-90	200	12000	90	2,8	200	540	498	540	315	372	310
E2-180	400	10000	180	4	320	694	498	540	315	524	310
E2-330	900	8000	330	8	600	820	550	680	312	686	420
E-550	3000	4000	550	45	2000	1080	800	1200	350	950	766
E-550 G*	800	16000	550	2	771	980	800	1470	350	950	766

* Sondergröße für hochdrehende Sportmotoren und Turbinen

* mit Rahmen, ohne Wasser und Steuergerät

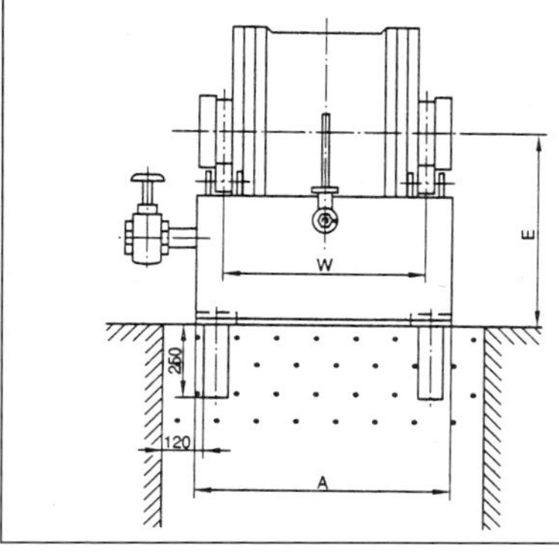

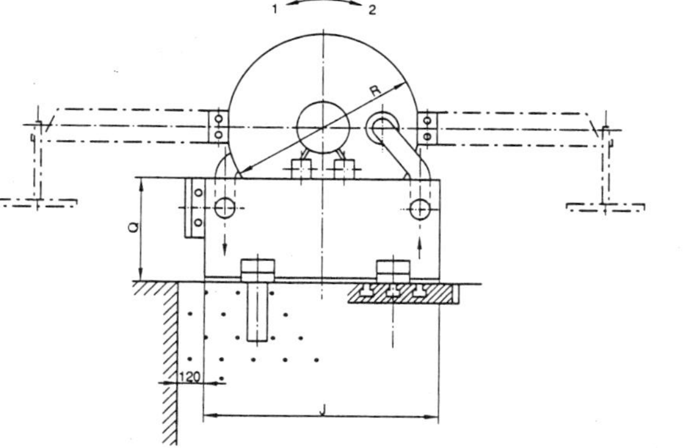

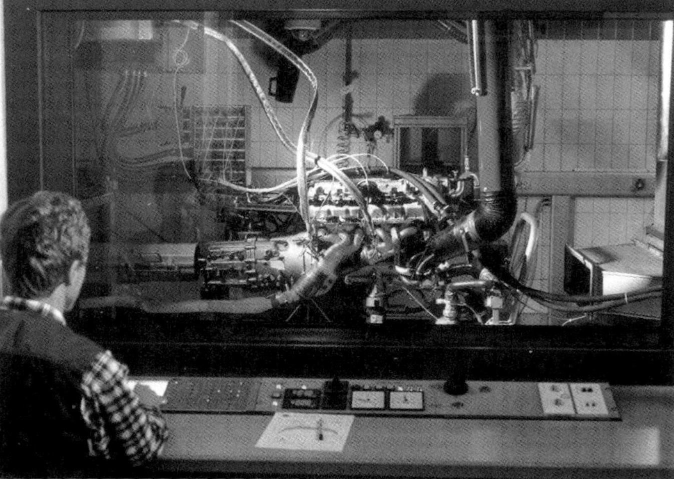

***Oben:* Wirbelstrom-Leistungsbremsen sind für nahezu jeden Drehzahl- und Leistungsbereich lieferbar. Hier ein Datenblatt der Firma Schenck.**

***Praxistest:* Auf dem Leistungsprüfstand zeigt sich, ob die leistungssteigernden Maßnahmen sinnvoll waren. Dabei zählt nicht schiere Endleistung, vielmehr muss ein getunter Motor auch einen für den jeweiligen Einsatzzweck annehmbaren Drehmomentverlauf vorweisen.**

Wo die Leistung herkommt

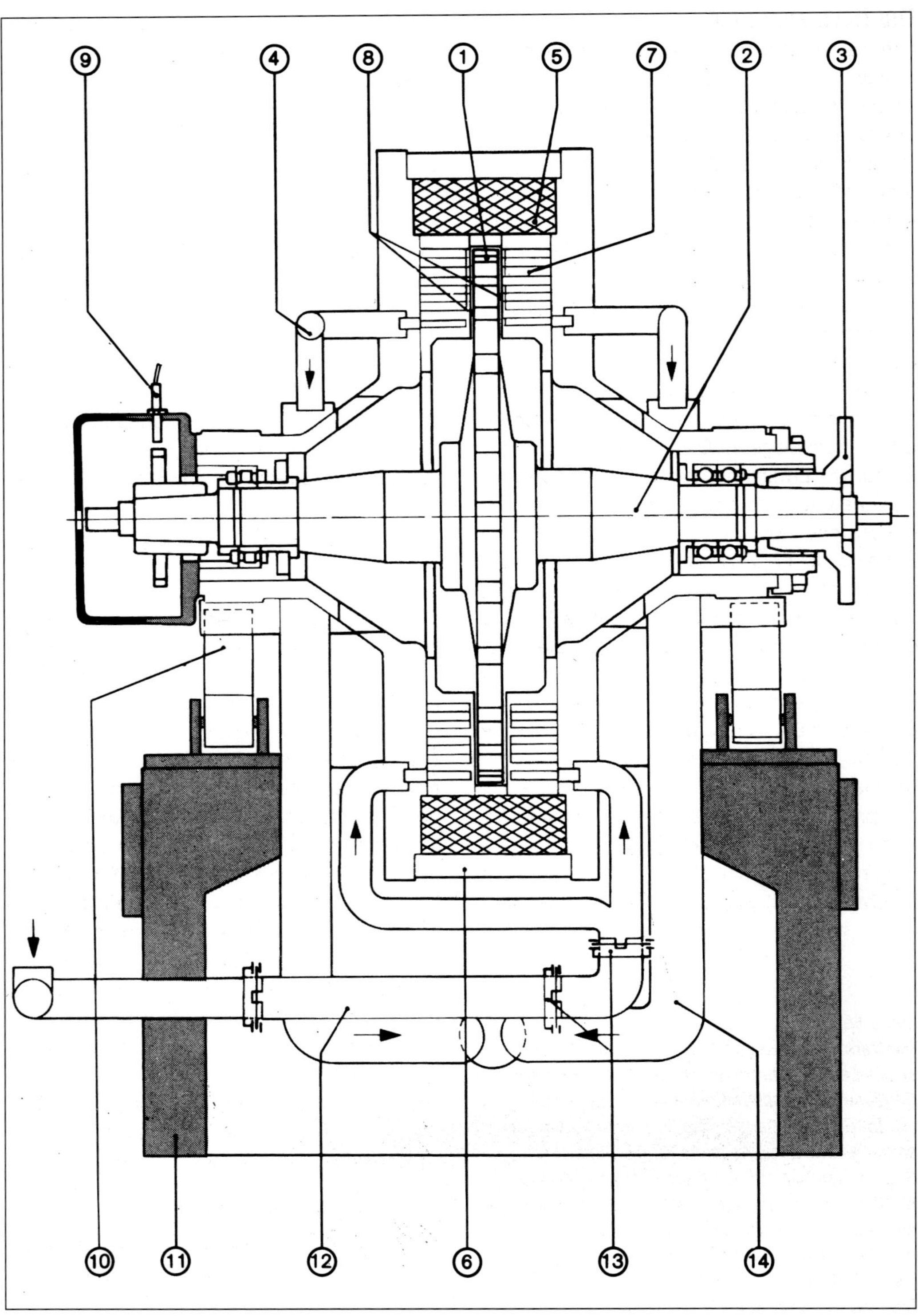

Die Normzustände

Um die Angaben von Leistungs- und Drehmomentwerten vergleichbar zu machen, sind genormte Leistungsdefinitionen und Bezugszustände unumgänglich. So ist beispielsweise in der DIN-Norm der Begriff der Nettoleistung definiert, der früher als Nutzleistung oder auch effektive Leistung bezeichnet wurde. Bei der Nettoleistung handelt es sich um die an der Kurbelwelle abgegebene Leistung, wobei der Motor mit sämtlichen zum normalen Betrieb vorgesehenen Ausrüstungsteilen und Nebenaggregaten versehen sein muß. Hierzu zählen beispielsweise Generator, Kühlerventilator, Servopumpe und eine der Serie entsprechende Auspuffanlage. In DIN 70 020, Blatt 4 sind die für die Ermittlung der Nettoleistung erforderlichen Ausrüstungsteile aufgeführt.
Mindestens ebenso wichtig wie die exakte Definition ist die Festlegung der jeweiligen atmosphärischen Bezugsgrößen. Luftdruck, Lufttemperatur und auch in geringem Maße die Luftfeuchtigkeit beeinträchtigen die Leistung. Kalte und demzufolge dichte Ansaugluft (Umgebungsluft) führt zu einem besseren Ergebnis als dünne und/oder warme Luft. Bestes Beispiel hierfür ist der Leistungsverlust mit zunehmender Höhe über dem Meeresspiegel, der pro 100 Meter rund 1 Prozent ausmacht. Auch sehr hohe Luftfeuchtigkeit setzt die Leistung herab und sollte zumindest in permanent feuchten Gebieten (z.B. Tropen) und bei sehr hohen Leistungswerten berücksichtigt werden.
Wegen der Vergleichbarkeit sind also die jeweils gültigen Normzustände anzusetzen. Die bei der Leistungsmessung tatsächlich vorhandenen Zustände werden festgehalten und der ermittelte Leistungswert auf den Normzustand korrigiert bzw. reduziert.
DIN 70020 nennt als Bezugszustände folgende Werte:

- Temperatur t = 20 °C
- Barometerstand 1013 mbar (Millibar)

Bei abweichenden Prüfbedingungen kann die ermittelte Leistung mit folgender Formel auf die Normwerte reduziert werden:

$$P_{red} = P_e \cdot \frac{1013}{b} \cdot \frac{273 + t}{293}$$

b ist der bei der Leistungsmessung herrschende atmosphärische Druck (Barometerstand in Millibar oder hPA = Hektopascal), t die Temperatur der Ansaugluft in °C.
Da in anderen Ländern oft andere Bezugszustände oder Definitionen gewählt wurden, sind die nach den dortigen Normen angegebenen Leistungswerte nicht mit den DIN-Werten vergleichbar, meist auch nicht umrechenbar. Die alte amerikanische SAE-Brutto-Leistung kam auf Grund anderer Definition und Prüfbedingungen (ohne Nebenaggregate und fahrzeugspezifische Schalldämpfer) zu etwa 10 bis 25 Prozent höheren Werten, auch die frühere italienische CUNA-Messung liegt ca. 5 bis 10 Prozent über den DIN-Werten.
Die zur Zeit in der EU gültige ECE-Nettoleistung hat als Bezugszustände 25 °C und 1000 mbar. Die darauf reduzierte Leistung ist im Vergleich zur deutschen DIN-Norm etwas geringer.

Linke Seite:
Die Darstellung zeigt den Aufbau einer Wirbelstrom-Leistungsbremse. Ein pendelnd gelagertes Gehäuse (6) umschließt eine gezahnte Polscheibe (1). Im Gehäuse liegen eine Erregerwicklung (5) sowie wasserdurchflossene Kühlkammern (7). Sobald Gleichstrom durch die Erregerwicklung fließt, entsteht ein magnetisches Feld, das zusammen mit der Polsscheibe rotiert und in den Wänden der Kühlkammern Wirbelströme induziert. Das dabei aufbauende Gegenfeld übt die gewünschte Bremswirkung auf den Rotor aus.

Die Leistungsprüfung

Es gibt verschiedene Möglichkeiten, die Leistungswerte eines Motors festzustellen, wobei mit wachsendem Aufwand auch die Genauig-

Wo die Leistung herkommt

Die Abbildung zeigt eine sehr kompakt bauende Wasserwirbelbremse von Schenck. Der am Gehäuse angegossene Träger wirkt auf eine Druckmessdose, mit der das Drehmoment ermittelt wird. Der Drehzahlgeber ist hinter dem vorderen Flansch zu erkennen.

keit der Messung zunimmt. Die Leistungsermittlung kann entweder auf dem Motorprüfstand, auf dem Rollenprüfstand oder durch Fahrleistungsmessungen erfolgen. Die sicherlich genaueste und umfassendste Prüfung ist dabei auf dem Motorprüfstand mit sogenannten Leistungsbremsen möglich.

Bei dieser Art der Prüfung wird der Motor – natürlich in ausgebautem Zustand – an seinem kraftabgebenden Flansch der Kurbelwelle direkt mit der Leistungsbremse gekoppelt. Die Bremswirkung innerhalb der Leistungsbremse wird bei modernen Anlagen entweder elektrisch (Wirbelstrombremse) oder hydraulisch (Wasserwirbelbremse) erzeugt. Das auf diese Weise aufzubringende Bremsmoment entspricht dem an der Kurbelwelle abgegebenen Drehmoment des Motors. Die Messung erfolgt über eine Kraftmessdose am Umfang des pendelnd gelagerten Bremsengehäuses. Gleichzeitig wird die jeweils gefahrene Drehzahl ermittelt. Aus diesen beiden Werten lassen sich Leistung und Drehmoment des Motors im gesamten Betriebsbereich feststellen, wozu allerdings noch aufwendige, elektroni-

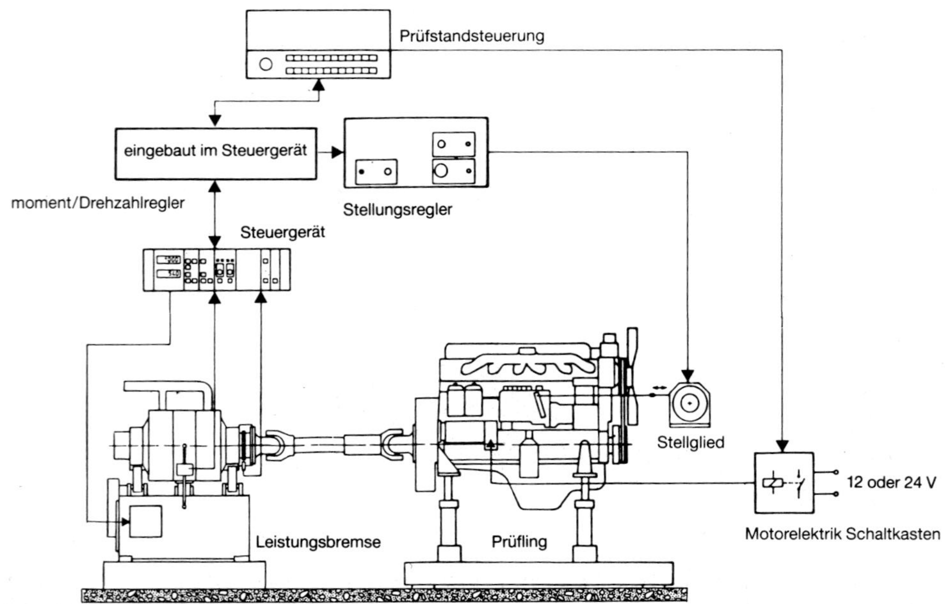

Die Grafik zeigt den Prinzipaufbau eines Leistungsprüfstandes.

Die elastische Pendellagerung dieser Schenck-Wirbelstrombremse ist gut zu erkennen. Hinter dem Anschlußflansch sitzt der Drehzahlgeber, ganz rechts die Kraftmeßdose.

sche Regeleinrichtungen notwendig sind. Wirbelstrombremsen sind dabei auf Grund ihrer guten Steuer- und Regelbarkeit sowie ihrer Konstanz der Belastung besonders gut für die Entwicklung und den Versuch und demzufolge auch für das Tuning von Motoren geeignet. Lastpunkte lassen sich mit Wirbelstrombremsen exakt reproduzierbar anfahren, so dass der Effekt von motorischen Änderungen gut festgestellt werden kann. Die Firma Schenck liefert Wirbelstrombremsen für Nennleistungen von 70 bis 1200 kW und für Drehzahlen bis 16 000 min^{-1}.

Wasserwirbelbremsen sind die preiswertere Alternative zu Wirbelstrombremsen. Sie sind nicht ganz so einfach regelbar wie Wirbelstrombremsen, sind aber auf Grund ihrer Bauweise besonders gut für hochdrehende Sport- oder Rennmotoren geeignet. Die Wasserwirbelbremsen namens DYNABAR der Firma Schenck sind ebenfalls für einen sehr weiten Leistungsbereich (230 bis 6300 kW) lieferbar.

Der Nachteil der Leistungsmessung auf dem Motorprüfstand ist der aufwendige und umständliche Ausbau des Motors und seine In-

(1)

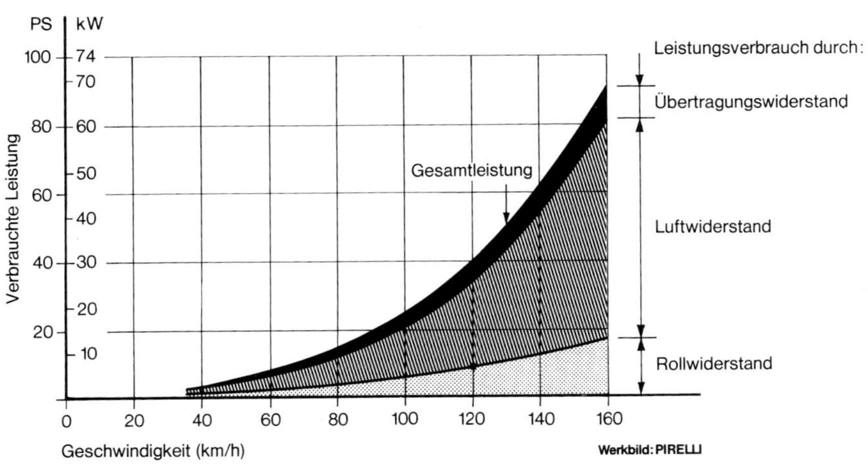

Das Diagramm zeigt, wofür die an der Kupplung verfügbare Motorleistung verbraucht wird. Bei hoher Geschwindigkeit steigt die Luftwiderstandsleistung sehr stark an. Rollwiderstand und die Verluste der Kraftübertragung steigen nur mäßig.

stallation auf dem Prüfstand mit allen fahrzeugspezifischen Anbauteilen (z.B. Auspuffanlage, Kühler, Lüfter usw.). Diesen Aufwand vermeidet die Messung auf dem Rollenprüfstand. Dabei wird das gesamte Fahrzeug mit der Antriebsachse auf einer gebremsten Rolle platziert. Das Bremsmoment der Rollen wird dabei ähnlich wie beim Leistungsprüfstand elektrisch oder hydraulisch aufgebracht. Der Nachteil dieser Methode ist die Ungenauigkeit, die bei korrekter Durchführung in der Gegend von etwa ± 5 Prozent liegt. Denn es wird schließlich die Leistung am Rad gemessen, die Verlustleistung der Kraftübertragung und des Getriebes ist zwar durch Schleppmomentmessung feststellbar, aber mit einer gewissen Toleranz. Durch die Rad/Rollenmessung kommt es außerdem bei höheren Leistungen zu mehr oder weniger starkem Schlupf, der als Leistungsverlust auftritt. Schließlich werden längere Messungen mit höherer Leistung durch die extrem starke Aufheizung des Motorumfelds und der Auspuffanlage verfälscht, da das zu prüfende Auto ja nicht wie auf der Straße von orkanartigem Fahrtwind angeströmt und gekühlt wird, sondern in der Regel von einem für hohe Dauerleistung unzureichenden Gebläse. Rollenprüfstandsmessungen sind also mit Vorsicht zu genießen und geben bei höherem Leistungsniveau brauchbare Anhaltswerte ohne den Anspruch einer exakten Reproduzierbarkeit. Zahlreiche Boschdienste führen solche Messungen durch.

Fahrleistungs-Prüfung

Als dritte, billigste und einfachste Methode der Leistungsüberprüfung, der Begriff Messung wäre hier unangebracht, dient die Feststellung der Fahrleistungen. Mit diesen Werten läßt sich feststellen, ob das gemessene Fahrzeug im Rahmen der serienmäßigen Leistungsangabe liegt, oder ob es schlechter oder besser ist. Dabei ist die erreichbare Höchstgeschwindigkeit ein Maß für die Leistung des Motors in diesem Drehzahlbereich. Die Messung kann fahrzeugseitig durch falsche Übersetzung oder aerodynamisch ungünstige Karosserieteile oder zu breite Reifen verfälscht werden, was die Vergleichbarkeit beeinträchtigt. Die maximale Beschleunigung aus dem Stand ist ebenfalls ein Maß für die Leistung eines Motors. Die Elastizität, also das Beschleunigen aus einer bestimmten Geschwindigkeit bis zu einem definierten Grenzwert (80 bis 120 km/h beispielsweise) ist ein Maß für das Drehmoment, also die Durchzugskraft des Motors. Die Bestimmung der Höchstgeschwindigkeit kann relativ einfach auf einer geeigneten Strecke mit genauer Kilometrierung mittels Stoppuhr festgestellt werden. Folgende Formel gilt für die Errechnung der Geschwindigkeit bei einer Wegbasis von 1 km:

$$V = \frac{3600}{t} \quad \text{(in km/h)}$$

Die gemessene Zeit ist dabei in Sekunden und deren Bruchteile einzusetzen. Zu beachten ist, daß der Leistungsbedarf mit der dritten Potenz (nicht mit der zweiten, wie oft behauptet) der Geschwindigkeit ansteigt. Ein BMW 116 i beispielsweise benötigt 115 PS (85 kW) für 200 km/h, ein BMW 120i mit gleicher Karosserie läuft mit 170 PS (125 kW) nur 24 km/h (224 km/h) schneller.

Die Feststellung der maximalen Beschleunigung ist ohne Messgerät nur als Weg/Zeit-Erfassung möglich, also 0 bis 400 Meter oder 0 bis 1000 Meter. Vergleichszahlen lassen sich in guten Automobilzeitschriften finden. Einfacher ist die Messung der Elastizität – ebenfalls mit einer Stoppuhr –, wobei man sich allerdings vorher der mühevollen Arbeit einer Tachometer-Eichung unterziehen muss, sonst ist die Messung wertlos. Neue Messgeräte, die den Weg über Satelliten-Navigation (GPS) bestimmen, erleichtern das Procedere.

Spezifische Werte

Zur Beurteilung von Motoren und deren Leistungsfähigkeit sind spezifische Werte, also auf

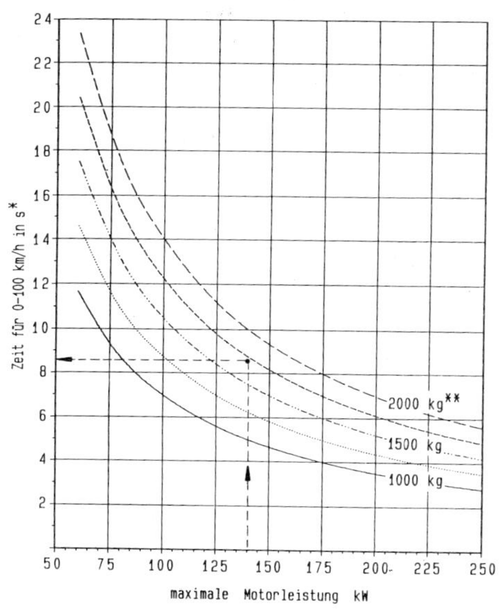

* Toleranz ca. +/- 0,5 sec.

** Fahrzeuggewicht nach DIN

Beispiel: BMW 525i

Die Beschleunigungszeit von 0 auf 100 km/h ist ein klassischer Leistungsindikator. In diesem Diagramm sind unabhängig vom Gewicht Kurvenscharen zur Ermittlung der notwendigen Leistung für eine bestimmte Beschleunigung (oder umgekehrt) eingezeichnet. Das Beispiel zeigt einen Leistungsbedarf von 140 kW (191 PS) zur Erzielung einer 0–100 Beschleunigung in 8,6 Sekunden für ein Fahrzeug von rund 1750 kg (BMW 525i) Prüfgewicht (DIN).

Unten:
Die Leistungsermittlung auf dem Rollenprüfstand ist eine preiswerte und schnell durchführbare Alternative zum Motorprüfstand. Die Ungenauigkeit liegt bei etwa plus/minus 5 Prozent.

den jeweiligen Hubraum bezogene Größen unerläßlich. Als gängigste Beurteilungsgröße hat sich dabei die sogenannten Literleistung oder Hubraumleistung etabliert. Es ist die auf den Hubraum bezogene Leistung, die üblicherweise in kW/Liter oder PS/Liter angegeben wird. Sie errechnet sich ganz einfach, indem man die angegebene Motorleistung durch den Gesamthubraum des Motors (1000 cm^3 = 1 Liter) dividiert.

Die Literleistung der Serienmotoren hat sich in den letzten Jahren dank Aufladung und Mehrventiltechnik (Dreiventiler, Vierventiler, Fünfventiler) steil nach oben entwickelt, wobei insbesondere bei Renntriebwerken in der Formel 1 durch Kombination von Mehrventiltechnik und Abgasturbo-Aufladung bisher für unvorstellbar gehaltene Werte erzielt wurden. So wurden während der Hochzeit der Turbo-Ära in der Formel 1 (1987/1988) zumindest im Training über 1000 PS aus 1,5 Liter erzielt – entsprechend einer Literleistung von mehr als 666 PS/Liter. Daran gemessen ist die Literleistung der Formel 1-Saugmotoren mit rund 300 PS/Liter (ca. 900 PS bei 3000 cm^3 Hubvolumen) gering, obwohl sie für Saugmotoren, Motoren also, die ohne Aufladung aus der freien Atmosphäre ansaugen, den erreichbaren Spitzenwert darstellt.

Am unteren Ende der Literleistungsskala rangieren unaufgeladene Dieselmotoren mit etwa 37 PS/Liter. Zum Vergleich die Literleistung der Vorkriegskonstruktion VW Käfer 34 PS: 28 PS/Liter. Alte Otto-Vergasermotoren liegen bei maximal 50 PS/Liter, Zweiventiler mit Einspritzung erreichen über 65 PS/Liter. Bei Vierventilern ist das Niveau nochmals um ca. 25 Prozent höher.

Bestwerte notieren hier beispielsweise der 3,2 Liter-Sechszylinder des BMW M3 mit über 105 PS/Liter oder der Zweiliter-Vierzylinder des Honda S2000, der mit variablen Steuerzeiten (VTEC) mehr als 120 PS/Liter erreicht. Beide Motoren sind Hochdrehzahlkonzepte, die ihre hohe Literleistung auch ihrer extrem hohen Nenndrehzahl (BMW 7900/min, Honda 8300/min) verdanken. Ebenfalls in diese Kategorie fällt der 4,3 Liter-V8 des Ferrari F 430, der 490 PS (360 kW) abgibt, entsprechend einer Literleistung von fast 114 PS/Liter. Nenndrehzahl: 8500 Umdrehungen. Diese Werte sind umso beachtlicher, als sie mit Katalysator erreicht werden, die Motoren also den jeweiligen Abgasgesetzen entsprechen.

Grundsätzlich muss unterschieden werden zwischen der Literleistung von Saugmotoren und der von aufgeladenen Motoren (Kompressor oder Turbolader). Durch den zusätzlichen Durchsatz mit vorverdichteter (komprimierter) Luft liegen diese natürlich fast immer höher als bei atmosphärisch ansaugenden Maschinen, so dass Werte über 100 PS/Liter für den Straßenbetrieb zwar nicht die Regel sind, aber doch häufiger erzielt werden (z. B. Porsche Turbo 133 PS/Liter), wobei die Nenndrehzahl, in diesem Fall 6000/min, immer niedriger liegt als bei gleich starken Saugmotoren. Fast noch erstaunlicher sind die Werte des kleinen VW-Vierzylinders mit kombinierter Aufladung (Kompressor plus Turbo). Der TSI 1,4 erreicht in der höchsten Leistungsstufe 170 PS (125 kW) bei 6000/min, entsprechend einer Literleistung von 122 PS/Liter, und das in Großserie.

Und ohne Turbolader wären auch die beachtlichen Literleistungen moderner Dieselmotoren (bis 95 PS/Liter mit Stufenaufladung) nicht möglich, da der Diesel auf Grund seines Verbrennungsprinzips höhere Drehzahlen als 5000/min nicht zulässt.

Maßstab Mitteldruck

Aussagekräftiger als die Literleistung ist indessen ein weiterer spezifischer Wert, der schon erwähnte Mitteldruck. Er ist ein Maßstab für die Leistungsfähigkeit eines Motors schlechthin, an Hand dessen sich die unterschiedlichsten Motorkonstruktionen miteinander vergleichen lassen.

Je größer der Mitteldruck, um so effektiver arbeitet der Motor. Zur Beurteilung bzw. zum Vergleich mit Erfahrungswerten ist nur der Mitteldruck, der sich entlang der Volllastkurve

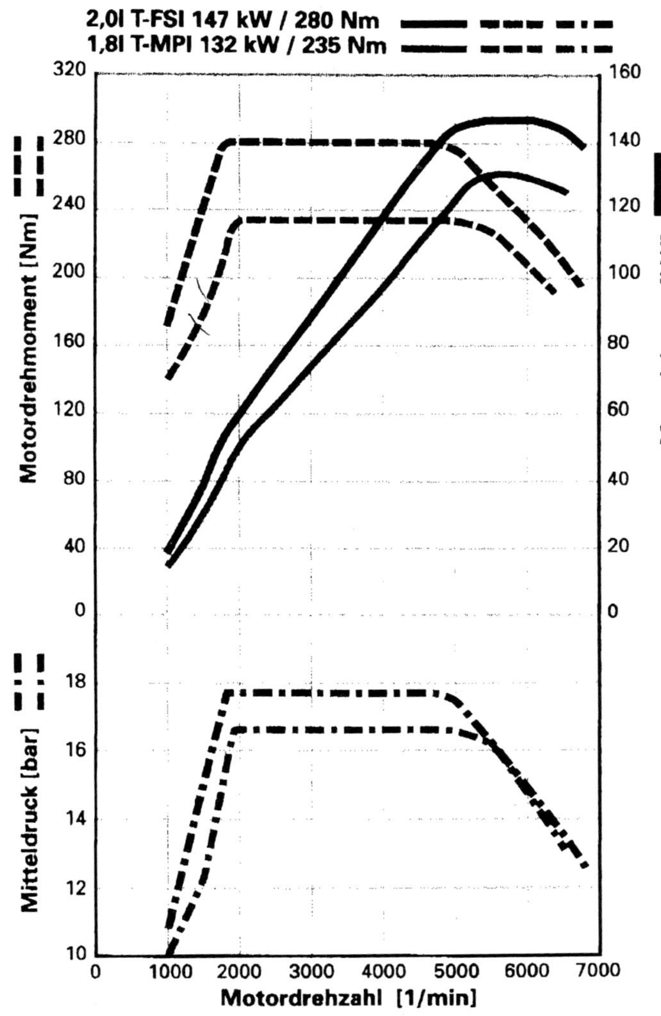

Hochplateau: Moderne Serienmotoren erreichen dank ausgeklügelter Aufladung Leistungen, die vor einigen Jahren unvorstellbar waren. Gleichzeitig ermöglichen es diese modernen Aufladungs-Systeme, das Drehmoment bzw. den Mitteldruck über eine weite Drehzahlspanne konstant zu halten.

(also bei voll geöffneter Drosselklappe) einstellt, interessant.

Liegt nun die Leistung oder das Drehmoment eines Motors vor, kann man den Mitteldruck (in bar) wie folgt berechnen:

$$\textbf{Mitteldruck} = 1200 \cdot \frac{\textbf{Leistung}}{\textbf{Hubraum} \cdot \textbf{Drehzahl}}$$

oder

$$\textbf{Mitteldruck} = 0{,}1257 \cdot \frac{\textbf{Drehmoment}}{\textbf{Hubraum}}$$

Dabei gelten folgende Dimensionen:

- Mitteldruck in bar
- Leistung in kW
- Drehmoment in Nm
- Drehzahl in min^{-1}
- Hubraum in dm^3

Die Formeln gelten für Viertaktmotoren, bei Zweitaktern halbieren sich die Konstantfaktoren. Wie aus der Formel außerdem hervorgeht, entspricht der Verlauf des Mitteldruckes im Prinzip dem des spezifischen Drehmo-

Wo die Leistung herkommt

ments (Nm/cm^3) multipliziert mit einem Konstantfaktor (0,1257).

Unter den zahlreichen Mitteldrücken entlang der Volllastkurve sind die Mitteldrücke bei zwei Drehzahlen besonders interessant. Jener, bei der der Mitteldruck oder auch das Drehmoment seinen maximalen Wert erreicht, und jener bei der Drehzahl für die Höchstleistung des Motors (Nennleistungsdrehzahl). Der maximale Mitteldruck wird grundsätzlich beim maximalen Drehmoment erreicht.

Da bei der Errechnung des Mitteldrucks der Hubraum schon berücksichtigt wurde, können anhand des Mitteldruckes auch Motoren mit unterschiedlichem Hubvolumen verglichen werden.

Nachfolgend eine Tabelle mit Erfahrungswerten für verschiedene Verbrennungsmotoren:

Bildet man aus den beiden Mitteldrücken durch Addition und anschließende Division durch 2 einen Mittelwert, erhält man einen sehr guten Bewertungsmaßstab für die aufgeführten Motoren.

Zunächst sollte man annehmen, dass Vierventilmotoren immer höhere Mitteldrücke haben als Zweiventilmotoren. Die aus der Praxis entnommenen Werte der Tabelle zeigen jedoch, dass es durchaus auch Zweiventilmotoren gibt, die sowohl beim maximalen Drehmoment als auch bei der maximalen Leistung höhere Mitteldrücke haben als Vierventiler. Hier spielt auch die Philosophie der verschiedenen Automobilfirmen eine große Rolle. Vor allem die japanischen Firmen nützen oft die Möglichkeit der Mehrventil-Technik nicht aus, um hohe Leistungs- und Drehmoment-Werte zu

	Mitteldruck in bar bei maximalem Drehmoment	Mitteldruck in bar bei maximaler Leistung	Mittelwert
Pkw Saugmotor 2 V	10,0-11,8	9,0-10,7	9,5-11,3
ROZ 95			
Turbomotor 2 V	12,8-15,5	11,0-13,0	11,9-14,3
Pkw Saugmotor 4 V	10,5-12,8	9,2-11,4	9,9-12,1
ROZ 95			
Turbomotor 4 V	13,5-17,0	12,0-14,5	12,8-15,7
Pkw Saugmotor 4 V	10,5-13,2	9,3-12,3	10,1-12,8
ROZ 98			
Turbomotor 4 V	14,0-21,6	12,0-19,3	13,3-20,5
Formel 1			
Saugmotor 4 V	14,0-14,7	13,5-14,0	13,8-14,4
ROZ 102			
Turbomotor 4 V	50,0-52,0	43,0-46,0	46,5-49,0
Dieselmotor			
Pkw Saugmotor 2 V	7,5-7,8	6,3-6,7	6,9-7,3
Turbomotor 2 V	10,4-12,8	8,5-10,8	9,5-11,8
Turbomotor 4 V	16-23,4	13-17,8	15-20,6

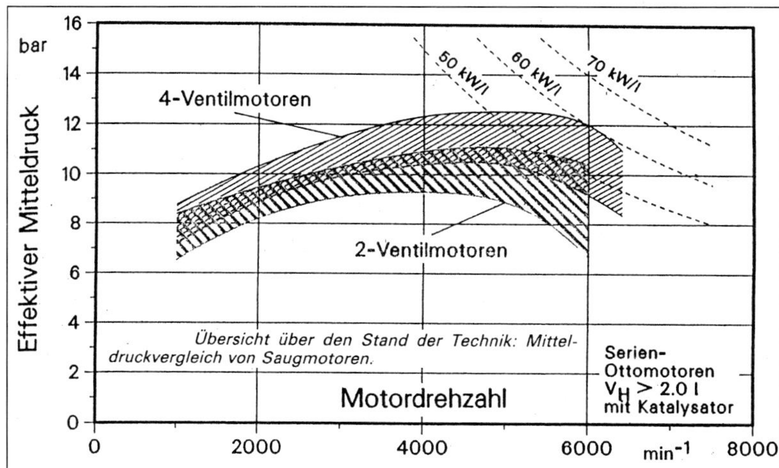

Der Mitteldruck ist der beste spezifische Wert zur Vergleichbarkeit von Motoren. In diesem Diagramm sind Mitteldrücke von Saugmotoren als Zweiventiler und Vierventiler erfaßt. Gute Zweiventiler erreichen einen Mitteldruck von 11 bar, gute Vierventiler liegen zwischen 12 und 13 bar.

erreichen. Statt dessen wird auf ein gutes Verhalten im Leerlauf und niedrigen Geräuschpegel viel Wert gelegt. Auch der High-Tech-Anspruch spielt hier eine große Rolle. Die europäischen Firmen hingegen wollen zeigen, daß man mit der Mehrventil-Technik die wesentlichen Eigenschaften von Verbrennungsmotoren wie Leistung, Drehmoment, Verbrauch und Abgasverhalten positiv beeinflussen kann. Bei maximalem Aufwand auch im Umfeld der Motoren sind die Mitteldrücke der europäischen Motoren deshalb fast immer höher als die der vergleichbaren fernöstlichen Konkurrenten.

Die Tabelle zeigt auch, dass die Mitteldrücke jener Motoren, die für Kraftstoff mit ROZ 98 (Research Oktanzahl) ausgelegt sind, höher sind als bei Motoren mit ROZ 95. Gründe sind das höhere mögliche Verdichtungsverhältnis und der in manchen Fällen fehlende Katalysator.

Das gilt besonders für Motoren mit Aufladung. Hier kann die höhere Klopffestigkeit des Kraftstoffes in höhere Ladedrücke umgesetzt werden. Beides zusammen ergibt Mitteldrücke, die deutlich höher sind als die von nicht aufgeladenen Rennmotoren. Dass die Leistungswerte der Rennmotoren trotzdem wesentlich höher sind, dafür ist das sehr viel höhere Drehzahlniveau verantwortlich. Je höher die Drehzahl, bei der ein bestimmter Mitteldruck anfällt, um so höher ist auch die Leistung.

Eine enorme Steigerung der Mitteldrücke hat in den letzten Jahren der Diesel erfahren. Dank Vierventiltechnik, Direkteinspritzung und Abgasturboaufladung übertreffen manche Diesel heute sogar aufgeladene Ottomotoren.

Die mit Abstand höchsten Mitteldrücke weisen Rennmotoren mit Vierventil-Technik und Aufladung auf. Die höchsten Mitteldrücke überhaupt hatten die 1,5-Liter-Formel-1-Motoren aus der Turboära. Mit Hilfe der ausgefeiltesten Technik war es gelungen, Mitteldrücke von über 50 bar im Bereich des maximalen Drehmoments bzw. von ca. 45 bar bei maximaler Leistung zu erreichen. Die Mitteldrücke der frei saugenden Formel 1-Motoren liegen wesentlich niedriger.

Die Mitteldrücke von Serienmotoren sind über die Jahre angestiegen und die Mehrventiltechnik hat dazu einen ganz erheblichen Beitrag geleistet. So erreichen heute sehr gute Serien-Motoren in Vierventil-Technik Mitteldrücke, die vor wenigen Jahren noch Rennmotoren mit Zweiventiltechnik vorbehalten waren.

Hubraumvergrößerung

Wie man gesehen hat, spielt der Hubraum für die Leistung des Motors eine erhebliche Rolle. Denn er ist die Basis für den pro Arbeitszyklus umsetzbaren Durchsatz an brennbarem Gemisch. Wir wollen hier die grundsätzlichen Möglichkeiten einer Hubraumvergrößerung und alle damit zusammenhängenden Faktoren erörtern, obwohl man eine Hubraumvergrößerung zur Erzielung höherer Leistung nicht als »Tuning« im eigentlichen Sinne bezeichnen kann. Unter echtem Tuning versteht man in der Regel eine Leistungssteigerung bei gegebenem Hubraum.

Mehr Hubraum – mehr Leistung

In der Leistungsformel ist der Hubraum einer der drei leistungsbestimmenden Faktoren. Dies ergibt sich auch ohne Bemühen von Mathematik aus dem einfachen Zusammenhang, dass in einem größeren Zylinder eben auch mehr Gemisch verbrannt werden kann als in einem kleineren. Der Durchsatz pro Zeiteinheit wird größer, und damit der Leistungsumsatz höher. »Hubraum ist durch nichts zu ersetzen« lautet darum auch eine alte Grundregel unter Motorenbauern. Nach wie vor zählt daher eine Hubraumvergrößerung sowohl im Serienmo-

Leistungssteigerung durch Hubraumvergrößerung: Der Hubraum ist einer der drei leistungsbestimmenden Faktoren. Der Leistungszuwachs verläuft jedoch nicht linear zur Zunahme des Hubvolumens.

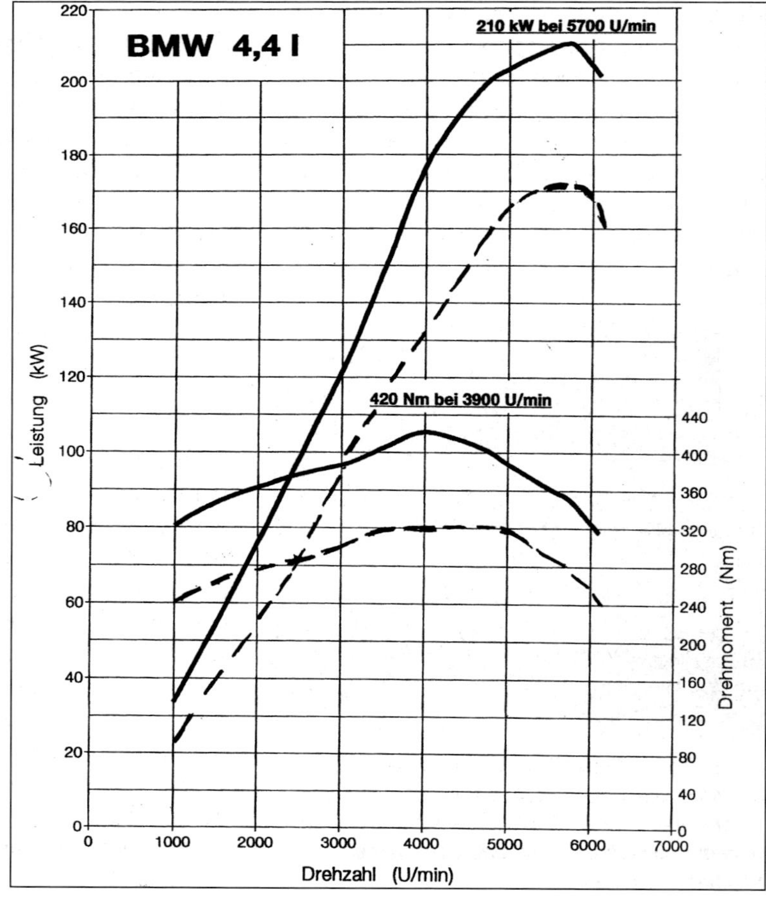

torenbau als auch bei professionellen Leistungssteigerern zu den beliebtesten Methoden, wenn es darum geht, aus einem vorhandenen Motor mehr herauszuholen.
Die Hubraumvergrößerung ist gleichzeitig ein sicherer Weg, die getroffene Maßnahme im Endeffekt spürbar zu machen. Denn ebenso wie die Leistung erhöht sich mit dem größeren Hubvolumen auch das Drehmoment – und zwar über den gesamten Drehzahlbereich. Und eine solche Drehmomentsteigerung wiederum ist für den Fahrbetrieb nützlicher und unmittelbarer spürbar als ein paar PS zusätzlicher Spitzenleistung im obersten Drehzahlbereich. Bei Betrachtung der Leistungsformel

$$\mathbf{P = p_m \cdot V_d \cdot n \cdot (K)}$$

könnte man zu dem Schluss kommen, dass mit einer Hubraumvergrößerung die Leistung und das Drehmoment linear ansteigen, dass also 20 Prozent mehr Hubraum auch 20 Prozent mehr Leistung ergeben. In der Praxis ist dies meist nicht der Fall. Zwar steigt das Drehmoment und damit die Leistung im unteren Drehzahlbereich linear, fällt dann aber bei höheren Drehzahlen wegen Drosselverlusten

Der zwischen den Zylindern verbliebene Steg bestimmt die Möglichkeiten, wie weit aufgebohrt werden kann. In der Großserie werden hier 7 mm ungern unterschritten, als Grenzwert gilt ein Spaltmaß von 4 mm.

oder höheren Pump- und Reibungsverlusten stärker ab. Theoretisch nimmt die Literleistung mit zunehmender Zylindergröße ab. Darum ist es wichtig, zusammen mit einer Hubraumvergrößerung Maßnahmen zur Füllungsverbesserung und zur Erzielung eines gleichwertigen Drehzahlniveaus einhergehen zu lassen. Den ausschließlich auf eine Hubraumvergrößerung zurückzuführenden Leistungsgewinn kann man ganz allgemein mit folgender Faustformel grob abschätzen:
Leistungsgewinn = Literleistung des vorhandenen Motors x zusätzlicher Hubraum x 0,8.
Hierbei ist die Literleistung in PS/Liter und der zusätzliche Hubraum in »Liter« (1000 cm^3 = 1 Liter) einzusetzen. Der Faktor 0,8 schwankt etwas, je nach Motor, doch ergeben sich damit brauchbare Anhaltswerte.

Aufbohren = größerer Hubraum

Eine Hubraumvergrößerung lässt sich nachträglich am einfachsten durch eine Erweiterung der Zylinderbohrung erreichen, was unter der Bezeichnung »Aufbohren« allgemein bekannt ist. Dies gilt jedoch nur für Motoren mit Grauguss-Blöcken. Leichtmetallzylindergehäuse, deren Kolben direkt auf der beschichteten oder geätzten Aluminium/Silizium-Legierung laufen, können nachträglich nicht bearbeitet werden. Leichtmetallgehäuse mit eingeschrumpften Grauguss-Laufbüchsen lassen unter Umständen geringfügige Bohrungserweiterungen zu. Das hängt von der Wandstärke der Büchsen ab. Es besteht auch die Gefahr der Lockerung.
Da jedoch durch Aufbohren grundsätzlich die Zylinderwandstärke reduziert wird, sind hier die Möglichkeiten auch bei Motoren mit klassischen Grauguss-Blöcken beschränkt. Meist haben jedoch moderne Motoren auch im Hinblick auf eine eventuelle spätere werksseitige Hubraumvergrößerung genügend Material, also überflüssige Wandstärke, so dass ein Aufbohren möglich ist. Wie weit man hier im Einzelfall gehen darf, kann nur die Erfahrung oder ein Versuch mit einem unbrauchbaren Motor-

Hubraumvergrößerung

Bei Motoren mit Einzylindern ist eine Hubraumvergrößerung oft durch den Einbau größerer Kolben und Zylinder möglich. Im Bild Porsche-Zylinder zur Erweiterung von 2,7 auf 3 Liter.

block zeigen. Entscheidend ist dabei nicht nur die Restwandstärke der Zylinder, die fünf Millimeter nicht unterschreiten sollte, sondern auch der zwischen den einzelnen Zylindern verbleibende Steg. Mit sechs Millimetern bleibt man auf der sicheren Seite, doch gibt es schon Serienlösungen mit fünf Millimetern und weniger (z.B. BMW M3-Sechszylinder). Hinzu kommen dann noch Dichtungsprobleme, die Grenzen setzen.

Etwas besser ist man hier bei Motoren mit nassen, auswechselbaren Laufbüchsen oder Einzelzylindern (z.B. luftgekühlte VW-und Porsche-Motoren) dran, doch auch hier scheidet die Nacharbeit von Aluminium-Büchsen aus. Doch oft sind ja auch größere Zylinder inklusive Kolben im Angebot der Tuningbranche, wovon man vor eigenen Experimenten Gebrauch machen sollte.

Den neuen, durch Aufbohren vergrößerten Hubraum kann man sich mit folgender Formel leicht ausrechnen:

$$\mathbf{V = z \cdot H \cdot \pi \cdot \frac{D^2}{4}}$$

In dieser Formel bedeuten V das Hubvolumen in cm^3, z die Anzahl der Zylinder, H die Länge des Kolbenhubs (in cm eingesetzt) und D die Bohrung (ebenfalls in cm einsetzen). Für Vierzylindermotoren vereinfacht sich die Formel wie folgt:

$$\mathbf{V = H \cdot \pi \cdot D^2}$$

π ist jeweils mit 3,14 einzusetzen).

Am Beispiel des Porsche Boxsters (2,7 Liter Hubraum) und des Boxsters S (3,2 Liter Hubraum) lässt sich dies gut nachrechnen. Beide Motoren haben 7,8 cm Hub, das 2,7-Liter-Modell hat 8,55 cm Bohrung, folglich ergeben sich eingesetzt in unsere Formel aufgerundet 2686 cm^3 Hubraum. Mit 7,5 mm weiterer Zylinderbohrung, also 93,0 cm, wurden schließlich 3179 cm^3 erreicht. Der Hubraumgewinn beträgt 492 cm^3. Den Hubraumgewinn in Abhängigkeit von der Bohrung und dem Hub kann man ohne den Umweg über den Gesamthubraum ausrechnen. Hier gilt folgende Formel:

$$\mathbf{V_{zus} = H \cdot \pi \cdot d\,(2D + d) \cdot \frac{z}{4}}$$

V_{zus} bedeutet hier den Hubraumgewinn (zusätzlicher Hubraum), H den Hub, D die Bohrung des ursprünglichen Motors, und d ist der Betrag, um den die Bohrung erweitert wird. Zu beachten ist, dass sämtliche Maße in cm eingesetzt werden müssen, damit der Hubraumgewinn in cm^3 herauskommt. Für unser Beispiel ergeben sich

$$V_{zus} = 7{,}8 \cdot 3{,}14 \cdot 0{,}75\,(2 \cdot 8{,}55 + 0{,}75) \cdot \frac{6}{4} = 492\ cm^3$$

Voraussetzung für eine wirksame Hubraumvergrößerung durch Aufbohren ist natürlich das Vorhandensein größerer, der Bohrung entsprechender Kolben. Diese Kolben kann man sich ganz nach Wunsch als Sonderanfertigung bei einigen Kolbenfirmen (z.B. Mahle, KS)

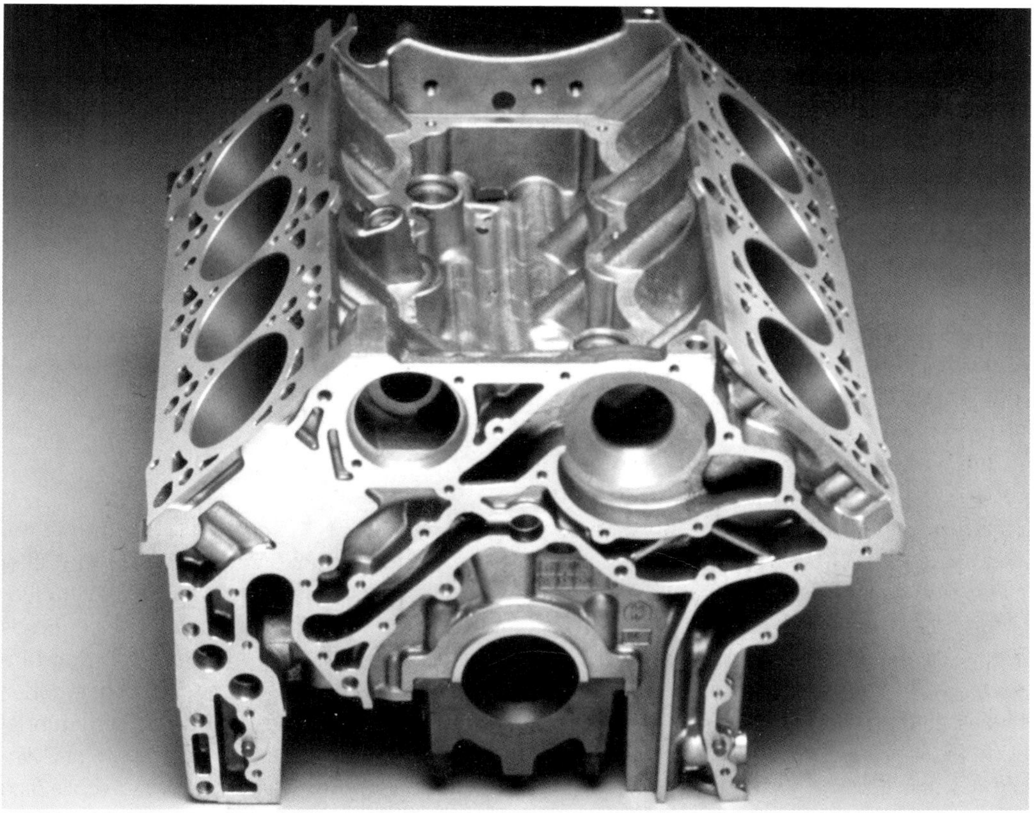

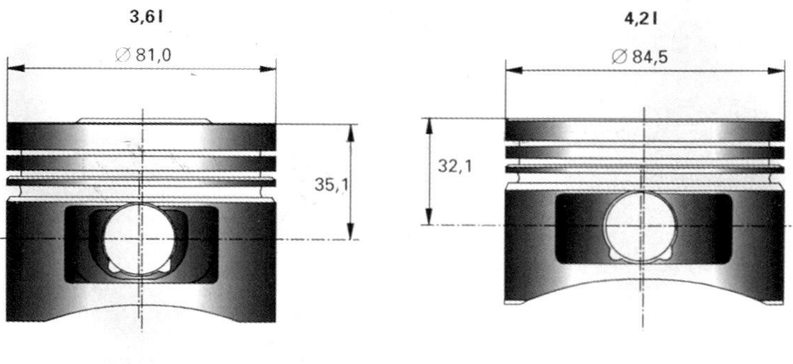

Oben: Hubraumgewinn durch zusätzliche Zylinder: Im Bild ein Kurbelgehäuse als Closed-Deck-Konstruktion.

Links: Größerer Hubraum durch Aufbohren: Je größer die Bohrung, desto schwerer wird jeder einzelne Kolben. Durch geeignete Materialwahl lässt sich dieser Nachteil ausgleichen.

Wo Schmiederohlinge fehlen oder sich wegen geringer Stückzahl nicht lohnen, werden Kurbelwellen aus Vollmaterial gedreht. Im Bild die Sechszylinder-Kurbelwelle von Brabus mit verlängertem Hub für Mercedes.

machen lassen oder – einfacher noch – über die Tuningbranche beziehen. Falls man sich mit solchen Sonderanfertigungen nicht belasten möchte, bleibt immer noch die Möglichkeit, auf die werksseitig für den Überholungsfall vorgesehenen Übermaßkolben zurückzukommen, die meist um 0,5 bis 1,5 mm im Durchmesser größer sind als das Normalmaß. Der Hubraumgewinn ist hier natürlich nicht sehr groß und liegt z. B. für einen Zweiliter-Vierzylindermotor mit 1 mm größerer Bohrung bei ca. 45 cm^3.

Dies lohnt zwar keineswegs den Aufwand, die Kolben eines gesunden Motors gegen solche mit Übermaß auszutauschen, doch im Falle einer Überholung sollte man sich diese Möglichkeit, auf das höchstzulässige Übermaß zu gehen, nicht entgehen lassen. Zu beachten ist hierbei jedoch, dass dann eine Überholung des Motorblocks mit Werksersatzteilen nicht mehr möglich ist.

Mehr Hub

Die zweite Möglichkeit, den Hubraum zu vergrößern, besteht darin, den Kolbenhub durch eine andere oder geänderte Kurbelwelle zu erhöhen. Allerdings muss man gleich vorausschicken, dass diese Maßnahme für den privaten Bastler nicht so einfach durchzuführen und nicht so unproblematisch ist wie eine Ver-

Geschmiedete Kurbelwellen mit größerem Hub sind eine aufwendige, aber gute Methode, den Hubraum eines vorhandenen Serienmotors zu steigern (Oettinger-Kurbelwelle für Golf).

größerung der Bohrung. Aber auch von dieser Möglichkeit machen nicht nur Motortuner Gebrauch, auch die Industrie variiert den Hubraum nicht nur mit der Bohrung, sondern mindestens ebenso häufig mit dem Hub.
Als altbekanntes Beispiel wäre hier zu nennen der 1,2 Liter-Motor des VW-Käfers, der mit einem um 5 mm gewachsenen Hub zu einem 1,3-Liter-Motor wurde, anschließend mit größerer Bohrung bis auf 1,6 Liter (in der Serie) vergrößert wurde. Bei VW-Tuner Oettinger gab es dann noch Langhubkurbelwellen und größere Zylinder, mit denen sich der luftgekühlte Boxer auf annähernd zwei Liter Hubraum aufblasen ließ. Aktuelle Beispiele für Hubraumvariationen mittels Hub und Bohrung bietet der BMW-Sechszylinder in Hülle und Fülle. Ursprünglich als Zweiliter konzipiert (Bohrung x Hub: 80 x 66 mm), gibt es ihn inzwischen als 2,2-Liter (80 x 72 mm), als 2,5-Liter (84 x 75 mm), als 2,8-Liter (84 x 84 mm) und als Dreiliter (84 x 89,6 mm). Im M3 erhöhte man den Hub auf 91 mm und trieb die Bohrung mit 87 mm auf die Spitze, so dass nur noch vier Millimeter zwischen den Zylindern stehen bleiben. Das Ergebnis sind 3246 cm³. Mit noch längerem Hub und reduzierter Bohrung (86,4 x 93,0 mm) kam Alpina bei dem gleichen Basis-Motor auf drei Liter Hubraum. Schließlich muss der Alpina B3 nicht so hoch drehen wie der M3.
Der durch Hubvergrößerung erreichbare Hubraumgewinn lässt sich nach folgender Formel ausrechnen:

$$V_{zus} = Z \cdot \pi \frac{D^2 \cdot h}{4}$$

oder für Vierzylindermotoren

$$V_{zus} = Z \cdot \pi D^2 \cdot h$$

Hierin bedeuten V_{zus} wiederum den gewonnenen bzw. zusätzlichen Hubraum, D die vorhandene Bohrung und h der zusätzliche Hub. Alle Werte müssen wieder in cm eingesetzt werden, um das Volumen in cm^3 zu erhalten.
Aber die Vergrößerung des Kolbenhubs bringt einige Nachteile, weswegen auch Autohersteller meist lieber den Weg über die Bohrung oder eine Kombination von Hub- und Bohrungsvergrößerung vorziehen. Bei gleicher Drehzahl wächst nämlich die mittlere Kolbengeschwindigkeit linear mit dem Hub an, was

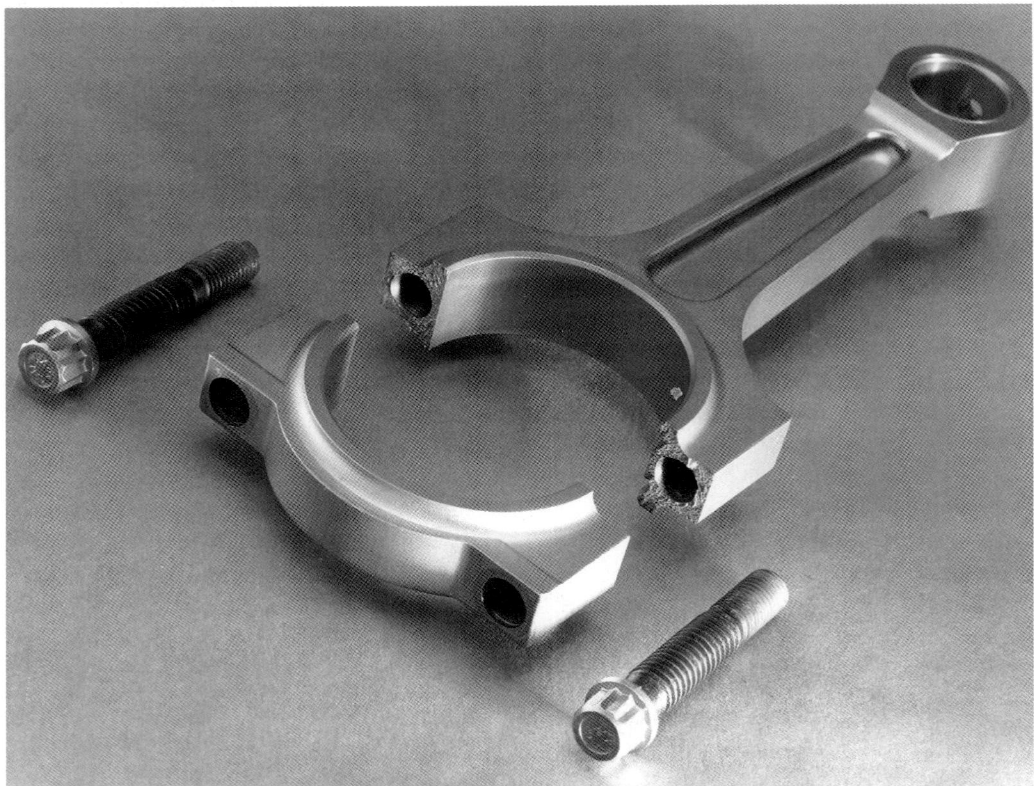

In der Regel müssen nach einer Hubraumvergrößerung durch längere Kurbelwellen-Hubzapfen kürzere Pleuel eingebaut werden. Im Bild ein modernes gecracktes Pleuel, dessen unteres Pleuelauge mechanisch an einer Sollbruchstelle durchgebrochen wurde.

neben höherem Verschleiß auch größere Massen- und Reibungskräfte ergibt. Auch der Motorlauf kann durch diese Maßnahme rauer werden. Diese grundsätzlichen Nachteile sind jedoch für ein Motortuning dann von sekundärer Bedeutung, wenn kritische Kolbengeschwindigkeiten nicht erreicht werden. Darum steht dieser Maßnahme bei Kurzhubmotoren von dieser Seite durchaus nichts im Wege.

Der private Bastler hat meist mit anderen Schwierigkeiten zu kämpfen. Die Vergrößerung des Hubraums auf diese Weise setzt eine andere oder geänderte Kurbelwelle voraus, die, von wenigen Ausnahmen abgesehen, meist nicht ohne weiteres zu beschaffen ist. Außerdem ragt bei einer Hubverlängerung der Kolben über die Zylinderlaufbahn hinaus, was entweder mit kürzeren Spezialpleueln (was hinsichtlich der Reibverluste ungünstig ist), oder durch geänderte Kolben kompensiert werden muss. Bei Einzelzylindern (z. B. luftgekühlter VW) können Distanzringe eingelegt werden. Falls für einen bestimmten Motortyp keine Spezialkurbelwelle vorhanden ist, kann man durch entsprechendes Schleifen eines Kurbelwellenrohlings etwas mehr Hub erreichen. Hierbei wird der Hubzapfen exzentrisch geschliffen, wobei man noch auf das höchstzulässige Abmaß des Lagerzapfens heruntergehen kann, so dass eine Exzentrizität von 1 bis 2 mm gegenüber dem serienmäßigen Pleuelzapfen zu erzielen ist. Zu bemerken ist noch, dass eine bestimmte Exzentrizität des Hubzapfens den doppelten Wert als zusätzli-

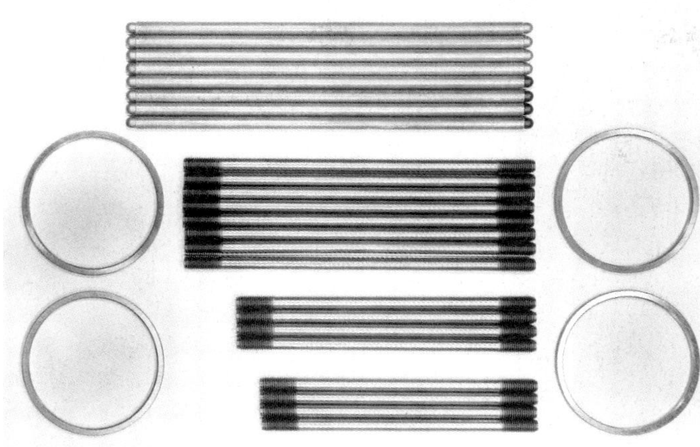

Längere Stehbolzen, Distanzringe und längere Stößelstangen sind für eine Hubraumvergrößerung bei luftgekühlten VW-Motoren notwendig.

Unten:
Die Hubraumvergrößerung durch längeren Kolbenhub erzwingt die Anpassung des gesamten Kurbeltriebs.

4,2 l

3,6 l

chen Kolbenhub ergibt, was bei einem um 2 mm exzentrisch geschliffenen Hubzapfen immerhin 4 mm Mehrhub ergibt.
Beim Einbau von Spezialkurbelwellen mit größerem Hub ist außerdem zu überprüfen, ob der vergrößerte Kurbelradius im Kurbelgehäuse Platz hat, d.h. die Kurbelwelle muss sich einwandfrei drehen lassen. Notfalls muss das Kurbelgehäuse nachgearbeitet werden. Weiterhin muss beachtet werden, dass die längeren Hubzapfen eventuell in den Ölsumpf tauchen, wie überhaupt die Pantschverluste mit wachsendem Hub größer werden. Ein (geringfügiges) Absenken des Ölniveaus oder eine tiefere Ölwanne können hier Abhilfe schaffen.
Zusammenfassend kann man sagen, dass eine Hubraumvergrößerung mit Hilfe des Hubes mehr Aufwand erfordert und größere Schwierigkeiten macht als das relativ einfache Aufbohren. Dennoch sollte dieser Weg keineswegs ausgeschlossen werden, zumal wenn relativ preiswerte Spezialkurbelwellen lieferbar sind. Probleme hinsichtlich zu großer Kolbengeschwindigkeiten dürften sich für den privaten Bastler kaum ergeben. Mehr als 10 Prozent des ursprünglichen Hubes sollte man allerdings nicht wagen, es sei denn, es handelt sich um einen sehr kurzhubigen Motor oder es liegen entsprechende Erfahrungswerte vor.
Größerer Hub bedeutet aber nicht nur höhere Kolbengeschwindigkeit, sondern auch höhere Lateralkräfte an der Zylinderwand durch die größere Auslenkung des Pleuels. Hierfür muss im Kurbelgehäuse gegebenenfalls der nötige Freigang geschaffen werden. Mehr Hub führt außerdem zu erhöhter Reibleistung (vor allem wegen der höheren Kolbengeschwindigkeit) und, was vor allem für Serienmotoren wichtig ist, zu einem raueren und brummigen Lauf infolge der größeren Massenkräfte. Eine Kompensation bieten hier leichtere Kolben und Pleuel sowie eine Verlängerung des Pleuels, sofern dies möglich ist. Letztere Maßnahme verringert die Lateralkräfte des Kolbens am Zylinder. So hatte der Vierzylinder-VW-Motor (Typ 827) als 1,6-Liter mit 77,4 mm Hub früher eine Pleuellänge von 135 mm, bei der Entwicklung zum 1,8-Liter (86,4 mm Hub) wurde die Pleuellänge auf 144 mm vergrößert, die Zweilitervariante schließlich (92,8 mm Hub) verfügt über ein Pleuel von 159 mm Länge.

Den mittleren Druck erhöhen

Wie wir bei unseren theoretischen Betrachtungen gesehen haben, ist der mittlere effektive Druck, der bei der Verbrennung entsteht, für die Leistung von ausschlaggebender Bedeutung. Aber nicht nur die absolute Höhe, also der Spitzenwert des mittleren Druckes, ist für die Höhe der Leistung maßgebend, sondern auch die Lage dieses Wertes zu der entsprechenden Drehzahl. Hier gilt: ein bestimmter effektiver Druck bei hoher Drehzahl ergibt mehr Leistung als bei niedriger Drehzahl, wie man aus der Leistungsformel

$$P = p_m \cdot V_h \cdot n \cdot (K)$$

leicht ersehen kann. Wie wir weiter erfahren haben, entspricht der Verlauf des mittleren Druckes dem des Motordrehmoments, das für die meisten Leser ein geläufiger Begriff sein dürfte. Man kann also auch sagen, dass ein bestimmtes Motordrehmoment bei hoher Drehzahl mehr Leistung einbringt als bei niedriger Drehzahl.

Die Bestrebungen eines Motortuners gehen also in erster Linie dahin, den mittleren effektiven Druck und damit das Motor-Drehmoment zu steigern und nach Möglichkeit den Maximalwert in höhere Drehzahlbereiche zu verlagern. Welche grundsätzlichen Maßnahmen hierzu nötig sind, werden wir im folgenden erläutern. Zugleich sei darauf hingewiesen, dass hier die meisten Erfolgschancen für eine Leistungssteigerung liegen und dass es vom Umfang und der Güte der diesbezüglichen Arbeiten abhängt, ob ein Motor gut »geht« oder nicht. In der Regel führen außerdem Maßnahmen zur Erhöhung des mittleren effektiven Druckes, also des Drehmoments, auch zu einer Steigerung der Nenndrehzahl, was ebenfalls zur Leistungssteigerung beiträgt. Denn

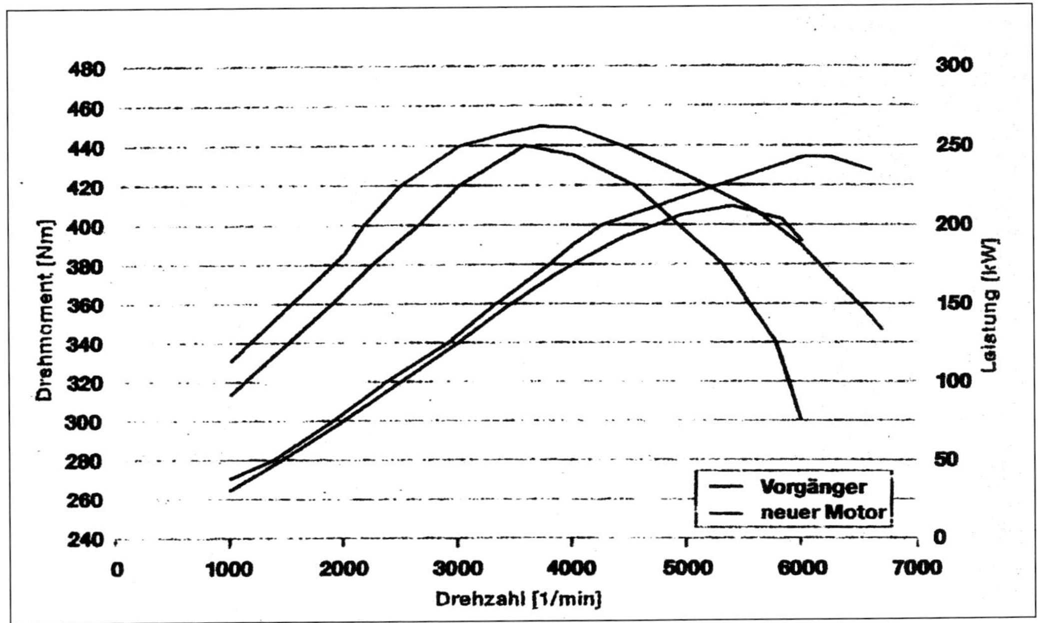

Ohne die Drehzahl zu erhöhen, konnte beim Nachfolgemotor sowohl die Leistung als auch das Drehmoment gesteigert werden.

Modifiziertes Saugrohr: Erhöhung des Mitteldrucks durch gezielte Abstimmung der für die Zylinderfüllung relevanten Komponenten.

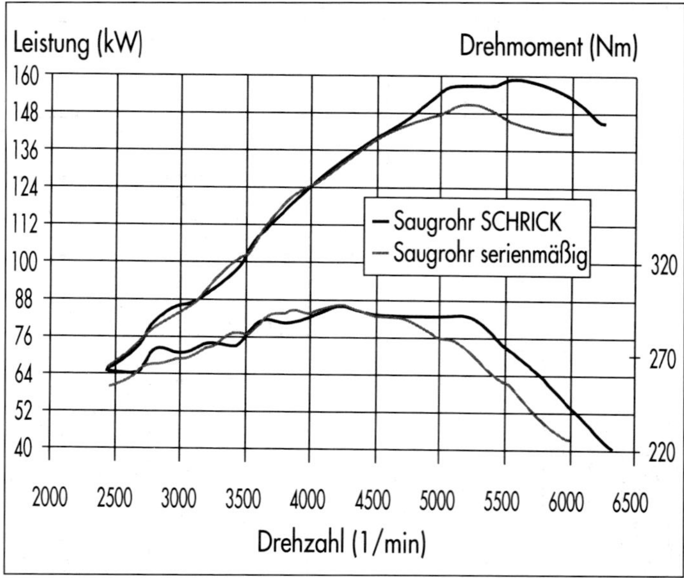

nur selten lassen sich diese beiden wichtigsten Faktoren der Leistungssteigerung, nämlich Erhöhung des Druckes und Drehzahl, voneinander trennen, was auch im Hinblick auf die Zielsetzung dieser Arbeiten wenig Sinn hätte.

Füllung verbessern

Für die Größe und den Verlauf des mittleren Verbrennungsdruckes (bzw. des Drehmoments) ist hauptsächlich die Zylinderfüllung und – in geringerem Maße – das Verdichtungsverhältnis maßgebend. Zugleich sei darauf hingewiesen, dass der mechanische Wirkungsgrad einer Maschine durch die Erhöhung des Verbrennungsdruckes besser wird, da der Anteil der Reibleistung (Reibungsverlust des Motors) annähernd gleich bleibt. Anders sehen diese Verhältnisse bei einer Erhöhung der Drehzahl aus, wie wir noch im nächsten Kapitel sehen werden.

Hauptanliegen des Tuners sollte es also sein, die Zylinderfüllung seines Motors zu verbessern, denn hier sitzt er sozusagen am Quell der Leistung. Die Zylinderfüllung wird aber von vielen Faktoren bestimmt, die es alle zu berücksichtigen gilt.

Unter der Zylinderfüllung versteht man die pro Arbeitsspiel angesaugte Frischgasmenge. Deren Verhältnis zum tatsächlichen Rauminhalt des Zylinder bezeichnet man als Liefergrad. Je besser also die Füllung und damit der Liefergrad eines Zylinders ist, um so größer ist die angesaugte Gasmenge, die durch Verbrennung in Leistung umgesetzt werden kann. Normalerweise liegt der Liefergrad bei Gebrauchsmotoren unter 1,0 (1,0 entspricht 100 %), da Strömungsverluste im Ansaugtrakt und/oder ungenügende Spülung des Zylinders (Restgase) eine Füllung mit dem vollen Hubvolumen verhindern. Gut abgestimmte Motoren können dabei einen Liefergrad von 0,9 erreichen, das heißt sie sind in der Lage, bis zu 90 Prozent des Hubvolumens anzusaugen.

Es gibt aber auch Motoren, bei denen durch Ausnutzung des Aufladeeffekts im Ansaugtrakt der Liefergrad über 100 Prozent ansteigt, allerdings dann in einem engen Drehzahlbereich.

In diesem Zusammenhang sei auf den dominanten Einfluss der so genannten Schwingrohrlänge hingewiesen, die weit mehr als andere Faktoren wie beispielsweise die Auspuffanlage oder das Verdichtungsverhältnis die Güte

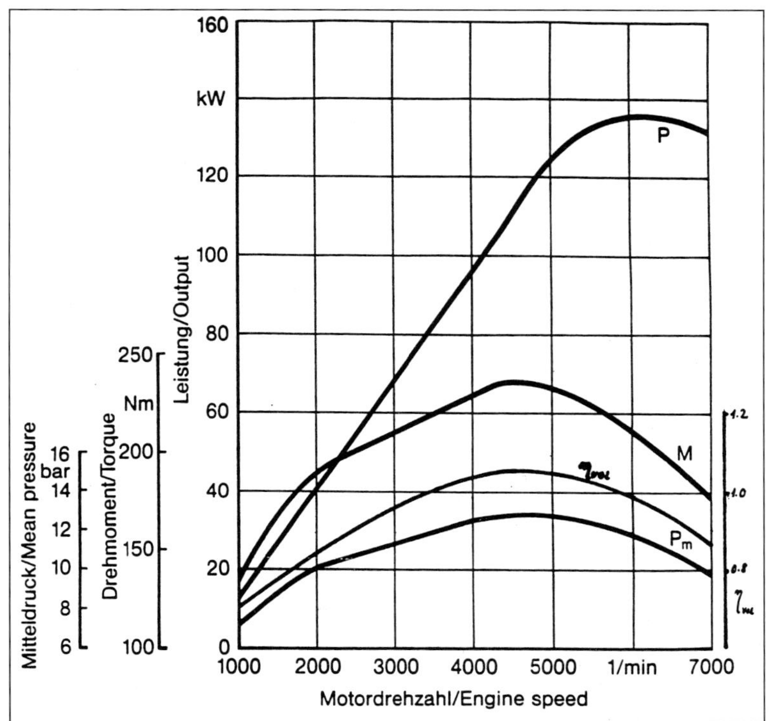

In diesem Diagramm eines Mercedes-2,3-16-V-Motors sind neben Leistung und Drehmoment auch der Mitteldruck (p_m) als volumetrischer Wirkungsgrad aufgezeichnet. Man sieht, dass der Liefergrad zwischen 3500 und 6000/min über 1,0 liegt.

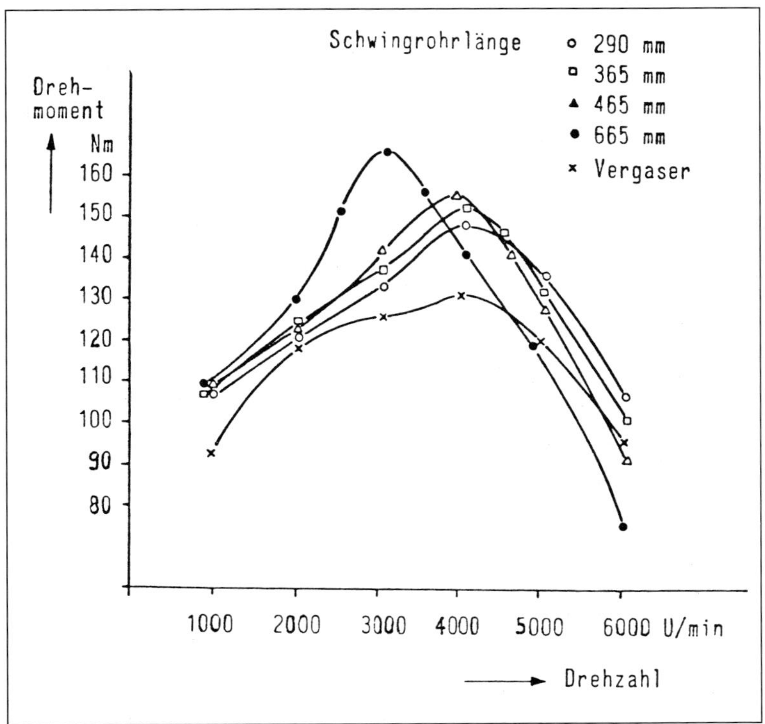

Die freie Schwingrohrlänge bestimmt Höhe und Verlauf des Motordrehmoments und damit die Leistung. Unter »Vergaser« wird der negative Einfluß eines zusammengeführten Saugrohres dargestellt, der in ähnlicher Form aber auch für eine Zentraleinspritzung gilt.

Die Länge eines Saugrohres ist entscheidend für die Charakteristik des Motors. Ein langes Saugrohr steigert das Drehmoment im unteren Drehzahlbereich, ein kurzes Saugrohr erhöht die Leistung bei hohen Drehzahlen.

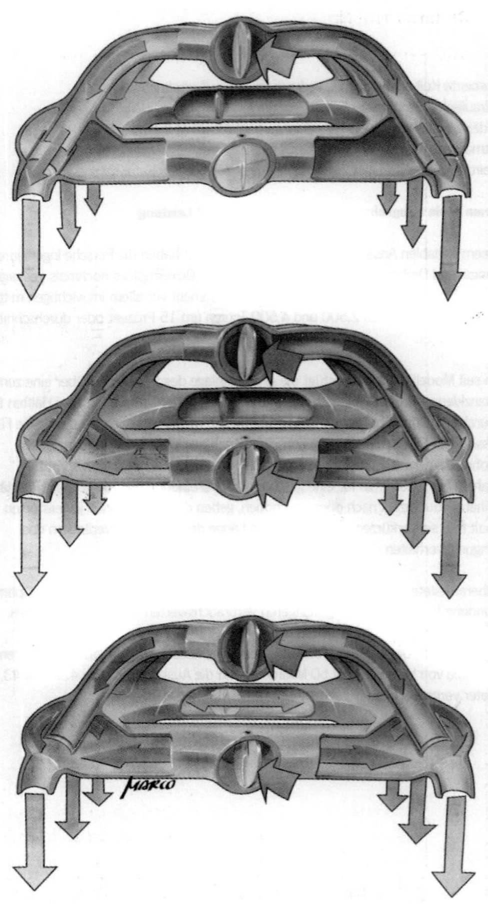

Variierung der Ansaugstreckenlänge und des Resonanzvolumens: Je nach Drehzahl und Last öffnen oder schließen sich im Ansaugmodul Klappen, mit deren Hilfe die Länge und der Durchmesser der Saugrohre variiert wird.

und den Verlauf der Füllung und damit des Motordrehmomentes beeinflusst. Unter der Schwingrohrlänge versteht man dabei die Gesamtlänge des schwingungsfähigen Ansaugtraktes, also üblicherweise vom Ausgang des Luftsammlers bis zum Einlassventilteller. Die Gestaltung und Optimierung dieser Schwingrohre ist wesentlich für die Motorcharakteristik, wobei grundsätzlich gilt, das kurze Schwingrohre das Drehmoment nach oben verlagern und so mehr Höchstleistung bringen, lange Schwingrohre für gutes Drehmoment unten herum sorgen und im oberen Drehzahlbereich die Leistung beschneiden. Da sich starre Schwingrohre nur für einen Betriebspunkt optimal auslegen lassen, besitzen moderne Motoren häufig sogenannte Schaltsaugrohre, bei denen drehzahlabhängig die Saugrohrlängen und manchmal auch das Resonanzvolumen der Luftsammler verändert werden.

Zweistufige oder dreistufige Schaltsaugrohre sind heute Stand der Technik, BMW hat sogar bei den Achtzylindern erstmals eine stufenlos in der Länge variable Sauganlage eingeführt.

Saugwege entdrosseln

Da es primär darauf ankommt, zunächst einmal genügend Frischgas in die Zylinder zu bringen, muss man der Ansaugseite in diesem

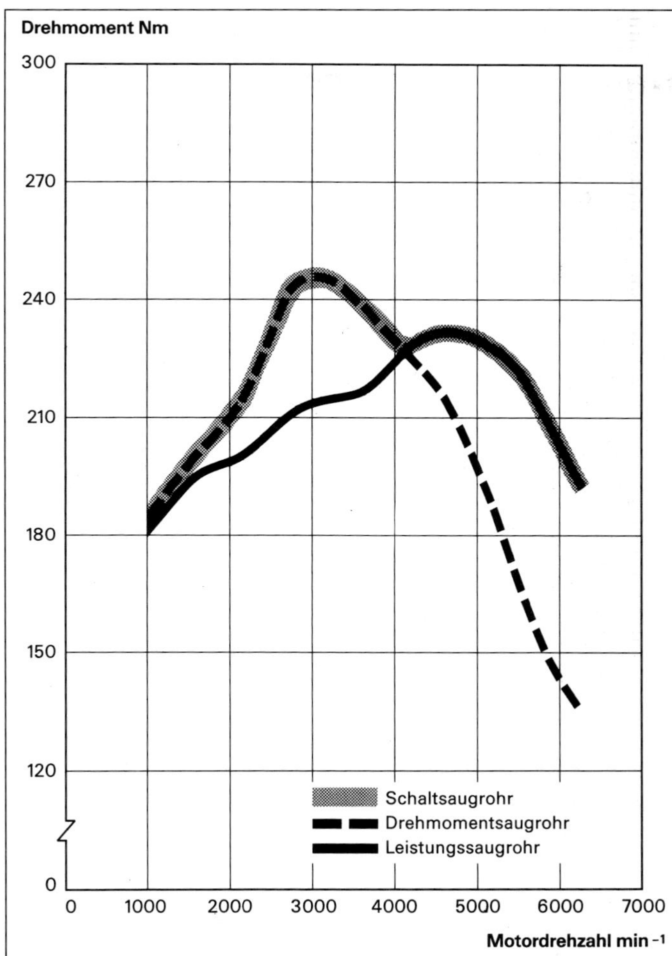

Das Schaltsaugrohr des Audi-2,9-Liter-Sechszylinders hat bei Drehzahlen unter 4000/min eine Rohrlänge von 780 mm und einen Querschnitt von 800 mm², jenseits von 4000/min wird auf die kurze Rohrlänge (380 mm) und auf größeren Querschnitt (1200 mm²) geschaltet. Dadurch ergibt sich eine insgesamt fülligere Drehmomentkurve.

Fall die größere Aufmerksamkeit widmen. Über die Güte der Füllung entscheiden also in erster Linie die Saugwege in ihrer Länge, Dimensionierung und Gestaltung. Hier gilt es vor allen Dingen, dem Frischgas das Einströmen so schmackhaft wie möglich zu machen. Die Hauptdrosselverluste beim Einströmen des Frischgases treten an Drosselklappen, an Luftansaugstutzen, am Luftmengenmesser, am Vergaser (falls vorhanden) und an den Ventilen selbst auf. Selbstverständlich setzen auch mehr gebogene, ellenlange Saugrohre (so genannte Hirschgeweihe) und verwinkelte Ansaugkanäle im Zylinderkopf dem Gemisch erheblichen Widerstand entgegen.

Und schließlich treten auch Füllungsverluste durch zu starke Aufheizung des Gemischs in den Zylinderkopfkanälen und an den Einlassventilen auf. Auch die heute wegen guter Filterung und Geräuschdämpfung oft sehr umfangreichen Luftfilterkästen können einen Füllungsverlust erzeugen.

Ausreichende Querschnitte sind natürlich im Interesse einer guten Füllung unerläßlich. Allerdings gibt es auch hier Grenzen nach oben: Zu große Querschnitte reduzieren die Strömungsgeschwindigkeit des Frischgases und verhindern den Aufbau einer schwingungsfähigen Gassäule, was wiederum den Nachladeeffekt in Frage stellt. Getrennte Saugwege für jeden ein-

Dieser Schnitt durch den Zylinderkopf des R8-Gordini-Motors zeigt den Grund seiner damals hohen Leistung: Doppelvergaser, große Saugkanäle und Ventile, getrennte Abgasführung.

zelnen Zylinder sind ebenfalls Voraussetzung für eine optimale Füllung. Moderne Motoren haben darum grundsätzlich separate Ansaugkanäle, wobei Vierventiler zum Teil erst im Zylinderkopf die Kanäle verzweigen. Die so genannten siamesischen Einlässe, bei denen zwei Zylinder durch einen im Zylinderkopf gegabelten Kanal versorgt werden (z.B. alter Mini-Motor), gehören der Vergangenheit an. Auch die Lage der Kanäle ist für die Füllung von Bedeutung. Gegenüberliegende Ein- und Auslasskanäle (Cross-Flow-Anordnung) lassen mehr Platz für Volumen und Gestaltung und heizen sich nicht auf – beides Faktoren für gute Füllung.

Wichtig ist auch die separate Führung des Saugrohres bis zum Luftsammler, um den

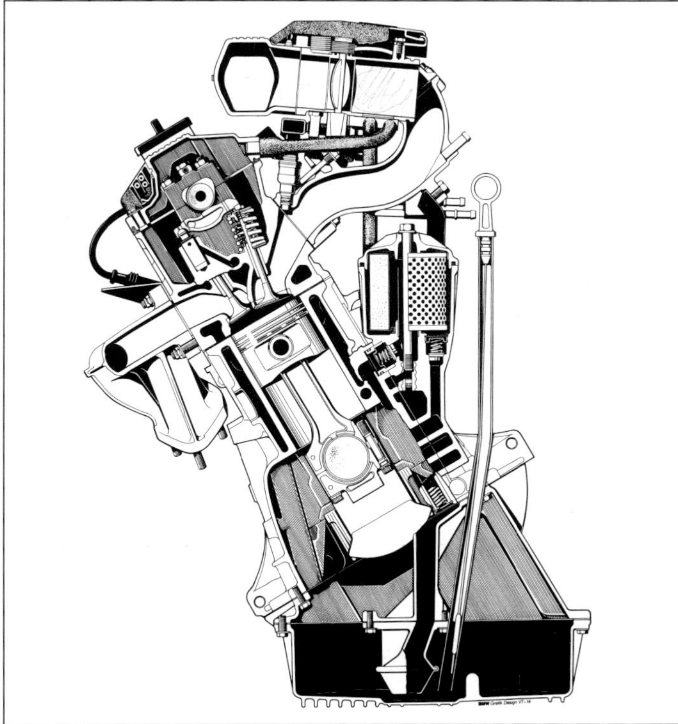

Oben:
Schaltsaugrohr: Variables Ansaugsystem (engl.: Variable Intake System) eines modernen V8-Motors.

Der Querschnitt durch den kleinen BMW-Vierzylinder zeigt den gut abgestimmten Verlauf und die Form des Saugrohres bis zum Luftsammler.

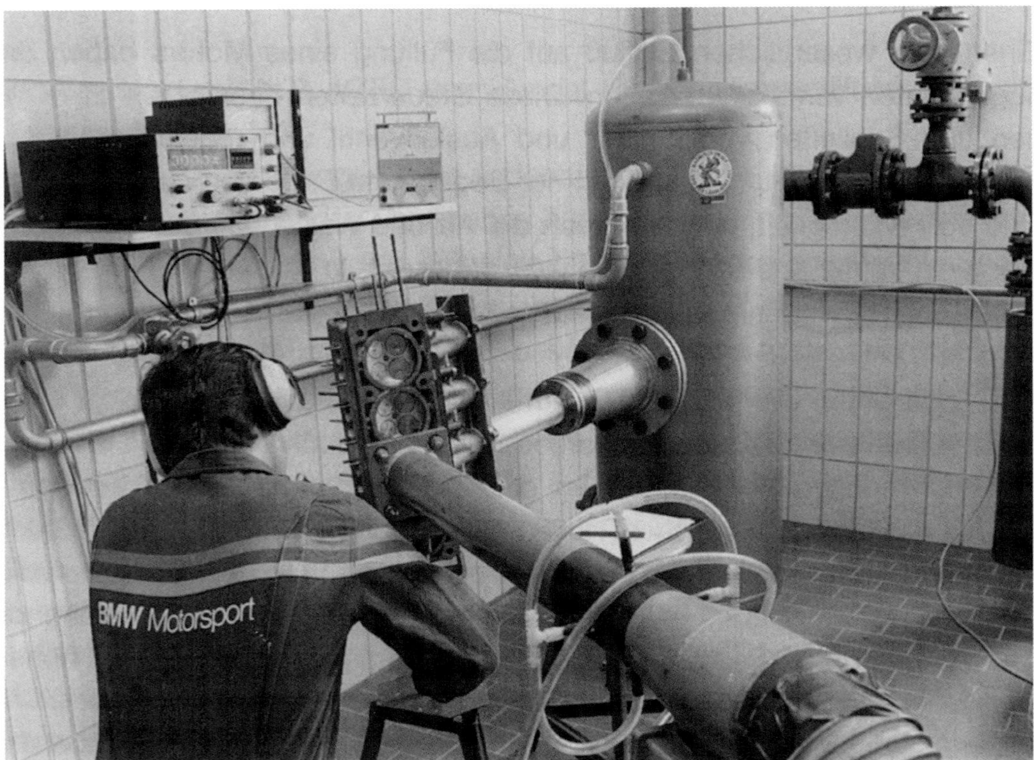

Ein BMW-Rennzylinderkopf auf der Fließbank. Aus dem Druckkessel strömt Luft durch den Einlaß des Zylinderkopfes. Je geringer der Strömungswiderstand, um so höher die später erzielbare Leistung.

Nachladeeffekt zu nutzen. Zusammengefasste Saugrohre (so genannte Spinnen), die dann in das Steuerelement einer Single-Point-Einspritzung oder einen Vergaser münden, sind für hohe Leistung von Nachteil. So stellt also schon der Übergang von einem Vergaser auf eine Zwei- oder Mehrvergaseranlage meist eine wirksame Verbesserung der Füllung dar. Insbesondere bei hohen Drehzahlen sind dadurch die Drosselverluste geringer, das Drehmoment damit höher, und die Leistung steigt beträchtlich an. Ähnliches gilt, nicht ganz in gleichem Maße, für den Übergang von einer Single-Point- zu einer Multi-Point-Einspritzung mit separater Einspritzdüse für jeden einzelnen Zylinder.

Unabhängig davon sollten die Einlasskanäle und die Ansaugkrümmer möglichst direkt und ohne Knicke in den Brennraum führen. Falls Umlenkungen notwendig sind, sind sie in sanften Bögen zu führen, d.h. eventuell vorhandene Höcker oder Knicke müssen begradigt oder gerundet werden. Um die Füllung eines vorhandenen Motors zu verbessern, können Saugrohre und Einlasskanäle nachträglich erweitert und geglättet werden, die Dichtflächen zwischen Saugrohr und Zylinderkopf müssen stoßfrei verlaufen.

Das Einlassventil selbst, zweite Hauptdrossel im Ansaugtrakt, wird zur Vergrößerung des Einlassquerschnittes bearbeitet. Noch besser ist es meist, größere Ventile einzubauen, was allerdings manchmal an Platzmangel scheitern kann. Die Füllungsverluste durch zu starke Aufheizung des Gemisches in den Saugkanälen und am Einlassventil kann man nachträglich kaum abbauen, hier sollte schon die Konstruktion des Motors entsprechend ausgeführt sein. Doch sollte die Ansaugluft des Motors nicht gerade dem meist sehr warmen Motorraum entnommen werden. Eine Frischluftführung, wie sie z.B. bei Formel-Motoren obligatorisch ist (Air-Box), bringt auch im normalen Auto deutliche Leistungsvorteile. Schließlich ist bei der Montage der Einlassteile wie Vergaser, Luftfilter, Saugkrümmer und Zylinderkopf darauf zu achten, dass an den Flanschverbindungen keine störenden Kanten oder Überschneidungen entstehen. Auch eventuell vorhandene Dichtungen sind auf richtigen Sitz zu prüfen, denn der beste polierte Zylinderkopf nützt nichts, wenn die Dichtung Teile des Einlassquerschnittes abdeckt.

Steuerzeiten und Ventilhub

Einen sehr wesentlichen Einfluss auf die Füllung eines Motors hat die Ventil-Erhebung, definiert durch Steuerzeiten und Ventilhub. Die Steuerzeiten (besser: Steuerwinkel, bezogen auf Grad Kurbelwinkel) bestimmen das Öffnen und Schließen von Einlass- und Auslassventil und regeln damit den Gaswechsel im Motor. Aber nicht nur Beginn und Ende der Ventilerhebung sind von Wichtigkeit, sondern auch die Art und Weise, wie das geschieht. Denn ein Ventil, das schnell und weit öffnet (steile Nockenformen, großer Ventilhub), kann mehr Gas durchlassen als ein langsam öffnendes Ventil mit geringem Hub.

Um einen guten Drehmomentverlauf im unteren Drehzahlbereich zu erreichen, haben normale Gebrauchsmotoren meist relativ »zahme« Steuerzeiten und Ventilerhebungen, die im oberen Drehzahlbereich für eine gute Füllung nicht mehr ausreichen. Auch spielen hier die Drehzahlfestigkeit und die Geräuschentwicklung im Ventiltrieb eine gewisse Rolle. Auf Kosten der Motorelastizität im unteren Bereich kann man meist durch entsprechende Änderungen dieser Faktoren zu einer erheblich besseren Füllung bei hohen Drehzahlen kommen.

Einen Ausweg aus diesem Dilemma bieten variable Steuerzeiten. Dabei sind insbesondere

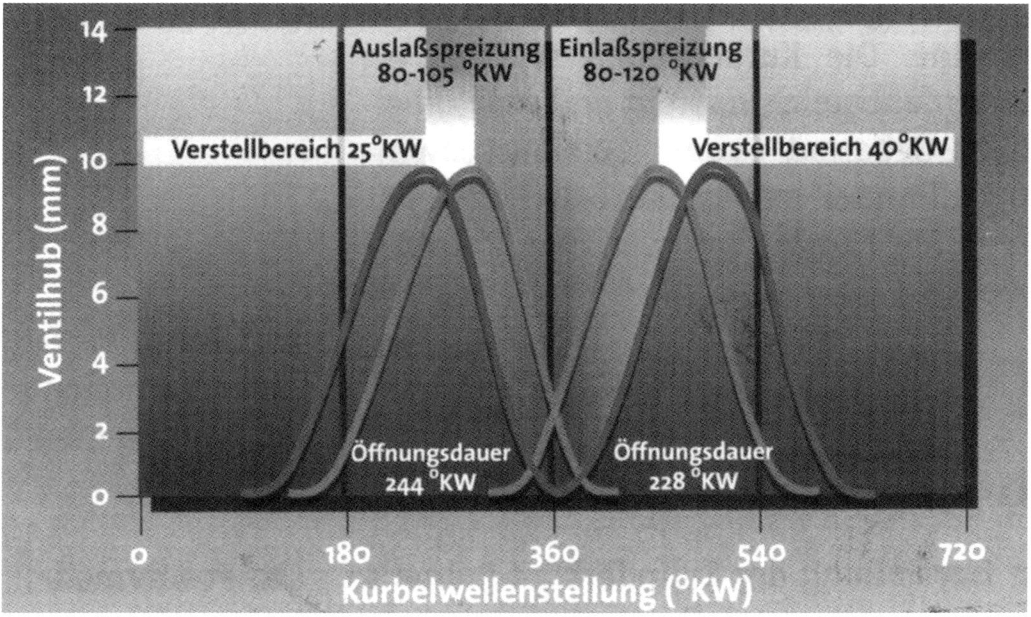

Bei der Phasenverschiebung wird die Nockenwellenöffnungszeit verschoben: Ziel ist, im unteren Drehzahlbereich durch eine verringerte Überschneidung Spülverluste zu begrenzen und im oberen Bereich durch eine höhere Ventilüberschneidung eine Leistungssteigerung zu ermöglichen.

Nockenwellenspezialisten wie Dr. Schrick, Schleicher oder Franz Albert in Wörgl haben für fast alle Modelle Sportnockenwellen im Programm.

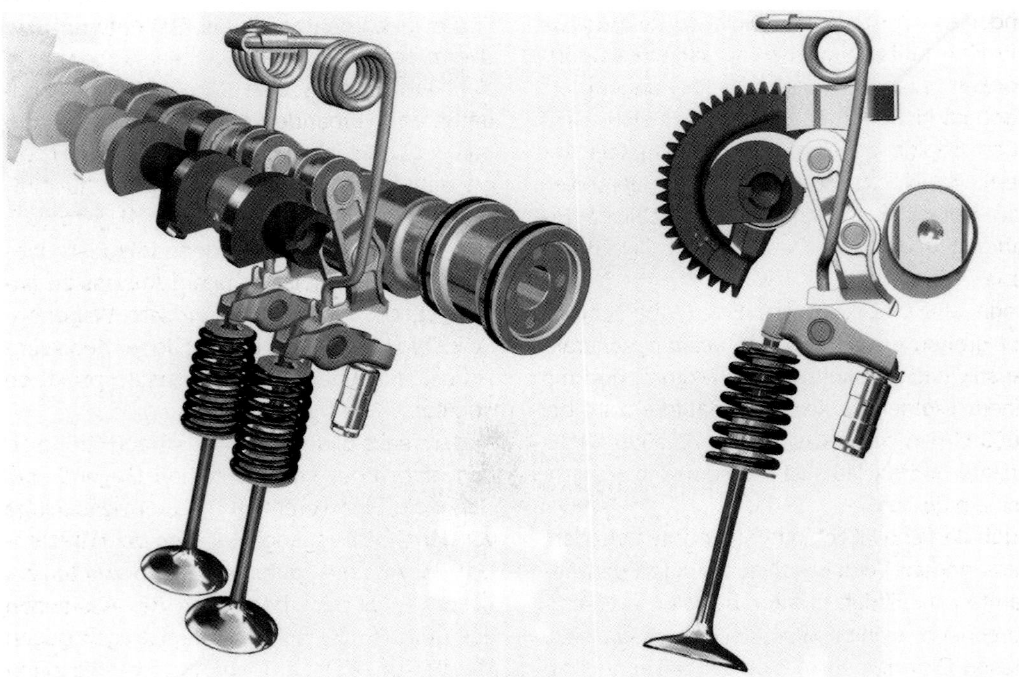

VALVETRONIC von BMW: In dieser Grafik wird offensichtlich, welchen technischen Aufwand die Ingenieure betrieben, um den Ventilhub variabler zu gestalten. Der stufenlos verstellbare Ventilhub von 0,0 bis zu 9,7 mm lässt sich innerhalb von 300 ms von Minimal- auf Maximalhub verändern.

in den letzten Jahren verschiedene Konstruktionen in Serie gegangen, die entweder durch Verdrehen der Einlassnockenwelle mit so genannten Phasenschiebern (erster Serieneinsatz beim Alfa Romeo Twin Spark) oder durch Verdrehen beider Nockenwellen (z. B. Doppel-Vanos von BMW) die Schließ- und Öffnungswinkel der Ventile den jeweiligen Lastzuständen optimal anpassen. Mit entscheidend bei diesem Verfahren ist auch, dass die Stellung von Einlassnocken und Auslassnocken zueinander, die so genannte Spreizung, verändert wird. Soll zusätzlich noch der Ventilhub verändert werden, so ist das Zuschalten eines völlig anderen Nockens (z. B. VTEC von Honda oder VarioCam von Porsche) notwendig. Als erster Hersteller hat schließlich BMW mit der Valvetronic eine vollvariable Ventilsteuerung eingeführt.

Ohne solche Einrichtungen sind jedoch wesentliche Veränderungen der Ventilsteuerzeiten und des Ventilhubes nur mit Hilfe einer geänderten oder anderen Nockenwelle möglich. Für viele Motoren werden so genannte Sportnockenwellen im Zubehörhandel angeboten, doch ist nicht immer gesagt, dass sich damit auch Erfolge erzielen lassen. Denn das Ändern von Nockenwellen bzw. das Herstellen von Sportnockenwellen setzt erhebliche Erfahrung und Können auf diesem Gebiet voraus.

Denn eine Änderung der Steuerquerschnitte hat großen Einfluss auf die Leistungscharakteristik und Laufkultur eines Motors, und mit einem Motor, der seine Leerlaufdrehzahl bei 2000 U/min hat und sich erst ab 5000 U/min ruckfrei fahren läßt, ist im normalen Verkehr keinem gedient.

Auch darf schließlich nicht vergessen werden, dass höhere Ventilbeschleunigungen den gesamten Ventiltrieb stärker belasten und entsprechend stärker verschleißen lassen. Aus diesen Gründen sollte man auf bekannte und erprobte Nockenwellen-Fabrikate (z.B. Albert, Schleicher, Schrick) zurückgreifen und eigene Experimente tunlichst vermeiden. Nicht zu vergessen ist dabei, dass meist die Grundeinstellung der Vergaser, der Einspritzanlage oder der Motorelektronik geändert werden muss, so dass für diese ganze Angelegenheit schon Erfahrung nötig ist. Vom Selbstumschleifen der vorhandenen Nockenwelle ist ohnehin abzuraten.

Wesentlich unproblematischer und weniger aufwendig lassen sich hingegen die Steuerzeiten und der Ventilhub, allerdings in geringerem Umfang, durch eine Verkürzung (auf der Nocken- bzw. Stößelseite) des Kipphebels beeinflussen. Wie dies am zweckmäßigsten geschieht, wird noch erklärt werden.

Auspuff – meist im Ton beschränkt

Auch die Auslassseite kann die Füllung im gesamten Drehzahlbereich beeinflussen, doch sind hier die Möglichkeiten eines wirklich spürbaren Leistungsgewinns weitgehend auf Renn- oder Sportmotoren beschränkt, wo man hinsichtlich der Schalldämpfung keine Rücksichten nehmen muss. Bei Automobilen, die im normalen Straßenverkehr bewegt werden sollen, muss eine ausreichende Schalldämpfung vorhanden sein, die oft einer optimalen Abstimmung der Auspuffanlage im Wege steht. Zudem sind heute in jeder Auspuffanlage die Katalysatoren für die Abgasentgiftung und die Lambda-Sonden integriert, wobei der Vorkat meist nahe am Auslass zu finden ist, der Hauptkat unter dem Wagenboden. Und hier geht es eng zu: Jeder Kubikzentimeter unter dem Auto wird heute praktisch genutzt.

Andererseits bildet jeder Kat je nach Größe einen mehr oder weniger hohen Gegendruck. Dennoch: Eine Veränderung der Abgasanlage vor dem Kat-Ausgang ist wegen der Wirksamkeit der Abgasentgiftung nicht zu empfehlen. Zu erwägen wäre höchstens der Austausch der üblichen Kats mit Keramikträger gegen Metallträger-Kats (z.B. von Emitec), die einen niedrigeren Strömungswiderstand haben (z.B. bei Alpina und Porsche serienmäßig) und robuster gegen Überhitzung sind.

Bei der Abstimmung eines Motors darf die Auspuffanlage nicht vernachlässigt werden. Bei modernen Anlagen lässt sich der Drehmomentverlauf mit einer integrierten Abgasklappe verändern.

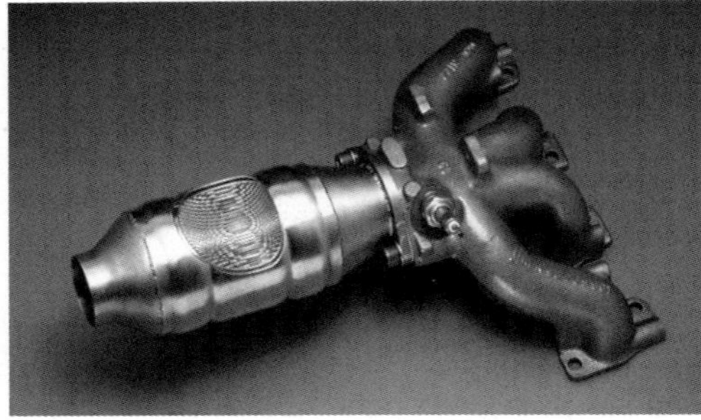

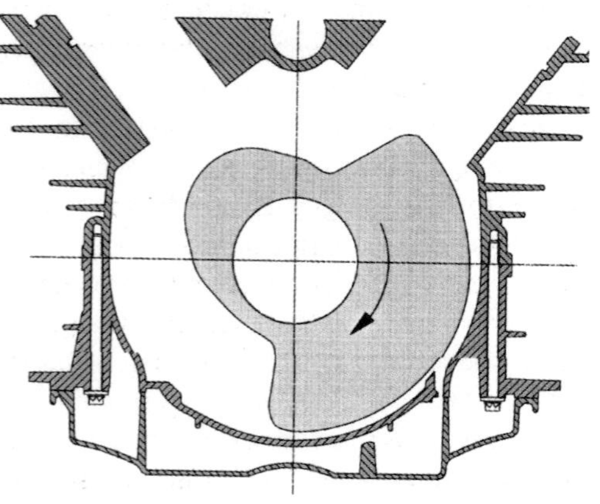

Mitte links: Metallträger-Katalysatoren lassen sich aufgrund ihrer kompakten Bauweise nahezu überall einbauen. Ein weiterer Vorteil ist der geringe Gegendruck.

Mitte rechts: Metallträger-Katalysator: Die motornahe Montage direkt am Fächerkrümmer lässt den Katalysator schnell auf Betriebstemperatur kommen.

Unten links: Komprimierung des angesaugten Kraftstoff-Luft-Gemischs: Das Verdichtungsverhältnis beschreibt das Verhältnis des gesamten Zylinderraumes vor der Verdichtung (Kurbelwelle in UT) zum verbliebenen Raum nach der Verdichtung (Kurbelwelle in OT).

Trotz aller gesetzlichen und räumlichen Einschränkungen soll dies jedoch nicht heißen, dass man die komplette Auslassseite grundsätzlich vernachlässigen kann. Auch hier lassen sich durch geschickte Änderungen abgesehen vom sportlichen Ton oft noch ein paar PS holen, doch gibt es hierfür kein allgemein gültiges Patentrezept. Und wo sich Fächerkrümmer, doppelte Rohrführung usw. noch nicht eingebürgert haben, lässt sich durchaus mit einer sondergefertigten Auspuffanlage, die richtig ausgelegt ist, noch etwas verbessern. Jedoch müssen hier die Änderungen bereits am Krümmer anfangen – nachträglich auf das vorhandene Endrohr aufgesteckte Doppelrohre nützen wenig.

Schalldämpfer mit geringerem Abgasgegendruck und widerstandsarme Kats sind hier der richtige Weg. Füllungsverbesserungen durch höhere Gasdynamik im Abgasstrang lassen sich nur durch gezielte Bearbeitung des Auslasstraktes und mit Hilfe von speziell abgestimmten Renn- oder Sportauspuffanlagen realisieren, so dass für das normale Tuning der Einlassseite die größere Bedeutung zukommt. Auch setzt die einwandfreie Abstimmung der Auslaßseite einen Prüfstand voraus, der privaten Bastlern selten zur Verfügung stehen dürfte.

Verdichtungsverhältnis

Wie schon weiter oben angedeutet, hat auch das Verdichtungsverhältnis des Motors einen nicht unbedeutenden Einfluss auf die Höhe des mittleren effektiven Druckes. Um die Zusammenhänge hier etwas deutlicher zu machen, können wir auf die Erläuterung einiger Grundbegriffe nicht verzichten.

Bekanntlich gehört zu den vier Arbeitstakten des Viertaktmotors ein Verdichtungshub (auch Kompressionshub genannt), bei dem sich der Kolben vom unteren Totpunkt (UT) zum oberen Totpunkt (OT) bewegt. Bei diesem Vorgang wird der gesamte Rauminhalt des Zylinders und des Zylinderkopfes, den man mit V bezeichnet, um den eigentlichen Hubraum des Zylinders (V_h) verringert. Das darin befindliche Gas wird also auf einen wesentlich kleineren Raum verdichtet (komprimiert). Diesen restlichen Raum, der bei der oberen Totpunktstellung des Kolbens noch übrig bleibt, bezeichnet man als Brennraum und abgekürzt, da er sich meist im Zylinderkopf befindet, mit V_k. Der Brennraum kann allerdings auch im Kolben als starke Mulde oder Wanne untergebracht sein, wie dies bei Dieselmotoren oft üblich ist und hin und wieder bei Ottomotoren auch praktiziert wird.

Das Verdichtungsverhältnis ist nun nichts anderes als das Verhältnis des gesamten Zylinderraumes V (Hubraum plus Brennraum) zum Brennraum V_k. In eine einfache Formel gesteckt, in der e das Verdichtungsverhältnis bedeutet, sieht das Ganze so aus:

$$e = \frac{V_h + V_k}{V_k}$$

Daraus kann man erkennen, dass dieses Verhältnis dann um so größer ist, wenn der Brennraum kleiner wird oder wenn das Hubvolumen zunimmt oder wenn beides zusammen eintritt.

Auf Grund des thermodynamischen Arbeitsprozesses ergibt sich, dass mit steigendem Verdichtungsverhältnis auch der mittlere effektive Druck ansteigt, wodurch bei gleicher Füllung ein höheres Drehmoment abgegeben wird. Hierbei muss man jedoch berücksichtigen dass bei dieser Erhöhung des mittleren Nutzdruckes durch ein gesteigertes Verdichtungsverhältnis die während der Verbrennung auftretenden Spitzendrücke sehr groß werden können, was wiederum unerwünscht ist. Der Steigerung des Verdichtungsverhältnisses sind also Grenzen gesetzt, auch aus anderen Gründen, wie wir noch sehen werden.

Mit der Erhöhung des mittleren effektiven Druckes und damit des Drehmoments bringt eine hohe Verdichtung auch einen guten thermischen Wirkungsgrad (siehe Diagramm).

Mit anderen Worten: je höher das Verdichtungsverhältnis eines Motors ist, um so bes-

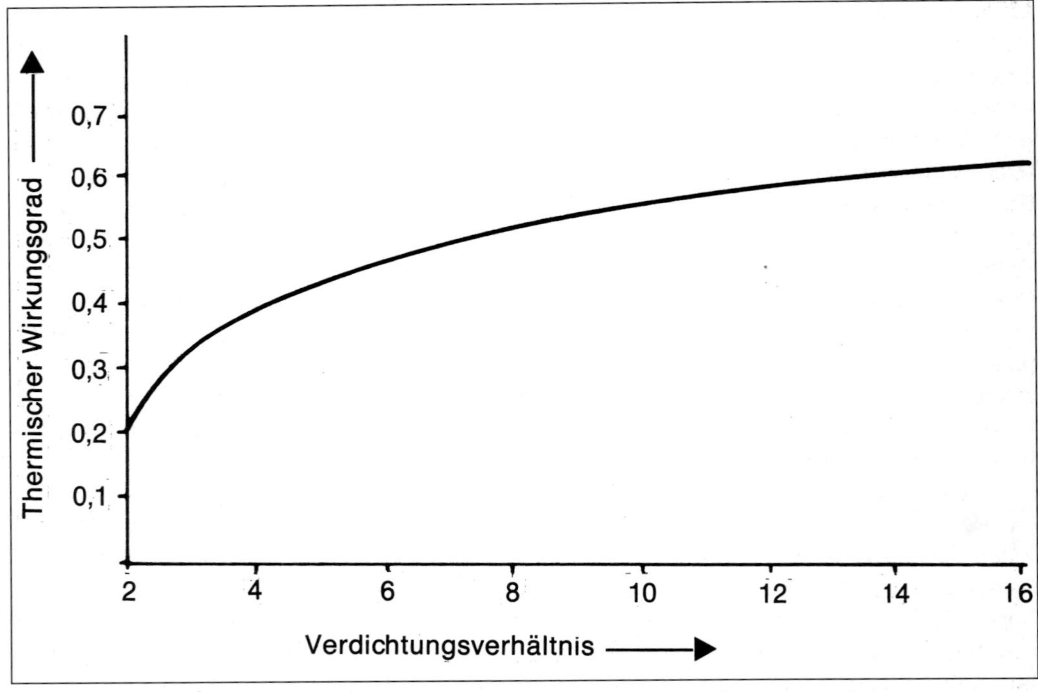

Der thermische Wirkungsgrad steigt im Bereich niedriger Verhältnisse stärker an als oben.

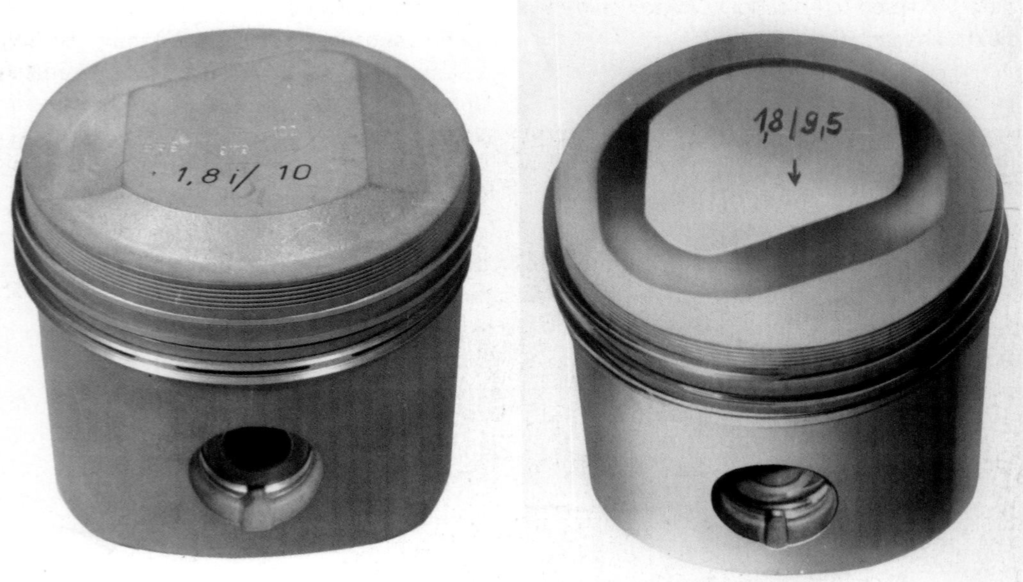

Neben dem Brennraumvolumen im Zylinderkopf spielt die Form des Kolbenbodens die wesentliche Rolle für das Verdichtungsverhältnis. Im Bild zwei Kolben für einen BMW-Vierzylinder, einmal mit 9,5:1 und einmal für 10:1 Verdichtung.

ser kann er die im Kraftstoff steckende Wärmeenergie in nutzbare Arbeit umwandeln. Auf Grund dieser Tatsache steigt nicht nur die Leistung, auch der spezifische Kraftstoffverbrauch wird günstiger.

Auch hier muss beachtet werden, dass die Verbesserung des thermischen Wirkungsgrades nicht ständig zunimmt, sondern bei hohen Verdichtungsverhältnissen immer geringer wird. Wie das Diagramm zeigt, bringt eine Erhöhung der Verdichtung von 8:1 auf 10:1 mehr ein als eine entsprechende von 10:1 auf 12:1. Heute nutzen die meisten Serienmotoren bereits sehr hohe Verdichtungsverhältnisse aus. Entscheidend ist auch, auf welche Kraftstofffsorte der Motor ausgelegt ist. Ist es Euro-Super (95 ROZ) oder gar Normalbenzin mit geringer Oktanzahl (91 ROZ), macht eine Verdichtungserhöhung sicher Sinn, wobei dann höheroktaniger Kraftstoff wie Super Plus (98 ROZ) oder Premium-Kraftstoff von 100 ROZ getankt werden muss. Maßgebend bei der Betrachtung, ob eine solche Maßnahme lohnt, ist also der Ausgangswert des Verdichtungsverhältnisses, den ein Serienmotor bietet. Motoren mit niedrigen Werten sind hier die dankbarsten Objekte.

Mit der Verdichtung nicht zu hoch gehen

Moderne Serienmotoren liegen oft schon an der Grenze des vertretbaren Verdichtungsverhältnisses. Werte von über 11:1 und mehr sind heute keine Seltenheit mehr, so dass eine weitere Erhöhung oft nur eine geringfügige Leistungssteigerung bringt. Dank elektronischem Motormanagement mit Klopfsensoren, bearbeiteten und exakt ausgeliterten Brennräumen finden wir jedoch auch bei Serienmotoren (vor allem bei Direkteinspritzern) schon Verdichtungsverhältnisse von 12:1 und darüber, wie sie früher nur bei Wettbewerbsmotoren üblich waren.

Dennoch: Bei Rennmotoren, wo jedes PS zählt, geht man nach wie vor an die Grenzen des Möglichen. Ein Musterbeispiel dafür sind die Motoren der Formel 3, die kraft Sportgesetz durch eine Drossel im Ansaugtrakt in der Füllung begrenzt sind. Hier werden Verdichtungsverhältnisse von 13:1 und mehr gefahren, die aber ohne Klopfgefahr nur möglich sind wegen der mangelhaften Füllung infolge der Ansaugdrossel.

Denn abgesehen von der Steigerung der Spitzendrücke und der Temperaturen begrenzt im

Formel-3-Motoren besitzen eine Drosselstelle am Luftsammlereinlass. Dadurch wird die Füllung bei hoher Drehzahl künstlich beschränkt. Dennoch benötigen sie exakt abgestimmte Schwingrohrlängen.

Eine relativ einfache Erhöhung des Verdichtungsverhältnisses läßt sich durch Abfräsen der Zylinderkopfunterseite erreichen. Obwohl die Brennräume dabei gleichmäßig im Volumen reduziert werden, sollten sie danach ausgelitert werden.

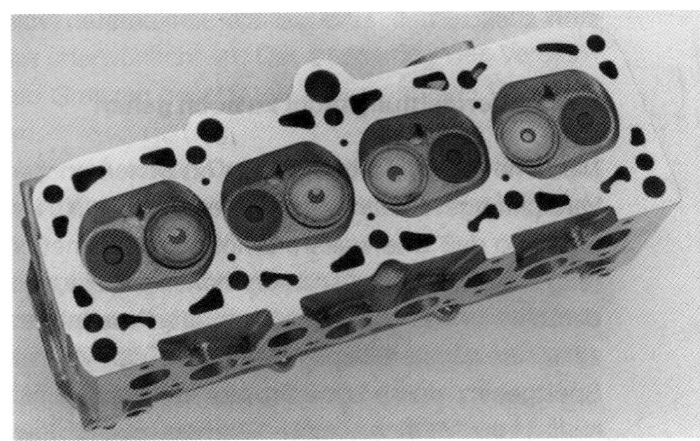

wesentlichen die Selbstzündung des Gemischs, allgemein als Klingeln oder Klopfen bezeichnet, die Höhe des Verdichtungsverhältnisses.

Klopfende Verbrennung zerstört in kurzer Zeit den Motor, so dass es ratsam erscheint, einen ausreichenden Sicherheitsabstand zur sogenannten Klopfgrenze zu halten.

Sie wird in erster Linie durch die Qualität des Kraftstoffes, das heißt durch seine Klopffestigkeit bestimmt. Diese ist wiederum durch die Oktanzahl definiert. Hochverdichtete Motoren benötigen Kraftstoff mit möglichst hoher Oktanzahl (In Deutschland: Normal 91 ROZ, Super 95 ROZ und Super Plus 98 ROZ).

Doch hängt die Klopfgrenze nicht allein von der Oktanzahl des Kraftstoffes ab. Hier spielen die Brennraumform, die Gemischverteilung, die Ventilsteuerzeiten, die Zündeinstellung sowie die Gemischaufbereitung und nicht zuletzt die Zylinderfüllung eine wesentliche Rolle, so dass die Klopfgrenze für jeden Motor praktisch verschieden ist.

Sie kann sogar für jeden Zylinder verschieden sein, so dass bei einer Verdichtungserhöhung bei der anschließenden Zylinderkopfbearbeitung nicht nur auf möglichst gleichvolumige Brennräume, sondern auch auf gleiche Gestaltung zu achten ist. Moderne Motoren mit einer so genannten zylinderselektiven Klopfregelung tragen diesem Umstand Rechnung und regeln bei auftretendem Klopfen für einzelne Zylinder die Zündung zurück.

Material vom Zylinderkopf abnehmen

Um bei einem vorhandenen Motor nachträglich zu einem höheren Verdichtungsverhältnis zu kommen, kann man sich verschiedener Wege bedienen. Die geläufigste Methode besteht darin, durch Abfräsen, Abhobeln oder Abdrehen des Zylinderkopfes kleinere Brennräume zu schaffen und so für die erhöhte Verdichtung zu sorgen. Diesen Weg kann man schon wegen seiner Einfachheit gutheißen, da man die erzielbare Verdichtungserhöhung in etwa vorausberechnen kann und die Arbeit in jeder besseren Werkstatt, die über entsprechende Maschinen verfügt, durchgeführt werden kann. Die Anschaffung neuer Teile entfällt. Jedoch hat diese Methode auch ihre Nachteile, was man berücksichtigen muss. So wird zum Beispiel der Brennraum flacher, was für den Verbrennungsvorgang ungünstig ist. Auch können die Ventile zu nahe an die Kolben kommen, was man natürlich im Einzelfall nachprüfen muss. Notfalls werden in die Kolben Taschen eingearbeitet bzw. nachgearbeitet oder die Ventile zurückgesetzt. Weiterhin verkürzt sich der Abstand zur Kurbelwelle, was bei obenliegenden Nockenwellen zu einer leichten Verschiebung der Steuerzeiten führen kann, die sich durch Versetzen des Kettenra-

Nach jeder Zylinderkopfbearbeitung ist die Lage der Ventilsitze (Sitztiefe) und das Volumen der Brennräume exakt zu vermessen und auszugleichen.

des kompensieren lässt. Die durch die Abstandsverkürzung hervorgerufene überflüssige Länge der Steuerkette oder des Zahnriemens kann meist durch die Spannvorrichtung ausgeglichen werden. Bei Zahnriemenantrieb ohne Spannvorrichtung sind kürzere Zahnriemen erforderlich, die nur in bestimmten, relativ engen Toleranzen lieferbar sind. Bei Motoren mit untenliegender Nockenwelle muss die Abstandsverkürzung an den Ventileinstellschrauben oder durch kürzere Stoßstangen kompensiert werden.

All diese Gesichtspunkte lassen es geraten erscheinen, am Zylinderkopf zum Zwecke der Verdichtungserhöhung nicht zu viel abzunehmen. Bei manchen Motoren ist eine Verdichtungserhöhung auf diesem Weg überhaupt nicht möglich, da der Nockenwellenantrieb und das Steuergehäuse nicht verändert werden können.

Höhere Kolben

Die prinzipiell beste Methode zur Verdichtungserhöhung ist die Verwendung anderer Kolben mit höherem Kolbenboden. Die mechanische Bearbeitung des Motors bzw. Zylinderkopfes entfällt hierdurch, und die Brennraumform des Zylinderkopfes muss nicht unbedingt verändert werden, es sei denn, sie ist ungünstig. Dass jedoch hiervon nicht so häufig Gebrauch gemacht wird, hat ebenfalls seine Gründe. Zunächst einmal sind Spezialkolben gar nicht so einfach zu beschaffen. Wenn nicht eine Tuning-Firma solche Kolben für ein-

Halbkugelförmige Brennräume erfordern spezielle Dachkolben wegen des Verdichtungsverhältnisses.

Zwei verschiedene Kolben für den gleichen Basismotor (Ford-Rennmotor). Links der Kolben für den hochverdichteten (10,5:1) Vierventiler-Saugmotor mit entsprechend tiefen Ventiltaschen, rechts der Kolben für den niedrig verdichteten Turbomotor (7:1) mit nur angedeuteten Einfräsungen.

zelne Motortypen anfertigen lässt, muss man zu relativ teuren Einzelanfertigungen greifen. So gibt es auch die Möglichkeit, völlig zylindrische Sonderkolben anfertigen zu lassen, deren Dachprofil man dann nach Bedarf nacharbeiten kann. Hierbei ist besonders darauf zu achten, daß die Ventile nicht mit dem Kolben kollidieren; gegebenenfalls sind entsprechende Aussparungen (Ventiltaschen) im Kolben vorzusehen. Natürlich sollten alle Zylinder gleiches Verdichtungsverhältnis aufweisen, das man in diesem Fall exakt mit Auslitern feststellen kann. Nicht nur die Anschaffung und die damit verbundenen Ausgaben sind bei der Verwendung von Spezialkolben von Nachteil, auch wegen der Montage ist diese Methode nicht sehr beliebt. Viele Leute können sich gerade noch dazu entschließen, den Zylinderkopf vom Motor zu entfernen, wozu in den meisten Fällen der Motor noch nicht einmal ausgebaut werden muss. Wenn jedoch neue Kolben eingebaut werden sollen, muss der Motor ausgebaut und auch der Kurbeltrieb zumindest teilweise zerlegt werden.

Ein anderes, allerdings recht aufwendiges Verfahren zur Verdichtungserhöhung besteht darin, den Brennraum im Zylinderkopf durch Auftragschweißung zu verkleinern. Diese Arbeit ist jedoch relativ schwierig auszuführen und kommt nur in ausgesprochenen Sonderfällen zur Anwendung. Natürlich müssen die Brennräume hinterher sorgfältig nachgearbeitet und auf gleiches Volumen gebracht werden. Exaktes Auslitern ist auch hier unumgänglich.

Ebenso gut wie man die Verdichtung durch Abdrehen des Zylinderkopfes erhöht, kann man zu diesem Zweck auch den Zylinderblock oder, falls vorhanden, die Einzelzylinder verkürzen. Von dieser Methode ist jedoch im allgemeinen abzuraten, sie sollte nur bei Einzelzylindern angewandt werden. Dabei ist zu beachten, dass für den über den Zylinder hinausragenden Kolben im Zylinderkopf Platz sein muss, der notfalls nachzuarbeiten ist.

Leistungsverluste vermindern

Abgesehen von den grundsätzlichen, primären Maßnahmen zur Erhöhung des mittleren Arbeitsdruckes, die ja letzten Endes zu einem höheren Drehmoment und damit zu höherer Leistung führen, gibt es noch eine Reihe sekundärer Maßnahmen, die vor allem darauf zielen, innere Verluste zu reduzieren. Deren Wert und Einfluß auf die Leistung ist zwar von Fall zu Fall verschieden und im Verhältnis weit weniger gravierend als eine Füllungsverbesserung oder die Erhöhung des Verdichtungsverhältnisses, kann aber nicht vernachlässigt werden. So ist es in jedem Fall erstrebenswert, den Anteil der Reibleistung, also die innere Reibung im Motor, möglichst gering zu halten, um den mechanischen Wirkungsgrad zu verbessern.

Wie vorhin schon ausgeführt wurde, steigt zwar der mechanische Wirkungsgrad eines Motors bei erhöhtem Verbrennungsdruck, aber die absolute Höhe der Reibleistung bleibt annähernd gleich, bzw. wird geringfügig höher. So können denn alle Maßnahmen zur Ver-

Das Bild zeigt einen Hochleistungs-Kastenkolben (Ferrari GTO). Der Kolbenboden ist als Mulde geformt, um das wegen der Turboladung niedrige Verdichtungsverhältnis zu schaffen. Die kurze Kastenkolbenform und die schmale Ringbestückung reduzieren das Gewicht und die Reibleistung.

Rollreibung statt Gleitreibung: Beim Rollenschlepphebel erfolgt die Betätigung der Nockenwelle über eine in den Schlepphebel integrierte, nadelgelagerte Rolle. Dadurch sinkt das Reibmoment gravierend.

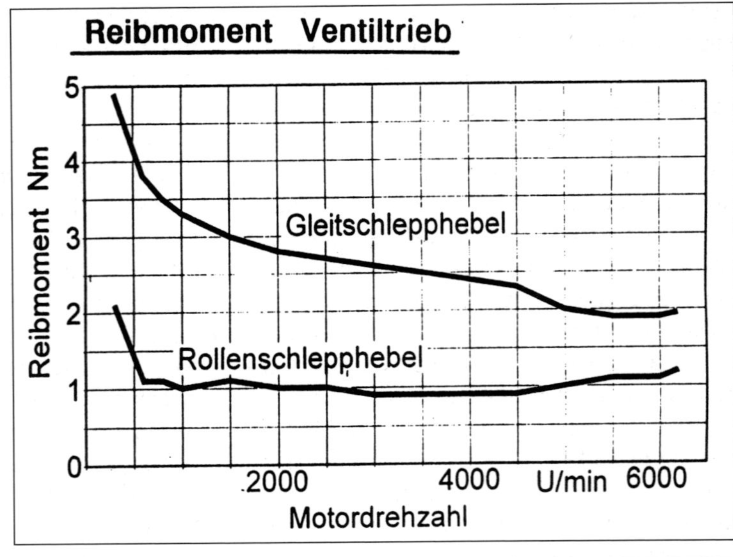

Leistungsverluste im Ölsumpf (sogenannte Panschverluste) können bei hohen Drehzahlen beachtlich werden. Trockensumpfschmierung oder Ölabweisbleche können sie reduzieren, hier am Beispiel des Mercedes-Benz-2,5-Liter-Vierventilers.

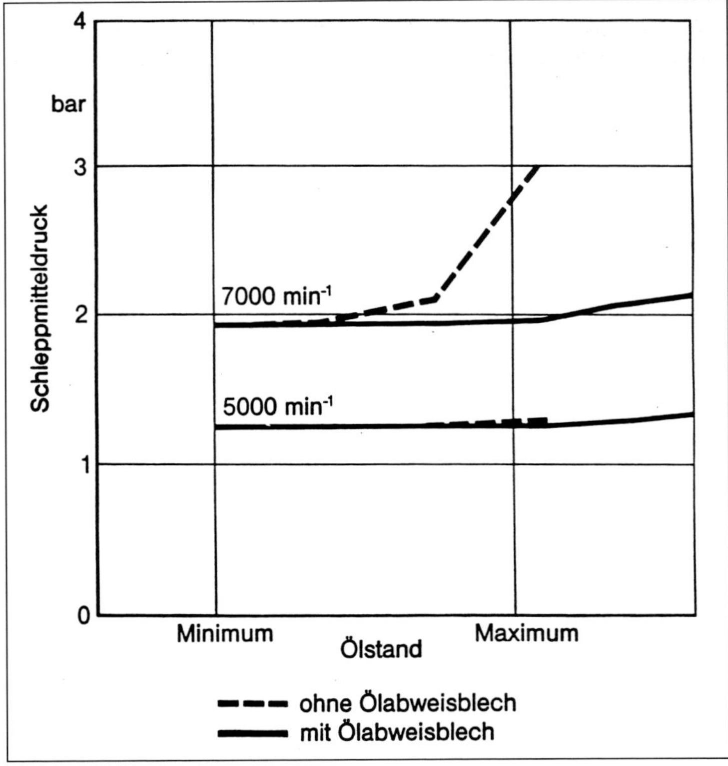

ringerung der Reibung im Motor, wie z.B. größeres Kolbenspiel, schmalere Kolbenringe, weitere Passungen von Lagerungen, Verwendung von Rollenlagern an Stelle von Gleitlagern zu einer Leistungserhöhung führen. So hat sich inzwischen der Ersatz der Gleitschlepphebel oder der Tassenstößel durch reibungsärmere Rollenschlepphebel weitgehend durchgesetzt, ist aber nachträglich kaum durchführbar. Die Rollenlagerung von Kurbelwellen jedoch bleibt auf Einzelfälle beschränkt. Auch das Polieren der beweglichen Teile des Kurbeltriebes kann man in die Reihe der reibungsmindernden Maßnahmen einordnen, obwohl es sich hier nicht um mechanische Reibungsverluste handelt, sondern um Wirbel- und Ventilationsverluste, die durch die Verwirbelung von Luft und Öl entstehen. Optimale Voraussetzungen gegen Panschverluste im Ölsumpf bieten Trockensumpfschmierungen, bei denen das Öl abgesaugt und in einen separaten Öltank gepumpt wird. Mit Ölhobeln und anderen Maßnahmen lassen sich auch bei normalem Ölsumpf die Verluste minimieren. Auch Leichtlauföle bringen eine Reduzierung der Reibleistung.

Die Leistungsverluste durch Neben- und Hilfsaggregate wie z. B. Lüfter bzw. Gebläse, Lichtmaschine, Wasserpumpe usw. sollte man auf das notwendigste beschränken. Hier ist auf leichten Lauf und einwandfreie Funktion zu achten.

In manchen Fällen (bei Rennmotoren) kann man auf den Lüfter (Ventilator) bei wassergekühlten und luftgekühlten (z.B. Formel V) Motoren verzichten. Die Verlustleistung durch den Ventilator liegt je nach Motor bei hohen Drehzahlen immerhin zwischen 3 und 6 PS, so dass sich die Angelegenheit schon lohnt. Für den Normalbetrieb auf der Straße ist es zweckmäßig, den normalerweise fest verkuppelten und stets mitlaufenden Ventilator durch einen nur im Bedarfsfall elektrisch zuschaltbaren zu ersetzen, den die meisten modernen Motoren bereits serienmäßig besitzen. Auch alle anderen Nebenaggregate wie Generatoren, Servopumpen oder Klimakompressoren kosten zum Teil beträchtlich Leistung.

Anheben der Drehzahl

Wie bei der Betrachtung der Leistungsformel deutlich wurde, ist die Motordrehzahl neben dem Hubraum und dem Mitteldruck einer der drei bestimmenden Faktoren für die Leistung. Daraus geht hervor, dass hohe Literleistungen nur bei guter Füllung und hohen Drehzahlen erreicht werden können. Am besten werden diese Zusammenhänge bei der Betrachtung von Rennmotoren deutlich, wo Drehzahlen weit jenseits von 10 000 U/min zur Regel geworden sind. Das beste Beispiel hierfür sind die Formel 1-Motoren, die sich in kleinen, aber kontinuierlichen Schritten auf ein Drehzahlniveau von fast 20 000/min zubewegen.
Nun könnte man frei nach dem Motto »Drehzahl ist alles« einfach sagen, also hinauf mit der Drehzahl und sich alle übrigen zeitraubenden Arbeiten sparen. So einfach ist die Sache jedoch nicht, denn abgesehen von der höheren Belastung sind für eine Erhöhung der nutzbaren Drehzahl umfangreiche Vorkehrungen notwendig. Auch die Gemischaufbereitung und die Verbrennung selbst brauchen Zeit, so dass bei sehr hoch drehenden Motoren diesem Aspekt besondere Bedeutung zukommt.

Höhere Drehzahl durch Entdrosselung

Wie schon weiter vorn festgestellt wurde, ist mit der Verbesserung der Zylinderfüllung meist auch ein Anheben der Drehzahl verbunden, woraus hervorgeht, dass die unter Volllast erreichbaren Drehzahlen in starkem Maße von der Füllung abhängig sind. Da jedoch normale Serienmotoren meist so ausgelegt sind, dass bei hohen Drehzahlen ein starker Füllungsverlust durch Drosselung des Gemischs im Ansaugtrakt oder durch die Ventilsteuerzeiten entsteht, liegt die für die Leistung effektiv nutzbare Drehzahl meist niedriger als die theoretisch durch die vorliegende Motorkonstruktion mögliche maximale Drehzahl. Eine Entdrosselung des Motors durch die im vorigen Kapitel beschriebenen Maßnahmen führt also in der Regel auch zu einer Erhöhung der Spitzendrehzahl und des gesamten Drehzahlniveaus.

Wichtige Drehzahlen

Bei dieser Gelegenheit seien noch die für die Leistungscharakteristik wichtigsten Drehzah-

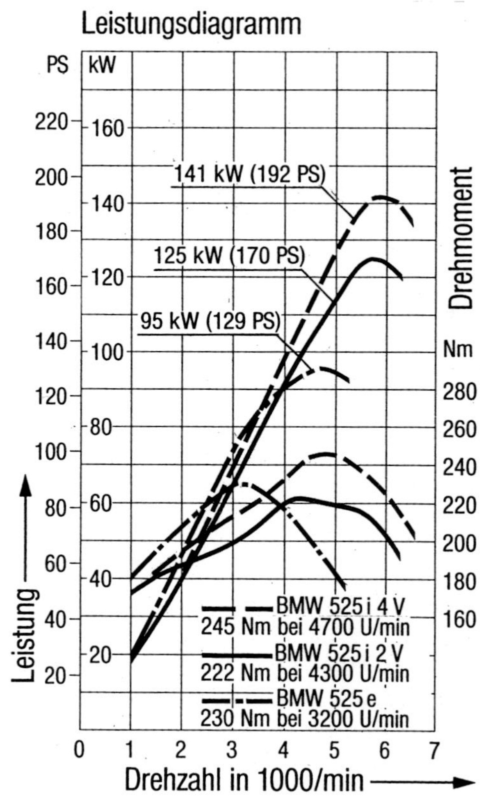

Den Einfluss des Drehzahlniveaus zeigen die Diagramme dieser drei Sechszylinder-BMW-Motoren beispielhaft. Der sogenannte Eta-Motor des 525e war bewusst auf niedere Drehzahl ausgelegt. Ein Drosselmotor, der trotz höherem Hubraum (2,7 Liter) nur 129 PS bei 4800/min leistete. Der ungedrosselte 2,5-Liter kommt aüf 179 PS bei 5700/min, der gleich große Vierventiler sogar auf 192 PS bei 5900/min.

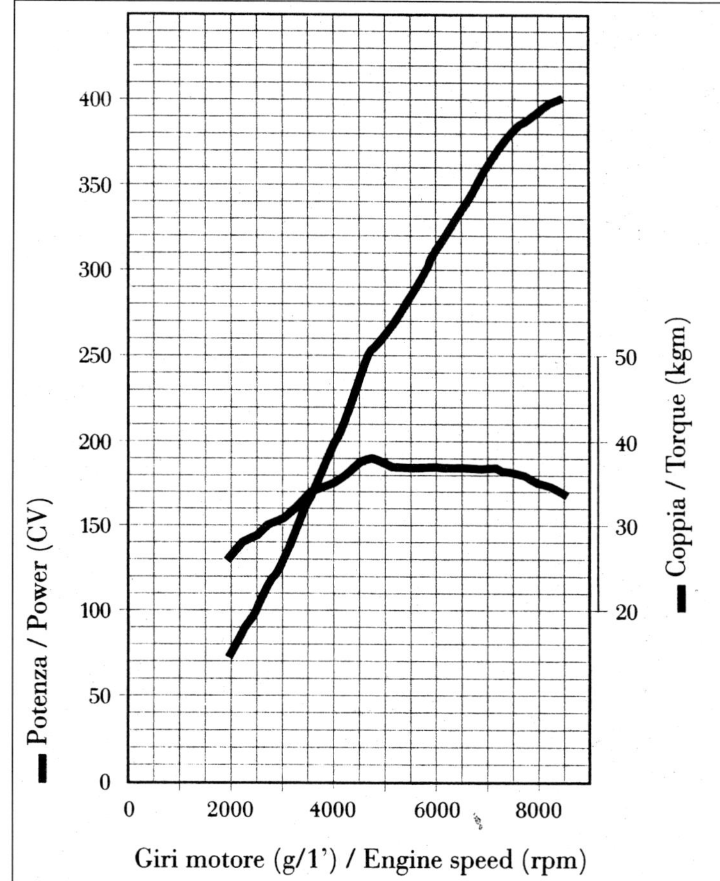

Dieses Diagramm zeigt anschaulich, dass die Leistungs- und Drehmomentkurven nicht drehzahlparallel verlaufen.

len eines Motors erwähnt. Unter der so genannten »Nenndrehzahl« oder auch „Nennleistungs-Drehzahl" versteht man die Drehzahl, bei der ein Motor seine maximale Leistung abgibt. Bei stark entdrosselten Sportmotoren mit guter Füllung (z.B. Ferrari 360 Modena V8: 400 (294 kW) PS bei 8500/min; BMW M5 V10: 507 PS (373 kW) bei 7750/min) liegt diese sehr hoch. Die Nenndrehzahl stellt jedoch nicht die eigentliche Höchstdrehzahl eines Motors dar, der meist über diese Drehzahl hinaus noch ausgedreht werden kann, wobei die Leistung wieder absinkt.

Die Höchstdrehzahl wird überwiegend durch die Drehzahlfestigkeit des Ventiltriebes bestimmt, worauf wir noch zu sprechen kommen. In den meisten Fällen liegt die Höchstdrehzahl etwa 10 bis 15 Prozent über der Nenndrehzahl. Nur bei Hochdrehzahlkonzepten (z.B. BMW M3, M5 oder Ferrari-V8), wo der Mitteldruck auch bei der Höchstleistung noch nicht nennenswert abfällt, liegen Nenndrehzahl und Höchstdrehzahl enger beieinander.

Man könnte nun sagen, warum über die Nenndrehzahl hinausdrehen, wenn damit doch ein Leistungsabfall verbunden ist. Wie wir später noch feststellen werden, ist der so genannte »Drehzahlüberhang« für den Fahrbetrieb und die optimale Ausnutzung der Motorleistung bei den Schaltvorgängen sehr wichtig.

Die dritte wichtige Drehzahl im Leistungsbild des Motors ist die, bei der das maximale Drehmoment abgegeben wird, wo also die beste Füllung und der höchste Mitteldruck herrschen.

Anheben der Drehzahl

Bei Sportmotoren, oder sportlichen Motoren (z.B. Ferrari 360 Modena: M_{dmax} 373 Newtonmeter bei 4750/min; BMW M5 V10: M_{dmax} 520 Newtonmeter bei 6100/min) liegen diese Drehzahlen ziemlich hoch, während biedere Gebrauchsmotoren ihre beste Füllung bei niedrigen Drehzahlen haben.

Man kann daraus schließen, dass Motoren mit hohem Drehmoment bei hoher Drehzahl wesentlich mehr leisten als andere. Da mit den im vorigen Kapitel beschriebenen Maßnahmen zwangsläufig eine Erhöhung des Drehzahlniveaus beim getunten Motor verbunden ist, dienen die hier beschriebenen Arbeiten dazu, diese Drehzahlen gefahrlos zu ermöglichen. Zuvor seien aber die Nachteile besprochen, die jede Drehzahlerhöhung mit sich bringt.

Das bisher Gesagte gilt freilich im Wesentlichen für frei ansaugende Motoren (Saugmotoren), bei aufgeladenen Motoren (Turbo oder Kompressor) liegen die Verhältnisse anders, da hier die Leistung vorwiegend über höheren Mitteldruck (durch Ladedruck) erzielt wird.

Beanspruchung wächst

Grundsätzlich werden durch höhere Drehzahlen alle beweglichen Teile eines Motors höher beansprucht, jedoch können je nach Motortyp verschiedene Kriterien die Drehzahl nach oben begrenzen. So kann bei einem Motor die Kolbengeschwindigkeit, bei einem anderen der Ventiltrieb oder der Kurbeltrieb der drehzahlbegrenzende Faktor sein. Darum ist es wichtig, sich die grundsätzlichen Zusammenhänge zwischen höherer Drehzahl und der daraus resultierenden Beanspruchung klarzumachen.

Die Kolbengeschwindigkeit

Der Kolben eines Motors legt bekanntlich bei jeder Umdrehung einen bestimmten Weg zurück, der dem doppelten Hub entspricht. Da er diesen Weg jedoch nicht gleichförmig zurücklegt, also mit gleicher Geschwindigkeit, sondern an den Umkehrpunkten (oberer und unterer Totpunkt) verharrt, ergibt sich auch ein ungleichförmiger Geschwindigkeitsverlauf. Man rechnet daher mit einer so genannten »mittle-

Beanspruchung wächst: Mit steigender Leistung und Drehzahl erhöht sich die Belastung für sämtliche Motorkomponenten überproportional.

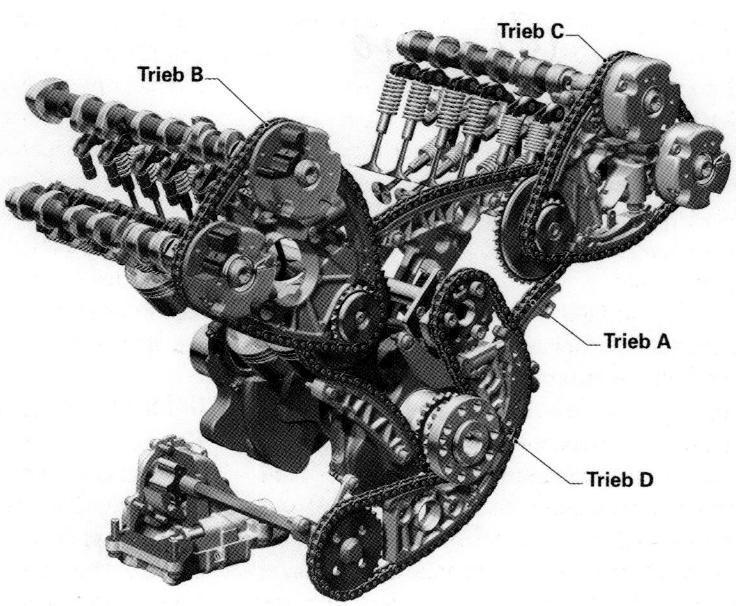

ren« Kolbengeschwindigkeit. Die Kolbengeschwindigkeit wächst gleichmäßig mit der Drehzahl an, oder mathematisch ausgedrückt: Sie steht in einem linearen Verhältnis zu ihr. Da die Kolbengeschwindigkeit nur vom Hub und der Drehzahl abhängt, kann man sie nach einer einfachen Formel ausrechnen:

$$C_m = \frac{n \cdot S}{30000}$$

In dieser Formel bedeuten C_m die mittlere Kolbengeschwindigkeit, die in m/s herauskommt, n die Drehzahl in 1/min und S den Kolbenhub in mm. Aus diesen Betrachtungen geht hervor, dass bei kurzhubigen Motoren die Kolbengeschwindigkeit die wenigsten Probleme aufgibt. Wenn man also die mittlere Kolbengeschwindigkeit eines Porsche Carrera (Typ 996; 3,6-Liter) ausrechnet, kommen für die Nenndrehzahl von 6800/min und den Hub von 82,8 mm rund 18,8 m/s heraus, ein Wert, der deutlich unter der kritischen Grenze liegt, obwohl es sich bei diesem Motor keineswegs um einen ausgesprochenen Kurzhuber handelt. Die darf man eher bei der Formel 1 vermuten, wo Höchstdrehzahlen (über 19 000/min) zu Hubbewegungen von weniger als 50 mm zwingen. Damit wird natürlich der so genannte kritische Grenzwert überschritten, der bei Serienmotoren bei einer Kolbengeschwindigkeit von 20 bis 24 m/s (bei hochdrehenden Sportmotoren) angesiedelt ist. Darüber kann es im Dauerbetrieb Probleme geben, kurzfristige Überschreitungen werden jedoch durchaus in Kauf genommen.

Für die meisten modernen Serienmotoren stellt also die Kolbengeschwindigkeit für eine Drehzahlsteigerung kein begrenzendes Kriterium dar, obwohl eine Tendenz zu längeren Hüben zu beobachten ist. Bei einem Hub über etwa 80 mm sollte man aber mit hohen Drehzahlen im Dauerbetrieb etwas vorsichtig umgehen, weil man hier bei 7000/min schon mit ca. 18,6 m/s der kritischen Grenze näher kommt. Bei Motoren mit deutlich höherem Hub als 85 mm sollte man sich also mit der Drehzahlsteigerung etwas zurückhalten. Denn abgesehen von Festigkeits- und Schmierproblemen bei zu hoher Kolbengeschwindigkeit gilt diese zudem als Hauptfaktor für die inneren Reibungsverluste eines Motors.

Kurbeltrieb wird höher belastet

Außer der Kolbengeschwindigkeit gibt es freilich noch schwerwiegendere Gründe für Zurückhaltung bei der Drehzahlsteigerung. Denn im Gegensatz zur Kolbengeschwindigkeit, die ja nur linear mit der Drehzahl ansteigt, erhöhen sich die durch Massenkräfte verursachten Belastungen des Kurbeltriebes im Quadrat. Durch die progressiv ansteigenden Massenkräfte werden Pleuellager, Hauptlager sowie die jeweiligen Lagerschalen und Lagerfüsse sehr stark beansprucht. Gleiches gilt für die Kolbenbolzen, deren Aufnahmen im Kolbenhemd und die Pleuel selbst. Hinzu kommt, dass diese Teile außerdem noch die durch verbesserte Füllung bedingten höheren Mitteldrücke verkraften müssen, so dass hier je nach Qualität der Motorbasis und der Bauteile Schäden nicht auszuschließen sind. Am häufigsten werden Pleuellagerschäden (oft auch als Folge von mangelhafter Schmierung wegen Ölschaumbildung oder Hochtemperatur) verzeichnet, seltener, aber nicht auszuschließen sind Pleuelbrüche, reißende Pleuelschrauben, ausgeschlagene Kolbenbolzen, Kolbenschäden und ausgelaufene Hauptlager. In extremen Fällen kann es auch vorkommen, dass die Lager selbst halten, das Gehäuse als Stütze des Lagers sozusagen aber nachgibt. Leichtmetallmotoren sind hier stärker gefährdet als stabile Grauguss-Konstruktionen.

Reibungsverluste steigen

Nicht nur die Betriebssicherheit, Standfestigkeit und Lebensdauer eines Motors leiden unter hohen Drehzahlen, auch hinsichtlich der Leistungsverluste ergeben sich Nachteile. Entsprechend der Leistungsformel müsste eigentlich die Leistung proportional zur Drehzahl zunehmen. Tut sie aber nicht. Denn in

Wo sehr hohe Drehzahlen gefordert werden, muss der Kurbeltrieb entsprechend ausgelegt sein. Hier der Kurbelbetrieb des BMW-Formel-1-Turbomotors. Sehr kurzer Hub (60 mm), leichte Titanpleuel und kurze Kastenkolben halten die Massenkräfte und Reibverluste im Rahmen.

Wirklichkeit steigen mit der Drehzahl und den progressiv zunehmenden Massenkräften die Reibungsverluste des Motor überproportional an. Das zehrt an dem durch Drehzahlsteigerung erreichten Leistungsgewinn oft nicht unbeträchtlich.

Und im Gegensatz zu dem durch andere Maßnahmen erzielten höheren Arbeitsdruck (Mitteldruck), der eine Verbesserung des mechanischen Wirkungsgrades mit sich bringt, wird dieser durch die Steigerung des Drehzahlniveaus spürbar geschmälert, wozu wie gesagt auch die Erhöhung der Kolbengeschwindigkeit maßgeblich beiträgt. Aber es gibt Maßnahmen dagegen.

Triebwerksteile erleichtern

Den oben beschriebenen Nachteilen, wie hohe Belastung des Kurbeltriebes und Verschlechterung des mechanischen Wirkungsgrades, kann man mit verschiedenen Maßnahmen zu Leibe rücken. Um die unerwünscht hohen Massenkräfte zu reduzieren, empfiehlt es sich, die hin- und hergehenden (oszillierenden) Massen so gering wie möglich zu halten. Dies bedeutet, dass man Kolben, Kolbenbolzen

und Pleuel nach Möglichkeit erleichtert oder durch leichtere und festere Sonderanfertigungen ersetzt. Schmiedekolben oder Spezialpleuel, womöglich noch aus dem hochfesten Leichtbauwerkstoff Titan, sind hier die nicht immer ganz billigen Mittel der Wahl. Bei Rennmotoren, wo Geld eine untergeordnete Rolle spielt, werden oft noch exotischere Materialen wie beispielsweise Beryllium eingesetzt. Dennoch: Abgesehen davon, dass für brave Serienmotoren solche Teile meist nicht erhältlich sind, reicht für ein Tuning oft auch eine klassische Überarbeitung der Triebwerksteile aus.
So lassen sich störende Einflüsse, wie sie zum Beispiel durch Unwuchten oder Gewichtsunterschiede der Bauteile auftreten, durch exaktes Auswiegen und Auswuchten eliminieren, was die Beanspruchung reduziert. Eine Verbesserung der Festigkeit der hoch beanspruchten Teile wie Kurbelwelle oder Kolbenbolzen lässt sich durch eine nachträgliche Wärmebehandlung, die als »Weichnitrieren« bezeichnet wird, erreichen. Hierdurch sollten sich auch bessere Laufeigenschaften für die Lager ergeben. Eine Oberflächenbehandlung der Pleuel und Kurbelwelle in Form von Polieren bringt neben geringeren Ventilationsverlusten ebenfalls eine höhere Sicherheit gegen Bruch infolge geringerer Kerbwirkung. Allerdings sind bei zahlreichen Fabrikaten die fraglichen Teile schon in der Serienfertigung einer solchen Behandlung (z.B. Nitrieren) unterzogen worden.
Eine Verringerung der Reibungsverluste bei hohen (und natürlich auch bei niedrigen) Drehzahlen lässt sich durch verschiedene, mehr oder weniger aufwendige Maßnahmen erreichen. Etwas höhere Kolbenlaufspiele (1/100 mm oder 2/100 mm) und Lagerspiele, die an der oberen Toleranzgrenze liegen, bringen hier Vorteile und zählen zweifellos zu den weniger teuren Maßnahmen. Eine deutliche Reduzierung der Reibungsverluste bringen beispielsweise kürzere Kolbenschäfte oder eine Vergrößerung der wirksamen Pleuellänge. Das längere Pleuel sorgt dafür, dass die laterale Kraftkomponente am

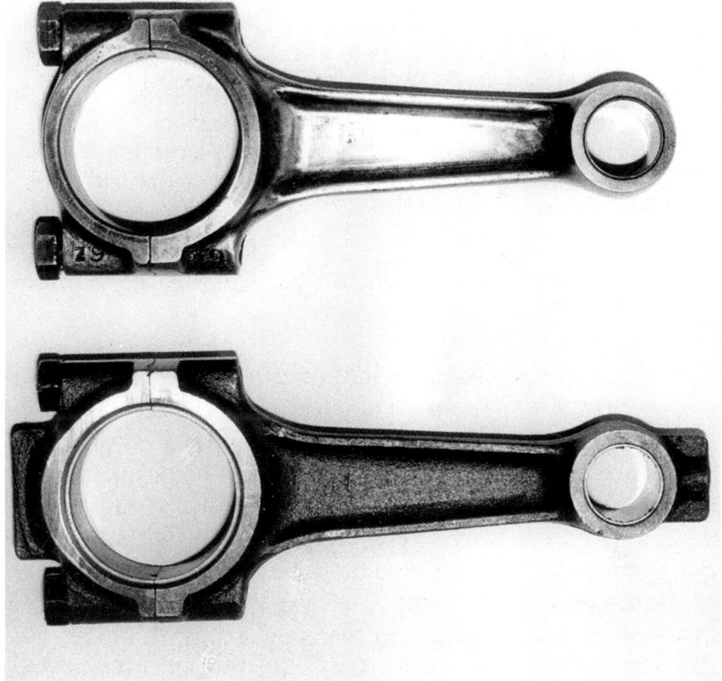

Der Vergleich zwischen dem Original-Pleuel und dem bearbeiteten zeigt deutlich, wo Fräser, Schleifstein und Schmirgelpapier angesetzt wurden.

Rennkupplung: Der Einbau einer sehr kompakt bauende Rennkupplung wirkt sich unmittelbar auf das Drehvermögen eines Motors aus. Aufgrund des höheren Anpressdrucks der Reibscheiben ist ein sanftes Anfahren jedoch nicht mehr möglich.

Kolben geringer wird, was bedeutet, dass der Kolben weniger stark an seine Lauffläche (den Zylinder) angepresst wird. Bei den BMW-Formel-Rennmotoren (und auch bei den Tourenwagen-Rennmotoren) wurde z. B. die Pleuellänge von ursprünglich 135 mm auf 148 mm vergrößert, was nicht nur eine Anhebung der Nenndrehzahl zuließ, sondern auch einen messbaren Leistungsgewinn brachte. Die Veränderung der Pleuellänge ist freilich sehr teuer, da mit den neuen Pleueln auch noch kürzere, aber auch nach Möglichkeit noch leichtere Kolben benutzt werden müssen.
Alle diese Maßnahmen am Kurbeltrieb sind jedoch nur bei relativ hoch getrimmten Motoren notwendig, wo eine deutliche Anhebung der Drehzahl gegeben ist. Bei einem normalen, einfachen Tuning kann man in der Regel auf diese Arbeiten verzichten.

Rotierende Massen erleichtern

Nicht zu vernachlässigen bei Drehzahlsteigerungen ist das Erleichtern der rotierenden Motormassen, wozu natürlich im Prinzip auch die direkt vom Motor angetriebenen Nebenaggregate gehören. Von diesen soll aber hier nicht die Rede sein. Geringere rotierende Massen führen auf Grund des geringeren Trägheitsmoments zu einem leichteren Hochdrehen des Motors und damit zu einem spontaneren Leistungseinsatz. Theoretisch, aber praktisch kaum messbar, wird auch die Fahrzeugbeschleunigung besser.
Beginnen wir mit der Kurbelwelle, die aber nur dann erleichtert werden sollte, wenn auch die

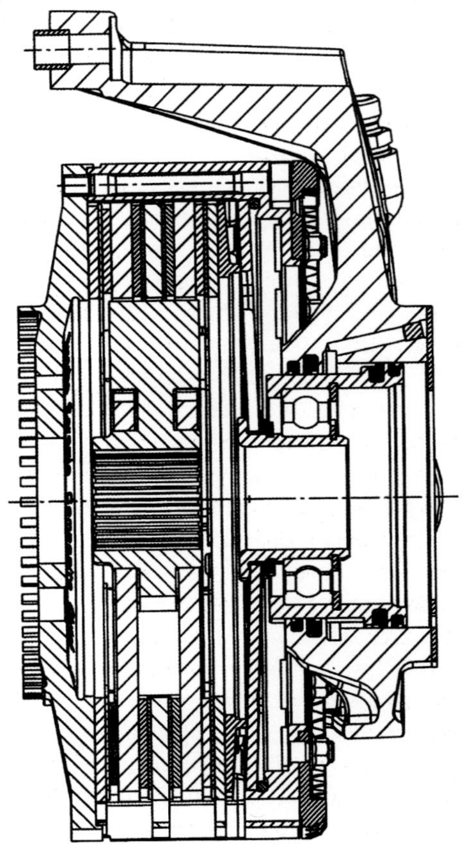

Doppelkupplung: Je kleiner der Kupplungsdurchmesser, umso kleiner ist das Massenträgheitsmoment.

Bei Wettbewerbsmotoren werden oft die Kurbelwellen wesentlich erleichtert, um die rotierenden Massen zu reduzieren und das Drehschwingungsverhalten zu verbessern. Im Bild die Fünfzlinderwelle eines Audi-Rennmotors.

übrigen Triebwerksteile wie Kolben und Pleuel leichter gemacht wurden oder wenn eine Reduzierung der rotierenden Massen auch wegen Drehschwingungsproblemen (z. B. bei Reihen-Sechszylindern) dringend notwendig ist. In diesen Fällen ist eine Gewichtsreduzierung an Gegengewichten und Hubzapfen möglich. Auch der rotierende Anteil der Pleuel (ca. zwei Drittel) lässt sich durch Nacharbeit reduzieren. Viel einfacher lassen sich jedoch die rotierenden Massen durch Erleichtern (Abdrehen, Bohrlöcher) des Schwungrades verringern, was bei Vierzylindermotoren mit ihren relativ schweren Schwungrädern problemlos möglich ist. Bei Sechszylindern, mehr noch bei Acht- und Zwölfzylindern muss der Schwingungsdämpfer den reduzierten rotierenden Massen angepasst werden, was komplizierte Messungen erforderlich macht. Im übrigen sind die Schwungräder dieser vielzylindrigen Motoren wegen der höheren Gleichförmigkeit der Leistungsabgabe (mehr Zündungen pro Umdrehung) von Haus aus leichter.

Aber auch die Kupplung zählt zu den wichtigen rotierenden Massen. Ihr Trägheitsmoment lässt sich durch andere Druckplatten, leichtere Mitnehmerscheiben oder Verkleinerung des Durchmessers, Übergang auf Zweischeibenkupplung usw. reduzieren. Die teuerste Möglichkeit der Massenreduzierung bei diesem Bauteil sind kleine Mehrscheibenkupplungen aus Keramik, wie sie beispielsweise im Zehnzylinder des Porsche Carrera GT verbaut werden.

Ventiltrieb

Der dritte und mit Abstand wichtigste Faktor für das Erreichen hoher Drehzahlen ist die Auslegung und die Drehzahlfestigkeit des Ventiltriebes. Diese ist wiederum durch die Bauart des Ventiltriebes, dessen Steifigkeit, die Nockenform und die Kraft der Ventilfedern bestimmt. Man findet heute bei allen modernen Motoren nur noch zwei Bauarten, nämlich die Betätigung der im Zylinderkopf hängenden Ventile durch eine seitlich im Motorblock angeordnete Nockenwelle (bei V-Motoren in der Mitte zwischen den beiden Zylinderbänken) über Stößel, Stoßstangen und Kipphebel (Kurzbezeichnung: ohv = oben hängende Ventile, englisch kurz als »Pushrod« bezeichnet) oder die Betätigung der Ventile durch eine oder zwei im Zylinderkopf untergebrachte, obenliegende Nockenwellen (Kurzbezeichnung: ohc = over head camshaft, dohc = double overhead camshaft). Die letztere Methode ist bei fast allen modernen Motoren anzutreffen und bringt hinsichtlich der Drehzahlfestigkeit die besten Voraussetzungen mit. Aber auch Motoren mit »untenliegender« Nockenwelle können beträchtliche Drehzahlen erreichen, wenn eine moderne Konstruktion mit relativ hoch liegender Nockenwelle und steifen Übertragungsteilen vorliegt.

Entscheidend für die Drehzahlfestigkeit eines Ventiltriebes sind die bewegten Massen, deren Beschleunigung sowie die Steifigkeit des Ventiltriebes. Je geringer diese Massen sind und je steifer die Übertragung ist, um so höher

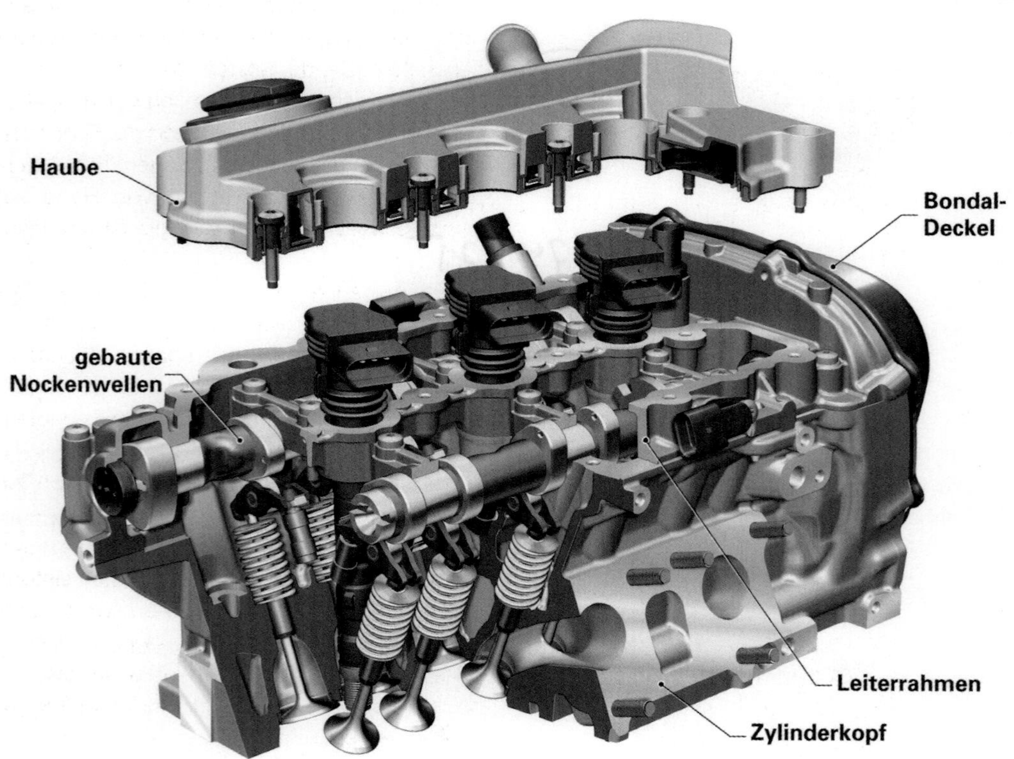

Drehzahlfester Ventiltrieb: Vier Ventile mit zentral positionierter Zündkerze, obenliegende gebaute (hohle) Nockenwellen, ein steifer Leiterrahmen sowie Rollenschlepphebel sind typische Merkmale hochdrehender Motorkonstruktionen.

sind die möglichen Drehzahlen. Aber auch die Beschleunigung dieser Massen beim Öffnen und Schließen des Ventils, die durch die Nockenform bestimmt wird, ist von ausschlaggebender Bedeutung. Gerade deswegen ist der Austausch oder das Umschleifen einer Nockenwelle mit erheblichen Problemen verbunden. Schließlich wird die maximal mögliche Drehzahl auch durch die Federspannung der serienmäßigen Ventilfedern bestimmt, die meist mit Rücksicht auf das Laufgeräusch und die Beanspruchung relativ weich gewählt werden. Wenn aber bei einer Drehzahlerhöhung die Massen-Beschleunigungskräfte die Ventilfederkraft übersteigen, gerät das Ventil ins Flattern. Diese so genannte Flattergrenze ist bei jedem Motor vorhanden und praktisch nicht überschreitbar, da damit sofortiger Leistungsabfall verbunden ist, weil der Gaswechselvorgang gestört wird. Allerdings können bei einem solchen Ausdrehen bis zur Flattergrenze, das man als »Überdrehen« bezeichnet, unter Umständen ernsthafte Schäden am Motor auftreten. Ventile können abreißen und im Zylinder erheblichen Schaden anrichten. Weniger schlimm ist, wenn ein Ventil nur infolge Flatterns an den Kolbenboden stößt und verbogen wird. Wenn das passiert, ist die Abdichtung des betreffenden Zylinders nicht mehr einwandfrei, der Zylinderkopf muss demontiert und das beschädigte Ventil ersetzt werden.

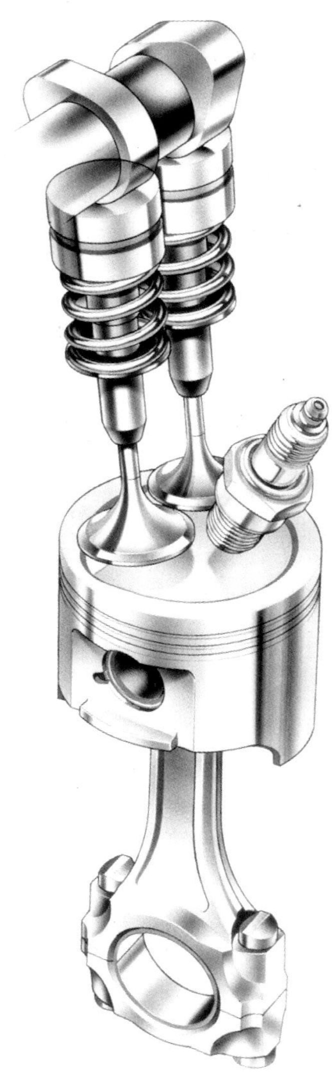

Die steifste Ventilbetätigung ist die Tassenstößelsteuerung direkt durch die Nockenwelle.

Ventiltrieb drehzahlfester machen

Um den Ventiltrieb nachträglich drehzahlfester zu machen, gibt es zwei Verfahren, die auch zusammen angewendet werden können. Der einfachste Weg ist, durch eine stärkere Federspannung die Drehzahlgrenze hinaufzusetzen. Dies kann entweder mit härteren Ventilfedern oder durch innerhalb der vorhandenen Federn untergebrachte Zusatzfedern oder einfach durch Unterlegen der vorhandenen Federn geschehen. Bei der letzten Methode ist darauf zu achten, dass das Ventil noch voll ausgehoben (geöffnet) werden kann und die Federwindungen nicht aneinander anliegen. Eine Überprüfung mittels Durchdrehen von Hand auf einwandfreies Öffnen der Ventile ist unerlässlich.

Überhaupt sollte man sich auch bei der Verwendung härterer Ventilfedern oder Zusatzfedern hinsichtlich der Federspannung Zurückhaltung auferlegen und nur so weit gehen (mit einigen Reserven natürlich), wie es unbedingt erforderlich ist. Denn die höhere Federspannung beansprucht nicht nur den gesamten Ventiltrieb stärker und kann somit zu einem vorzeitigen Verschleiß von Nockenwelle und Stößel führen, sondern es geht auch Leistung durch erhöhte Reibung verloren. Unter Umständen können auch die Bolzen der Kipphebelbrückenbefestigung ausreißen, worauf insbesondere bei Leichtmetallzylinderköpfen geachtet werden muss.

Die zweite, allerdings aufwendigere Möglichkeit, die Drehzahlgrenze eines Ventiltriebes heraufzusetzen, besteht darin, die bewegten Massen möglichst klein zu halten bzw. sie bei vorhandenen Motoren zu verringern. Auch hier wäre die Anfertigung von Sonderteilen aus Titan wie z.B. Stößel, Kipphebel, Tassenstößel, Ventilfederteller usw. zwar sinnvoll, kommt aber im allgemeinen wegen des hohen Preises und der Schwierigkeit der Beschaffung kaum in Frage. Eine Erleichterung der vorhandenen Steuerteile ist jedoch in den meisten Fällen ohne weiteres möglich. Selbstverständlich ist diese Lösung dem Erhöhen der Federspannung prinzipiell vorzuziehen, da sie nicht nur die gewünschte höhere Spitzendrehzahl erlaubt, sondern auch den Ventiltrieb im normalen Drehzahlbereich entlastet und weniger Reibarbeit verursacht. Im übrigen sollte natürlich auch darauf geachtet werden, dass sämtliche Steuerteile sehr leichtgängig sind.

Kipphebel mit integriertem Ventilspielausgleich bringen relativ viel Gewicht mit (oben). Für Sport- oder Rennmotoren kann auf den Ausgleich verzichtet werden. Spezialkipphebel ohne Ausgleich sind drehzahlfester (rechts).

Tassenstößel mit hydraulischem Spielausgleich sind für sehr hohe Drehzahlen ungeeignet (unten). Tassen mit einlegbaren Plättchen oder zum Abschleifen sind vorzuziehen (rechte Seite, oben).

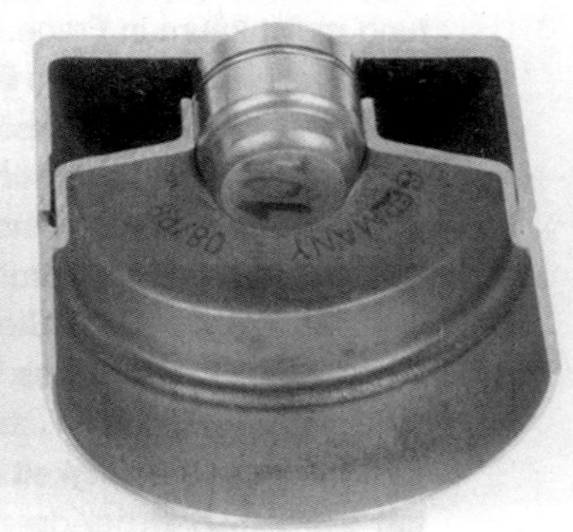

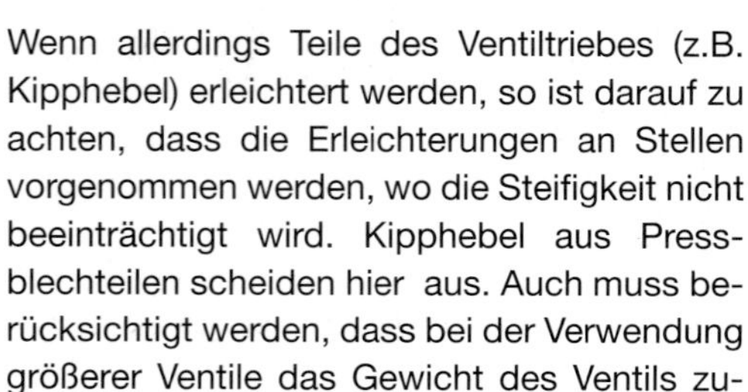

Wenn allerdings Teile des Ventiltriebes (z.B. Kipphebel) erleichtert werden, so ist darauf zu achten, dass die Erleichterungen an Stellen vorgenommen werden, wo die Steifigkeit nicht beeinträchtigt wird. Kipphebel aus Pressblechteilen scheiden hier aus. Auch muss berücksichtigt werden, dass bei der Verwendung größerer Ventile das Gewicht des Ventils zunimmt, was wiederum zu höheren Schließkräften führt.

Die Ventile selbst bieten ebenfalls Potential zur Erleichterung. Von den früher (bei Zweiventilern) üblichen Acht-Millimeter-Schäften hat man sich längst verabschiedet. Moderne Vierventiler operieren mit Dünnschäften bis zu fünf Millimeter herunter. Nachträglich ist eine Schaftreduzie-

rung nicht so einfach. Einmal müssen geeignete Ventile mit den passenden Abmessungen (Teller, Länge) gefunden werden, zudem werden neue Ventilführungen nötig. Möglich aber ist es. Zusammenfassend kann man sagen, dass die Ventiltriebe der meisten modernen Serienwagen oft weit höhere Drehzahlen vertragen, als sie im Normalbetrieb vorkommen, so dass sie oft ohne Überarbeitung auch für einen getunten Motor ausreichen, vor allem dann, wenn Nockenwellen mit längeren Öffnungszeiten verwendet werden. Sollte dies nicht der Fall sein, so lassen sich hier die Drehzahlgrenzen durch eine der oben beschriebenen Möglichkeiten hinaufsetzen, was man jedoch von Fall zu Fall ausprobieren muss.

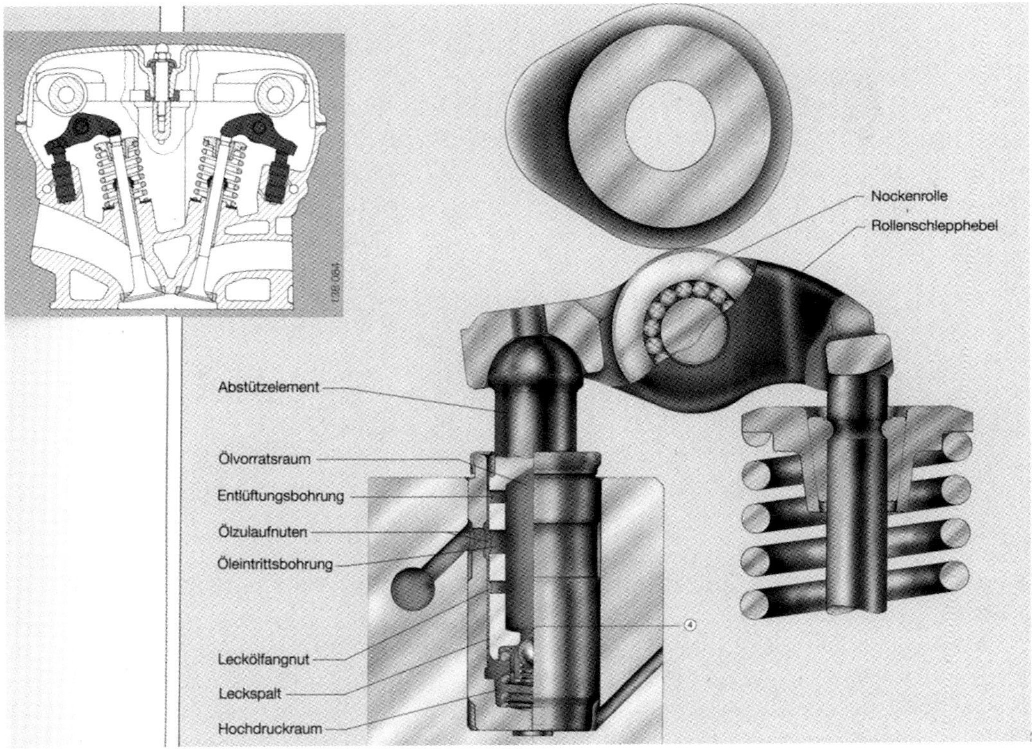

Hydrostößel haben sich trotz ihres Gewichts längst durchgesetzt. Im Bild eine typische Konstruktion mit nadelgelagertem Rollenschlepphebel.

Die Mehrventil-Technik

Mitteldruck und Drehzahl, das sind bei gegebenem Hubraum die Hauptfaktoren, welche die Leistung bestimmen. Die meisten Tuningmaßnahmen zielen also darauf, einen dieser Faktoren oder beide gleichzeitig zu steigern. Natürlich sind auch die professionellen Motorenentwickler daran interessiert, mehr Leistung aus einem vorhandenen Motor herauszuholen. Denn höhere Leistungsdichte ist grundsätzlich ein Vorteil, da sie in der Regel nicht mit steigendem Antriebs- oder Fahrzeuggewicht einhergeht. Die Aufladung, vorzugsweise mit Turboladern, ist eine Möglichkeit, höhere Leistungsdichte zu erzeugen, die andere ist die Vierventiltechnik oder besser gesagt Mehrventiltechnik, da die gewählte Anzahl der Ventile pro Brennraum je nach Einsatzzweck, zwischen drei und fünf betragen kann.

Schrittmacher der Mehrventilmotoren war wie so oft der Rennsport, wo diese, sofern erlaubt, flächendeckend eingesetzt werden. Seit Mitte der 80er Jahre hat sich die Vierventiltechnik aber auch bei hochwertigen Serienmotoren durchgesetzt, wobei die Europäer zwar die Initiative ergriffen hatten, die Japaner aber die Umsetzung in die Großserie vollzogen haben. Heute sind Dreiventiler, Vierventiler, ja sogar Fünfventiler Stand der Technik mit einem ständig wachsenden Anteil. Die Verdrängung des Zweiventilers ist in vollem Gange und wird, da sich Mehrventiler zunehmend kostengünstiger produzieren lassen, partiell in allen Fahrzeugklassen stattfinden. Auch professionelle Tuningfirmen wie AMG und Oettinger haben Vierventilzylinderköpfe entwickelt und produziert, wurden aber von der normalen Entwicklung überholt.

Die Vierventiltechnik verbessert nicht nur den Ladungswechsel und damit die Füllung und Leistung eines Motors, sie schafft auch ganz zwangsläufig aus geometrischen Gründen einen sehr günstigen Brennraum mit zentraler Kerzenlage.

Der Mercedes-Benz-Rennmotor von 1914 hatte bereits vier Ventile pro Zylinder, die von einer obenliegenden Nockenwelle über Kipphebel betätigt wurden. Der Nockenwellenantrieb lief über eine Königswelle, die Ventilfedern waren aus Gründen der Kühlung außenliegend. 4,5 Liter Hubraum führten zu 115 PS bei 2800/min – das war seinerzeit mehr als beachtlich.

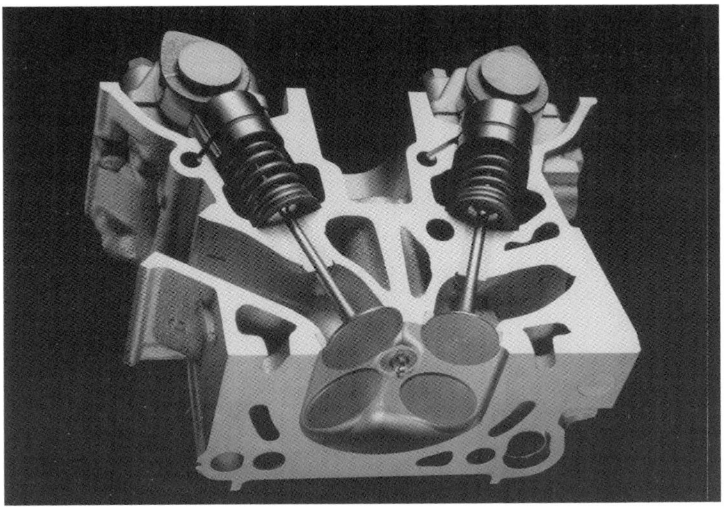

In der Regel werden in Hochleistungsmotoren vier Ventile pro Zylinder verbaut. Doch es gibt auch Konstruktionen mit fünf (Audi, Ferrari, Yamaha) und sogar acht (Honda Ovalkolben) Ventilen je Brennraum.

Dabei reicht die Chronik des Mehrventilers weit in die Anfänge der Automobilgeschichte zurück. So sieht bereits im Jahre 1888 eine Patentschrift zwei Auslassventile für Gas- und Petroleumkraftmaschinen vor. Dennoch: Die Entwicklung des Vierventilers fällt in dieses Jahrhundert und lässt sich, ganz grob, in drei Zeitphasen aufteilen, wobei die letzten beiden ineinandergreifen. Phase eins reicht von 1906 bis zum Ausbruch des Zweiten Weltkrieges, also bis 1939. Es war die empirische und experimentielle Phase dieser Motorbauart, ja des Automobilbaues an sich, mehr von Rückschlägen als von bahnbrechenden Konstruktionen gekennzeichnet. Letztere gab es natürlich auch, wie noch berichtet werden wird.

Phase zwei beginnt lange nach dem Zweiten Weltkrieg, genauer gesagt Ende der 50er Jahre, nachdem das Konstruktionsprinzip des Vierventilers gut 20 Jahre lang wegen hervorragender Ergebnisse der hochentwickelten Zweiventiler nicht gefragt war. Aber der Vierventiler wurde wiederentdeckt, seine Vorteile mit besserem Ingenieurswissen konsequenter in die Tat umgesetzt, und er ist letztendlich bis heute die dominierende Motorbauart bei Rennmotoren.

Phase drei ist die schwierigere Umsetzung des Mehrventilprinzips und die Anwendung seiner Vorteile für die Großserie. Sie begann schon in den frühen 70er Jahren, kam aber beim Automobil erst Mitte der 80er richtig in Schwung. Der Rest ist als Stand der Technik bekannt. Heute gibt es kaum einen Automobilhersteller von Rang und Namen, der die Vier- oder Mehrventiltechnik nicht praktiziert, mit zunehmender Durchsetzung in allen Hubraum- und Leistungsklassen. Dass dabei der Motorsport wieder einmal dynamischer Wegbereiter für eine fortschrittliche und letztendlich unter dem Strich auch vorteilhafte Technologie war, sei nur am Rande erwähnt, zumal diese wichtige Funktion des Wettbewerbs immer wieder in Frage gestellt wird.

Hier wichtige Stationen und Meilensteine der Entwicklung, der Kürze wegen in Tabellenform*):

	Jahr	**Hersteller/Fabrikat**
1. Phase	1906	Hotchkiss-Patent
	1909	Fiat 561 Corsa
	1910	Benz, Opel
	1912	Peugeot, Henry-Motor
	1919	Bugatti Brescia
	1921	Offenhauser Indy-Motor
	1924	Rudge Radial-Vierventiler
	1924	Mercedes Targa Florio-Rennwagen
	1926	Simson Supra S
	1937	Mercedes W 125 F 1-Wagen (750-kg-Formel) 8 Zylinder
	1939	Mercedes W 145 Formel 3 (3-Liter-Formel) 12 Zylinder
2. Phase	1957	Borgward RS
	1962	Honda Motorrad-Renmotor
	1965	Coventry Climax 1,5 / Formel 1
	1966	BMW-Apfelbeck-Motor
	1967	Ford Cosworh DFV F 1
	1967	Ferrari F 1 Zwölfzylinder
3. Phase	1970	Ford Escort RS 1600 (BDA)
	1972	Jensen Healey (Lotus)
	1973	Chevrolet Vega Cosworth
	1974	Lotus (alle Modelle)
	1978	Triumph Dolomite Sprint
	1982	BMW M 1
	1982	Nissan Silvia
	1983	Toyota Corolla GT
		Audi Quattro Sport
		Ferrari 308 Quattrovalvole
		Mercedes 190 E 2,3/16
		BMW M 635 CSi
		VW Scirocco 16V
		Saab 900 Turbo 16V
		Jaguar 3,6 Liter

*) Aus »Mehrventilmotoren«, erschienen im Motorbuch-Verlag

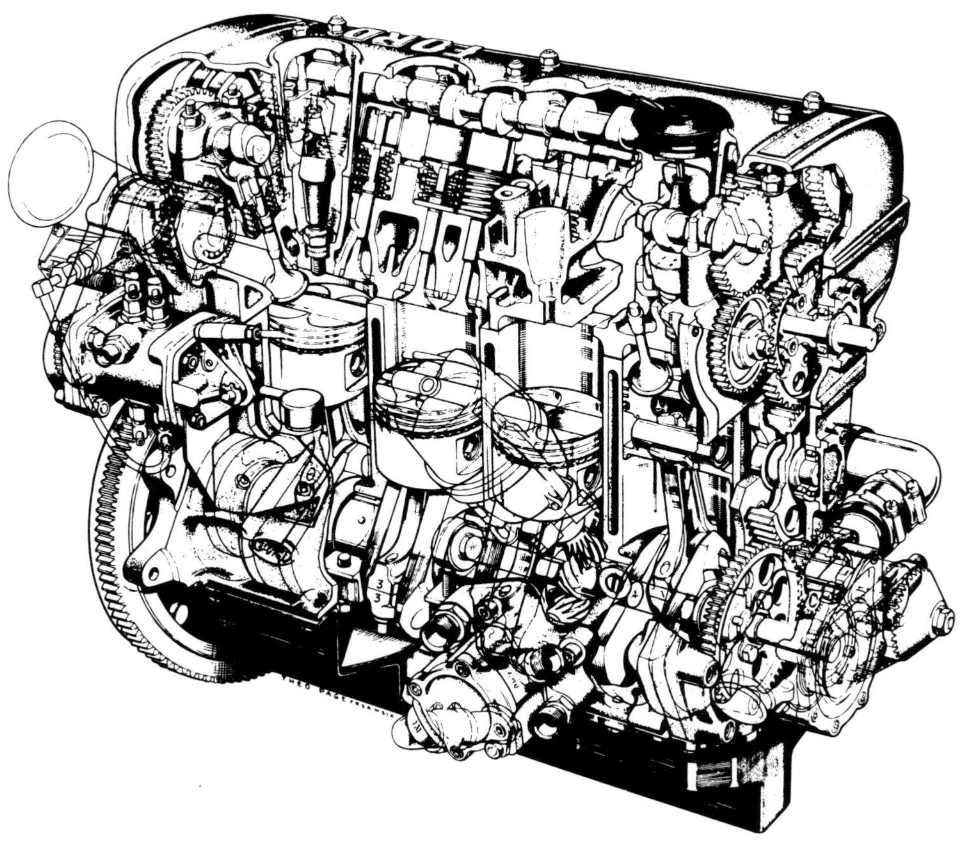

In dieser Phantomzeichnung des Ford-Cosworth-FVA-Motors sind die einfache Anordnung und Betätigung der insgesamt 16 Ventile gut zu erkennen. Der Nockenwellenantrieb erfolgt durch Zahnräder.

Mitte der 80er Jahre endet zwar die Entwicklung nicht, hat dafür als Stand der Technik sogar bei den Dieselmotoren (ab 1993) Eingang in die Großserie gefunden.

Bei dieser Gelegenheit noch ein Wort zur Kennzeichnung bzw. Definition. Aus Imagegründen schreiben manche Hersteller die Gesamtzahl der Ventile in die Modellbezeichnung, also »16V« beim Vierzylinder, »20V« beim Fünfzylinder oder »24V« beim Sechszylinder. Dies ist im Prinzip falsch, da die Gesamtzahl der Ventile die Kenntnis der Zylinderzahl voraussetzt, um die Ventilzahl pro Zylinder zu bestimmen. Spätestens beim Fünfventiler, aber auch schon beim Dreiventiler gibt es hier Verständnisprobleme. Korrekter ist es, die jeweilige Anzahl der Ventile pro Zylinder zu nennen, wodurch Mißverständnisse ausgeschlossen werden.

Warum vier Ventile?

Auf der Suche nach möglichst großen Querschnitten für den Ladungswechsel (Ein- und Auslassventile) stießen die Motoreningenieure, wie bereits dargelegt wurde, schon relativ früh auf den Vierventiler. Denn rein geometrisch betrachtet lassen sich bei gegebener Bohrung durch die Verdoppelung der Ventilzahl deutlich größere Ventilquerschnitte und damit in der Summe weitere Kanäle für Einlass und Auslass realisieren. Die Querschnitte der Ventile und Gaskanäle bestimmen jedoch im wesentlichen

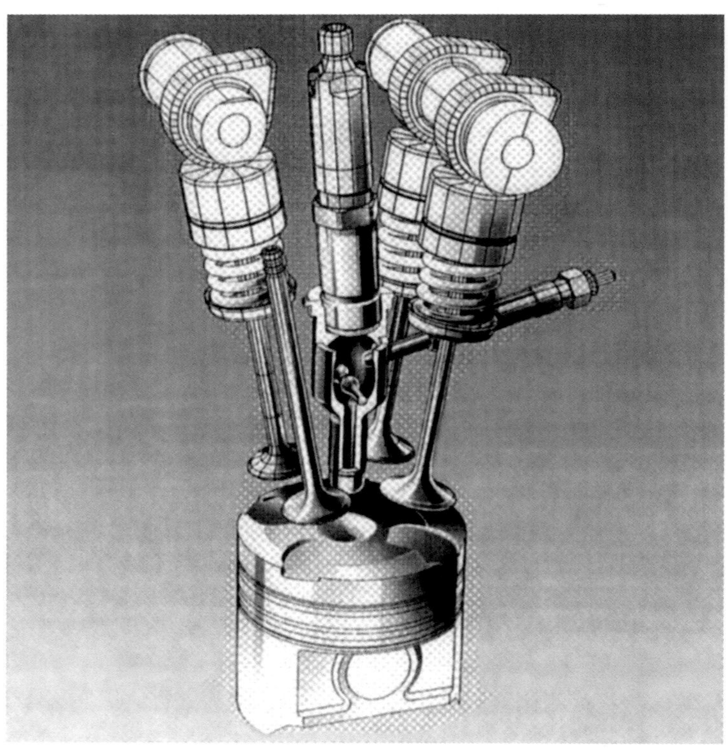

Vergleich BMW-Rennmotoren, 2 Liter Hubraum, unterschiedliche Ventilanordnung

	Zweiventiler (radial)	**Vierventiler (diametral)**	**Vierventiler (parallel)**	**Vierventiler**
Max. Leistung (PS/min^{-1})	230/7800	268/8500	275/9000	305/9200
Max. Drehmoment (kpm)	23,2	22,3	23,2	24,5
Ventildurch-messer E/A (MM)	46/39	40/36	38/34	34,6/31
Ventilwinkel	52°	75°	40°	40°
Verdichtungs-verhältnis	11:1	10,5:1	11,2:1	11.2:1

die durchsetzbare Gasmenge und damit die Leistung bei hohen Drehzahlen. Hierzu ein kleines Rechenexempel aus der Vergangenheit, das aber nach wie vor Gültigkeit hat.

Beim BWM-2-Liter-Rennmotor mit zwei Ventilen, wie er jahrelang im Tourenwagen gefahren wurde, lassen sich auf Grund der von Haus aus sehr günstigen Anordnung der Ventile

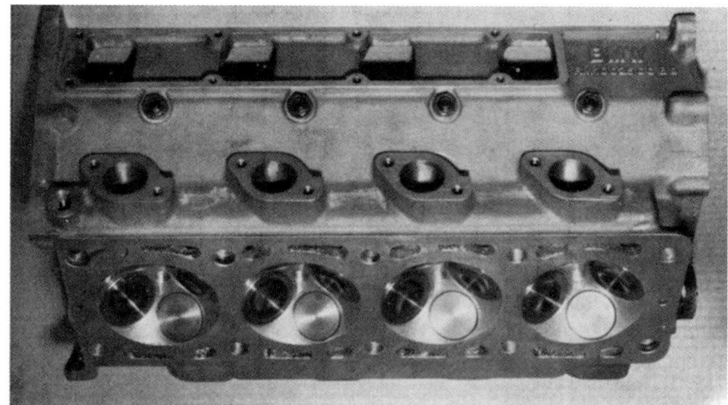

Die Entwicklung des BMW-Vierventil-Rennmotors geht aus dieser Bildfolge deutlich hervor. Oben der komplizierte »Apfelbeck«-Zylinderkopf mit radialer Anordnung der Ventile und halbkugelförmigen Brennräumen. Darunter der Diametralmotor, der ebenfalls acht getrennte Einlässe und Auslässe benötigte. Auf dem untersten Bild ist die letzte Version zu sehen, mit »Cross-Flow«-Anordnung der Ein- und Auslassventile, die letztlich Basis für den Formel-1-Motor war.

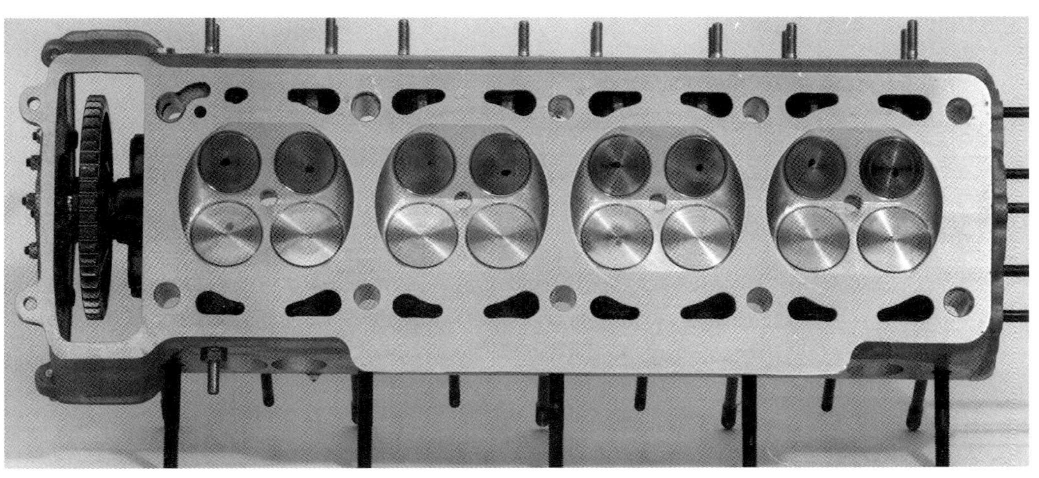

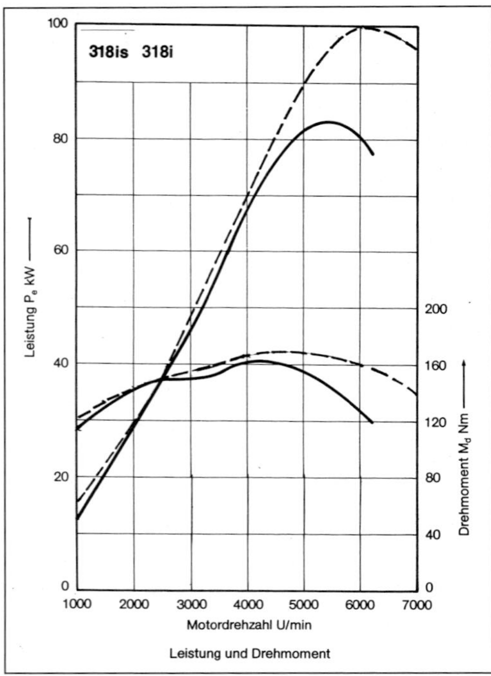

Leistungs- und Drehmomentkurve des BMW-1,8-Liter-Vierzylinders, einmal mit zwei und mit vier Ventilen pro Zylinder. Man erkennt die wesentlichen Vorteile des Vierventilers im oberen Drehzahlbereich, jenseits von 4000/min.

ziemlich große Ventildurchmesser unterbringen. Unter Beibehaltung des serienmäßigen Ventilversatzmaßes kommt man beim Einlass auf maximal 47 mm Durchmesser (entsprechend 1735 mm² Fläche), beim Auslassventil auf 39 mm (entsprechend 1195 mm²). In Sonderfällen wurden auch geringfügig größere Ventile eingebaut, jedoch haben Vergleichsmessungen gezeigt, dass die damit gewonnenen größeren Querschnitte nicht mehr nutzbar waren, d.h. die Ventile waren zu nah an der Zylinderwand, was die Strömung behinderte, so dass sich kein Leistungszuwachs mehr erzielen ließ.

Beim geometrisch gleich großen Vierventil-BMW-Motor letzter Ausführung lauten die Ventilmaße 2 x 35,6 mm für den Einlass (entsprechend 1990 mm² Fläche) und 2 x 31,0 mm für den Auslass (entsprechend 1510 mm² Fläche). Insgesamt hat also der Vierventilmotor 570 mm² oder rund 20% mehr Ventilfläche zur Verfügung, was sich in entsprechend besserer Füllung bei hohen Drehzahlen auszahlt. Nach den Experimenten mit Radial-und Diametral-Anordnung erreichte der 2-Liter-BMW-Vierventiler letztlich über 300 PS bei 9200 U/min,

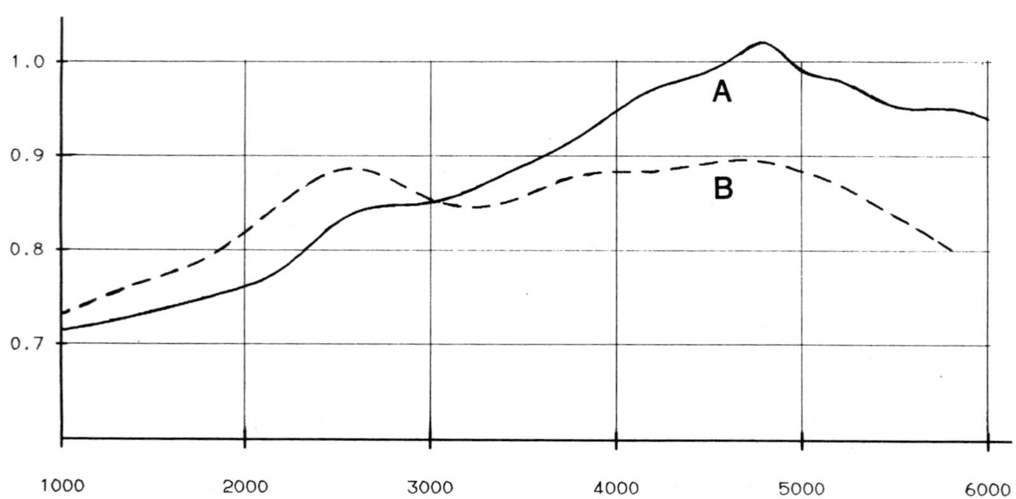

Ein Liefergrad-Vergleich (L) des Opel-2-Liter-Motors zeigt, dass der Vierventiler (A) erst bei 3000/min über dem Zweiventiler (B) liegt, darunter ist dieser sogar besser.

während der Zweiventiler mit maximal 230 PS bei 7800 U/min am Ende war. Die gewonnene Mehrleistung beträgt also in diesem Falle ca. 75 PS oder ein Drittel.
Die vier Motorvarianten zeigen beispielhaft, dass nicht allein die Ventilgröße maßgeblich für die Leistung ist, sonst hätte der Radial-Vierventiler am besten ausgesehen. Auch die Strömungsverhältnisse und nicht zuletzt die erreichbare Drehzahl spielen eine große Rolle. So resultiert die Mehrleistung teilweise aus dem höheren Mitteldruck bei höherer Drehzahl (Füllung), in erster Linie jedoch aus der wesentlich höheren Nenndrehzahl der letzten Variante.
Damit wären wir beim zweiten wesentlichen Vorzug des Vierventilers. Er liegt in den geringeren Massen der Ventile selbst, wodurch wesentlich höhere Drehzahlen und »fülligere« Nockenwellen ermöglicht werden. So kann man festhalten, dass sich die erreichbaren Höchstdrehzahlen bei Motoren sonst gleicher Abmessungen bei Anwendung des Vierventilprinzips um ca. 20% bis 30% steigern lassen, je nach Art und Ausführung der Ventilsteuerung. Solche und höhere Drehzahlsteigerungen mögen für Renn- und Wettbewerbsmotoren, wo es um höchste Leistung geht, Sinn machen, für den Serieneinsatz sind sie aus verschiedenen Gründen nicht geeignet. Einmal wird das Geräuschniveau zu hoch, zum zweiten steigt die Reibverlustleistung mit der Drehzahl an, die Gesamtlebensdauer des Motors nimmt dafür ab. Ganz abgesehen davon werden im heutigen Alltagsverkehr Motoren benötigt, die ihre Qualitäten bereits im unteren Drehzahlbereich durch gute Durchzugskraft, also einen fülligen Drehmomentverlauf, unter Beweis stellen.
Doch bei der Umsetzung der Mehrventiltechnik vom reinen Wettbewerbsmotor in die Großserie zeigte sich, dass die Vorteile der Vierventilkonstruktion keineswegs nur in hoher Endleistung zum Tragen kommen. Auch die Verbrennung ist effizienter, dank dem kompakten Brennraum und der zentralen Kerzenlage. Vierventiler sind weniger klopfempfindlich, gestatten ein höheres Verdichtungsverhältnis und bringen wegen ihrer besseren Rohemission günstigere Voraussetzung für die Schadstoffreduzierung mit. Bei geeigneter Auslegung lässt sich auch ein akzeptabler Drehmomentverlauf erzielen. Mit höherem Konstruktionsaufwand, also mit variablen Saugrohrlängen und/oder verstellbaren Steuerzeiten, sogar hohes Drehmoment im unteren Drehzahlbereich, ohne auf hohe Endleistung zu verzichten.
Ohne solche Maßnahmen ist es schwierig, den Leistungsverlauf des Vierventilers nach unten zu verlagern. Denn verglichen mit einem gleichgroßen Zweiventiler bringt der Vierventiler erst jenseits von 3000 Umdrehungen Vorteile, da er dort die größere Füllung und ganz oben sein höheres Drehzahlniveau ausspielen kann. Im unteren Drehzahlbereich sind zu große Kanal- und Ventilquerschnitte für eine optimale Füllung eher von Nachteil. Andererseits bietet gerade der Vierventiler Möglichkeiten, durch Kanalabschaltung oder Strömungsbeeinflussung durch so genannte Tumble-Klappen die Verbrennung zu beeinflussen. Denn Drall (Ladungsbewegung um die Hochachse) und Tumble (Ladungsbewegung um Längsachse) sind zunehmend Parameter, die zu einer optimalen Verbrennung herangezogen werden.

Das Konstruktionsprinzip – Details und Varianten

Beim Bau von Rennmotoren spielen technischer Aufwand und Kosten eine untergeordnete Rolle – hier kommt es nur auf die Leistung an. Da der Vierventiler aus dem Motorsport kommt, war er zunächst sehr aufwendig konstruiert, beispielsweise mit zweigeteiltem Zylinderkopf (Kopf- und Steuergehäuse) oder komplizierten und aufwendigen Nockenwellenantrieben. Ja, sogar die Lage der Ein- und Auslassventile schien nicht von Anfang an klar. BMW experimentierte jahrelang mit radial und diametral angeordneten Ventilen, wobei

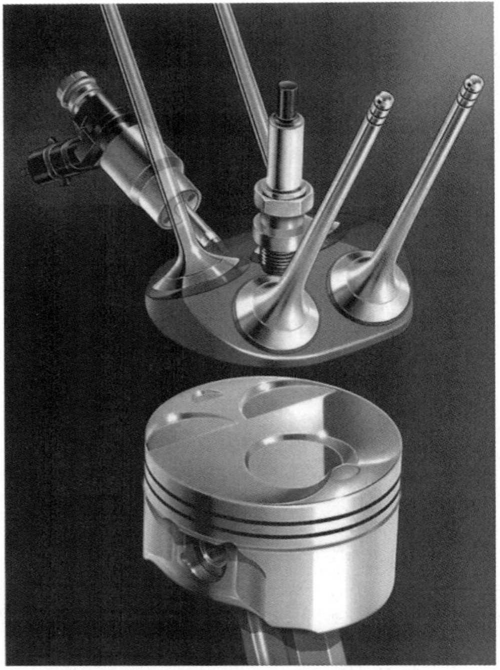

Direkteinspritzung: Kolben mit flachem Boden und zwei Ausfräsungen für die Ventile (Ventiltaschen). Die große Mulde im Kolben dient zur Führung der Gemischwolke.

sich die Ein- und Auslässe jeweils diagonal gegenüberlagen. Als optimale Lösung hatte sich dann aber die klassische Cross-Flow-Anordnung erwiesen, das heißt Ein- und Auslassventile liegen sich paarweise gegenüber.
Da die Mehrventiltechnik mittlerweile von der Automobilindustrie auf breiter Ebene entwickelt und eingesetzt wird, gibt es natürlich eine ganze Reihe unterschiedlichster Konstruktionen und eine Fülle interessanter Detaillösungen. Abgesehen von der Motorgröße und dessen Bauform ist dabei die Konstruktion des Zylinderkopfes das wichtigste Unterscheidungsmerkmal. Auch spielt es eine wesentliche Rolle, ob der Motor ausschließlich für den Renneinsatz oder für den Serieneinsatz entwickelt wurde. Für die Bewertung der Zylinderkopf-Konstruktion sind zahlreiche Kriterien von Bedeutung und natürlich die Anzahl der Ventile pro Zylinder.

Anzahl der Ventile

Vier Ventile pro Zylinder sind wohl der beste Kompromiss für fast alle Motorenhersteller. Der Anteil der Vierventilmotoren nimmt ständig zu.

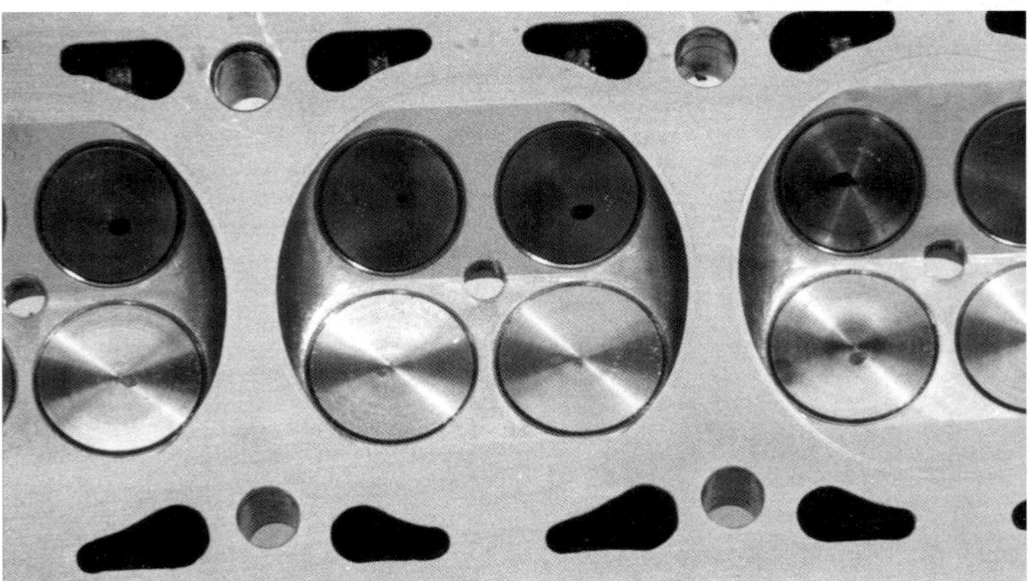

Der enge Ventilwinkel ergibt zwangsläufig einen sehr einfachen Brennraum, der einer stark abgeflachten Halbkugel im Längsschnitt und einer Dachform im Querschnitt nahekommt.

Zylinderkopf des BMW-V8-Motors. Die kompakten, voll bearbeiteten Brennräume und die zentrale Kerzenlage lassen ein sehr hohes Verdichtungsverhältnis (10,5:1 beim 3-Liter, 10:1 beim 4-Liter) zu. Von oben ist sehr gut die Lagerung der beiden Nockenwellen zu erkennen, die direkt über den Tassenstößeln angeordnet sind. Der Zylinderkopf ist einteilig ausgeführt.

Drei- oder auch Fünfventilmotoren sind im Moment nur Randlösungen mit eher spezifischen Vorteilen. Selbst in der Formel 1, wo Geld und Aufwand keine Rolle spielen, hat sich nach Experimenten mit fünf Ventilen der Vierventiler als die optimale Lösung herausgestellt. Auch Audi und Ferrari, die Fünfventiler längere Zeit in Serienfahrzeugen hatten, sind wieder zur Vierventil-Lösung zurückgekehrt. Mit ein Grund dafür ist die Direkteinspritzung, für deren Düse man Platz braucht.

Ventilwinkel – Brennraumform

Der gewählte Ventilwinkel und damit meist auch schon die Brennraumform scheint bei ausgeführten Serienmotoren mehr von äußeren Parametern bestimmt zu sein als von der Vorstellung, einen bestimmten Winkel wegen der Verbrennung unbedingt realisieren zu müssen. So sind Zugänglichkeit zu den Kopfschrauben, Platzverhältnisse im Motorraum, Art des Nockenwellenantriebes, oder auch die Einfachheit der Zylinderkopfkonstruktion häufig die einschränkenden Parameter für den Ventilwinkel. Bei Rennmotoren, wo man von den meisten Zwängen, die durch Großserien auferlegt werden, frei ist, zeigt sich ein Trend zum kleinen Ventilwinkel, wodurch die Brennraumform kompakter und die Zündkerzenlage günstiger werden. Auch bei modernen Großserien-Vierventilern ist daher der Trend zu engen Ventilwinkeln unübersehbar.

Anzahl der Nockenwellen

Zwei obenliegende Nockenwellen (DOHC = double overhead camshaft) sind pro Zylinder-

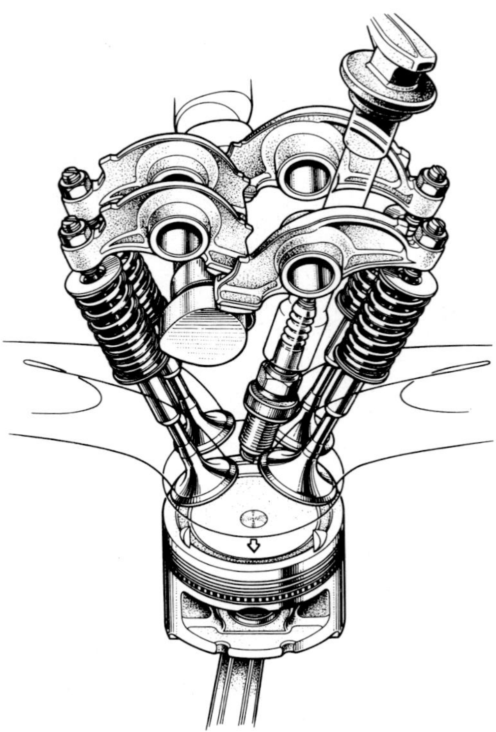

Honda praktiziert auch eine Vierventilbetätigung mit nur einer obenliegenden Nockenwelle über Kipphebel. Der Zündkerzenkanal verläuft schräg, wegen der im Wege liegenden Nockenwelle.

reihe bei Rennmotoren Standard und auch bei Serienmotoren die mit Abstand meistverbreitete Konstruktion. Vorteile sind der einfache Zylinderkopfaufbau sowie die steife und exakte Ventilbetätigung. Mehrventilmotoren mit nur einer obenliegenden Nockenwelle pro Zylinderreihe sind eher die Ausnahme von der Regel, aber bei Dreiventilmotoren eine logische Lösung. Denn mit nur einer Nockenwelle sinken Bauaufwand und Reibleistung, was vor allem bei V-Motoren, die ja die doppelte Nockenwellenanzahl benötigen, ein wichtiges Argument ist. Der heute wesentliche Nachteil von nur einer Nockenwelle ist, dass sich die Einlass- und Auslass-Steuerzeiten nicht mit einfachen Mitteln gegeneinander verschieben lassen.

Nockenwellenantrieb

Viele der für die Serie vorgesehenen Mehrventilmotoren sind von Zweiventilmotoren abgeleitet bzw. Weiterentwicklungen davon. Oft werden auch ganz neue Motoren sowohl als Zwei- wie als Vierventiler konzipiert. Dabei ist die Art des Nockenwellenantriebes in der Regel identisch, um an der Grundkonstruktion des Motors nicht weitere Änderungen durchführen zu müssen. Entsprechend der Zwei-

Beim Porsche 928 S 4 und 968 wird die Auslassnockenwelle über eine mittig angeordnete Kette mit der Einlassnockenwelle gekoppelt. Beim Vierzylinder sorgt ein Verstellmechanismus dieser Kette für variable Steuerzeiten durch Phasenverschiebung.

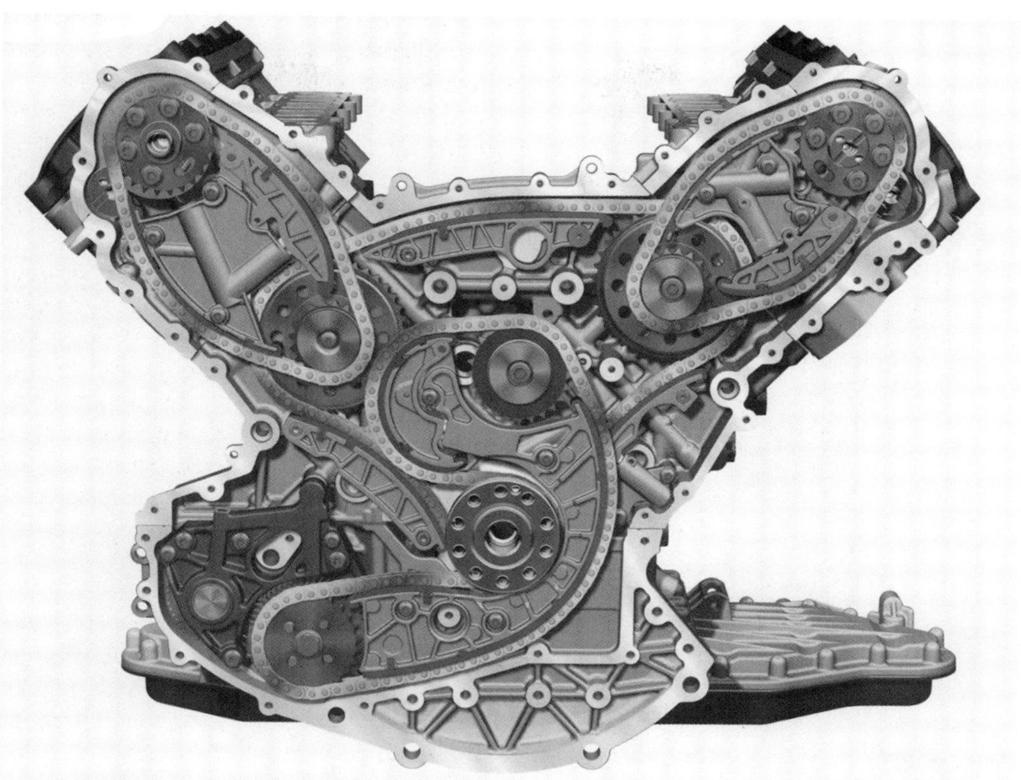

Eindeutiger Trend: Obwohl bei der Dauerhaltbarkeit von Zahnriemen in den letzten Jahren große Fortschritte erzielt wurden, bauen immer mehr Hersteller Kettenantriebe in ihre Motoren.

ventiltechnik überwiegt daher auch bei der Vierventiltechnik der Zahnriemenantrieb vor dem Kettenantrieb. Doch der Kettenantrieb gewinnt wegen seiner höheren Zuverlässigkeit wieder an Boden. Vom Zahnriemen angetrieben wird dabei – je nach Abstand der beiden Nockenwellen – entweder nur eine Nockenwelle oder auch beide. Lösungen mit Zahnriemenantrieb einer Nockenwelle benötigen für den Antrieb der zweiten Nockenwelle entweder eine kurze Kette (z.B. VW) oder auch zwei Zahnräder. Als bessere Lösung gilt der Kettenantrieb beider Nockenwellen, am besten mittels Duplex-Kette. Komplett-Antriebe der Nockenwellen über Zahnräder von der Kurbelwelle aus findet man nur bei Rennmotoren. Es sind aber auch Zwischenlösungen im Einsatz, wo per Kette auch eine Zwischenwelle angetrieben wird, weiter geht es dann mit Zahnrädern. Moderne Nockenwellenantriebe müssen auch darauf Rücksicht nehmen, dass eine Phasenverschiebung sowohl am Einlass wie am Auslass möglich ist. Für die hierzu in der Regel benutzten Drehsteller muss Platz vorhanden sein.

Zündkerzenlage – Zündkerzendimension

Bei Dreiventilmotoren ist eine zentrale Lage der Zündkerze nicht möglich. Bei Vier- oder auch Fünfventilmotoren ergibt sich automatisch die zentrale Lage der Zündkerze. Zumindest von oben oder unten gesehen ist damit die Kerzenposition optimal, da zu den Zylinderrändern gleiche und damit kurze Brennwege vorliegen. Aber es geht eng zu im Zylinder-

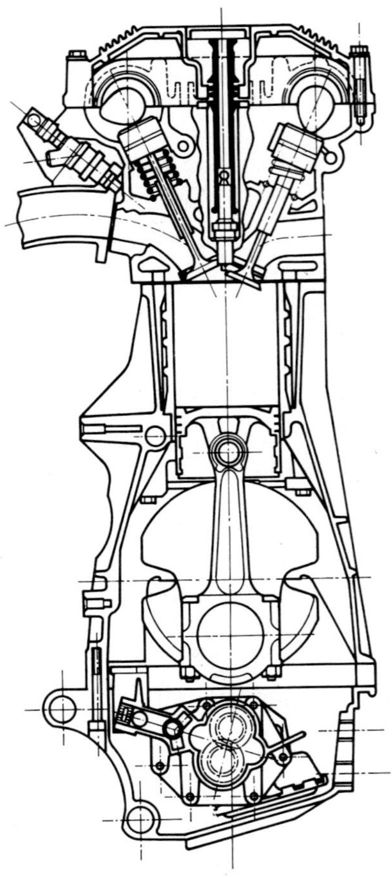

Querschnitt durch den Peugeot-Mi-16-Motor. Die klassische Zylinderkopfkonstruktion zeigt enge Ventilwinkel und direkte Betätigung durch zwei Nockenwellen auf Tassenstößel. Der Kerzenkanal verläuft senkrecht.

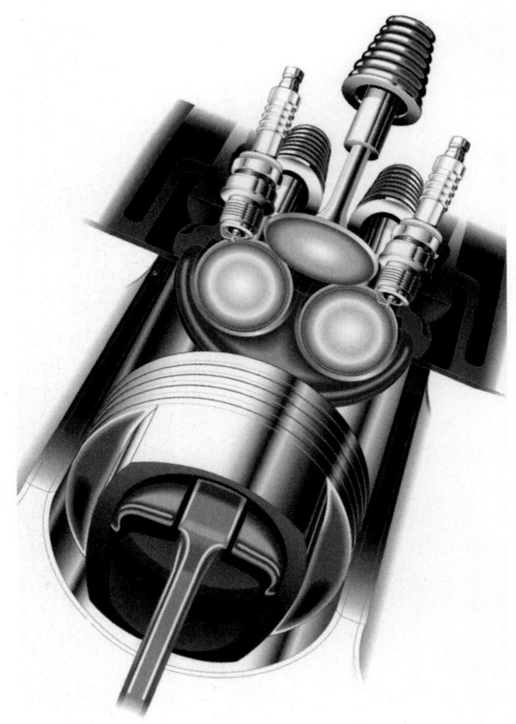

Variante mit drei Ventilen und zwei Zündkerzen: Zwei Zündkerzen verringern die Flammwege, wodurch eine höhere Verdichtung möglich wird (beispielsweise: Alfa Romeo Twin Spark).

kopf. Deshalb ist eine Reduzierung des Durchmessers der Zündkerzen bzw. ihrer Einschraubgewinde zu beobachten. Ganz besonders eng wird es dann, wenn bei Direkteinspritzern noch Raum für die Einspritzdüsen vorgesehen werden muss. Man verabschiedet sich daher zunehmend vom früheren Standard, dem 14-mm-Gewinde. Zündkerzen mit 12 mm oder gar 10-mm-Gewinde werden nicht mehr nur in Sport- oder Rennmotoren eingesetzt, sondern finden zunehmend Eingang in die Großserie. Bei ungünstiger Kerzenlage (z.B. Dreiventiler von Mercedes) oder bei großen Bohrungsdurchmessern wird manchmal auch zur Verkürzung der Flammwege auf Doppelzündung zurückgegriffen.

Quetschflächen

Anzahl, Form und Größe der Quetschflächen ist meist schon durch die Zahl und Anordnung der Ventile vorgegeben. Der Quetschflächenanteil ist bei Mehrventilmotoren schon auf Grund der zahlreichen Ventile, die einen großen Teil des Brennraumes belegen, kleiner als bei Zweiventilmotoren. Aus Leistungsgründen kann auf Quetschflächen, die eine möglichst rasche Verbrennung fördern, oft nicht verzichtet werden. Mit tendenziell höher werdender Verdichtung nimmt aber das Bedürfnis nach ausgeprägten Quetschflächen ab. Die zu in-

Auch die Kolben fallen beim Vierventiler mit kleinem Ventilwinkel sehr einfach aus. Die Bodenform ist meisst flach und trägt lediglich vier Ausfräsungen für die Ventile (Ventiltaschen).

tensiver Verbrennung nötige starke Ladungsbewegung wird zusätzlich auch durch andere Maßnahmen (Drall, Tumbling) erzielt. Neben der Anzahl der Ventile spielt natürlich auch deren Größe eine Rolle, ob noch Platz für Quetschflächen übrig bleibt.

Ventilgrößen

Die meisten ausgeführten Hochleistungsmotoren nutzen freilich den durch die Zylinderbohrung vorgegebenen Querschnitt aus, um möglichst große Ventile unterzubringen. Je größer und je höher die Anzahl der Ventile ist, um so weniger Platz bleibt für Quetschflächen. Bei Mehrventilmotoren, die nicht auf hohe Endleistung, sondern vielmehr auf Komfort ausgelegt sind, wird der maximal zur Verfügung stehende Platz nicht ausgenutzt – also mit kleineren Ventilen operiert.

Verdichtung

In der Regel ist die Verdichtung bei Mehrventilmotoren nur unwesentlich höher als bei Zweiventilmotoren. Der Vorteil, der durch die günstigere Brennraumform gegeben ist, wird durch die höheren Mitteldrücke wieder aufgezehrt. Hochleistungsmehrventilmotoren für Verdichtungsverhältnisse über 11:1 benötigen aufwendige Einspritz- und Zündanlagen mit Klopfregelung sowie bearbeitete und exakt ausgeliterte Brennräume. Nachträgliche Verdichtungserhöhungen sind demzufolge Feinmechaniker-Arbeit, wobei auf den Freigang aller Teile geachtet werden muss.

BMW M3 2.3 l 4 Ventile

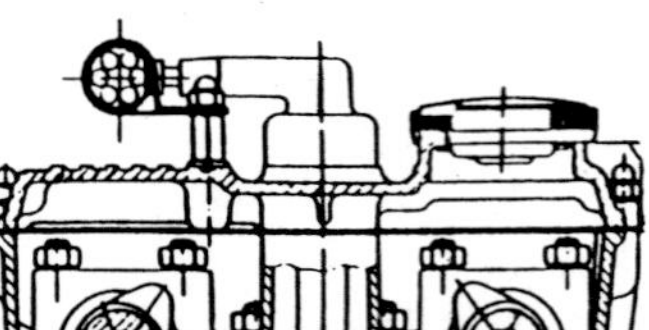

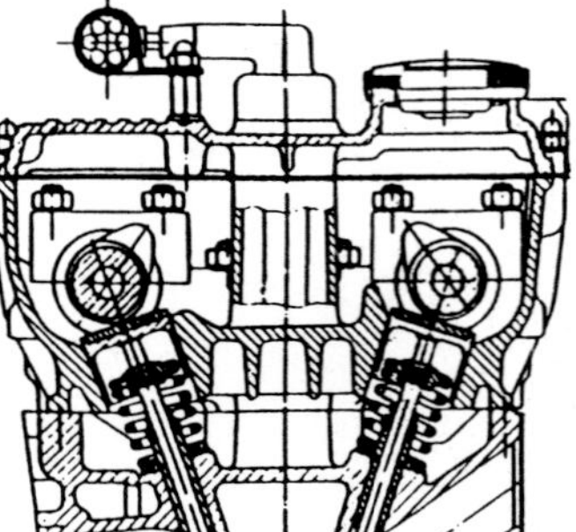

Mercedes 2.3 l 4 Ventile

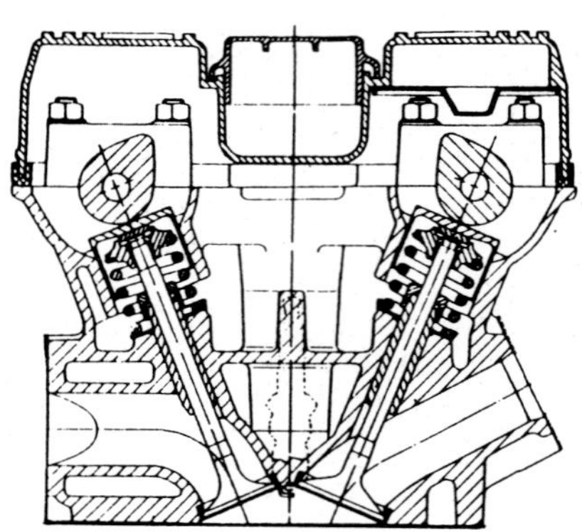

Opel C 20 XE 4 Ventile

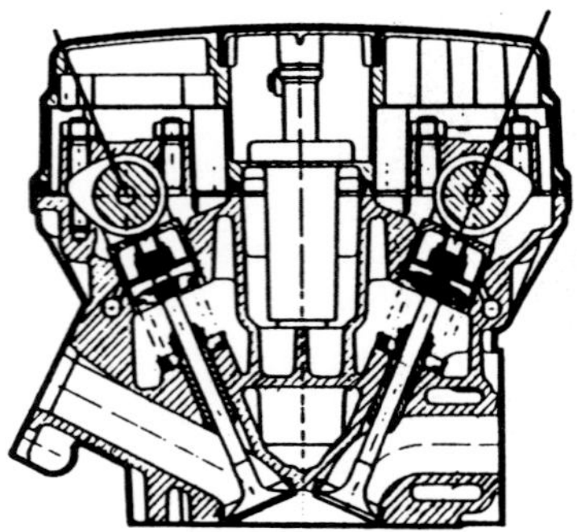

VW 1.8 l 4 Ventile

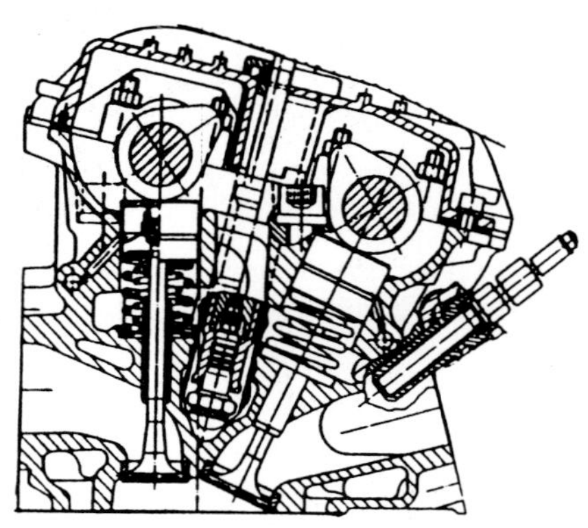

Die Querschnitte zeigen Ventilanordnung, Betätigung sowie Kanalform von vier bekannten deutschen Vierzylinder-Vierventilern. VW und Opel besitzen hydraulische Elemente zum Ventilspielausgleich, die vor allem für den Wettbeweb konzipierten Motoren von BMW (M3) und Mercedes nicht.

Äußere Abmessungen – Gewicht

Je kleiner der Ventilwinkel, um so kleiner (schmaler) und auch leichter wird der Zylinderkopf. Für günstige Ansaugrohre oder auch Auspuffanlagen bleibt mehr Raum übrig. Besonders kritisch ist die Situation bei V-Motoren. Diese ohnehin schon breiten Motoren werden durch den Anbau von breiten Mehrventilzylinderköpfen noch voluminöser. Kompakte V-Motoren setzen Zylinderköpfe mit kleinem Ventilwinkel oder auch besondere Zylinderkopfkonstruktionen voraus. Es ist daher ein permanenter Trend zu engeren Ventilwinkeln zu erkennen. Moderne Motoren liegen hier oft nur noch wenig über 20 Grad.

Vergleich Opel Vierzylinder-Zweiventil- und Vierventil-Zylinderkopf: Der Vierventiler baut sehr viel breiter, Kanäle und Brennräume sind beim Vierventiler mechanisch bearbeitet.

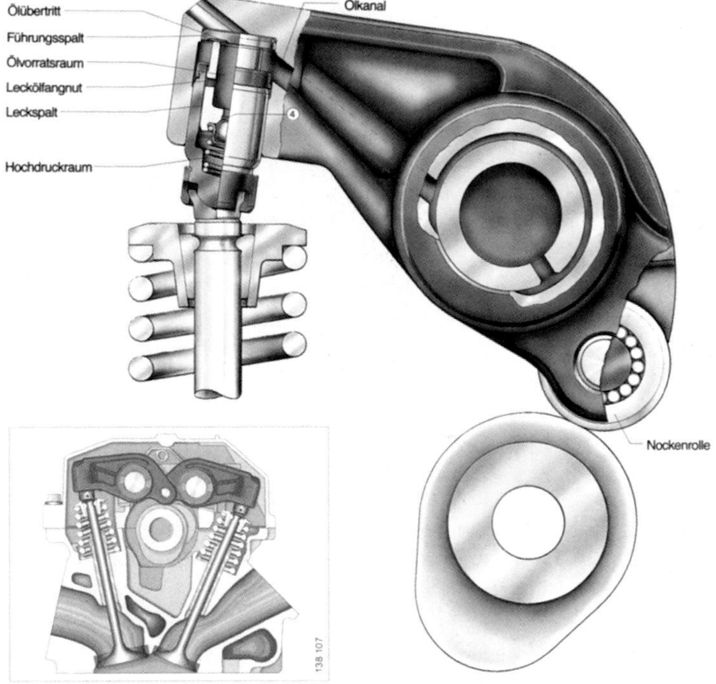

Kipphebel mit integriertem Element zum Ventilspielausgleich: Zuverlässig und langlebig, aber für höchste Drehzahlen ungeeignet.

Ventilbetätigung – Ventilspielausgleich

Schon durch die große Anzahl von Ventilen ist es bei Mehrventilmotoren sinnvoll, einen automatischen Ventilspielausgleich vorzunehmen. Tassenstößel mit integriertem hydraulischen Ventilspielausgleich oder Schwing-und Schlepphebel mit Ausgleich gehören zum Stand der Technik. Tassenstößel mit mechanischen Einstellmöglichkeiten (Plättchen, Hütchen oder auch unterschiedlich hohe Tassenstößel) sind meist Sport- und Rennmotoren (z.B. BMW M5) vorbehalten.

Der einteilige Zylinderkopf des Mercedes-Vierventilers (2,3-16): Er ist konsequent auf hohe Leistung und Wettbewerbsfähigkeit ausgelegt.

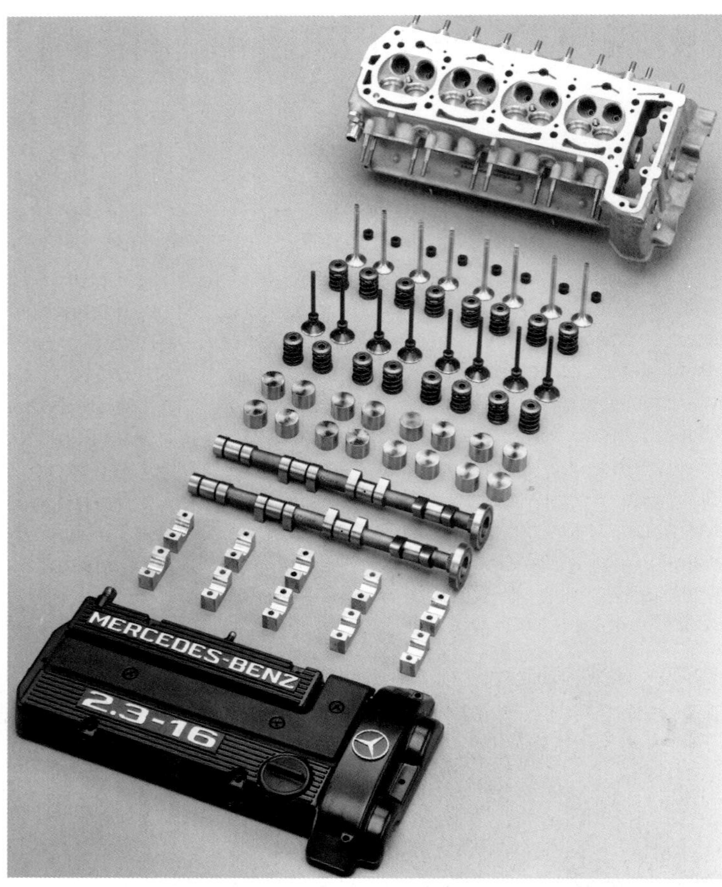

Ihre geringere Masse und höhere Steifigkeit erlaubt höhere Drehzahlen. Zur Reduzierung der Reibungsverluste im Ventiltrieb werden heute oft Rollenschlepphebel oder Rollenkipphebel jeweils mit hydraulischem Ventilspielausgleich eingesetzt. Die meist nadelgelagerte Nockenrolle rollt dabei auf den Nocken ab, Gleitreibung wird vermieden. Allerdings ist das Gewicht solcher Konstruktionen höher, besonders dann, wenn der Spielausgleich mitschwingt. Nacharbeiten gestalten sich schwierig. Wenn nötig, hilft Ersatz durch Gleithebel, was allerdings wegen der geänderten Geometrie (größere Radien) auch andere Nockenformen, also neue Nockenwellen erfordert.

Zylinderkopfsteifigkeit – Anzahl der Bauteile

Auch bei Rennmotoren bemüht man sich verstärkt um einteilige Zylinderkopfkonstruktionen, um die Steifigkeit zu erhöhen bzw. die Anzahl der Bauteile zu reduzieren. Flache Zylinderköpfe mit aufgesetzten Nockenwellenträgern sind sehr aufwendig, erfordern viel Bearbeitung, sind teuer und erreichen nicht die Steifigkeit von einteiligen Lösungen. Gerade bei Rennmotoren sind steife Zylinderköpfe von Vorteil, weil speziell bei Formel-Rennwagen der Motor oft als mittragendes Element eingesetzt wird, an dem Fahrwerks- und andere Bauteile angeschraubt werden.

Aufladung – Leistung unter Druck

Wir haben schon einige Seiten zuvor erfahren, dass die beste Methode zur Erhöhung des mittleren Druckes und damit der Leistung die Verbesserung der Füllung ist. Wie man die Füllung verbessert, wurde ebenfalls erklärt. Dabei wurde jedoch davon ausgegangen, dass der Motor sein Gemisch selbst ansaugt, also unter atmosphärischen Bedingungen, wie dies normalerweise üblich ist. Doch neben diesen mehr oder weniger konventionellen Maßnahmen zur Füllungsverbesserung gibt es noch eine weitere, außerordentliche wirksame Methode, den mittleren Druck zu erhöhen, nämlich die Aufladung. Denn wenn man die Frischgase mit Überdruck in die Zylinder drückt, muss zwangsläufig eine bessere Füllung zustande kommen, als wenn der Motor sein Gemisch selbst ansaugt.

Zu dieser Erkenntnis kamen die Techniker schon relativ früh in der Geschichte des Automobilbaus und benutzten zur Aufladung ziemlich ungeschlachte mechanische Ladepumpen (z.B. Roots-Gebläse), um die Luft, die sich die Motoren nicht freiwillig nehmen wollten, in die Zylinder zu drücken. Dermaßen aufgeladene Triebwerke gingen als Kompressormotoren in die Geschichte des Automobilbaus ein. Sie beherrschten vor dem Krieg die Rennstrecken und waren auch in manchen Serienautomobilen zu finden. Diese Methode war damals die einzige Möglichkeit, hohe Literleistungen zu verwirklichen. Die Ära der klassi-

Aufladung: Schon früh kamen findige Konstrukteure auf die Idee, die Leistung des Motors durch eine Erhöhung des Füllungsgrads zu steigern.

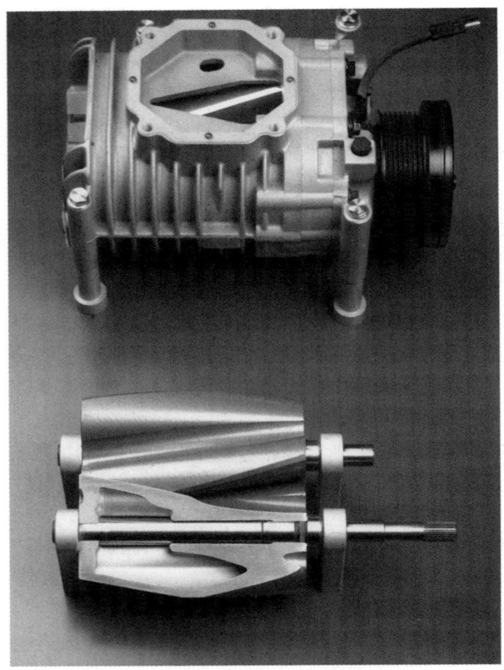

Aufladung via Kompressor bei Daimler: Der Hauptvorteil der mechanischen Aufladung mittels Kompressor ist der gleichmäßige Druckaufbau.

schen Kompressormotoren endete kurz nach dem Zweiten Weltkrieg. Einmal bevorzugte das Sportreglement unaufgeladene Triebwerke (Saugmotoren), andererseits kam die moderne Motorenentwicklung auch ohne Aufladung zu respektablen Literleistungen.

Auch für den nachträglichen Einbau hatten sich die ungeschlachten, mechanischen Ladepumpen der Vorkriegszeit nicht sonderlich qualifiziert, zehrten sie doch einen großen Teil der erzeugten Mehrleistung durch ihren eigenen Antrieb wieder auf und sorgten zudem mit ihrem schlechten inneren Wirkungsgrad für einen relativ unwirtschaftlichen Betrieb. Heute werden Roots-Lader im Motorsport vorwiegend bei amerikanischen Dragstermotoren verwendet, die, um trotz hoher Aufladung mit einem tragbaren Verdichtungsverhältnis auszukommen, einen besonders klopffesten Kraftstoff (Methanol, Nitromethan) benutzen.

Erst mit der Renaissance der Aufladung in den 80er Jahren, ausgelöst durch die Turbo-Ära im Rennsport, kamen auch die mechanischen Lader wieder zum Zuge. Fiat und Lancia bauten einen von einem Roots-Gebläse aufgeladenen Vierzylinder (Volumex), andere mechanische Ladepumpen wie Wankel- und Flügelzellenlader kamen über das Versuchsstadium nicht hinaus. Einzig der von VW entwickelte Spirallader (G-Lader) fand den Weg in eine größere Serie, wurde aber wegen Schwierigkeiten in Kundenhand wieder eingestellt. Mercedes hingegen entwickelte den robusten Roots- Lader weiter und ging (1995) unter der althergebrachten Bezeichnung »Kompressor« damit in Serie. Und die Firma AMG realisiert ihre teilweise exorbitanten Leistungssteigerungen fast ausschließlich mit mechanischer Aufladung (Schraubenlader). Auch Jaguar und der BMW-Ableger Mini (Cooper S) operieren mit mechanischen Ladern. Alpina setzt dagegen auf einen vom Motor über ein Übersetzungsgetriebe angetriebenen Turboverdichter (MKL = mechanischer Kreisellader).

So tobt nach wie vor ein Kampf um die Vorherrschaft der besten Aufladegeräte. Er lautet: Turbo gegen Kompressor. Noch ist er nicht endgültig entschieden, aber spätestens nach dem Siegeszug des Turbodiesels steht fest: Wenn der Ottomotor (Benziner) mithalten soll, muss auch er als Turbomotor konkurrieren. Alle anderen Varianten werfen ihn zurück.

Der Grund für die insgesamt schlechteren Karten, die mechanische Ladegeräte auch heute noch haben, ist die rasante Fortentwicklung des Abgasturboladers, der vor seinen sensationellen Erfolgen im Rennsport nur Flugmotoren und größeren Dieselmotoren vorbehalten war. Doch der Turbolader, der die Ladeenergie durch thermodynamische Nutzung der heißen Abgase fast gratis liefert, ist auch eine sehr geeignete Methode, die Leistung von Serienmotoren nachträglich zu steigern. Wie gut dies funktioniert, zeigt am besten die Rennsportgeschichte. Im amerikanischen Rennsport hat sich der Turbolader durchgesetzt, so vor allen Dingen in Indiana-

Auch der im Prinzip schon betagte Offenhauser-Vierzylindermotor verdankte dem Abgasturbolader ein überraschendes Comeback. Bei einem Ladedruck von 2,7 bar gab das früher für Indy-Rennen eingesetzte 2,8-Liter-Triebwerk über 800 PS ab.

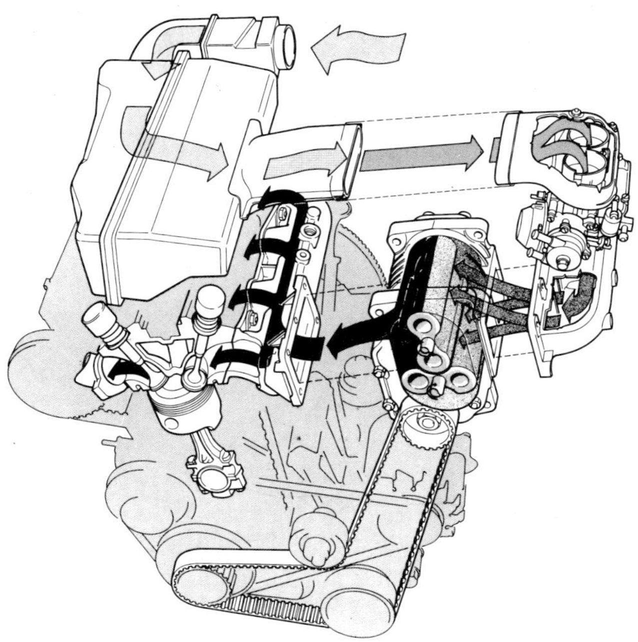

Das gleiche Prinzip der 30er Jahre griff Lancia/Fiat mit den Volumex-Modellen in den 80er Jahren wieder auf. Im Lancia Trevi-Volumex war der Vergaser ebenfalls als Saugvergaser vor dem zweiflügeligen Roots-Gebläse angeordnet. Der Antrieb des Gebläses erfolgt über Zahnriemen.

polis und bei ähnlichen Rennen, die nach dem Indy-Reglement ausgetragen werden. Die erfolgreichsten Motoren waren dort 2,8-Liter-Motoren mit Abgasturbolader. Seit dem Jahr 1970 schließlich hat in Indianapolis der Abgasturbolader vollends gesiegt: alle Teilnehmer starten mit aufgeladenen Motoren, was angesichts der vielen gebotenen Möglichkeiten eine erstaunliche Tatsache ist.

Aber auch bei den Can-Am-Rennen der 70er Jahre degradierte der aufgeladene Porsche 917/10 Turbo mit mehr als 1100 PS aus nur 5,4 Litern Hubraum die Saugmotoren zu Statisten. Doch nicht nur im Rennsport (Formel 1) erwies sich der turbogeladene Motor als unschlagbar (und wurde dort wegen zu hoher Leistung verboten), auch bei Serienfahrzeugen hat der Turbo, zunächst bei den Dieseln, jetzt auch zunehmend bei Ottomotoren seinen Siegeszug angetreten.

Der Abgasturbolader

Der Abgasturbolader ist im Prinzip fast so alt wie das Automobil selbst. Er wurde bereits zu Beginn des 20. Jahrhunderts (1905) von dem Schweizer Ingenieur Büchi erfunden. Wie einigen anderen Leuten fiel auch Herrn Büchi auf, dass unsere Verbrennungsmotoren unnötig viel Energie in Form von heißen, zudem unter Druck stehenden Abgasen ausstoßen. Das ist auch heute noch so. Diese heißen Abgase und der Druck lassen sich jedoch mit einer Turbine nutzen, das heißt, wenn man in den unter Überdruck stehenden heißen Abgasstrom eine Turbine einschaltet, kann man einen Teil der Abgasenergie in mechanische Arbeit umwandeln. Als erstem kam nun Herrn Büchi die Idee, auf die Turbinenwelle eine Ladepumpe zu setzen. Damit war der Abgasturbolader geboren.

Im modernen Abgasturbolader treibt also eine von den heißen Abgasen durchströmte Turbine eine auf gleicher Welle sitzende Ladepumpe, üblicherweise einen Turboverdichter, an. Der Turboverdichter saugt Umgebungsluft an, verdichtet sie vor und führt sie dem Motor mit Überdruck zu. Dadurch steigen Durchsatz und Leistung des Motors, ohne dass mechanische Energie für den Verdichter vom Motor abgezweigt wird. Allerdings steigt auch durch die vor der Auspuffanlage im Abgasstrom platzierte Turbine der Abgasgegendruck, so dass hier ein thermodynamischer Verlust entsteht, der allerdings geringer ist als bei mechanisch angetriebenen Verdichtern. Thermodynamisch betrachtet ist ein Turbomotor eine Verbundmaschine aus Hubkolbenmotor und Strömungsmaschine.

Die Strömungsmaschinen mit sehr hoher Drehzahl (die heute im PKW-Bereich üblichen, kleinen Abgasturbolader laufen mit 150 000 bis 250 000/min) sind relativ klein und leicht. Zu den weltweit wichtigsten Herstellern von Turboladern für die Personenwagenmotoren zählen die Firmen BorgWarner Turbo Systems, ein Zusammenschluss von KKK (ehemals Kühnle, Kopp & Kausch) und Schwitzer, der amerikanische Turbo-Spezialist Garrett sowie die japanischen Turbo-Hersteller IHI und Mitsubishi. Die genannten Firmen haben Turbola-

Neue Wege ging VW mit dem sogenannten G-Lader. Der Spiralverdichter zeichnet sich durch den guten Wirkungsgrad und raschen Druckaufbau aus. Er wird von der Kurbelwelle mittels Zahnriemen angetrieben. Doch auch sein Bauvolumen ist im Vergleich zum Turbolader groß.

Ein Kraftpaket von äußerst niedrigem Leistungsgewicht steht hier auf dem Verladeblock: Ein Porsche-5-Liter-Turbo-Rennmotor. Geht man von 1250 PS aus, die dieser Motor abzugeben in der Lage ist, und einem Motorgewicht von nur 280 kg, so ergibt sich ein Leistungsgewicht von nur 0,22 kg/PS, was zu jener Zeit nur mit Aufladung zu erreichen war.

der in verschiedensten Größen im Lieferprogramm, für nahezu jeden Leistungsbereich. Die Auswahl und Abstimmung des Turboladers auf den jeweiligen Motor sollte in jedem Fall zusammen mit der Herstellerfirma erfolgen.

In der Praxis ist das Auswahlverfahren für die Entwickler von kleinen Turbomotoren, wie sie in Personenwagen zum Einsatz kommen, relativ einfach. Man gibt die bestimmten Eckdaten des Motors an den Turboladerhersteller, der auf Grund dieser Daten den passenden Abgasturbolader auswählt. Die hierzu benötigten Eckdaten sind:

- Hubvolumen
- Maximale Drehzahl
- Maximale Leistung
- Leistungsverlauf

Auf Grund dieser Eckdaten lässt sich die notwendige Verdichtergröße ermitteln und damit die in Frage kommende Baugruppe des Abgasturboladers. Innerhalb der Baugruppe sind wiederum verschiedene Turbinengehäuse möglich, die entsprechend dem Auslegungswunsch des Motorenherstellers ausgewählt werden. Hierbei gilt folgender grundsätzlicher Zusammenhang:

- Hohes Drehmoment im unteren Drehzahlbereich – kleine Turbine
- Hohe Endleistung – große Turbine.

Die Firma BorgWarner Turbo Systems (früher KKK), bedeutendster Turboladerhersteller Europas, hat beispielsweise in der modernen K-Reihe vier Baugruppen (von KP bis K5) im Programm. Diese Turbolader-Baugruppen de-

Aufladung – Leistung unter Druck

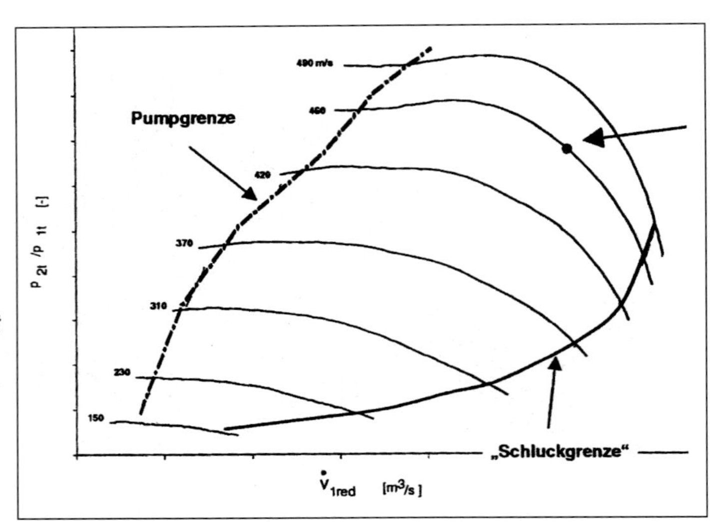

Kennfeld-Diagramm eines Verdichters, das den Luftdurchsatz bis zum instabilen Bereich (Pumpgrenze) visualisiert.

Moderner VTG-Lader (Variable Turbinen-Geometrie): Das Arbeitsprinzip eines VTG-Laders ist identisch mit dem eines herkömmlichen Turboladers. Der Unterschied besteht in der Verstellbarkeit der im Abgasstrom befindlichen Leitschaufeln.

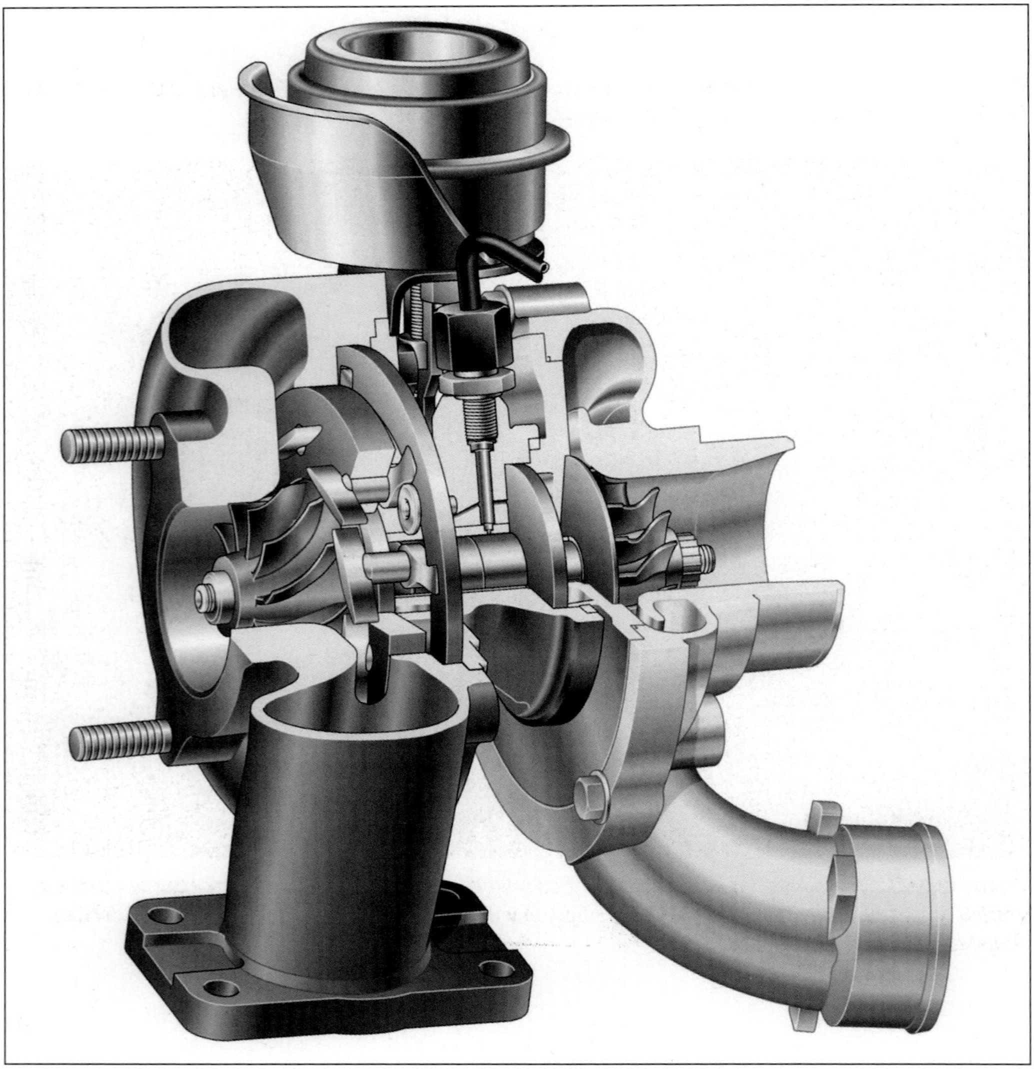

Der Porsche TAG-Motor war einer der erfolgreichsten Formel-1-Motoren der Turbo-Ära. Ohne Restriktion lag das Leistungsniveau über 1000 PS bei einem Hubraum von nur 1,5 Litern.

Downsizing: Mit den neuen Ladekonzepten wird es möglich, kompakte, kleinvolumige Motoren für den Antrieb großer Automobile zu rüsten. Literleistungen von über 100 PS (74 kW) sind für den Serienbau längst selbstverständlich.

cken einen aufgeladenen Leistungsbereich von etwa 68 PS (50 kW) bis 1500 PS (1100 kW) ab. Für die im Personenwagenbereich eingesetzten, relativ kleinen Motoren kommen jedoch nur die unteren Baugruppen (KP bis K2) in Frage. Das heißt, die Baugruppen KP und K0 sind für den Leistungsbereich von 68 PS (50 kW) bis 251 PS (185 kW) einsetzbar, die Baugruppen K1 und K2 für den Leistungsbereich zwischen 82 PS (60 kW) und 340 PS (250 kW). Wie man sieht, kommt es hier zu Überschneidungen (siehe auch Tabelle).
Sollte der Leistungsbereich nach oben nicht reichen, kommt in Sonderfällen auch die Ladergröße K3 in Betracht. Doch geht hier eher die Tendenz zu zwei Turboladern. So spielt es denn für die Ladergröße auch eine Rolle, wie viele Lader (pro Motor) verwendet werden und ob es sich um Otto- oder Dieselmotoren handelt. Ottomotoren haben einen breiteren Drehzahlbereich als Diesel und das Verhältnis zwischen minimalem und maximalem Durchsatz ist in der Regel größer. Beides macht die Auswahl und Abstimmung nicht einfacher.
Gemeinsames Merkmal einer Baugruppe ist in der Regel das einheitliche Lagergehäuse. Für jede Baugruppe stehen verschiedene Verdichtergrößen und Turbinengehäuse zur Verfügung. Damit ist die Möglichkeit gegeben, innerhalb einer Baugruppe auf die unterschiedlichen Betriebsbedingungen und Anforderungen der Motoren optimal einzugehen. Dies geschieht meist durch unterschiedlich große Turbinenraddurchmesser. In den Baugruppen

Dieselmotoren							
Baureihe	KP			K0		K1	K2
Rahmengröße	KP 31	KP 35	KP 39	K 03	K 04	K 16	K 24
Max. Durchsatz (kg/s)	0,09	0,12	0,14	0,17	0,21	0,26	0,30
Leistungsbereich (kW)	65	80	100	120	150	175	200
Wastegate	–	–	–	–	–	–	–
VTG		–	–	–	–		

Ottomotoren					
Baureihe	KP	K0		K1	K2
Rahmengröße	KP 39	K 03	K 04	K 16	K 24
Max. Durchsatz (kg/s)	0,14	0,17	0,21	0,26	0,30
Leistungsbereich (kW)	120	150	185	220	250
Wastegate	–	–	–	–	–
Twin-Entry Turbinen	–	–	–		–
1.050 °C Technologie	–	–	–		–

K-Baureihe								
Baureihe	K1		K2					K3
Rahmengröße	K 14	K16	K24	K 26	K 27,2	K 27	K 29	K3
Max. Durchsatz (kg/s)	0,16	0,19	0,24	0,32	0,38	0,43	0,45	0,5
Leistungsbereich (kW)	50-180				150-330			
Ladedruckregelventil	–	–	–	–		–	–	–
Wastegate	–	–	–	–	–	–	–	–
VTG	–		–	–			–	
Wassergekühltes Turbinengehäuse			–	–	–	–	–	–

KP und K0 beispielsweise sind drei Varianten lieferbar, bei K1 sind es zwei und bei K2 ebenfalls mehrere.

Am Beispiel der kleinsten KP-Baureihe lässt sich die Zuordnung gut aufzeigen, wobei die Zahl hinter KP (P steht übrigens für Personenwagen) dem Turbinenraddurchmesser in Millimeter entspricht:

- KP31: Durchsatz max. 0,09 kg/s, für Dieselmotoren bis 65 kW (88 PS), keine Anwendung für Otto
- KP35: Durchsatz max. 0,12 kg/s, für Dieselmotoren bis 80 kW (109 PS), keine Anwendung für Otto
- KP39: Durchsatz max. 0,14 kg/s, für Dieselmotoren bis 100 kW (136 PS), Ottomotoren bis 120 kW (163 PS)

Für Otto- und Dieselmotoren gilt jeweils der gleiche maximale Gasdurchsatz. Die Mehrleistung beim Ottomotor ist das Resultat der höheren Drehzahl. Wer also beim Massendurchsatz an die Grenzen stößt (bei einem Tuning z.B.), sollte den nächst größeren Turbolader wählen.

Weitere Unterschiede zwischen Otto-Turbolader und Diesel-Turbolader: Letztere sind für einen niedrigeren Temperaturbereich ausgelegt (max. 800 °C) und besitzen meist eine variable Turbinengeometrie (VTG). Otto-Lader müssen höhere Temperaturen vertragen (bis max. 1050 °C), besitzen meist keine VTG, werden aber zunehmend mit zweiflutiger Turbine angeboten (Twin-Scroll-Prinzip), was ebenfalls das Ansprechverhalten verbessert.

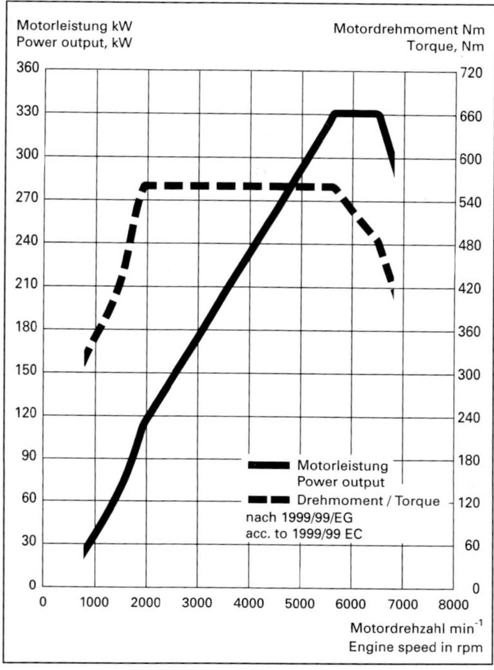

Drehmoment als Plateau: Ein solcher Drehmomentverlauf lässt sich nur mit einem modernen, elektronisch geregelten Ladesystem realisieren.

Biturbo und Ladergruppen

Bei bestimmten Motorbauarten, aber auch um höhere Leistung bei besserem Betriebsverhalten zu erzielen, ist es vorteilhaft, zwei Lader oder so genannte Ladergruppen zu verwenden. Dies hat den technischen Vorzug, dass statt einem für die Endleistung nötigen großen Lader zwei kleinere Lader oder, bei Ladergruppen, unterschiedlich große Lader ausgewählt

					K4		K5	
	K 33	K 36	K 36,5	K 37	K 42	K 44	K 52	K 54
	0,51	0,72	0,90	0,90	1,23	1,33	1,57	2,30
	230-625		530-870	825-1120				
			–		–			
–								
	–	–	–		–			

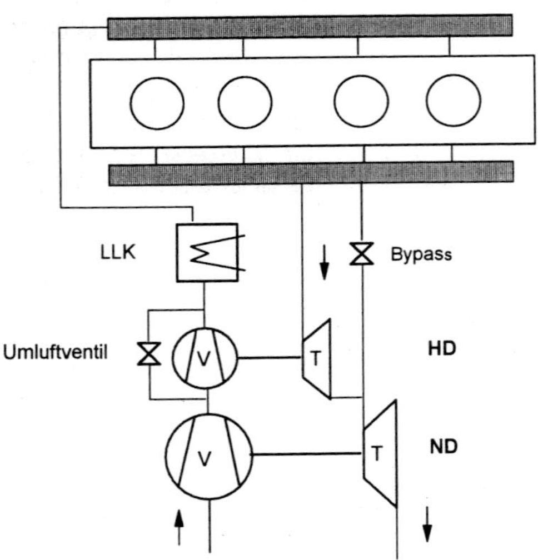

Immer häufiger greifen Motorenkonstrukteure auf ein Aufladungskonzept zurück, das einen kleinen mit einem großen Turbolader kombiniert.

Unten: BMW setzt bei seinen Dieselmotoren auf eine Mischform aus Registeraufladung und mehrstufiger Aufladung (Variable Twin Turbo). Eine Regelklappe verteilt den Abgasstrom variabel auf beide Turbolader.

werden können, die einerseits dynamisches Ansprechen gewährleisten, andererseits hohe Endleistung sicherstellen. Insbesondere bei V-Motoren bietet sich die symmetrische Aufteilung (Biturbo) auf die beiden Zylinderbänke an, was ja auch schon bei frühen V6-Motoren der Formel 1 Standard war. Dies ergibt auch bei höheren Zylinderzahlen eine klare Aufteilung mit einfacher Leitungsführung, wobei es zur Vermeidung zu großer Rohrvolumen vorteilhaft ist, für beide Seiten getrennte Ladeluftkühler zu benutzen. Aber auch bei Sechszylinder-Reihenmotoren funktioniert die Biturbo-Lösung sehr gut (z.B. Alpina, BMW), während Vierzylinder-Reihenmotoren im Prinzip gut mit einem einzigen Lader zurechtkommen. Die Sportabteilung von Opel (OPC) hat freilich für einen Vierzylinder-Diesel eine Stufenaufladung mit einer Ladergruppe entwickelt, die sehr hohe Leistung mit einem breiten, nutzbaren Drehzahlband kombiniert. Solche Lösungen werden zwar die Ausnahme bleiben, doch geht der Trend bei Hochleistungsdieseln in die Richtung. Auch BMW nutzt die Stufenaufladung mit Ladergruppe beim Sechszylinder-

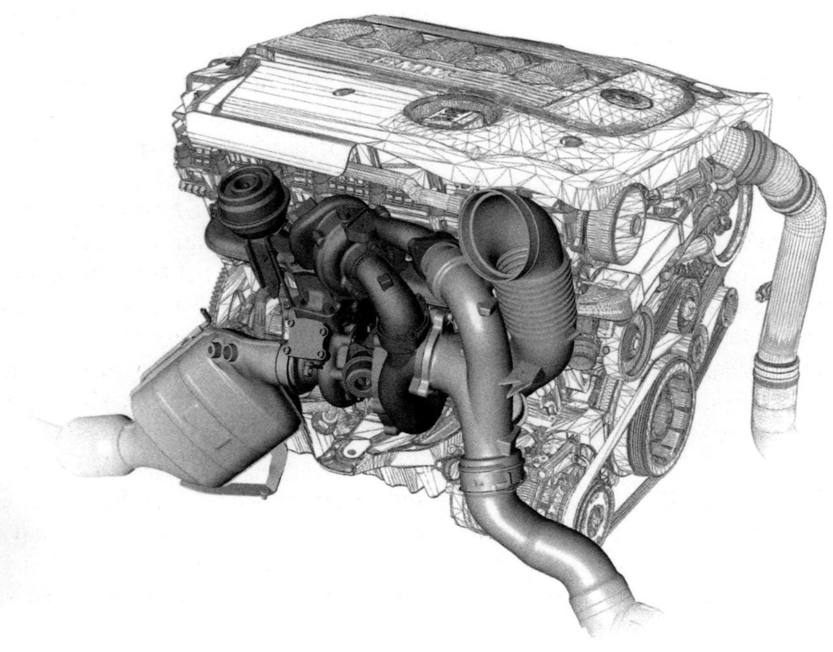

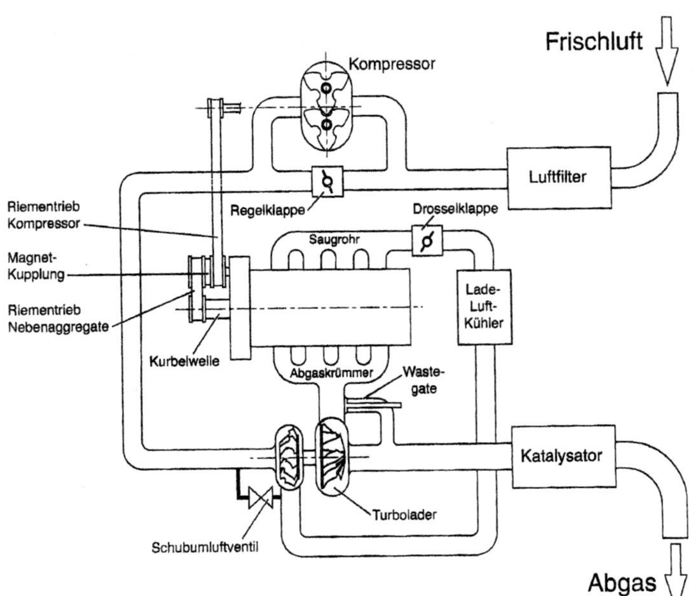

TSI-Twincharger: Bei diesem Konzept von VW sorgt bis zu einer Drehzahl von 2000/min ein Roots-Kompressor für Kraft, danach schaltet sich ein Turbolader dazu und beide Lader arbeiten parallel.

Reihenmotor (535 d). Grundsätzlich ist zu sagen, dass Biturbo-Motoren oder solche mit Ladergruppen mehr Potenzial für eine nachträgliche Leistungssteigerung bieten als solche mit nur einem Lader, der dann in vielen Fällen durch einen größeren ersetzt werden muss.

Es gibt auch Ladergruppen mit einem mechanisch oder elektrisch angetriebenen Lader für den unteren Leistungsbereich und einem Turbolader für den oberen Leistungsbereich. Ziel dieser Maßnahmen ist in der Regel, das Ansprech- und Anfahrverhalten zu verbessern. VW hat hier mit dem nur 1,4 Liter großen TSI-Motor (T steht für Twin = doppelt) beste Ergebnisse erzielt. Dabei bedient ein mechanisch angetriebener Roots-Kompressor den unteren Drehzahlbereich, ab etwa 1500/min übernimmt dann der für die hohe Endleistung verantwortliche Turbolader.

Mechanische Aufladung

Unter dem Oberbegriff »Mechanische Aufladung« versteht man all jene Aufladesysteme oder Kompressoranlagen, die vom Motor mechanische Antriebsleistung erfordern. Diese Form der Leistungssteigerung hat auch dadurch wieder an Bedeutung gewonnen, dass namhafte Hersteller wie VW (G-Lader), Mercedes (Roots) oder Jaguar (Roots) auf diese Form der Aufladung zurückgegriffen haben. Auch AMG, das hauseignene Tuning-Unternehmen von Daimler, bedient sich gerne der mechanischen Kompressoren (Schraubenverdichter) und erzielt damit beachtliche Leistungssteigerungen. Einen interessanten Sonderweg geht BMW-Veredler Alpina, der einen Radialverdichter über ein hochübersetztes Planetengetriebe vom Motor aus antreibt. Dabei handelt es sich um einen Strömungsverdichter, wie er auch bei Abgasturboladern Verwendung findet. Die Firma ASA, die auch den Lader für Alpina baut, bietet ein ganzes Sortiment unterschiedlicher Größen an, das die Leistungsbereiche von 400 bis 780 PS abdeckt. Inzwischen gibt es auch eine ganze Reihe von Tuningfirmen, die mit mechanischer Aufladung arbeiten. Grundsätzliche Überlegungen zu diesem Thema und ein kurzer Überblick über die einzelnen Systeme sollen im Folgenden das Verständnis für diese Auflademethode vertiefen.

Mechanische Kompressor-Aufladung: Preiswert und technisch wenig komplex.

Grundsätzliches zur mechanischen Aufladung

Das Hauptargument der Skeptiker gegen die mechanische Aufladung ist der schlechte Gesamtwirkungsgrad des Lader-Motor-Verbundes: Um den Motor aufladen zu können, muss ihm erstmal Leistung für den Antrieb des Laders entzogen werden. Der gesamte Wirkungsgrad sinkt, der Motor muss zusätzlich noch für die Antriebsleistung des Laders ausgelegt werden. Aber auch die Abgasturboaufladung geht nicht ohne Verluste vonstatten. Der Gegendruck, der infolge des Aufstauverhaltens vor der Turbine den Motorkolben beaufschlagt, bedeutet einen thermodynamischen Verlust: Der Kolben muss erhöhte Ausschiebearbeit leisten, was für den Kurbeltrieb vermehrte Leistungsaufnahme bedeutet.

So gesehen schneidet die mechanische Aufladung zwar schlechter, aber nicht so viel schlechter ab als der Turbo. Da keinerlei Anbindung an die Abgasseite besteht, bleibt das Spülgefälle immer positiv (Ladedruck höher als Abgasgegendruck), und die für die Verdichtung der Luft aufgewendete Energie wird über die Unterstützung des Ladungswechsels teilweise wieder rückgewonnen. Soweit der Sachverhalt zu dem Hauptargument contra mechanische Aufladung.

Im Folgenden seien die Vor- und Nachteile der mechanischen Aufladung aufgezeigt.

Pro:

- probates Mittel zur Leistungssteigerung
- technologisch einfach praktizierbar
- relativ preiswert
- stellt bei niedrigen Motordrehzahlen ordentliche Ladedruckwerte zur Verfügung

Kontra:

- zu hoher Kraftstoffverbrauch wegen des mechanischen Antriebs.
- mäßiger Wirkungsgrad
- mangelndes Standvermögen
- hoher Lagerungsaufwand
- problematisches Schwingungsverhalten
- ausgeprägte Akustik, Pulsationsgeräusche
- zu hohes Gewicht

So desillusionierend diese Negativ-Liste auch scheint, gegen die meisten Kontras helfen längst modernste Technologien. So kann das Argument von der hohen Leistungsaufnahme und dem damit eng verknüpften schlechten Gesamtwirkungsgrad des Motors, im Zeitalter der Elektronik und ihrer Möglichkeiten zur Regelung des mechanischen Ladegerätes nicht mehr in vollem Umfang gelten. Vergessen werden darf in dieser Hinsicht auch nicht, dass zwar dem Motor zunächst Antriebsleistung abverlangt wird, diese jedoch wegen der geringeren Ausschubarbeit (positives Spülgefälle) des Motors teils zurückgewonnen wird. Da die mechanische Aufladung nicht grundsätzlich die Alternative zur Turboaufladung schlechthin sein wird, sondern in speziellen Fällen auch ganz gezielt an ihrem Bestimmungsort – z.B. kleinvolumige Ottomotoren - eingesetzt wird, verliert auch das Argument an Bedeutung, die mechanische Aufladung bringe so viel mehr Gewicht unter die Motorhaube als ein Abgasturbolader. Was allerdings stets ein Nachteil der mechanischen Ladegeräte sein wird, ist die Baugröße. Selbst der Trend zu Mini-Roots und kompakten Spiralladern wird dem Abgasturbolader, der auf Grund seines hohen Drehzahlniveaus eine wesentlich höhere Leistungsdichte hat, nie das Wasser reichen können.

Doch all diese Entwicklungsschritte, und seien es die in Richtung Miniaturisierung, zeigen ganz deutlich: Die mechanische Aufladung erlebt in bestimmten Bereichen eine Renaissance. Das zeigt auch die kombinierte Aufladung des 1,4 Liter TSI-Motors bei Volkswagen. Hier sorgt ein kleiner Roots-Lader für spontanen Ladedruckaufbau, für die Volllast im oberen Drehzahlbereich ist dann ein Turbo zuständig. Das aufwändige Konzept überzeugt durch gute Fahrbarkeit, höchste Literleistung und günstigen Verbrauch.

Welcher Motor eignet sich für mechanische Aufladung?

In der Pionierzeit der Automobil-Kompressoren galt das Thema »Mechanische Aufladung« nur dem Ottomotor. Der Diesel ist nicht der ideale Partner für mechanische Aufladung, er ist vielmehr prädestiniert für die Ehe mit einem Abgasturbolader. Diese Erkenntnis hat heute genauso viel Gültigkeit wie damals, wo man die ersten aufgeladenen Dieselmotoren mit Abgasturboladern versah. Es besteht daher kein Zweifel: Die Domäne der mechanischen Aufladung ist ganz klar der Ottomotor. Sie ist es selbst aus der Sicht der Alternative zur modernen Turboaufladung – wenn man von reinen physikalischen Gesetzmäßigkeiten und dem Ottomotor-Prinzip ausgeht. Denn die Gründe für den Ottomotor liegen auf der Hand: Die Drosselregelung dieses Verbren-

Twincharged Stratified Injection (TSI) von VW mit Roots-Kompressor und Turbolader: Aus 1,4 l Hubraum schöpft der doppelt aufgeladene TSI-Motor respektable 125 kW (170 PS).

nungsprinzips bedingt in über 80 Prozent des Fahrbetriebs eine deutliche Beschneidung an Abgasquantität, was für die Koppelung mit einem Abgasturbolader von Nachteil sein kann. Spontanes Ansprechverhalten aus niedrigen Drehzahlen heraus sowie ein nahezu verzögerungsfreier Drehmomentaufbau prädestinieren daher den mechanischen Lader als optimalen Partner für den Benziner.

Ladertypen

Auf der Suche nach hohem Wirkungsgrad bei hohem Ladedruck gab es bis in die jüngere Vergangenheit zahlreiche Versuche, neue Ladertypen zu entwickeln. Flügelzellenverdichter, Wankellader oder der Spirallader (G-Lader) von VW sind Beispiele für die Aktivitäten auf diesem Gebiet. Der Druckwellenlader (Comprex) und auch der mechanische Kreisellader (MKL) zeugen von weiteren Bemühungen, Alternativen zum Turbolader zu schaffen. Bis heute überlebt haben eigentlich nur das Roots-Gebläse und der Schraubenverdichter. Sie werden in Serie als Erstausrüstungs-Komponenten bei verschiedenen Herstellern ab Werk (z.B. Jaguar, Mercedes, Mini Cooper S) verbaut. Und der mechanisch angetriebene Turboverdichter (MKL) hat bei Alpina Eingang in die Kleinserie gefunden.

Die mechanischen Aufladegeräte lassen sich auf Grund ihres Arbeitsprinzips in drei Gruppen gliedern:

1. Die Rotationskolbenlader.
Dazu gehören das Roots-Gebläse und der Wankellader in Form des Flügelzellenverdichters und seine Varianten. Auch die Schraubenmaschine gehört zu dieser Gattung. Ihre wichtigsten Vertreter sind der Lysholm- und der Sprintex-Lader, welcher eine Art verkürzten Lysholm darstellt.

2. Der Spirallader.
Dazu gehören der VW-G-Lader sowie artverwandte Lader mit einfacherer Geometrie.

3. Der mechanische Kreisellader (MKL).
Dazu gehören der von Alpina im V8 des B7 eingesetzte Radialverdichter, der über eine Hochübersetzung von der Kurbelwelle angetrieben wird, sowie die ähnlich aufgebauten ASA-Kompressoren namens TurboMex.

Man unterscheidet außerdem bei den mechanischen Ladern solche mit und ohne innere Verdichtung. Dieser Tatbestand kann aus der Geometrie der Rotoren resultieren und der Art, wie und in welchem Verhältnis diese zueinan-

Der ASA TurboMex im BMW Alpina B7: Durch die Übersetzung der Eingangsdrehzahl im Verhältnis 1:15 ins Schnelle erreicht die Verdichterwelle Drehzahlen von bis zu 150.000/min. So können trotz kompakter Bauform und geringem Gewicht große Ladevolumina realisiert werden.

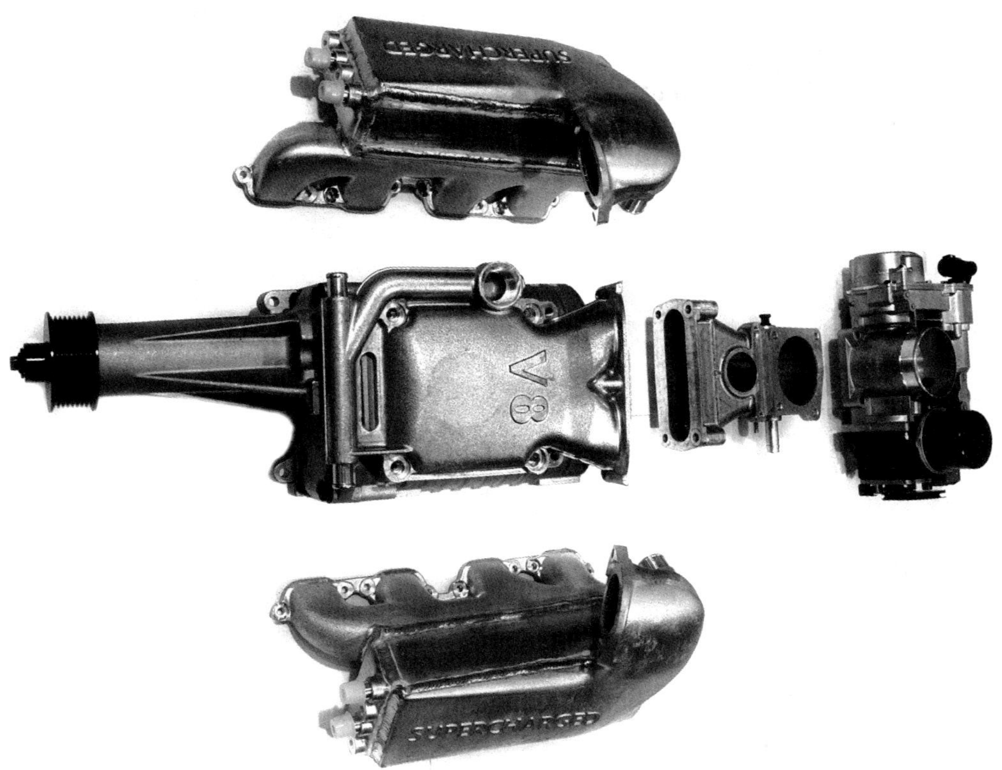

Wird in Europa selten verwendet: Der mechanisch angetriebene Lysholm-Lader.

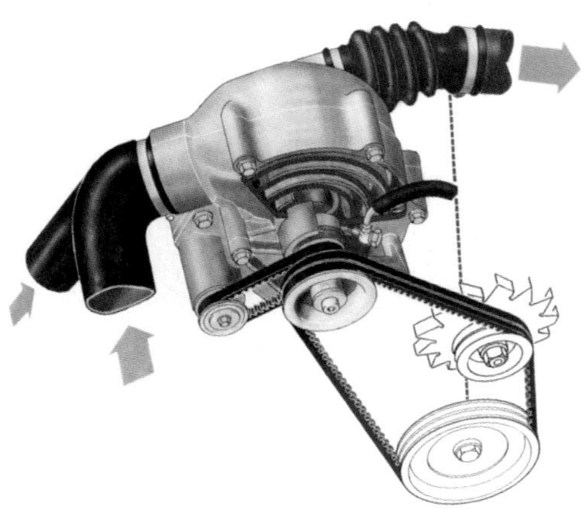

G-Lader: Der G-Lader wurde zwischen 1987 und 1994 von VW in verschiedene Modelle eingebaut: Er besteht aus einem Gehäuse, in dessen spiralförmigen Kammern sich ein ebenfalls spiralförmiger Verdränger bewegt.

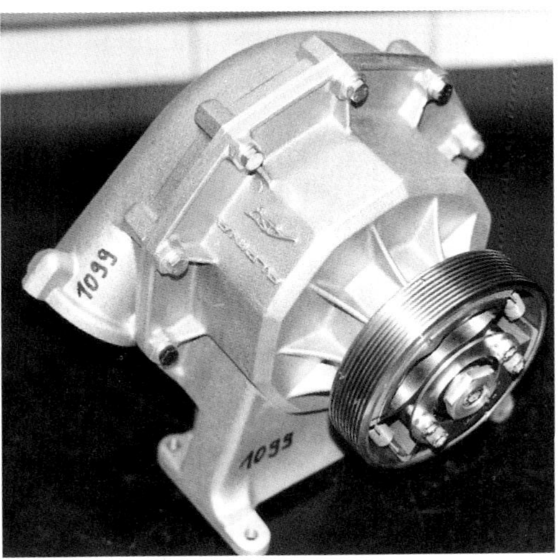

Der in Deutschland entwickelte ASA TurboFlex ist ein mechanisch angetriebener Radialverdichter, der speziell zur Aufladung von Verbrennungsmotoren konzipiert wurde.

Bei neueren Konstruktionen lässt sich der Kompressor vom Motor abkoppeln.

der verschränkt beziehungsweise übersetzt sind. Die meisten mechanischen Lader arbeiten mit inneren Verdichtungsverhältnissen größer eins. Die Ausnahmen bilden Abwandlungen des Spiralladers und grundsätzlich der Roots-Lader. Der Roots-Lader fördert die Luft nur durch; daher wird er auch oftmals als »Gebläse« bezeichnet. Er arbeitet ohne geometrische innere Verdichtung im Lader selbst. Ein geringer Verdichtungseffekt im Lader ergibt sich lediglich durch das Rückströmen von Luft am Laderaustritt. Das Rückströmen von Luft ist im Grunde unerwünscht, beeinflusst es doch das Geräuschverhalten und den Laderwirkungsgrad, lässt sich aber nicht vermeiden, da der Druck nach dem Lader wegen des Stopfverhaltens des Motors immer größer ist. In dieser Hinsicht haben Lader mit innerer Verdichtung natürlich Vorteile, bei denen die Rückströmraten nur sehr gering sind.

Dafür haben Lader ohne innere Verdichtung wiederum bei der Ladedruckregelung Vorteile, wenn sie im Teillast- oder Saugmotorbetrieb nicht ganz oder gar nicht benötigt werden und »leer« mitlaufen; hier verbuchen diese Lader eine geringere Leistungsaufnahme. Für bestimmte Ladedruckregelbereiche brauchen sie daher noch nicht einmal vom Motor abgekoppelt zu werden, wie es für Lader mit innerer Verdichtung ratsam ist. Ein Roots-Lader fährt in dieser Hinsicht lediglich Strömungsverluste ein.

Leistung und Ladedruck

Die Erzielung genügend hoher Leistung ist bei aufgeladenen Motoren meist das geringste Problem, sofern der Lader groß genug ist. Da der Lader mit wachsender Drehzahl immer mehr Luft unter immer größerem Druck in den Motor befördert, gibt es auch bei hohen Dreh-

Wegen der Heckmotorbauweise liegt der Ladeluftkühler flach unter dem Heckflügel. Der Porsche Turbo war der erste Serienwagen mit einem großen, wirksamen Ladeluftkühler.

zahlen eine nur eingeschränkte Drosselwirkung in den Einlasskanälen des Zylinderkopfes. Die Leistung eines aufgeladenen Motors ist im Wesentlichen dem Ladedruck proportional. Bei Wettbewerbsmotoren wird daher zur Leistungsbegrenzung häufig ein so genannter Air-Restrictor vorgeschrieben. Es handelt sich dabei in der Regel um einen limitierten Querschnitt (fixe Blende) vor dem Verdichter, der zum Beispiel im Falle der WRC (World Rallye Car)-Motoren einen Durchmesser von 34 Millimetern besitzt. Mit dieser künstlichen Drosselung wird die Leistung der Zweiliter-Vierzylinder auf 300 PS begrenzt. Ohne Air-Restrictor

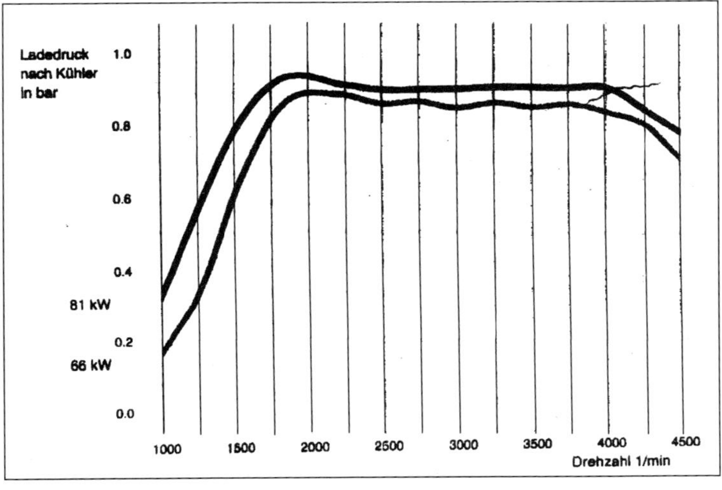

Die durch die Komprimierung erhitzte Luft wird beim Durchströmen des Ladeluftkühlers kühler und dichter. Dadurch steigt die Leistung, außerdem wird die thermische Belastung des Motors verringert.

Das Diagramm zeigt die Abhängigkeit des Leistungsverlaufs vom Ladedruck bei einem Alpina-3-Liter-Motor.

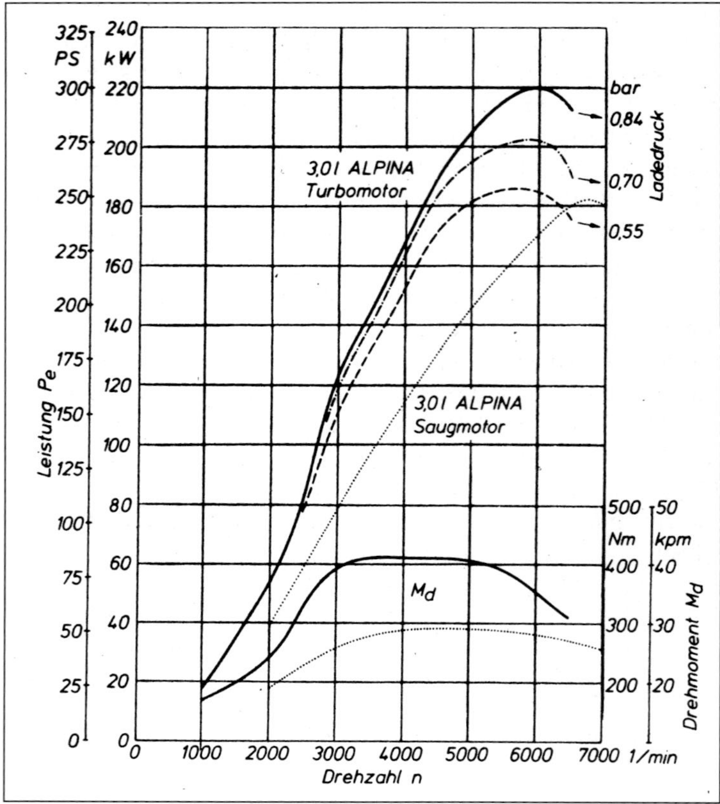

bringt der Motor (allerdings mit einem größeren Lader) im Rallye-Cross über 550 PS.
Solche Extreme bedeuten jedoch nicht, dass aufgeladene Motoren sonst keine Leistungsgrenzen hätten. Sie sollen hier am Beispiel von Turbomotoren erläutert werden. Sie gelten aber mit Ausnahme der jeweils spezifischen Ladercharakteristik im Prinzip auch für andere Aufladesysteme.
Grundsätzlich wird beim aufgeladenen Motor die Leistung nicht wie beim Saugmotor primär von der bei hohen Drehzahlen gedrosselten Füllung bestimmt. Die Leistungsgrenzen eines Turbomotors werden einmal durch den Lader selbst und dessen Luftmassenstrom limitiert. Dessen Kennfeld wird durch die so genannte Pumpgrenze und durch die Schluckgrenze bestimmt. Doch auch der Motor lässt die Bäume hier nicht in den Himmel wachsen. Die Klopfgrenze, also die Selbstzündung des Gemischs limitiert vor allem die Höhe des Ladedrucks, abhängig von der Temperatur. Je kühler die Luft, umso höher die Klopfgrenze und der mögliche Ladedruck. Auch unter diesem Aspekt kommt einer effektiven Ladeluftkühlung größte Bedeutung zu.
Zum anderen begrenzt die mechanische Festigkeit des Triebwerks die Leistungsausbeute, die ja im wesentlichen über höhere Mitteldrücke erzielt wird. Lager, Pleuel, Kolben, Zylinderkopf usw. müssen die hohe Mehrbelastung durch die Zünddrücke verkraften können. Steife Zylinderblöcke und Zylinderköpfe und ein gut dimensionierter Kurbeltrieb sind also auch die Voraussetzung für eine solche Leistungssteigerung. Die Aufladung bringt jedoch auch eine wesentlich höhere thermische Belastung des Motors mit sich. Diesem Umstand muss z.B. durch den Einbau besonders wärmefester Ventile Rechnung getragen werden.

Auch das Kühlsystem muss dem größeren Wärmeanfall angepasst werden, was durch größere Wasserkühler, einen höheren Luftdurchsatz bei luftgekühlten Motoren sowie durch eine wirksame Ölkühlung geschieht.
Auch die Ladeluftkühlung (LLK) senkt insgesamt die thermische Belastung eines Turbomotors. Bei allen modernen Turbomotoren werden außerdem die sehr hoch belasteten Kolbenböden von unten zur besseren Wärmeabfuhr mit Schmieröl gezielt angespritzt (so genannten Spritzkühlung).
Die Höhe des Ladedrucks ist von dem jeweiligen Motor, seinem Einsatzzweck und seiner gewünschten Leistung abhängig. Welchen Einfluss der Ladedruck auf die Leistung eines Motors hat, lässt sich grob abschätzen. Nimmt man die Leistungssteigerung direkt proportional dem Druckverhältnis (in Wirklichkeit ist sie geringer), so ergibt sich die folgende Faustformel:

Leistung aufgeladen =
Leistung unaufgeladen · P_{La}/P_0

P_{La} ist in diesem Fall der absolute Ladedruck. Während häufig der Ladedruck als Überdruck (Ladedruck = Druckdifferenz zwischen absolutem Ladedruck und Atmosphärendruck) angegeben wird, muss zur Ermittlung des Druckverhältnisses stets der absolute Druck herangezogen werden. Zu beachten ist außerdem, dass die unaufgeladene Leistung eines aufgeladenen Motors in der Regel geringer ist als die eines Saugmotors, der nicht für die Aufladung vorgesehen ist. Der Hauptgrund hierfür ist in der geringen Basisverdichtung zu suchen.
Als Anhaltswerte für die Höhe der Ladedrücke je nach Einsatzgebiet können die folgenden Zahlen (Überdruck) gelten:

- Straßen-Turbos (Kompressor) Serie: 0,5 bis 1,0 bar
- Sportwagen und Rallyefahrzeuge: 1,2 bis 2,0 bar
- Renn- und Rekordfahrzeuge: bis über 3,0 bar

Im Serienbau geht dabei die Tendenz eindeutig zum höher verdichteten und weniger hoch aufgeladenen Turbomotor, während der Rennsport durch verschiedene zusätzliche Maßnahmen, zum Beispiel Wasser-Einspritzung, nach immer höherem Ladedruck strebt.
In allen Fällen jedoch muss der Ladedruck beim Automobilmotor mit seinen vorwiegend instationären Betriebszuständen geregelt werden, sei es um die Leistung zu begrenzen, sei es um die Haltbarkeit sicherzustellen oder aber, was ganz wesentlich ist, um die Leistungscharakteristik und die Fahrbarkeit eines Turbomotors zu verbessern. Dies gilt natürlich auch für mechanisch aufgeladene Motoren.

Ladedruckregelung für Turbos

Ein charakteristisches, für den Betrieb mit einem Kolbenmotor nachteiliges Merkmal des Abgasturboladers ist es, im unteren Drehzahl- und Lastbereich zu wenig und bei hoher Drehzahl und hoher Last zu viel Luft zur Verfügung zu stellen. Eine solche Ladedruck-Charakteristik führt zu drehmomentschwachen Motoren, die nur im oberen Volllastbereich zufriedenstellend laufen und zudem den Nachteil haben, instationär, also beim plötzlichen Beschleunigen, sehr träge zu reagieren. Da der Ladedruck aus Gründen der Motorbelastung ohnehin begrenzt werden muss, liegt es nahe, durch eine sinnvolle Regelung des Ladedruckverlaufes die prinzipbedingten Nachteile der Abgasturbo-Aufladung zu eliminieren oder wenigstens zu reduzieren.
Die Begrenzung bzw. die Regelung des Ladedrucks ist auf verschiedene Weise möglich, doch nicht jede Möglichkeit führt zu dem gewünschten Ergebnis. Die gebräuchlichen Methoden werden hier beschrieben, auch wenn sie mittlerweile überholt sind und durch elektronische Laderdruckregelung ersetzt wurden. Aber sie verdeutlichen die Entwicklung, außerdem gibt es noch genügend Autos im Markt, auch in der Youngtimer-Szene, die alte Turbomotoren besitzen.

Das Diagramm zeigt die erhebliche Leistungs- und Drehmomentsteigerung durch Turboaufladung im Falle des Opel-2-Liter-Motors. Maximal 0,7 bar Ladedruck bringen bei 3000/min einen Drehmomentzuwachs von rund 100 Nm – das entspricht einem Hubraumäquivalent von gut einem Liter.

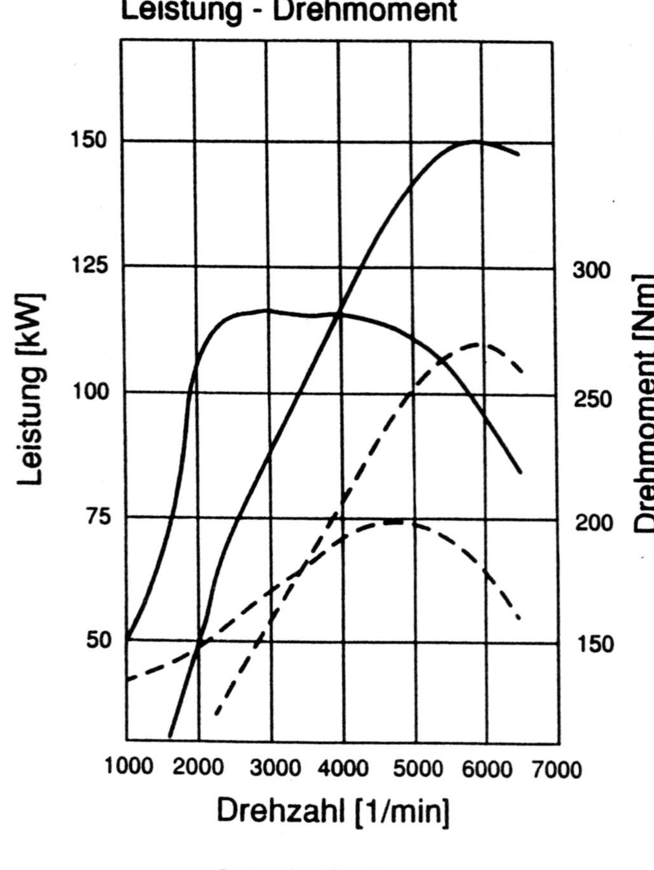

Ungeregelte Abgasturbo-Aufladung

In diesem Fall wird der Abgasturbolader so gewählt, dass sich eine Begrenzung des Ladedrucks durch das maximal erreichbare Druckverhältnis bei Höchstleistung ergibt. Dies bedeutet, dass der maximale Ladedruck im Bereich der Höchstleistungsdrehzahl anfällt. Bei mittleren und niederen Drehzahlen ist der Motor leistungs- und drehmomentschwach. Das Ansprechverhalten ist schlecht. Für den Normalbetrieb ist die ungeregelte Aufladung bei Ottomotoren nicht geeignet, für den speziellen Wettbewerbseinsatz, bei dem vorwiegend im Höchstleistungsbereich gefahren wird (z.B. Rekordfahrten), ist diese Methode ausreichend.

Einlassseitig geregelte Abgasturbo-Aufladung

Bei dieser Methode wird ein Abblaseventil in dem unter vollem Ladedruck stehenden Luftsammler zwischen Verdichterauslass und Motoreinlass installiert. Beim Erreichen eines bestimmten, auf den jeweiligen Motor eingestellten Ladedrucks, öffnet das Ventil und lässt vorverdichtete Luft entweder (bei Rennmotoren) in die freie Atmosphäre oder (bei Straßenmotoren) in den Luftfilter bzw. Ansaugtrakt vor dem Verdichter. Die einlassseitig geregelte ATL wurde vor allem von BMW im Rennsport und später im ersten deutschen turbogeladenen Serien-Personenwagen, dem BMW 2002

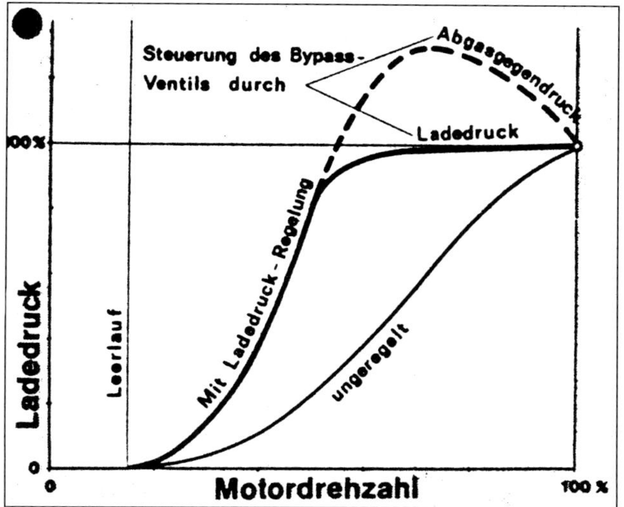

Ohne Regelung würde der volle Ladedruck erst spät erzielt. Die Steuerung des Ladedruck-Regelventils über den Abgasgegendruck (p_3) ergibt eine fallende Kennlinie.

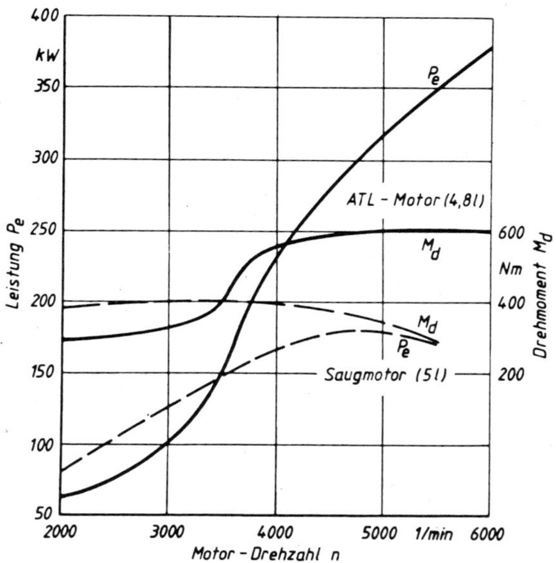

Das Diagramm zeigt Leistungs- und Drehmomentverlauf bei ungeregelter Aufladung. Es handelt sich um einen Mercedes-V8-Motor für Weltrekordfahrten im C111/IV mit 4,8 Liter Hubraum. Bemerkenswert ist die noch bei 6000/min steil ansteigende Leistungskurve.

Turbo, angewendet. Auch die von dem Schweizer Ingenieur Michael May entwickelten Turbo-Umbausätze für Ford- und Opelmotoren bedienten sich dieser Regelmethode.
Die Nachteile dieser Regelung sind dennoch so gravierend, dass sie bei modernen Turbofahrzeugen nicht mehr zu finden ist. So lässt sich zwar je nach Auslegung schon im mittleren Drehzahlbereich ausreichend hoher Ladedruck erreichen, doch muss dann bereits vorverdichtete Luft wieder abgeblasen werden, was einen hohen Wirkungsgradverlust darstellt. Ein weiterer Nachteil dieses Regelverfahrens ist die Tatsache, dass die Turbine ebenso wie bei der ungeregelten Aufladung für die gesamte Abgasmenge ausgelegt werden muss. Dies schränkt nicht nur die Regelmöglichkeiten ein, sondern erfordert auch relativ große Turbinen mit entsprechend trägem Ansprechverhalten. Motoren mit dieser Regelung verhalten sich im Betrieb ähnlich wie ungeregelte Turbomotoren.

Aufladung – Leistung unter Druck

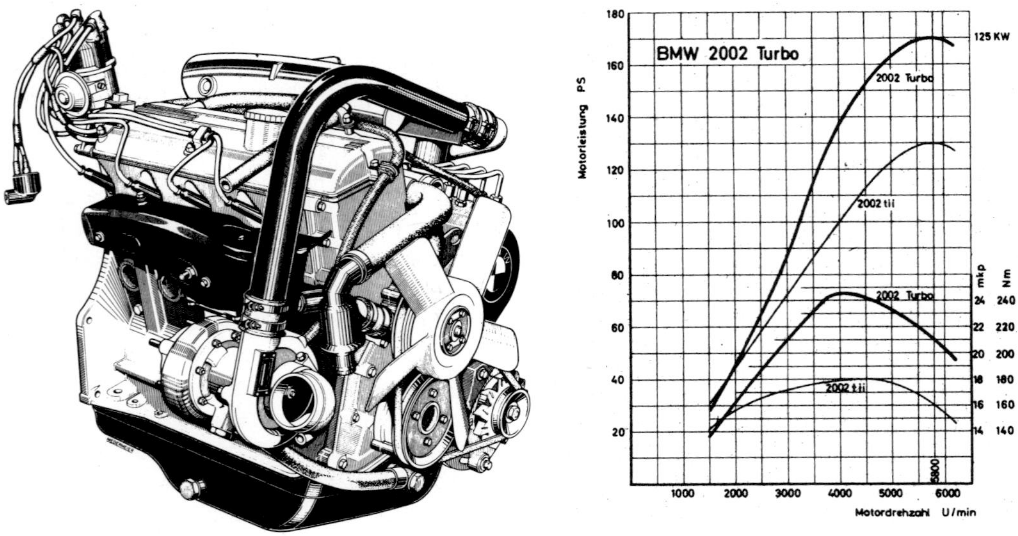

Den ersten funktionsfähigen Serienmotor mit Abgasturbolader hat BMW 1974 realisiert. Im Leistungsdiagramm ist deutlich die Überlegenheit des Lademotors gegen den ohnehin nicht schwächlichen Tii-Motor zu erkennen. Die Ladedruckregelung erfolgte einlassseitig.

Turbolader und separates Wastegate bei einem Bentley-Turbo. Durch Aufladung mit relativ geringem Ladedruck (ca. 0,5 bar) aktiviert Bentley den ehrwürdigen Rolls-Royce V8 und erzielt über 300 PS aus 6,75 Liter Hubraum bei sehr niedriger Drehzahl (ca. 4000/min).

Abgasseitig geregelte Abgasturbo-Aufladung

Die abgasseitige Regelung der ATL geht davon aus, den Ladedruck durch eine Steuerung des Gasdurchsatzes durch die Turbine zu begrenzen. Hierzu wird in die Abgasleitung zwischen Motorauslass und Turbineneinlass ein Ladedruckregelventil, ein so genanntes Bypassventil (waste gate) eingebaut, das abhängig von einer bestimmten Steuergröße öffnet und einen Teil der Abgasmenge unter Umgehung der Turbine direkt in die Auspuffanlage leitet. So werden bei Volllast je nach Auslegung etwa 20 bis 40 Prozent der gesamten Abgasmenge um die Turbine vorbeigeführt. Die restlichen 60 bis 80 Prozent treiben die Turbine an und sorgen für den Ladedruck.

Der Vorteil dieser Methode ist, dass wegen des geteilten Abgasstromes wesentlich kleinere Turbinen und entsprechend kleine Abgasturbolader verwendet werden können. Dadurch ist schon bei relativ niedriger Motordrehzahl hoher Ladedruck erreichbar. Zudem lässt diese Art der Regelung je nach Wahl der für das Ladedruck-Regelventil (LRV) vorgesehenen Steuergröße einen individuell angepassten Verlauf der Ladedruckkurve zu. Die abgasseitig geregelten Turbomotoren verfügen daher in der Regel über einen guten Drehmomentverlauf und befriedigendes Ansprechverhalten. Das Ladedruck-Regelventil selbst kann entweder im Turbolader integriert sein, oder, was vor allem bei Ottomotoren wegen der hohen Temperatur notwendig ist, vom Turbolader separat an einer gut kühlbaren Stelle untergebracht werden. Konstruktiv sind verschiedene Ausführungen des Ladedruck-Regelventils möglich. Bei KKK (heute Borg Warner Turbosystems) wird es sowohl als Hubventil wie als Klappe ausgebildet, während Garrett beim integrierten Ladedruck-Regelventil eine schwenkbare Klappe bevorzugt. Prinzipiell wird das Ventil bzw. die Klappe durch Federdruck geschlossen gehalten. Gegen die in einer Druckdose untergebrachte Feder wirkt als Gegenkraft der Steuerdruck. Mit Hilfe der Federkraft lässt sich der Ladedruck einstellen, das heißt, je größer die Federkraft, um so höher der Ladedruck. Diese Einstellmöglichkeit dient freilich nur der Grundeinstellung, also der Festlegung des maximalen Ladedrucks, nicht jedoch der Ladedruckregelung. Bei Serienfahrzeugen ist denn auch aus Sicherheitsgründen die Federkraft fest eingestellt und plombiert. Bei Rennmotoren lässt sich die Federkraft mittels

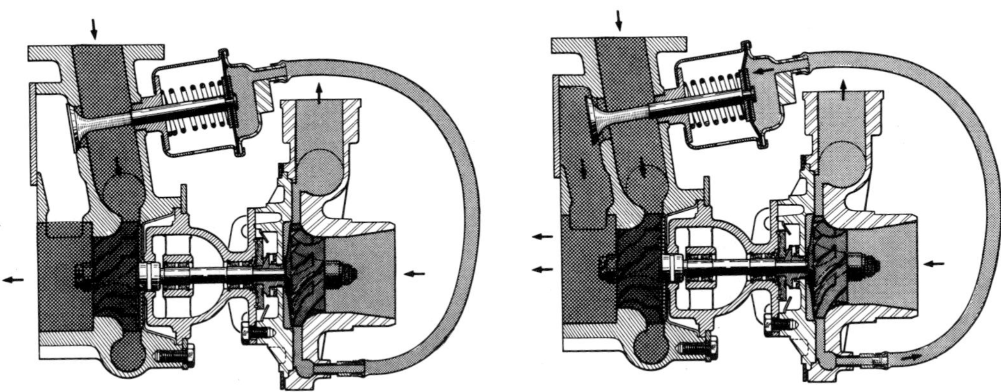

Die Ladedruckregelung über ein federbelastetes Regelventil (Wastegate). Links geschlossen: die gesamte Abgasmenge muss durch die Turbine; rechts geöffnet: ein Teil des Abgases strömt durch das Ventil ab, der Regeldruck (p_2 in diesem Fall) wird direkt am Turbinengehäuse abgegriffen.

Aufladung – Leistung unter Druck

__Das Bild zeigt einen Garett-Turbolader mit ladedruckgesteuertem Regelventil. Bei modernen Turbomotoren wird das Regelventil elektronisch gesteuert. Der auf die Membran einwirkende Ladedruck ist dann keine primäre Regelgröße mehr, sondern in erster Linie Betätigungsdruck.__

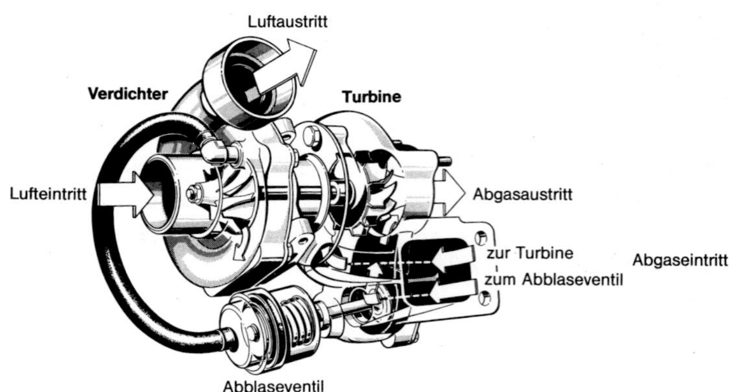

Einstellschraube variieren, was eine Veränderung des maximalen Ladedrucks und damit der Motorleistung zur Folge hat. Moderne Turbolader besitzen auch elektrische Stellmotoren für die Betätigung des Ladedruckregelventils.

Für die Höhe des Ladedrucks ist bei der rein pneumatischen Regelung primär die Feder im Regelventil maßgebend, für den Verlauf des Ladedrucks der als Steuergröße gewählte Steuerdruck. Von den verschiedenen zur Wahl stehenden Kombinationsmöglichkeiten sind die folgenden mit Erfolg praktiziert worden.

• p_2-Regelung

Die am häufigsten praktizierte p_2-Regelung nimmt als Steuergröße den Ladedruck (p_2 = Druck unmittelbar nach dem Verdichter). Der Ladedruck wirkt also auf der einen Seite der Druckdose, auf der anderen Seite liegt p_0 (Umgebungsdruck) an, so dass als Gegenkraft nur die Feder wirkt. Die Methode gilt, da nur zwei Parameter den Ladedruckverlauf bestimmen, als einfach und zuverlässig. Hinzu kommt, dass saubere, verdichtete Luft zur Steuerung benutzt wird. Als Nachteil der p_2-

__Tatsächlicher Ladedruckverlauf über der Drehzahl eines Volvo-Turbomotors (B 21 ET) bei Volllast. Es handelt sich um eine typische p_2-Regelung, die untere Kurve gilt für die schwächere US-Ausführung des gleichen Motors.__

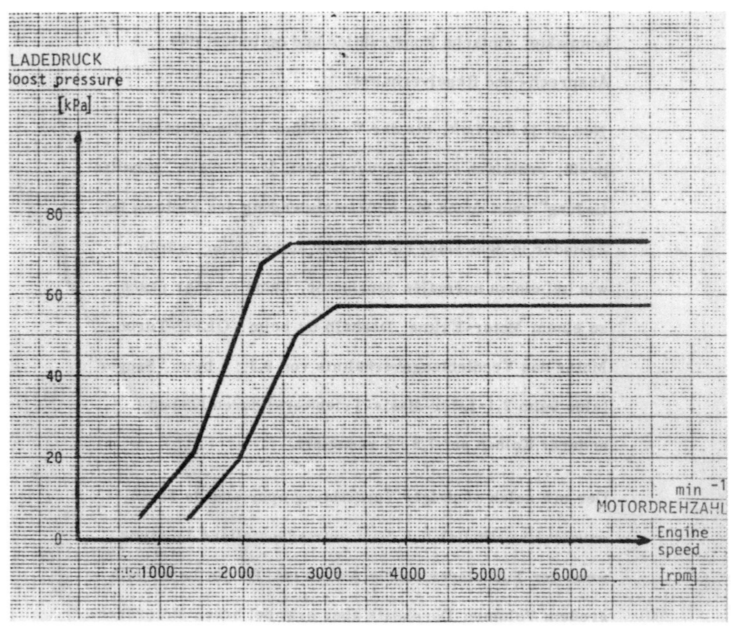

Regelung gilt der zunächst steil ansteigende und dann waagrechte oder leicht steigende Ladedruckverlauf. Die Anpassung ist dadurch nicht immer optimal. Um eine leicht fallende Kennlinie zu erreichen, wird bei modernen Turboladern der Steuerdruck (p_2) schon im Anfang der Verdichterspirale abgenommen.

• p_3-Regelung

Die p_3-Regelung benutzt als Steuergröße den Abgasgegendruck vor dem Eintritt in die Turbine. Auf der einen Seite der Membrandose liegt also p_3 an, auf der anderen Seite Umgebungsdruck (p_0) und die Feder. Da der Verlauf des Abgasgegendrucks (p_3) progressiv ist, das heißt bei hoher Last und hoher Drehzahl wächst der Staudruck vor der Turbine überproportional an, ist die Verwendung einer harten Feder möglich. Dies wiederum führt zu einem starken Anstieg des Ladedrucks im mittleren Bereich (siehe Diagramm), der dann mit zunehmender Öffnung des Ladedruck-Regelventils abgebaut wird.

Die Folge dieses Ladedruckverlaufes ist eine im unteren Bereich fülligere Leistungs- und Drehmomentkurve. Die Nachteile der p_3-Regelung sind Einbußen an Spitzenleistung und die Tatsache, dass heißes, verunreinigtes Abgas zur Steuerung benutzt wird. Letzteres kann zu Funktionsstörungen am Ladedruck-Regelventil führen.

• p_2/p_1-Regelung

Bei dieser kombinierten Regelung werden als Steuergröße der Ladedruck (p_2) und der Druck vor dem Verdichtereintritt (p_1) benutzt. Auf der einen Seite der Membran wirkt also p_2, auf der anderen Seite p_1 und die Feder. Da p_1 mit zunehmender Last und Drehzahl infolge der Drosselverluste in den Saugleitungen abnimmt, ergibt sich – verglichen mit p_0 – ein höheres Druckgefälle. Hierdurch ist eine stärkere Feder verwendbar, was wiederum zu einer degressiven, der p_3-Regelung ähnlichen Kennlinie führt. Als Nachteil wäre unter Umständen eine gewisse Abhängigkeit des Ladedruckver-

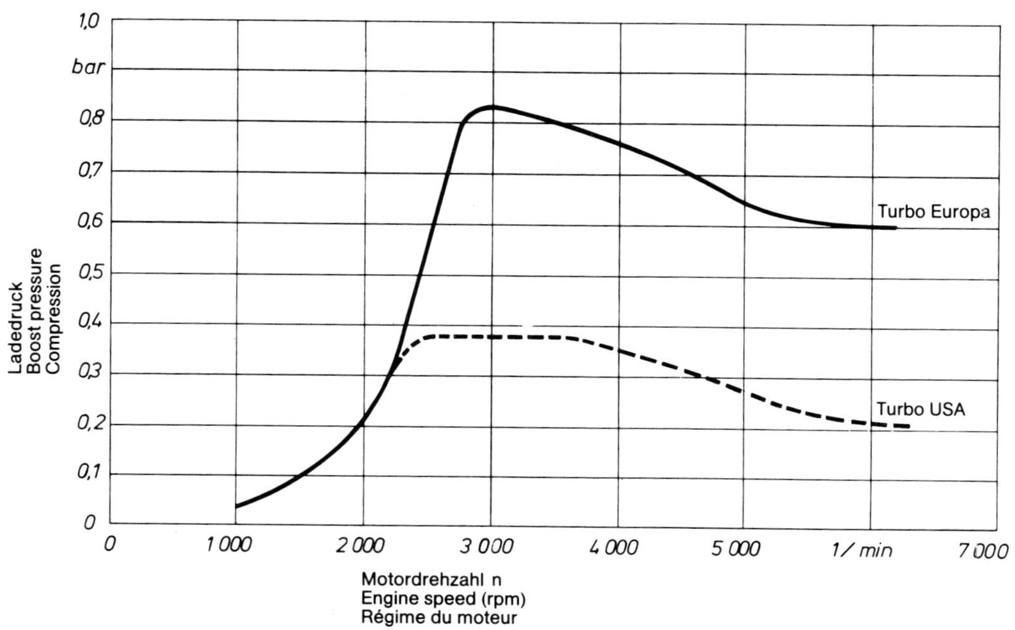

Das Diagramm zeigt den typischen Verlauf einer p_3-Regelung mit fallender Kennlinie. Es handelt sich um einen aufgeladenen Audi-Fünfzylinder.

laufes vom Verschmutzungsgrad des Luftfilters zu nennen.

• p_3/p_1-Regelung

Als Steuergrößen werden hier der Abgasgegendruck (p_3) und der Druck vor dem Verdichtereintritt (p_1) benutzt. Auf einer Seite der Membran liegt also p_3, auf der anderen Seite p_1 und die Feder an. Die Kennlinie ist ähnlich wie bei der reinen p_3-Regelung, allerdings, aus schon genannten Gründen, mit verstärkter, degressiver Tendenz. Zu den bei der p_3-Regelung genannten Nachteilen kommt noch der Einfluss der Luftfilterverschmutzung.

• p_2/p_4-Regelung

Diese Kombination benutzt den Ladedruck und den Auspuffgegendruck hinter der Turbine (p_4) als Steuergröße. Dabei liegen p_2 und p_4 auf einer Seite der Membran an und wirken gemeinsam gegen die Federkraft. Infolge des Druckgefälles (von p_2 zu p_4) strömt verdichtete Luft durch eine kleine Drosselbohrung in die Auspuffleitung. Da der Auspuffgegendruck mit zunehmendem Durchsatz zunimmt, wird das Ladedruck-Regelventil bei hoher Leistung weiter geöffnet als im mittleren Bereich. Dadurch sinkt der Ladedruck im oberen Bereich wieder ab. Die Folge ist eine degressive Kennlinie ähnlich wie bei der p_1/p_3-Regelung.

• Frei steuerbares Wastegate

Bei den bisher beschriebenen Methoden der abgasseitigen Ladedruckregelung wurde als einziger Parameter jeweils der Ladedruck oder andere Systemdrücke zur Steuerung des Ladedruck-Regelventils herangezogen. Trotz vieler Variationsmöglichkeiten ergeben sich bei dieser Art der Wastegate-Steuerung Nachteile insofern, als sich der dadurch erziel-

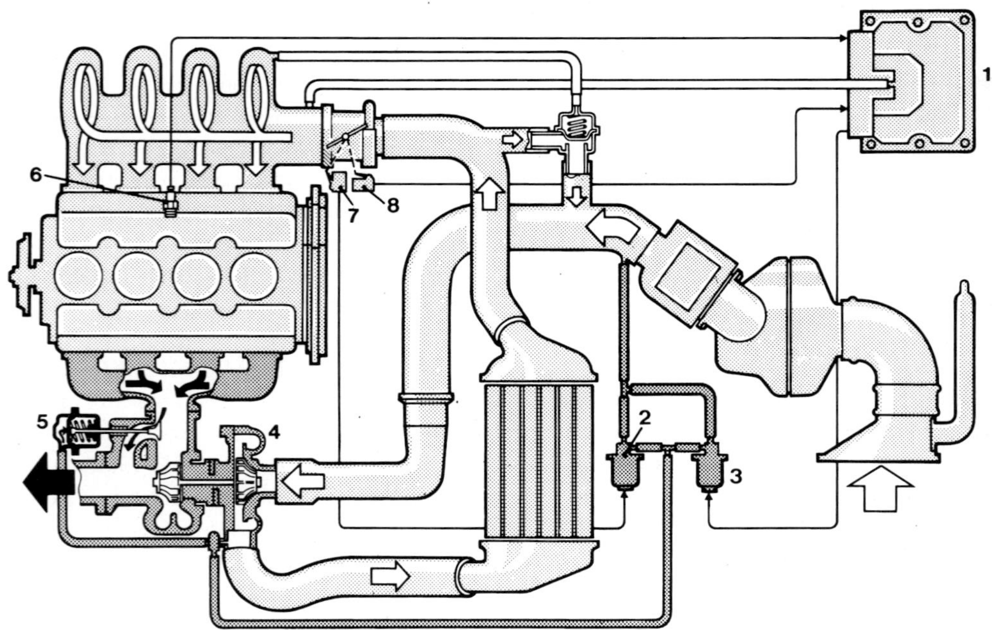

Schema der Aufladung und Regelung des Lancia-Thema-Turbo. Der Motor arbeitet in der Beschleunigungsphase kurzfristig (bis zu 30 Sekunden) mit überhöhtem Ladedruck (overboost). Die Regelung selbst erfolgt elektronisch über das Steuergerät (1), das als Signale den Ladedruck sowie die Impulse der Drosselklappenschalter (7/8) verarbeitet. Elektrische Taktventile (2 und 3) beeinflussen den Steuerdruck im Regelventil selbst (5). Zusätzlich werden Impulse des Klopfsensors (6) berücksichtigt.

Der Motor des Audi 100 S 4 bringt mit Turbolader als Vierventiler die beachtliche Leistung von 230 PS (169 kW) bei 5900/min. Das Ladedruckregelventil ist aus Temperaturgründen exponiert angeordnet und frei steuerbar. Der kleine Luftstutzen dient der Ansteuerung durch ein elektronisches Taktventil. Allein durch Erhöhung des Ladedrucks sind bis zu 260 PS realisierbar.

bare Ladedruckverlauf meist nicht mit dem notwendigen, wünschenswerten Ladedruckverlauf deckt. Der Hauptnachteil resultiert daraus, dass die Vorspannkraft der Feder im Ladedruck-Regelventil wegen der bei Volllast notwendigen Ladedruckhöhe ziemlich hoch gewählt werden muss. Dies hat zur Folge, dass sich bei nur teilweise geöffneter Drosselklappe unnötig hoher Ladedruck aufbaut. Dieser überschüssige Ladedruck in der Teillast muss durch die Drosselklappe wieder auf den für die Motorleistung erforderlichen Wert abgesenkt werden. Die Nachteile dieser Methode sind:

- Anstieg der Ladelufttemperatur und damit reduzierte Klopfgrenze.
- Höherer Abgasgegendruck vor der Turbine und dadurch erhöhte Verdichterleistung.
- Höhere Ladungswechselverluste, da der Motor gegen hohen Abgasgegendruck arbeitet.

Solche Nachteile lassen sich durch ein frei steuerbares Ladedruck-Regelventil weitgehend vermeiden. Frei steuerbar bedeutet in diesem Fall, dass außer dem Ladedruck (oder anderen Systemdrücken) noch weitere Parameter die Öffnung des Wastegate bestimmen.

Mit elektronischen Regelsystemen, die die verschiedenen Parameter, wie zum Beispiel Last, Drehzahl, Ladelufttemperatur oder Klopfen, berücksichtigen, lässt sich so die Ladedruckregelung optimieren.

Doch alle diese Methoden sind inzwischen durch die elektronischen Möglichkeiten überholt. Frei steuerbare Ladedruck-Regelventile, die ihre Informationen über das Motormanagement, beispielsweise eine Motronic, beziehen, sind bei modernen Serien-Turbomotoren Stand der Technik.

Vollelektronische Ladedruckregelung

Die Ladedruckregelung ist heute längst integraler Bestandteil der Motorsteuerung von Turbomotoren. Sie bildet (z.B. bei Benzinern) ein komplexes Geflecht gegenseitiger Abhängigkeiten zwischen Ladedruck- und Klopfregelung, Zünd- und Einspritzmanagement. Am Ende ergibt sich dabei eine harmonische Kraftentfaltung, je nach Auslegung und Wahl des Laders oder der Motorcharakteristik ein hohes und früh anfallendes Drehmoment und ein wirtschaftlicher Betrieb des Turbomotors – dies gilt freilich auch für aufgeladene Hochleistungssportmotoren. Initiator der elektroni-

Keine Motorschäden mehr: Mit dem Einsatz von Klopfsensoren am Zylinderkopf und Hochleistungsrechern ist es möglich, die Leistung von aufgeladenen Motoren zuverlässig zu steigern.

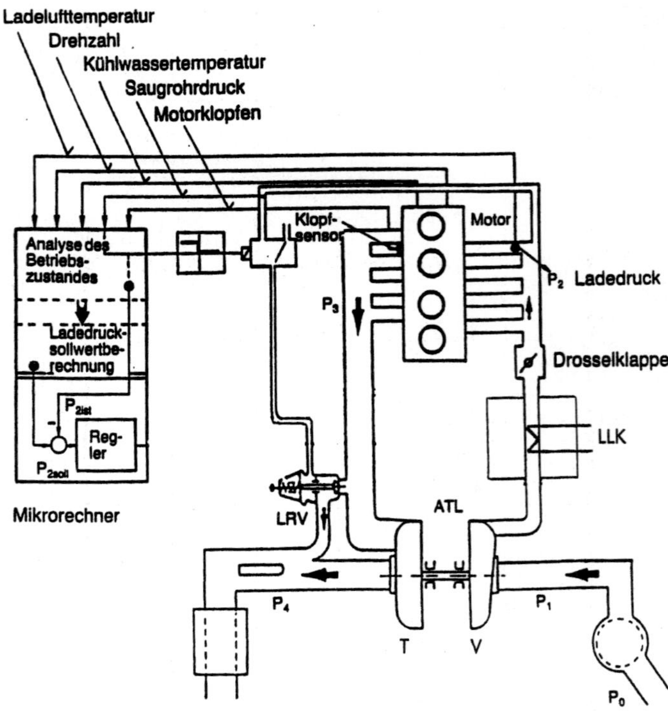

schen Ladedruckregelung war Saab. Die Schweden eröffneten bereits 1981 mit dem APC-System (automatic performance control) neue Horizonte und neue Freiheiten bei der Gestaltung des Ladedrucks unter maximal möglicher Ausschöpfung der Klopfgrenze . Eine intelligente Elektronik, die damals schon mit Klopfsensor arbeitete, regelte dabei den Ladedruck in Abhängigkeit vom Motorklopfen. Dieses System machte einen Betrieb bei unterschiedlichen Kraftstoffqualitäten möglich.

Der Gedanke von Saab, den Ladedruck in Abhängigkeit von anderen Motorparametern individuell für die einzelnen Betriebspunkte zu regeln, wurde auch von den Wettbewerbern aufgegriffen. In Deutschland wartete 1983 als erster der BMW 745i damit auf. Der BMW verfügte über ein von Bosch entwickeltes System, wobei für jeden Lastpunkt im Kennfeld der jeweilige Ladedruck drosselklappenwinkelabhängig eingestellt und abgespeichert wurde. Dieser Ladedruckregelung wurde die Klopfregelung überlagert, bei der der Ladedruck jedoch erst dann abgesenkt wurde, wenn eine Korrektur über den Zündwinkel nicht ausreichend war. Porsche integrierte 1985 auch am 944 Turbo noch einen so genannten »Overboost« in die Ladedruckregelung, mit dem eine kurzeitige Überhöhung des Ladedrucks über den Volllastwert hinaus erreicht wurde. Dieser Overboost wurde bei abrupten Beschleunigungsmanövern (hierzu musste mit einer bestimmten Vehemenz das Gaspedal niedergetreten werden) aus der Teillast abgerufen. Demnach gibt es bei Ladedruckregelungen mit Overboost-Option also zwei Ladedruckverlaufslinien in der Volllast. Diese Overboost-Funktionen, die zusätzliches Motordrehmoment erzeugen, wurden und werden außer von Porsche auch von Volvo, Audi, Lancia oder auch Peugeot (405 T16) und beim Mini-Cooper S angewandt. Zum Standardprogramm zumindest hochbelasteter Turbobenziner zählt auch das Anfetten bei Volllast, um die Temperaturen abzusenken und

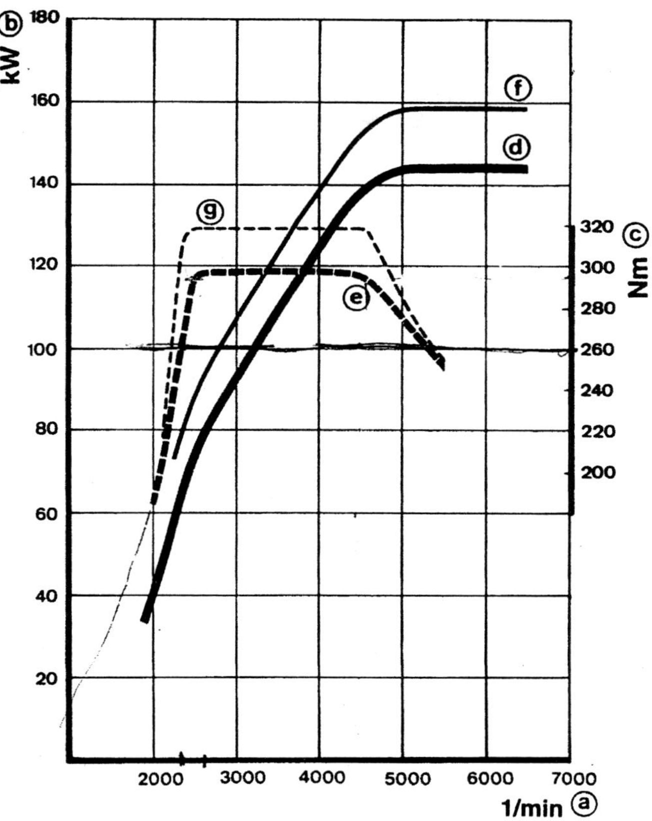

***Overboost:* Durch das kurzzeitige Erhöhen des Ladedrucks für bis zu 30 Sekunden, können beispielsweise Überholvorgänge schnell und sicher absolviert werden.**

Klopfen zu vermeiden. Die vollelektronische Ladedruckregelung bietet alle Freiheiten, sie sinnvoll zu nutzen erfordert freilich viel Erfahrung und Versuchsaufwand.

Regelorgane der vollelektronischen Ladedruckregelung

Die an der heutigen Ladedruckregelung beteiligten Organe umfassen im Wesentlichen das Taktventil, die Steuerdose und das Bypassventil (auch als Ladedruckregelventil oder Wastegate bezeichnet). Das Taktventil war in der Entwicklungsgeschichte der Ladedruckregelung eine segensreiche Erfindung. Initiiert wurde sie von Saab zu Beginn der 80er Jahre mit Einführung des APC-Systems. Die damit verbundenen, nahezu uneingeschränkten Möglichkeiten für die Ladedruckregelung (sog. »frei steuerbares Wastegate«) wurden in den Folgejahren der Turbomotorenentwicklung von den einzelnen Herstellern konsequent ausgebaut. Das Taktventil hat die Aufgabe, einen synthetischen Ladedruck »herzustellen«, indem es den absoluten Ladedruck in einen Steuerdruck moduliert. Das Taktventil verfügt über drei pneumatische und einen elektrischen Anschluss. Die pneumatischen Anschlüsse setzen sich aus einem Eingang und zwei Ausgängen zusammen. Am Eingang empfängt das Taktventil – über eine Drossel – den Ladedruck von der Druckseite des Verdichters. Dabei wird das Taktventil vom Motorsteuergerät je nach Betriebspunkt und erforderlichem Ladedruck so angetaktet, dass über seinen Bypass eine entsprechende Leckluftmenge wieder abgeführt wird. Diese Leckluftmenge gelangt über einen der beiden oben erwähnten Ausgänge am Taktventil zur

Das Bypassventil (auch Wastegate oder Ladeluftregelventil genannt) begrenzt den Ladedruck, indem es den Abgasstrom an der Turbine vorbeiführt. Das Bypassventil ist nicht zu verwechseln mit einem Blow-off- bzw. Pop-off-Ventil.

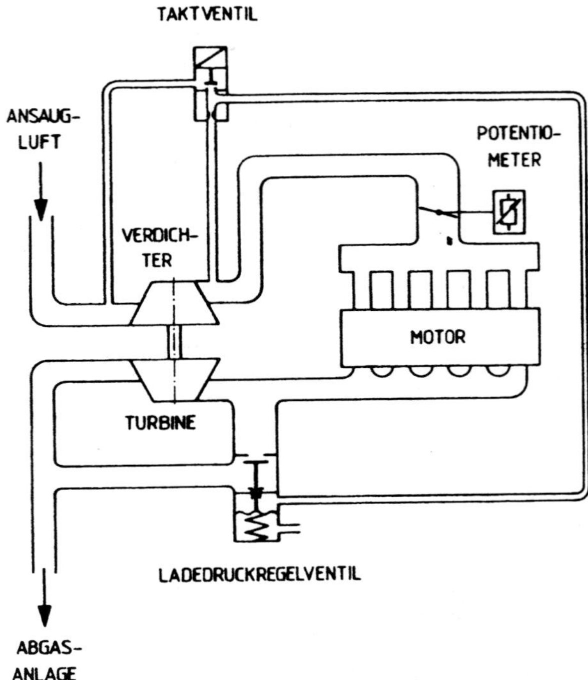

Saugseite des Verdichters zurück. Über den anderen Ausgang leitet das Taktventil den verbliebenen, nunmehr synthetischen Steuerdruck auf die Steuerdose des Bypassventils.
Der elektrische Anschluss kommt vom Motorsteuergerät: darüber erfolgt die erwähnte Ansteuerung des Taktventils mit einer bestimmten Taktfrequenz, die bei den üblichen Taktventilen je nach Anwendungsfall zwischen 15 und 30 Hz (1 Hertz = 1 Schwingung pro Sekunde) liegen kann.
Die Steuerdose besteht hauptsächlich aus der Membran und der Feder. Besonderes Augenmerk gilt dabei der Feder: durch das Potential, das die heutige Elektronik mit der Druckmodulation liefert, kann die Feder weich ausgelegt werden. Damit ist schon bei Teillast und geringen Ladedrücken ein Öffnen des Bypassventils und damit ein Abblasen möglich. Die Vorteile liegen auf der Hand: Durch den Abblasevorgang liefert der Verdichter immer nur so viel Luft, wie für den jeweiligen Betriebspunkt auch tatsächlich nötig ist. Dies hat vor allem bei turboaufgeladenen Ottomotoren den Vorteil der Verbrauchsabsenkung: Infolge der verminderten Verdichterleistung kann der Motor entdrosselt werden – und das spart Kraftstoff.
Früher nämlich, wo bei rein pneumatischen Systemen das Abblasen in der Teillast in diesem Maße nicht möglich war, weil die Vorspannkraft der Feder in der Steuerdose wegen der bei Volllast notwendigen Ladedruckhöhe recht hoch gewählt werden musste, setzte die Turbine bei Teillast zu viel durch und lieferte dem Verdichter zu viel Energie, die er in Ladedruck umsetzte. Dieser wurde in der Teillast wieder von der Motordrosselklappe »weggedrosselt«; die Folge war, dass heiße Luft in

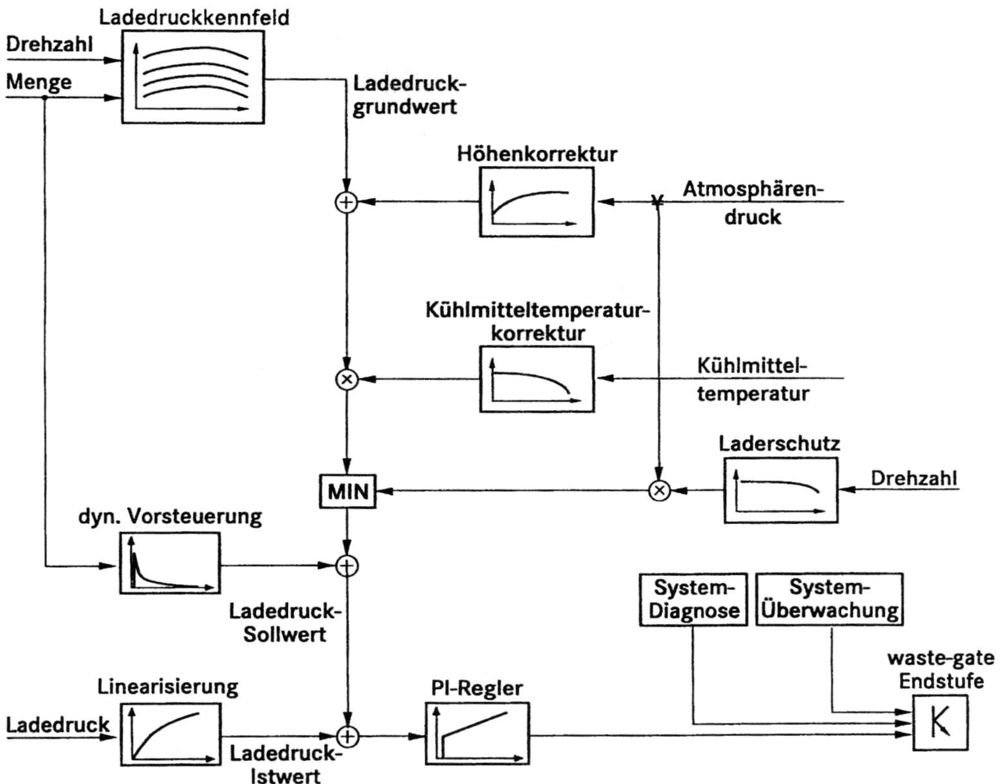

Komplexes Regelsystem: Ohne leistungsstarke Rechner wären moderne Aufladungssysteme nicht beherrschbar. Im Bild das Regelsystem zur Ansteuerung des Bypassventils.

den Brennraum kam, was die Klopfneigung wieder erhöhte. Zudem stellte sich vor der Turbine ein unnötig hoher Abgasgegendruck ein, der den Verbrauch in die Höhe trieb.

Bei den früher angewandten p_2-, p_3- usw.-Systemen bestimmte die Federkraft wesentlich die Höhe des Ladedrucks, das heißt, je größer die Federkraft war, umso höher lag der Ladedruck. Bei den ebenfalls früher noch weit verbreiteten separaten Wastegate-Ventilen war es aus Sicherheitsgründen üblich, die Federeinstellung zu plombieren. Bei Rennmotoren wurden Ausnahmen gemacht; dort konnte man die Federkraft mittels Einstellschraube (sog. »Dampfrad«) im Cockpit variieren, was eine Veränderung des maximalen Ladedrucks und damit der Motorleistung zur Folge hatte. Die heute üblichen integrierten Wastegate-Regelorgane machen eine Festeinstellung der Feder überflüssig, da diese bereits von Haus aus durch die Integration in die Steuerdose unerreichbar und damit »fest eingestellt« ist.

Das Bypassventil (Ladedruckregelventil)

Das Bypassventil (engl.: waste gate) leitet im Regelungs-Einsatz einen Teil des Abgasstromes um die Turbine herum. Es wird durch die in der Steuerdose befindliche Feder, die eine Membran vorspannt, geschlossen gehalten. Soll ein Teil des Abgasmassenstroms nun um die Turbine herumgeleitet werden, wird die Membran mit dem modulierten Steuerdruck (bei den früheren pneumatischen Systemen mit dem Ladedruck direkt) beaufschlagt. Sobald die Federkraft an der Membran überwun-

Integriertes Bypassventil als schwenkbare Klappe.

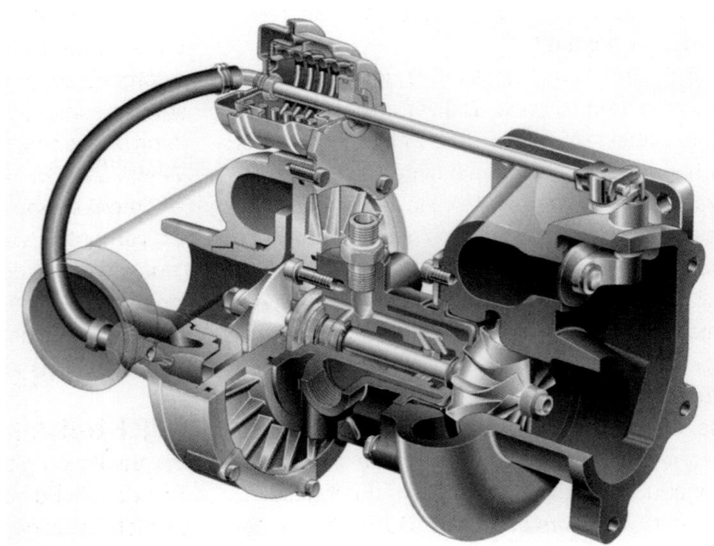

Integriertes Bypassventil als Hubventil

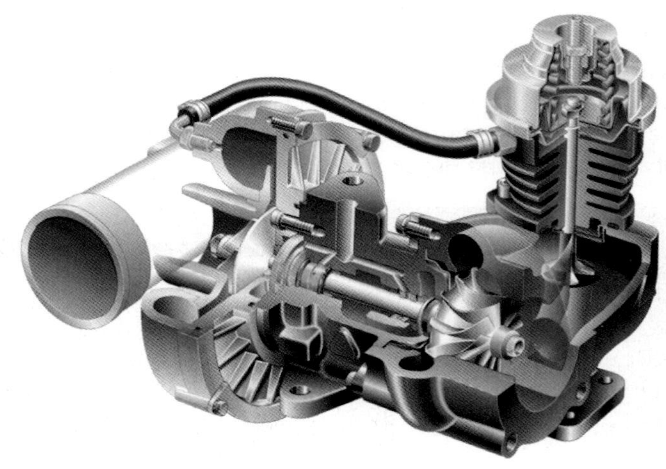

den ist, öffnet das Ventil. Bei den Bypassventilen unterscheidet man zweierlei Arten: das separate Ladedruckregelventil und das integrierte. Separate Regelventile sind heute aus Platzgründen nicht mehr Standard und werden nur noch in Einzelfällen oder im Tuning-Bereich verwendet. Sie sitzen im Auspuffkrümmer vor dem Turbinengehäuse. Ihr Vorteil ist eine geringere Temperaturbelastung und mehr Spielraum für die Anordnung im Motorraum, d.h. der Platz des Regelventils auf der Abgasseite kann sozusagen frei bestimmt werden. Der Nachteil dieser separaten Ventile allerdings ist, dass durch das damit verbundene Zusatzvolumen vor der Turbine ein dämpfender Effekt auftreten kann, der die kinetische Energie der Abgase für den Antrieb der Turbine womöglich reduziert. Der Porsche 924 Turbo von 1979 hatte das Ventil beispielsweise relativ weit entfernt vom Bypass-Abzweig im Krümmer, nämlich weiter stromab verbaut. Als letzter serienmäßiger Personenwagen war der Audi 2,2 Liter Fünfzylinder-Turbo bis zu seiner Pensionierung im Frühsommer 1997 (letzter

Einsatz im S6) mit einem solchen separaten Ventil ausgerüstet.
Üblich sind heute in das Turbinengehäuse integrierte Regelorgane. Die Autohersteller können dabei zwischen den Alternativen einer schwenkbaren Klappe und der eines Hubventils wählen. Dabei werden die Klappen aufgrund ihres vorteilhafteren Preis-Leistungsverhältnisses bevorzugt (Porsche Biturbo, Audi Biturbo, Audi 1,8 T, Opel Calibra, Saab Ecopower). Mit einem integrierten Hubregelventil wurde dagegen beispielsweise der Lader des Audi 2,5 Liter TDI Fünfzylinder-Motors ausgerüstet.
Bei den integrierten Systemen haben sich die bereits angesprochenen Klappen wiederum gegenüber den Hubventilen durchgesetzt. Zwar sind unterschiedliche Querschnitte etwas leichter über den Hub (Ventil) als über den Drehwinkel (Klappe) darstellbar, jedoch ist ein Ventil aufwendiger in der Konstruktion (wärmebedingte Ausdehnung, Sitzdichtheit) und teurer. Der Vorteil der integrierten Regelorgane ist zweifelsohne das Package und der Verzicht auf eine Kühlung des Regelorgans. Bei den integrierten Systemen befindet sich nämlich die Steuerdruck-Dose für die Betätigung des Regelorgans auf der "kalten" Laderseite, nämlich am Verdichter. Eine Stange stellt die Verbindung zwischen Druckdose und Klappe bzw. Ventil am Turbinengehäuse dar. Dagegen machten die im heißen Auspuffkrümmer separat verbauten Ladedruckregelventile, die die Druckdose mit der hitzeempfindlichen Membran direkt in Personalunion vereinten, eine zusätzliche Kühlung (in Form von Kühlrippen oder auch Wasserkühlung) unabdingbar.

Regelstrategien

Grundsätzlich gibt es zwei Möglichkeiten, die Zylinderfüllung des aufgeladenen Motors (zusätzlich natürlich zur Drosselklappe) zu regeln: Über den Ladedruck oder direkt über die Luftmasse. Während die Ladedruckregelung früher Standard war, findet die Luftmassenregelung heute immer häufiger Anwendung (z.B. beim Porsche 911 Turbo und beim Audi 1,8 T). Die Luftmassenregelung nutzt als Führungsgröße für die Regelung nicht mehr den Saug-

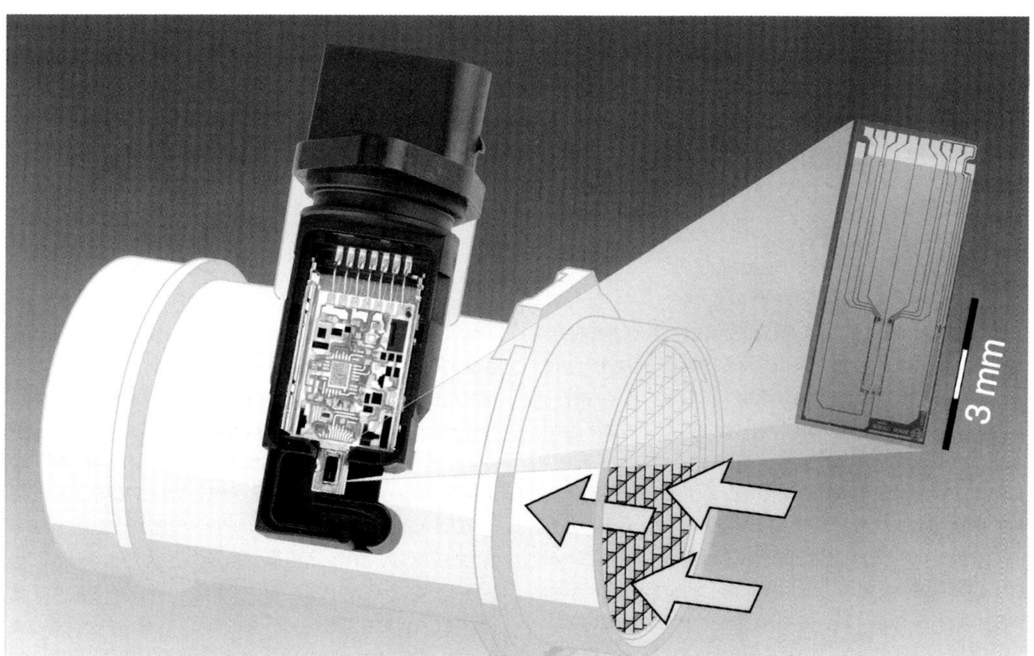

Die Zylinderfüllung aufgeladener Motoren erfolgt immer häufiger über eine Luftmassenregelung.

rohrdruck, sondern die Luftmasse. Dabei wird stets auf die für den jeweiligen Motorbetriebspunkt erforderliche Luftmasse hin geregelt, aus der sich letztlich ein zugehöriger Ladedruck ergibt; der Drucksensor im Saugrohr entfällt. Zur Vorgehensweise der Luftmassen-Regelung: Der Fahrer gibt per Gaspedal die Last vor. Das Motorsteuergerät ermittelt aus einem vorgegebenen Kennfeld mit Hilfe von Drosselklappenwinkel und der Motordrehzahl den Luftmassen-Sollwert. Diese Luftmasse wird nun über das Wastegate an der Turbine eingestellt; daraus resultiert nunmehr ein jeweils bestimmter Ladedruck.

Der Vorteil dabei ist zum einen die Kostenersparnis für das Bauteil Drucksensor, zum anderen die geringere Toleranzbehaftung bezüglich der Ventilsteuerzeiten und die stets genaue Erfassung des Motorbetriebszustands über die gesamte Lebensdauer des Triebwerks (Alterung, Abnutzung). Der Nachteil der Luftmassenregelung allerdings ist, dass durch den Wegfall des Drucksensors keine Kontrolle und daher Rückversicherung über den eingestellten Druck erfolgt. Dies kann unter Umständen auch Risiken in sich bergen.

Inzwischen ist auch bei Turbomotoren eine Art der Motorsteuerung Standard, die auf die Bezeichnung E-GAS hört. Die »elektronische Motorfüllungssteuerung«, bei der die konventionelle Bowdenzugverbindung zwischen Gaspedal und Drosselklappe entfällt und die Drosselklappe elektromotorisch betätigt wird, fand sich bereits ab dem Jahr 1997 bei den Turbomotoren von Audi (2,7 Liter Biturbo) und Saab (3,0 Liter V6 Ecopowermotor). Audi verwendete hierbei eine neue Motorsteuerungsgeneration von Bosch, die Motronic ME 7. Diese Motronic basiert auf einer gänzlich anderen, neuen Struktur der Motorsteuerung: auf der »Drehmomentführung«. Dabei gibt der Fahrer per Fahrpedalwinkel ein Sollmoment vor, und die ME 7 setzt dieses über eine bezüglich Verbrauch und Emissionen optimale Kombination der Hauptparameter Drosselklappen-, Zündwinkel und Ladedruck um.

Die Handregelung des Ladedrucks

Rennfahrzeuge, aber auch einige Straßen-Turbos, wie zum Beispiel der BMW Alpina B7, verfügten gelegentlich über die Möglichkeit, den Ladedruck von Hand zu beeinflussen. Mit dem so genannten »Dampfrad«, das vom Fahrersitz aus betätigt werden kann, lässt sich der Ladedruck innerhalb bestimmter Grenzen variieren, um so die Leistung besser den jeweiligen Bedürfnissen anpassen zu können. Bei Wettbewerbswagen dient die Handregelung in erster Linie dazu, den Ladedruck bzw. die Leistung vorübergehend zu erhöhen, um einen Konkurrenten schneller überholen zu können oder um eine gute Trainingszeit zu erzielen. In diesem Fall wird der Ladedruck bewusst über die für den Dauerbetrieb zulässige Grenze angehoben. Eine Rücknahme ist unbedingt erforderlich, wenn Motorschäden vermieden werden sollen. Bei Straßenturbos wird in der Regel vom zulässigen maximalen Ladedruck heruntergeregelt, um beispielsweise bei nasser oder glatter Fahrbahn ein besseres Fahrverhalten (weicherer Leistungseinsatz des Motors) zu erzielen. Heute geschieht auch dies über die Elektronik. Bei entsprechenden Voraussetzungen genügt dann ein kleiner Schalter, um die Ladedruckkennlinie zu verändern.

Ladedruckregelung bei mechanischen Ladern

Mechanische Ladegeräte sind im Gegensatz zum Turbolader von ihren Volumina her stets auf die Volllast hin ausgelegt. Dadurch aber ergibt sich für den gesamten Teillastbetrieb – je nach Lastpunkt – ein mehr oder weniger überschüssiges Luftangebot. Was geschieht mit dieser Luft? Wird der mechanische Verdichter bzw. Verdränger für die Aufladung eines Dieselmotors hergenommen, so hat man in der Teillast die Möglichkeit, den Dieselmotor – zusätzlich zu seinem ohnehin schon hohen Luftüberschuss – mit diesen nochmals erhöhten Luftzahlen zu betreiben. Allerdings muss bei geringer Last ein erhöhter Kraftstoffverbrauch akzeptiert werden, da der Motor mehr Verdichtungsarbeit leistet.

Beim Ottomotor sieht die Sache schon problematischer aus; hier geht es nicht um einen erhöhten Kraftstoffverbrauch, sondern ganz einfach um die Tatsache, dass der Ottomotor mit der noch meist üblichen Saugrohreinspritzung, aber auch bei Direkteinspritzung (Homogen-Betrieb) zur Lastregelung die Drosselklappe braucht und auf das Mischungsverhältnis Lambda 1 (14,7 Teile Luft zu einem Teil Kraftstoff) angewiesen ist. Schließlich muss er alle drei Schadstoffe wie Kohlenmonoxid (CO), Kohlenwasserstoffe (HC) und Stickoxide (NO_x) gleichermaßen konvertieren und das Gemisch ohne Aussetzer verbrennen. Der Lambda-geregelte Ottomotor darf also in der Teillast nicht über das »Lambda-Fenster« (Lambda = 0,9 .... 1,1) hinausgehen, was eine übermäßige Abmagerung durch Luftüberschuss verbietet. Demnach brauchen vor allem mechanisch aufgeladene Ottomotoren eine Regelung.

Am besten wäre es freilich, der Lader wäre in der Teillast gar nicht präsent; der Motor müsste kein zusätzliches Bauteil antreiben, das er ohnehin nicht benötigt – demnach böte sich als Optimum ein abschaltbarer Lader an. Diese Möglichkeit besteht durchaus, und zwar in Form einer Kupplung. Sie ist allerdings kostenaufwendig und nicht ohne Probleme beherrschbar. Deshalb gibt es noch die Alternative, den Lader zwar ständig mitlaufen zu lassen, ihn aber über einen Bypass zu umgehen. Beide Lösungen sind grundsätzlich auch an Dieselmotoren anwendbar. Sie werden im folgenden unter den Optionen eins und zwei abgehandelt.

Ladedruckregelungs-Optionen

* **Option eins:** Die eine Möglichkeit sieht zwischen Ladersaug- und -druckseite eine »Kurzschlussleitung« vor. Dabei wird die nicht benö-

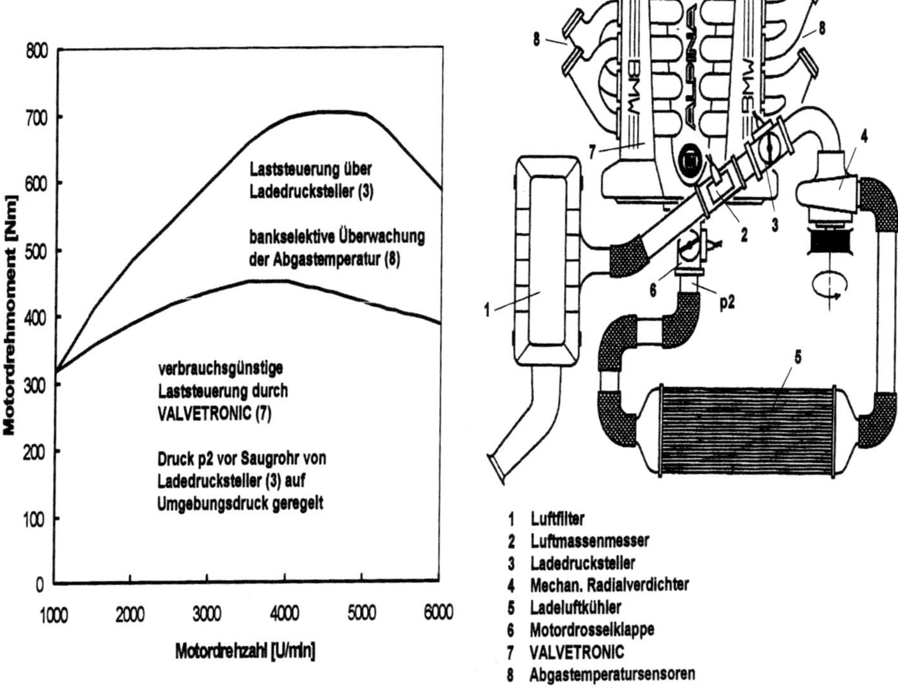

***Problem bei Teillast:* Um das bei Teillast überschüssige Luftangebot mechanischer Ladesysteme zu neutralisieren, gibt es mehrere Lösungen.**

tigte Luft über einen Bypass im Kreis gepumpt und dem Lader saugseitig wieder zugeführt. Auf diese Regelung vertraut beispielsweise Jaguar beim 4,0 Liter Reihensechszylindermotor XJR Kompressor (235 kW/320 PS) und beim AJ V8 Kompressor (275 kW/ 375 PS). Die Lösung wurde generell bei vielen Ladersystemen als Alternative zu einer teuren Kupplung vorgesehen. Beim Roots-Gebläse eignet sich die Bypass-Lösung besonders gut, da es ohne innere Verdichtung arbeitet und das ständige Mitlaufen in Ermangelung einer Kupplung leicht verschmerzt werden kann.
Verschiedentlich ausgeführt, bewirkt die Bypass-Leitung immer einen Umluftbetrieb des Laders bei Teillast, um dessen Antriebsleistung zu reduzieren. Die Bypassklappe reagiert hier beispielsweise auf den Saugrohrunterdruck; wird das Fahrpedal getreten und steigt der Druck in Richtung Atmosphärendruck an, so wirkt dieser Druck auf eine Membrandose. Ein damit verbundener Hebelmechanismus zieht die Bypassklappe entsprechend auf, so dass der Lader mehr oder weniger »zugeschaltet« wird. Hierbei kommt es auch auf die Auslegung der Membran-Feder und auf die Länge des Hebels an, wie die Bypassklappe auf Druckänderungen im Saugrohr reagiert und ob sich eine Progressivität beim Öffnen und Schließen ergibt. Bei Jaguar wurde damit eine Abstimmung erzielt, die die Motoren angenehm zu fahren macht und ihnen ein hohes Maß an Komfort beschert.
Die Bypass-Klappe kann aber auch mittels Taktventil elektronisch angesteuert werden; eine solche Lösung wählte GM am 3,8 Liter V6-Motor (verbaut z.B. im Buick). Den einzelnen Motorbetriebspunkten sind definierte Klappenstellungen zugeordnet, die über ein Kennfeld eingestellt werden.
Die Bypass-Regelung beeinflusst auch die Höhe der Lader-Leistungsaufnahme durch den Anbringungsort der Motordrosselklappe. Je nachdem, ob diese ladersaug- oder -druckseitig verbaut wird, und vor allem je nach gewähltem Ladertyp, fallen die Verluste mehr oder weniger stark aus.

Experimente mit verschiedenen Optionen machte VW beim G-Lader-Management: Es wurde für den Regelkreis des G-Laders damals ein auf der Laderdruckseite verbautes Doppeldrosselklappenteil mit einer ersten und zweiten Stufe eingesetzt. Dabei kommunizierte die erste Stufe mit der Bypassleitung über die Bypassklappe. Bei Teillast blieb die zweite Stufe geschlossen, und nur die erste war je nach Teillastpunkt mehr oder weniger geöffnet. Die Bypassklappe war in allen Teillastpunkten stets offen, so dass die nicht benötigte Luft über den Bypass jeweils zur Ladersaugseite umgeleitet werden konnte.

* **Option zwei:** Bei dieser Option kann der Lader über eine Kupplung (elektromagnetisch) zu- oder abgeschaltet werden. Diese Option wurde auch in der Vergangenheit von vielen Laderherstellern als die beste – aber leider sehr kostenaufwendige und schwierige – Lösung anerkannt. Für die Zuschaltung wird eine mit der Laderwelle fest verbundene Kupplungsscheibe an die Riemenscheibe angekuppelt. Der Aufwand ist freilich hoch; hinzu kommt bei vielen Ladegeräten, dass das Zuschalten eine hohe Belastung für die Kupplungsscheibe mit sich bringt, da die Negativbeschleunigung infolge der hohen Massenträgheit des mechanischen Ladegerätes entsprechend groß ist. Zudem bringt die Zuschaltlösung auch Komfortnachteile ein, die sich je nach Motordrehzahl mit einem mehr oder weniger spürbaren Zuschalt-Ruck bemerkbar macht. Dies war der ausschlaggebende Grund, warum eine traditionelle Automarke wie Jaguar auf die Kupplung verzichtete.

* **Option drei:** Kupplung und elektronisch geregelter Bypass – Die permanente Ankopplung des Laders an den Motor wirkt sich allerdings bei Ladern ohne innere Verdichtung nicht so tragisch aus wie bei anderen Ladegeräten, die mit innerer Verdichtung arbeiten und damit eine andere Leistungsaufnahme haben als das Roots-Gebläse, das die Luft praktisch

Patentiertes System: Mercedes schaltet den mechanischen Lader erst bei steigender Drehzahl zu.

nur durchschiebt. Diese Erkenntnis bewog auch Daimler-Benz, ein Roots-Gebläse für die Aufladung des Vierzylinder-Benziners zu wählen; denn obwohl mit einer mechanischen Kupplung versehen, wird der Eaton-Lader nur im Leerlauf und im untersten Bereich knapp über Leerlaufdrehzahl abgekoppelt. Für den restlichen Motorbetrieb bleibt er zugeschaltet; die Regelung erfolgt wie bei Jaguar über einen Bypass, jedoch in anderer Funktion. Diese hat sich Mercedes patentieren lassen.

Verdichtungsverhältnis und Aufladung

Der Hubkolbenmotor lebt auf Grund seines thermodynamischen Prinzips von Verdichtung und Expansion. Kein Wunder, dass das geometrische Verdichtungsverhältnis (es ist das Verhältnis zwischen dem gesamten Zylinderinhalt, also dem Hubraum plus dem über dem Kolben bei OT-Stellung verbleibenden Verdichtungsraum, zu dem Verdichtungsraum allein und wird auch als Basisverdichtung bezeichnet) einen wichtigen motorischen Kennwert darstellt. Zur Verdeutlichung sei hier an die Formel für das geometrische Verdichtungsverhältnis erinnert. Sie lautet:

$$\epsilon = \frac{V_n + V_k}{V_k}$$

Das Verdichtungsverhältnis beeinflusst den Mitteldruck, also Drehmoment und Leistung eines Motors ebenso wie den Kraftstoffverbrauch und die Abgaszusammensetzung. Es ist zudem von wesentlicher Bedeutung für die Temperatur- und Druckbelastung eines Triebwerks.

Bei Ottomotoren wird das Verdichtungsverhältnis durch die Selbstzündung des Gemischs (Klopfen oder Klingeln genannt) beschränkt. Die dadurch markierte Grenze nennt man Klopfgrenze. Sie verhindert, dass Ottomotoren so hoch verdichtet werden können, wie dies aus Gründen der Verbrauchs- und der Leistungsoptimierung wünschenswert wäre. Die Klopfgrenze ist abhängig von den konstruktiven Gegebenheiten des jeweiligen

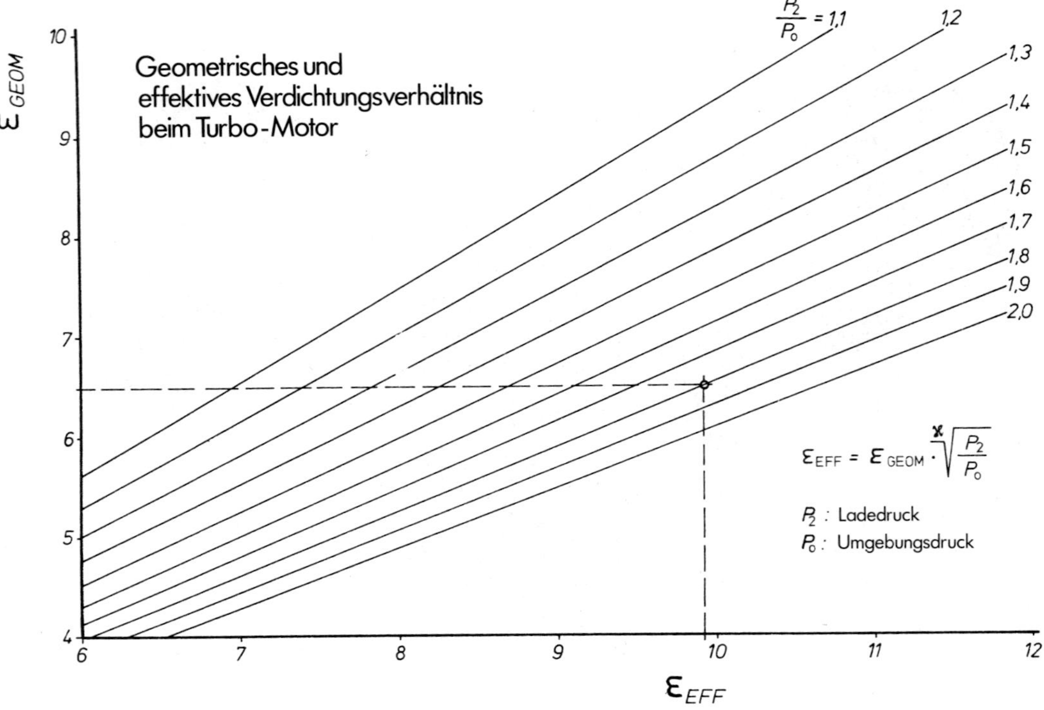

Geometrisches Verdichtungsverhältnis und effektive Verdichtung unterscheiden sich beim aufgeladenen Motor erheblich. So bewirkt beispielsweise bei geometrischer Grundverdichtung von 6,5:1 ein Ladedruck von 1,8 bar (entspricht 0,8 bar Überdruck, da in dieser Formel mit Absolutdruck gerechnet werden muss) eine Effektivverdichtung von 9,9:1.

Motors (zum Beispiel Brennraum) und der Qualität der verwendeten Kraftstoffe. Das Verdichtungsverhältnis liegt für Saugmotoren bei den in Mitteleuropa erhältlichen Kraftstoffen zwischen 8:1 und 12:1. Für die untere Grenze reicht Normalbenzin aus, für die Obergrenze ist Super mit mindestens 98 ROZ notwendig.

Was beim Ottomotor stört, ist beim Diesel erwünscht. Hier entzündet die hohe Verdichtung das Gemisch ohne fremde Hilfe, wie zum Beispiel elektrische Zündfunken, so dass von einer Klopfgrenze keine Rede sein kann. Höchstens zu geringe Verdichtung ist zu vermeiden, um auch unter ungünstigen Bedingungen (bei großer Kälte zum Beispiel) eine sichere Selbstzündung realisieren zu können. Dieselmotoren mit indirekter Einspritzung (so genannte Kammermotoren) sind daher üblicherweise mit einem Verdichtungsverhältnis von 20:1 bis 23:1 gesegnet. Direkteinspritzer sind zündwilliger und liegen in einem Bereich von 16:1 bis 19:1, was übrigens auch für die Leistung besser ist. Die hohe Verdichtung ist mit eine Ursache für bessere Wirtschaftlichkeit des Dieselmotors. Auf Grund seines spezifischen Verbrennungsverfahrens ist daher das Verdichtungsverhältnis selbst beim aufgeladenen Dieselmotor kein so kritisches Thema wie beim Ottomotor. Allerdings muss auf die höheren Zünddrücke Rücksicht genommen werden, so dass aufgeladene Diesel in der Regel niedriger verdichten als Saugdiesel. Die durch das höhere Druckverhältnis verursachte zusätzliche thermische Belastung muss ebenfalls durch Spritzölkühlung der Kolben beispielsweise oder eine wirksame Ladeluftkühlung kompensiert werden.

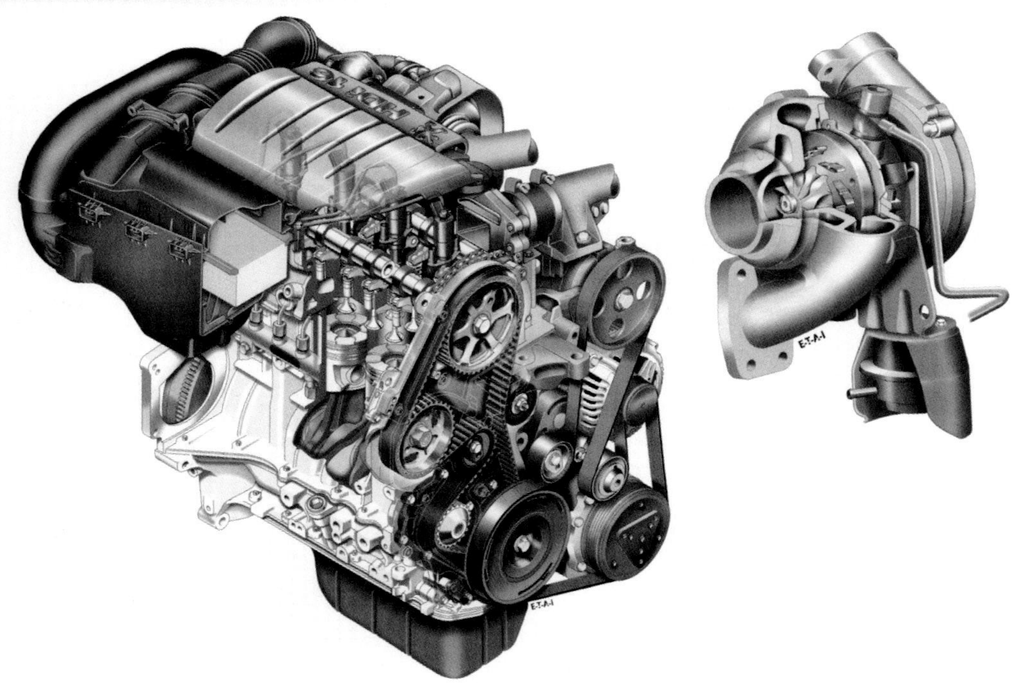

Der von PSA Peugeot und Citroën gemeinsam mit Ford entwickelte HDI 16V FAP Dieselmotor besitzt einen Turbolader mit variabler Einlassgeometrie und Overboost-Funktion sowie einen Ladeluftkühler. Das maximale Drehmoment von 320 Nm gibt der Motor bereits bei 2000 U/min ab.

Ein zentrales Thema dagegen ist das Verdichtungsverhältnis beim aufgeladenen Ottomotor. Der Grund: Durch die Aufladung wird bekanntlich das gesamte Druckniveau des Arbeitsprozesses höher, so dass die Klopfgrenze ohne besondere Maßnahme leicht erreicht und überschritten werden kann. Denn zwischen dem geometrischen Verdichtungsverhältnis und der tatsächlichen, im Motor stattfindenden Verdichtung bestehen oft erhebliche Unterschiede. Selbst ohne Aufladung liegt das beim Verdichtungsvorgang erzielbare Druckverhältnis meist über dem Wert des geometrischen Verdichtungsverhältnisses. Es wird natürlich um so höher, je mehr das Gemisch schon vor Eintritt in die Zylinder durch Aufladung vorverdichtet wird. Um wieviel es höher wird, lässt sich mit der folgenden Formel überschlägig errechnen:

$$\epsilon_{eff} = \epsilon_{geom} \cdot \sqrt[\kappa]{\frac{P_L}{P_0}}$$

In dieser Formel bedeuten ϵ (griechischer Buchstabe Epsilon) die effektive bzw. geometrische Verdichtung, P_L den Ladedruck (Absolutwert), P_0 den Umgebungsdruck und κ (griechischer Buchstabe Kappa) den Adiabaten-Exponent (Zahlenwert 1,4). Die Formel liefert unter der vereinfachten Annahme, dass die Temperatur am Ende des Verdichtungsvorganges beim aufgeladenen und unaufgeladenen Motor die gleiche Höhe erreicht, brauchbare Anhaltswerte. Die Ergebnisse dieser Formel lassen sich in einem Diagramm in einfa-

Aufgrund der höheren Klopfneigung in Volllastnähe muss bei einem aufgeladenen Motor die geometrische Verdichtung reduziert werden. Dadurch sinkt der Wirkungsgrad im Teillastbereich.

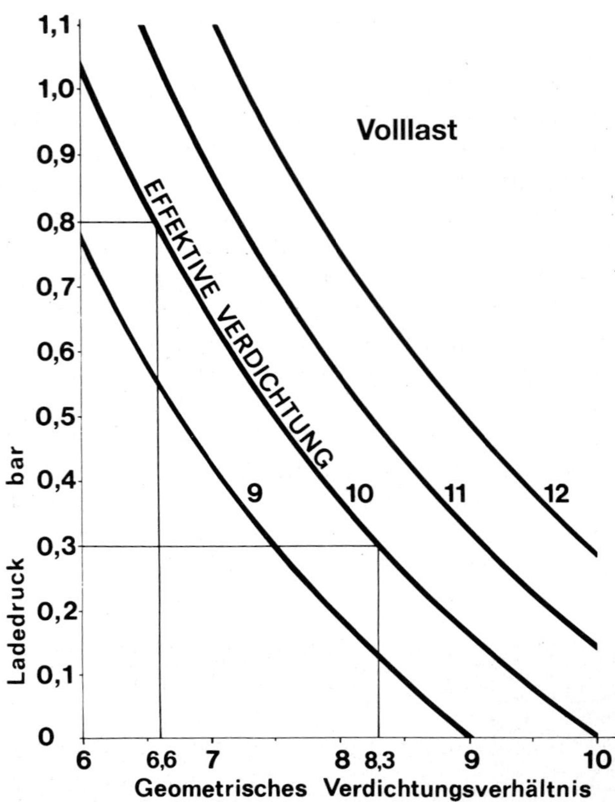

chen, linearen Kurvenscharen mit dem Ladedruck als Parameter graphisch darstellen. Ein weiteres Diagramm, in dem als Parameter die Linien konstanter effektiver Verdichtung eingezeichnet sind, verdeutlicht die Abhängigkeit des geometrischen Verdichtungsverhältnisses vom Ladedruck. Diese lautet ganz einfach in Worte gefasst:

- Je höher der Ladedruck, um so geringer das mögliche geometrische Verdichtungsverhältnis.

So ergeben sich aus dem Diagramm für eine gewünschte effektive Verdichtung von beispielsweise 10 viele verschiedene Möglichkeiten. Ausgehend von einem Saugmotor, der unaufgeladen 10:1 verdichtet wäre, müsste zum Beispiel bei einem Ladedruck von 0,3 bar das Verdichtungsverhältnis auf 8,3:1 reduziert werden, bei einem Ladedruck von 0,8 bar sogar auf den relativ niedrigen Wert von 6,6:1.

Ein Vergleich von Ladedrücken existierender Turbomotoren zeigt freilich gewisse Abweichungen von diesen rein theoretischen, auf Grund der Formel ermittelten Zusammenhängen. Es zeigt sich nämlich, dass die effektive Verdichtung aufgeladener Motoren in der Regel höher liegt als bei entsprechenden Saugmotoren. Die Gründe dafür sind einmal die günstigere Brennraumform, die ein reduziertes geometrisches Verdichtungsverhältnis ermöglicht (weniger Zerklüftung, geringere Oberfläche), zum anderen die meist aufwendiger geregelten Zündanlagen der Turbomotoren. Eine Rolle spielt auch die erhöhte Ladungsbewegung (Turbulenz) im Brennraum.
Ein weiterer wichtiger Faktor, der eine deutliche Erhöhung der Verdichtung zulässt, ist die Kühlung der Ladeluft. Den Einfluss eines wirkungsvollen Ladeluftkühlers kann man mit rund einem Punkt im geometrischen Verdich-

tungsverhältnis ansetzen. Beispiel: Ein aufgeladener Motor, der ohne diese Maßnahme schon bei 8:1 knapp unter der Klopfgrenze läuft, kann bei wirksamer Ladeluftkühlung mit einem geometrischen Verdichtungsverhältnis von 9:1 oder mehr betrieben werden.

Auch die Innenkühlung spielt für die maximal mögliche Verdichtung ein große Rolle. Daher werden üblicherweise Turbomotoren in der Volllast stärker angereichert (bis Lambda 0,75, also fett gefahren), was die Verbrennungstemperaturen senkt und eine höhere Verdichtung zulässt. Außerdem sinkt die Abgastemperatur, was wiederum den Turbolader und den Katalysator schont. Bei Direkteinspritzern ist die Innenkühlung infolge der Verdampfung des Kraftstoffs im Brennraum von Haus aus stärker ausgeprägt als bei Kanaleinspritzern (oder Saugrohreinspritzern), so dass diese in der Regel ein bis zwei Punkte höher verdichtet werden können.

Ladeluftkühlung und ihre Vorteile

Ein guter Turbomotor (dies gilt im übrigens auch für mechanisch aufgeladene Motoren) ist ohne Ladeluftkühlung nicht möglich. Thermodynamisch betrachtet bedeutet die Ladeluftkühlung (LLK) eine Erweiterung des Gesamtprozesses, die zwei wichtige Funktionen erfüllt:

1. eine Erhöhung der Luftdichte bei gleichem Ladedruck,
2. eine Absenkung der Lufttemperatur.

Auf einen gegebenen Turbomotor bezogen bedeutet dies wiederum, dass mit zunehmender Dichte eine höhere Leistung möglich ist. Denn die Leistungssteigerung des Motors ist in erster Linie proportional dem Luftgewicht,

Ob mit Wasser- oder Luftkühler – bei einem aufgeladenen Hochleistungsmotor ist die Ladeluftkühlung mittlerweile zu einem zentralen Thema geworden.

Standard-Anordnung für einen Ladeluftkühler bei einem Renn-Tourenwagen. Der Ladeluftkühler sollte wegen besserer Wirksamkeit immer vor oder neben dem Wasserkühler montiert sein.

Die Wirksamkeit der Ladeluftkühlung wird durch die Größe und Lage des Kühlers und die Führung der Luft (Leitungsführung) wesentlich bestimmt. Im Bild eine gute Lösung von Volvo.

also der Dichtesteigerung. Überschlägig lässt sich rechnen, dass eine Temperaturabsenkung um 10° eine Dichtesteigerung von etwa 3 Prozent ergibt. Dies wiederum erhöht die Leistung um ungefähr den gleichen Prozentsatz, so dass beispielsweise eine Ladeluftkühlung von 50° eine Leistungssteigerung von rund 15 Prozent bringt.

Andererseits bringt die kühle Ladeluft eine geringere Anfangstemperatur des Kreisprozesses (auch geringere Abgastemperaturen), somit eine Reduzierung der thermischen Belastung und (bei Ottomotoren) eine geringere Neigung zur Selbstentzündung des Gemischs (Absenkung der Klopfgrenze).

Man kann also die Ladeluftkühlung einmal vorwiegend zur Erhöhung der Leistung heranziehen, was bei Sport- und Rennmotoren geschieht, oder, wie es zunehmend bei Serien-Turbomotoren praktiziert wird, als Mittel zur Erhöhung des Motorwirkungsgrades (besserer Verbrauch) durch höhere Verdichtung und größere Vorzündungswinkel. Die Ladeluftkühlung hat also Einfluss auf verschiedene wichti-

Wassergekühlte Ladekuftkühler sind vom Wirkungsgrad her nicht unbedingt besser als luftgekühlte, sparen aber Platz. Hier der Ladeluftkühler des Toyota Celica Turbo.

ge Kenngrößen des aufgeladenen Motors, die unmittelbar oder mittelbar voneinander abhängen. Die Tendenz, in welche Richtung die Ladeluftkühlung diese Werte beeinflusst, ist dabei immer positiv:

- Leistung → höher
- Drehmoment → höher
- Ladedruck → geringer
- Verdichterleistung → geringer
- Oktanzahlbedarf → geringer
- Verdichtung → höher
- Zündwinkel → früher
- Verbrauch → geringer
- Standfestigkeit → höher

Geht man diese Liste der Reihe nach durch, so stellt man schnell fest, dass sich natürlich nicht alle Werte kumulativ verbessern lassen, sondern nur alternativ. Es kommt, wie schon weiter vorne erwähnt, darauf an, für welchen Effekt die Ladeluftkühlung vorwiegend herangezogen werden soll. Wer also in erster Linie Leistung sucht, kann durch Ladeluftkühlung bei gleich bleibendem oder gar höherem Verdichter-Druckverhältnis eine beträchtliche Mehrleistung erzielen. Wie hoch sie im Einzelfall ist, hängt von den jeweiligen spezifischen Motoreigenschaften, vor allem aber von der Wirksamkeit der Ladeluftkühlung ab.

Andererseits gestattet es eine wirksame Ladeluftkühlung, die gleiche Motorleistung bei geringerem Druckverhältnis zu realisieren. Von dieser Möglichkeit wird zunehmend bei Straßenturbos Gebrauch gemacht. Denn der reduzierte Ladedruck erfordert eine geringere Verdichter-Antriebsleistung, wodurch in den meisten Fällen die Verwendung einer kleineren Turbine möglich ist. Beide Maßnahmen, das geringere Druckverhältnis und die kleinere Turbine, verbessern die typischen Schwachpunkte des Turbomotors, nämlich das Drehmoment bei niederen Drehzahlen und die Reaktionszeit beim plötzlichen Beschleunigen.

Gerade diese beiden Faktoren sind für den Betrieb eines Turbomotors im Straßenverkehr sehr viel wichtiger als hohe Spitzenleistung.
In die gleiche Richtung zielen weitere Maßnahmen, welche die Ladeluftkühlung bei Ottomotoren erlaubt. Der dank LLK geringere Oktanzahlbedarf gestattet es nämlich, die Basisverdichtung zu erhöhen und größere Vorzündungswinkel zu fahren. Beides zusammen verbessert das Grunddrehmoment des aufgeladenen Motors und sein Ansprechverhalten. Obendrein reduzieren diese Maßnahmen noch den Verbrauch.
Die Wirksamkeit einer Ladeluftkühlung ist von vielen Faktoren abhängig, die speziell im beengten Motorraum von Personenwagen nicht immer so optimiert werden können, wie es wünschenswert wäre. Es sind dies Anordnung und Einbaulage des Ladeluftkühlers, Größe und Bauart des Ladeluftkühlers und die Leitungsführung der Ladeluft.

Tuning mit Turbo

Turbo-Tuning kann auf zwei Arten geschehen. Einmal wird ein vorhandener Saugmotor aufgeladen, das heißt nachträglich zum Turbomotor umfunktioniert. Die andere, wesentlich einfachere Form des Turbo-Tunings besteht darin, vorhandene Turbomotoren in der Leistung zu steigern.
Speziell das erste Verfahren, also die nachträgliche Aufladung von Saugmotoren, stellt erhebliche Anforderungen an das Fachwissen und das technische Know-how der Tuner. Denn abgesehen von der nicht immer einfachen Auswahl und Anpassung des Turboladers müssen alle übrigen Teile, die zur Adaption notwendig sind, neu entwickelt oder modifiziert werden. Dazu gehören nicht nur innermotorische Maßnahmen, sondern auch beispielsweise die Leitungsführung auf der Frischluftseite inklusive der Ladeluftkühler, die Auspuffanlage und die hierzu notwendigen Änderungen im Karosseriebereich. Dabei wird im Prinzip der Bauaufwand um so größer, je höher die angestrebte Leistungssteigerung ist. Im unmittelbaren Umfeld des Motors sind die folgenden Bauteile von Änderungen betroffen oder müssen neu konzipiert werden:

- Auspuffanlage
- Einlasstrakt (Saugsystem)
- Gemischaufbereitung

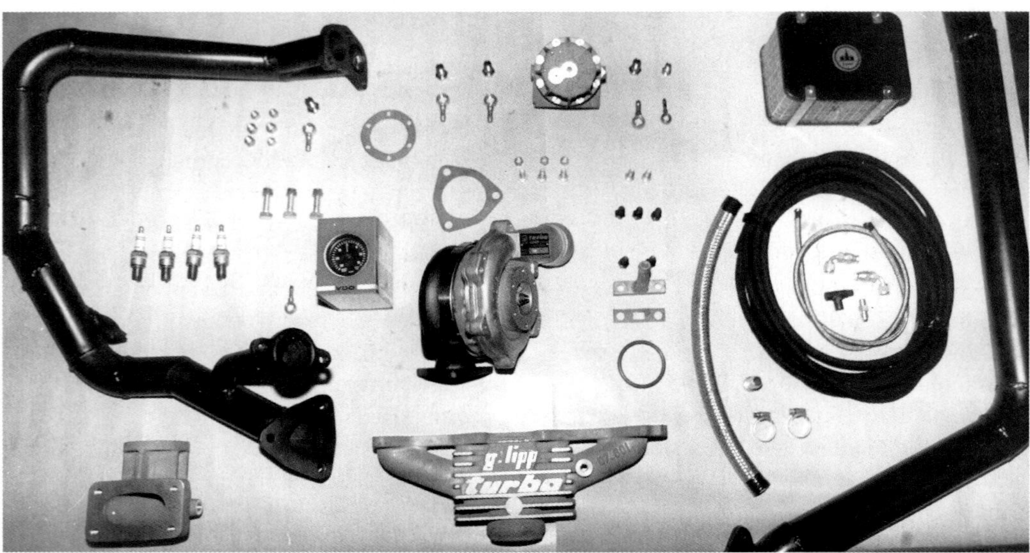

Turbo-Tuning von Saugmotoren erfordert umfangreiche Entwicklungsarbeit und auch im Umfeld zahlreiche Anbauteile. Hier ein Bausatz für einen 1,6-Liter-Toyota-Vierzylinder.

Der BMW Alpina B7 mit einem Radiallader ASA TurboMex. Der Leistungsaufbau erfolgt ohne Verzögerung (Turboloch).

Mercedes-Benz 300 E 24 mit zwei Turboladern der Schweizer Tuning-Firma Horag. Die Verwendung zweier kleiner Turbolader bringt Vorteile im Ansprechverhalten gegenüber nur einem größeren Lader.

- Kraftübertragung (Kupplung)
- Kühlsystem
- Ölkühlung
- Zündanlage
- Zündkerzen

Meist muss auch der Motor selbst, der ja für die Aufladung ursprünglich nicht konzipiert war, den veränderten Belastungen angepasst werden. Hierzu zählt in erster Linie die Absenkung des serienmäßigen Verdichtungsverhältnisses, die entweder durch andere Kolben, durch höhere Zylinderkopfdichtung oder durch Vergrößerung des Brennraumes im Zylinderkopf selbst geschehen kann. Weitergehende Maßnahmen, wie zum Beispiel eine Spritzölkühlung der Kolbenunterseite oder die Verstärkung besonders hoch belasteter Triebwerksteile (z.B. Kolbenbolzen) sind zwar vorteilhaft, werden jedoch wegen des erhöhten Bauaufwandes meist nicht praktiziert. Oft wird sogar die Reduzierung der Verdichtung vermieden, um den nachträglichen Änderungsaufwand in Grenzen zu halten. In diesem Fall müssen dann andere Maßnahmen, wie z.B. entsprechende Zündungs- und Ladedruckregelung, dem hohen Verdichtungsverhältnis angepasst werden.

Als Folge der Leistungssteigerung durch Turboaufladung, die ja meist prozentual sehr hoch ausfällt, sind natürlich wesentlich gestiegene Fahrleistungen zu erwarten. Je nach Leistungsklasse, in der sich das Fahrzeug als Sauger bewegt, sind mehr oder weniger umfangreiche Änderungen an Fahrwerk, Bremsen und in der Kraftübertragung (Übersetzungsverhältnisse, Hinterachskühlung) not-

wendig. Auch dies gilt es zu berücksichtigen, wenn Saugmotoren nachträglich in leistungsstarke Turbomotoren verwandelt werden.
Zu den allerersten Turbo-Kits (in Europa) zählte die Anlage von Turbo-May, die für den Ford-V6-Motor entwickelt wurde und zuletzt für den Sierra lieferbar war. Die Firma Albert in Wörgl (Tirol) war ebenfalls schon früh im Turbo-Tuning rege tätig und hatte für viele Modelle, bis zum Lamborghini Countach, Turbo-Kits entwickelt. In Deutschland war es die Firma Schrick, die sich mit einem Turbo-Umbausatz für den VW-Golf-Motor einen Namen gemacht hat. Inzwischen gibt es eine ganze Reihe von Firmen, die Aufladesysteme (nicht nur Turbos) anbieten. Hier sollte man auf ausgeführte Beispiele achten, ob diese in Tests halten, was die Tuner versprechen, und ob das Preis/Leistungsverhältnis stimmt.
Wesentlich größer ist freilich die Auswahl an solchen Tuningfirmen, die serienmäßige Turbo-Automobile nachträglich in der Leistung steigern. Hier lässt sich relativ einfach über eine Erhöhung des Ladedrucks die Leistung steigern. Früher wurde diese Ladedruckerhöhung entweder durch Änderung der Federspannung im Ladedruckregelventil oder mittels Handregelung über ein Differenzdruckventil erreicht, heute geschieht dies durch das so genannte Chip-Tuning. Man kann guten Gewissens behaupten: Ohne Aufladung gäbe es im Grunde kein Chip-Tuning. Als Faustformel für die dabei erzielbare Leistungssteigerung kann gelten, dass eine Erhöhung des Ladedrucks um 0,1 bar ein Leistungsplus von etwa 10 Prozent ergibt. Allerdings muss auch hier mit Bedacht vorgegangen werden. Ohne zusätzliche Änderungen ist eine Ladedruckerhöhung um mehr als 0,2 bar nicht zu empfehlen, da sonst Klopfen oder andere Überlastungen eine Gefahr für den Motor darstellen. Der Ladedruck lässt sich jedoch weiter erhöhen,

Porsche bot für den 911 Turbo einen im Werk entwickelten Tuning-Kit (Bestellcode X50) an. Damit stiegen die Leistung und das Drehmoment deutlich – und das ohne Abstriche bei der Werksgarantie.

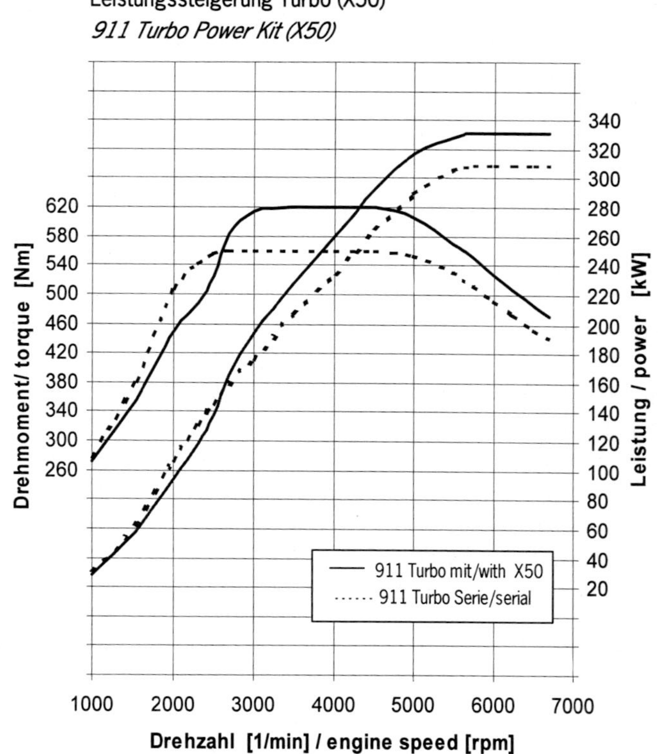

wenn nachträglich größere oder zusätzliche Ladeluftkühler installiert werden oder wenn der vorhandene besser durchströmt wird.
Bei allen mit Aufladung leistungsgesteigerten Motoren ist zu beachten, dass die thermische Belastung der motorinneren und motornahen Bauteile unter Umständen stark ansteigt, ebenso die mechanische Belastung des Triebwerks durch den höheren Mitteldruck. Ursprünglich sehr robuste Maschinen können so leicht überlastet werden, falls nicht Gegenmaßnahmen in Form besserer Kühlung oder verstärkter Triebwerksteile getroffen werden. Selbst dann empfiehlt es sich nicht, solche Maschinen mit Dauervolllast zu betreiben.
Oft bieten auch die Hersteller selbst Kits zur Leistungssteigerung an. Porsche beispielsweise liefert ab Werk für den Turbo (Jahrgang 2001 bis 2005) unter der Bezeichnung X50 (Modellbezeichnung Turbo S) einen Kit, der die Leistung von 420 auf 450 PS anhebt, das Drehmoment steigt von 550 auf 620 Newtonmeter. Der Umfang des Leistungskits umfasst einen modifizierten Turbolader, modifizierte Ladeluftkühler, ein angepasstes Motorsteuergerät, eine modifizierte Abgasanlage sowie ein verstärktes Getriebe.
Ganz besondere Lader zur Leistungssteigerung unaufgeladener Motoren liefert die Firma ASA. Es handelt sich dabei nicht um Turbolader, sondern um Radialverdichter. Dabei wird praktisch der »kalte« Teil eines Turboladers benutzt und über ein hoch übersetztes Planetenradgetriebe von der Kurbelwelle aus über einen Riementrieb, der nochmals eine Übersetzung ermöglicht, angetrieben. So kommt man auf die für einen Radialverdichter notwendige hohe Drehzahl von über 100.000/min. Der unter der Bezeichnung ASA Kompressor TurboMex erhältliche Verdichter ist in verschiedenen Größen für unterschiedliche Hubraum-und Leistungsklassen lieferbar.

- TM 12: max. 400 PS, für Hubräume von 1,6 bis 3,2 Liter
- TM 15: max. 480 PS, für Hubräume von 2,5 bis 4,0 Liter
- TM 17: max. 550 PS, für Hubräume von 3,0 bis 4,5 Liter
- TM 20: max. 650 PS, für Hubräume von 4,0 bis 5,5 Liter
- TM 24: max. 780 PS, für Hubräume von 5,0 bis 7,0 Liter

Die Firma Alpina benutzt einen ASA-Lader für den B5/B7-Motor. Als Basis dient der 4,4 Liter große BMW-V8 mit 333 PS (245 kW), der durch die Aufladung auf 500 PS (368 kW) kommt. Das Drehmoment steigt von 450 auf 700 Nm. Klar, dass hier außer einem großen Ladeluftkühler noch besondere Kühlmaßnahmen und verstärkte Getriebe und Achsen notwendig sind.

Turbo hilft dem Diesel auf die Sprünge

Der große Erfolg des Dieselmotors im PKW ist ohne Abgasturboaufladung (mechanische Lader haben sich beim Diesel nicht durchgesetzt) nicht denkbar. Denn die Direkteinspritzung an Stelle der Vorkammer- oder Wirbelkammer-Methode hätte allein zwar eine Verbrauchsminderung, aber niemals einen solchen Leistungsschub gebracht wie ihn der Turbodiesel in den letzten Jahren erfahren hat. Heute konkurrieren Diesel leistungsmäßig mit gleich großen, allerdings unaufgeladenen Ottomotoren, bieten aber ein wesentlich höheres Drehmoment. Diesel und Abgasturboaufladung sind also eine ziemlich ideale Kombination. Denn über die Drehzahl lässt sich ja die Leistung beim Diesel kaum steigern. Auf Grund des Brennverfahrens und der dadurch begrenzten Verbrennungsgeschwindigkeit liegt die Drehzahlgrenze bei maximal 5000/min. Die meisten Diesel haben bereits bei 4000/min starken Leistungsabfall. Bleibt als einzige Erfolg versprechende Möglichkeit der Leistungssteigerung die Erhöhung des Mitteldrucks. Inzwischen machen die Automobilhersteller selbst regen Gebrauch von dieser Erkenntnis, bauen nicht nur sehr leistungsfähige Diesel für die Serie, sondern treiben auch Tuning für Wettbewerbe. Alfa, BMW und VW haben höchst bemerkenswerte Renndiesel für Langstreckenrennen entwickelt und mit großem Erfolg eingesetzt.

Diesel-Tuning

Moderne Turbodiesel bieten gute Voraussetzungen, durch so genanntes Chip-Tuning die Leistung zu steigern. Wie bereits erwähnt, kann beim Diesel die Leistung nur über eine Erhöhung des Mitteldrucks signifikant gesteigert werden, denn Drehzahlerhöhungen sind nur in geringem Umfang möglich. Primäres Ziel des Chip-Tunings ist es also, den Luftdurchsatz und die Kraftstoffmenge zu erhöhen. Dies geschieht durch externe oder interne Eingriffe in das Motorsteuergerät, um die entsprechenden Parameter für die Einspritzmenge und den Ladedruck zu beeinflussen.

Während der Turbolader in der Regel genügend Reserven hat, höhere Luftmengen zu liefern (was freilich mit einer nicht immer unproblematischen Erhöhung der Laderdrehzahl einhergeht), macht es bei unveränderten Einspritzsystemen oft Mühe, die nötigen Kraftstoffmengen bereitzustellen. Denn sowohl Einspritzpumpen (dies gilt auch für Pumpe-Düse-Elemente und Common-Rail-Systeme) als auch die Einspritzdüsen werden für eine bestimmte Einspritzmenge ausgelegt, die sich nicht beliebig steigern lässt. Chip-Tuning behilft sich nun häufig damit, einfach die Einspritzdauer zu verlängern, was aber aus verschiedenen Gründen nicht ganz unproblematisch ist.

Hierzu muss man wissen, dass die Einspritzdauer beim Dieselmotor schon wegen seines Verbrennungsverfahrens nur in einem sehr engen Bereich variiert werden kann. Der Grund liegt darin, dass ohnehin nur sehr wenig Zeit für die Einspritzung zur Verfügung steht. Es sind nur etwa 30 Grad Kurbelwinkel, die für das Einbringen der Kraftstoffmenge in die Zylinder, die innere Gemischbildung und die damit einhergehende Verbrennung genutzt werden können. Bei hohen Drehzahlen (über 4500/min) bleibt dann für diesen gesamten Vorgang kaum eine Millisekunde (eine Tausendstel Sekunde). Hinzu kommt: Es ist nicht

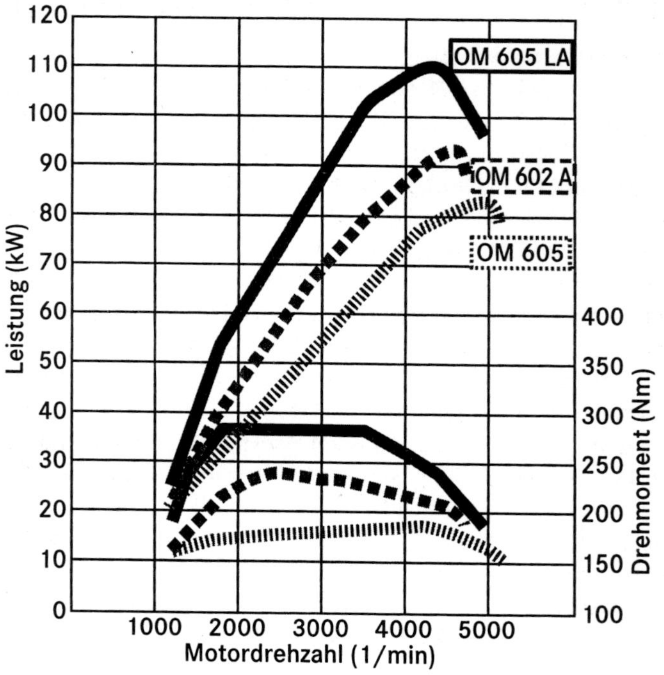

Diesel-Tuning: Wenig sinnvoll ist die Leistungssteigerung über die Drehzahl – besser ist ein Zuwachs des Mitteldrucks durch höheren Ladedruck in Verbindung mit einer gesteigerten Einspritzmenge.

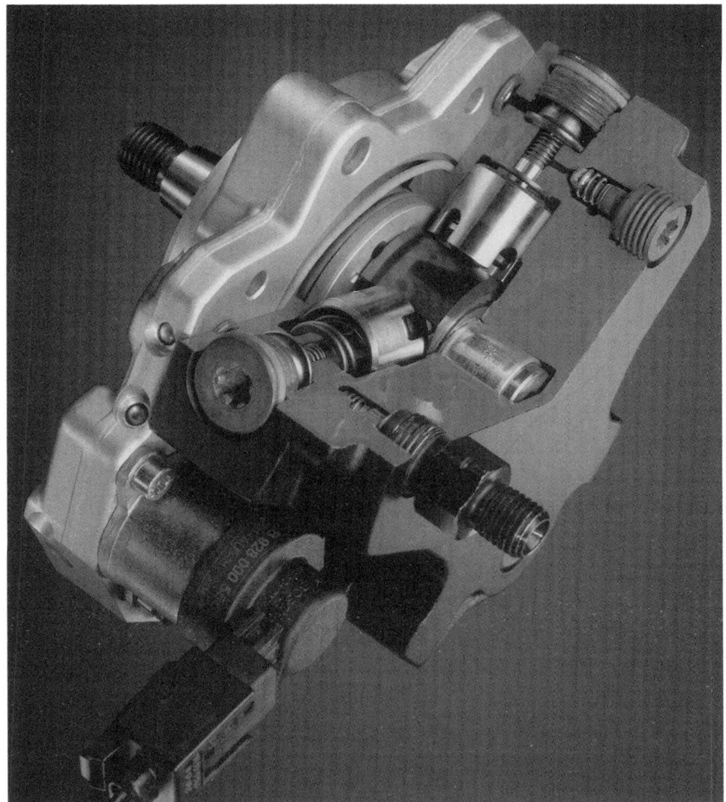

Moderne Diesel-Einspritzung mittels Radial-Hochdruckpumpe: Im Bild eine Drei-Kolbenpumpe mit zentralem Exzenter.

gleichgültig, in welche Richtung verlängert wird. Denn jede Verschiebung des Einspritzbeginns (beim Diesel gleichzeitig Zünd-Initiative) und des Einspritzendes hat Folgen, manchmal sehr nachteilige. Auch muss darauf geachtet werden, wo der Verbrennungsschwerpunkt liegt, der sich nicht beliebig vorziehen lässt. Mehr als 14 Grad vor OT sollte man nicht riskieren, zumal die gesamte Einspritzdauer nicht symmetrisch um den oberen Totpunkt stattfindet, sondern in der Regel mit einem deutlichen Überhang nach hinten.
Der Einfluss von Spritzbeginn und Spritzende lässt sich dabei wie folgt definieren:

Spritzbeginn früher:

- *Verbrennungs-Spitzendruck steigt*
- *Verbrennungs-Geräusch steigt*
- *Abgasverhalten (NO_x) schlechter*

Spritzende später:

- *Abgastemperatur steigt*
- *Partikel-Emission (Ruß) steigt*
- *Verbrauch steigt*

Es ist also nicht einerlei, wie und wann die größere Kraftstoffmenge in den Motor eingebracht wird. Von der Emissionsproblematik abgesehen können vor allem der Anstieg des Verbrennungsdrucks, aber auch die Erhöhung der Abgastemperatur die Haltbarkeit des getunten Motors in Frage stellen. Dies hängt ganz fraglos auch von der jeweiligen Motorkonstruktion ab. Spitzendrücke von 150 bis 160 bar können beispielsweise für Aluminium-Kurbelgehäuse schon kritisch werden, während gute Eisengusskonstruktionen, vor allem jene aus dem hochfesten Vermicular-Graphit-Guss, bis zu 180 bar (manchmal auch mehr)

Diesel-Injektor: Im Bild ein Pumpe-Düse-Injektor, wie er bis heute im VW-Konzern verwendet wird. Seit dem Jahr 2006 werden bei VW jedoch zunehmend Common-Rail-Systeme verbaut.

vertragen. Auf der Abgasseite sollten dauerhaft nicht mehr als 800 Grad anliegen, um die Festigkeit des Krümmers, an dem ja auch der Turbolader hängt, zu gewährleisten.

Die obige Aufstellung zeigt aber nicht nur die Risiken einer einfachen Leistungssteigerung durch Chip-Tuning, sie zeigt auch, wie man diesen Risiken am besten begegnet. Dies ist allerdings in der Regel mit höherem Aufwand verbunden.

Die beste Möglichkeit, bei gegebenem Zeitrahmen eine höhere Kraftstoffmenge einzubringen, ist höherer Einspritzdruck. Von dieser Methode machen ja auch die Serienhersteller regen Gebrauch. In den letzen zehn Jahren haben sich die Einspritzdrücke von 800 bar (alte Axialkolben-Verteilerpumpe VP 37) auf bis zu 1800 bar (Radialkolben-Verteilerpumpe VP 44) und über 2000 bar (Pumpe-Düse-Injektoren) hochentwickelt. Auch Common-Rail-Systeme steigern den Druck: Die 1. Generation kam noch mit 1300 bar aus, die zweite geht auf 1600 bar und die folgende wird 1800 bar und mehr liefern. Eine zweite, zweifellos einfachere Möglichkeit, bei gegebenem Zeitrahmen mehr Kraftstoff einzuspritzen, besteht darin, Einspritzdüsen mit größerem Durchsatz und/oder zusätzlichen Löchern einzusetzen.

Gegen zu hohe Verbrennungsdrücke hilft eine Reduzierung der Verdichtung, am besten mit anderen Kolben oder mit einer etwas höheren Zylinderkopfdichtung. Das senkt übrigens auch die Abgastemperatur, der man ansonsten aber auch mit intensiverer Kühlung und größeren Ladeluftkühlern begegnen sollte. Chip-Tuning allein hat also seine Grenzen, die im sekundären Bereich auch in der Kraftübertragung (Getriebe, Achsantrieb, Antriebswellen) zu finden sind. Andererseits ist Diesel-Tuning ohne Eingriffe in die Motorelektronik kaum möglich.

Werkstuning für Diesel

Wie konsequentes Diesel-Tuning betrieben wird, haben die Automobilhersteller selbst demonstriert. Volkswagen ging hier mit gutem Beispiel voran. Mitte der neunziger Jahre wurde der Entschluss gefasst, einen wettbewerbsfähigen Dieselmotor für Langstreckenrennen mit dem Golf zu entwickeln. Das »R-TDI-Renndiesel« genannte Projekt wurde dann mit einer kleinen Gruppe rennbegeisterter Diesel-Entwickler gestartet. Als Basis diente der 1,9-Liter-TDI mit 81 kW (110 PS), jenes Serienaggregat, das damals mit allen Varianten schon eine Millionenstückzahl hinter sich hatte und in zahlreichen Fahrzeugen des VW-Konzerns (auch bei Audi, Seat und Skoda) eingesetzt wurde. Die dabei getroffenen Maßnahmen und daraus sich ergebenden Erkenntnisse können als beispielhaft gelten und haben, obwohl sie einige Jahre zurückliegen, auch heute noch Gültigkeit, weshalb sie hier etwas ausführlicher erläutert werden.

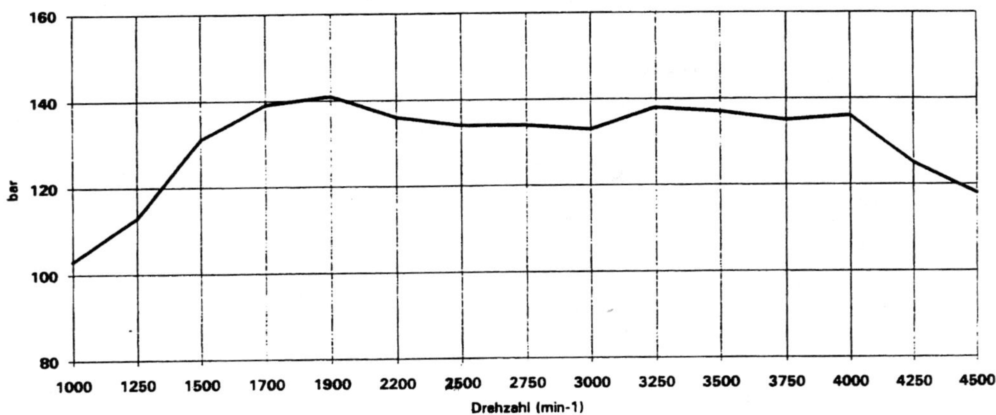

Der Verbrennungsdruck darf nicht zu hoch sein: Spitzendrücke von etwas mehr als 150 bar gelten als Grenze für Aluminium-Kurbelgehäuse.

Die vorhandene Triebwerksbasis blieb, was Zylinderblock und Kurbeltrieb betrifft, erhalten. Reduziert wurde die Verdichtung von 19,5:1 auf 18,5:1, wofür spezielle Kolben mit größeren Verbrennungsmulden benötigt wurden. So konnte der Spitzen-Verbrennungsdruck mit 175 bar in Grenzen gehalten werden. Dies war unbedingt nötig, denn mit einem deutlich größeren Turbolader (Garrett VNT 20 statt VNT 15) wurden nicht nur höhere Luftmengen gefördert, sondern auch der Ladedruck kräftig erhöht. Er stieg vom maximalen Serienwert von 1,93 bar in der Endphase der Entwicklung auf 2,53 bar an. Variable Einlassgeometrie und elektronische Ladedruckregelung wurden auch für den Rennmotor beibehalten.

Um dem Turbolader die Arbeit zu erleichtern, wurde auch die Frischluftseite überarbeitet. Die Einlasskanäle wurden erweitert und geglättet, das mit einem besseren Liefergrad gesegnete Saugrohr des Golf SDI verwendet. Ein riesiger Ladeluftkühler (aus dem Rallye-Golf mit G-60-Lader) sorgt für eine thermodynamische Temperaturentlastung: Statt mit bis zu 190 Grad (Temperatur vor dem Kühler) strömt die Luft nun mit maximal 50 Grad (bei 20 Grad Umgebungstemperatur) in den Motor. Die hierzu benötigten höheren Kraftstoffmengen wurden wie beim Serientriebwerk durch die Bosch-Verteilerpumpe VP 37 eingebracht, die allerdings zu diesem Zweck verstärkt und für die höhere Förderrate (11-mm-Plunger) modifiziert wurde. Auch die Einspritzdüsen wurden angepasst. Es blieb bei fünf Löchern, sie wurden aber vergrößert (von 0,205 auf 0,23 mm) und der Öffnungsdruck für die Haupteinspritzung wurde erhöht. So gelang es, die vergrößerte Einspritzmenge über einen Kurbelwinkel von 34,3 Grad in den Brennraum zu spritzen, was zu einer relativ rußarmen Verbrennung führte.

Bei der Gelegenheit: Auch die Ventilsteuerzeiten (Nockenwelle) wurden verändert sowie der Gegendruck der Abgasanlage (größere Schalldämpfer und Querschnitte) reduziert. Für die Regelung von Einspritzung und Ladedruck wurde das Steuergerät (Bosch EDC 15 mit 16-Bit-Prozessor) umprogrammiert. Man sieht, hier wurde wesentlich mehr getan als das, was üblicherweise bei Chip-Tuning möglich ist. Vor allem auch deswegen, weil es VW nicht nur um Leistung, sondern auch um Haltbarkeit ging.

Das Ergebnis aller Maßnahmen konnte sich nach damaligen Maßstäben sehen lassen. Es wurden 125 kW (170 PS) zwischen 4000 und 4300/min erreicht, ein guter Wert für einen

Forschung in eigener Sache: Der Mitte der neunziger Jahre entwickelte VW-Renndiesel war nahezu 50 Prozent stärker als sein Serienpendant – bei unveränderter Dauerhaltbarkeit.

Zweiventiler. Das maximale Drehmoment betrug 300 Newtonmeter, blieb auf dieser Höhe von 2000 bis 3900/min und war für das Getriebe schon ein Problem. Im späteren Stadium der Entwicklung (als endlich auch ein passendes Getriebe vorhanden war) wurde es noch auf rund 350 Nm gesteigert, die Endleistung dieses VW-Dieselmotors lag damit bei fast 200 PS (147 kW).

BMW und auch Alfa-Romeo zeigten dann in späteren Entwicklungen, dass zum Teil wesentlich höhere Literleistungen möglich sind. Allerdings brachten die dazu herangezogenen Motoren auch dank Vierventiltechnik und leistungsfähigerer Einspritzsysteme bessere Voraussetzungen mit als das damals noch recht einfach aufgebaute VW-Triebwerk.

Das Motormanagement

Bis in die 80er Jahre des vergangenen Jahrhunderts waren Zündung und Gemischaufbereitung getrennte Baustellen. Die Zündanlage bestand im Wesentlichen aus Zündspule, dem vom Motor angetriebenen Zündverteiler mit Unterbrecher, Zündkabeln sowie den Zündkerzen. Für die Gemischaufbereitung waren einer oder mehrere Vergaser bzw. Einspritzanlagen verschiedener Bauart zuständig. Mit der Einführung der digitalen Motorelektronik wurden dann Zündung und Gemischaufbereitung erstmals 1979 bei BMW zum so genannten Motormanagement zusammengefasst, was auch insofern Sinn macht, als beide Systeme ohnehin aufeinander abgestimmt werden müssen und die teilweise gleichen Informationen (Signale) benutzen. Bosch war hier mit der Motronic Vorreiter, Siemens stieß später dazu. Und ganz neue Wege wurden dann bei der Gemischaufbereitung der Dieselmotoren beschritten, die zwar keine elektrische Zündung benötigen, aber mit ihren modernen Einspritzsystemen ebenfalls auf komplizierte Elektronik angewiesen sind. In der Folge wurden die elektronischen Steuereinheiten (Black Boxes), obwohl um unzählige Zusatzfunktionen erweitert, verkleinert, Zündverteiler und teilweise auch die Zündkabel entfielen, sofern die Zündung nicht auf Direktzündung mit einer Zündspule (direkt über der Zündkerze) umgestellt wurde. So übernehmen Zündspulenmodule oder Verteilerzündspulen dieses Aufgabe

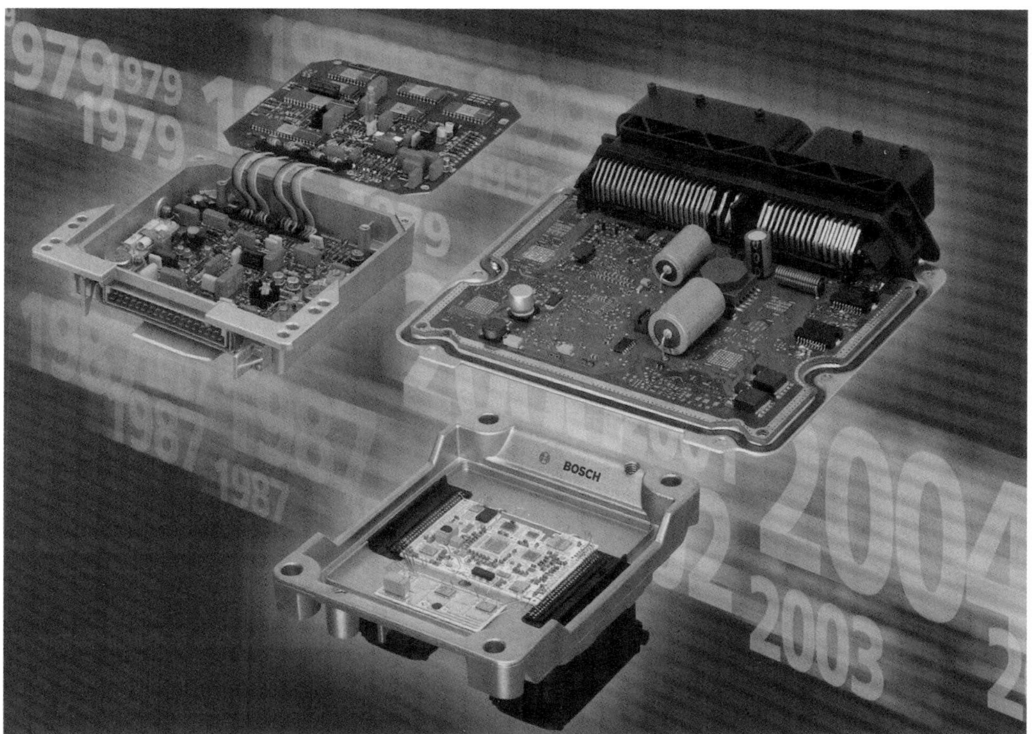

Modernes Motormanagement verknüpft die elektronisch gesteuerte Zündung und die elektronische Einspritzung miteinander. Dazu ist ein Steuergerät (Black Box) unerlässlich.

Technik für Old- und Youngtimer: Die meisten der im Kofferraum des Borgward drapierten elektrischen Komponenten sind technisch überholt und in einem zeitgenössischen Pkw nicht mehr zu finden.

Definition der Zündanlage

In einem Zündsystem sind folgende Mindestaufgaben zu erfüllen:

Aufgabe	**Zündsystem** **SZ**	**TZ**	**EZ**	**VZ**
	Spulen-zündung	Transistor-zündung	Elektronische Zündung	Vollelektronische Zündung
Zündauslösung (Geber)	mechanisch	elektronisch	elektronisch	elektronisch
Zündwinkelbestimmung aus Drehzahl und Lastzustand des Motors	mechanisch	mechanisch	elektronisch	elektronisch
Hochspannungs-erzeugung	induktiv	induktiv	induktiv	induktiv
Verteilung und Übertragung des Zündfunkens in den Zylinder	mechanisch	mechanisch	mechanisch	mechanisch
Leistungsteil	mechanisch	elektronisch	elektronisch	elektronisch

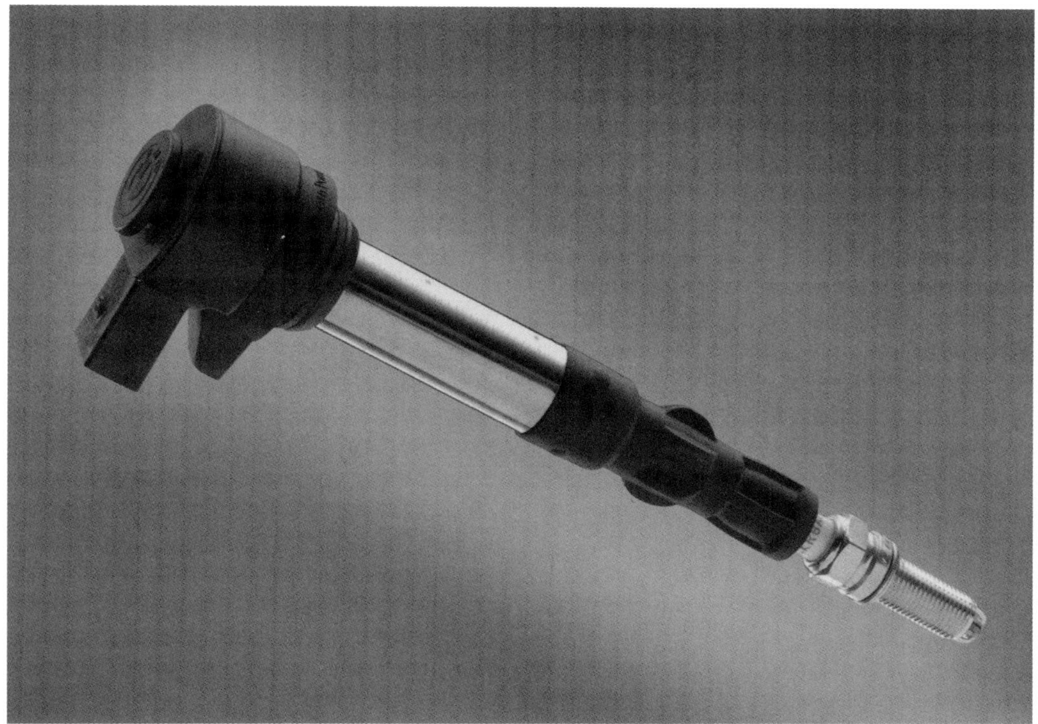

In Zukunft mit Ionenstrom-Technologie: Bisher musste die Zündkerze nur Funken erzeugen. Zukünftig wird sie als Aktor (Zündung) und Sensor (Ionenstrommessung) dienen.

und vieles mehr. Dennoch soll in diesem Buch die Beschreibung klassischer Zündanlagen und Gemischaufbereitungssysteme erhalten bleiben, da sich nicht wenige Bastler mit Oldtimern oder Youngtimern befassen und diesbezügliche Informationen oder Kenntnisse rar werden.

Das Zündsystem

An moderne Motoren werden hohe Anforderungen hinsichtlich Leistungsausbeute, Kraftstoffverbrauch und Abgasemission gestellt. Die bis in die 70er Jahre weithin verbreitete einfache Spulenzündung wäre diesen Aufgaben nicht mehr gewachsen. Sie wurde sukzessive durch elektronische Zündsysteme ersetzt, die zusätzliche Parameter, welche für den Motor wichtig sind (z.B. Temperatur, Gemischzusammensetzung, Klopfsensoren oder Ladedruck), berücksichtigen. Die Ablösung der konventionellen Spulenzündung (SZ) erfolgte schrittweise, zunächst über die Transistorzündung (TZ), bei der die Zündauslösung elektronisch erfolgt, über die elektronische Zündung (EZ) bis zur vollelektronischen Zündung (VZ), bei der alle Funktionen, also auch die Verteilung des Zündfunkens an die Zylinder, elektronisch erfolgt.

Ungeachtet dessen soll hier zunächst mit der Beschreibung der konventionellen Spulenzündung begonnen werden, zumal viele Oldtimer und Youngtimer mit solchen Systemen ausgerüstet sind. Übrigens tragen auch große Zulieferer wie Bosch diesem Trend Rechnung und bieten Ersatzteile für solche Fahrzeuge an.

Die Hauptbestandteile einer konventionellen Zündanlage sind Zündspule, Verteiler mit Unterbrecher, Kondensator und die Zündkerzen. Dazu kommen noch die Übertragungsteile wie Zündkerzenkabel, Kerzenstecker usw. Wenn die Leistung eines Motors optimal sein soll, dann müssen alle genannten Teile in einwandfreiem, funktionsfähigem Zustand sein. Gilt schon für normale Motoren, dass die Zündanlage in Ordnung sein muss, so erfordern getunte Motoren ganz besondere Sorgfalt, auch was die Einstellung (Zündzeitpunkt usw.) angeht. Der Grund ist leicht einzusehen: Die meist hoch verdichteten Motoren erfordern eine höhere Zündspannung, was für aufgeladene Motoren in noch höherem Maße zutrifft. Die hohe Verdichtung wiederum macht eine exakte Einhaltung des optimalen Zündzeitpunktes erforderlich, wenn Motor-Klingeln (Klopfen) vermieden werden soll. Beides lässt sich mit elektronischen Zündanlagen leichter realisieren. Aber auch ein anderer Grund begrenzt das Einsatzgebiet für die einfache Spulenzündung: Ihre maximale Zündfunkenzahl ist auf etwa 18.000/min begrenzt. Die für einen Motor notwendige Zündfunkenzahl errechnet sich ganz einfach wie folgt:

- **Funkenzahl = Zylinderzahl x halbe Drehzahl**

Ein Vierzylindermotor, der 7000 U/min erreichen soll, benötigt also eine Funkenzahl von 14.000/min, wozu die normale Zündung noch voll ausreicht. Für einen Sechszylindermotor des gleichen Drehzahlniveaus wäre schon eine Funkenzahl von 21.000/min notwendig, so dass die normale Spulenzündung bereits überfordert wäre.

Schon mit einer kontaktgesteuerten Transistorzündung lässt sich diese Funkenzahl erreichen. Ihr Grenzwert liegt bei etwa 21.000/min, mit speziellen Unterbrecherkontakten bei 24.000/min. Weit größere Reserven hat hier jedoch die kontaktlose Transistorzündung oder die elektronische Zündung zu bieten, mit der sich über 30.000 Funken pro Minute erzielen lassen.

Für einen Zehnzylinder-Formel-1-Motor wäre selbst dies noch zu wenig. Bei einer Höchstdrehzahl von 19.000/min benötigt er über 95.000 Funken pro Minute, so dass getrennte

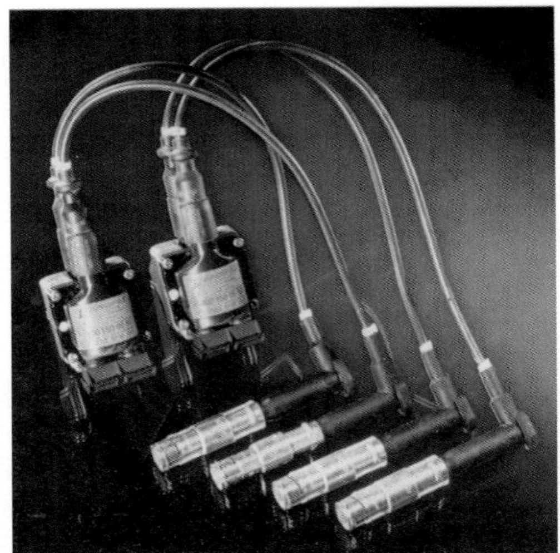

Komponenten einer modernen, vollelektronischen Zündanlage bei den Mercedes-Vierzylinder-Vierventilmotoren. Zwei Doppelzündspulen versorgen die vier Zündkerzen ohne mechanische Hochspannungsverteilung (so genannte ruhende Zündspannungsverteilung). Die Zündzeitpunkt-Impulse für die Zündspulen kommen vom elektrischen Steuergerät des Motormanagements.

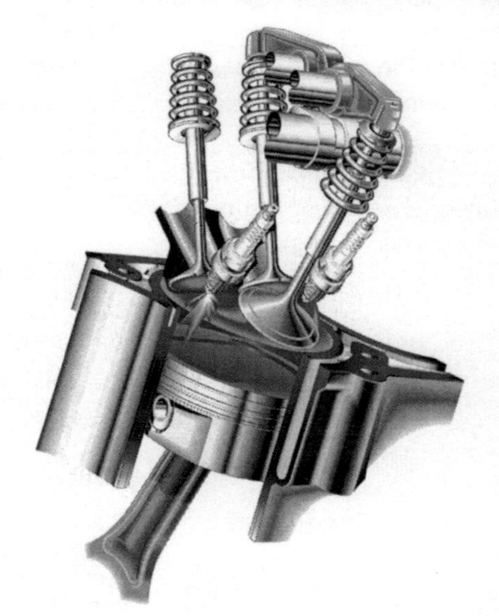

Typisch Mercedes W202: Die V6-Motoren der alten C-Klasse verfügen über Dreiventiltechnik und Doppelzündung.

Zündsysteme und vollelektronisches Motormanagement erforderlich sind.

Doppelzündung

Unabhängig von der Zylinderzahl und auch vom System der Funkenerzeugung ist das Prinzip der Doppelzündung. Doppelzündung setzt grundsätzlich zwei Zündkerzen pro Zylinder und zwei separate Zündanlagen voraus. Sie ist aus Sicherheitsgründen bei Flugmotoren vorgeschrieben. Auch bei Automobil- und Motorradmotoren wird der doppelte Funken dort eingesetzt, wo die Verbrennungswege zu lang sind oder die Zündkerzenlage nicht optimal. Zum Beispiel beim Alfa Romeo Twin Spark (Modellbezeichnung deutet auf zwei Zündkerzen hin), dessen Vierzylindermotor mit diesem Zündsystem und einer Nockenwellenverstellung (Phasenwandler) spezifisch in den Leistungsregionen von Vierventilern liegt. Später wurde beim Vierventiler die Doppelzündung beibehalten, obwohl die Vorteile hier geringer sind. Mercedes hat bei seinen V-Motoren mit Dreiventiltechnik ebenfalls auf zwei Kerzen gesetzt, die sogar phasenversetzt gezündet wurden. Auch BMW hat beispielsweise beim Vierventil-Motorradmotor zur Doppelzündung gegriffen, um eine besse-

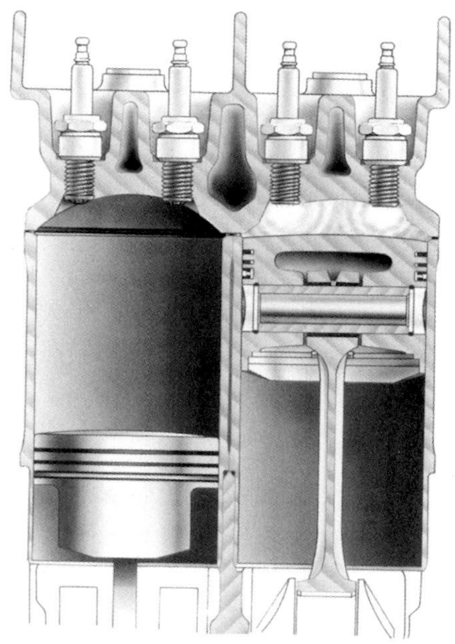

Beim Alfa-Romeo-Twin-Spark-Motor sind zwei Zündverteiler vorgesehen: Der ursprüngliche wird unten von der Kurbelwelle angetrieben, der zweite Verteiler sitzt auf der Auslassnockenwelle (oben). Der Längsschnitt durch den Zylinder zeigt die Anordnung der beiden Zündkerzen, die an günstiger Stelle zwischen den Wasserkanälen platziert sind.

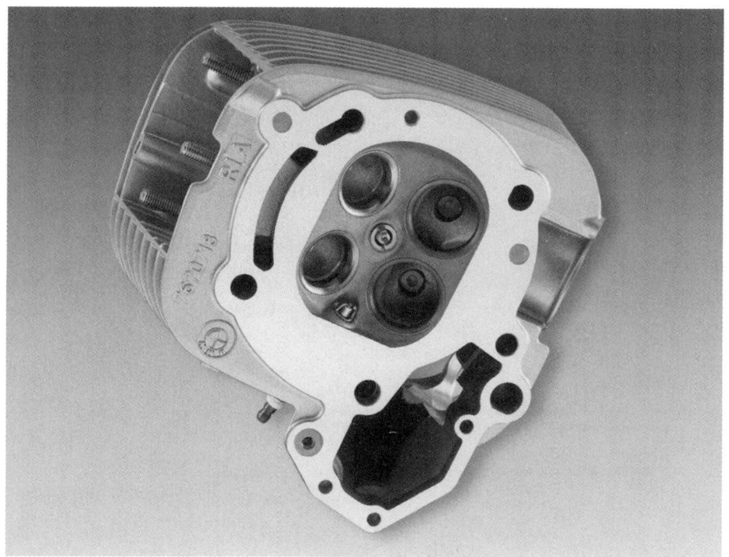

Für den Einsatz einer Doppelzündung gibt es mehrere Gründe. Bei diesem Flugmotor ist sie beispielsweise aus Sicherheitsgründen gesetzlich vorgeschrieben.

re Verbrennung und günstigeres Abgasverhalten zu erreichen. Ebenfalls mit Doppelzündung operiert der letzte luftgekühlte Sechszylinder-Porsche-Motor des Carrera 2 bzw. Carrera 4 (Typ 993).
Gründe für den doppelten Zündeinsatz sind in den meisten Fällen kürzere Flammwege, um damit eine raschere und effizientere Verbrennung zu erreichen. Die Motoren von Alfa und Porsche haben konstruktive Gemeinsamkeiten: Es sind Zweiventiler, bei denen die Ventile in einer Ebene mit einem relativ großen Winkel angeordnet sind. Das bedingt bei nur einer Zündkerze eine außermittige Anordnung und gleich lange Zündwege, die insbesondere bei dem mit großer Bohrung operierenden Porsche-Motor (Bohrung 100 mm) zu sehr langen Brennwegen führen würden. Zwei Zündkerzen verkürzen demgegenüber die Brennwege um etwa die Hälfte. Dadurch lässt sich das Verdichtungsverhältnis höher wählen, da die Klopfgrenze durch die kürzeren Zündwege nach oben geht. Weiterer konstruktiver Vorteil: Die Zündkerzenbohrung kann in einem weniger kritischen Zylinderkopfbereich untergebracht werden.

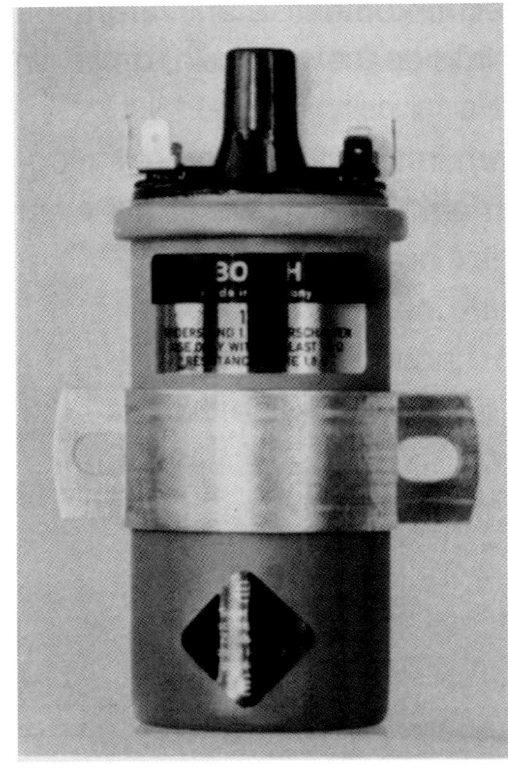

Eine Hochleistungszündspule ist die einfachste Möglichkeit, die Leistung der Zündanlage zu verbessern.

Die Schaltbilder zeigen die zwei möglichen Schaltungen einer Hochleistungszündspule mit Spannungsanhebung beim Startvorgang. Oben wird der in der Plusleitung (15) liegende Vorwiderstand durch Klemme 16 am Anlasser überbrückt. Fehlt Klemme 16, muss die Überbrückung ein gesondertes Relais vornehmen (unten).

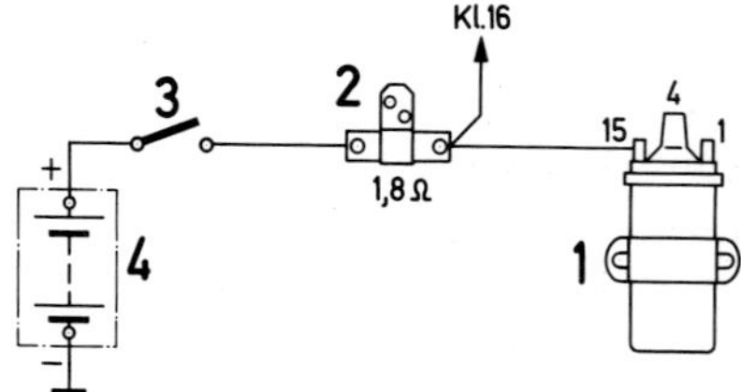

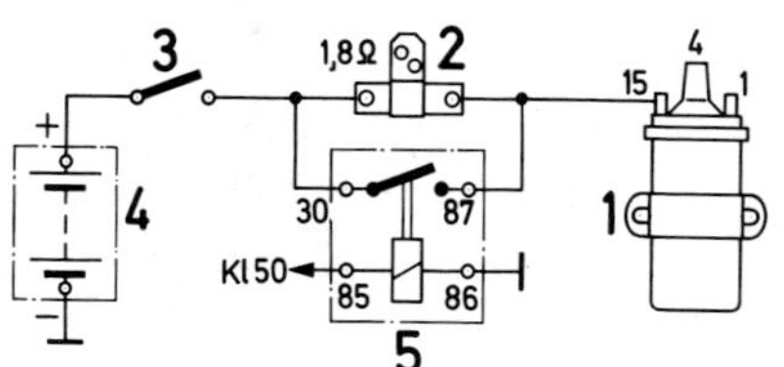

Die Zündspule

In der Zündspule wird mit jedem Abheben des Unterbrechers eine hohe Spannung aufgebaut, die über den Verteiler an die Zündkerzen weitergeleitet wird. Da die Zündspannung jedoch mit zunehmender Drehzahl geringer wird, was für die normale Batteriezündung charakteristisch ist, kann es eventuell bei sehr hohen Drehzahlen zu Zündaussetzern kommen. Um auch bei hohen Drehzahlen einen starken Zündfunken zu gewährleisten, ist es zweckmäßig, die serienmäßige Zündspule gegen eine Hochleistungszündspule auszutauschen. Hochleistungszündspulen erzeugen auf Grund ihres anderen Aufbaues (geändertes Übersetzungsverhältnis der Primär- und Sekundärwicklungen) eine höhere Zündspannung, die bei hohen Drehzahlen zu einer Verringerung des unvermeidlichen Fehlzündungsanteils führt. Auch zur Überwindung der Widerstände im Hochspannungsteil der Zündanlage, wie sie z.B. durch Entstörmaterial auftreten, ist die höhere Spannung der Hochleistungszündspule besser geeignet. Allerdings wird hierdurch die Belastung der Unterbrecherkontakte größer, die man zweckmäßigerweise häufiger auswechseln sollte.

Mit einer Zusatzfunktion gab es bei Bosch eine Hochleistungszündspule (Farbe rot) mit Spannungsanhebung beim Startvorgang. Die um ca. 35% bis 70% höhere Zündspannung beim Starten hatte besonders im Winterbetrieb und bei schlecht startenden Motoren deutliche Vorteile. Zu diesem Zweck wird die Hochleistungszündspule grundsätzlich über einen Vorwiderstand betrieben, dessen Funktion entweder durch entsprechende Schaltung mit dem Anlasser oder – sofern dies nicht möglich ist – durch ein zusätzliches Relais während des Startvorgangs aufgehoben wird.

Transistor-Zündanlagen (TSZ) besitzen ebenfalls eine besondere Zündspule, die mit zwei Vorwiderständen operiert. Ein Vorwiderstand dient der Startanhebung, der zweite schützt die Zündspule vor thermischer Überlastung. Die Zündspule selbst ist für die TSZ ebenfalls anders aufgebaut. Sie ist von besonders »kleiner Induktivität«, wie die Fachleute sagen, und kann deshalb die Energie in kürzerer Zeit speichern. Dadurch ist eine wesentlich höhere Zündfunkenzahl pro Minute möglich, die bei der kontaktgesteuerten Anlage mechanisch auf ca. 21.000/min begrenzt ist. Diese induktionsarme Zündspule ist jedoch nur in Verbindung mit der Transistorzündung verwendbar.

Moderne Motoren mit elektronischer Zündung besitzen keine gemeinsame Zündspule für sämtliche Zylinder, sondern Einzelzündspulen, Steckerzündspulen, Zündmodule, Zündungskassetten, Stabzündspulen oder Verteilerzündspulen, oft schon mit integrierter Elektronik. Dies Funkenspender werden für bestimmte Motortypen eigens gefertigt, nach Kundenspezifikation, also wie es der Motorhersteller wünscht. Sie liefern sehr hohe Zündspannungen (30.000 Volt und mehr). Ein Ersatz durch »Fremdteile« ist nicht möglich.

Der Kondensator

Der Kondensator soll bei konventionellen Zündanlagen das Überspringen von Funken an den Unterbrecherkontakten verhindern, da sie den Aufbau der Zündspannung verzögern und außerdem zu einem vorzeitigen Verschleiß der Kontakte führen. Zu diesem Zweck ist ein Kondensator (bei zwei Unterbrechern sind es zwei Kondensatoren) parallel zu den Unterbrecherkontakten geschaltet.

Ein defekter Kondensator verursacht nicht unbedingt gleich ein komplettes Versagen der Zündanlage, kann aber zu Leistungsabfall, unregelmäßigem Motorlauf und schlechten Anspringeigenschaften führen. Deswegen sollte man bei solchen Symptomen auf jeden Fall den Kondensator überprüfen, was relativ einfach möglich ist. Wenn beim Anlassen des Motors und abgenommenem Verteilerdeckel kräftige blaue Funken an den Unterbrecherkontakten zu beobachten sind, ist ein defekter Kondensator die Ursache. In der Regel sind dann auch die Unterbrecherkontakte stark verbrannt. Im Zweifelsfalle sollte man den

Verschiedene Verteilerläufer (Verteilerfinger), teilweise mit integriertem Drehzahlbegrenzer. In modernen Motoren sind diese Bauformen jedoch passé.

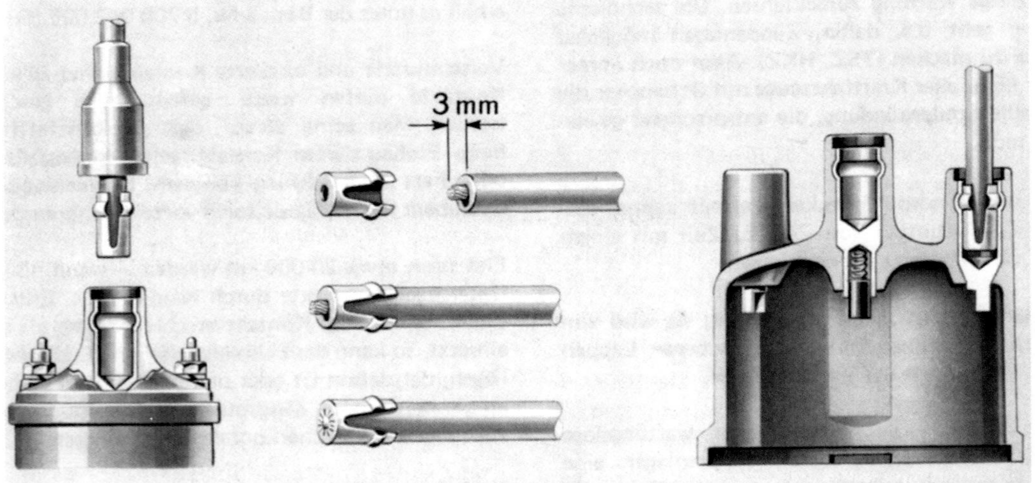

Für getunte Motoren kommen nur unentstörte Zündkabel in Frage. Sie sollten so kurz wie möglich gehalten werden. Zündkabel sind als Meterware, die Steckhülsen einzeln erhältlich. Steckhülsen und Kabelseele sind gut zu verlöten.

Kondensator immer auswechseln, da er ein relativ billiges Bauteil ist. Das Auswechseln ist bei den meisten Motoren innerhalb kurzer Zeit möglich. Fast immer sitzt der Kondensator außen am Verteiler, wo er mit einer Schraube befestigt ist.

Zündkabel und Entstörmaterial

Auch schlechte Zündkabel oder schadhaftes Entstörmaterial kann zu Zündaussetzern und entsprechendem Leistungsabfall führen. Bei getunten Motoren sind darum grundsätzlich unentstörte Zündkabel mit Drahtseele zu verwenden und die Entstörung mit Kerzensteckern vorzunehmen. Auch entstörte Kerzenstecker können zu einer Fehlerquelle werden, die aber meist leichter zu finden ist als bei den entstörten Zündkabeln. Zu Kontrollzwecken sollte man sich einen Satz unentstörter Zündkabel mit ebenfalls unentstörten Kerzensteckern präparieren, mit denen man eventuell auch bei Wettbewerben fahren kann. Auch sollten die Zündkabel so kurz wie möglich gehalten werden. Als weitere Fehlerquelle sollten Korrosionsspuren der Steckverbindungen oder Brandspuren (durch Funken) sorgfältig beseitigt werden.

Der Zündverteiler

Das wichtigste Bauteil im gesamten konventionellen Zündsystem ist der Zündverteiler. Denn er sorgt nicht nur dafür, dass die Zündspannung an die verschiedenen Zylinder zum richtigen Zeitpunkt abgegeben wird, sondern im Verteilergehäuse sind auch noch so wichtige Funktionsteile wie Unterbrecher und Zündversteller (Fliehkraft- und Unterdruckversteller) untergebracht.
Doch zunächst zum Zündverteiler selbst. Pro Umdrehung der Verteilerwelle – sie läuft wie die Nockenwelle mit halber Motordrehzahl – wird für jeden Zylinder ein Zündimpuls abgegeben.
Damit der Zündzeitpunkt stimmt und auch der so genannte Zündabstand zu den einzelnen Zylindern, muss die gesamte Mechanik des Verteilers – insbesondere aber die Verteilerwelle – in Ordnung sein. Verschleiß oder zu viel Spiel führen unweigerlich zu schwankendem Zündzeitpunkt, unterschiedlichem Zündabstand der einzelnen Zylinder oder zu Aussetzern. Die Qualität des Verteilers kann auf dem Verteilerprüfstand getestet werden, was fast jede Bosch-Vertretung durchführt; dabei ist auch bei neuen Verteilern eine Toleranz von ± 2° akzeptabel.
Auch die Verteilerfinger können zu Störquellen werden, wenn sie Spiel haben oder durch Funkenflug beschädigt sind. Es gibt sehr viele unterschiedliche Typen, leider sind nur noch wenige neu erhältlich.

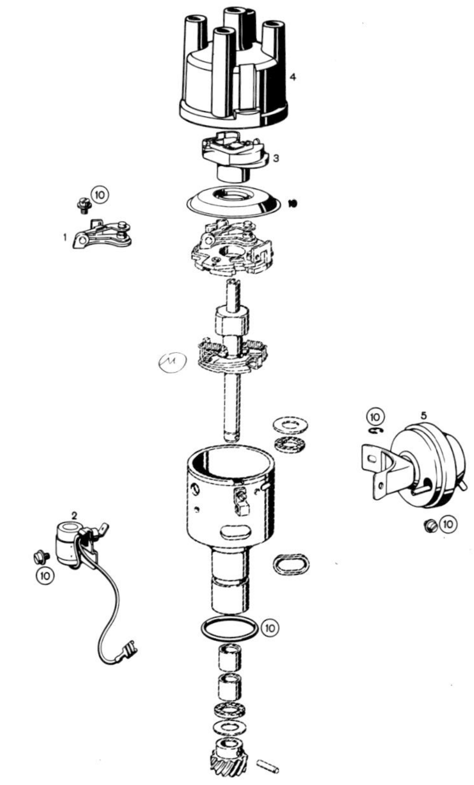

Im Zündverteiler sind zahlreiche Funktionsteile der Zündanlage vereinigt: (1) Unterbrecher, (2) Kondensator, (11) Fliehkraftregler, (5) Unterdruckversteller usw. Sein Antrieb und seine Mechanik sollen möglichst spielfrei arbeiten.

Der Unterbrecher

Der Unterbrecher ist ebenfalls im Verteilergehäuse enthalten. Die Unterbrecherkontakte werden durch am oberen Ende der Verteilerwelle befindliche Nocken, deren Anzahl mit der Zylinderzahl des Motors übereinstimmt, betätigt. Der Unterbrecher schließt und öffnet den Primärkreis der Zündspule und ist somit das eigentliche Bauelement der Zündanlage, das den Zündimpuls (bei der Unterbrechung des Stromkreises) auslöst.

Je länger die Schließzeit des Unterbrechers, um so höher wird die Zündenergie. In den Diagrammen ist der zeitliche Verlauf des Primärstroms und der Zündenergie bei niedriger (oben) und hoher Drehzahl (unten) aufgezeichnet.

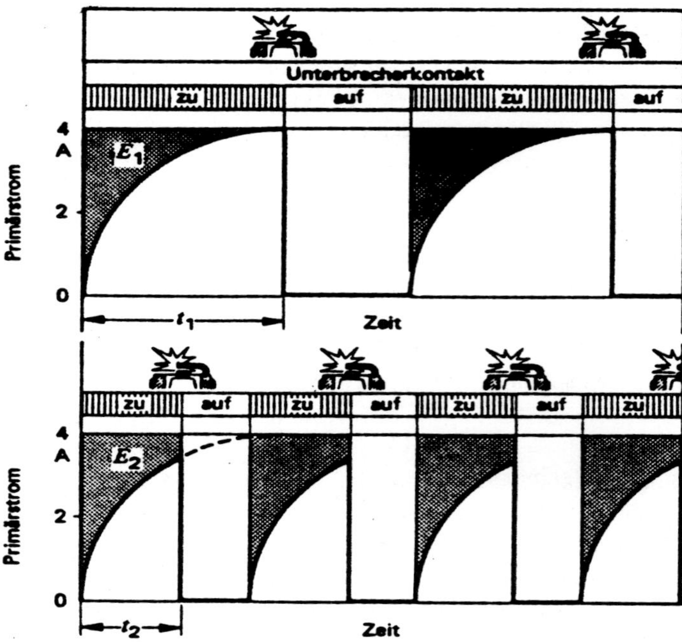

Doch ist nicht nur der Zeitpunkt, zu dem der Unterbrecher öffnet (Zündzeitpunkt), für die Zündung ausschlaggebend. Auch die Zeitdauer, während der die Unterbrecherkontakte geschlossen sind, muss groß genug sein, weil sich nur während dieser Zeit, wo der Primärstrom durch die Zündspule fließt, Zündenergie aufbauen kann. Dies erfordert aber eine gewisse Zeit, bis die volle Zündspannung erreicht ist. Dadurch ist es notwendig, dass der Unterbrecher eine gewisse Schließzeit, auch »Schließwinkel« genannt, geschlossen bleibt.

Da sich der Unterbrecher pro Umdrehung der Zündverteilerwelle entsprechend der Zylinderzahl schließt und öffnet (4 mal bei Vierzylindermotoren, 6 mal bei Sechszylindermotoren usw.), wird der Schließwinkel mit zunehmender Zylinderzahl kleiner. Es gelten die folgenden Anhaltswerte. Exakte Angaben können bei Bosch erfragt oder aus der Betriebsanleitung entnommen werden:

- Vierzylinder: Schließwinkel ca. 50 Grad,
- Fünfzylinder: Schließwinkel ca. 45 Grad,
- Sechsyzlinder: Schließwinkel ca. 38 Grad,

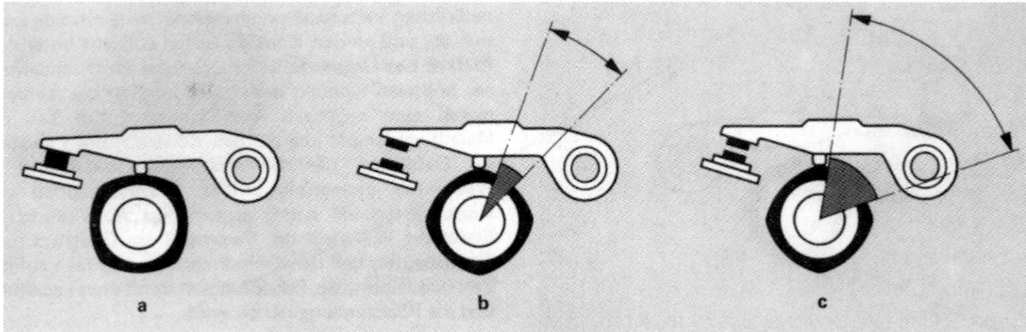

Der Schließwinkel ist vom Unterbrecherabstand abhängig. Großer Abstand bedeutet kleiner Schließwinkel und umgekehrt.

• Achtzylinder: Schließwinkel ca. 33 Grad.
Je kleiner der Schließwinkel, um so weniger Zeit bleibt für den Aufbau einer genügend hohen Zündenergie. Aus diesem Grund haben manchmal vielzylindrige Motoren (Achtzylinder/Zwölfzylinder) entweder einen Verteiler mit Doppelunterbrecher oder zwei Verteiler. Schließwinkel und die Motordrehzahl bestimmen im wesentlichen die Schließzeit. Es gilt folgende Funktion:

$$\textbf{Schließzeit (Millisekunden)} = \frac{\textbf{Schließwinkel (Grad)} \times 1000}{\textbf{Verteilerdrehzahl (1/min)} \times 6}$$

Bei einem mit 6000/min laufenden Achtzylindermotor (33° Schließwinkel) bedeutet dies eine Schließzeit von nur 1,83 Millisekunden. Der Schließwinkel wird durch den Abstand der Unterbrecherkontakte eingestellt. Es besteht folgender Zusammenhang:

• Großer Kontaktabstand = kleiner Schließwinkel
• Kleiner Kontaktabstand = großer Schließwinkel

Exakte Schließwinkelwerte können nur mit einem Schließwinkelmeßgerät eingestellt werden. Die Geräte sind schon relativ preiswert erhältlich. Für getunte Motoren nicht zu empfehlen ist die Einstellung des Schließwinkels nur durch den Unterbrecherabstand – wie dies früher ausschließlich üblich war. Nur in Notfällen sollte die alte Unterbrecherlehre herhalten, wobei als Mindestwert 0,3 mm für Vierzylinder- und 0,25 mm für Sechszylindermotoren einzuhalten sind. Grundsätzlich ist nach einer Änderung bzw. Einstellung des Unterbrecherabstandes bzw. des Schließwinkels der Zündzeitpunkt neu einzustellen.
Für getunte Motoren, die hohe Drehzahlen erreichen, gilt außerdem, dass der Schließwinkel möglichst groß sein soll (Unterbrecherabstand möglichst klein), also Toleranzen ausnutzen. Große Schließwinkel begünstigen das Zündverhalten im oberen Drehzahlbereich. Unterbrecherkontakte können etwa 18.000 Schaltungen pro Minute (= 18.000 Funken/min) ausführen, ohne dass der Zündvorgang beeinträchtigt wird. Noch höhere Schaltzahlen führen zum so genannten Prellen des Unterbrechers, das heißt, er kann der Nockenform nicht mehr folgen und läuft unregelmäßig, was zum Abnehmen der Zündenergie führt und letzten Endes zum Aussetzen. Eine (kontaktgesteuerte) Transistorzündung kann dennoch mit höherer Funkenzahl (bis ca. 21000/min) betrieben werden, da auch bei prellenden Unterbrechern noch ausreichend Zündenergie aufgebaut wird, um aussetzerfreien Betrieb zu gewährleisten. Früher gab es bei Bosch besonders »prellsichere« Kontakte, die ebenfalls eine höhere Funkenzahl zulassen.
Unterbrecherkontakte sollten jedoch auch aus anderen Gründen häufiger ausgetauscht werden (mindestens alle 15.000 km). Erstens nutzt sich das Nockengleitstück im Lauf der Zeit ab. Viel wichtiger ist jedoch, dass an den Kontaktflächen wegen der unvermeidlichen Funkenbildung (es werden Ströme bis zu 5 Ampere und 500 Volt geschaltet) Stoffwanderungen stattfinden. Es gibt die so genannte Kraterbildung am bewegten Hebelkontakt und eine Materialanhäufung (Berg) am festen Ambosskontakt. Dadurch wird die exakte Einhaltung und Einstellung des Schließwinkels erschwert.

Der Zündzeitpunkt

Die Lage des Zündzeitpunktes wird in der Regel auf den oberen Totpunkt (OT) von Zylinder 1 in Grad Kurbelwinkel (°KW) bezogen und ist in der Betriebsanleitung zu finden. Je nachdem, ob er sich nun vor oder nach OT befindet, spricht man von Vorzündung oder Nachzündung oder auch von Frühzündung oder Spätzündung.
Schnell laufende Verbrennungsmotoren, mit denen wir es ausschließlich zu tun haben, werden immer mit einer gewissen Vorzündung betrieben. Diese wird im Betrieb durch die automatische Zündzeitpunktverstellung erreicht (siehe nächster Abschnitt). Der normalerweise

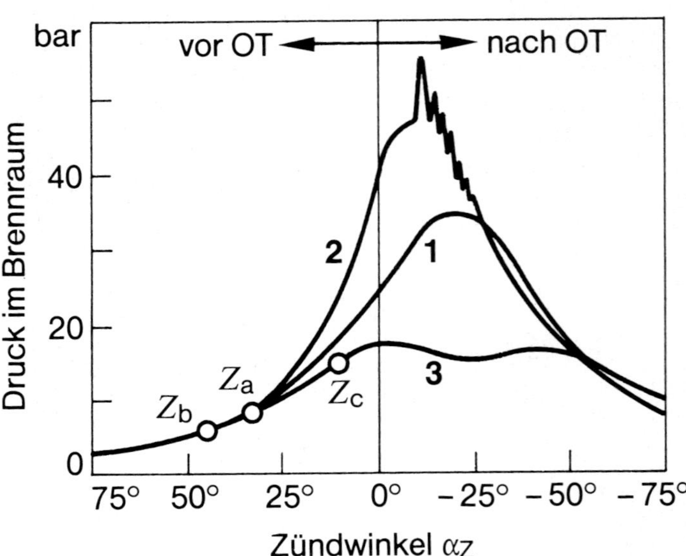

Einfluss der Vorzündung auf den Druckverlauf im Brennraum. Kurve 1: richtiger Zündzeitpunkt (Za); Kurve 2: Zündung zu früh (Zb), führt zu Druckspitzen; Kurve 3: Zündung zu spät (Zc), führt zu niedrigerem Verbrennungsdruck und Leistungsverlust.

in der Betriebsanleitung angegebene statische Zündzeitpunkt wird bei stehendem Motor eingestellt.

Die Lage des Zündzeitpunktes kann die Motorleistung wesentlich beeinflussen, so dass diesem Punkt der Zündanlage besondere Aufmerksamkeit gewidmet werden sollte. Prinzipiell ist der optimale Zündzeitpunkt für jeden Motortyp verschieden, er kann sich auch durch nachträgliche Tuning-Arbeiten, wie z.B. Verdichtungserhöhungen oder Brennraumumformung, ändern. Grundsätzlich kann man sagen, dass Motoren mit kompakten und guten Brennräumen wegen der höheren Brenngeschwindigkeit mit geringeren Vorzündungswerten auskommen als solche mit schlechten Brennräumen.

Allerdings ist es gar nicht so schwierig, die Lage des optimalen Zündzeitpunktes bei einem getunten Motor zu ermitteln, da uns hier die Herstellerfirma ein gutes Stück Arbeit abgenommen hat. Es kommt ohnehin meist nur eine Veränderung der Anfangsvorzündung in Frage, während man die automatische Zündzeitpunktverstellung, die nach einer bestimmten Regelkurve arbeitet, unangetastet lassen sollte. Bei der Festlegung des neuen Zündzeitpunktes des getunten Motors, der von dem serienmäßigen meist nur wenig abweicht, sollte man einige Regeln beachten.

Eine Vorverlegung des Zündzeitpunktes kann eine Verbesserung der Leistung im unteren Drehzahlbereich bringen, der Motor wirkt beim Beschleunigen temperamentvoller. Bei etwas späterer Zündung wird der Motorlauf weicher, was auch für alle Triebwerksteile schonender ist, die Gefahr des Klingelns ist geringer. Bei getunten Motoren mit höherem Verdichtungsverhältnis und besserer Füllung muss der Zündzeitpunkt in der Regel zurückgenommen werden.

Statischer und dynamischer Zündzeitpunkt

Wie schon angedeutet, muss man zwischen dem »statischen« und dem »dynamischen« Zündzeitpunkt eines Motors unterscheiden. Der statische Zündzeitpunkt wird, wie der Name schon sagt, bei stehendem Motor eingestellt, wobei die gefundene Zündmarkierung auf der Riemenscheibe mit der Gehäusegegenmarke für OT zur Deckung gebracht wird. In diesem Augenblick muss eine Zündung erfolgen, was man durch Anklemmen einer Prüf-

Hier wird die Zündung auf dem Prüfstand bei laufendem Motor (NSU TTS) mit Hilfe des Stroboskops eingestellt.

lampe an Klemme 1 der Zündspule (Gegenpol Masse) feststellen kann. Leuchtet die Prüflampe nicht auf, so muss der Verteiler vor- oder zurückgedreht werden, bis sie aufleuchtet. Die Werte für den statischen Zündzeitpunkt, die meist in jeder Betriebsanleitung zu finden sind, bewegen sich meist nur wenige Grad vor oder nach OT.

Der dynamische Zündzeitpunkt wird bei laufendem Motor mit einer Stroboskoplampe gemessen, die zweckmäßigerweise eine einstellbare Vorzündungsskala aufweisen sollte (Fabrikat Bosch, SUN usw.). Das dynamische Messen und Einstellen des Zündzeitpunktes hat gegenüber der statischen Methode den Vorteil, dass Fehler oder Ungenauigkeiten im Verstellmechanismus des Verteilers (bereits neue Verteiler haben eine Toleranz von ± 2 Grad) dort nicht zum Tragen kommen, wo der Zündzeitpunkt ziemlich genau sein sollte, nämlich bei hoher Drehzahl und Volllast. Dabei erscheint es vorteilhaft, die Einstelldrehzahl für den dynamischen Zündzeitpunkt hoch genug zu wählen, so dass der Fliehkraftverstellmechanismus des Verteilers mit Sicherheit voll ausgeregelt hat (je nach Motor zwischen 4000 und 5000/min). Die Einstellung kann grundsätzlich ohne Last (im Leerlauf) erfolgen, doch müssen hierzu etwaige Unterdruckanschlüsse am Verteiler abgezogen werden. Bei Verteilern ohne Fliehkraftregelung muss die Einstellung auf dem Motor- oder Rollenprüfstand bei Volllast erfolgen.

In beiden Fällen wird die Stroboskoplampe in das Zündkabel für den 1. Zylinder geschaltet und die OT-Markierung am Gehäuse angeblitzt. Durch Verdrehen am Verstellmechanismus der Stroboskoplampe müssen beide OT-Markierungen zur Deckung gebracht werden, dann lässt sich auf der Vorzündungsskala der Zündzeitpunkt ablesen.

Der bei dieser Methode gemessene dynamische Zündzeitpunkt ist die tatsächliche Vorzündung eines Motors bei hoher Drehzahl und Last. Die Werte liegen in der Regel zwischen 30 und 40 Grad vor OT, je nach Motortyp. Der optimale dynamische Vorzündungsbedarf eines Motors lässt sich jedoch exakt nur auf dem Prüfstand ermitteln, wobei man eine so genannte Zündungsoptimierung fährt, bis sich maximales Drehmoment oder maximale Leistung (manchmal auch beides) einstellen.

Abschließend noch ein Tipp: Man sollte die Zündung, ganz gleich ob statisch oder dynamisch, immer bei warmer Maschine einstellen und nach jeder abgeschlossenen Einstellung nochmals kontrollieren.

Automatische Zündzeitpunktverstellung

Da die Zeit der Gemischverbrennung im Motor annähernd konstant ist, muss bei höheren Drehzahlen der Zündzeitpunkt vorverlegt werden, um so das Maximum des Verbrennungsdruckes in der Nähe von OT (oberer Totpunkt) zu halten. Würde dies nicht geschehen, so würde die »Hauptverbrennung« zu spät nach OT erfolgen, was Leistungsabfall zur Folge hätte.

Um eine entsprechende Zündverstellung zu erreichen, bedient man sich heute nicht mehr einer Handverstellung, wie man sie bei vielen Veteranen noch am Lenkrad findet, sondern einer automatischen Zündzeitpunktverstellung, die entweder im Verteiler untergebracht ist oder elektronisch in einem Steuergerät stattfindet.

Die Ermittlung der günstigsten Verstelllinie ist relativ schwierig, weil man nicht nur nach optimaler Leistung gehen kann, sondern auch auf die Klopfgrenzen des Motors und bei modernen Autos auf die Abgasemissionen Rücksicht nehmen muss. Man sollte darum die Verstelllinie eines Verteilers nie ändern, wenn man nicht die Möglichkeit hat, hier ganz genaue Arbeit zu leisten. Besser sind meist Versuche mit anderen Verteilern, deren Nutzeffekt jedoch auch auf der Motorbremse (Prüfstand) ausprobiert werden muss. Meist jedoch dürfte die Volllast- Verstelllinie des serienmäßigen Verteilers auch für einen getunten Motor passen. Die Volllastzündverstellung geschieht im Allgemeinen mit Hilfe eines Fliehkraftreglers, der im Verteiler untergebracht ist und den Nocken zur Unterbrecherplatte verdreht.

Neben dieser Volllast-Zündverstellung, die den Zündzeitpunkt drehzahlabhängig je nach Motor zwischen 20 und 40 Grad KW vorverlegt (die genauen Werte sind für jeden Motor bei Boschvertretungen oder Autoelektrik-Werkstätten zu erfahren), weisen die meisten modernen Motoren noch eine Zusatzverstellung für den Teillastbetrieb auf. Sie liegt in der Größenordnung von 10 bis 20 Grad KW (Kurbelwinkel) und soll den Kraftstoffverbrauch bei Teillast senken. Die Benzineinsparung ist um so wirksamer, je öfter ein Motor im Teillastbetrieb betrieben wird.

Die Teillastzündverstellung geschieht in der Regel mit Unterdruckdosen, die, ähnlich wie die Fliehkraftregler, die Unterbrecherplatte verdrehen. Der Anschluss für die Unterdruckdose ist im Bereich der Drosselklappe, da hier bei Teillast der größte Unterdruck herrscht und zur Regelung der Vorzündung benutzt werden kann.

Die Zündverstellung durch Unterdruck wird außerdem noch zur Abgasentgiftung benutzt.

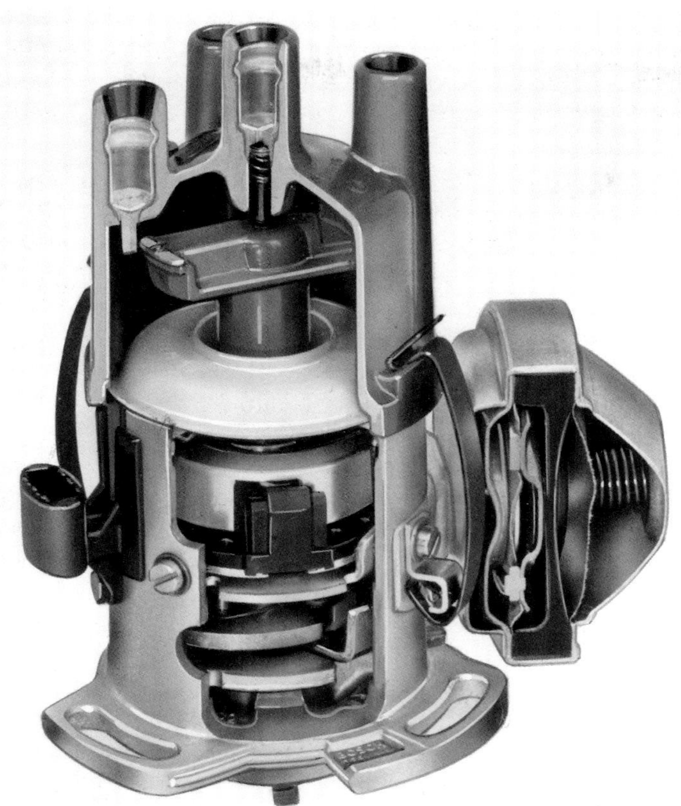

Hallgeber-System in einem von der Nockenwelle angetriebenen Verteiler mit mechanischer Verstellung.

Hierzu ist es notwendig, dass die Zündung im Schiebebetrieb und im Leerlauf in Richtung spät verstellt wird. Man erreicht dies mit einer so genannten »Spätdose« (Unterdruckversteller heißen in der Fachsprache Dosen). Die Spätdose hat ihren Unterdruckanschluss hinter der Drosselklappe des Vergasers und tritt bei geschlossener Drosselklappe in Aktion. Im Teillast- und Volllastbetrieb ist sie außer Funktion.

Die meisten Verteiler haben also eine Fliehkraftverstellung und eine Unterdruckverstellung. Während man die Unterdruckverstellung einfach durch Entfernen des Unterdruckschlauches ohne weiteres im Bedarfsfall, etwa bei der Verwendung anderer Vergaser, lahmlegen kann, da sie nur für den Teillastbetrieb interessant ist, sollte man, wie schon erwähnt, die Fliehkraftverstellung auf keinen Fall eliminieren.

Bei Rennmotoren, die an und für sich nur für den Startvorgang eine Zurücknahme des Zündzeitpunktes benötigen, ansonsten aber in jedem Drehzahlbereich mit ihrer vollen dynamischen Vorzündung laufen, ist es unter Umständen zweckmäßig, die Fliehkraftverstellung zu begrenzen oder, falls der Motor mit voller dynamischer Vorzündung anspringt, zu fixieren. Eine fixierte (durch Schrauben oder Punktschweißen) Verteilerplatte hat in jedem Fall den Vorzug, dass der dynamische Zündzeitpunkt in jedem Drehzahlbereich exakt eingehalten wird und nicht durch Spiel oder Ungenauigkeiten des Verstellmechanismus schwankt.

Elektronische Zündanlagen

Wie schon beschrieben, ist der Zündkontakt einer Spulenzündung durch den schlagartigen Intervallbetrieb mechanischem Verschleiß unterworfen. Zusätzliche Ungenauigkeiten ergeben sich durch Abbrand wegen des Schaltens hoher elektrischer Leistung und durch Tole-

Kennlinien einer mechanischen Zündverstellung durch Fliehkraft und Unterdruck. Bei Teillast (Kurve 1), die zu hohem Saugrohrunterdruck führt, wird die Unterdruckverstellung voll wirksam. Bei Volllast (Kurve 2) ist in erster Linie die Fliehkraftverstellung wirksam.

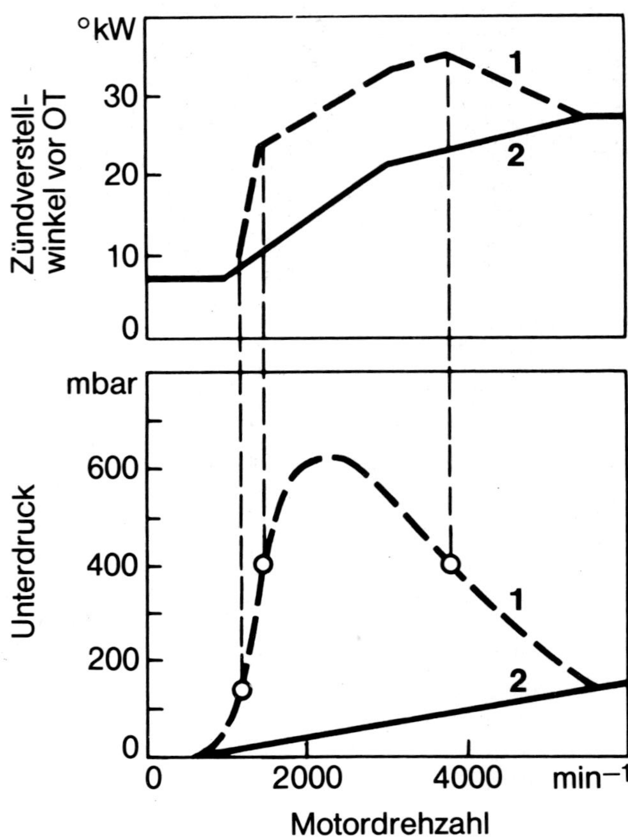

ranzen in den beweglichen Teilen. Eine Teillösung dieses Problems bietet die kontaktgesteuerte Transistorzündung, bei der wenigstens eine Entlastung des Zündunterbrechers von den hohen Steuerströmen stattfindet. Verschleißfrei, wartungsfrei und mit hoher Genauigkeit hinsichtlich der Zündsignale und des Zündzeitpunktes arbeitet aber erst die elektronische Zündauslösung. Dabei wird der Steuer- oder Zündkontakt durch berührungsfrei arbeitende Geber abgelöst, welche die Schalttransistoren im Steuergerät ansteuern.

Bis zur Einführung des integrierten Motormanagements (Bosch Motronic) Mitte der achtziger Jahre verfügten die meisten Motoren über solche elektronischen Zündanlagen, die wegen der Schalttransistoren auch kurz als Transistor-Zündanlagen bezeichnet werden. Transistor-Zündanlagen gibt es aber auch zum nachträglichen Einbau, und zwar für den kontaktgesteuerten wie auch für den kontaktlosen Betrieb. Unter Ausklammerung der vollelektronischen Zündung (VZ) sei hier der Anwendungsbereich der im Wesentlichen noch konventionell zu nennenden Zündsysteme kurz umrissen:

- *Normale Spulenzündung (SZ)*
  Ausreichend auch für getunte Motoren mit nicht zu hohen Zünddrücken (Verdichtung) und niedriger Drehzahl, bei korrekter Einstellung bis zu ca. 18.000 Zündungen/min.
- *Transistor-Spulenzündung kontaktgesteuert (TSZ-k)*
  Ausreichend für getunte Motoren, bei korrekter Einstellung bis zu ca. 21.000 Zündungen/min. Besonders gut geeignet für nachträglichen Einbau.
- *Transistor-Spulenzündung kontaktlos (TSZ)*
  Die vollelektronische kontaktlose TSZ hat

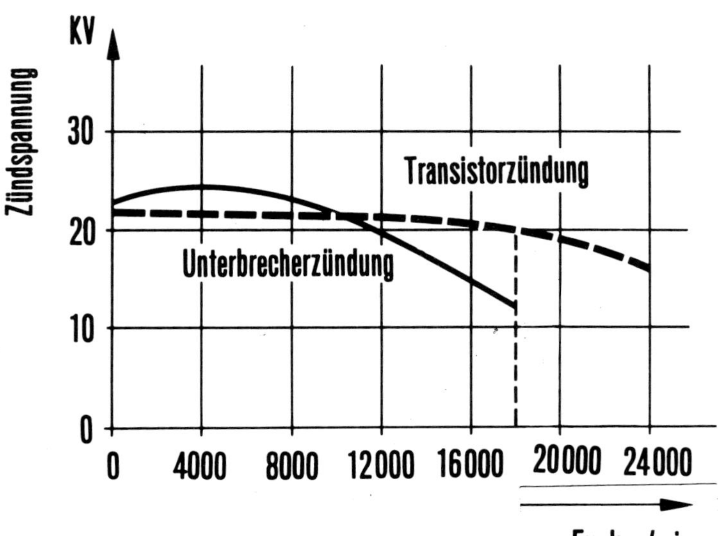

Der typische Zündspannungsverlauf einer normalen Spulenzündung und einer Transistorzündung. Bei hohen Funkenzahlen (entsprechend hoher Drehzahl) fällt die normale Zündung stärker ab.

noch mehr Vorteile als die normale TZS-k. Man unterscheidet Transistorzündungen mit Induktionsgeber (TZS-i) und solche mit Hall-Geber (TSZ-h).

Die TSZ-i wird bei Rennmotoren, aber auch bei Serienmotoren verwendet. Die TSZ-h ist für den nachträglichen Einbau in vorhandene Verteiler geeignet. Beide Anlagen erlauben Funkenzahlen bis über 30.000/min.

Kontaktgesteuerte Transistor-Zündanlagen (TSZ-k)

Bei den kontaktgesteuerten Transistor-Zündanlagen übernehmen Transistoren die Aufgabe des Unterbrechers, nämlich den Primärstrom der Zündspule zu unterbrechen. Der mechanische Unterbrecher ist dennoch nicht ganz überflüssig, denn mit seiner Hilfe wird der so genannte Steuerstrom des Transistor-Schaltgerätes geschaltet, der jedoch bedeutend niedriger ist als der normalerweise notwendige Arbeitsstrom. Der Unterbrecher wird durch den wesentlich niedrigeren Steuerstrom weniger belastet, so dass die Kontaktlebensdauer erheblich höher ist als bei normalen Zündanlagen. Dadurch ergibt sich vor allen Dingen eine größere Wartungsfreiheit des Unterbrechers, der nur noch in großen Abständen (etwa alle 10.000 km) kontrolliert bzw. nachgestellt werden muss. Die Kontakte müssen nur noch ca. alle 30.000 km erneuert werden. Da der Kontaktabstand über lange Zeit konstant erhalten bleibt, ist auch eine Verstellung des Zündzeitpunktes, wie sie durch eine Änderung des Kontaktabstandes gegeben ist, kaum möglich. Es besteht also die Gewähr dafür, dass ein einmal richtig eingestellter Zündzeitpunkt über lange Zeit erhalten bleibt, so dass in diesem Punkt keine Leistungsverluste zu befürchten sind.

Der Hauptvorteil der TSZ-k ist jedoch, dass über den Transistor ein wesentlich höherer Primärstrom (etwa doppelt so viel wie bei einer Hochleistungszündspule) geschaltet werden kann. Bei gleichzeitig um die Hälfte verringerter Induktivität der Zündspule genügen wesentlich kürzere Schließzeiten (Schließwinkel), um genügend Zündenergie zu speichern, die über den gesamten Drehzahlbereich annähernd doppelt so hoch ist wie die der normalen Spulenzündung.

Aber auch die kontaktgesteuerte TSZ-k ist in ihrer Drehzahl noch durch den mechanischen Unterbrecher begrenzt. Da sie jedoch bei höheren Drehzahlen noch über eine höhere Zündspannung und wegen der geringen Spei-

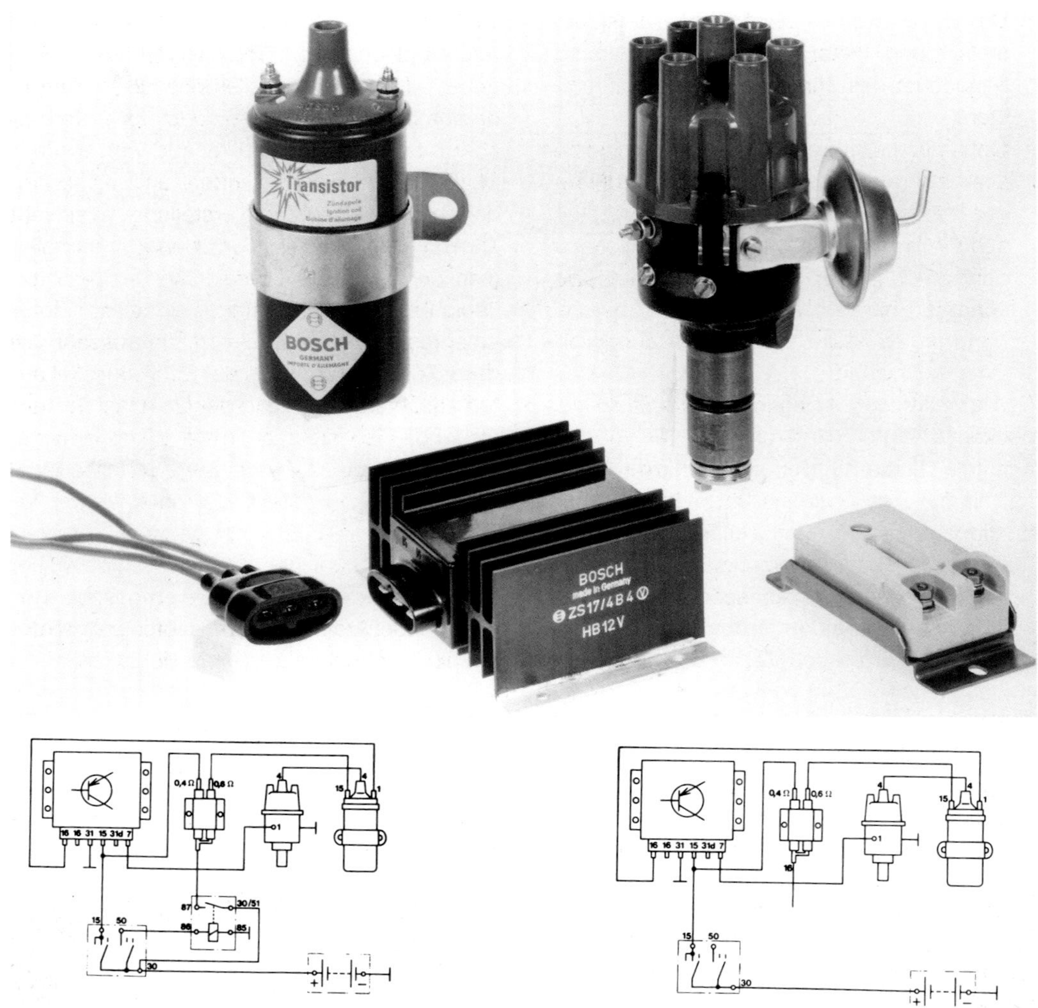

Die wichtigsten Teile der kontaktgesteuerten Bosch-Transistor-Zündanlage sind das Schaltgerät und die Spezialzündspule. Darunter die Schaltbilder der beiden möglichen Schaltungen: links Vorwiderstand durch Relais überbrückt, rechts über Klemme 16 des Anlassers geschaltet.

cherzeit über mehr Zündenergie verfügt, wird sie durch »Kontaktprellen« nicht so früh beeinträchtigt. Die maximale Funkenzahl liegt bei 21.000/min und kann durch besondere Unterbrecherkontakte auf ca. 24.000/min gesteigert werden. Dies würde bei einem Sechszylindermotor für 8000 Umdrehungen pro Minute ausreichen.

Kontaktlose Transistor-Zündanlagen

Die nächst höhere Entwicklungsstufe von elektronischen Zündanlagen ist die kontaktlos gesteuerte Transistor-Spulenzündung. Der Verzicht auf jede Art von mechanischem Kontakt bringt zahlreiche Vorteile:

- Da keine Verschleißteile mehr vorhanden sind, ist eine solche Zündanlage praktisch wartungsfrei.

- Der Zündzeitpunkt lässt sich exakter einstellen und bleibt über die gesamte Lebensdauer des Zündverteilers nahezu konstant.
- Optimale Leistungsaufnahme bei niederer Drehzahl und große Zündsicherheit bei hoher Drehzahl (über 30.000 Funken/min) lassen die kontaktlosen Transistor-Spulenzündungen für nahezu alle Einsatzgebiete, besonders aber als Nachrüstung für getunte Motoren als beste Lösung des Zündproblems erscheinen.

Bei kontaktlosen Anlagen tritt an Stelle des nockenbetätigten Unterbrechers ein so genannter Zündimpulsgeber. Die Firma Bosch hat hierfür zwei Systeme entwickelt: den Induktionsgeber und den Hallgeber. Je nach Zündimpulsgeber unterscheidet man zwischen TSZ-i (mit Induktionsgeber) und TSZ-h (mit Hallgeber). Beide Systeme habe annähernd die gleichen Vorteile.

Transistorzündanlage mit Induktionsgeber (TSZ-i)

Ursprünglich wurde diese Anlage ausschließlich für Wettbewerbsmotoren entwickelt, wobei die Induktionsgeber direkt von der Kurbelwelle aus angesteuert wurden. Bei den Weiterentwicklungen der TSZ-i ist der Induktionsgeber im Zündverteilergehäuse untergebracht, und zwar dort, wo sonst der Unterbrecher sitzt. Es gibt Verteiler für Vierzylinder-, Fünfzylinder-, Sechszylinder- und Achtzylindermotoren. Die Zündverstellung geschieht ähnlich wie bei einem normalen Zündverteiler (von dem sich der kontaktlose übrigens äußerlich nicht unterscheidet), wobei der Rotor entsprechend verdreht wird. Interessant bei der TSZ-i ist noch, dass der Schließwinkel automatisch entsprechend der Drehzahl gesteuert wird, also stets optimale Werte erreicht. Neben den bereits erwähnten Vorteilen lässt sich durch den rotationssymmetrischen Induktionsgeber ein äußerst geringer Zündversatz-Winkel erreichen (0,3 Grad gegenüber üblicherweise 1 Grad). Die Kontrolle des Zündzeitpunktes ist nur bei laufendem Motor mit der Stroboskoplampe möglich.

Transistorzündanlage mit Hallgeber (TSZ-h)

Die zur Nachrüstung am besten geeignete Alternative (so weit noch lieferbar) auf dem Gebiet der kontaktlosen TSZ ist die Anlage mit

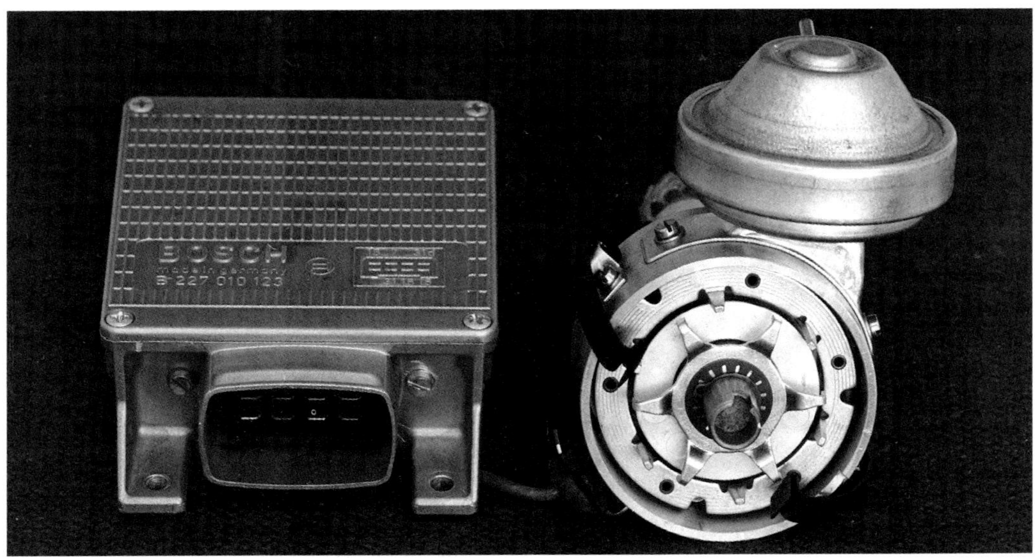

Kontaktlose Transistorzündung von Bosch mit Induktionsgeber im Verteiler für sechs Zylinder.

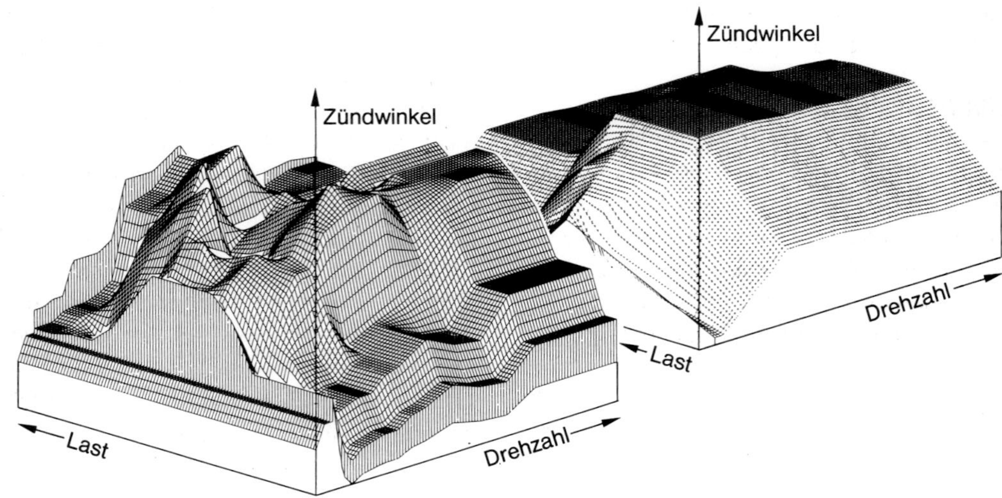

Die Abbildung zeigt ein dreidimensionales, optimiertes elektronisches Zündwinkelkennfeld (links) im Vergleich zu einem rein mechanischen Verstellsystem (rechts).

Hallgeber. Der zur Steuerung herangezogene Halleffekt ist ein seit langem bekannter physikalischer Vorgang, nach dem Amerikaner E. Hall benannt. Bosch hatte früher solche Anlagen für fast alle gängigen Motoren im Angebot.

Die Anlage besteht im Wesentlichen aus dem Schaltgerät, der Spezialzündspule, den Vorwiderständen und dem Hallgebersystem. Letzteres besteht aus einer Magnetschranke und einem mit dem Verteilerläufer (Finger) verbundenen Blendenrotor. Die TSZ-h hat in ihrer Funktion für die Zündung die gleichen Vorteile wie die TSZ-i. Allerdings ist die nachträgliche Umrüstung viel einfacher und preiswerter, da die kontaktlose Steuerung in den normalen Zündverteiler eingebaut werden kann. Hierzu wird das Hallgebersystem an die Stelle des normalen Unterbrechersystems gesetzt, was in kurzer Zeit möglich ist. Der übrige Aufwand entspricht dem einer normalen Transistor-

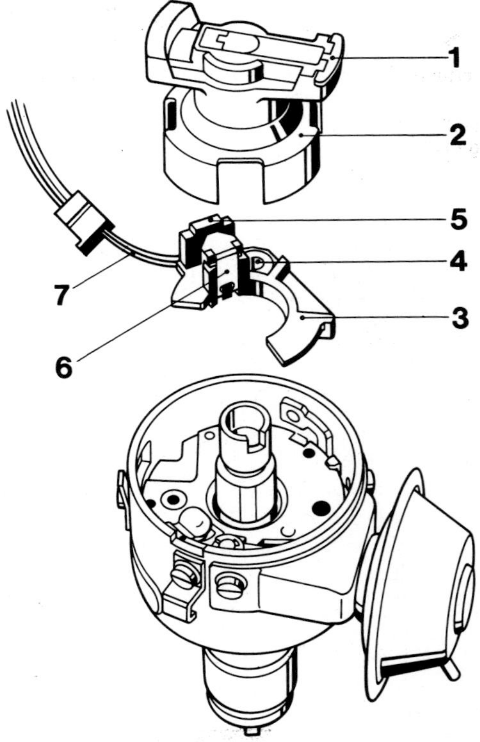

Das kontaktlose Hallgeber-System zum nachträglichen Einbau in vorhandenen Verteiler. (1) Verteilerfinger mit (2) Blendenrotor, (3) Magnetschranke mit (6) Magnet und (5) integriertem Schaltkreis (Hall-IC).

Zündanlage. Bei der Bestellung ist die Zündverteilernummer anzugeben.

Elektronische Zündung

Bei der elektronischen Zündung (EZ) entfällt die mechanische Zündverstellung im Zündverteiler mit all ihren Ungenauigkeiten, die Hochspannungsverteilung selbst wird jedoch noch mechanisch vorgenommen. Die für Drehzahl- und Lastpunkt des Motors optimalen Zündwinkel sind dafür in einem Steuergerät abgespeichert und werden dort abgerufen. Drehzahl/Kurbelwellenstellung und der Saugrohrdruck (für die Last) sind die Hauptsteuergrößen für den Zündzeitpunkt.

Das Zündkennfeld kann je nach Anforderung zwischen 1000 und 4000 einzeln abrufbare Zündwinkel bereitstellen. Zusätzlich können weitere Optimierungskriterien wie beispielsweise die Temperatur berücksichtigt werden. Der Zündwinkel für einen bestimmten Motorbetriebspunkt wird in der Regel nach den Gesichtspunkten Kraftstoffverbrauch, Drehmoment (Leistung), Abgas und Abstand zur Klopfgrenze ausgewählt. Die so erreichbaren Kennfelder sind sehr viel komplizierter als die nur mechanisch darstellbare Zündverstellung. Die Erfassung der Drehzahl erfolgt am genauesten durch einen Induktionsgeber an einer Zahnscheibe, die direkt an der Kurbelwelle sitzt. Das Drehzahlsignal kann aber auch von der Nockenwelle oder von einem Zündverteiler mit Hall-Schranke geliefert werden. Sämtliche Eingangssignale werden dem elektronischen Steuergerät zugeführt und dort zu dem Ausgangssignal für die Zündung verarbeitet. Hierzu besitzt das Steuergerät einen Microcomputer, der die digital erfassten Signale (Drehzahl,

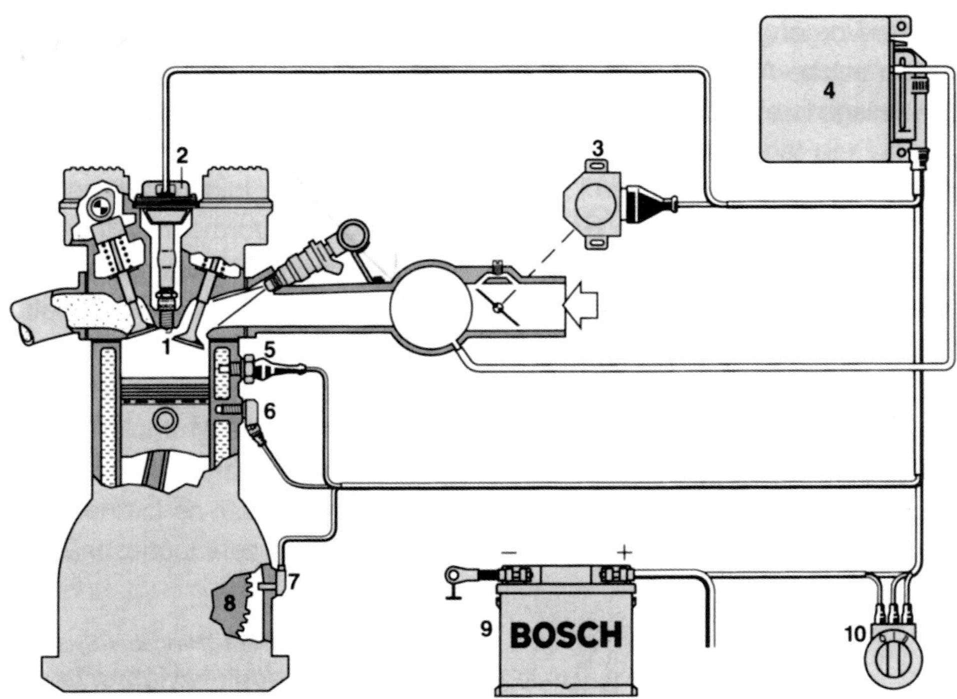

Funktionsschema einer vollelektronischen Zündanlage (VEZ): 1 Zündkerze, 2 Zündspule, 3 Drosselklappenschalter, 4 Steuergerät mit Endstufen, 5 Motortemperaturfühler, 6 Klopfsensor, 7 Drehzahl- und Bezugsmarkengeber, 8 Zahnscheibe, 9 Batterie, 10 Zündschalter.

Der Erfassung der Drehzahl dient ein induktiver Impulsgeber, der die Zähne der auf der Kurbelwelle montierten Zahnscheibe abtastet. Die eindeutige Kurbelwellenstellung wird durch eine größere Lücke im Zahnkranz ermittelt.

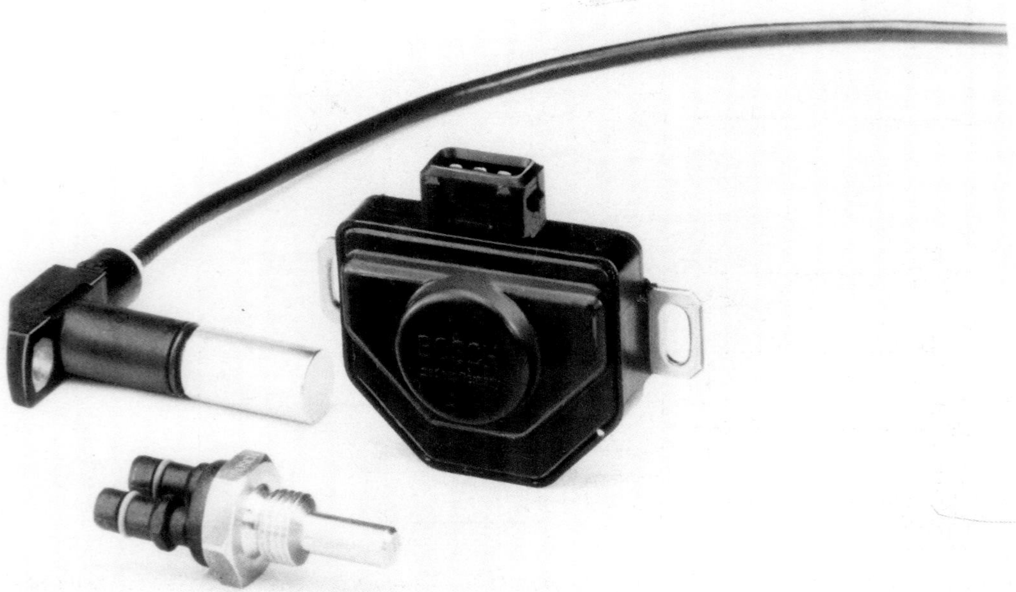

Wichtige Komponenten einer elektronischen Zündung sind der Drosselklappenschalter (rechts), der Impulsgeber (Mitte) und der Motortemperaturfühler (unten).

Drosselklappenschalter) direkt verarbeitet, die analog erfassten Signale wie Saugrohrdruck usw. über einen Analog-Digitalwandler zugeführt bekommt. Damit Kennfelddaten bis kurz vor Serienanlauf noch geändert werden können, gibt es Steuergeräte mit einem elektrisch programmierbaren Speicher, genannt EPROM (Electronically Programmable Read Only Memory), die als einzige nachträgliche Eingriffe in das Zündkennfeld erlauben. Ansonsten sind bei der elektronischen Zündung die Eingriffsmöglichkeiten begrenzt, wie beispielsweise geringfügige Verschiebung des Impulsgebers an der Kurbelwelle oder die (zeitweise) Unterbrechung von Zusatzsignalen (wie etwa Temperatur oder Drosselklappenschalter). Es gibt aber auch Tuner, die für bestimmte Motormodifikationen entsprechend geänderte Zündboxen anbieten.

Vollelektronische Zündung

Die vollelektronische Zündung (VZ) entspricht in ihren Grundfunktionen und in ihren Leistungsdaten einer elektronischen Zündung, verzichtet aber auf die rotierende Hochspannungsverteilung durch einen Zündverteiler. Abgesehen von den konstruktiven Vorteilen für den Motorhersteller, der keinen Verteilerantrieb vorsehen muss, liegen zusätzliche Vorzüge im geringeren elektromagnetischen Störpegel (keine offenen Funken) und in der reduzierten Zahl der Hochspannungsverbindungen.

Die Hochspannungsverteilung geschieht entweder mit Zwei- oder Mehrfunken-Zündspulen oder mit Einzelfunken-Zündspulen für jeden Zylinder (z.B. Saab), die bei Motoren mit ungeraden Zylinderzahlen ohnehin notwendig sind. Inzwischen sind auch Vierfunken-Zünd-

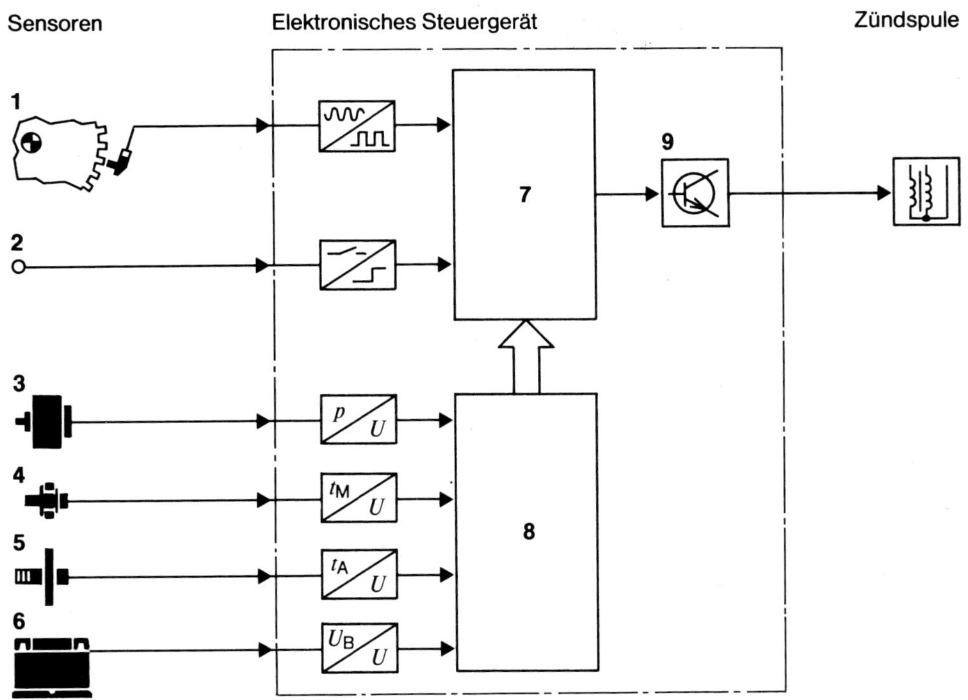

Das Blockschaltbild zeigt die Verarbeitung der Signale im elektronischen Steuergerät, die von den einzelnen Sensoren eingegeben werden. 1 Motordrehzahl und Bezugsmarke (OT-Geber), 2 Schaltersignale, z.B. Drosselklappenschalter, 3 Saugrohrdruck, 4 Motortemperatur, 5 Ansauglufttemperatur, 6 Batteriespannung. Die Signale werden im Microcomputer (7) verarbeitet, nachdem sie teilweise im Analog-Digitalwandler (8) aufbereitet wurden. Die Zündungsendstufe (9) bedient die Zündspulen.

Bei der Saab-Direktzündung (DI) sitzt je eine Hochleistungszündspule direkt über den Zündkerzen. Die hohe Zündspannung ermöglicht große Elektrodenabstände an den Zündkerzen (bis zu 1,5 mm) und sichert auch bei hoch aufgeladenen Motoren die Zündung.

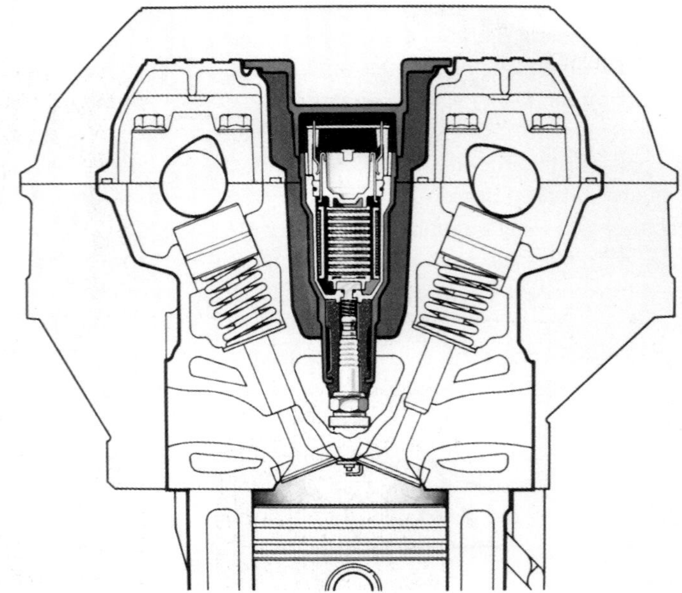

Zweifunken-Zündspule von Bosch für vollelektronische Zündung mit ruhender Hochspannungsteilung. Für einen Vierzylindermotor sind zwei Spulen notwendig.

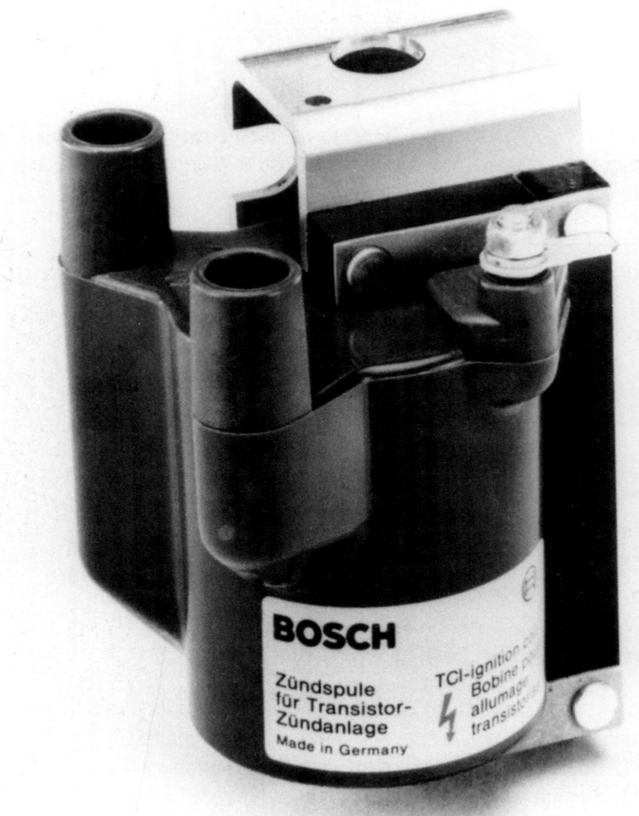

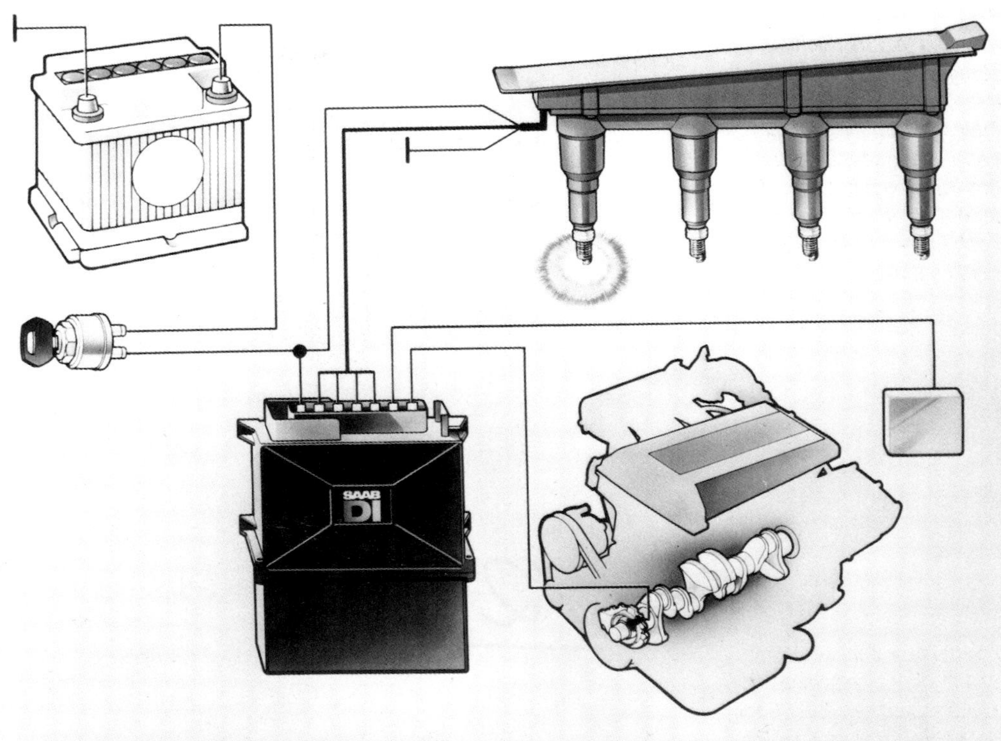

Schalt- und Funktionsschema der Saab-DI (Direkt-Ignition). Sie arbeitet mit einer Zündspannung von bis zu 40.000 Volt, die durch ein kapazitives System (Kondensatorzündung) erreicht werden.

spulen auf dem Markt. Bei Zweifunken- und Vierfunken-Zündspulen werden jeweils zwei Funken gleichzeitig erzeugt. Für einen Vierzylindermotor ergibt sich dadurch, dass immer die Zylinder 1 und 4 sowie 3 und 2 gleichzeitig zünden. Während also beispielsweise bei Zylinder 1 korrekt in den Arbeitstakt gezündet wird, fällt der überflüssige Zündfunke für den Zylinder 4 in den Auspufftakt. Bei großen Ventilüberschneidungen, wie sie bei getunten Motoren häufiger vorkommen, kann dies dazu führen, dass die Zündung stattfindet, während das Einlassventil schon öffnet, was wegen der Rückschlaggefahr in den Ansaugtrakt nicht unkritisch ist.

Kontrolle der Zündleistungs- und Kennfelddaten an einem vollelektronischen Zündsystem im Labor (Bosch).

Die Zündkerzen

Zündkerzen sind Verschleißgegenstände und demnach in regelmäßigen Abständen auszuwechseln. Allerdings ist mit Einführung der bleifreien Kraftstoffe die Lebensdauer von Zündkerzen dank der geringeren Verunreinigung gestiegen. Unter Zündkerzenverschleiß versteht man primär Verschleiß der Elektroden durch Abbrand oder Korrosion. Dieser führt in der Regel zu einem höheren Zündspannungsbedarf. Um mit Sicherheit ungünstige Auswirkungen auf die Motorleistung zu vermeiden, ist es zweckmäßig, normale Zündkerzen nach 15 000 bis 20 000 km zu erneuern. Spezial-Zündkerzen mit Kupferelektroden, Silberelektroden oder gar Platinelektroden haben zum Teil eine erheblich längere Lebensdauer (bis zu 50.000 km und mehr), sind allerdings in der Anschaffung teurer. Zwischen diesen Erneuerungsintervallen sind die Zündkerzen auf ihren vorgeschriebenen Elektrodenabstand zu überprüfen. Bei normalen Zündkerzen liegt dieser bei 0,7 mm, man kann ihn mit Hilfe einer Zündkerzenlehre nachprüfen und, falls erforderlich, durch Nachbiegen der Masseelektrode korrigieren. Diese relativ einfache Arbeit sollte alle 5000 bis 8000 km vorgenommen werden. Zündkerzen gibt es heute in vielen verschiedenen Bauformen. Das fängt mit dem Gewindedurchmesser (der in den letzten Jah-

Mit Lehren lässt sich der Elektrodenabstand hinreichend genau nachstellen, der bei üblichen Zündkerzen zwischen 0,6 und 1,0 mm liegt.

Moderne Zündkerzen (rechts) mit so genannter Dreieck-Masseelektrode. Diese Form verbessert die Entflammung des Gemischs, hat eine höhere mechanische Stabilität und erlaubt keine Fehleinstellungen. Geringerer Abstand garantiert zusätzlich eine Lebensdauer von bis zu 50.000 km (BMW 318iS).

ren wegen Platzmangel häufig reduziert wurde), der Länge, der Sitzform und der Funkenlage an und hört mit dem Elektrodenmaterial, dem Isolierkörper und dem richtigen Wärmewert auf. Da man bei einen Tuning in der Regel nicht das Kerzengewinde im Zylinderkopf ändert, interessiert hier in erster Linie der Wärmewert, auch Wärmekennzahl genannt.

Der richtige Wärmewert

Zündkerzen sind für einen bestimmten Temperaturbereich (400 °C bis 850 °C) ausgelegt, der weder nach oben noch nach unten überschritten werden darf. Unterschreitet man die Freibrenngrenze (400 °C), verrußt die Kerze, überschreitet man die obere Grenze (max. 900 °C), kann es zu unkontrollierten Glühzündungen kommen. Motoren mit hoher spezifischer Leistung verbrennen mit höherer Temperatur als solche mit geringer Literleistung. Dies muss berücksichtigt werden, wenn die Leistung durch ein Tuning gesteigert wird.

Bekanntlich sind für jeden Motor Zündkerzen eines bestimmten Wärmewertes vorgeschrieben, die seinem thermischen Niveau angepasst sind. Die jeweiligen Wärmewerte für den Serienmotor sind in den einzelnen Betriebsanleitungen nachzulesen. Übliche Werte für ältere Motoren liegen zwischen 145 und 240. Diese Zahlen sind (alte) Vergleichszahlen, die heute durch Buchstaben/Zahlenkombinationen, leider bei jedem Zündkerzenhersteller unterschiedlich, ersetzt wurden. Das erschwert die Übersichtlichkeit. Drosselmotoren mit relativ geringer Literleistung (und entsprechend niedrigeren Verbrennungstemperaturen) kommen mit niedrigen Wärmewerten aus. Sportliche Hochleistungsmotoren hingegen erfordern höhere Wärmewerte. Hohe Wärmewerte bringen zwar eine hohe Sicherheit ge-

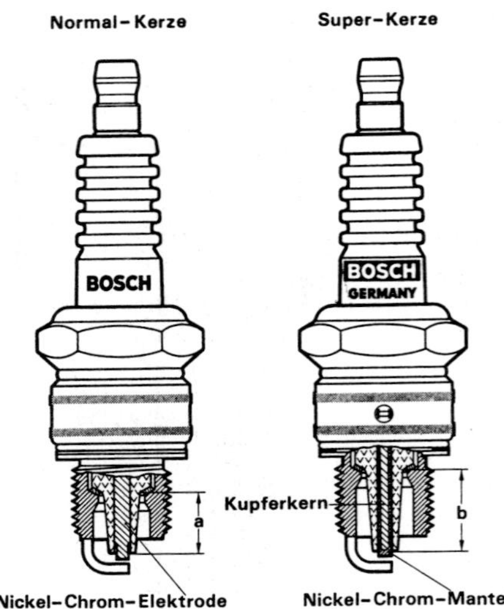

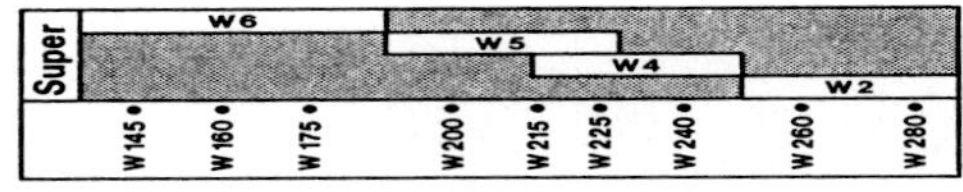

Zündkerzen mit erweitertem Wärmewertbereich unterscheiden sich im Aufbau von Normalkerzen. In der Grafik (oben) sind die Wärmewertbereiche der Bosch-Super-Thermo-Elastic-Zündkerzen deutlich gemacht.

gen Glühzündungen, Abschmelzen der Elektroden und örtliche Überhitzungen in Nähe der Kerzen, doch kann es leicht vorkommen, dass im unbelasteten Betrieb, also bei Stadtfahrten, Leerlauf und Schiebebetrieb die Selbstreinigungstemperatur der Kerze unterschritten wird, was zu Verrußung, Verkokung und Verölung führt. Dies wiederum hat unrunden Motorlauf bei niedrigen Drehzahlen, unzuverlässigen Leerlauf, schlechte Übergänge und hohen Benzinverbrauch zur Folge. Deswegen wurden früher Rennmotoren, bevor sie ihre richtige Betriebstemperatur erreicht hatten, mit sogenannten »Warmlaufkerzen« warmgefahren. Anschließend wurden die eigentlichen »Rennkerzen« eingesetzt. Extreme Betriebsbedingungen wie im Rennmotor treten jedoch selbst beim frisierten Serienmotor nicht auf. Dennoch sollte man mit der Wahl des Wärmewertes nicht zu hoch greifen und ein gesundes Mittel finden, um die Betriebsfähigkeit des Motors bei niedrigen Drehzahlen und im normalen Kurzstreckenverkehr nicht einzuschränken.

Solche Schwierigkeiten lassen sich durch Zündkerzen mit erweitertem Wärmewertbereich vermeiden. Diese Zündkerzen umspannen einen Bereich von beispielsweise 200 bis 250 und können überall dort verwendet werden, wo etwa Zündkerzen mit einem Wärmewert von 225 zu niedrig, solche von 240 zu hoch sind. Bei diesen Spezialzündkerzen handelt es sich meist um Zündkerzen mit Platin- oder Kupferelektroden.

Den gleichen Effekt verspricht die Super-Zündkerze von Bosch. Bei dieser Zündkerze hat die Mittelelektrode, die normalerweise (wenn nicht aus Silber oder Platin) aus einer Nickel-Chrom-Legierung besteht, einen Kupferkern, der für den erweiterten Wärmewertbereich in erster Linie verantwortlich ist. Ähnliche Eigenschaften besitzt die Champion-Kerze mit zweifacher Kupferelektrode (Kennzeichen CC).

Wie schon erwähnt, haben die Zündkerzenhersteller keine einheitlichen Wärmewert-Bezeichnungen für ihre Produkte gefunden, so dass es oft nicht einfach ist, äquivalente Kerzen verschiedener Fabrikate herauszufinden. Die Firmen Bosch und Beru hatten bisher einheitliche Wärmewerte; Bosch hat in der Zwischenzeit auf andere Bezeichnungen umgestellt, so dass auch hier ein Vergleich schwer gemacht wird. Bei Bosch sind jedoch Tabellen erhältlich, die einen Überblick und einen Vergleich der verschiedenen Fabrikate gestatten. Dabei ist es wichtig, bei der Auswahl des Wär-

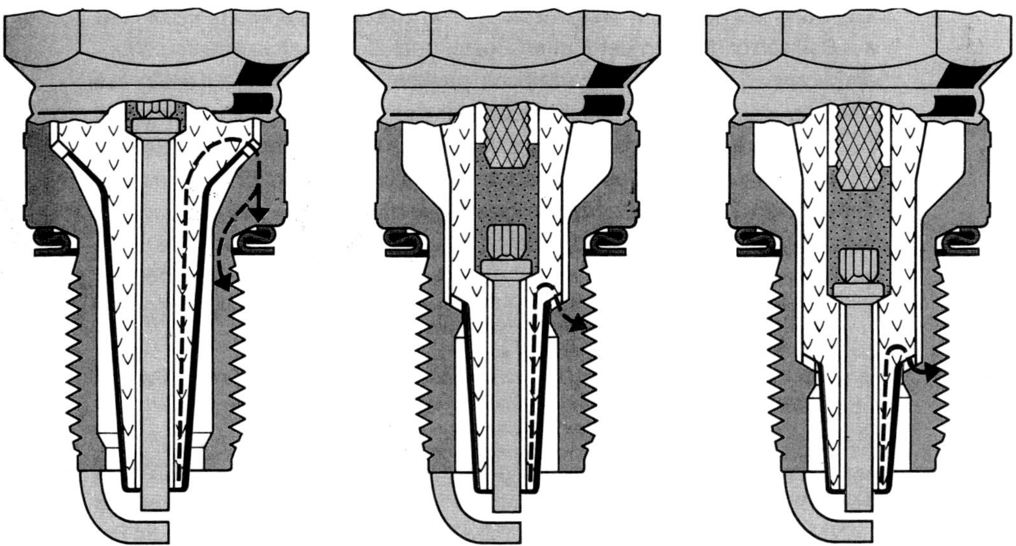

Zündkerzen mit hohem Wärmewert, so genannte »heiße« Kerzen, haben einen längeren Wärmefluss infolge einer größeren Isolatorfußfläche und eines längeren Isolators (links). Der Isolator nimmt viel Wärme auf, die Wärmeableitung ist gering. Zündkerzen mit mittlerem oder niederem Wärmewert (Mitte und rechts) haben eine kleinere Isolatorfußfläche und geben die Wärme auf kürzeren Wegen rascher ab.

mewertes immer von dem des Serienmotors auszugehen. Geringfügig getunte Motoren erfordern meist keine Veränderung. Bei einer höheren Leistungssteigerung ist wegen der höheren Verdichtung und der höheren Temperatur meist eine Kerze mit dem nächsthöheren Wärmewert notwendig. Spätestens dann sollten sie verwendet werden, wenn im Betrieb Glühzündungen auftreten und an den Kerzen starker Elektroabbrand und Schmelzperlen sichtbar werden. Neigen die Kerzen hingegen zum Verrußen, so ist der nächstniedrige Wärmewert sicher geeigneter. Noch etwas: Im Winter kann man ebenfalls einen niedrigeren Wärmewert riskieren, um die Kaltlaufeigenschaften und das Startverhalten des Motors zu verbessern. Lange Vollgasstrecken sind dann allerdings aus Sicherheitsgründen zu vermeiden, denn ein zu niedriger Wärmewert kann auch zu Motorschäden durch örtliche Überhitzung führen.

Häufig werden in der Zubehörbranche auch »Wunderkerzen« mit vielsagenden Versprechungen zu hohen Preisen angeboten. Wir empfehlen aus Erfahrung, bei normalen Markenzündkerzen zu bleiben oder im Bedarfsfall auf Spezialzündkerzen der Firmen Bosch oder Beru zurückzugreifen. Wunderkerzen, die den Benzinverbrauch senken und dabei gleichzeitig die Leistung steigern, gibt es nicht, und es besteht auch wenig Hoffnung, dass sie jemals erfunden werden. Wohl aber können Zündkerzen durch falschen Wärmewert, falschen Elektrodenabstand, Rückstandbildung, Isolatorschäden usw. zu Zündaussetzern und Leistungsabfall führen.

Das Kerzengesicht

Aufschluss über die richtige Vergasereinstellung, den Betriebszustand des Motors, aber auch über die Richtigkeit des Wärmewerts gibt unter anderem das sogenannte Zündkerzengesicht. Folgende Anhaltswerte gelten:
Isolierkörper ist mittel- bis hellbraun, das übrige etwa dunkelgrau: Der Wärmewert der Kerze stimmt, Vergasereinstellung und Motor sind

in Ordnung. Die Kerze zeigt überall einen samtartigen, schwarzen Rußbelag: Kerze verrußt, Wärmewert eventuell zu hoch. Noch naheliegender ist eine zu fette Vergasereinstellung oder zu häufiger Stadt- bzw. Kurzstreckenbetrieb. Falls dieses Bild nur bei einzelnen Zündkerzen vorzufinden ist, die übrigen jedoch »gesund« aussehen, liegt der Verdacht auf eine defekte Zündkerze, schadhafte Kerzenkabel oder Entstörstecker nahe. Die Kerzen haben eine sehr helle Farbe (meist hellgrau bis weißgrau) und zeigen eventuell Schmelzperlen: Wärmewert zu niedrig oder Vergasereinstellung zu mager.

Das Kerzengesicht gibt Aufschluss über die Verbrennung.
Bild 1: Die Verbrennung ist weitgehend in Ordnung, ganz leichte Rußablagerungen deuten auf etwas zu fettes Gemisch oder auf einen zu hohen Wärmewert der Zündkerze.
Bild 2: Die Elektroden sind abgebrannt, die Kerze muss erneuert werden.
Bild 3: Schmelzerscheinungen an Masse- und Mittelelektrode deuten auf Überhitzung oder Glühzündungen hin; Ursachen können Ablagerungen im Brennraum, falscher Zündzeitpunkt, unzulängliche Kühlung oder zu mageres Gemisch sein.
Bild 4: Ablagerungen, die durch Kraftstoff- und Öladditive hervorgerufen werden; oft hilft das Wechseln der Öl- oder Kraftstoffsorte.
Bild 5: Starke Ablagerungen (meist Blei-Kohlenstoff-Verbindungen) können zur Brückenbildung führen, die Kerze ist funktionsunfähig, kann aber gereinigt werden.
Bild 6: Die so genannte Verglasung ist ebenfalls auf Zusätze im Benzin oder Öl zurückzuführen; die Ablagerungen können bei Volllast elektrisch leitfähig werden und zu Zündaussetzungen führen.

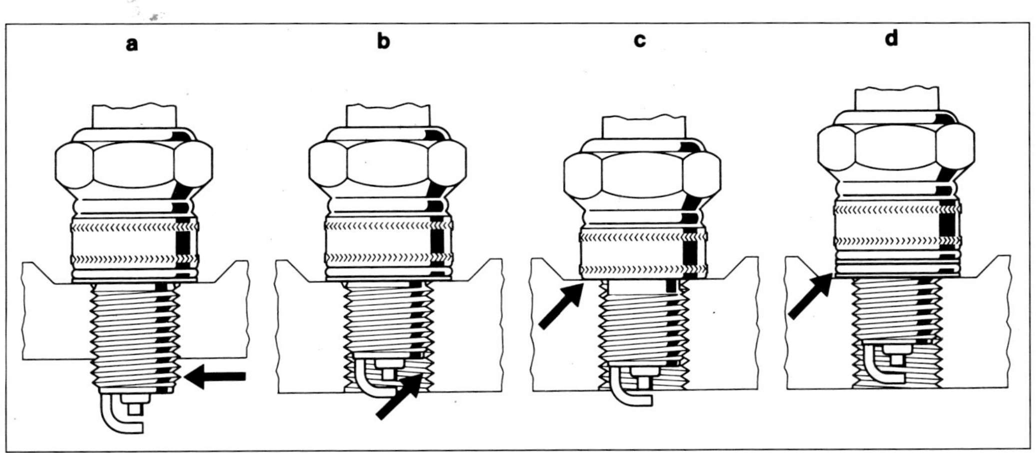

Besonders bei Kerzen mit Flachdichtsitz kann es zu Einbaufehlern kommen. a) Gewinde zu lang, b) Gewinde zu kurz, c) Dichtring fehlt, d) ein Dichtring zu viel.

Bevor Zündkerzen auf ihr Kerzengesicht überprüft werden, sollte der Motor gründlich warmgefahren und nach Volllast abgestellt werden. Betrachtungen nach Kurzstreckenverkehr können zu Fehlschlüssen führen.

Einbau neuer Zündkerzen

Neue Kerzen sollen niemals in den heißen Zylinderkopf eingeschraubt werden. Das Gewinde des Zylinderkopfes kann hierbei zerstört werden, und nach der Abkühlung sitzt die Kerze bombenfest. Dies gilt vor allem für Leichtmetallzylinderköpfe, Graugussköpfe sind hier unempfindlicher. Vor dem Einschrauben sollte man etwas Graphit auf das Kerzengewinde streuen, jedoch nie ölen. Beim Einschrauben die Kerze von Hand gerade ansetzen, um den Gewindelauf nicht zu zerstören. Nie mit Gewalt einschrauben, Schwergängigkeit liegt meist an einigen zerquetschten Gewindegängen, die man durch Nachschneiden manchmal noch »retten« kann. Wenn das Gewinde durch falsches Einschrauben zu sehr in Mitleidenschaft gezogen wurde, was praktisch nur bei Leichtmetallgewinden vorkommt, kann es durch sogenannte Heli-Coil-Gewindeeinsätze wieder verwendungsfähig gemacht werden. Neue Zündkerzen mit flachem Weichmetall-Dichtring erfordern einen größeren Anziehwinkel (ca. 90°) als solche mit Kegeldichtring (ca. 15°).

Vergaser und Vergaseranlagen

Noch in den 70er Jahren waren Vergaser das mit Abstand am weitesten verbreitete Gemischaufbereitungssystem bei Ottomotoren. Inzwischen wurden die Vergaser vor allem wegen der ständig steigenden Anforderungen hinsichtlich der Abgasemissionen in den hochentwickelten Ländern weitgehend von elektronisch gesteuerten Einspritzsystemen verdrängt. Dennoch ist es zum allgemeinen Verständnis wichtig und vorteilhaft, Funktion und Einstellmöglichkeiten des Vergasers kennenzulernen. Und da auch zunehmend Oldtimer- und Youngtimermotoren wieder hergerichtet und sogar getunt werden, kann etwas Vergaserkunde nicht schaden. Denn das beste Motortuning nutzt nichts, wenn die Vergaser nicht stimmen oder nicht richtig eingestellt sind. Da sich jedoch gerade auf diesem Gebiet zahlreiche Möglichkeiten sowohl hinsichtlich der Einstellungsvarianten als auch der Vergasertypen ergeben, muss hinzugefügt werden, dass auf diesem Sektor auch die besten Beschreibungen lange Erfahrung und umfangreiche Versuche nicht ersetzen können. Einen Vergaser richtig umzubestücken oder gar bei einem Vergaser für einen Motor eine völlig neue Grundeinstellung zu finden, hat nicht nur Laien, sondern auch schon Fachleu-

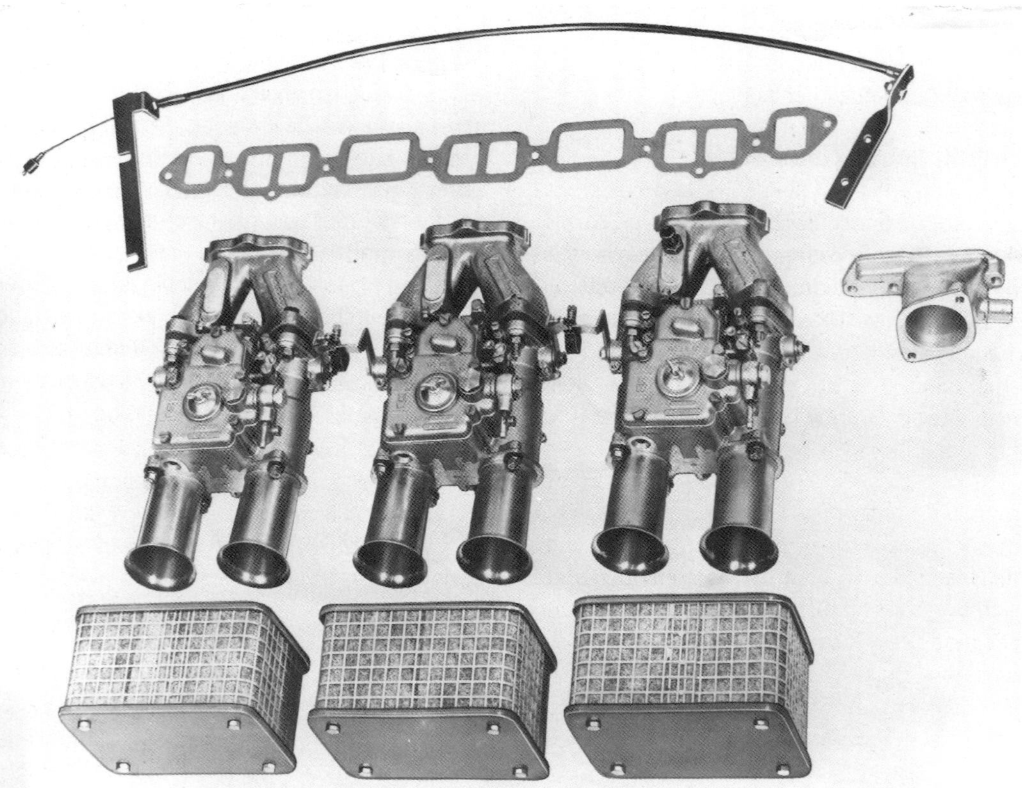

Drei Doppelvergaser versorgen einen Opel-Sechszylindermotor mit Gemisch. Die Vergaserbestückung ist für Literleistungen bis zu 80 PS/Liter ausreichend.

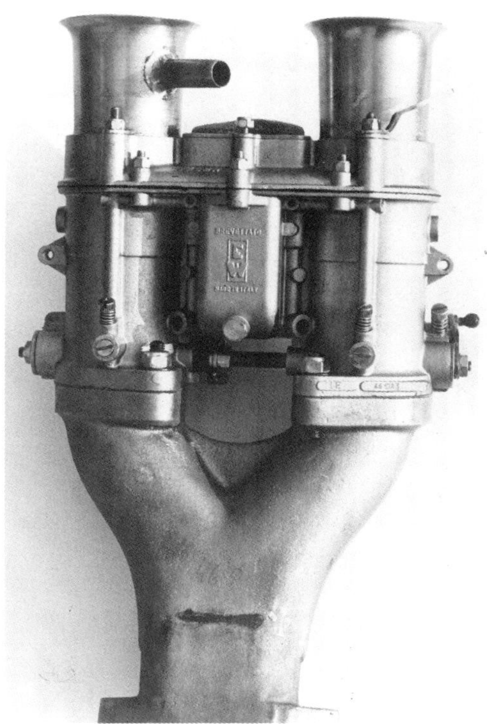

Sechs Dellorto-Fallstromvergaser sorgten beim 2,5 Liter großen V-Motor des Alfa 6 für gute Füllung und hohe Literleistung. Die Einstellung machte Schwierigkeiten.

ten graue Haare wachsen lassen. Leider ist es hier aus Platzgründen nicht möglich, einzelne Vergasertypen detailliert zu beschreiben. Wir möchten allerdings darauf hinweisen, dass es früher für jeden Vergasertyp vom Hersteller eine Beschreibung oder ein Typenblatt gab, die sich eventuell noch antiquarisch oder im Internet auftreiben lassen. Dem Typblatt und den dazugehörenden Einstelltabellen lassen sich alle Einzelheiten entnehmen, was in manchen Fällen recht nützlich sein kann.

Wieviele Vergaser – welche Vergaser?

Ausgehend von der Strömungsrichtung des Gemischs unterscheidet man Fallstromvergaser, Flachstromvergaser und als Mittelding zwischen diesen Bauarten den Schrägstromvergaser. Die früher verwendeten Steigstromvergaser, bei denen das Gemisch senkrecht nach oben stieg bzw. gesaugt wurde, werden heute nicht mehr verwendet.

Für Tuningarbeiten sind nur Fallstromvergaser, bei denen das Gemisch senkrecht nach unten »fällt«, und Flachstromvergaser, die das Gemisch horizontal durchlassen und deswegen auch oft Horizontalvergaser genannt werden, interessant.

In vielen Fällen wird man bei einer Umrüstung auf Doppelvergaser oder mehrere Vergaser die Bauart des serienmäßigen Vergasers beibehalten. Wenn also ein Motor von Haus aus einen Fallstromvergaser hat, benutzt man für eine Zweivergaseranlage ebenfalls – dann allerdings zwei – Fallstromvergaser oder einen Doppel-Fallstromvergaser.

Häufig kann man jedoch auch aus Platzgründen oder mit Rücksicht auf möglichst geringe Strömungsumlenkung bei einer Vergaserumrüstung von Fallstrom- auf Flachstromvergaser übergehen. Umgekehrt ist aber der Übergang von Flachstrom auf Fallstromvergaser meist aus Platzgründen (Bauhöhe) nicht möglich bzw. nicht sinnvoll. Für welche Vergaserbauart man sich letzten Endes bei einer Umrüstung entschließt, hängt von dem jeweiligen Motor, der Anzahl und Lage der Einlasskanäle und den Raumverhältnissen ab.

Innerhalb dieser grundsätzlichen Einteilung in Fallstrom- und Flachstromvergaser gibt es natürlich verschiedene Bauformen. Man unterscheidet Einfachvergaser, Mehrfachvergaser und Registervergaser.

Einfachvergaser

Der Einfachvergaser besitzt, wie der Name schon sagt, nur einen Durchlass, eine Drosselklappe und eine Schwimmerkammer. Er war früher der Standard-Vergaser für Motoren mit niedriger Literleistung, wie beispielsweise VW-Käfer, Opel Kadett, Ford Taunus usw. Nur in Ländern, wo die Abgasentgiftung noch

Sechs Dellorto-Fallstromvergaser sorgten beim 2,5 Liter großen V-Motor des Alfa 6 für gute Füllung und hohe Literleistung. Die Einstellung machte Schwierigkeiten.

Einfachvergaser: Ein kostengünstig produzierbarer, leicht einstellbarer Einfachvergaser, der alle Zylinder zentral mit Gemisch versorgt.

nicht auf hohem Niveau ist, werden solche Vergaser in den nicht sehr leistungsstarken Basismodellen eingebaut. Aber auch Motoren mit Katalysator werden oft durch einen, dann meist elektronisch gesteuerten Vergaser mit Gemisch versorgt. Wenn etwas mehr Leistung gefordert wird und es die Bauart des Motors zulässt oder erfordert, findet man manchmal auch eine Verwendung zweier oder mehrerer Einfachvergaser.

Mehrfachvergaser

Um aus einem Motor mehr Leistung herauszuholen, ist es, wenn nicht ohnehin auf Einspritzung übergegangen wird, zweckmäßig, mehrere Vergaser einzusetzen, damit jeder Vergaser möglichst wenig (nach Möglichkeit nur einen) Zylinder mit Gemisch zu versorgen hat. Für Sport- und Rennmotoren ist diese Methode (ein Durchlass pro Zylinder) ohnehin Vorbedingung. Hierdurch erreicht man nicht nur eine bessere Zylinderfüllung und weniger gekrümmte, kürzere Ansaugwege, sondern die Füllung des einzelnen Zylinders wird nicht mehr durch den Gaswechsel der übrigen Zylinder beeinflusst, wie dies bei der Verwendung von einem Vergaser für mehrere Zylinder der Fall ist. Die hierdurch erreichte bessere Gemischverteilung bringt außerdem eine Kraftstoffersparnis, da der spezifische Verbrauch (auf die Leistung bezogen: Gramm pro PS und Stunde, g/PSh) günstiger wird. Ein Motor mit einem Vergaserdurchlass pro Zylinder verbraucht also bei gleicher Leistungsabgabe weniger als einer mit einem gemeinsamen Vergaser für alle Zylinder.

Hier wird der für Tuningzwecke wohl interessanteste Horizontal-Doppelvergaser, der Weber 40 DCOE, etwas näher »beleuchtet«. Die beiden mitgelieferten Ansaugtrompeten sind poliert und abgestimmt. Sie sorgen für einen möglichst verlustarmen Eintritt der Saugluft.

Um nun diesen Zweck, bessere Füllung und Gemischverteilung, zu erreichen, könnte man für jeden Zylinder je einen Einfachvergaser benutzen, wie dies in manchen Fällen auch geschieht.
Aus Gründen der Einfachheit und auch aus Platzgründen hat man jedoch Vergaser konstruiert, die zwei (in einigen Fällen auch drei) Durchlässe aufweisen. Man nennt solche Vergaser Doppelvergaser bzw. Dreifach-Vergaser; sie haben eine gemeinsame Schwimmerkammer, jedoch zwei Drosselklappen und zwei völlig getrennte Düsensysteme.
Damit eine gleichzeitige (synchrone) Betätigung der Drosselklappen gewährleistet ist, werden die Drosselklappen meist auf einer gemeinsamen Welle montiert oder sie werden durch ineinandergreifende Zahnbogen gleichen Durchmessers betätigt.
Man kann also, wenn man zum Zwecke der Leistungssteigerung die Füllung verbessern will, ausgehend von einem Einfachvergaser, auf zwei oder mehrere Einfachvergaser oder auf einen oder mehrere Doppelvergaser übergehen. In vielen Fällen sind Doppelvergaser die einfachere Lösung, während manchmal auch Einfachvergaser vorgezogen werden müssen. Eine Umrüstung hingegen von zwei Einfachvergasern auf einen Doppelvergaser oder umgekehrt hätte wenig Sinn.
Doppelvergaser wurden vor allem bei Motoren

Doppelvergaser mit möglichst einem separaten Durchlass pro Zylinder ergeben die beste Leistungsausbeute. Das Bild zeigt die Flanschseite eines Solex-ADDHE-Vergasers. Lufttrichter und Vorzerstäuber sind gut zu erkennen.

mit sportlichem Einschlag, aber auch bei Gebrauchsmotoren eingebaut. So steckten in den alten Ford-V-6-Motoren und im Alfasud ti je ein Doppel-Fallstromvergaser, im Alfa Romeo Giulietta, Sprint GTV, Alfetta, Renault R 8 Gordini, NSU-TTS, Lancia-Fulvia HF, Simca 1000 Rallye 2 jeweils zwei Doppel-Flachstromvergaser. Sechs Doppelvergaser speisten den Zwölfzylinder des Lamborghini Countach, der Ferrari 512 BB verfügte über vier Dreifach-Fallstromvergaser.

Registervergaser

Registervergaser sind eigentlich auch Doppelvergaser, da sie ebenfalls zwei Durchlässe, zwei Drosselklappen, zwei getrennte Hauptdüsensysteme und eine gemeinsame Schwimmerkammer aufweisen. Der wesentliche Unterschied zum »echten« Doppelvergaser ist jedoch der, dass beim Registervergaser im unteren Teillastbereich erst eine Drosselklappe und damit nur ein Durchlass öffnet. Der zweite Durchlass wird später, entweder mechanisch oder durch Unterdruck, zugeschaltet. Bei Volllast sind beide Kanäle voll geöffnet. Hierdurch erreicht man relativ große Querschnitte bei Volllast und sehr gute Übergänge beim Beschleunigen.

Ein weiterer bedeutender Unterschied besteht darin, dass beide Durchlasskanäle in einen gemeinsamen Krümmer münden, so dass also mit nur einem Registervergaser keine getrennte Gemischversorgung für einzelne Zylinder möglich ist. Deshalb sind bei ausgesprochenen Sportmotoren Registervergaser selten zu finden. Dennoch ist der Registervergaser eine gute Lösung, wenn es um relativ hohe Literleistung bei gutem Laufverhalten im unteren Drehzahlbereich geht. In der Serie werden Registervergaser häufiger als Doppelvergaser benutzt.

Bei höherer Zylinderzahl wurden früher meist zwei Registervergaser mit je zwei Durchlässen benutzt (z. B. BMW 2500/2800/3,0). Wegen der relativ schwierigen Einstellung dieser aus Registervergasern bestehenden Doppelvergaseranlagen griff man für größere Motoren gerne zum Registervergaser mit vier Durchlässen, dem sogenannten »Vierfachvergaser«. Ein solcher Vergaser hat zwei kleinere Durchlässe für den unteren Teillastbereich, zwei große Durchlässe für den oberen Leistungsbereich. Er ersetzt in der Regel zwei übliche Registervergaser.

Der Vierfach-Solex 4A1 war beispielsweise bei vielen namhaften Automobilfirmen im Einsatz.

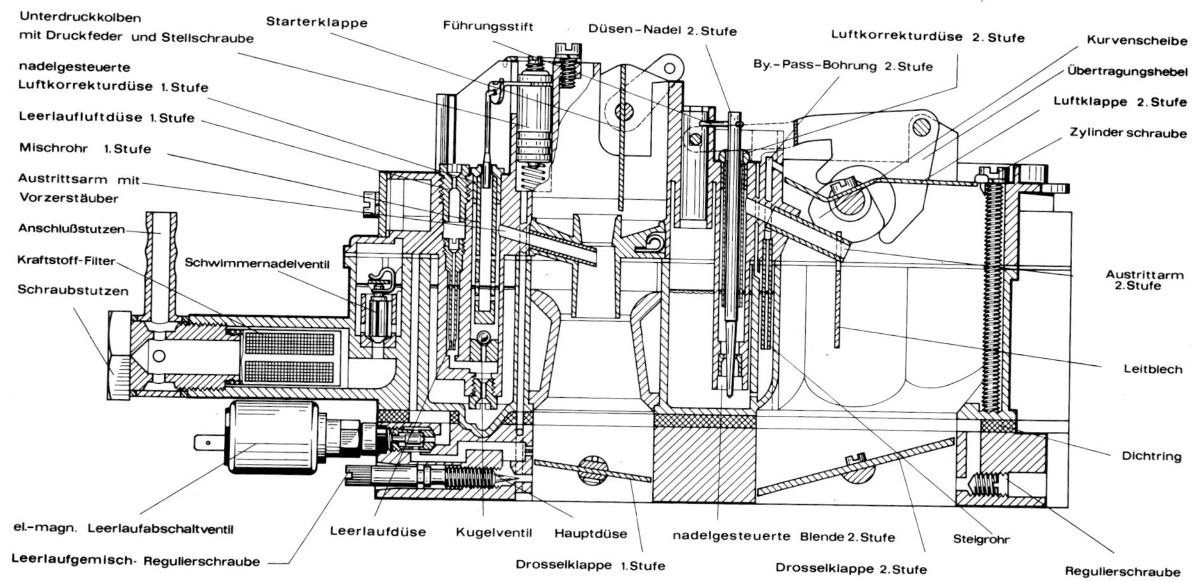

Der Witz des Registervergasers ist der relativ enge 1. Durchgang (links), der in der Teillast wirksam ist. Die 2. Stufe (rechts im Bild) wird bei Vollgas zugeschaltet. Der Schnitt zeigt einen Solex-Doppelregistervergaser 4A1.

Der Solex 4A1 Doppelregistervergaser ist für Leistungen bis über 200 PS ausreichend.

Die Modelle von BMW (520/525/528/ 630 CS), Mercedes (250/280/ 280 S) und der Rolls-Royce Carmargue hatten diesen Vierfachvergaser in den zurückliegenden Jahren verwendet. Auch die großen amerikanischen V8-Motoren benutzten früher häufig Vierfachvergaser.

Vergaseranlagen

Wie schon erwähnt wurde, lässt sich durch die Verwendung von zwei oder mehreren Vergasern bzw. Doppelvergasern die Leistung verbessern und der spezifische Benzinverbrauch reduzieren. Dass die Füllung und damit die Leistung bei Mehrvergaseranlagen besser wird, hat zwei

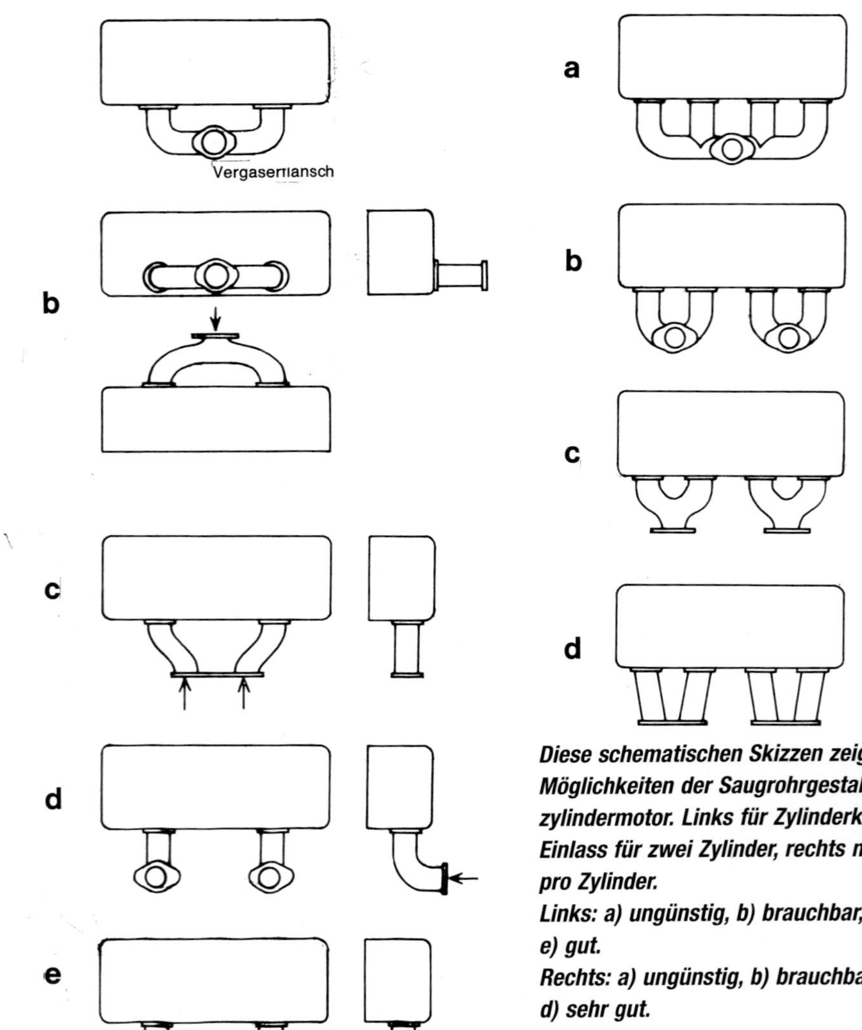

Diese schematischen Skizzen zeigen verschiedene Möglichkeiten der Saugrohrgestaltung beim Vierzylindermotor. Links für Zylinderköpfe mit einem Einlass für zwei Zylinder, rechts mit einem Einlass pro Zylinder.
Links: a) ungünstig, b) brauchbar, c) gut, d) gut, e) gut.
Rechts: a) ungünstig, b) brauchbar, c) gut, d) sehr gut.

Gründe. Erstens werden die bei Volllast entscheidenden Vergaserquerschnitte größer und somit die Drosselung des Motors geringer. Zweitens lassen sich bei der Verwendung mehrerer Vergaser die Ansaugkrümmer strömungsgünstiger und kürzer gestalten. Daraus resultiert auch der geringere spezifische Benzinverbrauch, da die Gemischverteilung besser wird und die Vergaser individueller eingestellt werden können.
Welche Vergasertypen bzw. welche Anordnung am günstigsten ist, ist von Motor zu Motor verschieden und von der Gestaltung der Zylinderkopfeinlässe abhängig. Grundsätzlich gilt jedoch, dass zu einer optimalen Leistungsausbeute für jeden Zylinder ein gesonderter Vergaserdurchlass vorhanden sein sollte. Dies wird bei praktisch allen Rennmotoren und Sportmotoren praktiziert, mit Ausnahme dort, wo das Reglement die Vergaseranzahl und die Anordnung vorschreibt.
In der Tuning-Praxis lässt sich jedoch die Forderung »ein Vergaserquerschnitt pro Zylinder«

Die einfachste Möglichkeit, Leistung zu gewinnen: Ersatz des Einfachvergasers beim Käfermotor durch zwei Einfachvergaser. Die Zweivergaseranlage war geboren.

nicht immer verwirklichen. So gab es im Serienmotorenbau Motoren mit Zylinderköpfen, deren Einlasskanäle sich erst im Kopf selbst gabeln, die also weniger Einlässe aufweisen als Zylinder vorhanden sind. Bei Vierzylindermotoren sind dann meist nur zwei solche »siamesischen« Einlässe vorhanden (z. B. die alten Stoßstangenmotoren des Mini, Opel Kadett, Fiat 850, VW 1200, 1300, 1500), bei Sechszylindermotoren drei oder vier Einlässe (siehe auch Saugrohrskizzen).

Selbst wenn man das Glück hat, einen Vierzylinder-Motor mit vier Einlässen im Zylinderkopf zu besitzen, ist noch nicht gesagt, daß sich hier immer vier Einfachvergaser oder zwei Doppelvergaser montieren lassen. So können z. B. die Einlässe zu eng nebeneinander liegen, oder zu wenig Platz neben oder über dem Motor kann dem Einbau einer solchen Anlage im Wege stehen.

Da auch die Wahl des Vergasertyps (ob Einfach, Doppel, Register, Fallstrom oder Flachstrom) zu sehr von den einzelnen Motoren abhängt, lassen sich hierzu keine allgemeinen Regeln aufstellen. Man kann nur raten, dass man sich nach Möglichkeit an häufig verwendete Vergasertypen anlehnt, wo hinsichtlich der Einstellung meist schon Erfahrungen vorliegen. So haben sich für Mehrvergaseranlagen einige bestimmte Vergasertypen als günstig herausgestellt. Für diese Vergaser und die dafür vorgesehenen Automodelle sind außerdem meist noch Anlagen oder Bauteile erhältlich und entsprechende Einstellwerte liegen vor.

Besonders häufig für Leistungssteigerungen wird zum Beispiel der Weber Flachstrom-Doppelvergaser 40 bzw. 45 DCOE verwendet. Für Fallstrom-Doppelvergaseranlagen wurden bisher meist die Zenith-Vergaser 32/36 NDIX

Beim luftgekühlten VW-Motor lässt sich die Leistung je nach Motortyp durch den Einbau von zwei Einfach-Fallstromvergasern um 5 bis 8 PS steigern.

bzw. Solex 40 PII verwendet. Für große Durchsätze wird häufig der Fallstrom-Doppelvergaser Weber 46 IDA 3 benutzt, der allerdings relativ hoch baut und demzufolge schwierig unterzubringen ist. Für einfache Zweivergaseranlagen sind nach wie vor die Solex Fallstromvergaser 32 PICB oder 34 PCI (jeweils Einfachvergaser) zu empfehlen.

Wie hoch ist der Leistungsgewinn?

Der Leistungsgewinn, der sich mit Mehr- oder Doppelvergaseranlagen erzielen lässt, hängt davon ab, inwieweit sich die Füllung eines Motors hierdurch verbessert. Der Füllungszuwachs ist wiederum bei solchen Motoren am größten, die im Serienzustand von der Vergaser- und Saugrohrseite her stark gedrosselt sind. Dies ist bei den meisten Vierzylindermotoren mit nur einem Einfachvergaser der Fall. So lassen sich bei größeren Reihenvierzylindern durch den Ersatz des Einfachvergasers mit zwei Doppelvergasern zwischen 10 und 15 PS gewinnen. Beim luftgekühlten VW-Motor klettert die Leistung mit zwei Einfach-Fallstromvergasern je nach Motortyp um 5 bis 8 PS, während beim Übergang auf zwei Doppelvergaser, die man bei der Verwendung von Doppelkanal-Zylinderköpfen benutzen kann, nur 1 bis 2 weitere zusätzliche PS, also insgesamt ca. 9 bis 10 PS zu erwarten sind. Man sieht hier also, wenn schon einmal eine Zweivergaseranlage vorhanden ist, bringt der Übergang auf Doppelvergaser nicht mehr so viel ein, dass sich der Aufwand in jedem Fall lohnt.

Keinen großen Gewinn dürfte auch beispielsweise der Übergang von einem Registervergaser auf einen Doppelvergaser bringen, selbst wenn man die Saugwege trennt. Da der Registervergaser bei Volllast praktisch die gleichen Querschnitte aufweist wie ein ebenso großer Doppelvergaser, ist hier nur etwas zu holen, wenn man den Doppelvergaser und die Saugwege wesentlich größer bemisst. Hier können sich dann allerdings Schwierigkeiten im niederen Drehzahlbereich ergeben. Unter Umständen ist bei solchen Motoren eine Umbestückung oder eine Vergrößerung des Registervergasers vorzuziehen, da sie fast die gleiche Leistung verspricht und wesentlich unproblematischer und billiger ist. Auch bei Motoren, die von Haus aus bereits einen Vergaser bzw. Durchlass pro zwei Zylinder aufweisen, dürfte der Einbau von Doppelvergasern relativ wenig bringen. In diesen Fällen reicht die Versorgung von zwei Zylindern mit einem Vergaser bzw. Vergaserteil meist aus, um auch einem getunten Motor genügend Füllung zu verschaffen.

Was noch dazu gehört

Wenn man sich für einen bestimmten Vergasertyp entschlossen hat, sind noch lange nicht alle Fragen geklärt. Für eine Vergaseran-

Käfermotor im Renntrimm mit zwei Weber-48IDA-Doppelvergasern und polierten Lufttrichtern.

Ein Fiat-128-Motor, von Trivellato getunt, bringt als 1300er mit zwei Weber-Doppelvergasern bis zu 130 PS, also ca. 100 PS/Liter.

Die Abbildung zeigt einen Renn-Vergaserkit mit zwei Weber-Doppelvergasern, den dazu notwendigen Anbauteilen sowie den hierzu vorgesehenen bearbeiteten Doppelkanal-Zylinderköpfen. Bis zu 130 PS können so aus einem – auch im Hubraum erweiterten – Käfermotor geholt werden.

lage fehlen noch einige Teile wie Drosselklappenbetätigung (Gaszug, Gasgestänge, Übertragungsteile), Ansaugkrümmer bzw. Saugrohre, Luftfilteranlage bzw. Einlauftrichter. Da besonders die Anfertigung von Saugrohren und Gasgestängen nicht einfach ist, empfiehlt es sich hier, auf käufliche Anlagen, falls noch vorhanden, zurückzugreifen.

Gasgestänge

Bei der Anfertigung des Gasgestänges ist darauf zu achten, dass in den Gelenken möglichst wenig Spiel vorhanden ist. Die Betätigungsteile sollten möglichst biege- und verwindungssteif sein, um eine synchrone Drosselklappenbetätigung zu garantieren. Bei der Verwendung von Kugelgelenken sollten die Hebelwinkel nicht zu groß und nicht zu klein werden, da dies zum Verklemmen oder »Umschnappen« des Gelenkes führen kann. Schon mancher Motor ist durch ein bei Vollgas klemmendes Gasgestänge gestorben.

Sämtliche Drosselklappen sollten getrennt einstellbar sein. Bei Doppelvergasern mit einer gemeinsamen Drosselklappenwelle entfällt diese Forderung. Auch ist es wenig sinnvoll, die Drosselklappenwellen einzelner Vergaser starr aneinander zu kuppeln. Hierdurch können durch Verklemmen oder Verdrehung zu starke Differenzen in der Drosselklappenstellung der einzelnen Vergaser auftreten. Nach Fertigstellung des Gasgestänges sind die Drosselklappen auf einwandfreies Öffnen und Schließen zu kontrollieren. Achtung: Stets zwei Rückzugfedern für das Gasgestänge vorsehen. Bei einer einzelnen Feder könnt es sonst bei Bruch zum Überdrehen des Motors kommen.

Saugrohre

Die Anfertigung von Saugrohren ist nicht ganz einfach. Nur in den seltensten Fällen wird man die Möglichkeit haben, das Saugrohr nach einem exakten Holzmodell (Gussmodell) gießen zu lassen. Darum ist für Einzelanfertigungen die Herstellung aus Stahlrohr manchmal einfacher und billiger, wenn auch nicht immer ganz so strömungsgünstig wie bei einem Gusssaugrohr. Es bedarf wohl keiner besonderen Erwähnung, dass das Saugrohr am Vergaserflansch denselben Durchmesser wie der Vergaser, am Zylinderkopfflansch die gleiche Öffnung wie der Zylinderkopfeinlass haben muss, um Stoßkanten und schlechte Über-

Eine optimale Saugrohrgestaltung erfordert zahlreiche Versuchsmuster.

gänge zu vermeiden. Die Gestaltung sollte so sein, dass Umlenkungen in sanften Bögen geführt werden, Knicke, Vorsprünge und Kanten sind zu vermeiden. Eine spätere Bearbeitung des Saugrohrs von innen sollte gut möglich sein.

Luftfilter und Einlauftrichter

Den günstigsten Lufteintritt in einen Vergaser erzielt man mit sogenannten Einlauftrichtern, die auf die Vergaser gesteckt werden. Sie sollen einen möglichst widerstandsarmen und wirbelfreien Lufteintritt garantieren und bieten in jedem Fall für eine optimale Füllung bessere Voraussetzungen als Luftfilter. Vom Betrieb des Vergasers ohne jeden Filter oder Trichter ist hingegen abzuraten, da sich hier an den Einlaufkanten meist starke Wirbel bilden. Einlauftrichter sind für fast alle gängigen Vergasertypen bei Zubehörfirmen oder von Vergaserherstellern zu beziehen. Die darin befindlichen Siebe können im Interesse guter Füllung entfernt werden, jedoch ist dann im Betrieb darauf zu achten, daß nicht durch Unachtsamkeit größere Gegenstände durch den Vergaser in die Zylinder gelangen (z. B. Schrauben) und dort Schaden anrichten.

Da mit den Einlauftrichtern die Luft ungehinderten Zutritt zum Vergaser hat, findet auch der darin befindliche Schmutz ungehinderten Zugang zum Motor. Beim häufigen Befahren staubiger Straßen ist also mit einem wesentlich höheren Motorverschleiß zu rechnen, so dass Einlauftrichter eigentlich nur bei Wettbewerbsmotoren gefahren werden sollten. Da zudem die Geräuschentwicklung (Ansauggeräusch) erheblich stärker ist, empfiehlt es sich, für den Normalbetrieb eine Luftfilteranlage

Saugrohr für einen Vierzylindermotor, der durch einen Registervergaser oder einen Doppelvergaser (Fallstrom) gespeist wird. Die ungleichen Längen der Saugwege und die Umlenkung führen zu ungleichmäßiger Gemischverteilung. Drosselverluste sind unvermeidlich.

vorzusehen. Hierbei haben sich kleine, relativ widerstandsarme Nassluftfilter gut bewährt. Moderne Luftfilteranlagen mit sogenannten Platten-Filtern (trockene Papier-Filterplatten) sind zum Teil noch widerstandsärmer bei optimaler Geräuschdämpfung. Sie lassen sich jedoch nur schwierig an nachträglich geänderte Vergaseranlagen anpassen.

Wie groß muss der Vergaser sein?

Wenn man sich für die grundsätzliche Bauart des Vergasers, also Fallstrom, Flachstrom oder Schrägstrom entschieden hat, steht man vor der Wahl der richtigen Vergasergröße. Dieser Wert bezieht sich grundsätzlich auf den Durchmesser des Vergasers am Flansch, der meist auch dem Drosselklappendurchmesser entspricht. Bei jedem Vergasertyp ist diese

Zwei Solex-Horizontal-Doppelvergaser versorgen diesen von Irrmscher getunten Opel-Motor mit Gemisch. Ein groß dimensionierter Ansauggeräuschdämpfer mit Plattenluftfilter sorgt für weitgehend ungehinderte und saubere Lufteinströmung.

Größe angegeben, also z. B. Solex 34 PCI bedeutet unter anderem, dass dieser Vergaser einen Anschlussflansch von 34 mm lichter Weite besitzt.

Bei der Wahl der Vergasergröße kann man sich ruhig etwas Spielraum nach oben lassen, um hier auch für getunte Motoren Reserven zu haben, denn man kann andererseits einen für einen bestimmten Vergaser zu kleinen Motor ohne weiteres mit diesem Vergaser betreiben und durch entsprechende Abstimmungen gute Ergebnisse erreichen. Für eine größere Leistungssteigerung ist es zweckmäßig, den Vergaser lieber zu groß als zu klein zu wählen.

Die Firma Weber gibt zur Auswahl der Vergasergröße folgende Formel an:

$$D = 0{,}8 \text{ bis } 0{,}9 \cdot \sqrt{\frac{V \cdot n}{i}}$$

In dieser Formel bedeutet D den gesuchten inneren Durchmesser des Vergasers in mm, V den Gesamthubraum des Motors in Liter, i die Anzahl der Zylinder und n die Höchstdrehzahl in 1/min. Unter der Höchstdrehzahl eines Motors versteht man die Drehzahl, die ein Motor unter Volllast in den unteren Gängen erreicht. Sie liegt im allgemeinen ca. 10 bis 20 Prozent über der Nenndrehzahl, bei der ein Motor seine Höchstleistung abgibt.

Der Blick in die Saugtrichter dieses Weber-Vergasers (40 DCOE) zeigt den bei guten Vergasern üblichen Vorzerstäuber und dahinter den Lufttrichter.

Für einen Motor mit 4 Zylindern, 1,6 Liter (1600 cm^3) Hubraum und einer Höchstdrehzahl von 6000 U/min ergeben sich Werte zwischen 39 und 44 mm, man wird also mit einem Vergaserdurchlass von 40 mm normalerweise gut auskommen, für Wettbewerbsmotoren wäre freilich ein Durchmesser von 45 mm zu empfehlen.

Diese Formel gilt auch für Mehrvergaseranlagen oder Doppelvergaser. Es ist also gleichgültig, ob man den Durchmesser eines oder mehrerer Einzelvergaser bzw. Doppelvergaser für einen Motor bestimmt, für alle diese Vergaser ist ein Durchlass von 40 mm (für unser Beispiel) richtig.

Die Firma Solex machte in einer sehr anschaulichen Broschüre (»Auswahl und Einregulierung der Vergaser«) etwas differenziertere Angaben bezüglich der Vergaserabmessungen, deren Ergebnisse jedoch im Wesentlichen mit den nach der von Weber angegebenen Formel ermittelten Werten übereinstimmen.

Der ungefähr richtige Vergaserdurchmesser eines Solex-Vergasers, der 1, 2, 3 oder 4 Zylinder versorgt, läßt sich so bestimmen:

$$D = 0{,}82 \cdot \sqrt{\frac{V \cdot n}{i}}$$

In dieser Formel bedeutet wiederum D den gesuchten Durchmesser in mm, V den Gesamthubraum des Motors in Liter, n die Höchstdrehzahl in 1/min und i die Zylinderzahl. Die Formel gilt auch für solche Fälle, wenn jeder Zylinder von einem Einzelvergaser oder zwei Zylinder von je einem Doppelvergaser versorgt werden. Sie hat aber auch dann Gültigkeit, wenn auf zwei, drei oder vier Zylinder nur ein Vergaser bzw. ein Doppelvergaser kommt. Für unser Berechnungsbeispiel mit 1600 cm^3 und 6000 U/min ergibt sich für den gesuchten Solex-Vergaser ein Durchmesser von rund 40 mm, ein Ergebnis also, das sich mit dem für den Webervergaser gefundenen Wert deckt.

Wenn ein Vergaser 6 Zylinder versorgen soll, lautet die Formel:

$$D = \sqrt{\frac{V \cdot n}{i}}$$

Für den im Tuning-Geschäft äußerst unwahrscheinlichen Fall, dass ein Einzelvergaser 8 Zylinder versorgt, lautet die Formel:

$$D = 1{,}15 \cdot \sqrt{\frac{V \cdot n}{i}}$$

Wenn man nach diesen Formeln die Vergaserdurchmesser von alten Serienautomobilen nachrechnet, so wird man meist feststellen, dass die Vergaserdurchmesser immer etwas knapp gewählt werden. Man kann also oft auch schon durch einen größeren Vergaser des gleichen Typs die Füllung eines Motors verbessern, ohne gleich auf eine Mehrvergaseranlage übergehen zu müssen.
Für die weitere Bestückung des so gefundenen Vergasers gibt die Firma Solex folgende Hinweise, mit denen auf jeden Fall eine Ausgangsbestückung gefunden werden kann. Die endgültig richtigen Werte müssten auf dem Prüfstand und im Fahrbetrieb ermittelt werden.

Lufttrichter

Die Suche nach dem richtigen Lufttrichterdurchmesser wird durch folgende Faustformel erleichtert, die meist einen Lufttrichter liefert, der in der Nähe des absolut richtigen Durchmessers liegt.

- Lufttrichterdurchmesser = 0,8 x Vergaserdurchmesser

Wie wir sehen, wird einfach der gefundene Vergaserdurchmesser mit 0,8 multipliziert. Von diesem Wert ausgehend, muss dann im Fahrversuch oder auf dem Prüfstand der Lufttrichter gesucht werden, der den besten Leistungsverlauf ergibt. Nach Empfehlungen der Firma Solex soll der Lufttrichter etwa 3 bis 4 Prozent kleiner gewählt werden als der, mit dem die maximale Leistung erzielt wird. Man erreicht hierdurch ein einwandfreies Fahrverhalten auch bei niederen Drehzahlen und im Übergangsbereich. Wer darauf keinen Wert legt, sondern auf optimale Leistung, sollte den maximal möglichen Lufttrichter wählen.
Für unser Beispiel mit einem Vergaserdurchmesser von 40 mm ergäbe sich also ein Lufttrichter von ca. 32 mm Durchmesser, dessen endgültig richtiger Wert durch Versuche noch ermittelt werden müsste. Bei diesen Versuchen ist die Hauptdüse ausreichend groß zu wählen, damit die Leistung nicht durch zu mageres Gemisch reduziert wird. Doch auch hier sollte man nicht zu weit gehen, denn zu große Hauptdüsen bzw. zu fettes Gemisch führen auch zu Leistungsabfall.

Die richtigen Düsen

Bevor wir uns auf die Suche nach den richtigen Düsen begeben, sollen einige Grundbegriffe geklärt werden.
In Vergasern findet man viele Düsen und kalibrierte Röhrchen, die ebenfalls die Funktion von Düsen haben. Von all diesen Düsen, wie z. B. Leerlaufdüse, Pumpendüse, Anreicherungsdüse usw., sind für das Leistungsverhalten eines Motors die Hauptdüse und die Luftkorrekturdüse die wichtigsten.

Die Hauptdüse

Das Mischungsverhältnis des Kraftstoff-Luft-Gemisches wird in erster Linie durch die Größe der Hauptdüse bestimmt. Hierbei ist zu beachten, dass sowohl zu fettes Gemisch wie zu mageres Gemisch zu einem unbefriedigenden Leistungsverhalten des Motors führen kann, doch ist zu fettes Gemisch weniger gefährlich, da der Motor nicht so heiß wird. Gleichzeitig sei darauf hingewiesen, dass die Hauptdüse die Leistung und den Verbrauch im gesamten Drehzahlbereich beeinflusst, das heißt, eine größere Hauptdüse hat über den ganzen Drehzahlbereich auch einen höheren Verbrauch zur Folge.
Andererseits lassen sich gerade bei Serienmotoren, die im Interesse niedrigen Verbrauches »abgemagert« wurden, also mit einer Hauptdüse laufen, die gerade noch eine einwandfreie Laufcharakteristik ergibt, manchmal

Nach Abnehmen des oberen Deckels sind bei diesem Vergaser (Weber 40 DCOE) alle wichtigen Düsen zugänglich. Um den Hauptdüsenstock herum ist die Schwimmerkammer angeordnet.

einige Leistungsvorteile durch eine Vergrößerung der Hauptdüse erzielen. Wie gesagt, sind jedoch dem Wert der Hauptdüse nach oben auch Grenzen gesetzt, da zu fettes Gemisch ebenfalls wieder zu Leistungsabfall führt.

Noch ein Tipp: Wenn ein Motor zum Klingeln (Selbstzündung) neigt, was gerade bei alten Motoren, die ursprünglich auf bleihaltiges Super mit ROZ 98 ausgelegt waren, auch wegen eventueller Verbrennungsrückstände häufiger vorkommt, kann dem oft mit einer etwas größeren Hauptdüse abgeholfen werden.

Grundsätzlich gelten die folgenden Faustregeln:

Hauptdüse größer – Verbrauch höher, Leistung eventuell besser, Übergänge beim Beschleunigen besser,

Hauptdüse kleiner – Verbrauch geringer, Leistung meist schlechter, schlechtere Übergänge beim Gasgeben, Motor wird heiß, da Gemisch zu mager.

Die Firma Solex gibt zur Ermittlung der Hauptdüse folgende Faustformel an:

- Wert der Hauptdüse =
  fünffacher Wert des Lufttrichters

Für unser Beispiel wäre bei einem Lufttrichterdurchmesser von 32 mm der Ausgangswert der Hauptdüse etwa 160. Mit diesem Ausgangswert beginnend, muss die optimale Größe der Hauptdüse im Fahrversuch oder auf dem Prüfstand gefunden werden. Diese Versuche zur exakteren Bestimmung der Hauptdüsengröße werden später noch beschrieben. Selbstverständlich gilt diese Methode auch bei der Ermittlung von Zweivergaser- bzw. Doppelvergaseranlagen.

Die Luftkorrekturdüse

Wie wir gesehen haben, wird durch die Größe der Hauptdüse das Mischungsverhältnis zwischen Luft und Kraftstoff im Vergaser bestimmt. Dieses Mischungsverhältnis sollte über den gesamten Drehzahlbereich des Motors annähernd gleich bleiben. Da jedoch auf Grund von Strömungsgesetzen der Kraftstoffaustritt mit wachsender Drehzahl schneller zunimmt als der Luftdurchsatz, würde das Gemisch bei hohen Drehzahlen zu fett werden. Um dieses zu vermeiden, wird in das Hauptdüsensystem eine sogenannte Luftkorrekturdüse eingeschaltet, durch die mit wachsender Drehzahl und dementsprechend wachsendem Unterdruck der zum Austrittsrohr fließende Kraftstoff mit Luft vermengt wird. Die Vermengung geschieht in einem sogenannten Mischrohr, über dem die Luftkorrekturdüse angebracht ist.

Dieses System der Gemischaufbereitung wird sowohl bei Solex-, Zenith- und Weber-Vergasern angewandt, während die englischen SU- und Stromberg-Vergaser nach einem völlig anderen Prinzip arbeiten.

Die Luftkorrekturdüse, bei anderen Fabrikaten manchmal auch Luftausgleichsdüse oder Bremsluftdüse genannt, beeinflusst also die Leistung und den Verbrauch hauptsächlich im oberen Drehzahlbereich. Es gelten folgende Faustregeln:

Luftkorrekturdüse größer – Verbrauch vornehmlich im oberen Drehzahlbereich geringer, Leistung eventuell geringer.

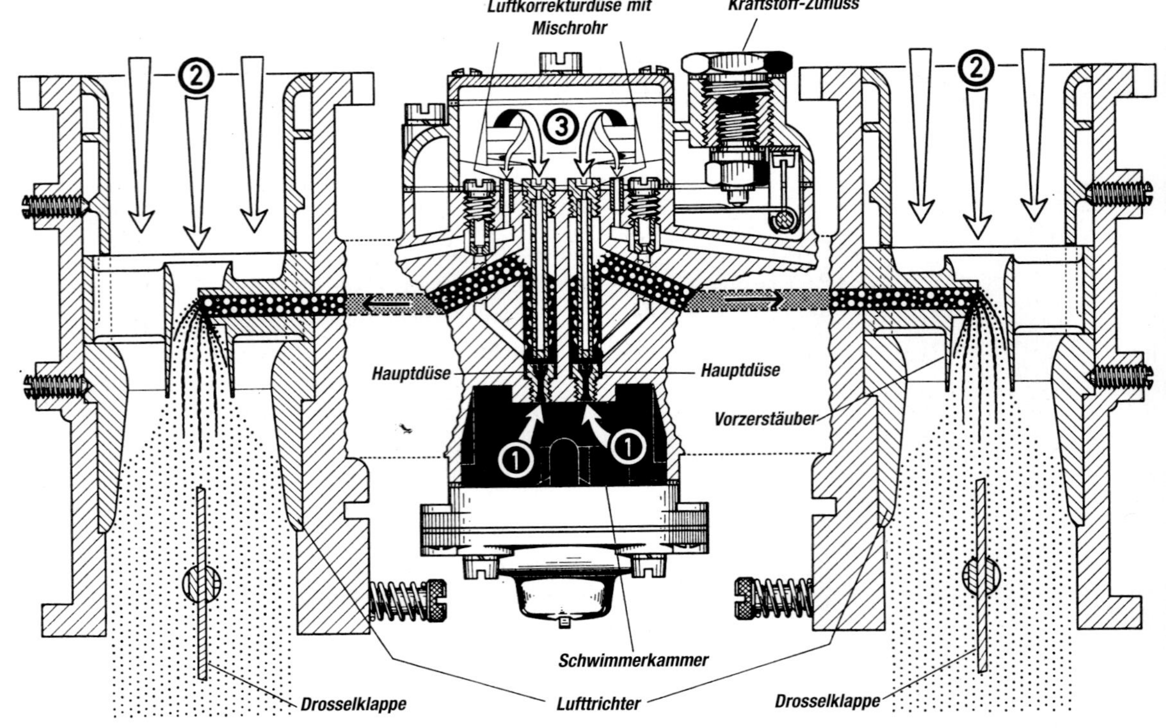

Schnitt durch einen Solex-Doppelvergaser. Es ist die Wirkungsweise des Düsensystems bei Volllast (Drosselklappen ganz geöffnet) eingezeichnet. Aus der Schwimmerkammer (1) fließt der Kraftstoff durch die Hauptdüsen zu den Mischrohren. Die Hauptluft (2) strömt vom Luftfilter zur engsten Vergaserstelle (Lufttrichter). Dort tritt der mit der Ausgleichsluft durch die Luftkorrekturdüsen vorgemischte Kraftstoff in den Vorzerstäubern aus.

Luftkorrekturdüse kleiner – Verbrauch größer, Spitzenleistung unter Umständen größer.

Umgekehrt wie bei der Hauptdüse muss man also für eine Anfettung des Gemisches bei hohen Drehzahlen die Luftkorrekturdüse kleiner und nicht größer wählen.

Zur Ermittlung des Ausgangswertes der Luftkorrekturdüse gibt die Firma Solex an:

- Größe der Luftkorrekturdüse = Größe der Hauptdüse + 60

In unserem Fall wäre also bei einer Hauptdüse von 160 eine Luftkorrekturdüse der Größe 220 angebracht. Der endgültig richtige Wert muss ebenso wie bei der Hauptdüse durch Versuche gefunden werden.

Ebenso wie die Luftkorrekturdüse ist auch das Mischrohr ein Einstellteil. Um jedoch die Einstellvarianten nicht zu vervielfältigen, sollte man stets bei dem Mischrohr bleiben, das serienmäßig im Vergaser vorhanden war und bei ähnlichen Bedingungen gut funktioniert.

Beschleunigungspumpen

Wenn man aus dem Teillastbereich heraus, also etwa bei viertel oder halb geöffneter Drosselklappe voll beschleunigt, die Drosselklappen also ganz öffnet (Vollgas), fällt der Unterdruck im Saugrohr schlagartig zusammen und das Gemisch wird zu mager. Diese Erscheinung tritt um so ausgeprägter auf, je größer der Durchmesser des Saugrohrs und des Lufttrichters im Verhältnis zum Hubraum des betreffenden Motors ist. Der Motor würde wegen des mageren Gemischs nur ruckend beschleunigen, im Übergang wäre ein »Loch«, wie man in der Fachsprache sagt.

Um einen einwandfreien, lochfreien Übergang beim Beschleunigen zu erreichen, haben moderne Vergaser eine sogenannte Beschleunigungspumpe. Diese Pumpe ist in der Regel mechanisch mit der Drosselklappenwelle verbunden und spritzt im Augenblick des Gasgebens eine bestimmte Menge Kraftstoff in den Saugkanal des Vergasers ein. Hierdurch wird

Diese Doppelvergaseranlage mit Krümmern, Gasbetätigung und Luftfilter hatte die Firma Abt für den Motor des Audi 80 entwickelt. Die Leistung beträgt ca. 95 bis 100 PS, als Ausgangsbasis für weitere Leistungssteigerungen bis 130 PS ist diese Anlage geeignet.

Die Mechanik der Pumpenbetätigung ist auf diesem Bild sehr gut zu erkennen (Solex-Vergaser). Um den Pumpenhub zu ändern, wird der Pumpenhebel auf der Betätigungsstange durch Beilagscheiben versetzt. Der Pumpenhebel kann auch etwas gebogen oder seine Stellung durch Versetzen des Splintes variiert werden.

das Gemisch fetter und die Übergänge sauber.

Bei fast allen Vergasern kann man sowohl die Menge des eingespritzten Kraftstoffes als auch die Zeitdauer der Einspritzung bestimmen. Jedoch bestehen hinsichtlich der Pumpenausführungen und der Regelung einige Unterschiede bei den verschiedenen Vergaserfabrikaten.

Solex-Vergaser

Die Firma Solex verwendet bei ihren Vergasern fast ausschließlich Membranpumpen, die mechanisch über ein Hebelgestänge betätigt werden. Bei Solex ist eine Änderung der Einspritzmenge durch eine Verstellung des Pumpenhubes möglich (siehe Bild). Hierzu wird die Stellung des Pumpenhebels, der entweder mit einem Splint oder mittels Schrauben auf der Verbindungsstange fixiert ist, verändert. Hineinschrauben bzw. Verkürzen des Abstandes ergibt eine größere Einspritzmenge, Herausschrauben bzw. Verlängern eine geringere Einspritzmenge.

Die Zeitdauer der Einspritzung hängt von der Größe der Pumpendüse oder, falls eine solche nicht vorhanden ist, von der Kalibrierung des Einspritzröhrchens ab. Je größer die Pumpendüse bzw. das Einspritzröhrchen ist, um so geringer ist die Zeit, die die Einspritzmenge zum Durchfließen benötigt. Die ungefähre Größe der Pumpendüse beträgt etwa ein Drittel der Hauptdüse, also bei einer Hauptdüse von 160 ca. 50 bis 55. Bei sehr kleinen Hauptdüsen (100 und geringer) sollten die Pumpendüsen wegen der Verschmutzungsgefahr nicht kleiner als 35 gewählt werden.

Zenith-Vergaser

Die für Tuning-Zwecke in Frage kommenden Zenith-Vergaser 32 bzw. 36 NDIX (Doppelfallstromvergaser) sowie 2 B 2 (Fallstrom-Registervergaser) besitzen wie die meisten Zenith-Vergaser eine Kolben-Beschleunigungspumpe. Im Prinzip funktioniert diese Pumpe genau so wie die Membranpumpe der Solex-Vergaser. Auch hier kann die Einspritzmenge durch die Stellung des Pumpenhebels verändert werden, die Einspritzdauer durch die Größe der Pumpendüse.

Weber-Vergaser

Wie die Zenith-Vergaser haben auch die Weber-Vergaser als Kolbenpumpem ausgebildete Beschleunigungspumpen. Jedoch ist bei den Weber-Vergasern der Pumpenhub in der Regel nicht verstellbar, so dass die Einspritzmenge auf diese Weise nicht geregelt werden kann. Hierzu ließ man sich etwas anderes einfallen. Die durch einen Pumpenhub geförderte

Nicht ganz einfach dürfte diese Vergaseranlage mit vier Weber-Horizontal-Doppelvergasern einzuregulieren sein (Moon-Space für Chevrolet V8).

Kraftstoffmenge ist stets größer als die zur Einspritzung in den Saugkanal benötigte Menge. Der überflüssige Teil wird durch eine Überströmdüse in die Schwimmerkammer zurückgeleitet. Diese Anordnung gestattet ebenfalls eine sehr feine Regelung der Einspritzdauer und der Einspritzmenge.

Vergrößert man beispielsweise die Pumpendüse, so wird die pro Zeiteinheit in den Saugkanal eingespritzte Kraftstoffmenge größer. Nimmt man dagegen eine größere Überströmdüse und behält die Pumpendüse bei, dann wird die Zeitdauer der Einspritzung kürzer, da die durch den Pumpenhub geförderte Kraftstoffmenge schneller über die größere Überströmdüse abfließen kann. In beiden Fällen jedoch wird sowohl die Einspritzmenge als auch die Zeitdauer der Einspritzung verändert. Wenn man also nur einen Faktor der Einspritzung ändern will, muss man mit beiden Düsen gleichzeitig arbeiten.

Außer diesen Möglichkeiten der Beeinflussung mittels Düsen kann man die Menge durch ein anderes Pumpengestänge, die Dauer durch eine andere Kolbendruckfeder verändern.

Im allgemeinen genügen aber die Einstellmöglichkeiten mit Hilfe der Düsen. Hierzu gelten folgende Grundregeln, wobei die Einspritzmenge mit M, die Einspritzdauer mit D, die Pumpendüse mit P und die Überströmdüse mit Ü abgekürzt wurden:

M größer,	D gleich	...	P größer	Ü kleiner
M größer,	D größer	...	P größer	Ü kleiner
M größer,	D kleiner	...	P größer	Ü gleich, größer oder kleiner
M kleiner,	D gleich	...	P kleiner	Ü größer
M kleiner,	D größer	...	P kleiner	Ü gleich, kleiner oder größer
M kleiner,	D kleiner	...	P kleiner	Ü größer
M gleich,	D gleich	...	P gleich	Ü gleich
M gleich,	D größer	...	P kleiner	Ü kleiner
M gleich,	D kleiner	...	P größer	Ü größer

Die richtigen Werte sind durch Probieren zu ermitteln. In der Regel wird man jedoch damit auskommen, die Einspritzung nur durch Verändern einer Düse zu beeinflussen.

Messung der Einspritzmenge

Die Einspritzmenge wird mit Hilfe eines kleinen Messröhrchens am Austrittsarm des Einspritzsystems gemessen. Bei manchen Vergasern ist dies in eingebautem Zustand möglich, wenn der Austrittsarm gut zugänglich ist. Im anderen Fall muss der Vergaser ausgebaut werden, manchmal muss auch das Vergaseroberteil abgenommen werden. Zur Messung soll die Schwimmerkammer voll mit Benzin sein. Es wird dann einmal Vollgas gegeben, wobei darauf zu achten ist, dass die Drosselklappe vorher ganz geschlossen war. Die aus dem Austrittsarm spritzende Kraftstoffmenge wird im Messröhrchen aufgefangen. Um Fehler auszuschalten, empfiehlt es sich, mehrere Messungen durchzuführen. Bei sehr kleinen Einspritzmengen misst man zweckmäßigerweise mehrere Hübe und dividiert das Ergebnis durch deren Anzahl.

Nebenfunktionen der Beschleunigungspumpe

Neben ihrer Aufgabe, das Gemisch beim Beschleunigen durch Einspritzung von zusätzlichem Kraftstoff anzureichern, erfüllen manche Beschleunigungspumpen noch andere Aufgaben. Es kann sich nämlich der Fall ergeben, dass man zu einer optimalen Einstellung im Hinblick auf Leistung und auf sparsamen Verbrauch mit den normalen Düsensystemen, wie Hauptdüse und Luftkorrekturdüse nicht ganz auskommt. Wenn man nämlich eine sparsame und gut funktionierende Einstellung für den Teillastbereich gefunden hat, kann es vorkommen, dass der Motor im Volllastbereich oder bei hohen Drehzahlen zu mager läuft. Auch der umgekehrte Fall ist möglich, tritt jedoch in der Praxis selten auf. Zu diesem Zweck besitzen Vergaser manchmal spezielle Anreicherungssysteme, die zusätzlichen Kraftstoff bei Volllast oder hohen Drehzahlen in den Saugkanal einfließen lassen (siehe nächster Abschnitt). Man kann aber auch zur Steuerung dieses Vorganges die Beschleunigungspumpen benutzen.

Solex-Beschleunigungspumpen gibt es aus diesem Grund in drei Versionen. Die Bezeichnung »Pumpe reich« steht für eine anreichernde Pumpe, »Pumpe arm« für eine abmagernde Pumpe und »Pumpe neutral« für eine Pumpe ohne diese Eigenschaften.

Bei der anreichernden Pumpe wird bei Volllast (Vollgasstellung) ein Ventil geöffnet, durch das zusätzlicher Kraftstoff über das Pumpensystem in den Saugkanal des Vergasers abgegeben wird. Je höher der Unterdruck ist, um so mehr zusätzlicher Kraftstoff wird abgesaugt. Im Teillastbereich ist das Ventil geschlossen, der Motor läuft mit magerem Gemisch.

Bei der »Pumpe arm« ist im Teillastbereich ständig ein Ventil geöffnet, durch das Kraftstoff abgesaugt wird. Bei Volllast (Vollgas) wird das Ventil geschlossen, wodurch das Gemisch abgemagert wird. Bei der neutralen Pumpe ist kein Ventil vorhanden. Um die verschiedenen Pumpen voneinander unterscheiden zu können, sind sie mit einer Kennzahl gezeichnet. Neutrale Pumpen tragen als Endziffer der Kennzahl die Zahl 2, anreichernde Pumpen die Zahl 3 und verarmende Pumpen die Zahl 4.

Anreichernde Pumpen werden besonders bei sportlichen Motoren verwendet, wo ein Verga-

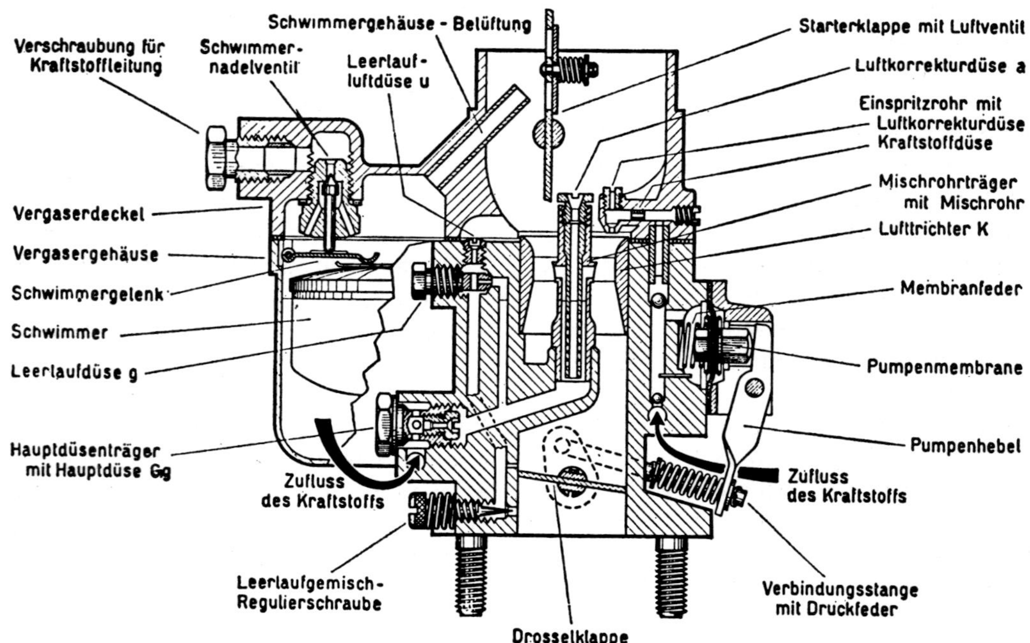

Der Schnitt durch diesen Solex-Fallstromvergaser (Typ PCI) zeigt sehr deutlich die verschiedenen Düsensysteme und die Funktion der Beschleunigungspumpe (neutral).

ser vier Zylinder zu versorgen hat. Aber auch wenn ein Vergaser nur einen oder zwei Zylinder versorgt, können in vielen Fällen anreichernde Pumpen von Nutzen sein, wenngleich hier auch manchmal neutrale oder gar abmagernde Pumpen notwendig sein können. Für getunte Motoren ist jedoch meist die reiche Pumpe erforderlich, außerdem sollte man die in einem Vergaser serienmäßig eingebaute Pumpe zumindest einmal versuchsweise beibehalten.

Ähnlich wie die Solex-Vergaser besitzen auch einige Zenith-Vergaser (32 NDIX) eine Volllastanreicherung durch die Beschleunigungspumpe.

Auch Weber-Vergaser haben bei manchen Vergasertypen (z. B. 40/45 DCOE) eine Volllastanreicherung vorgesehen.

Neben der Volllastanreicherung der Beschleunigungspumpe, die stets mechanisch durch ein vom Pumpenhebel oder Kolben geöffnetes Ventil geschieht (bei Vollgas) kennt man noch eine andere Art der Gemischanreicherung, die ebenfalls über die Beschleunigungspumpe möglich ist und die »Höchstdrehzahlanreicherung« genannt werden kann.

Bei hohen Motordrehzahlen kann nämlich der Unterdruck im Pumpensystem so groß werden (bei entsprechender Anordung des Einspritzrohres bzw. Austrittsarmes), dass zusätzlicher Kraftstoff auch dann angesaugt wird, wenn der Motor nicht mit Volllast läuft. Die Menge des Kraftstoffes und den Einsatzpunkt der Absaugung kann man durch entsprechend bemessene Kugel- oder Nadelventile bestimmen.

Diese Art der Gemischanreicherung findet man manchmal bei Weber-Vergasern für Sportmotoren, sie ist aber auch bei Solex-Vergasern mit neutraler Pumpe möglich. Bei Solex-Vergasern mit der Pumpe arm wird dieses System ja bereits angewandt, nur wird die Anreicherung dann bei Volllast automatisch durch das Ventil gesperrt, während die neutrale Pumpe, falls sie zur Anreicherung herangezogen wird, auch bei Volllast anreichert.

Spezielle Anreicherungssysteme

Neben der Anreicherung über die Beschleunigungspumpe besitzen einige Solex-Vergaser noch spezielle zusätzliche Anreicherungssysteme, die in der Regel die Aufgabe haben, das Gemisch bei hohen Drehzahlen fetter zu machen. Diese Anreicherungssysteme können sehr einfach aufgebaut sein, aber auch mechanisch, pneumatisch oder durch Unterdruckkolben gesteuert werden. Sie können über ein gesondertes Anreicherungsrohr oder auch über das Hauptdüsensystem funktionieren.

All diese Systeme zu beschreiben, würde hier aber zu weit führen. Man sollte nur so viel festhalten, dass man auch bei getunten Motoren das serienmäßige Anreicherungssystem (falls vorhanden) des Vergasers beibehalten und die optimale Einstellung über das normale Düsensystem, also Hauptdüse und Luftkorrekturdüse, versuchen sollte. In den meisten Fällen wird dies gelingen. Andernfalls kann man die Anreicherung durch Variieren der Anreicherungsdüsen oder Ventile verstärken bzw. reduzieren, je nach Bedarf.

Der SU-Vergaser

Die Vergaser der zur ehemaligen BLMC-Gruppe gehörenden englischen Firma S. U. Carburetter Company Ltd. (früher Skinner United) fand man in fast allen englischen Automobilen und in den vielen schwedischen Volvos. Da es in Deutschland nur wenige Werkstätten gibt, die sich mit diesem Vergasertyp auskennen, erscheint es zweckmäßig, einige Worte über diesen interessanten Vergaser zu verlieren.

Von den bisher besprochenen Vergaserkonstruktionen (Solex, Weber, Zenith) unterscheidet sich der SU-Vergaser im Aufbau und in der Wirkungsweise ganz wesentlich. Während die oben genannten Vergaser komplizierte Düsensysteme für die jeweils richtige Gemischzusammenstellung benötigen (z. B. Korrektur, Anreicherung, Abmagerung, Beschleunigerpumpe, Leerlaufsystem), kommt der normale SU-Vergaser ohne diese Hilfsmittel aus. Hier ist es

Ein anderes Prinzip der Gemischaufbereitung verfolgt der englische SU-Vergaser. Seine wichtigsten Bestandteile sind im Schnittbild dieses Horizontal-Vergasers zu sehen. 1 Verschlussschraube zum Auffüllen der Dämpfungsflüssigkeit; 2 Dämpfer; 5 Kolbenfeder; 7 unterdruckgeregelter Kolben; 10 Düsennadel; 12 Düse; 18 Düseneinstellmutter; 22 Drosselklappe; 27 Vergaserglocke.

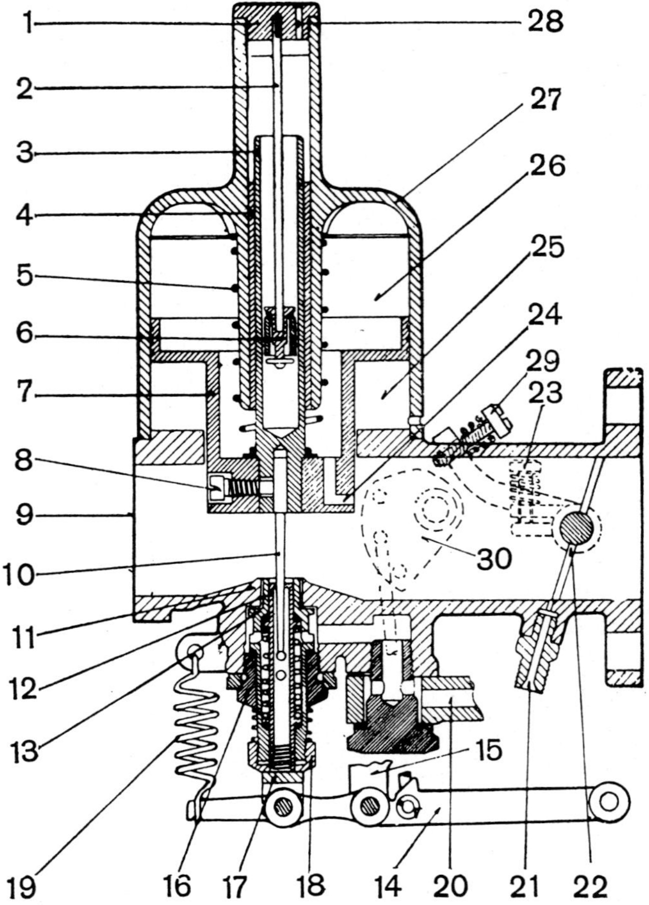

nämlich gelungen, den Luft- und Benzindurchsatz in Abhängigkeit voneinander so zu kombinieren, dass er sich den wechselnden Erfordernissen des Motors weitgehend von selbst anpasst. Dies hört sich zunächst komplizierter an, als es in Wirklichkeit ist.

So funktioniert er

Ähnlich wie bei Motorrad- oder Mopedvergasern befindet sich im engsten Querschnitt des SU-Vergasers ein sogenannter Steuerkolben, der eine konisch gearbeitete Düsennadel trägt. Diese Nadel taucht in die einzige Kraftstoffdüse, die der normale SU-Vergaser besitzt, ein. Der Steuerkolben gibt je nach Stellung einen mehr oder weniger großen Querschnitt frei. Im Gegensatz zu den üblichen Schieber-Motorradvergasern wird jedoch der Steuerkolben nicht direkt geregelt, sondern über den Unterdruck. Der Fahrer betätigt wie bei einem normalen Vergaser beim Gasgeben eine Drosselklappe, die hinter dem Steuerkolben angeordnet ist. Der sich hinter dem Steuerkolben aufbauende Unterdruck, der je nach Motordrehzahl und Drosselklappenstellung differiert, wirkt von oben auf den Steuerkolben und hebt diesen an. Damit wird gleichzeitig die konische Düsennadel angehoben und gibt einen größeren Durchflussquerschnitt frei. Dies bedeutet, dass bei richtiger Auslegung stets die passende Gemischzusammensetzung gewährleistet ist. Schauen wir uns die

Mit zwei SU-Vergasern und diversen anderen Änderungen leistete dieser alte Kadett-Motor rund 70 PS bei 1100 cm³ Hubraum.

einzelnen Fahrstufen an, um so besser das Funktionsprinzip des SU-Vergasers zu verstehen.

1. Leerlauf

Mittels einer Einstellschraube (wie bei üblichen Vergasern) ist die Drosselklappe geringfügig geöffnet. Der Motor saugt sehr wenig Luft an, der Unterdruck zwischen Steuerkolben und Drosselklappe ist so gering, dass der Kolben auf seinem unteren Anschlag aufliegt. Für Luft und Benzin sind nur ganz kleine Querschnitte freigegeben.

2. Teillast

Bei etwa halb geöffneter Drosselklappe hängt der Luftdurchsatz und damit der Untergrund von der jeweiligen Motordrehzahl ab. Der Steuerkolben kann bei gleicher Drosselklappenstellung verschieden hoch stehen und somit verschiedene Durchflussquerschnitte für Luft und Benzin freigeben.

3. Volllast

Bei voll geöffneter Drosselklappe sind Luftdurchsatz und Unterdruck sehr groß, die Motordrehzahlen sind (meistens) hoch. Der Steuerkolben und die Nadel befinden sich in der obersten Stellung, es ergeben sich maximale Durchflussquerschnitte für Luft und Benzin.

Die Vorteile des SU-System beruhen also im Wesentlichen darauf, dass in jedem Lastbereich des Motors im Vergaser annähernd konstante Luftgeschwindigkeit herrscht, wodurch man mit dem relativ einfachen Düsenssystem auskommt. Beim Beschleunigen, also beim plötzlichen »Aufreißen« der Drosselklappe, bricht beim normalen Vergaser der Unterdruck, der das Benzin aus dem Mischrohr austreten lässt, schlagartig zusammen. Um das Gemisch nicht abzumagern, was zu Motoraussetzern führen würde, muss eine Beschleunigerpumpe ziemlich große Kraftstoffmengen einspritzen. Auch ist beim konventionellen Vergaser im Kraftstoffaustrittsbereich des Mischrohres der Querschnitt unveränderlich (Lufttrichterdurchmesser), so dass bei hohen Drehzahlen ein Korrektursystem eingeschaltet werden muss.

Beim SU-Vergaser gibt es diese Probleme nicht. Der Fahrer regelt mit der Drosselklappe den SU-Vergaser sozusagen nur indirekt. Erst wird die Drosselklappe betätigt, dann baut sich je nach Motordrehzahl der entsprechende Unterdruck auf, dieser wiederum beeinflusst den Kraftstoff- und Luftdurchsatzquerschnitt. Übergangsschwierigkeiten oder »Löcher« gibt es nicht, richtige Grundeinstellung vorausgesetzt.

Details und Einstellung

Die charakteristische Glocke des SU-Vergasers enthält den Steuerkolben und einen Dämpfer. Dieser ist notwendig, um allzu spontane Bewegungen des Kolbens zu vermeiden. Als Dämpferflüssigkeit wird entweder Motorenöl SAE 20 oder Spezialöl verwendet. Der Steuerkolben selbst wird außerdem mit einer schwachen Feder nach unten gedrückt.

Für die Einstellung, speziell für getunte Motoren, ergeben sich demnach folgende Grundregeln:

1. Der SU-Vergaser hat keinen Lufttricher; um also dem größeren Gemischbedarf eines getunten Motors zu genügen, sollte man einen größeren Vergaser der entsprechenden Typenreihe verwenden. Beispiel: der Mini-Cooper S ist serienmäßig mit zwei SU-Vergasern des Typs HS 2 ausgerüstet (Drosselklappendurchmesser $1^{1}/_{4}$ Zoll = 31,75 mm). Für Renn- oder Rallye-Tuning werden diese Vergaser gegen solche des Typs HS 4 ausgewechselt (Drosselklappendurchmesser $1^{1}/_{2}$ Zoll = 38,1 mm).

2. Die richtige Gemischzusammensetzung wird hauptsächlich durch die Form der Düsennadeln und die Stärke der Steuerkolbenfeder bestimmt. Für jeden Motor sind bestimmte Nadeltypen, die gekennzeichnet sind, vorhanden. Für getunte Motoren sind spezielle Nadeln und Federn vorgesehen.

Auch die Viskosität der Dämpfungsflüssigkeit spielt eine Rolle. Bei dünner Dämpfungsflüssigkeit (und schwacher Feder) gibt der Steuerkolben den Vergaserquerschnitt schneller frei. Allerdings muss durch eine entsprechende Düsennadel für fettes Gemisch gesorgt werden, da sonst schlechte Beschleunigung eintritt. Für getunte Motoren kommen meist sehr schwache Federn (blaue Farbe) und dünnes Spezialdämpferöl in Frage.

3. Zur Düsenregulierung wird der Chokezug entfernt, der Motor mit der Drosselklappenschraube auf niedere Drehzahl eingestellt. Durch Hineinschrauben (ärmeres Gemisch) oder Herausdrehen (fetteres Gemisch) der Düseneinstellmutter wird der schnellste Leerlauf des Motors ermittelt. Weitere Einstellungsarbeiten erübrigen sich, da diese Einstellung auch den übrigen Fahrbereich beeinflusst. Mehrvergaseranlagen sind wie üblich mittels Synchrotest-Gerät auf gleichen Durchsatz einzustellen. Abschließend noch etwas Typenkunde für SU-Vergaser. Die folgenden Bezeichnungen bedeuten:

- H = Horizontalvergaser mit normaler Düsenausführung und Korkdichtung
- HD = Horizontalvergaser mit Düse, Membrandichtung und separatem Leerlaufkanal
- HS = Halbfallstromvergaser. Düse elastisch mit Schwimmerkammergehäuse verbunden.
- D = Fallstromvergaser.

Die Zahlen hinter der Modellbezeichnung beziehen sich auf die Größe des Drosselklappendurchmessers. Am Beispiel der folgenden Typenreihe kann man den für eine bestimmte Motorleistung notwendigen Vergaserdurchmesser ungefähr abschätzen.

Typ	Drosselklappen-durchmesser	max. Leistung
H–1	$1^{1}/_{8}$ Zoll (28,58 mm)	ca. 35 PS
H–2	$1^{1}/_{4}$ Zoll (31,75 mm)	ca. 45 PS
H–3	$1^{3}/_{8}$ Zoll (34,9ì mm)	ca. 55 PS
H–4	$1^{1}/_{2}$ Zoll (38,1ì mm)	ca. 65 PS
H–6	$1^{3}/_{4}$ Zoll (44,45 mm)	ca. 85 PS
H–6	2 Zoll (50,8 mm)	ca. 110 PS

Vergaser einstellen

Eine wirklich optimale Vergasereinstellung, die sowohl hinsichtlich der Leistung wie des Verbrauches Bestwerte ergibt, lässt sich praktisch nur auf dem Prüfstand in Verbindung mit Fahrversuchen von erfahrenen Vergaserspezialisten herausfinden. Darum halten wir es auch stets für empfehlenswert, bei der Umrüstung auf Mehr- oder Doppelvergaseranlagen auf käufliche Anlagen zurückzugreifen, da man sich hier die schwierige und zeitraubende Arbeit einer neuen Grundeinstellung spart. Da die Vergaser von Serienmotoren meist auf einen günstigen Kompromiss zwischen bester Leistung und geringstem Verbrauch ausgelegt sind, kann man hier durch eine etwas fettere Einstellung manchmal schon Leistung gewinnen. Überhaupt lässt sich eine auf maximale Leistung abgestellte Vergasereinstellung leichter finden, wenn man den Verbrauch nicht zu stark berücksichtigt, was natürlich für den Dauerbetrieb unwirtschaftlich ist und auch die Abgaszusammenstellung negativ beeinflusst. Insbesondere das Thema Emissionen beinflusst maßgeblich die Einstellung, ist aber bei Fahrzeugen, die noch nicht der Abgasgesetzgebung unterliegen, vernachlässigbar.

Lufttrichter vergrößern

Da die Zielsetzung jedes Tunings vor allem eine bessere Füllung bei höheren Drehzahlen bedeutet, muss auch der Durchsatz durch den Vergaser, also die angesaugte Gasmenge, entsprechend ansteigen. Zu diesem Zweck muss der engste Vergaserquerschnitt, der Lufttrichter, erweitert werden. Mit einer Vergrößerung des Lufttrichters, der einen größe-

Vier Weber-Doppel-Fallstromvergaser versorgen bei dieser amerikanischen Vergaseranlage einen Chrysler-V8-Motor anstelle eines Doppel- bzw. Vierfachvergasers.

ren Durchsatz gewährleistet, ist jedoch auch zwangsläufig eine Vergrößerung der Hauptdüse notwendig, wenn das Gemisch die gleiche Zusammensetzung haben soll.

Lufttrichter:

Sein Durchmesser ist für die Leistung und das Laufverhalten des Motors von größter Wichtigkeit. Ein großer Lufttrichter verlagert die Leistung nach oben, bei zu großen Lufttrichtern wird das Übergangsverhalten des Motors schlecht, die Laufeigenschaften bei niederen Drehzahlen unbefriedigend. Beim Verzicht auf gute Laufeigenschaften lässt sich meist mit einem großen Lufttrichter Leistung gewinnen. Kleine Lufttrichter ergeben eine geringere Leistung bei etwas niedrigerer Drehzahl, das Übergangs- und Laufverhalten wird besser.

Hauptdüsen bestimmen

Unter der Verwendung vorhandener Vergaser mit erprobter Grundeinstellung für den Serienmotor wird man sich bei der Einstellung dieser Vergaser für den getunten Motor durch sukzessives Vergrößern des Lufttrichters und der Hauptdüse an die optimale Leistung herantasten müssen. Dies kann entweder auf dem Prüfstand oder im Fahrversuch geschehen (siehe auch S. 206, »Optimale Einstellung durch CO-Messung«).

Wenn man die Lufttrichter und Düsenwerte ermittelt hat, die die beste Leistung (größte Höchstgeschwindigkeit) ergeben, stellt man fest, ob der Motor auch bei Teillast und im Übergangsbereich annehmbar läuft. Zu fettes oder zu mageres Gemisch bei hohen Drehzahlen unter Volllast kann durch Verändern der Luftkorrekturdüse beeinflusst werden. Hierbei ist zu beachten, dass, wie schon erwähnt, eine größere Luftkorrekturdüse das Gemisch abmagert, eine kleinere zu einem fetteren Gemisch führt. Zur Feststellung, ob zu mager oder zu fett, kann man nach einer Volllastfahrt das Auspuffbild heranziehen. Hier gelten folgende Regeln:

- Auspuff weißlich bis hellgrau – Gemisch zu mager, Motor wird zu heiß
- Auspuff braun bis dunkelgrau – Einstellung in etwa richtig
- Auspuff schwarz-rußig – Einstellung zu fett

Die richtige Einstellung für den Teillastbetrieb findet man durch Versuche bei etwa $^3/_4$ der Höchstgeschwindigkeit, entsprechend Prüfstandversuchen bei 75 Prozent der Höchstdrehzahl und halber Höchstleistung.

Noch besser ist die Methode, mit einem mobilen CO-Messgerät im großen Gang sämtliche Geschwindigkeits- bzw. Lastbereiche (z.B. in 20-km/h-Schritten) abzufahren.

Wenn in diesem Bereich der Motor zu fett (CO über 4%) ist, magert man das Gemisch durch sukzessives Verkleinern der Hauptdüse ab, bis deutlicher Leistungsabfall oder ruckender Motorlauf eintritt. Die Hauptdüse, oder besser noch ein Wert darüber, die noch einwandfreien Motorlauf garantiert, wird ausgewählt. Ist diese kleiner als die zuvor bei Volllast ermittelte Hauptdüse, muss durch weiteres Verkleinern der Luftkorrekturdüse das Gemisch bei hohen Drehzahlen wieder angereichert werden.

Wenn umgekehrt das Gemisch bei Teillast zu arm (CO kleiner 1%) war, die Hauptdüse also vergrößert werden musste, muss das richtige Gemisch für Volllast durch eine größere Luftkorrekturdüse wiederhergestellt werden.

Das Übergangsverhalten des Motors beim Beschleunigen wird ebenfalls von der Größe der Hauptdüse beeinflusst. Stellt man schlechte Übergänge fest, müssen diese durch Verändern der Einspritzmenge und eventuell der Dauer behoben werden. Bei zu magerem Gemisch wird sich der Motor nach dem Gasgeben nur zögernd und ruckelnd in Bewegung setzen. Bei zu fettem Gemisch zieht der Motor meist nach einem sogenannten Beschleunigungsloch zügig davon. Bei Unklarheiten müssen Versuche in beiden Richtungen gemacht werden.

Zylinderzahl spielt eine Rolle

Wenn keinerlei Grundeinstellung vorliegt, hat die Firma Solex einige brauchbare Regeln für eine Vorgehensweise aufgestellt, die in der Praxis auch ohne Prüfstand durchgeführt wer-

Eine Zweivergaseranlage mit Doppelvergasern für VW-Motoren mit stehendem Gehäuse ist auch für höhere Leistungssteigerungen geeignet.

den können. Danach sind die grundsätzlichen Verfahren zur Ermittlung der richtigen Vergasereinstellung sehr wesentlich davon abhängig, wie viele Zylinder ein Vergaser zu versorgen hat. Man unterscheidet:

Ein Vergaser versorgt *vier Zylinder* bei normalen Motoren, hierbei ist folgendes Verfahren anzuwenden:

Zunächst den Lufttrichterdurchmesser, der optimale Leistung ergibt, bestimmen. Hauptdüse etwas größer als errechnet wählen, Luftkorrekturdüse wie errechnet benutzen.

Wenn der Lufttrichterdurchmesser festliegt, Hauptdüse schrittweise verkleinern, bis Leistung bzw. Höchstgeschwindigkeit abfällt. Anschließend Hauptdüse mit bester Leistung verwenden.

Der Teillastpunkt wird bei $^3/_4$ der Höchstgeschwindigkeit bzw. auf dem Prüfstand bei 75 Prozent der Nenndrehzahl und halber Last ermittelt. In diesem Teillastpunkt ist die Hauptdüse unter Beibehaltung der Luftkorrekturdüse so lange zu verkleinern, bis sich der geringste Verbrauch bei noch einwandfreiem Betrieb ergibt. Es darf also kein Motorruckeln, unrunder Lauf oder Leistungsabfall auftreten. Die für Volllast nun zu magere Einstellung muss durch eine kleinere Luftkorrekturdüse wieder angereichert werden. Für getunte Motoren, wo es nicht so sehr auf geringsten Verbrauch ankommt, empfiehlt es sich, die Hauptdüse etwas größer zu wählen, um in jedem Fall die optimale Leistung auszunutzen. Diese Methode funktioniert dann gut, wenn, wie erwähnt, ein Vergaser vier Zylinder bei normalen Motoren versorgt.

Ein Vergaser versorgt *vier Zylinder* eines Sportmotors bzw. sechs oder acht Zylinder eines Normalmotors. Hier sollte man nach Angaben der Firma Solex ein etwas abgewandeltes Verfahren anwenden. Solche Motoren erfordern meist bei hohen Drehzahlen eine Anreicherung des Gemischs mit Hilfe der Beschleunigerpumpe, ohne die eine Höchstleistung bzw. optimale Höchstgeschwindigkeit nicht erreicht werden kann. Auch hier bestimmt man zunächst den richtigen Lufttrichterdurchmesser, dann jedoch ermittelt man die Hauptdüse und Luftkorrekturdüse, die im Teillastbereich bei $^3/_4$ der Höchstgeschwindigkeit einen einwandfreien Motorlauf bei geringem Verbrauch ergibt. Hierbei stellt sich meist heraus, dass bei einer optimalen Teillasteinstellung das Gemisch für Volllast zu mager ist. Durch Verwendung einer anreichernden Beschleunigungspumpe zusammen mit einem Einspritzrohr (»niedrig«), das in den engsten Vergaserquerschnitt mündet, lässt sich eine Anreicherung bei Volllast erzielen. Die richtige Anreicherung ist durch die Pumpendüse zu bestimmen, die auf optimale Leistung bzw. maximale Höchstgeschwindigkeit ausgelegt wird. Ergeben sich anschließend Schwierigkeiten beim Beschleunigen (schlechter Übergang), kann dies durch eine Veränderung der Einspritzmenge behoben werden.

Wenn *ein Vergaser ein* oder *zwei* (manchmal auch *drei*) Zylinder versorgt, wie dies bei Sportmotoren allgemein üblich ist, tritt meist der Fall auf, dass die bei Volllast ermittelte optimale Einstellung (nach den besprochenen Methoden) für den Teillastbereich zu mager ist. Dies kann durch eine im Volllastbereich abmagernde Beschleunigungspumpe mit Einspritzrohr »niedrig« kompensiert werden. Die entsprechenden Versuche sind zunächst mit einer blinden Pumpendüse durchzuführen. Falls der Motor mit der optimalen Volllasteinstellung auch im Teillastpunkt gut läuft, kann an Stelle der abmagernden eine neutrale Beschleunigungspumpe genommen werden (zusammen mit Einspritzrohr »hoch«).

Leerlauf-Einrichtung

Fast alle Vergaser (Solex, Weber) besitzen ein Leerlauf-System mit einer sogenannten Gemischregulierung. Hierbei wird ein fertiges, durch Leerlaufdüse und Leerlaufluftdüse bestimmtes Gemisch an seinem Austritt unter der Drosselklappe durch die Leerlaufgemischregulierschraube mengenmäßig geregelt. Der Eintritt der Hauptluft geschieht an der Drosselklappe, die durch die Leerlaufeinstellschraube (am Drosselklappenhebel) dosiert wird. Ein Hineindrehen (rechts herum) der Leerlaufgemischregulierschraube ergibt demzufolge ein mageres Gemisch, ein Herausdrehen ein fetteres Leerlaufgemisch.

Der Einstellung des Leerlaufs sollte man auch bei getunten Motoren große Aufmerksamkeit widmen, zumal dann, wenn sie im normalen Betrieb benutzt werden. Es empfiehlt sich eine Leerlaufdrehzahl von ca. 800 bis 1000 U/min, nur wenn entsprechend »scharfe« Nockenwellen oder andersweitige Änderungen in diesem Bereich keinen einwandfreien Leerlauf zulassen, muss man entsprechend höher gehen.

Zur Einstellung des Leerlaufs ist der Motor gut warmzufahren. Die Leerlaufeinstellschrauben sind so einzustellen, dass der Leerlauf bei ca. 1000 U/min liegt. Bei Mehrvergaseranlagen ist

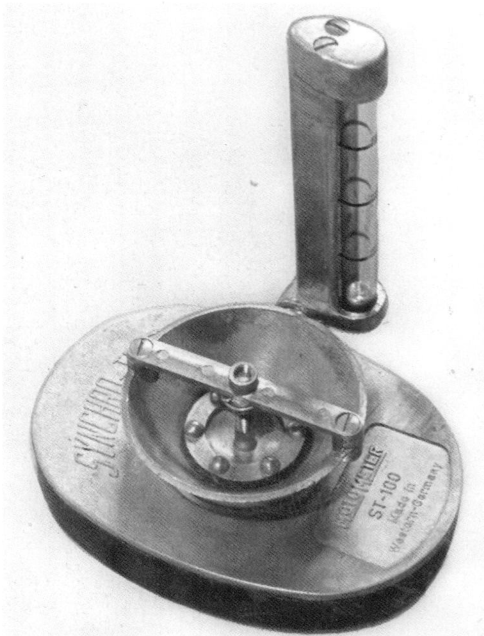

Mit dem Synchro-Testgerät von Monometer lassen sich Mehrvergaseranlagen auf gleichen Durchsatz bzw. gleiche Drosselklappenstellung bringen, was besonders für guten Übergang und gesunden Leerlauf wichtig ist.

Diese beiden Doppel-Fallstromvergaser von Solex (oben Zenith 32 NDIX, unten Solex PII-4) sind für Leistungssteigerungen sehr geeignet und werden häufig benutzt. Deutlich sind die Leerlaufgemisch-Regulierschrauben – für jeden Kanal extra – zu erkennen. Die optimale Leerlaufeinstellung erfordert freilich Synchrotest und CO-Gerät – sowie etwas Fachkenntnis auf diesem Gebiet.

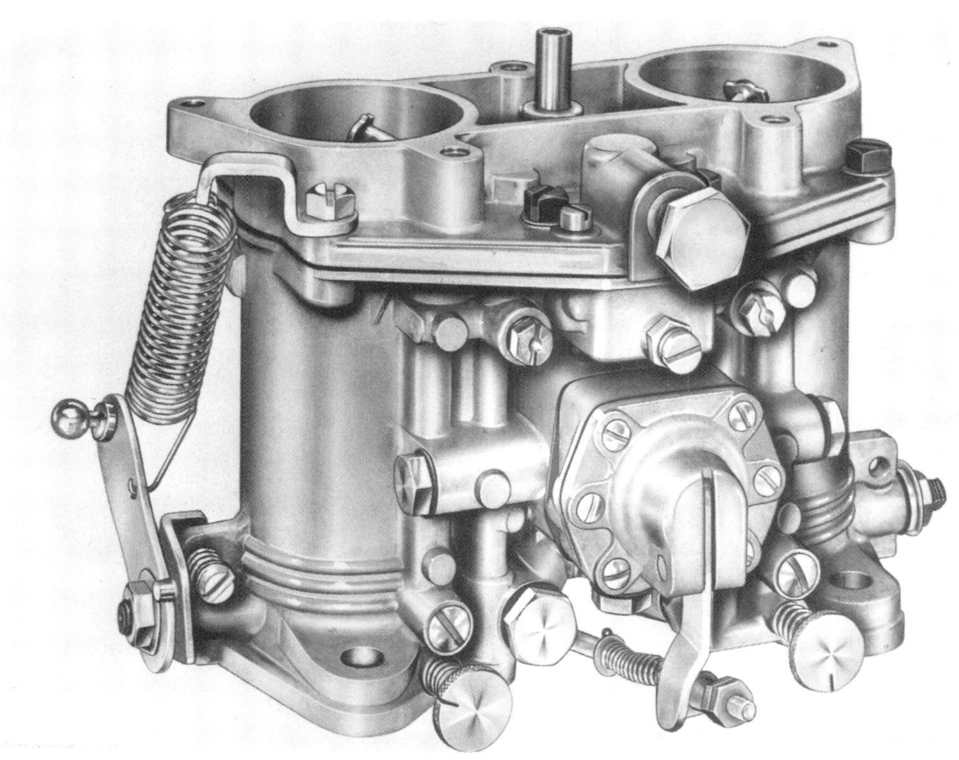

auf einheitliche Drosselklappenstellung mit Hilfe eines Synchrotest-Gerätes oder einem anderen Unterdruckmesser zu achten. Bei Einvergaseranlagen ist die Leerlaufgemischregulierschraube so lange herauszudrehen, bis der Leerlauf unrund wird. Anschließend hineindrehen, bis einwandfreier Leerlauf vorhanden ist. Bei Mehrvergaseranlagen werden sämtliche Drosselklappen zunächst auf gleiche Stellung gebracht und anschließend mit dem Synchrotest-Gerät auf gleichmäßigen Durchsatz kontrolliert.
Danach ist jede Gemischregulierschraube auf einwandfreien Leerlauf einzustellen, wozu man sie jeweils heraus- und anschließend hineindreht, bis der rundeste Leerlauf bei höchster Drehzahl gegeben ist. Ein Drehzahlmesser ist bei einer solchen Einstellung recht nützlich.
Es sei noch darauf hingewiesen, dass neben den Bypass-Bohrungen, die bei einem vorhandenen Vergaser praktisch nicht zu ändern sind, vor allem die Größe der Leerlaufdüse den Übergang beim Beschleunigen aus Leerlaufdrehzahlen bestimmen kann. Schlechter Übergang infolge zu mageren Leerlaufgemischs kann also meist durch eine größere Leerlaufdüse behoben werden. Es empfiehlt sich ohnehin, bei getunten Motoren im Winter die Leerlaufdüse eine Nummer größer als normal zu wählen, was das Betriebsverhalten auch bei kaltem Motor verbessert. Schlechte Übergänge infolge zu fetten Leerlaufgemischs sind durch eine Verkleinerung der Leerlaufdüse zu beseitigen.
Wenn beide Möglichkeiten, Verkleinern und Vergrößern der Leerlaufdüse keinen Erfolg bringen, muss die Lage der Drosselklappen zu den By-pass-Bohrungen kontrolliert und entsprechend geändert werden. Diese Arbeit sollte allerdings ein Vergaserfachmann in einer entsprechend eingerichteten Werkstatt übernehmen. Natürlich ist auch für die Leerlaufeinstellung das CO-Messgerät sehr nützlich. CO-Werte von über 4% sind möglichst zu vermeiden.

Optimale Einstellung durch CO-Messung

Die bisher gezeigten Methoden zur Ermittlung der richtigen Vergasereinstellungen gingen davon aus, dass kein Prüfstand und keine Messgeräte zur Verfügung stehen. Sie sind je nach Erfahrung und Arbeitsaufwand mehr oder weniger exakt und können auf die Dauer – insbesondere bei Firmen, die sich professionell mit Leistungssteigerung befassen – die einzig richtige Methode der Bestimmung der Vergasereinstellung (bzw. der Einstellung einer Benzineinspritzanlage oder bei Chip-tuning) nicht ersetzen.
Als exaktes und dabei relativ einfaches Verfahren zur richtigen Einstellung von Vergasern, Vergaseranlagen oder auch Einspritzanlagen hat sich eindeutig die Messung des CO-Bestandteils im Abgas herausgestellt. Denn der Anteil des CO im Abgas gibt eindeutigen Aufschluss darüber, ob ein Motor zu fett oder zu mager eingestellt ist. Es geht dabei wohlgemerkt nicht um die heute allgemein übliche CO-Messung im Leerlauf, die bei dieser Gelegenheit gleich mitgemacht werden sollte (Richtwerte: 1% bis 4,5%), sondern um die Feststellung des CO-Gehalts im Abgas (in Volumenprozent) über der gesamten Volllastkurve des Motors und – falls der Motor auch einigermaßen sparsam laufen soll – im Teillastgebiet.
Doch zunächst zur richtigen CO-Bestimmung im Volllastbetrieb. Eine CO-Optimierung z. B. bei Nennleistung ergibt in den meisten Fällen, dass die Leistung bei 3% bis 5% CO-Anteil im Abgas auf ihrem Höchststand nahezu gleichbleibt. Dies bedeutet, dass ein auf Leistung ausgelegter Motor in der Volllast nicht mit Lambda 1 (Lambda über 1,0 = mager; Lambda unter 1,0 = fett) betrieben werden kann, sondern fetter laufen muss. Andernfalls ist mit Leistungsabfall oder Überhitzung zu rechnen (siehe auch Diagramm). Aufgeladene Motoren laufen meist noch fetter (Lambda bis 0,75), weil sie die Innenkühlung brauchen.

Die Regel, dass bei Werten um die 4% CO (bei Saugmotoren) die maximale Leistung ab-

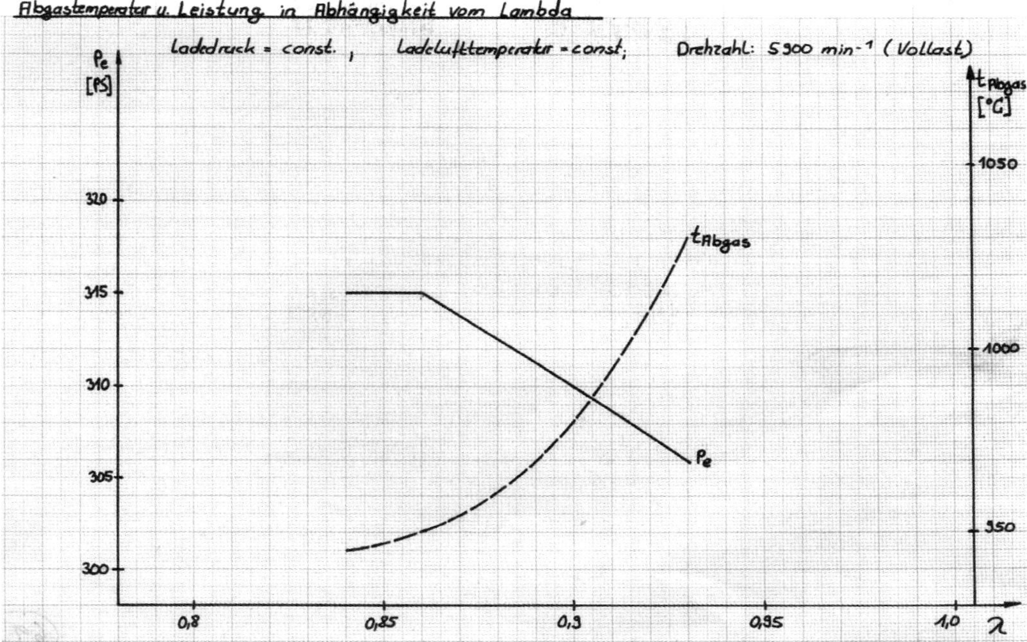

Abgastemperatur-Änderung bei konstanter Drehzahl und Ladelufttemperatur sowie gleichbleibendem Ladedruck: Je magerer das verbrannte Gemisch, desto heißer werden die Abgase.

gegeben wird, gilt an und für sich für fast jeden Motor, falls nicht zu starker Füllungsverlust durch Drosselung im oberen Drehzahlbereich auftritt. Hat man nun die Vergaser oder die Einspritzanlage so eingestellt, dass bei Höchstleistung ca. 4% CO vorhanden sind, wird die gesamte Volllastlinie in Schritten von je 500 U/min (ab ca. 2000 U/min) auf CO geprüft, d. h. bei der Ermittlung der Leistungskurve des jeweiligen Motors wird automatisch CO mitgemessen, was keinen zusätzlichen Aufwand darstellt.

Es ist nun keineswegs gesagt, dass der CO-Anteil über den gesamten Volllastbereich gleichbleibend ist, wenn er bei Höchstleistung z. B. 4% beträgt. Schwankungen zwischen 2% und 8% sind jedoch vertretbar, wenn der Motor im Hauptbetriebsbereich, also beim maximalen Drehmoment und im Bereich der Höchstleistung, die richtigen Werte (3% bis 5%) aufweist. Im Zweifelsfalle gilt: Lieber fetter einstellen als zu mager, um Klopfen oder andere Überhitzungschäden zu vermeiden. Die Vergasereinstellung (gilt auch für Einspritzung oder Chip-tuning) ist in diesem Sinne vorzunehmen, wobei die üblichen Regeln gelten:

- Hauptdüse beeinflusst den gesamten Drehzahlbereich,
- Luftkorrekturdüse den oberen Drehzahlbereich,
- Anreicherungen den oberen Drehzahlbereich,
- Leerlaufsystem den unteren Drehzahlbereich.

Wesentlich schwieriger ist es, eine optimale Einstellung für den Teillastbetrieb zu finden. Im gesamten Teillastbereich des Motors, (also wenn nicht mit Vollgas gefahren wird) sind CO-Werte zwischen 0,5% und 1% ausreichend, wenn sich dadurch keine Fahrfehler wie z. B. Ruckeln oder schlechte Übergänge ergeben. Es ist also anzustreben, den Motor im Teillastbereich möglichst mager laufen zu lassen. Hierzu wird der Motor mit der gefundenen Volllasteinstellung ins Fahrzeug eingebaut. Auf einem Rollenprüfstand werden zunächst die mit dieser Einstellung erzielbaren Teillastwerte entlang der Fahrwiderstandslinie im direkten Gang festgestellt. Es wird also bei 40/60/80/100/120 km/h usw. mit der jeweils dem Fahrwiderstand entsprechenden Leistung das CO gemessen. Läuft der Motor in einzelnen Geschwindigkeitsbereichen zu fett oder zu mager, sind die Vergaser entsprechend einzustellen (siehe oben). Es ist besonders zu beachten, dass das Leerlaufsystem den gesamten unteren Drehzahl- und Lastbereich stark beeinflusst. Nach jeder Einstellung ist CO bei Vollast und Nenndrehzahl auf dem Rollenprüfstand nachzukontrollieren und, falls notwendig, die Volllasteinstellung zu korrigieren.

Falls ein Rollenprüfstand nicht zur Verfügung steht, lässt sich die CO-Emission mit dem Dräger-Messgerät und den dazugehörigen Messröhrchen oder mit einem transportablen CO-Messgerät auch auf der Straße durchführen. Hierzu wird eine Abgassonde in den Auspuff (mindestens 40 cm hineinragend) gesteckt und außen befestigt. Von der Sonde, die aus Kupferrohr (4 mm Innendurchmesser) oder aus anderem Metallrohr bestehen kann, läuft ein Schlauch ins Wageninnere zum Meßgerät. Die Messung wird bei jeweils konstanter Geschwindigkeit oder bei Volllast vom Beifahrer vorgenommen.

Kraftstoff-Einspritzung

Die Kraftstoffeinspritzung, in den 60er Jahren noch das Privileg von Luxuslimousinen und teuren Sportwagen, hat mittlerweile den Vergaser als Gemischbildungssystem abgelöst. Schrittmacher dieser Entwicklung waren und sind die immer höheren Anforderungen, die hinsichtlich Abgasemission und Verbrauch an moderne Automobile gestellt werden. Aber auch die technischen Anforderungen, welche moderne Motoren an die Gemischaufbereitung stellen, sind anspruchsvoller geworden. Sehr niedrige Leerlaufdrehzahlen, extrem breite nutzbare Drehzahlspannen bei Vierventilern, die exakte Anpassung an unterschiedlichste Betriebszustände, Klopfregelung und andere Funktionen sind mit einfachen Vergasern oder Vergaseranlagen nicht mehr zu bewältigen. Auch die mechanische Kraftstoffeinspritzung, wie sie früher üblich war, wäre damit überfordert. Erst der Einsatz der Elektronik bei dieser Form der Gemischaufbereitung eröffnete Möglichkeiten, die vor Jahren noch völlig unrealistisch erschienen. Die Vorteile der elektronisch gesteuerten Anlagen haben sich als so gravierend herausgestellt, dass sie die mechanischen Einspritzsysteme im Serienbau völlig verdrängt haben.

Natürlich war es schon immer schwierig, eine Einspritzanlage an einen getunten Motor anzupassen, schwieriger jedenfalls als die Anpassung von Vergasern. Mit dem Einzug der Elektronik ist dieses Problem nicht kleiner geworden. Darum ist es wichtig, zumindest die Grundfunktionen der verschiedenen Einspritzsysteme zu erläutern, auch der alten mechanischen, die in vielen Youngtimern noch zu finden sind. Für die Adaption einer Einspritzanlage an einen leistungsgesteigerten Motor ist

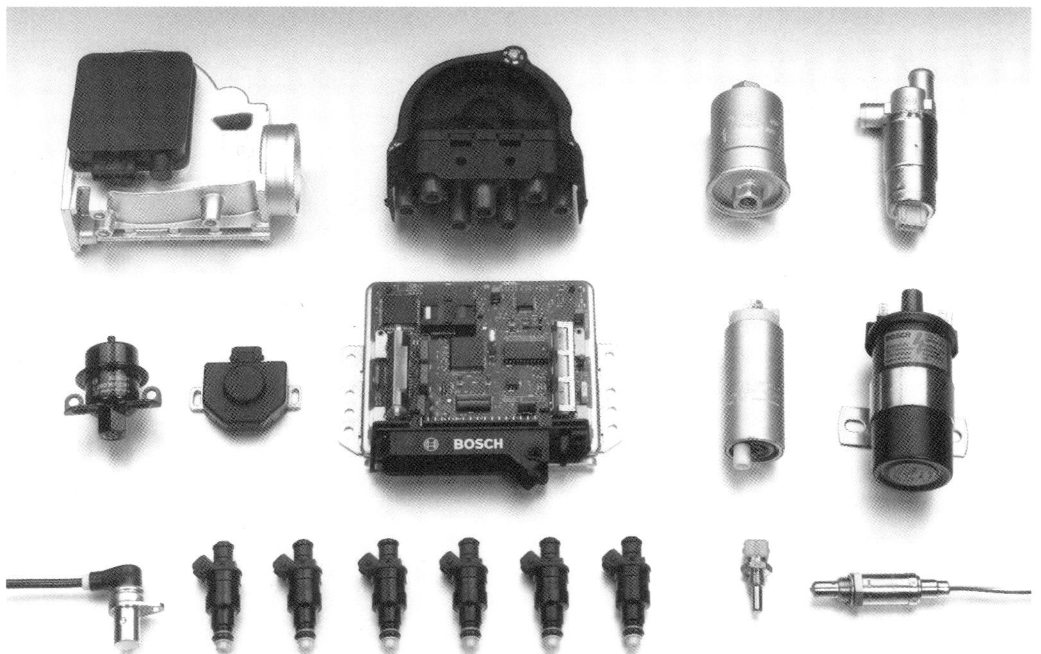

Komponenten einer modernen elektronischen Einspritzung (Bosch Motronic) mit integriertem Zündsystem.

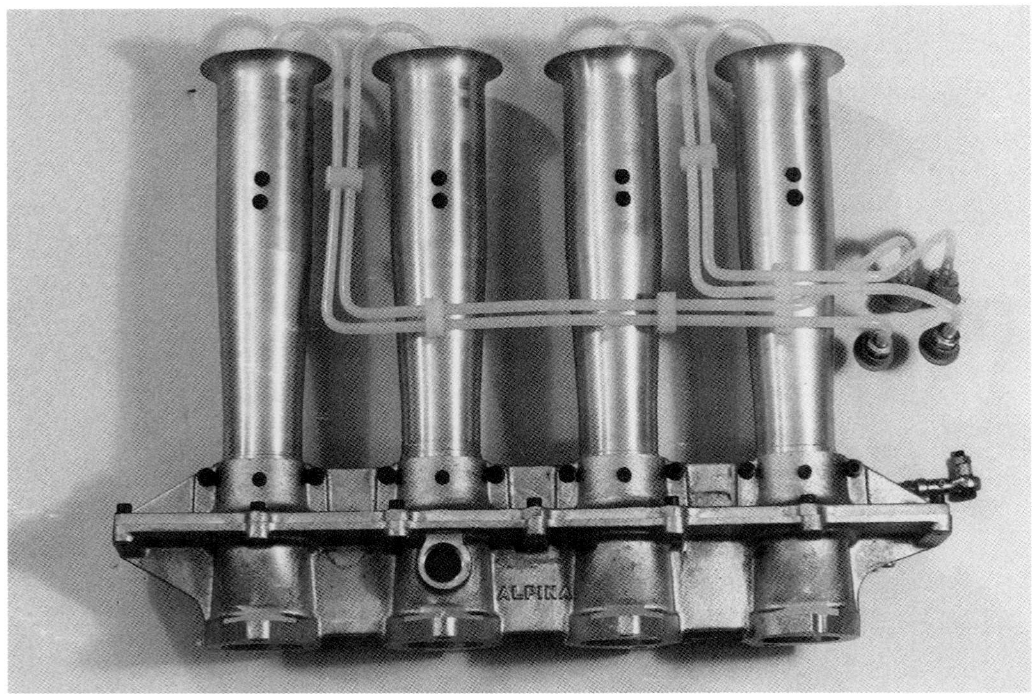

Bei Rennmotoren wird die Luftregelung meist durch Flachschieber besorgt. Bei diesem (Alpina) sind die Einspritzdüsen im Zentrum der Ansaugtrichter platziert.

schließlich profundes Fachwissen gefragt. Gleiches gilt übrigens für die Diesel, die ja schon immer mit Einspritzung fuhren. Auch hier haben elektronisch geregelte Systeme (Common Rail) selbst die moderneren mechanischen Pumpen (z.B. Bosch VP44) abgelöst. Nur die mechanische Pumpedüse-Einspritzung ist bei Audi, Seat, Skoda und VW (allerdings auch elektronisch gesteuert), wegen ihres hohen Druckniveaus noch im Einsatz.

Die Bausteine einer Einspritzanlage

Ebenso wie ein Vergaser hat eine Einspritzanlage die Aufgabe, dem Motor unter allen Bedingungen das richtige Benzin-Luft-Gemisch zuzuteilen. Bei Vergasern wird die Herstellung dieses richtigen Gemischs normalerweise den Düsen- und Anreicherungssystemen überlassen. Der Fahrer regelt mit dem Gaspedal nur den Durchsatz – das heißt, er macht die im Vergaser befindliche Drosselklappe mehr oder weniger weit auf. Bei der Benzineinspritzung regelt der Fahrer wohl ebenso mit dem Gaspedal den Durchsatz (die Drosselregelung ist – im Gegensatz zum Dieselmotor – für den Benzin-Motor charakteristisch), doch gleichzeitig sorgt ein mehr oder weniger kompliziertes Regelsystem dafür, dass die jeweils dazu passende Benzinmenge eingespritzt wird. Eine Benzineinspritzanlage besteht also aus mindestens vier wichtigen Bauteilen bzw. Baugruppen:

- Einspritzpumpe / elektrische Förderpumpe
- Regelsystem oder Steuergerät
- Ansaugrohre mit Regeldrossel(n)
- Einspritzdüsen und Druckleitungen

Hinzu kommen noch einige Nebenaggregate, die bei Vergasern in der Regel entbehrlich sind. Ein Feinfilter bespielsweise hält auch feinste Schmutzpartikelchen aus dem hochempfindlichen Einspritzsystem fern und eine elektrische Benzinpumpe sorgt für eine

Drosselklappenstutzen mit Saugrohren für eine Zylinderreihe des Carrera-2,7-Liter-Motors.

gleichmäßige und druckkonstante Förderung des Kraftstoffs, wozu eine normale, durch den Motor angetriebene mechanische Kraftstoffpumpe nicht in der Lage ist. Bei modernen Einspritzpumpen stellt die elektrische Förderpumpe gleichzeitig den zur Einspritzung notwendigen Systemdruck her, so dass eine mechanische Einspritzpumpe entfällt. Durch eine zusätzliche Benzinleitung (Rücklaufleitung) zwischen Tank und Einspritzpumpe fließt der überflüssige Kraftstoff in den Tank zurück. Bei dieser schematischen Aufzählung wird schon klar, um wieviel aufwendiger und in der Ausführung letzten Endes komplizierter eine Einspritzanlage gegenüber einer Vergaseranlage ist.

Wichtigstes Bauteil einer mechanischen Einspritzanlage ist die Einspritzpumpe. Hier eine Hochdruck-Einspritzpumpe System Kugelfischer, die besonders kompakt baut.

Bei elektronischen Einspritzanlagen kann auf eine Hochdruck-Einspritzpumpe verzichtet werden. Eine elektrische Kraftstoffpumpe mit konstantem Förderdruck und Druckregelventil ist ausreichend.

Vorteile der Benzineinspritzung

Bis zur Jahrtausendwende spritzten die gebräuchlichen Einspritzanlagen den Kraftstoff nicht direkt in die Zylinder, sondern in das Saugrohr bzw. die Saugrohre oder in den Einlasskanal. Man spricht deshalb auch von einer indirekten Benzineinspritzung oder von Saugrohreinspritzung und auch von Kanaleinspritzung. Die Direkteinspritzung, wie sie im Daimler-Benz-Rennmotor Mitte der 50er Jahre und im Mercedes 300 SL zu finden war, wurde erst im Jahr 2000 von VW (FSI) und anderen Herstellern wieder aufgegegriffen.

In diesem Buch wird die Benzineinspritzung natürlich besonders unter einem Aspekt betrachtet, und der heißt Leistung. Die wesentliche Frage lautet hier, warum lassen sich mit Einspritzanlagen normalerweise höhere Literleistungen erreichen als mit entsprechenden Vergaseranlagen? Die Antwort ist relativ einfach.

Als wesentlichen Vorteil einer Benzineinspritzung gegenüber Vergasern muss man die freie Gestaltung der Ansaugwege (bis zum Zylinderkopf) nennen. Sie lassen sich – getrennt für jeden Zylinder – so auslegen und abstimmen, dass durch die Einlassluftschwingungen ein Aufladeeffekt entsteht, der zu einer spürbaren Verbesserung der Füllung führt. Dabei spielt es eine wichtige Rolle, dass – abgesehen von der richtigen Länge und dem richtigen Querschnitt der einzelnen Schwingrohre – die Schwingungen der Luftsäulen weder durch einen Vergaser noch durch Drosselklappen gestört werden.

Bekanntlich besitzt jeder Vergaser eine düsenförmige Verengung (Lufttrichter) und meist einen Vorzerstäuber, die natürlich durchsatzhindernd sind. Auch die Drosselklappe, die ja normalerweise mitten im Saugstrom steht, stört die einströmende Luft erheblich und min-

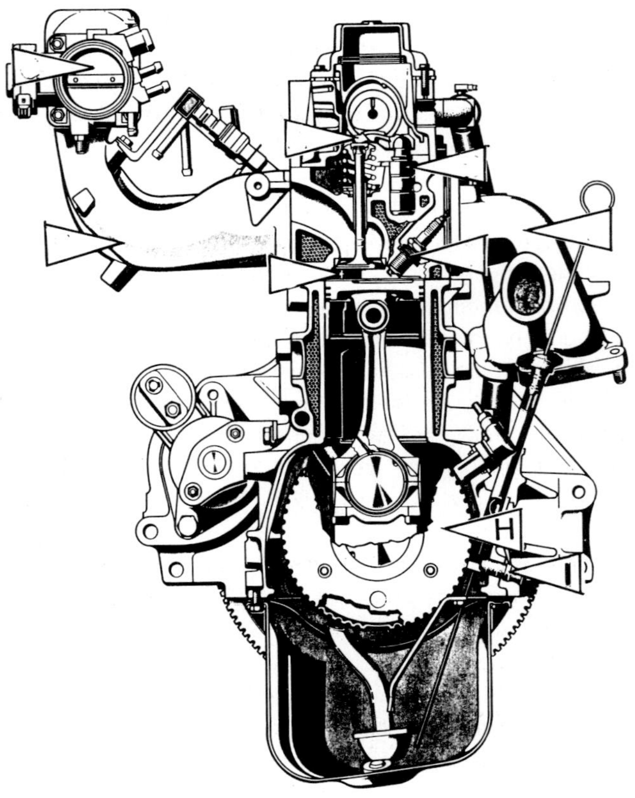

Die relativ große Saugrohrlänge und die zentrale Drosselklappe (links oben) ist bei diesem Opel-GSI-Motor gut zu erkennen. Ebenfalls gut sichtbar: die auf der Kurbelwange montierte Zahnscheibe und der Induktionsgeber für Zündung und Einspritzung. Die freie Saugrohrgestaltung ist mit ein Grund für die größere Leistungsausbeute bei Einspritzmotoren.

Der Antrieb einer nachträglich installierten mechanischen Einspritzpumpe ist nicht immer einfach. Bei diesem Escort-BDA-Motor wird die auf dem Zylinderkopfdeckel installierte Pumpe durch eine biegsame Welle und über einen Zahnriemen von der Auslassnockenwelle angetrieben. Die Einspritzdüsen sitzen unten in den Einlauftrichtern, vor dem Flachschieber.

dert den freien Kreisquerschnitt um ca. 8 Prozent. Bei Einspritzanlagen mit einer zentralen Drossel ist diese in der Regel im Saugbehälter vor den Schwingrohren zu finden, so dass die Gasschwingungen nicht beeinträchtigt werden. Bei Rennmotoren, wo die Drosseln früher meist in Form von Flachschiebern (auch Guillotine genannt) direkt vor den Einlässen am Zylinderkopf lagen, störte ebenfalls keine Drosselklappe, da der Schieber bei Volllast den gesamten Querschnitt freigab.

Neben diesem wichtigsten leistungsfördernden Vorteil der Benzineinspritzung lassen sich noch geringfügige Leistungsverbesserungen durch die zur Abkühlung der Ansaugluft herangezogene Verdunstungskälte des Kraftstoffs erzielen. Denn kühleres Gemisch ist schwerer, und so kommt bei gleicher Menge gewichtsmäßig mehr zündfähiges Gemisch in die Zylinder.

Dies ist auch der Grund, weshalb bei Rennmotoren die Einspritzdüsen möglichst weit weg vom Einlass, oft sogar am Anfang der Einlauftrichter (Ansaugtrompeten) zu finden sind. Auf dem Weg zum Zylinder verdunstet bereits ein Teil des ins Saugsystem gespritzten Kraftstoffes und entzieht seiner Umgebung Wärme. Die dadurch verbesserte Füllung bringt einen Leistungsgewinn, der bei einem Zweilitermotor bis zu fünf PS betragen kann. Als weiterer Vorzug der Einspritzung ist die bei allen Zylindern gleichmäßigere Gemischverteilung zu nennen, die es ermöglicht, härter als bei Vergasermotoren an die Klopfgrenze eines Motors heranzugehen. So haben denn Einspritzmotoren in der Regel ein höheres Verdichtungsverhältnis aufzuweisen als der entsprechende Vergasermotor. Saubere Übergänge beim Gasgeben und besseres Teillast-

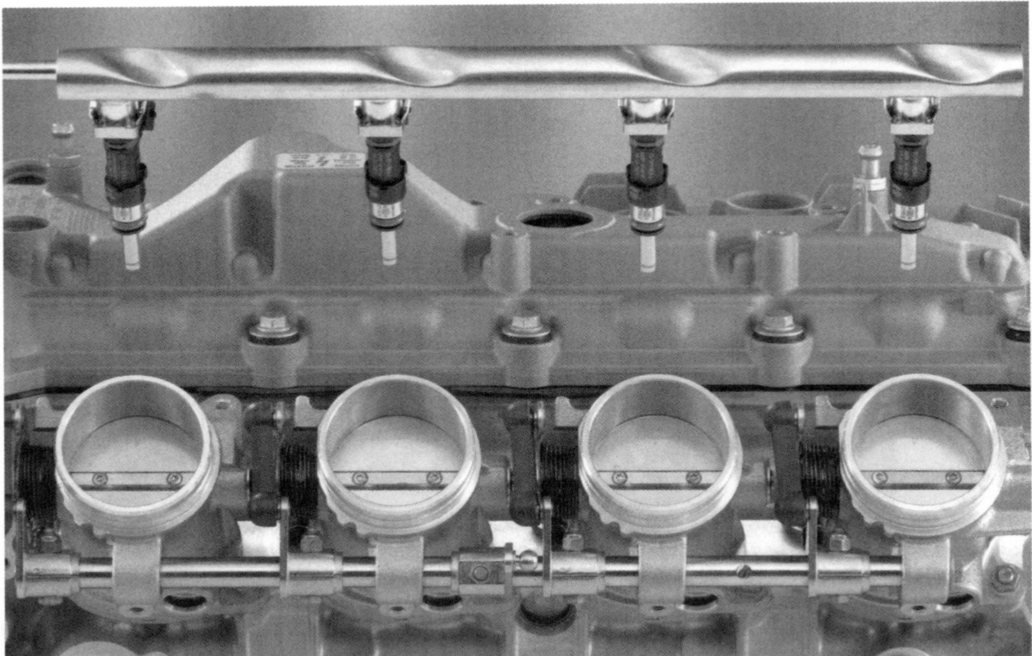

BMW-Sportmotor mit Saugrohreinspritzung und acht Einzeldrosselklappen: Dieser neuentwickelte 4.0-l-V8-Motor ersetzt seit 2007 das Sechszylinder-Aggregat im Modell M3.

verhalten resultieren ebenso aus der gleichmäßigen und exakteren Gemischzuteilung sowie der exakteren Kraftstoffzumessung wie der normalerweise etwas günstigere spezifische Kraftstoffverbrauch. Doch den entscheidenden Vorteil brachte die elektronische Regelbarkeit der Einspritzung, die, auch wegen der dadurch erreichbaren niedrigeren Abgasemissionen, bei Neufahrzeugen den Vergaser völlig verdrängt hat.

Die Direkteinspritzung

Die Direkteinspritzung in den Zylinder wurde primär mit dem Ziel eingeführt, den Kraftstoffverbrauch abzusenken. Eine spürbare Verbrauchsminderung ergibt sich vor allem dann, wenn es gelingt, den Motor in der Teillast mit Luftüberschuss (mager) zu betreiben und die Motorlast ähnlich wie beim Diesel möglichst ohne Drosselklappe, nur durch die Kraftstoffmenge zu regeln. Beim Ottomotor ist dies allerdings schwieriger als beim Diesel, da die Fremdzündung durch die Zündkerze ausreichend fettes Gemisch benötigt, möglichst in der Gegend von Lambda eins. Bei intensiver Gemischbildung reicht die Zündfähigkeit von Lambda 0,5 bis Lambda 1,5. Der griechische Buchstabe Lambda ist bekanntlich die Luftzahl, die mit der Zahl eins für stöchiometrisches Gemisch definiert ist. Heißt vereinfacht: Jedes Kraftstoffteil findet in diesem Fall ein Luftteil zur Verbrennung. Nur in diesem Bereich funktioniert der Dreiwegekat. Liegt Lambda unter 1,0, spricht man von fettem Gemisch (Luftmangel), bei Lambda größer 1,0 herrscht Luftüberschuss, man spricht von magerem Gemisch.

Einen Ausweg aus diesem Dilemma bietet die sogenannte Schichtladung. Man bemüht sich, um die Kerze herum zündfähiges Gemisch bereitzustellen, im restlichen Brennraum herrscht hoher Luftüberschuss. Zündet erst einmal die zündfähige Gemischwolke, brennt auch der Rest durch. VW hatte sich zunächst für diesen Weg entschieden und nannte daher seine

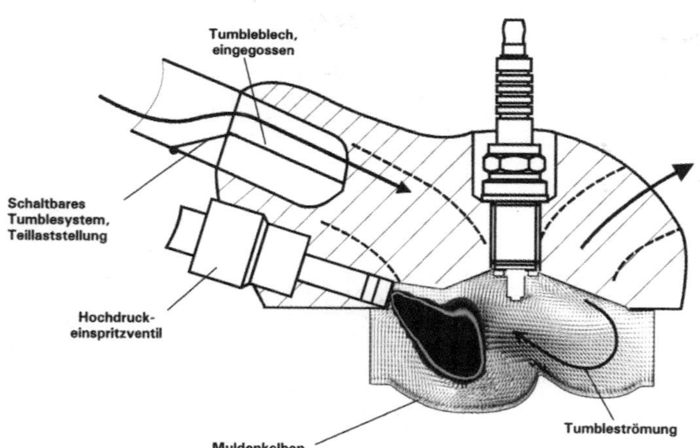

Direkteinspritzung mit Schichtladung: Bei der wandgeführten Direkteinspritzung ist eine Führung des Gemischs mittels Tumbleklappe notwendig.

Direkteinspritzer FSI (Fuel Stratified Injection), wobei stratified für geschichtet steht. Die Regelung eines Schichtlademotors ist hochkompliziert, auch benötigt er (bei wandgeführten Verfahren) speziell geformte Kolben (Nasenkolben). Für ein effizientes Tuning sind Schichtlader nicht besonders geeignet. Sie benötigen außerdem einen zusätzlichen Denox-Kat, der die Sache weiter verkompliziert.

VW und andere Hersteller sind daher wieder zur so genannten homogenen Direkteinspritzung zurückgekehrt. Das heißt, der Motor wird über

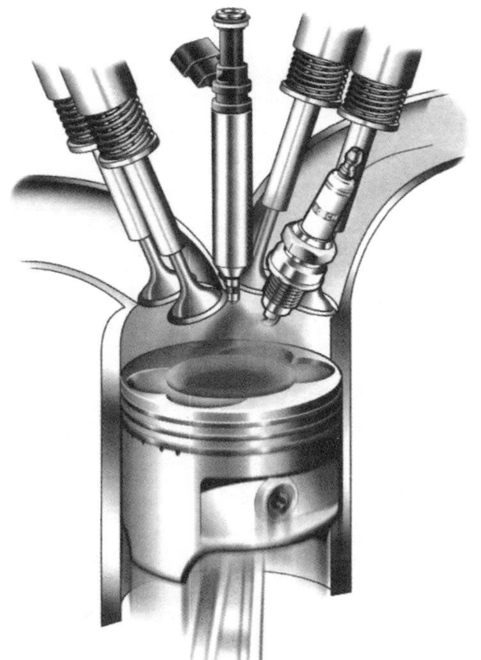

Strahlgeführte Direkteinspritzung mit direkt von oben in den Brennraum einspritzendem Injektor.

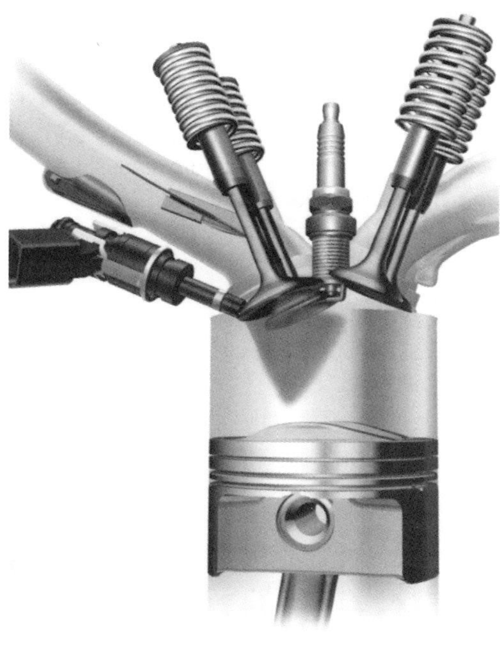

Wandgeführte Direkteinspritzung mit seitlich in den Brennraum ragendem Injektor und Tumbleklappe.

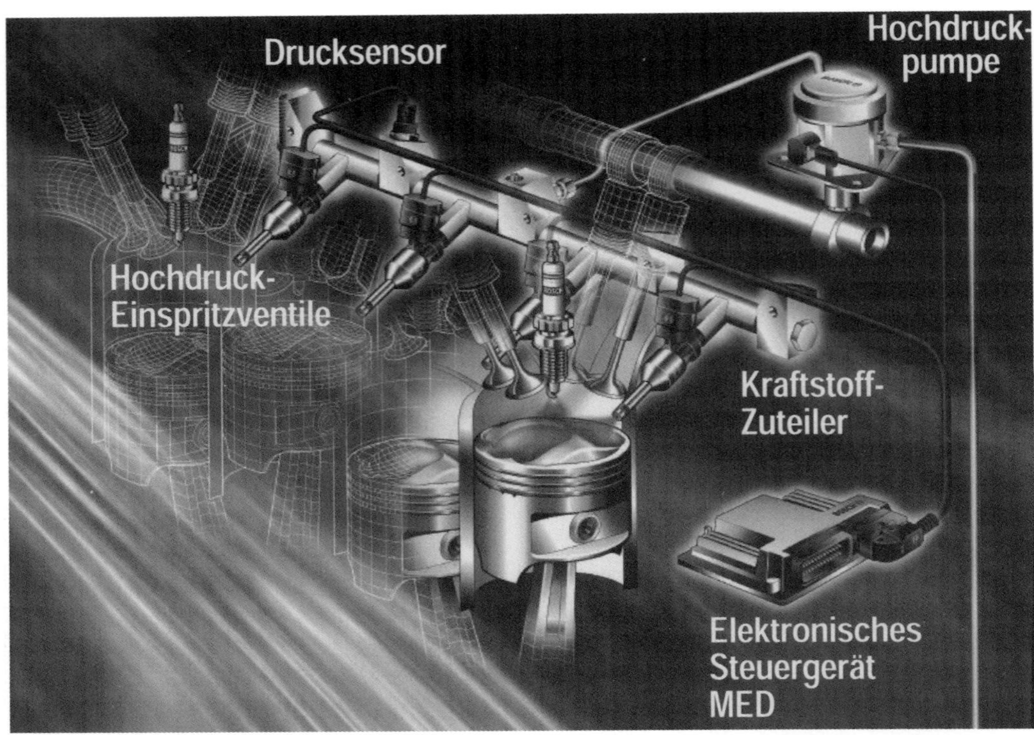

Aufbau einer modernen Benzin-Direkteinspritzung: Angesichts schärfer werdender Abgasgesetze und steigender Kraftstoffpreise wird wohl zukünftig kein Weg an der Benzin-Direkteinspritzung vorbeiführen.

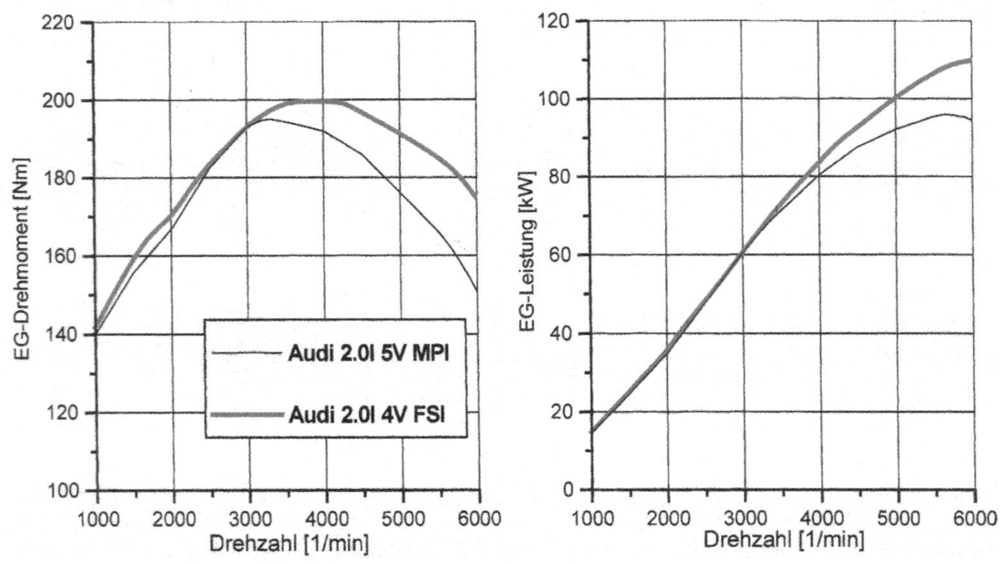

Motorenvergleich: In der FSI-Version beeindruckt der 2.0-l-Motor von Audi durch eine Steigerung der maximalen Leistung sowie durch ein konstant höheres Drehmoment im oberen Drehzahlbereich.

den größten Teil des Betriebsbereiches mit Lambda eins betrieben, in der Volllast, je nach Temperaturbelastung (vor allem bei Turboaufladung) sogar fetter. Unförmige und schwere Kolben sind nicht nötig, die Füllung störende Drallkanäle oder Tumble-Klappen können entfallen, ebenso der Denox-Kat. Allerdings hält sich die Kraftstoffeinsparung in Grenzen.
Dennoch verspricht auch die homogen betriebene Direkteinspritzung Vorteile, insbesondere bei Turbomotoren. Denn durch die Verdunstungskälte im Brennraum sinkt die Gemischtemperatur. Dadurch ist eine um ein bis zwei Punkte höhere Verdichtung möglich. Manche Direkteinspritzer fahren schon mit Werten über 12:1. Ein so hohes Verdichtungsverhältnis ist aber, wie wir schon erfahren haben, sowohl für die Leistung wie für den Verbrauch von Vorteil. Man spricht von drei bis fünf Prozent.

Platz-Probleme bereitet allerdings die Einspritzdüse. Wohin damit? Die optimale Lage ist bekanntlich oben zentral im Brennraum, also dicht neben der Zündkerze. Die Dauerhaltbarkeit von Kerze und Injektor leidet darunter. Inzwischen gilt dieses Problem jedoch als gelöst. Direkteinspritzer der 2. Generation, die nach dem so genannten strahlgeführten Verfahren arbeiten, benutzen diese Düsenlage. Allerdings geht damit meist ein Versatz der Ventile nach außen einher, bei kleinen Zylinderdurchmessern nicht selten verbunden mit einer Verkleinerung der Ventildurchmesser, um den zusätzlichen Platz für die Einspritzdüse zu schaffen. Das ist nicht vorteilhaft für den Ladungswechsel und die Höchstleistung. Manche Hersteller (z.B. VW) bleiben daher bei der seitlichen Lage der Einspritzdüse.
Die Benzin-Direkteinspritzung besteht im Wesentlichen aus den folgenden Komponenten:

- Hochdruckpumpe
- Kraftstoff-Rail
- Einspritzventile (Injektoren)
- Drucksensor
- Elektronisches Steuergerät

Trotz ihrer Kompliziertheit und gewisser Anlaufprobleme gehört den Direkteinspritzern auch bei Ottomotoren die Zukunft, insbesondere in Verbindung mit Abgasturboaufladung. Ungeachtet dessen kehren wir erst mal zurück zu den Anfängen der Benzineinspritzung.

Mechanische Hochdruck-Einspritzanlagen

Mechanische Hochdruck-Einspritzsysteme werden höchstens noch in Wettbewerbsmotoren und bei Oldtimern Verwendung finden. Mechanische Einspritzanlagen von Bosch wurden bei Daimler Benz (300 SL, 280 SE/SEL, 300 SEL/6,3, 600) und Porsche (911 E/S)

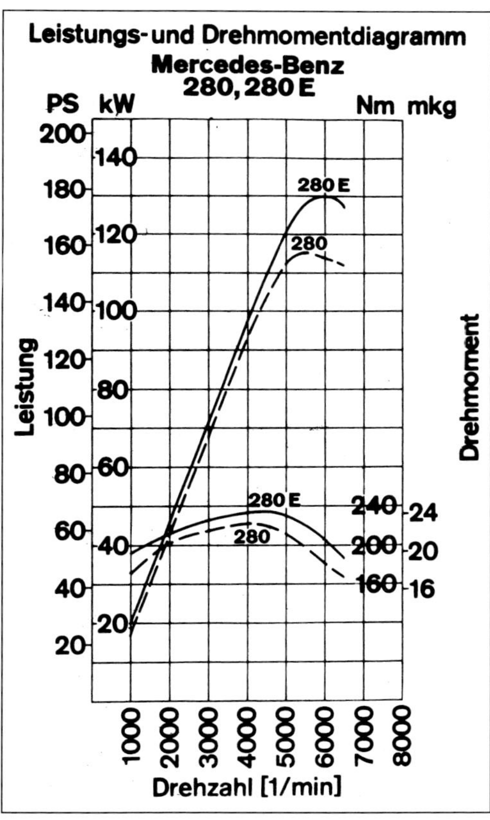

Ein Leistungs- und Drehmomentvergleich der alten 2,8-Liter-Motoren von Daimler-Benz zeigt deutlich das bessere Drehmomentverhalten des Einspritzmotors auch bei niederen Drehzahlen. Die Spitzenleistung liegt um knapp 20 PS höher als beim Vergasermotor, ohne dass die Nenndrehzahl wesentlich angehoben wurde.

Recht zahlreich sind die Einzelteile dieser für einen Formel-Super-V-Motor vorgesehenen Benzineinspritzung. Neben der Pumpe mit integriertem Regelsystem sind Pumpenhalter, Luftdrosseln und verschieden lange Ansaugtrompeten die wichtigsten Bauteile.

verwendet. BMW, Ford, Lancia und Peugeot benutzten Anlagen von Kugelfischer, Alfa Romeo eine Anlage von Spica; in England und bei den meisten englischen Rennmotoren wurde Lucas (mit deutlich niedrigerem Druckniveau) bevorzugt.

Wegen des hohen Bauaufwandes, insbesondere wegen der teuren Hochdruckpumpen, aber auch wegen der begrenzten Regelmöglichkeiten sind die mechanischen Hochdruck-Einspritzsysteme praktisch aus dem Serienbau verschwunden. Sie wurden ersetzt durch die modernen Niederdruck-Einspritzanlagen mit elektronischer oder mechanischer Regelung.

Wir wollen die beiden Einspritzsysteme von Bosch und Kugelfischer, die in ihrem Aufbau vieles gemeinsam haben, etwas ausführlicher behandeln. Dabei kam die Kugelfischeranlage wohl in erster Linie fürs Tuning in Betracht, da Pumpen für Vier- und Sechszylindermotoren produziert wurden, während Bosch nur Pumpen für Sechs- und Achtzylindermotoren lieferte.

Der Aufbau der beiden mechanischen Einspritzanlagen von Bosch und Kugelfischer ist im Prinzip gleich. Zum Lieferumfang einer kompletten Anlage zählten normalerweise folgende Teile bzw. Baugruppen:

1. Einspritzpumpe mit angebautem Regelsystem
2. Einspritzdüsen und Druckleitungen
3. Elektrische Benzinpumpe und Feinfilter

Die Gestaltung der Saugrohre und der Drosselregelung blieb in der Regel dem Käufer überlassen.

Das allgemeine Funktionsprinzip der Einspritzung beider Anlagen von Bosch und Kugelfischer ist ebenfalls ähnlich. Die Einspritzpumpen werden mittels Zahnriemen vom Motor angetrieben und laufen mit halber Kurbelwellendrehzahl. Eine elektrische Benzinpumpe fördert den Kraftstoff vom Tank über ein Feinfilter zur Einspritzpumpe, überflüssiger Kraftstoff fließt durch eine Rücklaufleitung zum Tank zurück. Die Einspritzpumpen selbst und das Regelteil sind zu einer Einheit zusammengefasst. Von den Einspritzpumpen wird der Kraftstoff – entsprechend dem Belastungszustand des Motors dosiert – für jeden Zylinder

getrennt mit hohem Druck über die Druckleitungen und Einspritzdüsen an seinen Bestimmungsort (z. B. das Saugrohr) befördert.
Soviel zum allgemeinen Funktionsschema. Wichtige Unterschiede zwischen den Systemen von Bosch und Kugelfischer bestehen vor allem in der Ausführung der Einspritzpumpen und deren Regelung.

System Kugelfischer

Die Kugelfischer-Einspritzpumpe ist eine Reihenpumpe mit je einem Förderelement (Pumpenkolben) für jeden Motorzylinder. Die einzelnen Pumpenkolben (vier bei der Vierzylinderpumpe, sechs bei der Sechszylinderpumpe) werden von einer Nockenwelle über Stößel betätigt. Mit zum hydraulischen Teil der Pumpe zählen je ein Saug- und Druckventil pro Förderelement (Pumpenkolben), durch die der Kraftstoff zufließt bzw. in die Druckleitungen gepresst wird. Die jeweilige Einspritzmenge, über die die Gemischzusammensetzung geregelt wird, ist vom Hub der Pumpenkolben abhängig und wird entsprechend der Motorbelastung geändert. Die Hubänderung übernimmt eine Regelschwinge, auf der sich die Pumpenkolben abstützen. Damit ist der untere Totpunkt der Pumpenkolben variabel und von der Stellung der Regelschwinge abhängig. Je tiefer die Kolben nach unten können, um so größer ist ihr Nutzhub und damit die Einspritzmenge.
Das eigentliche Regelsystem der Kugelfischer-Benzineinspritzung zieht als Steuergrößen die Stellung der Drosselklappen bzw. Drosselschieber und die Drehzahl heran. Wichtigstes Teil dieses Steuerschemas ist der sogenannte Regelnocken oder Raumnocken. Auf diesem sind in drei Dimensionen die nahezu jedem Belastungszustand des Motors entsprechenden Einspritzmengen kopiert, wozu umfangreiche Prüfstandsversuche notwendig sind. Auf dem Raumnocken stützt sich über einen Taststift die Regelschwinge ab und wird

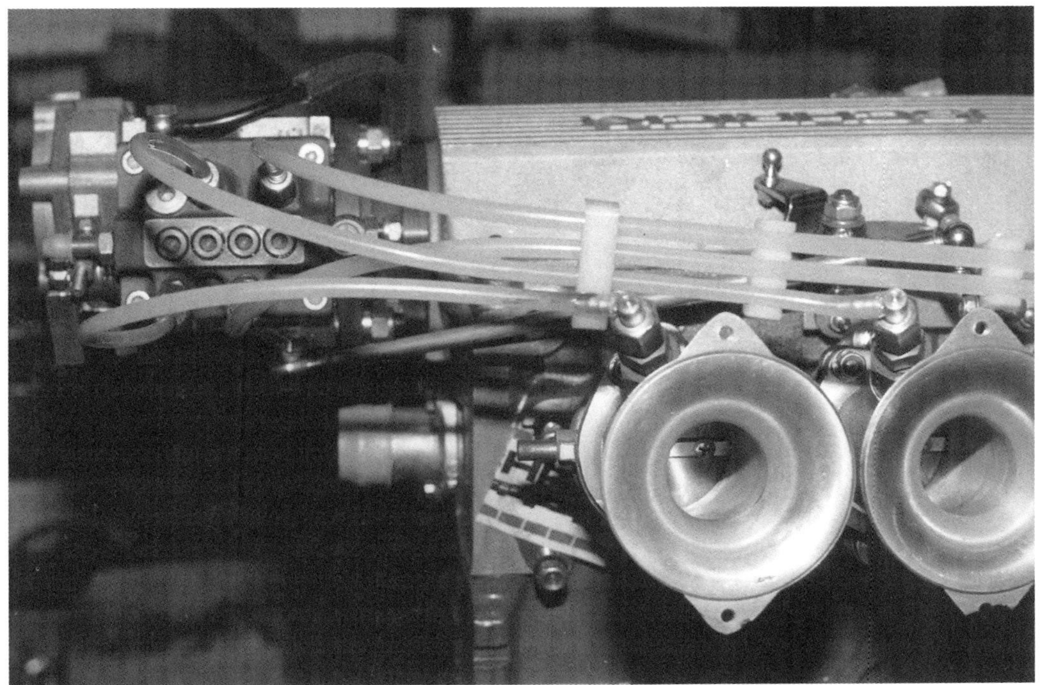

Die Kugelfischer-Einspritzpumpe wird bei diesem Renault-Formel-3-Motor von der Nockenwelle angetrieben. Gut sind die Drosselklappenstutzen und die kurzen Einlauftrichter zu erkennen.

Die Lage der über Zahnriemen angetriebenen Kugelfischer-Einspritzpumpe, die Einspritzdüsen und die Ansaugtrompeten sind bei diesem Formel-V-Rennmotor gut zu erkennen. Der Pumpenhebel ist durch ein Gestänge mit der Drosselklappenwelle gekoppelt.

Kugelfischer-Einspritzpumpe für einen Vierzylinder-Turbo-Rennmotor. Die Regeleinheit links verstellt die Regelschwinge entsprechend dem Saugrohrdruck (Ladedruck). Am Umlenkhebel der Pumpe, der mit dem Gaszug verbunden wird, sitzt die Betätigungsstange für die Drosselklappe oder den Schieber (rechts oben).

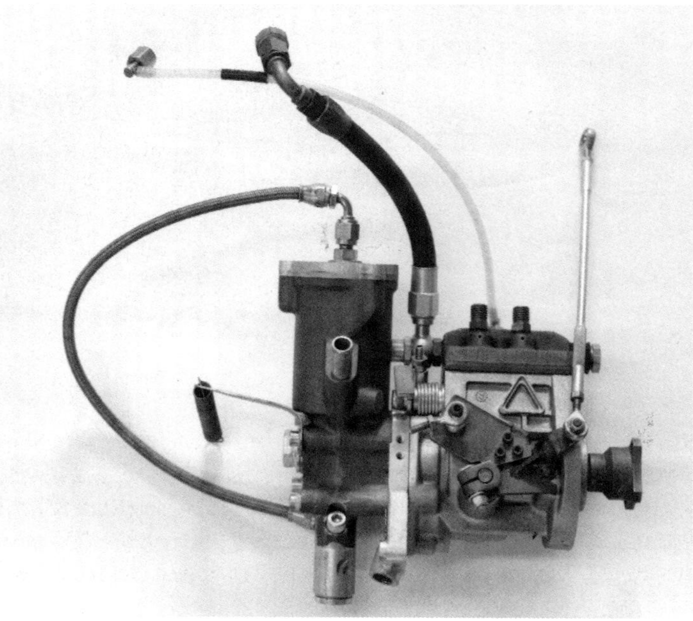

je nach den Erhebungen des Raumnockens mehr oder weniger stark angehoben.
Entsprechend der Drosselklappenstellung (bzw. Gaspedalstellung) wird dieser Raumnocken in axialer Richtung hin und her geschoben. Hierzu ist eine sehr exakte mechanische Verbindung (Gestänge) zwischen dem Pumpenhebel, der den Raumnocken verschiebt, und dem Drosselklappenhebel notwendig. Die Drehzahlregelung erfolgt durch einen im Pumpengehäuse untergebrachten Drehzahlgeber, der den Raumnocken mehr oder weniger stark verdreht und somit ebenfalls eine Hubveränderung der Regelschwinge auslöst. Zusätzliche Regelelemente (Warmlaufgeber usw.) sind für den Kaltstart vorgesehen.

System Bosch

Die Bosch-Einspritzpumpe ist ebenfalls als Reihenpumpe konzipiert, wobei ihre modernste Ausführung raumsparend als Doppelreihenpumpe (Porsche) ausgelegt ist. Für jeden Motorzylinder ist ein Pumpenelement, bestehend aus Kolben und Zylinder, vorhanden. Die Pumpenkolben werden über Rollenstößel von einer Nockenwelle aus betätigt und arbeiten stets mit konstantem Hub. Die für die Gemischzusammensetzung entscheidende Einspritzmenge wird durch Verdrehen der Pumpenkolben verändert. Dazu ist in jeden Pumpenkolben eine schräge Steuerkante gefräst, über die, je nach Stellung der Kolben, mehr oder weniger Benzin abfließen kann. Die Ein-

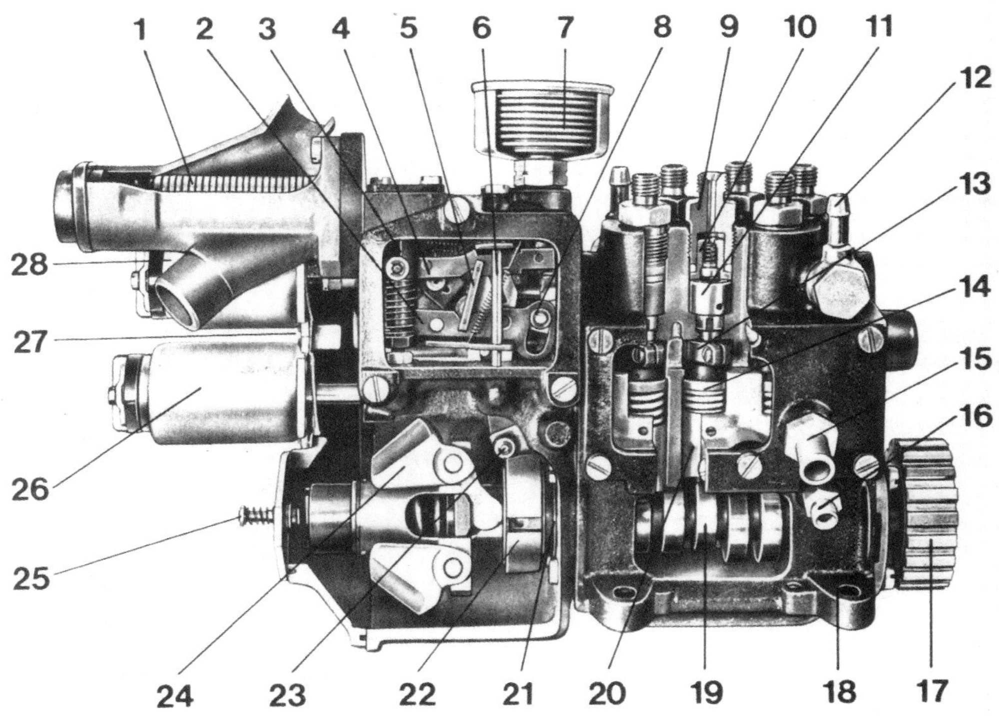

***Schnitt durch die Bosch-Einspritzpumpe:** 1 Thermostat, 2 Korrekturhebel, 3 Verbindungshülse, 4 Wippe, 5 Stelze, 6 Führungsbolzen, 7 Höhendose, 8 Zwangsführung, 9 Anschluss für Einspritzleitung, 10 Druckventil, 11 Pumpenelement, 12 Kraftstoffzulauf, 13 Zahnsegment, 14 Kolbenfeder, 15 Ölrücklauf, 16 Ölzulauf, 17 Antriebsrad, 18 Befestigungsflansch, 19 Nockenwelle, 20 Rollenstößel, 21 Druckfeder, 22 Raumnocken, 23 Tastrolle, 24 Fliehgewicht für Drehzahlregler, 25 Leerlaufverstellknopf, 26 Stoppmagnet, 27 Zugang zum Regler, 28 Startmagnet.*

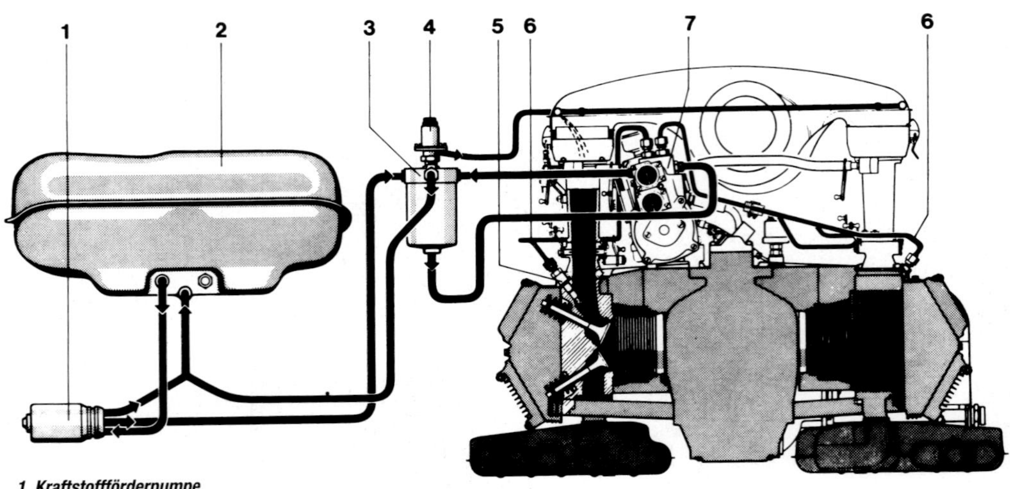

1 Kraftstoffförderpumpe
2 Kraftstofftank
3 Kraftstofffeinfilter
4 Magnetventil für Kaltstarteinrichtung
5 Einspritzventil
6 Einspritzleitung
7 Einspritzpumpe

Kraftstoff-Fördersystem der mechanischen Einspritzung (Bosch) eines (alten) Porsche-Motors.

spritzmenge wird also durch eine Vergrößerung oder Verkleinerung des nutzbaren Pumpenvolumens verändert.

Die Verdrehung der Kolben und damit der Steuerkanten übernimmt eine Regelstange, die in Zahnsegmente an den Pumpenkolben eingreift. Die Regelstange von Bosch hat also die der Regelschwinge von Kugelfischer entsprechende Aufgabe. Ihre Stellung wird ebenfalls über eine Tastrolle von einem Raumnocken bestimmt, der wiederum lastabhängig (entsprechend der Drosselklappenstellung) und drehzahlabhängig bewegt wird. Die Drehzahlregelung des Raumnockens erfolgt bei Bosch über einen Fliehkraftregler. Dieser verschiebt den Raumnocken in axialer Richtung. Durch die Bewegung des Gaspedals wird der Raumnocken lastabhängig (entsprechend der Drosselklappenstellung) verdreht. Die Bewegungen verlaufen also umgekehrt wie bei Kugelfischer, wo der Raumnocken lastabhängig verschoben und drehzahlabhängig verdreht wird.

Auch hier ist auf eine sehr exakte mechanische Verbindung zwischen dem Pumpenhebel, der den Raumnocken verdreht, und dem Drosselklappenhebel zu achten. Außer dem Raumnocken als Hauptregelelement besitzt das Bosch-Regelsystem noch einige Korrektureinrichtungen.

So eine Höhendose zur Anpassung an den Luftdruck, einen Warmlaufgeber und einen Startmagneten.

Schwierige Einstellung

Man kann ohne Übertreibung behaupten, dass die Grundabstimmung einer Einspritzanlage auf den jeweiligen Motor große Schwierigkeiten macht. Während man sich bei Vergasern zunächst von groben Anhaltswerten ausgehend recht gut durch Wechseln der Düsen usw. mit Fahrversuchen an eine einigermaßen brauchbare Einstellung herantasten kann, ist diese Methode bei der Einspritzung nicht möglich. Gewiss lässt sich eine optimale Vergasereinstellung auch sicherer auf dem Prüfstand erzielen, doch ist man nicht zwingend darauf angewiesen. Außerdem lässt sich eine Vergasereinstellung nachträglich immer noch

Dieser Cooper-Motor (Mini) mit Lucas-Einspritzung soll über 120 PS bei 1300 cm³ abgegeben haben. Zu beachten ist, dass der Zylinderkopf auf »Cross-Flow« umgebaut wurde.

korrigieren, ein einmal festgelegter Regelnocken nicht.

Grundvoraussetzung ist also, bevor man sich an die Abstimmung einer Einspritzung macht, dass der betreffende Motor fertig entwickelt ist und bereits mit Vergasern optimale Werte erreicht hat. Nachträgliche Änderungen am Motor (wie z. B. geänderte Brennräume, andere Nockenwellen usw.) können unter Umständen die gefundene Abstimmung wesentlich verändern.

Ohne einen Leistungsprüfstand und einen in der Prüfstandsarbeit erfahrenen Mann geht es also nicht, denn das Fahren eines Motorkennfeldes reicht bei weitem über die Möglichkeiten und meist auch Fähigkeiten eines privaten Bastlers hinaus. Eine solche Arbeit lässt sich ohne Unterstützung der Herstellerfirma, die ja dann auch letzten Endes den gefundenen Raumnocken anfertigen muss, praktisch nicht durchführen.

Wir wollen uns dennoch kurz mit dem Prinzip dieser Arbeit befassen. Bei dem Erstellen des sogenannten Motorkennfeldes geht es darum, die jedem Belastungszustand des Motors entsprechenden Einspritzmengen festzustellen. Hierzu benötigt man eine »Regelpumpe«, das heißt eine Einspritzpumpe ohne Raumnocken, bei der die Einspritzmenge von Hand eingestellt werden kann. Dabei kann entweder die Spritzmenge gemessen werden, was relativ umständlich ist, oder durch ein mechanisches Messen der jeweiligen Regelelemente (bei Bosch Regelstange, bei Kugelfischer Regelschwinge) die Spritzmenge relativ festgelegt werden. Außerdem muss die Stellung der Drosselklappe bzw. Schieber exakt messbar sein. Ein genaues Verbrauchsmessgerät, ein Drehzahlmesser und ein CO-Messgerät sollten ohnehin zur Standardausrüstung eines guten Prüfstandes gehören.

Zur Ermittlung des Kennfeldes wird nun bei verschiedenen Drosselstellungen (Volllast-

Sehr gut ist die Einspritzanlage dieses alten BMW-F-2-Rennmotors zu erkennen. Die Einspritzpumpe wird hier von der Einlass-Nockenwelle angetrieben, die Einspritzdüsen sitzen ziemlich weit außen in den Ansaugtrompeten, was im Rennbetrieb zusätzliche Leistung durch Gemischkühlung bringt, im Normalbetrieb aber wegen der Abgasemissionen zu vermeiden ist.

Drossel voll geöffnet, dann Drosselklappe um 10 Grad angestellt bzw. Schieber um einige mm – je nach Gesamtweg – geschlossen usw.) vorgenommen. Dabei wird zunächst die Volllastkennlinie gefahren, d.h. mit voll geöffneter Drossel. Bei konstanter Drehzahl- und Drosseleinstellung wird nun nur von Hand die Einspritzmenge verändert, bis auf dem Prüfstand ein Leistungsmaximum abzulesen ist. Dieses Verfahren wird über den gesamten nutzbaren Drehzahlbereich des Motors angewandt. Da bei getunten Motoren naturgemäß die Leistung im Vordergrund steht, wird die Volllastkennlinie ohne Berücksichtigung des Verbrauchs festgelegt. Die Teillastwerte hingegen – nach dem gleichen Verfahren mit mehr oder weniger geschlossener Drosselklappe – sollten jedoch so festgelegt werden, dass einwandfreier Motorlauf bei minimalem Verbrauch gewährleistet ist. Wie eng und genau man das jeweilige Kennfeld fährt, hängt zum Teil vom Einsatzzweck des Motors ab. Bei einem Motor, der nur in Wettbewerben gefahren wird, braucht normalerweise das Kennfeld im Teillastbereich nicht so exakt ermittelt werden, einige wichtige Punkte genügen. Andere Motoren, die auch im Normalbetrieb, wo vorzugsweise Teillast gefahren wird, vernünftig laufen sollen, erfordern eine exaktere Festlegung des Kennfeldes. Bezüglich der Leerlauf-

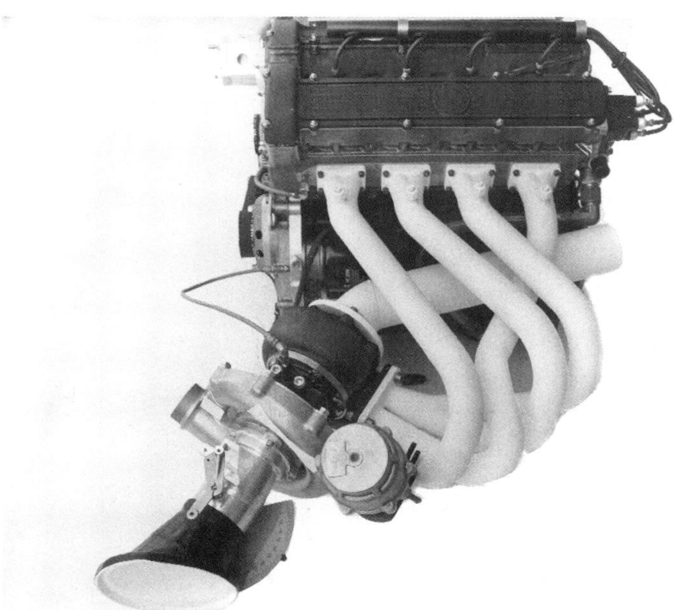

Einer der letzten erfolgreichen Formel-1-Motoren mit mechanischer Einspritzung: der BMW-1,5-Liter-Turbo. An der Drosselklappe ist die Gradscheibe zur Ermittlung des Drosselklappenwinkels zu erkennen.

regulierung, Kaltstartanreicherung und anderer Korrekturen muss man sich mit der Herstellerfirma oder einem Fachmann der jeweiligen Einspritzanlage in Verbindung setzen.

Niederdruck-Einspritzsysteme

Im Gegensatz zu den besprochenen Hochdruck-Einspritzungen entfällt bei den Niederdruck-Einspritzsystemen ein wichtiges Bauteil, nämlich die motorseitig angetriebene Einspritzpumpe. Dies hat einerseits den Vorteil, dass der Anbau einer solchen Einspritzanlage an vorhandene Motoren etwas einfacher ist, da der Pumpenantrieb entfällt. Für den notwendigen Einspritzdruck sorgen elektrische Kraftstoffpumpen, die gleichzeitig auch die Förderung übernehmen. Dabei wird der Kraftstoff in ein Leitungssystem gepumpt (mit Rücklauf zum Tank) und durch einen Druckregler der jeweilige Systemdruck sichergestellt. Niederdruck-Einspritzanlagen arbeiten mit Werten zwischen 2 und 5 bar. Nahezu alle elektronisch geregelten Einspritzsysteme arbeiten mit Niederdruck. Mechanische Niederdruck-Einspritzungen sind praktisch nicht mehr am Markt. Im Serienmotorbau findet man in Deutschland vorwiegend Einspritzungen von Bosch, aber auch von Siemens oder aus eigener Entwicklung (z. B. VW Digifant).
Im Folgenden sollen die wichtigsten Anlagen und ihr Funktionsprinzip besprochen werden.

Bosch D-Jetronic

Die Bosch D-Jetronic war die erste Entwicklungsstufe der modernen Niederdruck-Kraftstoffeinspritzung. Es handelt sich dabei um eine elektronisch gesteuerte intermittierende (mit Unterbrechungen einspritzende) Niederdruckeinspritzung. Als für den Kraftstoffbedarf wichtige Messgrößen werden der Saugrohrdruck und die Drehzahl herangezogen. Der Saugrohrdruck wird durch einen Druckfühler hinter der Drosselklappe entnommen. Er ist ein unmittelbares Maß für den jeweiligen Lastzustand des Motors. Diesem Arbeitsprinzip verdankt die Einspritzung auch ihren Namen. D-Jetronic bedeutet »druckfühlergesteuert«.
Der Unterdruck und die Drehzahl bestimmen die Einspritzdauer und somit die Kraftstoffmenge. Der Einspritzzeitpunkt wird ebenso wie die Drehzahl durch besondere Kontakte im Zündverteiler bestimmt. Ein elektronisches

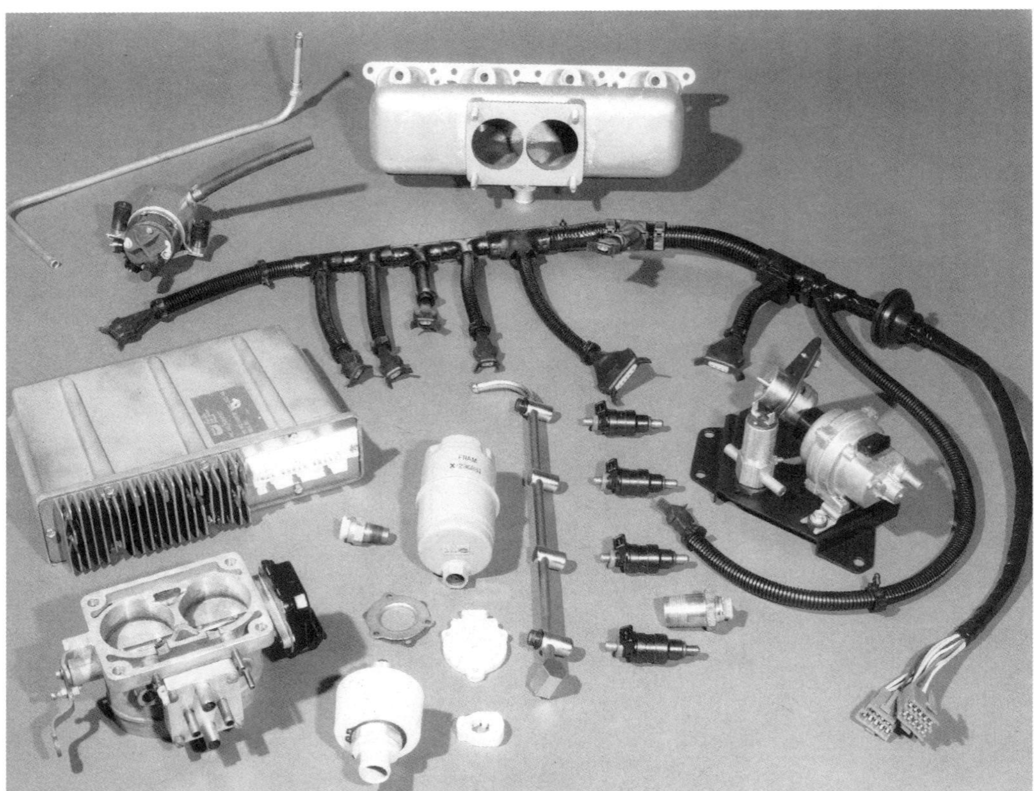

Alle Einzelteile einer frühen elektronischen Einspritzanlage sind hier ausgebreitet. Es handelt sich um eine druckfühlergesteuerte Bendix-Einspritzung des Cosworth-Vega-4-Ventilers, die mit zahlreichen Bosch-Teilen (Einspritzdüsen, Druckfühler etc.) arbeitete.

Steuergerät verarbeitet alle Steuergrößen, wertet sie aus und veranlasst durch elektrische Impulse das Öffnen und Schließen der elektromagnetischen Einspritzventile. Zusätzliche Messgrößen für Kaltstart, Leerlauf, Volllastanreicherung, Höhenkorrektur und Beschleunigungsanreicherung werden ebenfalls erfasst und beeinflussen die Einspritzmenge.

Die D-Jetronic arbeitet mit einem relativ niedrigen Druck im Kraftstoffsystem von 2,0 bis 2,2 bar. Eine elektrische Pumpe fördert den Kraftstoff und sorgt für den Druck, der außerdem von einem Druckregler konstantgehalten wird.

Größere nachträgliche Leistungssteigerungen sind mit der D-Jetronic nur schwer zu verwirklichen. Einmal begrenzt die zentrale Drosselklappe den Luftdurchsatz, zum anderen ist die Anpassung – besonders bei Nockenwellen mit längeren Steuerzeiten – schwierig. Geringfügige Leistungssteigerungen lassen sich jedoch ohne Schwierigkeiten realisieren, besonders dann, wenn die Nockenwellensteuerzeiten unverändert bleiben. Der höhere Kraftstoffbedarf kann entweder durch Erhöhung des Systemdrucks oder durch Modifikationen (Änderung der Federvorspannung der Druckfühler-Membran) bzw. Austausch der mechanisch-elektrischen Druckfühler gedeckt werden. Mittlerweile ist die D-Jetronic von der Entwicklung längst überholt. Ihre Nachfolger hießen K-Jetronic und L-Jetronic.

Bosch K-Jetronic

Die K-Jetronic ist eine rein mechanische, kontinuierlich arbeitende Niederdruckeinspritzung. Während der Motor läuft, wird der Kraftstoff ununterbrochen, d. h. kontinuierlich, eingespritzt. Dieser Arbeitsweise verdankt die K-Jetronic ihren Kennbuchstaben »K«. Ähnlich wie bei der L-Jetronic wird als Hauptsteuergröße die vom Motor angesaugte Luftmenge herangezogen. Je nach Stellung der Drosselklappe bzw. des Gaspedals wird mehr oder weniger Luft angesaugt. Der als Stauscheibe ausgebildete Luftmengenmesser überträgt über ein Hebelsystem die gemessene Luftmenge an den sogenannten Kraftstoffmengenteiler, der wiederum teilt den Einspritzventilen an den einzelnen Zylindern die der Luftmenge entsprechende Kraftstoffmenge zu. Gesonderte Volllast- und Beschleunigungsanreicherungen entfallen, ein Warmlaufregler berücksichtigt die unterschiedlichen Motortemperaturen und sorgt beim Kaltstart für die richtige Gemischanreicherung.

Der nach dem Schwebekörperprinzip arbeitende Luftmengenmesser besteht aus einem Lufttrichter und der an einem Hebel befestigten Stauscheibe. Je mehr Luft durchströmt, um so stärker hebt sich die Stauscheibe. Die Gegenkraft zur Luftkraft bildet hier ein unter hydraulischem Druck stehender Steuerkol-

Alle wichtigen Einzelteile und Baugruppen der Bosch K-Jetronic sind auf diesem Bild zu sehen: 1 Elektrische Kraftstoffpumpe; 2 Kraftstoffspeicher; 3 Kraftstofffilter; 4 Gemischregler mit Luftmengenmesser; 5 Warmlaufregler; 6 Zusatzluftschieber; 7 Startventil; 8 Einspritzventile.

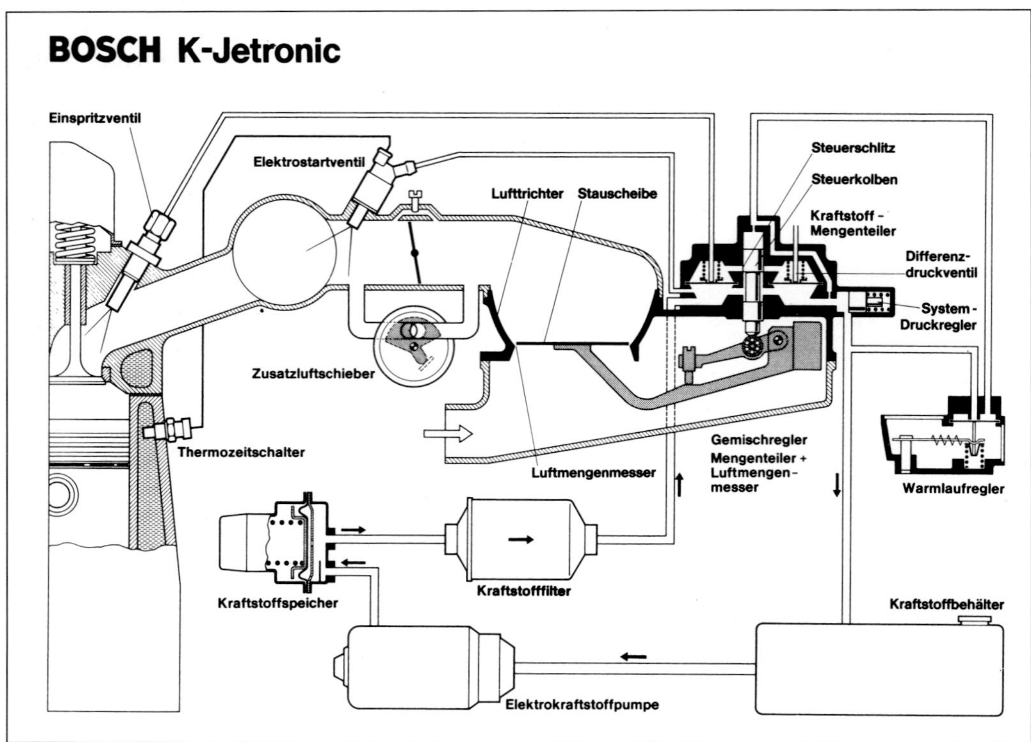

ben, von dessen Stellung (in vertikaler Richtung) die jeweilige Kraftstoffmenge abhängt. Luftmengenmesser und Mengenteiler bilden bei der K-Jetronic eine Einheit und werden als Gemischregler bezeichnet.

Komplizierter ist bei der K-Jetronic die Kraftstoffversorgung, insbesondere, was die verschiedenen Druckkreise angeht. Man unterscheidet den Systemdruck (ca. 4,7 bar), den je nach Betriebszustand (warm/kalt) von 3,7 bis 0,5 bar regelbaren Steuerdruck und den Einspritzdruck (3,3 bar), bei dem die Einspritzventile öffnen. Für die Einspritzmenge ist der jeweils herrschende Steuerdruck maßgebend. Da der Steuerkolben vom Steuerdruck beaufschlagt wird, wird die Einspritzmenge um so größer, je geringer der Steuerdruck ist.

Wichtige Größen der Gemischanpassung wie Volllastanreicherung und Teillastabmagerung werden bei der K-Jetronic durch die Form des Trichters bestimmt, in dem sich die Stauscheibe bewegt. Trichterkorrekturen werden bei der Serienabstimmung in langwierigen Versuchsreihen vorgenommen und sind nachträglich so gut wie nicht mehr zu ändern. Nicht zuletzt aus diesem Grund sind Motoren mit K-Jetronic für eine nachträgliche Leistungssteigerung nur bedingt geeignet. Auch hier gilt, dass wegen der Leerlaufstabilität und wegen des begrenzten Durchlaufquerschnittes die Steuerzeiten der Nockenwelle nicht wesentlich verändert werden sollten. Unter diesen Umständen lässt sich eine Leistungssteigerung zwischen 10 bis 20 Prozent vertreten. Die größere Kraftstoffmenge muss dann durch Absenken des Steuerdrucks erreicht werden.

Obwohl ursprünglich als rein mechanisch arbeitendes System konzipiert, wurde die K-Jetronic im Laufe der Zeit mit immer mehr elektronischen Zusatzfunktionen ausgerüstet. Das Beispiel VW Golf GTI 16 V zeigt eine Schubabschaltung sowie eine Leerlaufregelung. Beide Funktionen werden von einem gemeinsamen Steuergerät kontrolliert. Die Schub-

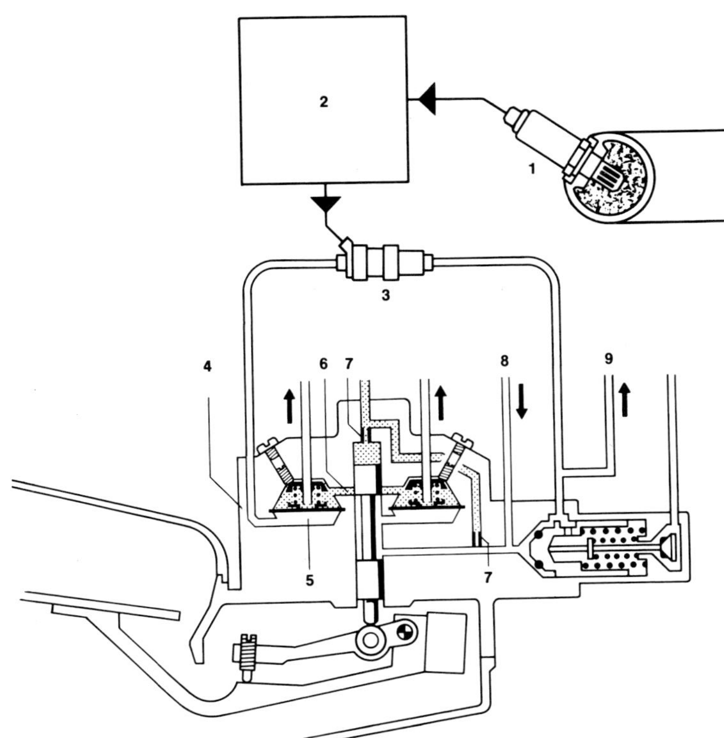

Zusätzliche Bauteile für die Lambda-Regelung bei der K-Jetronic: 1 Lambda-Sonde, 2 Lambda-Regler, 3 Taktventil, 4 Kraftstoff-Mengenteiler, 5 Unterkammern der Differenzdruckventile, 6 Steuerschlitze, 7 Entkoppeldrossel, 8 Kraftstoffzufluss, 9 Kraftstoffrücklauf.

abschaltung reagiert auf das Zusammentreffen der geschlossenen Drosselklappe (Drosselklappenschalter) mit Motordrehzahlen, die über der Leerlaufdrehzahl liegen. Ein elektropneumatisches Ventil öffnet im Schiebebetrieb einen Bypass parallel zur Stauscheibe, was diese in die Ruhelage gehen lässt. Damit wird der freie Querschnitt der Steuerschlitze im Mengenteiler zu Null und die Einspritzventile schließen.

Die Leerlaufregelung arbeitet mit einem Drehsteller, der den sonst vorhandenen Zusatzluftschieber ersetzt und auch dessen Funktion übernimmt. Der Drehsteller wird von einem rechteckförmigen Strom mit variablem Tastverhältnis angesteuert.

Das Arbeiten der Regelung lässt sich aus diesem Grunde bei eingeschalteter Zündung leicht am schnarrenden Geräusch und an Vibrationen des Stellers erkennen. Änderungen der Leerlaufdrehzahl sind bei diesem System grundsätzlich nur durch Ändern der Elektronik möglich, weil anderweitige Eingriffe von der Regelelektronik so korrigiert werden, dass die ursprünglich eingestellte Drehzahl wieder erreicht wird.

Die K-Jetronic lässt sich auch mit einer Einrichtung zur Lambda-Regelung für Katalysator-Betrieb ergänzen. Die Beeinflussung der Gemischzusammensetzung erfolgt durch eine Änderung des Gegendrucks auf den Steuerkolben des Mengenteilers. Diese Arbeitsweise entspricht jener der Kaltstart- und Warmlaufanreicherung durch den Warmlaufregler, nur dass jetzt ein dem Signal der Lambda-Sonde entsprechend angesteuertes Taktventil zusätzlich den Druck moduliert. Dieses Verfahren ist allerdings bei schärferen Anforderungen an die Abgasqualität nicht mehr anwendbar.

Bosch KE-Jetronic

Als KE-Jetronic wurde die Weiterentwicklung der K-Jetronic von vorneherein auf elektronische Zusatzgeräte ausgelegt. Teile wie Warmlaufregler und Zusatzluftschieber entfallen ganz. Die Regelung des Systemdrucks über das Aufstoßventil im Mengenteiler weicht einem externen Systemdruckregler.

Ein elektrohydraulischer Systemdrucksteller im Mengenteiler erlaubt sämtliche Beeinflussung des Gemischs von der Anreicherung bei Kaltstart und Warmlauf, Beschleunigung und Volllast sowie Lambda-Regelung einerseits sowie das vollständige Absperren der Kraftstoffzufuhr zur Schubabschaltung und Drehzahlbegrenzung andererseits.

Als wichtige Eingangsgrößen stehen dem elektronischen Steuergerät der KE-Jetronic über die Zündimpulse die Motordrehzahl, über verschiedene Temperatursensoren die Temperatur von Motor und Luft sowie über den Drosselklappenschalter ein Signal für die Betriebszustände Leerlauf und Volllast zur Verfügung. Ein gegenüber der K-Jetronic wichtiges zusätzliches Signal liefert das Potentiometer an der Stauscheibe, das Auskunft über die angesaugte Luftmenge gibt.

Die Lambda-Regelung erfolgt über eine kontinuierliche Änderung der Spannung, die im elektrohydraulischen Systemdrucksteller des Mengenteilers anliegt. Ein Taktventil ist in der Regel nicht mehr vorhanden.

Wie sehr auch bei der KE-Jetronic im Laufe der Zeit der Funktionsumfang zunahm, zeigt nicht zuletzt folgendes Beispiel: Während bei der KE 1 von 1982 noch eine 25polige Steckverbindung zum Steuergerät ausreichte, verfügten die Versionen KE 5.1 und KE 5.2 für die Sechszylindermotoren von Mercedes-Benz im Jahr 1989 bereits über 55polige Stecker.

Bosch L-Jetronic

Auch bei der L-Jetronic handelt es sich um ein Niederdruck-Einspritzsystem. Gegenüber der KE-Jetronic liegt der Fortschritt darin, dass die mechanische Beeinflussung der eingespritzten Kraftstoffmenge über die Verbindung Stauscheibe-Mengenteiler entfällt.

Die Kraftstoffzumessung erfolgt über im Takt der Kurbelwellendrehung für jeweils wenige Millisekunden geöffnete elektromagnetische Einspritzventile, die wie bei der K-Jetronic unmittelbar vor den Einlassventilen angeordnet sind. Jetzt übernehmen sie aber nicht nur die Aufgabe der Gemischaufbereitung, sondern auch die Zumessung.

An die Stelle der mechanischen Koppelung von Stauscheibe und Mengenteiler der K-Jetronic tritt das Potentiometer an der Stauscheibe des Luftmengenmessers und das elektronische Steuergerät, das die Einspritzventile schaltet. Es empfängt alle für die Bemessung der Kraftstoffmenge wichtigen Signale, wertet sie aus und gibt die Öffnungsimpulse an die elektromagnetischen Einspritzventile weiter. Korrekturgrößen wie Kaltstart, Volllastanreicherung und Leerlauf werden ebenfalls berücksichtigt. Auf eine Übergangsanreicherung kann jedoch bei der L-Jetronic verzichtet werden. Dies ist mit ein Vorteil der Luftmengenmessung, die eine Vielzahl von Betriebseinflüssen direkt erfasst.

Der Luftmengenmesser selbst ist vor der Drosselklappe angebracht. Er ist bei der L-Jetronic als schwenkbare Stauklappe ausgeführt, die federbelastet ist. Die vom Motor entsprechend der Drosselklappenstellung angesaugte Luft wirkt der Federkraft der Stauklappe entgegen und öffnet diese, je nach Betriebszustand, mehr oder weniger weit. Je nach Öffnungswinkel der Stauklappe, der wiederum einer ganz bestimmten Luftmenge entspricht, wird dabei eine Potentiometerspannung an das Steuergerät abgegeben.

Das Steuergerät bestimmt dann die der jeweiligen Luftmenge entsprechende Kraftstoffmenge über die Einspritzdauer. Wichtig ist in diesem Zusammenhang, dass zwischen der Stauklappe des Luftmengenmessers und dem Motor selbst kein Leck (Undichtigkeit) sein darf. Auf absolute Dichtigkeit der Anlage ist also zu achten, da sonst die Kraftstoffzumessung nicht mehr stimmt. Ein Nachteil des Luftmengenmessers ist, dass er der Ansaugluft Widerstand entgegensetzt, was einen Leistungsverlust von ca. 1 bis 2 Prozent verursacht.

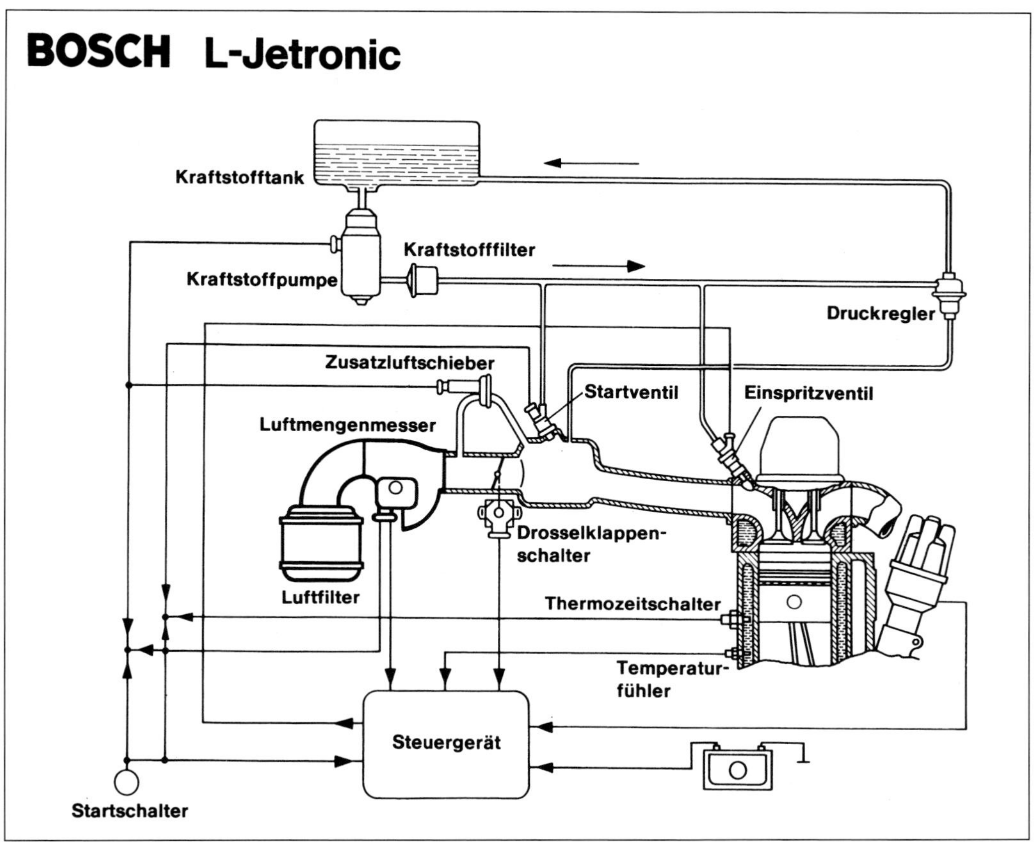

Wie oft eingespritzt wird, steuert drehzahlabhängig der Unterbrecherkontakt. Bei der L-Jetronic sind alle Einspritzventile parallel geschaltet und spritzen gleichzeitig zweimal pro Kurbelwellenumdrehung ein. Eine bestimmte Zuordnung zwischen Kurbelwinkel und Einspritzzeitpunkt ist nicht notwendig. Dies alles vereinfacht im Vergleich zur D-Jetronic den Aufwand erheblich.

Da sich die L-Jetronic quasi von selbst den veränderten Betriebsbedingungen anpasst, ist sie auch für eine nachträgliche Leistungssteigerung des Motors besser geeignet als die D-Jetronic. Voraussetzung ist auch hier, dass die Nockenwellenüberschneidungen nicht zu groß werden, um noch einen stabilen Leerlauf zu erzielen. Die für eine Leistungssteigerung im Volllastbetrieb zusätzlich notwendige Kraftstoffmenge muss entweder über einen erhöhten Systemdruck (er liegt bei der L-Jetronic zwischen 2,5 und 3,5 bar) oder über eine Erhöhung der Volllastanreicherung vorgenommen werden. Falls diese Möglichkeiten nicht ausreichen, kann noch eine zusätzliche Anreicherung durch den Lufttemperaturfühler stattfinden.

Doch auch hier muss festgehalten werden, dass die nachträgliche Leistungssteigerung von Motoren mit L-Jetronic nur begrenzt möglich ist. Für Spitzenleistungen (Leistungsgrenze ca. 70 bis 80 PS/Liter) ist sie weder gedacht noch geeignet.

Aus der L-Jetronic sind im Laufe der Zeit mehrere Systeme hervorgegangen, die für bestimmte Anwendungsfälle optimiert sind. Neben der LE-Jetronic ohne Lambda-Regelung, die für einige Zeit in Europa eingesetzt wurde, ist die LU-Jetronic zu nennen, wie sie in Län-

Schematischer Aufbau eines elektromagnetischen Einspritzventils: 1 elektrischer Anschluss, 2 Kraftstoffrücklauf, 3 Kraftstoffzulauf, 4 Magnetwicklung, 5 Magnetanker, 6 Ventilnadel, 7 Spritzzapfen.

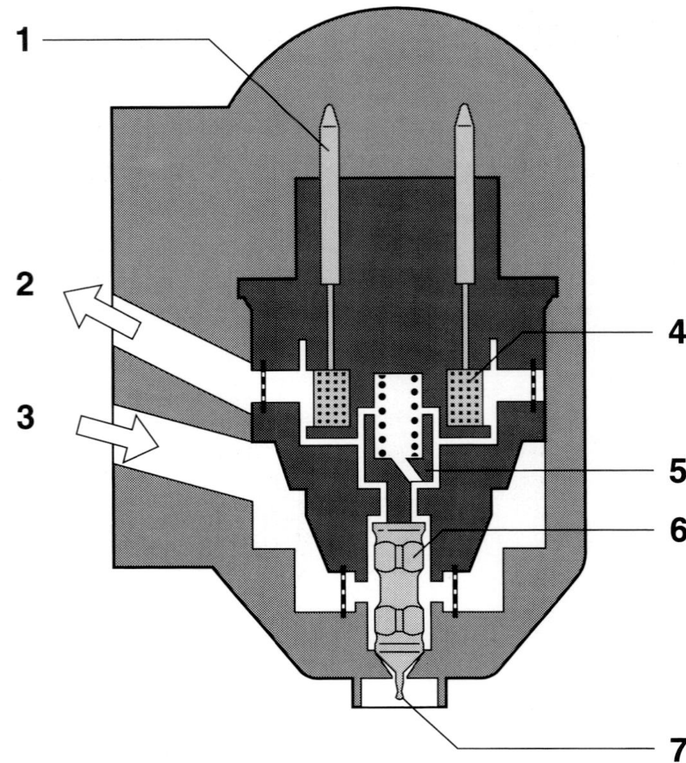

Unten:
Elektrisches Einspritzventil auf dem Prüfstand. Die Kraftstoffzerstäubung ist in Ordnung.

dern mit strenger Abgasgesetzgebung (früher USA) dank ihrer Lambda-Regelung schon früher eingesetzt werden konnte.

Eine besondere Entwicklung stellt die L 2 dar, die unter dem Namen Digijet vom Volkswagenwerk eingesetzt wurde. Dieses System war die erste und lange Zeit einzige Form der L-Jetronic, in der eine digitale Signalverarbeitung eingesetzt wurde. Fast alle übrigen Versionen der L-Jetronic arbeiten mit analoger Signalverarbeitung.

Die erst 1986 hinzugekommene Version L 3 verfügt über ein motorraumtaugliches Steuergerät, das direkt am Luftmengenmesser angebaut ist. Das verringert wegen des wegfallenden Kabelbaums den Montageaufwand. Die L-3-Jetronic verfügt über eine digitale Steuerung. Sie existiert mit und ohne Lambda-Regelung. Um auch bei einem eventuellen Ausfall des Steuercomputers noch eine Werkstatt anfahren zu können, sind entsprechende Not-

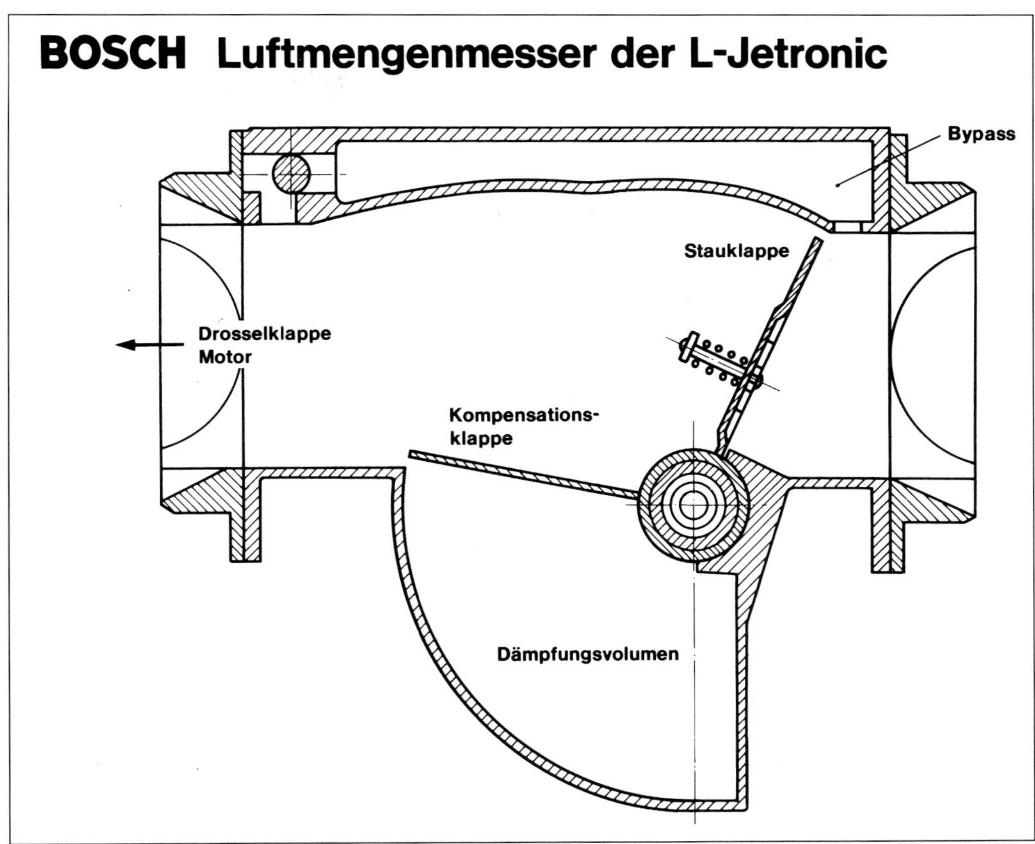

lauffunktionen integriert. Neu bei diesem System ist auch die Plausibilitätsprüfung, die offenkundig unsinnige Eingangssignale wie etwa eine Motortemperatur von -60° verwirft und durch fest gespeicherte Standardwerte ersetzt.

Bosch LH-Jetronic

Der Wunsch, das teure und nicht immer störungsfrei arbeitende mechanische Bauteil Luftmengenmesser durch elektronische Komponenten zu ersetzen, führte zur Entwicklung der LH-Jetronic. Bei diesem System wird auf die Stauklappe gänzlich verzichtet. Stattdessen wird der angesaugte Luftstrom über einen elektrisch beheizten Platindraht geführt. Die damit verbundene Abkühlung des Drahtes wird als Eingangsgröße für das elektronische Steuergerät verwendet.

Zu diesem Zweck wird der Hitzdraht in eine elektrische Brückenschaltung eingefügt und durch einen variablen Heizstrom auf konstanter Temperatur gehalten. Nachdem die kühlende Wirkung der vorbeiströmenden Luft nicht nur von der Geschwindigkeit, sondern auch noch von der Dichte abhängig ist, wird mit diesem Verfahren nicht wie mit der Stauklappe die Luftmenge, sondern die Luftmasse ermittelt.

Verfälschungen des Messergebnisses durch Temperaturschwankungen oder große Höhe, etwa bei Passfahrten, treten damit nicht mehr auf, die entsprechenden Kompensationseinrichtungen der L-Jetronic können somit entfallen.

Der Hitzdraht, ein Platindraht von 0,07 Millimeter Durchmesser, darf im Betrieb nicht verschmutzen. Schmutz würde den Temperatur-

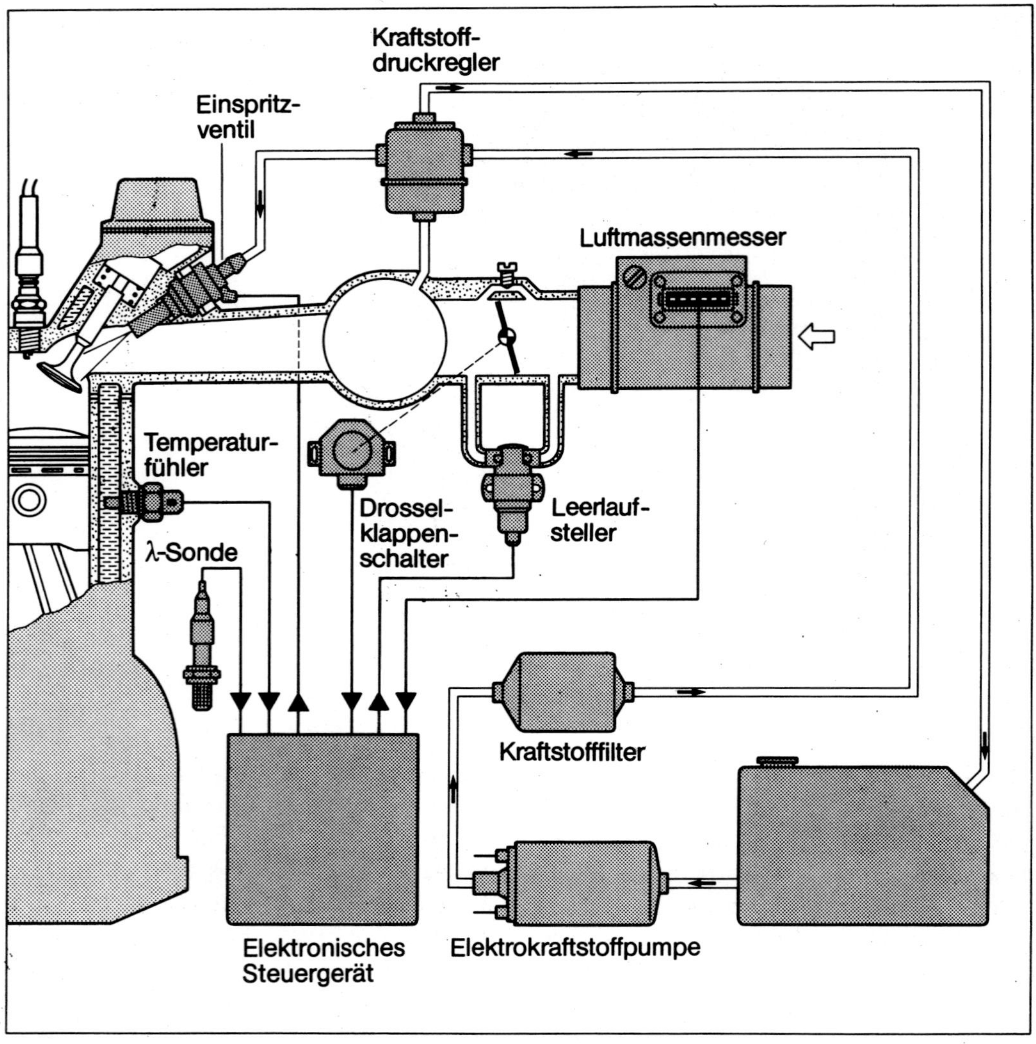

Blockschaltbild einer Bosch L-Jetronic mit Lambda-Regelung.

übergangswiderstand erhöhen und so zu einer scheinbar verringerten Luftmasse führen. Die Folge wäre eine Abmagerung im Betrieb. Um dies zu verhindern, wird der Hitzdraht nach jedem Abstellen des Motors kurzzeitig auf erhöhte Temperaturen gebracht und so von eventuellen Verunreinigungen befreit. Wesentliche Vorteile des Luftmassenmessers sind in dem äußerst geringen Strömungswiderstand und dem Fehlen jeglicher beweglichen Teile zu sehen.

Mit der LH-Jetronic wurde auf breiter Front die digitale Signalverarbeitung durch Mikrocomputer eingeführt. An die Stelle der über variable Verstärkungsfaktoren miteinander verknüpften Eingangsgrößen des Steuergeräts traten sogenannte Kennfelder. Das sind in Speicherchips gespeicherte Tabellen, die für bestimmte Wertepaare aus Motordrehzahl und -last die korrekte Einspritzmenge angeben. Zwischenwerte werden vom Mikrocomputer durch Interpolation errechnet.

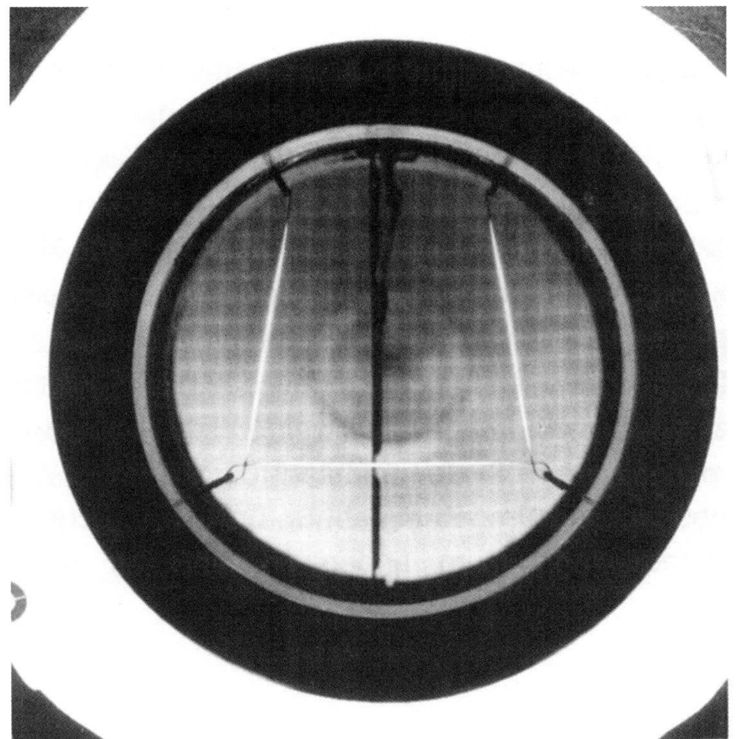

Einblick in einen widerstandsarmen Hitzdraht-Luftmassenmesser von Bosch.

Dieses Vorgehen hat den Vorteil, dass die Einspritzmenge für jeden Betriebszustand völlig frei gewählt werden kann. Bei analogen und noch mehr bei mechanischen Systemen hängt der mögliche Wert immer auch etwas von denen in der Umgebung ab. Sprünge oder schnelle Änderungen von einem Betriebspunkt zum anderen sind nicht möglich, bei mechanischen Systemen, etwa der Kugelfischer-Einspritzung, wären großer Verschleiß sowie Haken und Klemmen des Raumnockens die Folge.

Kaltstart- und Warmlaufanreicherung kann durch temperaturabhängiges Verschieben des gesamten Kennfelds oder Überlagern eines zweiten Felds für tiefe Betriebstemperaturen erreicht werden. Auf dieselbe Weise erfolgt die Volllastanreicherung. Der Volllastfall kann dabei durch einen Drosselklappenschalter erkannt werden. Einfacher und funktionszuverlässiger ist es jedoch, für ein Gebiet voller Last im Kennfeld größere Einspritzmengen vorzusehen. Das hat den Vorteil, dass auch schon dann, wenn die Drosselklappe noch nicht den Volllastanschlag erreicht hat, eine frei wählbare gezielte Anfettung erfolgen kann.

Die meisten Motoren laufen im Interesse einer möglichst optimalen Reinigungswirkung des Katalysators in fast allen Betriebszuständen mit Lambda 1,0. Das dann gegebene sogenannte stöchiometrische Gemisch kann theoretisch vollständig verbrennen, Luftsauerstoff und Kraftstoffmoleküle liegen quasi in abgezählter Menge bereit.

Die Verbrennung im Motor ist allerdings nie vollständig, es bleiben immer unverbrannte Anteile wie Kohlenmonoxid und Kohlenwasserstoffe übrig. Die dank des stöchiometrischen Gemischs dann ebenfalls im Abgas vorhandenen Sauerstoff-Reste erlauben dem Katalysator eine vollständige Aufoxidation der unverbrannten Anteile. Die in vergleichsweise geringen Mengen im Brennraum entstandenen Stickoxide werden reduziert.

Heißfilm-Luftmassenmesser (HFM) von Bosch. Ein Teil der Elektronik ist bereits in den Fühler integriert.

Um Lambda eins in der für die Abgasreinigung geforderten hohen Genauigkeit einhalten zu können, werden die im Einspritzkennfeld gespeicherten Werte unter Berücksichtigung der Signale der Lambda-Sonde im Auspuff einer Feinkorrektur unerworfen. Durch Alterung und Verschleiß, aber auch infolge von Fertigungs- und sonstiger Toleranzen können sich zwischen den gespeicherten Einspritzwerten und den tatsächlich erforderlichen größere Abweichungen ergeben. Erreichen sie eine bestimmte Größenordnung, werden sie als Korrekturfaktoren in einem speziellen Adaptionskennfeld abgelegt. Dieses Kennfeld verfügt in der Regel über eine geringere Zahl von Stützstellen, als das beim Grundkennfeld der Fall ist. Die hier abgelegten Korrekturfaktoren reduzieren den Eingriff der Lamda-Regelung auf ein Minimum und bewirken eine adaptive Driftkompensation des Systems auf Lebenszeit. Auf Grund dieser Tatsache ist die digitale LH-Jetronic allerdings nur in beschränktem Maße in der Lage, einem durch Tuningmaßnahmen gesteigerten Liefergrad eines Motors auch entsprechend mehr Kraftstoff einzuspritzen. Neben der Einspritzmenge können auch Korrekturfaktoren für die Leerlaufregelung gespeichert weden. Solche Motoren können in dieser Hinsicht als wartungsfrei gelten.

Die Kraftstoffzumessung selbst erfolgt durch Magnetventile, die den Kraftstoff auf die Einlassventile spritzen. Zur Vereinfachung des Schaltungsaufwands werden die Ventile einmal pro Kurbenwellenumdrehung angesteuert. Um negative Auswirkungen von Schwankungen der Bordspannung auf die Schaltzeit der Ventile auszugleichen, wird ein entsprechender Korrekturfaktor eingerechnet. Der Einfluss des von der Drosselklappenstellung abhängigen Saugrohrdrucks wird dadurch eliminiert, dass der Differenzdruck zwischen Kraftstoffdruck und Saugrohrdruck je nach System auf 2,5 oder 3 bar konstant gehalten wird. Auf diese Weise hängt die eingespritzte Benzinmenge nur noch von der Öffnungsdauer der Ventile ab.

Für umfassende Tuningmaßnahmen ist es unerlässlich, nach entsprechenden Prüfstandläufen die im Kennfeld gespeicherten Einspritzwerte abzuändern. Hierfür sind spezielle Elektronik-Kenntnisse erforderlich. Wer nicht genau weiß, in welchem Speicher-IC an wel-

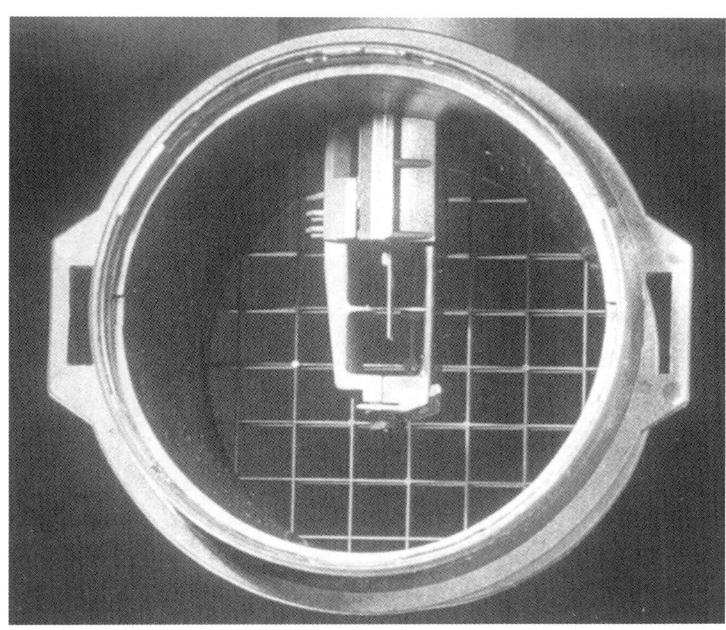

Heißfilm-Luftmassenmesser im Saugkanal.

cher Adresse die entsprechenden Daten abgelegt sind, sollte von entsprechenden Arbeiten Abstand nehmen.

Bei der weiteren Entwicklung der LH-Jetronic (LH 3.1 und LH 3.2 seit 1990) wurde der Hitzdrahtluftmassenmesser durch einen moderneren Sensor ersetzt, den sogenannten Heißfilm-Luftmassenmesser. Sein Funktionsprinzip entspricht grundsätzlich dem des Hitzdraht-Luftmessers, jedoch sind wesentliche Teile der elektrischen Brückenschaltung und der Elektronik bereits zusammen mit dem als Fühler dienenden Metallfilm auf einem Keramik-Substrat integriert. Ein weiterer Vorteil besteht darin, dass die entscheidenen Zonen des Sensorelements quasi im Windschatten liegen und so vom unvermeidlichen Schmutzaufbau nicht beeinflusst werden. Das regelmäßige Freibrennen des Sensors kann damit entfallen.

Bosch Mono-Jetronic

Mit dem Auftreten Lambda-geregelter Abgasreinigungskonzepte auch bei Kleinwagen entstand Bedarf an einem einfachen und kostengünstigen Einspritzsystem. Die Mono-Jetronic – und viele andere sogenannte Single-Point-Einspritzungen – erfüllt diesen Anspruch. Im Gegensatz zur Multipoint-Einspritzung, bei der jeder Zylinder über ein (in Ausnahmefällen auch zwei) separates Einspritzventil verfügt, erfolgt hier die Kraftstoffversorgung über ein einziges, zentral angeordnetes Einspritzventil. Es wird zusammen mit dem Drosselklappenteil zu einer Einheit zusammengefügt. Die äußere Gestaltung entspricht also durchaus der einer Einfachvergaser-Anordnung, mit den bekannten Nachteilen für Saugrohrgestaltung und Gemischverteilung. Nur erfolgt die Kraftstoffzumessung nicht über aerodynamische Kräfte in Lufttrichtern und Düsen, sondern über eine elektronische Steuerung. Gebräuchliche Bezeichnungen für solche Systeme sind auch »Single Point Injection« (SPI), »Throttle Body Injection« (TBI) oder »Central Fuel Injection« (CFI). Ein wesentlicher Unterschied der Bosch Mono-Jetronic zu den übrigen Jetronic-Baureihen besteht darin, dass ein Luftmengen- oder -massenmesser nicht vorhanden ist. Der Betriebspunkt des Motors wird allein durch die Auswertung anderer Parameter ermittelt. Die wichtigsten sind hierbei das von der Zündanlage gelieferte Drehzahlsignal sowie der Span-

Kraftstoff-Einspritzung

Zentraleinspritzung bei einem japanischen Vierventiler (Suzuki Swift). Die Nachteile des Saugrohrs für die Gemischverteilung und Füllung sind ähnlich wie beim Vergaser.

nungswert des Drosselklappen-Potentiometers, das über den momentanen Luftbedarf Auskunft gibt. Das Steuergerät erkennt auch die Zustände Leerlauf und Volllast, ohne dass entsprechende Drosselklappenschalter erforderlich wären.

Fühler für Motor- und Lufttemperatur erlauben eine Warmlaufanreicherung und eine Anpassung an die mit abnehmender Temperatur ansteigende Dichte der angesaugten Luft. Neben dieser sogenannten Alpha-N-Steuerung, die Drosselklappenwinkel und Drehzahl berücksichtigt, existiert auch die sogenannte p/n-Steuerung. Bei ihr basiert die Erkennung der gegenwärtigen Motorbelastung auf der Messung des Saugrohrdrucks. Die z. B. im Opel Corsa installierte Einspritzanlage amerikanischer Herkunft ist ein Beispiel dafür. Für welche Bauart sich ein Hersteller entscheidet, ist nicht zuletzt davon abhängig, ob der Drucksensor, der mit hoher Präzision gefertigt werden muss, zur Verfügung steht. Als extern zugekauftes Bauteil kann er bis zu einem Drittel der Gesamtkosten der Einspritzanlage ausmachen. Grundsätzlich kann eine Zentralein-

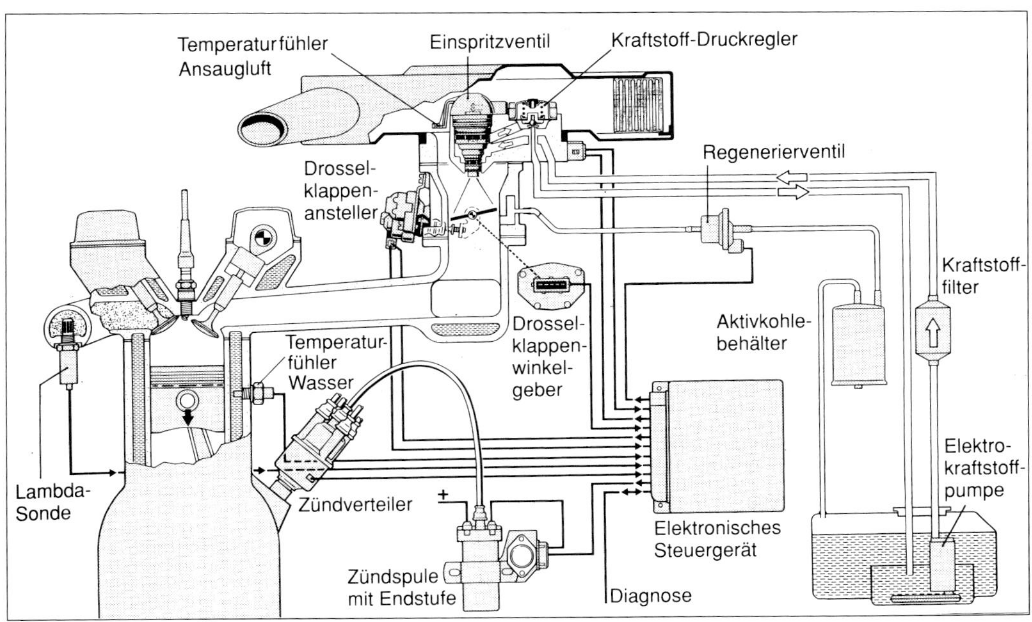

Funktionsschema einer Bosch-Mono-Motronic-Singlepoint-Einspritzung.

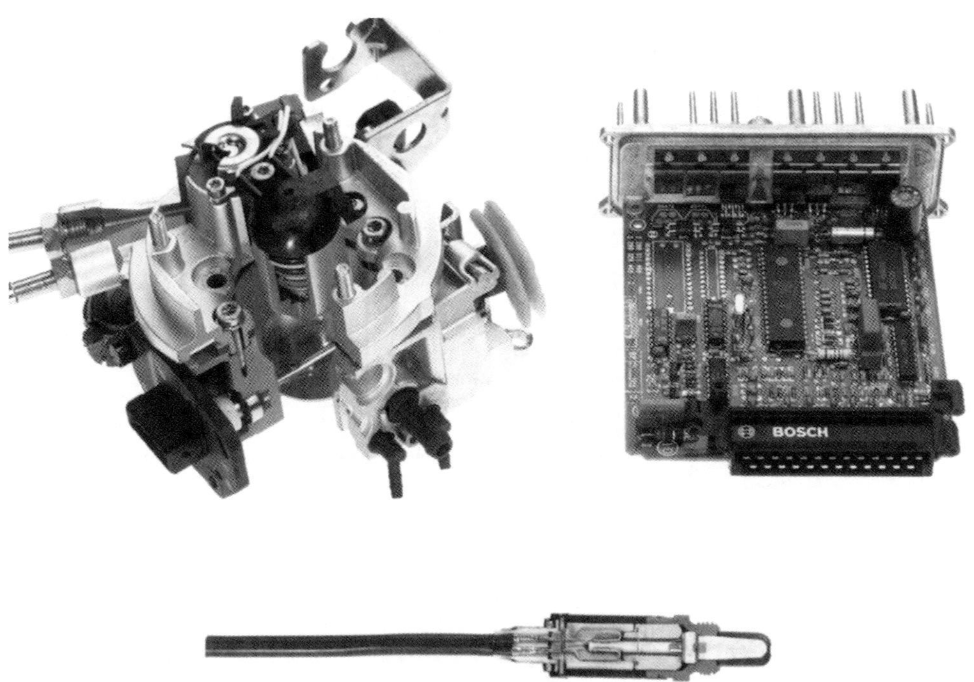

Die wesentlichen Komponenten einer elektronischen Zentraleinspritzung bestehen aus der Einspritzeinheit (die wie ein Vergaser auf ein verzweigtes Saugrohr geschraubt wird), dem elektronischen Steuergerät und der Lambda-Sonde (Bosch-Mono-Motronic).

spritzung auch über beide Arten der Sensorik, also Drosselklappenpotentiometer und Drucksensor, verfügen. Damit wird ein noch präziseres Erfassen des Betriebspunkts und zugleich ein Notbetrieb bei Ausfall eines Sensors möglich.

Die Bosch Mono-Jetronic spritzt im Takt der Kurbelwellenumdrehung intermittierend ein. Die eingespritzte Kraftstoffmenge wird wie bei der LH-Jetronic über die Schaltzeit des Ventils variiert. Alle Kennzeichen einer modernen Einspritzanlage bis hin zum Lambda-Korrekturkennfeld für die adaptive Fehleranpassung sind integriert. Ein besonderer Vorteil des Systems ist darin zu sehen, dass der immer mit Überschuss geförderte Kraftstoff auf seinem Weg zurück zum Tank auch das Einspritzventil umspült und so wirksam kühlt. Nachdem damit die Gefahr der Dampfblasenbildung besonders wirksam beseitigt ist, kann die Mono-Jetronic mit dem geringen Betriebsdruck von einem bar auskommen. Neben der Version A 2.2 wird noch die Variante A 2.4 gebaut. Sie verzichtet auf eine Lambda-Regelung und erlaubt mit Lambda-Werten um 1,2 den Betrieb eines Motors nach dem sogenannten Magerkonzept. Motoren mit Single-Point-Einspritzung sind ähnlich wie Einvergasermotoren ohne Umrüstung der gesamten Gemischaufbereitung nur für relativ geringe Leistungssteigerung geeignet, wie beispielsweise Umstellung von Normal- auf Superbetrieb durch höhere Verdichtung.

Bosch Motronic

Mit den Einzug der Digital-Elektronik lag es nahe, Zündung und Einspritzung in einem einzigen elektronischen Management-System zusammenzufassen, zumal Einspritzung und Zündung auf dieselben Basis-Eingangsgrößen (Drehzahl und Last) zurückgreifen. Mit der Motronic von Bosch begann das Zeitalter des integrierten Motormanagements. Inzwischen gibt es mehrere Generationen der Motronic, in die immer mehr Funktionen hineingepackt wurden bei gleichzeitiger Reduzierung des Platzbedarfes. Im Laufe der Entwicklung kam 1989 die Motronic mit einem 16-Bit-Mikropro-

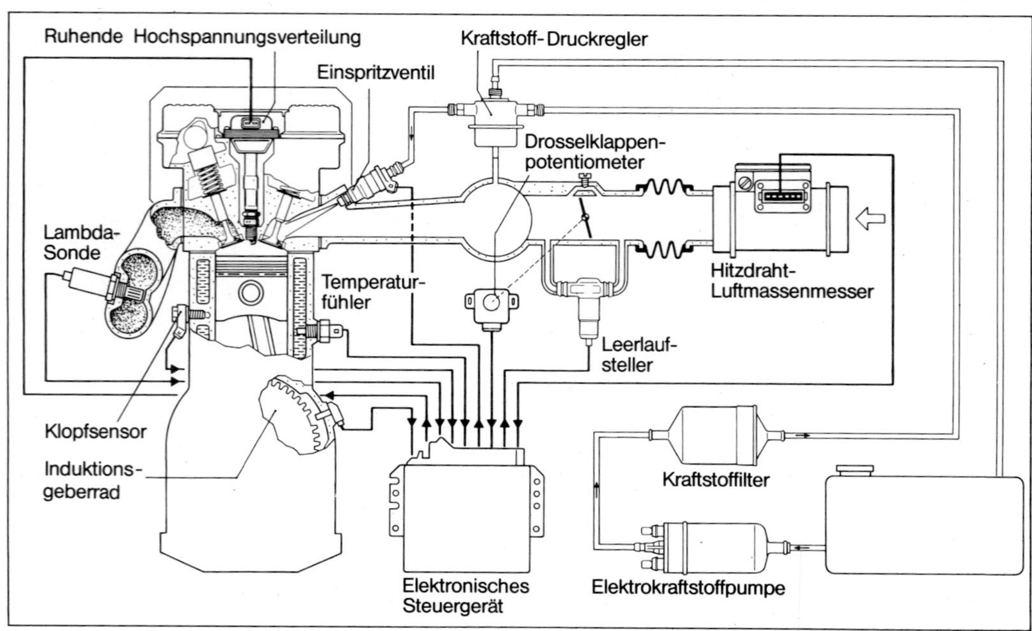

Funktionsschema einer Bosch-Motronic-Einspritzung.

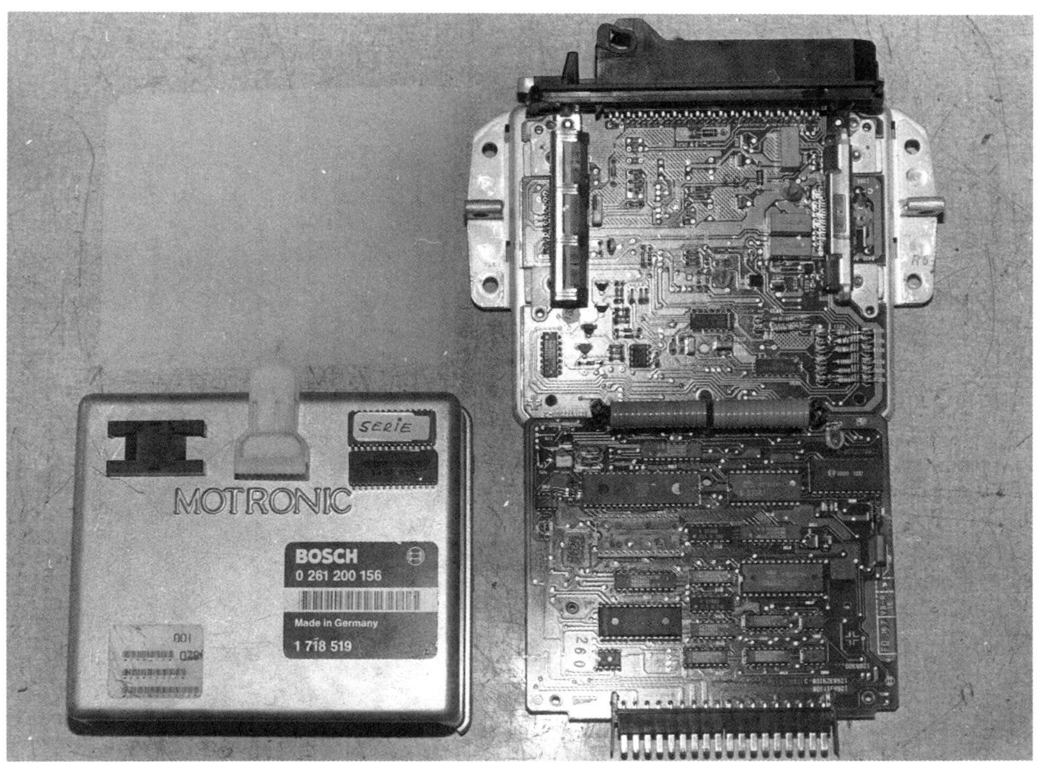

Bosch-Motronic-Steuergerät mit auseinandergeklappten Trägerplatten zwecks Auswechseln des Eproms.

zessor, 1991 die CAN-Motronic (Controller Area Network) mit Vernetzung anderer elektronischer Systeme, später kam die Eigendiagnose (OBD) dazu, Mitte der neunziger Jahre die ME-Motronic mit integrierter, elektronischer Füllungssteuerung (EGAS), im Jahr 2000 die noch aufwendigere DI-Motronic für Benzin-Direkteinspritzung, 2001 die erste Motronic mit 32-Bit-Prozessor usw. Die Entwicklung ist rasch und fließend. Doch zurück zu den Anfängen, zumal viele sogenannte Youngtimer noch mit den alten Motronic-Systemen laufen.

Je nachdem, welches Einspritz-System als Basis diente, unterschied man KE-Motronic, Mono-Motronic und M- beziehungsweise ML-Motronic. Vor allem von dem auf der L- und LH-Jetronic basierenden, kurz Motronic genannten System existieren zahlreiche Varianten. Teilweise verfügen sie auf der Einspritzseite über zusätzliche Funktionen, die bei der Jetronic nicht verwirklicht wurden.

Das Zündkennfeld der Motronic ersetzt die Funktionen Fliehkraft- und Unterdruckverstellung des herkömmlichen Zündverteilers. Dieses Kennfeld kann erheblich präziser an unterschiedliche Betriebszustände angepasst werden, als das bei einer rein mechanischen Verstellung möglich wäre. Beispielsweise lässt sich für die Anlassdrehzahl ein für die Zündwilligkeit optimaler Zündwinkel realisieren und davon völlig unabhängig schon bei Leerlaufdrehzahl ein Zündwinkel programmieren, der einwandfreien Rundlauf, geringen Verbrauch und günstiges Abgas garantiert. Wird Gas gegeben, kommt die Forderung nach gutem Fahrverhalten dazu. Neben Drehzahl und Saugrohrdruck gehen Temperatur und Drosselklappenstellung als bestimmende Faktoren mit ein.

Unterschiedliche Zündwinkelkennfelder für Super (oben) und Normalkraftstoff lassen sich vorprogrammieren. Im unteren Lastbereich sind die beiden Kennfelder fast identisch. Bei hoher Last kann mit Super mehr Frühzündung gefahren werden.

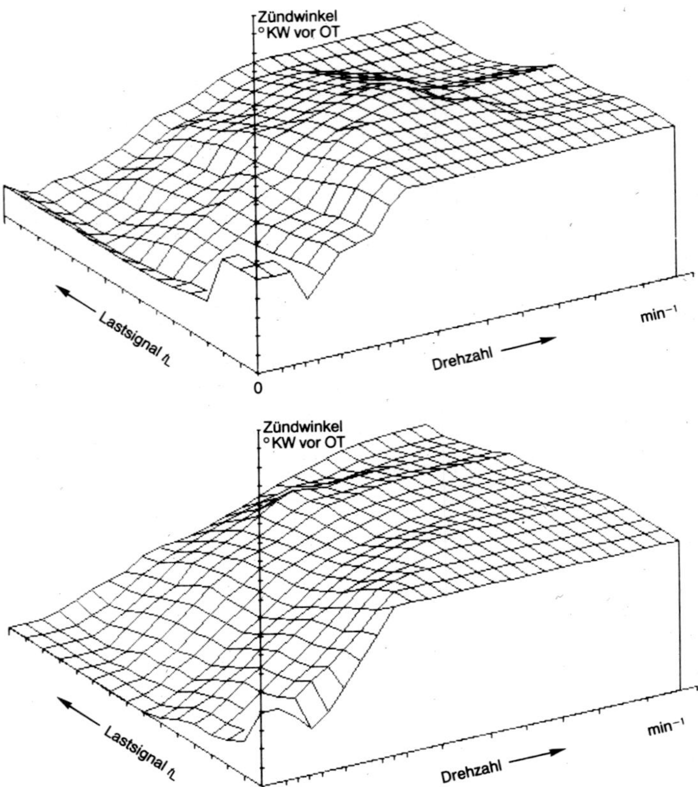

Ruhende Zündverteilung mit zwei Doppel-Zündspulen beim BMW 318iS.

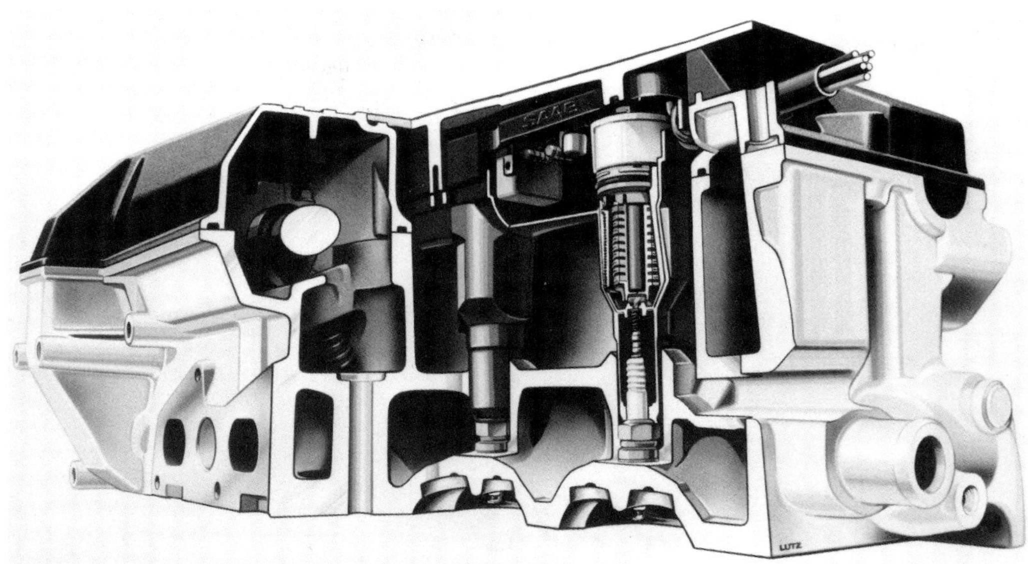

Saab-Direktzündung mit Kondensatoren und Zündspulen direkt über der Zündkerze.

Nachdem die herkömmliche Zündanlage entfällt, fehlt der Zündfunke als Drehzahlinformation. Diese Information beschafft sich die Motronic aus diesem Grunde mit einem induktiven Abnehmer oder Hall-Geber direkt von einer gezahnten Scheibe auf der Kurbelwelle. Damit wird eine weit höhere Genauigkeit erreicht und eine weitere Annäherung des Zündzeitpunkts an die Klopfgrenze möglich, ohne dass dies mit einem erhöhten Risiko verbunden wäre. Eine Bezugsmarke, meist in Form eines fehlenden Zahns der Zahnscheibe, erlaubt dem System eine eindeutige Zuordnung der Kurbelwinkeleinstellung.

Bei herkömmlichen Zündsystemen ist der Schließwinkel direkt abhängig vom Abstand der Unterbrecherkontakte und damit die Stromflusszeit des Primärstroms durch die Zündspule umgekehrt proportional zur Drehzahl. Damit steht bei sehr hohen Drehzahlen oft keine ausreichende Zündspannung mehr zur Verfügung. Kontaktlose Zündungen verfügen in der Regel über eine Schließwinkelsteuerung, die unabhängig von der Drehzahl eine optimale Stromflusszeit sicherstellt.

Bei der Motronic wird der Schließwinkel von einem eigenen Kennfeld gesteuert. Zusätzlich erfolgt eine Anpassung an Schwankungen der Bordspannung: Bei abnehmender Spannung nimmt die Einschaltzeit zu, damit zum Zündzeitpunkt stets der gewünschte Primärstrom erreicht wird. Bei rasch aus der Leerlaufdrehzahl hochdrehenden Motoren erfolgen die Zündungen in immer kürzeren Abständen, die vom System einkalkulierte Schließzeit kann sich also nicht mehr einhalten lassen. Um auch unter diesen Umständen den korrekten Schließwinkel sicherzustellen, greift die sogenannte Beschleunigungskorrektur ein.

Zur Anpassung an unterschiedliche Kraftstoffqualitäten (Klopffestigkeit) kann die Motronic mit verschiedenen Zündkennfeldern versehen werden, die entsprechend der getankten Kraftstoffart beispielsweise über einen Codierstecker aktiviert werden.

Wie die als Einzelsystem arbeitende Kennfeldzündung kann auch die Motronic mit einem oder mehreren Klopfsensoren ausgestattet werden. Dieses auf piezoelektrischer Basis arbeitende Element reagiert auf Schallschwingungen im Motorblock. Die Steuerelektronik kann die bei klopfender Verbrennung entste-

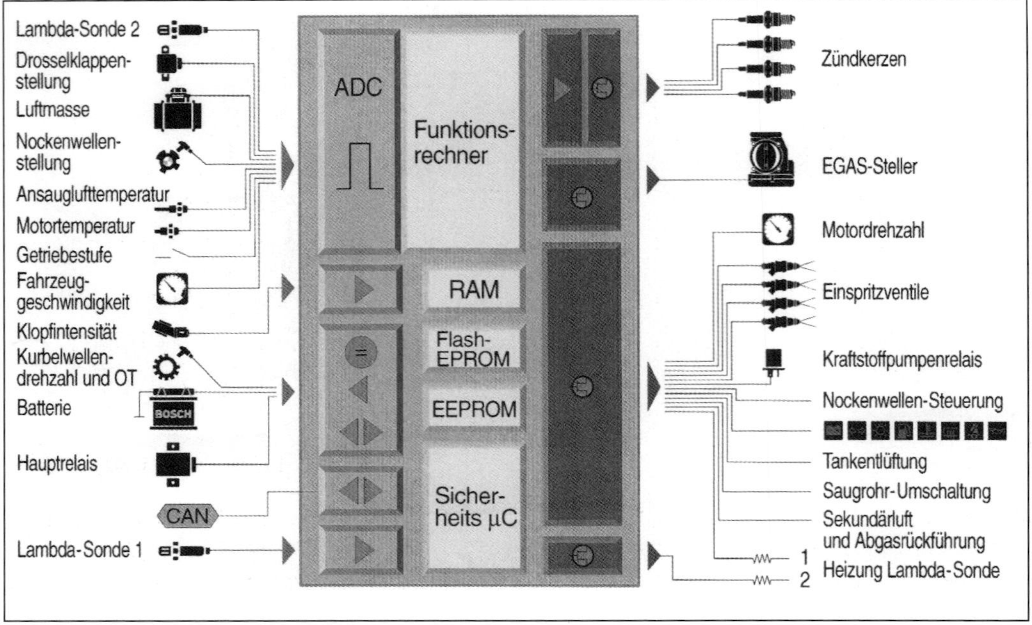

Moderne Einspritzsysteme erfassen eine immer größer werdende Fülle von Parametern. Ohne die sprunghafte Weiterentwicklung der Rechnertechnik wäre ein zeitgenössisches Einspritzsystem nicht realisierbar.

henden charakteristischen Druckschwankungen identifizieren und auf Grund der vorangegangenen Zündung definitiv einem Zylinder zuordnen. Um einem Schaden des Triebwerks durch eine unzureichende Kraftstoffqualität vorzubeugen, wird bei dem fraglichen Zylinder der Zündwinkel etwas zurückgenommen, also später gezündet. Diese Korrektur wird im Sinne einer adaptierten Anpassung in einem separaten Kennfeld abgespeichert.

Bei jedem Anlassen des Motors besteht theoretisch die Möglichkeit, dass mittlerweile wieder Kraftstoff guter Qualität nachgetankt worden ist. Die Klopfregelung muss also nach einem bestimmten Algorythmus von Zeit zu Zeit durch versuchsweises Übergehen auf einen früheren Zündzeitpunkt erforschen, ob noch Klopfgefahr besteht. Das wirkt sich unter Umständen in einem vorübergehend hörbar rauen Motorlauf aus. Getunte Motoren profitieren von der adaptiven Klopfregelung insofern, als Änderungen am Zündsystem unter Umständen entfallen können. Sind sie dennoch erforderlich, sind auch hier entsprechend umfangreiche Kenntnisse auf dem Gebiet der Elektronik unumgänglich.

Die Motronic arbeitet oft mit nur einer Zündspule und einem Hochspannungsverteiler, also ähnlich der einfachen Spulenzündung. Zeitgemäßer ist aber die sogenannte ruhende Hochspannungsverteilung. Sie arbeitet mit mehreren Zündspulen. Ihre Zahl entspricht der halben Zylinderzahl. Die Zündkerzen von jeweils zwei Zylindern, die um eine Kurbelwellenumdrehung versetzt zünden, sind mit einer Zündspule verbunden und zünden gleichzeitig. Während der eine Zylinder das Ende des Verdichtungstakts erreicht hat, befindet sich der andere gerade in der Überschneidungsphase zwischen Auspuffen und Ansaugen, wo der an sich unnötige Zündfunke nicht stört. Dieses Verfahren wird auch häufig bei Zweizylindermotoren eingesetzt, die so auf einen Zündverteiler verzichten können. Die notwendigen Zündspulen, bei einem Sechszylinder sind es drei, werden als zusammengegossene Einheit aufgebaut. Ein Nachteil dieses Vorgehens ist,

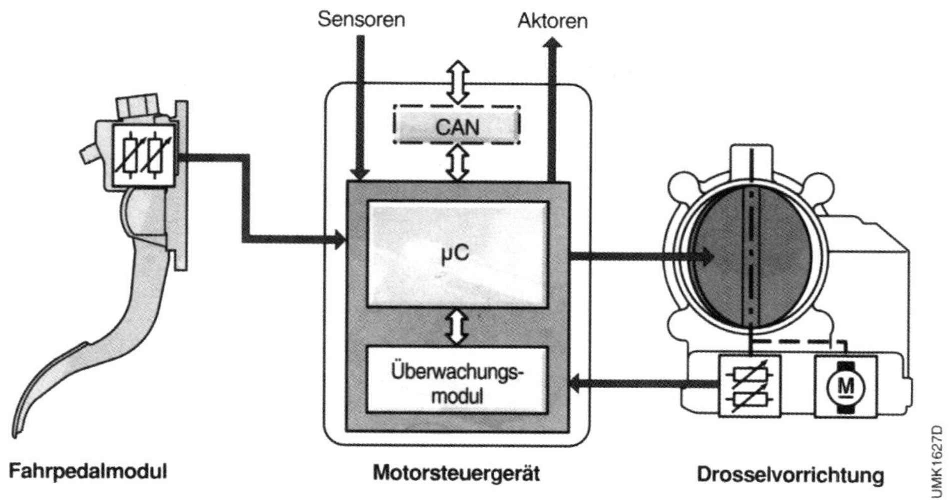

EGAS-System (elektronisches Gaspedal): Die elektronische Motorfüllungssteuerung EGAS errechnet die optimale Drosselklappenstellung in Abhängigkeit von gewünschtem Drehmoment sowie der Betriebsparameter von Motor und Getriebe. Ein weiterer großer Vorteil liegt darin, dass sich das EGAS-System mit dem ESP verbinden lässt.

dass für jede Zündspule eine separate Endstufe in der Zündelektronik erforderlich ist. Wegen der immer weiter fallenden Preise für Elektronik-Bauteile wiegt dies allerdings weniger schwer als die eingesparte Mechanik des Zündverteilers. Ein zusätzlicher Pluspunkt ist die gesteigerte Funktionszuverlässigkeit.

Noch einen Schritt weiter geht die ruhende Zündverteilung, bei der jede Zündkerze über eine eigene kleine, direkt angesteckte Zündspule verfügt. Ein Beispiel dafür sind die neueren BMW-Triebwerke. Solche Zündanlagen erfordern zwar doppelt so viel Zündstufen wie die zuvor genannten Anlagen, aber die Verkabelung wird weitgehend unempfindlich gegenüber Feuchtigkeit, und abschirmende Blechumhüllungen, die auch sehr erfolgreich gegen den berüchtigten und für Katalysatoranlagen äußerst schädlichen Marderverbiss wirken, haben keinen Einfluss auf die Güte des Zündfunkens, wie das bei einer herkömmlichen Zündverkabelung unvermeidlich wäre. Die direkte Verbindung von Zündspule und -kerze erlaubt zudem eine optimale elektrische Anpassung und damit eine maximale Energieumsetzung im Zündfunken.

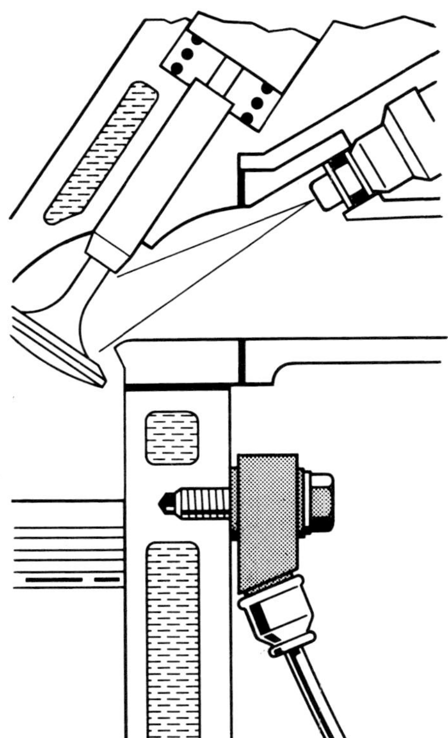

Klopfsensoren werden meist im oberen Zylinderdrittel montiert.

Neben der Integration der Zündung wurde bei der Motronic auch auf der Seite der Einspritzung noch eine Verbesserung in die Serie eingeführt. So erhielten die Systeme seit 1986 (ML 1.1 bis 3.2 sowie ML 4.1) eine integrierte Eigendiagnose mit Fehlerspeicher, um im Falle eines Defekts die Fehlersuche zu vereinfachen. Eine wichtige Weiterentwicklung stellt auch die sequentielle Einspritzung dar, die bei den Systemen M 2.3 bis M 3.3 zum Standard gehört. Bei sequentieller Einspritzung erfolgt die Betätigung der Einspritzventile individuell für jeden Zylinder, unterschiedlich lange Zeiten der Kraftstoffvorlagerung vor den Einlassventilen entfallen damit.

Die Motronic erlaubt den Anschluss beziehungsweise die Steuerung zahlreicher Zusatzgeräte. So kann ohne großen Aufwand an die Stelle der Leerlaufregelung eine Start-Stop-Automatik treten. Auch Dinge wie Zylinderabschaltung oder die Organisation der Tankentlüftung bei Fahrzeugen für den amerikanischen und japanischen Markt werden von der Motronic bei Bedarf erledigt.

Für die Erfordernisse des leistungsgesteigerten Autos wesentlicher ist jedoch die Möglichkeit, mit Hilfe der Klopfregelung eine kombinierte Beeinflussung von Zündzeitpunkt und Ladedruck bei Turbomotoren vorzunehmen. Tritt Klopfen auf, wird der Zündzeitpunkt sofort auf spät verstellt und parallel mit der verzögert wirksam werdenden Verringerung des Ladedrucks wieder auf den optimalen frühen Zündzeitpunkt zurückgenommen.

In Verbindung mit einer Getriebeautomatik erlaubt die Motronic durch kurzzeitigen Übergang auf Spätzündung die Reduzierung des Antriebsmoments während des Schaltvorgangs. Dadurch ergibt sich eine Minimierung der Schaltdrucke und eine Verlängerung der Lebensdauer der Bremsbänder des Getriebeautomaten.

Ein oft teilweise in die Motronic integriertes System ist das elektronische Gaspedal, das bei leistungsgesteigerten Fahrzeugen mitunter unangenehm in Erscheinung tritt. An die Stelle des Gaszugs tritt eine elektrische Verbindungsleitung, welche die Position eines Potentiometers am Gaspedal und damit den Leistungswunsch des Fahrers an die Motronic übermittelt. Die Motronic berechnet daraus die erforderliche Drosselklappenstellung in Abhängigkeit von der Motortemperatur und weiterer Einflussgrößen. Ein externes Steuergerät übernimmt nun das Öffnen der Drosselklappe über einen Stellmotor, womit wir beim sogenannten EGAS wären.

ME-Motronic

Früher wurden die Drosselkllappen mechanisch bewegt, entweder durch Gestänge oder Gaszug. Ein vergleichsweise einfache Sache, in die sich aber nicht feinfühlig genug eingreifen lässt. Die elektronische Motorfüllungsregelung EGAS (man bezeichnet sie auch als elektronisches Gaspedal) wurde 1995 eingeführt und als ME-Motronic bezeichnet. Hierbei übernimmt ein elektronisches Steuergrät die Ansteuerung der Drosselklappe, der Fahrer gibt über das so genannte Fahrpedalmodul nur noch einen elektrischen Befehl. Die Drosselvorrichtung selbst besteht aus einem Stellmotor, einem Drosselklappenwinkelsensor und der Drosselklappe.

Die Stellung des Gaspedals wird (sicherheitshalber) durch zwei Potentiometer erfasst. Die dem Fahrerwunsch entsprechende Öffnung der Drosselklappe wird dann, auch unter Berücksichtigung des aktuellen Betriebszustandes des Motors, errechnet und umgesetzt. Die EGAS-Steuerung eröffnete zahlreiche neue Möglichkeiten, wie zum Beispiel die bedarfsgerechte Drehmomentführung unter Berücksichtung aller Nebenaggregate wie Servolenkung, Klimaanlage usw., außerdem sanftes Abregeln bei erreichter Höchstdrehzahl oder Höchstgeschwindigkeit und vieles andere mehr.

Falls die Beeinflussung des Drehmoments durch diese Füllungsregelung nicht schnell genug greift, kann durch schnelle Variation des Zündwinkels und/oder der Einspritzaus-

Drosselvorrichtung der ME-Motronic: Durch die Verknüpfung von Einspritzung, Zündung und elektronischem Gaspedal (EGAS) erfolgt die Leistungsregelung des Motors erstmals »by wire«.

blendung spontan auf dynamische Momentenveränderungen reagiert werden, wie sie beispielsweise auch bei (harten) ESP-Eingriffen notwendig sind.
Die ME-Motronic kann aber noch viel mehr als EGAS. Abgesehen von den Grundfunktionen wie Zündung und Einspritzung (auch zylinderselektiv), die von einer Fülle von Parametern errechnet werden, werden auch jede Menge Nebenfunktionen über die Motronic gesteuert. Hierzu zählen variable Steuerzeiten, Abgasrückführungssysteme, Kat-Heizung, Schaltung von variablen Saugrohren, Steuerung der Aufladung mittels Turbolader oder mechanischem Kompressor usw. All dies macht klar, dass Eingriffe in das elektronische Regelsystem Wissen und Erfahrung voraussetzen, auf gut Glück kommt man hier nicht weiter. Spezialisten gibt es aber auf diesem Gebiet inzwischen genügend, denn das so genannte Chip-Tuning zählt heute zu den beliebtesten Motoreingriffen überhaupt, zumal auf eine Bearbeitung des Motorinnenlebens meist verzichtet wird.

Chip-Tuning

Das Chip-Tuning ist in den letzten Jahren insbesondere bei Dieselmotoren zu der am meisten praktizierten Leistungssteigerung für Serienmotoren gediehen. Warum ist das so? Die Antwort darauf ist relativ einfach:

- Chip-Tuning ist im Prinzip ohne Eingriffe in die Mechanik des Motors möglich.
- Chip-Tuning ist daher schnell durchführbar.
- Chip-Tuning ist (meistens) relativ preiswert.
- Chip-Tuning lässt sich wieder rückgängig machen.
- Chip-Tuning kann (darf aber nicht) vom TÜV unbemerkt eingebaut werden.

Beim Chip-Tuning, das man auch als elektronisches Tuning bezeichnen könnte, werden wesentliche, die Leistung beeinflussende Parameter, die im Motorsteuergerät abgelegt sind, verändert. Hier die wichtigsten Einflussgrößen:

- Kraftstoffmenge
- Zündzeitpunkt(e)
- Drosselklappenstellung
- Nockenwellenstellung
- Saugrohrklappen-Steuerung
- Ladedruck

Diese Aufzählung macht bereits klar, dass professionelles Chip-Tuning grundlegende Eingriffe in das Kennfeld des Motors erfordert. Um diese auszuführen, sind nicht nur Erfahrung und profunde elektronische Kenntnisse nötig, sondern auch Motor- oder Leistungsprüfstände zur Abstimmung und um das Ergebnis überprüfen zu können. Zum besseren Verständnis soll hier zunächst verdeutlicht

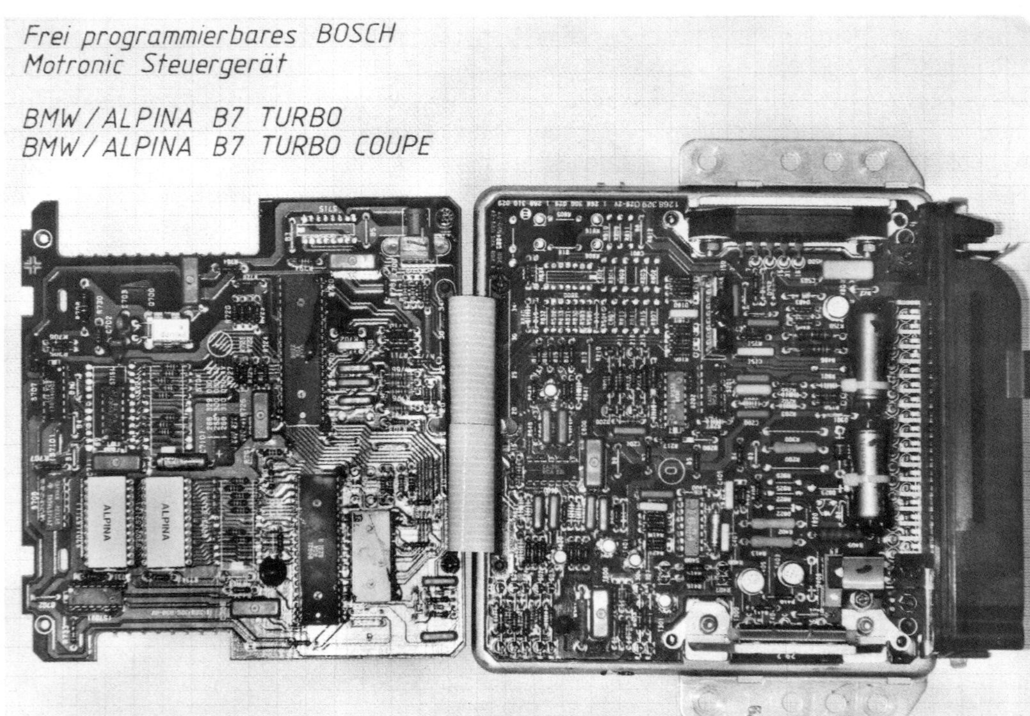

Motronic-Steuergerät für den Alpina-B7-Turbo-Motor mit zwei umprogrammierten EPROMs (links, mit Aufschrift ALPINA).

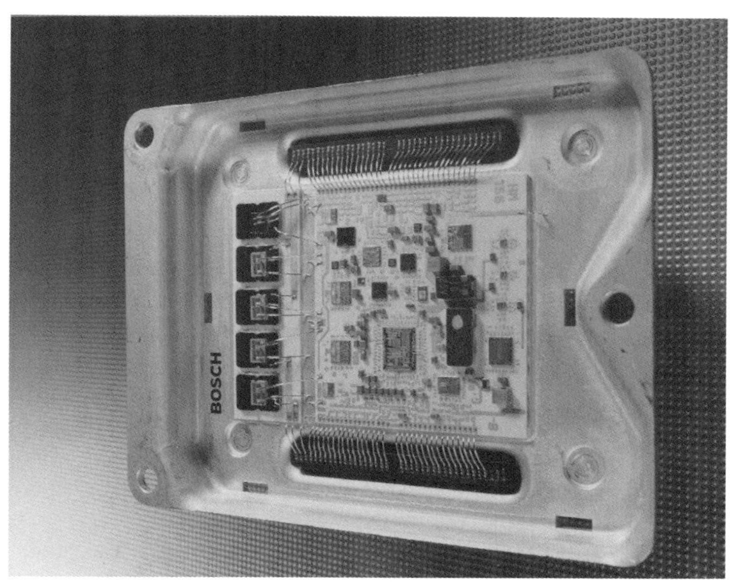

Bosch hat ein umfangreiches Angebot an Motorsport-Steuergeräten im Programm. Alle Steuergeräte bieten Lambdaregelung sowie optional Klopfregelung und Telemetrie. Der Preis dieser Motorsport-Steuergeräte variiert zwischen 1600 und 21.000 €.

werden, welche Wirkung die aufgezählten Einflussgrößen auf die Leistung haben.
Jeder Motor generiert seine Leistung aus der ihm zugeführten Kraftstoffmenge. Das ist das Grundprinzip der Leistungserzeugung im Verbrennungsmotor. Wer also mehr Leistung will, muss auch mehr Kraftstoff verbrennen. Deshalb begnügen sich einfache Chip-Tuner oft nur mit einer Erhöhung der Kraftstoffmenge (Anfetten). Dies führt allerdings nicht immer zum gewünschten Erfolg. Denn nicht jeder Motor reagiert gleich auf die Erhöhung der Kraftstoffmenge. Der Grund: Der Energieumsatz im Motor kann nur dann in größerem Umfang gesteigert werden, wenn auch die zur Verbrennung des zusätzlichen Kraftstoffes notwendige größere Luftmenge geliefert wird. Dies ist zum Beispiel bei atmosphärisch ansaugenden Motoren (Saugmotoren) nicht ohne Weiteres der Fall. Hierzu müsste der Ladungswechsel durch entsprechende klassische Tuning-Maßnahmen wie Bearbeitung des Zylinderkopfes, Umgestaltung des Saugrohres und der Abgasanlage oder Änderungen der Steuerzeiten (Nockenwelle) verbessert werden. Doch dies unterbleibt in den meisten Fällen. Dennoch kann Chip-Tuning auch bei Saugmotoren spürbare Erfolge bringen (Leistungssteigerung bis maximal zehn Prozent). Dies hängt damit zusammen, dass einmal das Kennfeld für eine Großserie mit ausreichenden Toleranzen ausgelegt wird, die für eine Optimierung ausgenutzt werden können. Zum anderen laufen heute die meisten Saugmotoren (Benziner) wegen der katalytischen Abgasreinigung mit Lambda=1. Wie wir jedoch schon erfahren haben, erreichen die meisten Motoren ihr Leistungsmaximum bei fetterem Gemisch, also bei niedrigeren Lambda-Zahlen. So kann eine Anfettung insbesondere im oberen Drehzahlbereich und bei Volllast durchaus zu einer spürbaren Leistungssteigerung führen. Auch das dynamische Verhalten und Ansprechverhalten kann durch »Anfetten« verbessert werden.
Noch besser werden diese Effekte, wenn sie mit einer Korrektur der *Zündkennlinien* einhergehen. Dies ist vor allem dann sinnvoll, wenn gleichzeitig auf Kraftstoffe einer höheren Oktanzahl , also von Normal auf Super oder von Super auf Super Plus übergegangen wird. Die nun vorhandenen Reserven hinsichtlich der Klopfgrenze können durch mehr Frühzündung tatsächlich in eine höhere Leistung umgesetzt werden. Das darf aber nicht darüber hinweg-

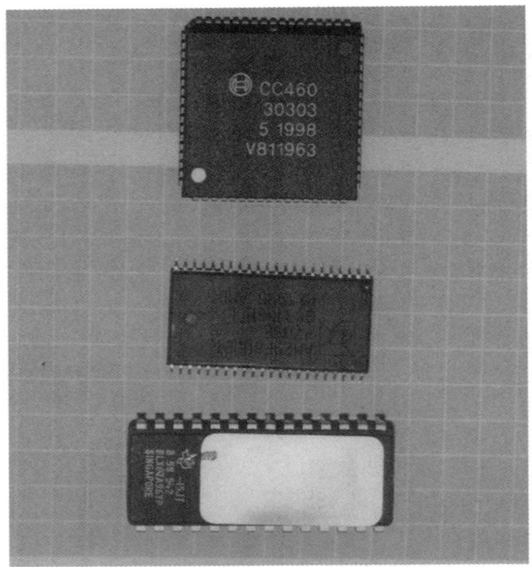

Chiptuning: Die Parameter der elektronischen Motorsteuerung sind als Datensatz (Kennfeld) auf einem wiederbeschreibbaren Speicherchip abgelegt. Diese für die Steuerung und Regelung des Motors relevanten Daten können zur Leistungssteigerung verändert werden.

täuschen, dass Reserven bei der Klopffestigkeit sinnvoller und effektiver mit einer angehobenen Verdichtung ausgenutzt werden, was natürlich mit Chip-Tuning nicht erreichbar ist.
Motoren mit elektrisch betätigter *Drosselklappe* (EGAS) lassen sich ebenfalls durch Chip-Tunig beeinflussen. So kann nicht nur die Öffnungscharakteristik dynamischer gestaltet werden (was manche Autos schon serienmäßig bei Umschaltung auf einen so genannten Sportmodus anbieten), sondern manchmal auch die Leistung erhöht werden. Denn nicht immer gibt die EGAS-Drosselklappe in jedem Drehzahlbereich den vollen Querschnitt frei, obwohl der Fahrer das Pedal voll durchtritt. Auch bei Fahrzeugen mit elektronischer Höchstgeschwindigkeitsbegrenzung (z.B. 250 km/h) wird fast immer über das EGAS die Leistung reduziert. Chip-Tunig kann auch diese Begrenzung aufheben.
Weitergehende Tuningmöglichkeiten bieten moderne Motoren, die über *Nockenwellenverstellung* oder schaltbare Saugrohre verfügen. Hier kann der Chip-Tuner die Schaltzeitpunkte der *Saugrohrklappen* verändern und so die Leistungspitze verlagern. Noch mehr Einfluss auf den Leistungsverlauf verspricht eine Änderung der Nockenwellenspreizung, die dann auch zu einer spürbaren Leistungssteigerung führen kann.
Den größten Leistungschub freilich bringt Chip-Tuning, wenn es an aufgeladenen Motoren durchgeführt wird. Insbesondere Turbomotoren bieten hier oft große Reserven, die sich durch Chip-Tuning wecken lassen. Dies ist auch der Grund, warum sich Chip-Tuning beim Diesel, der fast immer ein Turbo-Diesel ist, so durchgesetzt hat. Denn mit Chip-Tuning lässt sich relativ leicht der Ladedruck erhöhen und so der Luftdurchsatz steigern.
Viele Chip-Tuner begnügen sich mit diesem einfachen Schritt, der natürlich mit einer Erhöhung der Kraftstoffmenge einhergehen muss. So lassen sich ohne große weitere Maßnahmen Leistungssteigerungen zwischen 10 und 20 Prozent erzielen. Unbegrenzt kann man freilich die Stellgröße Ladedruck nicht hochschrauben. Denn einmal muss gewährleistet sein, dass auch die Kraftstoffversorgung den höheren Mengen gerecht wird. Also müssen entweder die Kraftstoffpumpen und/oder die Einspritzpumpen im Bedarfsfall modifiziert werden. Bei höheren Leistungssteigerungen sind manchmal auch andere Einspritzdüsen mit größeren Querschnitten notwendig. Schließlich kann auch der Turbolader an die Grenzen seiner Leistungsfähigkeit kommen. Hier gibt es sowohl Drehzahl- wie Temperaturgrenzen. Denn mit der höheren Leistung steigt zwangsläufig die Abgastemperatur. Beim Diesel sind maximal etwa 850 °C zulässig, beim Ottomotor 950 °C, es sei denn, es sind Spezziallader mit hochfesten Materialien verbaut. Weitergehende Maßnahmen wie größere Ladeluftkühler und Abgasanlagen mit höherem Durchsatzpotenzial und geringerem Gegendruck erlauben auch größere Leistungssteigerungen als 20 Prozent. Doch das geht ja wieder über das reine Chip-Tuning hinaus.

Die auswechselbaren Chips haben beschriftete Aufkleber. Steuergerät für die BMW-M3-Evolutions-Rennversion.

Die modifizierten Steuergeräte werden neu programmiert. Jeder Veränderung der Kennfelder müssen ausgiebige Tests auf dem Motorenprüfstand vorausgehen.

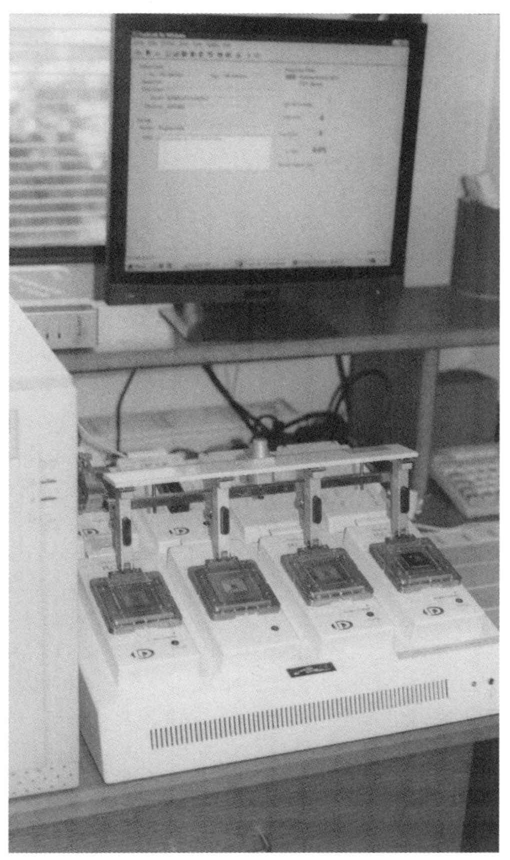

Verschiedene Methoden

Es gibt verschiedene Möglichkeiten, die oben beschriebenen Veränderungen im Kennfeld des Motormanagements vorzunehmen. Als einfachste (und am leichtesten rückgängig zu machende) Maßnahme gilt immer noch das Zwischenschalten eines zusätzlichen Steuergerätes bzw. der Einbau einer so genannten Verlängerungsschaltung (auch Zwischenstecker genannt). Mit diesem Teil bekommt das eigentliche Steuergerät verfälschte Signale zugespielt, die dann beispielsweise zu einer Erhöhung der Kraftstoffmenge oder der Änderung anderer Stellgrößen führen. Weiterer Vorteil: Das vorhandene Steuergerät bleibt unverändert, muss nicht ausgebaut und schon gar nicht geöffnet werden. Doch sind die Eingriffsmöglichkeiten durch solche Vorschaltgeräte begrenzt.

Bessere Ergebnisse verspricht der Austausch des entsprechenden Speicherchips durch einen vom Chip-Tuner modifizierten. Sofern es sich um einen steckbaren Chip handelt und das Steuergerät leicht zu öffnen ist, kann diese Methode empfohlen werden. Auch hier kann der Kunde mit etwas Geschick den Chip selber wechseln. Verlötete Chips sollten frei-

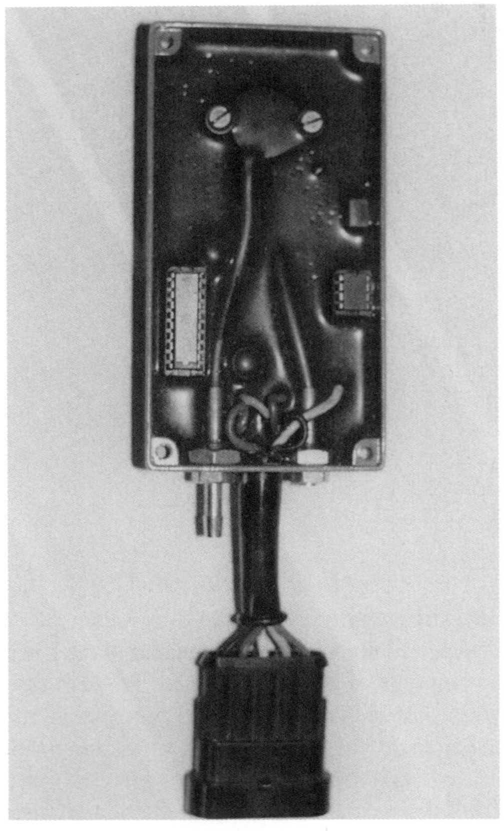

Eine schnelle Möglichkeit zur Leistungssteigerung ist das Zwischenschalten eines Steckers oder eines zusätzlichen Steuergeräts (Tuningbox bzw. Powerbox). Größter Vorteil ist die problemlose Rückmontage.

lich nur im Fachbetrieb ersetzt werden.
Viele ältere Steuergreäte besitzen als Speicher herausnehmbare EPROMS (erasable programmable read only memory), deren Inhalt über ein Interface mit einem PC ausgelesen werden kann. Sehr schwierig ist allerdings, definitiv festzustellen, wo die Daten für Einspritzung und Zündung abgelegt sind. Manche Hersteller codieren die Daten, um einer Manipulation vorzubeugen. Zum Austesten neuer Daten auf dem Motor- oder Rollenprüfstand empfiehlt sich ein tragbarer PC, auf dem ein spezielles Programm den fehlenden EPROM-Baustein simuliert, das heißt seine Funktionen nachahmt. Erst, wenn sich alle Änderungen als sinnvoll erwiesen haben, wird der Speicherchip mit Ultraviolett-Licht gelöscht, neu programmiert und wieder ins Steuergerät eingesetzt.
Zunehmend gehen die Automobilhersteller, denen das Chip-Tuning natürlich ein Dorn im Auge ist, dazu über, die entsprechende Speicherbausteine so in der Leiterplatte zu integrieren, dass sie nicht ohne Schaden herausnehmbar oder auswechselbar sind. Auch die Gehäuse oder die Befestigung der Steuergeräte werden zunehmend so konstruiert, dass der Ausbau schwierig oder das Öffnen nicht zerstörungsfrei möglich ist. Auch hier ist man auf profesionellen Rat und Hilfe angewiesen. Denn die meisten Speicherchips lassen sich auch von außen, ohne Öffnen des Steuergerätes, durch Profis mittels Interface umprogrammieren. Die oft als so genanntes »Flashen« bezeichneten Veränderungen können über den Eingang des Steuergerätes oder über den Diagnosestecker durchgeführt werden.

Risiken und Nebenwirkungen

Natürlich ist Chip-Tuning keine völlig risikolose Tuningmethode. Denn jede Leistungssteigerung geht bekanntlich mit einer Erhöhung des mittleren Verbrennungsdrucks und/oder der Drehzahl einher. Insofern sind die Risiken ähnlich wie beim konventionellen Tuning einzuschätzen, wobei dort freilich, gerade bei Drehzahlsteigerungen, Gegenmaßnahmen durch Triebwerksteile-Erleichterung oder ähnliches getroffen werden können. Das größte Risiko besteht freilich bei aufgeladenen Motoren in der Erhöhung der Spitzendrücke und der Abgastemperaturen. Hier sollte der Chip-Tuner möglichst konkrete Angaben machen können. Wenn nicht, hat er diese Werte womöglich gar nicht festgestellt. Als Grenzwerte für Turbodiesel gelten hier maximal 180 bar Zylinderdruck, bei Ottomotoren können schon 120 bar kritisch werden. Insbesondere bei Motoren mit Aluminium-Kurbelgehäuse ist Vorsicht geboten, auch Kolbenschäden können eintreten.

Vorsicht ist angebracht: Schlecht programmierte Chips mögen zwar auf der Stelle mehr Leistung generieren, doch sollte man sich vor dem Einbau grundsätzlich die Garantiebedingungen genau ansehen.

Durch zu hohe Abgastemperatur werden sowohl der Turbolader als auch der Abgaskrümmer und seine Befestigungsteile gefährdet. Eine Verbesserung der Kühlung (auch bei den Ladeluftkühlern) ist hier empfehlenswert. Wie bereits erwähnt, darf auch die Turbolader-Drehzahl nicht zu hoch steigen, sonst kann das Verdichterrad Schaden nehmen. Auch zu hoher Ladedruck kann zu Derfomationen im Turbolader führen und diesen zerstören. Entsprechende Grenzwerte lassen sich für jeden Turboladertyp durch die jeweiligen Hersteller in Erfahrung bringen. Aber auch hinter dem Turbolader ist zu hohe Abgastemperatur von Übel, da Katalysatoren oder andere Abgasreiniger Schaden nehmen können.

Chip-Tuning verändert natürlich auch die Abgasmenge und deren Zusammensetzung. Allerdings sind die Chip-Tuner so geschickt, dass sie die leistungsrelevanten Veränderungen in einen Leistungs- und Drehzahlbereich legen, der für den Abgastest keine große Rolle spielt. Man spricht hier von selektiven Eingriffen bei hoher Teillast oder in der Volllast, die in der Regel keine oder geringe Auswirkungen auf die Abgasemissionen im EU-Testzyklus haben, der überwiegend in der unteren Teillast erfolgt. Kritisch könnte bei Dieseln die neuerdings überprüfte Partikelemission (Ruß) werden. Insofern ist es immer zu empfehlen, nur solche Chip-Tuner in Anspruch zu nehmen, die eine allgemeine Betriebserlaubnis oder ein anderes, für die Zulassung geeignetes Gutachten vorweisen können. Und was die Motorhaltbarkeit angeht: Manche Chip-Tuner geben sogar Garantie. Man sollte sich aber genau ansehen, wie diese gemeint ist.

Doch nicht nur der Motor kann durch Chip-Tuning gefährdet werden, auch die Kraftübertragung ist manchmal den gerade bei aufgeladenen Dieselmotoren stark ansteigenden Drehmomentwerten nicht gewachsen. Getriebe, Achsantrieb und Antriebswellen können hier leicht überfordert werden und zu Schaden kommen. Wenn eine Garantie auch diese Aggregate und Teile einschließt, ist sie wirklich umfassend. Noch ein letztes Wort zu den Leistungsangaben der Chip-Tuner: Sie sind, wie unabhängige Tests bewiesen haben, in der Regel sehr optimistisch und halten nur in seltenen Fällen, was sie versprechen. Auch deswegen sollte man ausschließlich mit seriösen Firmen arbeiten, die in der Branche bekannt sind.

Einfluss der Saugsysteme

Die früher meist einfachen Saugrohre oder Ansaugstutzen haben sich inzwischen zu komplizierten Systemen mit Zusatzaufgaben entwickelt, die oft in Modulform komplett angebaut werden. Ungeachtet dessen haben Form und Ausführung der Luftführung ganz wesentlichen Einfluß auf den Leistungs- und Drehmomentverlauf. Ihre richtige Dimensionierung und Abstimmung hat meist eine weit höhere Wirkung auf die effektive Füllung als beispielsweise die Krümmerphase der Abgasanlage. Dabei wird selbstverständlich davon ausgegangen, dass Saugrohre oder die heute meist üblichen, umfangreichen Sauganlagen innen eine ausreichend glatte Oberfläche haben (was bei Kuststoffausführungen meist der Fall ist) und an den jeweiligen Flanschen, insbesondere an der Verbindung zum Zylinderkopf, ohne Stoß oder Fugen angepasst sind. Einfache Ansaugrohre, wie sie früher üblich waren, findet man heute nur noch selten. Moderne Motoren besitzen häufig sogenannte Saugmodule, das sind vormontierte Bauteile, in denen alle möglichen Zusatzfunktionen bereits integriert sind. So zum Beispiel Drosselklappen, Schaltklappen, Kraftstoffleitungen und anderes mehr. Änderungen an diesen Teilen sind oft kaum möglich, zumal sie häufig aus Kunststoff-Formteilen bestehen. Man kann daher nur hoffen, dass die Module so konzipiert sind, dass sie einer Verbesserung der Füllung nicht allzu sehr im Wege stehen. Eingriffe in die Schaltklappensteuerung durch elektronische Umprogrammierung im Zuge von Chip-Tuning können hier allerdings hilfreich sein. Dennoch: Die Grundlagen der

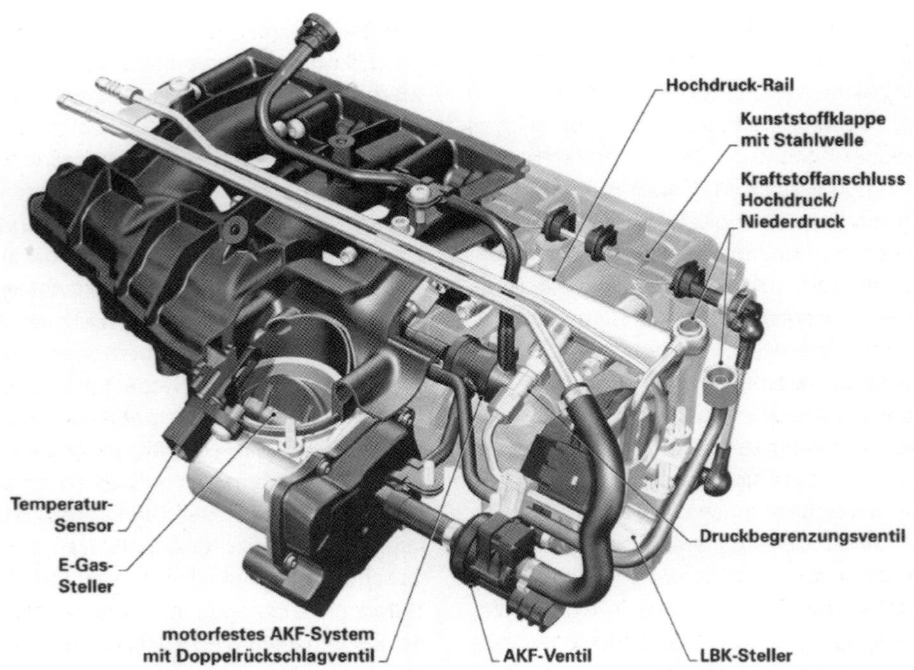

Ansaugtrakt in Modulform: Anstelle eines simplen Ansaugrohres kommen heute komplexe Module zum Einsatz, die zahlreiche Zusatzaufgaben erfüllen.

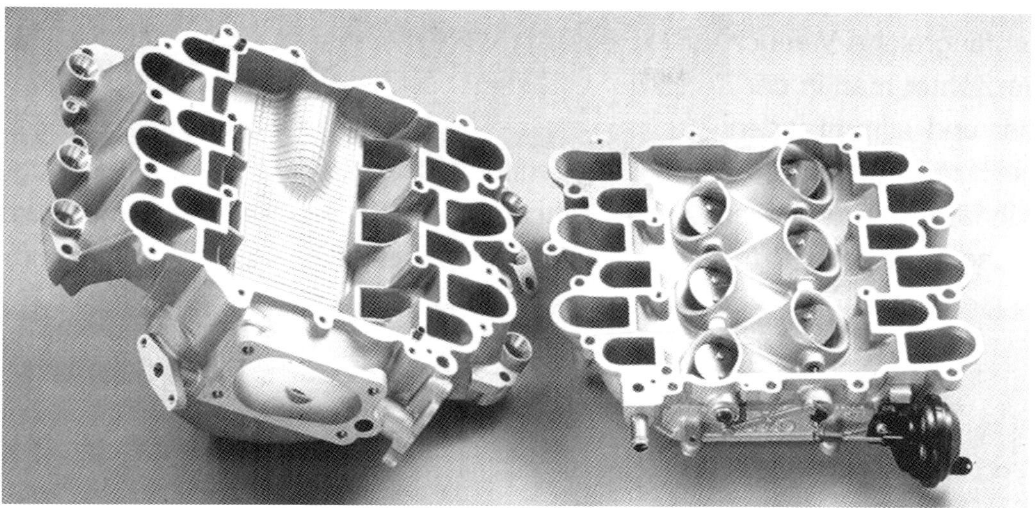

Moderne Sauganlagen sind oft komplizierte, aufwendige Gebilde. Das Foto zeigt die zweigeteilte Guss-Sauganlage des Audi-V6-Motors mit Drosselklappen für variable Saugrohrlänge.

Saugrohrgestaltung und deren Längenabstimmung zählt zu den Basisfunktionen jeder Tuningmaßnahme.

Gasdynamik nutzen

Der innere Widerstand die eventuelle Wandreibung der durchströmenden Luft ist nur ein untergeordneter, wenn auch nicht vernachlässigbarer Teilaspekt bei der Saugrohrbetrachtung. Für eine optimale Füllung viel wichtiger ist es, die Gasdynamik im Ansaugsystem zur Verbesserung des Liefergrades zu nutzen. Denn die einströmende Frischladung wird entsprechend den Arbeitstakten des Motors durch das Öffnen und Schließen der Einlassventile ständig unterbrochen. Sie gerät dadurch in einen Schwingungsvorgang, der sich zur Verbesserung der Zylinderfüllung nutzen läßt. Bei Mehrzylindermotoren wird diese Gasdynamik noch von jenen Zylindern beeinflusst, die über eine gemeinsame Sauganlage miteinander in Verbindung stehen. Daraus folgert, dass die Gestaltung und Abstimmung der Sauganlage auch von der Zylinderzahl abhängig ist. Und es lässt sich ohne Übertreibung sagen, dass eine Optimierung um so schwieriger – unter anderem auch aus Platzgründen – aber auch effektvoller wird, je mehr Zylinder ein Motor besitzt.

Die Gestaltung optimaler Sauganlagen ist daher oft das Ergebnis komplizierter schwingungstechnischer Berechnungen, die anschließend durch umfangreiche Versuchsarbeit ergänzt werden müssen. Bei Rennmotoren verzichtet man in der Regel auf eine gegenseitige Beeinflussung der Zylinder und stimmt jeden Zylinder wie einen Einzelzylinder ab. In der Praxis heißt dies, die für die erwünschte Leistungscharakteristik gefundene Saugrohrlänge endet in einem Einlauftrichter im Freien oder im Motorraum (atmosphärische Druckverhältnisse), oder aber bei Straßenfahrzeugen in einem so großen Luftsammler, dass sich die Schwingungen der einzelnen Zylinder nicht stören können. Bei Rennfahrzeugen enden die Saugtrichter oft auch in einer so genannten Airbox. Deren Öffnung wiederum wird direkt vom Fahrtwind beaufschlagt, was bei hohen Geschwindigkeiten durch den zusätzlichen Staudruck (»Ram-Air«) zu einer Verbesserung der Füllung führt. Die Airbox hat aber mit Gasdynamik nichts zu tun.

Bei Personenwagenmotoren münden die Saugrohre der einzelnen Zylinder meist in ei-

Neben der Berechnung ist die Abstimmung und Optimierung der Saugrohrlänge auf dem Prüfstand unverzichtbar. Im Foto die Prüfstandanlage für den Audi V8, deren wirksame Schwingrohrlänge variiert werden kann.

nen gemeinsamen Luftsammler, der wiederum in den Drosselklappenstutzen, den Luftmengenmesser (falls vorhanden) und den Luftfilter weiterführt. Natürlich macht die Luft den umgekehrten Weg. Je nachdem, wie viele Zylinder nun in einen Luftsammler führen, ergeben sich auf Grund der sich überlagernden Gasschwingungen unterschiedliche Druckverhältnisse. Diese wiederum führen zu grundsätzlich verschiedenen Drehmomentcharakteristiken der verschiedenen Motorbauarten.

Bei Reihenmotoren ist die Charakteristik auf Grund der Zündfolgen und der Gasdynamik relativ einfach. Dreizylindermotoren haben demnach ein sehr frühes und hohes Drehmomentmaximum, um mit steigender Drehzahl stark abzufallen. Die Füllung ist also hier im unteren Drehzahlbereich sehr gut, oben dagegen sehr schlecht. Vierzylindermotoren haben einen sehr viel breiteren Drehmomentverlauf. Es steigt schon früh stark an, erreicht aber sein eigentliches Maximum, meist nach einem leichten »Zwischenhoch«, bei höherer Drehzahl. Die Füllung und damit die Wirksamkeit einer guten Gasdynamik ist über einen breiten Drehzahlbereich gut. Sechszylinder haben dagegen einen schwachen Anstieg des Drehmoments und erreichen erst bei höherer Drehzahl ihr ausgeprägtes Maximum.

Ohne abgestimmte Sauganlage indessen wäre bei allen Motoren ein flacher, sehr viel ungünstigerer Drehmomentverlauf zu erwarten (siehe Diagramm S.258). Achtzylinder und Zwölfzylinder lassen bei vergleichbarer Auslegung eine

Die meisten Rennmotoren werden wie Einzelzylinder abgestimmt. Die kurze Schwingrohrlänge dieses Escort-BDA-Motors deutet auf eine Höchstleistungsauslegung hin.

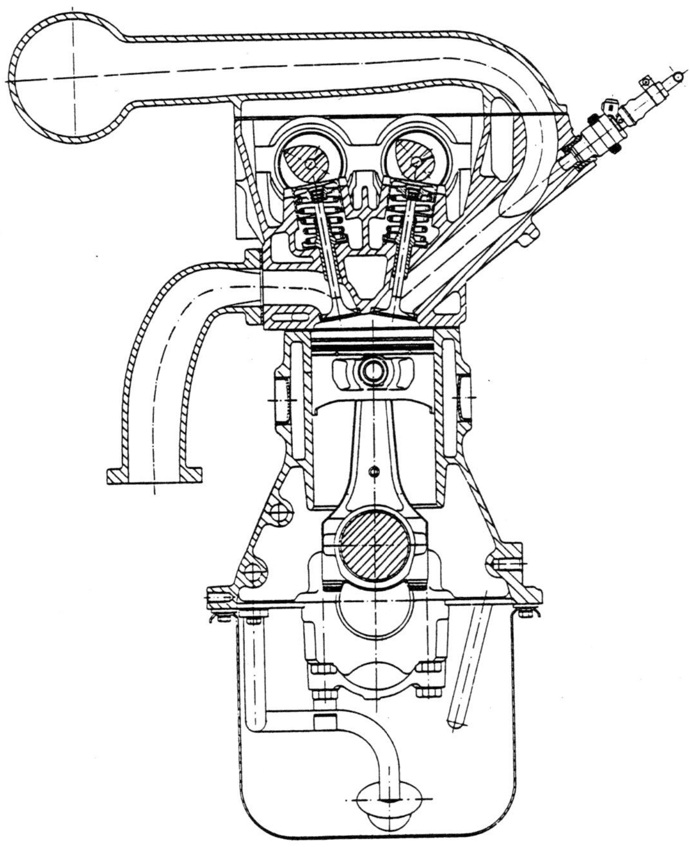

Bei diesem relativ großen Opel-Vierzylinder-Vierventiler (Manta 400 2,4 E-4V) sind sehr gut die ausgeprägte Länge des Schwingrohres und dessen konischer Verlauf zu erkennen.

Der entblätterte BMW-Zwölfzylinder zeigt für jede Zylinderbank eine separate Sauganlage. Die Schwingrohre sind ziemlich lang und münden jeweils in einen gemeinsamen Luftsammler. Am Ende bzw. Anfang der Luftsammler sitzen die elektrischen Drosselklassen (E-Gas).

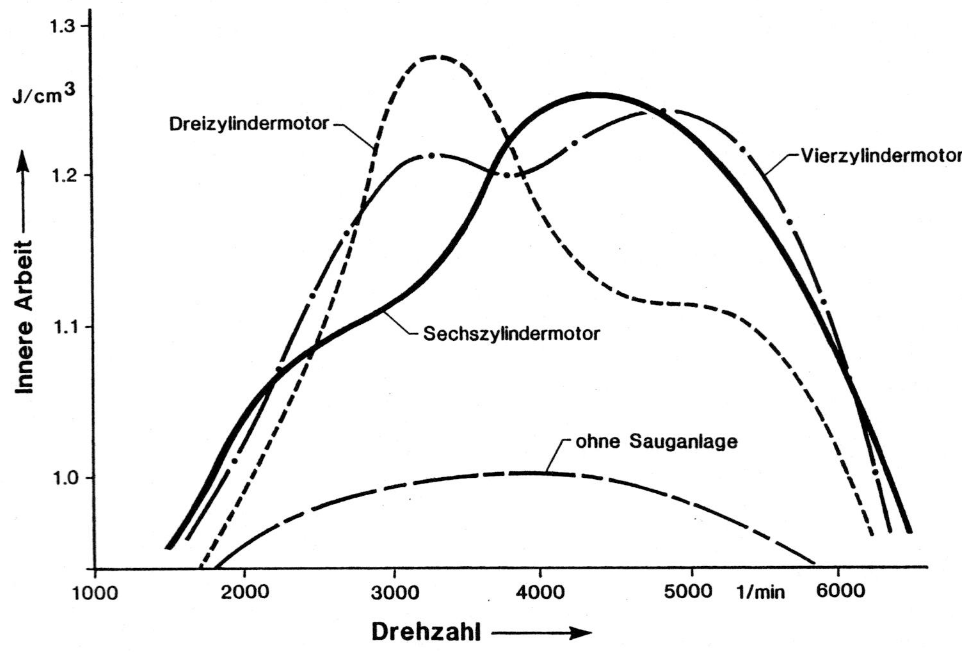

Das Diagramm zeigt den Einfluss der Zylinderzahl auf die Drehmomentcharakteristik von Reihenmotoren. Aus Gründen der Vergleichbarkeit wurde der spezifische Wert der inneren Arbeit angegeben (vergleichbar dem Mitteldruck), dessen Verlauf dem Drehmoment entspricht.

Als Regel zur Saugrohrlänge gilt: Je kürzer das Saugrohr, desto besser ist der Liefergrad bei hohen Drehzahlen. Gleichzeitig reduziert sich das Drehmoment im unteren Drehzahlbereich.

Charakteristik wie zwei Vierzylinder oder zwei Sechszylinder erwarten. Bei V-Motoren gestaltet sich eine Optimierung der Gasführung aus Platzgründen und wegen der oft unpassenden Zündfolgen schwieriger als bei Reihenmotoren.

Auf die Länge kommt es an

Da der Verlauf und auch das Maximum des Drehmomentes in erster Linie eine Folge der Schwingungsvorgänge im Saugrohr ist, kommt der Dimensionierung der Saugrohre, insbesondere der ihrer wirksamen Länge, die größte Bedeutung zu. Als wirksame Länge, welche für die Schwingung der Luftsäule von Bedeutung ist, gilt dabei das Maß vom Beginn des Saugrohres am Luftsammler bis in den Zylinderkopf hinein zum Ventil. Der Durchmesser des Saugrohres kann (muss aber nicht) im Verlauf dabei kontinuierlich abnehmen (konische Form) und trägt somit auch der Beschleunigung der Luftströmung Rechnung. Es reicht auch, wenn die Saugrohre etwa im letzten Drittel enger werden. Die Länge und der Querschnitt der Saugrohre ist einmal vom Einzelzylindervolumen abhängig, zum anderen von der gewünschten Leistungscharakteristik. Dabei gilt grundsätzlich: Je kleiner das Zylindervolumen, desto kleiner auch das Saugrohrvolumen und demnach Länge und Querschnitt.

Ganz wesentlich für die Leistungs- und Drehmomentcharateristik ist aber die Länge des Saugrohres (Schwingrohres). Dabei gilt prinzipiell, dass kurze Rohrlängen das Füllungsmaximum und damit den besten Liefergrad in hohe Drehzahlbereiche verlagern, lange Saugrohre sorgen bei niederen Touren für gute Füllung und hohes Drehmoment. Rennmotoren, die auf Höchstleistung ausgelegt sind, werden also in der Regel relativ kurze Saugrohrlängen aufweisen. Gebrauchsmotoren, die auch im unteren Drehzahlbereich gut ziehen sollen, brauchen erheblich größere Schwingrohrlängen. Die Crux dabei ist, dass lange Saugrohre zwar die Füllung im unteren Bereich verstärken, bei höherer Drehzahl aber Drehmoment und Leistung stark absinken lassen. So lautet

Einfluss der Saugsysteme

Je kürzer die Schwingrohrlänge, desto höher die Drehzahl des besten Liefergrades. Der maximale Liefergrad entspricht gleichzeitig auch der Lage des maximalen Drehmoments. Man sieht, dass bei Zweiventilern spätestens bei 5500/min das Maximum erreicht ist, Vierventiler können auch weit über 6000/min noch ihr maximales Drehmoment erreichen.

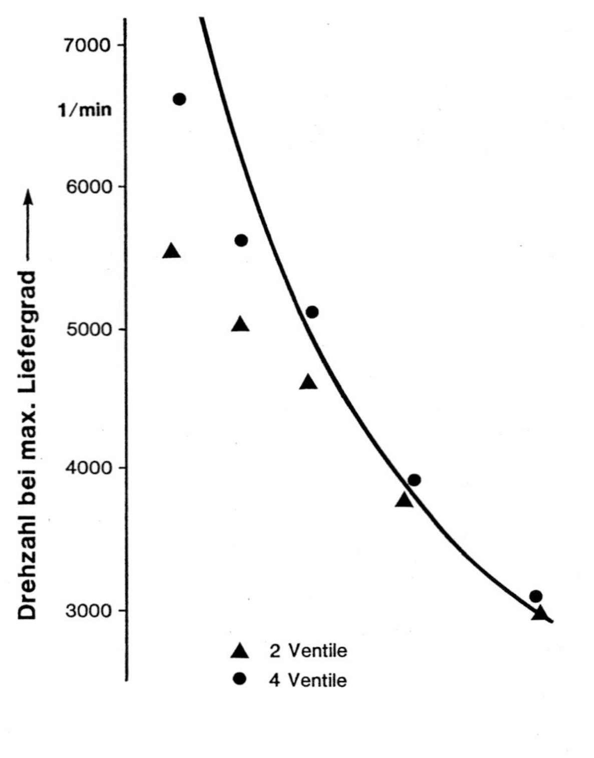

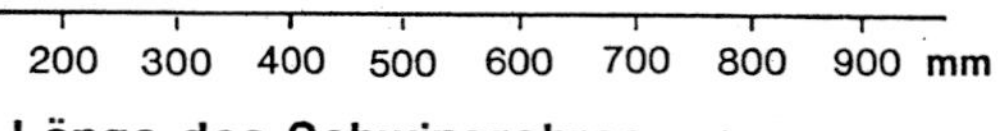

Unten:
Entsprechend seiner Auslegung als Hochleistungsmotor hat der Ferrari-456-Zwölfzylinder kurze Saugrohre, deren eingesteckte, polierte Luftfilter in den Luftsammler münden.

also die übliche Alternative bei starren, in der Länge nicht veränderbaren Saugrohren: entweder gutes Drehmoment unten und geringe Höchstleistung oder hohe Leistung im oberen Drehzahlbereich und dafür schwacher Durchzug bei niederen Drehzahlen.

Variable Saugrohrlängen

Einfache, nicht variable Ansaugrohre sind also ein Kompromiss für möglichst hohes Drehmoment bei niederen Drehzahlen oder hohe Leistung bei hohen Drehzahlen. Im Prinzip bräuchte man Ansaugrohre, die je nach Drehzahl des Motors eine optimale Ansaugrohrlänge bereitstellen. Ähnlich einer Posaune müsste man dabei Rohre ineinander verschieben, um damit die Schwingrohrlänge vom Einlassventil bis zum Sammler stufenlos zu verstellen. Unter den extremen Betriebsbedingungen von Verbrennungsmotoren (Temperatur- und Druckschwankungen, Schwingungen) sind solche kontinuierlich verstellbaren Ansaugsysteme nur schwer zu realisieren, ganz abgesehen vom Aufwand für das System selber, aber auch für den Verstellmechanismus und dessen Lebensdauer. BMW hatte ein solches, variables Saugrohr, dessen Länge sich ab 3500/min stufenlos von 673 auf 231 mm verstellen ließ, bei seinen Achtzylindern (2001) eingeführt, ist aber wieder zum klappengesteuerten zurückgekehrt.

Klappengesteuerte Saugrohre mit zwei Stufen oder drei Stufen für unterschiedliche Schwingrohrlängen bzw. Schwingrohrquerschnitte sind inzwischen Stand der Technik. Welche Form des Ansaugrohres dabei gewählt wird, hängt sowohl von der Bauform des jeweiligen Motors als auch von der Zylinderanzahl ab. Die Zylin-

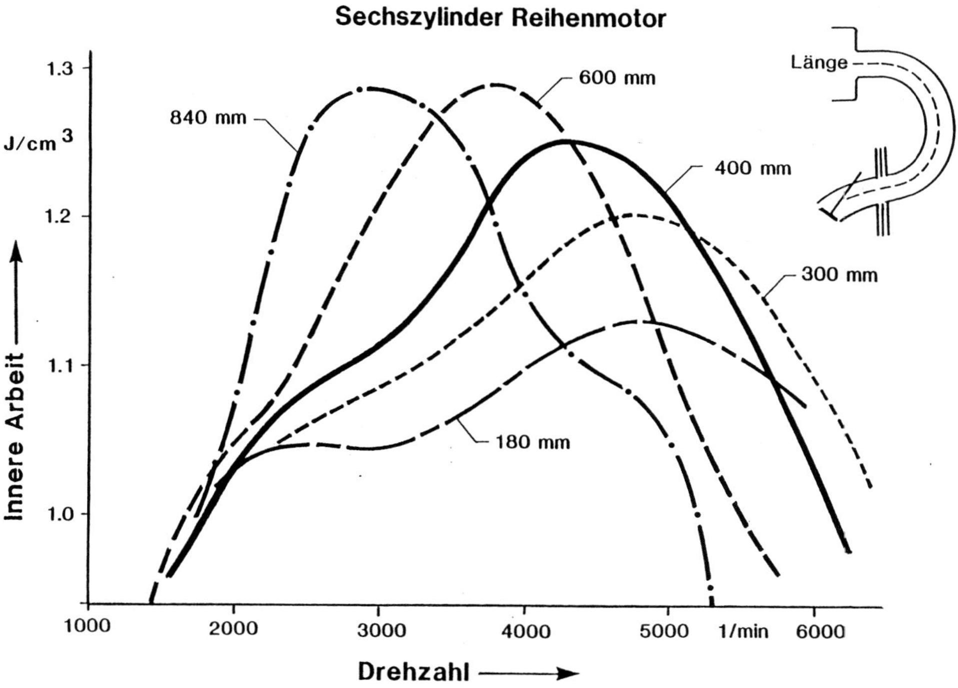

Das Diagramm zeigt den Einfluss der Schwingrohrlänge auf die innere Arbeit (Mitteldruck) entsprechend dem Drehmomentverlauf beim Sechszylinder-Reihenmotor (Opel). Lange Rohre bedeuten hohes Drehmoment bei niederer Drehzahl und starken Leistungsabfall bei hoher Drehzahl. Bei starrer, nicht variabler Sauganlage würde man eine mittlere Länge (ca. 400 mm) wählen.

Bis in die Sauganlage geführte separate Einlasskanäle erlauben es bei Vierventilern, im unteren Drehzahlbereich durch Klappen je einen Saugkanal stillzulegen. Beim T-VIS (Toyota-Variable-Introduction-System) befinden sich zwischen Flansch und Zylinderkopf vier lastabhängig gesteuerte Drosselklappen, die bis etwa 4000/min geschlossen bleiben.

derzahl spielt insofern eine wichtige Rolle, als sie die Schwingungsformen und die Stärke der Pulsationen im Ansaugsystem bestimmt.

Vierzylinder-Reihenmotoren bieten die Möglichkeit, einfache Saugrohre so zu gestalten, dass schon ein Großteil der Anforderungen gut erfüllt wird. Vier gleich lange Schwingrohre münden dabei meist rechtwinklig in einen Sammler, an dessen offenem Ende der Drosselklappenstutzen sitzt. Solche Saugrohre haben wenig Strömungsverluste, sind also gut für hohe Leistung. Die Schwingrohrlängen und Durchmesser sind so abgestimmt, dass sich auch gute Drehmomentwerte einstellen.

Wollte man das Drehmoment im unteren Drehzahlbereich weiter steigern, müsste man die Saugrohrquerschnitte verkleinern bzw. die Schwingrohre verlängern. Eine praktikable Lösung ist es, die Schwingrohre zweiflutig auszubilden, sie also möglichst von den beiden Einlassventilen des Mehrventilzylinderkopfes bis zum Sammler zweifach zu führen. Eine Vereinigung aller acht Schwingrohre erfolgt dann erst im Sammler.

Das System ist dann wirksam, wenn im unteren Drehzahlbereich vier der insgesamt acht Kanäle, also jeweils einer pro Zylinder, verschlossen werden. Im oberen Drehzahlbereich hingegen sind alle Kanäle offen. Mehrventilmotoren mit zwei Einlassventilen eignen sich dafür besonders gut, weil sie beginnend am Ventilteller ohnehin schon zwei Kanäle haben. Die Optimallösung ist dann möglich, wenn die Kanäle vom Ventil bis zum Sammler völlig getrennt verlaufen und die Stilllegung eines Kanals durch das Ventil selber erfolgen kann. Man benötigt dann aber auch zwei Einspritzventile pro Zylinder, die je nach Erfordernis zu- oder abgeschaltet werden. Auch der Aufwand für die Stilllegung bzw. Aktivierung von Ventilen während des Betriebes ist nicht unerheblich.

Eine andere, von Toyota ausgeführte Lösung zeigt insgesamt vier kleine Drosselklappen, die knapp vor je einem Einlassventil angeordnet sind und so die Schaltfunktionen für das Ansaugsystem übernehmen. Um mit einer Einspritzdüse pro Zylinder auszukommen, ist die Zwischenwand der beiden Kanäle für ein kurzes Stück aufgebrochen. An dieser Stelle sitzt die Einspritzdüse, die so beide Kanäle eines Zylinders mit Kraftstoff versorgen kann.

Anders stellt sich die Situation bei Sechszylindermotoren dar. Wird das Ansaugrohr wie beim Vierzylindermotor ausgeführt, münden alle sechs Schwingrohre in einen Sammler, ist das zwar wiederum gut für die Maximalleistung, aber weniger gut für das Drehmoment. Gute Drehmomente lassen sich nur erzielen,

***Ansaugluftsammler:** Der Ansaugluftsammler (Airbox) dient in erster Linie zur Beruhigung der angesaugten Luft. Durch gezielte Abstimmung des Ansaugluftsammlers und das Ausnützen der Gasresonanzen kann die Motorleistung gesteigert werden.*

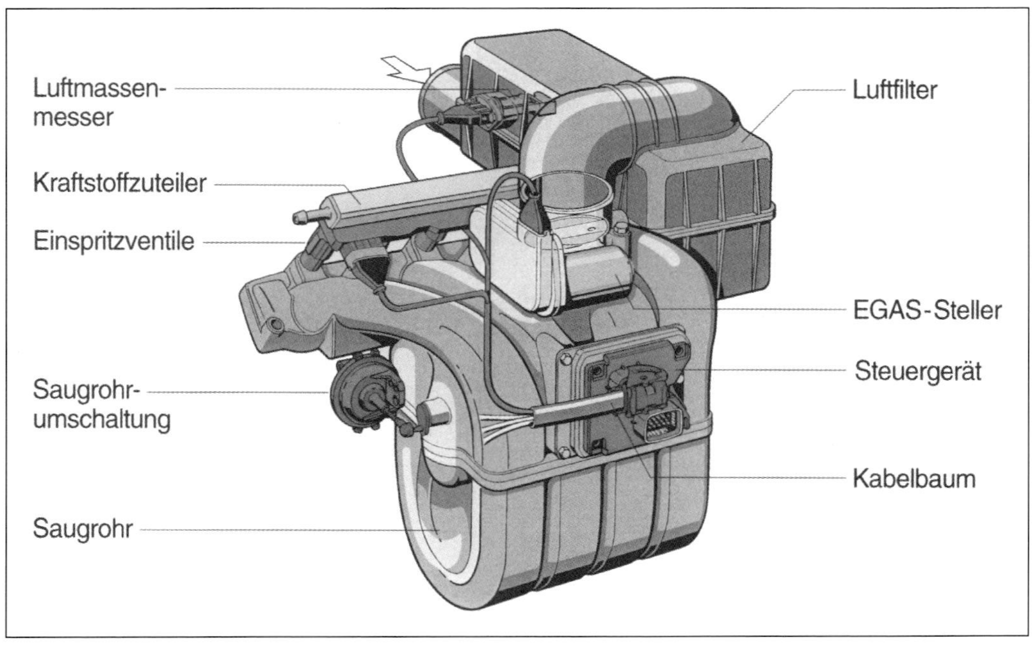

***Saugmodul mit Saugrohrumschaltung und EGAS:** Je nach Drehzahl und Last öffnen oder schließen sich im Ansaugmodul Klappen, mit deren Hilfe die Länge der Saugrohre variiert wird.*

Einfluss der Saugsysteme

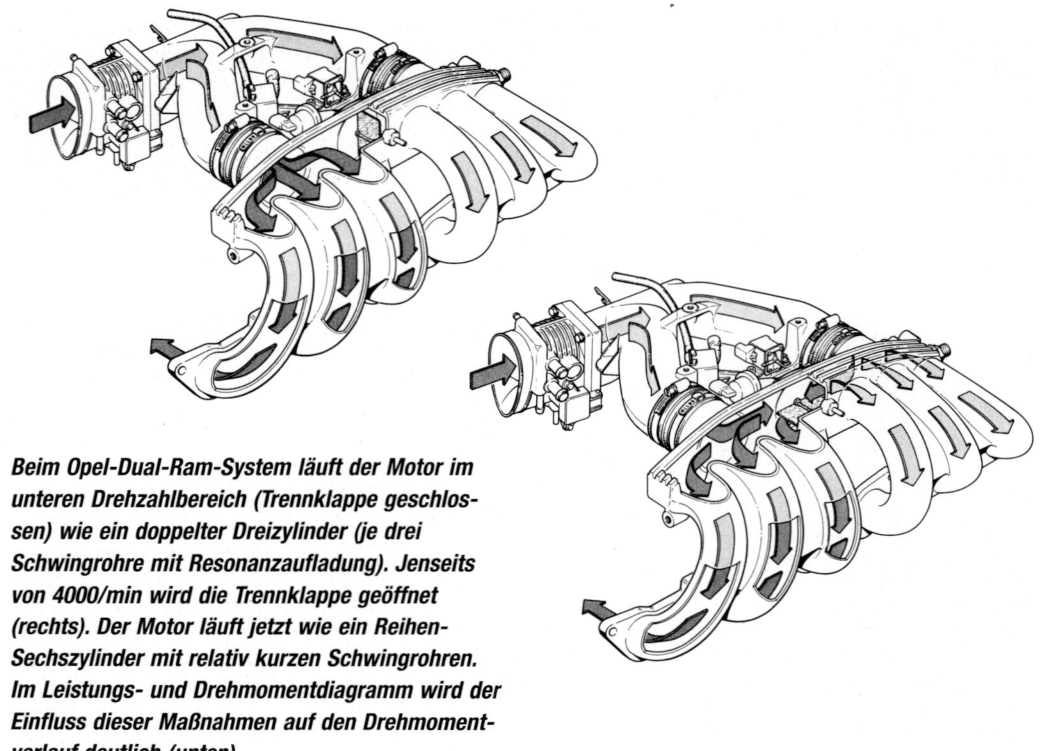

Beim Opel-Dual-Ram-System läuft der Motor im unteren Drehzahlbereich (Trennklappe geschlossen) wie ein doppelter Dreizylinder (je drei Schwingrohre mit Resonanzaufladung). Jenseits von 4000/min wird die Trennklappe geöffnet (rechts). Der Motor läuft jetzt wie ein Reihen-Sechszylinder mit relativ kurzen Schwingrohren. Im Leistungs- und Drehmomentdiagramm wird der Einfluss dieser Maßnahmen auf den Drehmomentverlauf deutlich (unten).

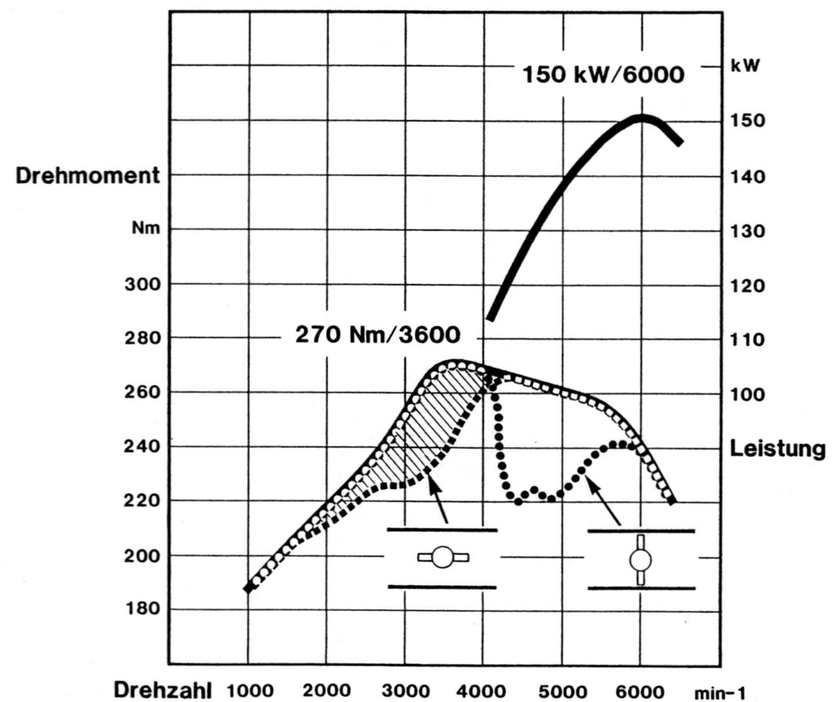

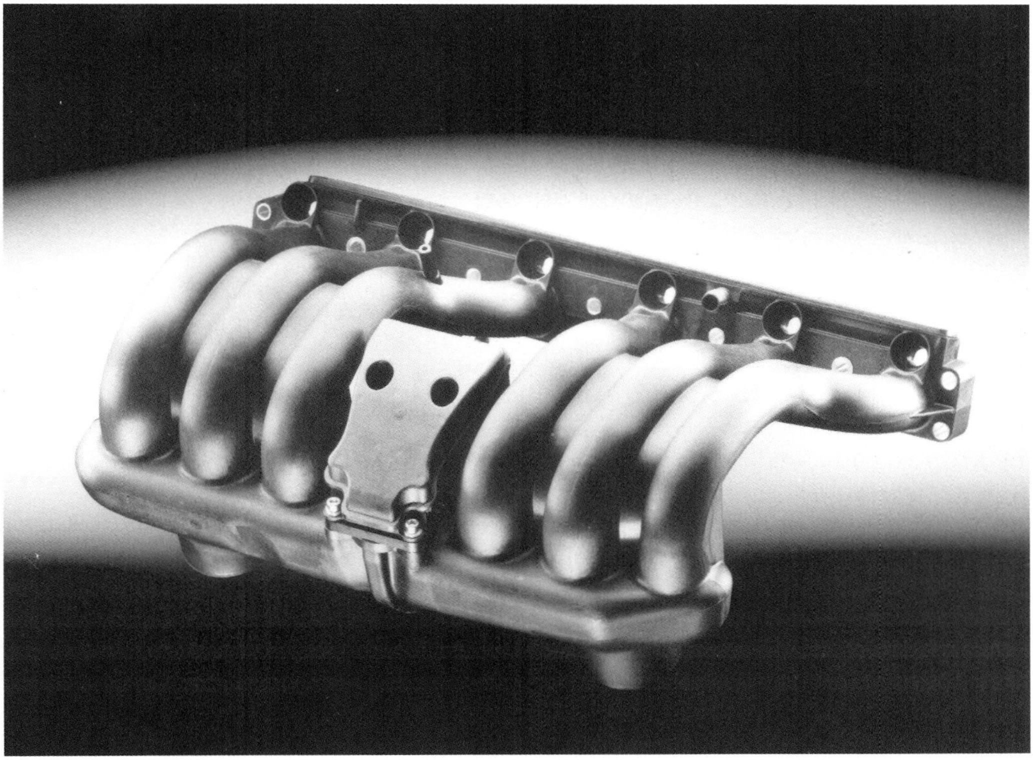

Die Mercedes-Reihen-Sechszylinder 280 E und 320 E (Vierventiler) nutzen ebenfalls den Resonanzeffekt zur Drehmomenterhöhung. Eine Klappe trennt den Luftsammler im unteren Drehzahlbereich in zwei Teile.

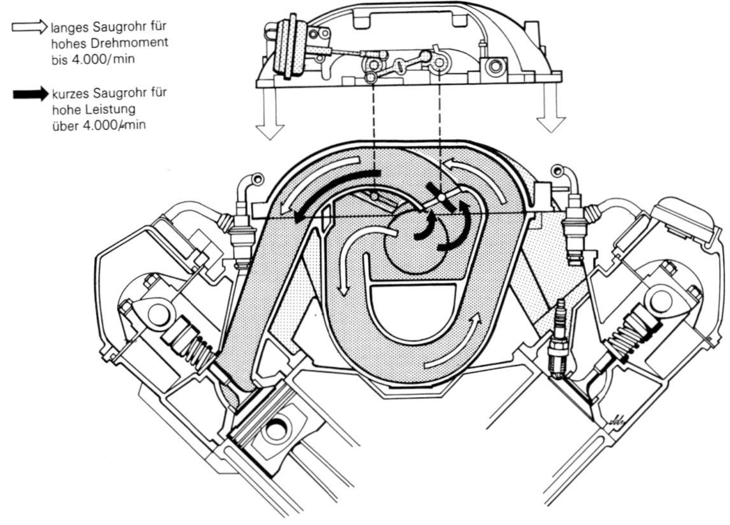

Das Schaltsaugrohr des Audi V6 arbeitet mit verschiedenen Längen und Querschnitten. Bei geschlossenen Klappen ist das lange Drehmomentsaugrohr mit einer Schwingrohrlänge von 780 mm und einem Querschnitt von ca. 800 mm² wirksam und sorgt für hohes Drehmoment im unteren Drehzahlbereich. Bei 4000/min werden die Klappen geöffnet. Jetzt erlaubt das kurze Leistungssaugrohr (380 mm lang, Querschnitt ca. 1200 mm²) ausreichend hohe Endleistung. Wichtig ist, dass der Umschaltpunkt dort stattfindet, wo sich die beiden Kurven schneiden. Andernfalls kommt es zu einem Sprung, den man beim Fahren als Rucken bemerkt.

Auf Grund seiner Hochleistungscharakteristik hat der BMW-M5-Motor relativ kurze Saugrohre mit Einzeldrosseln. Im Luftsammler ist jedoch auch eine unterdruckbetätigte Trennklappe tätig, die bei niederer Drehzahl ähnlich wie beim Opel-Dual-Ram-System zur Drehmomentüberhöhung durch Resonanzaufladung führt.

wenn man die in beiden Schließen der Einlassventile entstehenden Stoßwellen oder Pulsationen ausnützt, um einen Nachladeeffekt bei anderen Zylindern zu erzeugen. Je mehr Zylinder (Stoßwellen) aber in einen Sammler geleitet werden, um so geringer wird der Nachladeeffekt, weil sich die Pulsationen im Sammler gegenseitig ausgleichen. Optimal funktioniert das System beim Dreizylindermotor, weil hier ein Einlassventil schließt, wenn das zweite gerade zu öffnen beginnt. Dasselbe gilt auch für die Auspuffseite. Auch hier werden geeignete Zylinder mit geeigneten Rohrlängen zusammengefaßt, um eine Verbesserung des Liefergrades zu erreichen.

Beim Sechszylindermotor, wie zum Beispiel beim alten Opel-Reihenmotor, kann man durch einen Trick die wirkungsvollen Schwingungen des Dreizylindermotors vor allem zur Drehmomentsteigerung ausnutzen. Durch ein geeignetes Ansaugrohr mit einer Schaltklappe wird der Sechszylindermotor im unteren Drehzahlbereich in zwei Dreizylindermotoren geteilt. Ab ca. 4000/min wird die Schaltklappe geöffnet und die Schwingungsformen sind dadurch so geändert, dass hohe Leistung entsteht. Je nach Ausbildung und Abstimmung des Ansaugsystems kann es zur weiteren Leistungssteigerung bei sehr hohen Drehzahlen kommen, wenn ab ca. 6000/min die Klappe wieder geschlossen wird.

Beim Sechszylindermotor – dabei spielt es keine Rolle, ob es sich um Zwei- oder Mehrventilmotoren handelt – kann man sich also durch ein relativ einfaches variables Ansaugrohr die Luftschwingungen im Sinne von mehr Drehmoment und Leistung zu Nutze machen. Auch der Aufwand der zusätzlichen Klappe ist vertretbar. Die Klappe wird meist durch den Saugrohrunterdruck über eine kleine Membrandose betätigt. Ein an die Motorelektronik angehängter Magnetschalter sorgt für zeitgerechtes Öffnen bzw. Schließen der Klappe.

Die Dimensionierung solcher zweiflutigen oder dreistufigen Ansauganlagen kann sehr gut durch die Rechnung erfolgen. Dabei zeigt sich, dass man relativ lange Rohrlängen benötigt, um das System zur vollen Wirksamkeit zu bringen. Die Anordnung an einen Motor bzw. in einem Motorraum macht nur dann Sinn, wenn die Anlage strömungsgünstig gestaltet werden kann. Benötigt man zu viele Umlenkungen und Verschlingungen, leidet darunter vor allem die Füllung bei Höchstleistung.

Grundsätzlich ist zu sagen, dass sich heute bei Serienmotoren die als Modul ausgeführten Saugsysteme nachträglich kaum noch ändern lassen. Andererseits sind sie oft so optimiert, dass Varianten kaum Vorteile brächten. Was machmal Sinn macht, ist eine Veränderung der Klappensteuerung per Chip-Tuning.

Arbeiten am Zylinderkopf und an den Ventilen

Nach einer alten Tuning-Regel ist ein Motor um so schneller, je mehr Zeit, Arbeit und Ideen für die Bearbeitung des Zylinderkopfes aufgewendet wurden. In der Tat kommt diesem Kapitel auch in der Zeit des Chip-Tunings große Bedeutung zu, denn die Basis für eine optimale Leistungssteigerung ist und bleibt ein gut nachgearbeiteter Zylinderkopf. Am Zylinderkopf beginnt auch die eigentliche Tuningarbeit, ohne die andere Maßnahmen, wenn man einmal von dem Einbau von Mehrvergaseranlagen absieht, sinnlos wären oder nur einen im Verhältnis zum Aufwand ungerechtfertigt geringen Erfolg bringen würden. Allerdings muss man einräumen, dass moderne Zylinderköpfe (speziell von Hochleistungsmotoren) bereits sehr exakt gefertigt sind. Dennoch: Es gibt immer was zu tun.

Die leistungssteigernden Maßnahmen, die man am Zylinderkopf vornehmen kann, sind sehr zahlreich. Die Kanäle werden zwecks besserer Füllung erweitert und geglättet, die Brennräume umgestaltet, das Verdichtungsverhältnis erhöht, die Ventile und die Ventilsitze, die ebenfalls zum Zylinderkopf gehören, erfahren eine Feinbearbeitung. Nun gibt es heute schon Motoren, die serienmäßig über mechanisch bearbeitete Kanäle und ebensolche Brennräume verfügen. Die Nacharbeit beschränkt sich also auf die Erzielung einer noch glatteren Oberfläche. Und auch die Volumenabstimmug (Auslitern) der Brennräume, bei einer nachträglichen Verdichtungserhöhung ohnehin umumgänglich, erfordert in der Regel kleinere Korrekturen an den Brennräumen. Im Übrigen lassen selbst Hochleistungsmotoren

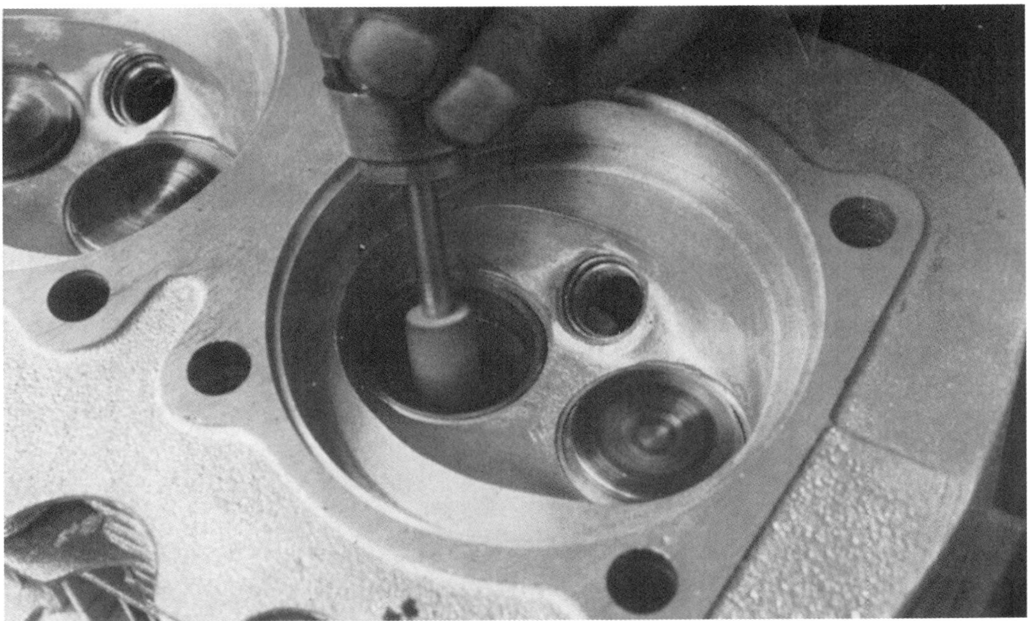

Wichtigster Teil des Zylinderkopf-Tunings ist die Bearbeitung der Gaskanäle, die mit Hilfe von Fräs- und Schleifwerkzeugen schnell und ohne Anstrengung vor sich geht.

wie z. B. die wassergekühlten Boxer von Porsche noch Spielraum für Nacharbeit. Was letztlich eine gute Zylinderkopfbearbeitung bringt, hängt also auch davon ab, wie gut und sorgfältig der Serienzylinderkopf ausgeführt ist. Hier gibt es große Unterschiede.

Kanäle bearbeiten

Die Einlass- und Auslasskanäle lassen sich nur mühsam mit der Feile oder mit Schmirgelpapier erweitern, hierzu benötigt man als wichtigstes Werkzeug eine biegsame Welle mit Antrieb oder einen Pressluftschleifer mit den entsprechenden Fräs- und Schleifeinsätzen. Zur Not kann man sich auch mit einer Handbohrmaschine helfen, doch wird hierduch die Zugänglichkeit erschwert, außerdem ist die Drehzahl der Bohrmaschinen meist zu gering. Professionelle Motortuner verwenden oft sehr schnell drehende, pressluftgetriebene Schleifer bzw. Fräser, die eine sehr rasche Arbeit gestatten. Wesentlich erleichtert wird die Bearbeitung, wenn der Zylinderkopf aus Leichtmetall besteht, wie dies bei den meisten modernen Motoren der Fall ist. Zylinderköpfe aus Grauguss erfordern mehr Geduld und mehr Schweiß, bis sie fertig bearbeitet sind.

Für die Zugänglichkeit der Kanäle ist die Konstruktion des Zylinderkopfes von großer Bedeutung. Bei modernen Hochleistungsmotoren (bei Vierventilern grundsätzlich) sind mit Rücksicht auf eine optimale Leistungsausbeute oder eine spätere Leistungssteigerung in der Serie die Zylinderköpfe so ausgebildet, dass Auslasskanäle und Einlasskanäle nicht auf einer Seite liegen. Jeder Zylinder besitzt

Ein- und Auslasskanäle sind bei diesem Mercedes-Motor (M 102) gegenüberliegend (Cross-Flow) angeordnet. Wandstärken und Ventilführungen sind im Schnitt gut zu erkennen. Die Wandstärken und die Länge der Ventilführungen lassen wenig Spielraum zu Nacharbeit.

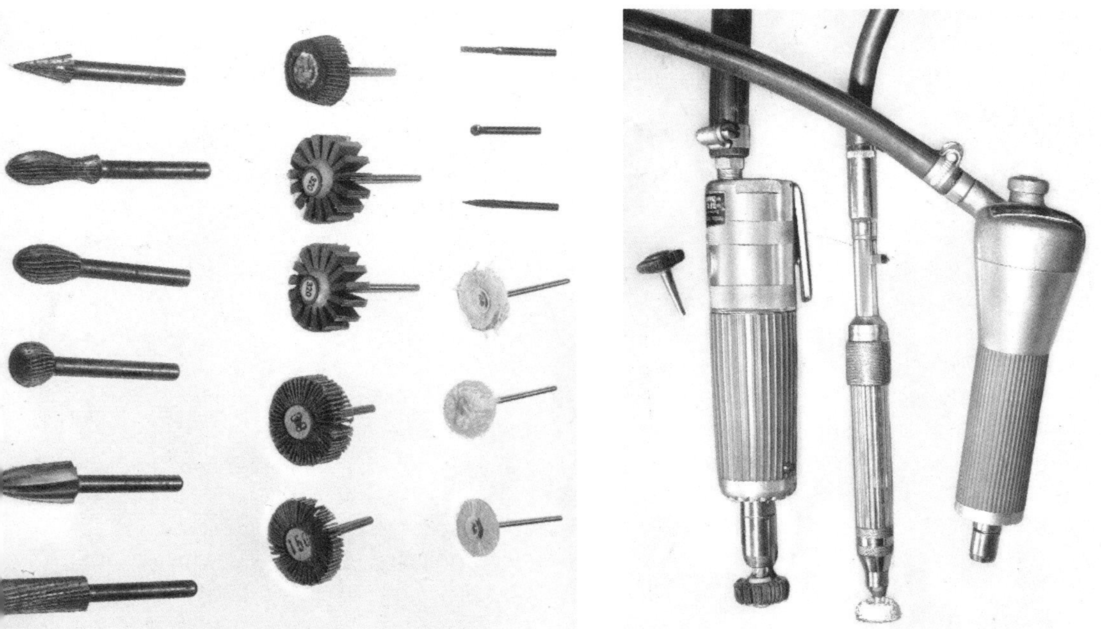

Eine Reihe von Fräs-, Schleif- und Poliereinsätzen ist auf dem linken Foto zu sehen. Pressluftschleifer, biegsame Wellen, Elektroschleifer oder zur Not auch eine Handbohrmaschine setzen sie in die zur Bearbeitung notwendige Rotation.

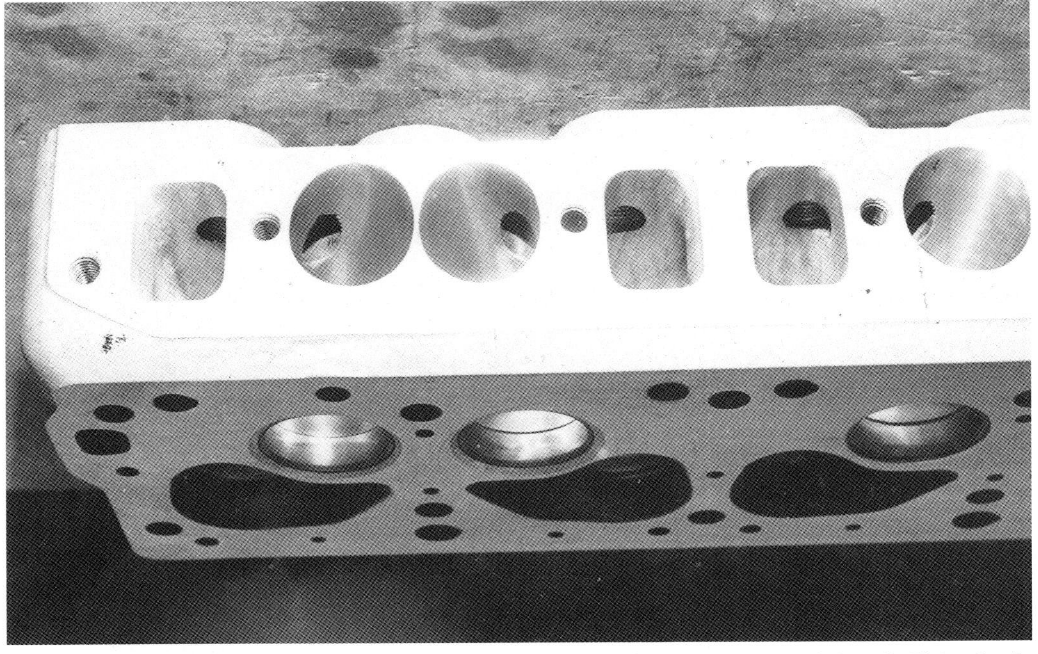

Einlass- und Auslasskanäle dieses alten Mercedes-Zylinderkopfes liegen auf einer Seite. Die Einlasskanäle sind fein bearbeitet, die Auslasskanäle grob.

außerdem seinen eigenen Auslass- und Einlasskanal. Diese »Cross-Flow« genannte Anordnung ist schon beim Serienmotor sehr günstig für die Füllung, die Kanäle können außerdem kurz und strömungsgünstig gestaltet werden, was einer späteren Bearbeitung entgegenkommt. Ein weiterer Vorzug für die Füllung ist, dass die Einlasskanäle nicht durch daneben verlaufende Auslaßkanäle aufgeheizt werden.

Bei anderen Konstruktionen, wo Auslass und Einlass auf einer Seite liegen (z. B. Golf GTI Zweiventiler) ist die Bearbeitung schwieriger, doch im Verhältnis keineswegs weniger erfolgversprechend. Bei alten Vierzylinder-Reihenmotoren findet man oft auf der Flanschseite zwei Einlässe, die sich im Kopf zu vier Einlasskanälen gabeln (z.B. Opel Kadett »Bochum«-Motor, alter Mini Cooper), was als »siamesischer Einlass« bezeichnet wird, während auf der Auslassseite die zwei äußeren Kanäle getrennt verlaufen und die beiden mittleren oft zusammengefasst sind.

Die theoretisch beste Leistungsausbeute versprechen natürlich Motoren mit getrennten Ein- und Auslässen, die im Zylinderkopf auf verschiedenen Seiten liegen. Doch meist sind solche Motoren bereits in der Serienleistung wesentlich höher, so dass der prozentuale Leistungsgewinn durch eine nachträgliche Bearbeitung kaum höher ist als bei Motoren mit weniger günstiger Zylinderkopf-Konstruktion. Zum anderen bleibt bei Motoren, die von Haus aus bereits strömungsgünstige Kanäle ohne störende Ecken und Kanten aufweisen, für Tuner später nicht mehr viel Arbeit übrig, während sich bei weniger sorgfältig gestalteten Zylinderköpfen von Großserienmotoren mit einer guten Kanalbearbeitung relativ viel holen lässt.

Die Einlasskanäle

Der Durchmesser des Einlasskanals wird auf der einen Seite von der Größe des Ventiles (Ventilsitz-Durchmesser), auf der anderen Seite vom Durchmesser des Saugrohrflansches bestimmt. Wenn man die serienmäßigen Ventile beibehält, wozu man in manchen Fällen gezwungen ist, weil keine größeren Ventile hineinpassen, sind auf dieser Seite nur geringe Erweiterungen des Durchmessers möglich. Wir kommen auf das Thema des Erweiterns von Ventilsitzen in einem der nächsten Abschnitte noch ausführlich zu sprechen.

Auf der Ventilsitzseite ist also der Einlasskanal dem leicht erweiterten Ventilsitzring-Durchmesser anzugleichen, falls größere Sitzringe einge-

Sauber bearbeitete Einlasskanäle und schmale Ventilsitze sind bei diesem BMW-Zylinderkopf zu erkennen.

Kurze Ansaugwege lassen nur wenig Raum für sinnvolle Tuning-Maßnahmen. Hier gilt es, die Kanäle zu glätten und die eventuell vorhandenen Übergänge vom Ansaugkrümmer zum Zylinderkopf zu beseitigen.

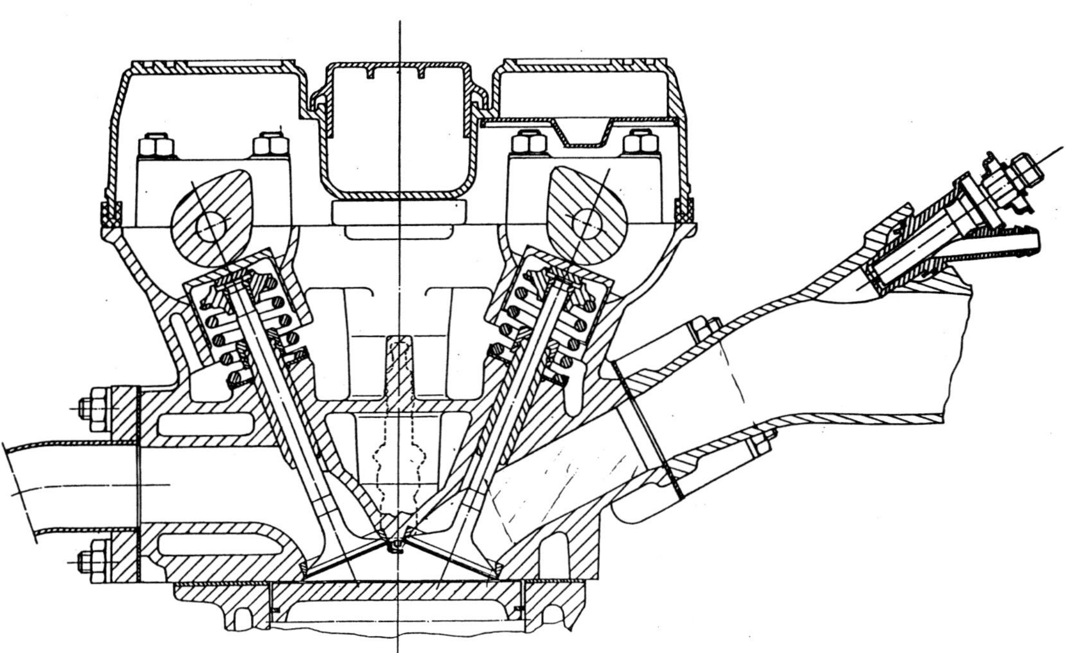

Der Querschnitt durch den Zylinderkopf des Mercedes-Vierventilers (2,3-16 und 2,5-16) zeigt die klassische Anordnung der Ventile, die eine optimale Gestaltung des Einlasskanals gestattet. Die Ventilführung ragt übrigens nicht in den Einlasskanal hinein.

Einen glänzenden Einblick gewähren diese beiden Einlasskanäle eines BMW-Motors. Die Führungen wurden etwas gekürzt und ebenfalls bearbeitet (Alpina). Die schwarze Tusche dient zum Anreißen des maximalen Kanalquerschnitts.

baut wurden, auf deren Maß, so dass die Übergänge ohne störende Kanten oder Vorsprünge verlaufen. Auf der Saugrohrseite lässt sich der Einlasskanal meist unproblematischer erweitern, wobei auf einen störungsfreien Übergang vom Saugrohr in den Zylinderkopf und vom Saugrohr zum Vergaser (falls vorhanden) zu achten ist. Wo eine genaue Anpassung nicht möglich ist, sollte man die Einlassöffnungen im Zylinderkopf ca. 0,5 bis 1 mm weiter machen als am Saugrohr, um auf jeden Fall störende Kanten zu vermeiden. In den meisten Fällen lässt sich das Saugrohr ebenfalls innen erweitern und angleichen, was vor allen Dingen bei der Verwendung größerer Vergaser notwendig ist.

Wenn man also die beiden Ausgangsquerschnitte auf der Ventil- und auf der Saugrohrflanschseite bestimmt hat, ist der Einlasskanal leicht konisch verlaufend vom Ventilsitz bis zum Saugrohrflansch zu erweitern. Hierbei lässt sich in den meisten Fällen natürlich kein gleichmäßiger konischer Verlauf erreichen, doch ist darauf zu achten, dass es im Mittelteil des Kanals, und bei gegabelten Kanälen an den Zweigstellen oder danach, nicht zu Einschnürungen kommt, was mit Hilfe von »Plastilin-Lehren« (das sind entsprechend geformte Kugeln oder kugelähnliche Gebilde aus Knetmasse), nachprüfen kann.

Allerdings sollte die Erweiterung zur Saugrohrflanschseite hin nicht zu weit getrieben werden. Es gilt die Regel, dass der Querschnitt am Saugrohrflansch etwa 15 Prozent größer sein sollte oder darf als der am Ventilsitzring.

Diese ersten groben Bearbeitungen der Einlasskanäle, wobei nach Möglichkeit alle vorstehenden Teile, Gussverunreinigungen, Vorsprünge und Kanten ohnehin schon beseitigt werden, kann man am besten mit kleinen, rotierenden Stahlfräsköpfen durchführen. Bei leichten Bearbeitungen genügt es meist, grobe Unebenheiten und Kanten zu beseitigen und zu glätten. Auf eine Erweiterung kann man verzichten. Die in die Einlasskanäle hineinragenden Ventilfüh-

Dieser zersägte Zylinderkopf eines luftgekühlten NSU-Motors offenbart die Lage und Führung der Gaskanäle und die vorhandenen Materialstärken.

rungen können bei solchen leichten Überarbeitungen unverändert bleiben.

Für eine gründliche Bearbeitung des Einlasskanals ist es jedoch günstig, wenn die Ventilführungen vorher entfernt werden, was man am besten in einer Zylinderschleiferei, die die entsprechenden Vorrichtungen besitzt, machen lässt.

In vielen Fällen kann man auch, wenn die Ventilführung insgesamt lang genug ist, das in den Kanal vorstehende Stück der Ventilführung einfach abfräsen, was den freien Durchlass an dieser Stelle erweitert. Allerdings besteht die Möglichkeit, dass die restliche Ventilführung, da sie stärker beansprucht wird, schneller verschleißt und öfter ersetzt werden muß.

Falls ein Kappen (Abfräsen) der Ventilführungen nicht erwogen wird, muss für eine einwandfreie Kanalbearbeitung die Ventilführung entfernt werden, da sie die Arbeit zu sehr erschwert (Zylinderschleiferei), wobei man den in den Kanal vorstehenden Teil ebenfalls bearbeiten kann. Dieser Teil kann entweder durch Abdrehen im Durchmesser verringert oder leicht gekürzt werden. Auch beide Bearbeitungen sind möglich. Sind alle groben Arbeiten erledigt und hat der Kanal seine endgültige, erweiterte Form, wobei vor allem im Querschnitt der Ventilführungen und an Gabelungen wegen der dort vorhandenen Einschnürungen des Gasstromes etwas weitere Querschnitte angestrebt werden sollen, kann man zur Feinbearbeitung übergehen.

Voraussetzung für eine schnelle und gute Feinbearbeitung ist allerdings, dass schon mit den groben Fräseinsätzen möglichst sauber und glatt gearbeitet wurde. Für das Feinschleifen und Glätten haben sich fächerförmige Schleifeinsätze, deren Fächer aus Schleifleinen verschiedener Gradationen besteht, sehr gut bewährt. Man kann auch elastische Gummi- oder Filzkerne benutzen, um die dann das entsprechende Schleifpapier gelegt oder gespannt wird.

Zunächst werden also die mit Stahlfräseinsätzen vorgearbeiteten Einlasskanäle mit groben Leinenschleifern geglättet. Falls keine entsprechenden Einsätze vorhanden sind, kann man Leichtmetallköpfe auch von Hand feinbearbeiten, was allerdings wesentlich mühseliger und zeitraubender ist. Mit schrittweise feiner werdenden Papieren bzw. Schleifeinsätzen wird die Oberfläche der Kanäle riefenfrei bearbeitet. Polieren der Oberflächen bringt nach neueren Erfahrungen keine Verbesserung der Füllung, es genügt also, die Kanäle gut zu glätten.

Es sei noch darauf hingewiesen, dass bei allen maschinellen Bearbeitungen mit Fräsern darauf zu achten ist, dass es nicht zu Durchbrüchen der Kanalwände kommt. Die Wandstärken des Zylinderkopfes betragen je nach Motor an den dünnsten Stellen etwa 4 mm (bei Vierventilern manchmal noch weniger) und können natürlich bei entsprechend starken Erweiterungen nicht ausreichen. Vor allem Vierventiler mit ihrer filigranen Bauweise haben auch aus Platzgründen oft sehr geringe Wandstärken. Eine sehr gute Methode, um festzustellen, wo man gefahrlos größere Mengen Material abtragen kann, ist, einen alten oder defekten Zylinderkopf zu zersägen und davon mehrere Schnitte an den wichtigsten Stellen vorzunehmen. Sollte es allerdings trotz aller Vorsicht zu Durchbrüchen oder kleineren Löchern kommen, kann man diese in manchen Fällen wieder zuschweißen.

Saugrohre und Saugrohrflansch

Da die Bearbeitung des Saugrohrs und seines Flanschanschlusses am Zylinderkopf in etwa den Arbeiten am Einlasskanal entspricht, haben wir diesen Abschnitt mit in die Zylinderkopfbearbeitung einbezogen. Doch wie schon im vorherigen Kapitel beschrieben, lassen auch moderne Saugmodule hier machmal wenig Spielraum. Dennoch sollte man auf grundlegende Kriterien achten.

So gilt besonders der Übergang vom Saugrohr zum Zylinderkopf als eine kritische Stelle. Hier sollten keinerlei Vorsprünge oder Kanten stehen bleiben, eventuell vorstehende Dichtungen sind anzupassen. Die Anpassung des Saugrohrs an den Zylinderkopf ist bei kurzen Saugrohren leicht durch Verschleifen von innen möglich. Bei längeren Saugrohren, wo man mit dem Fräser- bzw. Schleifeinsatz nicht hineinkommt, sind die Öffnungen im Zylinderkopf um 0,5 bis 1 mm im Durchmesser größer zu wählen, damit in jedem Fall an der Flanschverbindung kein »Stoß« entsteht. Selbstverständlich sollten auch die Saugrohre innen ge-

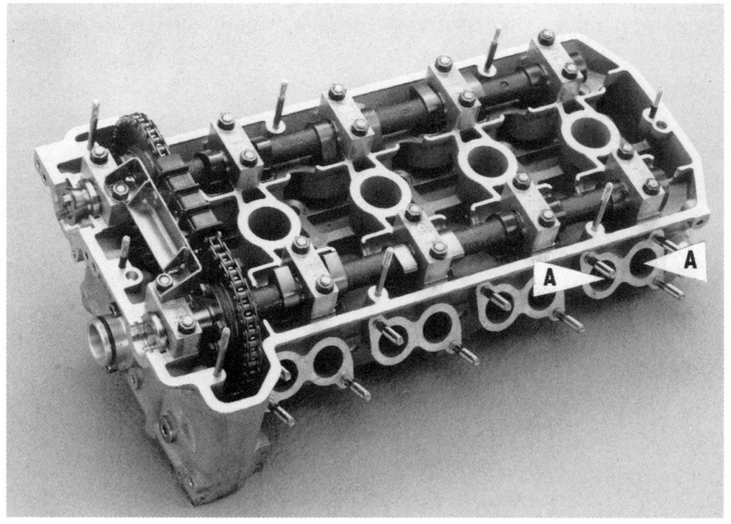

Die Einlasskanäle (A) des 2,3-Liter-Mercedes-Vierventilers sind bis nach außen getrennt geführt. Auf stoßfreie Abdichtung ist zu achten. Vorteilhaft: der schräge Eintritt in den Zylinderkopf.

glättet werden. Bei langen oder gewinkelten Saugrohren hingegen ist diese Arbeit meist nicht möglich, auch ist sie hier nicht von sehr großem Nutzen. Auch sollte man am Flansch zum Vergaser, beim Einspritzer zum Drosselklapppenstutzen, auf einwandfreie Übergänge achten.

Die Auslasskanäle

Nicht ganz so penibel muss man bei der Bearbeitung der Auslasskanäle vorgehen. Da die heißen Abgase unter erheblichem Druck ausgestoßen werden und mit wesentlich höherer Geschwindigkeit ausströmen, kommt hier einer aufwändigen Oberflächenbearbeitung des Kanals keine so große Bedeutung zu, aber sie schadet auch nicht.

Natürlich sollten auch hier störende Kanten und Unebenheiten nach Möglichkeit entfernt werden, Einschnürungen sind zu vermeiden. Eine Erweiterung der Kanäle zum Auspufflansch hin kann ebenfalls kaum schaden. Ein Kürzen der Ventilführungen wird jedoch nach allgemeiner Auffassung nicht empfohlen, da die Auslassventile einen erheblichen Teil ihrer Wärme über die Ventilführung ableiten. Allerdings wurde auch schon die gegenteilige Meinung vertreten, so dass es hier in jedem speziellen Fall auf den Versuch ankommt. Wer sicher gehen will, lässt die Ventilführungen stehen, zumal sie am Auslass kaum Strömungsverluste verursachen, da sie sozusagen im »Windschatten« des Ventiltellers liegen. Die grob bearbeiteten Auslasskanäle können anschließend mit grobem Schmirgellei-

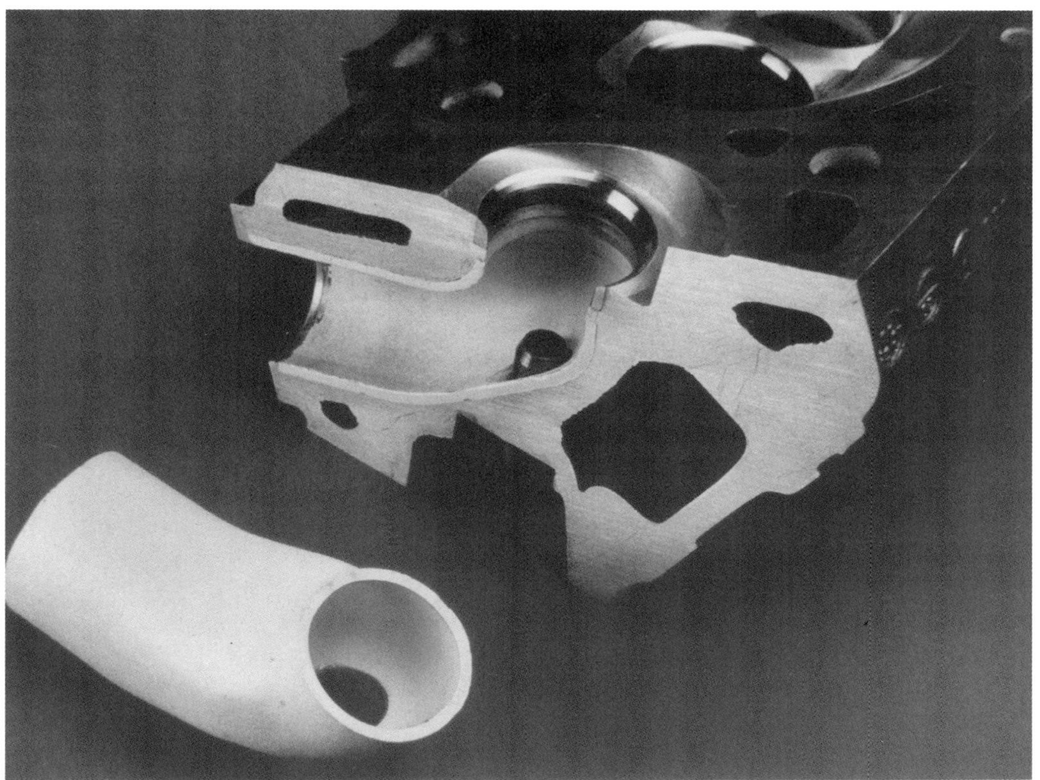

Bei Porsche schon seit 1994: Auslasskanal-Portliner sind keramische Einsätze, die aufwendig in den Auslasskanal eingefügt werden. Durch die schlechte Wärmeleitung der Keramik wird eine übermäßige Aufheizung des Zylinderkopfes vermieden, außerdem wirkt sich die geringere Wärmeabfuhr günstig auf das Abgasverhalten aus.

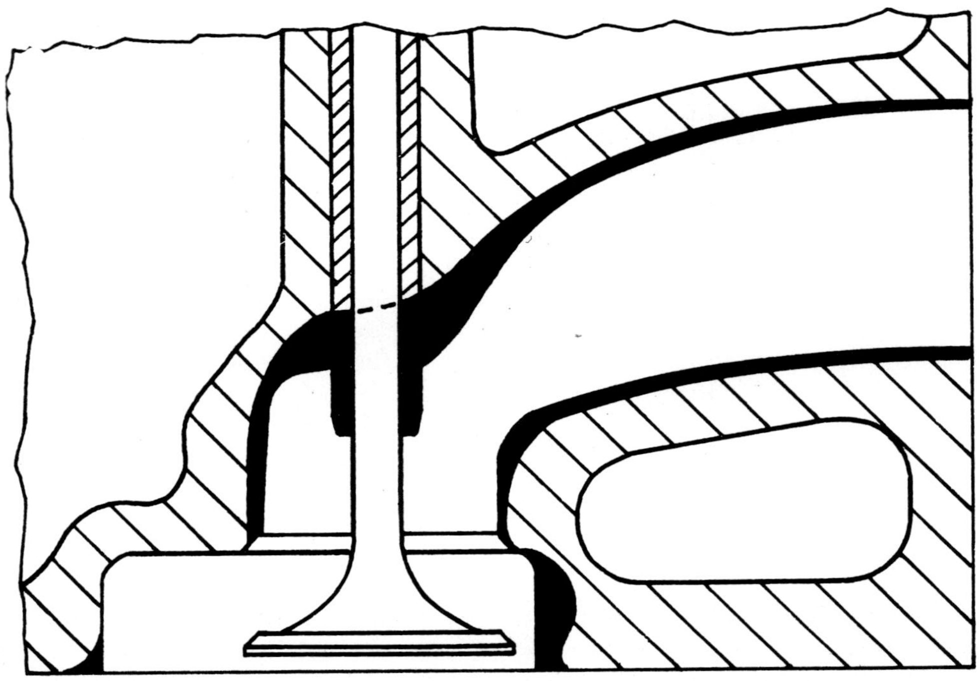

Die Stärke des Wandmaterials entscheidet, um wie viel die Kanäle eines Zylinderkopfes erweitert werden können. In den beiden Skizzen ist das zu entfernende Material schwarz gekennzeichnet. Bei ausreichender Gesamtlänge kann das in die Saugwege ragende Stück der Ventilführung auf der Einlassseite entfernt werden.

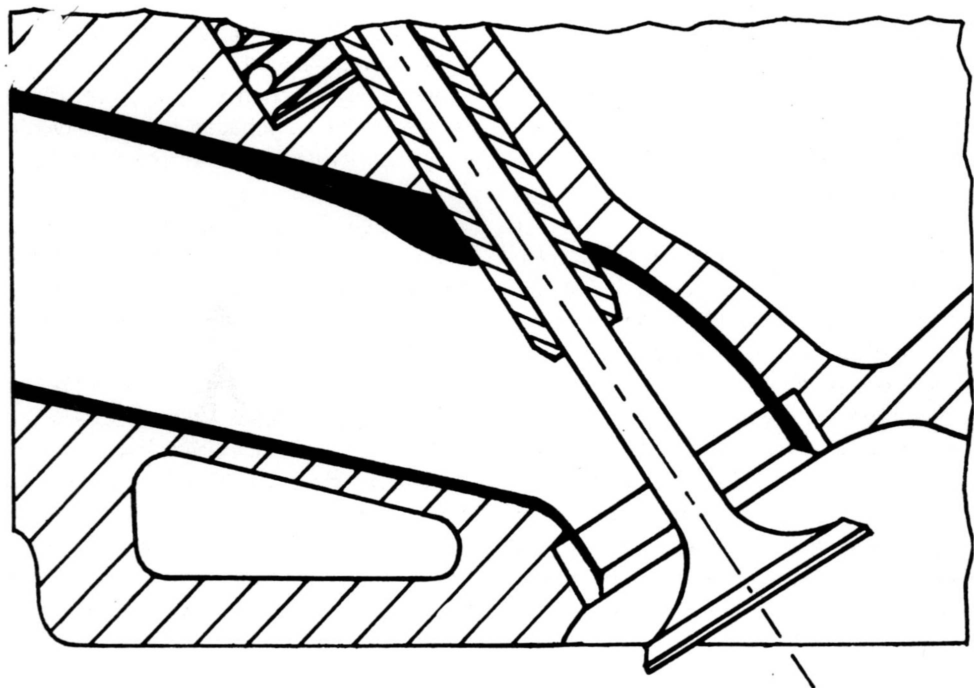

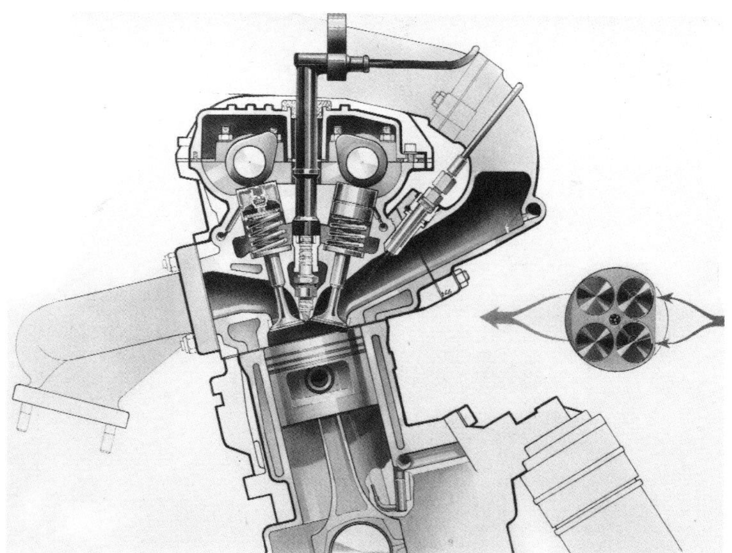

Eine optimierte konische Gestaltung der Gaskanäle zeigt ein Querschnitt durch den VW-827-Vierventiler. Gut sind der stufenlose Übergang und die Dichtung am Saugrohrflansch zu erkennen. Weiteres Detail: Die Kolben werden von unten mit Kühlöl bespritzt.

nen bzw. groben Schleifeinsätzen geglättet werden. Selbstverständlich ist auch hier auf einen einwandfreien Übergang des Kanals zum Auspuffflansch zu achten.

Ventile und Ventilsitzringe

Zunächst ist hier einmal die Frage zu klären, ob man die serienmäßigen Ventile beibehält oder andere Ventile benutzt. Für die Einlassseite kommt in manchen Fällen eine Ventilvergrößerung in Frage, jedoch sind moderne Motoren, speziell Vierventiler, oft schon von Haus aus hinsichtlich der Ventilgrößen an der Grenze, so dass eine weitere Vergrößerung nicht möglich ist. Eine Ventilvergrößerung, die bei einem nachträglichen Tuning fast immer nur auf der Einlassseite zu empfehlen ist, hängt in erster Linie davon ab, ob es für den betreffenden Motor passende Ventile größeren Durchmessers gibt und ob sich ein dem vergrößerten Ventil entsprechender Sitzring unterbringen lässt. Hier ist besonders die Zone zwischen den beiden Sitzringen von Einlass- und Auslassventil gefährdet, die bei einer Vergrößerung nicht zu schmal werden darf, da sonst im Betrieb Risse auftreten können. Auch zur Kerzenbohrung hin ist ein gebührender Abstand zu halten, um hier Schäden zu vermeiden.

Bei V-förmig hängenden Ventilen ist darauf zu achten, dass sich Einlass- und Auslassventile infolge großer Nockenüberschneidungen und Vergrößerungen nicht berühren. Ventilvergrößerungen lassen sich fast immer dort vornehmen, wo in der Serie Motoren verschiedener Leistungsstufen und Hubraumklassen mit verschiedenen Ventilgrößen auf der gleichen Basis gefertigt werden.

Eine Vergrößerung der Auslassventile ist meist nicht notwendig und wird auch relativ selten praktiziert. Eher schon wird man, wenn die Auslassventile häufig Schäden aufweisen (Verbrennen), zu Spezialventilen übergehen, wie z.B. Hartpanzerventilen oder natriumgekühlten Auslassventilen. Diese Ventile besitzen eine sehr große Sicherheit gegen Überhitzung, Hartpanzerventile werden darum bei den meisten Serienmotoren schon verwendet. Natriumgekühlte Auslassventile besitzen einen natriumsalzgefüllten hohlen Schaft, in dem das bei Hitze flüssig werdende Kühlmittel die Wärme besser ableitet. Solche Ventile besitzen meist einen dickeren Schaftdurchmesser und erfordern demzufolge den Einbau stärkerer und weiterer Ventilführungen. Den Einbau größerer Sitzringe – falls notwendig – und den Einbau anderer Ventilführungen nehmen Zylinderschleifereien vor.

Opel C 20 XE 4 Ventile

Zylinderdurchmesser 86,0 mm

wirklicher Einlassventildurchmesser 33,0 mm
größtmöglicher Einlassventildurchmesser 34,6 mm

wirklicher Auslassventildurchmesser 29,0 mm
größtmöglicher Einlassventildurchmesser 30,3 mm

VW 1,8 l 4 Ventile

Zylinderdurchmesser 81,0 mm

wirklicher Einlassventildurchmesser 32,0 mm
größtmöglicher Einlassventildurchmesser 32,4 mm

wirklicher Auslassventildurchmesser 28,0 mm
größtmöglicher Einlassventildurchmesser 28,3 mm

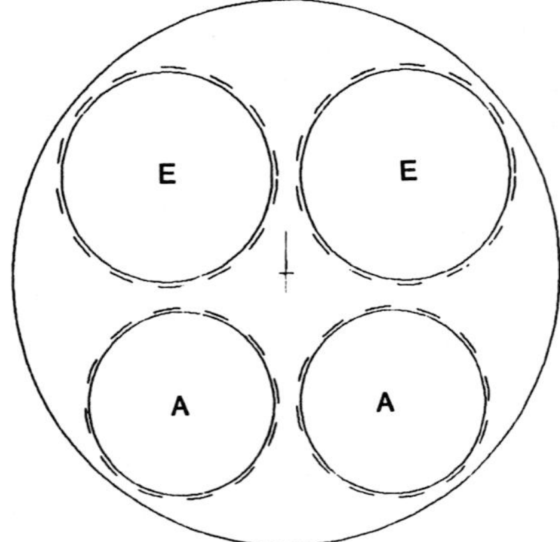

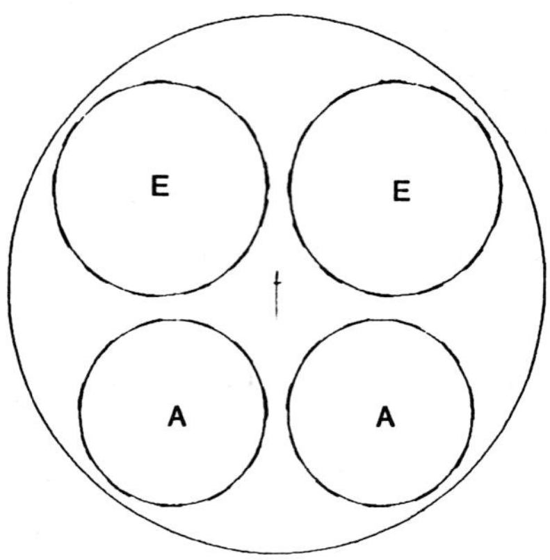

Die möglichen Ventilgrößen hängen primär vom Zylinderdurchmesser ab. Entsprechend der größeren Bohrung hat der Opel-Zweiliter-Vierventiler größere Ventile als der VW-Vierventiler, die sich außerdem noch vergrößern lassen. Der VW-Vierventiler hat in Anbetracht seiner Bohrung von 81 mm die maximal möglichen Ventildurchmesser schon ausgereizt.

Die Kennzeichen eines optimalen Einlassventils sind der dünne Ventilteller mit dem sehr schmalen Ventilsitz (unten im Bild). Beim Auslassventil muss wegen der höheren thermischen Beanspruchung etwas mehr Material stehen bleiben, aber auch hier sind saubere und glatte Übergänge vom Schaft zum Teller nützlich.

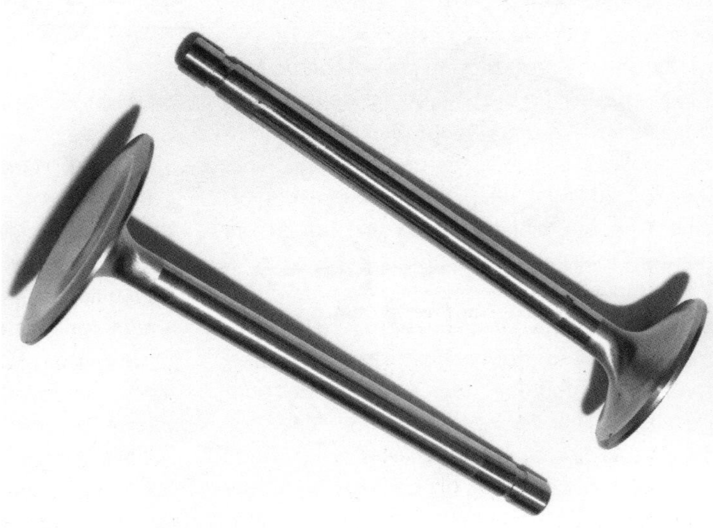

Bearbeitung der Ventile und Ventilsitzringe

Die Feinbearbeitung dieser Teile kann man auch selbst vornehmen, zumal das hierzu benötigte Spezialwerkzeug in jeder besseren Werkstatt zu finden ist. Insbesondere der Nachbearbeitung des Einlassventils und des dazugehörigen Sitzringes wird, wenn sie sorgfältig genug ausgeführt wird, eine spürbare Wirkung im Hinblick auf eine bessere Füllung nachgesagt. Unsere Skizzen veranschaulichen, wie das Einlassventil und der Sitzring behandelt werden müssen. Hierbei ist es gleichgültig, ob die serienmäßigen Ventile oder nachträglich eingebaute größere bearbeitet werden, es ist immer der möglichst größte Durchlass anzustreben. Denn der Gasdurchsatz durch ein Tellerventil ist im Wesentlichen von der Ringfläche abhängig, die bei der Öffnung des Ventils frei wird. Jene lässt sich zunächst einfach durch geometrische Zusammenhänge bestimmen. Die Fläche für den Gasaustritt, die von einem Ventil freigegeben wird, errechnet sich nach der Formel:

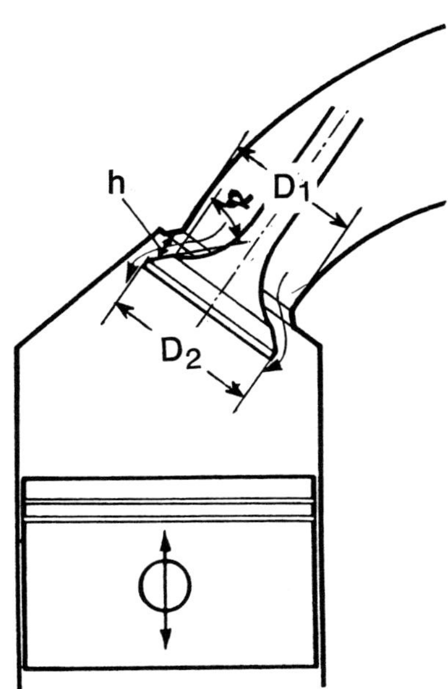

Der Ringspalt, den das Ventil beim Öffnen freigibt, wird auch als freie Ventilquerschnittsfläche bezeichnet. Er lässt sich vereinfacht durch die rein geometrischen Zusammenhänge ermitteln.

$$F = \frac{D_1 + D_2}{2} h \cdot \pi \cdot \text{Sin}\,\alpha\ [\text{mm}^2]$$

D_1 ist dabei der innere Durchmesser des Ventilsitzringes in mm, D_2 der Ventildurchmesser in mm, h der Ventilhub in mm, α der Ventilsitzwinkel, π die Kreiskonstante (3,14).

Diese Näherungsformel zeigt, dass der Durchlass durch ein Ventil natürlich um so größer ist, je größer das Ventil selber ist. Positiv sind auch ein möglichst großer Kanalquerschnitt, großer Hub und flacher Ventilsitzwinkel. Sind die geometrischen Abmessungen ausgereizt, kann der Durchlass also noch durch den Ventilsitzwinkel beeinflusst werden. Je flacher der Sitzwinkel um so günstiger. Am besten wäre $\alpha = 90°$, weil dann Sin $\alpha = 1$ wird, also ein reines Plattenventil. In der Praxis funktionieren jedoch Plattenventile nicht richtig, da durch den fehlenden »Kegelsitz« die Ventile schnell undicht werden. Was man aber in der Praxis oft findet, sind Einlasssitzwinkel von 60°, also relativ flach, sowie Auslassventilwinkel von 45°. Um Schwierigkeiten bei der Nachrechnung zu vermeiden, geben wir die beiden Sinus-Werte für die gebräuchlichsten Sitzwinkel an.

Ventilsitz 45 Grad: Sin $\alpha = 0{,}707$

Ventilsitz 60 Grad: Sin $\alpha = 0{,}866$

Man sieht, daß die Querschnittsfläche bei einem Winkel von 60° um etwa 20 Prozent größer ist als bei einem 45-Grad-Ventilsitz.

Eine weitere Methode, den freien Querschnitt zu vergrößern, erkennt man leicht bei der Betrachtung der obigen Formel: Man kann den Ventilhub und den Innendurchmesser des Ventilsitzringes vergrößern. Vom Ventilhub abgesehen, auf den wir später noch zu sprechen kommen, interessiert hier in erster Linie das Erweitern des Sitzring-Innendurchmessers. Von dieser Möglichkeit, den freien Querschnitt zu vergrößern, sollte man in jedem Fall Ge-

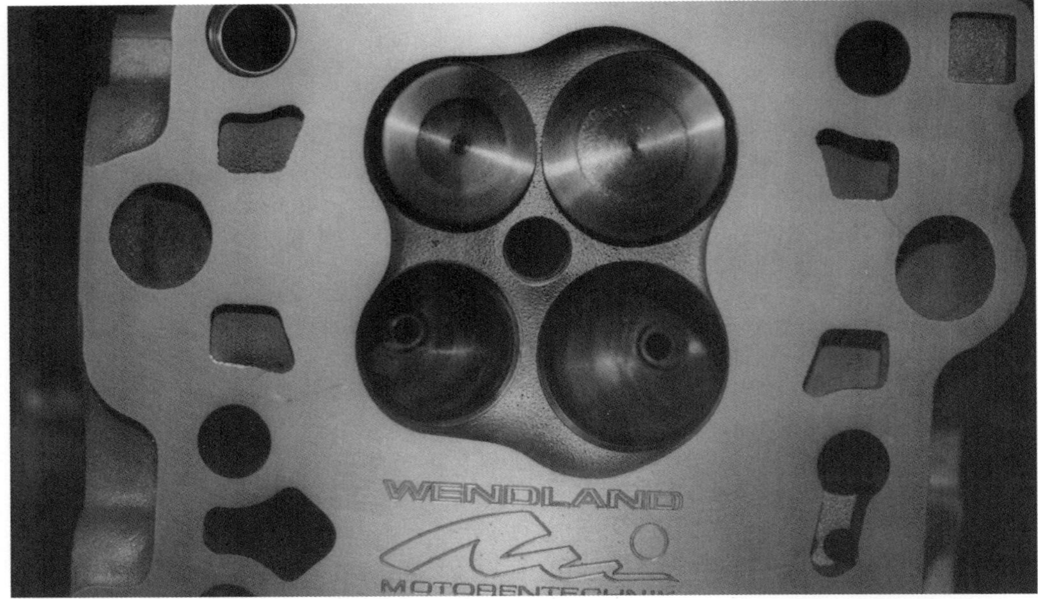

Die eigenen Hände bleiben sauber: Mit dem nötigen Kleingeld lässt sich auf das Material renommierter Tuner zurückgreifen. Seriöse Umbauten sind so konzipiert, dass sich Alltagstauglichkeit, hohe Lebensdauer und eine Wartung in jeder Hersteller-Vertragswerkstatt verbinden lassen.

brauch machen, da sich hierdurch auf relativ unproblematische Art und Weise oft eine spürbare Verbesserung erzielen lässt. Eine weitere, grundsätzliche Möglichkeit zur Vergrößerung der Querschnittsfläche ist die Anwendung der Mehrventiltechnik, wie sie ja heute bereits bei den meisten Motoren Standard ist.

Die Einlassseite

Sieht man sich die Verhältnisse beim Vierventilmotor im Vergleich zum Zweiventilmotor etwas näher an, stellt man fest, dass die Ventile natürlich kleiner sind, durch die doppelte Anzahl jedoch ein deutlich größerer geometrischer Querschnitt freigegeben wird. Und das, obwohl in der Regel der Ventilhub bei den Zweiventilmotoren größer ist (z. B. 11 mm) als bei Mehrventilmotoren, bei denen Ventilhübe über 9,5 mm in der Regel nicht mehr viel bringen. Hier ein Vergleich freier geometrischer Ventilquerschnitte bei voll geöffneten Ventilen:

– Zweiventiler:	Einlass	1900 mm^2
	Auslass	1640 mm^2
– Vierventiler:	Einlass	2840 mm^2
	Auslass	2440 mm^2

Ausgedrückt in Prozenten hat der Vierventilmotor unter diesen Annahmen fast 50 Prozent mehr freien Ventilquerschnitt. Dieser Wert gilt bei richtiger Auslegung sowohl für die Einlass- als auch für die Auslassseite. Zieht man nicht nur den Maximalhub zu dieser Bewertung heran, sondern bildet einen Summenwert über alle Ventilhübe, stellt man fest, daß der Vorteil für den Vierventiler allerdings nicht mehr so groß ist. Er ist aber auch dabei sowohl bei der Einlaß- als auch bei der Auslassseite immer noch um rund 40 Prozent im Vorteil.

Um auf der Einlassseite den optimalen Durchlassquerschnitt zu erreichen, ist es notwendig, die Ventilsitzbreite zu reduzieren und den Ventilsitz selbst auf den äußersten Rand des Ventils zu verlegen. Man kann dabei davon ausgehen,

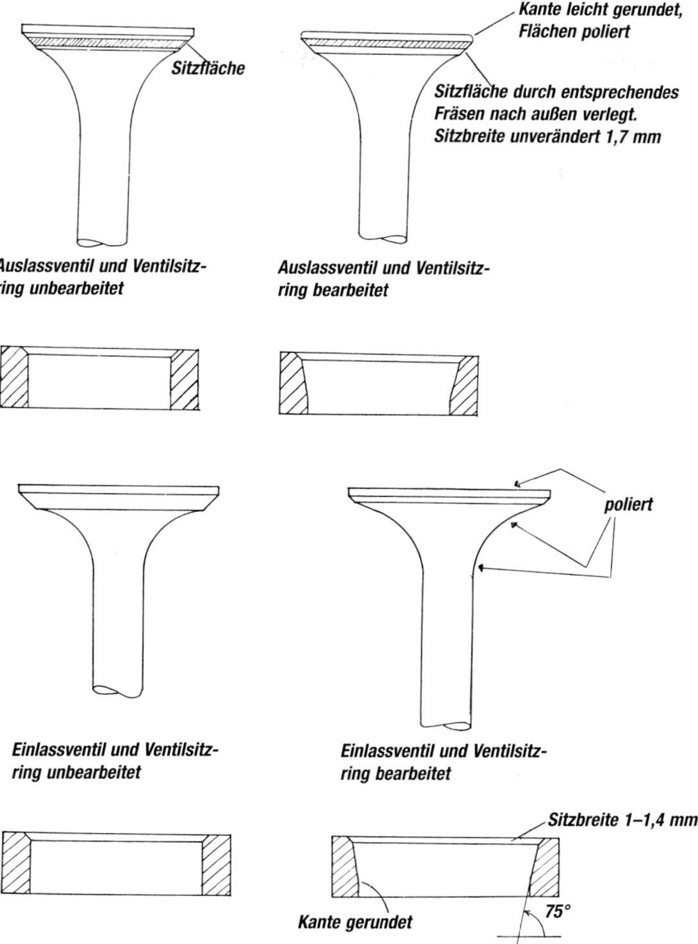

Auslassventil und Ventilsitzring unbearbeitet

Auslassventil und Ventilsitzring bearbeitet

Einlassventil und Ventilsitzring unbearbeitet

Einlassventil und Ventilsitzring bearbeitet

Die Bearbeitung der Ventile zielt darauf ab, möglichst große Querschnitte und geringen Strömungswiderstand zu erreichen. Beim Auslassventil muss eine größere Sitzbreite wegen der Wärmeabfuhr beibehalten werden, das Einlassventil (unten) erhält einen schmalen Sitz und einen flachen Teller.

dass man die Ventilsitzbreite am Einlaßventil ohne Risiko auf 1,0 bis 1,4 mm beschränken kann. Bei Vierventilern mit kleinen Ventiltellern wird manchmal sogar der untere Wert unterschritten. Schmale Sitze dichten außerdem besser ab, verschleißen allerdings etwas schneller, da sie sich leichter einschlagen. Dennoch sollte man bei getunten Motoren eine Breite von 1,4 mm nicht überschreiten.

Um nun den durch die Ventilgröße gegebenen maximal möglichen Querschnitt auszunutzen, wird der Sitz des Ventils an den äußeren Rand verlegt (siehe Skizzen). Dies erreicht man durch entsprechendes Fräsen des Ventilsitzringes, was nur mit speziellen Sitzring-Bearbeitungswerkzeugen, wie sie Zylinderschleifereien oder gut ausgerüstete Werkstätten besitzen, möglich ist.

Hierbei wird der Sitzring auf den Durchmesser des Einlassventils minus 2 mm erweitert, so dass für die Sitzbreite beim 45-Grad-Sitz 1,4 mm (oder weniger) übrig bleiben. Diese Erweiterung kann zylindrisch geschehen, so dass der Sitzring nach unten mit gleichbleibendem Durchmesser vergrößert wird, er kann aber auch konisch erweitert werden (Skizze).

Eine zylindrische Erweiterung ist nur dann zu empfehlen, wenn der Sitzring danach noch stark genug ist (je nach Durchmesser mindestens 3 bis 4 mm). Wenn nicht, ist davon abzu-

Das Aufarbeiten der Ventilsitzringe erfordert spezielle Fräswerkzeuge, wie sie in Zylinderschleifereien oder Tuningbetrieben zu finden sind.

raten, da es sonst zu Sitzringlösungen und Brüchen kommen kann. Das Bearbeitungsschema ist aus der Skizze ersichtlich, die Ventilsitzflächen und die Erweiterungen werden mit den entsprechenden Fräsköpfen oder anderen Werkzeugen bearbeitet.

Für ein 38 mm großes Einlassventil ergäbe sich folgender Arbeitsgang: Ventilsitz bis auf 36 mm entweder zylindrisch oder konisch erweitern. Anschließend mit dem 45-Grad-Fräser den eigentlichen Ventilsitz einfräsen, bis die äußerste obere Kante 38 mm misst, also dem Ventiltellerdurchmesser entspricht. Die Sitzbreite beträgt nun ca. 1,4 mm und kann dann, nach dem Einschleifen des Ventils, falls gewünscht, weiter reduziert werden.

Zu beachten ist noch, dass nur wenig verschlissene Ventilsitzringe bearbeitet werden sollten, und auch hier ist spätestens nach einer dreifachen Nachbearbeitung durch Fräsen der Ventilsitzring zu erneuern, was in Zylinderschleifereien geschehen kann. Wenn nämlich der Ventilsitz bereits oft bearbeitet wurde oder sehr tief nachgefräst werden muss (was bei stark verbrannten, eingeschlagenen oder beschädigten Sitzringen notwendig sein könnte), liegt das Ventil zu weit im Zylinderkopf zurück und die Strömung wird beim Eintreten in den Brennraum behindert. Es ist weiterhin zu beachten, dass zunächst der Sitzring innen aufgearbeitet (erweitert) wird, dann werden die Einlasskanäle bearbeitet, erweitert und dem Sitzring angeglichen, und dann erst wird der eigentliche Ventilsitz gefräst und das Ventil eingeschliffen. Wenn man sich an dieses Programm hält, vermeidet man mit ziemlicher Sicherheit eine Beschädigung des Sitzringes bei der Kanalbearbeitung.

Ventilbearbeitung

Das Einlassventil wird zunächst auf der Ventildrehbank auf eine Sitzbreite von maximal 1,4 mm abgedreht. Hierbei sind die Übergänge zum Schaft hin gleichmäßig zu bearbeiten, das Ventil soll eine ausgeprägte Tulpenform haben. Alle Kanten und Riefen zwischen Ventilsitz und Schaft sind zu entfernen. Es ist zweckmäßig, das Ventil sowohl am Schaftübergang bis zum Sitz wie auch am Teller selbst, riefenfrei abzuschleifen und anschließend zu polieren. Hierdurch wird nicht nur der Strömungswiderstand geringer, auch einer eventuellen Bruchgefahr wird durch Verminderung der Kerbwirkung entgegengewirkt. Außerdem wird eine durch die Verbrennung entstehende Rückstandsbildung am Ventil weitgehend vermieden.

Nach diesen Bearbeitungen ist das Ventil sauber einzuschleifen, die Breite des Ventilsitzes ist als grauer Ring auf der Ventilsitzfläche zu erkennen. Die gewünschte Sitzbreite ist nachzukontrollieren und gegebenenfalls etwas zu korrigieren.

Beim Auslassventil sind die Strömungsverhältnisse günstiger als am Einlassventil, weil

Auf der Ventildrehbank wird das »überflüssige Fleisch« des Einlassventils entfernt, Ventilsitz und Teller werden schmal und schlank gehalten.

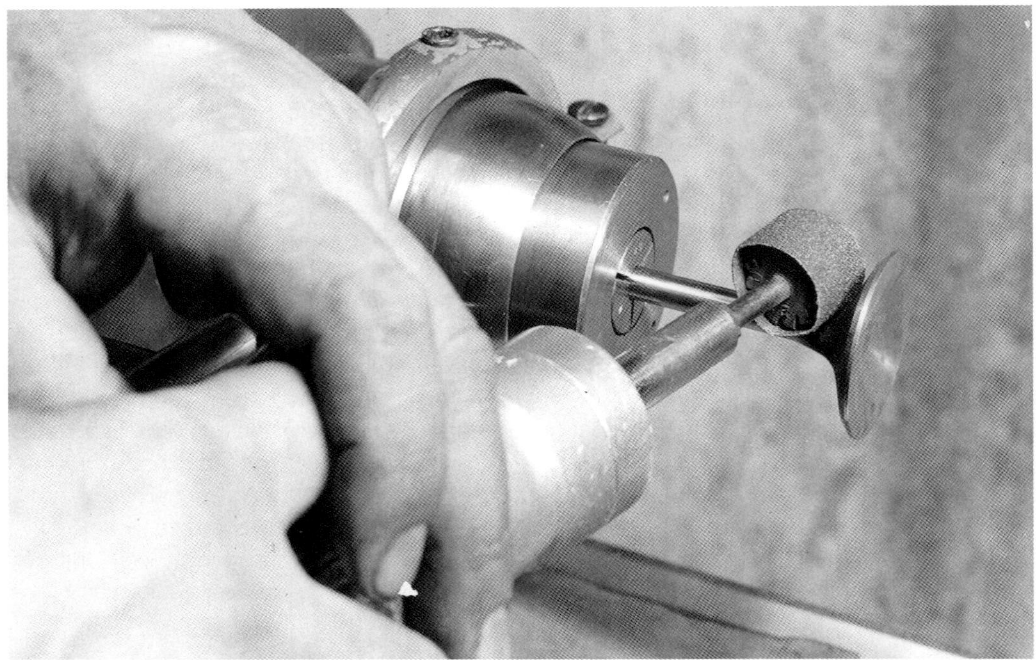

Auf der Ventildrehbank wird das rotierende Ventil mit einem Schleifkörper am Tellerübergang bearbeitet.

das Gas mit wesentlich höherem Druck in umgekehrter Richtung ausströmt. Die Bearbeitungen von Ventil und Sitzring sind hier nicht so umfangreich.

Zuerst sei darauf hingewiesen, dass beim Auslassventil die Ventilsitzbreite keineswegs verringert werden sollte, hier kann man den für den betreffenden Motor kleinsten vorgeschriebenen Wert nehmen (meist zwischen 1,5 und 2 mm). Eine Verkleinerung des Ventilsitzes kommt deswegen nicht in Frage, weil das Auslassventil, das ja im Betrieb rotglühend ist, einen großen Teil der Wärme über den Ventilsitz ableitet. Zu schmaler Sitz führt hier unweigerlich zu verbrannten Ventilen und Ventilsitzen.

Beim Auslassventil genügt es, wenn der Ventilsitz so weit wie möglich nach außen verlegt wird, der Sitzring wird entsprechend aufgearbeitet. Eine weitere Bearbeitung ist nicht notwendig, eventuell kann eine Abrundung der Ventiltellerkante eine verbesserte Ausströmung bewirken.

Eine Nachbearbeitung der Ventilform wäre hier sogar schädlich, da das Ventil zum Teller hin absichtlich dick und plump ausgeführt ist, damit es viel Wärme aufnehmen kann und die Bruchgefahr gemindert wird.

Gasgeschwindigkeit am Ventil

Wie wir gesehen haben, lässt sich der freie Durchlassquerschnitt am Einlassventil durch verschiedene Maßnahmen vergrößern. Größere Ventile, Erweiterung des Ventilsitzringes, größerer Ventilhub und eventuell Veränderung des Sitzwinkels sind alles Faktoren, die einen größeren Querschnitt ergeben.

Um festzustellen, ob der vorhandene freie Querschnitt genügt, ist eine überschlägige Kontrolle der Gasgeschwindigkeit am Einlassventil notwendig. Nach allgemeiner Auffassung soll die Gasgeschwindigkeit am Einlassventil bei normalen Motoren bei Nenndrehzahl ca. 80 m/s nicht überschreiten, da sonst die Drosselung zu groß wird. Bei Sport- und

Rennmotoren sind jedoch auch höhere Gasgeschwindigkeiten möglich. Wir würden bei nachträglich leistungsgesteigerten Serienmotoren mit Rücksicht auf die Drosselung keine höhere Gasgeschwindigkeit als ca. 100 m/s empfehlen. Falls sie höher liegt, sollten die Einlassquerschnitte erweitert oder der Ventilhub vergrößert werden. Die Gasgeschwindigkeit am Einlassventil (es handelt sich um eine mittlere Geschwindigkeit, da ja die Strömung nicht gleichmäßig ist) kann man unter der Annahme einer hundertprozentigen Zylinderfüllung nach folgender Formel berechnen:

$$w = C_m \cdot \frac{F_k}{F}$$

In dieser Formel bedeuten w die mittlere Gasgeschwindigkeit in m/s, C_m die uns schon bekannte Kolbengeschwindigkeit, ebenfalls in m/s, F_k die Fläche *eines* Kolbens und F den freien Ventilquerschnitt, für den wir weiter vorn die Formel angegeben haben.

Es sei noch darauf hingewiesen, dass man zur Errechnung der maßgebenden Kolbengeschwindigkeit die Nenndrehzahl des Motors, also die Drehzahl, bei der die größte Leistung abgegeben wird, einzusetzen hat. Zum besseren Verständnis werden wir an einem Beispiel den Rechnungsgang aufzeigen. Wir gehen hierbei von einem Motor aus, der folgende Kennwerte haben soll:

Bohrung: 80 mm (B)
Hub: 70 mm (H)
Nenndrehzahl: 5800 U/min (n)
Einlassventildurchmesser: 35 mm (D_2)
Ventilhub: 8 mm (h)
Ventilsitzwinkel: 45 Grad (α)
Innendurchmesser Ventilsitzring: 31 mm (D_1)

Die mittlere Kolbengeschwindigkeit errechnet sich nach der Formel:

$$c_m = \frac{n \cdot S}{30000} = \frac{5800 \cdot 70}{30000} = 13{,}5 \text{ m/s}$$

Der freie Querschnitt am Ventil (voll geöffnet) beträgt nach der Formel:

$$F = \frac{D_1 + D_2}{2} \cdot \pi \cdot h \cdot \sin\alpha = 33 \cdot 3{,}14 \cdot 8 \cdot 0{,}707 = 582 \text{ mm}^2$$

Die zur Berechnung der Gasgeschwindigkeit notwendige Kolbenfläche errechnet sich nach folgender Formel zu:

$$F_k = \pi \frac{B^2}{4} = \pi \frac{80^2}{4} = 3{,}14 \cdot \frac{6400}{4} = 5030 \text{ mm}^2$$

Diese Werte in unsere Geschwindigkeitsformel eingesetzt ergeben:

$$w = c_m \cdot \frac{F_k}{F} = 13{,}5 \frac{5030}{582} = 116 \text{ m/s}$$

Eine mittlere Gasgeschwindigkeit von 116 m/s am Einlassventil wäre allerdings bereits zu hoch, Drosselverluste am Ventil wären unvermeidlich. Bei einer maximal möglichen Erweiterung des Ventilsitzring-Innendurchmessers auf 35 mm, einem auf 37 mm vergrößterten Einlassventil und einer Vergrößerung des Ventilhubes, entweder durch die Nockenwelle oder durch geänderte Kipphebel um 1 mm auf insgesamt 9 mm, ergeben sich in unsere Formel eingesetzt folgende Werte:

Der Übergang vom Schaft zum Ventilteller wird nicht nur der besseren Strömung wegen geglättet, auch die Bruchgefahr durch Kerbwirkung wird hierdurch vermindert.

Reich gedeckt ist dieser »Frisiertisch« mit bearbeiteten Zylinderköpfen.

Freie Querschnittsfläche F:

$$\mathbf{F = \frac{D_1 + D_2}{2} \cdot \pi \cdot h \cdot \sin\alpha = 36 \cdot 3{,}14 \cdot 9 \cdot 0{,}707 = 712\ mm^2}$$

Da Kolbengeschwindigkeit und Kolbenfläche gleich geblieben sind, ergibt sich eine wesentlich niedrigere und durchaus noch vertretbare Gasgeschwindigkeit von ca. 95 m/s nach folgender Rechnung:

$$w = \mathbf{c_m \cdot \frac{F_k}{F} = 13{,}5\ \frac{5030}{720} = 95\ m/s}$$

Von einer übermäßigen Vergrößerung des Ventilhubes ist jedoch abzuraten, da hierdurch der Durchflussbeiwert schlechter wird. Sogenannte »übersteuerte« Ventile – sie werden so bezeichnet, wenn der freie Querschnitt mit Hilfe des Ventilhubes größer gemacht wurde als der Kanalquerschnitt des Ventilsitzringes – sollte man vermeiden. Der Ventilhub sollte nicht größer sein als etwa ein Viertel des Ventiltellerdurchmessers, da sich sonst die erwähnten Nachteile, nämlich Drosselverluste durch schlechteren Durchflussbeiwert, ergeben.

Brennräume bearbeiten

Unter dem Brennraum eines Motors versteht man den Raum, den der Kolben im oberen Totpunkt stehend (OT) übriglässt und dessen Volumen durch das Verdichtungsverhältnis bestimmt wird. Die Brennräume befinden sich bei Otto-Motoren meist im Zylinderkopf, von einigen Sonderkonstruktionen, bei denen sich die Brennräume als Mulde im Kolben befinden, abgesehen. Die Größe und die Form des Brennraumes ist für den Ablauf und die Güte der Verbrennung von größter Wichtigkeit und bestimmt außer der Füllung als wichtigstem Faktor ebenfalls die Höhe des mittleren Verbrennungsdruckes. Da jedoch die Steigerung des mittleren Verbrennungsdruckes ein wichtiges Mittel für jede Leistungssteigerung darstellt, lohnt es sich, der Bearbeitung der Brennräume eine gewisse Aufmerksamkeit zu widmen. Außerdem ist es äußerst wichtig, dass bei den angestrebten hohen Verdichtungsverhältnissen alle Brennräume exakt gleich sind, um die Klopfgrenzen für eine Optimierung der Zündung voll auszunutzen.

Kolben für einen Heron-Zylinderkopf (alter Golf GTI). Den größten Teil des Brennraumes stellt die Kolbenmulde dar. Der zwischen Kolbenaußenwand und Zylinderkopfunterseite auch durch die Kopfdichtung entstehende Ringspalt muss zum Brennraumvolumen hinzugerechnet werden.

Kompakte Brennräume günstig

Für die Gestaltung der Brennräume beim Entwurf eines Motors gelten einige grundsätzliche Überlegungen, die wir hier einflechten möchten.

Der Brennraum soll bei gegebenem Rauminhalt so kompakt und klein wie möglich sein, um eine schnelle Verbrennung des Gemischs zu erreichen. Hierdurch ergibt sich gleichzeitig ein weiterer Vorteil: je kleiner die Oberfläche des Brennraumes ist, um so geringer ist die Wärmeabgabe der verbrennenden Gase an den Zylinderkopf und um so besser der thermodynamische Wirkungsgrad. Weiterhin sind bei allen Brennräumen so genannte »tote Ecken«, Nischen, überflüssige Mulden und sonstige Zerklüftungen nach Möglichkeit zu vermeiden, da an diesen Stellen das Gemisch von der Ver-

Die zentrale, günstige Lage der Zündkerzen, die kürzeste Flammwege erlaubt, ist Merkmal aller Vierventiler. Der Brennraum überzeugt durch seine kompakte, dachförmige Form (BMW 1,8 Liter, Verdichtung 10 : 1). Weitere Hochleistungsdetails sind der optimierte Fächerkrümmer und die gerade geführten Saugrohre.

Ein Schnitt durch den Zylinderkopf eines VW-Motors macht die Lage und die Führung des Einlasskanals deutlich. Man sieht außerdem, wie viel Material vorhanden ist.

brennung erst spät oder gar nicht erfasst wird, was im günstigsten Fall eine Leistungsminderung bedeutet, im ungünstigsten Fall zum Klingeln oder Nachzünden des Motors führen kann. Gerade die Vierventiltechnik bringt hier mit ihren zwangsläufig sehr kompakten, symmetrischen Brennräumen und der mittigen Kerzenlage Vorteile, die sich unmittelbar in höhere Verdichtung, raschere Verbrennung und somit höheren Mitteldruck ummünzen lassen.

Für die nachträgliche Leistungssteigerung eines Serienmotors sind freilich diese Überlegungen nicht so wichtig, da die Grundform des Verbrennungsraumes beim Serienmotor ja schon gegeben ist und in der Regel nicht wesentlich abgeändert werden kann. Hinsichtlich der detaillierten Ausbildung gibt es natürlich zahllose Varianten von Brennräumen, doch haben sich bei Serienmotoren einige immer wieder anzutreffende Grundformen durchgesetzt.

Verschiedene Brennraumformen

Den einer Halbkugel angenäherten Brennraum mit dachförmigen Abplattungen durch die Ventile findet man bei vielen Zweiventil-Motoren hoher Literleistung (z. B. alte Alfa Romeo DOHC, luftgekühlte Porsche). Er erfordert in jedem Fall eine V-förmige Anordnung der Ventile mit relativ großen Ventilwinkeln. Gleichzeitig gestattet er, größtmögliche Ventile unterzubringen, und bietet somit eine weitere günstige Voraussetzung für optimale Füllung. Seine Nachteile sind der höhere Bauaufwand für die V-förmig angeordneten Ventile und die komplizierten Kolbenbodenformen. Außerdem lässt sich die Zündkerze nicht mittig platzieren, so dass sowohl Porsche als auch Alfa Romeo (Twin Spark) in den Endausbaustufen dieser Motoren auf Doppelzündung zurückgegrifffen haben, um kürzere Flammwege sicherzustellen. Bei Rennmotoren und modernen Serienmotoren, die heute fast ausnahmslos mit vier Ventilen pro Zylinder und mit kleinen Ventilwinkeln gebaut werden, ist kaum noch eine Halbkugelform realisierbar. Die Vierventiler-Brennräume sind stark abgeflachte Dachbrennräume von minimaler Oberfläche.

Bei Großserienmotoren (Zweiventiler) findet man in der Regel den sogenannten Wannenbrennraum oder, als Abwandlung dieses Prinzips, den keilförmigen Brennraum mit »schräger« Wanne. Doch zurück zum wannenförmigen Brennraum.

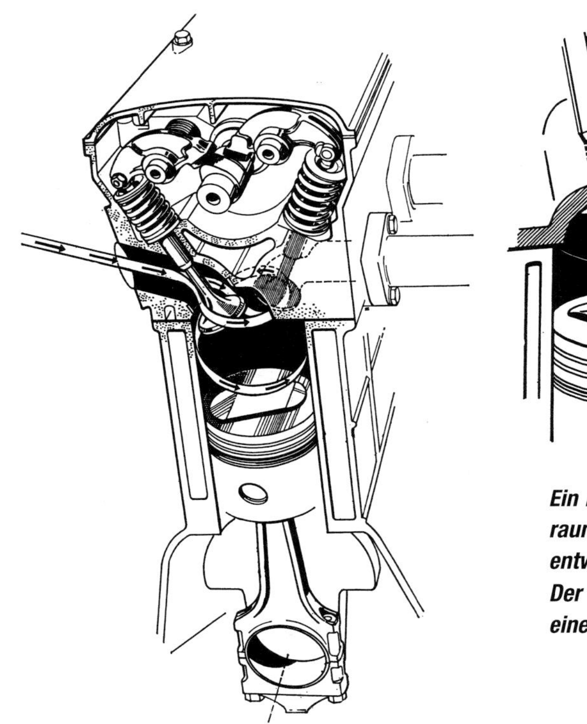

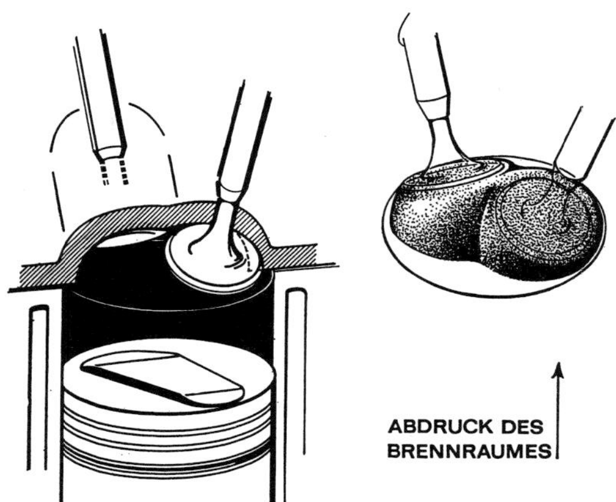

Ein Mittelding zwischen einem Halbkugelbrennraum und einem Wannenbrennraum hatte BMW entwickelt, die so genannte »Kugel-Wirbelwanne«. Der sehr kompakte Brennraum sorgt außerdem für eine gute Verwirbelung des Gemischs.

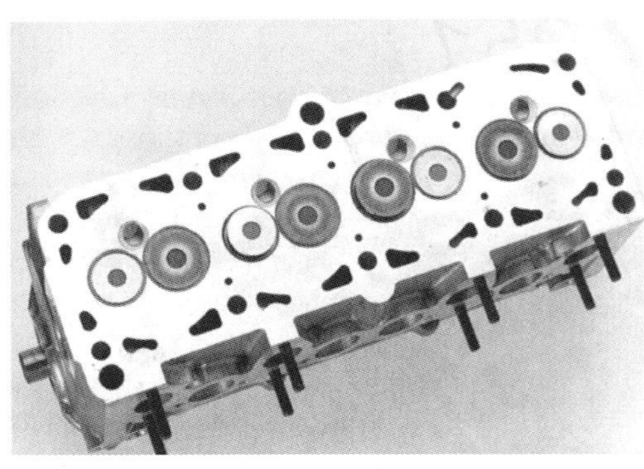

Beim Heron-Zylinderkopf liegt der Brennraum im Kolben. Dadurch kann das Verdichtungsverhältnis nur durch andere Kolben oder eine dünnere Zylinderkopfdichtung verändert werden.

Dieser Brennraum gestattet die Verwendung parallel und versetzt parallel hängender Ventile und die Benutzung relativ einfacher Kolbenformen. Während bei halbkugelförmigen Brennräumen dem Kolbenprofil große Bedeutung zukommt, können beim Wannenbrennraum meist die billig und einfach zu bearbeitenden Flachkolben verwendet werden.

Ende der 60er Jahre wurden im Serien- und Rennmotorenbau häufiger sogenannte Heron-Zylinderköpfe verwendet. Der Vorzug dieser Bauart liegt in der einfachen Bearbeitung des Zylinderkopfes – er ist an der Unterseite völlig plan – und in der Tatsache, dass man bei der ohnehin genauen Fertigung der Kolben das Brennraumvolumen auch bei Großserien genau einhalten kann. Der Brennraum kann sehr kompakt gehalten werden. Als Nachteile sind das höhere Kolbengewicht und die höhere Kolbentemperatur zu nennen. Auch lassen sich nur parallel hängende Ventile unterbringen, die Ventilgrößen sind also beschränkt. Für das nachträgliche Tuning ergibt sich ebenfalls ein wesentlicher Nachteil: das Verdichtungsverhältnis kann nur durch andere Kolben verändert werden. Allerdings ist diese Bauweise heute praktisch ausgestorben, da sie für Vierventiltechnik (mit Ausnahme bei Dieseln) nicht anwendbar ist.

Höhere Verdichtung durch kleinere Brennräume

Als wichtigste und häufigste Veränderung des Brennraumes sei hier seine Verkleinerung zum Zwecke der Verdichtungserhöhung genannt. Bekanntlich wird das Verdichtungsverhältnis um so größer, je kleiner der Brennraum gemacht wird.

Diese Maßnahme zur Erhöhung des Verdichtungsverhältnisses ist bei den meisten Serienmotoren sehr einfach möglich und deswegen beliebt. Sie erspart außerdem die Anschaffung von Spezialkolben – auf diese Weise lässt sich das Verdichtungsverhältnis ebenfalls erhöhen, wir kommen noch darauf zurück – und es ist relativ billig. Allerdings wird hierdurch, das sei an dieser Stelle gleich bemerkt, die Form des Brennraumes kaum günstiger, da jede Abflachung, und um eine solche handelt es sich, eine Verschlechterung bringt, die freilich durch

Der Brennraum des Porsche-928-Zweiventilers war als Keilbrennraum mit einem großen Quetschflächenanteil ausgebildet. Tiefe Ventiltaschen in den Kolben waren wegen des hohen Verdichtungsverhältnisses (10 : 1) notwendig.

Die Mercedes-Zweiventiler der 80er Jahre haben kompakte, leicht dachförmige Wannenbrennräume mit V-förmig angeordneten Ventilen. Die Verdichtung kann durch Abfräsen der Unterseite erhöht werden.

die Verdichtungserhöhung mehr als aufgewogen wird.
Die Verkleinerung der Brennräume erreicht man ganz einfach dadurch, dass man den Zylinderkopf an seiner Unterseite um einen bestimmten Betrag abfräst, abdreht oder abhobelt. Von einem Abschleifen, wie man oft hört oder liest, ist hingegen abzuraten, da eine gewisse Oberflächenrauheit der Dichtfläche wünschenswert ist, um eine bessere und zuverlässigere Abdichtung zu erreichen.
Bei dem Zylinderkopf eines Vierzylinders, der alle vier Zylinder überspannt, ist diese Arbeit sehr einfach, bei Einzelzylinderköpfen oder Doppelzylinderköpfen mit Labyrinthdichtungen, wie sie bei luftgekühlten Motoren meist vorkommen, ist es nicht ganz so einfach, da hier meist mehrere Flächen bearbeitet werden müssen.
Der Betrag, um wie viel der Zylinderkopf »abgenommen« werden muss, um den Brennraum zu verkleinern, hängt von dem gewünschten Verdichtungsverhältnis ab.

Wie viel am Zylinderkopf abnehmen?

Wir wollen hier an einem Beispiel demonstrieren, wie man sich den abzudrehenden bzw. abzuschleifenden Betrag überschlägig errechnet, um zu einem bestimmten Verdichtungsverhältnis zu kommen. Zu diesem Zweck muss man die Fläche des Brennraumes an der Unterseite des Zylinderkopfes kennen. Diese ist bei halbkugelförmigen Brennräumen meist kreisförmig oder leicht oval, bei Wannenbrennräumen gestreckt oval oder ungleichmäßig (z. B. nierenförmig). Man kann die Fläche leicht dadurch bestimmten, dass man einen Bogen transparentes Millimeterpapier von unten auf den Zylinderkopf legt und die Ränder des Brennraumes darauf abzeichnet. Anschließend zählt man die einzelnen ganzen Quadratzentimeter ab und addiert die restlichen »abgebrochenen« Quadrate dazu. Es sei darauf hingewiesen, dass es hier auf einen Quadratmillimeter mehr oder weniger nicht ankommt, doch bei sorgfältiger Arbeit lässt sich die Sache sehr genau machen. Man nennt diese Methode einer Flächenbestimmung Planimetrieren. Gehen wir einmal von folgenden, einfachen Voraussetzungen aus:
Ein Vierzylindermotor hat 1600 cm^3 Gesamthubraum, der Einzelzylinder also 400 cm^3 bei einer Bohrung von 80 mm. Das Verdichtungsverhältnis beträgt serienmäßig 8:1. Gewünscht ist ein Verdichtungsverhältnis von 9:1, das durch Abnehmen der Zylinderkopfunterseite erreicht werden soll. Gesucht ist jetzt der Betrag, um den der Zylinderkopf abge-

Ein Alpina-Spezialzylinderkopf (BMW) mit halbkugelförmig nachgearbeiteten Brennräumen und zusammen mit dem Zylinderkopf verschliffenen Saugstutzen.

nommen werden soll. Hierzu muss man zunächst das Brennraumvolumen errechnen, das der Motor auf Grund seines Verdichtungsverhältnisses hat und anschließend haben soll. Dies geschieht ganz einfach mit der Formel:

$$e = \frac{V_k + V_h}{V_k}$$

Diese Formel kann man auch umdrehen, das gesuchte Brennraumvolumen V_k errechnet sich dann:

$$V_k = \frac{V_h}{e - 1}$$

V_h bedeutet natürlich den Hubraum des Einzelzylinders und e das Verdichtungsverhältnis. Für unser Beispiel mit 400 cm^3 Zylinderinhalt und einem Verdichtungsverhältnis von 8:1 ergeben sich als Brennraumvolumen

$$V_k = \frac{400}{7} = 57\ cm^3$$

Wenn ein Verdichtungsverhältnis von 9:1 erreicht werden soll, muss das Brennraumvolumen

$$V_k = \frac{400}{8} = 50\ cm^3$$

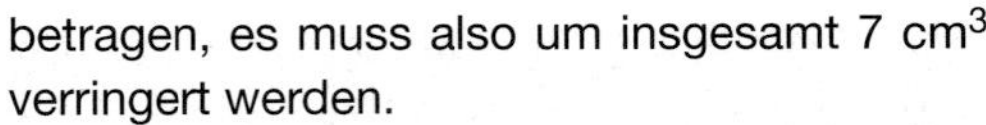

betragen, es muss also um insgesamt 7 cm^3 verringert werden.

Wir nehmen weiter an, dass der Motor einen Wannenbrennraum habe, dessen untere Fläche rund 35 Quadratzentimeter betrage, die wir durch Ausplanimetrieren mit Millimeterpapier gefunden haben.

Um nun das Volumen zu errechnen, um das der Brennraum durch Abdrehen des Zylinderkopfes verringert wird, multipliziert man einfach die gefundene Brennraumfläche mit dem Maß, um das der Zylinderkopf abgedreht oder abgefräst wird. In unserem Fall müssen 2 Millimeter abgenommen werden, um auf ein Verdichtungsverhältnis von 9:1 zu kommen, denn 35 cm^2 mal 0,2 cm (entspr. 2 mm) ergeben genau die 7 cm^3, um die der Brennraum verkleinert werden muss.

Es kann sein, dass die Rechnung in vielen Fällen nicht so rund aufgeht, das ist jedoch nicht weiter schlimm, denn das Verdichtungsverhältnis muss ja nicht unbedingt genau 9:1 betragen, es kann um eine Kommastelle höher oder geringer ausfallen. Andererseits müssen die Beträge, um die der Zylinderkopf abgenommen wird, ja nicht immer volle Millimeter sein, sondern können ebenfalls auf einige Kommastellen genau bestimmt werden.

Muldenförmiger Brennraum: Dieses kompakte Brennraumlayout besitzt ein günstiges Oberflächen-Volumen-Verhältnis. Durch die reduzierte Oberfläche im Zylinderkopf bleibt allerdings kaum Platz für eine Vergrößerung der Ventile.

Wannenbrennräume, die sich allerdings gut bearbeiten lassen, besitzt der VW-Motor Typ 827. Man beachte den linken bearbeiteten Brennraum und die bei diesem Zylinder bereits vergrößerten Kanäle und Ventilsitzringe.

Falls wir bei dem obengenannten Motor an Stelle des Wannenbrennraumes einen halbkugelförmigen haben (mit unterer Kreisfläche), sieht die Rechnung etwas anders aus. Man kann die Kreisfläche nach der Formel

$$F = \pi \cdot \frac{D^2}{4}$$

ausrechnen, oder aber, was mühseliger ist, ebenfalls ausplanimetrieren. In beiden Fällen müßte als Fläche rund 50 cm^2 herauskommen. In diesem Fall würden also als Abdrehmaß schon 1,4 mm genügen, um den Brennraum auf rund 50 cm^3 zu verkleinern.

Selbstverständlich ist mit dieser Berechnung nur ein ungefährer Anhaltswert über das endgültige Volumen der Brennräume gegeben, da diese schon im serienmäßigen Zustand unterschiedlichen Inhalt haben können. Bei (alten) Großserienmotoren mit niedrigem Verdichtungsverhältnis können innerhalb der einzelnen Zylinder Schwankungen bis zu 3 cm^3 auftreten, die natürlich auch nach der Bearbeitung noch vorhanden sind. Da jedoch solch große Toleranzen mit kleiner werdendem Brennraum jeweils größere Unterschiede im Verdichtungsverhältnis hervorrufen, ist es unerlässlich, die Brennräume nach dem Abdrehen des Zylinderkopfes auf gleiches Volumen zu überprüfen. Dies geschieht im allgemeinen durch Auslitern.

Auslitern

Da die Form des Kolbenbodens (z. B. Dachkolben, gewölbte Kolben, Muldenkolben usw.) als untere Begrenzung des Verbrennungsraumes den tatsächlichen Rauminhalt des bei der Verbrennung vorhandenen Brennraumes mitbestimmt, kann das für das Verdichtungsverhältnis maßgebliche Volumen (eben der tatsächliche Brennrauminhalt) nur bei komplett montiertem Zylinderkopf durch Auslitern gemessen werden. Zu diesem Zweck wird aus einem Messglas oder mit Hilfe einer Messpipette eine Messflüssigkeit (z. B. Petroleum, Dieselöl, dünnes Motorenöl) durchs Zündkerzenloch in die Zylinder eingefüllt. Selbstverständlich muß bei den betreffenden Zylindern der Kolben jeweils auf OT stehen, die Ventile dürfen nicht überschneiden. Das Volumen der hineingehenden Flüssigkeit entspricht dann dem tatsächlichen Volumen des Brennraumes, das als V_k in die Formel eingesetzt

$$e = \frac{V_h + V_k}{V_k}$$

das Verdichtungsverhältnis ergibt. Es genügt jedoch, wenn man einen Motor nach der kompletten Bearbeitung kurz vor dem Einbau auf diese Weise auslitert, wobei man sich auf einen Zylinder beschränken kann, wenn man vorher für gleichen Rauminhalt der Zylinder-

Um den Rauminhalt eines nachgearbeiteten Brennraumes festzustellen, füllt man ihn durch eine Messpipette bei aufgelegter Plastikplatte mit einer Flüssigkeit auf. Alle Brennräume müssen gleiches Volumen haben. Das effektive Verdichtungsverhältnis lässt sich allerdings auf diese Weise nicht feststellen.

So soll es aussehen: Ein nachbearbeiteter, dachförmiger Brennraum, vier möglichst große Ventile mit ausreichender Stegbreite zueinander sowie eine zentral positionierte Zündkerze.

kopfräume gesorgt hat. Bei den Kolben kann man davon ausgehen, dass sie als Serienprodukt jeweils gleiche Profile aufweisen, so dass Volumendifferenzen hierdurch nicht zu befürchten sind.

Brennräume müssen gleiches Volumen haben

Um die Brennräume des Zylinderkopfes auf gleiches Volumen zu prüfen, braucht man sich nicht der oben genannten, relativ umständlichen Prozedur zu bedienen, die eigentlich nur notwendig ist, wenn man den exakten Wert des Verdichtungsverhältnisses feststellen will. In diesem Fall kann eine einfachere Methode angewandt werden.

Man besorgt sich eine der Flanschseite des Zylinderkopfes in der Größe entsprechende Plexiglasplatte, stark genug (ca. 5 bis 6 mm), dass sie sich an den Brennräumen nicht durchwölben kann. Bei Einzelzylinderköpfen genügt eine entsprechend zugeschnittene Scheibe, die genau auf die Dichtfläche des Zylinderkopfes passt. Über den Brennräumen bohrt man dann jeweils ein Loch in das Plexiglas, wodurch die Brennräume bei eingesetzten Ventilen und Zündkerzen ausgelitert werden (Wasser genügt, da die Zylinderwand nicht benetzt wird). Auf eine einwandfreie Abdichtung der Plexiglasplatte auf der Dichtfläche des Zylinderkopfes ist zu achten, um Meßfehler zu vermeiden. Notfalls kann man etwas Schmierfett oder Vaseline zur Abdichtung benützen.

Zunächst wird nun einmal auf diese Weise das Volumen der Zylinderkopf-Brennräume nach dem Abdrehen des Zylinderkopfes bestimmt. Anschließend muss man sich darüber klar werden, ob man die Brennräume durch Ausfräsen, Entfernen von scharfen Kanten und Nischen usw. in der Form etwas günstiger gestalten will. Dabei geht man von dem Brennraum mit dem größten Volumen aus. Dieser wird nun je nach Bedarf »ausgearbeitet«. Bei Zylinderköpfen, die nachträglich mit größeren Einlassventilen bestückt wurden oder deren Ventile sehr nahe an der Brennwand entlang öffnen, ist um das Ventil herum – an der Wandseite – Platz zu schaffen, um die Strömung beim Eintreten nicht zu behindern.

Wenn der Brennraum mit dem größten Volumen alle notwendigen Bearbeitungen erfahren

Deutlich sind hier die Unterschiede eines bearbeiteten und noch serienmäßigen Brennraumes zu sehen (Volvo).

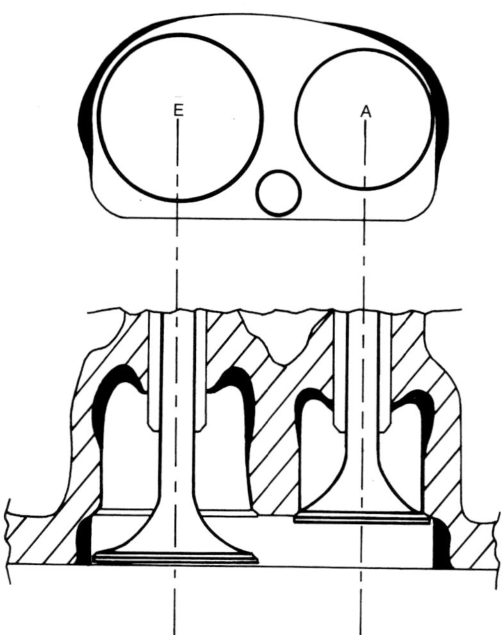

Um die durch den Ventilschaft und die Ventilführung bedingte Querschnittsverengung auszugleichen, sollten die Kanäle an diesen Stellen etwas ausgearbeitet werden. Auch um das öffnende Ventil herum sollten nach Möglichkeit keine engen Spalten stehen bleiben, da sie die Gasströmung beträchtlich stören.

hat, ist seine Oberfläche ausreichend glatt nachzuarbeiten, anschließend wird das Volumen durch Auslitern bestimmt. Die übrigen Brennräume werden nun genauso bearbeitet und durch mehr oder weniger starkes Ausfräsen auf genau das gleiche Volumen gebracht. Selbstverständlich können die Brennräume dann poliert werden, jedoch lassen sich auch durch diese Methode Ablagerungen im Dauerbetrieb nicht vermeiden.

Abstand halten

Bei der Montage des Zylinderkopfes ist darauf zu achten, dass, besonders bei konvexen Kolben (gewölbten oder Dachkolben), aber auch bei Flachkolben der Kolbenboden keine »Feindberührung« bekommt. Dadurch, daß der Raum über dem Kolben näher an diese herangerückt ist, kann man diese Möglichkeit nämlich nicht ausschließen. So ist zu prüfen, ob der Kolben im oberen Totpunkt (OT) weit genug von einer eventuell vorhandenen Quetschkante entfernt ist (0,6 bis 1 mm), was man mit Hilfe von eingelegter Knetmasse (Plastillin) feststellen kann. Auch ist zu beachten, dass eventuell die Ventile nun an den näher herangerückten Kolbenboden anschlagen

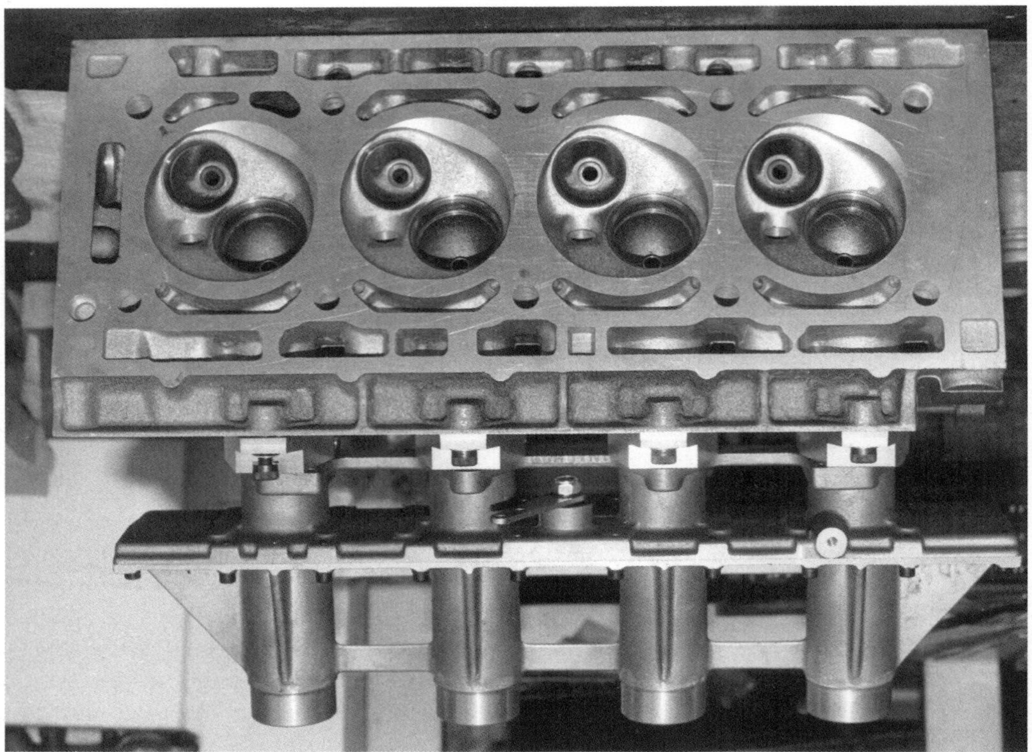

Das Foto zeigt vier gleichmäßig und penibel bearbeitete Brennräume eines Formel-3-Motors (Renault) mit sehr hoher Verdichtung (11 : 1). Weitere Merkmale: absolut gerade Saugrohre und Flachschieber als Drossel.

könnten. Die Prüfmethode ist die gleiche wie oben, der »Sicherheitsabstand« sollte mindestens 1 bis 2 mm betragen. Falls notwendig, sind jeweils die betroffenen Teile, entweder im Zylinderkopf vorhandene Quetschkanten oder im letzteren Fall die Kolben, nachzuarbeiten. In die Kolben werden dann mit Hilfe eines Fräsers sogenannte Ventiltaschen eingefräst oder, falls schon solche vorhanden sind, diese entsprechend vertieft.

Maßnahmen an Kurbeltrieb, Schwungrad und Kolben

Zum Kurbeltrieb zählt man im Allgemeinen Kurbelwelle, Pleuel und die dazugehörigen Lager. Der Ausbau bzw. die Demontage dieser Teile, ist in der Regel nur bei ausgebautem Motor möglich, so dass der Aufwand in manchen Fällen recht groß ist. Da man jedoch bei dieser Gelegenheit zwangsläufig die Kolben (manchmal auch die Zylinder) und das Schwungrad samt Kupplung mit demontieren muss, haben wir die Bearbeitung dieser Teile (von Kolben und Schwungrad) in dieses Kapitel dazu genommen, zumal damit das gleiche angestrebt wird. Die Zielsetzung der Maßnahmen an Schwungrad, Pleuel, Kolben und Kurbelwelle ist eine Reduzierung der hin- und hergehenden (oszillierenden) und der rotierenden Massen. Diese Erleichterungen sind besonders im Hinblick darauf wichtig, dass ein getunter Motor meist höhere Drehzahlen erreicht und außerdem entsprechend schneller hochdrehen soll.

Massen erleichtern

Zu den oszillierenden Massen des Kurbeltriebs zählen Kolben, Kolbenbolzen und ein Teil des Pleuelgewichts. Die oszillierende Masse des Pleuels beträgt etwa 25 bis 30 Prozent des gesamten Pleuelgewichts. Die Gewichtsreduzierung von Kolben, Kolbenbolzen und Pleuelstange bedeutet also, dass man die bei hohen Drehzahlen so unbeliebten Massenkräfte reduziert, was außerdem eine Verringerung der Reibverlustleistung bringt und zu einem gewissen Leistungsgewinn führt. Es braucht nicht betont zu werden, dass außerdem die Beanspruchung der Triebwerkteile und der Lager im gleichen Maße geringer wird, was letzten Endes der Lebensdauer der betreffenden Teile zugute kommt. Jedoch sind auch hier, wie bei allen Bearbeitungen, gewisse Grenzen gesetzt, worauf wir noch bei der Behandlung der Einzelteile zu sprechen kommen.

Kurbeltrieb des Opel-V6-Motors (Zylinderwinkel 54°): Kurzschaft-Kastenkolben und schlanke, leichte Pleuel sorgen für geringe oszillierende Massenkräfte, angeschmiedete und bearbeitete Gegengewichte gleichen die freien Massekräfte und Momente aus. Jedes Pleuel sitzt auf einem eigenen, um 66° versetzten Hubzapfen, um gleichen Zündabstand (120°) zu erreichen.

Reduzierte Gegengewichte zur Erzielung kleinerer rotierender Massen und ein genau abgestimmter Drehschwingungsdämpfer sind die Voraussetzungen für die sichere Funktion eines Reihen-Sechszylinders im Rennbetrieb (BMW-Rennmotor).

Zu den rotierenden Hauptmassen des Motors zählen, abgesehen von den Hilfsaggregaten, die Kurbelwelle, das Schwungrad mit Kupplung und die restlichen 70 bis 75 Prozent des Pleuelgewichts. Eine Erleichterung dieser Teile bringt vor allen Dingen ein spontaneres Hochdrehen des Motors und eine bessere Beschleunigung in den unteren Gängen. Aber auch das unter Umständen kritische Drehschwingungsverhalten der Kurbelwelle, das vor allem bei Sechszylinder-Reihenmotoren Probleme bereitet, lässt sich dadurch beeinflussen und besser beherrschen.

Zum anderen sei darauf hingewiesen, dass ein sorgfältiges Auswuchten dieser Teile bzw. eine Gewichtsangleichung (bei den Pleueln) zu einem insgesamt schwingungsärmeren Motorlauf und geringerer Lagerbelastung führen. Denn Großserienmotoren mit relativ geringer Nenndrehzahl arbeiten oft mit großen Unwuchttoleranzen, die man bei einem höher drehenden, getunten Triebwerk nicht unbedingt akzeptieren sollte.

Schließlich wollen wir auch nicht die Oberflächenbearbeitung von Triebwerksteilen, wie z. B. das Polieren von Pleuelstangen und Kurbelwellen, vergessen. Jedoch bringt diese Maßnahme – wenn überhaupt – nur einen bescheidenen Leistungsgewinn, der in der Regel kaum nachgeprüft werden kann, da eine Verringerung der Ventilationsverluste meist weniger ausmacht als beispielsweise der Einfluss der Ölzähigkeit bei verschiedenen Öltemperaturen. Dennoch ist diese Methode keineswegs nutzlos vertane Zeit, denn polierte Teile besitzen wegen ihrer glatten Oberfläche eine größere Sicherheit gegen Bruch infolge geringerer Kerbwirkung. Freilich ist diese Maßnahme aufwendig und zeitraubend und infolgedessen nur für Spitzenfrisuren interessant. Bei Dieselmotoren, die mit höheren Zünddrücken, aber niedrigerer Drehzahl laufen als Ottomotoren, sollten Erleichterungen an Triebwerksteilen mit Ausnahme für eine Gewichtangleichung, unterbleiben. Auch ein Feinbearbeitung bringt keine nennswerten Vorteile.

Stark beansprucht: die Kurbelwelle

Die Kurbelwelle ist zweifellos das am vielfältigsten und oft auch am stärksten strapazierte Bauteil eines Motors. Sie hat die Aufgabe, die Hubbewegungen der Kolben mit Hilfe der Pleuel in eine Drehbewegung umzuwandeln. Dabei treten sehr hohe Kräfte auf, welche die Kurbelwelle sowohl auf Durchbiegung wie auf Verdrehung (Torsion) beanspruchen.

Gewichtsoptimierte Kurbelwellen gibt es auch im Großserienbau. Oben die erleichterte Kurbelwelle (Einschnürung neben den Hauptlagerzapfen) für den 1,8-Liter-VW-Motor (Typ 827), unten die Welle für den alten 1,6-Liter-Motor, die außerdem geringeren Hub aufweist (80 mm statt 86,4 mm).

Kurbeltrieb eines Vierzylinder-Rennmotors (BMW F1). Die Kurbelwelle ist fünffach gelagert und trägt acht kurze Gegengewichte zum Ausgleich der Massenkräfte und Momente, die Pleuel sind aus Titan.

Maßnahmen an Kurbeltrieb, Schwungrad und Kolben

Schon fast so alt wie der VW-Käfer sind die Spezialkurbelwellen, die die Firma Oettinger für den VW-Boxer verwendet. Kennzeichen: vier angeschmiedete Gegengewichte.

Zudem wird die Kurbelwelle noch durch Massenkräfte und Massenmomente belastet, die sich auf Grund der Fliehkräfte der rotierenden Massen und der Kräfte der hin- und hergehenden Massen ergeben. Diese Beanspruchungen steigen nicht direkt (linear) mit der Drehzahl, sondern progressiv an. Man sieht also, je besser der sogenannte Massenausgleich und die Auswuchtung der Kurbelwelle ist und je kleiner die hin- und hergehenden Massen (Kolben, Bolzen und Pleuel) sind, desto geringer sind die zu erwartenden Beanspruchungen der Kurbelwelle. Und um so besser ist sie auch für hohe Drehzahlen geeignet.

Um die Massenkräfte und Massenmomente möglichst zu kompensieren, müssen bei der Konstruktion und Gestaltung der Kurbelwelle ganz bestimmte Regeln eingehalten werden. Es würde allerdings zu weit führen, hier auf das Prinzip des Massenausgleichs einzugehen. Wir wollen nur so viel festhalten, dass, insbesondere bei hochdrehenden Reihenmotoren und V-Motoren, spezielle, meist an den Kurbelwangen angeschmiedete Gegengewichte vorhanden sind, die zur Kompensation der Massenkräfte dienen. Eine Verringerung der rotierenden Massen durch Reduzierung der Kurbelwellen-Gegengewichte ist jedoch – wenn überhaupt – nur bei Rennmotoren interessant, so z. B. um kritische Drehschwingungen bei Sechszylinder-Reihenmotoren zu verlagern. Für Straßen-Tuning sollte diese Maßnahme unterbleiben.

Boxermotoren, die hinsichtlich des Massenausgleichs keine so hohen Ansprüche stellen, aber auch Reihenmotoren mit niedriger Nenndrehzahl besitzen manchmal keine Gegengewichte zum Massenausgleich. Das Beispiel des VW-Boxermotors zeigt jedoch, dass mit Hilfe von Spezialkurbelwellen (Oettinger-Kurbelwelle) mit Gegengewicht ein ruhigerer Motorlauf, eine geringere Lagerbelastung und eine bessere Drehzahlfestigkeit des Kurbeltriebs erreicht werden kann.

Freilich wird man bei den meisten modernen Motoren keine Spezialkurbelwelle benötigen, da bereits die serienmäßigen Kurbelwellen auch den Anforderungen eines getunten Motors genügen. Insbesondere hochdrehende sportliche Motoren besitzen von Haus aus die maximal mögliche Anzahl von Gegengewichten (acht beim Vierzylinder-Reihenmotor), so dass hier nicht mehr zu holen ist.

Umgekehrt hat es nicht an Versuchen gefehlt, bei besonders hoch drehenden Rennmotoren, die nur auf kurze Distanz eingesetzt wurden (z. B. Bergrennen), die Gegengewichte zu entfernen. Hierbei wurden bewusst ein schlechterer Massenausgleich und eine höhere Beanspruchung der Kurbelwelle und der Lager in

Kauf genommen, um zu möglichst geringen rotierenden Massen zu kommen. Im Allgemeinen ist jedoch von diesem Verfahren abzuraten, wenn nicht die übrigen Massen wie z. B. Kolben und Pleuel stark erleichtert wurden.

Gut gelagert

Die meisten modernen Reihenmotoren besitzen zwischen jedem Hubzapfen ein Kurbelwellenhauptlager, so dass heute der fünffach gelagerte Vierzylindermotor bzw. der siebenfach gelagerte Sechszylindermotor fast eine Selbstverständlichkeit ist. Obwohl die zwei zusätzlichen Hauptlager (beim Sechszylinder drei) gegenüber den dreifach bzw. vierfach gelagerten Motoren einen zusätzlichen Reibungsverlust erzeugen, hat sich die Lagerung,

Kurbeltrieb des BMW-V8-Motors: Die Pleuel der gegenüberliegenden Zylinder sitzen jeweils auf einem gemeinsamen Hubzapfen. Die Kurbelwelle ist fünffach gelagert und trägt sechs Gegengewichte zum Ausgleich der Massenkräfte und Momente.

besonders bei sportlichen Motoren hoher Literleistung, wegen der größeren Betriebssicherheit und dem ruhigeren Lauf (weniger Biegeschwingungen) allgemein eingeführt.

Boxer- und V-Motoren haben auf Grund ihrer Bauart meist weniger Hauptlager als Reihenmotoren. V12-Motor: 7 Hauptlager, V8-Motor: 5 Hauptlager, V4-Motor: 3 Hauptlager, V6-Motor: 4 Hauptlager. Der luftgekühlte VW-Motor ist als Vierzylinder eigentlich auch nur dreifach gelagert, besitzt jedoch noch ein weiteres, kleineres Hauptlager vor dem Nockenwellenrad. Eine Ausnahme macht der Sechszylinder-Porschemotor, der, was bei Boxermotoren wegen des geringen Zylinderabstandes selten ist, zwischen jedem Hubzapfen ein Hauptlager besitzt und somit siebenfach gelagert ist.

Freilich lassen sich Motoren mit geringerer Hauptlagerzahl als der maximal möglichen nachträglich kaum umbauen, da die Anzahl der Hauptlager schon bei der Konstruktion des Motors festgelegt wird. Diesbezügliche Änderungen würden praktisch einen neuen Motorblock und eine neue Kurbelwelle bedeuten.

Im Falle einer Leistungssteigerung braucht man jedoch nicht gleich zu verzagen, wenn man z. B. ein dreifach gelagertes Vierzylindertriebwerk als Basis verwendet. Die Motoren von Abarth, Fiat, Ford und auch des alten Opel Kadett (Bochum-Motor) haben bewiesen, dass man auch damit zurechtkommen kann. Voraussetzung ist dann allerdings eine sorgfältige Auswuchtung und ein thermisch gesunder Motor (Öltemperatur!).

Als Kurbelwellen-Hauptlager werden heute fast ausnahmslos Gleitlager und als Lagerschalen sogenannte Dreistofflager (oder Mehrstofflager) benutzt. Es ist daher zu empfehlen, falls serienmäßig noch keine Mehrstofflager eingebaut sind, was an und für sich nur bei billigen Großserienmotoren der Fall ist, bei einer Leistungssteigerung nach Möglichkeit solche Lager zu verwenden.

Für den Tuner ist diese Frage dann besonders interessant, wenn ohnehin die Kurbelwellenla-

Die Basis eines leistungsfähigen Motors zeigt dieses Teile-Foto eines Kurbeltriebs samt Kolben, Pleuel und Hauptlagerschalen. Er ist für Drehzahlen bis 8000 U/min ausgelegt.

ger erneuert werden müssen. Wann dies notwendig ist, kann man pauschal nicht beurteilen. Hierzu lässt man die Kurbelwelle und den Motorblock am besten bei einer Zylinderschleiferei vermessen und auf Verschleiß überprüfen. Diese Maßnahme dürfte sich bei allen Motoren empfehlen, die bereits mehr als 40.000 km gelaufen sind und eine Leistungssteigerung erfahren sollen. Bei geringerer Kilometerzahl sollten die Lager eigentlich noch in Ordnung sein.

In vielen Fällen wird es genügen, nur neue Lagerschalen zu verwenden, wenn die Lagerzapfen der Kurbelwelle noch nicht verschlissen sind. Sollte der Zapfenverschleiß das zulässige Maß überschreiten, ist die Kurbelwelle nachzuschleifen.

Von Austauschkurbelwellen ist abzuraten, da diese meist schon eine lange Laufdauer hinter sich haben, was sich unter Umständen in Materialermüdung und Bruchgefahr äußern kann. In solchen Fällen sind neue Kurbelwellen vorzuziehen.

Spezial-Kurbelwellen

Spezial-Kurbelwellen werden in der Regel mit größerem Hub zur Erzielung eines größeren Hubraumes angefertigt. Für die luftgekühlten VW-Motoren sind eine Reihe solcher Kurbelwellen seit Jahrzehnten auf dem Markt. Die Firma Oettinger hatte z. B. Gleitlagerwellen mit zusätzlichem Massenausgleich mit 69,5 mm, 74 mm und 78,4 mm Hub im Programm. Damit lässt sich der Hubraum eines VW bei entsprechender Bohrung bis auf 2 Liter vergrößern. Für den luftgekühlten VW-Motor waren außerdem rollengelagerte Kurbelwellen er-

Beim Neuaufbau eines Sportmotors sollte auf eine Austauschkurbelwelle verzichtet werden. Kann die alte Kurbelwelle nicht wieder aufgearbeitet werden, sollte man ein Neuteil bevorzugen.

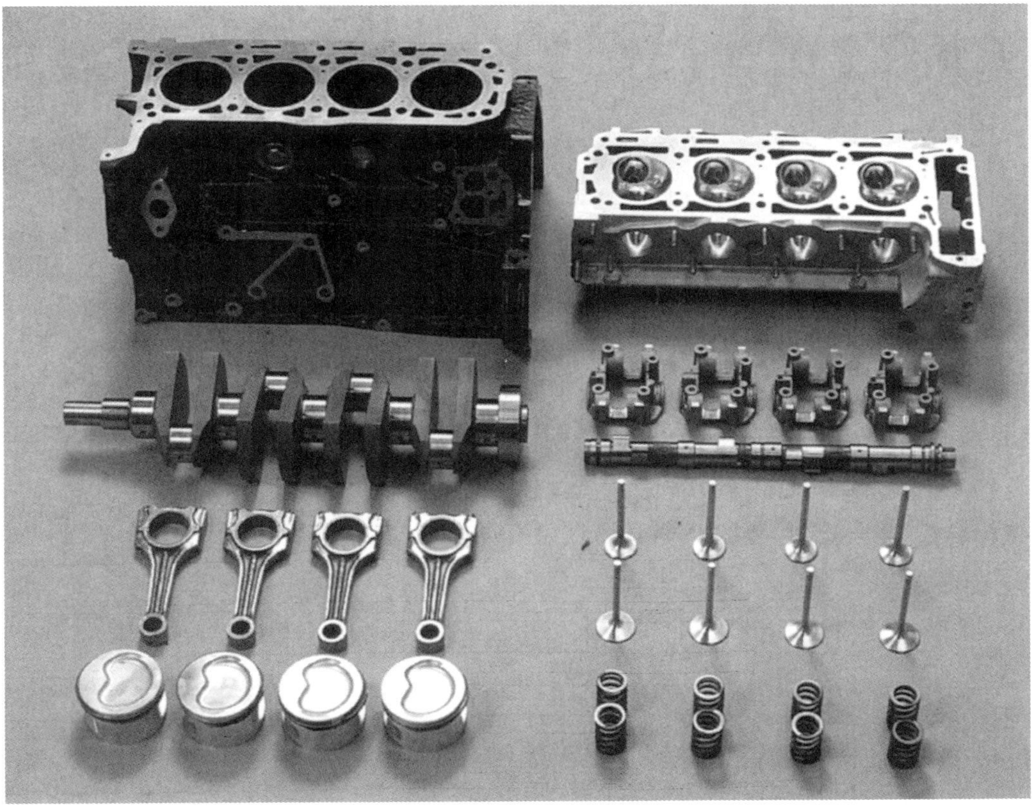

Brabus Tuning-Kit für Mercedes 190 E. Kernstück ist die hubverlängerte Kurbelwelle, die den Hubraum auf 2,6 Liter erhöht. Leistung: 160 PS.

hältlich, deren Hub bis zu 82 mm geht. Da es jedoch im Dauerbetrieb mit rollengelagerten Kurbelwellen Probleme gibt, werden sie kaum noch eingesetzt.

Auch für den Vierzylinder-Reihenmotor des VW Golf (Typ 827) hatte Oettinger Kurbelwellen mit größerem Hub entwickelt. So ließen sich, schon bevor das Werk diesen Motor auf 2 Liter Hubraum brachte, der 827-Motor mit 90,5 oder gar 94,4 mm Hub (Serienhub: 1,6 Liter: 80 mm; 1,8 Liter: 86,4 mm; 2 Liter: 92,8 mm) auf zwei Liter und mehr im Hubraum erweitern. Auch für die Fünfzylindermotoren von Audi und die Vier- und Sechszylinder von Mercedes gab es Spezialkurbelwellen mit längerem Hub. Die Hubraumgrenzen liegen mit entsprechender Bohrung bei über 2,5 Liter für den Audi-Fünfzylinder und bei 3,6 Liter für den Mercedes-Sechszylinder (B x H: 90 x 94,5 mm). Der Mercedes-Vierzylinder (M 102) kann auf der Basis des Zweiliter auf 2,4 Liter vergrößert werden (Bohrung x Hub: 89 x 94,5 mm; 2352 cm^3), der Vierventiler (Kürzel 16) wird sogar bis über 2,7 Liter erweitert (Bohrung x Hub: 95,5 x 94,5 mm; 2708 cm^3).

Bearbeitung der Kurbelwelle

Hier ist als wichtigste und erste Maßnahme das Auswuchten zu nennen, das am besten gleich zusammen mit dem Schwungrad geschieht. Es gibt in Deutschland zahlreiche gut ausgerüstete Firmen, die über die entsprechenden Einrichtungen verfügen, eine Kurbelwelle elektrodynamisch auszuwuchten. Freilich sind die meisten modernen Motoren von Haus aus bereits sehr gut ausgewuchtet und ein Nachwuchten nicht immer unbedingt nötig.

Sehr wesentlich für die Laufruhe und die Langlebigkeit der Lager ist das exakte Auswuchten der Kurbelwelle, möglichst mit dem Schwungrad zusammen.

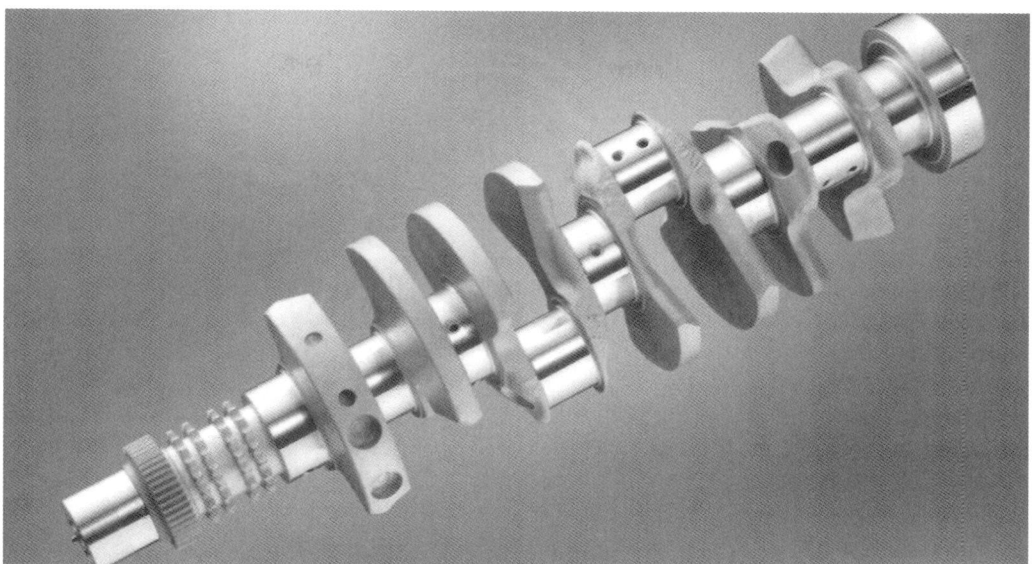

Hochleistungs-Kurbelwelle: Beim im BMW M3 verbauten V8-Motor entschieden sich die Ingenieure für eine V8-Kurbelwelle mit um 90 Winkelgrad versetzten Kröpfungen (cross-plane). Auf jeder Kurbelkröpfung laufen zwei Pleuel.

Ein nachträgliches Auswuchten ist aber in jedem Fall dann notwendig, wenn die Kurbelwelle bearbeitet wurde. Falls dies nicht der Fall ist und das Schwungrad allein bearbeitet wurde, genügt es, das Schwungrad nachzuwuchten, obwohl prinzipiell der oben genannten Methode (Kurbelwelle zusammen mit Schwungrad auswuchten) der Vorzug gegeben werden muss.

Weiterhin sei auf eine Wärmebehandlung der Kurbelwelle hingewiesen, die sich unter der Bezeichnung »weichnitrieren« eingeführt hat. Hierbei wird die Gefügestruktur des Oberflächenmaterials verändert, wodurch sich günstigere Laufeigenschaften der Lagerzapfen und auch eine erhöhte Dauerfestigkeit der Kurbelwelle ergibt, da ungünstige Spannungsspitzen durch diese Behandlung abgebaut werden. Eine weitere positive Erscheinung des Nitrierens ist die, dass die gesamte Kurbelwelle steifer wird, wodurch unangenehme Biegeschwingungen verringert bzw. verlagert werden, was wiederum eine geringere Lagerbelastung zur Folge hat.

Auch hier sei bemerkt, dass viele Kurbelwellen von Hochleistungsmotoren schon in der Serie nitriert sind, so dass sich eine derartige Nachbehandlung erübrigt. Um dies im Einzelfall festzustellen, genügt eine Anfrage an die Kundendienstabteilung des betreffenden Werkes oder in einer gut orientierten Werkstatt. Dort kann man auch erfahren, wie gut und mit welchen Toleranzen die Kurbelwelle serienmäßig ausgewuchtet ist. Eine nachträgliche Nitrierung der Kurbelwelle wird in Härtereien vorgenommen, die Adressen kann man meist bei Motor-Instandsetzungsbetrieben (Zylinderschleifereien etc.) erfahren. Die richtig nitrierte Oberfläche erhält durch diese Behandlung eine matte, hellgraue Oberfläche, auch an den Lagerflächen. Eine Nacharbeitung der Lagerzapfen ist jedoch im Allgemeinen nicht notwendig, man kann sie allenfalls mit feinstem Polierleinen leicht überschleifen.

Als dritte und letzte Bearbeitungsstufe der Kurbelwelle käme das Glätten und anschließende Polieren in Frage. Allerdings ist mit diesen Arbeiten ein erheblicher Aufwand an Zeit, Geduld

In manchen Fällen kann es auch notwendig werden, das Kurbelgehäuse (im Bild oben) nachzuarbeiten. Meist geschieht dies, um den Freigang von hubverlängerten Kurbelwellen sicherzustellen. Bei Rennmotoren spielt auch die Gewichtserleichterung eine Rolle.

und, falls man es nicht selbst macht, an Geld notwendig. Wie wir schon angedeutet haben, lässt sich der durch diese Maßnahme erzielbare Leistungsgewinn – infolge geringerer Wirbelverluste – in den seltensten Fällen eindeutig feststellen, so dass das Verfahren im Verhältnis zum Aufwand im Hinblick auf die Leistungssteigerung eigentlich nicht lohnt und nur für ausgesprochene Rennmotoren in Frage kommt. Richtig ist dagegen, dass die Kurbelwelle durch die Glättung der Oberfläche an Dauerfestigkeit gewinnt, da die Kerbwirkung herabgesetzt wird. Gleichzeitig ist eine Verringerung des Kurbelwellengewichts damit verbunden, die aber im Verhältnis zum Gesamtgewicht gering ist. Wer die Arbeit trotz der damit verbundenen Mühen selbst machen möchte, sollte nicht versäumen, die Lagerzapfen vorher mit Klebeband zu umwickeln, um sie vor Beschädigungen zu schützen.

Beim Einbau der Kurbelwelle ist darauf zu achten, dass die Welle nach dem Anziehen der Lagerdeckel (bzw. Gehäuseschrauben) mit dem vorgeschriebenen Drehmoment leicht läuft. Sie sollte sich mit zwei Fingern am vorderen Wellenende drehend leicht in Bewegung setzen lassen. Ist die Kurbelwelle hingegen schwergängig, liegt der Verdacht nahe, dass irgendein Lager nicht richtig eingepasst ist oder sonst eine Beschädigung vorliegt. Ohne nachzumessen kann man durch Losschrauben von jeweils einem Lager ausprobieren, welches Lager den Lauf hemmt. Dieses ist dann zu überprüfen. Falls keine Messuhr vorhanden ist, sollte man es einmal mit neuen Lagerschalen versuchen. Wenn das nicht hilft, ist meist eine Nachbearbeitung des Zapfens oder des Lagerbocks notwendig (Zylinderschleiferei). Selbstverständlich müssen die Lager vor dem Einbau mit einigen Tropfen Motoröl benetzt werden.

Die Pleuel

Eine Erleichterung der Pleuel ist normalerweise nur in geringem Maße möglich, da man sich hierdurch zu leicht der Gefahr eines Pleuelbruchs aussetzt. Immerhin haben mutige Leute in dieser Hinsicht schon Gewaltiges geleistet. Es konnte allerdings passieren, dass plötzlich die abgebrochene Pleuelstange zur Ölwanne herausschaute. Da gerade bei Pleuelbrüchen die angerichteten Schäden sehr groß sind – meist muss der ganze Motorblock dran glauben – sollte man sich als Privatmann hier kein zu großes Risiko leisten. Wir würden uns darauf beschränken, die Pleuel auszuwiegen und sie dem leichtesten Pleuel im Gewicht auf mindestens 0,5 Gramm genau anzugleichen. Wer ein Weiteres tun will, kann den rotierenden und oszillierenden Teil des Pleuel getrennt auswiegen und die einzelnen Pleuel in diesen Teilen auf gleiches Gewicht bringen. Der rotierende Teil macht etwa 70 bis 75 Prozent des Pleuel-Gesamtgewichts aus. Unsere Skizze zeigt, wie man diese Teile auswiegt.
Eine Bearbeitung durch Abschleifen der Pleu-

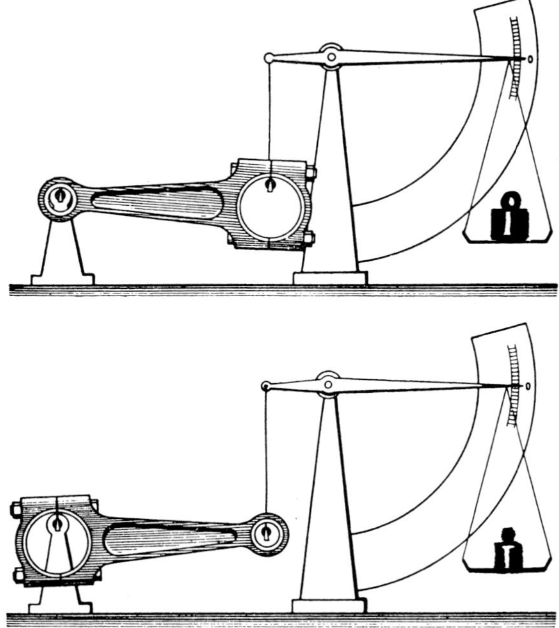

So wiegt man den rotierenden und oszillierenden Teil der Pleuelstange aus. Für alle Pleuel eines Motors werden jeweils gleiche Gewichte angestrebt. Der rotierende Teil (oben) ist im Allgemeinen etwa dreimal so schwer wie der oszillierende (hin- und hergehende) Teil.

el sollte nur an nichttragenden Stellen erfolgen. Etwaige Unregelmäßigkeiten können jedoch überall entfernt werden. Bei den heute meist üblichen Pleuelstangen mit Doppel-T-Profil kann man links wie rechts am sogenannten Querbalken des »T« etwas abschleifen. Außerdem lässt sich Material am unteren Lagerdeckel und um die Pleuelstange herum abnehmen.

Eine Oberflächenbehandlung der Pleuel bringt hinsichtlich der Festigkeit bestimmt Vorteile und lohnt mehr als eine Bearbeitung der Kurbelwelle. In den meisten Fällen genügt es jedoch, die beiden Stirnseiten des T-Profils zu glätten und zu polieren, da hier die Bruchgefahr am größten ist. Wenn jedoch das Pleuel überall stark erleichtert wurde, sollte man eine komplette Politur ins Auge fassen, um die verminderte Festigkeit durch geringere Kerbwirkung auszugleichen.

Spezialpleuel

Wenn die Festigkeit der Serienpleuel nicht ausreicht, besteht grundsätzlich die Möglichkeit, in dem gleichen Schmiedegesenk der Serienteile Pleuel aus hochwertigerem Material anfertigen zu lassen. Dies setzt freilich die Mitarbeit des Pleuelherstellers bzw. Automobilherstellers voraus. Die Bearbeitung hochfester Pleuel ist, falls sie nicht auf den Serienmaschinen vorgenommen werden kann, eine diffizile Angelegenheit. Pleuel aus hochfestem Material können im Gewicht stärker reduziert werden als Serienpleuel gleicher Dimensionierung.

Wenn aus irgendwelchen Gründen die Herstellung in dem Seriengesenk nicht möglich ist und ohnehin ein neues Schmiedewerkzeug angefertigt werden muss, ist es zweckmäßig, eine völlig neue Pleuelform zu konstruieren, wozu allerdings die nötigen Kenntnisse gehören. Dabei sollte eine möglichst große Pleuellänge (Abstand Pleuellagermitte bis Kolbenbolzenmitte) angestrebt werden. Denn je größer die wirksame Pleuellänge ist, um so geringer ist die durch den Lateraldruck der Kolben verursachte Reibbelastung. Bei Rennmotoren lässt sich eine größere Pleuellänge insofern einfacher realisieren, als der Kolbenbolzen im Kolben weiter nach oben rücken kann. Dies

Der Opel-V6-Motor besitzt ebenso wie der BMW-V8-Motor gewichtsoptimierte Sintermetall-Pleuel. Sie haben sehr enge Gewichtstoleranzen, eine nachträgliche Bearbeitung ist nicht sinnvoll. Besonderheit: Die Passung des Pleuelauges wird durch Sollbruchstellen und so genanntes »fracture-splitting« sichergestellt.

hat wiederum seinen Grund darin, dass geschmiedete Rennkolben eine größere Festigkeit haben, daher mit schmaleren Kolbenringstegen und auch mit schmaleren Kolbenringen auskommen. Voraussetzung für eine größere Pleuellänge ist also in jedem Fall ein geänderter Kolben. Bei den BMW-Gruppe-2- und Formel-2-Motoren wurde beispielsweise eine Pleuellänge von 146 bzw. 148 mm realisiert, während der Serienmotor mit 135 mm läuft. Die größere Pleuellänge brachte einen messbaren Leistungsgewinn.

Eine weitere Entwicklungsstufe stellen Titanpleuel dar. Titan ist ein Metall hoher Festigkeit

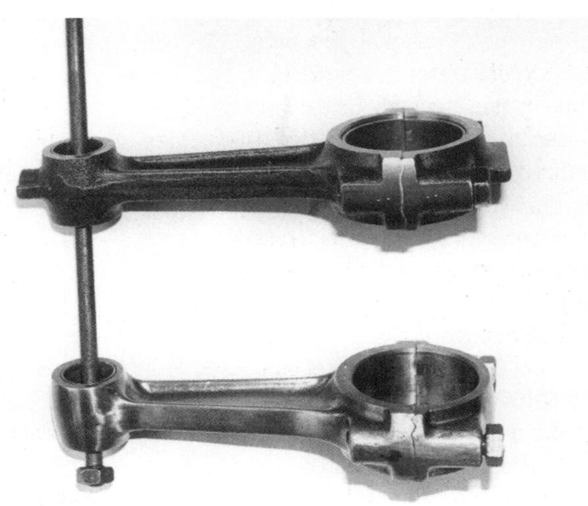

Erleichtert und an der Oberfläche bearbeitet wurde das untere der beiden Pleuel. Die beiden Versteifungen am Kolbenbolzenauge und am unteren Lagerdeckel fielen der Gewichtserleichterung zum Opfer.

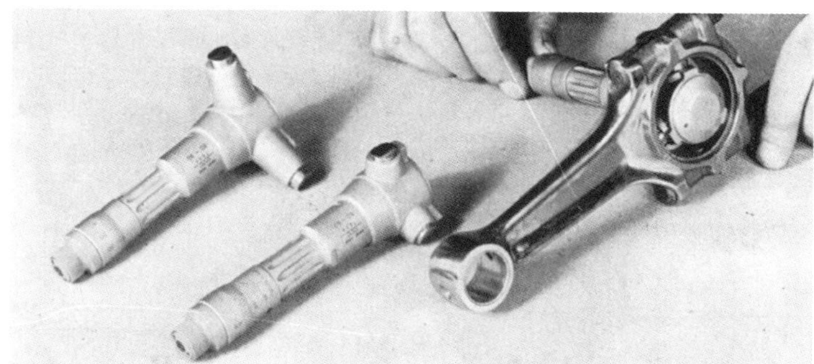

Bei diesem bereits fertig bearbeiteten Pleuel wird bei eingelegten Lagerschalen und angezogenen Lagerdeckelschrauben das Lagerinnenmaß kontrolliert.

mit einem um ca. 30 Prozent geringeren spezifischen Gewicht als Stahl. Da Titan teuer und sehr schwer zu bearbeiten ist, sind Titanpleuel eine äußerst aufwendige Angelegenheit. Sie werden fast nur in Formel-Motoren und hochwertigen Sportmotoren verwendet. Richtig konstruierte Stahlpleuel mit sehr hoher Festigkeit können fast an das Gewicht von Titanpleueln herankommen, weil Titanpleuel stärker dimensioniert werden müssen. Da Titan auf Stahl keine Gleiteigenschaften hat, müssen Titanpleuel grundsätzlich mit Bundlagern laufen, um ein seitliches Fressen an der Kurbelwelle zu vermeiden. Dadurch geht Lagerbreite verloren. Abschließend lässt sich festhalten, dass Titanpleuel nur dort verwendet werden sollten, wo die Motorkonstruktion dies erfordert und auch dafür vorgesehen ist. Ansonsten sind die wesentlich preiswerteren hochfesten Stahlpleuel die bessere Lösung.

Das Schwungrad

Das Schwungrad sitzt bei Serienmotoren üblicherweise am Ende der Kurbelwelle. Mit Hilfe der Kupplung, die am Schwungrad angeflanscht ist, wird das Motordrehmoment auf das Getriebe übertragen. Außer seiner Funktion als Kupplungsträger hat aber das Schwungrad, wie der Name schon sagt, noch andere Aufgaben. Es soll die periodisch wirksamen Kraftimpulse der einzelnen Zylinder speichern und somit für einen möglichst runden und gleichmäßigen Motorlauf sorgen. Dies erklärt auch die Tatsache, dass die Schwungräder von Einzylindermotoren wegen der reduzierten Kraftimpulse im Verhältnis wesentlich größer bemessen werden als die von Mehrzylindermotoren. Ein Einzylindermotor erfährt nur alle zwei Umdrehungen einen Arbeitstakt, beim Vierzylinder sind es schon zwei Arbeitstakte pro Umdrehung und beim Zwölfzylinder gar 6 Arbeitstakte pro Umdrehung. Umgekehrt aber zählt das Schwungrad auch zu den rotierenden Massen des Mo-

Schwungrad mit Doppelkupplung: Je kompakter die Bauart und je kleiner die rotierenden Massen, desto besser die Drehfreudigkeit.

Um so manches Kilo kann man meist die Schwungräder von Serienmotoren erleichtern. Hierdurch wird der Motor spritziger und die Beschleunigung in den unteren Gängen besser. Bohrungen in den Randzonen bringen ebenfalls noch Gewichtsersparnis.

tors, die beim Drehzahl-Erhöhen (Gasgeben, Beschleunigen) beschleunigt werden müssen. Zu große Schwungradmassen stehen daher einem spontan schnellen Hochdrehen des Motors hemmend entgegen. Dies führt dazu, dass man bei Rennmotoren, die ja ohnehin nur in sehr hohen Drehzahlbereichen laufen, das Schwungrad so stark erleichtert bzw. von vornherein so leicht macht, dass man wirklich nur noch von einem Kupplungsträger sprechen kann.

Für den getunten Serienmotor, der den Wagen ja meist auch noch im normalen Straßenverkehr bewegen soll und somit auch im Leerlauf und im unteren Drehzahlbereich ausreichend runden Motorlauf besitzen muss, braucht man hingegen einen vernünftigen Kompromiss. In fast allen Fällen kann man das Schwungrad um 20 bis 30 Prozent seines ursprünglichen Gewichts erleichtern, ohne dass hierdurch der Motorrundlauf zu störend beeinträchtigt würde. In vielen Fällen sind noch höhere Gewichtserleichterungen möglich, doch sollte man vorher das Schwungrad genau vermessen und sich davon eine einigermaßen maßhaltige Querschnittsskizze anfertigen, um festzustellen, wo man am besten Material abnimmt. Eine Ausnahme sei jedoch hier genannt: gegossene Schwungräder vertragen es meist nicht, erleichtert zu werden, da sie hierdurch zu sehr an Festigkeit einbüßen.

In der Regel ist das Schwungrad gleichzeitig auch Träger des Anlasserzahnkranzes. Für Motoren, die nicht pausenlos gestartet werden und deren Hauptbetätigungsgebiet Rennen oder lange Fernstrecken sind, kann der Anlasserzahnkranz ohne Bedenken schmal abgedreht werden, um somit die Ventilationsverluste des mit Kurbelwellendrehzahl und relativ großem Umfang rotierenden Zahnkranzes zu verringern. Als unterste Grenze würden wir bei einem Stahl-Anlasserkranz eine Breite von ca. 6 bis 9 mm, je nach Größe des Motors, ansehen. Um ein Drittel der Breite kann man den Zahnkranz jedoch in den meisten Fällen ohne Risiko verringern.

Das Erleichtern des Schwungrades geschieht in der Regel durch Abdrehen. Falls auf diese Art und Weise nicht genug Mindergewicht erzielt werden kann, kann das Schwungrad in neutralen Zonen ohne weiteres durchbohrt werden. Wenn man sich nach dem Vermessen des Schwungrades klar darüber ist, wo abgedreht wird, kann man sich auf Grund der auf Millimeterpapier auszuplanimetrierenden Querschnittsfläche mit Hilfe des mittleren Durchmessers und dem spezifischen Gewicht des Schwungradmaterials sogar den Gewichtsverlust ungefähr ausrechnen. Dies ist jedoch praktisch nicht nötig, da man das Schwungrad ja nach jeder Bearbeitungsstufe leicht nachwiegen kann. Eine anschließende Glättung der Schwungradoberläche ist mit Rücksicht auf geringere Ventilationsverluste zwar nicht unbedingt nötig, kann aber nicht schaden. Das Auswuchten des Schwungrades ist nach jeder Bearbeitung unumgänglich, wie wir schon in den vorigen Abschnitten zum Ausdruck brachten.

Bei der Bearbeitung des Schwungrades durch Abdrehen ist darauf zu achten, dass nicht mit zu viel Vorschub gearbeitet wird, um eine übermäßige Erwärmung und damit ein Verziehen des Teiles zu vermeiden. Sollte dies doch der Fall sein, muss die Kupplungsanlauffläche wieder plangeschliffen werden. Es empfiehlt sich in jedem Fall eine Kontrolle auf Seitenschlag und Ebenheit. Bei zu starkem Seitenschlag ist das Schwungrad zu ersetzen, die maximalen Toleranzen sind in Reparaturanleitungen zu finden.

Die Kolben

Die Kolben moderner, schnelllaufender Automotoren sind in der Konstruktion und im Aufbau keineswegs so einfach, wie sie bei oberflächlicher Betrachtung aussehen mögen. Es würde jedoch über den Rahmen dieses Buches hinausführen, ihren oft komplizierten Aufbau im Detail zu besprechen. Wer sich eingehend informieren will, kann dies mit Hilfe eines Kolbenhandbuches tun, wie sie z. B. von der Firma Mahle (Stuttgart) und Kolben-Schmidt (Neckarsulm) herausgegeben werden.

Ebenso wie die Kurbelwelle ist der Kolben ein sehr stark beanspruchtes Motorteil und be-

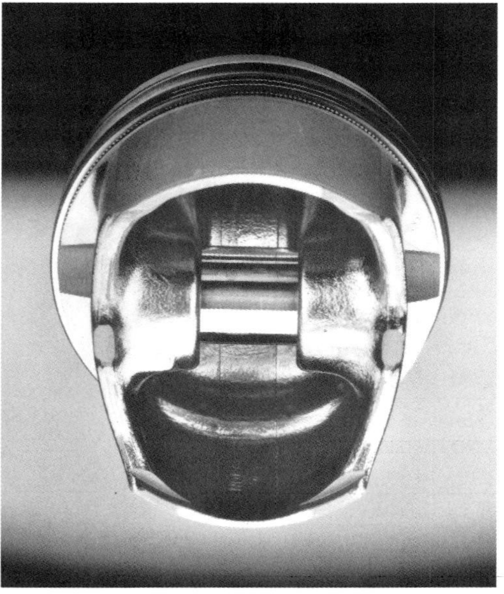

Blick in die Unterseite eines sehr leicht gehaltenen Kastenkolbens (Mercedes Vierventiler 2,0 und 2,2 Liter). Schmale Ringe und niedriger Feuersteg sparen Gewicht und Höhe.

Im Ferrari-Formel-1-Motor arbeiten extrem leichte Kastenkolben (292 Gramm), die nur an den druckbeaufschlagten Flächen tragen. Weitere Merkmale: sehr schmale Kolbenringe und niedriger Feuersteg (Abstand zwischen oberstem Ring und Kolbenboden). Wegen der hohen Verdichtung und des relativ großen Ventilhubs sind die Ventiltaschen tief eingefräst.

Unten:
Durch konisches Ausdrehen bzw. Ausfräsen, was freilich nicht ganz einfach ist, kann der Kolbenbolzen erleichtert werden.

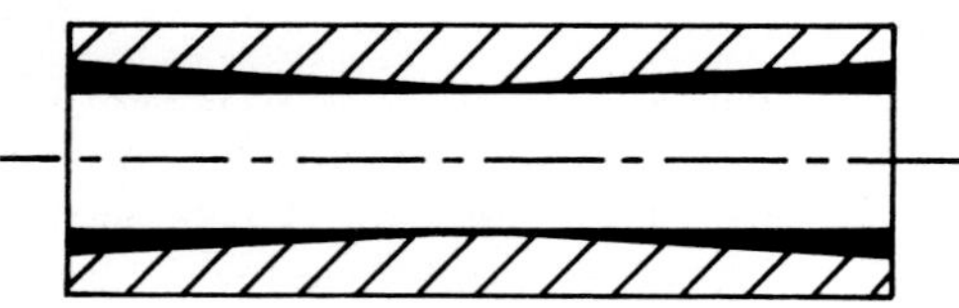

ginnt bei einer eventuellen Überlastung mit an erster Stelle zu streiken. Er ist nicht nur ständig hohen Druck- und Beschleunigungskräften ausgesetzt, sondern reibt mit seinem Schaft an der Zylinderwand und wird außerdem an seiner Oberseite (Kolbenboden) mit höchsten Temperaturen konfrontiert. Thermisch hochbelastete Kolben werden daher heute meist spritzölgekühlt, das heißt, Düsen spritzen von unten aus dem Kurbelgehäuse Öl auf die Innenseite der Kolben. Zur besseren Verteilung und Wirkung des Kühlöls besitzen manche Kolben spezielle Ringkanäle. Ölgekühlte Kolben müssen also auch im Tuningfalle meist durch ebensolche ersetzt werden. Dennoch kann es bei extremen Belastungen zu Schäden kommen, die sich in der Regel als so genannte Kolbenklemmer oder Kolbenfresser äußern. Auch durchgebrannte Kolbenböden oder Risse sind – wenn auch relativ selten anzutreffen – meist eine Folgeerscheinung zu hoher thermischer Belastung oder klopfender Verbrennung. Bei aufgeladenen Dieselmotoren können auch zu hohe Zünddrücke zu Kolbenschäden führen.

Freilich lassen sich Kolbenschäden durch eine nachträgliche Bearbeitung des Kolbens kaum vermeiden. Hier gilt es in erster Linie, die Ursachen dieser Schäden zu tilgen, indem man einer thermischen Überbeanspruchung durch entsprechend gute Kühlung und Schmierung oder durch eine entsprechende Fahrweise begegnet. Eine weitere Verbesserung der thermischen Belastbarkeit ist durch die Verwendung von geschmiedeten Sonderkolben zu erreichen, die in dieser Hinsicht höher beansprucht werden können als die serienmäßigen, meist gegossenen Kolben.

Dennoch sollte eine leichte Überarbeitung der Serienkolben nicht gescheut werden, die meist den Zweck hat, die bei manchen Fabrikaten recht großen Gewichtsunterschiede auszugleichen. Denn die Kolben machen mit ihren Ringen und Kolbenbolzen den größten Teil der oszillierenden Massen aus, wodurch sich Gewichtsdifferenzen, insbesondere bei sehr hohen Kolbenbeschleunigungen (die eine Funktion der Kolbengeschwindigkeit ist und somit von der Drehzahl und dem Hub des betreffenden Motors abhängt), unangenehm bemerkbar machen können.

Auch gilt es nach dem Grundsatz, die oszillierenden Massen so gering wie möglich zu halten, das Gewicht der Kolben im Rahmen des Möglichen zu reduzieren. Auch hier sind unter den einzelnen Motorfabrikaten Unterschiede anzutreffen. Manche Kolben lassen sich ganz einfach um ein nicht unbeträchtliches Gewicht erleichtern, bei anderen fällt es manchmal schwer, die wenigen Gramm zur Gewichtsangleichung an den leichtesten Kolben herauszuarbeiten. Auch in diesem Fall gibt es eine gute Methode, um herauszufinden, wo man an einem Kolben am besten noch Material »schinden« kann: man sucht sich einen unbrauchbaren alten Kolben des betreffenden Fabrikates und zersägt ihn von oben nach unten.

Bei Dieselmotoren, deren Maximaldrehzahl in der Regel bei 5000/min endet, sind die Kolben wegen der höheren Zünd-und Spitzendrücke von Haus aus sehr viel massiver und schwerer gebaut als bei Ottomotoren. Eine Erleichterung sollte unterbleiben, eine Gewichtsanpassung kann nicht schaden.

Erleichtern und Auswiegen

Entweder man richtet sich nach dem leichtesten Kolben und gleicht die übrigen diesem im Gewicht an (möglichst genau), oder man erleichtert den leichtesten Kolben so weit, wie man glaubt vertreten zu können, und bringt dann die restlichen auf dessen Gewicht. In jedem Fall aber sollten Kolben stets zusammen mit den Kolbenbolzen und Kolbenringen ausgewogen werden, um etwaige Gewichtsunterschiede dieser Teile zu kompensieren.

Das jeweilige Mehrgewicht der Kolben wird mit Hilfe eines Kugelfräsers und der biegsamen Welle aus dem Kolbeninnern entfernt. Auch an den nichttragenden Flanken kann man bei manchen Kolben Material entfernen, was ebenfalls mit dem Fräser oder auch mit einer Feile geschehen kann. Bei allen Bearbeitungen von Kolben ist darauf zu achten, dass diese nie in einem Schraubstock oder sonstwie fest eingespannt werden, da sie sich – sie bestehen aus Leichtmetall-Legierungen – leicht verziehen können. Beschädigungen der Lauffläche sind natürlich zu vermeiden und müssen, falls sie dennoch eintreten, sorgfältig nachgearbeitet und geglättet werden.

In manchen Fällen ist es notwendig, in den Kolbenboden nachträglich Ventiltaschen einzuarbeiten bzw. bereits vorhandene zu vertiefen. Die Notwendigkeit ergibt sich dann, wenn man z.B. den Ventilhub so stark vergrößert hat, daß die Ventile am nicht bearbeiteten Kolben anschlagen oder sich zumindest auf ein nicht mehr vertretbares Maß nähern würden. Ein »Sicherheitsabstand« zwischen Kolben und (geöffnetem) Ventil von etwa 1,0 mm sollte eingehalten werden. Diesen Abstand stellt man am besten durch kleine Plastillinbällchen fest, die man vor der endgültigen Montage des Motors unten ans Ventil klebt und dann einmal voll durchdreht. Aus der Stärke des plattgedrückten Plastillins kann man den Abstand erkennen. Manchmal ist es auch notwendig, falls der Zylinderkopf und der Brennraum umgestaltet wurden, den Kolben an solchen Stellen nachzuarbeiten, wo die Gefahr einer Kollision mit dem Brennraum besteht. Solche Probleme treten jedoch meist nur bei stark profilierten Kolben (Dachkolben oder solche mit ausgeprägtem, der Brennraumform

Komponenten eines modernen Kurbeltriebs: Der Leichtbau-Kolben mit seinen ausgeprägten Ventiltaschen sowie das Trapezpleuel mit seinem gecrackten Pleuelfuß offenbaren sich schon beim ersten Blick als Bauteile eines Hochleistungsmotors.

Zwei Generationen im Vergleich: Links ein ultraleichter Kasten- bzw. Slipperkolben, rechts ein älterer Kolben mit langem Kolbenhemd.

angepasstem Dachprofil) auf. In solchen Fällen ist darauf zu achten, dass jeder Kolben exakt die gleiche Bearbeitung erfährt.

Auch der Kolbenbolzen kann zur Gewichtserleichterung innen bearbeitet werden. Zylindrische Kolbenbolzen werden zu diesem Zweck konisch nach außen hin aufgeweitet. Kolbenbolzen, die bereits serienmäßig innen konisch sind, können ebenfalls, jedoch in geringerem Umfang, erweitert werden. Auf diese Weise lassen sich ebenfalls einige Gramm gewinnen, doch ist die Bearbeitung nicht ganz einfach. Sollte sich der Kolbenbolzen hinterher als zu schwach erweisen, so zeigt sich dies meist in Form von ausgeschlagenen Kolbenbolzenaugen. In den meisten Fällen sind jedoch die Kolbenbolzen ausreichend stark bemessen, so dass man in dieser Hinsicht keine Bedenken zu haben braucht. Eventuell kann man auch zwecks höherer Steifigkeit den Kolbenbolzen nach der Bearbeitung nitrieren lassen, falls er von Haus aus nicht bereits diese Behandlung erfahren hat.

Reibung kostet Leistung

Insbesondere bei hohen Kolbengeschwindigkeiten, entsprechend also hohen Drehzahlen und großem Hub, steigen die Reibungsverlustleistungen eines Motors sehr stark an. Dieser Anstieg wird in erster Linie durch die Wandreibung des Kolbens am Zylinder bewirkt, und daran sind wiederum die Kolbenringe stark beteiligt, deren Aufgabe es ja ist, durch eine möglichst gute »Anlage« an der Zylinderwand den Kolben gegenüber dieser abzudichten. Im Allgemeinen unterscheidet man zwischen sogenannten Kompressionsringen, die die Abdichtung übernehmen, und Ölabstreifringen, die das an den Zylinderwänden haftende Schmieröl abstreifen und so vor der Verbrennung retten. Normalerweise besitzt ein Kolben zwei oder drei Kompressionsringe und einen Ölabstreifring. Bei konsequenter Weiterverfolgung des Grundsatzes, die Reibungsverluste so niedrig wie möglich zu halten, erscheint es nun zweckmäßig, bei frisierten Motoren auch die Reibungsverluste durch die Kolbenringe zu reduzieren. Die eleganteste Lösung ist natürlich, Spezialkolben mit besonders schmalen Kolbenringen zu verwenden. Auch bringt das Entfernen eines Kompressionsringes geringere Wandreibungsverluste, doch muss im Allgemeinen davon Abstand genommen werden, da bei niedrigen Drehzahlen wiederum Kompressionsverluste auftreten können. Dennoch: Wettbewerbs-und Hochdrehzahlmotoren (gilt nicht für Diesel) beschränken sich nicht selten auf einen einzigen Kompressionsring und einen Ölabstreifer. Ein Entfernen des Ölabstreifringes ist nicht zulässig, da hierdurch der Ölverbrauch untragbare Ausmaße annehmen würde. Schließlich wurde auch schon von der Möglichkeit Gebrauch gemacht, die Lauffläche der Kolbenringe durch Abdrehen zu schmälern. Eine Verringerung der Vorspannung der Kolbenringe (durch Erwärmen) bringt ebenfalls verminderte Reibung.

Die Kontrolle der Hauptlager auf vorschriftsmäßiges Maß bzw. Spiel ist besonders bei Motoren wichtig, die bereits eine gewisse Laufstrecke hinter sich haben. Auch bei neuen Motoren kann es nicht schaden, denn zu enges Spiel kostet Leistung und kann eventuell zu Überhitzung führen.

Zylinder und Passungen

Damit sich der Kolben überhaupt im Zylinder bewegen kann, muss dieser etwas größer sein als der Kolben. Diesen Betrag nennt man das Laufspiel. Normalerweise trachtet man danach, das Laufspiel möglichst gering zu halten, um Geräusche und Kolbenkippen zu vermeiden. Andererseits bedingt enges Kolbenlaufspiel eine sehr sorgfältige und lange Einlaufperiode, da die Gefahr eines Kolbenklemmers bei engem Laufspiel größer ist. Da das Kolbenlaufspiel sich jedoch mit der Temperatur ändert, muss man von vornherein ein bestimmtes Einbauspiel vorsehen, das dieser Erscheinung Rechnung trägt.

Das Einbauspiel beträgt normalerweise einige Hundertstel Millimeter (bei luftgekühlten Motoren wird es meist etwas größer gewählt als bei wassergekühlten) und wird vom Werk genau vorgeschrieben. Wenn man sich also einen Satz Kolben kauft, ist für diese ein ganz bestimmtes Einbauspiel vorgeschrieben, das

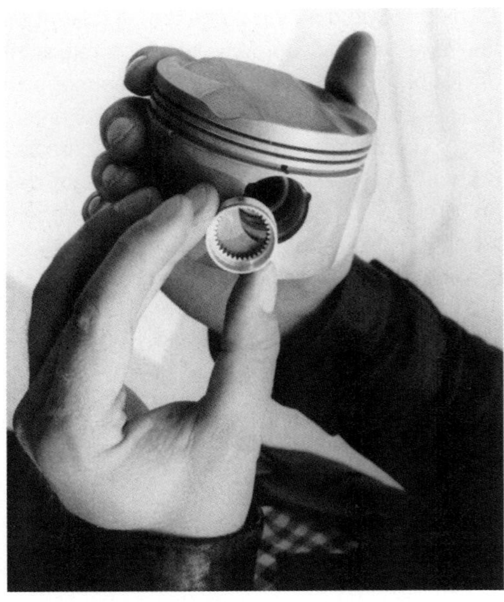

Rennkolben in hoch drehenden Motoren bedürfen einer besonderen (geschraubten) Kolbenbolzensicherung. Normale Sicherungs-Federringe können sich bei sehr hohen Drehzahlen (über 10.000/min) lösen.

man den entsprechenden Reparatur- bzw. Instandsetzungsanleitungen entnehmen kann, oft weiß auch die Werkstatt darüber Bescheid. Bei getunten Motoren empfiehlt es sich, einerseits um die Gefahr eines Kolbenklemmers zu herabzusetzen, andererseits, um die Reibverluste etwas zu mindern, das Kolbenspiel etwa 0,01 bis 0,02 mm größer zu wählen. Dies kann man sich auch ohne Weiteres leisten, da man außer einem lauteren Kolbengeräusch sonst keine Nachteile in Kauf nehmen muss.

Hierzu müssen die Zylinderbohrungen entsprechend erweitert werden, was man bei Zylinderschleifereien machen lassen kann. Wenn also beispielsweise für das Bohrungsnennmaß von 83 mm die Zylinder einen Innendurchmesser von 83,01 mm aufweisen und die Kolben, bei einem vorgeschriebenen Einbauspiel von 0,04 mm einen Durchmesser von 82,97 mm haben, kann der Zylinder auf 83,02 mm oder sogar 83,03 mm erweitert werden. Auch sei darauf hingewiesen, dass wegen der in der Serienfertigung unvermeidlichen Toleranzen zu einem bestimmten Nennmaß verschieden große Effektivmaße kommen. Dies ist meist auf den Kolben angezeichnet. So gibt es für das oben aufgeführte Nennmaß Zylinder mit 82,99 mm, 83,00 mm und 83,01 mm Durchmesser, die dazugehörigen Kolben haben 82,95 mm, 82,96 mm und 92,97 mm Durchmesser. Man kann also auch in manchen Fällen ohne Aufweiten der Zylinderbohrung durch entsprechende Kombination der Kolben und Zylindergrößen zu dem gewünschten größeren Laufspiel kommen.

Übermaß verwenden

An dieser Stelle möchten wir noch auf eine weitere Möglichkeit einer geringfügigen Leistungssteigerung hinweisen, von der manchmal Gebrauch gemacht wird. Für die einzelnen Motorentypen gibt es nämlich für den Überholungsfall vorgesehene Kolben mit verschieden starkem Übermaß, das meist von 0,5 zu 0,5 mm gestaffelt ist. Man erhält also, wenn man Kolben des 2. Übermaßes einbaut, eine Vergrößerung der Bohrung um 1 mm, was einen geringfügigen Hubraumgewinn ergibt. Bei manchen Motoren sind noch größere Übermaße möglich, so dass man auf diese Weise manchmal schon einige Kubikzentimeter zusätzlich gewinnt. Wenn auch der Hubraumgewinn nicht sehr groß ist und in den meisten Fällen kaum 50 cm^3 übersteigen dürfte, sollte man doch diese Möglichkeit, zumindest wenn ohnehin eine Motorüberholung fällig ist, nicht auslassen, denn eine Summe von Kleinigkeiten addiert sich letzten Endes zu einem ansehnlichen Leistungsgewinn.

Spezialkolben

Es wurde schon eingangs dieses Kapitels darauf hingewiesen, dass man mit Hilfe von sondergefertigten Spezialkolben in jeder Hinsicht bessere Ergebnisse erzielen kann. Davon macht man im Tourenwagen-Rennsport auch regen Gebrauch, wo kaum ein Wagen mit den Serienkolben anzutreffen sein dürfte. Die Vor-

Aus dem zylindrischen Schmiedekolben (ohne Dachprofil) entstehen durch Kopierfräsen die daneben stehenden Dachkolben, die sich genau der Brennraumform anpassen.

züge, die man dadurch gewinnt, liegen auf der Hand.

Man kann das Kolbenprofil (Kolbenboden) ganz den Erfordernissen anpassen und braucht zum Zwecke der Verdichtungserhöhung meist nicht den Brennraum im Zylinderkopf zu ändern, was in vielen Fällen von Vorteil ist. Außerdem kann man den Aufbau dieser Kolben ganz auf den späteren Betrieb abstellen.

Freilich handelt man sich mit der Beschaffung von Spezialkolben nicht nur Vorteile ein. Als wichtigster Nachteil sei hier der relativ hohe Preis dieser Teile genannt. Sonderkolben kann man unter genauer Angabe des Motortyps, der Bohrung und des gewünschten Dachprofils bei den Firmen Mahle und Kolben-Schmidt bestellen. Noch besser, man greift auf Sonderanfertigungen von Tunern zurück, die bereits erprobt sind. Natürlich bieten solche Kolben auch im Falle einer notwendigen Motorüberholung einige Schwierigkeiten, da sie meist als Übermaß nicht erhältlich sind bzw. ihre Beschaffung schwierig wird.

Schließlich sei noch darauf hingewiesen, dass geschmiedete Kolben bei sonst gleichen Abmessungen meist schwerer ausfallen als die gegossenen Serienkolben. Spezialkolben kann man auch völlig ohne Dachprofil bestellen, wobei über dem oberen Kolbenring so viel Material absichtlich »stehen« blieb, dass man sich die gewünschte Kolbenbodenform selbst ausarbeiten kann.

Mit der Aufzählung ihrer Nachteile wollen wir nicht etwa von geschmiedeten Spezialkolben abraten, doch sollte man prüfen, ob ihre Anschaffung lohnt. Wenn gar einige Tuning-Werkstätten solche Spezialkolben anbieten, die meist wegen der größeren Anschaffungsstückzahl preiswerter sind als Einzelanfertigungen, sollte man nach Möglichkeit davon Gebrauch machen. Auch Kolben mit relativ einfachem Profil (Flachkolben, Muldenkolben und leicht gewölbte Kolben) sind in der Form leichter beherrschbar und im Preis meist nicht zu teuer. Auch hier können sich Einzelanfertigungen lohnen.

Wie wir schon angedeutet haben, lässt sich der Hubraum der meisten Motoren durch den Einbau größerer Kolben manchmal nicht unbeträchtlich vergrößern. Zu diesem Zweck müssen die Zylinder auf das entsprechende Maß aufgebohrt werden. Wie weit man im Einzelfall gehen kann, kommt auf den Versuch an und wird in der Regel durch die Zylinderwandstärke bestimmt. Eine weitere Möglichkeit der Hubraumvergrößerung durch größere Kolben und Zylinder besteht dann, wenn ein bestimmter Motor auf der gleichen Basis mit verschiedenen Hubräumen gefertigt wird. Hier kann man in der Regel durch die Verwendung der Kolben und Zylinder des größeren Modells oft einen erheblichen Hubraumgewinn erzielen. Bei Fahrzeugen, die an Sportveranstaltungen teilnehmen, ist eine Hubraumvergrößerung nur bis zur Grenze der jeweiligen Hubraumklasse gestattet.

Es ist darum vorteilhaft, wenn man schon den Aufwand für besondere Kolben treibt, dann gleich eine leichtere Konstruktion mit entsprechend schmalerer Ringbestückung zu wählen. Bei der Gelegenheit sei noch darauf hingewiesen, dass moderne Vierventilmotoren bedingt durch den symmetrischen Brennraum einerseits relativ einfache Kolbenformen haben, also leicht an den Kopf anzupassen sind, dass andererseits wegen des hohen Drehzahlniveaus und der in der Regel ausgereizten Verdichtung beim Kolben wenig zu holen ist.

Bearbeiteter Kolbenboden aus einem Rohling für einen klassischen, angenäherten Halbkugelbrennraum eines Zweiventilers.

Extrem kurz und entsprechend leicht bauen die Kolben für Vierventilmotoren. Die Bodenform ist in der Regel sehr einfach als Planfläche oder leichte Wölbung ausgeführt. Die Ventiltaschen werden meist eingefräst.

Ventiltrieb und Nockenwellen

Der Ventiltrieb und die Nockenwelle spielen bei allen Betrachtungen leistungsteigernder Maßnahmen eine tragende Rolle. Nicht nur, dass die Konstruktion und Ausführung des Ventiltriebes die mögliche Spitzendrehzahl bei Serienmotoren sehr oft beschränkt, für das Leistungsverhalten ist die Nockenwelle als Steuerelement des Gaswechsels von ausschlaggebender Bedeutung. Dies spiegelt auch der technische Aufwand, der beim Ventiltrieb moderner Serienmotoren getrieben wird. Längst sind zwei obenliegende Nockenwellen Standard, und bei Motoren mit höherem Leistungsanspruch greift man zu mehr oder weniger ausgefeilten Methoden, um Variabilität in den Steuerzeiten oder gar beim Ventilhub zu nutzen.

Nachträgliche Eingriffe in den Ventiltrieb werden daher immer komplizierter oder lohnen manchmal gar nicht. Dennoch muss man sich über das Prinzip und die Zusammenhänge klar werden, was die Aufgabe dieses Kapitels sein soll. Schließlich gibt es inzwischen eine blühende Youngtimer-Szene, in der ältere Motoren mit konventionellen Ventiltrieben zum Einsatz kommen. Nicht selten werden diese bei der Restauierung überarbeitet oder getunt. Damit die praktische Tätigkeit und Tu-

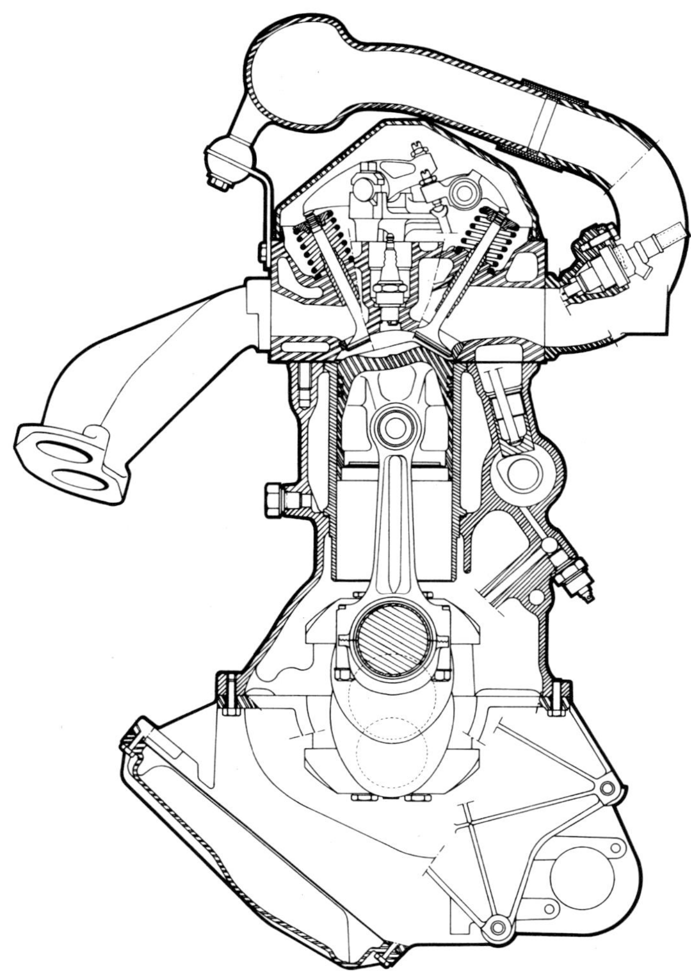

Stoßstangensteuerung (ohv) mit einer auf mittlere Zylinderhöhe hochgelegten Nockenwelle beim Citroën CX GTI. Die Betätigung der V-förmig angeordneten Ventile erfolgt über geschmiedete Kipphebel. Eindrucksvoll ist die Schwingrohrlänge der über den Zylinderdeckel gezogenen Sauganlage.

ningarbeit nicht zu kurz kommen, werden alle die Maßnahmen beschrieben, die einen Serienventiltrieb drehzahlfester machen. Zu welcher Nockenwelle man sich dann entschließt, kommt auch auf den Verwendungszweck an.

Der Ventiltrieb

Unter dem Ventiltrieb versteht man außer den Nockenwellen und deren Antrieb durch Zahnräder, Zahnriemen oder Ketten alle übrigen Betätigungselemente, die zur Bewegung der Ventile notwendig sind. Je nach Ausführung der Steuerung sind dies Stößel, Stoßstangen (auch Stößelstangen genannt), Kipphebel, Schlepphebel oder Schwinghebel, Ventilfedern, Federteller, die Ventile selbst und andere Kleinteile.
Im modernen Motorenbau kommen verschiedene Steuerungssysteme zur Anwendung. Wir wollen die gebräuchlichsten Systeme an dieser Stelle kurz beschreiben.

Untenliegende Nockenwelle

Diese Art der Steuerung nennt man als Abkürzung des dafür stehenden englischen Ausdrucks (over head valves) auch OHV-Steuerung. Wie der Name sagt, befinden sich die Ventile hängend im Zylinderkopf, die Nockenwelle befindet sich unterhalb der Trennungsebene Motorblock-Zylinderkopf, ist also im Motorblock gelagert. Die Übertragung der Nocken-Hubbewegung erfolgt zunächst nach oben mit Stoßstangen und dann über Kipphebel auf die Ventile. Diese Bauweise ist sehr einfach, gilt technisch aber als veraltet. Ein- und Auslass befinden sich in der Regel auf derselben Zylinderkopfseite (side flow). Es gibt aber auch Ausnahmen mit V-förmig hän-

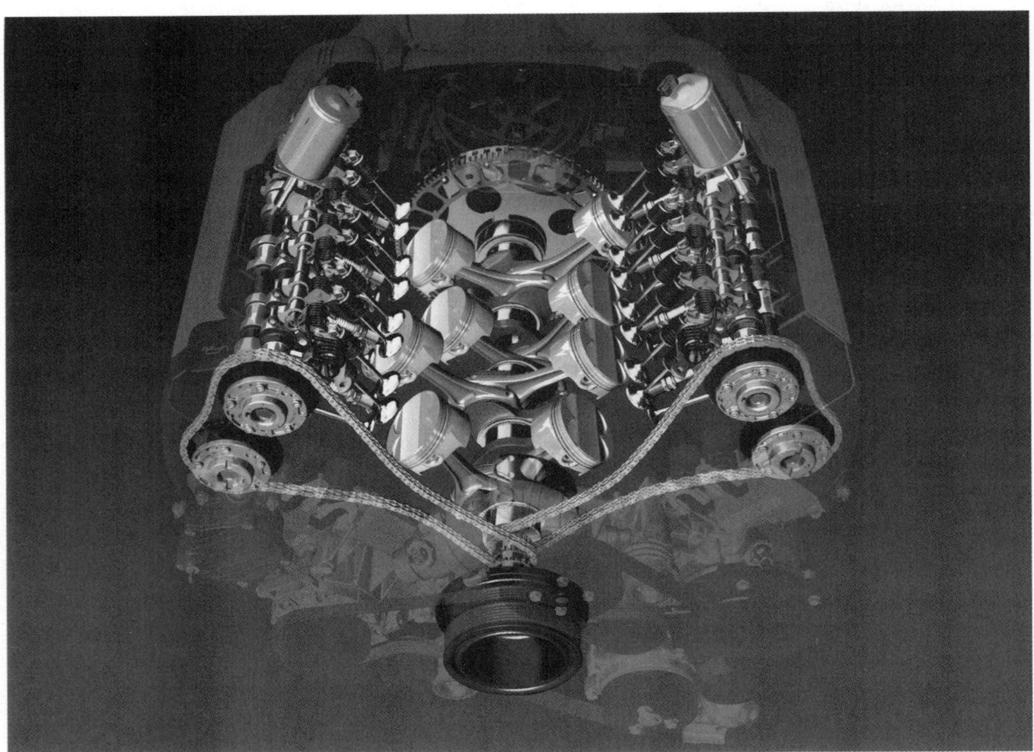

Zeitgemäßer Ventiltrieb aus dem Hause BMW: Neben den üblichen Komponenten verfügt der V8-Motor über zwei Steuerketten, 32 Ventile, vier obenliegende Nockenwellen, Doppel-VANOS und das Valvetronic-System.

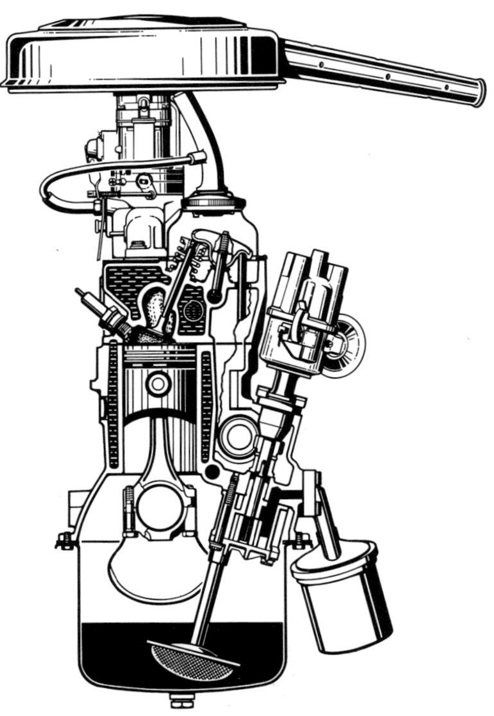

Der alte Kadett-Motor ist ein Vierzylinder einfacher Bauart. Die Nockenwelle liegt seitlich (ohv), jedoch hoch genug, um auf verhältnismäßig geringe Ventiltriebmassen zu kommen. Die Kipphebel sind als Blechpressteile ebenfalls ziemlich leicht, doch sind sie bei starker Beanspruchung leichter überfordert als geschmiedete Kipphebel und sollten darum nicht erleichtert oder bearbeitet werden.

genden Ventilen (Citroën CX, Renault Gordini) und Cross-flow-Anordnung der Kanäle. Auch die Realisierung der Vierventiltechnik ist auf Grund der engen Platzverhältnisse bei dieser Steuerung für Pkw-Motoren kaum möglich und auch nicht empfehlenswert, weil diese Art der Ventilbetätigung nicht gut für hohe Drehzahlen geeignet ist. Denn das Gesamtsystem ist nicht sehr steif und daher schwingungsempfindlich. Vierventilmotoren mit dieser Ventilbetätigung findet man allerdings bei Großdieselmotoren. Hier sind hohe Drehzahlen nicht gefragt. Durch gegabelte Kipphebel genügt meist eine Stoßstange für die Betätigung von zwei Ventilen. Honda hatte 1978 erstmals Vierventiltechnik mit Stoßstangen beim Motorradmotor der CX 500 realisiert. Die relativ kurzen Stoßstangen des Zweizylinder-V-Motors erlaubten Drehzahlen bis über 9000/min.

Obenliegende Nockenwelle(n)

Bei allen weiteren Ventilsteuerungsbauarten befinden sich die Nockenwelle oder die Nockenwellen im Zylinderkopf oberhalb der Trennungsebene Zylinderblock-Zylinderkopf. Entsprechend der englischen Bezeichnung kürzt man diese Form der Steuerung mit OHC (over head camshaft) oder DOHC (double over head camshaft) ab. Oft liest man auch die Bezeichnung SOHC (single over head camshaft). Während Zweiventilmotoren mit zwei obenliegenden Nockenwellen (DOHC) an Bedeutung verlieren, setzt sich immer mehr die Erkenntnis durch, dass es beim ohnehin schon großen Aufwand für zwei obenliegende Nockenwellen sinnvoll ist, gleich eine Kombination mit der Vierventil- oder auch Fünfventiltechnik einzugehen. Cross-flow-Konstruktion des Zylinderkopfes versteht sich von selbst. Ein weiterer Vorteil der DOHC-Bauweise ist durch die Möglichkeit der variablen Einlassventil-Steuerung gegeben. Durch geeignete Mechanismen wird dabei die Einlassnockenwelle relativ zur Auslassnockenwelle, oder gleich beide Nockenwellen (Doppel VANOS von BMW) gegeneinander verdreht. Die geänderten Steuerzeiten können in mehr Drehmoment bei niedrigen Drehzahlen, aber auch in mehr Leistung bei hohen Drehzahlen umgesetzt werden.
Je nach Betätigungsmechanismus der Ventile unterscheiden sich die Steuerungssysteme in ihrer Qualität und Leistungsfähigkeit.

- **Schlepphebelsteuerung, eine obenliegende Nockenwelle**

Nockenbewegung und Nockenkräfte werden durch einen zwischen Ventil und Nocken schwingend im Zylinderkopf gelagerten Hebel übertragen bzw. aufgenommen. Der Schwinghebel oder Schlepphebel bewirkt je nach den

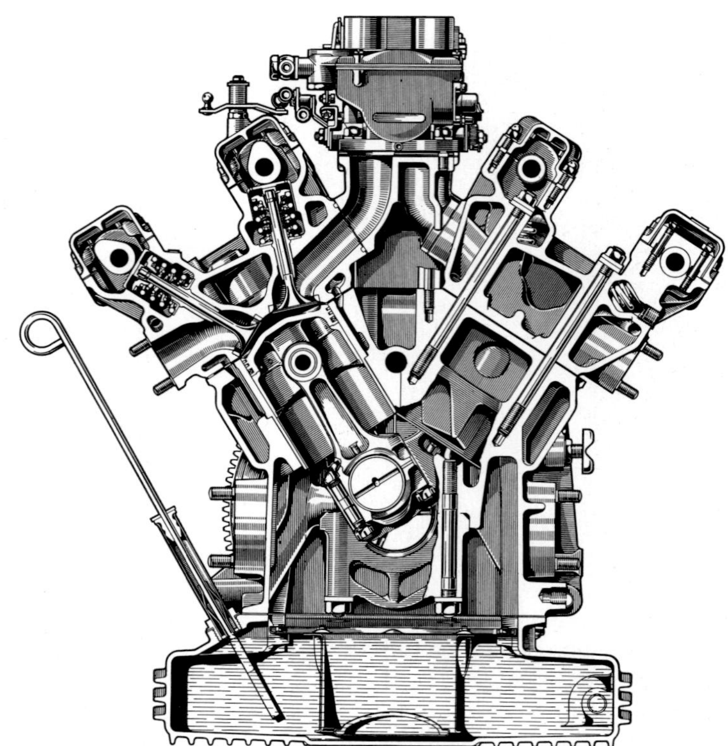

Klassische Konstruktion: Der ursprünglich im Fiat Dino und später im Lancia Stratos eingebaute V6-Motor ist ein Musterbeispiel für einen klassischen DOHC-Motor. Die beiden obenliegenden Nockenwellen (in diesem Fall insgesamt vier, je zwei pro Zylinderreihe) betätigen die Ventile direkt über kurze Tassenstößel. Schon der Serienmotor erreichte Drehzahlen von ca. 8000/min, Renntriebwerke kamen auf über 10.000/min.

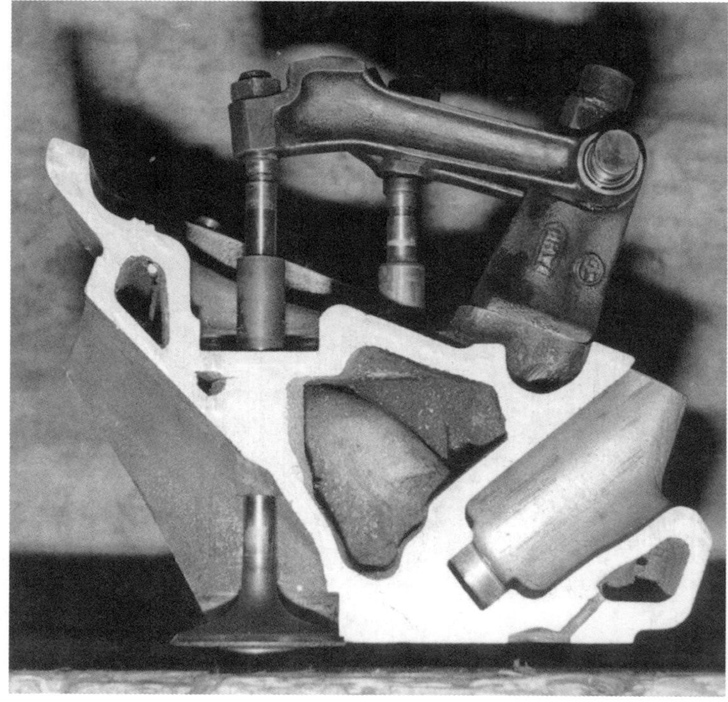

Die alten Mercedes-Motoren hatten eine obenliegende Nockenwelle, die unterschiedlich lange Schlepphebel betätigte. Außerdem sind bei diesem zersägten Zylinderkopf die Führung des Einlasskanals und die Material-Wandstärke gut zu erkennen.

Preiswert und drehzahlfest: Eine obenliegende Nockenwelle betätigt beim VW-827-Motor (Golf, Passat, Audi 80) die in einer Linie parallel hängenden Ventile direkt über Tassenstößel. Einlass und Auslass liegen auf einer Seite.

geometrischen Bedingungen eine Übersetzung des Nockenhubes. Als Abstützpunkt für den Schwinghebel kann auf sehr einfache Weise ein hydraulisches Ventilspielausgleichselement verwendet werden. Es können hohe Kräfte übertragen werden, da der Steuerungsmechanismus sehr steif ist. Gut geeignet für hohe Drehzahlen. Auf Grund der engen Platzverhältnisse ist diese Art der Ventilbetätigung sogar für Mehrventiler geeignet. Die Ventile sind meist exakt parallel angeordnet, es ist jedoch eine Lösung mit leicht V-förmig angeordneten Ventilen möglich. Ein- und Auslass können sowohl auf derselben Zylinderkopfseite (side flow) als auch auf beiden Seiten des Kopfes (cross flow) angeordnet sein.

- **Tassenstößelsteuerung, eine obenliegende Nockenwelle**

Die Ventile sind im Zylinderkopf in einer Reihe parallel hängend entweder senkrecht in etwa über der Zylindermitte (z. B. VW) angeordnet, oder auch schräg (z. B. Porsche 928/944). Die exakt über der Ventilachse liegende Nocken-

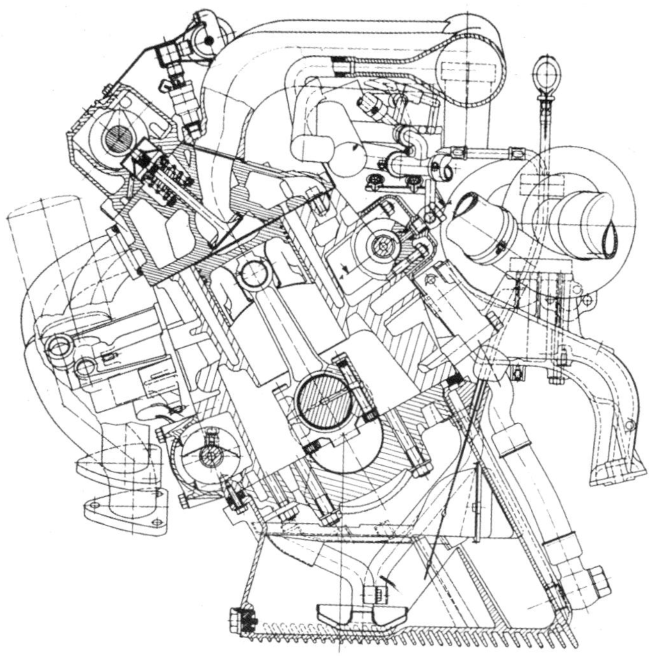

Porsche 944 Turbo: Die schräg über der Zylindermitte angeordneten Ventile wurden über eine einzelne Nockenwelle (OHC) und Tassenstößel betätigt.

welle betätigt die Ventile direkt über Tassenstößel. Die Tassenstößel sind im Zylinderkopf zur Aufnahme der Seitenkräfte geführt und übertragen die Nockenkraft mit ihrem Boden auf die Ventile. Das Ventilspiel kann mechanisch durch Einstellplättchen oder Hütchen eingestellt oder durch hydraulische Tassenstößel automatisch ausgeglichen werden. Es ist die exakteste und steifeste Form der Ventilbetätigung, und sie erlaubt höchste Motordrehzahlen. Sie ist für Otto- und Dieselmotoren gleichermaßen gut geeignet. Side- und crossflow-Konstruktionen des Zylinderkopfes sind möglich. Diese Konstruktion hat, nicht zuletzt wegen ihrer Einfachheit und ihrer geringen Anzahl von Bauteilen, gegenüber Lösungen mit Schlepp- oder Kipphebeln Vorteile, ist aber nur bei Zweiventiltechnik sinnvoll anwendbar.

- **Kipphebelsteuerung, eine obenliegende Nockenwelle**

Die Nockenwelle ist im Zylinderkopf etwas tiefer angeordnet als bei der Tassenstößelsteuerung. Das Übertragungsglied Kipphebel schwingt um eine zwischen Nockenwelle und Ventil angeordnete Kipphebelachse. So wie bei der Schlepphebelsteuerung kann auch hier eine Übersetzung des Nockenhubes stattfinden. Gegenüber der Tassenstößelsteuerung kann hier Bauhöhe eingespart werden. Die Ventile sind V-förmig angeordnet, wodurch sich schon automatisch die cross-flow-Bauweise anbietet. Sowohl Ein- als auch Auslasskanal können im Zylinderkopf kurz gehalten werden. Mit dieser Steuerung lässt sich neben der Zweiventiltechnik auch die Dreiventiltechnik einfach realisieren. An der Stelle des

Eine oben liegende Nockenwelle betätigt über zwei Kipphebel die V-förmig hängenden Ventile dieses Mercedes-Vierzylinders. Die Einstellung des Ventilspiels erfolgt über Schrauben.

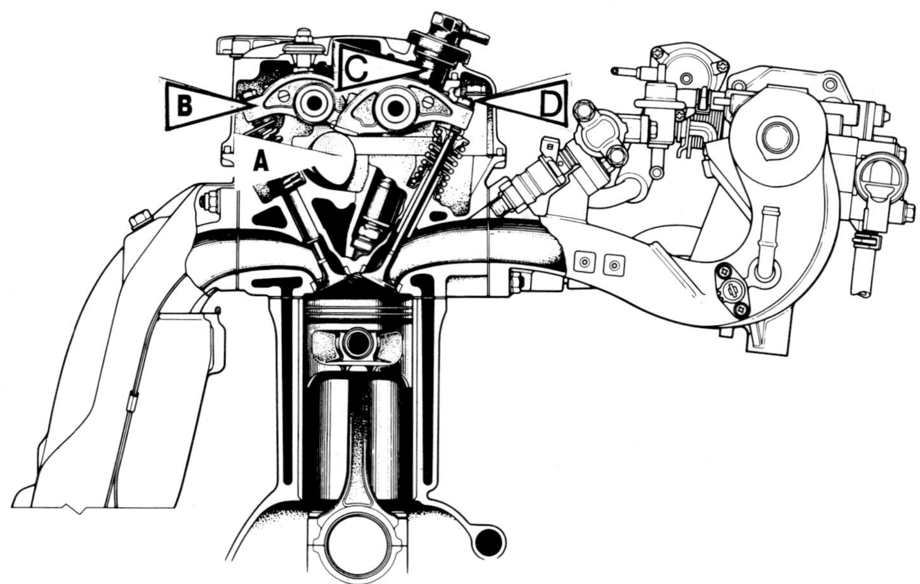

Etwas kompliziert wird die Betätigung von vier Ventilen durch eine einzige obenliegende Nockenwelle. Beim Honda Civic 1,6 wirken die Nocken (A) über insgesamt 16 Kipphebel (B) auf die Ventile. Nachteile: Das Ventilspiel muss mechanisch eingestellt werden (D), die Zündkerze (C) kann nicht direkt von oben in die Mitte des Brennraumes geschraubt werden, sondern verläuft schräg.

nicht vorhandenen vierten Ventils ist dann beim Dreiventiler die Zündkerze angeordnet. Schwierig wird es bei der Vierventiltechnik. Zwar lassen sich die vier Ventile einfach betätigen – Platzprobleme gibt es jedoch bei der Zündkerze, weil die Nockenwelle den bevorzugten Weg für den Zündkerzenschacht von oben versperrt.

Bekannt ist die Lösung eines japanischen Herstellers (Honda Civic), bei dem durch extrem enges Konstruieren der Zündkerzenschacht zwischen Nocken und Ventilebene durchgeführt wird. Die Einstellung des Ventilspiels erfolgt meist durch Einstellschrauben am Ende des Kipphebels. Diese Einstellschrauben drücken direkt auf das obere Ende des Ventilschaftes und werden mit einer Kontermutter gesichert. Die Steifigkeit der Kipphebelsteuerung ist nicht so gut wie die der Schlepphebelsteuerung oder gar der Steuerung mit Tassenstößeln. Für sehr hohe Drehzahlen ist sie daher nicht geeignet. Beim hydraulischen Ventilspielausgleich ist anstelle der Einstellschraube das hydraulische Ventilspielausgleichselement angeordnet. Die Zuleitung des Öldruckes erfolgt über Bohrungen im Kipphebel.

- **Schlepphebelsteuerung, zwei obenliegende Nockenwellen**

Die Schlepphebelsteuerung hat in den letzten Jahren an Bedeutung gewonnen, da sich mit so genannten Rollenschlepphebeln die Reibleistung herabsetzen lässt. In diesem Fall ist die Kontaktfläche zum Nocken kein Gleitstück, sondern eine drehbare Rolle, was natürlich das Gewicht erhöht. Allerdings gibt es in jüngster Zeit hier durchaus interessante Leichtbaukonstruktionen (Audi). Grundsätzlich lassen sich mit Schlepphebeln und zwei Nockenwellen (DOHC) alle Ventilkonfigurationen betätigen. Zwei, drei oder vier Schlepphebel pro Zylinder stützen sich innen nahe der Zylindermitte dicht neben dem Zündkerzenschacht ab und liegen außen auf den Ventilen auf. Ähnlich der Schlepphebel-Steuerung mit

Ventiltrieb und Nockenwellen

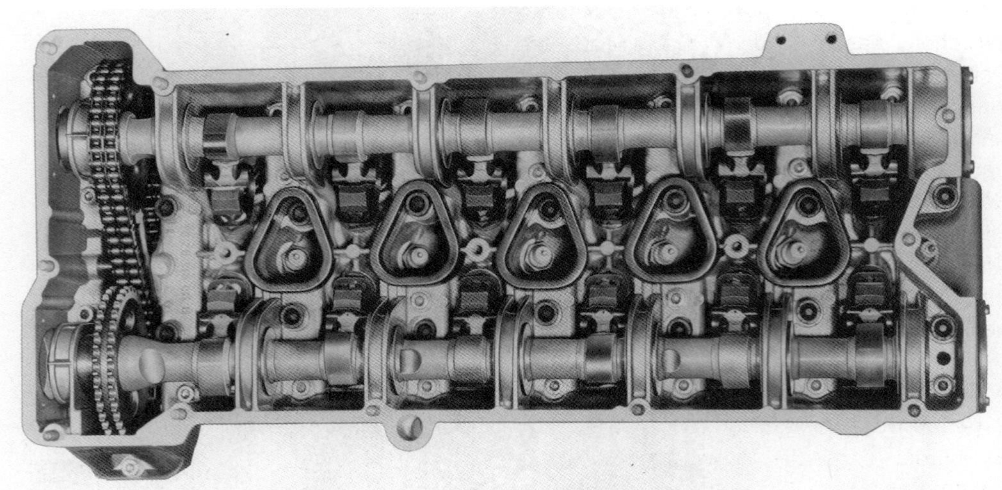

Schlepphebelsteuerung mit zwei obenliegenden Nockenwellen (DOHC) bei den alten 2,8-Liter-Motoren von Mercedes. Die Nockenwellen werden von einer Duplex-Kette angetrieben, die Ventile über kleine Schlepphebel betätigt. Die Drehzahlgrenze liegt über 7000/min.

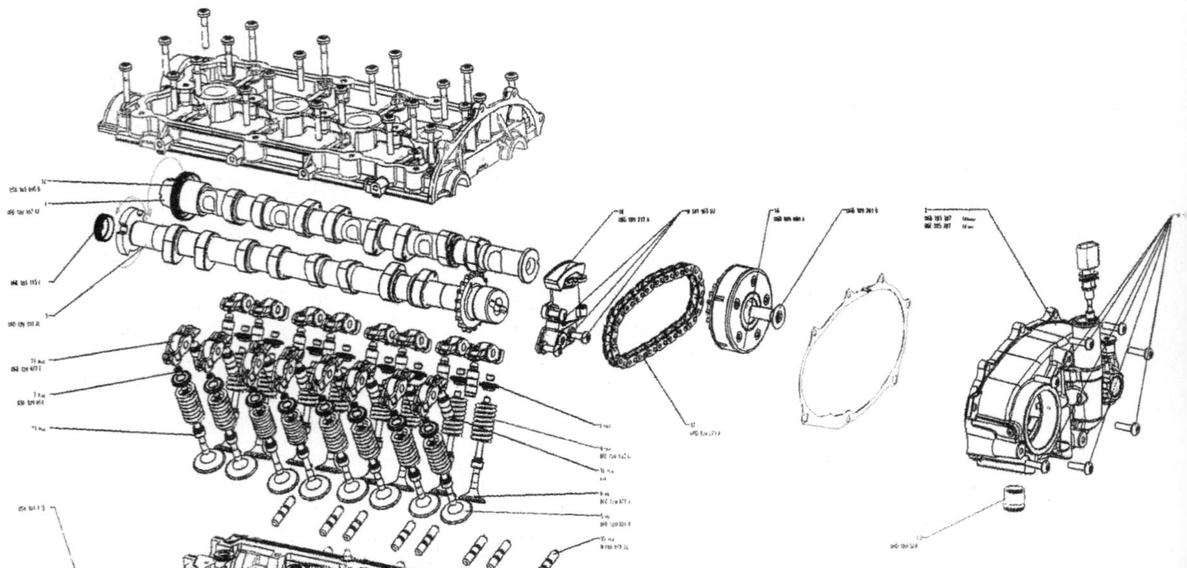

Hochleistungs-Vierzylindermotor. Zwei obenliegende Nockenwellen (DOHC), 16 Ventile, Rollen-Schlepphebel und ein Phasenversteller sind heute nahezu selbstverständlich. Das Ventilspiel wird über Hydrostößel ausgeglichen.

einer Nockenwelle (OHC) drücken die Nocken zwischen diesen beiden Punkten auf die Schlepphebel. Diese Bauweise ist recht aufwendig und erfordert viele Einzelteile. Vorteilhaft ist, dass die beidem Nockenwellen nicht ganz außen liegen und so die Breite des Zylinderkopfes nicht allzu groß ausfällt. Außerdem ist diese Art der Ventilbetätigung sehr steif. Diese Lösung wurde zuerst von Honda für einen Vierventiler angewandt, kommt aber zunehmend in Mode.

- **Tassenstößelsteuerung, zwei obenliegende Nockenwellen**

Es ist die klassische Bauweise sowohl für Rennmotoren als auch für Serienmotoren. Wie bei der Tassenstößelsteuerung mit einer Nockenwelle liegen die Nockenwellen genau über den Ventilen. Diese Steuerung ist äußerst steif und exakt und erlaubt hohe Ventilbeschleunigung und hohe Drehzahlen. Die Verwendung sowohl von Tassenstößeln mit mechanischer Ventilspieleinstellung als auch mit hydraulischem Ventilspielausgleich ist möglich. Auch bei kleinen Ventilwinkeln bleibt zwischen den beiden Nockenwellen Platz, um den Zündkerzenschacht genau in der Mitte unterzubringen. Mit noch vertretbarem Aufwand lassen sich mit dieser Steuerung auch fünf Ventile pro Zylinder betätigen. Das mittlere der insgesamt drei Einlassventile wird dabei genau um die Mitte der Nockenwelle aus der Ebene der beiden restlichen Einlassventile etwas nach außen geschwenkt, so dass im Brennraum die fünf Ventile in etwa auf einem Kreis angeordnet sind. Um die insgesamt fünf Tassenstößel auch unterbringen zu können, muss bei konstantem Zylinderabstand der Durchmesser der Tassenstößel verkleinert werden. Wegen ihrer höheren Reibleistung bei niederen Drehzahlen werden Tassenstößel jedoch zunehmend bei Großserien durch Rollenschlepphebel ersetzt. Porsche nutzt sie jedoch nach wie vor bei seinen Vierventilern, inzwischen sogar schaltbare Stößel (Variocam Plus), mit denen sich unterschiedliche Ventil-

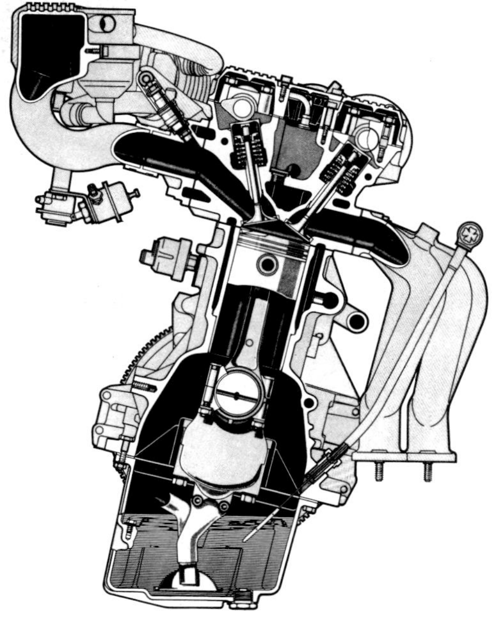

Die steifste und drehzahlsicherste Form der Steuerung: Direkt durch Tassenstößel betätigte, V-förmig hängende Ventile beim Alfa-Twin-Spark-Vierzylinder. Kleine Plättchen auf den Ventilschäften dienen dem Spielausgleich.

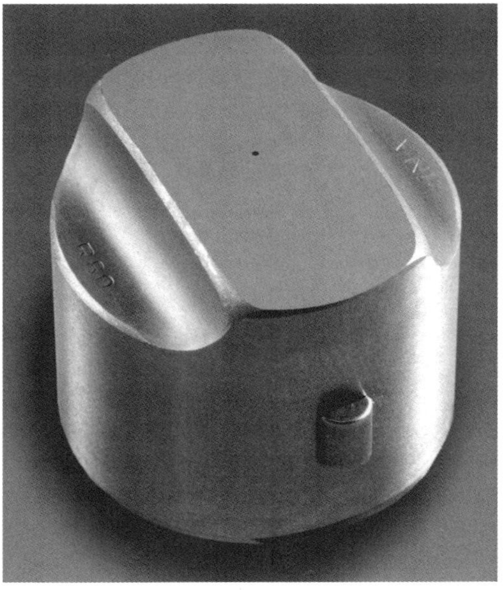

Kompakt und extrem leicht: Balliger Tassenstößel aus dem neuen V8-Motor für den BMW M3.

hübe darstellen lassen. Auch der Zehnzylinder des BMW M5 und der V8 des M3 besitzen (extrem leichte) Tassenstößel mit hydraulischem Ausgleich.

Die Drehzahlgrenzen

Für eine Leistungssteigerung ist in erster Linie interessant, welche Drehzahlen der bei dem betreffenden Motor vorhandene Ventiltrieb verträgt und ob diese Drehzahlen für die beabsichtigte Drehzahlsteigerung ausreichen. Ist dies nicht der Fall, so muss der Ventiltrieb drehzahlfester gemacht werden. Zunächst sei einmal erklärt, welche Faktoren die Drehzahl eines Ventiltriebes begrenzen.

Wie schon erwähnt wurde, spielen die Massen, also das Gewicht aller Einzelteile des Ventiltriebes für die obere Drehzahlgrenze die wesentlichste Rolle, da sie einem schnellen Öffnen und Schließen des Ventils hinderlich sind. Bekanntlich wird das Ventil durch die Nocken über die verschiedenen Übertragungsteile des Ventiltriebes rasch geöffnet; nach dem Überschreiten der Nockenspitze hat die Ventilfeder die Aufgabe, das Ventil ohne Verzögerung der Nockenbahn folgend wieder auf seinen Sitz zurückzudrücken. Wie rasch das Ventil sich nun erhebt (öffnet), ist wiederum von der Form des Nockens abhängig, worauf wir in einem späteren Abschnitt noch zu sprechen kommen.

Wir wollen hier nur so viel sagen, dass bei diesem Vorgang sehr hohe Beschleunigungen auftreten, die ein Vielhundertfaches der Erdbeschleunigung erreichen können. Beim zwangsgesteuerten Daimler-Benz-Rennmotor (1954-1955) wurden z. B. Spitzenwerte von über 17.000 m/s^2 erreicht, was etwa der 1700-fachen Erdbeschleunigung entspricht. Obwohl die Werte für normale Motoren wesentlich niedriger liegen, sei diese Zahl hier erwähnt, um deutlich zu machen, welche Beanspruchungen im Ventiltrieb bei hohen Drehzahlen auftreten können. Wie groß die Beschleunigungswerte im Einzelfall sind, hängt von der Nockenwelle ab und ist nur in einem komplizierten Rechengang nachzuprüfen, wobei man allerdings die Bahnkurve des Nockens kennen muss.

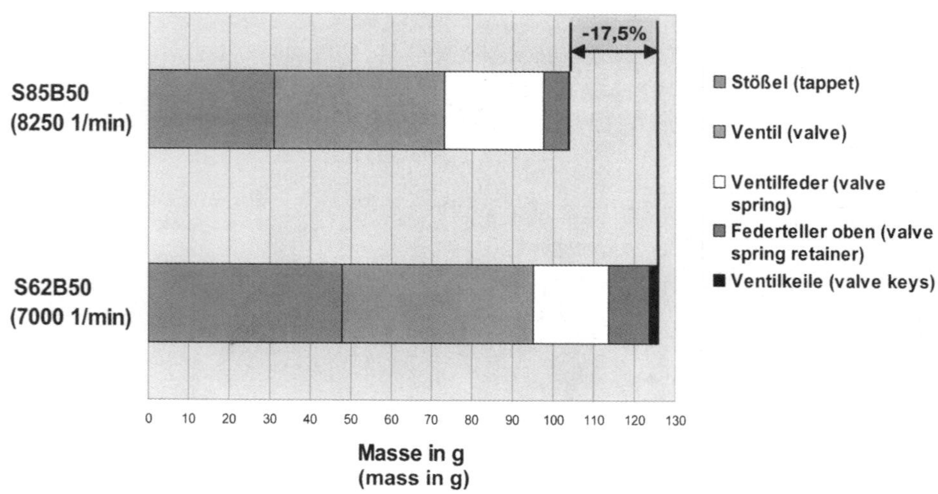

Die oszillierenden Massen des Ventiltriebs müssen möglichst gering sein, um hohe Drehzahlen erreichen zu können. Lange und schwere Stößelstangen verbieten sich damit für Sportmotoren von selbst.

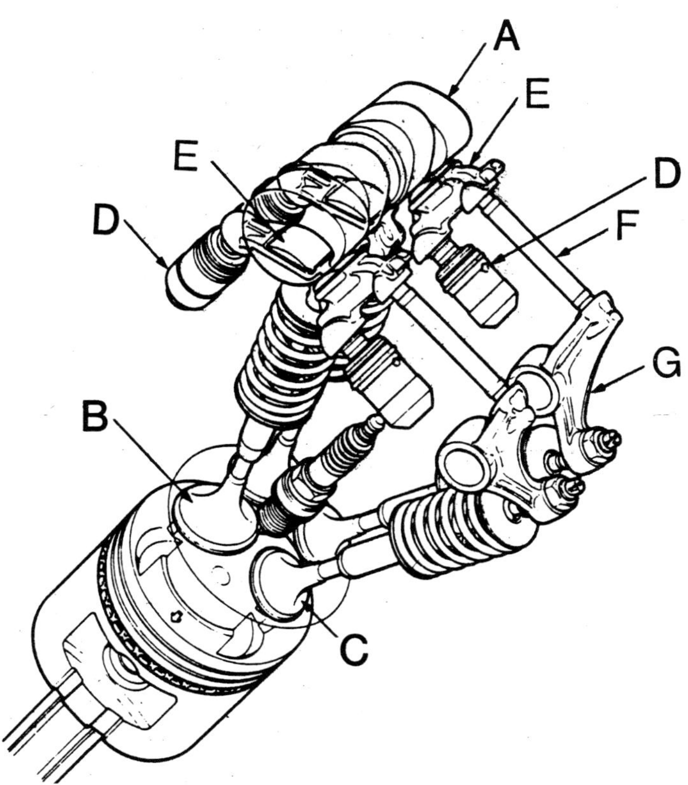

Der Motor des Honda Legend 2,7 weist eine kombinierte Art der Steuerung mittels Schlepphebel und Kipphebel auf. Nur eine Nockenwelle pro Zylinderreihe (A) steuert über Schlepphebel (E) die beiden Einlassventile (B). Schlepphebel, Stoßstangen (F) und Kipphebel (G) wirken auf die beiden Auslassventile. Sämtliche Schlepphebel stützen sich auf Hydroelemente (D) zum Spielausgleich ab.

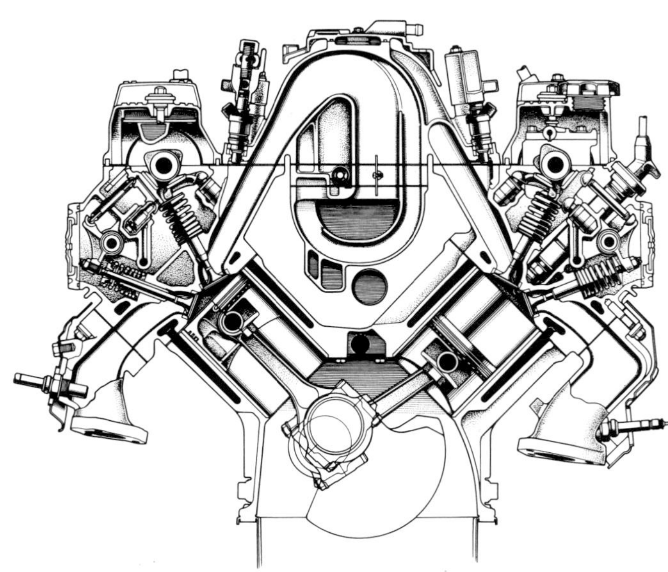

Ventiltrieb und Nockenwellen

Für den Tuner ist der effektive Wert der Beschleunigungen im Ventiltrieb nicht so interessant, da man sich hier mehr aufs Probieren und Experimentieren als aufs Berechnen verlegt. Dennoch müssen wir uns noch etwas allgemein mit diesen Vorgängen befassen, da dann die zu ergreifenden Gegenmaßnahmen leichter zu verstehen sind.
Die Grundformel der Dynamik lautet bekanntlich:

- Kraft = Masse mal Beschleunigung

Hieraus wird deutlich, dass die Kraft, die auf das Ventil und die Übertragungsteile einwirkt, um so größer ist, je höher die Ventilbeschleunigung wird und je größer die bewegten Massen des Ventiltriebes sind. Um nun bei hohen Nockenwellenbeschleunigungen, wie sie für gute Füllung unerlässlich sind, erträgliche Kräfte zu erreichen, muss man danach trachten, die Massen so gering wie möglich zu halten. Denn die Kraft darf aus verschiedenen Gründen eine bestimmte Obergrenze nicht überschreiten. Man kann zwar den höheren Kräften mit einer größeren Federkraft (härtere Ventilfedern) begegnen, jedoch sind auch hier aus Gründen der höheren Belastung und des dadurch gegebenen größeren Verschleißes Grenzen gesetzt.
Aus dieser Überlegung heraus ergibt sich auch der Vorzug obenliegender Nockenwellen, die durch eine Verringerung der Massen eine Erhöhung der Drehzahlgrenzen um 15 bis 20 Prozent gegenüber einem vergleichbaren Stoßstangenmotor gestatten. Eine Drehzahlsteigerung in ähnlicher Größenordnung erlaubt der Übergang von der Zweiventiltechnik zur Vierventiltechnik, wegen der geringeren Ventilmassen und der meist direkten Betätigung durch Tassenstößel. Wir wollen uns als Fazit dieses Abschnittes folgende Regeln merken, die für die weiteren Betrachtungen von Wichtigkeit sind.

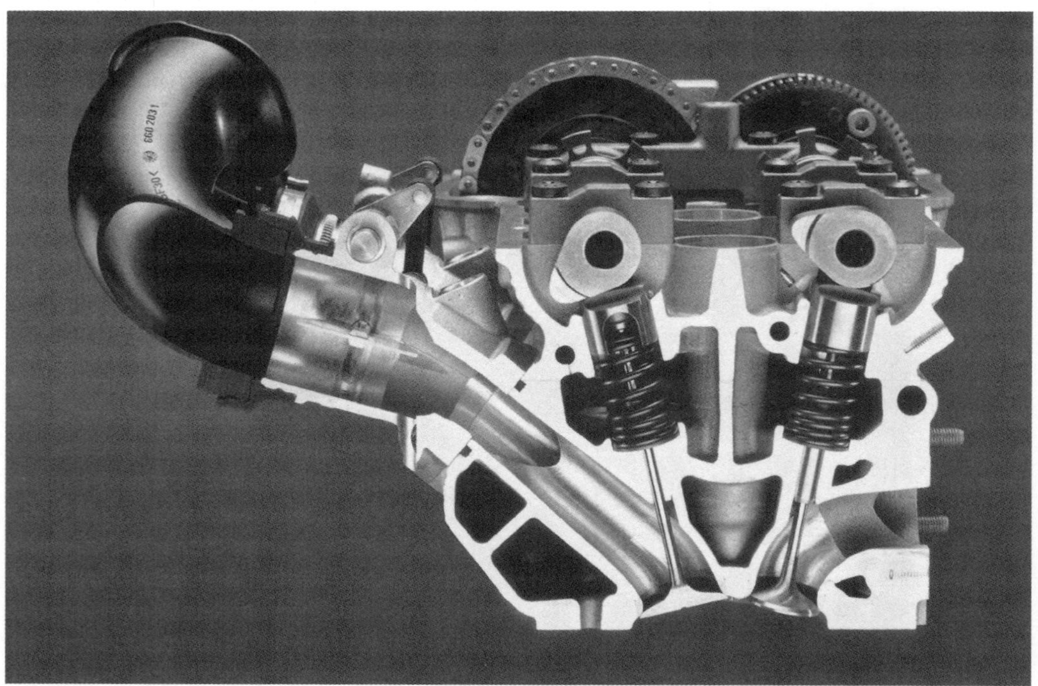

Zylinderkopf eines Sportmotors: Steuerung über zwei obenliegende Nockenwellen, im leichten V-Winkel hängende Ventile, Brennraum in Dachform, Querstromspülung, kurze Ansaug- und Abgaswege, zentrale Zündkerze sowie drehzahlfeste Tassenstößel.

- Die Massen des Ventiltriebes sollten möglichst klein sein.
- Der Ventiltrieb soll möglichst steif sein (möglichst geringe Elastizität der bewegten Massen).

Aus beiden Regeln resultiert, dass die maximal erreichbaren Beschleunigungen um so größer sind, je leichter und steifer die bewegten Massen des Ventiltriebes ausfallen. Bei der nachträglichen Bearbeitung vorhandener Ventiltriebteile ergibt sich daraus die Konsequenz, dass diese nur an solchen Stellen erleichtert werden dürfen, wo eine Beeinträchtigung der Steifigkeit nicht eintritt.

Erleichterungen am Ventiltrieb und sonstige Maßnahmen

Zu den bewegten Massen des Ventiltriebes zählen die Ventile, die Ventilteller, die Kipphebel (oder Schwinghebel), die Stößel und – falls vorhanden – die Stoßstangen. Am Ventil selbst sind nur geringfügige Erleichterungen möglich, die sich automatisch aus der beschriebenen Bearbeitung der Ventile ergeben. Allerdings ist festzuhalten, dass die Ventile in den letzten Jahren schon in der Serie immer leichter und zierlicher ausgeführt wurden. So sind bei Vierventilern bereits Ventilschaftdurchmesser von nur fünf Millimetern in Großserie. Hier bleibt kaum Spielraum für weitergehende Maßnahmen. Von einer Erleichterung der Stoßstangen ist ebenfalls abzuraten, da hierdurch die Steifigkeit dieser Teile geringer wird. Unter Umständen können hier Sonderteile aus steiferem oder leichterem Material angefertigt werden, jedoch ist dies allgemein nicht üblich.

Am besten sind Erleichterungen der Kipphebel, der Federteile und auch der Stößel mög-

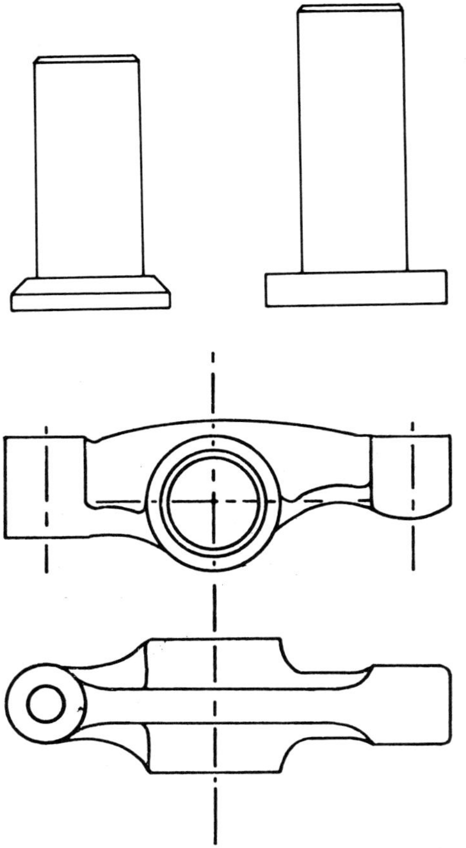

Höhere Drehzahlen lassen sich durch Erleichtern der Ventiltriebteile erreichen. Die nebenstehende Skizze zeigt, wie man einen Stößel auf etwa zwei Drittel seines Gewichts reduziert. Kipphebel sollten nach Möglichkeit an den Enden erleichtert werden, da hierdurch die größte Wirksamkeit erzielt wird, ohne dass der Kipphebel zu sehr an Steifigkeit einbüßt (unten).

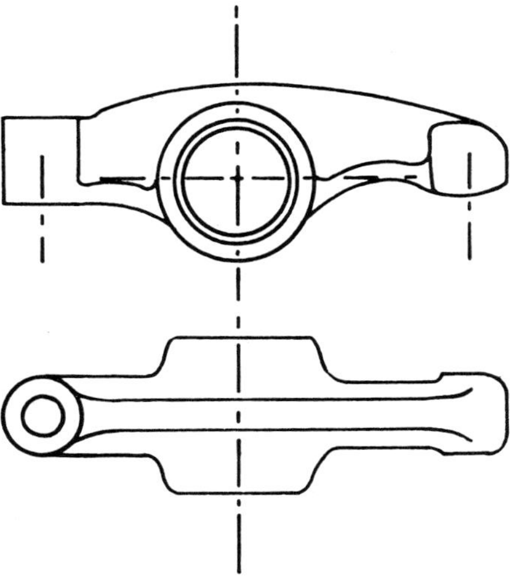

Kipphebel mit integriertem hydraulischen Ventilspielausgleich. Das Ausgleichselement macht das Steuerteil unnötig schwer.

lich. Stößel können, wenn man größeren Verschleiß in Kauf nimmt, gekürzt werden, die Kipphebel können an nichttragenden Stellen (siehe Bild) wesentlich erleichtert werden, in die Federteller kann man am Umfang kleine Bohrungen anbringen. Sehr zu empfehlen sind auch Federteller aus leichtem Material (z. B. Titan oder hochfestes Aluminium), wie sie für manche Motoren angeboten werden. Unter Umständen ist auch die Anfertigung von Titan-Kipphebeln möglich, was jedoch sehr kostspielig ist. Bei sorgfältiger Überarbeitung der genannten Teile, die man danach selbstverständlich auswiegt und auf gleiches Gewicht bringt, lässt sich meist eine spürbare Drehzahlsteigerung erzielen. Bei Motoren mit Tassenstößelsteuerung und hydraulischem Ventilspielausgleich sitzt das Ausgleichselement meist im Tassenstößel, was das Gewicht entsprechend erhöht. Tassenstößel ohne Spielausgleich (die dann jeweils angepasst werden) oder solche mit Einlageplättchen sind hier die bessere Lösung und werden für Wettbewerbsmotoren ausschließlich verwendet.

Weiterhin ist besonders auf die Leichtgängigkeit sämtlicher Steuerteile zu achten, da deren Reibkräfte sich zu den Beschleunigungskräften addieren und somit die Drehzahlgrenze unnötig heruntersetzen können. Sämtliche Kipphebellager sind auf leichten Lauf zu prüfen, ein Bestreichen der Lagerstellen mit Molybdän-Disulfid-Paste o. Ä. (z. B. Molykote der Liqui Moly) hat sich als zweckmäßig erwiesen. Die axiale (seitliche) Führung der Kipphebel wird häufig Federn oder Federscheiben überlassen. Hier sollte man auf möglichst geringen Federdruck achten (um die Reibung zu verringern) oder die Kipphebel am besten mit Beilegscheiben ausdistanzieren.

Härtere Federn

Die am meisten benutzte Methode, um die Drehzahlgrenze eines Ventiltriebes hinaufzusetzen, besteht in der Verstärkung der Federkraft. Dies kann entweder durch härtere Federn oder durch Unterlegen der vorhandenen Ventilfedern geschehen. In diesem Zusammenhang sollte aber zunächst die Frage geklärt werden, was eigentlich passiert, wenn man die Drehzahlgrenze eines Ventiltriebes überschreitet. Bekanntlich haben die Ventilfedern die Aufgabe, die Ventile dem ablaufenden Nocken folgend wieder auf die Sitze zurückzudrücken. Die Kraft der Feder muss also

Leichtere Kipphebel (bzw. Schlepphebel) und härtere Federn (im Bild oben) im Vergleich zu den Serienteilen (unten) eines alten Mercedes-Motors (AMG).

für die angestrebten hohen Drehzahlen größer sein als die im Ventiltrieb auftretenden Massenkräfte. Ist dies nicht der Fall, so kann das Ventil der Nockenform nicht schnell genug folgen, es tritt das sogenannte Ventilflattern ein. Ventilflattern kann harmlos verlaufen, aber auch zu ernsten Motorschäden wie z. B. abreißenden oder verbogenen Ventilen führen. Darum ist die Kontrolle und Einhaltung einer bestimmten Höchstdrehzahl mit Hilfe eines Drehzahlmessers gerade bei getunten Motoren besonders wichtig. Bei Serienmotoren ist ein Überdrehen in der Regel nicht so leicht möglich, weil diese im oberen Drehzahlbereich stärker gedrosselt sind. Gegen ein Überdrehen durch falsches Zurückschalten ist dies allerdings ebensowenig ein Schutz wie die heute häufig üblichen elektronischen Drehzahlbegrenzer.

Die notwendige Federkraft bei geöffnetem Ventil kann man berechnen, doch ist hierzu die Kenntnis der maximalen Verzögerung an der Nockenspitze, bezogen auf die Höchstdrehzahl, und der reduzierten Massen der einzelnen Ventiltriebsteile notwendig. Die notwendige maximale Federkraft beträgt dann:

- $\text{Maximale Federkraft} = \dfrac{\text{red. Massen x max. Verzögerung}}{\text{Erdbeschleunigung}}$ plus 30 bis 50 %

Die Massen sind in kg, die Verzögerung in m/s^2, die Erdbeschleunigung in 9,81 m/s^2 einzusetzen, die Federkraft kommt dann in kg (entsprechend 9,8 Newton) heraus. Dazu sind noch etwa 30 bis 50 Prozent als Sicherheitsreserve zu schlagen, wobei Stoßstangenmotoren wegen der größeren Elastizität des Ventiltriebes den größeren Zuschlag erhalten sollten, während man bei obenliegenden Nockenwellen mit maximal 30 Prozent auskommt.

Wie bereits erwähnt, ist diese Rechnung nur dann durchführbar, wenn man die Werte der reduzierten Ventiltriebmassen und die maximale Verzögerung an der Nockenspitze kennt. Mit der errechneten maximalen Federkraft wendet man sich unter Angabe des Ventilhubes und des Federdurchmessers (außen) an eine Federfabrik, die nach diesen Angaben meist in der Lage ist, eine entsprechende Feder herzustellen.

Da man in den meisten Fällen nicht über die zur Berechnung der maximalen Federkraft erforderlichen Angaben verfügt, hat sich ein wesentlich einfacheres Verfahren eingeführt, um zu höherer Federkraft zu kommen. In vielen Fällen genügt es schon, die serienmäßigen

Um den Ventiltrieb eines amerikanischen V8-Motors (OHV) drehzahlfester zu machen, ist eine große Anzahl von Einzelteilen nötig: Spezialnockenwelle, leichtere Stößel, doppelte Ventilfedern und spezielle Ventilfederteller aus Leichtmetall.

Ventilfedern mit Stahlscheiben zu unterlegen, wodurch sich sowohl die Vorspannung als auch die Kraft der gespannten Feder vergrößert. Ein Unterlegen der Federn ist je nach Ventilhub zwischen 0,5 bis zu 3 mm möglich, es muß jedoch darauf geachtet werden, dass die Federwindungen beim Öffnen des Ventils nicht aneinander liegen und die Federkräfte nicht zu hoch werden. Auch ist auf eine einwandfreie Zentrierung der Unterlagscheiben zu achten. Die dadurch erreichbare Federkraft lässt sich auf der Federwaage feststellen, wie überhaupt das Auswiegen der Federn auf jeweils gleiche Kraft zu den Standardübungen eines guten Tunings gehört. Dabei sind zwischen Einlass und Auslass durchaus unterschiedliche Federkräfte möglich, je nach Gewicht und Größe der Ventile und auch wegen der meist unterschiedlichen Nockenformen. Ferderwaagen gibt es im Maschinenbauzubehör oder auf Tuningmessen.

Falls das Unterlegen für die gewünschte Höchstdrehzahl nicht ausreicht, was sich beim Probelauf durch vorheriges Ventilflattern bemerkbar macht, sind härtere Spezialfedern zu verwenden, wie sie für viele Motoren von Tunern oder Nockenwellenherstellern angeboten werden. Auch diese Federn können unter Umständen – falls erforderlich – noch unterlegt werden. Auch hier ist es zweckmäßig, alle Ventilfedern vor der Montage mit Hilfe einer Federwaage auf gleiche Federkraft zu prü-

Ventilflattern unerwünscht: Sämtliche Ventilfedern müssen vor dem Einbau auf Beschädigung, Länge und Federkraft geprüft werden. Letzteres ist unverzichtbar, denn die weichste Feder bestimmt die Drehzahlobergrenze des Ventiltriebs.

fen, da die weichste Feder (Schwankungen sind möglich) die Drehzahlgrenze bestimmt. Auch auf gleiche »Einbauhöhe« (das Maß zwischen der unteren und oberen Federauflage im eingebauten Zustand muss für alle Federn gleich sein), also gleiche Vorspannung der Federn, ist zu achten, um nicht auf diese Weise Federkraft zu verschenken. Für beide Kontrollen sind Spezialgeräte notwendig, die meist in Motorinstandsetzungsbetrieben vorhanden sind.

Bei dieser Gelegenheit sei erwähnt, dass man mit der Härte der Ventilfedern nicht höher als unbedingt notwendig gehen sollte. Denn zu harte Ventilfedern kosten Kraft (Reibleistung), außerdem wird der Ventiltrieb unnötig belastet. Man muss ohnedies bei einer Erhöhung der Federkraft einen größeren Verschleiß der Nockenwelle, Stößel und der übrigen bewegten Teile in Kauf nehmen. In krassen Fällen kann es zu verbogenen Stoßstangen, gefressenen Nocken und Stößeln oder eingeschlagenen Ventilsitzringen kommen, so dass es ratsam erscheint, hier Erfahrungswerte zu berücksichtigen. Falls man über solche nicht verfügt, sollte man sich schrittweise herantasten.

Nockenwelle und Ventilerhebung

Wie schon erwähnt, ist die Form der Nocken für den Zeitpunkt, die Zeitdauer und die Art der Ventilerhebung (Öffnung) primär verantwortlich. Fast ebenso wichtig ist die Zuordnung der Einlass- und Auslassnocken, die ja auch auf einer Nockenwelle sein können. Die Ventilerhebung, die sich daraus ergebenden Öffnungsquerschnitte und deren Überschneidung sind wiederum für die Füllung eines Motors und damit für die Leistung von ausschlaggebender Bedeutung, woraus man ersieht, dass die Nockenwelle nicht nur für den Tuner ein sehr wichtiges Instrument darstellt, um die Leistung eines Motors zu steigern bzw. zu beinflussen oder zu verlagern. Insbesondere moderne Serienmotoren machen von der Möglichkeit der variablen Ventilerhebung Gebrauch, wobei unterschiedlich viel Aufwand getrieben wird. Wir kommen darum nicht um eine Erläuterung der wichtigsten Grundbegriffe herum.

Die Steuerzeiten

Beim Viertaktmotor stehen für das Ansaugen der Frischgase und für das Ausstoßen der verbrannten Abgase je ein ganzer Kolbenhub zur Verfügung. Man könnte also annehmen, dass das Einlassventil beim Saughub (Abwärtsgehen des Kolbens nach dem o. T.) im o. T. (oberer Totpunkt) geöffnet wird und im u. T. (unterer Totpunkt), wenn der Kolben umkehrt und nichts mehr ansaugt, schließt. Für die Auslassseite gilt die gleiche Überlegung. Dass es in Wirklichkeit nicht so ist, hat seinen guten Grund.

Da man die Ventile wegen des im vorigen Abschnitt beschriebenen Auftretens der Massen-

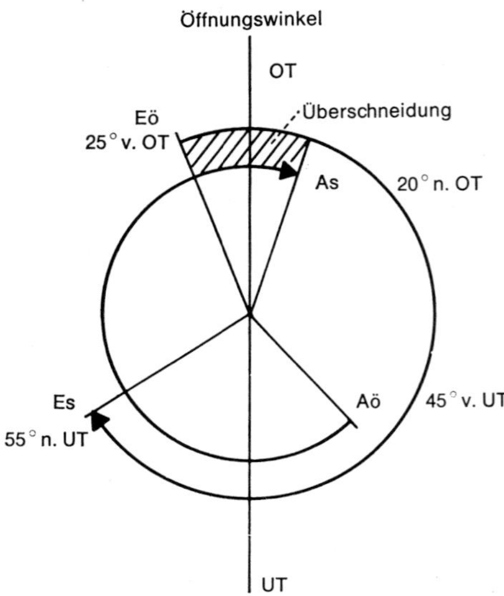

In diesem einfachen Diagramm sind die oberen und unteren Totpunkte des Kolbens und die Öffnungswinkel der Ventile eingezeichnet. Man kann sich so leichter vorstellen, wann welches Ventil öffnet und schließt und wo Überschneidung vorliegt. Zwischen Einlassschluss (Es) und Auslassöffnung (Aö) sind beide Ventile geschlossen, da in dieser Phase die Kompression, Zündung und Verbrennung des Gemischs stattfindet.

kräfte nicht unendlich schnell öffnen kann, ist es zweckmäßig, den Öffnungs- bzw. Schließzeitpunkt einige Winkelgrade vor respektive nach den jeweiligen Totpunkten zu legen. Die andere, besonders bei Hochleistungsmotoren sehr wichtige Überlegung ist die, dass die strömenden Gase ja ebenfalls eine Masse darstellen und demzufolge eine kinetische Energie besitzen. Sie benötigen also eine gewisse Zeit, bis sie beschleunigt (in Bewegung gesetzt) werden, wobei natürlich die Verhältnisse auf der Auslassseite wegen des höheren Druckes günstiger liegen. Andererseits kann man die Tatsache, dass die Gase eine bestimmte kinetische Energie besitzen, ausnutzen und durch geeignete Wahl der Steuerzeiten und der Abstimmung von Auslass- und Einlassseite die Füllung so weit verbessern, dass man Füllungsgrade von über 1,0 erzielt.

Dies bedeutet, dass die betreffenden Zylinder mehr Frischgas ansaugen, als sie an Hubvolumen besitzen.

Da nun die Zeitpunkte für die Ventilöffnung und -schließung von Motor zu Motor (unter Umständen auch bei Auslass und Einlass) verschieden ausfallen, hat man den Begriff der Steuerzeiten eingeführt. Man findet auch den Ausdruck »Ventilzeiten« bzw. »Steuerwinkel«, wovon letzterer am logischsten erscheint, da es sich ja nicht um eine Zeitangabe handelt. Darunter versteht man die Zahlenangaben, bei welchem Grad Kurbelwellenwinkel (Grad KW) vor bzw. nach dem oberen oder unteren Totpunkt die Ein- bzw. Auslassventile öffnen und schließen.

Als wichtiger Faktor muss beim Vergleich von Steuerzeiten das Ventilspiel beachtet werden. Aus Gründen der Messgenauigkeit werden nämlich die Steuerzeiten meist bei einem größeren Ventilspiel als dem Betriebsventilspiel angegeben. Es sind also nur die Werte vergleichbar, die sich auf gleiches Ventilspiel beziehen. Man muss beachten, daß sich die Werte bei kleinem Messspiel in Richtung längere Öffnungszeiten verschieben und umgekehrt. Oder anders ausgedrückt: Ein Motor, dessen Steuerzeiten bei 1 mm Ventilspiel angegeben sind, hat im Betrieb bei 0,2 mm Ventilspiel andere, und zwar deutlich größere Öffnungswinkel.

Wie man die Steuerzeiten und die Ventilerhebungskurve messen kann, wird später noch erklärt.

Überschneidung und Spreizung

Aus den vorhin angestellten Überlegungen resultiert, dass das Einlassventil einige Grade vor dem o. T. öffnet und, um die kinetische Energie der einströmenden Gase auszunutzen, mehrere Grad nach dem u. T. schließen muss. Beim Auslassventil ist es umgekehrt. Man kann sie mehrere Grad vor dem u. T. öffnen lassen, weil dadurch kaum Leistung verloren geht, um es beim eigentlichen Auspuffhub, wenn der Kolben nach oben geht, schon

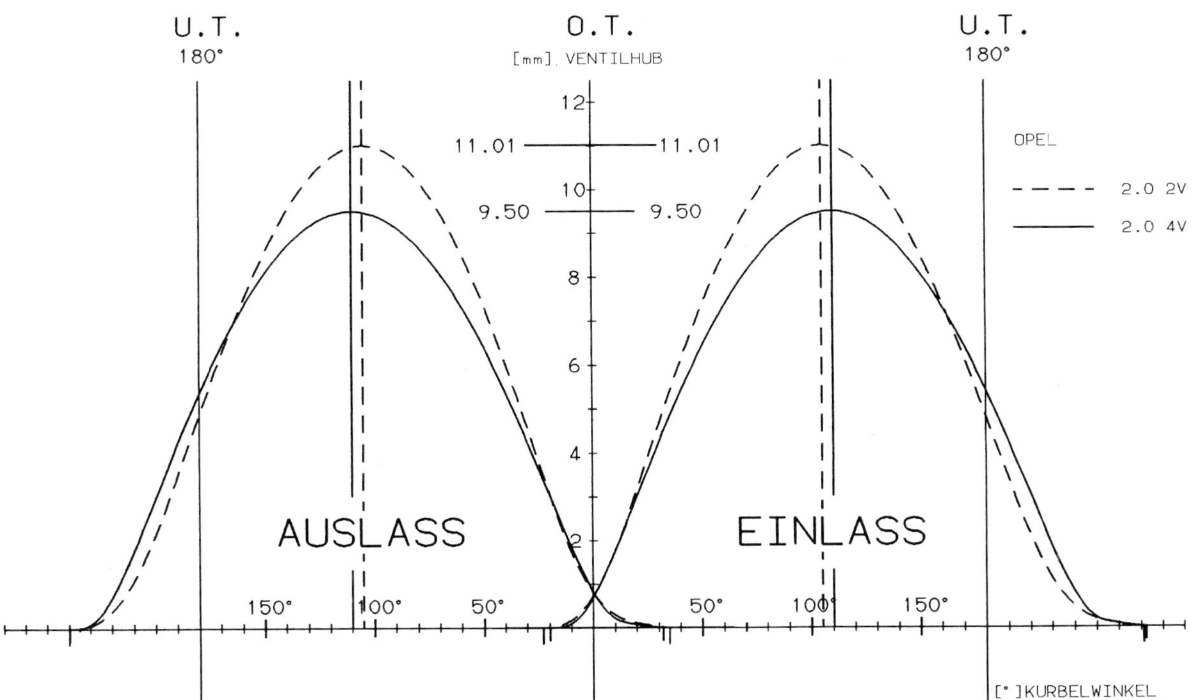

In der Regel unterscheiden sich die Ventilerhebungskurven von Zwei- und Vierventilern (hier Opel-Zweiliter-Vierzylinder). Vierventiler benötigen weniger Hub. Die Spreizung (Abstand zwischen den maximalen Erhebungen) ist beim Vierventiler größer als beim Zweiventiler.

weit offen zu haben. Es schließt normalerweise wenige Grade nach Erreichen des o. T., während das Einlassventil schon begonnen hat, sich für den Saughub zu öffnen.

Den Zahlenwert, in Grad Kurbelwinkel gemessen, um den das Einlassventil schon vor dem Schließen des Auslassventils öffnet, bezeichnet man als Überschneidung. Große Überschneidungen (wie sie für große Öffnungsquerschnitte notwendig sind) haben jedoch einen Nachteil: die Motoren laufen dann bei niederen Drehzahlen nicht mehr einwandfrei, da Abgase in die Saugleitungen dringen können oder zurückgesaugt werden. Diese Erscheinung läßt sich besonders gut bei Rennmotoren beobachten, die bei niedrigen Drehzahlen – wobei »niedrig« noch über 5000 U/min liegen kann – nur schlecht und spuckend laufen und unter Last in diesen Drehzahlbereichen nicht zu betreiben sind.

Große Überschneidungen sind also in der Regel ein Zeichen für einen sehr sportlichen Motor – oder für eine wenig steife Steuerung. Sehr steife Ventiltriebe mit obenliegenden Nockenwellen kommen mit kleineren Überschneidungen aus als Stoßstangenmotoren, die sowohl größere Ventiltriebmassen als auch größere Elastizität im Ventiltrieb aufweisen.

Bei Motoren mit vergleichbarer Steifigkeit in den Übertragungsteilen ist wiederum der Motor mit den geringeren Ventilmassen im Vorteil und benötigt kleinere Öffnungswinkel und geringere Überschneidungen, wie das Beispiel des Opel-Zweiliter-Zweiventilers, verglichen mit den Werten des Vierventilers, zeigt (Tabelle).

Steuerzeiten	Opel 2,0 Liter	Zweiventiler	Vierventiler
Einlass öffnet	°KW v.–OT	23	20
Einlass schließt	°KW n.–UT	71	72
Auslass öffnet	°KW v.–UT	60	60
Auslass schließt	°KW n.–OT	35	32
Überschneidung	°KW	58	52

Wie groß die Überschneidung tatsächlich ausfällt, hängt allerdings nicht allein von dem Öffnungswinkel der jeweiligen Ein- und Auslassventile ab, sondern in welchem Winkel Einlass- und Auslassnocken gegeneinander verdreht sind. Als Maß wird der Winkel der maximalen Ventilerhebung (Nockenspitze), jeweils bezogen auf den oberen Totpunkt (OT), angegeben, da die Stellung der Nocken zueinander ja unsymmetrisch sein kann. Man erhält also zwei Spreizungswinkel (für Einlass- und Auslassnocken), die addiert die Gesamtspreizung ergeben. Gibt ein Nockenwellenhersteller nur einen Wert an, so ist davon auszugehen, dass die Anordnung der Nocken symmetrisch ist.

Sofern Einlass- und Auslassnocken gemeinsam auf einer Nockenwelle sind, was praktisch bei allen Motoren mit nur einer Nockenwelle der Fall ist, lässt sich die Spreizung nur durch eine andere Nockenwelle mit versetzten oder umgeschliffenen Nocken verändern. Bei Motoren mit zwei obenliegenden Nockenwellen kann man die Spreizung durch Verdrehen einer Nockenwelle gegen die andere verändern, wobei Kettenritzel mit Langlochbefestigung von Vorteil sind. Dabei ist zu beachten, dass ein bestimmter Verdrehwinkel auf der Nockenwelle den doppelten Wert an der Kurbelwelle ergibt, also 10 Grad Nockenwellenwinkel 20 Grad Kurbelwinkel entsprechen. Und der Kurbelwinkel ist jeweils die Bezugsgröße.

Durch Veränderung der Spreizung lässt sich bei sonst gleichbleibendem Nockenprofil die Motorcharakteristik wesentlich beeinflussen, da die Öffnungsphasen von Einlass und Auslass gegeneinander verschoben werden, wobei sich auch die Überschneidung ändert.

Es gilt folgender geometrischer Zusammenhang:

- größere Spreizung = kleinere Überschneidung
- kleinere Spreizung = größere Überschneidung

Den Einfluss der Phasenverschiebung durch Veränderung der Spreizung machen sich die Automobilhersteller wie erwähnt bei DOHC-Motoren zunehmend auch in der Serie zunutze. So haben zum Beispiel Alfa Romeo (Twin Spark) und Mercedes (300 E/24) schon Ende der 80er Jahre serienmäßig Phasenwandler eingeführt, die auch unter dem Namen Verstellnockenwellen bekannt geworden sind. Dabei wird in der Regel die Einlassnockenwelle relativ zur Auslassnockenwelle verdreht, wobei sich vier wichtige Parameter gleichzeitig ändern:

- Die Spreizung
- Die Ventilüberschneidungsfläche
- Der Öffnungsbeginn des Einlassventils
- Das Schließende des Einlassventils

Diese Parameter haben wesentlichen Einfluss auf Leistung und Drehmoment, aber auch auf Leerlaufqualität, Abgasverhalten und Verbrauch. Dass bei identischer Ventilerhebung der Drehmoment- und Leistungsverlauf so stark auf die Einlasssteuerzeiten reagiert, hängt vorrangig mit den Schwingungen der Gassäulen im Ansaugtrakt zusammen. So ist beispielsweise selbst bei Volllast die Gasgeschwindigkeit im unteren Drehzahlbereich und dadurch die Gasdynamik nicht sehr wirksam. Der Gasstrom im Saugrohr folgt damit im Großen und Ganzen der Bewegung des jeweiligen Kolbens und kehrt seine Bewegungsrichtung

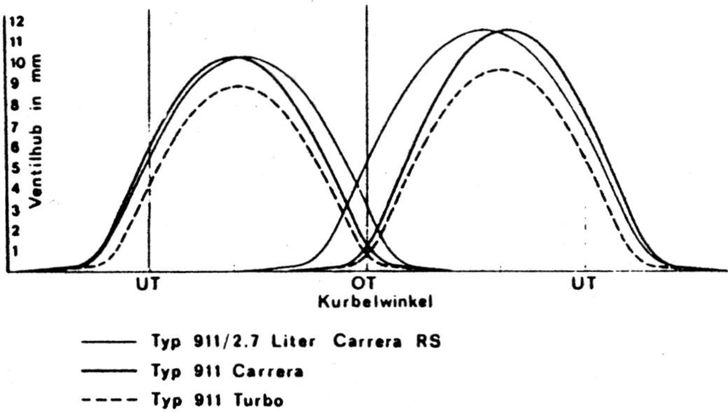

VENTILHUBKURVEN PORSCHE - MOTOREN

Steuerzeiten und Ventilhub	911/2,7 l 210 PS/152 kW	911/3 l 200 PS/147 kW	911 Turbo 260 PS/191 kW
Einlass öffnet v. OT	64° kW	24° kw	22° kW
Einlass schließt n. UT	76° kW	76° kW	63° kW
Auslass öffnet v. UT	64°kW	66° kW	52° kW
Auslass schließt n. OT	44° kW	26° kW	20° kW
Ventilüberschneidung	108° kW	50° kW	42° kW
Ventilhub (E/A) mm	11,6/10,3	11,6/10,3	9,7/8,9

um, wenn der Kolben den unteren Totpunkt (UT) passiert hat. Wenn das Einlassventil dann noch offen ist, wird Gemisch wieder in den Ansaugtrakt zurückgeschoben und so die Füllung der Zylinder verschlechtert. Um dieses zu vermeiden, sollte also der Einlassschluss im unteren und mittleren Drehzahlbereich möglichst nahe dem jeweiligen unteren Totpunkt liegen. Bei hohen Drehzahlen hingegen ist auch die Gasgeschwindigkeit bei Volllast hoch, so dass die Gasdynamik sehr ausgeprägt ist.

Sie lässt sich für eine dynamische Nachladung und somit für eine bessere Zylinderfüllung nutzen, wenn die Einlassventile nach dem unteren Totpunkt lange genug geöffnet sind. Vereinfacht dargestellt ergeben sich folgende Zusammenhänge:

- Früher Einlassschluss bringt hohes Drehmoment im unteren Drehzahlbereich (bis ca. 4500/min).
- Später Einlassschluss bringt hohe Leistung im oberen Drehzahlbereich.

Da jedoch, wie bereits dargelegt, die Verschiebung der Einlassventilerhebung auch Veränderungen hinsichtlich der Spreizung und somit der Ventilüberschneidung zur Folge hat, sind, abgesehen vom Leistungs- und Drehmomentverlauf, noch andere Auswirkungen zu berücksichtigen. So ergibt beispielsweise der für gutes Drehmoment notwendige frühe Einlassschluss eine kleine Spreizung, da ja die Einlassnockenwelle relativ zur Auslassnockenwelle zurückgedreht wird. Eine kleinere Spreizung bedeutet aber eine größere Ventilüberschneidung, bei der Einlass- und Auslassventile gleichzeitig geöffnet sind. Große Ventilüberschneidungen sind aber wegen der möglichen Vermischung von Abgas und Frischgas nicht gut für die Leerlaufqualität und für das Teillastverhalten im unteren Drehzahlbereich. Umge-

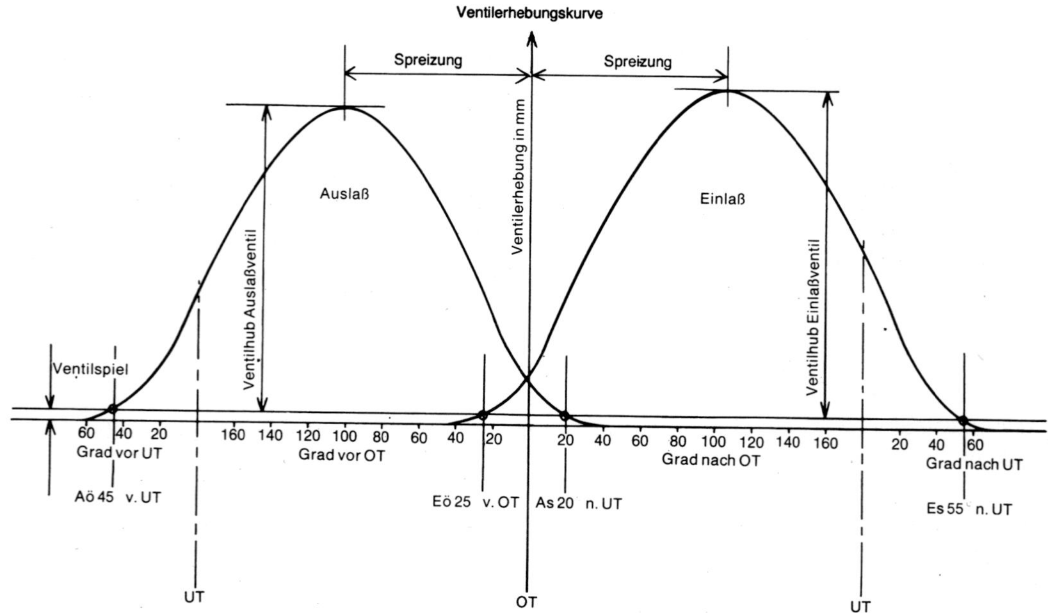

Die im oberen Bild gezeigte Ventilerhebungskurve entspricht dem mit einer Messuhr festgestellten Ventilhub, der über dem zugehörigen Kurbelwinkel aufgetragen wird. Das Steuerdiagramm (unten) lässt sich aus der Ventilerhebungskurve konstruieren, indem man die einem bestimmten Ventilhub zugehörige freie Querschnittsfläche (Formel auf Seite 279) berechnet. Für die Einlassseite ist der Querschnitt meist größer, da sowohl die Einlassventile als auch der Nockenhub größer gewählt werden. Für die Leistungscharakteristik sind Spreizung, die Überschneidungsfläche und die Fläche zwischen UT und Einlassschluss (rechts) entscheidend.

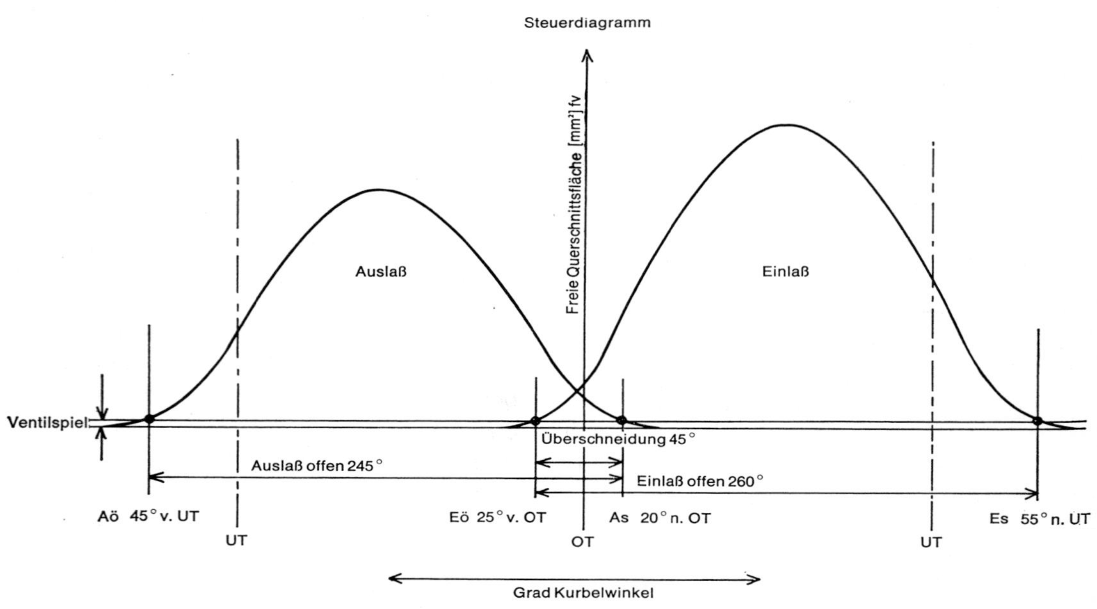

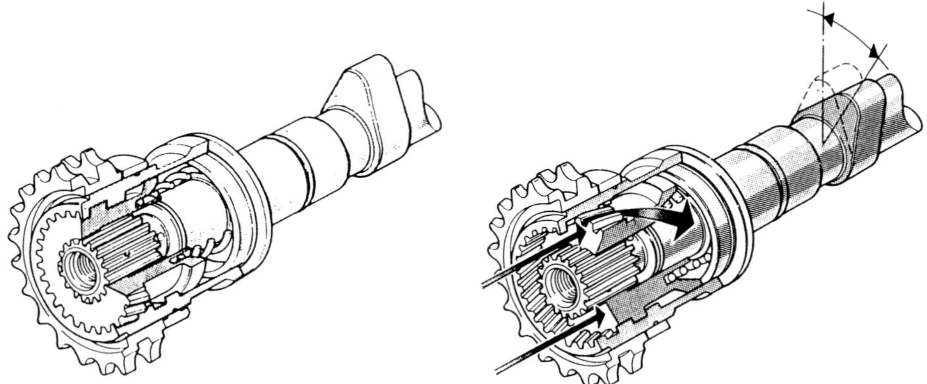

Beim Phasenwandler des Alfa-Twin-Spark-Motors wird die Einlassnockenwelle elektrohydraulisch verdreht.

kehrt ergibt ein später Einlassschluss eine große Spreizung und kleine Ventilüberschneidungen. Auch auf die Abgasqualität hat die Ventilüberschneidung Einfluß. Bei großer Ventilüberschneidung ist wegen der internen Abgasrückführung (Vermischung von Frischgas und Abgas) die Stickoxid-Emission geringer, bei kleiner Ventilüberschneidung ist eine geringere Kohlenwasserstoff-Emission zu erwarten.

Am Beispiel des 300/24-V-Mercedes-Motors sei erläutert, wie bereits einfache Phasenschieber zur Beeinflussung der Leistungscharakteristik wirksam eingesetzt werden können.

- Im Leerlauf und im unteren Teillastbereich steht die Einlassnockenwelle auf spät, was eine hohe Leerlaufqualität und gutes Ansprechverhalten ergibt.
- Spätestens bei 2000/min wird die Einlassnockenwelle um 34° Kurbelwinkel auf früh geschaltet, um die gewünschte Drehmomenterhöhung zu gewinnen.
- Knapp über 5000/min wird die Einlassnockenwelle wieder auf spät gestellt, um die hohe Leistung bis in höchste Drehzahlbereiche (7000/min) zu halten.

Aus all diesen Zusammenhängen ergeben sich natürlich Zielkonflikte, die am besten mit einer stufenlos variablen Steuerzeitenverstellung zu lösen sind. Hier sind in den letzten Jahren große Fortschritte gemacht worden.

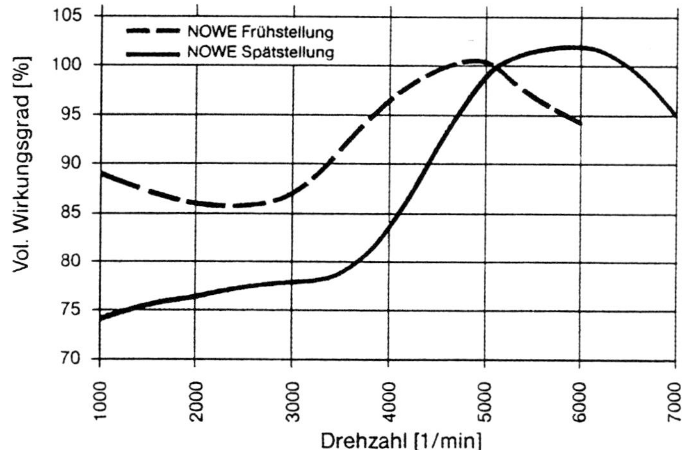

Das Diagramm zeigt den Einfluss der Nockenwellenverstellung auf den volumetrischen Wirkungsgrad (Füllung). Später Einlassschluss bringt viel Leistung im oberen Drehzahlbereich. Früher Einlassschluss verbessert die Füllung im unteren Bereich.

BMW war mit Doppel-Vanos Vorreiter und kann damit sowohl Einlass- als auch Auslassnockenwelle stufenlos verstellen. Auch die Ventilerhebungskurve selbst wird variiert. Zunächst bei Honda (VTEC), wo auf zwei verschiedene Nocken geschaltet wird, ein Verfahren, das Porsche (in veränderter Form) auch bei VarioCam plus einsetzt. Und schließlich war BMW wieder die erste Firma, die eine voll variable Ventilsteuerung einsetzte. Die »Valvetronic« genannte Technik erlaubt sowohl die stufenlose Phasenverschiebung der Steuerzeiten durch Doppel-Vanos als auch einen der Leistung angepassten, variablen Ventilhub. Ja, es ist in Wirklichkeit so, dass durch den Ventilhub die Leistung gesteuert wird, was Drosselverluste reduziert. Es macht zugleich klar, welchen Stellenwert die Ventilerhebung und die Steuerzeiten hinsichtlich des Leistungsverhaltens eines Motors haben.

Ventilerhebung und Öffnungsquerschnitt

Die Steuerzeiten, die den Zeitpunkt und die Dauer der Ventilöffnung bestimmen, sind nicht das einzige Kriterium, das für gute Zylinderfüllung von Wichtigkeit ist. Auch die Art und Weise, wie die Ventilöffnung geschieht, spielt eine wesentliche Rolle. Es leuchtet ein, dass ein schnell und weit (großer Ventilhub) öffnendes Ventil in der gleichen Zeitdauer eine größere Gasmenge durchlassen kann als ein langsam öffnendes mit geringem Ventilhub. Es können also zwei Nockenwellen mit völlig gleichen Steuerzeiten bei gleichen Ventilgrößen völlig verschiedene Öffnungsquerschnitte freigeben. Auf einen möglichst großen Öffnungsquerschnitt kommt es jedoch (für Höchstleistung) letzten Endes an.

Die Öffnungsquerschnitte und die Steuerzeiten kann man in dem sogenannten Steuerdiagramm zusammenfassen. Zu diesem Zweck wird die Ventilerhebung über dem Kurbelwinkel gemessen und die theoretische, dem jeweiligen Ventilhub zugehörige Querschnittsfläche nach der Formel auf Seite 279 ausgerechnet. Wenn man diese Werte über den Kurbelwellengraden aufträgt, erhält man das Steuerdiagramm, aus dem der freie Ventilquerschnitt F bei jedem beliebigen Kurbelwinkel ablesbar ist (siehe Abbildung auf S. 240). In fast allen Fällen wird selbst bei gleichen Nockenformen für die Einlass- und Auslassseite die Steuerquerschnittsfläche der Einlaßseite größer sein, da man die Einlassventile im allgemeinen 10 bis 20 Prozent größer wählt als die Auslassventile.

Normalerweise genügt es jedoch, wenn man sich lediglich die Ventilerhebungskurve aufstellt und sich die Ausrechnung der freien Ventilquerschnitte erspart. Hierbei werden zwar unterschiedliche Ventilgrößen nicht berücksichtigt, da man nur den Ventilhub über den jeweiligen Kurbelwinkeln aufträgt, aber für Vergleiche verschiedener Nockenwellen genügt es.

Zum Ventilhub selbst ist zu bemerken, dass man diesen nicht ohne weiteres und schon gar nicht unbegrenzt steigern kann. Der Grund: Die Massenkräfte des weiter hin- und herbewegten Ventils steigen entsprechend an. Um die zulässigen Beschleunigungen nicht zu überschreiten, geht eine wesentliche Erhöhung des Ventilhubes darum immer auch mit einer Verlängerung der Ventilsteuerzeiten einher, so dass für die Öffnung und das Schließen mehr Zeit bleibt. Es gibt freilich noch andere Gründe, die einer zu starken Steigerung des Ventilhubes im Wege stehen. Einmal muss stets ein Sicherheitsabstand zum Kolben gewahrt werden, was bei hochverdichteten Motoren nur durch tiefe Einfräsungen (so genannte Ventiltaschen) möglich ist. Sie schwächen den Kolbenboden und können (an den heißen Kanten) die Ursache für Klopfen sein. Zum anderen besteht die Gefahr, dass sich die Ein- und Auslassventile in der Überschneidungsphase gegenseitig berühren (bei V-förmiger Anordnung). Grenzwerte für den Ventilhub liegen bei Zweiventilmotoren bei ca. 12 mm, bei Vierventilern bei etwa 10 mm.

Schließlich kommt man auch an eine Grenze,

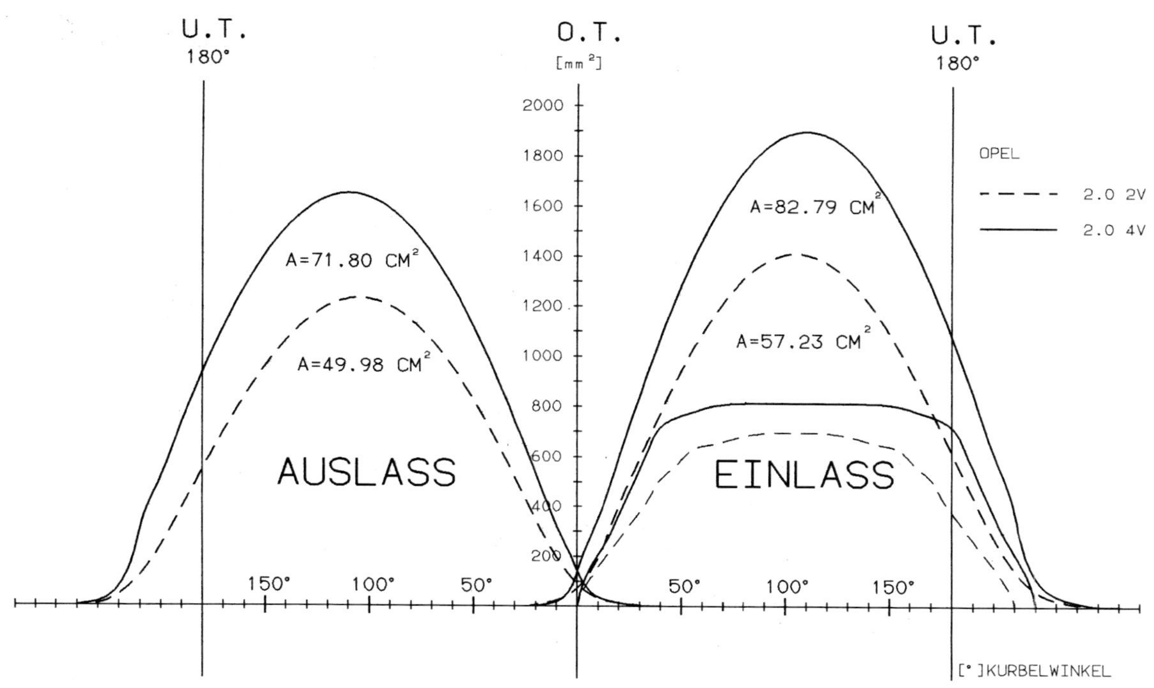

Im Gegensatz zum geometrischen Querschnitt ist der tatsächliche Querschnitt (eingezeichnet auf der Einlassseite) deutlich geringer. Die Vorteile des Vierventilers bleiben prinzipiell erhalten.

wo zusätzlicher Ventilhub mit entsprechend größerem geometrischen Öffnungsquerschnitt keinen höheren Durchsatz (Durchflussrate) mehr bewirkt. Man spricht dann von übersteuerten Ventilen, bei denen der Hub im Verhältnis zu ihrem Durchmesser zu groß geraten ist. Denn die rein geometrischen Betrachtungen unterliegen in der Praxis Beeinträchtigungen dadurch, dass Ventile nicht frei im Raum angeordnet sind, sondern mehr oder weniger stark durch Quetschflächen, Brennraum oder auch Zylinderwände abgedeckt werden. Eine Beeinflussung findet bei Mehrventilmotoren auch durch die eng nebeneinander liegenden Ventile statt. Daher gilt: Je mehr Ventile ein Motor hat, um so stärker wird diese Beeinflussung, da sich die Ventile immer mehr gegenseitig abdecken bzw. stören. Dadurch bleibt für die ungestörte Ein- bzw. Ausströmung immer weniger Raum übrig.

Um diese Verhältnisse genau beschreiben und besser diskutieren zu können, führte man den Begriff »Durchflussrate« ein. Die Durchflussrate ist das Verhältnis des geometrisch freien Ventilquerschnittes zum Ventilquerschnitt, der dann tatsächlich von den Gasen genutzt wird.

Variable Steuerzeiten

Fixe Steuerzeiten, wie sie durch die rein geometrisch-kinematischen Zusammenhänge üblicherweise vorgesehen sind, stellen immer einen Kompromiss dar. Eine Optimierung für den gesamten Bereich des Motorkennfeldes ist dabei nicht möglich. Doch schon durch einfache Veränderung der Ventilsteuerzeiten kann Drehmoment im unteren Drehzahlbereich und Leistung im oberen Drehzahlbereich gewonnen werden. Gleichzeitig lassen sich auch Verbesserungen im Leerlauf und im Abgasverhalten erreichen.

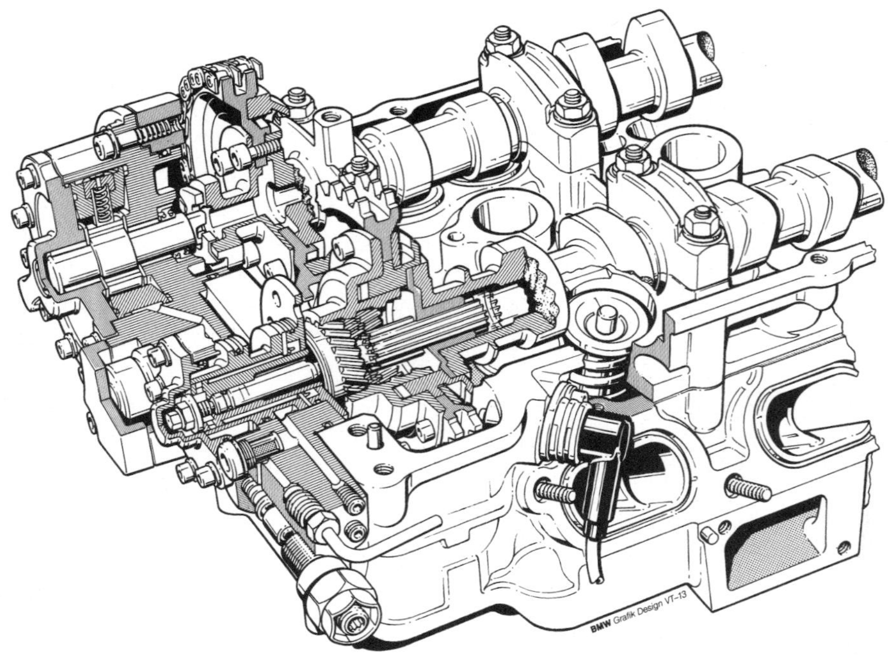

Hoher Aufwand beim Phasenwandler VANOS (Variable Nockenwellen-Spreizung) des BMW M3. Eine zusätzliche Ölpumpe (links) sorgt für den notwendigen hohen Steuerdruck von 100 bar. Die Verstellung selbst erfolgt kennfeldgesteuert je nach Lastzustand des Motors um bis zu 42 Grad KW innerhalb von Sekundenbruchteilen.

Der Phasenwandler

Die einfachste Form der variablen Steuerzeiten sind sogenannte Phasenwandler (auch Phassenschieber genannt), wobei entweder die Einlassnockenwelle oder beide Nockenwellen im Betrieb last- und drehzahlabhängig gegeneinander verdreht werden. Die Nockenprofile selbst und somit auch der Ventilhub bleiben unverändert. Die einfache Form des Phasenwandlers verdreht nur die Einlassnockenwelle, und dies nur in zwei definierten Endlagen. Damit werden schon sehr gute Ergebnisse erzielt (z.B. Alfa-Twinspark-Zweiventiler). Noch besser lässt sich die Leistung beeinflussen, wenn die Verstellung stufenlos möglich ist. Zu einer optimalen Auslegung dieses Systems werden beide Nockenwellen stufenlos über das Motormangement dem jeweiligen Kennfeldpunkt entsprechend angepasst. BMW hat dies mit dem sogenannten Doppel- Vanos als erster Hersteller realisiert.
Für den Einsatz von Phasenwandlern eignen sich naturgemäß nur Motoren mit zwei obenliegenden Nockenwellen (DOHC), wie sie in der Mehrventiltechnik häufig vorkommen. Ungeachtet dessen wurde die erste serienmäßige Nockenwellenverstellung dieser Art bei einem Zweiventiler, dem Alfa Romeo 2,0-Liter-Twin-Spark eingeführt, der natürlich ebenfalls über zwei obenliegende Nockenwellen verfügt. Dieser Motor kam dank Phasenwandler und Doppelzündung auf Leistungswerte (150 PS), die sonst nur Mehrventiler erreichen, und bewies so schon beim Zweiventiler die Vorteile dieses Systems.
Der Nachteil des Phasenwandlers ist, dass die Nockenprofile und somit die Ventilerhebungskurven erhalten bleiben. Es hat nicht an Versuchen gefehlt, mit konischen Nockenprofilen und ähnlichem dieses Manko auszuräumen.

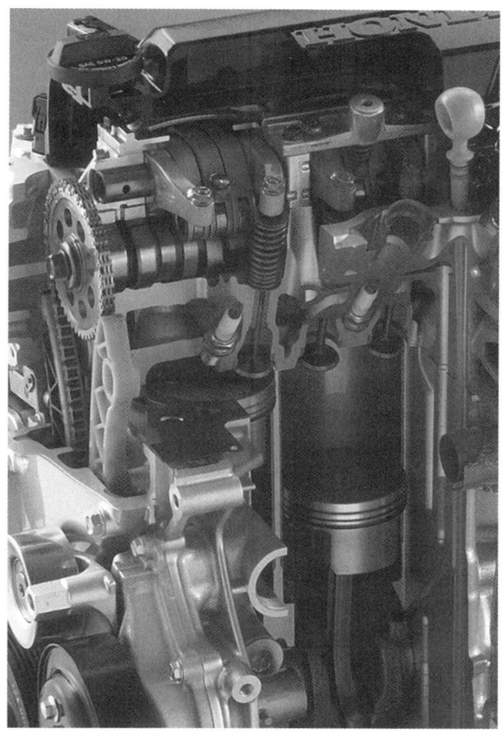

Mit seinem VTEC-System ist es Honda gelungen, nicht nur die Öffnungsphase zu verstellen, sondern auch Öffnungsdauer und Öffnungsquerschnitt den jeweiligen Betriebszuständen anzupassen.

Erst Honda gelang mit dem VTEC-System (Valve Timing and Lift Electronic Control System) eine überzeugende Lösung, die allerdings erheblichen Aufwand in der Steuerungsmechanik verlangt. Dabei wird nicht nur die Öffnungsphase verstellt, sondern auch die Öffnungsdauer und der Öffnungsquerschnitt. Das Ziel dieser Maßnahme sind maßgeschneiderte Ventilöffnungsgesetze für unterschiedliche Drehzahlbereiche. Kürzere Öffnungszeiten und kleinerer Ventilhub bis zu mittleren Drehzahlen erhöhen die Gasgeschwindigkeit und damit auch die Füllung und das Drehmoment in diesem Bereich. Bei höheren Drehzahlen intensivieren längere Öffnungszeiten und ein größerer Ventilhub die Atmung des Motors, was wiederum positive Auswirkungen auf die Leistung hat.

Doch zurück zur Funktion des Phasenwandlers. Dabei wird zunächst die Einlassnockenwelle während des Betriebes um 10 bis 30 Grad Nockenwellenwinkel (entsprechend 20 bis 60 Grad Kurbelwinkel) vor oder zurück verstellt. Für die Konstruktion solcher Verstellmechanismen sind nur solche Nockenwellenantriebe geeignet, bei denen die Steuerkette (oder der Steuerriemen) über beide Nockenwellen läuft oder nur die Auslassnockenwelle antreibt. Zwischen dem Nockenwellenantriebsrad und der Einlaßnockenwelle wird ein elektro-hydraulischer Verdrehmechanismus eingebaut, der die gewünschte Relativbewegung vornimmt. Es gibt auch die Möglichkeit, durch die Steuerkette zwischen den beiden Nockenwellen durch Veränderung der Kettenlose zu verschieben (Audi, Porsche), was aber nur eingeschränkte Verdrehwinkel zulässt. Der Vorteil des Phasenwandlers ist der relativ einfache Aufbau und die sichere Funktion. Vorteil für den Tuner: Phasenwandler lassen sich meist auch bei geänderten Nockenwellen beibehalten.

Einfluss des Phasenwandlers

Bei der Verdrehung der Einlassnockenwelle zur Auslassnockenwelle werden vier wichtige Parameter des Ventiltriebs gleichzeitig verändert:

- Die Spreizung
- Die Ventilüberschneidungsfläche
- Der Öffnungsbeginn des Einlassventils
- Das Schließende des Einlassventils

Diese Parameter haben wesentlichen Einfluss auf Leistung und Drehmoment, aber auch auf Leerlaufqualität, Abgasverhalten und Verbrauch. Dass bei identischer Ventilerhebung der Drehmoment- und Leistungsverlauf so stark auf die Einlasssteuerzeiten reagiert, hängt vorrangig mit den Schwingungen der Gassäulen im Ansaugtrakt zusammen. So ist beispielsweise selbst bei Volllast die Gasgeschwindigkeit im unteren Drehzahlbereich und dadurch die Gasdynamik nicht sehr wirksam. Der Gasstrom im Saugrohr folgt damit im Großen und Ganzen der Bewegung des jeweiligen

Kolbens und kehrt seine Bewegungsrichtung um, wenn der Kolben den unteren Totpunkt (UT) passiert hat. Wenn das Einlassventil dann noch offen ist, wird Gemisch wieder in den Ansaugtrakt zurückgeschoben und so die Füllung der Zylinder verschlechtert. Um dieses zu vermeiden, sollte also der Einlassschluss im unteren und mittleren Drehzahlbereich möglichst nahe an dem jeweiligen unteren Totpunkt liegen. Bei hohen Drehzahlen hingegen ist auch die Gasgeschwindigkeit bei Volllast hoch, so dass die Gasdynamik sehr ausgeprägt ist. Sie lässt sich für eine dynamische Nachladung und somit für eine bessere Zylinderfüllung nutzen, wenn die Einlassventile nach dem unteren Totpunkt lange genug geöffnet sind. Vereinfacht dargestellt ergeben sich folgende Zusammenhänge:

- Früher Einlassschluss bringt hohes Drehmoment im unteren Drehzahlbereich (bis ca. 4500/min).
- Später Einlassschluss bringt hohe Leistung im oberen Drehzahlbereich.

Diese grundlegenden Zusammenhänge erklären auch, warum variable Steuerzeiten gerade in Verbindung mit der Mehrventiltechnik interessant sind. Denn das typische Merkmal der Vier- oder Mehrventiler ist die hohe Leistung bei hoher Drehzahl. Im unteren Drehzahlbereich sind sie oft sogar schwächer als gleich große Zweiventiler. Mit variablen Steuerzeiten aber lässt sich die hohe Endleistung erhalten und dennoch ein guter Drehmomentverlauf im unteren Drehzahlbereich erzielen.

Da jedoch, wie bereits dargelegt, die Verschiebung der Einlassventilerhebung auch Veränderungen hinsichtlich der Spreizung und somit der Ventilüberschneidung zur Folge hat, sind, abgesehen vom Leistungs- und Drehmomentverlauf, noch andere Auswirkungen zu berücksichtigen. So ergibt beispielsweise der für gutes Drehmoment notwendige frühe Einlassschluss eine kleinere Spreizung, da ja die Einlassnockenwelle relativ zur Auslassnockenwelle zurückgedreht wird. Eine kleinere Spreizung bedeutet aber eine größere Ventilüberschneidung, bei der Einlass- und Auslassventile gleichzeitig geöffnet sind. Große Ventilüberschneidungen sind aber wegen der möglichen Vermischung von Abgas und Frischgas nicht gut für die Leerlaufqualität und für das Teillastverhalten im unteren Drehzahlbereich. Umgekehrt ergibt ein später Einlassschluss eine größere Spreizung und kleine Ventilüberschneidungen. Auch auf die Abgasqualität hat die Ventilüberschneidung Einfluss. Bei großer Ventilüberschneidung ist wegen der internen Abgasrückführung (Vermischung von Frischgas und Abgas) die Stickoxid-Emission geringer, bei kleiner Ventilüberschneidung ist eine geringere Kohlenwasserstoff-Emission zu erwarten. Aus all diesen Zusammenhängen ergeben sich natürlich Zielkonflikte, die am besten mit einer stufenlos variablen Steuerzeitenverstellung zu lösen sind. Doch auch schon einfache Phasenwandler mit nur zwei Endstellungen lassen sich so steuern, dass ein Großteil der erwähnten Vorteile anfällt. Hierzu sind aber über den gesamten Drehzahlbereich mindestens zwei Verstellvorgänge in Abhängigkeit von Last und Drehzahl notwendig. Dies sei am Beispiel des 300-E-24V-Mercedes-Motors erläutert:

- Im Leerlauf und im unteren Teillastbereich steht die Einlassnockenwelle auf spät, was eine hohe Leerlaufqualität und gutes Ansprechverhalten ergibt.
- Spätestens bei 2000/min wird die Einlassnockenwelle um 34° Kurbelwinkel auf früh geschaltet, um die gewünschte Drehmomenterhöhung zu gewinnen.
- Knapp über 5000/min wird die Einlassnockenwelle wieder auf spät gestellt, um die hohe Leistung bis in höchste Drehzahlbereiche (7000/ min) zu halten.

Beim 5-Liter-V8-Motor von Mercedes wird die Nockenwellenverstellung sogar zur Leistungsbegrenzung abhängig von der Fahrgeschwindigkeit benutzt: Bei 250 km/h werden beide Einlassnockenwellen nochmals auf früh gestellt.

Das Honda VTEC-System

Honda hat im Jahr 1989 als erster Hersteller ein System der Steuerzeitenvariation und der Ventilhubänderung vorgestellt, bei dem die Nockenwellen nicht verdreht werden. Dabei werden nicht nur die Öffnungsphasen verstellt, sondern auch die Öffnungsdauer und der Öffnungsquerschnitt. Das Ziel dieser Maßnahme sind maßgeschneiderte Ventilöffnungsgesetze für unterschiedliche Drehzahlbereiche. Kürzere Öffnungszeiten und kleinerer Ventilhub bis zu mittleren Drehzahlen erhöhen die Gasgeschwindigkeit und damit auch die Füllung und das Drehmoment in diesem Bereich. Bei höheren Drehzahlen intensivieren längere Öffnungszeiten und ein größerer Ventilhub die Atmung des Motors, was wiederum positive Auswirkungen auf die Leistung hat.

Der Trick, mit dem dieser Effekt erzielt werden kann, erfordert bei vier Ventilen pro Zylinder sechs Nocken und sechs Schlepphebel. Die äußeren, den Ventilen direkt zugeordneten Nocken tragen zahme Profile, der mittlere Nocken hat längere Steuerzeiten und den größten Ventilhub. Im unteren Drehzahlbereich sind nur die äußeren Nocken aktiv, während die mittlere Nocke ohne Auswirkung auf die Ventile den zentralen Schlepphebel sozusagen leer betätigt. Eine zusätzliche Feder sorgt dafür, dass dabei der Kraftschluss zwischen Nocke und Schlepphebel nicht verloren geht. Zwischen 5000 und 6000/min stellen hydraulisch verschiebbare Stifte eine mechanische Verbindung zwischen den drei Schlepphebeln her.

Von da an gibt der fülligere mittlere Nocken die Ventilöffnung an. Der für das Verschieben notwendige Steuerdruck wird vom Schmierölkreislauf des Motors zur Verfügung gestellt. Damit die Koppelung der Schlepphebel auch richtig funktioniert, müssen die Grundkreise aller Nocken gleich sein, so dass bei geschlossenem Zustand der Ventile die Bohrungen bzw. Stifte fluchten.

Die Leistungsfähigkeit von VTEC (DOHC) mit zwei obenliegenden Nockenwellen stellt Honda mit immer neuen Literleistungsrekorden für Saugmotoren unter Beweis. So kommt der 1,8-Liter-Vierzylinder im Honda Integra Typ R auf 140 kW (190 PS), was der respektablen spezifischen Leistung von 106 PS/Liter entspricht. Noch weiter schöpft der auf Hochdrehzahl ausgelegte Sportmotor des Zweisitzers S 2000 die Möglichkeiten der doppelten Nockenformen aus: Der Vierzylinder produziert aus nur zwei Litern Hubraum 176 kw (240 PS) bei 8300/min, und auch das Drehmoment (und somit der Mitteldruck) kann sich mit einem Maximum von 208 Nm (allerdings erst bei 7500/min) sehen lassen. Das sind spezifisch betrachtet Rekordwerte (120 PS/Liter) für Serienfahrzeuge dieser Kategorie.

Doch Honda nutzt die Möglichkeiten der variablen Ventilerhebung nicht nur für spezifische Höchstleistungen. Denn VTEC erlaubt auch vereinfachte Varianten mit nur einer obenliegenden Nockenwelle (SOHC) und die Möglichkeit der Ventilabschaltung.

VarioCam Plus von Porsche

Die Umschaltung zwischen verschiedenen Ventilerhebungskurven ist auch bei Tassenstößeln möglich. Porsche hat ein solches System erstmals beim Turbo des Jahrgangs 2000 und später auch bei den Saugmotoren des Carrera übernommen. Im Leerlauf und bei geringer Last laufen dabei die doppelten (konzentrischen) Tassenstößel auf einem flachen Nocken mit nur 3 mm Ventilhub. Bei höherer Last schaltet das System auf zwei steilere Nocken mit 10 mm Ventilhub um. Gleichzeitig nutzt Porsche die Möglichkeit der Phasenverstellung der Einlaßnockenwelle (dafür steht »Plus« in der Systembezeichnung), um die Spreizung und Überschneidung zu optimieren. Für den mit Axialkolben (Turbo) oder Flügelzellenverstellern arbeitenden kontinuierlichen Nockenwellenversteller benutzt Porsche das Kürzel CVCP.

Die schaltbaren Tassenstößel (Hersteller INA) selbst sind eine feinmechanische Meisterleistung. Dabei funktioniert die Ventilhubverstel-

Ventiltrieb und Nockenwellen

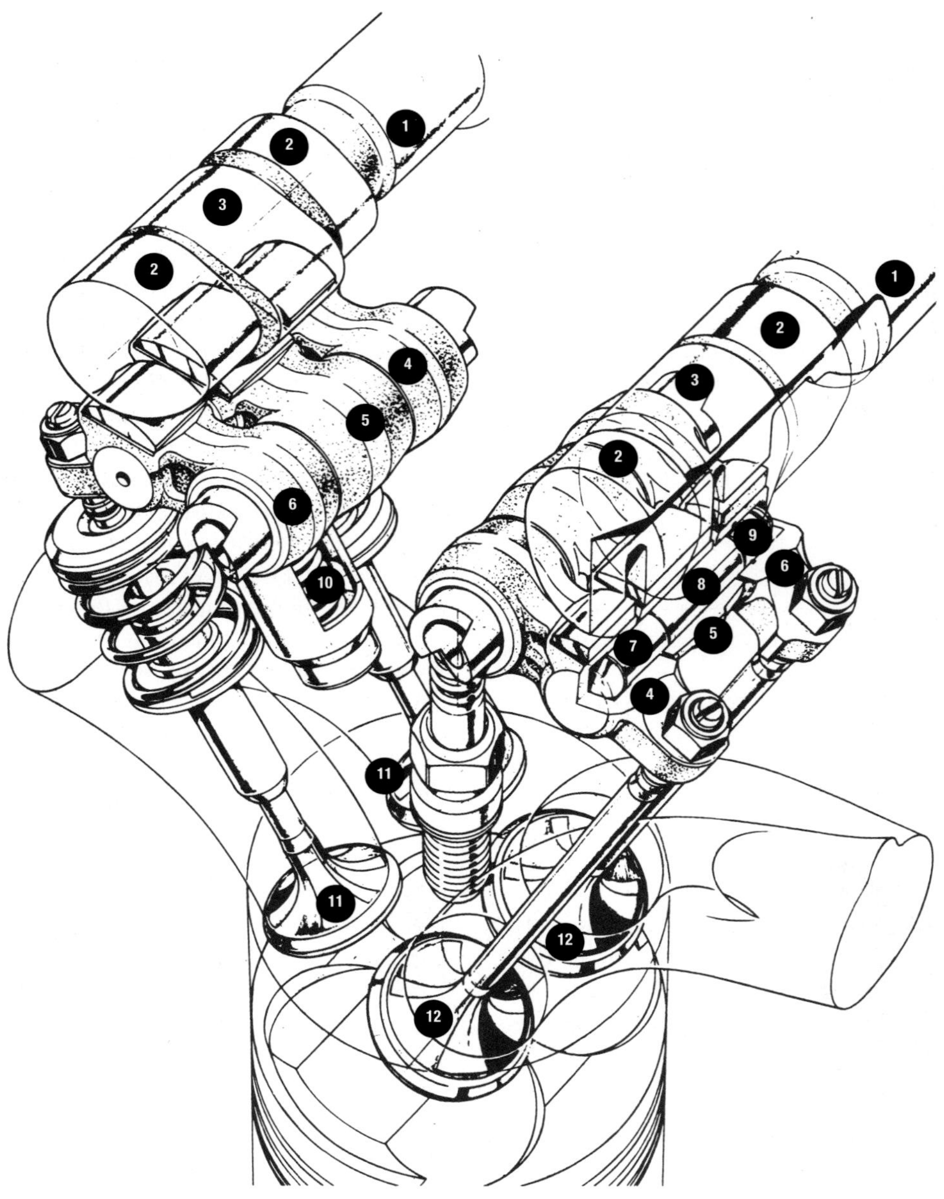

HONDA V-TEC

1) Nockenwelle
2) Nocken - niedrige Drehzahl
3) Nocken - hohe Drehzahl
4) Erster Kipphebel
5) Mittlerer Kipphebel
6) Zweiter Kipphebel
7) Hydraulischer Kolben "A"
8) Hydraulischer Kolben "B"
9) Feder
10) Spielkompensations-Feder
11) Auslass-Ventil
12) Einlass-Ventil

Das Honda-VTEC-System benötigt pro Zylinder zwei mal drei Nocken auf den beiden oben liegenden Nockenwellen sowie jeweils drei Schlepphebel zur Betätigung der Ventile. Die beiden äußeren Schlepphebel folgen den zahmen Nocken bei geringem Leistungsbedarf, der mittlere Schlepphebel läuft leer mit. Bei hohem Leistungsbedarf (zwischen 5300 und 6000/min) koppeln hydraulische Kolben alle Schlepphebel zusammen. Die Ventile folgen jetzt dem scharfen Nockenprofil des mittleren Nocken.

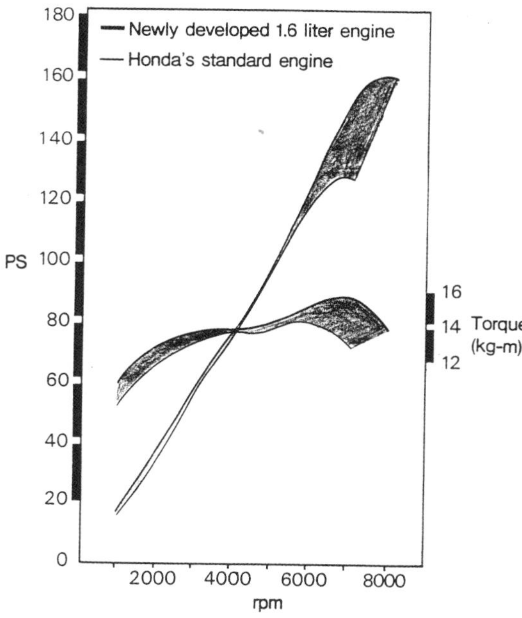

Den Einfluss des Honda-VTEC-Systems auf die Leistungs- und Drehmomentkurven zeigt dieses Diagramm. Es wird deutlich, dass VTEC vor allem im oberen Drehzahlbereich wirksam ist.

lung wie folgt: Zur Übertragung zweier unterschiedlicher Ventilhübe ist der Tassenstößel in ein äußeres und ein in diesem konzentrisch geführtes inneres Gehäuse unterteilt. Der im nockenseitigen Tassenstößelbereich befindliche Verriegelungsmechanismus erlaubt die hydraulisch angesteuerte Koppelung von Innen- und Außengehäuse durch den Motoröldruck. Ein elektrohydraulisches Umschaltventil beaufschlagt dabei die federbelasteten Verriegelungskolben, die bei einem Öldruck von mindestens 1,2 bar eine Koppelung der beiden Stößelteile herstellen.

Kleiner Ventilhub: Die Stößel laufen unverkoppelt. Hubbestimmend sind der innere Stößel und der mittlere (flache) Nocken. Der innere Stößel trägt auch das Element für den hydraulischen Ventilspielausgleich. Der äußere Stößel bewegt sich relativ zum inneren Stößel entsprechend der Ventilerhebungskurve der beiden äußeren (hohen) Nocken. Er macht sozusagen eine Leerbewegung, betätigt also das Ventil nicht, wobei eine schwache Differenzhubfeder den Kontakt zu den Nocken sicherstellt.

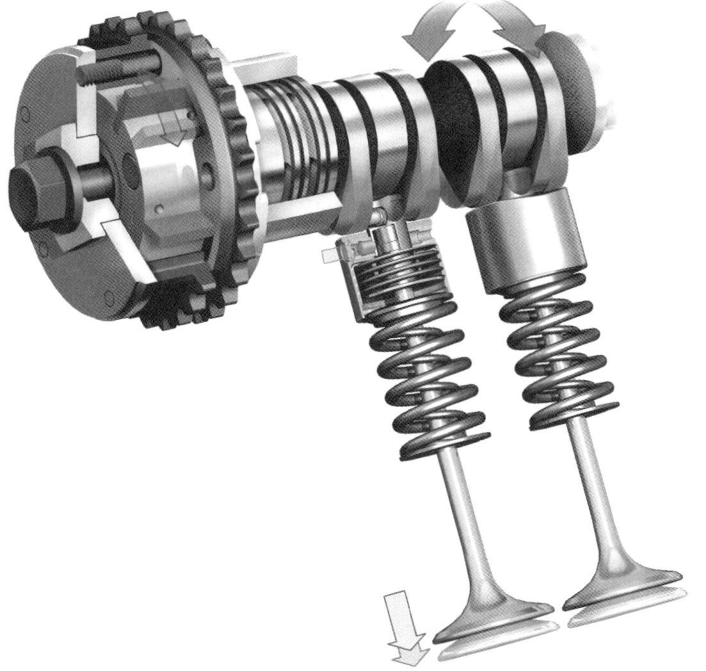

VarioCam Plus im Motor des Porsche 911: Das weiterentwickelte System kombiniert eine einlassseitige Nockenwellenverstellung (VarioCam) mit einer einlassseitigen Ventilhub-Umschaltung (Plus). Die Ventilhub-Umschaltung geschieht mittels eines vertikal verschiebbaren Sperrstifts im Tassenstößel.

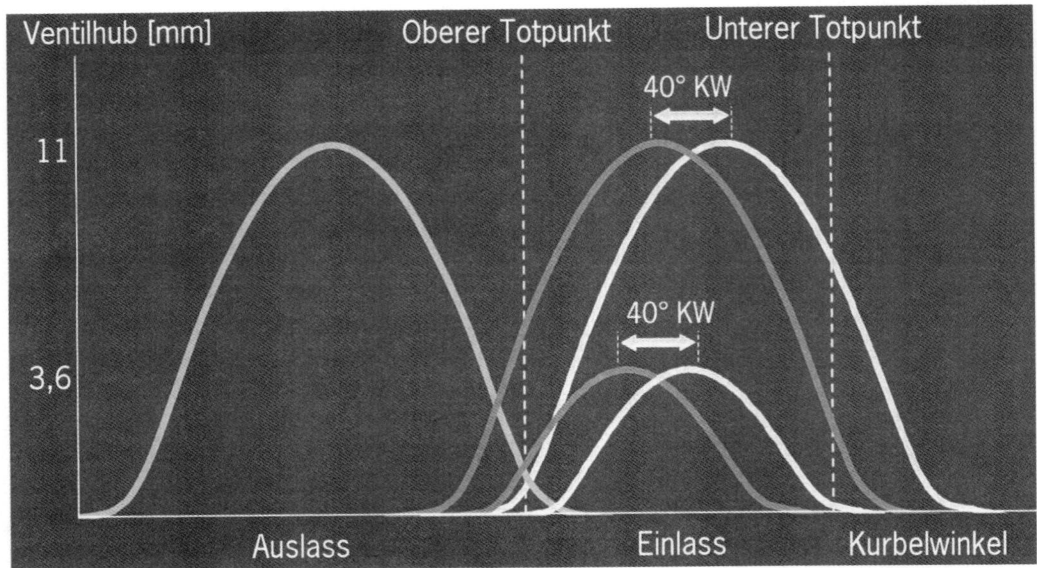

VarioCam Plus als nahezu vollvariabler Ventiltrieb: Während die Auslass-Steuerzeiten konstant bleiben, lässt sich einlassseitig der Öffnungszeitpunkt sowie über den Ventilhub die Länge der Öffnungszeit und damit der Öffnungsquerschnitt der Ventile variieren.

Großer Ventilhub: Außen- und Innenstößel sind verkoppelt. Hubbestimmend ist jetzt der äußere Stößel, der den Ventilerhebungskurven der beiden äußeren Nocken folgt. Die doppelte Anordnung der beiden hohen Nocken dient auch der Reduzierung der Flächenpressung und zur Vermeidung des Kippmomentes an der Tasse.
Die Vorteile dieser Methode variabler Ventilsteuerung liegen in den relativ geringen Systemkosten, dem geringen Gewicht und der im Vergleich zur Valvetronic von BMW höheren Drehzahlfestigkeit. Wenn auch das Ziel einer völlig drosselfreien Laststeuerung damit nicht erreichbar ist, wird doch ein großer Teil der damit verbundenen Vorteile genutzt. Zudem ist mit dem Schalttassenstößel auch eine totale Ventilabschaltung realisierbar (null Hub), was zur Zylinderabschaltung oder Kanalabschaltung genutzt werden kann. Allerdings steht dann nur mehr ein Nockenprofil zu Verfügung.

BMW-VANOS-System

Unter dem Namen VANOS (Variable Nockenwellenspreizung) führte BMW ab 1992 gleich zwei Systeme mit variablen Steuerzeiten bei seinen Sechszylinder-Reihenmotoren ein. Bei den Triebwerken mit 2,0 bzw. 2,5 Liter Hubraum wird abhängig von den Betriebsbedingungen des Motors (Last, Drehzahl und Temperatur) je eine Sollstellung – Nockenwelle früh oder spät – vorgegeben. Das System ist hier am Motoröldruck angehängt.
Über die digitale Motorelektronik wird mittels eines Elektromagneten ein 4-2-Wege-Ventil geschaltet, wobei ein Hydraulik-Kolben wechselseitig mit Motoröldruck beaufschlagt und durch mechanische Anschläge in seinen zwei möglichen Grundstellungen gehalten wird. Im Kolben ist eine Zahnwelle drehbar gelagert, die den Kolbenhub über Schrägverzahnung in eine Drehung der Nockenwelle relativ zum antreibenden Kettenrad umwandelt. Der Verstellbereich beträgt 25° Kurbelwinkel. Durch VANOS war es möglich, die Öffnungsdauer der Einlaßnocken von 240° auf 228° zurückzunehmen, ohne dabei die Motor-Höchstleistung zu reduzieren. Diese Maßnahme ist vor allem für die Leerlaufqualität vorteilhaft.

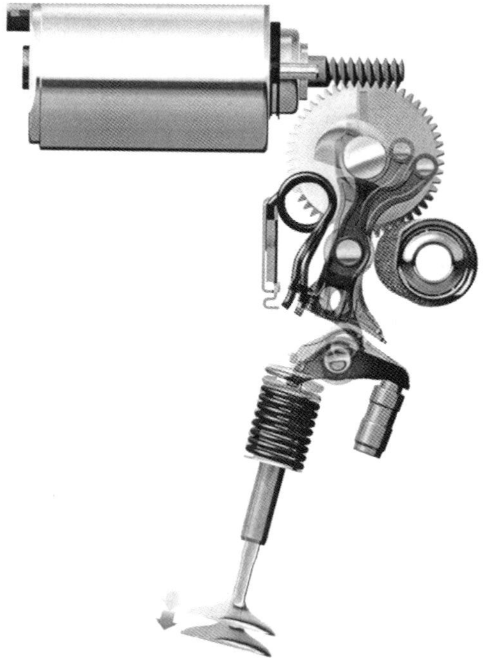

BMW Valvetronic: Bei der Valvetronic werden die Steuerzeiten der Ventile stufenlos zwischen 0,00 mm und 9,8 mm geregelt. Damit ermöglicht die Valvetronic eine weitgehend drosselfreie Laststeuerung.

Beim BMW-M3-Motor mit 3 Liter Hubraum ist das VANOS-System sehr viel aufwendiger, weil es jede beliebige Zwischenstellung der Einlassnockenwelle bei einem Gesamtverstellbereich von 42° erlaubt. Damit kann das volle Potential dieses Systems ausgeschöpft werden. Auch die Abregelung des Fahrzeugs bei 250 km/h Höchstgeschwindigkeit erfolgt über VANOS. Das System verfügt über ein eigenes Ölsystem, das mit 100 bar Druck arbeitet und auch einen Ölspeicher hat. Die Hochdruck-Ölpumpe ist in die Stelleinheit integriert und wird von der Auslassnockenwelle angetrieben.
Der hohe Öldruck ist notwendig, um den Regelkolben, der die Verdrehung des Kettenrades zur Einlassnockenwelle über eine Schrägverzahnung vornimmt, sicher in jeder beliebigen Zwischenstellung halten zu können. Dazu sind auch noch zwei elektromagnetische Schaltventile sowie zwei Nockenwellenpositions-Markenräder mit den zugehörigen Positions-Gebern notwendig. Die Informationen für die Verstellung werden von einem eigenen Steuergerät bezogen, das mit dem eigentlichen Motor-Steuergerät verbunden ist.
Inzwischen hat BMW das System der variablen Nockenwellenspreizung erheblich weiterentwickelt. Beim M3-Motor des Jahrgangs 2000 (3246 cm^3, 343 PS bei 7900/min) werden die Einlass- und die Auslassnockenwelle in großen Bereichen stufenlos verstellt, was letztlich zu der hohen spezifischen Leistung und dem außergewöhnlich gleichmäßigen Drehmomentverlauf führt.
Doch nicht nur bei den M3-Motoren zählt Doppel-VANOS zum Standard, auch die normalen BMW-Sechszylinder verfügen seit 1998 über die im Vergleich zur M-Technik etwas vereinfachte stufenlose Nockenwellenverstel-

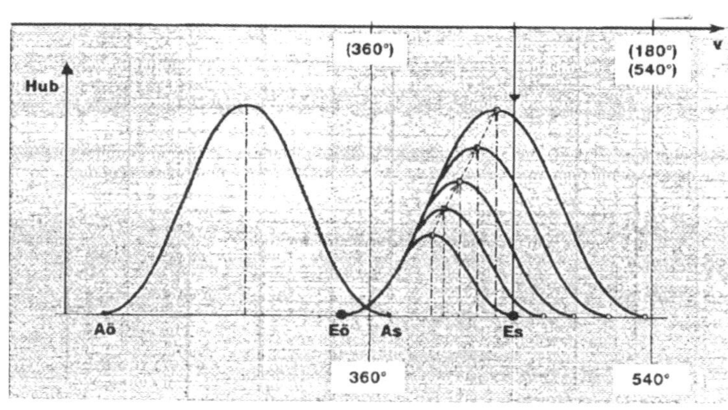

BMW Valvetronic und VANOS: Im Vergleich zu herkömmlichen Systemen zur Ventilhub-Umschaltung arbeitet die von BMW entwickelte Valvetronic stufenlos. Die in Verbindung mit VANOS mögliche Varianz bei der Gestaltung der Steuerzeiten wird bei einem Blick auf das Diagramm offensichtlich.

lung für Einlass und Auslass. So variiert die Einlaß-Spreizung zwischen 80° und 120° Kurbelwinkel, was einem Verstellbereich von 40° entspricht, die Auslass-Spreizung zwischen 80° und 105°, entsprechend einem Verstellwinkel von 25°. Die kennfeldgesteuerten Sollstellungen sind abhängig von den Motorbetriebsparametern Last, Drehzahl und Motortemperatur. Auch bei der nachfolgenden Entwicklungstufe, dem vollvariablen Ventiltrieb Valvetronic, verzichtet BMW nicht auf die VANOS-Verstellung.

BMW Valvetronic-System

Schon immer war es das Bestreben der Motorenentwickler, mehr Flexibilität in die leistungsbestimmenden Einzelkomponenten zu bringen. Das gilt sowohl für die Verdichtung als auch für variable Einlass- oder auch Auslassventilsteuerungen. Wenn die Füllung des Motors nicht mehr über die Drosselklappe, sondern über einen variablen Hub gesteuert werden kann, lässt sich der Wirkungsgrad des Ottomotors um ca. 10 % verbessern, weil nicht mehr gegen den Unterdruck im Saugrohr angesaugt werden muss.

Das BMW-Valvetronicsystem hat nur geringe Toleranzwerte. Um sicherzustellen, dass alle Einlassventile immer gleich weit öffnen, werden beim Zusammenbau des Kopfes alle Kanäle einzeln geflossen. Bei Abweichungen müssen mechanische Betätigungsteile ausgewechselt werden. Je mehr Zylinder (Zylinderbänke) ein Motor hat, um so schwieriger wird diese Aufgabe. Abgesehen davon ist der Bauaufwand erheblich, es handelt sich somit um eine sehr teure Lösung.

Dabei ist der Ventilhub der Einlassventile voll-

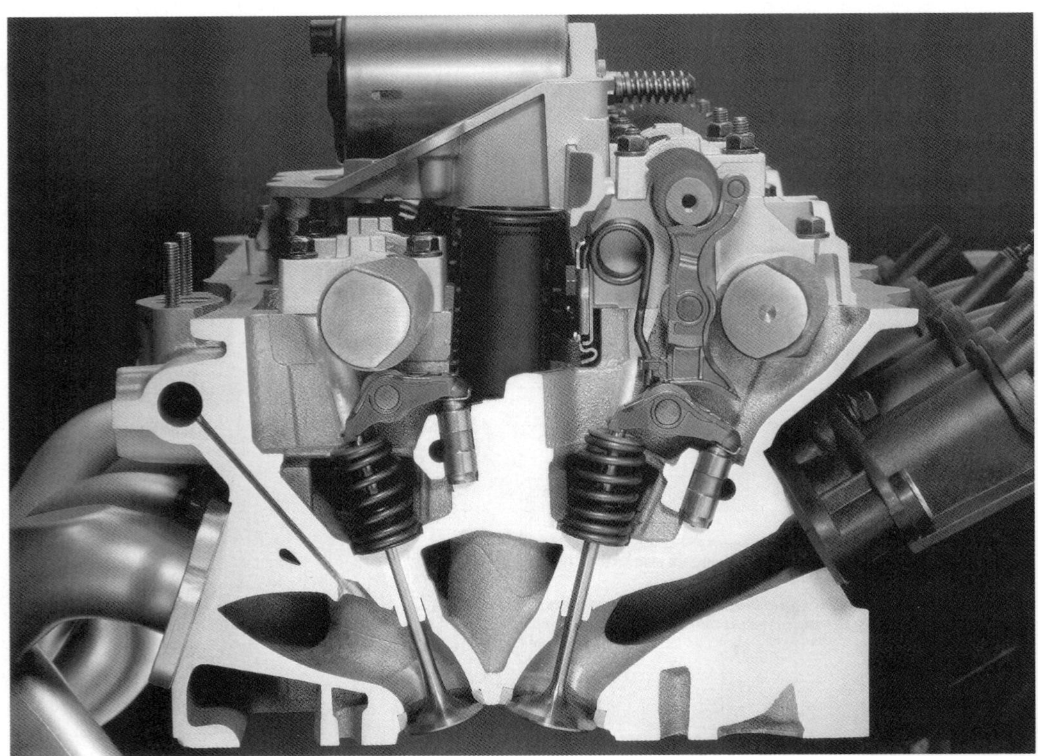

Komplex, aber sinnvoll: Die gesamte Valvetronic-Einheit wird in einem sogenannten Camcarrier vormontiert und auf den Zylinderkopf gesetzt. Mit Valvetronic für die Einlass-Nockenwelle wird die Drosselklappe überflüssig.

variabel zwischen 0,0 und 9,7 Millimetern abhängig von der Leistungsanforderung verstellbar. Diese Variabilität erzielt BMW durch einen vertikalen Zwischenhebel, auf den die Einlassnockenwelle einwirkt. Der Fuß des Zwischenhebels wiederum bewegt den eigentlichen Schlepphebel zur Ventilbetätigung. Der obere Drehpunkt des Zwischenhebels ist durch eine Exzenterwelle schwenkbar, was seinen Abstand zur Nockenwelle und somit den Ventilhub definiert. Die Exzenterwelle wird durch einen Elektromotor innerhalb von 300 Millisekunden (von Anschlag zu Anschlag) betätigt.
Zusätzlich zur Hubvariation, die hier in erster Linie aus Verbrauchsgründen vorgenommen wurde, lassen sich die beiden Nockenwellen durch Doppel-VANOS jeweils um 60 Grad Kurbelwinkel gegeneinander verdrehen. Die ursprünglich im Vier- und Achtzylinder eingesetzte Valvetronic ist wegen der vergleichsweise großen bewegten Massen für hohe Drehzahl nicht geeignet. Im Sechszylinder-Reihenmotor (NG6), der 2005 debutierte, hat BMW daher das System etwas vereinfacht und verkleinert. Drehzahlen über 7000 sind damit nun möglich.

Konsequenzen für die Tuning-Praxis

Nach dieser Abschweifung in den Bereich moderner High-Tech-Motoren wieder zurück zum Tuning einfacherer Triebwerke, die nach wie vor weit verbreitet sind.
Für bessere Füllung muss also angestrebt werden, den im Steuerdiagramm als Fläche erscheinenden Ventilöffnungsquerschnitt während der gesamten Öffnungsdauer zu vergrößern, wobei es günstig ist, auf der abfallenden Seite der Einlasserhebung zum Einlassschluss hin Fläche zu gewinnen. Um die freie Querschnittsfläche überhaupt zu vergrößern, kann man sich verschiedener Methoden bedienen. Am einfachsten und am leichtesten anwendbar sind solche, die ohne Änderungen der Nockenwelle auskommen. Bei diesen Maßnahmen braucht man sich auch hinsichtlich der Mehrbelastung des Ventiltriebes keine übermäßigen Sorgen zu machen. Allerdings lassen sich diese bei modernen Ventiltrieben, die geometrisch meist schon ausgereizt sind, kaum noch anwenden.

Größere Öffnungsquerschnitte

An erster Stelle sei hier das Vergrößern der Ventile bzw. das restlose Ausnützen der vorhandenen Ventilgröße genannt, wie wir es in diesem Buch bereits ausführlich beschrieben haben. Hierzu ist nur zu sagen, dass größere Ventile neben dem Vorzug des größeren Querschnitts meist auch den Nachteil des höheren Gewichts mitbringen, was wiederum höhere Massenkräfte zur Folge hat.
Eine weitere Möglichkeit, den Ventilquerschnitt zu vergrößern ohne die Nockenwelle zu ändern, besteht darin, den Ventilhub durch ein geändertes Übersetzungsverhältnis der Kipphebel oder Schlepphebel zu vergrößern,

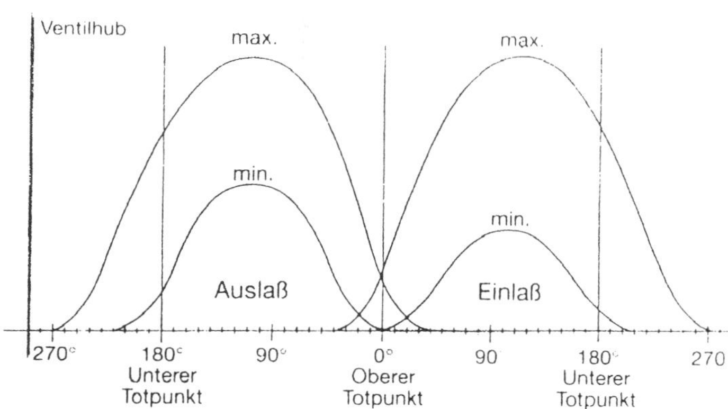

Das Diagramm zeigt die unterschiedlichen Ventilerhebungskurven des Honda-VTEC. Deutlich sind der sehr kleine Hub und die praktisch überschneidungsfreien Steuerzeiten des zahmen Nockens zu erkennen.

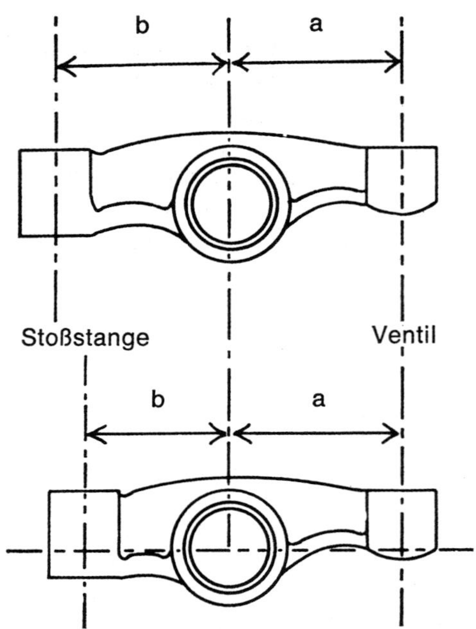

Durch Ändern des Kipphebelübersetzungsverhältnisses kann man den Ventilhub und damit die freie Querschnittsfläche vergrößern. Um das Übersetzungsverhältnis im angestrebten Sinne zu verändern, muss man den Hebelarm der Stoßstangenseiten verkürzen oder den Hebelarm der Ventilseite verlängern.

was freilich nicht bei allen Steuerungssystemen möglich ist. In England werden für viele Stoßstangenmotoren (OHV) geänderte Kipphebel angeboten, in Deutschland ist man auf die Selbstfertigung aus Rohlingen angewiesen.
Um zu einem größeren Ventilhub zu kommen, muss man den Hebelarm auf der Betätigungsseite des Kipphebels verkürzen und den auf der Ventilseite verlängern. Zuvor ist natürlich das Übersetzungsverhältnis des Original-Kipphebels auszumessen, um den erzielten Gewinn nachrechnen zu können. Zum Beispiel betrage der Original-Nockenhub 6,5 mm, das Übersetzungsverhältnis des Serienkipphebels 1,3:1 und der Serienventilhub demzufolge 8,5 mm. Ändert man nun das Kipphebelübersetzungsverhältnis auf 1,4:1, so erreicht man dadurch einen Ventilhub von 9,1 mm. Als Anhaltswert für die obere Grenze des Ventilhubs, den man nicht zu groß machen sollte, gilt, dass er bei ca. 25 Prozent des Ventildurchmessers liegen soll. Auf keinen Fall sollten 30 Prozent überschritten werden. Auch bei dieser Methode der Ventilquerschnittsvergrößerung muss man mit einem Anstieg der Massenkräfte rechnen.
Zuletzt sei noch auf eine Möglichkeit hingewiesen, die besonders gern bei älteren Motoren mit balligen (gewölbten) Stößeln angewandt wurde. Durch Abflachen oder Begradigen der Stößellauffläche konnte man eine »vollere« Ventilerhebungskurve erzielen und so den Steuerquerschnitt vergrößern. Freilich ist diese Methode nicht ganz unproblematisch und kann unter Umständen zu einem vorzeitigen Verschleiß von Stößel und auch Nockenwelle führen, wenn die bearbeiteten Flächen nicht nachgehärtet werden. Bei Mehrzylindermotoren besteht zudem die Schwierigkeit, die Abflachung sämtlicher Stößel völlig identisch herzustellen, was mit einfachen Mitteln nicht immer möglich ist. Die gleichmäßige Behandlung dieser Teile ist jedoch deshalb wichtig, um bei allen Zylindern die gleiche Ventilerhebungskurve zu erhalten.

Geänderte Nockenwellen

Am gründlichsten lässt sich die Ventilerhebungskurve und damit die Steuerquerschnittsfläche durch eine Änderung der Nockenform beeinflussen. Man kann damit sowohl den Ventilhub als auch die Steuerzeiten, die Überschneidung und den Erhebungsverlauf entscheidend ändern und man fragt sich, wozu dann die im vorigen Abschnitt beschriebenen, mehr oder weniger provisorischen Maßnahmen überhaupt notwendig sind. Die Antwort darauf ist einfach. Die Nockenform moderner Motoren ist ein äußerst kompliziertes Gebilde, und die daraus resultierenden Ventilerhebungen, Ventilgeschwindigkeiten und Beschleunigungen sind nur in einem sehr komplizierten Rechengang, der heute dem Computer überlassen wird, nachzuprüfen. Zudem verwendet man heute vorzugsweise sogenannte ruckfreie Nocken, deren Zweck es ist, Beschleunigungsspitzen und damit übergroße Massenkräfte abzubauen. Wenn man nun nach alter Väter Sitte den Nockengrundkreis abschleift und auch die Anlaufpunkte samt Steuerzeiten eines solchen Nockens ändert, können sich im Betrieb leicht untragbare Ergebnisse zeigen. Abgesehen vom Laufgeräusch, das bei ungenauen Anlaufkurven und Beschleunigungsspitzen stark zunimmt, ist oft mit vorzeitigem Verschleiß von Nocken und Stößeln zu rechnen.

Es braucht wohl nicht besonders betont zu werden, dass die Herstellung einer ganz neuen Nockenform, die im Betrieb einwandfrei funktionieren soll, noch erheblich schwieriger ist, abgesehen davon, dass neben der komplizierten Berechnung und den dazugehörigen Versuchen auch die Maschinen zum Schleifen und Härten der Nockenwellen notwendig sind. Mit anderen Worten bedeutet dies, dass die Selbstherstellung oder auch nur die Änderung einer Nockenwelle einem Privatmann praktisch nicht möglich ist. Man muss sich darum auf das Angebot von Spezialnockenwellen beschränken, wie sie für zahlreiche Motorentypen erhältlich sind. Am besten und meist auch billigsten ist man immer dann bedient, wenn das Werk selbst für seine Typen verschiedene Nockenwellen herausgebracht hat.

Für viele andere Motoren gibt es Spezialnockenwellen, die von verschiedenen Tuningfirmen oder Nockenwellenspezialisten angeboten werden. Nicht immer jedoch sind Spezialnockenwellen für den Motor eine Wohltat, und manchmal muss man sogar mit relativ frühem Verschleiß und anderen unangenehmen Überraschungen rechnen. Es ist darum ratsam, nur Fabrikate solcher Nockenwellenhersteller (z. B. Schleicher, Dr. Schrick) oder Tuner zu benutzen, die über das entsprechende Fachwissen und die notwendige Erfahrung verfügen. Auch sollte man sich über den Einsatzzweck des Motors im Klaren sein. Abgesehen von der Nockenform muss nämlich auch noch die geeignete Spreizung ermittelt werden, wozu ausgedehnte Prüfstandsversuche unumgänglich sind. Dies gilt erst recht für Nockenformen, die manchmal unzählige Versuche erfordern, um die optimalen Werte zu finden, so dass eine solche Arbeit stets Firmen mit den entsprechenden Versuchsabteilungen überlassen bleiben müssen, die auch die nötige Erfahrung auf diesem Gebiet mitbringen. Auch kommt es stets darauf an, bei welcher Gelegenheit eine Nockenwelle später eingesetzt werden soll. Wir brauchen kaum zu erwähnen, dass es ziemlich unsinnig wäre, in ein Auto, das im normalen Straßenverkehr bewegt werden soll, eine Rennockenwelle ohne Leerlauf und ohne Leistung im unteren Drehzahlbereich einzubauen.

Wie man Steuerzeiten und die Ventilerhebungskurven misst

Die Angaben der Hersteller von Spezialnockenwellen sind in manchen Fällen vage und

Spezialnockenwellen mit Ventilfedern und erleichterten Tassenstößeln für den VW-827-Motor (Golf usw.).

Ventiltrieb und Nockenwellen

Das Steuergehäuse des BMW-M3-Sechszylinders. Es beinhaltet den antrieb für die Nockenwellen (Duplexkette), für die Ölpumpe und die Nockenwellenverstellung VANOS (oben).

ungenau, weswegen es oftmals angebracht erscheint, das Steuerdiagramm bzw. die Ventilerhebungskurve selbst aufzunehmen. Nur dann kann man genau sehen, wo die Spezialnockenwelle die Leistung bzw. zusätzlichen Querschnitt gegenüber der Seriennockenwelle »herholt«.

Zunächst stellt man einmal den Nockenhub fest, was mit Hilfe einer Schublehre ganz einfach möglich ist. Man misst das Maß von Nockenspitze zu Nockengrundkreis und den Durchmesser des Nockengrundkreises, die Differenz der beiden Maße ergibt den Nockenhub. Über das Übersetzungsverhältnis des gesamten Steuermechanismus kann man dann den Ventilhub ausrechnen. Meist übersetzen nur die Kipphebel die Ventilerhebung. Das Übersetzungsverhältnis errechnet sich leicht aus folgenden Werten: Tatsächlicher Ventilhub: Nockenhub. Den Ventilhub misst man mit Hilfe einer Messuhr, das Ventilspiel ist dazu zu addieren.

Nun zu der etwas komplizierten Messung der Ventilerhebungskurve. Zu diesem Zweck wird eine Messuhr auf den Ventilfederteller angesetzt, wobei der Ventilschaft und die Achse des Messgebers der Messuhr möglichst eine Gerade bilden sollten (parallele Versetzungen sind nicht störend), um Messfehler zu vermeiden. Kleine Winkel sind jedoch zulässig. In Fällen, wo die Messuhr nicht genau auf eine senkrechte Ebene zum Ventilschaft gebracht werden kann bzw. die Messuhr einen größeren Winkel zum Ventilschaft einnimmt, sind die Messungen unter Ausrechnung des Messfehlers mit Hilfe der Winkelfunktionen zu korrigieren. Dies ist jedoch nur nötig, wenn man die absolut genauen Erhebungswerte haben will. Zu einem Vergleich zweier Nockenwellen in ein und demselben Motor (gleiche Messbedingungen) kann man sich diesen Umstand ersparen.

Wenn die Messuhr ihren festmontierten Platz eingenommen hat, wird vor der Messung das Ventilspiel ganz exakt auf den gewünschten Wert eingestellt. Sodann ist es notwendig, auf einer Seite der Kurbelwelle, also entweder auf dem Schwungrad oder an der Keilriemenscheibe, eine sogenannte Gradscheibe anzubringen. Falls man keine fertige Gradscheibe besitzt, kann man sich leicht eine aus starker Pappe anfertigen. Man unterteilt hierzu einen Kreis (0 Grad deckend mit 360 Grad oben, 90 Grad, 180 Grad senkrecht unter 0 bzw. 360, und gegenüberliegend von 90 Grad 270 Grad). Nur an den für die Aufnahme des Erhebungsdiagrammes interessanten Stellen ist eine enge Unterteilung in Schritten von je einem Grad notwendig. Man kann sich auch ähnlich wie Millimeterpapier eingeteiltes Gradpapier besorgen (360-Grad-Teilung notwendig) und dies auf die Pappscheibe aufkleben.

Anschließend wird der Kolben direkt auf OT gestellt, über dessen Zylinder die Messuhr (am besten Zylinder 1) befestigt ist. Die Gradscheibe muss dann ebenfalls OT anzeigen, und zwar montiert man sich als Markierung einen feststehenden dünnen Zeiger aus Draht. Der Motor wird jetzt in der richtigen Drehrichtung langsam gedreht, bis das Einlassventil sich zu öffnen beginnt; man erhält dann den Wert für Einlass öffnet (E. ö.), den man sich genau notiert. Man dreht nun weiter und notiert sich in Abständen von etwa 5 bis 10 Grad die an der Messuhr abgelesene Ventilerhebung (in mm). Die gleiche Prozedur ist für das Auslassventil nötig.

Anschließend zeichnet man sich die gefundenen Werte auf Millimeterpapier, wobei die untere Waagrechte in 360 Grad (Kurbelwinkel) eingeteilt wird, die Senkrechte in $^{1}/_{10}$ mm für den Ventilhub. Was dann herauskommt, ist die Ventilerhebungskurve, die man sich, wenn man Lust hat, zum Steuerdiagramm umzeichnen kann. In diesem Fall muss man die freien Ventilquerschnitte über dem Kurbelwinkel nach der Formel auf Seite 279 ausrechnen, wobei man den einem bestimmten Kurbelwinkel zugehörigen Ventilhub einsetzt. Für Nockenwellen-Vergleiche genügt jedoch die Erhebungskurve. Selbstverständlich sollte man sich auch eine Erhebungskurve mit der Serien-Nockenwelle aufstellen.

Die Auspuffanlage

Zwischen dem simplen Auspuff in der Frühzeit des Automobils, der nicht selten aus einem einfachen Rohr mit Klappe bestand, und einer modernen Abgasanlage liegen Welten. Doch war es nicht nur die Entwicklung zu hoher Leistung, welche die Auspuffanlagen immer voluminöser und komplizierter werden ließ, sondern zusätzliche Funktionen, die im Laufe der Zeit dazu kamen. Eine wesentliche Funktion einer Auspuffanlage ist – im Sinne des Gesetzgebers – die Schalldämpfung. Hier machen immer strenger werdende Vorschriften mit sehr niedrigen zulässigen Schallpegeln den Einsatz von mehreren großvolumigen Schalldämpfern notwendig. Eine weitere wesentliche Funktion ist inzwischen dazugekommen: die Abgasreinigung. Wo sonst als im Abgastrakt des Motors soll denn die Umwandlung von schädlichen Abgasbestandteilen in solche mit unkritischer Zusammensetzung stattfinden? Demzufolge ist bei Benzinmotoren der Dreiwege-Katalysator Bestandteil jeder modernen Auspuffanlage, und sein Regelsensor, die sogenannte Lambda-Sonde, ist ebenfalls im Abgasstrom untergebracht. Beim Diesel sind einfachere Oxidationskatalysatoren Stand der Technik, die keine Lambda-Sonde benötigen. Inzwischen sind noch weitere Reinigungsgeräte hinzugekommen. Der sogenannte Denox-Kat, der (nur) beim Benzinmotor mit Direkteinspritzung und Schichtladung notwendig ist, um die Stickoxide zu eliminieren. Und moderne Diesel besitzen zum großen Teil schon Rußfilter, welche die Partikel auf ein Minimum

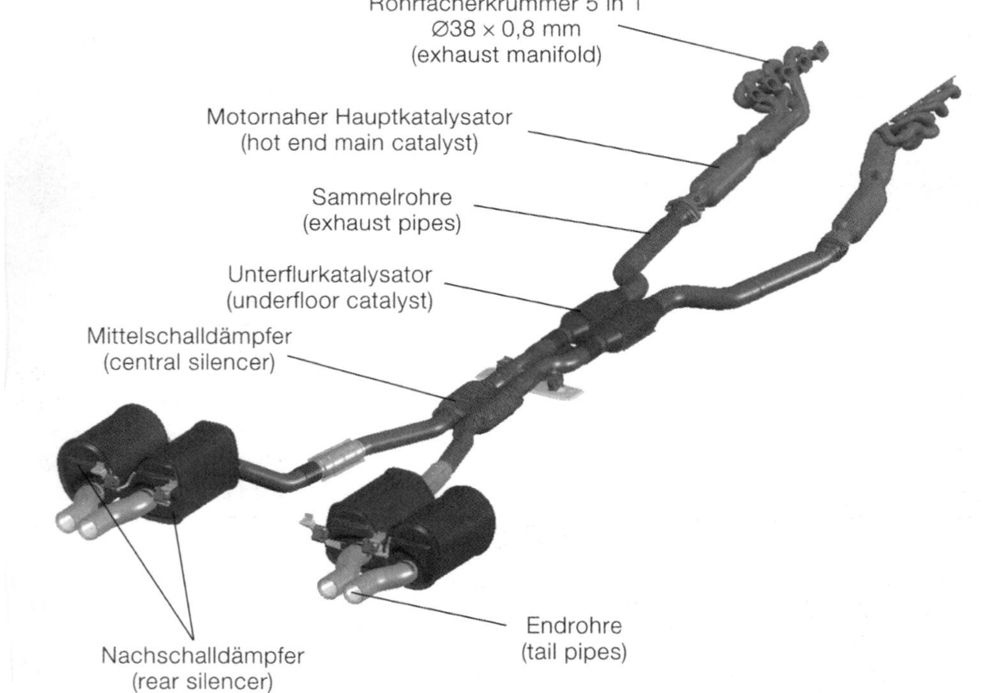

Eine Abgas- bzw. Auspuffanlage soll den Schall effektiv dämpfen, die Emissionen reduzieren und die Motorleistung möglichst wenig drosseln. Immer häufiger wird auch ein markentypischer Sound angestrebt.

reduzieren. Auch sie stören wie die Katalysatoren den ungehinderten Strom der Abgase, bauen Gegendruck auf, der letztendlich Leistung und Verbrauch kostet.

Bei dem riesigen Volumen, auf das moderne Abgasanlagen vor allem bei hubraumstarken Motoren angewachsen sind, ist ihre Unterbringung unter dem Wagenboden ein echtes Problem. Darum wird bei modernen Autos die Abgasanlage bei der Konstruktion der Bodengruppe als integraler Bestandteil mitberücksichtigt, mit entsprechenden Schwierigkeiten für eine nachträgliche Änderung. So sind insbesondere bei V-Motoren zweiflutige Auspuffanlagen gang und gäbe, bei denen die Abgasströme der beiden Zylinderreihen bis zum Ende getrennt verlaufen. Aus Platzgründen wird diese Methode jedoch manchmal auch bei Reihenmotoren angewendet. Doch neben all den gesetzlichen Auflagen und räumlichen Zwängen darf der Konstrukteur nicht die wichtigste Aufgabe der Auspuffanlage aus dem Auge verlieren: die Entsorgung der aus den Zylindern strömenden Abgase mit möglichst geringem Leistungsverlust.

Eingeschränkter Spielraum

Unter diesem Umständen wird klar, dass es ziemlich schwierig wird, im Rahmen einer Zulassung für den öffentlichen Straßenverkehr die Auspuffanlage zu optimieren. Einmal hat meist schon der Hersteller (fast) alles getan,

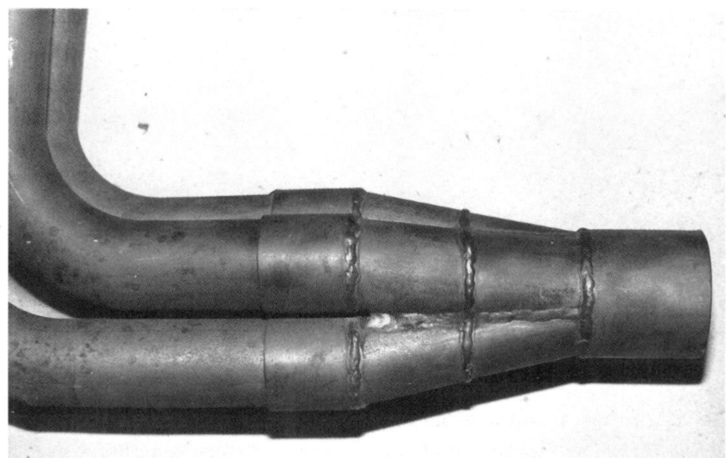

Oben:
Relativ einfach war der Rennauspuff für den Zweizylinder-Boxermotor des Steyr-Puch. Zwei in der Länge abgestimmte und um 180 Grad umgelenkte Rohre münden in einen druckmindernden Diffusor.

Links:
Ein Kunstwerk für Schweißer ist die Zusammenführung von vier Rohren auf einen großen Durchmesser.

um Leistungsverluste zu vermeiden, zum anderen haben leistungsfördernde Maßnahmen meist die unangenehme Eigenschaft, den Schalldruck über die zulässige Grenze hinaus zu erhöhen. Dennoch gibt es einige Möglichkeiten, wenn auch durch den eingeschränkten Spielraum der dabei erzielbare Leistungsgewinn in Grenzen bleibt. Für Fahrzeuge, die an Rennen oder anderen Wettbewerben teilnehmen, sind die Bestimmungen entweder frei (Formel-Wagen) oder bei weitem nicht so eingeschränkt. Dort steht einer freien Gestaltung der Auspuffanlage nichts im Wege.

Die Gasdynamik nutzen

Ähnlich wie durch die Gestaltung der Sauganlage kann auch mit Hilfe der Abgasanlage die Leistung (Füllung) in ihrer Höhe und ihrer Charakteristik beeinflusst werden. Doch anders als bei der Saugseite wird der Gasstrom abgasseitig nicht so stark von der Kolbenbewegung angeregt. Vielmehr wird die zur Optimierung nutzbare Gasdynamik im Abgassystem in erster Linie durch das hohe Druckgefälle beim Öffnen des Auslassventils bestimmt. So strömt im ersten Moment der Ventilöffnung ein Großteil der Abgasmenge in die Abgasleitung, wegen der hohen Druckdifferenz zwischen Zylinder und Abgassystem. Dieser sogenannte Vorauslass-Stoß erzeugt eine sich mit Schallgeschwindigkeit ausbreitende Druckwelle, deren Rückstoß wiederum unter Umständen das weitere Ausströmen des Abgases aus dem Zylinder behindert. Denn ist erst einmal das hohe Druckgefälle zwischen Zylinder und Abgasleitung abgebaut, übernimmt der Kolben das Ausschieben der Restgase.

In dieser Phase sind die Druckverhältnisse kurz vor dem Schließen des Auslassventils für die Qualität des Gaswechsel entscheidend. Ist der Druck in der Abgasleitung hoch, wird zu viel Restgas im Zylinder zurückbleiben, mit nachteiligen Folgen für die Füllung. Bei geeigneter Abstimmung kann der Druck für diese Phase so minimiert werden, dass sich der Zylinder nahezu vollständig entleert. Füllungsgrade von über 1,0 sind in Verbindung mit einer entsprechenden Sauganlage der Beweis dafür.

Eine ganz wesentliche Voraussetzung für ein die Füllung unterstützendes Schwingungsverhalten der Abgasanlage ist die sinnvolle Zusammenfassung der bei Mehrzylindermotoren zwangsläufig anfallenden verschiedenen Abgasströme. Würde man beispielsweise bei einem Reihen-Sechszylinder (wie früher oft geschehen) alle sechs Auslasskanäle in einen

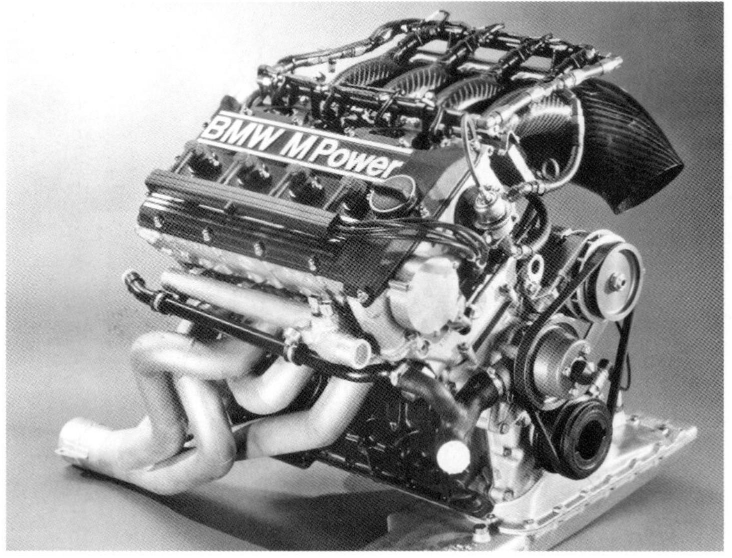

Der aus Rohrbögen geschweißte Fächerkrümmer für den BMW-Gruppe-A-Motor zeigt den für Rennauspuffanlagen typischen großen Durchmesser, der für hohen Durchsatz bei hohen Drehzahlen ausgelegt ist. Die Sauganlage aus Kohlenfaser-Verbundwerkstoff ist ebenfalls auf Hochleistung ausgelegt.

Fächerkrümmer werden oft auch aus Platzgründen bei Vierzylindern als Zwei-in-Eins-Anlage mit Hosenrohr ausgeführt. Analog dazu beim Reihen-Sechszylinder ist die Drei-in-Eins-Anlage mit anschließender Hose.

gemeinsamen Gußkrümmer leiten, käme es zu unerwünschten Interferenzen und Druckamplituden mit sicherlich negativem Abgasgegendruckverhalten. Um dieses zu vermeiden, werden die verschiedenen Abgasströme gruppenweise so zusammengeführt, dass jeweils die Zylinder mit dem größtmöglichen Zündabstand zusammengefaßt werden. Beim Vierzylinder sind dies 360 Grad, beim Sechszylinder 240 Grad. Acht- und Zwölfzylinder können analog dazu zusammengefasst werden. Gleichlange Rohre, wie man sie durch einen Fächerauspuffkrümmer erzielen kann, gestatten es dabei, die Auspuffanlage auf bestimmte Drehzahlbereiche abzustimmen, was wiederum in eine umfangreiche Versuchsarbeit auf dem Prüfstand ausarten kann.
Bei Turbomotoren wird übrigens die Gasdyna-

Gusstechnische Meisterleistung: Im Bild ein Twin-Scroll-Turbolader, dessen zweiflutig ausgeführter Krümmer in der Mitte einen eingegossenen Steg zur Trennung der Abgase besitzt.

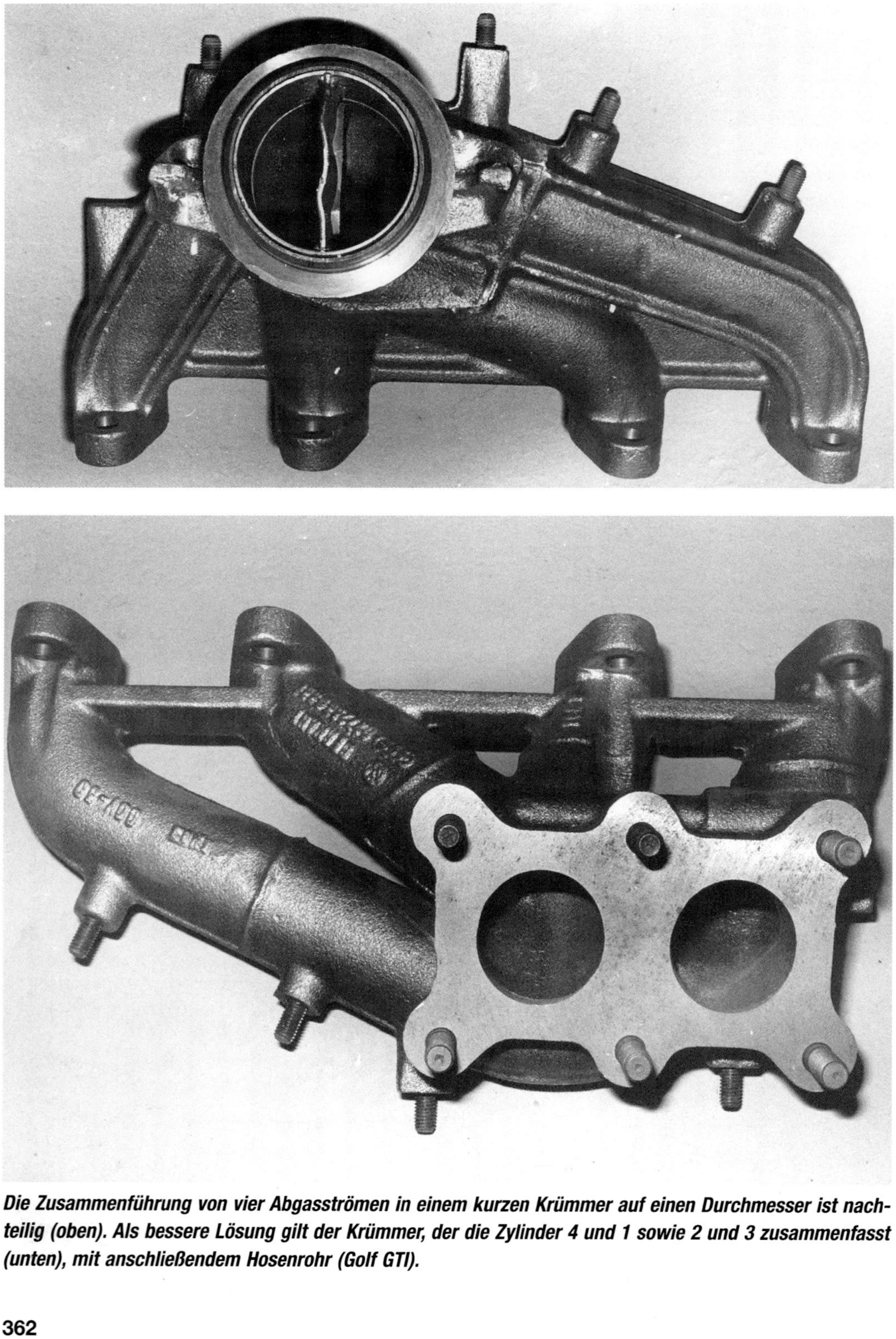

Die Zusammenführung von vier Abgasströmen in einem kurzen Krümmer auf einen Durchmesser ist nachteilig (oben). Als bessere Lösung gilt der Krümmer, der die Zylinder 4 und 1 sowie 2 und 3 zusammenfasst (unten), mit anschließendem Hosenrohr (Golf GTI).

mik fast immer vernachlässigt. In der Regel greift man zur reinen, sogenannten Stauaufladung, das heißt, die Abgase werden meist in einem Gusskrümmer vor dem Turboladereingang gesammelt, manchmal sind auch Turbinengehäuse und Krümmer aus einem Stück gegossen. Das hat Vorteile bei der Abdichtung und beim Platzbedarf. Doch zunehmend werden auch die Rohrlängen von Turbomotoren abgestimmt, um die Gasdynamik zu nutzen. Neue Motoren mit doppelflutigen Turboladern (z. B. im BMW Mini, Opel GT) setzen hier Zeichen. Zweiflutige Turbolader (sogenannte Twin-Scroll-Lader), bei denen die Abgase von Zylindergruppen mit hoher Strömungsgeschwindigkeit getrennt bis zur Turbine geführt werden, bringen Vorteile im Ansprechverhalten, wenn die Gasdynamik gut abgestimmt ist. Das Prinzip der Gasführung und damit der Auspuffrohranordnung geht aus den Abbildungen sehr deutlich hervor, auch wenn sie von Motor zu Motor auf Grund der Einbauverhältnisse und Motorbauart oft völlig verschieden ist.

Vierzylinder-Reihenmotor

Der Vierzylinder-Reihenmotor ist weltweit die am meisten benutzte Motorbauart. Er ist auch eines der wichtigsten Tuningobjekte. Seine Abgasführung ist einfach und wird wegen ihrer Effizienz auch bei sportlichen Achtzylindern angewendet. Die dürfen dann aber keine gekröpfte Kurbelwelle haben, sondern benötigen eine flache Kurbelwelle, so dass der Achtzylinder von der Zündfolge wie zwei zusammengefügte Vierzylinder läuft, was bei Sport-

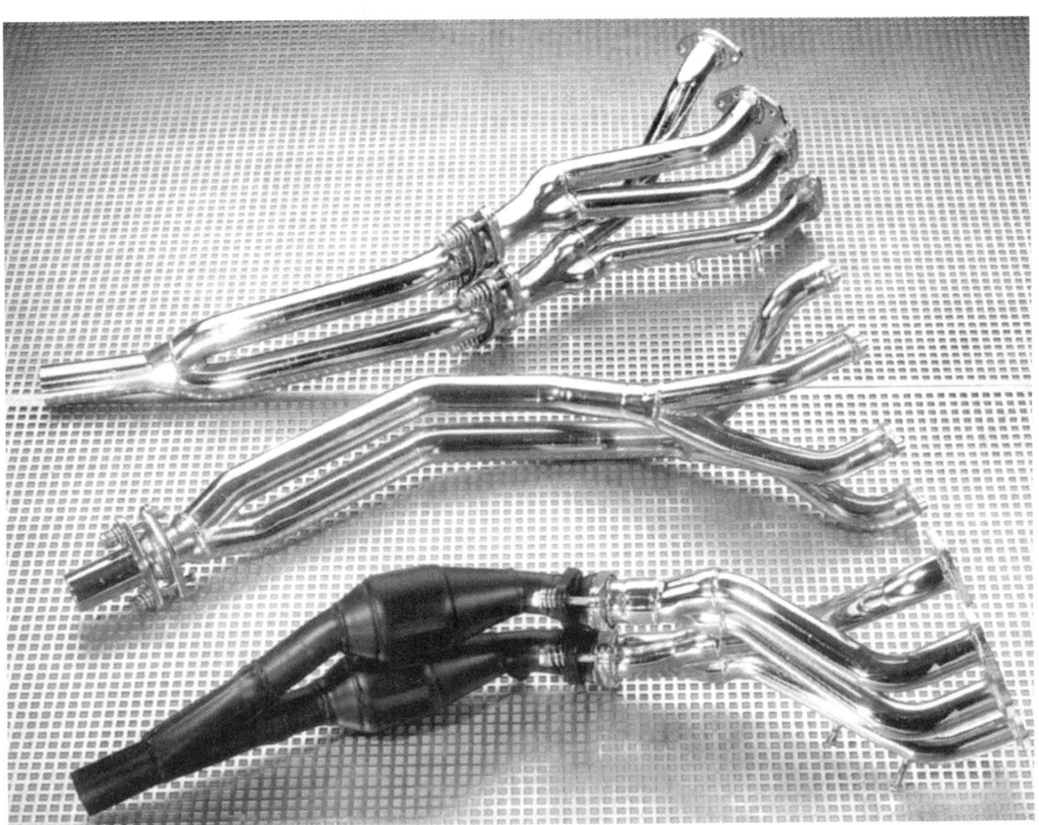

Spezialauspuffanlagen für den Golf-Motor von Hartmann, darunter eine interessante Lösung mit je einem Kat für zwei Zylinder.

Die Abbildung zeigt eine Fächeranlage für einen Rennmotor mit Vier-in-Eins-Zusammenführung. Diese Art der Rohrführung ist aufwendiger und kostet mehr Platz als die Zwei-in-Eins-Anlage mit Hosenrohr.

und Rennmotoren gang und gäbe ist. Man fasst jeweils die nach der Zündfolge am weitesten auseinanderliegenden Zylinder zusammen. Als mögliche Zündfolgen für den Vierzylinder-Viertakt-Reihenmotor gibt es 1-3-4-2 oder 1-2-4-3. In jedem Fall liegen Zylinder 1 und 4 und 2 und 3 am weitesten (nämlich 360 Grad) auseinander. Bei Motoren mit vier Auslässen fasst man also Zylinder 1 und 4 und 2 und 3 zusammen, wobei die günstigste Rohrlänge (ca. 350-450 mm) bis zur Zusammenführung am besten durch Prüfstandsversuche ermittelt wird. Auf jeden Fall sind gleiche Rohrlängen anzustreben, wenn sich dies auch in der Praxis (meist aus Platzgründen) nicht immer verwirklichen lässt. Die zu zwei Öffnungen zusammengeführten Auspuffstutzen münden nunmehr in ein Gabelrohr, das wiederum nach einer entsprechenden Länge zu einem einzigen Rohr zusammenläuft. Die Länge dieser Rohrgabel – auch Hosenrohr genannt – spielt ebenfalls für den Leistungsverlauf eine wesentliche Rolle. Die optimale Länge ist nur in Prüfstandsversuchen zu ermitteln, da sie abgesehen vom Drehzahlniveau auch von der Sauganlage und den Steuerzeiten der verwendeten Nockenwelle abhängt. Selbstverständlich sollten die Rohrquerschnitte nach jeder Gabelung größer werden, um dem größeren durchgesetzten Volumen der Abgase Rechnung zu tragen.

Nach dieser (letzten) Zusammenführung im sogenannten Hosenrohr mündet (bei gedämpften Anlagen) das nunmehr einfache Rohr in den ersten Schalldämpfer. Bei Rennauspuffanlagen wird das Rohr meist seitlich unter dem Wagen herausgelenkt und nach einer ganz bestimmten Länge (im Versuch zu ermitteln) abgeschnitten.

Manche Vierzylindermotoren haben bereits im Zylinderkopf die beiden mittleren Auslässe (Zylinder 2 und 3) zusammengeführt. In diesem Fall ist die richtige Abstimmung nicht ganz so leicht, doch lassen sich mit einer Y-förmigen Rohrgabel für Zylinder 1 und 4 und einem gemeinsamen Rohr für 2 und 3 recht gute Ergebnisse erzielen. Hierbei ist darauf zu achten, dass das gemeinsame Rohr der beiden inneren Zylinder (2 und 3) im Volumen bis zur Zusammenführung mit der Rohrgabel in etwa dieser entspricht. Insbesondere bei englischen Motoren (z. B. Mini, MGB, MG Midget ect.) findet man diese Anordnung der Auslässe.

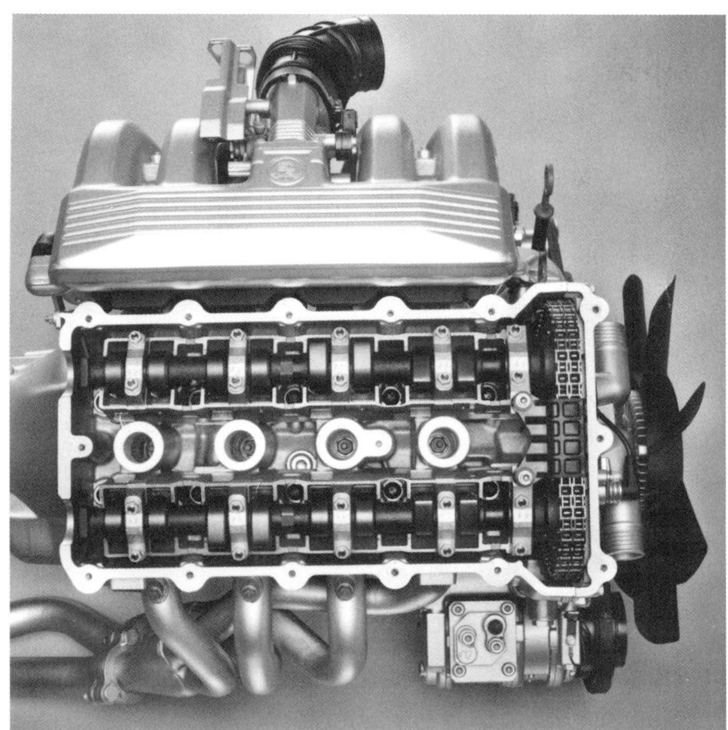

Fächerauspuffkrümmer werden zunehmend auch bei hochwertigen Serienmotoren, meist bei Vierventilern, eingesetzt. Die Abbildung zeigt den BMW-Vierzylinder des 318iS mit einer Zwei-in-Eins-Anlage und anschließendem Hosenrohr. Die Schrauben in den Krümmern dienen der Abgasmessung, sodass sich jeder Zylinder einzeln abstimmen lässt.

Der Käfer-Boxermotor in diesem Dragster verfügt über eine Vier-in-Eins-Anlage mit gleichen Rohrlängen und einem anschließenden Diffusor.

In manchen Fällen werden die zu zwei Rohren zusammengefassten Auspuffstutzen (1 und 4, 2 und 3) nicht mehr in einem Gabelrohr zusammengeführt, sondern laufen getrennt zum ersten Schalldämpfer. Auch gab es bei Vierzylindermotoren schon völlig getrennte Anlagen bis zu den Endrohren, die jedoch gegenüber einer richtig zusammengefassten Anlage leistungsmäßig keine Vorteile einbringen dürften.

Bei vielen modernen Vierzylindern findet man schon von Haus aus eine recht gute Anordnung und dem gezeigten Prinzip entsprechende Zusammenführung der Auspuffrohre.

Meist sind die Zylinder 1 und 4, 2 und 3 in einem kurzen Krümmer zusammengefasst, ein Gabelrohr (Hosenrohr) mit abgestimmter Länge leitet den Gasstrom zum ersten Schalldämpfer. Eine Änderung der Anlage (z. B. Kürzen des Hosenrohrs) kann unter Umständen bei der Verwendung einer anderen Nockenwelle zweckmäßig sein. Auch hier lassen sich, um optimale Werte zu finden, Prüfstandsversuche nicht vermeiden, falls man nicht auf Erfahrungswerte zurückgreifen kann.

Während die meisten Zweiventil-Vierzylinder mit Gusskrümmer ausgestattet sind, findet man bei Vierventilmotoren zunehmend serienmäßig bereits Fächerauspuffkrümmer (z. B. Opel Astra, BMW, VW). Da das Umfeld der Vierventiler in der Regel auf hohe Leistung und hohe Effizienz abgestimmt ist, lässt sich hier (im Krümmerbereich) nur wenig verbessern. Manche Vierventiler führen sogar acht Kanäle getrennt bis zum Zusammenschluss (Peugeot MI 16). Bei Fächer-Auspuffkrümmern ist es dabei manchmal günstiger, die Zylinder nicht paarweise zusammenzufassen, sondern vier Rohre in einen Sammeltrichter zu führen (Vier-in-Eins).

Vierzylinder-Boxermotor

Beim Vierzylinder-Boxermotor, der heute nur noch bei Subaru in Serie produziert wird, hat sich am besten die Rohrführung nach Art des

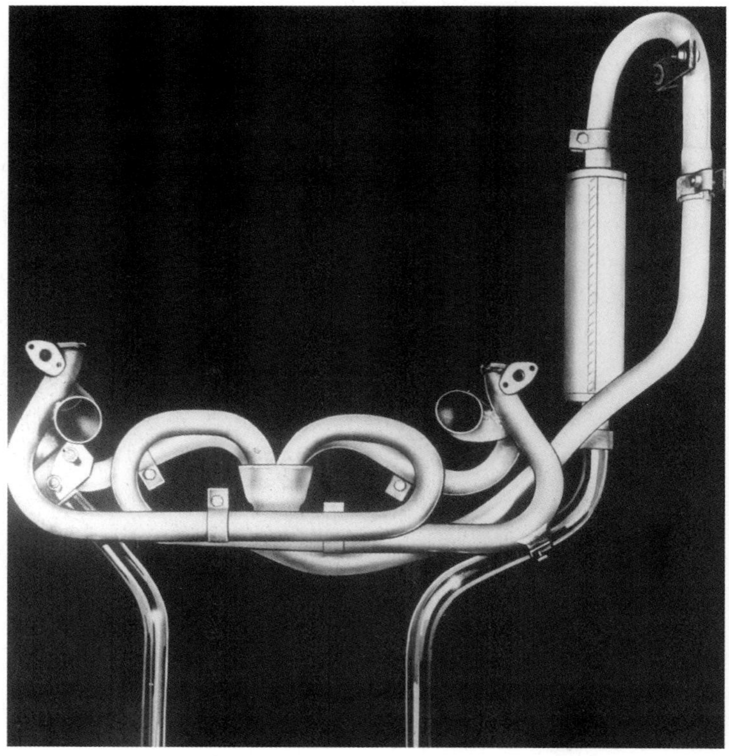

Wenig Platz ist im Heck des Käfers vorhanden. Sportauspuffanlagen sind darum einigermaßen verschlungen, um wenigstens etwas Rohrlänge zu gewinnen, ein Schalldämpfer ist ebenfalls vorhanden. Die Anlage bringt gegenüber dem Serienauspuff 3 bis 4 PS Leistungszuwachs.

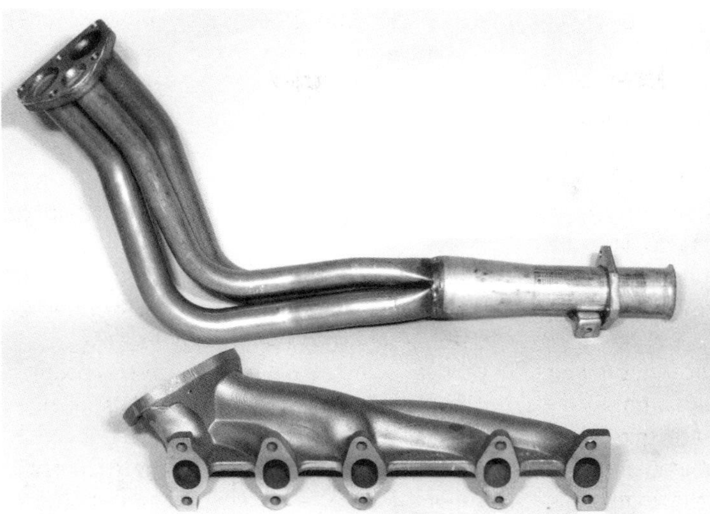

Auch beim Fünfzylinder lohnt sich die getrennte Führung der Abgasströme. Zylinder eins und vier sowie zwei und drei wurden zusammengefasst. Zylinder fünf mündet in ein dünneres Einzelrohr (Audi).

von Porsche entwickelten Sebring-Auspuffs bewährt. Alle vier Rohre werden nach einer beträchtlichen Länge zusammengefasst und münden anschließend in ein großes Endrohr oder einen Schalldämpfer. (Porsche 912, VW). Bei Rennmotoren (z.B. Formel V) hat ein aufgesetztes und exakt abgestimmtes Megaphon die besten Ergebnisse gebracht.

Fünfzylinder-Reihenmotor

Auch dem Fünfzylinder tut trotz seiner ungeraden Zylinderzahl eine separate Abgasführung gut. So fasste Audi die Zylinder 1 und 4 sowie 2 und 3 paarweise zusammen, Zylinder Nr. 5 fährt mit einem kleineren Einzelrohr (»Dreifach-Hose«) bis zum Zusammenschluss. Höher drehende Exemplare kommen auf Grund der dann kürzeren Rohrlängen auch gut mit einer Fünf-in-Eins-Lösung zurecht.

Sechszylinder und Achtzylinder

Beim Sechszylinder-Reihenmotor fasst man jeweils drei Zylinder (1, 2 und 3; 4, 5 und 6) in einem Krümmer bzw. besser in einer dreifachen Rohrgabel zusammen. Gute Auspuffanlagen verlaufen dann getrennt über die Schall-

Der Fächerkrümmer für den BMW-Reihen-Sechszylinder des M1 war als doppelte Drei-in-Eins-Anlage aus Rohrbögen ausgeführt und ein wahres Meisterwerk der Schweißkunst.

Gleiche Rohrlängen erfordern mitunter ungewöhnliche Lösungen. Im Bild ein Fächerkrümmer eines Sechszylinder-Reihenmotors.

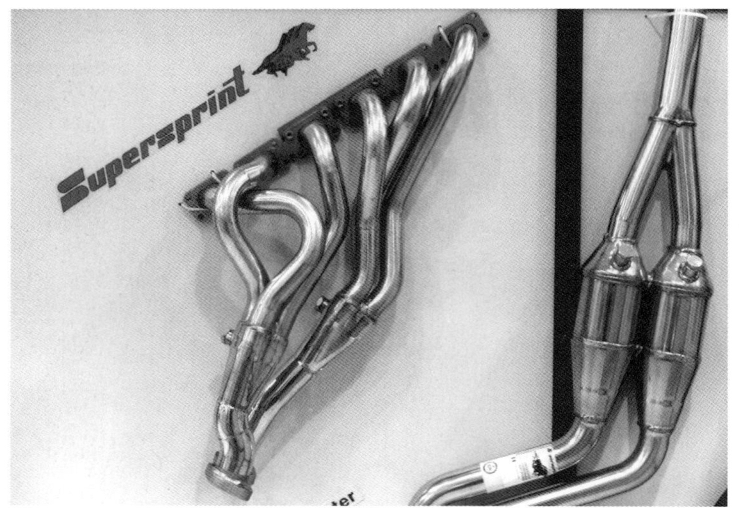

Bei diesem Ford-V8-Rennmotor, der auf einem Serien-Triebwerk mit versetzten Kurbelzapfen basiert, wird je eine Abgasleitung von der gegenüberliegenden Zylinderbank in den Vierfach-Sammler der anderen Seite geleitet. Nur so können die Zylinder mit dem größtmöglichen gleichen Zündabstand zusammengefasst werden.

Auspuffanlage eines V8-Motors: Aufgrund des Zusammenfließens der Krümmer jeweils einer Zylinderbank lässt sich auf eine »flache Kurbelwelle« (flat-plane) schließen.

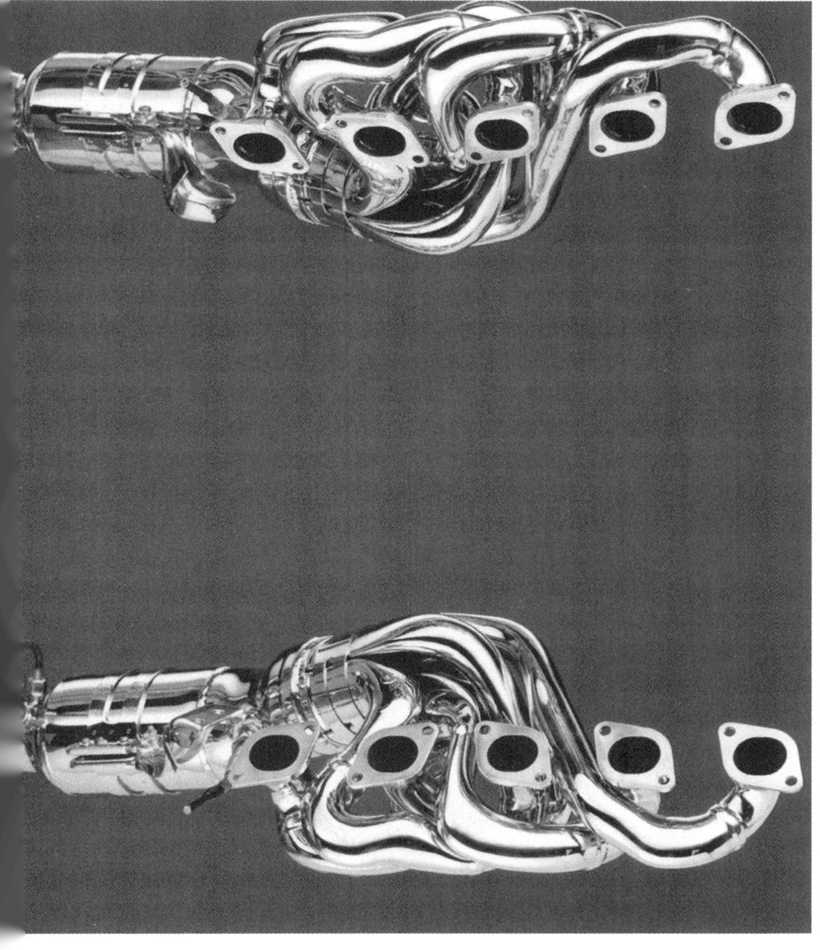

Auspuffanlage eines V10-Motors: Große Motoren, Raumenge und hohe spezifische Leistungen erfordern neue Wege bei der Formgebung und Fertigung von Auspuffanlagen, beispielsweise durch Hydroforming.

dämpfer bis zu den Endrohren. Bei teilweise zusammengeführten Auslässen sind die Zylinder 1, 2 und 3; dann 4, 5 und 6 zusammenzuführen, wobei wieder auf gleiches Volumen der Rohrstutzen zu achten ist.
Bei Sechszylinder-V-Motoren oder Boxermotoren fasst man jeweils eine Zylinderreihe zusammen, wobei ebenfalls getrennte Rohrstutzen und abgestimmte Rohrlängen angestrebt werden. So brachte z. B. die mit gleichen abgestimmten Rohrlängen versehene Dreifach-Auspuffanlage des Porsche 911 S gegenüber der früheren Anlage des normalen Porsche 911 (einfacher Sammler auf jeder Zylinderseite) einen Gewinn von ca. 8 PS.
Zwölfzylindermotoren, gebaut entweder als V-Motoren (BMW, Mercedes, Jaguar) oder als Flachmotoren (V-Winkel 180 Grad, z. B. Ferrari Testa Rossa), können wie zwei Sechszylinder-Reihenmotoren abgestimmt werden. Etwas schwieriger ist dies beim V8-Motor. Wegen seiner normalerweise um 90 Grad versetzten Kurbelzapfen und der dadurch bedingten ungleichmäßigen Zündfolge, die im übrigen für das typische V8-Geräusch verantwortlich ist, lässt sich der Achtzylinder nicht ohne Weiteres in zwei Vierzylinder aufteilen. Zwar wird dies aus Platzgründen oft gemacht, die Abstimmung ist aber nicht ideal. Zur optimalen Schwingungsabstimmung muss jeweils von der gegenüberliegenden Zylinderbank eine Abgasleitung in das Sammelrohr der anderen Zylinderbank eingeleitet werden, nur so lassen sich dann je vier Zylinder mit gleichem, möglichst weit auseinanderliegenden Zündabstand zusammenfassen.
Einfacher, nämlich wie bei zwei Vierzylindern, wird die Abstimmung vom Achtzylinder mit flacher Kurbelwelle, wie sie Ferrari im V8 einsetzt. Man nimmt zugunsten der besseren Abstimmung den unruhigen Lauf in Kauf und kann jede Zylinderreihe separat optimieren. Selbstverständlich sind auch Formel-Rennmotoren wie z. B. die neuen V8-Motoren der Formel 1 so ausgelegt.

Zehnzylinder und Zwölfzylinder

Spätestens seit Zehnzylinder in der Formel 1 zur dominierenden Motorbauart wurden (bis 2005), kam diese ungewöhnliche Zylinderzahl auch bei sportlichen Kleinserien zur Anwendung. Audi RS 6, BMW M5, Lamborghini Gallardo und Porsche Carrera GT sind dafür die besten Beispiele. Da es sich ausnahmslos um extrem ausgereizte Sportmotoren mit sehr hoher Literleistung handelt, kann man davon ausgehen, dass dort bereits in Serie die optimale Abgasführung realisiert wurde. Alle genannten Motoren nutzen ein sehr hohes Drehzahlniveau, so dass relativ kurze, fünfach gefächerte Abgaskrümmer, die in ein gemeinsames Sammelrohr münden, eine gasdynamisch gute Lösung darstellen.
Zwölfzylindemotoren werden in Serie meist als leistungsfähige Komfortaggregate eingesetzt. Ihre gasdynamische Abstimmnug entspricht im Prinzip der von zwei Sechszylinder-Reihenmotoren.

Der weitere Verlauf des Auspuffs

Der weitere Verlauf der Auspuffanlage sei hier schematisch skizziert und besprochen. Um eine günstige Schalldämmung ohne großen Leistungsverlust zu erzielen, sind bei Vierzylindermotoren zwei Schalldämpfer erforderlich. Fast alle modernen Vierzylinder (Frontmoto-

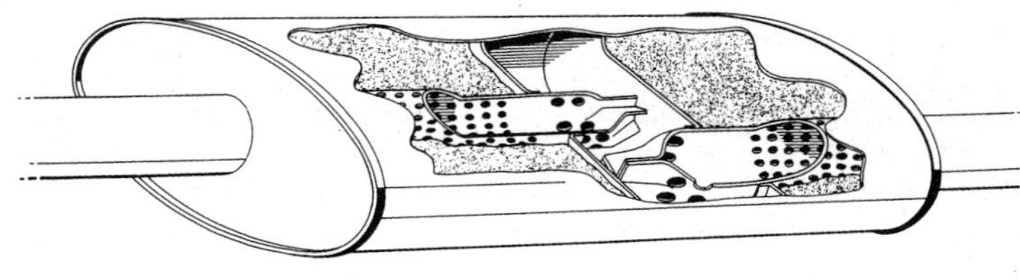

Im Absorptions-Schalldämpfer wird die Schallenergie im Absorptionsmaterial in Wärme umgewandelt. Der innere Widerstand ist meist geringer als beim Reflexions-Schalldämpfer.

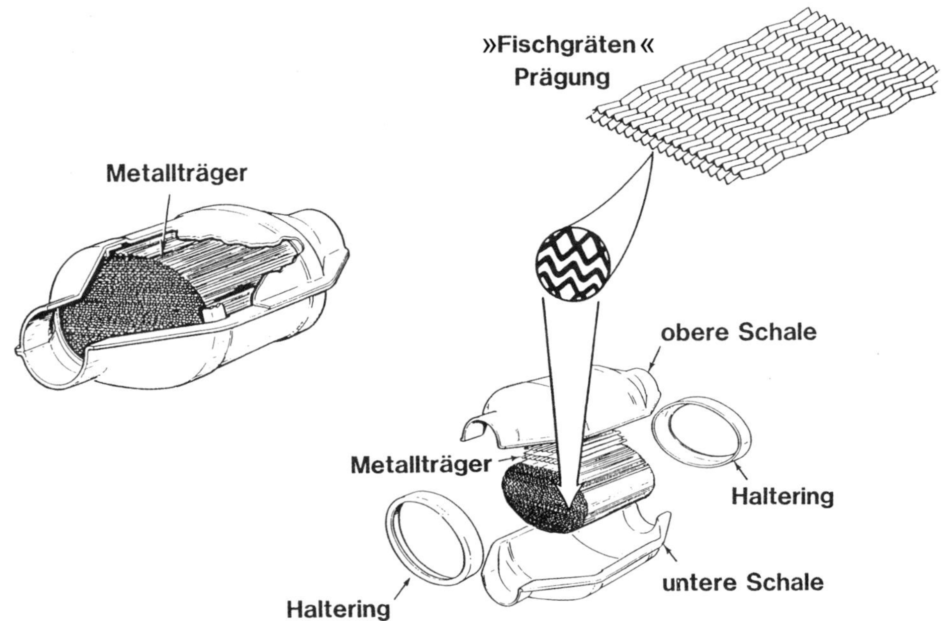

Metallkatalysatoren sind für Hochleistungsmotoren vorteilhafter, da bei gleichem Volumen der Gegendruck geringer ist. Sie sind auch thermisch höher belastbar.

ren) besitzen eine solche Anlage. Bei Heckmotorwagen fehlt es meist am Platz, so dass man sich hier oft mit nur einem Schalldämpfer begnügen muss.

Leistungsmäßig sehr gute Ergebnisse erzielt man mit sogenannten Absorptionsschalldämpfern, bei denen das Gas ungehindert durchtreten kann. Die Schalldämpfung erfolgt durch perforierte Rohrwände, die mit einer dicken Schicht von schallschluckendem Dämmmaterial umgeben sind. In der Regel werden heute Vorschalldämpfer (ohne Dämmmaterial)

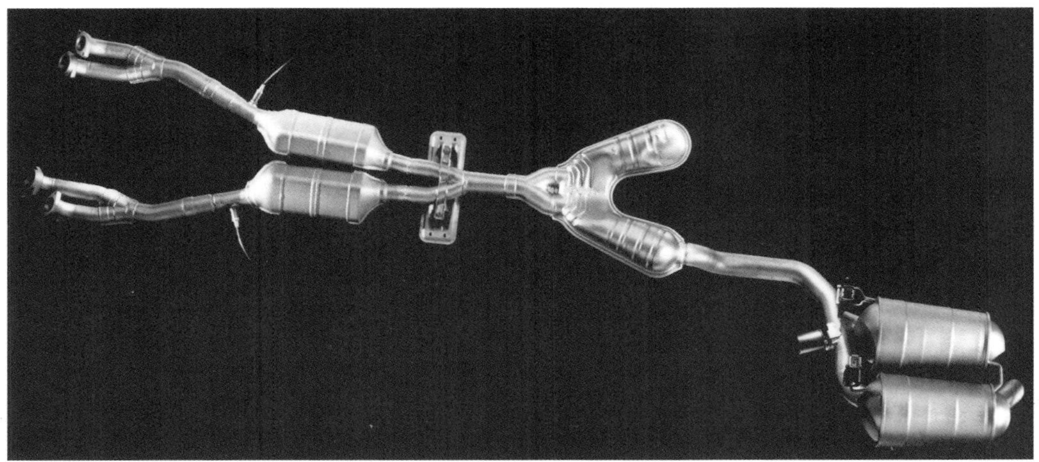

Typische Auspuffanlage: Das Bild zeigt den Verlauf einer zweiflutigen Auspuffanlage von den Hosenrohren über die beiden Lambdasonden und den beiden Katalysatoren bis zu den Vor- und Nachschalldämpfern.

so ausgeführt. Die Hauptschalldämpfer schlucken den Schall nach einem ausgeklügelten System von Prallwänden usw. Eine Verbesserung der Leistung ist oft durch Entfernen des Endschalldämpfers möglich, was jedoch wegen des damit verbundenen Lärms nicht zu empfehlen ist.

Beim Serienfahrzeug mit Straßenzulassung wird der weitere Verlauf der Auspuffanlage von den zusätzlichen Funktionen bestimmt, die sie zu erfüllen hat. Je nach Zylinderzahl, Zylinderanordnung und/oder vorhandenem Bauraum unter dem Fahrzeugboden kann die Anlage einflutig, zweiflutig oder auch mehrflutig ausgeführt sein. Bei Frontmotor-Anordnung bestehen übliche Anlagen in dieser Reihenfolge aus Katalysator(en), Vorschalldämpfer und Endschalldämpfer. Bei starken Fahrzeugen kann es notwendig werden, zusätzlich noch einen Zwischenschalldämpfer zu installieren. Sämtliche Schalldämpfer, besonders aber der sehr engmaschige Katalysator, setzen den durchströmenden Abgasen Widerstand entgegen und erhöhen den sogenannten Abgasgegendruck. Auch zu enge und

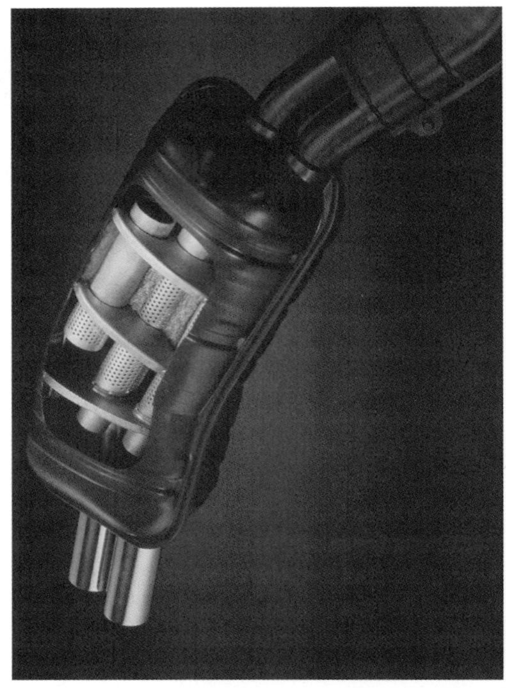

Reflektion plus Schall-Absorption: Der abgebildete Schalldämpfer arbeitet mit einer Kombination aus Reflektion und Absorption durch gefüllte Dämpferkammern.

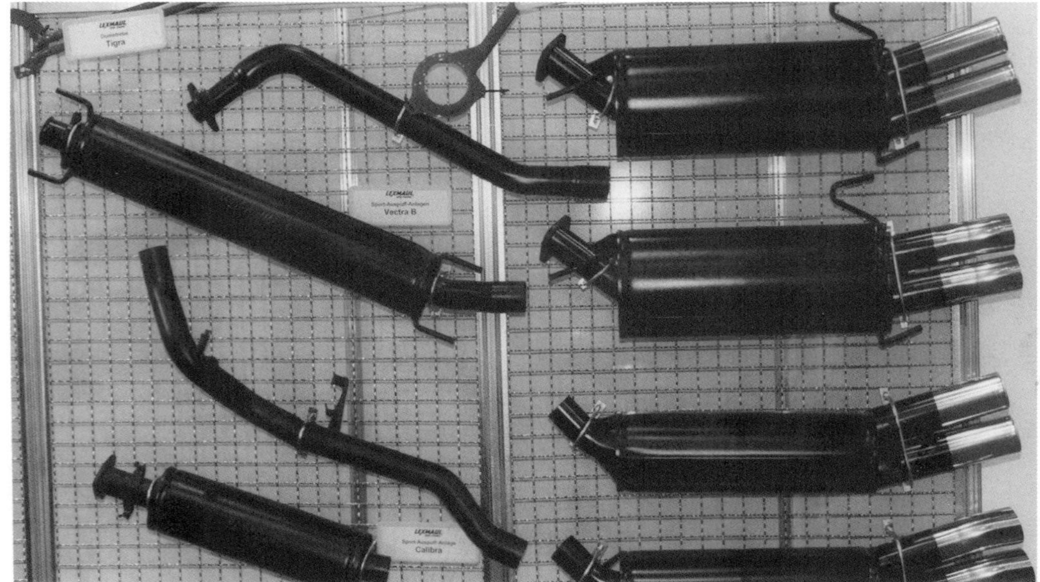

Im Zubehörhandel wird reichliche Auswahl an sportlichen Auspuffkomponenten und speziell Endtöpfen geboten. Doch Vorsicht: Viele machen eine Auto nur akustisch schneller, d.h. lauter.

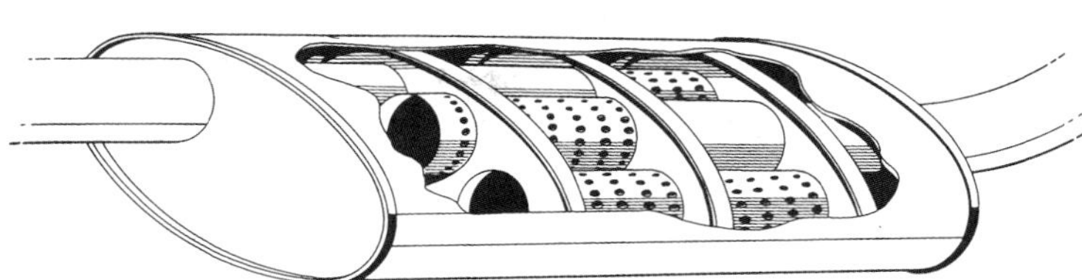

Reflektierende Hindernisse eliminieren störende Schallfrequenzen im Reflexions-Schalldämpfer. Die einzelnen Kammern haben keine Füllung.

stark gebogene Rohrleitungen wirken in diesem ungünstigen Sinne. Denn hoher Abgasgegendruck kostet Leistung und verursacht Mehrverbrauch.

Alle Maßnahmen, welche die Hersteller von Sportauspuffanlagen treffen, zielen meist in die Richtung, neben einem optimierten Krümmer eine Anlage mit reduziertem Abgasgegendruck anzubieten. Da wird gleich verständlich, weshalb nachträglich aufgesetzte Endrohre oder Sport-Endschalldämpfer kaum einen Einfluß auf die Leistung haben. Wesentlichster Gegendruckerzeuger ist nämlich der Katalysator. Mit größerem Kat-Volumen oder durch die Verwendung von Metall-Katalysatoren, die bei gleichen Außenabmessungen einen geringeren Innenwiderstand haben als Keramik-Katalysatoren, lässt sich so manches PS gewinnen.

Natürlich ist es auch vorteilhaft, den Gesamtwiderstand der Abgasanlage durch einen durchgehend größeren Querschnitt (von vorne bis hinten) zu reduzieren. Dazu bedarf es aber dann abgesehen von den größeren Krümmern und Rohrleitungen auch anderer Schalldämpfer mit größerem Durchlass. Bei dieser Gelegenheit noch ein Wort zu den Schalldämpfern selbst. Es gibt grundsätzlich zwei physikalische Möglichkeiten, den Schalldruck zu reduzieren. Entweder durch Reflexion (Überlagerung der Schallwellen) oder durch Absorption. Reflexionsschalldämpfer besitzen abgeschottete Kammern ohne Füllung, mit einem ausgeklügelten System von Prallwänden. Absorptionsschalldämpfer sind mit einer Dämpfmasse gefüllt, durch die das mit Löchern perforierte Abgasrohr durchgeleitet wird. Bei glattem Durchgang (ohne Absatz oder Versatz) hat der Absorptionsschalldämpfer einen geringeren Gegendruck als der Reflexionsschalldämpfer. Beide Systeme werden meist kombiniert angewendet. In der heißen Phase der Anlage (vorne) verwendet man Reflexionsschalldämpfer, am kühlen Ende kommen oft Absorptionsschalldämpfer zum Einsatz. Der Grund: Das Absorptionsmaterial ist nicht unbegrenzt hitzebeständig. Eine Minderung des Abgasgegendrucks kann also prinzipiell auch durch den Austausch von Reflexionsschalldämpfern gegen großvolumige Absorptionsschalldämpfer geschehen.

Kühlung und Schmierung

Über Kühlung und Schmierung braucht man sich beim serienmäßigen Auto, vom regelmäßigen Ölwechsel und der Kühlwasserkontrolle einmal abgesehen, keine Gedanken zu machen. Kühlung und Schmierung sind normalerweise so ausgelegt, dass man kaum je in Schwierigkeiten kommen kann. Für den getunten Motor jedoch, der bei größerer Leistung auch einen größeren Kühlbedarf hat, muss man sich darüber klar werden, ob die serienmäßigen Möglichkeiten ausreichen. Bei wassergekühlten Motoren wird dies eher der Fall sein als bei luftgekühlten Motoren, die bei einer nachträglichen Leistungssteigerung oft schnell die Grenze ihrer Kühlleistung erreichen.

Wir haben deshalb Kühlung und Schmierung hier zusammen behandelt, da dem Schmieröl, insbesondere beim luftgekühlten Motor, aber auch bei Turbomotoren in erheblichem Maße Kühlaufgaben zufallen. Zum anderen wird die Schmierfähigkeit des Öls durch zu hohe Temperaturen stark herabgesetzt, so dass man auch aus diesem Grund von einer engen Verknüpfung dieser beiden Faktoren sprechen kann.

Auch sollte man zwischen äußeren und inneren Maßnahmen zur Wärmeabfuhr unterscheiden. Außen liegen die Wärmetauscher (Kühler), welche die Wärme letztendlich an die Umgebungsluft abführen müssen. Hier sind Veränderungen ohne allzu großen Aufwand möglich durch andere Kühler oder geänderte Luftführung. Jedenfalls sollte alles getan werden, um den Wärmeaustausch zu beschleunigen oder wenigstens sicherzustellen. Innen spielen die Kühlkreisläufe eine wichtige Rolle. Wie ist die Kühlwasserführung, werden alle kritischen Bereiche des Zylinderkopfes oder der Zylinderwände erreicht? Wie aufwendig ist die

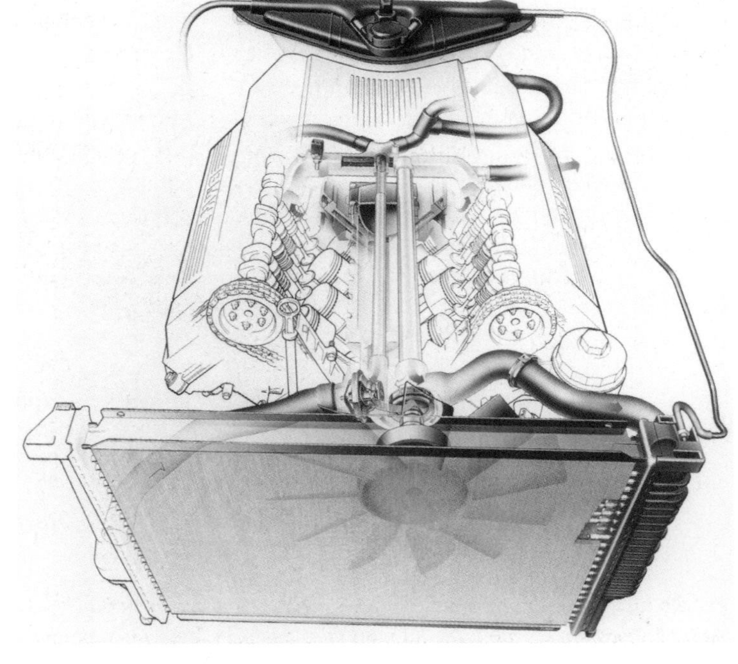

Schema des Kühlkreislaufs des BMW-V8-Motors. Der riesige Querstromkühler ist aus Aluminium, der Luftdurchsatz wird bei niederen Geschwindigkeiten durch einen großen Axiallüfter (11 Blatt) mit Viskokupplung unterstützt. Der Kühlmittelthermostat ist in die Kühlmittelpumpe integriert.

(innere) Ölkühlung, beispielsweise durch Spritzöl auf die Kolbenunterseite?
Meist lässt sich an der »inneren« Kühlung wenig verbessern. Die Kühlkreisläufe liegen fest, ältere Motoren ohne Querstromkühlung haben hier den Nachteil, dass das Kühlmittel längs (meist von vorne nach hinten) durch Zylinderkopf und Block strömt, so dass sich unterschiedliche Temperaturverhältnisse ergeben. Moderne Motoren haben durchweg Querstromkühlung, d.h., das Kühlmittel strömt von einer eingegosseren oder angebrachten Verteilerleiste quer durch den Zylinderkopf, bedient von dort aus auch meist den thermisch weniger belasteten Block. Grundsätzlich sollte man jedoch sämtliche Kühlkanäle (im Zylinderkopf und Block) auf freien Durchgang kontrollieren. Manchmal behindern Reste des Gusskerns den ungestörten Durchfluss des Kühlmittels.

Verbesserung der Kühlung

Die für den Wärmeaustausch vorhandene Kühlfläche eines Motors ist durch die Größe des Wasserkühlers oder, bei Luftkühlung, durch die Verrippung von Zylinder und Zylinderkopf gegeben. In beiden Fällen wird die abzuführende Motorwärme, beim wassergekühlten Motor über den Umweg des Wassers, an die Außenluft abgegeben. Beim luftgekühlten Automotor sorgt in der Regel ein Gebläse dafür, dass die notwendige Kühlluftmenge an den Kühlflächen vorbeistreicht. Bei wassergekühlten Motoren verstärken Ventilatoren den Luftdurchsatz durch den Kühler, bei hoher Geschwindigkeit genügt (bei Frontkühlern) der Staudruck, um genügend Luft durch den Kühler zu blasen.
Beide Aggregate, sowohl Ventilator als auch Kühlgebläse, kosten erheblich Leistung. Ein vom Motor über Keilriemen angetriebener

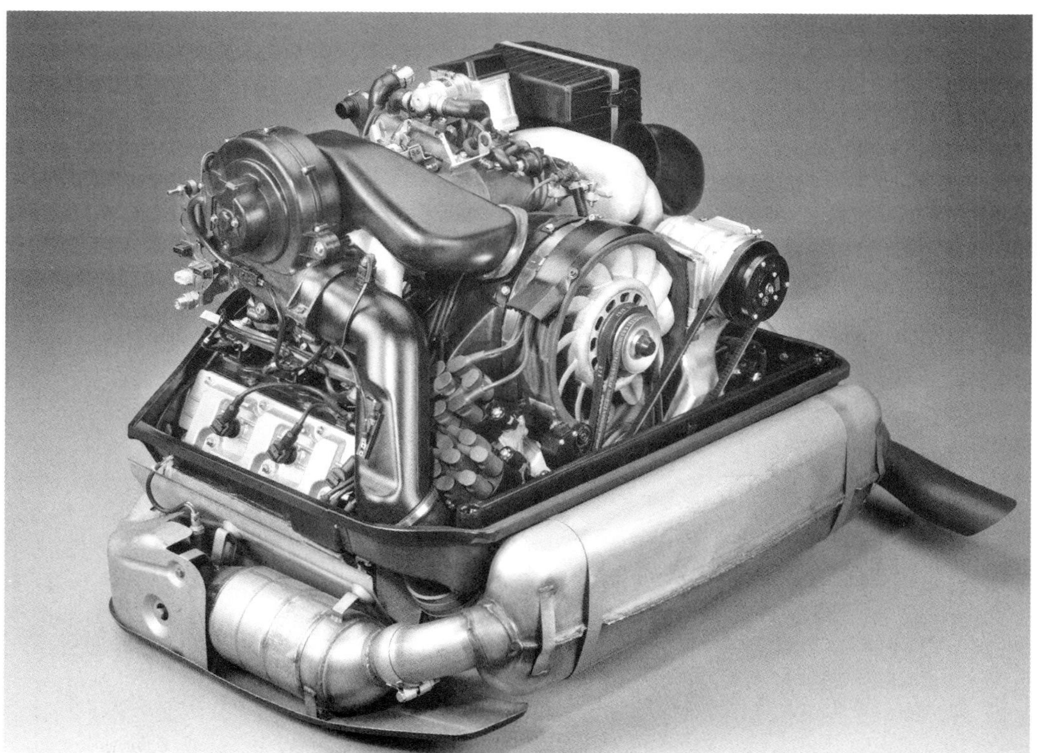

Für die Kühlluftförderung des Carrera-2-Motors sorgt ein zwölfflügeliges Axialgebläse, das mit fast doppelter Motordrehzahl läuft. Die Kühlluft wird aus dem Motorraum entnommen.

Bei Abarth war man wegen der hohen Leistung gezwungen, den ursprünglich im Heck des Wagens liegenden Wasserkühler nach vorn zu verlegen und wesentlich zu vergrößern. Diese Maßnahme ist gleichzeitig vorteilhaft für die Gewichtsverteilung.

Kühlventilator schluckt je nach Ausführung und Drehzahl zwischen 2 und 6 PS, bei einem Kühlgebläse sind meist noch höhere Verlustleistungen anzusetzen (ca. 6 bis 12 PS). Da es jedoch unser Bestreben ist, die Verlustleistungen möglichst gering zu halten, wäre es verkehrt, z. B. beim luftgekühlten Motor durch eine Erhöhung der Gebläsedrehzahl die Kühlung zu verbessern. Diese Methode sollte man erst dann verwenden, wenn alle anderen Möglichkeiten der Kühlungsverbesserung ausgeschöpft sind, wozu auch eine konsequente Ölkühlung zählt.

Bei modernen Motoren werden zunehmend aus Platzgründen und/oder wegen der Kühlung von Zusatzaggregaten (Klimaanlage) elektrische Kühlerventilatoren eingesetzt. BMW setzt bereits bedarfsgesteuerte elektrische Wasserpumpen ein. Natürlich bekommt man die zu ihrem Antrieb notwendige Leistung nicht geschenkt. Sie wird dem elektrischen Energiespeicher des Fahrzeugs (Batterie) entnommen und muss über den Generator wieder eingespeist werden, der wiederum zu seinem Antrieb Motorleistung verzehrt. Da elektrische Kühlgebläse jedoch meist nur dann laufen, wenn der Motor nicht gerade seine Höchstleistung abgibt, ist ihre Leistungsbeeinflussung vernachlässigbar.

Wassergekühlte Motoren lassen in der Regel auch größere Leistungssteigerungen zu, ohne dass eine Verbesserung der Kühlung notwendig ist. Sollte diese dennoch notwendig sein, so gibt es verschiedene Methoden, die Temperaturen zu senken. Als bestes Mittel sei hier eine Vergrößerung des Kühlers genannt; einige Firmen bieten außerdem ihre Modelle in Tropenausführung an, die von Haus aus einen größeren Kühler besitzen. Man kann diesen Kühler meist ohne Weiteres auch nachträglich in das Normalmodell einbauen. Unter Umständen ist auch der Einbau eines kleinen Zusatzkühlers zu erwägen, wie gesagt sind jedoch solche Maßnahmen meist nicht notwendig. Oft genügt es schon, die Durchströmung

Honda Civic Type R: Heute wie damals ist die effektive Kühlung der Betriebsmittel ein zentrales Thema bei der Konzeption eines Sportwagens.

des Kühlers mit Kühlluft zu verbessern, was durch Vergrößerung der Eintrittsöffnung, zusätzliche Luftleiteinrichtungen oder zusätzliche Luftschlitze geschehen kann. In diesem Zusammenhang ist auch auf einen möglichst ungestörten Austritt der Kühlluft aus dem Motorraum zu achten.

Um sich darüber klar zu werden, ob ein Motor richtig gekühlt wird, ist die Kontrolle mit einem exakten Kühlwasserthermometer notwendig.

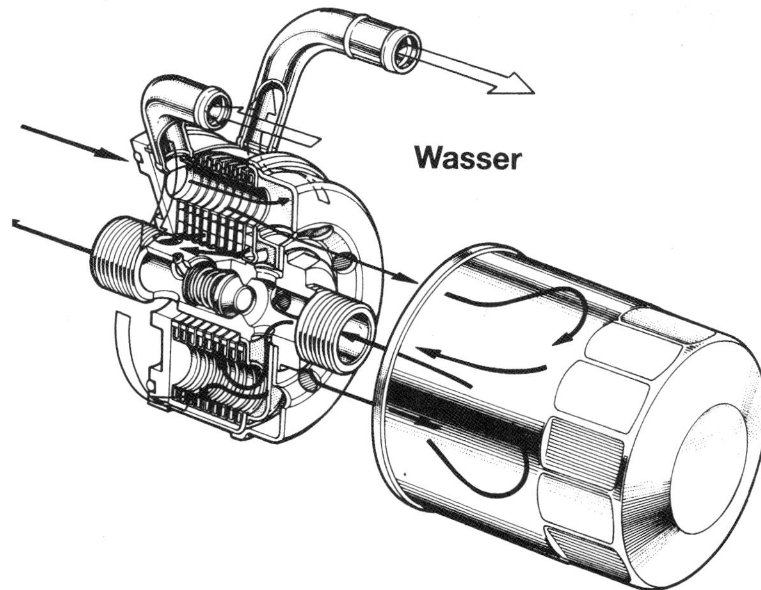

Im Öl-Wasser-Wärmetauscher (hier Honda Civic CRX) erwärmt das Kühlwasser in der Warmlaufphase das Schmieröl, bei warmem Motor dient das Kühlwasser der Ölkühlung. Das Ganze ist in den Ölfilter integriert.

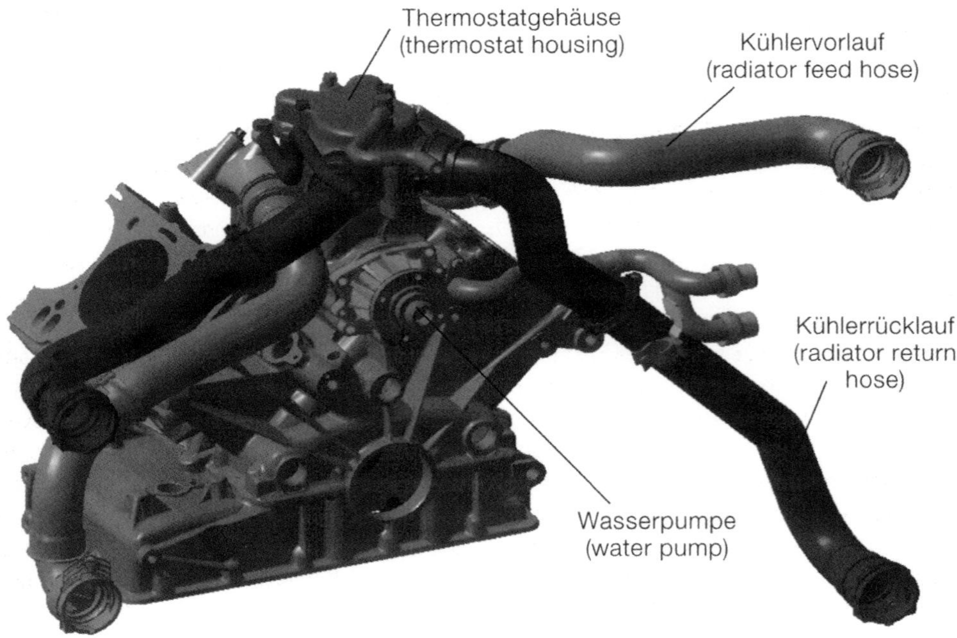

Gut konzipiertes Motorpackage zur effektiven Kühlung: Die ausgeklügelte Anordnung der zur Motorkühlung erforderlichen Komponenten im Innenraum der Zylinderbänke ist übersichtlich und schafft Platz.

Leider besitzen die meisten Automobile nur eine Farb-Anzeige, von der man keine exakten Werte ablesen kann. Manche Firmen sparen sich überhaupt ein Kühlwasserthermometer.
Gewissheit über die Höhe der Anzeige kann man sich bei einem solchen primitiven Thermometer dadurch verschaffen, dass man mit Hilfe eines normalen Quecksilberthermometers die Kühlwassertemperatur im Kühlereinfüllstutzen misst. Man weiß dann zumindest die ungefähre Kühlwassertemperatur, die einer bestimmten Zeigerstellung zwischen den beiden Farb-Feldern (z. B. Blau-Rot) entspricht. Die bessere Lösung ist natürlich ein hinreichend genau anzeigendes Kühlwasserthermometer mit Gradeinteilung.
Wenn der Motor gesund bleiben soll, muss die Wassertemperatur im Dauerbetrieb (auch bei Volllast) zwischen 80 und etwa 100 Grad liegen. Abweichungen sowohl nach oben wie nach unten sind auf die Dauer schädlich. Wenn der Motor unterkühlt läuft, ist die Leistung geringer und der Verschleiß größer. Bei zu hoher Wassertemperatur kann es zu plötzlichen Schäden kommen. (Defekte Zylinderkopfdichtung, Kolbenklemmer usw.) Auch sollte man sich nach dem Kaltstart grundsätzlich daran halten, den Motor erst dann voll zu belasten, wenn die Wassertemperatur eine ausreichende Höhe (ca. 70 Grad) erreicht hat. Auch hier ist aber zu Anfang noch etwas Zurückhaltung empfehlenswert, da zumeist das Öl noch nicht warm genug ist. Alle Kühlwasserprobleme treten naturgemäß während der warmen Jahreszeit auf, im Winter hat man öfter gegen Unterkühlung zu kämpfen. Zahlreiche Hersteller setzen auch serienmäßig einen sogenannten Öl-Wasser-Wärmetauscher ein. Er sorgt für einen Temperaturtransfer zwischen Kühlwasser und Motoröl und befindet sich häufig im Anschlussstutzen des Hauptstromölfilters. Ein solcher Öl-Wasser-Wärmetauscher bringt doppelten Vorteil: In der Warmlaufphase beschleunigt das rascher er-

hitzte Wasser den Anstieg der Öltemperatur, später unterstützt das Kühlwasser die Ölkühlung (begrenzte Kühlleistung).
Zuletzt sei noch auf die Möglichkeit hingewiesen, den vom Motor per Riemen angetriebenen Kühlerventilator zu entfernen oder in der Förderleistung zu beschränken mit dem Ziel, einmal Leistung zu gewinnen und zum zweiten Unterkühlung zu vermeiden. Um die zumindest im Sommer oder bei milden Temperaturen zu erwartenden Kühlschwierigkeiten zu überbrücken, kann man einen elektrisch zuschaltbaren Ventilator einbauen. Die Zuschaltung kann entweder thermostatisch oder von Hand erfolgen, wobei im letzteren Fall eine genaue Beobachtung der Kühlwassertemperatur vonnöten ist. Moderne Motoren besitzen heute meist von Haus aus elektrische Ventilatoren. Inzwischen gibt es auch schon elektrisch betriebene Wassserpumpen (BMW), die bedarfsgerecht fördern, also abhängig von der jeweiligen thermischen Belastung. Eingriffe sind hier nicht angebracht.
Wenn man sich zu diesem radikalen Schritt, nämlich dem Entfernen des Ventilators, nicht entschließen kann, sollte man zumindest im Winter eine Reduzierung der Fördermenge ins Auge fassen. Hierzu kann man den Ventilator je nach Ausführung um einige seiner Flügel berauben (auf Symmetrie und Unwucht achten!) oder ihn im Durchmesser verringern. Es gibt auch Ausführungen, beispielsweise von Modellen mit geringerer Motorleistung, die von Haus aus weniger Flügel haben. Beide Maßnahmen verringern die Förderleistung und den durch den Ventilator verursachten Leistungsverlust. Sollte es dem Motor eventuell im langsamen Kolonnenverkehr zu warm werden, kann man die überflüssige Hitze über den Wärmetauscher der Wagenheizung ableiten. Also Heizung und Gebläse auf volle Leistung schalten.
Bei Wettbewerbsfahrzeugen, die an Rennen teilnehmen, ist es heute allgemein üblich und auch ohne Weiteres vertretbar, den Ventilator völlig zu entfernen, da Langsamfahrbetrieb in der Regel nicht zu erwarten ist.
Wie weit man im Einzelfall auf die Kühlleistung des Ventilators verzichten kann, kommt auf den jeweiligen Motor und damit auf den Versuch an. Dies auszuprobieren dürfte jedoch

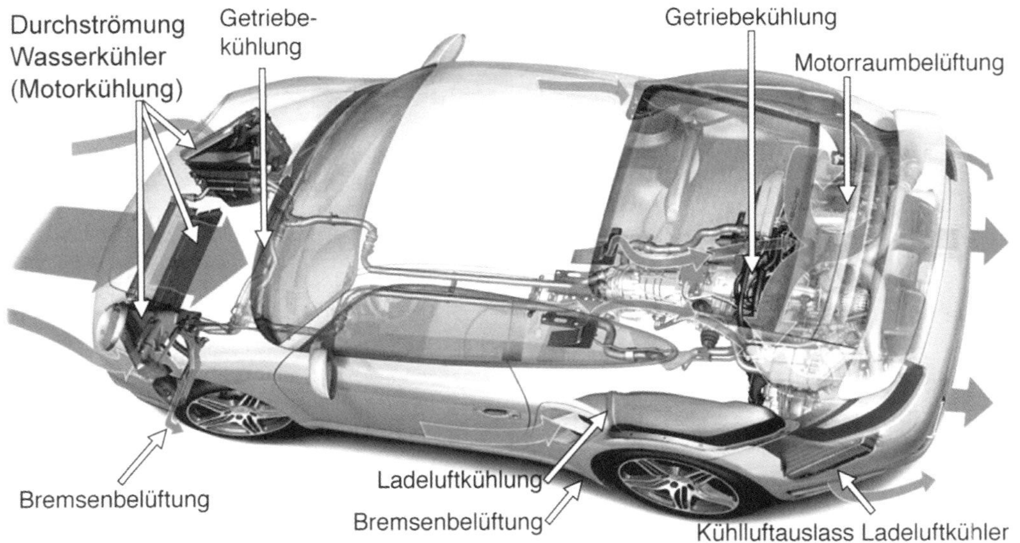

Wasser, Getriebe, Bremsen, Motor, Ladeluft: Die umfangreichen Maßnahmen zur Kühlung am Beispiel eines zeitgenössischen Sportwagens von Porsche.

Kühlung und Schmierung

Moderne Turbomotoren besitzen fast ausnahmslos eine Ladeluftkühlung. Dieser Ladeluftkühler (links im Bild) muss neben oder vor dem Wasserkühler installiert sein, wenn er optimale Wirkung zeigen soll.

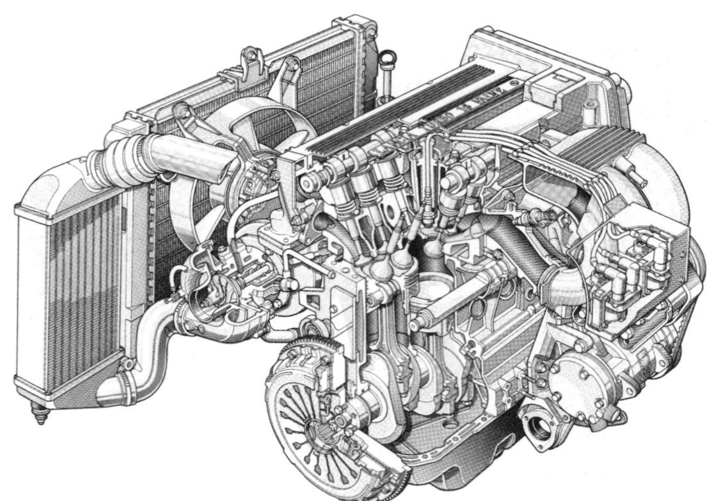

keine allzu großen Probleme aufwerfen, denn ein Kühlerventilator ist relativ schnell ausgewechselt und kostet kein Vermögen.

Bei luftgekühlten Motoren ist in erster Linie eine Verbesserung der Kühlleistung anzustreben, eine Verringerung der Luftfördermenge durch Änderungen des Gebläses bzw. der Gebläsedrehzahl kommt hier für den Alltagsbetrieb keinesfalls in Frage. Höchstens bei Bergrennen sind solche Maßnahmen zu vertreten. Leider lässt sich beim luftgekühlten Motor nachträglich die Kühlfläche, die durch die Verrippung der Zylinder und Zylinderköpfe gegeben ist, in der Regel nicht vergrößern. Ausnahmen sind hier nur dann möglich, wenn stärker verrippte Zylinderköpfe bzw. Zylinder (z.B. Oettinger-Zylinderköpfe für VW) angeboten werden.

Eine Verbesserung der Kühlleistung erreicht man zunächst einmal dadurch, dass man alle Drosselwiderstände in der Kühlluftführung, wie z.B. Regelklappen usw. entfernt. Auch auf eine ausreichende Luftzufuhr zum Gebläse ist zu achten. Meist sind die Kühlluftschlitze, durch die das Gebläse seine Luft in den Motorraum saugen muss, etwas dürftig bemessen, so dass man hier Abhilfe schaffen kann. Beim VW Käfer und NSU Prinz wurden geänderte Motorhauben mit zusätzlichen Luftschlitzen verwendet.

Ansonsten kann man auf diesem Sektor, mit Ausnahme einer Erhöhung der Gebläsedrehzahl, die wir ja wegen des damit verbundenen höheren Leistungsaufwandes vermeiden wollten, wenig tun. Kühlschwierigkeiten lassen sich bei getunten luftgekühlten Motoren am besten durch eine Verbesserung der Ölkühlung beheben, was auch in der Praxis üblich ist.

Die Schmierung

Über die Art der Schmierung des Motors hat man sich bereits in der Konstruktionsabteilung des Herstellerwerkes entschieden. Sie zu ändern, ist nachträglich kaum möglich. In fast allen Serienmotoren findet man darum heute die sogenannte Druckumlaufschmierung mit Ölsumpf. Nur Rennmotoren und aufwendige Sportwagen-Motoren (z.B. Porsche 911 luftgekühlt, GT3 und Turbo) besitzen von Haus aus die noch leistungsfähigere Trockensumpfschmierung mit separatem Öltank. Abgesehen von ihrer größeren Ölmenge und damit höheren Wärmekapazität soll sie vor allem die Schmierung bei extremen Beschleunigungen sicherstellen.

Die im folgenden beschriebenen Maßnahmen beschäftigen sich jedoch im Wesentlichen mit einer Verbesserung der normalen Ölwannen-Sumpfschmierung.

Das Prinzip: Aus dem Ölsumpf, der sich bei Reihen- und V-Motoren meist in der unter dem Zylinderblock angeschraubten Ölwanne befindet – bei Boxermotoren mit geteiltem Gehäuse

Degressiv arbeitende Ölpumpe als Hightech-Komponente: Eine geregelte Pendelschieberpumpe erlaubt eine variable, mit zunehmender Motordrehzahl abnehmende (!) Förderleistung.

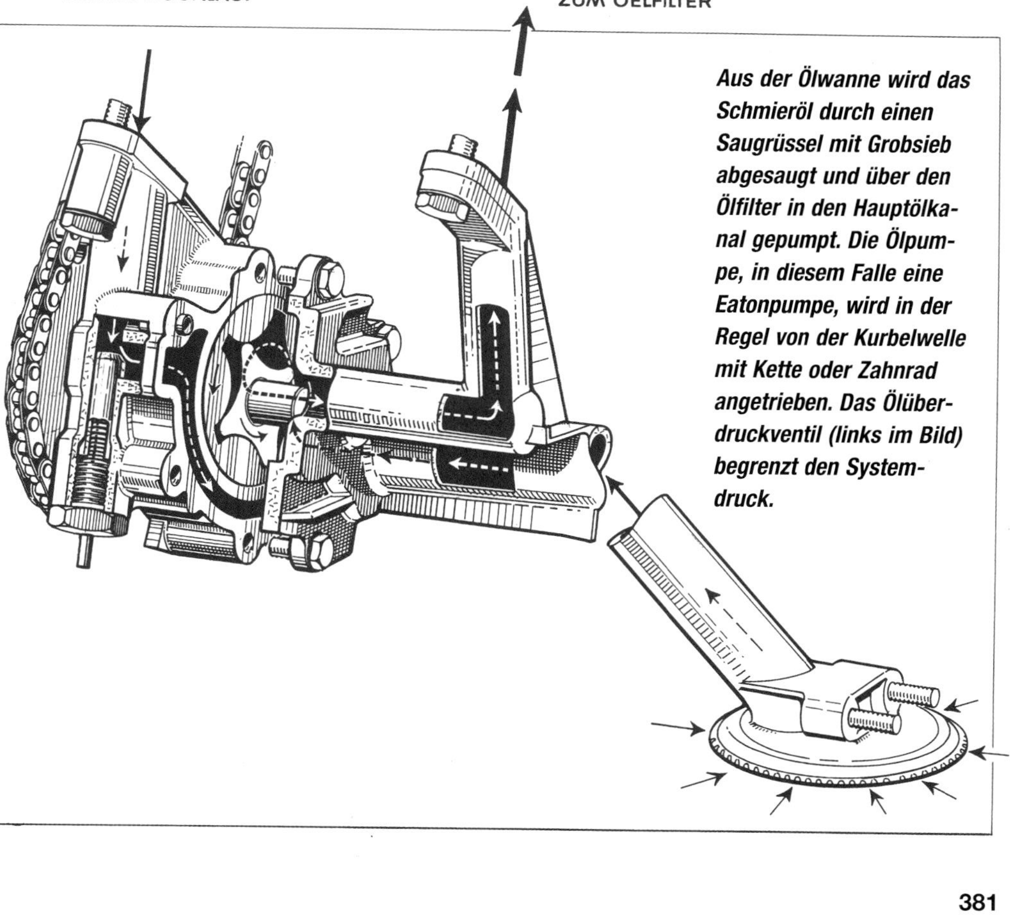

REINÖL-RÜCKLAUF

ZUM OELFILTER

Aus der Ölwanne wird das Schmieröl durch einen Saugrüssel mit Grobsieb abgesaugt und über den Ölfilter in den Hauptölkanal gepumpt. Die Ölpumpe, in diesem Falle eine Eatonpumpe, wird in der Regel von der Kurbelwelle mit Kette oder Zahnrad angetrieben. Das Ölüberdruckventil (links im Bild) begrenzt den Systemdruck.

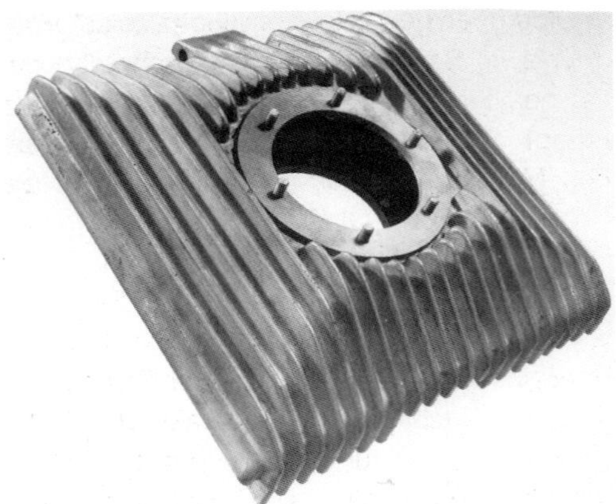

Mit dieser Zusatzölwanne wurde das Ölvolumen des VW-Käfer-Motors vergrößert. Bessere Kühlung und größere Schmiersicherheit sind die Folge.

Eingegossene, labyrinthartige Schottbleche sorgen in dieser Spezialölwanne dafür, dass die Ölpumpe einen ausreichenden Pegel auch bei dynamischer Fahrweise findet (Oettinger).

ist meist das Kurbelgehäuse zur Aufnahme der entsprechenden Ölmenge ausgebildet –, saugt die Ölpumpe das Schmieröl über ein Feinsieb ab, welches das Eindringen von groben Schmutzteilen in den Ölkreislauf verhindern soll. Von der Ölpumpe wird das Öl weiter in den Ölhauptkanal gefördert, wobei es in der Regel noch einen Ölfilter zu durchlaufen hat. Vom Hauptkanal gelangt das Öl an die einzelnen Schmierstellen, wie z. B. Kurbelwellenlager, Nockenwellen-Schmierung usw. Ein Ölüberdruckventil sorgt dafür, dass bei kaltem Öl der Öldruck eine bestimmte Höchstgrenze nicht überschreitet. Der Öldruck, der normalerweise 3 bis 5 bar beträgt, wird durch ein Anzeigelämpchen im Armaturenbrett oder durch einen Öldruckmesser kontrolliert. Letzterer ist bei getunten Motoren unbedingt zu empfehlen.

Eine Verbesserung des Ölsumpfschmiersystems ist meist dann notwendig, wenn mit einem Motor Wettbewerbe gefahren werden sollen oder wenn eine erhebliche Leistungssteigerung vorliegt. Denn die bei Rennen und auch auf Rallyes auftretenden starken Querbeschleunigungen, Verzögerungen oder Vertikalbeschleunigungen (bei Sprunghügeln z. B.) stellen an ein Schmiersystem wesentlich höhere Anforderungen. Oft kommt es nämlich vor, dass unter solchen extremen Belastungen die Ölpumpe Luft saugt (da sich das meiste Öl gerade woanders befindet) und der Öldruck zusammenfällt. Motorschäden sind bei Schmierausfall kaum zu vermeiden.

Eine Vergrößerung der Ölwanne mit tieferem Sumpf und entsprechend größerer Ölmenge bringt hier schon Vorteile. Allerdings muss man in diesem Fall auch die Ölpumpe oder das Absaugrohr tiefersetzen. Beim luftgekühlten Boxermotor des Käfers bringt ein unter der Ölwanne (Motorgehäuse) montierter kleiner Saugtopf eine wesentlich größere Sicherheit gegen Leersaugen der Pumpe. Bei größeren Ölwannen sind schließlich Schottbleche mit Klappenventilen unvermeidlich, wenn man unter extremen Betriebsbedingungen den Öldruck sicherstellen möchte. Eine weitere Maßnahme, nämlich der sogenannte Ölhobel, dient in erster Linie dazu, die Reibungs- und Pantschverluste der im Öldunst laufenden Kurbelwelle zu verringern. Es handelt sich dabei um ein möglichst nah von unten an die Laufkontur der Kurbelwelle angepasstes Blech, das die um die Kurbelwelle austretende Ölwolke abstreift und in die Ölwanne leitet. Das Kurbelgehäuse selbst und die Ölwanne sollten möglichst voneinander abgeschottet werden. Zu geringer Öldruck schließlich lässt sich, falls nicht defekte Lager oder eine schlechte Ölpumpe die Ursache sind, durch eine härtere Feder oder Unterlegen der vorhandenen Feder im Ölüberdruckventil korrigieren.

Die Trockensumpfschmierung

Hochentwickelte Rennfahrzeuge wie Formelwagen und Sport-Prototypen, aber auch die Spitzenfahrzeuge der Renntourenwagen und World-Rallye-Cars (WRC) kommen mit der konventionellen Druckumlaufschmierung mit Ölsumpf aus den genannten Gründen nicht zurecht. Die speziell entwickelten Motoren dieser Fahrzeuge laufen, sofern es das Reglement zulässt, ausschließlich mit der sogenannten Trockensumpfschmierung, die eine maximale Sicherheit gegen Schmierausfall bzw. Leersaugen der Ölpumpe bietet. Der wesentliche Unterschied zur normalen Sumpfschmierung ist der, dass man bei der Trockensumpfschmierung zum Absaugen des Öls und für die Versorgung des Motors mit Öl getrennte Ölpumpen benutzt. Man saugt also mit einer oder zwei Saugpumpen die Ölwanne so gut es geht leer (daher »Trockensumpf«) und pumpt dieses Öl in einen Öltank außerhalb des Motors. Aus dem Öltank entnimmt die Druckpumpe das Öl für die Motorschmierung und fördert es mit dem entsprechenden Druck in das Schmiersystem des Motors. Die Vorteile dieses Schmiersystems liegen auf der Hand. Bei richtiger Auslegung der Fördermengen und entsprechender Gestaltung des Öltanks ist stets Öl für die Druckpumpe vorhanden. Im Motor selbst – also im Kurbelgehäuse – ist wesentlich weniger Öl als bei normaler Wannenschmierung, so dass die Pantsch- und Reibverluste geringer sind. Die Ölmenge kann, da als Vorratsbehälter ein spezieller Tank dient, beliebig groß gewählt werden. Übliche Ölmengen sind – je nach Motorgröße und Konstruktion – zwischen 8 und 20 Liter.

Besondere Aufmerksamkeit ist bei Trockensumpfschmierungen der Absaugseite zu wid-

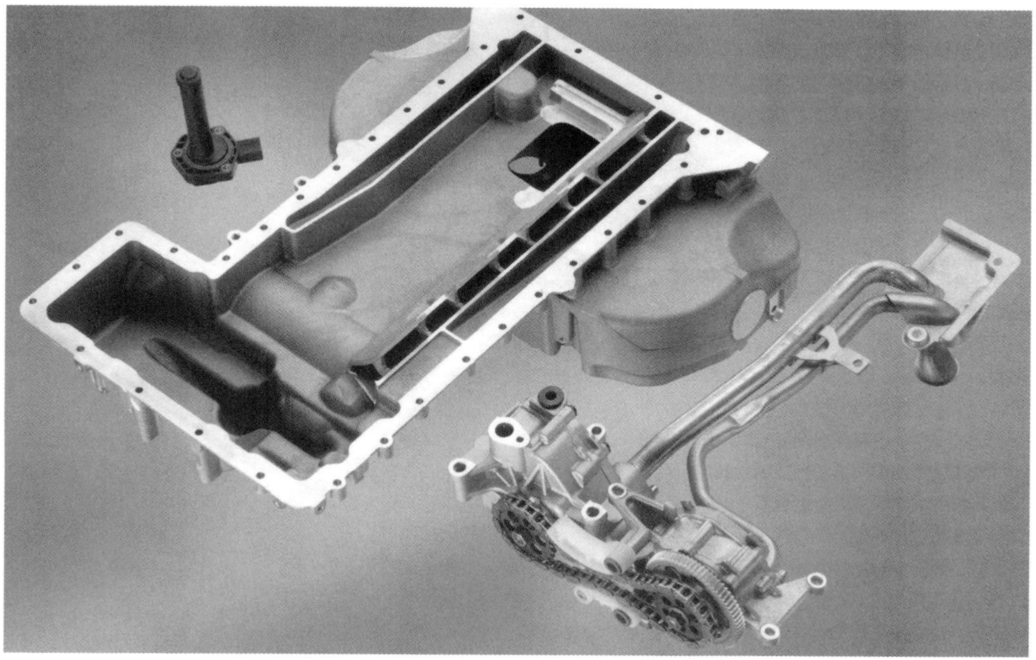

Trockensumpfschmierung für extremen Rennsporteinsatz: Das technische Konzept der Trockensumpfschmierung bietet gegenüber den bereits beschriebenen, konventionellen Schmiersystemen mehrere gravierende Vorteile. Allerdings ist es auch deutlich teurer.

Eine optimale Lösung für eine nachträglich eingebaute Trockensumpfschmierung stellt diese mittels Zahnriemen angetriebene, außen liegende Pumpe dar. Zwei Saugstufen saugen das Öl aus dem Motor ab, eine Druckstufe sorgt für die Schmierung (Alpina).

men, da hier die größten Störungsquellen auftreten können. Wichtig ist, dass stets mehr abgesaugt wird, als der Fördermenge der Druckpumpe entspricht. Das heißt, das Leersaugen der Ölwanne muss unter allen Umständen sichergestellt sein – also auch bei extremen Fahrzuständen –, da sich sonst der Motor mit Öl füllt und der Öltank langsam aber sicher von der Druckpumpe leergepumpt wird. Die Folgen wären zunächst hohe Pantschverluste und schließlich nachlassender Öldruck. Großen Einfluß auf einwandfreies Leersaugen der Ölwanne hat das Fördermengenverhältnis zwischen Saugpumpe(n) und Druckpumpe. Die Verhältnisse liegen üblicherweise 2:1 (also doppelte Saugfördermenge) bis 1,5:1. Jedoch darf die Fördermenge der Saugpumpe(n) nicht beliebig groß sein, da sonst zu viel Luft gesaugt wird und das Öl zu schäumen beginnt. Es muss also im Fördermengenverhältnis der rechte Kompromiß gefunden werden. Auch die Lage der Absaugstellen (meist zwei Absaugstellen, manchmal auch nur eine) ist für eine zuverlässige Absaugung von großer Wichtigkeit. Insbesondere lange Ölwannen, wie die von Sechszylinder-Reihenmotoren, machen hier große Schwierigkeiten. Fördermengenverhältnis und die Lage der Absaugstellen müssen, sofern keine Erfahrungen vorliegen, im Versuch bestimmt und notfalls geändert werden.

Schließlich ist auch noch die Form und Lage des Öltanks von Bedeutung für das einwandfreie Funktionieren einer Trockensumpfschmierung. Dieser sollte einen nicht zu großen Querschnitt aufweisen und möglichst hoch sein. Das rückgeförderte Öl wird so weit wie möglich oben tangential in den Tank hineingelassen und unten wieder abgesaugt.

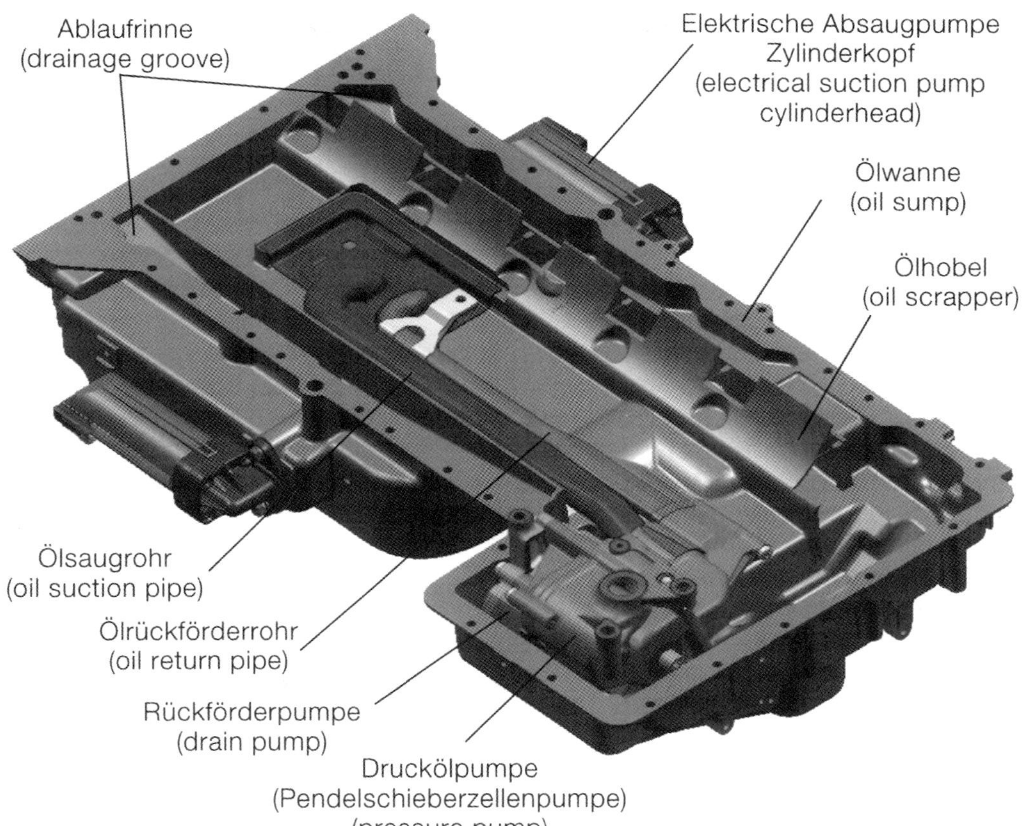

Eine Ölstandskontrolle muss möglich sein. Waagerechte Lochbleche, durch die das Öl durchlaufen muss, haben sich zur Luftabscheidung bewährt. Das gesamte Tankvolumen sollte etwa doppelt so groß sein wie das normalerweise im Tank befindliche Ölvolumen.

Hinsichtlich der Ölpumpen gibt es verschiedene Möglichkeiten. So kann man die serienmäßige Ölpumpe als reine Druckpumpe beibehalten und außen irgendwo eine einfache oder doppelte Saugpumpe installieren. Sofern solche Anlagen lieferbar sind, lohnt es sich aus Preisgründen, darauf zurückzugreifen. Porsche Salzburg hatte für VW-Boxer-Motoren eine solche Trockensumpfschmierung entwickelt, die relativ einfach ist und gut funktionierte.

Die bessere Methode ist indes, eine vernünftige Dreifachpumpe außen zu installieren und am einfachsten über einen Zahnriemen von der Kurbelwelle aus anzutreiben. Die Serienpumpe am Saugrohr entfällt dann. Wie wichtig das Absaugen des Öls ist, zeigt das Schmierstystem des Porsche Carrea GT. Dessen Zehnzylinder besitzt insgesamt zehn Ölpumpen. Eine Druckpumpe sichert die Versorgung mit Drucköl, fünf Saugpumpen saugen die fünf Kurbelkammern einzeln ab, und jeweils zwei Ölpumpen besorgen die Rückförderung des Öls aus den Steuerkästen der Zylinderköpfe.

Inzwischen gibt es auch Lösungen, die sich »integrierte Trockensumpfschmierung« nennen. In diesem Fall fehlt der Öltank, doch sind meist Absaugpumpen vorhanden, die das Öl wieder der vorgesehenen Sammelstelle zuführen. Die wassergekühlten Porsche-Boxer (996/997), der V10-Motor des BMW M5 und der neue V8 des BMW M3 werden so geschmiert. Die integrierten Systeme reichen für

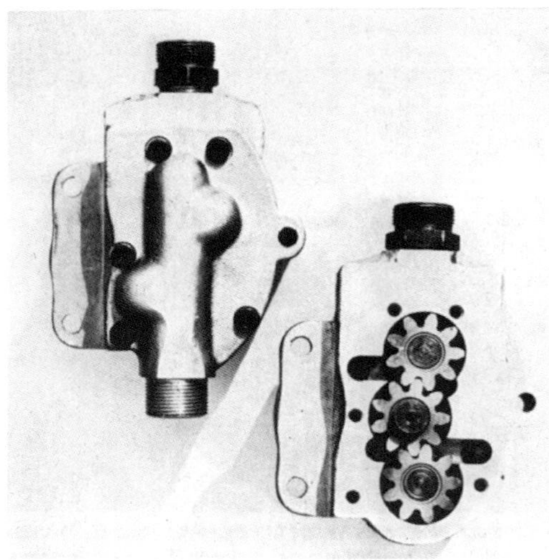

Eine sehr einfache und gute Lösung für die Trockensumpfschmierung von VW-Boxermotoren fand man bei Porsche Salzburg. Auf die serienmäßige Ölpumpe, die als Druckpumpe weiterläuft, wird diese Dreirad-Pumpe mit doppelter Fördermenge geflanscht, die die Absaugung aus dem Kurbelgehäuse übernimmt.

sehr schnelle Fahrweise auch auf Rennstrecken aus, erlauben Schmiersicherheit bis zu Querbeschleunigungen oder Verzögerungen von 1,4-facher Erdbeschleunigung (1,4 g). Wer jedoch absolute Schmiersicherheit im ausschließlichen Wettbewerbseinsatz sucht, kommt um ein klassische Trockensumpfschmierung mit separatem Öltank nicht herum.

Bessere Ölkühlung

Dieses Thema steht natürlich in erster Linie bei luftgekühlten Motoren und bei Turbomotoren im Vordergrund, aber auch bei wassergekühlten Saugmotoren ist bei einer im Verhältnis zur Motorbasis außergewöhnlich großen Leistungssteigerung der Einbau eines Ölkühlers sinnvoll. Viele moderne Motoren verfügen bereits serienmäßig über eine Ölkühlung, da gerade bei Turbomotoren und anderen hochbelasteten Aggregaten die Kolbenböden von unten durch Spritzöl gekühlt werden müssen, was zu einer signifikanten Erhöhung der Öltemperatur führt. Der Ölkühler wird dabei zweckmäßig neben oder vor dem Wasserkühler montiert, bei luftgekühlten Motoren empfiehlt sich ebenfalls eine Frontmontage, damit der Kühler im Fahrtwind liegt. Auf ausreichende Zuluft- und Abluftöffnungen ist zu achten.

Der Anschluss des Ölkühlers erfolgt in der Regel im Hauptstrom, das heißt, die gesamte von der Ölpumpe geförderte Ölmenge muss durch den Kühler. Nebenstromölkühler haben nur eine begrenzte Wirkung und werden heute kaum noch verwendet, zumal bei der Nebenstromschaltung ein gewisser Öldruckverlust auftritt. Die Abzweigung des Ölkühlers aus dem Hauptstrom erfolgt meist mittels Adapter am Ölfiltergehäuse. Im Straßenbetrieb ist dabei die Einschaltung eines Thermostaten zu empfehlen, der erst ab einer bestimmten Temperatur (ca. 80 Grad) den Durchfluss durch den Kühler freigibt. Denn ebenso wie zu hohe Öltemperatur schadet, führt auch zu niedrige Temperatur zu überhöhtem Verschleiß. Bei Rennmotoren kann man auf den Thermostat verzichten, was freilich ein sorgfältiges Warmlaufenlassen des Motors erfordert. Bei Motoren mit Trockensumpfschmierung kann man unter Umständen ohne Ölkühler auskommen. Doch meist ist er erforderlich und sollte dann zwischen Saugpumpe (Druckseite) und Öltank in den Ölkreislauf geschaltet werden.

Nicht immer ist jedoch zur Verbesserung der Ölkühlung ein regelrechter Ölkühler mit Kreislauf notwendig, dessen Anschluss etwas kompliziert und dessen Anschaffung nicht gerade billig ist. In vielen Fällen – vornehmlich bei wassergekühlten Motoren – genügt bereits eine Vergrößerung der Ölmenge.

Dies kann entweder durch eine größere Ölwanne geschehen oder durch den Anschluss eines Nebenstromölfilters, wie er im nächsten Abschnitt noch besprochen wird. Beiden Methoden kommt neben einer größeren Wärmekapazität des Öls (größere Ölmenge) auch eine gewisse zusätzliche Kühlwirkung zu, was besonders bei Spezialölwannen aus verripptem

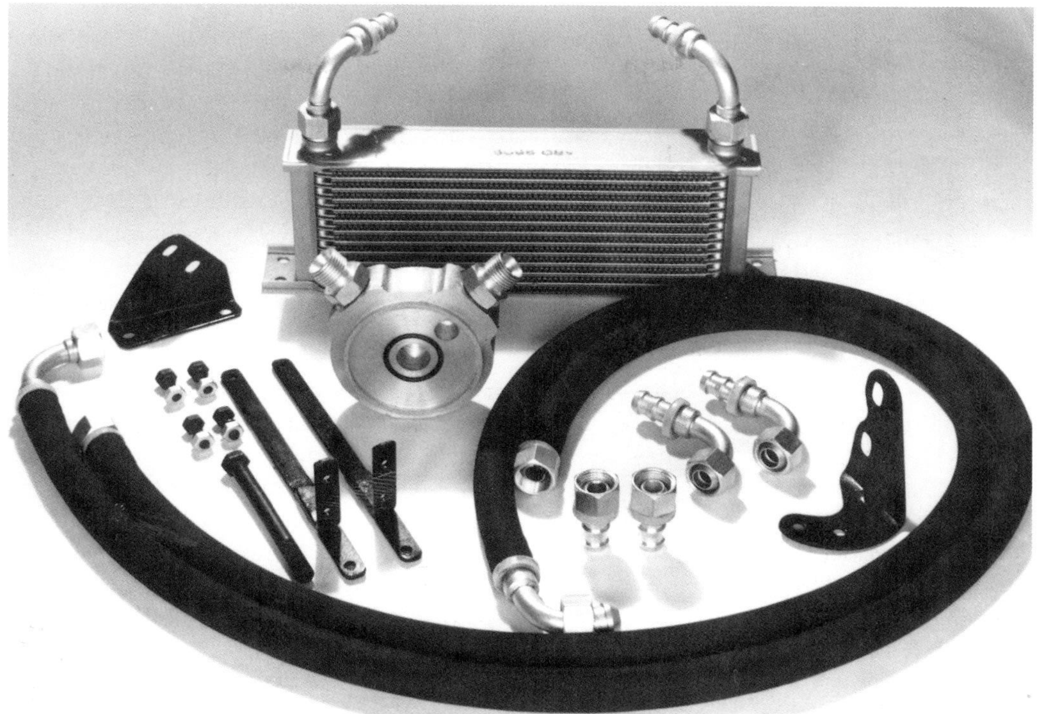

Zu einem Ölkühler gehören natürlich noch eine ganze Menge Montageteile wie z.B. Ölschläuche, Anschlussstücke, Befestigungsteile usw. Das Problem der Außenölkühler sind Undichtigkeiten im Leitungsbereich.

Das Foto zeigt den Kühler für eine Hinterachskühlung bei einem großvolumigen Wettbewerbswagen.

Leichtmetall der Fall ist. Spezialölwannen aus Leichtmetall-Guss haben noch einen weiteren Vorteil: Sie helfen, das Kurbelgehäuse zu versteifen.
Bei dieser Gelegenheit soll aber auch ein Vorzug der normalen Blech-Ölwannen eingeräumt werden: Sie sind weniger stoß- und bruchempfindlich und aus diesem Grund für Rallye-Fahrzeuge, die auch einmal schlechte Wegstrecken hinter sich bringen müssen, vorzuziehen.
Doch nicht nur das Motoröl, auch das Getriebeöl oder häufiger die Ölfüllung des Achsantriebes kann bei erhöhter Dauerlast in zu hohe Temperaturbereiche gelangen. Um Schäden zu vermeiden, sind auch hier zusätzliche Kühlmaßnahmen nicht zu vermeiden, wie beispielsweise stärker verrippte Achsantriebsgehäuse oder, am wirkungsvollsten, eine separate Zwangskühlung mit Pumpe und außenliegendem Ölkühler.

Ölfilter

Die meisten modernen Motoren besitzen bereits serienmäßig einen Ölfilter. Es handelt sich dabei in der Regel um einen sogenannten Hauptstromölfilter. Er filtert das Öl, wie der Name schon sagt, im Hauptstrom und kann schon deshalb nicht ganz so feinporig sein wie ein Nebenstromölfilter. Wir wollen damit keineswegs behaupten, dass diese Art der Filterung (Hauptstromfilter) nicht sehr gut und vollkommen ausreichend wäre, zumal es immer noch einige ältere Automodelle gibt, die auf eine Ölfilterung gänzlich verzichten, dafür aber öfter einen Ölwechsel verlangen.
Für den getunten Motor ohne Hauptstromölfilter ist ein Nebenstromölfilter nicht nur wegen der besseren Ölreinigung interessant, sondern auch wegen der Vergrößerung der Ölmenge und einer damit verbundenen zusätzlichen Kühlwirkung. Diese Kühlwirkung kann man noch verstärken, wenn man das vom Filter zurücklaufende Öl durch eine Kühlschlange aus Kupferrohr leitet. Diese Anordnung nennt man dann Nebenstromölfilter mit Rücklaufkühlung. Sie wurde vor allen Dingen bei Käfer-Motoren mit Erfolg praktiziert. Bei Motoren, wo Hauptstromfilter und Ölkühler bereits vorhanden sind, kann man auf einen Nebenstromölfilter leicht verzichten.

Die Öltemperatur

Insbesondere bei luftgekühlten Motoren ist die Öltemperatur ein Maß für die thermische Belastung bzw. Überlastung des Motors. Bei

Der Opel-V6-Motor zeigt die perfekte Lösung für einen integrierten Öl-Wasserkühler. Er ist im Winkel zwischen den Zylindern untergebracht und nimmt keinen Platz weg.

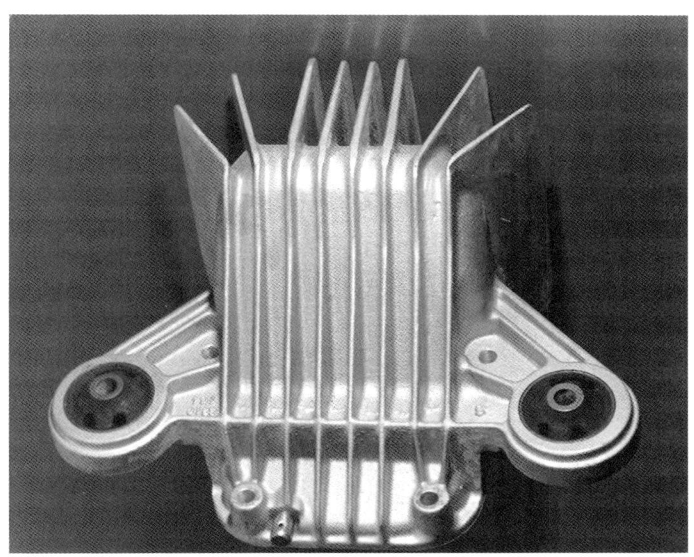

Der stark verrippte Hinterachsdeckel für die BMW-Hinterachse (Alpina B6-2,8) dient einmal der Stabilisierung des Achsantriebes, zum anderen der besseren Wärmeableitung des hoch beanspruchten Schmieröls.

getunten luftgekühlten Motoren ist also in jedem Fall eine Kontrolle der Öltemperatur mit Hilfe eines Ölfernthermometers notwendig. Solche Thermometer sind im Zubehörhandel erhältlich und relativ einfach zu installieren. Sie kosten relativ wenig, verglichen mit dem Schaden, den eine zu hohe Öltemperatur verursachen kann. Es gibt Ölthermometer, deren Geber an Stelle des Ölmessstabes eingesteckt wird. Andere setzen den Messfühler mit einem Zwischenstück in das Gewinde des Öldruckgebers.

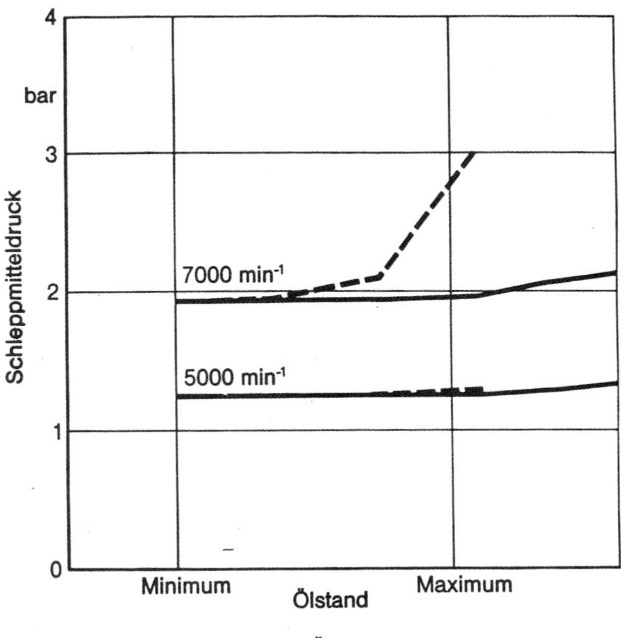

Das Diagramm zeigt den Leistungsverlust (Verlust an mittlerem Verbrennungsdruck, etwa 8 Prozent), verursacht durch Ölpanschen bei hoher Drehzahl. Durch Abweisbleche konnte der Verlust minimiert werden (Mercedes 2,3-16). Nebeneffekt: Die Öltemperatur sinkt.

Die richtige Öltemperatur eines gesunden Motors liegt zwischen ca. 80 und 120 Grad, je nach Außentemperatur. Bei unempfindlichen Motoren sind Überschreitungen nach oben um ca. 10-20 Grad ohne Weiteres möglich. Aber auch zu niedrige Öltemperaturen (unter 80 Grad) sind auf Dauer ungesund und kosten außerdem Leistung. Eventuelle Ölkühler oder Zusatzfilter mit Kühlwirkung sind in diesem Fall abzudecken oder abzuklemmen.
Bei wassergekühlten Saugmotoren ist die Kontrolle der Öltemperatur nicht so vordringlich, bei Turbomotoren wiederum ist sie zu empfehlen.

Das passende Öl

Leistungsgesteigerte Motoren erreichen grundsätzlich höhere Drehzahlen, höhere Temperaturen und größere Verbrennungsdrücke als ihre Seriengeschwister. Es ist logisch, dass unter diesen Bedingungen die Ansprüche an das Schmieröl höher gerschraubt werden müssen, denn auch bei extremen Belastungen sollte an den wichtigen Schmierstellen – besonders empfindlich sind hier die Pleuellager, Nocken- und Stößellaufflächen und die Zylinderlaufbahnen – ein ausreichender Schmierfilm vorhanden sein.
Das in getunten Motoren verwendet Öl muss also hohen mechanischen Belastungen und hohen Temperaturen zugleich standhalten. Moderne Hochleistungsmotoröle erfüllen in der Regel diese Ansprüche. Sie sollten mindestens der höchsten API (American Petroleum Institute)-Qualität (API SH), besser noch der europäischen Klassifikation CCMC G4 bzw. G5 (fürLeichtlauföle) entsprechen. Für hochbelastete Dieselmotoren sind andere (schwierigere) Prüfbedingungen zu erfüllen. Die in Frage kommende Klassifikation lautet CCMC PD1, noch besser CCMC PD2.
Insbesondere Öle auf synthetischer Basis, wie beispielsweise Shell Helix, erfüllen höchste Anforderungen hinsichtlich Temperatur- und Druckbelastungen.
Ein weiterer Vorteil von Synthetic-Öl: Es hat weniger Additive und ist aus diesem Grund unempfindlicher gegen Überlastung und Alterung. Hochbelastete Diesel-Motoren benötigen oft Spezialöle. Hier sollte man sich an die Empfehlungen der Hersteller halten.
Motor-Öle werden mit einem mehr oder weniger breiten Viskositätsbereich (sogenannte Mehrbereichsöle) angeboten. Die SAE-Viskositätsklassen bestimmen die Fließfähigkeit des Öls. Der untere, mit einem W (wie Winter) gekennzeichnete Wert gibt die Kaltflüssigkeit an, die obere Zahl ohne Kennzeichnung die Warmflüssigkeit. Insbesondere die untere Viskositätsgrenze ist im Winterbetrieb interessant. Sie stellt die Schmiersicherheit auch bei niederen Temperaturen sicher, was vor allem bei modernen Motoren mit komplizierten und kleinen Steuerteilen (Vierventiler) von Bedeutung ist. Werte von 10W reichen für Temperaturen bis minus 20 °C, nur in kälteren Regionen sind 5W-Öle zu empfehlen. Je breiter der Bereich, umso universeller ist das Öl einsetzbar. Die Sorten 10W-30 und 10W-40 haben beispielsweise die gleiche Kaltflüssigkeit, das 40er ist aber im hohen Temperaturbereich dickflüssiger. Im Somnmer sind Öle mit der Viskosiät 15W-40, 15W-50, 20W-40 und 20W-50 zu empfehlen. Im Übrigen lohnt stets ein Blick in die Betriebsanleitung oder (bei Unklarheiten) ein Anruf beim Kundendienst.
Für Wettbewerbsmotoren werden darüber hinaus nach wie vor von den einschlägigen, im Rennsport engagierten Mineralölfirmen spezielle Racing-Öle angeboten. So von Castrol das EDGE Formula RS (Viskosität: 0W-40) oder das speziell für getunte Motoren entwickelte EDGE Formula RS 10W-60. Letzteres entspricht den Normen API SL/CF sowie ACEA A3/B3/B4. Spezialöle sind über die jeweiligen Renndienste erhältlich.

Das Fahrwerk

Moderne Automobile haben fast ohne Ausnahme inzwischen ein so hohes Maß an aktiver Fahrsicherheit erreicht, wie es noch in den 60er oder auch 70er Jahren überhaupt nicht denkbar schien. Ausgeklügelte, auf dem Computer ermittelte Radaufhängungen, die natürlich hinterher im Versuch noch optimiert werden, haben in vielen Fällen schon den Sprung vom mitlenkenden und mitdenkenden Fahrwerk ermöglicht, das Fahrfehler bis zur groben Fehlbedienung verzeiht. Zusätzliche, elektronisch geregelte Systeme wie ABS (Antiblockier-System) für die Bremsen, ASR (Antriebsschlupf-Regelung) für die Treibachse, ADC (Automatische Dämpfer-Control), Allradantrieb und vor allem die elektronischen Stabilitätsprogramme (ESP) dienen nicht nur einer weiteren Verbesserung der Fahreigenschaften, sondern bieten vor allem Sicherheit in kritischen Grenzsituationen. Sie wurden immer weiter verbessert, bieten oft mehrstufiges Abschalten (z. B. BMW oder Porsche).

Bleibt da für den Tuner überhaupt noch etwas zu tun übrig?

Hier muss grundsätzlich unterschieden werden zwischen Fahrzeugen, die sich ausschließlich im öffentlichen Straßenverkehr bewegen – um die geht es hier im Wesentlichen –, und solchen, die vorzugsweise auf abgesperrten Strecken an Wettbewerben teilnehmen. Im letzten Falle werden sehr weitgehende Veränderungen vorgenommen. Aber auch für das Alltagsauto bleibt noch Verbesserungsspielraum übrig, wenn auch nicht mehr so viel wie

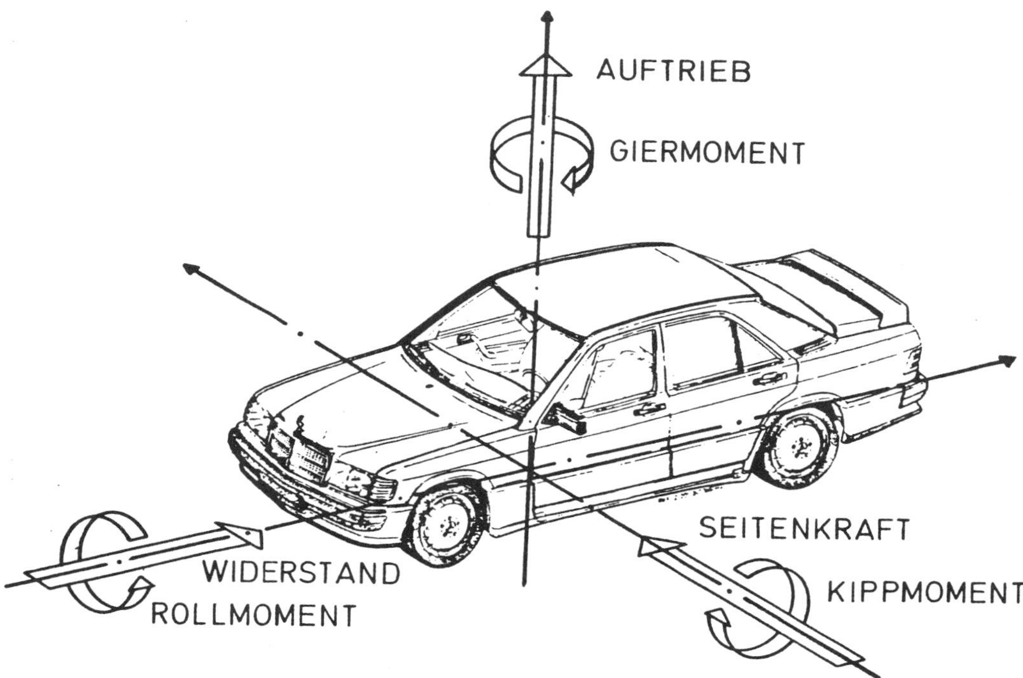

Die Fahrdynamik und die Aerodynamik erzeugen Kräfte und Momente, die im Schwerpunkt des Fahrzeugs wirksam werden. Eine gute Fahrwerksauslegung muss dafür sorgen, dass die auftretenden Störkräfte und -momente leicht beherrschbar bleiben.

in früheren Jahren. Denn jede Fahrwerksabstimmung ist ein Kompromiss, der nicht nur problemlose Fahreigenschaften sondern beispielsweise auch noch befriedigenden Federungskomfort sicherstellen soll. So bieten Serienautos fast immer Gelegenheit, Verbesserungen durchzuführen, wenn auf anderer Ebene Abstriche akzeptiert werden. Dabei ist es zunächst vorteilhaft, den Begriff der Fahreigenschaften – früher oft als Straßenlage bezeichnet – etwas genauer zu definieren. Ein gut liegendes Auto sollte demzufolge die folgenden Forderungen weitgehend erfüllen:

- hohe Kurvengeschwindigkeit,
- gut kontrollierbares Fahrverhalten im Grenzbereich,
- sicheres Verhalten bei Wechselkurven (Wedeln) und bei Lastwechsel,
- Richtungsstabilität bei hohen Geschwindigkeiten und
- ausreichende Unempfindlichkeit gegen Seitenwind.

Mit anderen Worten sollte ein gut liegendes Auto nicht nur sehr schnell Kurven durcheilen können, sondern sich bei allen aufs Fahrzeug einwirkenden Kräften und Momenten gut ausgewogen und leicht beherrschbar erweisen. Hierzu tragen die schon erwähnten Fortschritte in der Fahrwerkstechnik wesentlich bei. Aber auch die Reifen, als eigentliches kraftübertragendes Bauelement zwischen Fahrzeug und Fahrbahn, sind erheblich an der Verbesserung der Fahreigenschaften beteiligt. Nicht zuletzt spielt zunehmend auch die Aerodynamik als Verbesserungsfaktor eine Rolle, bei Wettbewerbsfahrzeugen (Beispiel Formel 1) sogar eine sehr erhebliche. Auf all diese Faktoren kann der Tuner Einfluss nehmen, wie beispielsweise das Fahrwerk härter abstimmen, Felgen und Reifen breiter wählen und/oder die Aerodynamik durch Anbauteile verbessern.

Die Kurvengrenzgeschwindigkeit

Man versteht darunter die maximal erreichbare Kurvengeschwindigkeit auf einen bestimmten Kurvenradius bezogen, bevor die Räder die Haftung verlieren und der Wagen ausbricht. Technisch ausgedrückt ist dies jene

Die Fahrwerksabstimmung eines Fronttrieblers, dessen Vorderachse nicht nur antreibt, sondern auch lenkt, stellt den Tuner vor ganz andere Herausforderungen als die Abstimmung eines heckgetriebenen Fahrzeugs.

Das übersteuernde Fahrverhalten ist bei diesem BMW M 3 deutlich zu erkennen. Die ausbrechende Hinterachse muss durch Gegenlenken kompensiert werden.

Geschwindigkeit, bei der die im Schwerpunkt des Fahrzeugs angreifende Fliehkraft und die über die Reifen aufzubringenden Seitenführungskräfte im Gleichgewicht sind.

Man misst sie normalerweise auf einer Kreisplatte (Skid-Pad), und man kann sie, um vom Durchmesser weitgehend unabhängige vergleichbare Werte zu besitzen, nach einigen Umdrehungen (Runden) als maximal erreichbare Querbeschleunigung angeben oder auch dimensionslos als sogenannter Kurvenreibwert (μ_K). Er errechnet sich bei der sogenannten stationären Kreisfahrt aus der maximal erreichbaren Geschwindigkeit und dem Durchmesser, auf dem sich der Schwerpunkt des Fahrzeugs bewegt. Die Formel lautet:

$$\mu_K = \frac{V^2}{64 \cdot D}$$

Dabei ist die Geschwindigkeit in km/h und der Durchmesser in Meter angegeben. Die Kurvengeschwindigkeit wiederum ermittelt man durch Stoppen und Mitteln der Runden, wobei folgende Formel gilt:

$$V = \frac{3{,}6 \cdot \pi \cdot D}{t}$$

Dabei ist die gemessene Rundenzeit in Sekunden (und Bruchteilen) einzusetzen, π mit 3,14. Für moderne Personenwagen gilt ein Kurvenkraftschlussbeiwert von 0,8 bis 0,9 als Stand der Technik, Sportwagen können mehr als 1,2 erreichen, Formel-Wagen und Rennsportwagen können, vor allem, wenn aerodynamische Hilfen wie Ground-Effekt, große Flügel usw. ausgenutzt werden, zum Teil fünfache Erdbeschleunigung erreichen.

Bei der Messung von normalen Fahrzeugen spielt freilich auch noch der Rollwiderstand eine Rolle, der bei leistungsschwachen Autos die auf dem Skid-Pad erzielbare Kurvengeschwindigkeit drücken kann. Dies interessiert hier jedoch nur am Rande. Wir wollen nur so viel festhalten, dass die erreichbare Kurvengrenzgeschwindigkeit mit zunehmender Querbeschleunigung wächst.

Es interessiert hier in erster Linie, welche Faktoren die Kurvengeschwindigkeit eines Autos bestimmen und wie man sie nachträglich steigern kann. Denn das Ziel jeder Fahrwerksänderung ist ja, nach Möglichkeit schneller und sicherer Kurven jeden Durchmessers durchfahren zu können.

Beginnen wir mit dem Kontakt zwischen Reifen und Fahrbahn, der in hohem Maße Einfluss auf die möglichen Kurvengeschwindigkeiten hat. Dieser wird vom Reibungsbeiwert zwischen Reifen und Fahrbahn bestimmt und

Ein gutes Beispiel für die Entwicklung in der Fahrwerkstechnik ist der Porsche 911: Früher als gefährliche »Heckschleuder« im Grenzbereich nur von Profis beherrschbar, heute dank Mehrlenkerachse mit Fahrschemel sowie Porsche Active Suspension Management (PASM) und Traction Control (TC) auch von Fahranfängern schnell und sicher zu bewegen.

ist einmal von der Art der Fahrbahnoberfläche und deren Zustand (trocken, nass, schmierig, vereist usw.) abhängig, zum anderen vom Reifen selbst. Die Fahrbahnoberfläche als Faktor wollen wir hier ausklammern. An ihr kann man nichts ändern, man muss sich als Autofahrer mit den jeweiligen Gegebenheiten abfinden. Der Fahrzeugreifen hingegen bestimmt zu einem großen Teil durch seine Bauart (Karkasse), Dimension, Gummimischung der Lauffläche und Profilgestaltung die maximal mögliche Kurvengeschwindigkeit. Auf dieses Thema werden wir später noch ausführlicher eingehen.

Weiterhin sind fast ausschließlich konstruktive Faktoren für die maximale Kurvengeschwindigkeit verantwortlich, die für fast jedes Auto anders ausfallen. Selbst bei Formel-Rennwagen, die auf Grund des Reglements zu einer gewissen Uniformität neigen, gibt es Unterschiede in der Aufhängung und vor allem der Aerodynamik, obwohl alle annähernd am Maximum des Erreichbaren operieren. Es wären hier folgende wichtigen Punkte zu nennen:

- Schwerpunkthöhe
- Spurweite und Radstand
- Gewichtsverteilung
- Art und Ausführung der Radaufhängung
- Einfluss der Aerodynamik

Es sind dies, wie man sieht, für jeden Autotyp weitgehend festliegende konstruktive Tatsachen. Man muss nun versuchen, aus dem vorhandenen Grundkonzept durch Veränderungen und Verfeinerungen ein Optimum für die Fahreigenschaften herauszuholen. Welcher Hilfsmittel man sich dabei bedienen kann, wird im Folgenden noch erläutert.

Gut kontrollierbare Fahreigenschaften im Grenzbereich

Unter dem Kurvengrenzbereich versteht man den Fahrzustand, bei dem das Fahrzeug sein stabiles Fahrverhalten verlässt und auszubrechen beginnt. Je nach Autotyp, Fahrwerks-

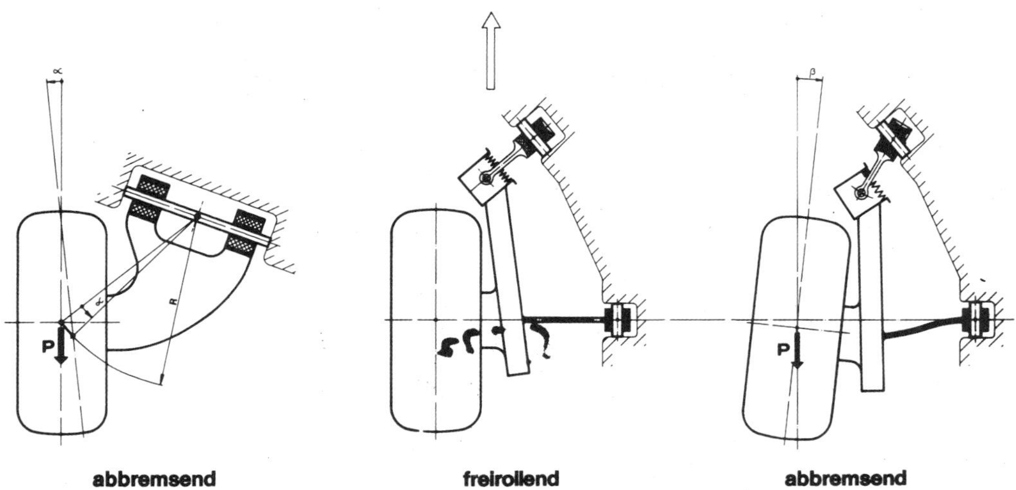

Die erste »mitdenkende« Hinterradaufhängung konstruierte Porsche für den Typ 928. Die normale Schräglenkeraufhängung (links) erzeugt beim Gaswegnehmen oder Bremsen einen Schwenk nach außen (Nachspur), was zu einem Hineinlenken in die Kurve und zu Instabilität (Giermoment) führt. Die sogenannte Weissach-Achse schwenkt nach innen (Vorspur) und kompensiert durch diesen elastokinematischen Effekt gefährliches Eigenlenkverhalten.

auslegung und Reifenfabrikat bzw. Bauart kann dies plötzlich und unerwartet oder frühzeitig spürbar und gut kontrollierbar geschehen. Letzteres ist in jedem Fall anzustreben. Es ist auch durchaus möglich, dass zwei verschiedene Autos zwar die gleiche Kurvengrenzgeschwindigkeit erreichen, jedoch in diesem Grenzbereich das eine problematisch und das andere einfach und sicher zu beherrschen ist. Die Folge ist meist die, dass man mit dem schwierig zu fahrenden Auto diesen Fahrzustand nach Möglichkeit vermeidet, während man mit dem unproblematischen Auto die gegebenen Möglichkeiten (nämlich die maximale Kurvengrenzgeschwindigkeit) im Bedarfsfall gefahrlos ausnutzen kann. Für die gute Kontrollierbarkeit eines Fahrzeugs in kritischen Grenzzuständen sind ebenfalls wie-

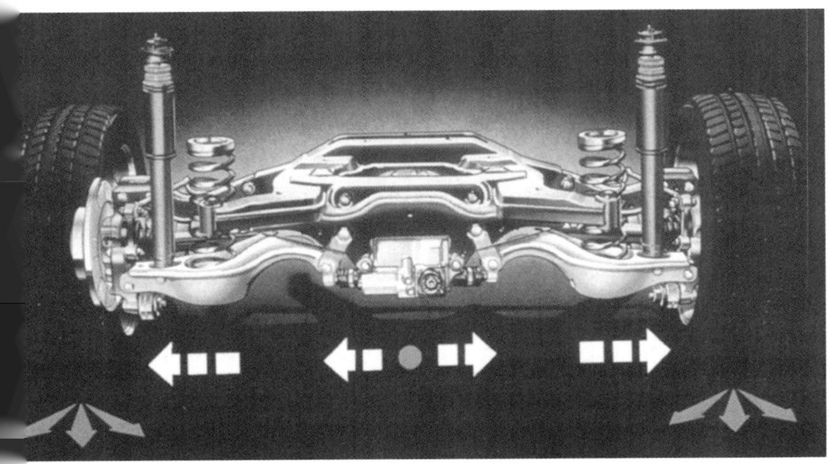

Die erste überzeugend funktionierende aktive Hinterachskinematik realisierte BMW im 850 CSi. Zwei Hydraulikelemente schwenken dabei elektronisch gesteuert in Abhängigkeit des Querlenkpunktes die Hinterräder. Der Einschlagwinkel selbst ist minimal (unter zwei Grad), die Wirkung infolge der Giermomentabschwächung vor allem in schnellen Wechselkurven verblüffend.

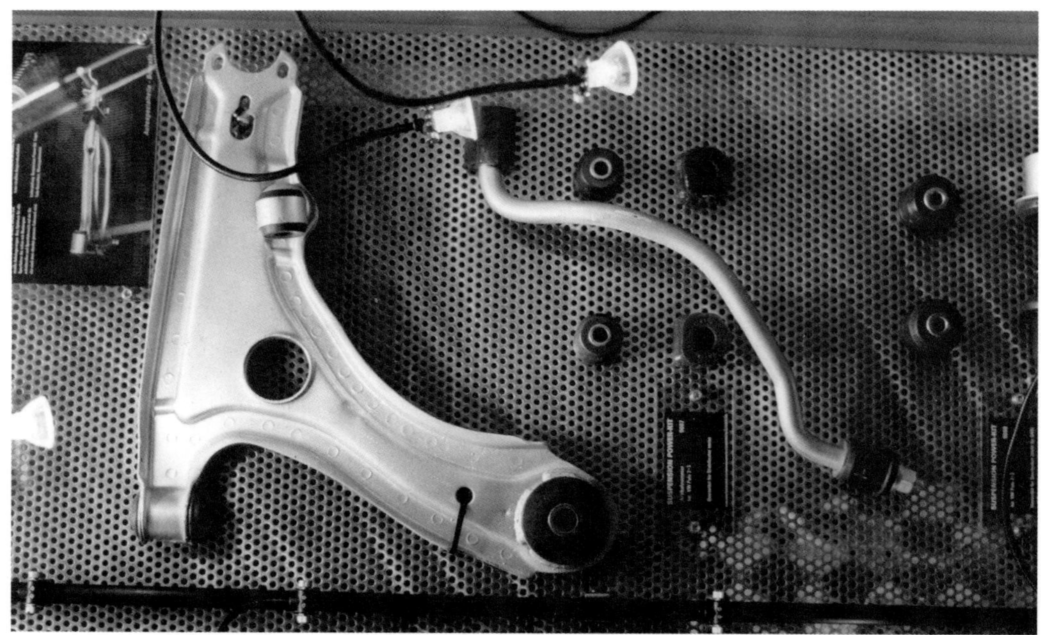

Das Fahrverhalten lässt sich auch über veränderte Querlenker, Stabilisatoren, Pendelstützen und sogar die Lagerbuchsen beeinflussen. Durch die Verwendung von Aluminium-Querlenkern sinken überdies die ungefederten Massen.

der die oben angeführten konstruktiven Punkte und in nicht geringem Maße die Reifen verantwortlich.

All diese Dinge beeinflussen natürlich auch das Verhalten des Fahrzeugs in Wechselkurven. Unter Wechselkurven versteht man eine slalomartig rasch wechselnde Folge von Links- und Rechtskurven, die es gilt, mit maximal möglicher Geschwindigkeit zu durchfahren. Im Versuchsbetrieb bezeichnet man den periodischen Richtungswechsel als »Wedeln«, doch auch im normalen Straßenverkehr kommen solche oder ähnliche Kurvenfolgen häufig vor. Hierbei spielen freilich auch Federung (Federwege) und Stoßdämpfung und die dabei auftretenden Spur- und Sturzänderungen eine wesentliche Rolle, da der Wagen ja bei jedem Richtungswechsel einseitig mehr oder weniger stark ein- und ausfedert. Hierbei kann es unter Umständen zu einem unkontrollierbaren Aufschaukeln des Aufbaus kommen, was die Fahrstabilität erheblich beeinträchtigt.

Ebenfalls von Nachteil sind Sturz- oder Spuränderungen, da diese das Fahrzeug selbsttätig mitlenken oder vom Kurs abbringen, wobei auch rasch wechselnde Seitenführungskräfte auftreten können. Diese Bewegungen der Radaufhängung spielen auch für das sogenannte Lastwechselverhalten eine Rolle, wodurch das Fahrzeug, beim Gaswegnehmen beispielsweise, in die Kurve hineindreht. Der Volksmund nennt dies Schleudern, in der Fachsprache nennt man dies Giermoment (Drehmoment um die Hochachse des Fahrzeugs). Moderne Radaufhängungen können durch intelligente Kinematik ein solches Fehlverhalten korrigieren. Auch elektronische Fahrhilfen wie ESP arbeiten nach diesem Prinzip, indem sie gezielt einzelne Räder abbremsen. Ähnlich funktionieren aktiv geregelte Allradantriebe, welche die Antriebskraft entweder achsseitig (Vorder/Hinterachse) oder gar radseitig (links/rechts) gezielt verteilen. Man nennt dies dann »Giermomentabschwächung«, was

zu einer erheblichen Stabilisierung und Vermeidung der Schleuderbewegung führen kann. Aber auch die Reduzierung der Federbewegungen, durch straffere Dämpfung etwa, kann wesentlich zur Fahrstabilität beitragen.
Für die Richtungsstabilität und Windempfindlichkeit ist zwar primär die Gewichtsverteilung verantwortlich, doch spielen auch hier Federbewegungen (Wanken), mehr aber noch aerodynamische Einflüsse und die Windangriffsfläche der Karosserie eine wesentliche Rolle. Autos mit hinten liegendem Schwerpunkt (Heckmotor) sind in der Regel weniger richtungsstabil und windempfindlicher als solche mit vorn liegendem Schwerpunkt oder gar Frontantrieb. Mitentscheidend ist in diesem Zusammenhang, dass der Angriffspunkt der auftretenden Störkräfte (z. B. seitliche Windkraft) und der Schwerpunkt des Fahrzeugs möglichst eng beisammen liegen sollten, um eine Auslenkung (Giermoment) zu verhindern oder zu reduzieren.
Ebenfalls von Einfluss sind natürlich auch wiederum Radaufhängung und die Anlenkung der Radführungselemente (Gummilager) und für die Windempfindlichkeit die Karosserieform. Auch hier sieht man, dass man als Käufer eines Serienautos nachträglich nur wenig dazu tun kann, diese im Basiskonzept vorgegebenen Eigenschaften eines Fahrzeugs wesentlich zu beeinflussen. Nach dieser Einführung über die Kriterien guter Fahreigenschaften müssen wir uns etwas damit beschäftigen, was eigentlich passiert, wenn ein Auto schnell oder zu schnell um eine Kurve bewegt wird.

Das Eigenlenkverhalten

(Übersteuern, Untersteuern, neutrales Fahrverhalten)

Wenn man mit einem Auto um eine Kurve oder, was auf dasselbe hinausläuft, auf einer Kreisbahn fährt, wirkt auf den Wagen seitlich die Fliehkraft ein – man denkt sie sich im Schwer-

Dieser Porsche Turbo befindet sich in einem Fahrzustand beginnenden Übersteuerns. Die Beherrschung dieses Fahrzustandes ist speziell beim Heckmotorfahrzeug schwierig.

Vierradantrieb aus dem Rallyesport: Der Subaru WRX STi verfügt über einen symmetrisch permanenten Allradantrieb (elektronisches Mitteldifferenzial sowie Suretrac-Sperrdifferenzial jeweils an Vorder- und Hinterachse). Der Fahrer kann zudem die Kraftverteilung des Mitteldifferenzials verändern. Um die ungefederten Massen gering zu halten, sind die McPherson-Federbeine als Upside-down Konstruktion ausgeführt.

punkt angreifend –, die versucht, den Wagen aus der Kurve herauszudrängen. Bis zu einer gewissen Geschwindigkeit – nämlich der Kurvengrenzgeschwindigkeit – vermögen die zwischen den Reifen und der Fahrbahn aufzubringenden Seitenkräfte das Ausbrechen des Wagens aus der Kreisbahn zu verhindern. Wird diese Geschwindigkeit überschritten, so wird das Auto je nach Eigenlenkverhalten entweder zuerst an den Vorderrädern oder an den Hinterrädern oder hinten und vorn gleichzeitig die Bodenhaftung verlieren und versuchen, die zu Kreisbahn zu verlassen.

- Man spricht von einem **untersteuernden** Fahrzeug, wenn es zuerst über die Vorderräder ausbricht und somit dem Kurvenaußen-

In engen Kurven hebt der Golf im Bereich der Haftgrenze das kurveninnere Hinterrad. Der Effekt wird durch einen hinteren Stabilisator verstärkt, hat aber keinen Einfluss auf die Fahrsicherheit. Das Eigenlenkverhalten ist untersteuernd.

rand zustrebt. Der Radius, den der Wagen dann fährt, wird größer.

- Wenn das Gegenteil der Fall ist, und der Wagen zuerst mit den Hinterrädern ausbricht, nennt man dies **Übersteuern**. Der Wagen dreht in diesem Fall in die Kurve hinein oder er dreht sich selbst. Bei kontrolliertem Übersteuern wird der Radius kleiner.
- Als **neutral** bezeichnet man die Fahreigenschaften dann, wenn ein Auto gleichmäßig seitlich über die Hinterräder und Vorderräder dem Kurvenaußenrand zustrebt. Der Radius wird größer.

Da diese Reaktionen eines Autos ohne Änderung der Lenkradstellung beim Überschreiten der maximalen Kurvengeschwindigkeit von selbst eintreten, nennt man diese Eigenschaften, wie ein Fahrzeug eine Kurve von bestimmtem Radius verlässt, Eigenlenkverhalten. Grundsätzlich ist dabei festzuhalten, dass man Untersteuern als einen stabilen, Übersteuern als einen instabilen Fahrzustand bezeichnet. In allen Fällen handelt es sich um ein Grenzverhalten.

Die Meinungen darüber, welches Eigenlenkverhalten nun wünschenswert ist, gehen verständlicherweise etwas auseinander. Bei vorwiegend sportlicher Fahrweise ist ein neutrales Eigenlenkverhalten im Grenzbereich vorzuziehen, obwohl untersteuerndes Fahrverhalten normalerweise unproblematischer ist. Dies hat folgende Gründe: Ein untersteuerndes Fahrzeug muss bewusst, mit größerem Lenkeinschlag als dem Kurvenradius entspricht, in die Kurve hineingelenkt werden. Man bezeichnet dieses Verhalten als kurvenunwillig, der Wagen wirkt unhandlich und bremst sich durch Schieben über die Vorderräder mehr oder weniger stark ab.

Ein neutrales (oder leicht übersteuerndes) Fahrzeug ist wesentlich kurvenwilliger, die mögliche Kurvengeschwindigkeit liegt in der Regel höher. Die Lenkeinschläge sind geringer und müssen beim Überschreiten der Haftgrenze möglicherweise (beim Übersteuern) zurückgenommen werden. Diesen Vorgang nennt man Gegenlenken.

Stark ausgeprägte Übersteuerer sind aus diesem Grund abzulehnen, da sie schon relativ früh, bei niedrigen Kurvengeschwindigkeiten eine Rücknahme des Lenkeinschlags (also Gegenlenken) erfordern und bei nicht ausreichender oder zu langsamer Lenkreaktion zum Drehen neigen. Nicht zu Unrecht spricht man bei solchen Autos von Heckschleudern.

Bei den bisher angestellten Betrachtungen wurde davon ausgegangen, dass bei stationärer Kreisfahrt – also mit gleichbleibender Grenzgeschwindigkeit auf der Kreisbahn – nur so viel Leistung eingesetzt wurde, wie für den Vortrieb nötig ist. Das Eigenlenkverhalten wird aber auch vom Leistungseinsatz an der Treibachse bestimmt und von der jeweiligen Antriebsart. Fahrzeuge mit Frontantrieb neigen bei zu vielem Leistungseinsatz an der Vorderachse zu Schlupf, das heißt, die Vorderräder beginnen durchzudrehen. Bei Kurvenfahrt führt dies zu einem verstärkten Untersteuern. Eine Richtungsänderung ist kaum möglich. Der Fahrzustand muss durch Gaswegnehmen beendet werden.

Bei Fahrzeugen mit Hinterrad-Antrieb führt der Leistungsüberschuss, sofern er bei Kurvenfahrt eingesetzt wird, zum Übersteuern. Man spricht von Leistungs-Übersteuern. Der Fahrzustand wird auch als „Powerslide“ bezeichnet.

Das Fahrzeug driftet dabei mehr oder weniger quer zur Fahrtrichtung. Mit aus diesem Grund lassen sich hinterradgetriebene Fahrzeuge so gut mit dem Gaspedal lenken, was wiederum ihrer Handlichkeit zugute kommt. Allradgetriebene Fahrzeuge verteilen die Antriebskraft auf alle vier Räder. Bei Leistungsüberschuss kommt es auch hier, vornehmlich auf losem Untergrund oder auf glatter Fahrbahn, zu durchdrehenden Rädern. Sie führen, wenn keine Achse mehr Seitenkraft aufbringt, zu einem tangentialen Ausbrechen des Fahrzeugs zum Kurvenaußenrand. Ob sie unter Last übersteuern oder untersteuern hängt unter anderem von der Kraftverteilung im Zentraldifferential ab.

Auf losem Untergrund schiebt dieser Audi Sport-Quattro breitseitig nach außen, wobei alle vier Räder infolge Leistungsüberschuss Umfangsschlupf zeigen, aber nicht voll durchdrehen.

Ähnlich wie zu hohe Leistung kann Abbremsen in Kurven zu einer Veränderung des Fahrverhaltens führen. Ganz wesentlich spielen hier die Elastizitäten der Radaufhängung eine Rolle, weswegen diese bei Rennfahrzeugen tunlichst vermieden werden. Kommt es zu Blockierbremsungen, so strebt das an der Vorderachse blockierte Fahrzeug untersteuernd zum Kurvenaußenrand, das hinten blockierende Fahrzeug dreht sich.

Der Schräglaufwinkel

Dass ein Auto wie auf Schienen läuft, ist ein oft geäußertes Werturteil über die Straßenlage des Wagens. In Wirklichkeit sieht es hier jedoch etwas anders aus. Da der Reifen kein starres (etwa wie ein Eisenrad), sondern ein elastisch verformbares Gebilde ist, kann er überhaupt die unter normalen Fahrbedingungen auftretenden Vortriebs- und Seitenkräfte so gut auf die Fahrbahn übertragen. Dies kann er aber nur bei entsprechender Verformung.

Wenn also auf ein Fahrzeug eine Seitenkraft einwirkt – es können dies Zentrifugalkräfte bei Kurvenfahrt, Seitenwind oder andere Störkräfte, z.B. seitlich abfallende Fahrbahn, sein – so wird sich die normalerweise annähernd elliptische Reifenaufstandsfläche verformen. Die Folge ist, dass der Reifen schräg zur Fahrtrichtung läuft. Den Winkel, den die Radebene zur Fahrtrichtung bildet, nennt man den Schräglaufwinkel (siehe auch Skizze). Zu diesem Begriff des Schräglaufwinkels wollen wir noch zwei sehr wichtige Zusammenhänge festhalten:

- Die Seitenführungskraft nimmt mit wachsendem Schräglaufwinkel zu,
- Die Seitenführungskraft (und der Schräglaufwinkel) nimmt mit wachsender Reifenbelastung (Radlast) zu.

Hierzu sei noch gesagt, dass die Seitenführungskraft allerdings nicht endlos zunimmt, sondern nur bis zu einem bestimmten Schräglaufwinkel, der je nach Reifen und Belastung verschieden sein kann. Wird dieser Winkel überschritten, so kann die Seitenführungskraft wieder abnehmen, oder sie bleibt über einen längeren Bereich konstant.

In diesem Zusammenhang ist eine weitere Begleiterscheinung, nämlich der Reifenschlupf

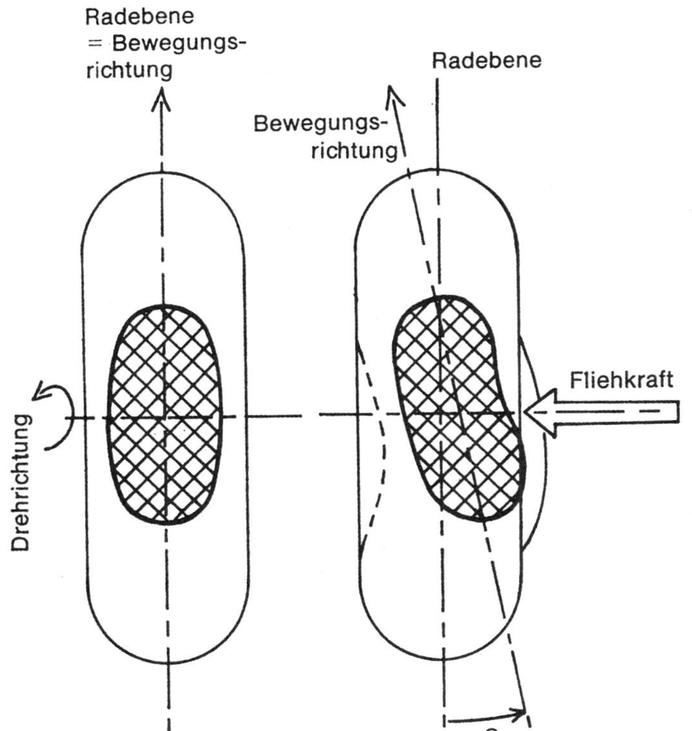

Unter dem Einfluss der Fliehkraft muss der Reifen zwischen Lauffläche und Fahrbahn eine Gegenkraft aufbringen (Seitenkraft), die der Fliehkraft entgegen gerichtet ist. Sie führt zu einer Verwindung der Aufstandsfläche und zu einem Schräglauf des Reifens. Je größer die Kraft, umso größer wirkt der Winkel, um den die Aufstandsfläche schräg läuft (Schräglaufwinkel).

wichtig. Manchmal findet man darum auch an Stelle des Ausdrucks »Schräglaufwinkel« die Bezeichnung »Schlupfwinkel«. Festzuhalten ist, dass bei kleinen Schräglaufwinkeln der Schlupf gering, bei großen Schräglaufwinkeln der Schlupf groß ist. Bei zu großem Schlupf geht jedoch die Haftreibung in Gleitreibung – mit geringeren Reibungsbeiwerten – über, so dass der Wagen ausbricht.

Da die Schräglaufwinkel bei seitlich einwirkenden Kräften, wie z.B. Kurvenfahrt, an allen vier Rädern auftreten, bewegt sich das Fahrzeug nicht mit seiner Längsachse entsprechend dem vorhandenen Kurvenradius, sondern es wird mehr oder weniger stark mit dem Wagenheck nach außen wandern und einen dementsprechenden Winkel zur Fahrtrichtung (der sogenannten Bahntangente) bilden. Das Fahrzeug driftet. Diesen Winkel zwischen Fahrzeuglängsachse und Fahrtrichtung nennt man Schwimmwinkel (bei großen Schwimmwinkeln auch Driftwinkel).

Bei weiterer Betrachtung der Kurvenfahrt eines Fahrzeugs kommen auch die Zusammenhänge zwischen Schräglaufwinkel und Eigenlenkverhalten heraus. Bei einem Heckmotorauto sind wegen der größeren hinteren Belastung auch die Schräglaufwinkel hinten größer als vorne. Demzufolge wird der Wagen bei Überschreiten der Kurvengeschwindigkeit mit den Hinterrädern ausbrechen, da hier zuerst die Grenzen der Seitenführungskraft erreicht bzw. überschritten werden.

Auch auf das Lenkverhalten ist dies von Einfluss: der größere Schräglaufwinkel hinten lenkt den Wagen in die Kurve hinein.

Bei Fahrzeugen mit weit vorn liegendem Motor wird an den Vorderrädern der größere Schräglaufwinkel herrschen. Bei Fahrzeugen mit gleicher Gewichtsverteilung darf man von der Radlast her mit gleichen Schräglaufwinkeln vorn und hinten rechnen. In der Praxis spielen hier jedoch die Konstruktion der Radaufhängung, deren Momentanzentren und die Berei-

Unerwünschtes Eigenlenkverhalten kann durch mehrere Faktoren korrigiert bzw. gemildert werden, so beispielsweise durch Änderungen am Stabilisator, an den Federn, an der Dämpfereinstellung, an der Spur- und Sturzeinstellung, am Reifenluftdruck und der Aerodynamik (Spoiler).

fung eine wesentliche Rolle. Doch der Einfluss der Gewichtsverteilung ist in Grenzfällen von entscheidender Bedeutung. Für das Eigenlenkverhalten gilt folgende Definition:

- Übersteuern: Schräglaufwinkel hinten größer als vorn,
- Untersteuern: Schräglaufwinkel vorn größer als hinten,
- Neutral: Schräglaufwinkel vorn und hinten gleich.

Wie man das Eigenlenkverhalten ändern kann

Da die Radlastverteilung bei Kurvenfahrten nicht allein von der Gewichtsverteilung, sondern auch von der Art der Radaufhängung abhängt, gibt es verschiedene Möglichkeiten, unerwünschtes Eigenlenkverhalten wie z. B. zu starkes Unter- oder Übersteuern abzubauen. Auch die Bereifung spielt hier eine wesentliche Rolle. Da die Radbelastung einen bestimmenden Einfluss auf die Größe des Schräglaufwinkels hat, muss man versuchen, hierdurch das Eigenlenkverhalten in die gewünschten Bahnen zu lenken. Die Radlasten werden zwar primär vom Fahrzeuggewicht und dessen Achsverteilung bestimmt, sie verlagern sich aber bei Kurvenfahrt, bedingt durch die Fliehkraft, mehr oder weniger auf die kurvenäußeren Räder. Im Extremfall können kurveninnere Räder abheben, dann liegt die gesamte Radlast auf den äußeren.

Bei höheren Geschwindigkeiten spielt zunehmend die Aerodynamik eine Rolle, das heißt sie beeinflusst die Radlasten. Auftrieb, wie er in der Regel bei Fahrzeugen ohne ausgefeilte Aerodynamik auftritt, reduziert die Radlasten, was zu entsprechendem Verlust an Seitenführung führt. Ziel einer guten Aerodynamik sollte es demnach sein, Auftrieb zu verhindern oder gar Abtrieb (Anpressdruck) zu erzeugen. Zusätzliche Radlasten, sofern sie nicht durch das Gewicht und somit die Fahrzeugmasse aufgebracht werden (diese lässt ja analog dazu die Fliehkraft anwachsen), führen zu höheren Seitenführungskräften.

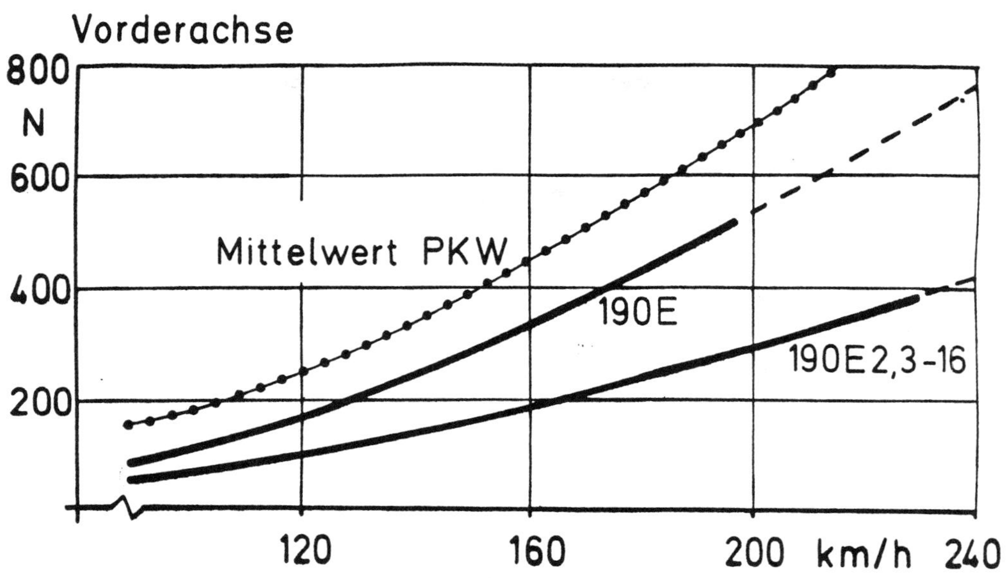

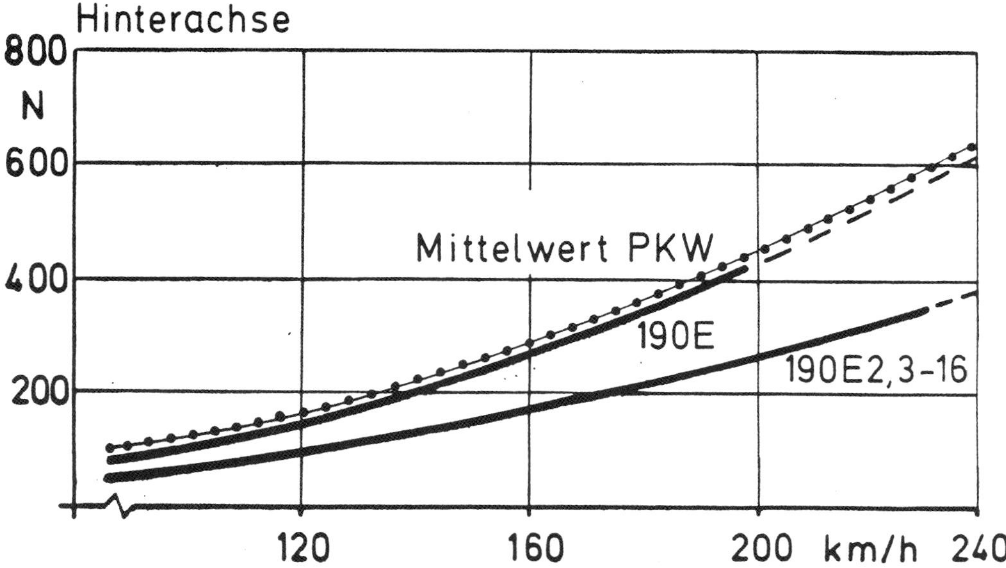

Mit zunehmender Geschwindigkeit steigen die Auftriebskräfte an Vorder- und Hinterachse an. Im Diagramm die Auftriebswerte für den Mercedes 190 E und den aerodynamisch verbesserten 190E 2.3–16 im Vergleich zu Personenwagen-Mittelwerten. Bei 200 km/h beträgt der Auftrieb an der Vorderachse immerhin 700 Newton (ca. 70 kg) und an der Hinterachse 450 Newton (45 kg) für den Mittelwert. Er führt zu einem Verlust an Bodenhaftung.

Wenn sehr hohe Leistungen zu übertragen sind, wird natürlich auch die Seitenführung der angetriebenen Räder geringer. Also gilt: je mehr Leistung (Vortriebskraft = Drehmoment am Rad), umso geringer die Seitenführung. Breitere Reifen mit größeren Radaufstandsflächen an den Treibrädern oder die Verteilung der Antriebskraft auf vier Räder schaffen hier bessere Voraussetzungen für ein ausgeglichenes Eigenlenkverhalten.

Reifen, Luftdruck und Felgen

Wir wollen zunächst bei den einfachen Methoden, nämlich bei der Bereifung, anfangen. Bei Autos mit ausgeprägtem Eigenlenkverhalten in Richtung Über- oder Untersteuern hat sich die Verwendung von Breitreifen mit kleinen Schräglaufwinkeln als probates Gegenmittel erwiesen (mit richtigen Rennreifen ist der Erfolg noch besser, doch sind diese auf normalen Straßen nicht zu empfehlen und auch nicht zulässig).
Der Grund für diese Erscheinung liegt darin, dass sportlich ausgelegte Breitreifen mit niedrigem Querschnitt aufgrund ihres Aufbaus größere Seitenführungskräfte bei kleineren Schräglaufwinkeln aufnehmen als Gürtelreifen mit kleinem Querschnittsverhältnis. Außerdem erlauben sie – bei entsprechender Laufflächenmischung – spürbar höhere Kurvengrenzgeschwindigkeiten. Durch die kleineren Schräglaufwinkel an allen vier Rädern ist auch die Differenz der Schräglaufwinkel zwischen Vorder- und Hinterachse geringer, der Wagen läuft mit kleinerem Schwimmwinkel um die Kurve. Da man für den Grad des Über- oder Untersteuerns nach allgemeiner Auffassung die Differenz der Schräglaufwinkel von vorn und hinten heranzieht, hat der Fahrer ein deutlich besseres Fahrgefühl, da dies hauptsächlich von der Größe des Schwimmwinkels beeinflusst wird.
Eine weit billigere, da kostenlose Möglichkeit, das Eigenlenkverhalten eines Autos zu beeinflussen, liegt in der Größe und Variation der Reifendrücke. Da die Schräglaufwinkel mit wachsendem Luftdruck kleiner werden, gelten folgende Regeln:

- Höherer Luftdruck vorn mindert Untersteuern,
- Höherer Luftdruck hinten mindert Übersteuern.

Breitreifen, breitere Leichtmetallräder und abgesenkter Schwerpunkt verbessern die Kurvengrenzgeschwindigkeit. Aerodynamische Hilfsmittel (Frontspoiler, Heckschürze, Schweller) sollen den Auftrieb reduzieren.

Breitreifen mit geringem Querschnittsverhältnis bringen mehr Seitenführung bei kleineren Schräglaufwinkeln. Geradeauslauf, Komfort und Aquaplaningverhalten werden allerdings schlechter.

Kürzere Federn und ein härter abgestimmtes Fahrwerk sind Grundvoraussetzung für höhere Kurvengeschwindigkeiten. Für professionellen Einsatz empfiehlt sich ein einstellbares Gewindefahrwerk.

Freilich wird dieses Mittel von den meisten Werken bereits serienmäßig angewandt, um unerwünschtes Eigenlenkverhalten zu unterdrücken. Dies äußert sich dann in den vorgeschriebenen Luftdrücken der Betriebsanleitung für das betreffende Fahrzeug. So findet man bei Heckmotorautos hinten meist wesentlich höhere Drücke als vorn, bei frontlastigen Wagen ist es umgekehrt. Das von Haus aus neutral ausgelegte Auto kann auf solche Hilfsmittel verzichten, man gibt auf alle vier Räder etwa den gleichen Druck.

Auch wenn bereits serienmäßig hohe Luftdruckunterschiede zwischen vorn und hinten oder umgekehrt vorherrschen, kann man dennoch durch weitere Vergrößerung oft spürbare Verbesserungen schaffen. Dies ist im Einzelfall natürlich auszuprobieren, wobei man nach den genannten Regeln vorgeht.

Es besteht weiterhin die Möglichkeit, durch unterschiedliche Reifengrößen zwischen vorn und hinten das Eigenlenkverhalten zu beeinflussen. Da breitere Reifen bei gleicher Belastung und Seitenkraft kleinere Schräglaufwinkel benötigen als schmale Reifen, lassen sich folgende Regeln ableiten:

- Breitere Reifen hinten mindern Übersteuern,
- Breitere Reifen vorn mindern Untersteuern.

Von dieser Methode wird bei sportlich ausgelegten Serienautos (z. B. Porsche 911) zunehmend Gebrauch gemacht.

Ebenfalls in die gleiche Richtung zielt die Verwendung unterschiedlich breiter Felgen, und zwar aus dem gleichen Grund wie bei den Reifen. Derselbe Reifen kann auf einer breiteren Felge größere Seitenkräfte übertragen (da breitere Aufstandsfläche und geringere seitliche Verformung) bzw. erfordert bei gleicher Belastung und Seitenführungskraft geringere Schräglaufwinkel, da er sich auf der breiteren Basis besser abstützen kann. Also:

- Breitere Felgen hinten mindern Übersteuern,
- Breitere Felgen vorn mindern Untersteuern.

In diesem Abschnitt wurde klar, dass man schon mit relativ einfachen Mitteln unerwünschte Fahreigenschaften mildern oder abbauen kann. Man kann jedoch noch viel weiter gehen und Eingriffe an Fahrwerk, Federung und Dämpfung vornehmen, was natürlich wesentlich mehr Erfahrung auf diesem Gebiet erfordert. Auch rückt bei solchen Maßnahmen der Kostenfaktor wesentlich stärker in den Vordergrund.

Einfluss der Radaufhängung

Einen wesentlichen Einfluss auf das Eigenlenkverhalten eines Autos hat nach der Gewichtsverteilung das Fahrwerk, also die Art und Ausführung der Radaufhängung, die Federung und nicht zuletzt die Dämpfung (Stoßdämpfer). Wir wollen uns hier nicht mit der teilweise sehr komplizierten Kinematik von Radaufhängungen aufhalten, sondern nur die prinzipiellen Dinge klären und versuchen, daraus allgemeine Regeln abzuleiten. Hierzu sind einige grundsätzliche Betrachtungen notwendig.

Es wurde bereits besprochen, was passiert, wenn ein Auto schnell um eine Kurve fährt. Es tritt die Zentrifugalkraft (Fliehkraft) auf, und die Reifen übernehmen die Aufgabe, durch entsprechende Seitenführungskräfte den Wagen auf der Bahn zu halten. Dabei ergeben sich, wie wir bereits wissen, Schräglaufwinkel, die vorn und hinten unterschiedlich sein können. Doch sollte man auch berücksichtigen, dass

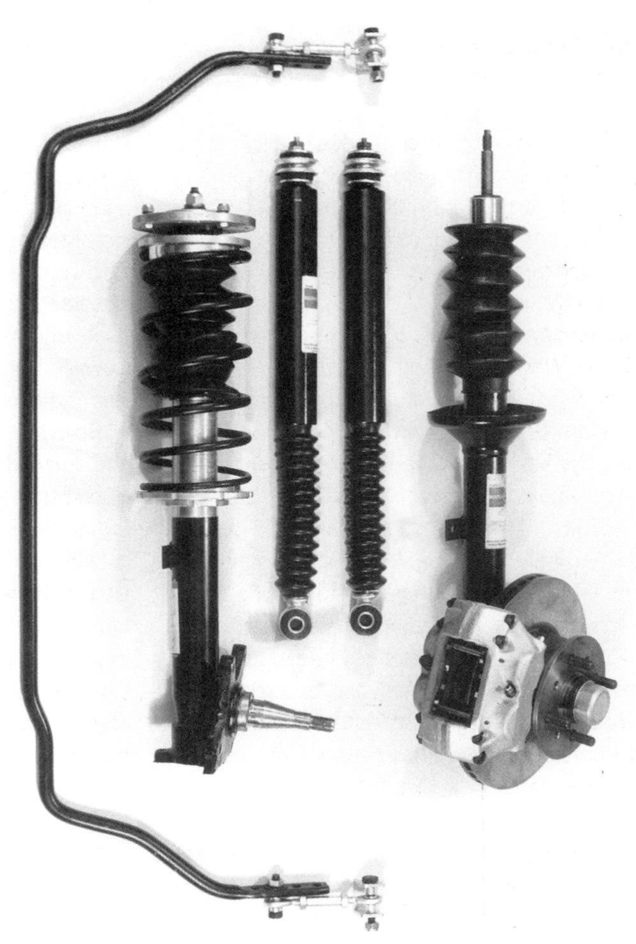

Spezielle Fahrwerksteile wie einstellbare Stabilisatoren, Federbeine mit einstellbarem Federteller und negativem Sturz, Gasdruckstoßdämpfer (Bilstein) usw. gestatten die Feinabstimmung des Fahrwerks.

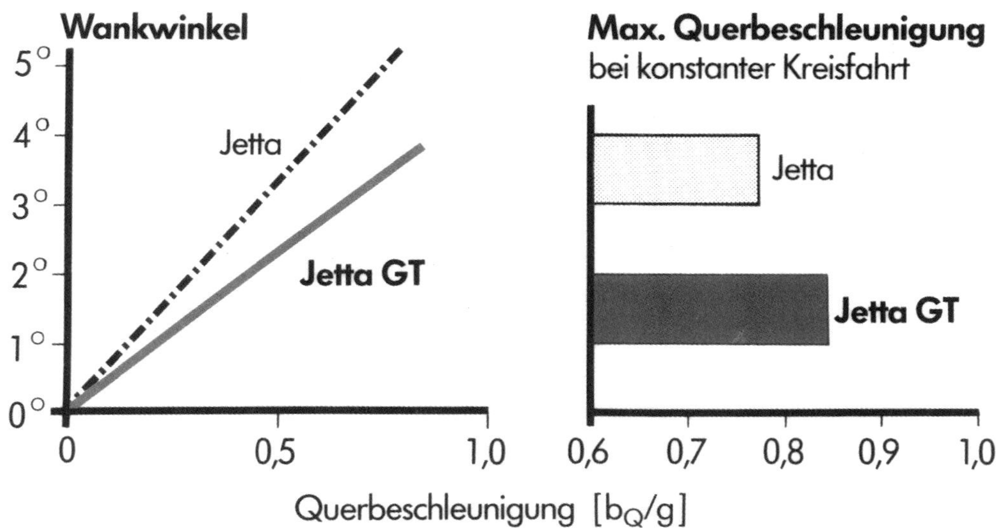

Breitere Reifen, zusätzliche Stabilisatoren und ein gesenkter Schwerpunkt reduzieren beim Jetta GT den Wankwinkel und erhöhen gleichzeitig die Kurvengeschwindigkeit.

nicht nur vorn und hinten, sondern auch links und rechts unterschiedliche Radlastverhältnisse und damit Seitenführungskräfte auftreten. Man kann sich dies so vorstellen, dass die im Schwerpunkt angreifende Fliehkraft (etwa in Sitzhöhe) versucht, den Wagen zur Kurvenaußenseite zu kippen. Der Erfolg ist, dass sich der Wagen zu dieser Seite stärker abstützt, wodurch die kurvenäußeren Räder stets stärker belastet werden als die kurveninneren. Die kurveninneren Räder können sogar so stark entlastet werden, dass eines oder sogar beide unter extremen Umständen abheben. Die Seitenführungskraft der entlasteten Räder ist dann Null, das gesamte Gewicht des Wagens und die zusätzliche Belastung durch die Fliehkraft fällt dann auf die kurvenäußeren Räder. Die Unterschiede in der Radbelastung bei Kurvenfahrt zwischen den kurveninneren und kurvenäußeren Rädern nennt man Radlastdifferenzen. Wir wollen festhalten, dass zur Erzielung größtmöglicher Kurvengeschwindigkeiten die Radlastdifferenzen zwischen rechts und links und vorn und hinten möglichst gering sein sollen, was sich allerdings in der Praxis kaum verwirklichen lässt.

Primär beeinflusst die Höhe des Fahrzeugschwerpunkts die Radlastdifferenzen. Je niedriger dieser ist, um so geringer sind auch jene. Tieferlegen macht sich in diesem Sinne also positiv bemerkbar. Einfluss auf die Radlastdifferenzen bei Kurvenfahrt nimmt aber auch die Querneigung des Fahrzeugs (Wankwinkel) und – bei hoher Geschwindigkeit – die Aerodynamik. Eine Reduzierung des Wankwinkels kann demzufolge, meist in Verbindung mit zusätzlichen Maßnahmen, zu höheren Kurvengeschwindigkeiten (Querbeschleunigung) führen.

Querstabilisator

Man kann duch Änderungen der Radlasten (Radlastdifferenzen) an der Vorder- oder an der Hinterachse das Eigenlenkverhalten eines Wagens ganz wesentlich durch die Verhärtung der Federung bei Querneigung (Rollen) beeinflussen. Hierzu benutzt man in der Regel sogenannte Querstabilisatoren, die man heute in fast allen Serienautos findet. Es handelt sich hierbei gewöhnlich um quer über oder unter den betreffenden Achsen angebrachte Torsionsstäbe, die an ihren abgebogenen Enden

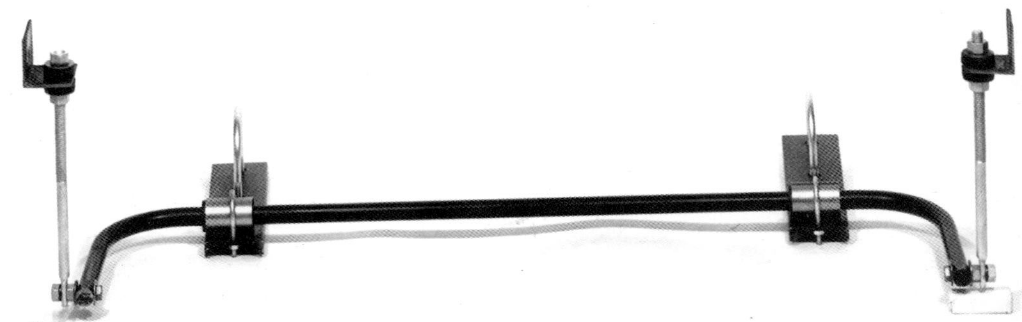

Der Aufbau eines Querstabilisators ist im Prinzip immer gleich. Dieser ist für die Hinterachse vorgesehen und wird über Zug- und Druckstäbe beaufschlagt.

an der Radaufhängung angelenkt sind und die Federbewegung des Rades mitmachen. Der mit der Karosserie meist fest verbundene querliegende Teil des Stabilisators wird dadurch beim einseitigen Einfedern verdreht und wirkt wie ein Torsionsstab. Da ein Auto bei schneller Kurvenfahrt stets einseitig ein- bzw. ausfedert, können Querstabilisatoren zur Änderung der Radlastverhältnisse herangezogen werden.

Wir wollen dies an einem leicht verständlichen Beispiel erklären. Angenommen, ein Auto befährt schnell eine Rechtskurve und ist an einer Achse mit einem Stabilisator ausgerüstet. Der Aufbau stützt sich dabei stark auf die kurvenäußeren (linken) Räder ab, diese federn ein, die rechten federn aus. Bei diesem Vorgang wird der Stabilisator stark verdreht und übt auf das eingefederte, also das linke Vorderrad noch eine zusätzliche Kraft aus, wodurch die Radlast hier größer ist, als sie ohne Stabilisator wäre. Gleichzeitigt vermindert er die Radlast des kurveninneren Rades, wodurch sich größere Radlastdifferenzen zwischen links und rechts ergeben. Die Folge ist, dass der Schräglaufwinkel des kurvenäußeren Rades größer wird als ohne Stabilisator. An der Hinterachse oder an der Vorderachse wirkt ein Stabilisator in gleicher Weise.

Für das Eigenlenkverhalten gelten daher folgende Regeln:

- Stabilisator vorn – mindert Übersteuern (bzw. fördert Untersteuern),
- Stabilisator hinten – mindert Untersteuern (bzw. fördert Übersteuern).

Natürlich kann man hier nach allen Regeln der Kunst variieren. Vorhandene Stabilisatoren können verstärkt (im Durchmesser dicker)

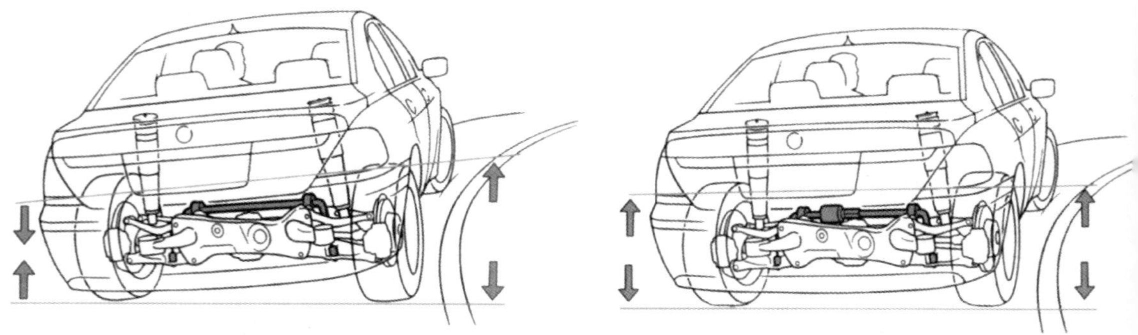

Mit einem Querstabilisator lässt sich das Eigenlenkverhalten gravierend verändern.

oder verringert werden. Eine Verstärkung des vorderen Stabilisators wirkt dabei ebenfalls in Richtung Untersteuern bzw. mindert das Übersteuern, eine Verstärkung hinten wirkt in Richtung Übersteuern bzw. mindert Untersteuern. Dabei ist es wichtig, für ein ausgewogenes Eigenlenkverhalten im Grenzbereich hinten und vorn etwa gleiche Schräglaufwinkel zu haben, was man durch entsprechende Stabilisatoren beeinflussen kann. Man versucht also, mit ihrer Hilfe ein Auto möglichst neutral auszulegen.

Im Grunde müsste wegen der größeren Radlastdifferenzen zwischen links und rechts die Kurvengeschwindigkeit geringer werden. Dies wird jedoch in der Regel durch die geringere Wankneigung und die günstigeren Radsturzwinkel überkompensiert. Denn der Querstabilisator hat noch eine andere Eigenschaft, die allgemein bekannter geworden ist als sein Einfluss auf die Fahreigenschaften: Er verringert die Seitenneigung. Dies ist relativ einfach zu erklären: Beim einseitigen Einfedern in Kurvenfahrt verhärtet sich die Federung um die zusätzliche Torsionskraft des Stabilisators, so dass der Wagen nicht so stark auf dieser Seite einfedert. Gleichzeitig wird ja das kurveninnere Rad durch den Stabilisator um die gleiche Torsionskraft entlastet bzw. angehoben. Die geringere Einfederung auf der Kurvenaußenseite und die geringere Ausfederung innen bedeuten jedoch nichts anderes, als eine geringere Neigung des Aufbaus.

Bei extrem schneller Kurvenfahrt neigt das Rad der mit einem Stabilisator versehenen Achse auf der Kurveninnenseite zum Abheben. Ein Stabilisator an der Hinderachse vermindert also auch durch die einseitige Entlastung bei Kurvenfahrt die Vortriebskraft (bei Hinterradantrieb). Bei Frontantrieb vermindert ein Stabilisator an der Vorderachse bei Kurvenfahrt die Vortriebskraft. Der Grund ist in beiden Fällen die Entlastung der kurveninneren Räder, weswegen man die Stabilisatoren der angetriebenen Achse nicht zu stark wählen sollte. Man kann dieser negativen Begleiterscheinung eines Stabilisators auch durch eine Differentialsperre (bzw. Differentialbremse) begegnen, die ein Durchdrehen des entlasteten Rades verhindert bzw. vermindert und die Vortriebskraft am belasteten Rad erhält.

Ausgleichsfeder

Mit Ausgleichsfedern will man genau dasselbe erreichen wie mit Stabilisatoren, nämlich unerwünschte Fahreigenschaften abbauen. Wir wollen hier nur kurz das Prinzip erklären, da ihr Anwendungsbereich sowieso nur auf bestimmte Achskonstruktionen zutrifft, die heute nicht mehr im Serieneinsatz sind. Ausgleichs-

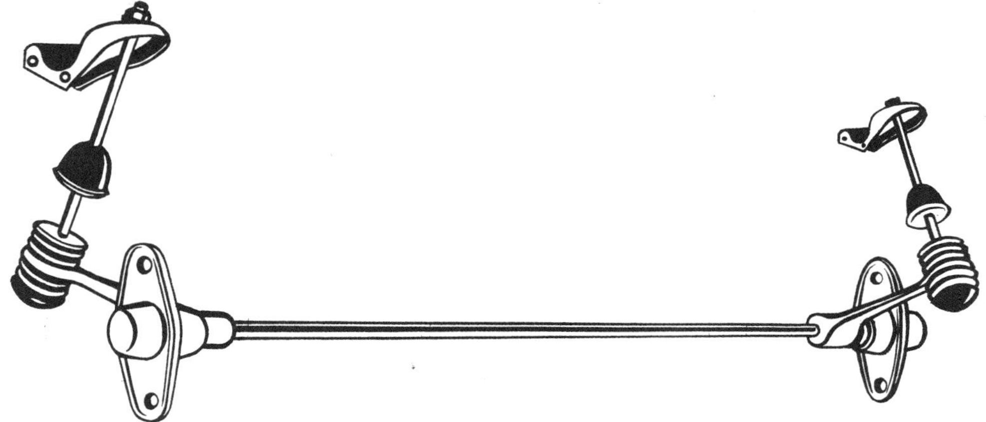

Eine Verbesserung der Fahreigenschaften lässt sich bei Autos mit hinterer Pendelachse durch eine so genannte Ausgleichsfeder erreichen. Im Käfer hat sie die Form eines Drehstabes.

Die Verbreiterung der Spur mittels Distanzscheiben ist ein häufig eingesetztes Mittel. Doch sollte berücksichtigt werden, dass sich durch den Einbau die Fahrwerksgeometrie stark verändert.

federn wurden bisher nur bei hinteren Pendelachsen (z.B. VW, Daimler-Benz, Porsche 356 SC und Carrera 2) eingebaut. Sie können als Querblattfeder (Porsche), als Torsionsstab (VW) oder als Schraubenfeder (Daimler-Benz) ausgeführt sein. Wir wollen hier kurz die Wirkungsweise erklären:
Im Gegensatz zum Stabilisator verhärtet die Ausgleichsfeder die Federung bei gleichseitigem Einfedern. Bei einseitigem Ein- und Ausfedern (also bei Kurvenfahrt) übt sie keine Kraft auf die Radaufhängung aus. Es ist also nicht so, wie irrtümlicherweise immer angenommen wird, dass die Ausgleichsfeder beim einseitigen Einfedern das entlastete Rad zusätzlich auf den Boden drückt. Man fragt nun mit Recht, was hat man denn davon, wenn eine Ausgleichsfeder praktisch nur bei Geradeausfahrt wirksam ist? Der Effekt liegt woanders.
Dadurch, dass sie bei gleichseitigem Einfedern die Federung härter macht, kann man die Hauptfedern entsprechend weicher auslegen. Bei Kurvenfahrt übernimmt dann in der Regel die mit einem Stabilisator ausgerüstete Vorderachse (Ausgleichsfedern werden nur an Hinterachsen eingebaut) am kurvenäußeren Rad größere Abstützkräfte und größere Schräglaufwinkel. Die Fahreigenschaften werden also in Richtung Untersteuern verschoben oder:

- Ausgleichsfeder hinten – mindert Übersteuern.

Bei nachträglich eingebauten Ausgleichsfedern muss also auf jeden Fall die Hauptfederung an der betreffenden Achse entsprechend weicher gemacht werden, sonst ist die ganze Maßnahme nutzlos.
Natürlich kann man die gleiche Wirkung auch mit einem stärkeren Stabilisator erreichen, jedoch zeigen sich in der Praxis bei bestimmten Achskonstruktionen manchmal unerwünschte Nebenerscheinungen, die eine Aufteilung in Stabilisator vorn plus Ausgleichsfeder hinten günstiger erscheinen lassen.

Sturz und Spur

Sowohl für das Eigenlenkverhalten wie für die maximal erreichbare Kurvengeschwindigkeit spielt die Fahrwerkseinstellung eine erhebliche Rolle. Unter der »Einstellung« eines Fahrwerks versteht man die Werte für Sturz, Vorspur, Nachlauf und eventuell Spur. Die Fahrwerkseinstellung sollte man zweckmäßigerweise mindestens einmal im Jahr (falls es sich um einen Wettbewerbswagen handelt, öfter) mittels einer optischen Vermessung kontrollieren lassen.
Die vorgeschriebenen Werte für Vorspur und Nachlauf sind einzuhalten. Mit der Vorspur sollte man sich an der unteren Grenze der vorgeschriebenen Toleranzen bewegen, um größeren Rollwiderstand (der durch die Vorspur verursacht wird) zu vermeiden. Also wenn beispielsweise Vorspur von 1 bis 3 mm angegeben ist, genügt 1 mm. In vielen Fällen (meist bei Schräglenker- oder Multilenkerachsen) laufen auch die Hinterräder mit (geringer) Vorspur. Sie stabilisiert bei grenzwertiger Kurvenfahrt das Heck und kompensiert (evenutellen) Verformungen durch die Seitenkräfte. Sie ist sehr wichtig für die Fahstabilität und sollte bei

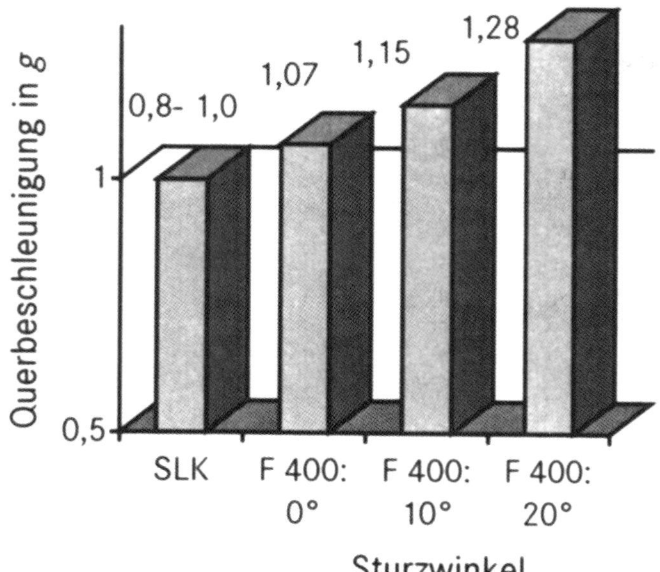

Negativer Sturz als probates Mittel: Durch die Veränderung des Radsturzwinkels (Neigung der Radebene eines Fahrzeugrades um die Längsachse zur Fahrbahnebene) lässt sich die mögliche Kurvengeschwindigkeit (Querbeschleunigung) erhöhen.

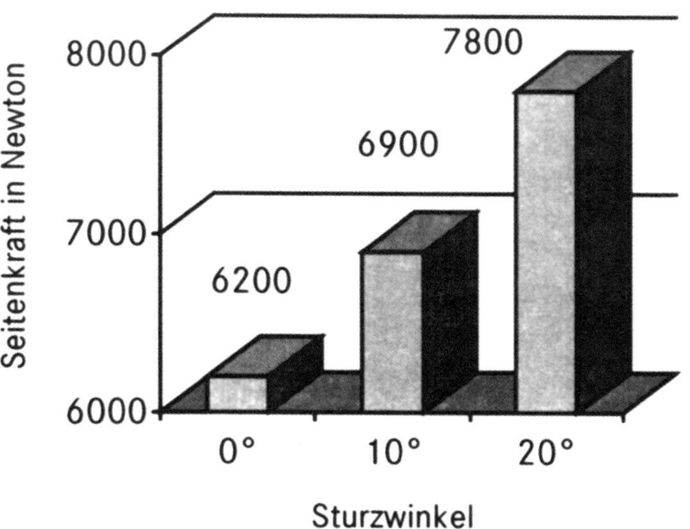

Je stärker der Sturzwinkel in Richtung »negativer« Sturz verändert wird, desto höher wird die maximale Seitenführungskraft in Kurven.

Bedarf (bei unruhigem Heck z.B.) durchaus etwas vergößert werden.
Den Sturz kann man bei vielen Radaufhängungen mit Erfolg variieren. Da ein gegen die Kurvenaußenseite sich abstützendes Rad (negativer Sturz) eine zusätzliche Sturzseitenkraft aufbringt, können größere Seitenkräfte und damit höhere Kurvengeschwindigkeiten erreicht werden. Wie groß der Einfluss des negativen Sturzes an den kurvenäußeren Rädern ist, hat Mercedes-Benz mit dem F 400 Carver, einem Forschungsauto, das computergesteuert den Radsturz ändert, demonstriert. Bei einem Sturzwinkel von minus 20° steigen die Seitenführungskräfte um fast 30 Prozent.
Man kann die Änderung des Sturzes auch zur Beeinflussung des Eigenlenkverhaltens heranziehen, und zwar vorn und hinten:

Der BMW M3 im Renntrimm hat vorne und hinten leicht negativen Sturz und fährt praktisch ohne erkennbare Querneigung im die Kurve.

- Negativer Sturz vorn – mindert Untersteuern,
- Negativer Sturz hinten – mindert Übersteuern.

Wegen der ungleichmäßigen Reifenabnutzung und auch aus anderen Gründen sollte man jedoch die negativen Sturzwinkel nicht zu groß wählen. Als obere Grenze darf man ca. 3 Grad (hinten) ansehen, vorn ist mehr Zurückhaltung geboten (bis maximal 2 Grad). Insbesondere bei Reifen mit sehr breiter Aufstandsfläche sind die Sturzwinkel nicht so groß zu wählen, wobei Probefahrten und Laufflächentemperaturmessungen (der Reifen) über die richtigen Werte entscheiden.

Auch die Spurbreite einer Achse spielt für die erreichbaren Kurvengrenzgeschwindigkeiten und das Eigenlenkverhalten eines Autos eine Rolle. Eine breitere Spur erlaubt bei gleichbleibender Schwerpunkthöhe eine bessere seitliche Abstützung. Man kann die Spur an beiden Achsen gleichmäßig verbreitern, was höhere Kurvengeschwindigkeiten ergibt, oder Spurverbreiterungen einseitig (also nur vorn oder hinten) vornehmen, um unerwünschtes Eigenlenkverhalten abzubauen. Es gelten wiederum folgende Regeln:

- Breitere Spur vorn – mindert Untersteuern,
- Breitere Spur hinten – mindert Übersteuern.

An der Vorderachse sollten jedoch nachträgliche Spurverbreiterungen nicht zu weit getrieben werden, um die Lenkung nicht zu stark zu beeinflussen.

Auch die Schwerpunkthöhe des Fahrzeugs kann eine Frage der Fahrwerkseinstellung sein. Man kann den Schwerpunkt durch verschiedene Maßnahmen (z.B. Gewindefahrwerk) absenken und dadurch höhere Kurvengeschwindigkeiten erzielen. Jedoch sollte man das Tieferlegen nicht zu weit treiben. Die unbedingt notwendigen Einfederwege, der Komfort und nicht zuletzt die geringe Bodenfreiheit setzen hier eine Grenze. Freilich spielen diese Faktoren auf Rennstrecken eine untergeordnete Rolle, während man bei Rallyes und auch im normalen Straßenverkehr meist für einige Zentimeter Bodenfreiheit dankbar ist.

Federung und Stoßdämpfung

Serienautomobile sind in der Federung und in der Dämpfung meist so ausgelegt, dass sich ein akzeptabler Kompromiss zwischen Straßenlage und Komfort ergibt. Man kann darum unter Verzicht auf den Fahrkomfort durch härtere Fahrwerkseinstellung zum Teil erheblich bessere Fahreigenschaften erreichen.

Eine auch wegen ihrer Optik beliebte Maßnahme ist in diesem Zusammenhang das Absenken des Fahrzeugschwerpunktes, kurz als Tieferlegen bezeichnet. Natürlich bringt diese Maßnahme, vor allem in Verbindung mit breiterer Spur, eine bessere Abstützung der Fliehkräfte in Kurven und somit höhere Kurvengeschwindigkeiten. Andererseits sind beim Serienauto durch die vorhandenen Einfederwege und deren Anschläge Grenzen gesetzt. Und

Einstellbare Sportstoßdämpfer und Federbeineinsätze liefert die Firma Koni auch in Verbindung mit kürzeren und härteren Spezialfedern.

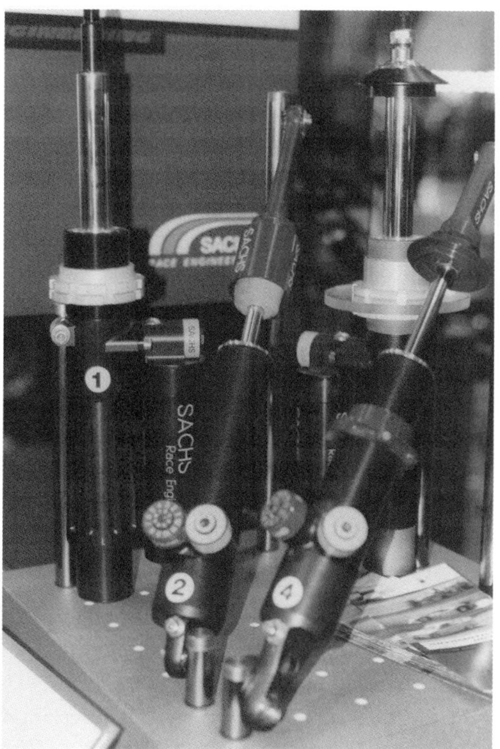

Federbeine für Sportwagen sollten über einstellbare Stoßdämpfer verfügen, bei denen jeweils die Zug- und Druckstufe getrennt justiert werden kann.

wer schon im statischen Zustand mit seinem Fahrwerk auf den Gummipuffern steht, und nicht wenige so genannte Tieferlegungssätze führen dazu, hat dynamisch, also während der Fahrt, keine Einfederungsreserven mehr, was zu starken Radlastschwankungen führt. Ein solches Auto hoppelt auch auf relativ glatter Fahrbahn und verliert leicht durch heftige Stöße die Bodenhaftung. Ausreichender Einfederweg muss also bei allen Höhenstandsänderungen erhalten bleiben. So sollten mindestens 40 Millimeter, bei größeren Fahrzeugen 60 Millimeter möglichst nicht unterschritten werden.

Wird das Fahrzeug bei gleich bleibender Federrate (Federkraft pro Einfederweg in Newton/Millimeter) tiefergelegt, so reicht die verbleibende Federkraft nicht mehr aus, die volle Zuladung aufzunehmen. Doch mit einer Reduzierung der Zuladung wäre in diesem Fall nur ein Teil des Problems zu lösen, da dynamische Stöße, wie sie speziell beim sportlichen Fahren auftreten, ebenso schlecht abgefedert würden und entsprechend hart über die Anschläge an die Karosserie weitergegeben werden. Grundsätzlich ist also das Tieferlegen durch entsprechende Federn, die in ihrer Kennung härter sind, vorzuziehen. Dabei ist zu berücksichtigen, dass die Federraten vorn und hinten im gleichen Verhältnis steigen sollten, um negative Auswirkungen auf das Eigenlenkverhalten zu vermeiden.

Doch auch bei fachgerechtem und maßvollem Tieferlegen mit härteren Federn und Dämpfern werden die kraftaufnehmenden Karosserieteile, wie beispielsweise Federbeindome, stärker beansprucht. Verstärkungen sind zu empfehlen, falls Verformungen oder gar Brüche vermieden werden sollen. Was das Verkürzen von vorhandenen Schraubenfedern angeht, ein aus Preisgründen gern praktiziertes Verfahren, so ist dabei zu beachten, dass dabei auch die Federhärte zunimmt. Denn die Anzahl der freien (federnden) Windungen steht in einem umgekehrt proportionalen Verhältnis zur Federrate. Es gilt für Schraubenfedern die Formel

$$C = \frac{F}{s} = \frac{G\,d^4}{8\,n\,D^3}$$

In dieser Formel bedeuten:

c = Federrate in N/mm
F = Federkraft in Newton (N)
s = Federweg in mm
n = Anzahl der Windungen
G = Schubmodul in N/mm^2
D = Mittlerer Windungsdurchmesser in mm
d = Drahtdurchmesser in mm

Wenn also beispielsweise eine Feder mit fünf Windungen um eine Windung gekürzt wird, erhöht sich die Federrate um 25 Prozent. Weiterhin ist zu beachten, dass bei gekürzten oder kürzeren Federn die Ausfederbegrenzung reduziert wird. Die Feder darf beim vollen Ausfedern keineswegs freikommen, sie muss noch unter Spannung stehen. Aus der Formel geht weiter hervor, dass der Windungsdurchmesser (D) entscheidend für die Federrate ist, da D in der dritten Potenz (hoch drei) im Nenner steht.

Ohne Verstärkung war dieser Federbeindom an der Hinterachse eines Dreier-BMW der Beanspruchung durch harte Dämpfung, härtere Federn und reduzierten Höhenstand nicht gewachsen.

Die Querverbindung zwischen den beiden Federbeindomen dieses BMW dient der besseren Steifigkeit und einer gleichmäßigeren Kräfteverteilung.

Es gilt folgender Zusammenhang: Je größer D, umso weicher die Feder und umgekehrt.
Andererseits steht der Drahtdurchmesser im Zähler in der vierten Potenz.
Hier gilt: Je dicker der Draht, umso härter die Feder.
Mit sogenannten Gewindefahrwerken, bei denen sich die Feder auf einen schraubbaren Federteller abstützt, lassen sich Fahrzeughöhe, Einfederwege usw. exakt den jeweiligen Verhältnissen anpassen. Sie sind inzwischen für fast jeden gängigen Fahrzeugtyp erhältlich und ein praktikable, aber nicht ganz billige Lösung. Zu beachten ist, dass die ins Federbeintragrohr geschnittenen Gewinde leicht korrodieren und sich dann nicht mehr verstellen lassen. Es empfiehlt sich also das Gewindefahrwerk aus rostfreiem Material.

Dämpfer anpassen

Geringere Federwege und härtere Federn erfordern in jedem Fall den Einsatz strafferer Stoßdämpfer. In den meisten Fällen würde es aber auch genügen, nur die Dämpfung zu modifizieren und die vorhandene Feder zu belassen, denn allein schon die Einschränkung der Aufbaubewegungen durch die straffere Dämpfung verbessert die Fahreigenschaften und das Handling eines Autos erheblich. Doch die Stoßdämpfer beruhigen nicht nur die Bewegungen des Aufbaus (Karosserie), ihre eigentliche Aufgabe besteht darin, die durch Straßenunebenheiten oder andere Störkräfte in Schwingungen versetzten Räder und Achsteile zu dämpfen.
Durch dieses ohne Dämpfer unkontrollierbare Schwingen der Räder bzw. der Achse ändern sich nämlich die Radlastverhältnisse, und der Bodenkontakt leidet – ein Zustand, der der Straßenlage eines Autos nicht zuträglich ist. Aus der Überlegung heraus, dem Rad das Nachschwingen so schwer wie möglich zu machen, ergibt sich, dass härtere Stoßdämpfer zwangsläufig eine bessere Bodenhaftung gewährleisten.
Da die heute üblichen hydraulischen Teleskopstoßdämpfer sowohl das Einfedern wie das Ausfedern dämpfen, kann man sie auch zur Beeinflussung des Eigenlenkverhaltens heranziehen. Auch bei Achskonstruktionen, die beim Ein- und Ausfedern eine der guten Straßenlage abträgliche Kinematik entwickeln (große Sturz- und Spuränderungen wie z.B. bei Pendelachsen oder einfachen Schräglenkerachsen), kann eine die Federbewegung einschränkende straffe Dämpfung Wunder wirken. Das Aufschaukeln (Wanken) des Aufbaus, das bei raschen Wechselkurven und hohen Geschwindigkeiten (Wedeln) gefährlich werden kann, wird durch eine härtere Dämpfung stark gemildert oder gar beseitigt.
Da Stoßdämpfer normalerweise nicht einstellbar sind, bleibt die günstigste Abstimmung zwischen Druck- und Zugstufe und zwischen Vorder- und Hinterachse den Werken überlas-

Gewindefahrwerk nur für Profis: Durch eine Justierung mittels Kontermuttern ist eine individuelle Einstellung des Fahrwerks auf jede Rennstrecke und jeden Einsatzzweck möglich. Die korrekte Einstellung eines Gewindefahrwerks erfordert jedoch ein großes Maß an Erfahrung.

Ein professionelles Rennfederbein (BMW M3) mit Feingewinde zum Einstellen des unteren Federtellers. Weitere Merkmale: Leichtmetall-Achsschenkel, große, innen belüftete und gelochte Bremsscheibe, Sechskolben-Bremssattel sowie Zentralverschluss für die Räder.

sen. Besonders die Druckstufe (sie dämpft das Einfedern des Aufbaus), die in der Serie wegen des Fahrkomforts meist sehr weich gewählt wird (Verhältnis Druckstufe : Zugstufe etwa 1:3 bis 1:4) sollte für sportliche Fahrweise härter sein.

Einstellbare Stoßdämpfer wie z. B. Koni lassen sich härter einstellen, doch ist davon meist nur die Zugstufe betroffen. Inzwischen gibt es aber im Zubehör Spezialdämpfer mit einstellbarer Druck- und Zugstufe (Bilstein, Sachs). Zu der ganzen Abstimmung und Einstellung von Stoßdämpfern muss noch gesagt werden, dass eine exakte Arbeit nur auf einer Stoßdämpfer-Prüfmaschine möglich ist, mit der genügend große Dämpfergeschwindigkeiten reproduzierbar sind. Es ist darum vorteilhaft, wenn man auf werkseitig abgestimmte Sportstoßdämpfer zurückgreifen kann, denen meist eine gründliche Erprobung zu Grunde liegt. Eine Prüfung durch Auseinanderziehen von Hand sagt über die Qualität des Dämpfers und den Grad der Dämpfwirkung wenig aus. Immerhin kann man sich aber bei etwas Erfahrung durch Probefahrten an die günstigste Dämpfereinstellung, die freilich nur bei einstellbaren Stoßdämpfern geändert werden kann, herantasten.

Elektronik im Fahrwerk

Man muss unterscheiden zwischen den elektronischen Assistenzsystemen (ABS, ESP usw.) und ihrem Einfluss auf das Fahrverhalten sowie den elektronisch geregelten Federungs- und Dämpfungssystemen. Zunächst zu den wichtigsten elektronischen Assistenzsystemen.

ABS: Anti-**B**lockier-**S**ystem

Das Antiblockiersystem ABS hat sich (fast) weltweit durchgesetzt, da seine Vorteile unbestreitbar sind. Es verhindert das Blockieren der Räder beim Bremsen und trägt so maßgeblich zur Fahrstabilität bei, da das Fahrzeug bei Vollbremsungen nicht ausbricht und, wenn auch eingeschränkt, lenkbar bleibt. Sensoren an den Rädern ermitteln den Schlupf, und bevor das Rad stehen bleibt (100 Prozent Schlupf), wird der Bremsdruck (bei anspruchsvollen Anlagen) radselektiv gesenkt, so dass die Seitenführung nicht verloren geht. Bei optimaler Auslegung und nicht zu frühem Einsatz werden die Bremswege kürzer als bei einer Vollbremsung ohne ABS. Entscheidend für die Regelqualität ist die Häufigkeit der Bremsimpulse.

Auch bei Kurvenfahrt können moderne ABS-Anlagen hilfreich die Bremskraft dorthin verteilen, wo der größte Grip ist. und dabei dennoch die Fahrstabilität garantieren. Eingriffe in das serienmäßige ABS-System sind nicht ohne Weiteres möglich und auch nicht zu empfehlen.

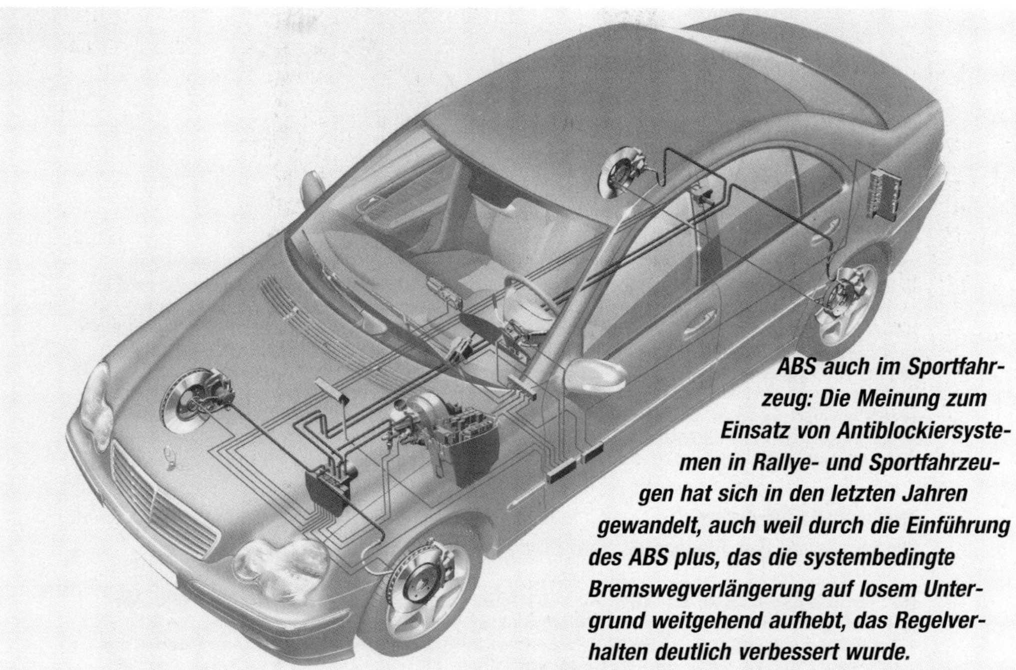

ABS auch im Sportfahrzeug: Die Meinung zum Einsatz von Antiblockiersystemen in Rallye- und Sportfahrzeugen hat sich in den letzten Jahren gewandelt, auch weil durch die Einführung des ABS plus, das die systembedingte Bremswegverlängerung auf losem Untergrund weitgehend aufhebt, das Regelverhalten deutlich verbessert wurde.

ASR: Antriebs-**S**chlupf-**R**egelung

ASR wird manchmal auch als Antischlupfregelung bezeichnet, richtiger ist der Begriff Antriebsschlupfregelung. Es handelt sich sozusagen um ein umgekehrtes ABS, das Durchdrehen der Antriebsräder bei Leistungsüberschuss oder bei schlechtem Kraftschluss (glatte Fahrbahn) verhindert. Sensoren ermitteln den Schlupf der Räder unter Last, übersteigt er eine bestimmte Größe, wird durch Eingriffe in die Zündung oder Kraftstoffzufuhr (Einspritzung), bei Fahrzeugen mit E-Gas (elektronisch geregelter Drosselklappe) durch Zurücknahme der Drosselklappe die Leistung so weit reduziert, dass die Räder nicht mehr durchdrehen. Mit E-Gas ist die Regelqualiät sehr viel besser.

Durchdrehende Antriebsräder führen in jedem Fall zu einem Vortriebsverlust, beeinflussen aber auch die Fahrstabilität. Vorne durchdrehende Räder (bei Frontantrieb) führen zu starkem Untersteuern, annähernd zur Geradeausfahrt, das Fahrzeug ist kaum noch lenkbar. Hinten durchdrehende Antriebsräder führen zu starkem Übersteuern, wenn nicht gegengelenkt wird, kommt es zum Schleudern oder Drehen des Fahrzeugs. Sogar in der Formel 1 hat sich die Schlupfregelung durchgesetzt und führte dort zu besseren Rundenzeiten und geringerer Reifenbeanspruchung.

ASR sollte freilich abschaltbar oder einstellbar sein, wie es einige Hersteller (z.B. BMW) anbieten, weil es eine sportliche Fahrweise, die auch das Gaspedal als Lenkhilfe benutzt, verhindert. Allerdings sollte man im normalen, öffentlichen Straßenverkehr von dieser Möglichkeit keinen Gebrauch machen.

ESP: Elektronisches-**S**tabilitäts-**P**rogramm

ESP (Basis-Entwicklung Bosch) wurde erstmals von Mercedes serienmäßig eingesetzt. Andere Hersteller folgten zügig, oft unter anderem Kürzel (z.B. DSC bei BMW, PSM bei Porsche). Ziel von ESP ist es, in fahrdynamisch kritischen Situationen durch Eingriffe ins Bremssystem die Fahrstabilität positiv zu beeinflussen. Ohne ABS und ASR wäre freilich ESP nicht möglich. Doch während diese bei-

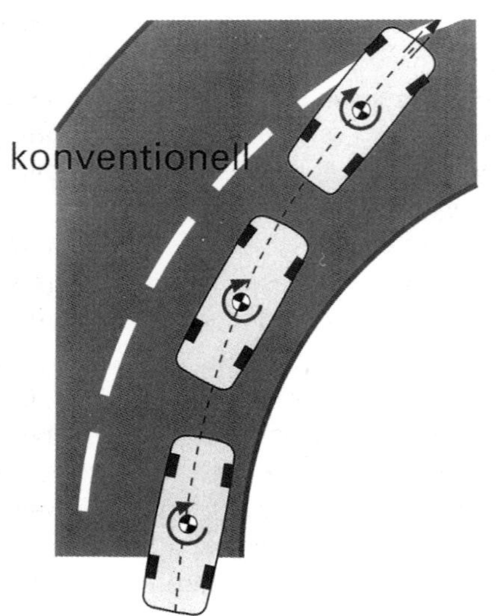

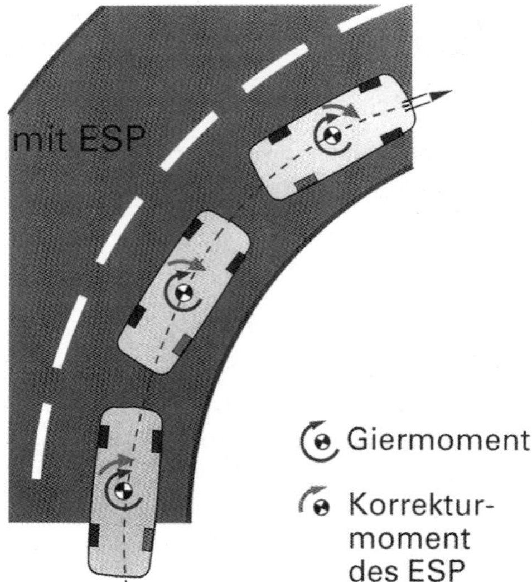

Beim ESP (Elektronisches Stabilitäts-Programm) handelt sich um eine Querschlupfregelung, die durch gezieltes automatisches Abbremsen einzelner Räder dafür sorgt, dass Fahrfehler, die zum Über- oder Untersteuern führen können, korrigiert werden.

Lenkwinkelsensor: Lenkwinkelsensoren messen den Winkel bzw. die Geschwindigkeit des Lenkradeinschlages. Seit Ende 2006 ist die neueste Generation von Lenkwinkelsensoren auf dem Markt.

den Elektronik-Hilfen praktisch nur auf Längsdynamik reagieren, lotet ESP auch die Querdynamik aus.

Doch wie merkt ESP, dass querdynamsich etwas nicht stimmt? Hierzu braucht man über die Sensorik von ABS und ASR hinaus als Hauptelement einen so genannten Gierraten-Sensor. »Gieren« bedeutet ja Drehung des Fahrzeugs um die Hochachse, was fast immer mit einem Stabilitätsverlust verbunden ist. Der volkstümliche Begriff »Schleudern« sagt dies klarer. Starkes Übersteuern bedeutet aber ebenfalls Gieren. In diesem Fall ist die Gierrate verglichen mit dem Soll-Lenkwinkel zu groß. Umgekehrt ist bei starkem Untersteuern die Gierrate zu klein, das Auto käme nicht um die vorgesehene Kurve herum.

Außer dem Gierraten-Sensor (auch Drehgeschwindigkeits-Sensor genannt) braucht ESP also noch einen Lenkwinkelsensor, der den Lenkeinschlag misst, sowie einen Querbeschleunigungssensor, der das Abdriften des Autos in Querrichtung meldet. Die für ABS und ASR vorhandenen Raddrehzahlsensoren sind ebenfalls im Einsatz, da sie die vom Fahrer bestimmte Geschwindigkeit registrieren. ESP beinhaltet also immer auch ABS und ASR.

Alle Daten laufen im ESP-Steuergerät zusammen, das dann die notwendigen Maßnahmen trifft. Sie bestehen im gezielten Abbremsen einzelner Räder (Bremseneingriff) und (gegebenenfalls) in der Rücknahme der Leistung. Das ESP-Steuergerät weiß natürlich auch dank Datenvernetzung (CAN-Bus) über die Gaspedalstellung, das Motor-Drehmoment und die eingelegte Getriebeübersetzung Bescheid.

Was passiert in der Praxis? Angenommen, ein hinterradgetriebenes Auto drängt bei schneller Kurvenfahrt mit der Hinterhand nach außen, übersteuert also. ESP reduziert dann zunächst über den Motoreingriff das Antriebsmoment (dadurch mehr Seitenführung an den Rädern), reicht das zur Stabilisierung nicht aus, wird das kurvenäußere Vorderrad gezielt abgebremst. Dieser Bremseneingriff erzeugt ein Gegenmoment um die Hochachse und wirkt so dem Übersteuern entgegen. Bei starkem Untersteuern, beispielsweise bei einem Fronttriebler, passiert analog ein vergleichbarer Vorgang. Erst wird (unter Last) das Raddrehmoment reduziert, dann das kurvenäußere Hinterrad abgebremst. Das dadurch erzeugte »künstliche« Übersteuern führt dann zur Kurskorrektur entsprechend dem Kurvenverlauf.

Ganz wichtig: Durch die Rücknahme der Motorleistung und durch das Bremsen wird gleichzeitig die Geschwindigkeit reduziert, so dass geringere Seitenkräfte am Fahrzeug auftreten. Alle Eingriffe erfolgen blitzschnell, impulsartig und nur kurzzeitig. ESP funktioniert aber auch ohne Last, beim (zu schnellen) Rollen oder auch im Schubbetrieb und sogar beim Bremsen. Die Option, durch Wegnahme der Leistung die Seitenführung zu erhöhen, entfällt dann freilich.

Neuere ESP-Systeme greifen sogar in die Lenkung ein. VW hat ein »ESP plus Lenkimpuls« in Serie gebracht, das bei erkanntem Giermoment über die elektromechanische Servolenkung von selbst einen leichten Gegenlenkimpuls veranlasst. Der Fahrer bemerkt diesen und führt unwillkürlich die notwendige und richtige Lenkbewegung aus. Noch weiter gehende Lenkmanöver erlauben voll geregelte Allradantriebe, bei denen jedes einzelne Rad unterschiedliche Antriebskräfte (Torque-Splitting) zugeteilt bekommen kann. So etwas machen beispielsweise Toyota und Honda. All diese Systeme dienen primär der Fahrsicherheit. Höhere Kurvengeschwindigkeiten oder bessere Rundenzeiten sind meist mit ungeregelten Fahrwerken möglich.

Und noch etwas sei gesagt: ESP kann die physikalischen Grenzen nicht aufheben, sondern nur rechtzeitig dafür sorgen, dass diese nicht nachhaltig überschritten werden. Grobe

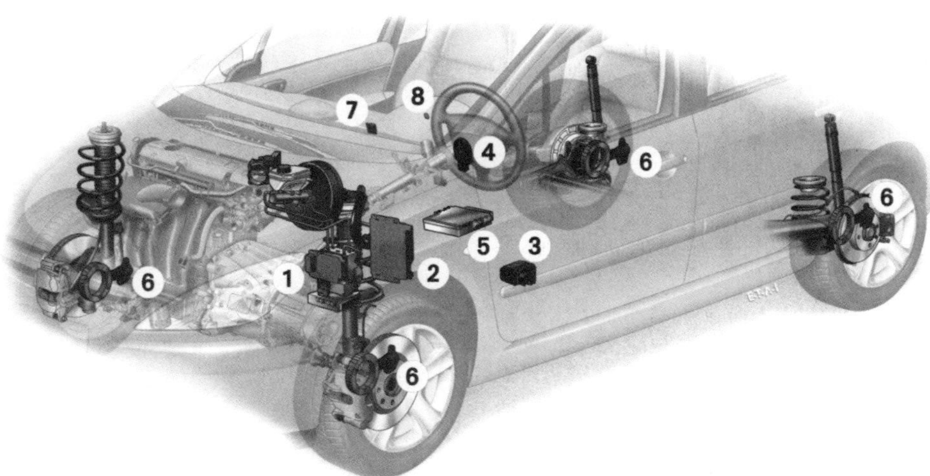

ABS, ASR und ESP sind längst per CAN-Bus (Controller Area Network) miteinander vernetzt. Weitere aktive Sicherheitssysteme wie Abstandsradar, Aktivlenkung, Aktivfederung werden schon bald ganz selbstverständlich eingebunden sein.

Fehleinschätzungen der Kurvengeschwindigkeit oder extreme Schleudermanöver (zum Beispiel bei niedrigen Reibwerten) kann auch ESP nicht ausbügeln. ESP ist bei den meisten Fahrzeugen (manchmal sogar mehrstufig) abschaltbar. Erst dann merkt man, was es leistet. Für den Rennbetrieb oder als Fahrtraining ist dies durchaus als Übung zu empfehlen, auf öffentlichen Straßen nicht.

Der Einfluss der Aerodynamik

Grundsätzlich ist zu sagen, dass der Einfluss der Aerodynamik mit zunehmender Geschwindigkeit eines Automobils überproportional zunimmt. Denn die das Fahrzeug umströmende Luft erzeugt nicht nur bei höherer Geschwindigkeit den größten Teil des Fahrwiderstandes, sondern auch zusätzliche, vertikal einwirkende Kräfte, die je nach Richtung als Auftrieb bezeichnet werden. Man kann davon ausgehen, dass bei einem üblichen Gebrauchsauto diese Kräfte grundsätzlich nach oben gerichtet sind, also Auftrieb erzeugen. Natürlich verursachen der Luftwiderstand selbst, vor allem aber der unter Umständen bei Seitenwind zusätzlich ansteigende Auftrieb Kräfte und Momente am Fahrzeug, die nicht ohne Auswirkungen auf die Fahreigenschaften bleiben. Denn die Auftriebskräfte reduzieren die Radlasten, verändern unter Umständen die Achslastverteilung und reduzieren somit die Seitenführungskräfte und die Umfangskräfte der Reifen. Dadurch werden einmal die Fahrstabilität und das Eigenlenkver-

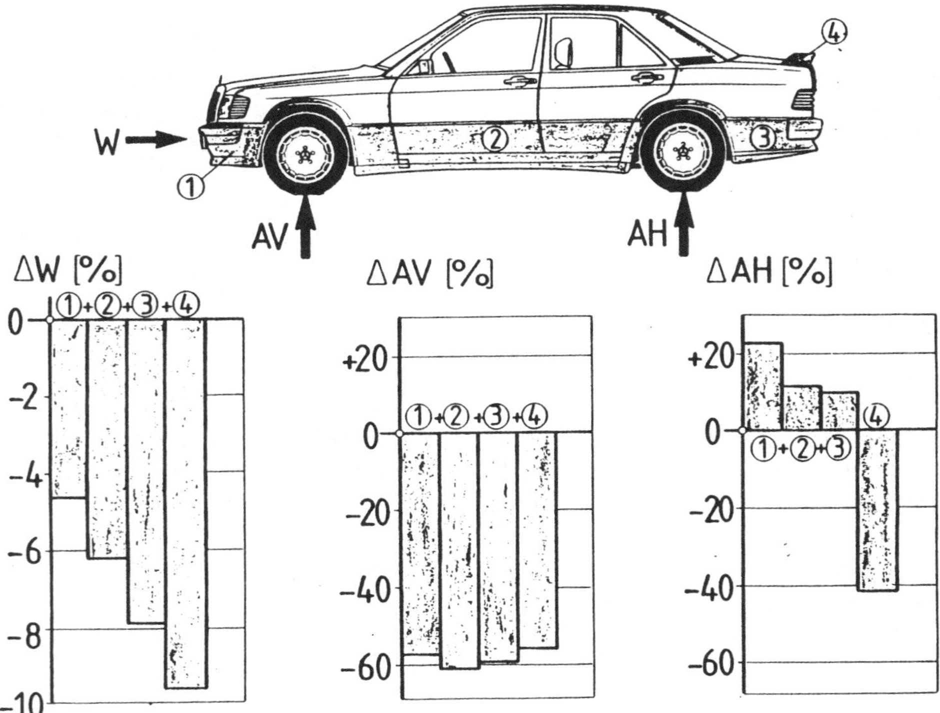

Dieses Schaubild verdeutlicht den Einfluss der aerodynamischen Anbauteile beim Mercedes 190 E 2,3-16, aufsummiert in Prozent. Der Luftwiderstand (links) wird durch die vier Anbauteile um fast 10 Prozent reduziert, das mittlere Schaubild zeigt, dass Heckschürze (3) und Heckflügel (4) den Auftrieb an der Vorderachse wieder erhöhen, rechts wird deutlich, dass Frontspoiler (1), Schweller (2) und Heckschürze (3) den Auftrieb hinten erhöhen, vom Heckflügel aber bei weitem kompensiert werden.

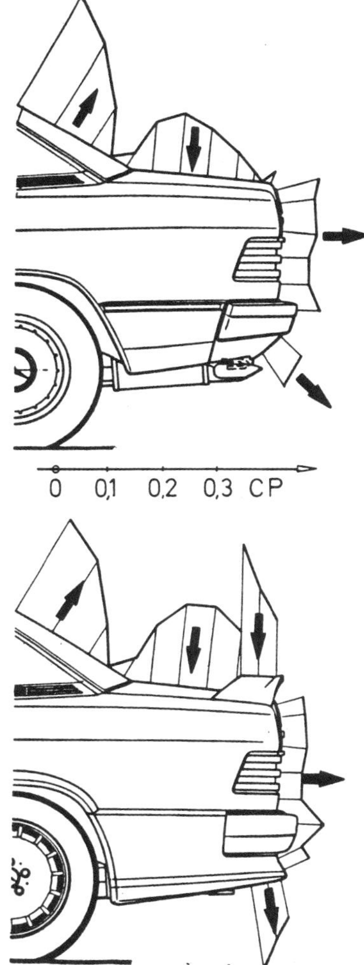

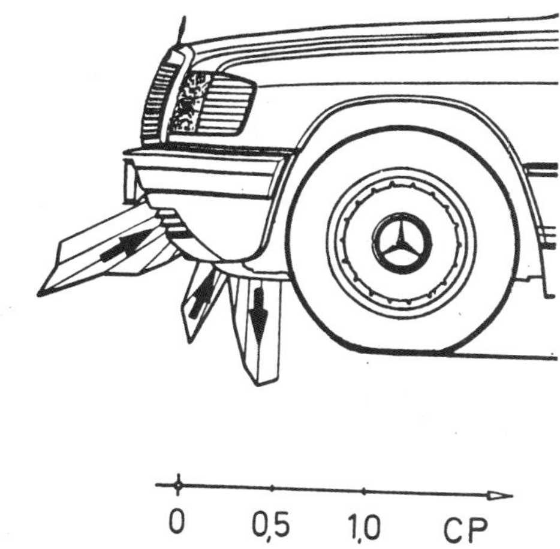

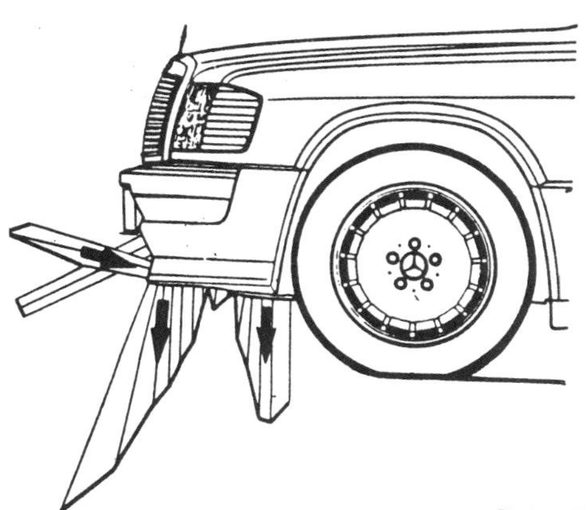

In erster Linie sorgt der Heckflügel beim Mercedes 190E 2,3-16 für reduzierte Auftriebswerte an der Hinterachse.

Die Druckverteilung am Wagenbug wird durch einen Spoiler (unten) wesentlich verändert und abwärts gerichtet (Mercedes 190).

halten negativ beeinflusst, zum anderen vermindern sich die übertragbaren Umfangskräfte, wodurch Brems- und Antriebskräfte geringer werden.

Abgesehen von einer Minimierung des Luftwiderstandes (c_W-Wert) muss also das Ziel einer wirksamen Aerodynamik sein, Auftrieb zu vermindern oder gar Abtrieb zu erzeugen. Formel-Rennwagen und Rennsportwagen sind aerodynamisch daher vor allem auf Abtrieb ausgelegt. Mit Flügeln und aerodynamischer Karosseriegestaltung lassen sich zusätzliche dynamische Radlasten (Anpressdruck) erzeugen, die mehr als das Zweifache des Eigengewichts des Fahrzeugs erreichen. Nur so sind die hohen Antriebs- und Bremskräfte übertragbar, und nur so die hohen Querbeschleunigungen möglich.

Bei normalen Limousinen oder GT-Wagen sind den aerodynamischen Maßnahmen natürlich Grenzen gesetzt, vor allem, wenn die Zulassungsbestimmungen für den öffentli-

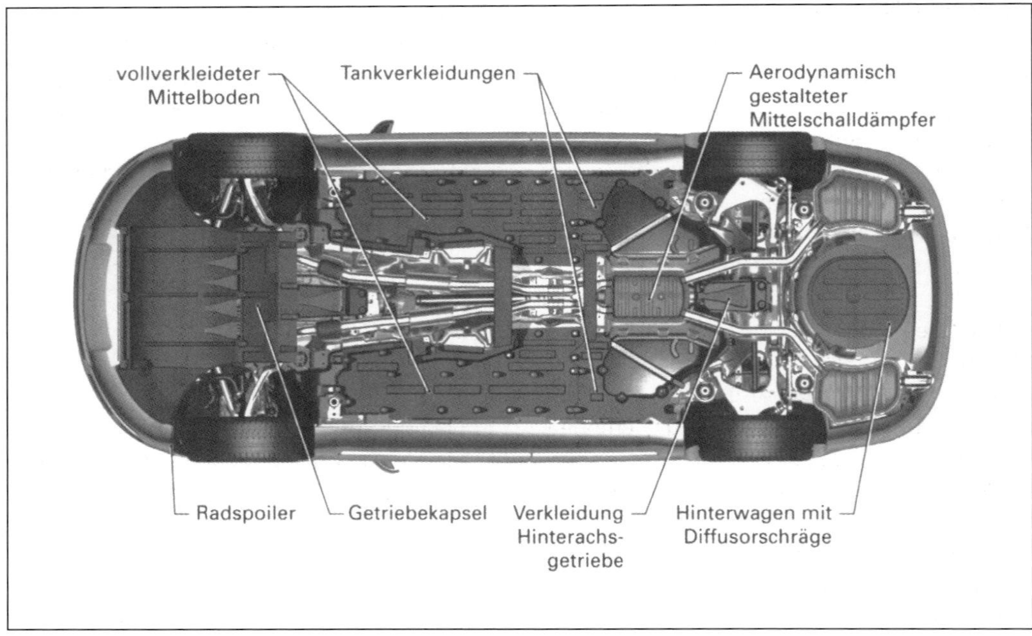

Der Unterboden ist ein wichtiger Bestandteil der aerodynamischen Abstimmung eines Sportwagens. Bei sehr hohen Geschwindigkeiten lässt sich durch die Gestaltung des Fahrzeugbodens sogar ein Unterdruck erzeugen, der den Wagen an die Fahrbahn saugt (Ground Effect).

chen Straßenverkehr berücksichtigt werden müssen. Aber durch Anbauteile und andere Karosseriemodifikationen lassen sich durchaus beachtliche Verbesserungen erzielen. Als nicht mehr ganz aktuell, aber dennoch beispielhaft kann dafür die aerodynamische Gestaltung des Mercedes 190 gelten, der für den Straßeneinsatz, später dann für den Renneinsatz im Windkanal optimiert wurde. So konnten der Luftwiderstandsbeiwert (C_W) und die Auftriebsbeiwerte (C_A) vorn und hinten deutlich vermindert werden. Die aerodynamischen Anbauteile umfassen Frontspoiler, Heckspoiler (unten), Heckflügel und eingezogene Schweller. Für den Renneinsatz wurde später der Heckflügel wesentlich vergrößert und hochgesetzt, was die Wirkung verbessert.

Bei dieser Gelegenheit noch ein Wort zu den zahlreichen im Zubehörhandel angebotenen Aerodynamik-Teilen: Nur solche, die wirklich im Windkanal erprobt wurden, stellen eine positive Wirkung sicher. Anzumerken ist außerdem, dass breite Reifen und Felgen leider einen negativen aerodynamischen Einfluss haben. Sie erhöhen nämlich nicht nur den Luftwiderstandsbeiwert, sondern auch den Auftrieb. Als Gegenmaßnahmen können Tieferlegen und Frontspoiler helfen. Dabei beruht die Wirksamkeit von richtig konstruierten Frontspoilern auf der Beschleunigung der Luftströmung zwischen Fahrzeugboden und Fahrbahn, was zu Unterdruck und damit zu reduziertem Auftrieb führt.

Freigestellte Heckflügel, die sowohl über- als auch unterströmt werden, sind in ihrer Wirkung (reduzierter Auftrieb) wesentlich besser als auf den Kofferraumdeckel aufgesetzte Abrisskanten (Heckspoiler). Bei modernen Sportwagen werden im Front- und/oder Heckbereich auch sogenannte »Splitter« gesetzt, welche die Luftführung beeinflussen, oder durch große Diffusoren (hinten) eine Beschleunigung der Luftströmung erreicht, was zu mehr Abtrieb führt.

Zusammenfassung

Des besseren Überblicks wegen werden wir alle bis jetzt besprochenen Möglichkeiten, die Kurvengeschwindigkeit zu erhöhen bzw. das Eigenlenkverhalten zu beeinflussen, noch einmal zusammenfassen. Selbstverständlich sind an manchen Fahrwerken bestimmte Maßnahmen nicht immer möglich, wie z.B. Sturzänderungen an angetriebenen Starrachsen usw., und oft sind auch nur wenige der angeführten Maßnahmen notwendig oder sinnvoll.

Um die Seitenführungskraft und damit die Kurvengrenzgeschwindigkeit zu erhöhen, kann man Folgendes tun:

1. Breitreifen oder, auf Rennstrecken, Racing-Reifen
2. Ringsum höherer Luftdruck
3. Breitere (und nach Möglichkeit leichtere) Felgen
4. Wagen tiefersetzen (Schwerpunkt senken)
5. Negativer Sturz vorn und hinten
6. Stabilisatoren vorn und hinten
7. Spur vorn und hinten verbreitern
8. Auftrieb reduzieren (Front/Heckspoiler)

Durch die einseitige Anwendung der oben genannten Möglichkeiten lässt sich auch unerwünschtes Eigenlenkverhalten mildern oder ganz abbauen. Es gelten die folgenden Regeln.

- Übersteuern mildert oder beseitigt:

1. Höherer Reifendruck hinten
2. Breitere Reifen hinten
3. Breitere Felgen hinten
4. Negativer Sturz hinten
5. Breitere Spur hinten
6. Stabilisator oder Verstärkung eines vorhandenen Stabilisators vorn
7. Ausgleichsfeder hinten bei Pendelachsen (gleichzeitig muss die Grundfederung weicher gemacht werden)
8. Härtere Dämpfung (Druckstufe) oder Federung vorn
9. Heckspoiler oder Heckflügel

Die zweite Evolutionsstufe (Evo II) des Mercedes 190 E 2,5-16 hat wesentlich ausgeprägtere aerodynamische Hilfsmittel, vor allem einen vorgezogenen Frontspoiler und einen hoch angesetzten Flügel. Ein besserer C_W-Wert und eindeutig erzielter Abtrieb sind die Folgen.

- Untersteuern mildert oder beseitigt:

1. Höherer Reifendruck vorn
2. Breitere Reifen vorn
3. Breitere Felgen vorn
4. Negativer Sturz vorn
5. Breitere Spur vorn
6. Stabilisator hinten
7. Härtere Dämpfung (Druckstufe) oder Federung hinten
8. Frontspoiler

Ausfahrbare Heckflügel werden zunehmend bei Serienfahrzeugen (z. B. Porsche Carrera, VW Corrado) eingesetzt.

Bei einem modernen Sportwagen ist eine ausgefeilte aerodynamische Abstimmung längst selbstverständlich. Dass dabei deutlich mehr Parameter zu berücksichtigen sind als gemeinhin angenommen, wird hier am Beispiel gezeigt.

Reifen und Räder

Bei allen Betrachtungen muss klar sein, dass den Reifen (und den Rädern) als kraftübetragenden Elementen zwischen Fahrzeug und Fahrbahn eine Schlüsselrolle zukommt. Wie bereits angedeutet wurde, lassen sich die Fahreigenschaften eines Automobils durch die Wahl der Reifen zum Teil erheblich beeinflussen, so dass unter Umständen eine deutliche Verbesserung der Straßenlage ohne größere Eingriffe am Fahrwerk allein durch geeignete Reifen erzielt werden kann. Unter geeigneten Reifen sollen hier in allererster Linie Breitreifen in Gürtelbauweise verstanden werden.

Unter Breitreifen versteht man Reifenkonstruktionen, die eine deutlich geringere Querschnittshöhe als Breite aufweisen. Dieses sogenannte Querschnittsverhältnis wird in der Reifenbezeichnung durch eine Zahl angegeben, also beispielsweise 70, 60, 55, 40 oder noch niedriger. Diese Zahl ist eine Prozentzahl und gibt die Querschnittshöhe des Reifens in Prozent seiner Breite an. Ein 50er Reifen ist praktisch nur halb so hoch wie breit (im Querschnitt).

Nun hat sich der Begriff des Breitreifens in den letzten Jahren zwar nicht grundlegend gewandelt, aber doch wesentlich verschoben. Noch in den 70er Jahren galten 70er Querschnitte als übliche Breitreifen, 60er Querschnitte galten als extrem breit. Die Tendenz geht aber inzwischen zu immer niedrigeren Querschnitten in Verbindung mit immer größeren Raddurchmessern. 30-Prozent-Reifen sind bereits bei Supersportwagen in Serie, und es bedarf keiner großen seherischen Fähigkeiten, um noch niedrigere Querschnitte vorauszusagen.

Warum Breitreifen?

Breitreifen und die dazu passenden Felgen werden in erster Linie der Optik wegen ge-

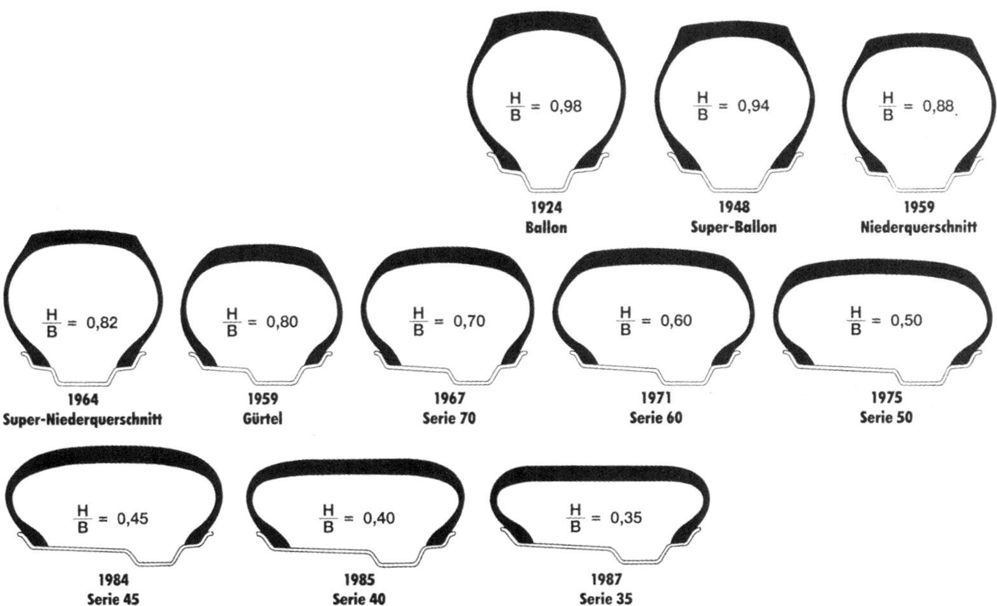

Reifenquerschnitte im Wandel der Zeit. Der Trend zu geringeren Querschnittshöhen ist offensichtlich. Gleichzeitig wuchs die Felgengröße (Felgendurchmesser).

Mini mit großen Felgen und Niederquerschnittsreifen: Für die meisten Kunden steht bei einer Umrüstung eines Serienfahrzeugs auf Aluräder die Optik im Vordergrund.

kauft. Das geht aus Umfragen eindeutig hervor. Ebenso eindeutig ist aber auch der Zusammenhang zwischen sportlicher Optik und sportlichen Fahreigenschaften. So gibt es denn auch gewichtige technische Gründe, die für den Einsatz von Breitreifen und den dazu passenden Rädern stehen.

So benötigen Hochleistungsfahrzeuge beispielsweise viel Platz für großdimensionierte Bremsen und aufwändige Radaufhägungen. Soll der Gesamtdurchmesser des Rades nicht überproportional wachsen, hilft hier nur ein niedriges Querschnittsverhältnis.

Dies ist einer der Gründe für extrem niedrige Querschnitte und relativ große Nenndurchmesser. Ein Nenndurchmesser von 16 Zoll ist für schnellere Fahrzeuge heute nichts Außergewöhnliches, einige Hersteller sind bereits mit 19 oder 20 Zoll in Serie, und die Tuningbranche bietet mittlerweile 21 und 22 Zoll an, noch größere Räder werden (auch für SUVs) entwickelt.

Eine ähnliche Entwicklung wie der Raddurchmesser (es ist übrigens immer der Innendurchmesser am Wulst des Reifens bzw. der Sitzdurchmesser der Felge gemeint) hat auch die Aufstandsfläche, hier insbesondere die Breite mitgemacht. Denn abgesehen von der schöneren Optik bringt die größere Reifenbreite eine Reihe technischer Vorteile: Die Reifentragfähigkeit beispielsweise ist ganz wesentlich vom Luftvolumen des Reifens abhängig. Wenn das Luftvolumen durch geringere Querschnittsverhältnisse reduziert wird, muss es über eine größere Reifengesamtbreite wieder kompensiert werden, falls kein Tragfähigkeitsverlust eintreten soll.

Ein weiterer wichtiger technischer Grund, der für eine Verbreiterung nicht nur des Reifens, sondern auch der Lauffläche spricht (beides geht Hand in Hand), ist das Bemühen, die eigentliche Kontaktfläche zwischen Fahrzeug und Fahrbahn zu vergrößern. Sie ist es schließlich, die alle fahrdynamischen Kräfte,

Bei Sportwagen sprechen andere Gründe für große Felgen aus Leichtmetall: Reduzierung der rotierenden und der ungefederten Massen sowie ausreichend Raum für den Platzbedarf großer Scheibenbremsen und aufwändiger Fahrwerkskonstruktionen.

ob es sich nun um Vortrieb, Seitenführung oder Bremskräfte handelt, auf den Boden bringen muss. Und entgegen der klassischen Physik sagt die erweiterte Reibungstheorie, dass dies um so besser möglich ist, je mehr Aufstandsfläche zur Verfügung steht. Denn mehr Aufstandsfläche ergibt bei gleicher Radlast geringere Aufstandsdrücke. Geringere spezifische Belastung wiederum, und nichts anderes ist der Aufstandsdruck, führt zu einem höheren Reibbeiwert der Gummimischung. Breitreifen verbessern also die Kraftübertragung zwischen Rädern und Fahrbahn, dadurch werden Beschleunigungs- und Bremsleistung besser, die möglichen Kurvengeschwindigkeiten steigen an.

Breitreifen haben aber noch andere positive Effekte, die nicht allein mit der größeren Aufstandsfläche zusammenhängen. Durch die niedrigeren Reifenflanken ergeben sich zwischen Reifen und Felge kürzere Verformungswege, was sich in einer besseren Lenkpräzision bemerkbar macht, da der Seitenkraftaufbau bei deutlich geringerem Lenkwinkel stattfindet. Aus dem gleichen Grund sind die Schräglaufwinkel von Breitreifen bei vergleichbaren Seitenkräften deutlich kleiner. Die geringere Wulsthöhe führt außerdem dazu, dass Breitreifen, insbesondere bei hoher Geschwindigkeit, einen geringeren Rollwiderstand haben als konventionelle Reifenquerschnitte. Aber auch bei Schräglauf des Reifens, also bei Kurvenfahrt, ist der Rollwiderstand für den Breitreifen geringer.

Vorteile werden allerdings in der Technik immer auch durch Nachteile erkauft. Dies gilt natürlich auch für Breitreifen, insbesondere sol-

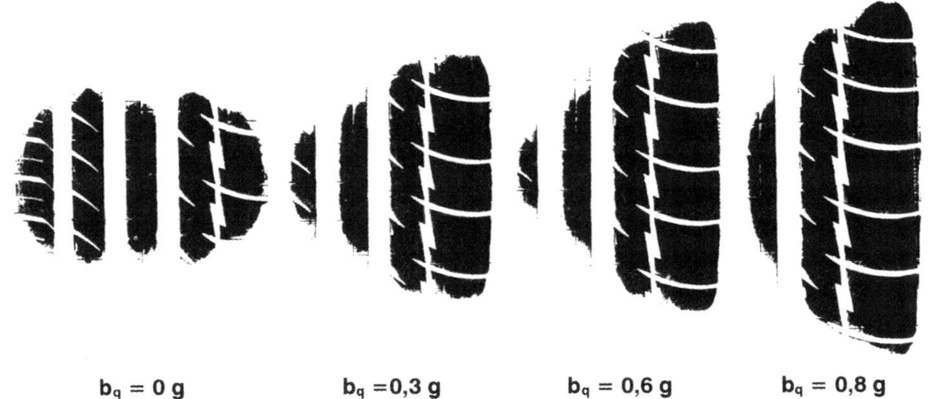

In der Kurve: Breitreifen erlauben durch ihre erweiterte Aufstandsfläche eine größere Radlast bei Kurvenfahrten. Höhere fahrdynamische Kräfte können so in Bodenhaftung umgesetzt werden.

Mit zunehmendem Anpressdruck wird der Reibwert der Gummimischung geringer.

Abhängigkeit der Gummimischung vom Anpressdruck

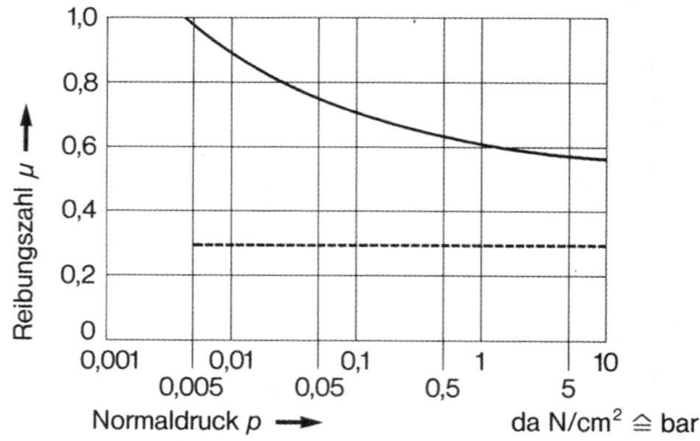

Die Höhe der Reifenflanken hat direkten Einfluss auf das Verhalten des Fahrzeugs beim Kurvenfahren.

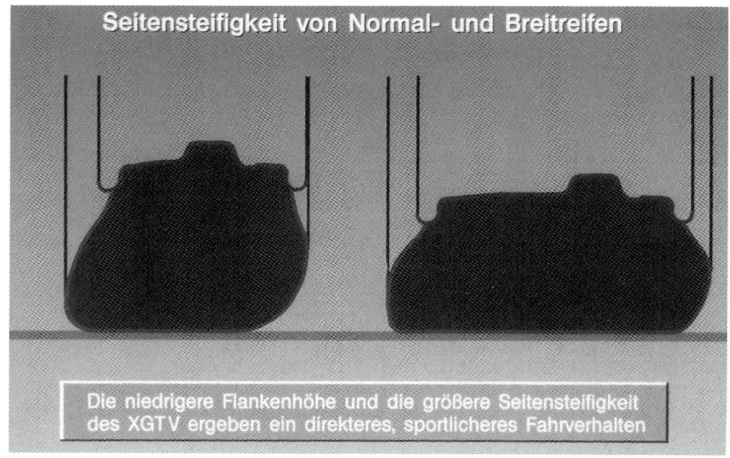

Auch bei Kurvenfahrt (Schräglauf) ist der Rollwiderstand von Breitreifen geringer.

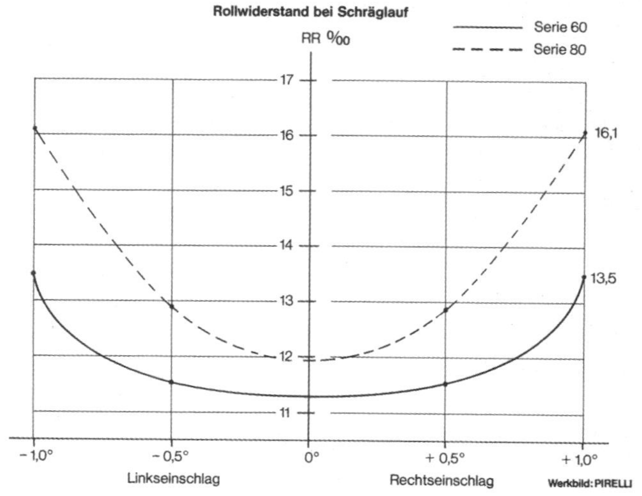

Veränderung des Rollwiderstandes in Abhängigkeit von der Geschwindigkeit

Vergleich zwischen Reifen der Serien 80/70/60/50

Rollwiderstand ‰

16,0
15,5
15,0
14,5
14,0
13,5
13,0
12,5
12,0
11,5
11,0
10,5

SR/80
HR/70
HR/60
VR/50

20 40 60 80 100 120 140 160 180 200

Geschwindigkeit (km/h) →

Werkbild: PIRELLI

Je geringer das Querschnittsverhältnis, umso geringer der Rollwiderstand bei höheren Geschwindigkeiten.

Gleichmäßiger Seitenkraftaufbau als Ziel: Vergleich verschiedener Reifenkonzepte aus dem Hause Michelin in Abhängigkeit vom Lenkradeinschlag bei Kurvenfahrt.

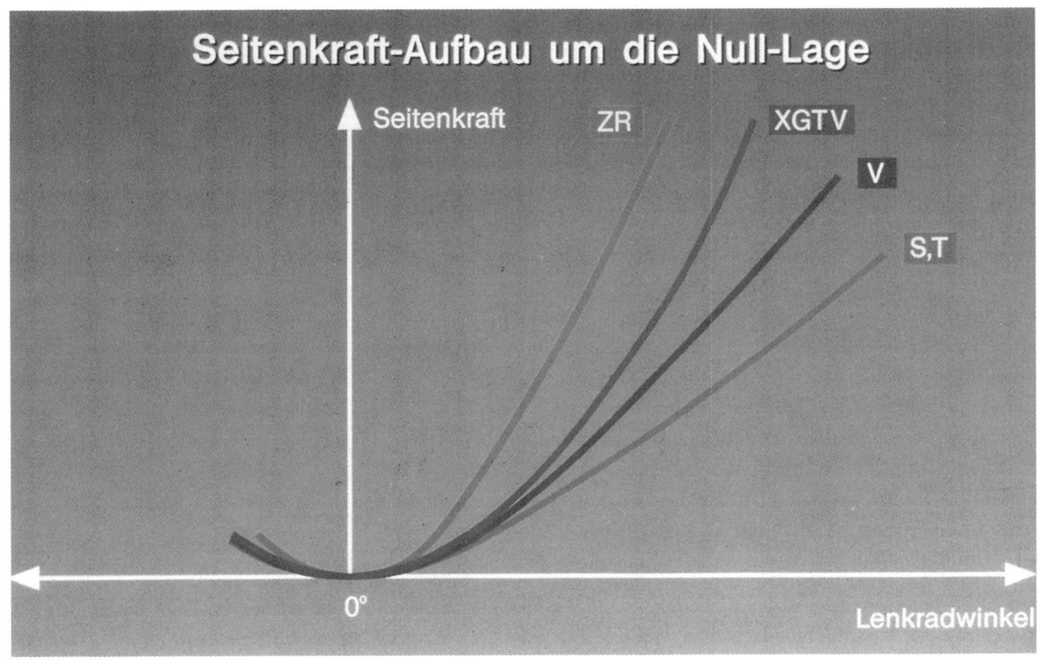

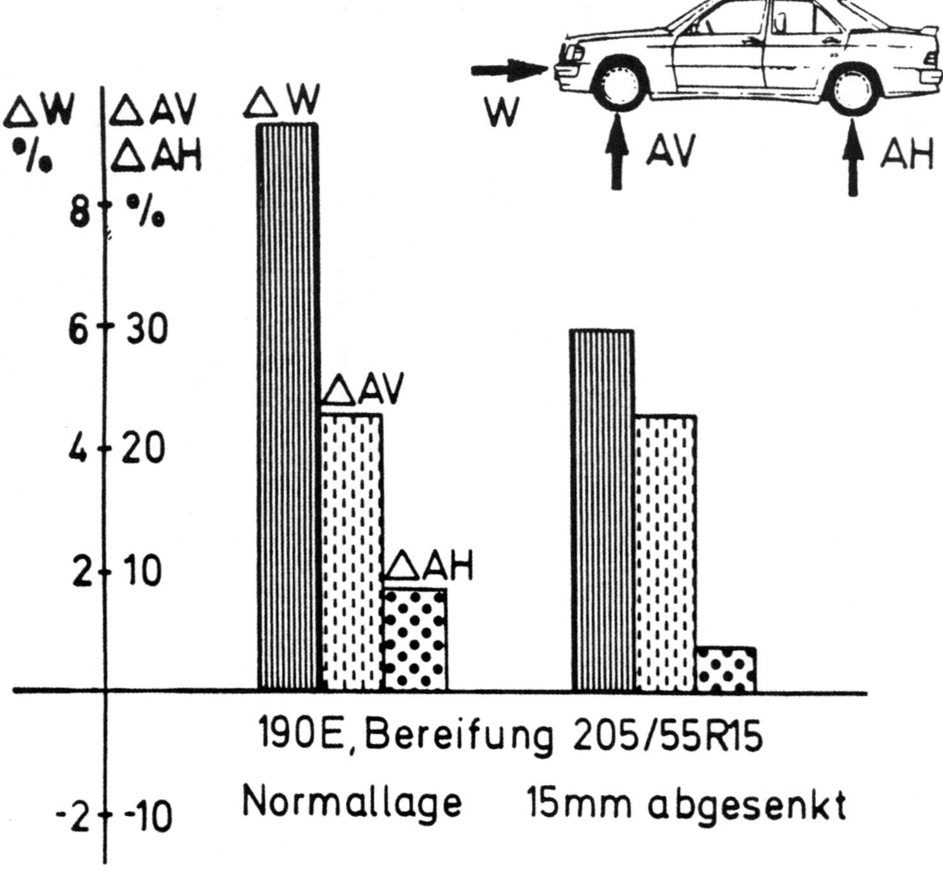

Die Grafik zeigt den aerodynamischen Einfluss von Breitreifen. Auftrieb und Luftwiderstand erhöhen sich beim normalen Mercedes 190 E beträchtlich (linke Säulen). Durch Tieferlegen wird der Einfluss geringer.

che mit extrem niedrigen Querschnitt. Abgesehen vom schlechteren Federungs- und Abrollkomfort, dessen Ursachen einmal in der steiferen Lauffläche, zum anderen in der kürzeren und härteren Flanke zu suchen sind, gibt es auch eine Reihe fahrdynamischer Nachteile. So wird der Geradeauslauf schlechter und die Längsfugenempfindlichkeit nimmt zu. Auch die Aquaplaning-Gefahr, oft durch ausgeklügelte Profilkonstruktionen gemindert, nimmt mit abnehmender Profiltiefe stark zu. Schließlich erhöhen Breitreifen auch Luftwiderstand und Auftrieb, was nach Möglichkeit durch entsprechende Maßnahmen wie Tiefersetzen oder aerodynamische Hilfsmittel wieder kompensiert werden sollte. All diese Dinge sollte man berücksichtigen, wenn man sich für Breitreifen entscheidet. Und auch hier gilt es, nicht der reinen Optik wegen zu übertreiben und sich dafür handfeste technische Nachteile einzuhandeln.

Der Aufbau von Breitreifen

Die Profilgestaltung von Breitreifen ist eine Wissenschaft für sich. Dennoch sind unter den verschiedenen Fabrikaten Gemeinsamkeiten zu erkennen. Ein wichtiges Merkmal ist der hohe Profilnegativanteil. Die zahlreichen Rillen und Querdrainagen dienen vor allem der Wasserableitung und sollen die Aquaplaning-

Profildesign Michelin Pilot Sport

Profildesign bis 265 mm Breite

Profildesign ab 275 mm Breite

gefahr mindern. Eine oder mehrere geschlossene Mittelrippen verbessern die Geradeauslaufstabilität, zahlreiche, massive Profilklötze übertragen die Umfangs- und Querkräfte. Oft sind die Profilblöcke unregelmäßig ausgeführt, um Singen oder Summen zu vermeiden. Die Lauffläche selbst und der dabei verwendete Gummi bestimmen mit ihren Eigenschaften den Reibbeiwert des Reifens. Hier haben sich speziell in den letzten Jahren durch sogenannte Silica-Mischungen erhebliche Fortschritte ergeben. Inzwischen gibt es sogar Reifen, die unterschiedliche Mischungen auf dem Laufstreifen aufweisen, eine für Gerade-

Pirelli P ZERO - Reifenaufbau

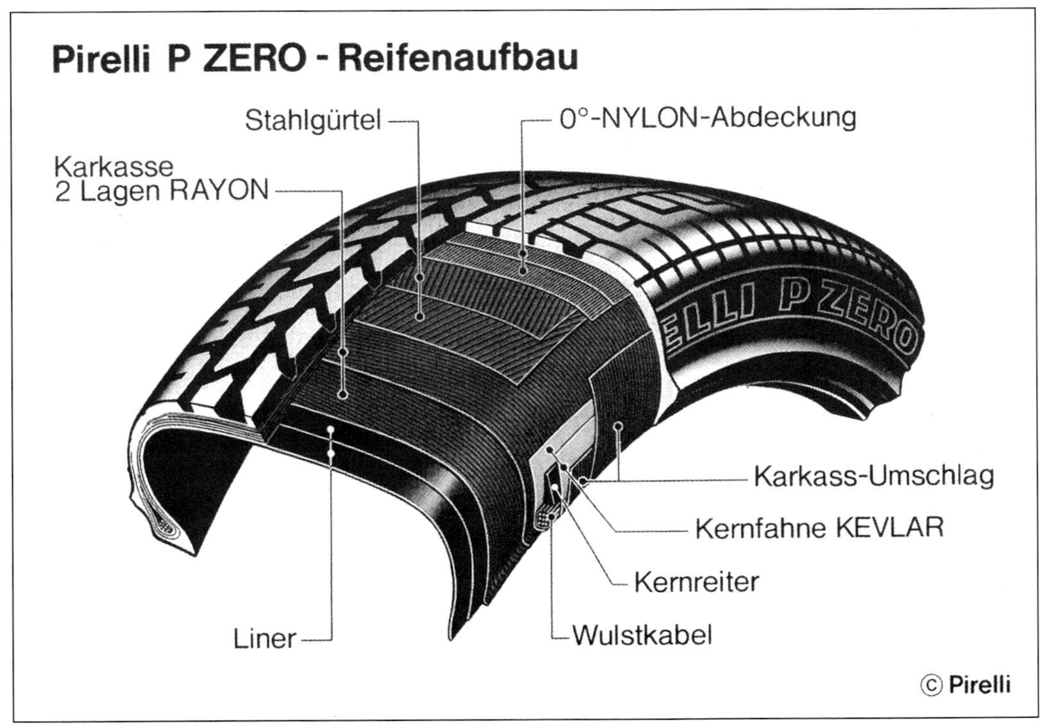

Michelin Pilot Sport 2
Profil-Elemente und Laufstreifen-Mischungen

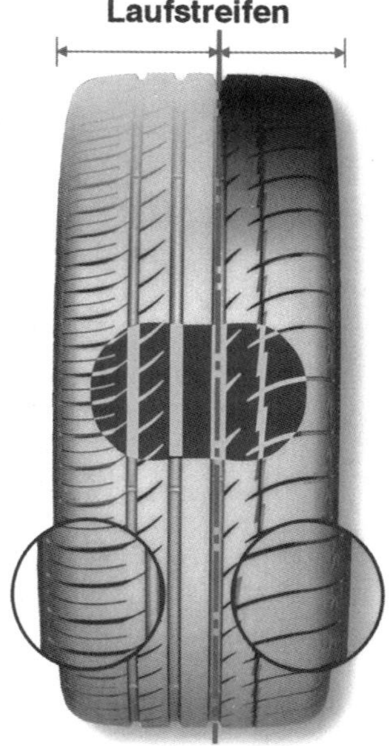

Silica-Mischung innen
- **Nasshaftung**
- **Verschleiß**
- **Hochgeschwindig-keitsreserven**

Aufstandsfläche innen
- **Profilnegativ 40 Prozent für Nasshaftung**

Profil-Elemente innen
- **75 Blöcke zur Vermeidung von Resonanzen**

Hybrid-Mischung außen
- **Haftung auf trockener und nasser Fahrbahn**

Aufstandsfläche außen
- **Profilnegativ 30 Prozent für Trockenhandling**

Profil-Elemente außen
- **55 Blöcke zur Vermeidung von Resonanzen**

ausfahrt und eine für Kurvenfahrt. Vorreiter dieser Technik war hier Michelin. Beim Michelin Pilot Sport 2 etwa sorgt eine Hybridmischung mit hohem Rußanteil und Silica-Verstärkern an der Außenschulter für höchsten Grip bei maximaler Querbeschleunigung.
Allerdings brauchen sportlich ausgelegte Breitreifen als Unterbau eine kräftige Struktur, die in der Lage ist, die hohen auftretenden Kräfte zu übertragen. Diese Struktur nennt man Karkasse. Ihre Konstruktion und Auslegung bestimmt wesentlich die Fahreigenschaften von Reifen, wie beispielsweise Lenkansprechverhalten oder Schräglaufwinkel. Bei Breitreifen für den Hochgeschwindigkeitsbereich werden außer dem doppelten Stahlgürtel noch andere hochwertige Materialien zur Stabilisierung der Karkasse verwendet. Der Winkel der sich kreuzenden Stahlfäden im Gürtel bestimmt übrigens wesentlich die Reifeneigenschaften hinsichtlich Schräglauf und Seitenkraftaufbau. Bei sportlichen Reifen ist dieser Winkel sehr spitz. Außerdem bestimmen auch die Krümmungsradien der Flanken, des Wulstes und der Lauffläche die Sportlichkeit eines Reifens. Der Gürtel selbst wird zum Beispiel beim Pirelli P Zero nochmals durch eine Nylonabdeckung geschützt – auch gegen Korrosion. Die Radial-Karkasse selbst besteht beim Pirelli Zero aus zwei Lagen Ryon-Gewebe, im Wulst- und Flankenbereich verstärkt durch die Wunderfaser Kevlar. Der Aufwand ist nötig, um auch bei hohen Geschwindigkeiten die Kontur des Reifens einigermaßen stabil zu halten.

Reifenbezeichnung und Abmessungen

Ebenso wie die Felgen besitzen auch die Reifen ganz bestimmte Abmessungen, die man bei einem Übergang auf eine andere Größe oder schon auf ein anderes Fabrikat berücksichtigen muss. Die genauen Reifenabmessungen kann man den Reifenhandbüchern oder den Datenblättern entnehmen, die jede Firma von Zeit zu Zeit ausgibt. Zur Kennzeichnung von Gürtelreifen benutzt man teilweise Zahlen und teilweise Buchstaben, wobei der Durchmesser üblicherweise in Zoll angegeben wird. Normale Gürtelreifen, die ein Höhen-Breiten-Verhältnis von 0,8 aufweisen, werden zum Beispiel wie folgt gekennzeichnet: 165 R 13. Es bedeuten die 1. Zahl die Reifenbreite in mm, die 2. Zahl den Durchmesser in Zoll. Bei Breitreifen folgt nach der ersten Zahl hinter einem Schrägstrich das Querschnittsverhältnis in Prozent, der Buchstabe R steht für Radial. Also etwa 185/65 R 14. Zusätzlich zu diesen Größenangaben findet man noch den Geschwindigkeitsindex auf den Reifen angegeben.

Bezüglich der Geschwindigkeitsbereiche von Gürtelreifen gelten folgende Bezeichnungen (gültig ab 13 Zoll Durchmesser):

Bis 170 km/h . . . . .Bezeichnung R
Bis 180 km/h . . . . .Bezeichnung S
Bis 190 km/h . . . . .Bezeichnung T
Bis 210 km/h . . . . .Bezeichnung H
Bis 240 km/h . . . . .Bezeichnung V
Bis 270 km/h . . . . .Bezeichnung W
Bis 300 km/h . . . . .Bezeichnung Y
Über 240 km/h . . . . .Bezeichnung ZR

Für kleinere Reifen als 13 Zoll sind manchmal geringere zulässige Geschwindigkeiten anzusetzen, genaue Werte sind den Reifenhandbüchern zu entnehmen. Die Indices V bis ZR stehen für Hochleistungsreifen. ZR als höchste Klasse schließt W und Y mit ein und reicht über 300 km/h. Die tatsächlichen Grenzen sollte man beim Hersteller erfragen.

Neben den wichtigen Dimensions- und Geschwindigkeitsangaben trägt die Reifenflanke außer dem Namen des Herstellers noch eine ganze Latte anderer Bezeichnungen. Ist beispielsweise der Reifen an eine Laufrichtung gebunden, so ist dies mit einem Pfeil deutlich gekennzeichnet. Bei der Montage ist diese dann unbedingt zu beachten. Alle anderen

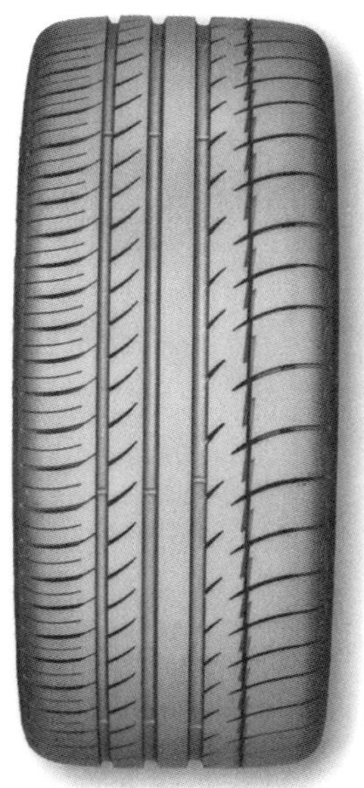

In den Reifenbreiten von 205 bis 275 mm kommt der Michelin Pilot Sport 2 mit fünf Längsstreifen aus, die breiteren Versionen haben sechs Längsstreifen

Dimension	Breite (mm)	Durchmesser (mm)	Abrollumfang (mm)	Felgenbreite (Zoll)
165 R 15	167	646	1960	4–5$^1/_2$
185/70 R 15	191	648	1970	5–6$^1/_2$
215/60 R 15	221	638	1930	6–7$^1/_2$
225/50 R 15	233	607	1840	6–8
225/50 R 16	233	632	1915	6–8
255/40 R 17	265	644	1940	9–9$^1/_2$

Bezeichnungen sind für den Endverbraucher weniger wichtig, mit einer Ausnahme vielleicht: die sogenannte DOT-Nummer. Die dreistellige Endzahl in der DOT-Nummer (Departement of Transport) gestattet es nämlich, das Alter des Reifens zu bestimmen. Und zwar bedeuten die ersten beiden Zahlen die Produktionswoche, die letzte Zahl das Jahr. Die Nummer 1206 z.B. bedeutet demnach, dass der Reifen in der zwölften Woche des Jahres 2006 produziert wurde. Das Alter des Reifens ist insofern wichtig, als die Gummimischung mit zunehmender Zeit in ihrem Reibbeiwert schlechter wird. Man sollte also nur Reifen mit nicht zu großen Altersunterschieden auf ein und demselben Fahrzeug benutzen, Reifen die älter als fünf Jahre sind, fallen bei Nässe stark ab.

Während Gürtelreifen der 70er Serie relativ einfach gegen normale Gürtelreifen austauschbar waren, ist dies bei den ultraflachen Ausführungen meist nicht der Fall. Der Grund dafür ist, dass 70er Reifen bei gleichem Außendurchmesser und Abrollumfang nur ca. 20 mm breiter sind als übliche Gürtelreifen und in der Regel auf dieselbe Felge passen. Reifen mit 60er und 50er oder noch geringerem Querschnitt hingegen benötigen nicht nur eine breitere, sondern auch eine größere Felge, wenn der gleiche Außendurchmesser beibehalten werden soll, vom größeren Platzbedarf in den Radkästen einmal abgesehen. Ein Vergleich der wichtigsten Maße von Reifen mit verschiedenem Querschnittsverhältnis macht dies deutlich. Es wurden dabei Reifendimensionen gewählt, die auf ein und demselben Fahrzeug (Porsche) teilweise alternativ zu finden waren bzw. sind.

Man sieht daraus, dass man z.B. bei Reifen mit 50er Querschnitt, um auf annähernd gleichen Außendurchmesser zu kommen, eine um ein Zoll im Durchmesser größere Felge benutzen muss. Gleicher Außendurchmesseer ist wegen der Fahrzeughöhe (Bodenfreiheit), des optischen Eindrucks, aber auch wegen des Abrollumfangs wichtig, der ja von Einfluss auf das Übersetzungsverhältnis ist.

Der dynamische Abrollumfang

Ein weiteres wichtiges Maß ist der sogenannte »dynamische Abrollumfang«, der sich von dem mit dem Metermaß messbaren Umfang des Reifens aus verschiedenen Gründen unterscheidet. Es handelt sich hierbei um den Umfang, den der Reifen beim Rollen besitzt (daher dynamisch).

Er wird bei 60 km/h gemessen und nimmt bei höheren Geschwindigkeiten und hohem Luftdruck um etwa 1 bis 2 Prozent zu. Der Abrollumfang wird oft auch als dynamischer Halbmesser (R = Rollradius) angegeben, man kann den Umfang, den man zur Ermittlung des Drehzahl-Geschwindigkeitsdiagrammes braucht, nach der altbekannten Kreisformel ($U = 2 \cdot \pi \cdot R$) ausrechnen.

Der Abrollumfang eines Reifens ist deshalb wichtig, weil sich mit ihm die Übersetzung ändert. Da Breitreifen bei gleicher oder größerer Breite wie die Normalreifen meist einen geringeren Abrollumfang als diese aufweisen, kann

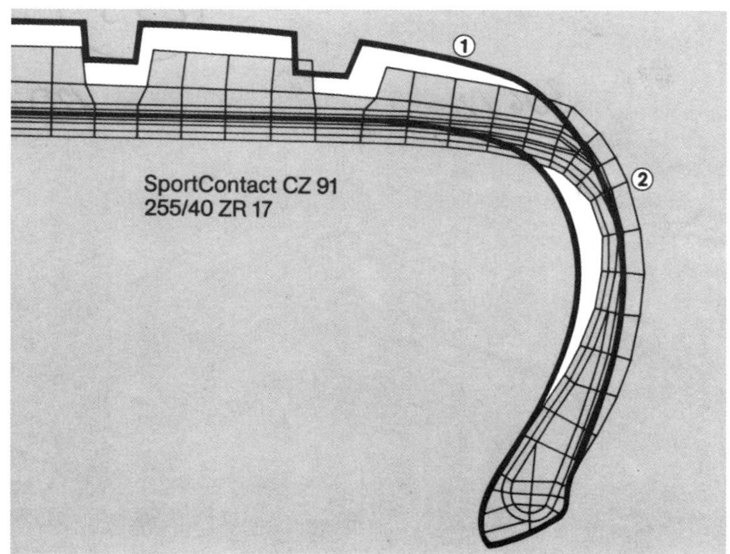

Bei hoher Geschwindigkeit ändert sich die Kontur durch die Fliehkraft. Kontur 1 zeigt die Fliehkraftkontur bei 300 km/h, Kontur 2 die Ausgangssituation im Stand (Continental).

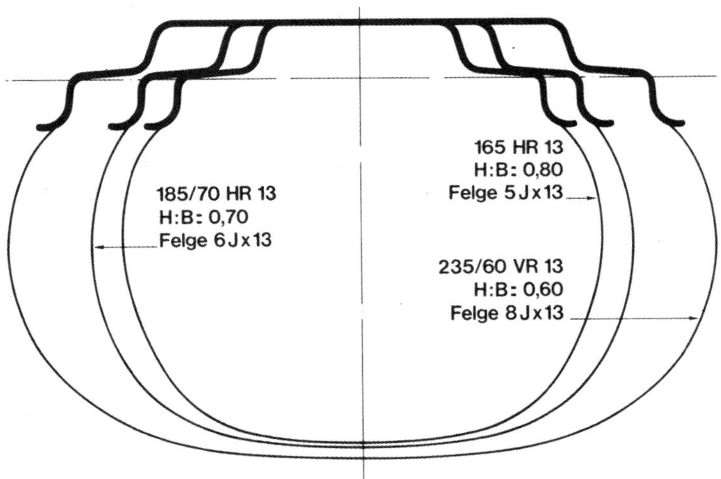

Der Tachometer ist auf einen bestimmten Abrollumfang des Reifens abgestimmt. Werden Felgen oder Reifen montiert, die den Abrollumfang verändern, muss der Tachometer über die Wegezahl (K-Wert) daran angepasst werden.

es manchmal zu nichterwünschten Drehzahlsteigerungen kommen. Sämtliche Reifenabmessungen und auch den Abrollumfang (bzw. den Rollradius) findet man in Reifenhandbüchern oder Datenblättern der Hersteller. Zum Abrollumfang der 70er Reifen ist zu sagen, dass dieser in etwa dem eines normalen Gürtelreifens mit 20 mm schmalerer Breite entspricht. Also hat ein Gürtelreifen der Dimenson 185/70 R 13 S den gleichen Abrollumfang wie ein normaler Gürtelreifen 165 R 13 S; bzw. ein Gürtelreifen 195/70 R 14 H hat den gleichen Umfang wie ein normaler Gürtelreifen 175 R 14 H. Der Austausch von normalen Reifen gegen breitere Gürtelreifen der Serie 70 ist also vom Abrollunfang her gesehen meist kein Problem, während bei Reifen mit 60er, 50er oder noch niedrigerem Querschnitt in der Regel auf größere Felgen übergegangen werden muss. In der folgenden Tabelle sind die Abrollumfänge der wichtigsten Gürtelreifengrößen nach WDK-Norm angegeben. Die Toleranz beträgt von Haus aus ± 1 Prozent, bei Abnutzung wird der Umfang geringer.

Abrollumfang und Breite der wichtigsten Gürtelreifengrößen:

Größe	Abrollumfang (mm)	Breite (mm)
145 – 10	1485	147
145 – 12	1645	147
155 – 12	1720	157
135 – 13	1670	137
145 – 13	1720	147
155 – 13	1750	157
165 – 13	1800	167
175 – 13	1840	178
145 – 14	1795	147
155 – 14	1835	157
165 – 14	1885	167
175 – 14	1920	178
185 – 14	1965	188
195 – 14	2010	198
205 – 14	2080	208
155 – 15	1915	157
165 – 15	1960	167
175 – 15	2020	178
185 – 15	2040	188
195 – 15	2090	198
205 – 15	2145	208
215 – 15	2230	218
145/70 – 12	1560	144
155/70 – 12	1590	156
165/70 – 10	1500	170
155/70 – 13	1665	156
165/70 – 13	1725	170
175/70 – 13	1760	176
185/70 – 13	1810	191
195/70 – 13	1845	176
185/70 – 14	1890	191
195/70 – 14	1925	202
205/70 – 14	1970	211
215/70 – 14	2010	222

Größe	Abrollumfang (mm)	Breite (mm)
175/70 – 15	1920	176
185/70 – 15	1970	191
195/70 – 15	1985	202
205/70 – 15	2025	207
215/70 – 15	2065	218
225/70 – 15	2110	225
145/65 – 13	1580	151
155/65 – 13	1625	163
165/65 – 13	1660	172
175/65 – 14	1780	184
185/65 – 14	1820	191
195/65 – 14	1860	204
185/65 – 15	1895	191
195/65 – 15	1935	204
205/65 – 15	1975	211
215/65 – 15	2015	225
185/60 – 13	1685	191
195/60 – 13	1710	203
205/60 – 13	1755	211
185/60 – 14	1765	191
195/60 – 14	1800	204
205/60 – 14	1835	211
195/60 – 15	1875	204
205/60 – 15	1910	211
215/60 – 15	1950	225
225/60 – 15	1985	232
225/60 – 16	2060	232
235/60 – 16	2100	244
195/55 – 13	1660	204
205/55 – 14	1775	211
195/55 – 15	1815	204
205/55 – 15	1850	211
215/55 – 15	1885	225
225/55 – 15	1920	232

Größe	Abrollumfang (mm)	Breite (mm)
205/55 – 16	1930	211
215/55 – 16	1965	225
225/55 – 16	1995	232
195/50 – 15	1760	204
205/50 – 15	1790	211
215/50 – 15	1820	225
225/50 – 15	1850	232
205/50 – 16	1865	211
215/50 – 16	1900	225
225/50 – 16	1930	232
235/50 – 16	1960	244
245/50 – 16	1990	253
255/50 – 16	2020	265
205/50 – 17	1945	211
215/50 – 17	1975	225
225/50 – 17	2005	232
235/45 – 15	1810	245
255/45 – 15	1865	265
205/45 – 16	1800	214
225/45 – 16	1855	234
245/45 – 16	1910	253
225/45 – 17	1930	234
235/45 – 17	1965	245
255/45 – 17	2020	265
235/40 – 17	1890	245
255/40 – 17	1940	265
265/40 – 17	1965	279
245/40 – 18	1990	253
255/40 – 18	2015	270
275/40 – 18	2065	289
225/40 – 19	2020	239
245/40 – 19	2070	258
255/40 – 19	2095	270
275/40 – 19	2145	289
245/40 – 20	2145	258

Größe	Abrollumfang (mm)	Breite (mm)
215/35 – 18	1850	227
225/35 – 18	1875	239
245/35 – 18	1918	258
255/35 – 18	1935	270
265/35 – 18	1960	282
275/35 – 18	1980	289
225/35 – 19	1955	239
235/35 – 19	1975	251
245/35 – 19	2000	258
255/35 – 19	2015	270
275/35 – 19	2060	289
285/35 – 19	2085	302
245/35 – 20	2075	258
275/35 – 20	2135	289
285/30 – 18	1920	302
295/30 – 18	1935	313
255/30 – 19	1943	270
265/30 – 19	1960	282
275/30 – 19	1980	289
295/30 – 19	2016	313
245/30 – 20	2000	258
255/30 – 20	2020	270
275/30 – 20	2055	289
285/25 – 20	1985	300
305/25 – 20	2015	326

Welcher Reifen auf welche Felge?

Reifenbreite und Felgenbreite stehen in direktem Zusammenhang. Man kann keinen superbreiten Reifen auf eine zu schmale Felge ziehen, da er auf der viel zu engen Basis zu »schwammig« wäre. Damit wären die gewünschten Effekte wie bessere Handlingeigenschaften und höhere Seitenführungskräfte nicht realisierbar. Aber auch zu breite Felgen können Schaden anrichten, weil die Gewebestruktur und der Unterbau des Reifens auf eine bestimmte Felgenbreite ausgelegt sind. Es ist

Obwohl diese Felge aus verschiedenen Teilen besteht, handelt es sich um ein einteiliges Rad. Luftführung und Schaufelkranz dienen der besseren Kühlluftförderung für die Bremsen (BMW M5).

darum für alle Reifengrößen eine sogenannte Normfelge verbindlich. Über und unter das Maß der Normfelge darf nur in begrenztem Umfang abgewichen werden. Für die Normfelge sind die technischen Reifendaten wie Breite, Durchmesser, Belastung usw. verbindlich. Weicht man von der Normfelge ab, so ändern sich diese Werte. Die für die Reifenbreite zugehörige Normfelgenbreite variiert je nach Querschnittsverhältnis um bis zu einem Zoll. Dabei gilt die Regel, je niedriger der Querschnitt, umso breiter die Normfelge. Die jeweils zugehörige Normfelge kann bei hohen Querschnittsverhältnissen um bis zu einem Zoll überschritten werden. Je niedriger die Flanke, umso geringer die Abweichungen von der Normfelge. Die Normfelge ist den jeweiligen Reifenhandbüchern oder dem dazugehörigen Datenblatt zu entnehmen (Reifenhandel). In der folgenden Tabelle sind nur die Reifenbreiten in Millimeter ohne Querschnittsverhältnis angegeben und die möglichen Felgenbreiten in Zoll.

Reifenbreite (mm)	**Mögliche Felgenbreite** (Zoll)
135	3,5 bis 4,5
145	3,5 bis 5,0
155	4,0 bis 5,0
165	4 bis 5,5
175	4,5 bis 6
185	4,5 bis 6,5
195	5 bis 7,5
205	5 bis 8,5
215	6 bis 8,5
225	6 bis 9
235	6,5 bis 9,5
245	8 bis 9,5
255	8,5 bis 10
265	9 bis 10,5
285	10 bis 11
295	10,5 bis 11,5
305	11 bis 12
315	11,5 bis 12

Räder und Felgenmaße

Bei Großserienautomobilen werden heute Stahlscheibenräder oder Leichtmetallräder mit Tiefbettfelgen verwendet. Das Stahlrad besteht aus der Radschüssel und der Felge, beide sind miteinander verschweißt oder vernietet. Oft wird auch das komplette Rad der Einfachheit halber als »Felge« bezeichnet.

Das bei einer Umbereifung wichtige Maß ist die Felgenbreite, der Felgendurchmesser muss natürlich ebenfalls stimmen. Die Felgenmaße des eigenen Autos findet man entweder

Mehrteilige Felgen erlauben den Austausch der miteinander verschraubten Komponenten. Der Vorteil liegt darin, dass sich beschädigte Teile einzeln austauschen lassen oder aber Radschüsseln mit verschiedenen Einpresstiefen in den Felgenkranz montiert werden können.

in der Betriebsanleitung oder, zumindest bei deutschen Rädern, in der Radschüssel eingestanzt. Dort kann man beispielsweise lesen: $6^1/_2$ J x 15. Dies bedeutet, dass die Felge $6^1/_2$ Zoll (ein Zoll = 25,4 mm) breit ist und im Durchmesser 15 Zoll misst. Der Buchstabe in der Felgenbezeichnung bezieht sich auf die Form des Felgenhorns. Auf dieses Felgenmaß kann man nur Reifen bis zu einer ganz bestimmten Breite und mit dem gleichen Innendurchmesser, nämlich 15 Zoll, montieren. Will man wesentlich breitere Reifen als für die betreffende Felgenbreite zulässig verwenden, muss man auch breitere Felgen benutzen.

Aber nicht nur aus diesem Grund kann es notwendig sein, auf breitere Felgen überzugehen. Wie wir gesehen haben, lassen sich mit breiteren Felgen bei gleicher Reifengröße auch grö-

Sieht gut aus – und fährt auch gut: Breite Reifen und große Felgen in Verbindung mit einem sauber abgestimmten Sportfahrwerk machen den BMW M3 zu einem Sportwagen mit hervorragender Straßenlage.

Verchromte Felge: Ab wann der Umbau auf breite Reifen und Leichtmetallfelgen sinnvoll oder aber peinlich wird, liegt natürlich auch im Ermessen des jeweiligen Betrachters. Eine weitere Frage ist: Was sagt der TÜV dazu?

ßere Seitenkräfte und damit höhere Kurvengeschwindigkeiten erzielen. Dieser Überlegung folgt auch die neuere Entwicklung bei Serienautomobilen, wo man immer häufiger ungewohnt breite Felgen vorfindet. Eine Felgenbreite von 5 Zoll stellt heute fast die untere Grenze dar, während man, besonders wenn das Wagengewicht sehr voluminöse Reifen erfordert, durchaus Felgenbreiten bis zu 8 Zoll und darüber finden kann. Bei Formelwagen und Prototypen sind Felgenbreiten bis zu 17 Zoll und darüber üblich.

Je breiter und größer die Räder, umso höher das Gewicht. Die ungefederten Massen sind jedoch schlecht für die Bodenhaftung. Deswegen wird bei großen Rädern mit breiten Felgen in der Regel auf Leichtmetalle (Aluminium-Legierung) oder auf noch leichtere Materialien zurückgegriffen. Leichtmetallräder sind in der Regel aus einem Stück, wobei sie entweder gegossen oder geschmiedet werden. Insbesondere für Wettbewerbszwecke, aber auch für getunte Autos gibt es geteilte (dreiteilige oder zweiteilige) Räder, die in der Breite besser variiert werden können.

Beim verbesserten Serienauto braucht man, zumal überdurchschnittlich breite Reifen wegen des mangelnden Platzes in den Radkästen nicht immer unterzubringen sind, nicht so weit zu gehen. Wir halten bei 15 bis 18 Zoll Durchmesser eine Felgenbreite von maximal 9 Zoll für die obere Grenze, bei 13 bis 14 Zoll dürften 6 bis 8 Zoll Breite ausreichen und für 12 Zoll Durchmesser tun es 6 Zoll Breite. Bei extrem großen Durchmessern (z.B. 20 Zoll) sind auch größere Felgenbreiten vorzusehen, die aber ans Fahrzeug angepasst werden müssen.

Auch gilt es zu beachten, ob die Felge auf der gelenkten Vorderachse oder auf der Hinterachse montiert wird. Vorne sollte man wegen der besseren Lenkbarkeit nicht zu breit werden, hinten können es ruhig (dies gilt ohnehin bei unterschiedlichen Reifenbreiten) ein bis zwei Zoll mehr sein.

Breitere Felgen oder besser gesagt Räder kann man inzwischen für fast jeden Autotyp beziehen. Sie werden zum Teil im Zubehörhandel angeboten, sind aber auch in manchen Fällen durch den jeweiligen Automobilhersteller als Sonderausstattung lieferbar. Die Frage, ob man sich beim Kauf breiterer Räder für Stahlscheibenräder oder Leichtmetallräder entschließt, wird wohl in erster Linie vom Geldbeutel entschieden, denn Leichtmetallräder sind wesentlich teurer.

Dessen ungeachtet ist das Leichtmetallrad das Mittel der Wahl, denn große Felgenbreiten und Raddurchmesser lassen sich mit Stahlrädern nur unter Inkaufnahme von sehr hohem Gewicht realisieren. Aber gerade hohes Radgewicht ist als wesentlicher Bestandteil der ungefederten Massen für die Fahreigenschaften von Nachteil. Aus diesem Grund werden heute alle Wettbewerbswagen, aber auch die meisten Se-

riensportwagen mit Leichtmetallrädern ausgerüstet, wobei vorzugsweise gegossene Räder eingesetzt werden. Als Material kommen Aluminium- oder Magnesiumlegierungen in Frage, wobei letztere wegen des geringen Gewichts für Wettbewerbsräder vorzuziehen sind. Magnesiumlegierungen werden auch unter der Bezeichnung »Elektron« verkauft.
Doch entsprechen keineswegs alle im Handel angebotenen Leichtmetallräder qualitativ den hohen Anforderungen, die Automobilfabriken an Räder stellen, wobei insbesondere Dauerfestigkeit, Rundlauf und Maßgenauigkeit beanstandet werden. Die grundsätzlichen Vorteile von Leichtmetallrädern wie geringes Gewicht, breite Felgenbasis, breitere Spur usw. können jedoch nur dann gefahrlos genutzt werden, wenn für die entsprechenden Räder eine ABE, ein Festigkeitsnachweis oder ein Mustergutachten des TÜV existiert. Ebenso sind natürlich sämtliche Räder verwendbar, die eine Werksfreigabe für den jeweiligen Autotyp vorweisen können. Vom Kauf anonymer, womöglich extrem preiswerter Leichtmetallräder ist aus den genannten Gründen dringend abzuraten. Denn oft erweist sich das vermeintliche »Schnäppchen« als Ausschussware, die auf diesem Wege vermarktet wird.

Breitere Spur

Auf die Möglichkeit der Spurverbreiterung durch geänderte Felgen wurde bereits hingewiesen. Für die Spurbreite eines Rades ist jedoch nicht allein die Felgenbreite, sondern in erster Linie ein anderes Maß verantwortlich. Obwohl durch eine breitere Felge die Spur optisch breiter wirkt, ist dies in Wirklichkeit nicht der Fall, da die Spur von Felgenmitte zu Felgenmitte gemessen wird. Wenn man also die Felge nach außen und innen um den gleichen Betrag verbreitert, ändert sich nichts an diesem Wert.
Die Spur ändert sich aber dann, wenn man die Radschüssel, also den Innenteil des Rades, womit es an den Radträger bzw. die Radnabe geschraubt wird, relativ zur Felge verschiebt.

Das für die Spurbreite wichtige Maß ist die sogenannte Einpresstiefe (ET) eines Rades (siehe auch Skizze), ist also das Maß von der Felgenmitte bis zur inneren Anlagefläche am Radträger (Nabenflansch). Je geringer die Einpresstiefe, um so breiter wird die Spur. Das Maß kann positiv oder negativ sein. Auch die Einpresstiefe ist, wie alle übrigen wichtigen Räder- und Felgenmaße, im Räderkatalog zu finden und auf der Felge (ET) angegeben.
Der Einfluss der Einpresstiefe sei an dem folgenden Beispiel demonstriert. Angenommen, das Serienrad habe eine Einpresstiefe von 48 mm, das ausgewählte Sonderrad (Leichtmetallrad) aber hat nicht nur eine größere Felgenbreite, sondern auch eine geringere Einpresstiefe von nur 28 mm. Damit errechnet sich eine Spurverbreiterung von zweimal der Differenz der beiden Einpresstiefen, also 2 x 20 mm = 40 mm. Die Felgenbreite selbst bleibt ohne Einfluss auf die Spur.

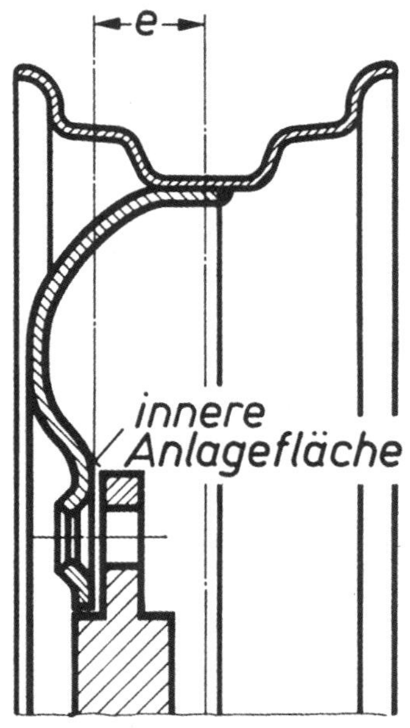

Breitere Spur durch kleinere Einpresstiefe: Die Einpresstiefe (e) ist der Abstand zwischen der Radmitte und der inneren Anlagefläche der Felge auf der Radnabe. Entscheidend ist der Einfluss der Einpresstiefe auf den Lenkrollhalbmesser.

Breitere Spur durch Distanzringe: Auch Distanzringe verändern den Lenkrollhalbmesser, da die Felge auf der Radnabe nach außen rückt.

In der Regel werden breitere Felgen (Sportfelgen) auch mit geringerer Einpresstiefe zwecks Spurverbreiterung geliefert, so dass man dann zwei Fliegen mit einer Klappe schlägt. In der Praxis sollte man jedoch mit der Spurverbreiterung zumindest an der Vorderachse nicht zu weit gehen, um Achsschenkel und Lenkungsteile nicht zu stark zu beanspruchen. Ausnahme: spurverbreiternde Räder sind direkt ab Werk lieferbar, wo man die Grenzen kennen muss. Im Übrigen verschlechtert sich durch größere Einpresstiefe der Geradeauslauf, und die Lenkung wird empfindlicher gegen Stöße. Bei Fahrzeugen mit negativem Lenkrollradius kann die geringere Einpresstiefe die durch diese Maßnahme erzielte Fahrstabilität reduzieren.

Die Spurbreite kann man außerdem durch Zwischenlegen von Distanzscheiben oder -stücken zwischen Rad und Radträger vergrößern. Man sollte jedoch auf eine einwandfreie Fertigung dieser Teile achten. Die Anlageflächen müssen sauber gearbeitet und unbedingt plan sein, weil sonst ein Verzug des Rades oder der Bremstrommel (falls vorhanden) zu befürchten ist. Als Material für Distanzstücke sollte nur Leichtmetall Verwendung finden, um die ungefederten Massen nicht unnötig zu vergrößern. Zu den Spurverbreiterungen gehören natürlich auch längere Radbolzen, die hohen Qualitätsanforderungen genügen müssen, wenn sie kein erhöhtes Sicherheitsrisiko darstellen sollen.

Stoßdämpfer und Stoßdämpferbauarten

Vom erheblichen Einfluss der Stoßdämpfer auf die Fahreigenschaften war bereits in einem der vorhergehenden Abschnitte die Rede. Wir wollen hier des besseren Verständnisses wegen nochmals kurz darauf eingehen, um anschließend die verschiedenen Stoßdämpferbauarten mit ihren Vor- und Nachteilen zu besprechen.

Funktion des Stoßdämpfers

Eine durch Straßenunebenheiten in Schwingungen versetzte Achse mindert durch Radlastschwankungen erheblich die Bodenhaftung und den Komfort, da sich ja die Schwingungen auch auf die Karosserie übertragen und hier unangenehme Bewegungen hervorrufen. Die Stoßdämpfer, die man richtiger als Schwingungsdämpfer bezeichnet, haben also die Aufgabe, die Achsen bzw. die Räder samt Radaufhängung nach dem Ein- und Ausfedern möglichst schnell zu beruhigen, um unerwünschte Nachschwingungen zu vermeiden. Diese Aufgabe fällt um so schwerer, je größer die ungefederten Massen (das Gewicht) der jeweiligen Radaufhängung sind. Schwere Achsen, wie z. B. Starrachsen mit Differential und Achsantrieb, benötigen eine härtere Dämpfung als leichte Radaufhängungen wie z. B. Doppelquerlenker. Diese relativ hochfrequenten Schwingungen der Radaufhängung werden in erster Linie durch eine straffe Ausfederdämpfung (Zugstufe) beruhigt.
Der Aufbau selbst, also die Karosserie, schwingt mit sehr viel geringerer Frequenz. Aufbauschwingungen sind ebenso störend für den Komfort wie für die Fahreigenschaften. Denn starke Hub- und Wankbewegungen führen zu schwankenden Radlasten, was für die Bodenhaftung von Nachteil ist. Aufbaubewegungen werden ebenso wie Achsbewegungen von Straßenunebenheiten verursacht. Aber auch die Fahrdynamik, also Kurvenfahrt, Bremsen und Beschleunigen, bringt den Aufbau in Bewegung, wodurch Gewichtsverlagerungen

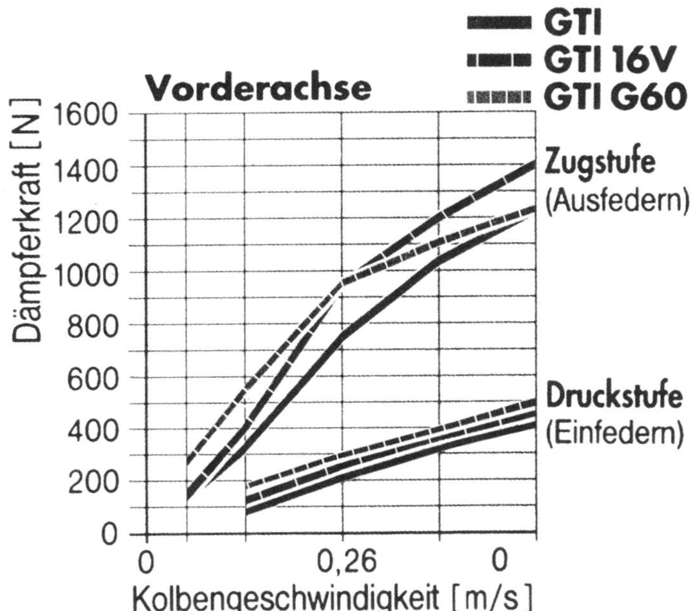

Das Diagramm zeigt die unterschiedlichen Dämpferkennlinien für den VW Golf GTI, den GTI 16V und den GTI G 60. Dabei wird die Dämpfkraft in Abhängigkeit von der Kolbengeschwindigkeit des Stoßdämpfers gemessen. Interessant ist, dass der GTI 16V eine höhere Druckstufe als der G60 aufweist. Der Grund ist in der wesentlich härteren Stabilisierung (Querstabilisator) des G60 zu suchen, die zu einer Reduzierung der Wank- und Aufbaubewegungen führt.

Einstellbare Stoßdämpfer erlauben die getrennte Justierung der Druck- und Zugstufe. Je nach Einsatzzweck sind verschiedene Dämpfungs-Charakteristiken möglich.

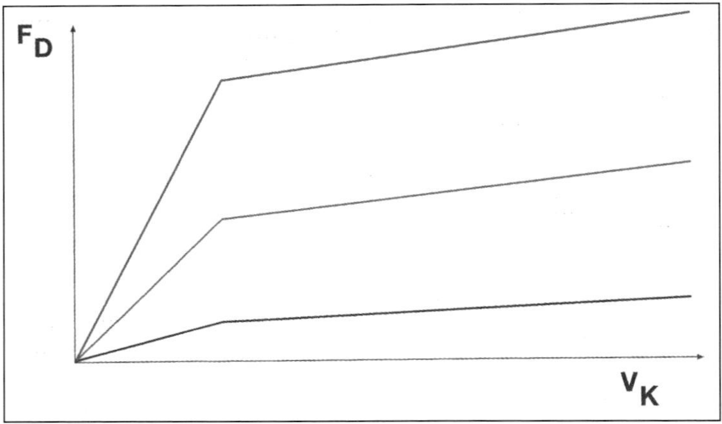

auftreten sowie Ein- und Ausfederbewegungen. Aufbaubewegungen werden neben der Härte der Federung selbst auch stark von der Einfederdämpfung (Druckstufe) beeinflusst.
Da mit zunehmend weicher Federung die Dämpfung der Einfederbewegung zum Tragen kommt, können somit Stoßdämpfer auch zur Beeinflussung des Eigenlenkverhaltens herangezogen werden, was in zunehmendem Maße schon bei der Fertigung von Serienautomobilen geschieht. Man sieht also, dass der Stoßdämpfer zu einem sehr wichtigen Bauteil geworden ist, das für die Straßenlage eines Autos von ausschlaggebender Bedeutung sein kann.

Zug- und Druckstufe

Stoßdämpfer verlangsamen (dämpfen) also sowohl das Einfedern als auch das Ausfedern des Rades. Dies geschieht heute fast ausnahmslos durch hydraulische Teleskopstoßdämpfer, die doppeltwirkend arbeiten. Der Zusatz »doppeltwirkend« bezieht sich auf die oben erwähnte Eigenschaft (Dämpfung des Ein- und Ausfedervorganges). Die Reibungsstoßdämpfer der 30er Jahre gehören außer bei stringenten Oldtimern gottlob der Vergangenheit an, während man die ebenfalls hydraulisch arbeitenden Hebelstoßdämpfer in alten englischen Automobilen bisweilen noch findet. Hebelstoßdämpfer erreichen aus verschiedenen Gründen, deren Aufzählung wir uns hier ersparen wollen, keineswegs die Qualitäten eines guten Teleskopstoßdämpfers.

Bei doppeltwirkenden Teleskopstoßdämpfern unterscheidet man, wie schon erwähnt, die Druck- und die Zugstufe. Beim Zusammendrücken des Dämpfers werden die Kräfte der Druckstufe wirksam, beim Auseinanderziehen die Kräfte der Zugstufe. Da man in erster Linie das zu schnelle Ausfedern des Rades verhindern will, während hingegen das Rad durchaus relativ schnell einfedern soll, damit Unebenheiten nicht zu stark spürbar werden (Komfort!), sind die Kräfte der Zugstufe in der Regel wesentlich höher als die der Druckstufe. Die üblichen Verhältnisse liegen bei Serienautos in der Gegend von 1:3 für Druckstufe : Zugstufe.
Bei weicher Federung und sportlicher Fahrweise ist jedoch eine Verstärkung der Druckstufe durchaus angebracht, damit das Rad beim schnellen Einfedern guten Bodenkontakt behält und nicht springt. Auch das Trampeln schwerer Starrachsen kann durch eine härtere Druckstufe gemildert werden, die Wankneigung des Aufbaus wird verringert. Wie bereits erwähnt wurde, ist jedoch die richtige Abstimmung des Stoßdämpfers, wozu auch das Kräfteverhältnis der Druck- und Zugstufe gehört, Angelegenheit des Stoßdämpfer-Herstellers und in der Regel nachträglich nicht zu ändern. Eine Ausnahme bilden hier einstellbare Stoßdämpfer, wie sie z. B. von Bilstein, Koni, Sachs oder anderen Lieferanten zum nachträglichen Einbau angeboten werden. Hier

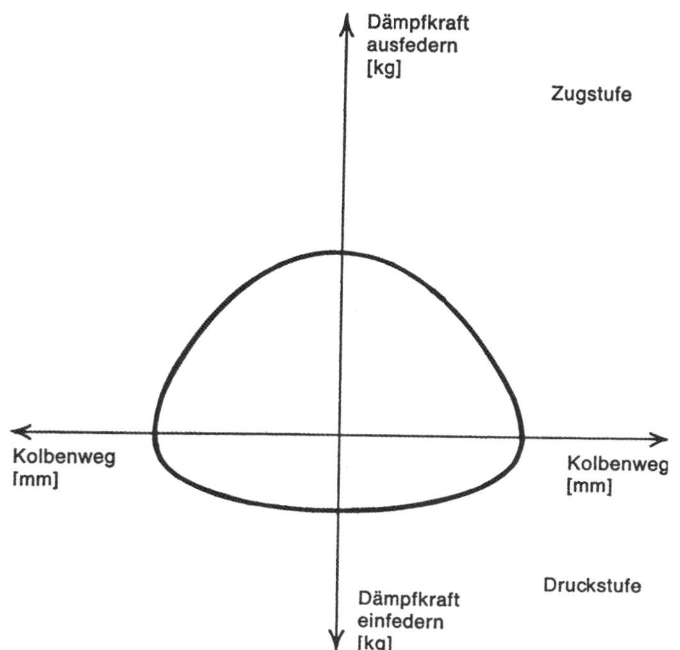

In diesem einfachen Diagramm wird die Dämpfkraft bei einer bestimmten Einfeder- bzw. Ausfedergeschwindigkeit über dem Kolbenweg aufgezeichnet. Es ist deutlich zu sehen, dass die Dämpfkraft der Zugstufe (Ausfedern) mehr als doppelt so große Werte erreicht wie in der Druckstufe (Einfedern).

gibt es eine breite Angebotspalette bis hin zu extrem leichten Sportdämpfern, bei denen sich Druck- und Zugstufe (fast) beliebig variieren lassen.

Komfortabler sind hier serienmäßige elektronisch (elektrisch) einstellbare Fahrwerke, wie sie inzwischen viele Hersteller von Audi bis Porsche im Programm haben. Hier lassen sich verschiedene Dämpferhärten vorwählen, manchmal auch stufenlos oder automatisch an die Fahrweise angepasst. Sogenannte aktive Fahrwerke ermöglichen sogar eine Änderung der Federhärte (adaptiv oder vorwählbar). Nachteil: Die Systeme sind nicht nachrüstbar.

Die beim Ein- und Ausfedern am Stoßdämpfer auftretenden Kräfte sind außerdem vom Hub und der Geschwindigkeit abhängig, mit denen der Stoßdämpfer zusammengedrückt bzw. auseinandergezogen wird. Der Hub ist abhängig vom Federweg und der Anlenkung des Stoßdämpfers. Er beträgt bei komfortabel ausgelegten Fahrzeugen etwa 200 Millimeter, bei sportlichen Fahrzeugen etwa 100 mm und bei Rennfahrzeugen noch weniger. In der Formel 1 stehen für den Dämpfer nur etwa 10 mm Dämpferhub zur Verfügung, was die Abstimmung nicht gerade einfach macht und zu sehr hohen Drücken führt. Grundsätzlich gilt, dass bei hohen Dämpfergeschwindigkeiten und großem Hub die Dämpferkräfte größer sind als bei geringer Federbewegung (kleiner Hub) mit niedriger Kolbengeschwindigkeit.

Als grobe Grundregel zur Abstimmung auf unterschiedliche Streckenverhältnisse gilt:

- unebene Oberfläche: weichere Dämpfung
- glatte Oberfläche: härtere Dämpfung

Zur Bestimmung der Dämpfkraft in Abhängigkeit von Hub und Geschwindigkeit sind Prüfmaschinen notwendig, die das Dämpferdiagramm bei verschiedenen Stoßdämpfergeschwindigkeiten bzw. Prüfhüben entweder mechanisch aufzeichnen oder auf einem Oszillographen sichtbar machen. Etwas einfacher arbeiten die sogenannten Serienkontrollmaschinen, die bei gleicher Stoßdämpfergeschwindigkeit nur einen bestimmten Prüfhub messen.

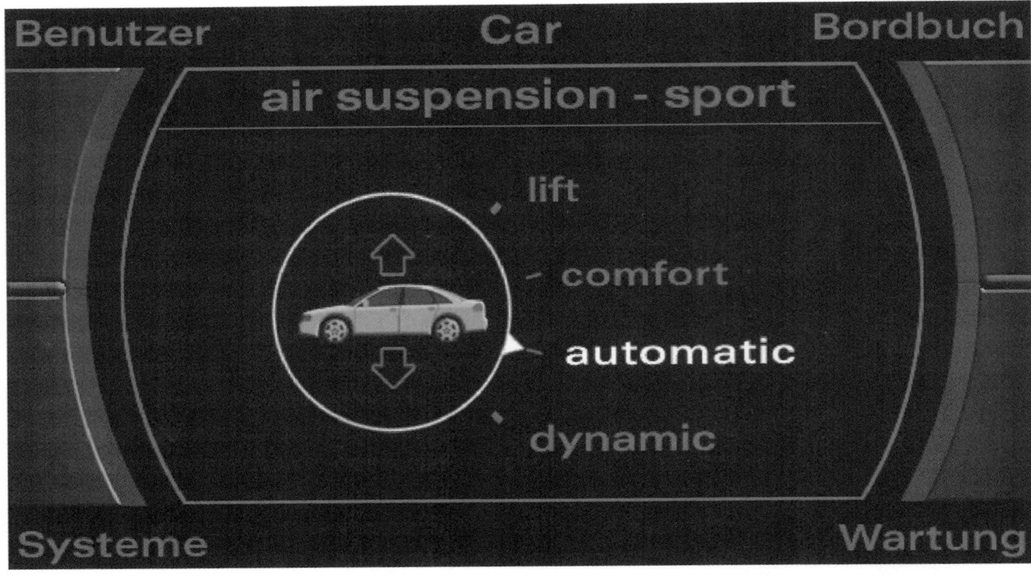

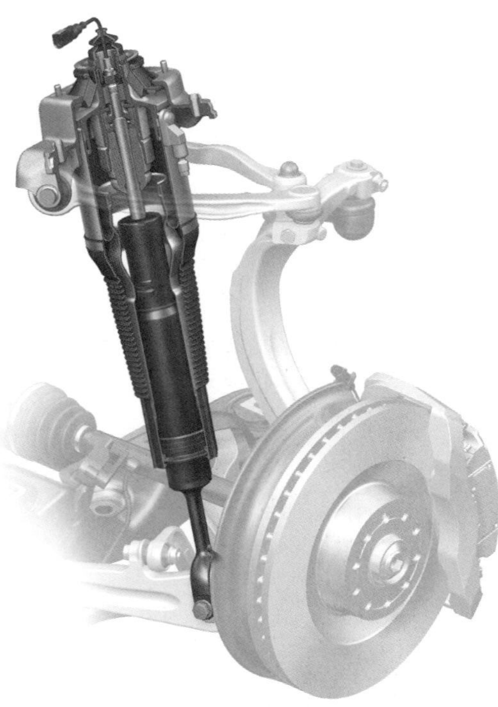

Die elektronisch geregelte Luftfederung löst den zentralen Zielkonflikt einer Fahrwerksabstimmung. Konkret: Die Kombination aus Luftfederung und stufenlosem Dämpfersystem verknüpft hohe Fahrdynamik mit exzellentem Komfort.

Das Arbeitsprinzip

Die Arbeitsweise eines Teleskopstoßdämpfers ist vom Prinzip her recht einfach. Ein Kolben, der an einer mit der Radaufhängung verbundenen Kolbenstange befestigt ist, macht die Federbewegungen des Rades in einem mit Öl gefüllten Zylinder mit. Der Kolben selbst besitzt Ventile, durch die das Öl mehr oder weniger schnell passieren kann. Der Widerstand, den der Kolben bei seiner Bewegung im Öl findet, bestimmt hauptsächlich die Dämpfkraft. Man kann also durch verschieden große Ventile die Stoßdämpferkraft beeinflussen.
Die beim Dämpfungsvorgang aufgebrachte Arbeit wird in Wärme umgesetzt, was bedeu-

Kompakte Anordnung der zwei Stoßdämpfer an der Hinterachse. Weder Druck- noch Zugstufe können bei diesen Standard-Stoßdämpfern verändert werden.

tet, dass ein Stoßdämpfer sich um so mehr erwärmt, je stärker er beansprucht wird. Die an der Kolbenstange übertragene Dämpfungskraft erzeugt im Innern des Dämpfers einen sogenannten Arbeitsdruck, dem das Öl, die Zylinderwände, die Dichtungen und die Ventile ausgesetzt sind.

Schon diese Überlegungen zeigen, dass der Aufbau der Teleskop-Stoßdämpfer, so einfach ihr Arbeitsprinzip auch ist, nicht ganz unkompliziert sein kann. Die Abdichtung der Kolbenstange und der Ausgleichsraum für die durch Erwärmung und beim Einfahren der Kolbenstange entstehende zusätzliche Ölmenge stellen hier die Hauptprobleme dar. Dabei wurden verschiedene Dämpfungssysteme entwickelt, von denen wir die beiden wichtigsten beschreiben wollen. Man unterscheidet sogenannte Einrohrdämpfer, wie sie z. B. von den Firmen Bilstein und Fichtel & Sachs produziert werden, und Zweirohrdämpfer, die in Deutschland weiter verbreitet sind und von

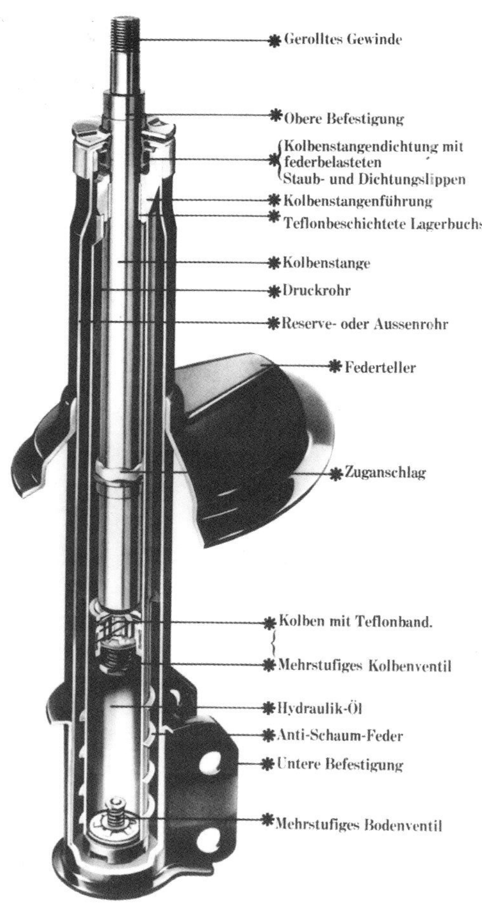

Der Querschnitt zeigt den komplizierten Aufbau eines kompletten Vorderachsfederbeins mit Zweirohr-Dämpfereinsatz (Monroe). Das Kolbenventil ist für die Zugstufe, das Bodenventil für die Dämpfkraft der Druckstufe verantwortlich.

den Firmen Bilstein, Boge, Fichtel & Sachs, Koni und Monroe und vielen anderen hergestellt werden. Beide Dämpfersysteme haben ganz spezifische Vor- und Nachteile, ihre Arbeitsweise wollen wir an zwei typischen Dämpferfabrikaten erläutern.

Einrohrstoßdämpfer

Einrohrstoßdämpfer haben gegenüber den Zweirohrausführungen den Vorzug, besser gekühlt zu werden (keine doppelte Wand!), ihr Kolbendurchmesser kann bei gegebenem Außendurchmesser größer gewählt werden, wodurch die Innendrücke wiederum kleiner werden. Dämpfer für sportlichen Einsatz werden

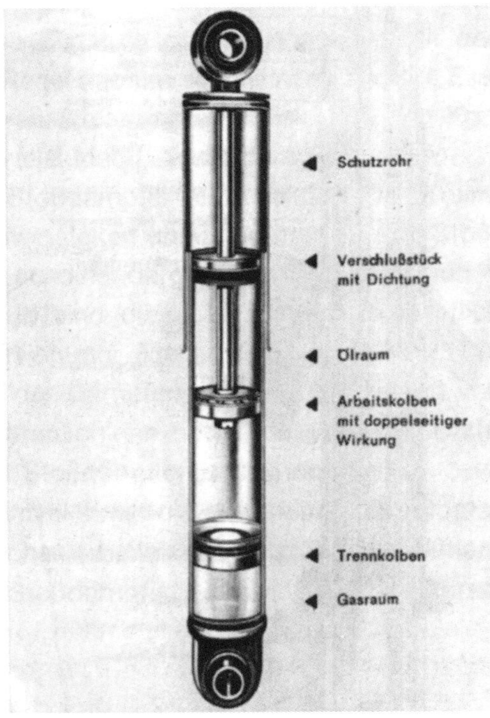

Der Bilstein-Stoßdämpfer weist als Besonderheit gegenüber anderen Einrohrstoßdämpfern einen »schwimmenden« Trennkolben auf. Der Gasraum dient als Ausgleichsbehälter für das Volumen der einfahrenden Kolbenstange. Gleichzeitig steht der Ölraum stets unter einem gewissen Überdruck, wodurch Kavitation und Schäumen des Öls vermieden wird.

daher nicht nur aus Gewichtsgründen, sondern auch wegen der besseren Kühlung aus Leichtmetall hergestellt. Mit Einrohrstoßdämpfern ist eine bessere Druckdämpfung (Druckstufe) möglich, da der größere Kolbendurchmesser die Unterbringung ordentlicher Ventile gestattet. Der Fahrkomfort ist mit Einrohrstoßdämpfern bei gleicher Dämpfwirkung etwas besser, was nicht zuletzt eine Folge der geringeren Innendrücke ist. Als Nachteile der Einrohrbauweise sind die größere Einbaulänge und die unter Druck stehende Kolbenstangendichtung zu nennen.

Beim Bilstein-Stoßdämpfer, dessen Öl nach dem System de Carbon unter einem Gasdruck steht, wird schließlich das durch Unterdrücke mögliche Schäumen des Öls, was eine Verminderung der Dämpfwirkung hervorruft, vermieden. Der prinzipielle Aufbau des Bilstein-Gasdruck-Stoßdämpfers ist recht leicht zu verstehen. Der Dämpferkolben bewegt sich in einem mit Öl gefüllten Rohr (Zylinder) auf und ab. Das Rohr ist nach oben (siehe auch Skizze) mit einem Deckel verschlossen, durch ihn läuft die Kolbenstange, die natürlich sorgfältig abgedichtet sein muss, damit kein Öl nach außen dringt.

Nach unten wird der ölgefüllte Raum durch einen Trennkolben abgeschlossen, der von der Gegenseite unter Gasdruck steht. Hinter diesem Trennkolben befindet sich der eigentliche Ausgleichsraum (Gasraum), der um die zusätzliche Ölmenge, die beim Einfahren der Kolbenstange und bei Erwärmung entsteht, verkleinert wird. Dies ist deshalb möglich, da Gase im Gegensatz zu Flüssigkeiten komprimierbar sind. Selbstverständlich muss der Gasraum etwas größer als das zusätzliche Ölvolumen sein.

Die Dämpfkraft der Bilstein-Stoßdämpfer wird durch die Bemessung und Ausführung der Kolbenventile bestimmt. Sie ist (normalerweise) nachträglich nicht zu verändern. Bilstein-Stoßdämpfer sind für zahlreiche Automobile lieferbar, inziwschen gibt es auch zur Nachrüstung Zweirohrausführungen.

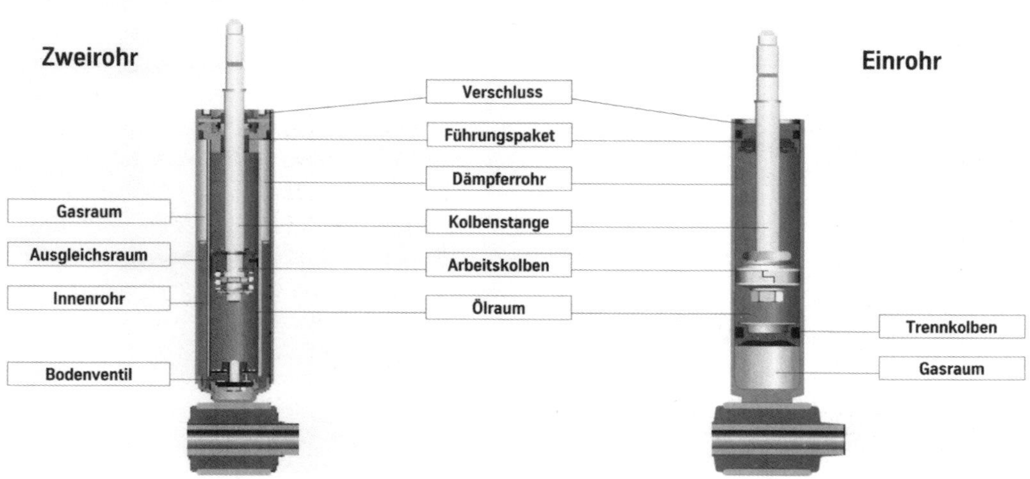

Der Hauptvorteil eines Zweirohrstoßdämpfers ist die kürzere Baulänge. Nachteilig sind die Vorgaben zur Einbaulage, die den Einsatz von Zweirohrstoßdämpfern beschränken.

Zum Fahrwerkstuning liefert aber der mittlerweile zu Thyssen Krupp gehörende Stoßdämpferhersteller ein ganzes Sortiment sportlicher Stoßdämpfer und Federbeine, angefangen von nicht nachstellbaren Sportstoßdämpfern bis zur PSS-Serie (Professional Suspension System) mit einstellbaren Spezialfedern und mehrstufiger Dämpfereinstellung. Die zahlreichen Einstellmöglichkeiten erforden natürlich eine aufwendige Erprobung.

Zweirohrstoßdämpfer

Beim Zweirohrsystem läuft ähnlich wie beim Einrohrdämpfer der Kolben mit der Kolbenstange im inneren Rohr. Der Ausgleichsraum für das zusätzliche Öl befindet sich in einem Mantelrohr, das in einem bestimmten Abstand um das Innenrohr gelegt ist. Daher auch das Unterscheidungsmerkmal »Zweirohr-Dämpfer«.
In der Zugstufe (Ausfedern) arbeiten Zweirohrdämpfer genauso wie der Einrohrstoßdämpfer. Der Kolben wird im Ölraum nach oben gezogen, die auf dem Kolben befindlichen Ventile bremsen den Öldurchfluss und bestimmen dadurch die Kräfte des Dämpfers.
Bei der Druckstufe sieht es jedoch etwas anders aus. Da der Zweirohrdämpfer auf Grund seines Aufbaus einen kleineren Kolben besitzt als der Einrohrdämpfer, lässt sich auf dessen wesentlich kleinerer Fläche ein ordentliches Druckventil meist nicht unterbringen. Man verlegte darum das eigentliche Druckventil des Dämpfers in den unteren Abschluss des Zylinders, man nennt es Bodenventil. Wenn sich der Dämpferkolben nun abwärts bewegt, stellen sich in dem Raum über und unter dem Kolben auf Grund von Überströmbohrungen annähernd gleiche Drücke ein, die Abwärtsbewegung (Einfedern) des Kolbens wird von dem durchströmenden Öl kaum gehemmt. Das durch die Kolbenstange verdrängte Öl jedoch muss durch das Bodenventil in den Ausgleichsraum gedrückt werden, so dass man auf diese Weise den gewünschten Gegendruck bzw. die Druckkraft an der Kolbenstange erhält.

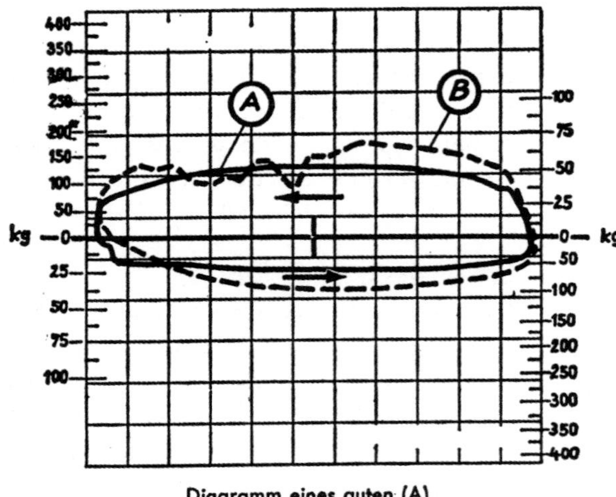

Diagramm eines guten (A)
und eines Dämpfers mit großen Fehlern (B)

Das linke Bild zeigt einen Schnitt durch einen Boge-Zweirohrstoßdämpfer und das Diagramm eines intakten und eines fehlerhaften Stoßdämpfers. Der rechte Schnitt durch ein Federbein verdeutlicht die Lage eines im Federbeinmantel untergebrachten Zweirohrdämpfers. Boge-Stoßdämpfer in Zweirohrausführung, Typ AT 27: (1) Arbeitszylinder, (2) verschiebbarer Kolben mit Hoch- und Niederdruckventil, (3) Kolbenstange, (4) Stangenführung, (5) Stangendichtung, (6) Bodenventil mit Druck- und Saugventil, (7) Außenrohr, (8) unteres Anschlussteil, (9) oberes Anschlussteil, (10) Schutzrohr.

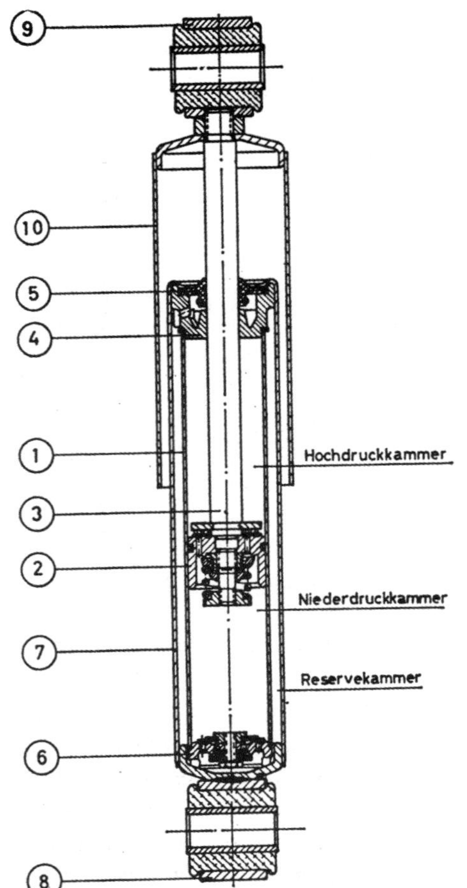

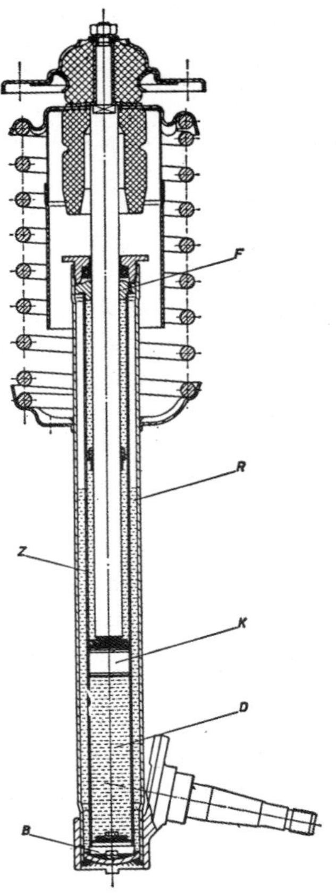

Reine Wettbewerbsstoßdämpfer sind speziell auf die Geometrie und den Bauraum der jeweiligen Radaufhängung zugeschnitten. Sie bestehen meist aus Leichtmetall und besitzen am Außenumfang ein Feingewinde zur Einstellung des Federtellers (Lancia Rallye).

Diese Methode hat freilich gegenüber dem Einrohrdämpfer einen Nachteil. Das durch das Bodenventil verdrängte Öl hat nur ein geringes Volumen, nämlich das der Kolbenstange. Um zu ausreichend hohen Dämpfkräften zu kommen, muss man zwangsläufig die Drücke sehr hoch wählen, was durch die Bemessung und Ausführung des Bodenventils geschieht. Die Vorzüge der Zweirohrbauweise sind geringere Einbaulänge und die problemlose, da druckfreie Abdichtung der Kolbenstange. Zweirohr-Stoßdämpfer dürfen nur bis zu 45 Grad geneigt eingebaut werden, ein Vertauschen zwischen oben und unten muss man vermeiden.

Zweirohrstoßdämpfer stellen, wie schon erwähnt, in Deutschland u.a. die Firmen Boge, Sachs und auch die Firma Bilstein her. Fast sämtliche Hersteller liefern mittlerweile Sportstoßdämpfer mit härterer Einstellung oder komplette Feder- und Dämpferbeine, zum Teil auch mit Gewindefahrwerk.

Einstellbare Stoßdämpfer

Fahrwerke mit einstellbarer Dämpfung sind heute bei zahlreichen Herstellern zumindest gegen Aufpreis im Angebot (z. B. Audi, BMW, Mercedes-Benz, Opel, Porsche). Dabei wer-

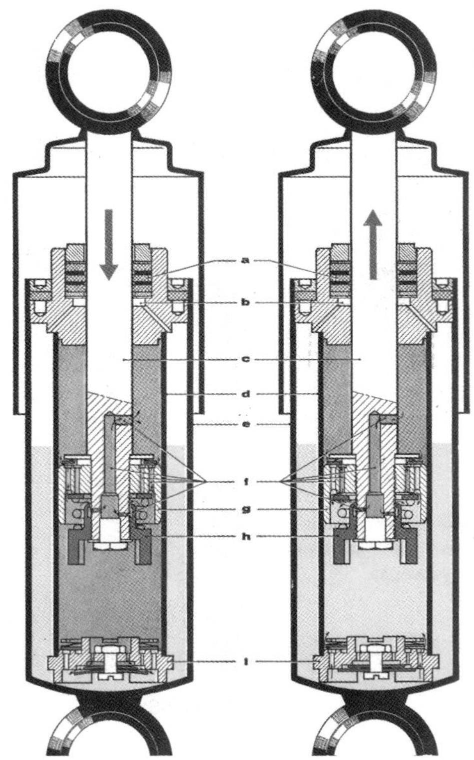

Die beiden Schnittbilder zeigen einen Koni-Stoßdämpfer in zwei Phasen. Links beim Einfedern (dunkel getönte Dämpferflüssigkeit steht unter Druck!), rechts beim Ausfedern. Die wichtigsten Teile des Dämpfers sind mit Buchstaben gekennzeichnet: (a) Kolbenstangendichtung, (b) Entlüftung, (c) Kolbenstange, (d) Zylinder, (e) Behälterrohr, (f) Bohrungen, (g) Kolben, (h) Verstellmechanismus, (i) Bodenventil.

den in der Regel die Dämpfkräfte in zwei oder drei Härtestufen vom Fahrer vorgewählt. Eine Elektronik setzt dann die Vorwahl in entsprechende Dämpfung um, wobei normalerweise die Dämpfkräfte durch elektrische Verstellung der Ventilquerschnitte beeinflusst werden. So lässt sich ganz nach Wunsch eine bedarfsgerechte Dämpfung erzielen. Der Nachteil ist der hohe Preis und die Tatsache, dass sich solche Systeme nicht nachträglich einbauen lassen.
Sehr viel einfacher sind mechanisch von Hand einstellbare Stoßdämpfer aufgebaut, was letztlich auch einen günstigeren Preis nach sich zieht.
Die Firma Koni, seit Jahrzehnten mit nachstellbaren Sportstoßdämpfern im Geschäft, hatte für nahezu alle gängigen Fahrzeugtypen solche Dämpfer im Programm. Auch bei Koni gibt es inzwischen Dämpfer bzw. Federbeine, bei denen Druck- und Zugstufe eingestellt werden können. Inzwischen haben fast alle anderen namhaften Hersteller nachgezogen und bieten einstellbare Dämpfer an, oft sehr einfach durch ein außen angebrachtes Rändelrad. Wir wollen dennoch hier das Prinzip und die Einstellprozedur des (einfachen) Koni-Dämpfers, der ein Schrittmacher dieser Entwicklung war, beschreiben.

Koni-Stoßdämpfer

Die seit Jahren bewährten Koni-Stoßdämpfer besitzen eine Nachstell- bzw. Einstellmöglichkeit der Zugstufe. Mit Hilfe eines Gewindestückes am unteren Ende der Kolbenstange kann die Spannung des Zugventils verstärkt und gleichzeitig der Querschnitt der Übergangsbohrungen verringert werden. Hierdurch ergeben sich, vornehmlich auf der Zugstufe, höhere Dämpferkräfte.
Die Firma Koni empfiehlt, den Dämpfer zunächst ohne härtere Einstellung zu fahren (Werkseinstellung) und nur, falls härtere Dämpfung erwünscht ist (z. B. bei Wettbewerbsfahrzeugen) oder wenn die Dämpfwirkung nachlässt, den Dämpfer um ca. 2 halbe Umdrehungen nachzustellen. Auf keinen Fall sollte der Dämpfer, solange er noch neu ist, auf die härteste Stufe gestellt werden, da hierdurch die Dämpfkräfte bereits sehr hoch werden. Bei neuen Koni-Stoßdämpfern können manchmal beim Auseinanderziehen und Zusammendrücken von Hand Unterschiede in der Dämpfkraft festgestellt werden. Diese Differenzen entstehen durch unterschiedlich große Reibung der Kolbenstange an der Dichtpackung, sie verschwinden nach einer gewissen Einlaufstrecke. Eine Einstellanleitung liegt je-

Eine Verstellung der Dämpfkraft bei Koni-Dämpfern ist meist nur in der Zugstufe möglich. Die vier Kurven über der Null-Linie zeigen den Kräfteverlauf (schematisch) unverstellt und mit 2, 4 oder 6 halben Umdrehungen zugedreht.

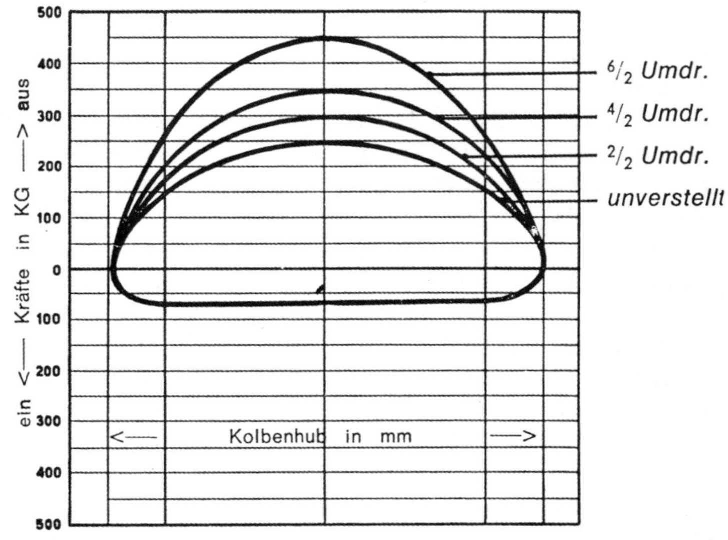

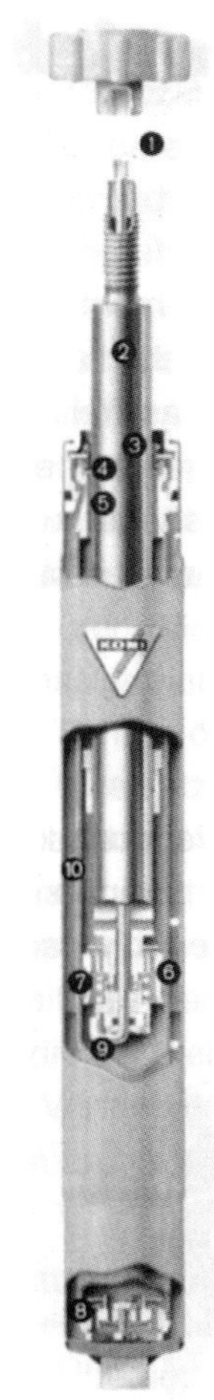

Dieser Koni-Federbeineinsatz lässt sich sowohl in der Druckstufe durch ein Handrad (1) und die dafür vorgesehene Verstellvorrichtung (2) einstellen als auch in der Zugstufe durch das Bodenventil (8). Es handelt sich übrigens um einen Zweirohrdämpfer mit Niederdruck-Gasfüllung, die sich im Ringraum (10) befindet.

dem Koni-Dämpfer bei, wir wollen dennoch die Einstellung kurz beschreiben.
Der Stoßdämpfer wird zur Einstellung ausgebaut, unten im Schraubstock eingespannt, ganz zusammengeschoben und sein Oberteil (Staubkappe bzw. Kolbenstange) leicht nach links (gegen den Uhrzeigersinn) verdreht, bis er fühlbar in die Nut des Verstellmechanismus einrastet.
Anschließend nach links weiterdrehen und die halben Umdrehungen zählen. Sie entsprechen der aktuellen Einstellung des Dämpfers. Wenn er gleich auf Anschlag geht, war er noch in der weichsten Stellung und noch nicht nachgestellt. Für härtere Einstellung zwei halbe Umdrehungen nach rechts drehen. Insgesamt stehen 5 halbe Umdrehungen zur Nachstellung zur Verfügung. Danach Stoßdämpfer auseinanderziehen (nicht drehen), bis sich die Nocken der Einstellmutter aus dem Bodenventil lösen. Achtung: Stoßdämpfer einer Achse immer gleich einstellen.
Neue Koni-Dämpfer stehen in der Regel in der weichsten Stellung. Bei einer zweiten oder dritten Nachstellung ist es ratsam, den Koni-Dämpfer zunächst in die weichste Stellung zu drehen, um anschließend genauer einstellen zu können. Wer die Einstellung ganz korrekt vornehmen möchte, sollte die Dämpfer auf einer Prüfmaschine vermessen und nach Bedarf korrigieren. Dies gilt insbesondere, wenn Dämpfer mit einstellbarer Zug- und Druckstufe benutzt werden.

Bilstein-Profi-Fahrwerke

Für hohe Ansprüche hat die Firma Bilstein technisch aufwendige Gewindefahrwerke entwickelt. Hier wurde Technologie aus dem Rennsport für straßentaugliches Tuning übernommen. Es handelt sich jeweils um Komplett-Einbausätze für Vorder- und Hinterachse, die für die meisten tuningverdächtigen Automarken erhältlich sind. Professional Suspension System / PSS 9 nennt Bilstein das anspruchsvolle Gewinde-Fahrwerk mit 9-facher Dämpfkraftverstellung von Druck– und Zugstufe.
Es besteht je nach Aufhängungstyp aus Federbeinen und/oder Dämpferbeinen mit speziellen Federn sowie einstellbaren Aluminium-Federtellern. Die Tieferlegung beträgt je nach Fahrzeugtyp zwischen 30 und 50 Millimetern. Hauptfeder, Zwischenteller und eine Zusatzfeder halten die Federung im zulässigen Verstellbereich unter Spannung, so dass beim Ausfedern keine Federlose vorkommt.

Bilstein-Upside-Down-Dämpfer: Die Kolbenstange ist unten im Rohrkörper befestigt. Das Dämpferrohr bewegt sich in Gleitlagern herauf und herunter. Durch die große Wirkfläche des degressiven Einrohr-Rennsportarbeitskolbens entstehen nur niedrige Strömungsdrücke. Gleichzeitig stehen jederzeit hohe Dämpfkräfte zur Verfügung und sorgen für konstant hohe Dämpfleistungen.

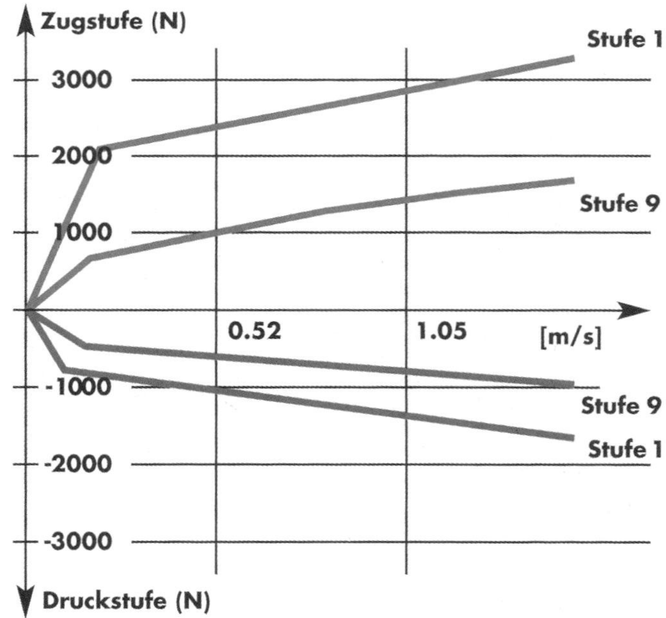

Noch aufwendiger ist die Dämpfungstechnik aufgebaut. Es handelt sich um Einrohr-Gasdruckdämpfer mit Upside-Down-Technologie. Rändelschrauben ermöglichen die Einstellung von neun verschiedenen Kennlinien für die Druck- und Zugstufe. Dies geschieht (unter anderem) durch einen Steuerkolben zur Regelung der Bypassgrößen, der durch die hohle Kolbenstange betätigt wird. Die Einstellung ist in eingebautem Zustand möglich, was Abstimmungsfahrten erleichtert. Für alle Bilstein-Profi-Fahrwerke liegen Mustergutachten vor.

Getriebe und Achsantrieb

Bevor die Kraft des Motors auf die Straße gebracht wird, muss sie noch einige Hürden passieren, die leider nicht zu umgehen sind. In Getriebe und Achsantrieb (oft auch Hinterachse genannt, was freilich für Frontantrieb nicht zutrifft) werden die Leistung und das Motordrehmoment an den Fahrwiderstand angepasst. So kommt es, dass jedes Automodell verschiedene Übersetzungen besitzt, um den Leistungsverlauf des Motors dem Fahrwiderstand des Wagens anzugleichen.

Ein paar Grundbegriffe

Bekanntlich ist der Leistungsverlauf eines Verbrennungsmotors nicht stetig, sondern von der Drehzahl abhängig. Außerdem kann sich die Motordrehzahl nur innerhalb bestimmter Grenzen bewegen, die nach unten durch Leerlauf oder die »Ruckelgrenze«, nach oben durch die zulässige Höchstdrehzahl bestimmt werden. Die Leerlaufdrehzahl schließlich liegt meist noch niedriger als die Drehzahl, bei der man bereits ruckfrei beschleunigen kann. Man nennt den Bereich, in dem ein Motor ruckfrei und ohne Stottern seine Leistung abgibt, den nutzbaren Drehzahlbereich. Man sollte sich also tunlichst immer in diesem nutzbaren Bereich halten, denn außerhalb dieser Drehzahlen ist der Motor nicht imstande, Arbeit zu leisten. Die Drehzahl ist daher immer auf einer

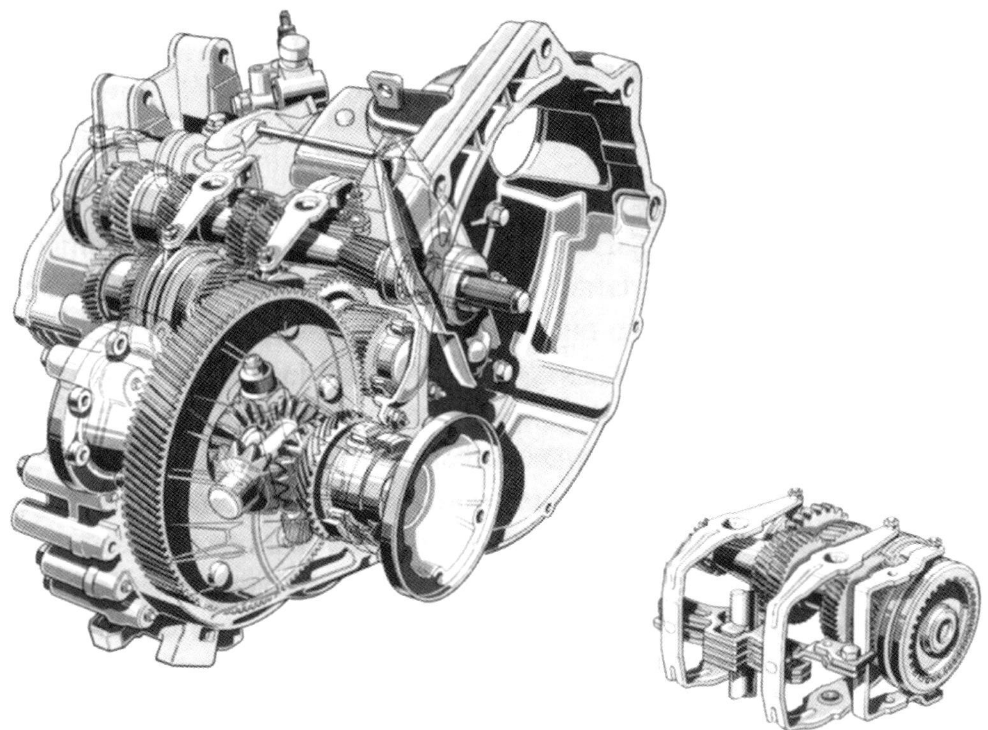

Das MQ-Fünfganggetriebe von Volkswagen ist für den Quereinbau vorgesehen und hat einen integrierten Achsantrieb über schräg verzahnte Stirnräder. Alle Modelle ab 2 Liter Hubraum sind damit ausgerüstet. Im Bild rechts ist die Schaltbetätigung für die fünf Gänge zu erkennen.

gewissen Mindesthöhe zu halten und muss außerdem der ständig wechselnden Fahrgeschwindigkeit und den Fahrwiderständen angepasst werden.
Diese Anpassung der Motordrehzahl an die gegebenen Umstände geschieht im Wechselgetriebe (bei automatischen Getrieben zum Teil im Wandler, bei stufenlosen CVT-Getrieben durch variable Kegelscheiben), das der Fahrer durch die Schaltung bedient. Beim Schalten wechselt man die Übersetzungsverhältnisse (Gänge), was jedoch nicht nur das Verhältnis Motordrehzahl zu Raddrehzahl ändert, sondern in gleichem Maße das Rad-Drehmoment und damit die Vortriebskraft an den Rädern. Je größer die Übersetzung ist, umso geringer ist die Raddrehzahl und damit die Geschwindigkeit des Fahrzeugs im Verhältnis zur Motordrehzahl, und umso größer ist die Vortriebskraft bzw. das Raddrehmoment. Im ersten (untersten) Gang ist also die Vortriebskraft und damit die Beschleunigung und das Bergsteigvermögen am größten, im höchsten Gang am geringsten. Radfahrer kennen das.

Verschiedene Getriebetypen

• Handschaltgetriebe

Die Übersetzungsanpassung kann, wie bereits erwähnt, auf verschiedene Weise erfolgen. Bei den überwiegend in Europa genutzten Schaltgetrieben sind verschieden übersetzte Zahnradpaarungen (sogenannte Stirnräder) dafür verantwortlich, die auf zwei oder drei Wellen montiert sind. Für jeden Gang ist ein Zahnradpaar zuständig. Die einzelnen Gänge werden bekanntlich durch den Schalthebel eingelegt bzw. formschlüssig aktiviert. Man spricht in diesem Fall von einem Handschaltgetriebe oder Handschalter.

• Automatisierte Schaltgetriebe

Aus dem Rennsport (Formel 1) sind die automatisierten Schaltgetriebe (ASG) in die Serie gewandert. Sie werden sowohl bei sehr sportlichen Fahrzeugen (Alfa Romeo, BMW M, Ferrari, Maserati) als schnell schaltende Sportgetriebe mit sechs oder sieben Gängen eingesetzt, als auch zur Bedienungserleichterung bei Kleinwagen mit fünf Gängen (Opel Corsa. Citroën C2, C3 usw.). Bei diesem Getriebetyp handelt es sich im Prinzip auch um Stirnradgetriebe, deren Betätigung elektrisch oder elektrohydraulisch erfolgt. Sie können (in der Regel) automatisch die Gänge wechseln oder durch Schalthebel, Tasten bzw. Schaltpaddel am Lenkrad manuell betätigt werden. Dabei wird jeweils die Kupplung automatisch geöffnet und geschlossen, was wegen der Zugkraftunterbrechung je nach elektronischer Feinsteuerung zu mehr oder weniger starkem Rucken beim Schalten führt. Automatisierte Schaltgetriebe erlauben bei entsprechender Auslegung sehr kurze Schaltzeiten, allerdings auf Kosten des Komforts und des Verschleißes.

• Doppelkupplungsgetriebe

Beim so genannten Doppelkupplungsgetriebe (DSG) werden diese Nachteile vermieden. Der von Volkswagen erstmals in Serie eingeführte Getriebetyp basiert ebenfalls auf einem üblichen Schaltgetriebe. Es handelt sich um ein für den Quereinbau konstruiertes Sechsganggetriebe, bei dem jeweils drei Zahnradpaarungen (für Vorwärtsfahrt) auf zwei verschiedenen Wellen sitzen, die mit Kupplungen (K1 und K2) aktiviert werden. Auf der mit K1 verbundenen Welle sitzen die Gänge 1, 3, 5 und R (Rückwärtsgang), auf der mit K2 verbundenen Welle die Gänge 2, 4 und 6. Die Kupplungen werden wechselseitig geschlossen bzw. geöffnet, was eine sogenannte Mechatronik (elektrohydraulische Steuereinheit) besorgt. Diese Anordnung erlaubt es, dass in der gerade nicht aktiven Getriebewelle der voraussichtlich nächste Gang schon vorgelegt werden kann. Beispiel: Man beschleunigt im 3. Gang (K1 geschlossen), bei Erreichen des Schaltpunktes öffnet K1 und K2 schließt sich überschneidend, so dass der 4. Gang aktiviert wird. Dies geschieht ohne Schaltruck innerhalb weniger Hundertstel Sekunden. Es gibt keine Zugkraftunterbrechung. Die Gangwahl kann entweder im Automatikmodus oder durch manuelle Vorwahl am Schalthebel oder am Lenkrad erfolgen. Das DSG verbindet wie kein anderes Getriebe Sportlichkeit mit Komfort.

- **Wandlerautomatik**

Völlig anders aufgebaut sind die Wandlerautomaten (WA), früher auch Vollautomatik genannt. Diese klassischen Automatikgetriebe (überwiegend in USA benutzt) besitzen als Kupplung zum Motor einen hydrodynamischen Drehmomentwandler, im Gefolge erlauben mehrere ineinandergeschachtelte Planetenradsätze mehrere Gangstufen. Auch hier ist die Tendenz zu hoher Gangzahl unverkennbar. Das G7-Getriebe von Mercedes bietet davon sieben. Nicht zuletzt deshalb passen diese Getriebe inzwischen auch ganz gut zu sportlichen Fahrzeugen, wie sie beispielsweise AMG für Mercedes baut. Die Schaltung erfolgt entweder automatisch oder manuell durch Schalthebel bzw. Schalttasten am Lenkrad. Vorteile des Wandlerautomaten sind der hohe Komfort und die Drehmomentverstärkung im Wandler beim Anfahren. Verglichen mit den vorher besprochenen Getrieben sind die Leistungsverluste (auch durch den Wandler) höher.

- **Stufenlose Getriebe**

Die als CVT (Continously Variabel Transmission) bezeichneten stufenlosen Getriebe sind (abgesehen von den elektrischen CVT in Hybridfahrzeugen) in der Regel als sogenannte Umschlingungsgetriebe konstruiert. Das heißt, ein Riemen oder eine elastische Metallkette dienen als kraftübertragendes Element, das zwischen zwei Kegelscheibenpaaren mit variablem Durchmesser die Übersetzung verändert. Obwohl die Übersetzungsanpassung dem Ideal nahe kommt, konnte sich dieser Getriebetyp bisher nur bei Motorrollern voll durchsetzen. Im Pkw findet man ihn selten. Er steht mit seiner auf Nennleistung ausgelegten (oft konstanten) Drehzahlanpassung, bekannt als Gummibandeffekt, einer sportlichen Fahrweise entgegen. Gangwechsel im eigentlich Sinne entfallen. Fiat hat deswegen ein CVT mit sieben vorprogrammierten Gängen angeboten, was aber auch kein Erfolg wurde. CVT's sind im Wirkungsgrad schlechter als die Stirnradgetriebe und im Drehmoment nach oben eingeschränkt.

Typ	**VW Golf R32** (Sportlich)		**VW Golf 75 PS** (Economy)	
Schaltdrehzahl	6500/min		6000/min	
	Ü	Δ_n (1/min)	Ü	Δ_n (1/min)
I. Gang	3,36	2457	3,45	2626
II. Gang	2,09	1928	1,94	2010
III. Gang	1,47	1656	1,29	1767
IV. Gang	1,1	1418	0,91	1055
V. Gang	0,72	1058	0,75	
Spreizung	4,66		4,6	

Abkürzungen: Ü = Übersetzung, Δ_n = Drehzahlsprung nach dem Schalten in 1/min.

Elektronisch geregelte Getriebesteuerung: Der Schaltvorgang geschieht extrem schnell, ohne Kuppeln, ohne vom Gas zu gehen und ohne wahrnehmbare Zugkraftunterbrechung. Mit einem sequenziellen Getriebe schaltet der Fahrer wie in der Formel 1 über Schaltwippen am Lenkrad oder über den Wählhebel in der Mittelkonsole.

Übersetzung, Abstufung und Gangzahl

Die Getriebeentwicklung hat gerade in den letzten Jahren große Fortschritte gemacht. Dabei geht der Trend eindeutig zu mehr Gängen, was einmal die Anpassung der Motorcharakteristik an die Fahrwiderstände verbessert und zudem dem generell erweiterten Geschwindigkeitsbereich und der Senkung des Kraftstoffverbrauchs Rechnung trägt. Niedrigerer Verbrauch und höhere Fahrleistungen sind die Folgen. Sechsgangetriebe sind heute bei sportlichen Autos, aber auch bei kräftigen Dieselmodellen die Regel, sieben und acht Gänge bei Automatikgetrieben (teilweise) in Serie, ebenso zeichnet sich bei automatisierten Schaltgetrieben (BMW M5: 7-Gang) diese Tendenz ab.

Ungeachtet dessen bleibt es eine Wissenschaft für sich, die jeweils richtige Übersetzung zu finden, weil hier viele sich zum Teil widersprechende Forderungen unter einen Hut gebracht werden müssen. Wir wollen hier nur grundsätzlich die Merkmale von Gebrauchs- und Sportgetrieben hinsichtlich der Übersetzung, Gangzahl und Abstufung ansprechen. Dabei wollen wir an folgender Definition festhalten, die nicht immer ganz einheitlich angewandt wird:

- Einen hoch übersetzten Gang nennt man kurz,
- Einen niedrig übersetzten Gang nennt man lang.

Hier liegt die Überlegung zugrunde, dass ein hoch übersetzter Gang beim Beschleunigen keine hohe Geschwindigkeit erreicht und umgekehrt.

Die Anzahl der Übersetzungen, also die Gangzahl, ist einmal von der Elastizität und dem

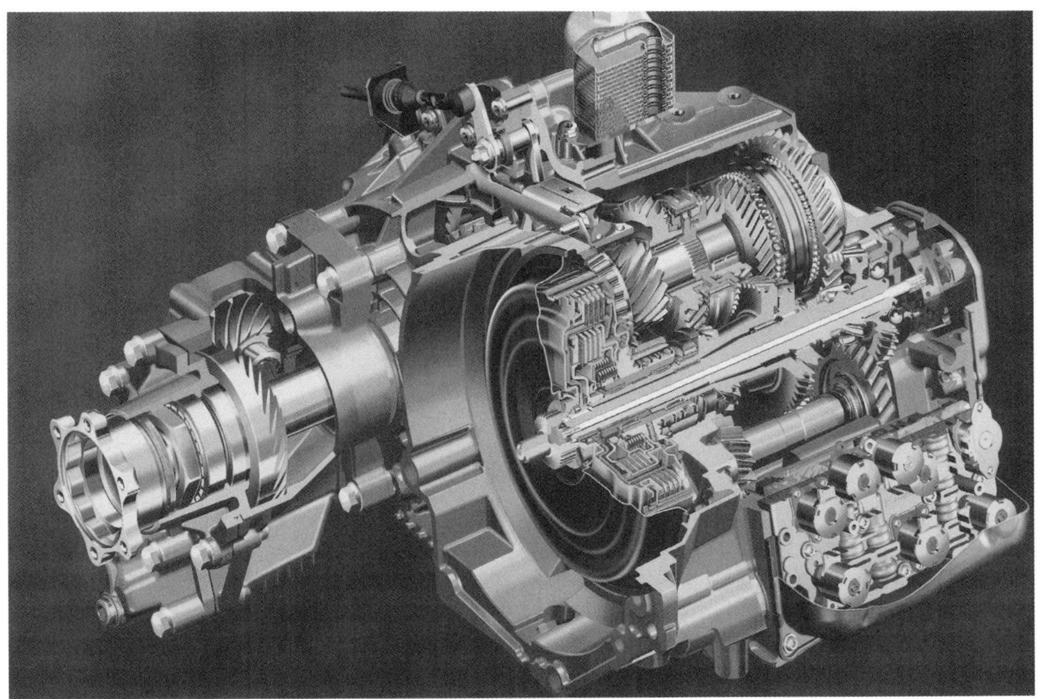

Doppelkupplungsgetriebe (englisch: Direct Shift Gearbox = DSG): Für jedes Teilgetriebe des 7-Gang-DSG stellt eine separate Kupplungsscheibe den Kraftschluss her. Damit wird ein Gangwechsel ohne Zugkraftunterbrechung möglich. (Im Bild die alte DSG-Getriebeversion)

nutzbaren Drehzahlbereich des Motors abhängig, zum anderen von der verfügbaren Leistung und der damit erreichbaren Höchstgeschwindigkeit.

Theoretisch ist es am günstigsten, unendlich viele Gänge zur Verfügung zu haben, da man dann in jeder Situation die maximale Vortriebskraft zur Verfügung hätte. In der Praxis muss man sich mit weit weniger begnügen, da man einmal vom Fahrer nicht unendlich viele Gangwechsel, die außerdem Zeit kosten, verlangen kann, und da außerdem ein Getriebe ja auch Geld kostet, umso mehr, wenn es viele Gänge enthält. Man kann außerdem festhalten, dass ein kleiner und unelastischer Motor mehr Gänge erfordert als ein großvolumiger, elastischer Motor. Dabei ist noch zu berücksichtigen, dass Fahrzeuge mit sehr großem Geschwindigkeitsbereich (Höchstgeschwindigkeit 200 km/h und darüber) ebenfalls mehr Gangstufen benötigen als Fahrzeuge mit geringer Höchstgeschwindigkeit.

Denn der Trend zu höherer Leistung bei gleichzeitig abnehmendem Luftwiderstand hat in den letzten Jahren zu einem rasch wachsenden Geschwindigkeitspotenzial geführt. Dieser große Geschwindigkeitsbereich führt bei den Getrieben zwangsläufig zu einem Zielkonflikt: Einmal soll in den unteren Gängen noch genügend Zugkraft zum Anfahren oder gar zum Hängerbetrieb vorhanden sein, zum anderen soll die Höchstgeschwindigkeit nicht gerade mit Überdrehzahl erreicht werden. Vierganggetriebe mit ihrem geringen Gesamtübersetzungsverhältnis (Spreizung) stoßen hier rasch an ihre Grenzen. Entweder liegt die Höchstgeschwindigkeitsdrehzahl zu hoch oder der Anfahrgang ist zu lang übersetzt oder die

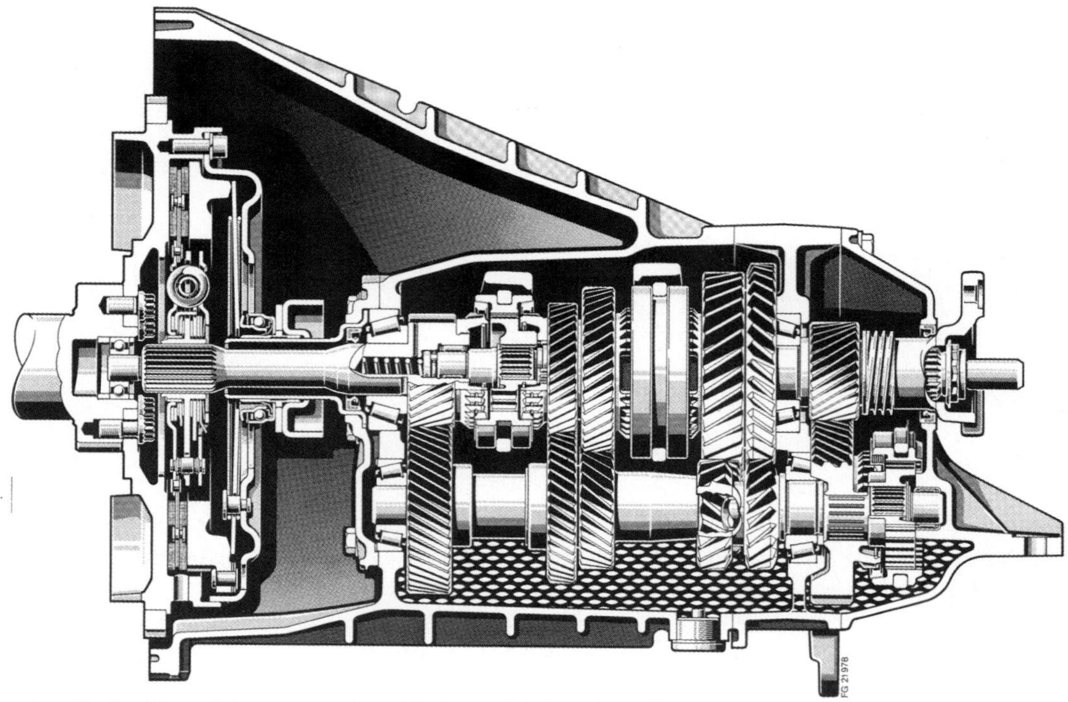

Das für den Längseinbau vorgesehene Fünfgang-Schaltgetriebe für die Mercedes-Sechszylinder (GL 76/27-5) treibt im 4. Gang direkt durch (Übersetzung 1 : 1). Alle übrigen Übersetzungen laufen über die Vorgelegewelle.

Abstufung lässt zu wünschen übrig. Dies gilt besonders für die starken Turbodiesel mit ihrem begrenzten Drehzahlbereich.

Schaltgetriebe mit nur vier Gängen sind daher praktisch ausgestorben (Automatikgetriebe mit dieser Gangzahl gibt es noch). Der größte Teil der Automobile wird noch mit Fünfganggetrieben ausgerüstet. Die Hersteller sportlicher Produkte machen es nicht mehr unter sechs eng gestuften Gängen. Sechsganggetriebe mit weiterer Stufung sind auch in vielen starken Dieselmodellen Standard oder als Option erhältlich. Im Zuge der Energie-Sparmaßnahmen werden zunehmend Getriebe mit lang übersetztem obersten Gang (Schongang) entweder in Serie eingebaut oder als Option angeboten. Bei diesen sogenannten Economy-Getrieben wird der höchste Gang meist so lang übersetzt, dass der Motor in dieser Fahrstufe seine Nenndrehzahl nicht erreicht. Durch das reduzierte Drehzahlniveau ergibt sich eine Kraftstoffersparnis, durch die längere Übersetzung eine geringere Beschleunigung. Für sportliche Fahrweise sind solche Economy-Getriebe, die eine weite Spreizung besitzen, nicht gerade ideal.

Spreizung und Abstufung

Unter der Spreizung versteht man das Gesamtübersetzungsverhältnis, das ein Getriebe abdeckt. Die Gesamtübersetzung des Getriebes oder die Spreizung errechnet sich aus dem Verhältnis der kürzesten (I. Gang) und längsten (höchster Gang) Übersetzung. Vierganggetriebe kommen (bei sehr weiter Abstufung) auf eine Gesamtübersetzung von etwa 4:1, Fünfganggetriebe decken den Bereich zwischen 4:1 und 5:1 ab, und Sechsganggetriebe können bei nicht zu enger Abstufung eine Spreizung von 6:1 erreichen. Sehr sport-

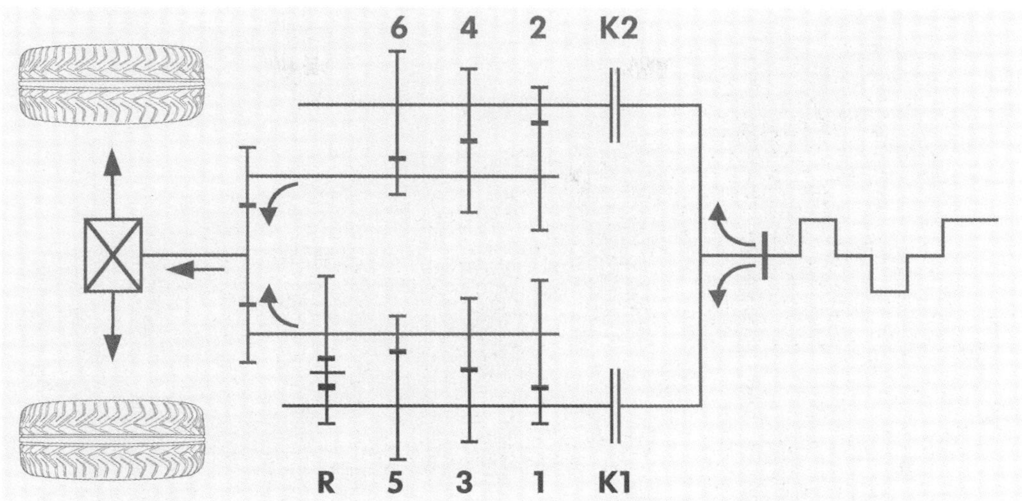

Schneller Gangwechsel mit DSG: Ein DSG besteht aus zwei Teilgetrieben mit je einer eigenen Kupplung, die in einem Gehäuse vereinigt sind. Genaugenommen müsste deshalb von zwei parallelgeschalteten Getrieben die Rede sein.

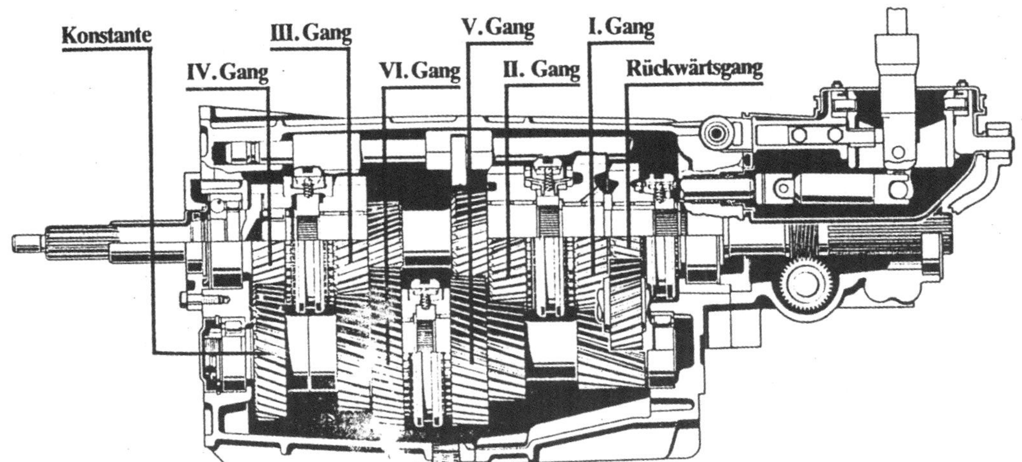

Das ZF-Sechsganggetriebe (S6-40) für Längseinbau zeigt einen klassischen Aufbau. Der 4. Gang ist als direkt übersetzter Gang (1 : 1) durchtreibend, alle anderen Übersetzungen laufen über die Vorgelegewelle und deren Konstantübersetzung.

lich abgestufte Getriebe oder gar Renngetriebe liegen allerdings deutlich unter diesen Werten. Dort wird nämlich zugunsten einer möglichst engen Abstufung das Gesamtübersetzungsverhältnis reduziert. So besitzt zum Beispiel das Siebengangetriebe (SMG III) des BMW M5 eine Spreizung von nur 4,8, dafür aber eine sehr enge Abstufung, was zu dem Hochdrehzahlkonzept des Motors (V10 bis 8500/min) gut passt. Andererseits benötigen beispielsweise Geländewagen (SUV) eine sehr kurze Anfahrübersetzung, was dann bei hoher erzielbarer Endgeschwindigkeit zwangsläufig zu einer großen Spreizung mit entsprechend

Bei dem Sechsgang-Schaltgetriebe des Porsche 959 ist wegen des Vierradantriebs vorn und hinten ein Abtrieb vorgesehen.

weiter Abstufung führt (z.B. Porsche Cayenne Sechsgang mit 5,6).
Die Anzahl der Gangstufen ist also ebenso wie die Spreizung abhängig von dem abzudeckenden Geschwindigkeitsbereich und der notwendigen oder erwünschten Abstufung der einzelnen Gänge. Je größer der Geschwindigkeitsbereich und je enger die Abstufung, umso höher ist die Anzahl der notwendigen Gänge. Es ist klar, dass ein Fünfgangetriebe mit der Spreizung 4,8 eine viel weitere Abstufung erzwingt wie z. B. das Siebenganggetriebe des M5.
Unter der Abstufung eines Getriebes versteht man die Verhältnisse der Übersetzungen zueinander. Wenn man beispielsweise vom I. in den II. Gang schaltet und die Übersetzungsdifferenzen dieser beiden Gänge sind groß, ergibt dies einen großen Drehzahlsprung. Die Gangstufen liegen »weit« auseinander. Bei enger Abstufung, wie sie für sportliche Fahrweise und zur optimalen Ausnutzung der Motorleistung erwünscht ist, können die Drehzahlsprünge erheblich geringer sein. Die Drehzahlsprünge beim Hinauf- oder Herunterschalten in den einzelnen Gängen sind natürlich drehzahlabhängig. Sie steigen mit der jeweiligen Drehzahl, bei der geschaltet wird, an. Man kann sie entweder berechnen oder dem Drehzahlgeschwindigkeitsdiagramm entnehmen oder auch auf dem Drehzahlmesser beim Schalten beobachten. Dabei sei noch ein Abstufungsgrundsatz erwähnt: Die Drehzahlsprünge sollen, je höher der Gang ist, geringer werden.
Normalerweise sind die handelsüblichen Schaltgetriebe von Serienautomobilen so ausgelegt, dass der I. Gang als kupplungsschonender Anfahrgang sehr kurz (hoch übersetzt) ausgelegt ist und nur einen geringen Geschwindigkeitsbereich hat. Die Folge ist, dass die restlichen Gänge einen relativ hohen Geschwindigkeitsbereich bewältigen müssen und dementsprechend weit gestuft sind. Die Drehzahlsprünge sind groß. Sportlich ausgelegte Schaltgetriebe besitzen dagegen einen weiter reichenden, lang übersetzten I. Gang, die Drehzahlsprünge der nächsten Gänge sind dann um so geringer, je mehr Gänge zur Verfügung stehen.
Entscheidend für den Charakter bzw. die Auslegung eines Schaltgetriebes ist also einmal die Anzahl der Gänge, zum anderen das Gesamtübersetzungsverhältnis des Getriebes (Spreizung). Je geringer das Gesamtübersetzungsverhältnis bzw. die Spreizung und je höher die Gangzahl, umso sportlicher ist das Getriebe ausgelegt.

Typ	Mercedes 190 E 2.6 (Economy)		Mercedes 190 E 2.5 16 V (sportlich)		Ferrari 348 (sehr sportlich)	
Schaltdrehzahl	6500/min		6500/min		7000/min	
	Ü	Δ_n (1/min)	Ü	Δ_n (1/min)	Ü	Δ_n (1/min)
I. Gang	3,86		4,08		3,21	
II. Gang	2,18	2829	2,52	2485	2,1	2406
III. Gang	1,38	2385	1,77	1934	1,46	2133
IV. Gang	1,0	1789	1,26	1872	1,09	1774
V.Gang	0,8	1625	1,0	1334	0,86	1477
Spreizung	4,82		4,08		3,73	
Abkürzungen: Ü = Übersetzung, Δ_n = Drehzahlsprung.						

Typ	ZF S - 40 Corvette ZR 1 (Economy)		Porsche 911 GT 3 (sportlich)		BMW M5 (sehr sportlich)	
Schaltdrehzahl	6500/min		8200/min		8200/min	
	Ü	Δ_n (1/min)	Ü	Δ_n (1/min)	Ü	Δ_n (1/min)
I. Gang	2,68		3,81		3,98	
II. Gang	1,8	2134	2,15	2567	2,65	2740
III. Gang	1,29	1842	1,56	2136	1,81	2620
IV. Gang	1,0	1461	1,21	1568	1,39	1680
V.Gang	0,75	1625	1,0	1240	1,16	1370
VI.Gang	0,5	2166	0,85	1095	1,0	1160
VII.Gang	–		–		0,83	1370
Spreizung	5,36		4,48		4,8	
Abkürzungen: Ü = Übersetzung, Δ_n = Drehzahlsprung.						

An diesen Beispielen sieht man deutlich die Unterschiede der Auslegung.
Das weit gespreizte Sechsganggetriebe der Corvette hat einen klaren Economy-Charakter. Vmax wird im 5. Gang erreicht. Die Drehzahlsprünge sind deswegen relativ klein, weil die Schaltdrehzahl nur 6500/min beträgt. Bis zum 3. Gang stimmt die Abstufung, dann wird sie wieder weiter. Für einen Sportwagen nicht ideal. Eine klassisch sportliche Auslegung zeigt das Getriebe des Porsche GT3 mit engen, stets kleiner werdenden Drehzahlsprüngen. Beim GT3-Nachfolger (Typ 997), der mit höherer Schaltdrehzahl (8500/min) operiert,

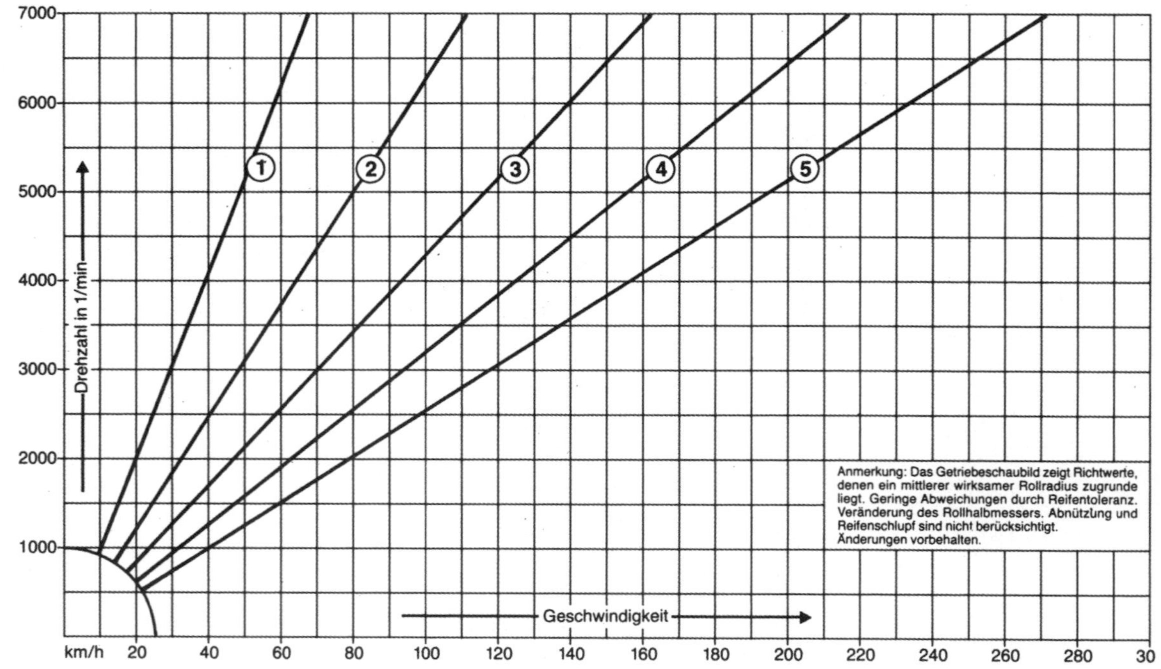

Das Getriebeschaubild (Drehzahl-Geschwindigkeitsdiagramm) für den Porsche Carrera 2. Es lassen sich sowohl die Geschwindigkeiten als auch die jeweiligen Drehzahlsprünge herausgreifen. Die Übersetzungen lauten: I. 3,5, II. 2,059, III. 1,407, IV. 1,086, V. 0,868; Achsantrieb: 3,444; Abrollumfang: 1,930 m.

sind Spreizung und Sprünge noch kleiner. Vmax wird jeweils im 6. Gang erreicht. Das Siebenganggetriebe des M5 (SMG III) ist ebenfalls eng gestuft, zeigt jedoch Kompromisse. Der Drehzahlsprung zum 7. Gang ist relativ groß, er dient in erster Linie zur Drehzahlabsenkung im hohen Geschwindigkeitsbereich. Vmax wird im 6. Gang erreicht.

Achsantrieb und Reifendurchmesser

Getriebe lassen sich, wie gerade dargelegt, auf Grund ihrer Spreizung und ihrer Gangstufen klassifizieren. Doch ob ein Schaltgetriebe, das wegen seiner Abstufung als sportlich eingestuft wird, auch im Auto diesen Eindruck macht, hängt noch von weiteren Faktoren ab. Denn neben den einzelnen Gangstufen bestimmen die Achsantriebsübersetzung (Hinterachse) und der Durchmesser der Reifen (dynamischer Abrollumfang) das Gesamtübersetzungsverhältnis vom Motor bis zur Fahr-

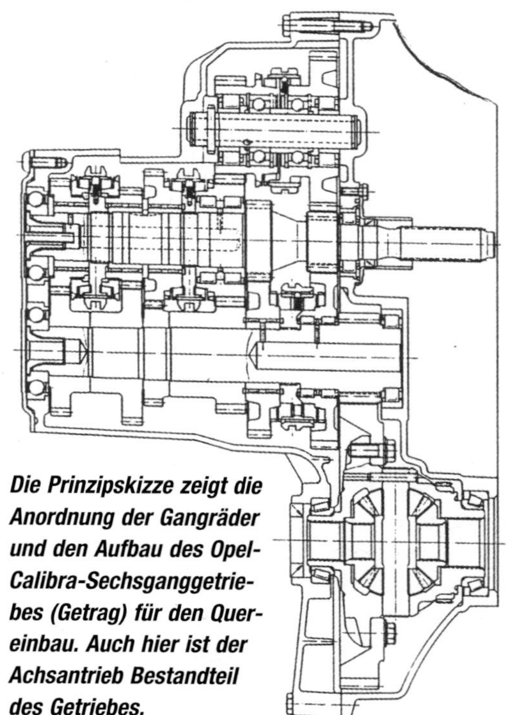

Die Prinzipskizze zeigt die Anordnung der Gangräder und den Aufbau des Opel-Calibra-Sechsganggetriebes (Getrag) für den Quereinbau. Auch hier ist der Achsantrieb Bestandteil des Getriebes.

Für Fahrzeuge mit Sporthomologation sind fast immer Getrieberadsätze mit engerer Abstufung und kürzere Achsantriebsübersetzungen erhältlich. Im Bild ein kompletter Getriebesatz inklusive Achsantrieb von Ford.

bahn. Ein hoch übersetzter Achsantrieb oder kleine Reifendurchmesser machen die Gesamtübersetzung kürzer und umgekehrt. Mit kurzer Gesamtübersetzung wird die Beschleunigung besser, während die Höchstgeschwindigkeit abnimmt oder bei zu hoher Drehzahl erreicht wird. Für Wettbewerbe, bei denen es auf eine große Höchstgeschwindigkeit nicht ankommt, wie z. B. Bergrennen oder Rallyes ohne Hochgeschwindigkeitsprüfungen, ist es also zweckmäßig, die Autos so kurz wie möglich bzw. wie es die jeweilige Strecke erfordert zu übersetzen. Dies geschieht fast immer durch Änderung der Achsantriebsübersetzung. Für fast alle Automobile, die für den Sporteinsatz homologiert sind, sind verschiedene Übersetzungen erhältlich.
Auch durch geeignete Auswahl der Reifengrößen kann man mit verschiedenen Abrollumfängen die Gesamtübersetzung verändern, wir verweisen auf unsere Tabelle der Abrollumfänge von Gürtelreifen. Für welches Übersetzungsverhältnis man sich schließlich entscheidet, kommt auf den Verwendungszweck des Wagens an. Es wäre beispielsweise unsinnig, ein Auto, das sehr häufig für lange Strecken auf der Autobahn benutzt wird, übermäßig kurz zu übersetzen, Motor, Fahrkomfort und Benzinverbrauch hätten darunter zu leiden. Andererseits kann man mit der Achsübersetzung bzw. der Bereifung die Gesamtübersetzung dann ziemlich kurz wählen, wenn man sich vorwiegend in Gebirgsgegenden aufhält oder an entsprechenden Wettbewerben teilnimmt. Mit Hilfe des Drehzahl-Geschwindigkeitsdiagrammes, das man sich für jedes Auto (und jede Übersetzung) selbst ausrechnen kann, lässt sich die jeweils geeignete Übersetzung am besten ermitteln.

Drehzahl-Geschwindigkeitsdiagramm

Um das Drehzahl-Geschwindigkeitsdiagramm (auch Getriebeschaubild genannt) darzustellen, benötigt man die Übersetzungsverhältnisse des Getriebes, des Achsantriebes und den Abrollumfang der Reifen. Man trägt hierzu auf Millimeterpapier links die Drehzahl (in 1/min) nach oben ein (siehe Diagramm S. 464 oben), nach rechts die Geschwindigkeit in km/h. Weiterhin muss man die einer ganz bestimmten

Drehzahl zugehörigen Geschwindigkeit ausrechnen, die jeweiligen Punkte eintragen und mit dem Nullpunkt verbinden.
Um die Geschwindigkeiten auszurechnen, muss man sich mit folgender Formel vertraut machen:

$$V = \frac{n}{i} \cdot U \cdot 0{,}06; \text{ [km/h]}$$

Hierin bedeuten: V = Geschwindigkeit in km/h, n = Motordrehzahl in 1/min, i = Gesamtübersetzung, U = Abrollumfang des Reifens in m. Die Zahl 0,06 ist eine Konstante, die durch einige Dimensionsumrechnungen entsteht, sie braucht uns nicht weiter zu interessieren. Die Gesamtübersetzung i erhält man durch Multiplikation der jeweiligen Getriebeübersetzung mit der Achsübersetzung.
Umgekehrt kann man auch dieselbe Formel zur Ausrechnung der Drehzahl benutzen, die man bei einer entsprechenden Geschwindigkeit fährt, und so die Anzeige des Drehzahlmessers kontrollieren. Zu diesem Zweck muss man die Formel etwas umstellen:

$$n = \frac{V \cdot i}{U \cdot 0{,}06}; \text{ [1/min]}$$

Ebenso kann man natürlich die in etwa passende Gesamtübersetzung mit dieser Formel bestimmen, wenn man Nenndrehzahl und Leistungsbedarf für die Höchstgeschwindigkeit weiß. Die Formel muss wiederum umgestellt werden:

$$i = \frac{n \cdot U \cdot 0{,}06}{V}$$

Weiß man z.B., dass der Porsche Carrera 2 (Typ 964) für eine Höchstgeschwindigkeit von 260 km/h ca. 250 PS benötigt und diese Leistung bei einer Drehzahl von 6100 U/min erreicht (Werksangabe), so errechnet sich als Gesamtübersetzung folgender Wert:

$$i = \frac{6100 \cdot 1{,}03 \cdot 0{,}06}{260} = 2{,}716$$

Dazu schlägt man noch die üblichen 10 Prozent, die die Höchstgeschwindigkeitsdrehzahl über der Nenndrehzahl liegen soll, damit die Beschleunigung im großen Gang nicht zu sehr leidet, so ergeben sich als Gesamtübersetzung für den Carrera 2 (2,716 plus 0,27) = 2,989. In der Serie ist das Auto im großen Gang mit 2,985 übersetzt, weicht also von dem errechneten Wert nur unerheblich ab.

Die Höchstgeschwindigkeit

Für jede Geschwindigkeit ist ein gewisser Leistungsbedarf erforderlich, der hauptsächlich von dem Luftwiderstand des betreffenden Fahrzeugs bestimmt wird. Der Rollwiderstand macht bei hohen Geschwindigkeiten nur einen geringen Prozentsatz des Gesamtwiderstandes aus und nimmt auch bei höherer Geschwindigkeit kaum zu. Hoher Reifendruck und die Verwendung von Gürtelreifen mindern den Rollwiderstand.
Der Luftwiderstand nimmt mit wachsender Geschwindigkeit sehr stark zu (im Quadrat der Geschwindigkeit), wodurch die zusätzliche Leistung, um eine größere Höchstgeschwindigkeit zu erreichen, unverhältnismäßig hoch sein muss. Dies erklärt auch die Tatsache, dass Autos mit getunten Motoren oft viel besser beschleunigen als das Serienmodell, in der Höchstgeschwindigkeit aber nur relativ wenig zulegen.
Was hat nun die Höchstgeschwindigkeit mit der Übersetzung zu tun? Da für die Erreichung der Höchstgeschwindigkeit die größte Leistung erforderlich ist, sollte die Übersetzung so ausgelegt sein, dass die Motordrehzahl bei Höchstgeschwindigkeit mindestens der Nenndrehzahl entspricht oder – noch besser – diese um einige 100 U/min (bis zu 10 Prozent) überschreitet. Bei Schongang- oder Economy-Getrieben wird die Höchstgeschwindigkeit entweder bei geringerer Drehzahl oder im darunterliegenden Gang erreicht.
Diese Überlegungen dürfen jedoch nicht zu dem Trugschluss führen, dass mit einer längeren Übersetzung auch die Höchstgeschwindigkeit größer würde. Dies ist durchaus nicht der Fall, denn wie schon gesagt ist für die Er-

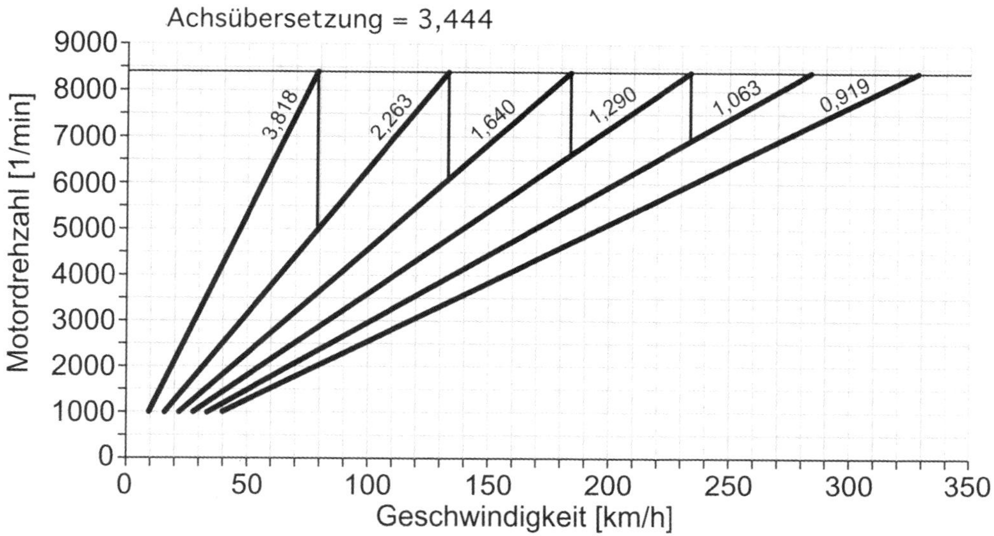

Die Stufensprünge eines Sechsgang-Getriebes: Bei der Festlegung der Stufensprünge spielt die Elastizität des Motors eine zentrale Rolle. Die Höchstgeschwindigkeit muss ungefähr bei Nenndrehzahl erreicht werden.

reichung der Höchstgeschwindigkeit eine gewisse Leistung nötig. Wenn beispielsweise ein Auto durch ein Economy-Getriebe zu lang übersetzt ist, kann es vorkommen, dass bereits vor Erreichen der Höchstgeschwindigkeit die Fahrwiderstände überwiegen, so dass der Wagen unter Umständen nur eine geringere Geschwindigkeit erreicht als mit einer entsprechend kurzen Übersetzung. Die Höchstgeschwindigkeit muss also auf Leistungsverlauf des Motors und Fahrleistungsbedarf des Autos abgestimmt werden.

Wenn man über diese Werte, wie üblich, nicht verfügt, lässt sich die günstigste Übersetzung durch Probieren ermitteln. Dreht beispielsweise ein Motor nach Erreichen der Höchstgeschwindigkeit im größten Gang willig weiter bis an seine Höchstdrehzahl, so dass man eventuell gezwungen ist, Gas wegzunehmen, kann man sicher mit einer längeren Übersetzung eine größere Höchstgeschwindigkeit erreichen. Wenn der umgekehrte Fall eintritt, dass ein Motor nur mit Mühe im großen Gang seine Nenndrehzahl erreicht, ist die Übersetzung mit Sicherheit zu lang. Eine kürzere Gesamtübersetzung ergibt dann nicht nur eine bessere Beschleunigung, sondern auch eine größere Höchstgeschwindigkeit. Wie man die günstigste Übersetzung überschlägig ausrechnet, wenn man Leistung, Nenndrehzahl und Fahrleistungsbedarf eines Autos kennt, wurde im vorigen Kapitel erklärt.

Differentialsperren

Bekanntlich besitzt jedes normale Automobil ein sogenanntes Ausgleichsgetriebe. Dieses Getriebe hat die Aufgabe, bei Kurvenfahrt auftretende Unterschiede in der Raddrehzahl – das kurvenäußere Rad hat ja einen größeren Weg zurückzulegen als das innere – auszugleichen. Im Ausgleichsgetriebe, allgemein »Differential« genannt, geschieht dieser Ausgleich durch ein sinnvoll angeordnetes System von Kegelrädern oder Stirnrädern. Fahrzeuge mit permanentem Allradantrieb benötigen zwei Achsdifferentiale sowie ein Mitteldifferential, damit sich der Antriebsstrang bei Kurvenfahrt nicht verspannt.

Das Differential hat jedoch eine in manchen Situationen unangenehme Eigenschaft. Die Ausgleichsräder regeln nämlich nicht nur die Raddrehzahl, sondern zwangsläufig auch das

Getriebe und Achsantrieb

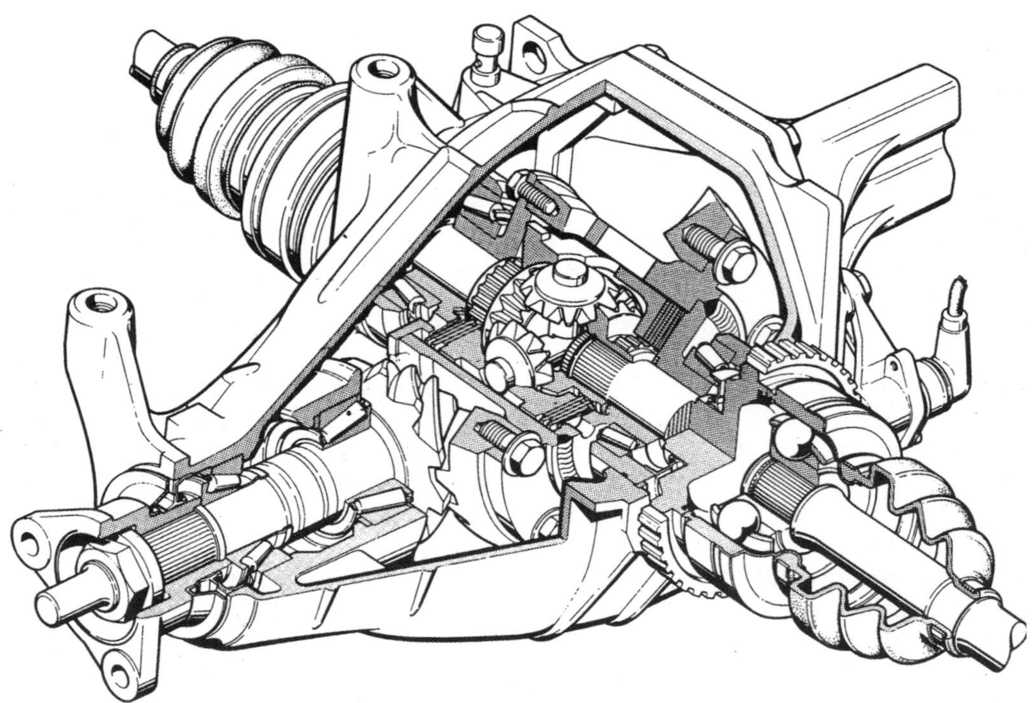

Bei hinterradangetriebenen Fahrzeugen sind Achsantrieb, Ausgleichsgetriebe (Differential) und Sperre in einem Gehäuse untergebracht. Bei Lamellen-Sperrdifferentialen übertragen sowohl die Kegelräder als auch die Reibelemente (Lamellen) Drehmoment. Bei einseitig durchdrehendem Antriebsrad wird jedoch im Wesentlichen der Lamellenanteil wirksam.

Torsen-Sperrdifferential: Das Torsen-Ausgleichsgetriebe ist ein drehmomentfühlendes Ausgleichsgetriebe mit selbstsperrender Wirkung. Der Name »Torsen« leitet sich ab von den englischen Worten für »Drehmoment« (Torque) und »empfindlich« (sensitive).

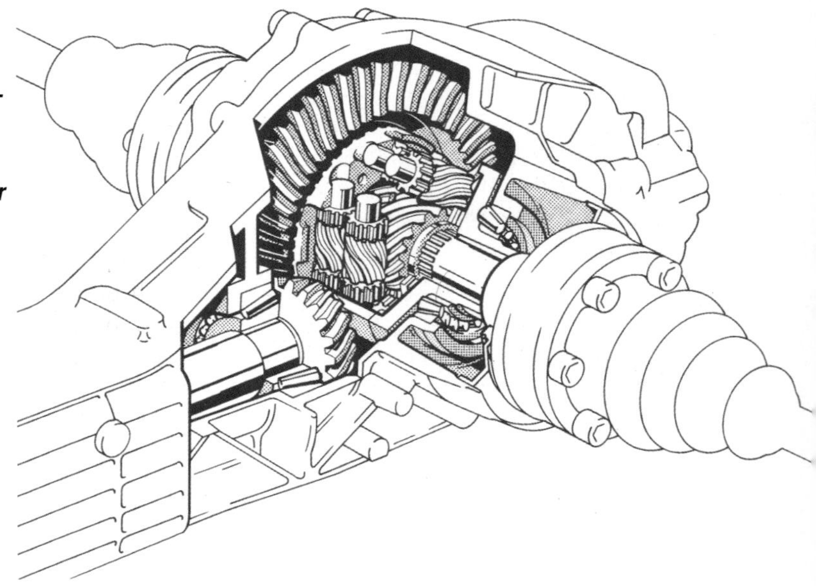

Raddrehmoment. Ein normales Ausgleichsgetriebe sorgt dafür, dass jedes Rad das gleiche Drehmoment überträgt. Dies ist in vielen Fällen wünschenswert, kann jedoch in einigen Situationen sehr störend sein. Wenn beispielsweise in Schlamm oder Schnee ein Antriebsrad durchdreht, so ist das effektive Drehmoment an diesem Rad gleich Null. Der Erfolg ist, dass das andere Rad ebenfalls kein Drehmoment überträgt. Effekt: Der Wagen bleibt stehen.
Ein weiterer Punkt, der besonders für Sportfahrer oder Fahrer starker Autos wichtig ist: Bei Kurvenfahrt wird das kurveninnere Rad stark entlastet. Die Folge ist, dass beim Beschleunigen in der Kurve das entlastete Rad sehr leicht durchdrehen kann. Das andere Rad kann dann ebenfalls kein Drehmoment (oder nur wenig) übertragen, man kann nicht richtig aus der Kurve heraus beschleunigen.
Um dieses Zeit und Leistung kostende Durchdrehen zu vermeiden, hat man sogenannte Sperrdifferentiale entwickelt, mit denen die Ausgleichswirkung des normalen Differentials bei entsprechenden Drehzahl- bzw. Drehmomentdifferenzen reduziert oder aufgehoben wird. Es handelt sich bei den (alten) mechanischen Konstruktionen um »Differentialbremsen«, da eine konsequente Sperrung der Differentialwirkung (wie sie teilweise bei Geländewagen üblich ist) nicht erwünscht ist, da dies die Fahreigenschaften zu stark beeinflussen würde. Man wünscht also eine allmähliche Aufhebung der Differentialwirkung.

Lamellen-Sperrdifferential

Weit verbreitet und besonders bewährt haben sich sogenannte Lamellen-Selbstsperrdifferentiale, wie sie u. a. die Firma ZF herstellt. Sie sind so gestaltet, dass sie nachträglich an Stelle des normalen Ausgleichsgetriebes in den Achsantrieb eingebaut werden können. Sie passen in zahlreiche konventionelle Achsantriebe und sind für einige Fahrzeuge ab Werk gegen Aufpreis lieferbar. Auch Porsche liefert einige seiner Fahrzeuge auf Wunsch mit einem Lammellen-Sperrdifferential aus, das in der

Bei dem ZF-Lok-O-Matic-Sperrdifferential wird die Sperrwirkung durch Lamellen erreicht, die bei Drehmomentunterschieden zwischen den beiden Treibachsen durch die Zapfen der Differential-Kegelräder aneinander gepresst werden.

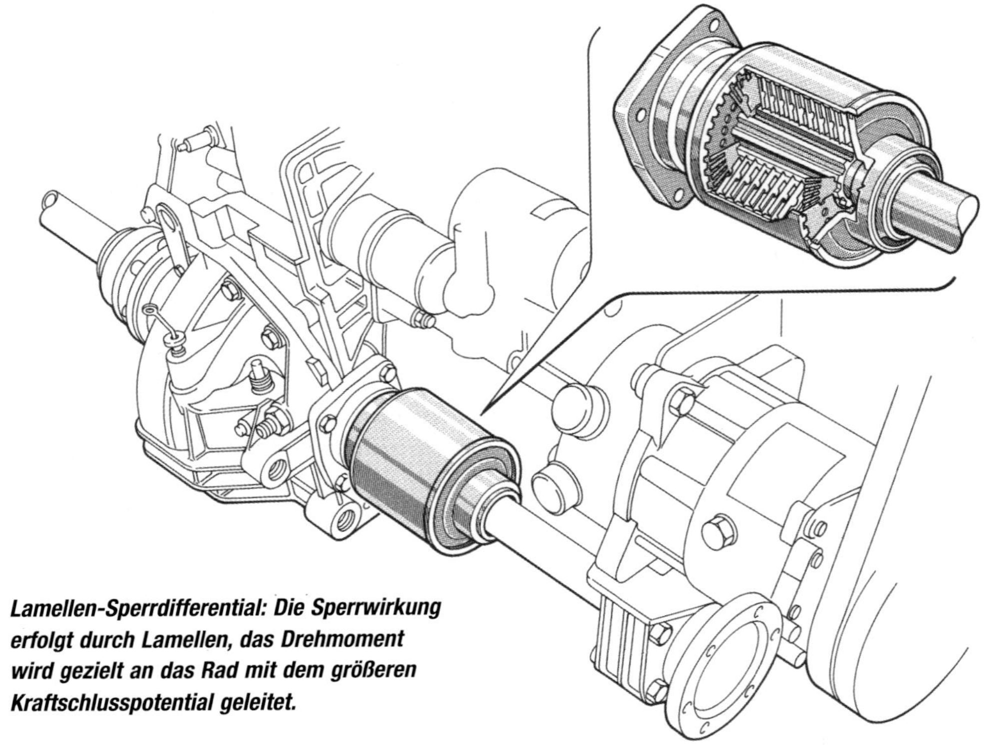

Lamellen-Sperrdifferential: Die Sperrwirkung erfolgt durch Lamellen, das Drehmoment wird gezielt an das Rad mit dem größeren Kraftschlusspotential geleitet.

Funktion dem ZF-Aggregat ähnelt. Wir wollen daher Funktion und Aufbau am Beispiel des selbstsperrenden ZF-Differentials beschreiben. Im Aufbau unterscheidet sich das ZF-Sperrdifferential vom normalen Ausgleichsgetriebe im Wesentlichen dadurch, dass die Achsen der Ausgleichskegelräder nicht im Differentialkorb (der mit dem Tellerrad verschraubt ist) stecken, sondern in zwei Druckringen. Diese sind axial verschiebbar und in Längsnuten mit dem Differentialkorb verbunden.

Die beiden Achskegelräder, in denen die Antriebswellen für die Räder stecken, sind zusätzlich durch sogenannte Sperrlamellen mit dem Differentialkorb und den Druckringen kraftschlüssig verbunden. Dabei stehen die Außenlamellen mit dem Differentialkorb im Eingriff, die Innenlamellen, die jeweils zwischen den Außenlamellen angeordnet sind, sitzen auf einer Verzahnung der Achskegelräder. Die Druckringe sowie sämtliche Sperrlamellen sind axial verschiebbar. Die Spreizung der beiden Druckringe, welche letzten Endes die Reibung an den Lamellen und damit die Sperrwirkung bewirkt, erfolgt durch die Achsen der Ausgleichskegelräder, die schräg angeschliffen sind.

Die Funktion dieser komplizierten Anordnung ist nur sehr schwer zu beschreiben. Man macht sie sich am besten an Hand eines ausgebauten Sperrdifferentials klar. ZF führt zur Funktion des Sperrdifferentials Folgendes aus: Die Sperrwirkung beruht auf der inneren Reibung des Differentials. Sie wird von zwei im Differentialkorb symmetrisch angeordneten Lamellenbremsen erzeugt. Bei einem normalen Differential kann man am hochgebockten Fahrzeug und bei laufendem Motor – Gang eingelegt – das eine Rad ohne nennenswerten Widerstand abbremsen oder festhalten. Das andere Rad dreht sich dann entsprechend schneller. Beim Selbstsperrdifferential wird dieser Vorgang durch die Lamellenbremsen erschwert, und zwar um so stärker, je größer das Antriebsmoment ist.

Diese Eigenschaft beruht darauf, dass das am Differentialkorb eingeleitete Drehmoment

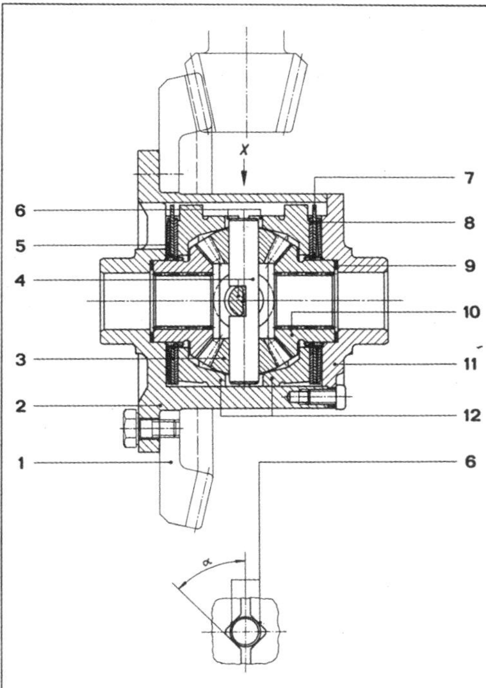

Der Schnitt zeigt den Aufbau des ZF-Lamellen-Sperrdifferentials. Der Winkel der Differentialachsen und die Anzahl und Schichtung der Lamellen bestimmen die Sperrwirkung. 1 Tellerrad, 2 Differentialkolben, 3 Ausgleichskegelrad, 4 Achse des Ausgleichskegelrades, 5 Tellerfeder, 6 Keilflächen an den Druckringen zur Spreizung, 7 Außenlamellen drehfest mit dem Differentialkorb, 8 Innenlamelle drehfest auf dem Achskegelrad, 9 Anlaufscheibe, 10 Achskegelrad, 11 Deckel, 12 Druckringe.

nicht wie bei normalen Ausgleichsgetrieben direkt auf die Differentialachsen übertragen wird, sondern über zwei Druckringe, die verdrehfest, aber axial verschiebbar im Korb angeordnet sind. Durch die Reaktionskräfte, die beim Übertragen eines Drehmomentes auftreten, ergeben sich an den Schrägflächen der Druckringe Spreizkräfte in axialer Richtung. Dadurch wird eine Pressung an den Lamellen erzeugt. Da die Außenlamellen verdrehfest mit dem Differentialkorb und die Innenlamellen verdrehfest mit den Achskegelrädern verbunden sind, wird eine Relativdrehung der Achswellen zum Differentialkorb erschwert.

Die Spreizkräfte erzeugen in den Lamellen-Kupplungen ein lastabhängiges Sperrmoment, das immer in einem gleichbleibenden Verhältnis zum Eingangsdrehmoment steht. Die Sperrwirkung passt sich also dem veränderlichen Motordrehmoment und auch der Drehmomentsteigerung in den einzelnen Gangstufen an.

So weit die Funktionsbeschreibung von ZF.

Hier darf noch hinzugefügt werden, dass die Sperrwirkung durch eine Vorspannung der Lamellen verbessert werden kann. In diesem Fall ist links und rechts zwischen Differentialgehäuse und Lamellen je eine Tellerfeder angeordnet, die bereits im Ruhezustand – also ohne dass das Getriebe in Bewegung ist – eine Axialkraft erzeugt. Dadurch wird von vorneherein ein gewisses Sperrmoment sichergestellt. Die Sperrwirkung selbst wird durch den sogenannten Sperrwert (auch Sperrgrad genannt) definiert. Unter dem Sperrwert versteht ZF das Verhältnis von dem über die Sperrlamellen übertragbaren Drehmoment zum gesamten Drehmoment. Der Sperrwert wird üblicherweise in Prozent angegeben. Er ist abhängig von der Anzahl der Lamellenreibflächen und von dem Winkel der Schrägflächen an den Differentialachsen. Je kleiner der Winkel ist, umso höher ist die Sperrwirkung. Je nach Bauart gibt es zwei Winkel bei ZF, nämlich 30° und 45°. Bei gegebenem Winkel lässt sich der Sperrwert durch die Anzahl der Reibflächen verändern. Je mehr Reibflächen (Lamellen), umso höher der Sperrwert.

Üblicherweise werden die ZF-Sperrdifferentiale mit einem Sperrwert von ca. 40 Prozent ausgeliefert. Bei größeren Fahrzeugen sind auch geringere Sperrwerte ausreichend (25 Prozent). Höhere Sperrwerte als 40 Prozent führen zu schlechtem (eckigem) Geradeauslauf, zum Schieflaufen des Fahrzeugs bei Lastwechselreaktionen und leichten Drehzahldifferenzen der Treibräder.

Für Wettbewerbsfahrzeuge sind höhere Sperrwerte (bis 75 Prozent) üblich. Er kann

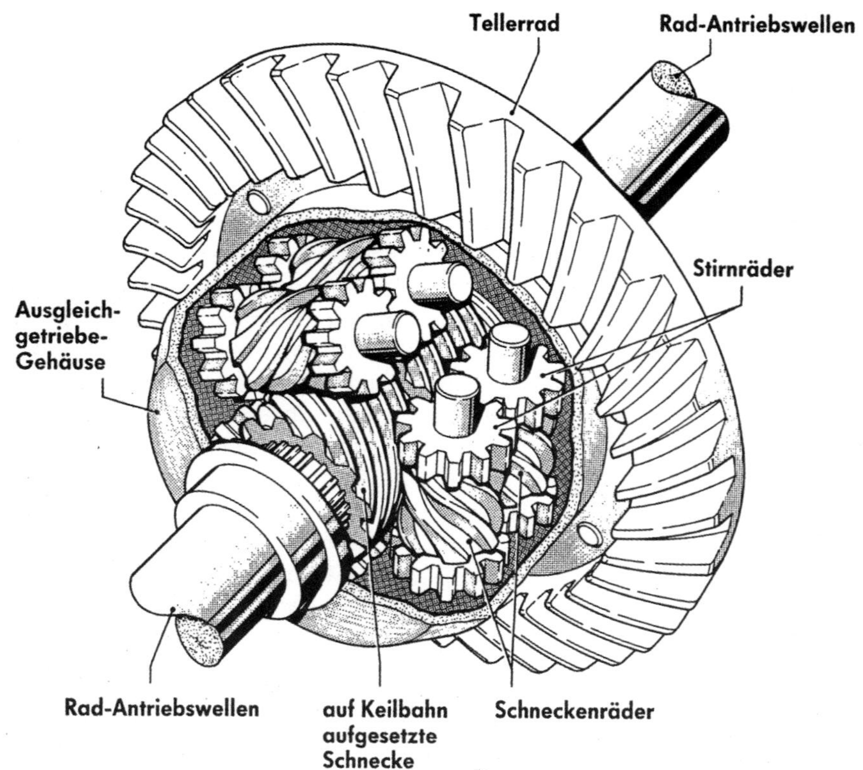

Anstelle der üblichen Kegelräder enthält die Torsen-Sperre mehrere Stirnräderpaare, Schneckenräder und eine Schnecke. Die Sperrwirkung beruht darauf, dass Schneckengetriebe bestimmter Steigung eine Umkehrung des Kraftflusses nicht zulassen. Die Sperrwirkung von Torsen setzt früh ein und ist variabel.

aber duch geeignete Lamellenbestückung bis auf 100 Prozent erhöht werden, was freilich nicht immer von Vorteil ist. Hier einige Beispiele von Lamellen- und Winkelpaarungen und der daraus resultierende Sperrwert:

Porsche rüstet für den Sporteinsatz bestimmte Fahrzeuge (z.B. GT3) mit Lamellensperren aus, die einen unsymmetrischen Sperrwert besitzen. Man versteht darunter, dass im Zug- und Schubbetrieb unterschiedliche Sperrwirkung

• Sperrwert	25%:	Winkel 45°	1 Innenlamelle	1 Außenlamelle
• Sperrwert	45%:	Winkel 45°	2 Innenlamellen	2 Außenlamellen
• Sperrwert	40%:	Winkel 30°	1 Innenlamelle	1 Außenlamelle
• Sperrwert	75%:	Winkel 30°	2 Innenlamellen	2 Außenlamellen
• Sperrwert	100%:	Winkel 30°	3 Innenlamellen	3 Außenlamellen

Die Lamellen sind in diesen Fällen abwechselnd zu schichten, also Innenlamelle-Außenlamelle-Innenlamelle usw. Die Sperrwerte gelten für molybdänbeschichtete Lamellen, die einen höheren Reibwert haben als Stahllamellen.

erzielt wird, wobei im Schubbetrieb die höhere Sperrwirkung (etwa 25/40 Prozent) erzielt wird. Damit lässt sich das Fahrverhalten beim Gaswegnehmen positiv beeinflussen: Das Giermoment nimmt ab, das Hineindrehen in die Kurve beim Lastwechsel (Übersteuern) wird reduziert.

Moderne Sperren

Nach dem Prinzip der inneren Reibung im Schneckengetriebe funktioniert das sogenannte Torsen-Sperrdifferential. Es wird wegen seines geringen Bauraumes sehr häufig als Mitteldifferential bei Allradfahrzeugen benutzt und sperrt dort bei ungleichen Reibverhältnissen zwischen Vorder- und Hinterachse den Mitteltrieb. Ansonsten sorgt es für Drehzahlausgleich und verhindert Verspannungen. Es kann aber auch als Sperrdifferential einer Antriebsachse verwendet werden, wobei hier über den inneren Aufbau Sperrwerte von etwa 40 Prozent angestrebt werden. Das Torsen-Differential arbeitet momentabhängig und verdankt dieser Eigenschaft seinen Namen (TORque-SENsing-Differential). Durch den relativ weichen und auch über den Gasfuß dosierbaren Einsatz wird das Fahrverhalten positiv beeinflusst.

Ebenfalls aus der Allradtechnik stammen die sogenannten Visko-Kupplungen oder Viskosperren. Sie arbeiten drehzahlfühlend. Dabei laufen Lamellen in einem mit zäher Flüssigkeit (Silikon) gefüllten Gehäuse, die sich bei zunehmendem Drehzahlunterschied kontinuierlich mitnehmen. Viskosperren beanspruchen mehr Bauraum als Torsensperren und zeichnen sich ebenfalls durch weichen Einsatz aus. Viskosperren können in allen Differentialen, also vorne, hinten oder in der Mitte eingesetzt werden. Ihre Sperrwirkung ist abhängig von der Kennung, die durch den Lamellentyp und die Viskoflüssigkeit beeinflussbar ist. Man versteht darunter das in der Kupplung aufgebrachte Drehmoment im Verhältnis zur Dreh-

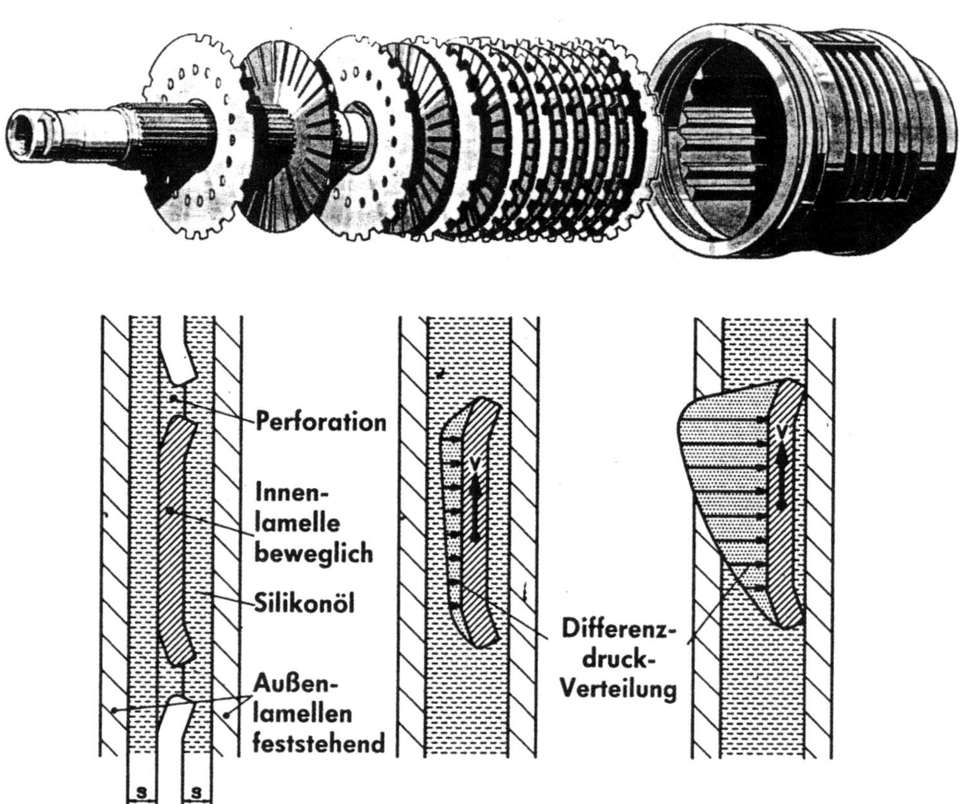

Die Sperrwirkung der Viskosperre beruht auf der Flüssigkeitsreibung zwischen den Innen- und Außenlamellen. Die Anzahl der Lamellen und die Füllung bestimmen den Sperrverlauf.

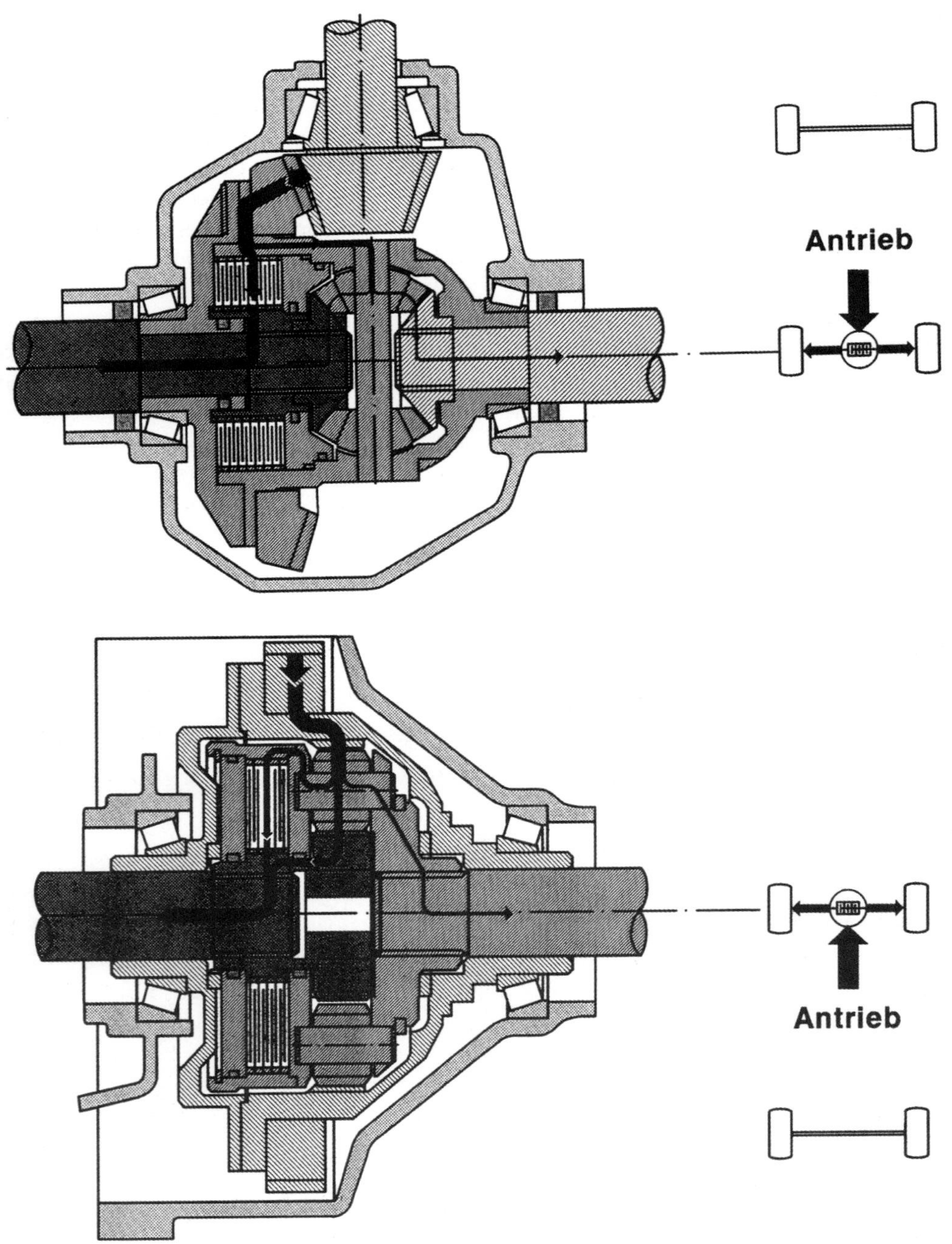

Die Wahl des eingesetzten Sperrdifferentials ist abhängig von der Antriebsart. Oben eine typische Anordnung bei Heckantrieb, unten bei einem Frontriebler.

zahldifferenz. Je steiler die Kennung, umso höher die Sperrwirkung. Auf Grund dieser Flexibilität lassen sich Viskosperren gut anpassen. Die Firma GKN Viskodrive liefert für fast alle Getriebetypen Viskosperren, allerdings nur wenige zum nachträglichen Einbau.

Bei beiden Bauarten (Torsensperre, Viskosperre) handelt es sich wie auch beim Lamellen-Sperrdifferential um reaktive Systeme.

Zusammen mit GKN Viskodrive hat auch BMW die sogenannte »Variable M Differentialsperre« entwickelt, die im M3 und M5 serienmäßig verbaut wird. Das System baut bei Drehzahlunterschied der beiden Antriebsräder ein variables Sperrmoment auf, das bis zu 100 Prozent reicht. Dies geschieht durch eine integrierte Scherpumpe, die abhängig von der Drehzahldifferenz Druck erzeugt, der wiederum über einen Kolben an die Lamellenkupplung der Sperre weitergegeben wird. Dieses System funktioniert bei jeder Geschwindigkeit und Drehzahl. Im Extremfall wird also das gesamte Antriebsmoment auf ein Rad übertragen. Das selbstregelnde Pumpensystem ist wartungsfrei und mit hochviskosem Öl gefüllt.

Elektronisch gesteuerte Sperren

Spontaner und feinfühliger als diese selbsttätig sperrenden Differentiale arbeiten elektronisch geregelte Sperrdifferentiale. Unter dem Begriff ASD (Automatisches Sperrdifferential) hat Mercedes diese Form erstmals in Serie gebracht, inzwischen sind auch andere Hersteller gefolgt. Es handelt sich dabei im prinzipiellen Aufbau um ein übliches Differential mit Lamellensperre, wobei allerdings die Lamellen zusätzlich hydraulisch beaufschlagt werden können. Zur elektronischen Steuerung der Hydraulik werden die Raddrehzahlsignale des ABS benutzt. Melden diese beispielsweise Drehzahlunterschiede zwischen links und rechts, so werden die Lamellenkupplungen unter Druck gesetzt. So lässt sich eine 100-prozentige Sperrwirkung erzielen. Diese wird allerdings nur im unteren Geschwindigkeitsbereich (bis ca. 30 km/h) wirksam, darüber

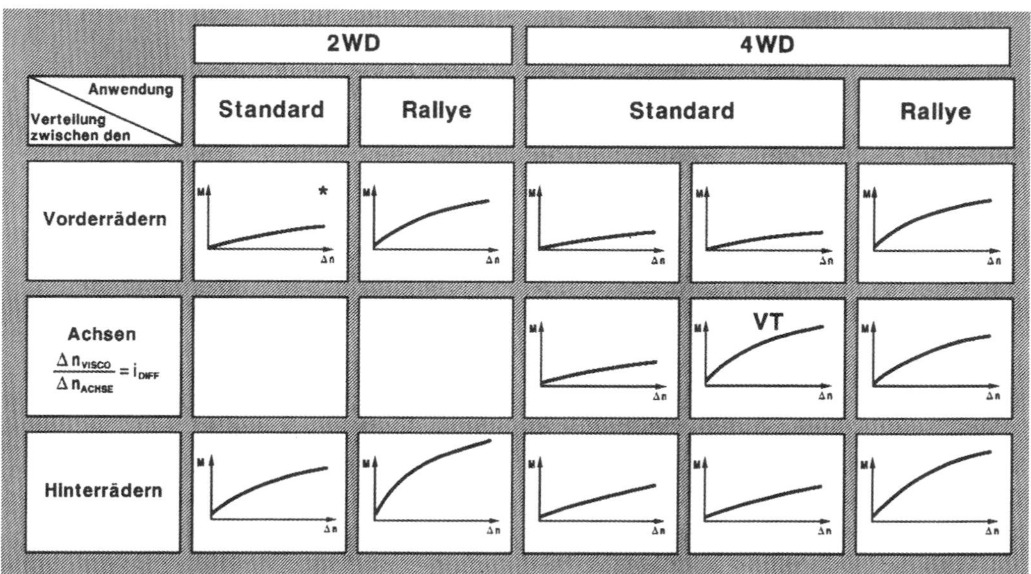

Nordschleife oder Col de Turini? Je nach Einsatzzweck (Straße/Rallye), Untergrund (Asphalt/Schotter/Eis) und Antriebsart (Front-/Heck-/Allradantrieb) sind verschiedene Sperrwert-Kennlinien notwendig.

Visco Lok ist ein drehzahlfühlendes, progressiv sperrendes Differential für Vorder- und Hinterachsanwendungen, das mit Reiblamellen arbeitet. Das Besondere an der Bauweise von Visco Lok ist die integrierte Scherpumpe, die die Sperrwirkung bei Bedarf weiter steigert.

Unten:
Beim automatischen Sperrdifferential (ASD) wird die Sperrwirkung im unteren Geschwindigkeitsbereich elektrohydraulisch auf 100 Prozent erhöht.

läuft ASD wie ein normales Lamellen-Sperrdifferential mit 35 Prozent Sperrwirkung. Neben diesen elektrohydraulischen Sperrdifferentialen sind auch elektromagnetische Sperren mit ähnlicher Wirkung im Einsatz.

Die meisten modernen Autos verzichten freilich auf die eigentliche Sperre im Differential und verhindern das Durchdrehen der Räder durch elektronisch gesteuertes Abbremsen über das Radbremssystem, wobei die vorhandene Sensorik für ABS und ESP genutzt wird. Man nennt das System elektronische Differentialsperre (EDS) , obwohl das Differential selbst ja nicht gesperrt wird. Das funktioniert im Prinzip ganz gut, jedoch mit Einschränkungen, da im Zweifelsfall beide Antriebsräder bis zum Stillstand gebremst werden und dabei elektronisch Gas weggenommen wird. Für sportlichen Einsatz sind solche Sperren, auch wegen der vor allem bei losem Untergrund hohen Zusatzbelastung der Bremsen, weniger gut geeignet.

Tuning ab Werk / Praktisches Tuning

Die Tuning-Szene hat sich in den letzten Jahren stark gewandelt. Der Hauptumsatz der Branche (etwa 90 Prozent) wird mit Rädern, Fahrwerken und Karosserie-Anbauteilen gemacht. Motortuning findet in der Regel als Chip-Tuning statt. Klassisches Motortuning wird in Eigenregie nur noch selten betrieben. Das überlässt man, auch wegen der wachsenden Komplexität moderner Motoren, lieber den Profis. Noch ein wesentlicher Faktor ist hinzugekommen. Fast jeder Automobilhersteller hat heute entweder anerkannte »Haustuner« oder eigene Tochterunternehmen für leistungsgesteigerte Fahrzeuge. AMG (Mercedes), BMW-M-GmbH, OPC (Opel) oder VW Motorsport sind nur die bekanntesten Namen der Branche.

Sie alle liefern komplette Fahrzeuge, die weit über das übliche Leistungsniveau hinausreichen, mit entsprechender Ausstattung, allerdings auch zu entsprechend hohen Preisen. An diesen Sportmodellen nachträglich noch herumzufummeln kostet nur Geld und bringt nicht viel. Andere Hersteller wiederum bieten

Wandel in der Tuningbranche: Die großen Hersteller sind längst dazu übergegangen, selbst getunte Fahrzeuge auf den Markt zu bringen. Im Bild die Flotte von Mercedes-AMG.

Auch wenn die Fahrzeugtechnik mittlerweile hochkomplex geworden ist, gibt es noch Raum für die Arbeit renommierter Fahrzeugtuner.

besonders sportliche Sondermodelle an oder (wie zum Beispiel Porsche) Tuning ab Werk. So lassen denn auch die leistungsmäßig weitgehend ausgereizten Audi-RS-Modelle oder die R-Modelle von Volkswagen kaum noch Spielraum für spürbare Verbesserungen. Allerdings muss man hier unterscheiden: Fahrzeuge mit sehr hoch drehenden Saugmotoren, wie sie Audi und BMW (z. B. Acht- und Zehnzylinder mit über 400 bzw. 500 PS) anbieten, sind hier wenig ergiebig. Fahrzeuge mit Aufladung (Turbo oder Kompressor) können über Chip-Tuning oder weitergehende Maßnahmen oft noch ordentlich zulegen, sofern die Motorbasis das hergibt.

All dies hindert allerdings freischaffende Tuner und Veredler nicht daran, ebenfalls tief in die Trickkiste professioneller Leistungssteigerung und individueller Ausstattung zu greifen. So liefert Alpina als selbstständiger Hersteller BMWs mit der ganz besonderen Note, die sich deutlich von den Produkten der M-GmbH unterscheiden. Auch Porsche-Tuner Ruf gelingt es immer wieder, höhere Leistung als das Werk hervorzuzaubern. Und Deutschlands größter Tuner Brabus stellt all jene Mercedes-Kunden zufrieden, die bei AMG nicht das Richtige finden.

Aber auch für die weniger betuchten Tuningfreunde, die nicht gleich komplette Autos kaufen wollen oder können und die womöglich ein Gebrauchtfahrzeug zu sportlicher Fortbewegung herrichten wollen, gibt es ein riesiges Angebot. Das Internet ist hier eine große Hilfe. Und einen guten Überblick über das Angebot und die Leistungsfähigkeit der gesamten Tuningbranche gibt die jährlich im November abgehaltene Motorshow in Essen, mittlerweile die zweitgrößte Automobilausstellung in Deutschland. Hier einen Überblick zu geben oder einzelne Beispiel herauszuziehen würde den Rahmen dieses Buches sprengen.

Nun gibt es allerdings noch eine andere Bewegung. Es sind die Oldtimer- und Youngtimer-Fahrer, die nicht selten an Wettbewerben teilnehmen und hierzu ihre Fahrzeuge oft noch selbst aufbessern. Hier kann dieses Buch, abgesehen vom Grundverständnis, noch echte Hilfe leisten. Daher bleiben die folgenden Kapitel, die sich überwiegend mit dem klassischen Tuning älterer Fahrzeuge befassen, auch weiterhin wichtiger Bestandteil dieses Buches.

Mit 407 Nm Drehmoment und 221 kW (300 PS): Der Subaru WRX STi ist ein reinrassiger Sportwagen und technisch so nahe am Subaru-Rallye-Fahrzeug, wie es nur geht. Gleichzeitig ist er voll alltagstauglich.

Tuning-Beispiele

In diesem Kapitel werden Tuning-Maßnahmen vor allem an älteren Automodellen demonstriert. Verständlicherweise können nicht alle Änderungen im Detail beschrieben werden, auch kann man nicht sämtliche Automodelle berücksichtigen. Doch selbst für die nicht erwähnten Modelle kann man sich bei sorgfältigem Studium der allgemeinen Tuning-Beschreibungen das richtige Rezept für eine Leistungssteigerung oder eine Fahrwerksverbesserung zusammenstellen. Allerdings sollte man etwas Erfahrung im Umgang mit Motoren mitbringen oder zumindest einen oder mehrere fachkundige Helfer besitzen. Gleiches gilt für das Fahrwerks-Tuning. Anfragen oder Rücksprachen bei tuning-erfahrenen Werkstätten oder in den Werken (Sportabteilungen) selbst können hier eine nützliche Hilfe sein. Man muss sich beim Lesen der nächsten Abschnitte im Klaren darüber sein, dass manche Tuningmaßnahme durch die Serienentwicklung oder Modelländerungen überholt werden kann. Was die Tuningmaßnahmen selbst und die dazu nötigen Umbauteile angeht, so lohnt es sich, die einschlägigen Tuningfirmen zu kontaktieren und Angebote einzuholen. Gar mancher Tip fällt dabei sogar kostenlos ab. Es sollte auch berücksichtigt werden, dass die in den folgenden Abschnitten behandelten Umbauten und Tuning-Kits nicht aktuell sind. Und die eine oder andere der genannten Tuningfirmen existiert womöglich nicht mehr. Aber es gibt sicher Ersatz.

VW Polo GTI 1,8 l Turbo Cup Edition: Mit einem Sportfahrwerk und 132 kW (180 PS) lässt der Turbo-Polo nur noch wenig Raum für ausgedehntes Tuning.

Audi als interessante Tuning-Basis

Wohl keine andere Automobilfirma in Deutschland hat in den letzten Jahren einen ähnlich positiven Imageschub verzeichnen können wie Audi. Dafür gibt es viele Gründe, nicht zuletzt den Motorsport. Seit rund zwei Jahrzehnten beteiligt sich Audi werksseitig sehr erfolgreich am internationalen Motorsport. Ganz gleich, ob in der Rallye-Weltmeisterschaft mit dem Ur-Quattro, in der amerikanischen IMSA-GTO-Serie mit einem Audi-80- Quattro-Ableger oder in der äußerst publicityträchtigen Deutschen Tourenwagen-Meisterschaft (DTM) mit dem V8-Audi war (und ist) auf vielen Motorsport-Bühnen erfolgreich. Später kamen die LeMans-Siege in Folge hinzu, zuletzt sogar der erste Triumph mit einem Diesel.

Seit 1991 ergänzt Audi seine Modell-Palette noch mit den besonders sportlich auftretenden, sogenannten S-Modellen: S2 Coupé, S3, ursprünglich auf Basis des Audi 80 Quattro, und S4, ursprünglich auf Basis des Audi 100 Quattro. Allen S-Modellen der 1. Generation gemeinsam war ein 2,2 Liter großer Fünfzylinder-Turbomotor mit Vierventil-Technik und 220 PS (S2 und S3) bzw. 230 PS (S4), dazu kamen noch der Allradantrieb und eine sportliche Fahrwerksabstimmung mit angemessener Bereifung.

Abgesehen von den S-Modellen, die als sportliche Ableger ohnehin sehr gut motorisiert sind, sind auch die Audi-Modelle mit Fünfzylinder- und Sechszylindermotoren eine gute Basis für Leistungssteigerung.

Fünfzylinder 2,3 Liter

In der Vergangenheit war der Fünfzylinder-Reihenmotor, der auch die Motorisierungs-Basis für die S-Modelle lieferte, ein erfolgversprechendes Tuning-Objekt. Da er in zahlreichen alten Audi-Modellen, aber auch in mo-

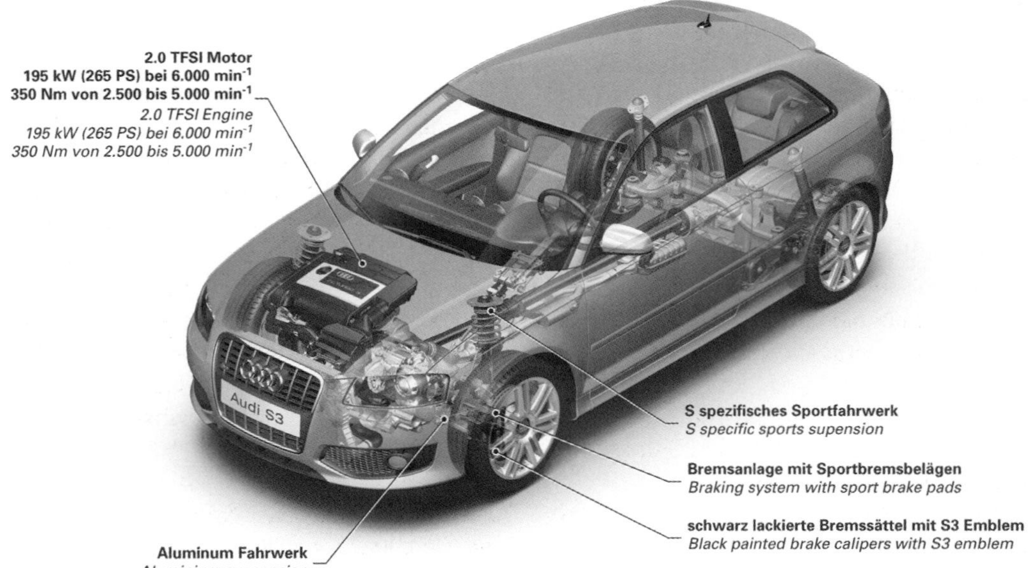

In 5,7 Sekunden von 0 auf 100 km/h: Der Audi S3 ist ein kompakter Sportwagen mit Vierzylinder-Motor. Durch seine Turboaufladung erreicht er eine Leistung von 195 kW (265 PS) und ein maximales Drehmoment von 350 Nm über einen Drehzahlbereich von 2500 bis 5000/min.

Kraft durch Hubraum: Die Tuner Nothelle und Oettinger erreichen beim 2,3-Liter-Fünfzylinder-Motor durch den Einbau einer Spezial-Kurbelwelle mit 92,8 bzw. 94,5 mm Hub einen Hubraum von jeweils rund 2,5 Litern und eine Leistung von 160 bzw. 170 PS.

derneren Jahrgängen noch zu finden ist, sind die dafür entwickelten Tuning-Sätze nach wie vor eine gute Lösung zur Leistungssteigerung. Außerdem wird hier Tuning im klassischen Sinne betrieben, wobei Hubraumvergrößerung und Maßnahmen zur Verbesserung der Füllung miteinander kombiniert werden. Beispielhaft dafür steht die 2,5-Liter-Version des Duisburger Tuners Rolf Nothelle.

Durch den Einbau einer Spezial-Kurbelwelle mit 92,8 Millimeter Hub, darauf abgestimmter Kolben mit kurzem Schaft und entsprechender Langpleuel, erzielt Nothelle unter Beibehaltung der Serienbohrung von 82,5 Millimetern einen Hubraum von knapp 2,5 Litern. Feinbearbeitung der Ein- und Auslasskanäle, Ventile und Ventilsitze sowie der Einbau einer auf gutes Durchzugsvermögen ausgelegten Nockenwelle sowie ein Spezialauspuffkrümmer (Drillingsrohr) runden die leistungssteigernden Maßnahmen ab. Gut 165 PS und ein maximales Drehmoment von 210 Nm bei 4000/min sind das Resultat dieser Modifikation.

Auch bei Oettinger galt der Fünfzylinder als ein gut geeignetes Tuning-Objekt. Die Oettinger-Anlage NG-2500 E/5 S-Kat. zeigt alle wesentlichen Tuning-Maßnahmen. Auch hier wird eine Kurbelwelle mit größerem Hub (94,5 mm) zur Vergrößerung des Hubvolumens benutzt. So kommen unter Beibehaltung der Serienbohrung (82,5 mm) exakt 2526 cm^3 zusammen. Wegen der langen Hubzapfen der Kurbelwelle muss das Kurbelgehäuse für freien Durchgang nachgearbeitet werden. Geschmiedete Kolben, ein bearbeiteter Zylinderkopf mit größeren Ventilen (41/35 mm für Einlass/Auslass, Serie: 40/33 mm), eine Nockenwelle mit geänderten Steuerzeiten und der Ersatz der hydraulischen Stößel durch mechanische runden die motorischen Maßnahmen ab. Das Verdichtungsverhältnis beträgt 9,6:1. Im Umfeld des Motors wird der Saugkrümmer bearbeitet, ein dreiflutiger Abgaskrümmer sorgt für besseren Gaswechsel. Eine der höheren Leistung angepasste Einspritzung, Zündkerzen mit höherem Wärmewert und eine Ölkühlanlage ergänzen die Tuning-Maßnahmen. Die Leistung des Oettinger-Fünfzylinders beträgt 170 PS bei 5900/min, das maximale Drehmoment liegt bei 230 Nm und wird bei 4400/min erreicht. Es übertrifft den Serienwert (190 Nm) um über 20 Prozent.

Audi V6

Der (alte) Audi-Sechszylinder (Zweiventiler) wurde als komfortable und leistungsstarke Kraftquelle in fast allen Modellen der 80er- und 100er-Baureihe verbaut. Der Motor wurde mit 2,6 und 2,8 Liter Hubraum geliefert. Da der 2,8 Liter (174 PS) leistungsstärker ist und zudem als erster auf dem Markt war, sind vor allem für diesen Tuning-Kits entwickelt worden. Aber auch der 2,6 Liter (150 PS), der einfacher, zum Beispiel ohne Schaltsaugrohr gestaltet ist, gibt sicher eine gute Tuning-Basis ab. Durch klassisches Tuning werden der 2,8-Liter-Variante rund 200 PS (147 kW) entlockt, wodurch die Fahrleistungen der betreffenden Audi-Modelle nicht gerade sprunghaft, aber doch spürbar ansteigen. Die Höchstgeschwindigkeit geht um etwa 10 km/h nach oben, die Beschleunigung auf 100 km/h verbessert sich um über eine Sekunde. Beispielhaft für die Leistungssteigerung des V6-Motors ist der Umbau der Duisburger Firma Dennert, die sich auf das Tuning der Audi-Saugmotoren spezialisiert hat.

Die Rezeptur des Tuning-Werkes an dem 90-Grad-V6-Motor, die eine Leistungssteigerung um 26 PS auf nunmehr runde 200 PS bringt, basiert, ganz nach Art des Hauses Dennert, auf solider handwerklicher Feinarbeit. Die Ein- und Auslasskanäle der beiden Zylinderköpfe werden erweitert und geglättet, Ventilsitzringe modifiziert, die Ventile selbst im Sinne besserer Füllung strömungsgünstiger gestaltet. Durch das Planen der Zylinderköpfe erreicht Dennert eine leichte Erhöhung der Verdichtung auf 10,3:1 (Serie: 10,0:1).

Schließlich rotieren in den bearbeiteten Zylinderköpfen noch zwei Spezialnockenwellen mit geänderten Steuerzeiten und größerem Ventilhub. Gemeinsam mit einer an die geänderten Gegebenheiten adaptierten Zünd- und Einspritzelektronik resultieren satte 200 PS bei 5800/min und ein maximales Drehmoment von 275 Nm bei 4000/min aus den Tuningarbeiten.

Die Firmen Abt und Nothelle hatten ebenfalls vergleichbare Umbaumaßnahmen für den V6-Motor im Programm. Auch hier liegt die Leistung bei rund 200 PS.

Der Fünfzylinder-Turbo

In den sportlichen S-Modellen setzte Audi den Fünfzylinder-Turbomotor ein, der seinerzeit zu den fortschrittlichsten Turbomotoren zählte. Der ursprünglich aus dem 300 PS starken Sport-Quattro stammende Vierventiler bietet dabei eine vorzügliche Ausgangsbasis für kräftige Leistungsspritzen. Gleichzeitig ist er ein gutes Beispiel für praktiziertes Turbo-Tuning.

Die Firma Schmidt Motorsport (SMS) aus Cadolzburg hatte sich dabei mit dem Audi S4 »Revo« genannten Umbau besonders hervorgetan. Nach einer eingehenden Leistungskur im Hause Schmidt bringt es der Fünfzylinder-Turbomotor auf 303 PS bei 6700/min, was bei unverändertem Hubraum von vergleichsweise bescheidenen 2,22 Litern eine spezifische Leistung von immerhin 136,1 PS/Liter bedeutet.

Besonderes Augenmerk richten die Schmidt-Ingenieure dabei auf die Abgasseite des Audi-Vierventilmotors. Zunächst muss der für den Serieneinsatz relativ klein gewählte Turbolader einem größeren KKK-Pendant mit der Bezeichnung K 024 weichen. Dieses Bauteil ist direkt einem ebenfalls neu entwickelten Abgaskrümmer nachgeschaltet. Der größere Lader fördert nun mit 1,4 bar Überdruck Frischgas in die Zylinder, der Serienmotor beschei-

Der Einbau eines größeren Turboladers, einer durchsatzfreudigeren Auspuffanlage sowie die Neuabstimmung des elektronischen Motor-Managements lässt beim 2,2-Liter-Fünfzylinder-Turbotriebwerk der alten Audi-Modelle S2 und S4 die Leistung bis auf knapp über 300 PS klettern.

det sich mit 1,03 bar. Besonders profitiert von diesem Druckanstieg das maximale Drehmoment. Liefert der gewiss nicht schlappe Serienmotor 350 Nm bei nur 1950/min, stellt der Revo seinen Bestwert von 390 Nm bei 2200/min zur Verfügung.

Die Adaption des größeren Turboladers erforderte naturgemäß eine komplette Revision der Elektronik-Software. Aufwendige Prüfstandsversuche mit entsprechender Neuprogrammierung sämtlicher Zündkennfelder sind in diesem Fall wesentlich für die kräftige Leistungsanhebung verantwortlich. Zu den Umbaumaßnahmen kommt noch eine durchsatzfreudigere Auspuffanlage. Die Tester von »auto motor und sport« ermittelten mit einem Audi S4 Revo eine Beschleunigungszeit von nur 5,8 Sekunden von null auf 100 km/h. Damit war der getunte Audi eine glatte Sekunde schneller als das Serienpendant. Die Höchstgeschwindigkeit schließlich wurde mit 260 km/h (Serie: 241 km/h) registriert.

Der Schmidt-Revo rollt auf einem straffer abgestimmten, die Karosserie um 35 mm tiefer legenden Fahrwerk und 8,5 J x 17-Rädern mit 235/40 ZR 17-Reifen. Auf Wunsch war der SMS-Audi mit 18-Zoll-Rädern lieferbar.

Einen ähnlichen Umbau bot SMS auch für das S2 Coupé an. Hier bescheidet man sich mit einem maximalen Ladedruck von 1,3 bar sowie einer anders programmierten Elektronik. Das Ergebnis sind 286 PS bei 6050/min.

Willi Bergmeister, ehemaliger Tourenwagen-Europameister auf Audi 80, offerierte für den Audi S2 ebenfalls einen Leistungskit mit 265 PS. Dieses Tuning beinhaltet einen größeren KKK-Lader K 024, ein modifiziertes Motormanagement sowie einen neuen Luftfilterkasten. Der so präparierte S2-Fünfzylinder lieferte seine Höchstleistung von 265 PS bei 5800/min, als maximales Drehmoment wurden 335 Nm bei 2200/min registriert.

Der Allgäuer Tuner Abt zählt (auch heute noch) zu den aktivsten Akteuren in der Audi-Szene und bietet für nahezu jedes Audi-Modell mindestens eine leistungsfördernde Maßnahme. Schwerpunkt der Abt-Aktivitäten beim Fünfzylinder bildet das Turbo-Tuning. Durch eine Anpassung des Motormanagements und der Ladedruckregelung bringt Abt die Leistung des Audi S4 auf 260 PS, nochmals 20 Mehr-PS bringen zwei Abt-Nockenwellen mit größerem Ventilhub.

Diese Leistungkits waren auch für den S2 zu haben. Sehr umfangreich war damals das Abt-Angebot an mehr oder weniger sportlich-straff abgestimmten Sonderfahrwerken, hier kombiniert mit Abt-Leichtmetallrädern im eigenen, attraktiven Fünf-Stern-Design und bis zur Dimension 8 J x 18.

Mini und Cooper – Eine gute Kombination

Ganz klar: Hier geht es ums Original. Den Ur-Mini. Für den neuen BMW-Mini gibt es ja auch eine ganze Menge Verbesserungsmöglichkleiten, sogar ab Werk mit dem Cooper S Works-Tuning (200 PS/147 kW). Infos bei BMW oder im Internet. Doch jetzt zurück zum echten Mini. Darum ein bisschen zur Geschichte dieses heute noch beliebten Autos.

Unter dem Dach des ehemals größten britischen Autokonzerns BLMC (lang ist es her) gediehen viele verschiedene Automobile, von denen sich jedoch nur wenige auf dem Festland durchsetzen konnten. Zu diesen wenigen zählt in aller erster Linie der Mini. Nicht zuletzt die Sporterfolge des schon nahezu legendären Mini Cooper S haben diesem kleinen, genial konzipierten Auto hier zum Durchbruch verholfen. Die Firmen BMC (British Motor Corporation) und BLMC (British Leyland) gibt es längst nicht mehr. Aber der Mini hat überlebt, als Old- und Youngtimer und sogar als gelungene Retro-Version von BMW. Bauteile von ihm fanden sich in seinem faden Nachfolger, dem Metro. Im Jahr 1990 wurde sogar der Mini Cooper (1972 wurden die Mini Cooper eingestellt) nochmals aufgelegt und ein guter Verkaufserfolg. Danach war Schluss.

Wir wollen in diesem Rahmen nur das Tuning des Mini beschreiben, doch auch die übrigen ehemaligen BLMC-Automobile können in ähnlicher Weise getunt werden, da sie alle die gleiche Motorbasis (Leyland A-Serie) haben und zahlreiche leistungsbeeinflussende Teile wie z. B. Nockenwelle oder Vergaseranlagen austauschbar sind.

Der Leyland-Motor der A-Serie ist ein konventioneller Vierzylinder mit untenliegender Nockenwelle und einem Graugusszylinderkopf mit parallel hängenden Ventilen, die über Stoßstangen und Kipphebel betätigt werden. Der ursprünglich für nur kleine Hubräume vorgesehene Vierzylinder ist zwar sehr kompakt, jedoch lassen sich größere Hubräume (maximal 1300 cm^3) nur auf Kosten verhältnismäßig großen Hubes erreichen. Trotz gewisser Handicaps wie untenliegender Nockenwelle, gemeinsamen Einlässen im Zylinderkopf, kleinen Ventilgrößen und großem Hub bieten alle Motoren der Leyland A-Serie gute Möglichkeiten zur nachträglichen Leistungssteigerung, wobei sich die Einvergasermotoren des Mini infolge ihrer von Haus aus geringen Literleistung sehr einfach beleben lassen. Für größere Leistungssteigerungen sind sie jedoch nicht die geeigneten Objekte und setzen schon bei ca. 50 PS/Liter deutliche Grenzen.

Günstiger ist hier der 1300er-Motor konzipiert, insbesondere jener mit dem Zylinderblock des Cooper S. Er erlaubte größere Bohrung und geringeren Hub, begann einst mit dem 1071-cm^3-Cooper S, kam später in 970-cm^3- und 1275-cm^3-Varianten und war auch die Basis für die einst so erfolgreiche Formel Junior. Das Wichtigste bei diesem Motor: Sein Block hatte zwei zusätzliche Stehbolzen zur Zylinderkopfbefestigung, die Kurbelwelle war nitriert. Aus diesem Grund ist auch der italienische Ableger des Mini, der Innocenti Cooper 1300, nicht so ohne Weiteres in der Leistung steigerbar, da er diese Modifikationen nicht besitzt.

Der »neue« Mini Cooper (von 1990) hat ihn wieder, er entspricht im übrigen weitgehend der sogenannten A-plus-Motorbasis des Mini Metro. Natürlich sind auch auf dieser Basis keine überragenden Literleistungen zu erwarten, zumal der Zylinderkopf im Prinzip der alte blieb. Immerhin lassen sich bis zu 60 PS/Liter für Straßenbetrieb und im Renntrimm bis zu 90 PS/Liter realisieren, letzteres mit erheblichem Aufwand.

Im Übrigen lohnt es sich für jeden Mini-Fan, nach England zu fahren. Dort ist die Mini-Szene sehr aktiv, sowohl auf der Rennstrecke als auch mit getunten Fahrzeugen auf der Straße. Und es gibt eine ganze Reihe von Firmen, die alle möglichen Tuning-Kits für die Mini-Szene liefern.

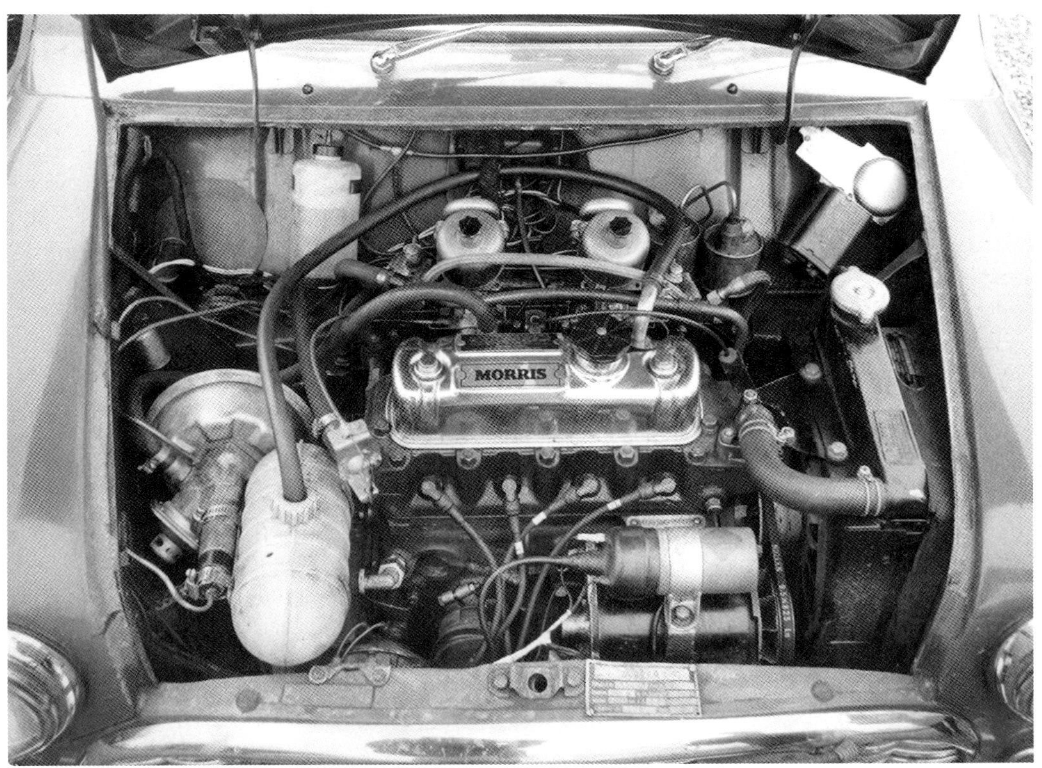

Ziemlich vollgepfropft ist der Motorraum des Mini Cooper S. Neben dem Bremskraftverstärker ist hier ein Fangbehälter für das Öl der Kurbelgehäuseentlüftung installiert, der für Rennen vorgeschrieben ist, um eine Verschmutzung der Fahrbahn zu vermeiden.

Motor	Hubraum [cm^3]	Leistung [DIN-PS]	Bohrung mal Hub [mm]	Vergaser	Verdichtung
Mini 850	848	34/5500	62,9 x 68,2	1 SU HS 4	8,3
Mini 1000	998	41/5250	64,6 x 76,2	1 SU HS 4	10,3
Mini Cooper 1300	1275	61/5500	70,6 x 81,3	1 SU HS 4	9,75
Mini Mayfaire 1,3 i	1275	53/5000	70,6 x 81,3	elektr. Zentral-einspritzung Rover/Bosch	9,75
Mini Cooper 1,3 i	1275	63/5700	70,6 x 81,3	elektr. Zentral-einspritzung Rover/Bosch	9,75

Vergaser

Sämtliche Vergaser-Motoren der A-Serie sind mit SU-Vergasern ausgerüstet. Dabei werden die Motoren des Mini 850/1000 und Cooper 1300 von nur einem SU-Vergaser (1,5 Zoll Durchmesser) gespeist. Eine Leistungsverbesserung lässt sich hier durch den Anbau eines größeren SU-Vergasers (Durchmesser 1,75 Zoll) erzielen. Das Saugrohr muss dabei angepasst werden. Noch günstiger ist der Anbau zweier SU-Vergaser (Durchmesser je 1,25 Zoll), wobei der Ansaugkrümmer des alten (englischen) Mini-Cooper-Motors verwendet werden kann. Wird der Cooper-Ansaugkrümmer entsprechend bearbeitet, können auch größere SU-Vergaser mit 1,5 Zoll Durchmesser verwendet werden, wobei der größere Durchmesser eigentlich nur beim 1,3-Liter-Motor Sinn macht, bis 1000 cm^3 rei-

Eine solche Zweivergaseranlage mit zwei SU-Vergasern und dazu passendem Saugrohr lässt sich für alle Motoren der A-Serie verwenden.

Teilweise wurden die Cooper-S-Motoren mit zwei »amputierten« Weber-Doppelvergasern ausgerüstet, die eine höhere Leistungsausbeute als die SU-Vergaser zuließen.

chen zwei 1,25-Zoll-Vergaser völlig aus. In England sind für alle A-Motoren sogenannte Twin SU-Carburettor Kits komplett mit Krümmer und Luftfilter lieferbar. Es gibt auch Kits für den Weber-DCOE-Vergaser.

A-Motoren mit Zentraleinspritzung und geregeltem Kat lassen sich ähnlich wie ein Motor mit einem Vergaser nur begrenzt in der Leistung steigern. Darum verwendet Cooper für seinen »S-Pack« ebenfalls zwei 1,5 Zoll große SU-Vergaser. Ein »S-Pack« mit zwei Einspritzeinheiten und getrennten Saugrohren (analog zur Zweivergaser-Anlage) bringt noch höhere Leistung.

Zylinderkopf

Die Zylinderköpfe der A-Motoren bestehen aus Grauguss und besitzen zwei Einlässe, die sich im Zylinderkopf zu den einzelnen Zylindern gabeln. Die Kanäle sind möglichst weit aufzuarbeiten und zu glätten. Bei der Bearbeitung der Ventile und Ventilsitze ist wie im allgemeinen Teil beschrieben zu verfahren. Durch Abnehmen der Zylinderkopfunterseite kann das Verdichtungsverhältnis erhöht werden. Für den Cooper-Motor ist es günstiger, das Verdichtungsverhältnis durch Spezialkolben zu erhöhen, die als Sonderteil zu beziehen sind. Nach der Bearbeitung der Brennräume ist in jedem Fall Auslitern erforderlich. Die obere Grenze der Verdichtung dürfte bei ca. 10,25:1 liegen. Das notwendige Abdrehmaß ist ungefähr durch Berechnung wie angegeben zu bestimmen oder durch Versuche (Auslitern) zu ermitteln. In jedem Fall kann man ohne Risiko bis zu 1,5 mm abnehmen. Die Brennräume sind um das Einlassventil herum

Die Einlass- und Auslassseite dieses für Wettbewerbszwecke hergerichteten Cooper-S-Zylinderkopfes lässt das prinzipielle Handicap dieses Motors erkennen: Gemeinsame Einlässe für je zwei Zylinder, Einlass und Auslass auf einer Seite, ein gemeinsamer Auslass für die beiden mittleren Zylinder.

auszufräsen, um eine ungehinderte Einströmung des Gemischs zu gewährleisten.

Die Firma JanSpeed hatte zusammen mit Cooper einen bearbeiteten Zylinderkopf entwickelt, der auch Bestandteil des Cooper-»S«-Packs ist. Er besitzt größere Ventile, relativ weite, polierte Kanäle und ausgeliterte Brennräume, die in Verbindung mit den Serienkolben des 1,3-Liter-Motors ein Verdichtungsverhältnis von 10,25:1 ergeben.

Kurbeltrieb und Kolben

Selbstverständlich kann auch der Kurbeltrieb der Leyland-A-Motoren ausgewuchtet und genau ausgewogen werden (Kolben und Pleuel). Doch ist es bei einem einfachen Tuning nicht unbedingt notwendig. Ein Blick in Motoren der alten Wettbewerbswagen der BMC zeigte eine völlig unbearbeitete Kurbelwelle und (weitgehend) serienmäßige Pleuel. Da alle neuen Minis den modernen A-Plus-Block in-

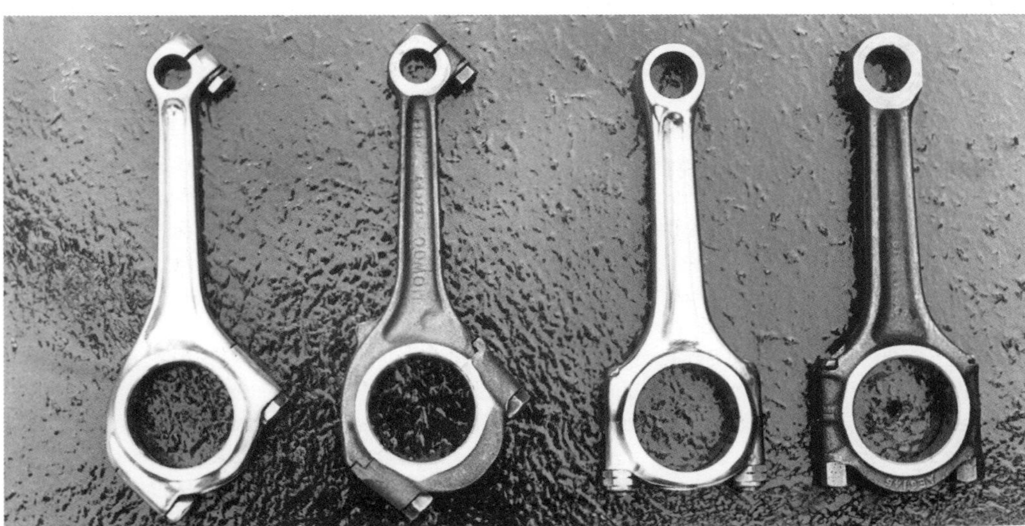

Wie die Pleuel bearbeitet werden können, ist auf diesem Foto zu sehen (links alte Minis, rechts Cooper S). Diese Maßnahme ist jedoch nur für ausgesprochene Rennmotoren erforderlich.

klusive Kurbeltrieb besitzen, der im Wesentlichen der Ausführung des alten Cooper S entspricht, dürften sich Nacharbeiten auch bei größerer Leistungssteigerung erübrigen.
Kolben mit größerer Bohrung (73,5/74 mm), die natürlich auch das Verdichtungsverhältnis geringfügig erhöhen, sind über JanSpeed erhältlich. Sie gestatten eine Hubraumvergrößerung bis 1400 cm^3.
Das Schwungrad kann durch Abdrehen und weitere Bearbeitung wesentlich erleichtert werden (bis zu 2,5 kg), man sollte es danach allerdings zusammen mit der Kurbelwelle auswuchten lassen. Es ist vorteilhaft, das früher als Ersatzteil (C-AEG 421) lieferbare Spezialschwungrad zu benutzen, das ohnehin bereits leichter ist.

Nockenwelle, Ventiltrieb und Auspuffanlage

Für den Mini Cooper und auch für die übrigen Leyland-Motoren sind in England zahlreiche Sport- und Renn-Nockenwellen erhältlich. Die früher von BMC angebotenen Sportnockenwellen sind in England teilweise noch erhältlich. Die Rallye-Nockenwelle mit ca. 6,3 mm Hub ist für normale Straßenfahrt noch sehr gut geeignet, während die Rennnockenwelle mit weiteren Öffnungswinkeln und ca. 8 mm Hub für den Sporteinsatz zu empfehlen ist. Für ganz scharfe Mini-Tunings gibt es noch heißere Spezialnockenwellen in England zu kaufen. Mit speziellen Ventilfedern lassen sich Drehzahlen bis zu 8400 U/min erreichen.
Der Ventiltrieb sollte bei hohen Leistungssteigerungen ebenfalls gründlich überarbeitet werden, um die notwendigen Drehzahlen leichter zu erreichen. Die Kipphebel lassen sich dabei durch sorgfältige Bearbeitung stark erleichtern. Die Blechkipphebel der einfachen Modelle (Mini 850/1000) sind durch geschmiedete Kipphebel zu ersetzen. Bei Verwendung der Racing-Nockenwelle (Full-Race) sind längere Einstellschrauben notwendig oder man bearbeitet den Kipphebel und benutzt die Serienschrauben. Spezialkipphebel mit größerem Übersetzungsverhältnis sind lieferbar. Spezial-Auspuffkrümmer mit getrennter Gasführung sind ebenfalls kein Propblem. Die Schalldämmung selbst kann dann je nach Verwendungszweck modifiziert werden, auch komplette Anlagen sind im Angebot.

Fahrwerk

Alle Minis haben serienmäßig Einzelradaufhängung und Frontantrieb. Für den Normalbetrieb sind Fahrwerksverbesserungen im üblichen Sinne nicht unbedingt notwendig. Minis mit Gummifederung (seit 1970 wieder bei den Typen 850 und 1000 in Serie) besitzen Stoßdämpfer, die man gegen Spezialausführungen auswechseln kann (z. B. Bilstein/Koni). Bei Minis mit Hydrolastikfederung sind keine Stoßdämpfer vorhanden. Hydrolastik-Minis lassen sich durch Ablassen von Flüssigkeit an den beiden Ventilen tiefersetzen, doch sollte man hier nicht zu weit gehen, da sonst keine Federung mehr stattfindet.
Breitere Felgen sind für alle Minis in Stahl- und Leichtmetallausführungen erhältlich, wobei man bei den alten Minis mit 10-Zoll-Rädern die Breite 5 J x 10 (serienmäßig $3^1/_2$ x 10) schon wegen der hohen Radlagerbelastung nicht überschreiten sollte. Alle moderneren Minis ab 1984 haben größere Räder mit 12 Zoll Durchmesser, was vor allem Platz für größere Bremsen und eine stabilere Aufhängung schaffte. Die serienmäßige Felgenbreite beträgt hier 4,5 Zoll in Verbindung mit der Reifengröße 145/70-12. Felgenbreiten bis zu 6 Zoll (und darüber) sind möglich in Verbindung mit Reifen 165/60-12 oder, bei größerem Raddurchmesser, 175/50-13.

Getriebe und Achsantrieb

Sämtliche Minis besitzen ein mit dem Motor verblocktes Vierganggetriebe, dessen Zahnräder im Motoröl laufen. Die früher von BMC lieferbaren Sport-Radsätze sind heute kaum noch zu bekommen. Dafür hatte die Firma Jack Knight Developments Ltd (JKD) ein sportlich gestuftes Fünfganggetriebe entwi-

Das Fünfganggetriebe von JKD ist mit seiner langen Übersetzung im 1. Gang vor allem für Wettbewerbswagen geeignet. Es sind verschiedene Übersetzungsvarianten lieferbar.

Getriebe	Serie	5-Gang (JKD)		
I. Gang	3,647	2,315	2,240	2,165
II. Gang	2,185	1,568	1,568	1,568
II. Gang	1,425	1,195	1,195	1,195
IV. Gang	1,0	1,0	1,0	1,0
V. Gang	–	0,955	0,955	0,955

ckelt, das mit drei verschiedenen Übersetzungsvarianten in England lieferbar war. Inzwischen gibt es sogar Sechsgangetriebe für den Mini.

Im Achsantrieb sind die Minis der letzten Baujahre, auch der sportliche Cooper, relativ lang übersetzt (3,11:1 oder 3,21:1). Kürzere Übersetzungen (3,27:1 oder 3,44:1), wie sie die alten Minis hatten, sind erhältlich. Selbst die ganz kurzen Rallye- und Berg-Achsen (3,76:1; 4,26:1; 4,35:1 und 4,76:1), die früher von BMC zu Sportzwecken angeboten wurden, sind bei Sammlern teilweise noch zu bekommen.

Vom Einbau eines Sperrdifferentials für den Alltagsbetrieb ist abzuraten, da die Lenkung stark beeinflußt wird. Für Sportzwecke sind in England Sperren lieferbar. Dort machen sie auch Sinn.

Mini-Kits

Nach der Renaissance des Mini auch in der Oldtimerszene gibt es in England wieder eine Reihe Hersteller, die Tuningsätze für das beliebte Kleinstauto anbieten. Der bekannteste war zunächst der »S«-Pack von Altmeister John Cooper, der den etwas zahnlos wirkenden Mini Cooper mindestens auf die Leistungswerte des alten Cooper S liften soll.

Cooper nennt 78 PS bei 6000/min.

John-Cooper-1275-»S«-Pack, Bestandteile:

- Zweivergaser-Anlage mit SU 1,25 Zoll
- Bearbeiteter Zylinderkopf
- Verchromter Ventilkammerdeckel
- Ölkühler
- Komplette Auspuffanlage mit Fächerkrümmer
- Kürzere Achsübersetzung (3,44)
- Dichtungs- und Befestigungsmaterial

Außer Cooper liefert die Firma JanSpeed Tuning-Kits in verschiedenen Stufen (Stages). Hier als Beispiel die »Fast Road Conversion« für den 1275er-Motor, die etwa ein Drittel mehr Leistung bringen soll:

- Stage II Zylinderkopf
- Zweivergaser-Anlage mit SU 1,5 Zoll
- Sportnockenwelle
- Komplette Auspuffanlage mit Fächerkrümmer
- Dichtungs- und Befestigungsmaterial

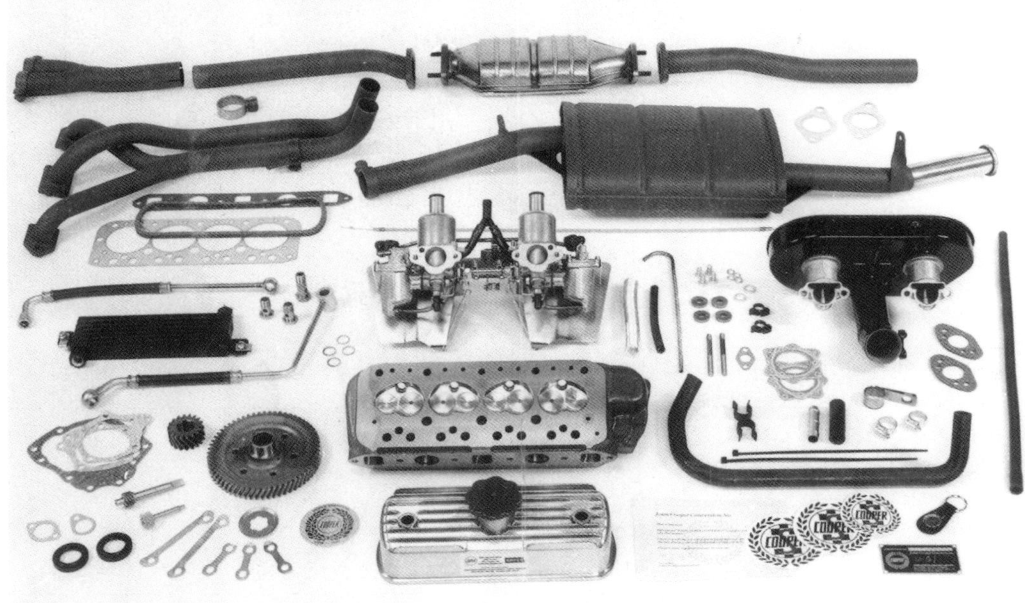

Der Cooper-1275-«S«-Pack ist ziemlich umfangreich. Zu den üblichen Tuning-Accessoires kommen noch ein Ölkühler und eine kürzere Achsübersetzung.

BMW – Sportliche Autos ab Werk

Obwohl BMW-Automobile weltweit zu den sportlichsten Autos überhaupt zählen, sind sie in ganz besonderem Maße als Tuning-Objekte beliebt. Das war schon zu Zeiten des seligen 02 so und hat sich in noch größerem Umfang auch bei allen neueren Modellreihen gezeigt. Und obwohl das Werk selbst über den sportlichen Ableger »Motorsport-GmbH« ganz besonders sportliche Sondermodelle wie beispielsweise den BMW M3 oder M5 vertreibt, hat dies dem Bedürfnis nach individuellem Tuning der normalen BMW-Modelle keinen Abbruch getan.

Besonders gerne getunt wurden die stärkeren Modelle, also bei der Dreier-Reihe der 325/328 i, bei der Fünfer-Reihe der 535 i und bei den Großen der 850 i und der 750 i. Doch auch der 735 i war beliebtes Tuningobjekt, vor allem, als es den Zwölfzylinder noch nicht gab.

Da BMW-Tuning ein umfangreiches und offenbar auch sehr einträgliches Geschäft ist, haben sich eine Reihe von Firmen darauf spezialisiert, die sich zum Teil einen sehr guten Namen gemacht haben. Es lohnt sich also, dort Angebote einzuholen, auch um den neuesten Stand zu erfahren.

2,5-Liter-Sechszylinder (Zweiventiler)

Der sogenannte kleine BMW-Sechszylinder (intern M 20) steht als Zweiventiler schon sehr gut im Futter. Trotzdem ist es relativ einfach, diesem gut konzipierten Motor noch mehr

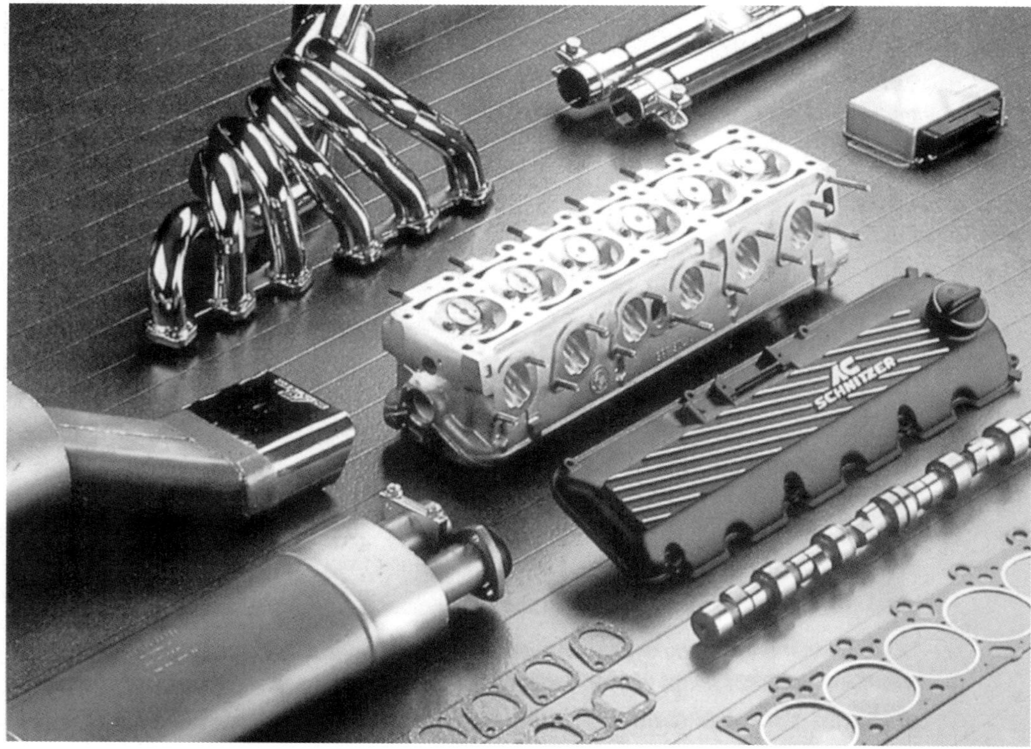

Rund 20 PS mehr bringt der Zylinderkopfbausatz S 3 von Schnitzer für den 2,5-Liter-BMW-Sechszylinder-Zweiventiler, der die Leistung auf Vierventiler-Niveau hebt.

Zur Hubraumerweiterung sind Kurbelwellen mit größerem Hub notwendig. Die geschmiedete Dieselwelle (unten) bringt 81 mm Hub (plus 6 mm) und erlaubt so einen Gesamthubraum von knapp 2,7 Litern.

Leistung und Drehmoment zu entlocken. Immerhin entwickelt dieser Motor mit Kat serienmäßig bereits 170 PS (125 kW) bei 5800/min und ein maximales Drehmoment von 222 Nm (22,6 mkp), und das mit Normalbenzin. Das sind spezifisch bessere Werte, als mancher fernöstliche Vierventiler sie aufweisen kann.

Das für Normalbenzin (91 ROZ) gewählte niedrige Verdichtungsverhältnis von 8,8:1 bietet bei diesem Motor guten Spielraum nach oben, bis etwa 10:1. So lässt sich schon mit relativ einfachen, klassischen Tuningmaßnahmen die Leistung bis auf 190 PS steigern. Die Maßnahmen im Einzelnen:

- Spezialzylinderkopf mit bearbeiteten Kanälen und Ventilen,
- Höheres Verdichtungsverhältnis,
- Fächerauspuffkrümmer mit Spezialauspuffanlage.

Unter der Bezeichnung S3 hatte die Firma AC Schnitzer einen solchen Zylinderkopfbausatz für den kleinen BMW-Sechszylinder im Angebot.

Eine wesentlich weitergehende Maßnahme ist bei diesem Motor die Erhöhung des Hubraumes. Diese ist relativ einfach mit der langhubigeren (geschmiedeten) Kurbelwelle des BMW-Dieselmotors möglich, erfordert aber auch die Verwendung von Spezialkolben. Die Hubzapfen der Dieselwelle haben 81 mm Hub gegenüber 75 mm der normalen Kurbelwelle. Der größere Hubraum (exakt 2693 cm^3) ergibt nicht nur mehr Leistung (bis zu 205 PS), sondern vor allem auch mehr Drehmoment und damit Durchzugskraft.

Alpina nennt für den Motor B3 2,7 Liter 204 PS bei 6000/min und ein beachtliches Drehmoment von 265 Nm bei 4800/min. Besonders leichte Mahle-Kolben mit Quetschkanten erhöhen das Verdichtungsverhältnis der bear-

beiteten und ausgeliterten Brennräume auf 9,8:1, eine Nockenwelle mit größerem Öffnungswinkel (268 Grad statt 256 Grad) und mehr Hub (10,7 mm statt 10,25 mm) sorgt für mehr Füllung im oberen Bereich. Fächerauspuffkrümmer und widerstandsarme Metallkatalysatoren vervollständigen die Umbaumaßnahmen, die natürlich auch eine neue Abstimmung des Motormanagements (Bosch Motronic M 1.3) erfordern.
Motoren mit ähnlichem Leistungsumfang liefern auch die Firmen Hartge (HS 27) und Schnitzer (S 3).

2,5-Liter-Sechszylinder (Vierventiler)

Die Anfang der 90er Jahre eingeführten Vierventilversionen des kleinen Sechszylinders (M 50 für 2 Liter, M 52 für 2,5 Liter Hubraum) ersetzten sukzessive den zweiventiligen Vorgänger in der Dreier- und Fünferreihe. Obwohl der neue Motor auf demselben Zylinderblock basiert, gibt es doch wesentliche Unterschiede. So der Kettenantrieb für die beiden obenliegenden Nockenwellen, wodurch die Diesel-Kurbelwelle nicht mehr ohne Änderung verwendbar ist.
Der 2,5-Liter-Motor, der zunächst ausschließlich professionell zum Tuning genutzt wurde, leistet bereits serienmäßg 192 PS (141 kW) bei 5900/min, sein maximales Drehmoment beträgt 245 Nm bei 4700/min. Damit zählt der BMW-Sechszylinder zu den spezifisch besten Großserienmotoren (Mitteldruck 12,3 bar).
Eine wesentliche Leistungssteigerung über den Ladungswechsel, also durch bessere Füllung, ist nur schwer zu erreichen. Etwas Spielraum bietet hier die Auspuffanlage, die durch Fächerkrümmer und widerstandsärmere Katalysatoren den Gaswechsel erleichtert. Auch das Verdichtungsverhältnis, mit serienmäßig 10:1 für Super 95 ROZ ausgelegt, lässt sich noch um 0,5 auf 10,5:1 erhöhen, dann ist aber Super Plus mit 98 ROZ nötig. Mit diesen Maßnahmen und einer Kopfüberarbeitung sind bei Einsatz schärferer Nockenwellen höchstens 10 bis 15 Prozent Leistung zu gewinnen.

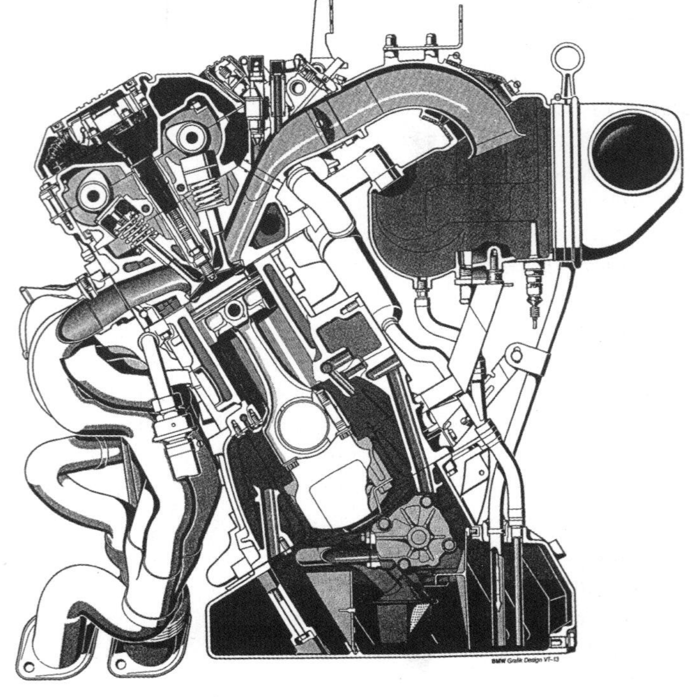

Der neue M3-Motor basiert nur in seiner Grundkonstruktion auf dem kleinen BMW-Sechszylinder. Zylinderkopf (zweigeteilt), Kurbelgehäuse und Kurbelwelle sind neu. Als Hochleistungsmerkmale sind der sehr kurze Kolben und das konisch optimierte Schwingrohr mit Einzeldrossel zu erkennen.

Fächerauspuffkrümmer verbessern den Ladungswechsel der BMW-Sechszylinder.

Der Weg zu deutlich mehr Leistungsgewinn führt auch hier über eine Hubraumerweiterung. Hierzu sind eine andere Kurbelwelle und ein anderer Kolben notwendig. Die Firma AC Schnitzer geht auf diesem Weg am weitesten. Man wagt sich nicht nur an eine Kurbelwelle mit 86 mm Hub (Serie 75 mm), sondern bohrt auch den Zylinder bis auf 85,5 mm auf (Serie 84 mm). Dadurch reduziert sich die Wandstärke zwischen den zusammengegossenen Zylindern auf 5,5 mm. Der so gewonnene Hubraum ergibt insgesamt fast drei Liter (2962 cm^3). Zusammen mit Spezialnockenwellen, höherer Verdichtung (10,5:1), Fächerauspuffkrümmer, Spezialschalldämpfer-Anlage mit Metallkatalysatoren und einer angepassten Motorelektronik (Bosch DME 3.1) werden so 239 PS (176 kW) bei nur 5700/min erzielt. Das maximale Drehmoment des Schnitzer-S3-Motors steigt auf 300 Nm bei 4200/min.

Alpina beschränkt sich bei dem B6 2,8 genannten Triebwerk mit knapp 2,8 Litern Hubraum (2752 cm^3). Diese werden durch den Einbau der am vorderen Zapfen modifizierten Dieselkurbelwelle mit 82,8 mm Hub und Beibehaltung der Originalbohrung von 84 mm erreicht. Mahle Leichtbaukolben (mit Spritzkühlung von unten) ergeben zusammen mit den sphärisch bearbeiteten Brennräumen ein Verdichtungsverhältnis von 10,5:1 (Serie 10:1). Zwei Nockenwellen mit weiteren Öffnungswinkeln (E: 258° statt 240°, A: 249° statt 228°) sowie größerem Hub (E: 10,4 statt 9,7 mm, A: 9,2 statt 8,8 mm) ergänzen beim Zylinderkopf die Maßnahmen. Eine zweiflutige Auspuffanlage, Fächerabgaskrümmer und Metallkatalysatoren sorgen für widerstandsarmen Abgasaustritt. Mit 240 PS (177 kW) bei 5900/min und einem Drehmoment von 293 Nm bei 4700/min zeigt der Alpina-Motor spezifisch geringfügig

Der M3-Sechszylinder hat in Leistung (286 PS, entsprechend 95,6 PS/L) und Drehmoment (320 Nm) beste spezifische Werte.

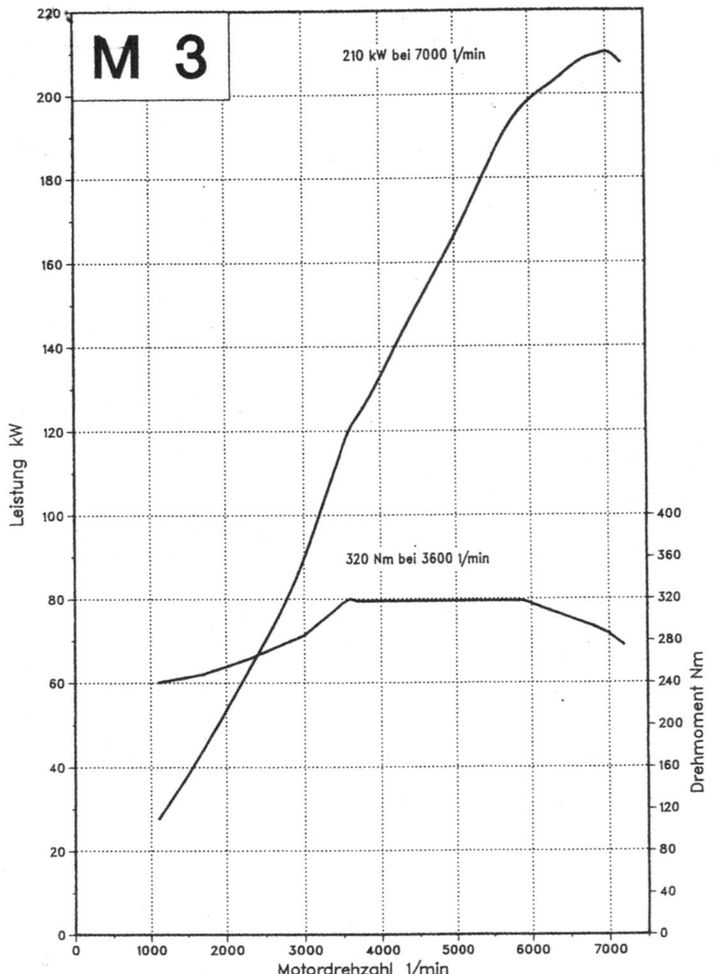

bessere Werte als das Dreiliter-Triebwerk von Schnitzer.

Abgesehen vom Motor-Tuning gibt es für den Dreier-BMW eine Fülle von Fahrwerkssätzen und jede Menge Karosserie-Bauteile. Es würde zu weit führen, hier ins Detail zu gehen, zumal das Angebot im Markt auch hin und wieder wechselt.

3,5-Liter-Sechszylinder (Zweiventiler)

Über Jahrzehnte hinweg war der große BMW-Sechszylinder (M30) das wohl meist bearbeitete Tuning-Objekt dieser Marke. Eingebaut im Fünfer und im Siebener, war er eine ideale Ausgangsbasis zur Leistungssteigerung. Welches Potenzial in diesem Motor steckt, hat BMW selbst mit den M-Modellen bewiesen. Inzwischen wurde der große Sechszylinder durch die V8 abgelöst.

Der Sechszylinder-M-Motor wurde in der Motorsport GmbH ursprünglich für den Sporteinsatz und dann als Antrieb für den Sportwagen M1 entwickelt. Sein wesentlicher Unterschied zum M30: der Vierventilzylinderkopf, weswegen er intern die Bezeichnung M88 erhielt. Man muss sich vor Augen halten, dass dieser Motor auf einem Graugussblock des norma-

Leistungsvarianten des großen BMW-Sechszylinders						
	Hubraum [cm³]	B x H [mm]	Verdichtung	Leistung [PS/min]	Drehmoment [Nm/min]	Literleistung [PS/Liter]
535 i (1992) 3,5 L,2 V	3430	92 x 86	9:1	211/5700	305/4000	61,5
M 1 (1977) 3,5 L.4 V	3453	93,4 x 84	9:1	277/6500	330/5000	80,2
M 635 CSi (1984) 3,5 L,4 V	3453	93,4 x 84	10,5:1	286/6500	340/4500	82,8
M 5 (1988) 3,5 L,4 V	3553	93,4 x 84	10:1	315/6900	360/4750	89,2
M 5 (1992) 3,5 L,4 V	3795	94,6 x 90	10,5:1	340/6900	400/4750	89,6

len BMW-Sechszylinders basiert, der ursprünglich für 3 Liter Hubraum ausgelegt war. In mehreren Stufen wurde der M-Sechszylinder konsequent im Hubraum und in der Leistung weiterentwickelt, was am besten aus der Tabelle hervorgeht.

Für die Tuner war der große BMW-Sechszylinder auch mit zwei Ventilen pro Zylinder eine sehr gute Ausgangsbasis. So steigerte die Firma Schnitzer die Leistung von 211 auf 245 PS durch relativ einfache Maßnahmen: Bearbeitete Ventile und Kanäle, Nockenwelle mit größerem Hub und längeren Öffnungswinkeln, angepasstes Kennfeld der Motronic und auf der Abgasseite ein Fächerauspuffkrümmer.

Wesentlich mehr Aufwand trieb die Firma Alpina bei der Leistungssteigerung des B10 (für Fünfer) und B11 (für Siebener) genannten

Bearbeitete Kanäle und ausgeliterte Brennräume sind Teil jeder wirksamen Leistungssteigerung bei BMW-Motoren.

Längere und leichtere Spezialpleuel sowie Kolben mit kürzerem Schaft gehören zu den wesentlichen Maßnahmen am Kurbeltrieb.

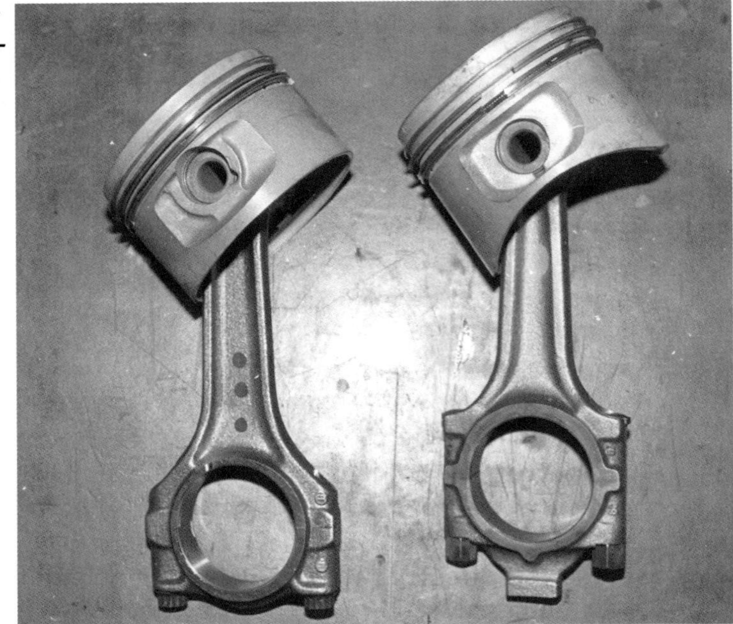

Unten:
Erhöhte Kolben mit Quetschkante und Ventiltaschen verbessern die Verbrennung und erhöhen das Verdichtungsverhältnis beim Saugmotor.

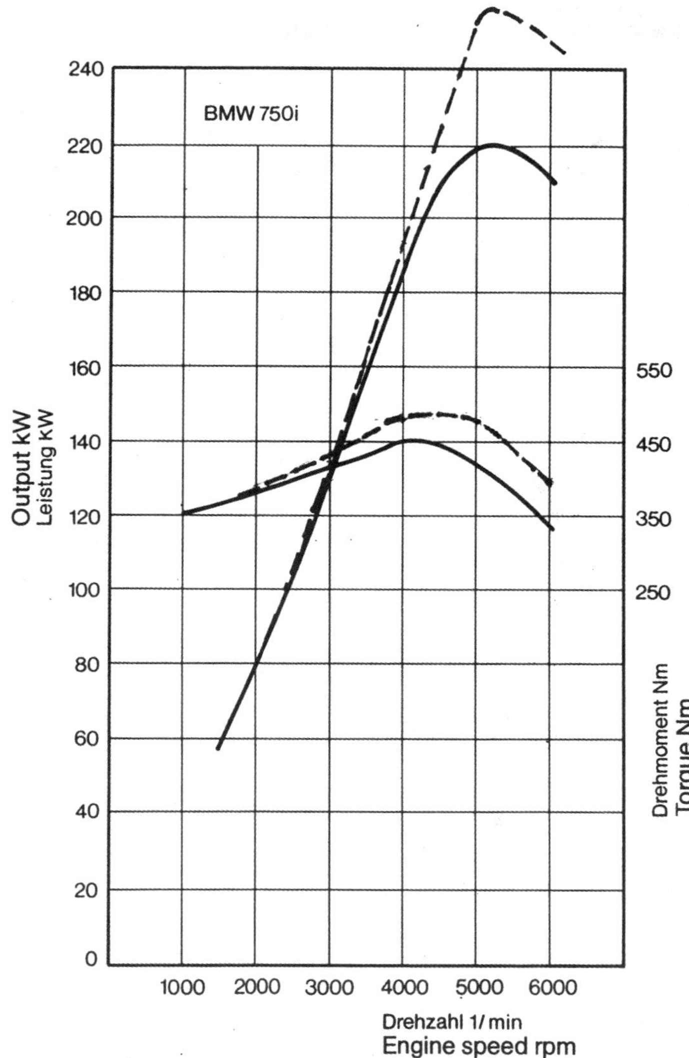

Leistungs- und Drehmoment des Alpina-B12-5.0-Motors. Die Leistung stieg von 300 auf 350 PS, das maximale Drehmoment erhöhte sich auf 470 Nm bei 4000/min (Serie: 450 Nm bei 4100/min).

Sechszylinders. Zu der sorgfältigen Kanalbearbeitung des Zylinderkopfes kommen halbkugelförmige Brennräume. Größere Ventile (47/39 mm statt 46/38) verbessern die Füllung, eine Nockenwelle mit größerem Hub (11,2 mm statt 10,55) und längeren Öffnungswinkeln (280 Grad statt 264) tut ein übriges. Längere Spezialpleuel (146 mm statt 135 mm) und Kurzschaftkolben von Mahle verbessern den Kurbeltrieb und erhöhen die Verdichtung auf 9,8:1. In Verbindung mit der Spezialauspuffanlage (Fächerkrümmer und Metallkatalysatoren) werden so 254 PS (187 kW) bei 6000/min erreicht, das Drehmoment steigt auf 325 Nm bei 4000/min

Im Alpina B10 Bi-Turbo schließlich erreicht dieser BMW-Motor seine höchste straßentaugliche Leistung. Dabei wird der Gaswechsel erheblich durch zwei parallel angeordnete Abgasturbolader (Garrett T 25) aktiviert, ein wirksamer Ladeluftkühler (vor dem Wasserkühler) sorgt für ausreichende Luftdichte auch nach der Aufladung. Innermotorische Maßnahmen sind kräftige Kolben, die das Verdich-

Zu jeder professionellen Leistungssteigerung zählt die Überprüfung der getroffenen Maßnahmen auf dem Motorprüfstand (Alpina B12).

tungsverhältnis auf 7,2:1 reduzieren. Sie werden von unten spritzgekühlt, wie übrigens auch die des Saugmotors. Als Besonderheit bietet der Alpina B10 Bi-Turbo eine Ladedruckregelung mittels Handrad vom Cockpit aus. Je nach Ladedruck (von 0,5 bis 0,8 bar) variiert die Leistung von 295 bis 360 PS (265 kW) bei 6000/min. Das Drehmoment erreichte zu seiner Zeit mit 520 Nm bei 4000/min einen nahezu konkurrenzlosen Spitzenwert.

Zwölfzylinder

Der BMW-intern als M70 bezeichnete Leichtmetall-V12 bietet zwar von Haus aus nicht wenig Power (300 PS bei 5200/min), doch er ist bei weitem nicht ausgereizt. Die geringe Nenndrehzahl und das niedrige, ursprünglich auf Normalbenzin ausgelegte Verdichtungsverhältnis versprechen noch ein gutes Potential, obwohl die beiden Zylinderköpfe nur Zweiventiltechnik und je eine obenliegende Nockenwelle aufweisen. So lassen sich ohne Veränderung des Hubraumes schon beachtliche Leistungsteigerungen erreichen.

Der Alpina B12 5.0 beispielsweise erhöht die Verdichtung durch besondere Kolben auf 9,5:1 (Serie 8,8:1). Bearbeitete Zylinderköpfe mit Spezialnockenwellen sowie eine widerstandsärmere Auspuffanlage lassen nach Anpassung der beiden Motronics die Leistung auf 350 PS (257 kW) bei 5300/min ansteigen, das Drehmoment erhöht sich auf 470 Nm (sonst 450 Nm bei 4100/min) bei 4000/min.

Da bleibt noch Spielraum, vor allem, was das Hubvolumen angeht. BMW selbst erhöhte den Hubraum durch eine andere Kurbelwelle mit längerem Hub (81 mm statt 75 mm) auf rund 5,4 Liter. Bei dem als Alpina B12 5.7 bezeichneten Zwölfzylinder-Triebwerk kommt zusätzlich zur Langhubkurbelwelle noch eine Erwei-

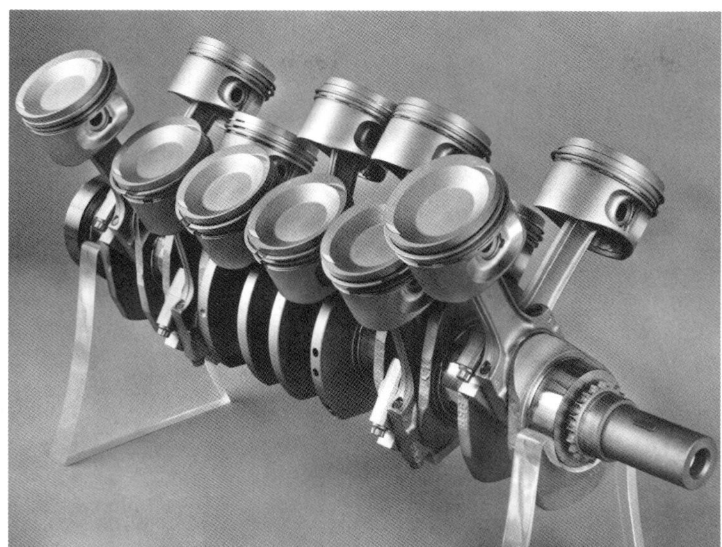

Den Kurbeltrieb des BMW-Zwölfzylinders zu modifizieren, bedeutet viel Aufwand. Im Extremfall sind eine neue Kurbelwelle, zwölf Pleuel und zwölf Kolben hierzu nötig.

terung der Bohrung um 2 mm auf 86 mm. Damit ist der Block bis auf den letzten Kubikzentimeter ausgequetscht. Durch beschichtete Mahle-Leichtbaukolben (mit Spritzkühlung) und bearbeitete Brennräume wird ein Verdichtungsverhältnis von 10:1 erzielt. Eine Sauganlage mit weiteren Querschnitten und eine widerstandsarme Abgasanlage sind die weiteren Maßnahmen zur Verbesserung des Ladungswechsels, der im oberen Drehzahlbereich noch durch die Nockenwelle mit größerem Öffnungswinkel (268° statt 248°) und längerem Hub (11,5 mm statt 10,6 mm) unterstützt wird. Natürlich musste auch das komplette Motormanagement den veränderten Verhältnissen angepasst werden.

Die so erreichten Leistungswerte waren zu ihrer Zeit beachtlich. Obwohl nur mit zwei Ventilen pro Zylinder beatmet, erreicht der Alpina B12 5.7 Zwölfzylinder 416 PS (306 kW) bei der relativ niedrigen Drehzahl von 5400/min. Einer Erhöhung der Nenndrehzahl stehen im übrigen die langen Saugrohre im Wege, die sich nicht ohne Weiteres variieren lassen. Das maximale Drehmoment beträgt 570 Nm bei 4000/min.

Mercedes – Tuning bis zur Oberklasse

Getunte Mercedes waren früher eine Seltenheit. Entsprechend dünn gesät waren Anzahl und Angebot von Tuningfirmen. Das hat sich inzwischen gründlich geändert. Spätestens seit dem Erscheinen des kleinen Mercedes 190 (intern W 201) und der damit einhergehenden Sportbeteiligung hat sich das Interesse an getunten Mercedes sprunghaft entwickelt. Doch nicht nur die kleine Baureihe profitierte von dieser Entwicklung, auch für die Mittelklasse und sogar in der Oberklasse war der Wunsch nach technischer und optischer Veränderung vorhanden. Die Folge ist ein breites Angebot in allen Klassen, das von einer Vielzahl von Tuningfirmen entwickelt wurde. AMG, Brabus, Carlsson Hagman, Lorinser,

Mit dem sogenannten kleinen Mercedes, dem Typ 190, entwickelten sich die Tuning-Aktivitäten sprunghaft. Das Foto zeigt einen Oettinger-Motor mit 2,6 Litern Hubraum im Mercedes 190 E 2,3-16.

Oettinger und Schulz sind nur die in den letzten Jahren rührigsten und daher bekanntesten auf diesem Gebiet. Auch das Werk selbst trug dem Bedürfnis nach individueller Sportlichkeit Rechnung, einmal durch die Entwicklung besonders leistungsstarker Spezialmodelle (von AMG, die mittlerweile zu Mercedes gehört), zum anderen durch die Entwicklung von Sportfahrwerken (Sportline) und entsprechenden Ausstattungen, die ab Werk geordert werden können.

Wer auf eine individuelle Leistungssteigerung Wert legt, muss zum Tuner gehen. Besonders beliebte Objekte waren der Mercedes 190 und der Mittelklasse-Mercedes (200–500E), hier insbesondere die Version des 300E. Aber auch für den SL und die S-Klasse hatten die Tuner stärkere Motorvarianten im Angebot.

Vierzylinder-Reihenmotor (1,8 bis 2,5 Liter)

Dieser intern M 102 genannte Motor stellte die Basismotorisierung für den 190 und auch für den Mittelklasse-Mercedes (W 124) dar, der ebenfalls, neben dem W 123, ein beliebter Youngtimer ist. Da der W 124 von Anfang an auch mit stärkeren Sechszylindern angeboten wurde, der 190 aber zunächst nicht, waren die Tuning-Aktivitäten bei diesem Motor vor allem für den 190 sinnvoll. Der 2,6-Liter-Sechszylinder hatte sich im 190er nie so richtig durchgesetzt, so dass auch jetzt noch in der Youngtimer-Szene der Vierzylinder den Ton angibt. Das Tuning des »großen« Vierzylinders ist daher immer noch interessant, der serienmäßig mit 1,8 Liter Hubraum und 109 PS, 2,0 Liter und 122 PS sowie 2,3 Liter und 136 PS angeboten wurde. Der ebenfalls auf diesem Grund-Motor basierenden 2,5-Liter-Sechzehnventiler leistete 195 PS.

Die Ausgangsbasis des 190er-Tunens war zweifellos der Zweiliter-Motor, der auch am weitesten verbreitet ist. Da mit klassischem Tuning, wie Spezialzylinderkopf, schärfere Nockenwelle und angepassten Krümmern keine allzu dramatische Leistungssteigerung zu erreichen ist, nutzten die Tuner sogleich die Hubraumreserven, die in diesem Triebwerk mit relativ großem Zylinderabstand (103 mm) und noch nicht ausgereiztem Kurbelwellenhub liegen. So gehen die Möglichkeiten bei diesem Vierzylinder bis knapp über 2,7 Liter Hubraum, die Oettinger mit seiner Spezialkurbelwelle mit 94,5 mm Hub realisierte. Bei so viel Hub – andere Tuner gehen nur bis 90 mm – muss auch das Kurbelgehäuse nachgearbeitet werden, um freien Durchgang für die Kurbelzapfen und die darauf montierten Pleuel zu schaffen.

Allerdings hatte Oettinger so viel Hubraum nur für den 16-Ventiler auf der Basis des 2,5-Liter-Motors angeboten, wobei die Originalbohrung

Mercedes-Vierzylinder M 102				
	Hubraum [cm³]	**Bohrung x Hub [mm]**	**Verdichtung**	**Leistung [PS/min]**
Serie 1.8	1797	89 x 72,2	9,0	109/5500
Serie 2.0	1996	89 x 80,2	9,1	122/5300
Serie 2.3	2298	95,5 x 80,2	9,0	136/5200
Serie 2.5/16	2498	95,5 x 87,2	9,7	195/6750
Oettinger 2.4	2352	89 x 94,5	9,5	147/5400
Brabus 2.6	2604	96 x 90	10,2	160/5200
Oettinger 2.7/16	2708	95,5 x 94,5	9,9	225/6400

Grundlagen jeder wesentlichen Hubraumvergrößerung sind Kurbelwellen mit längerem Hub, spezielle oder bearbeitete Pleuel und andere Kolben. Im Bild der Umbausatz auf 2,7 Liter für den Mercedes 190 E 2,5-16.

von 95,5 mm beibehalten wurde. Die Leistung dieses sehr großen Vierventilers, wobei zum vergrößerten Hubraum noch eine Zylinderkopf- und Saugrohrbearbeitung sowie ein erhöhtes Verdichtungsverhältnis kommen: 215 PS (Serie 195 PS) bei 6400/min und ein beeindruckendes Drehmoment von 275 Nm in einem Bereich zwischen 4800 bis 5400/min.

Mit der gleichen Kurbelwelle und unter Beibehaltung der Serienbohrung (B x H: 89 x 94,5 mm) gab es zudem von Oettinger eine interessante Leistungsvariante auf der Basis des 2-Liter-Motors. Zu der Kurbelwelle aus Chrom-Molybdänstahl kommen noch vier geschmiedete Kolben (Verdichtung 9,4:1), ein Zylinderkopf mit geglätteten Kanälen, eine Nockenwelle mit geänderten Steuerzeiten, größere Einlassventile und eine Anpassung von Ansaugrohr und Auspuffkrümmer. Das Ergebnis: 147 PS bei 5400/min sowie 210 Nm Drehmoment bei 3800/min.

Die Firma Brabus hatte für den Vierzylinder ein umfangreiches Tuning-Programm. Bei den Bausätzen AB1 und AB2 handelt es sich um Spezialzylinderköpfe für die 2,0-Liter- und 2,3-Liter-Motoren. Sie besitzen bearbeitete Brennräume mit höherer Verdichtung (10,2 statt 9,1) sowie erweiterte und polierte Einlass- und Auslasskanäle, größere Ventile plus neue Zündkerzen mit höherem Wärmewert und angepasste Ansaugrohre und Auspuffkrümmer. Die Steuerung des Zweiventil-Zylin-

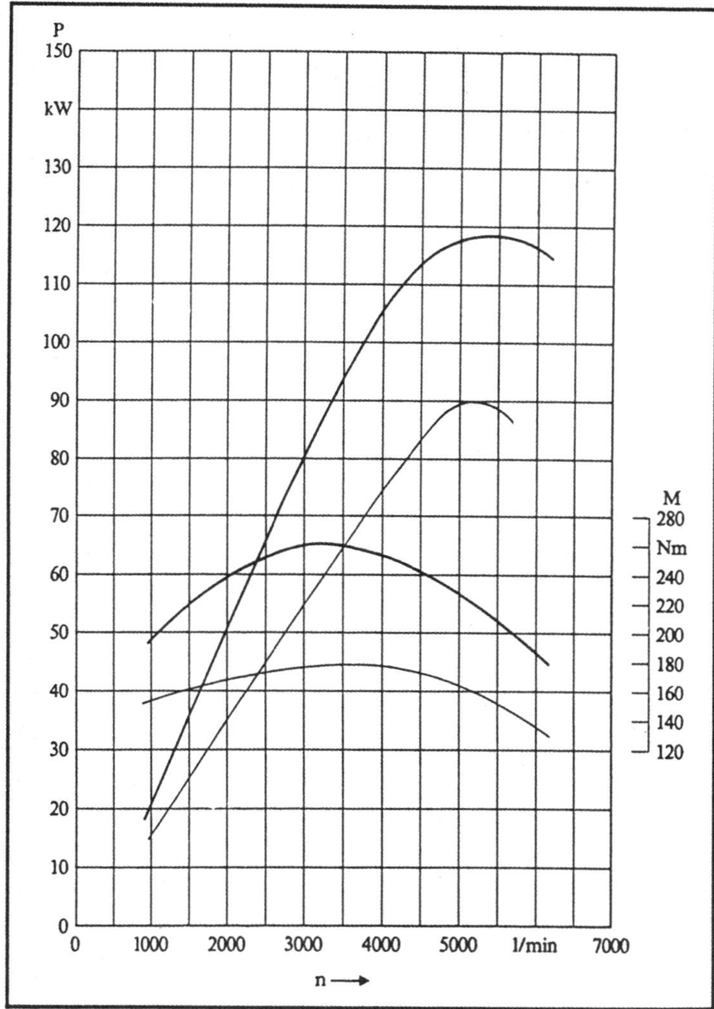

Leistungs- und Drehmomentverlauf des Brabus-Vierzylinders mit 2,6 Litern Hubraum. Die sogenannte Drehmoment-Version (D.V.) zeigt speziell im mittleren Drehzahlbereich stark erhöhtes Moment gegenüber dem Serienmotor (jeweils Kurve darunter). Die Höchstleistung beträgt 160 PS (118 kW) bei 5200/min.

derkopfes übernimmt eine Brabus-Nockenwelle mit mehr Hub und annähernd gleichbleibenden Steuerzeiten. Die Leistungssteigerung liegt je nach Auspuffanlage zwischen 20 und 24 PS und wird vor allem über eine höhere Nenndrehzahl (plus 700 bis 900/min), aber auch über einen höheren Mitteldruck im oberen Drehzahlbereich erzielt. Das maximale Drehmoment beträgt beim Zweiliter 199 Nm (Serie 178 Nm), beim 2,3-Liter 226 Nm (Serie 205 Nm).

Sehr viel mehr Drehmoment offerierte die 2,6-Liter-Version von Brabus für den Mercedes-Vierzylinder. Der Hub wird mittels einer Spezialkurbelwelle auf 90 mm erhöht, die vier geschmiedeten Spezialkolben besitzen einen Nenndurchmesser von 96 mm, was exakt einen Hubraum von 2604 cm^3 ergibt. Der Umbau kann auf Basis 2,0 Liter oder 2,3 Liter stattfinden. Ohne weitere Maßnahmen ergibt dies eine Endleistung von 160 PS bei 5200/min, das maximale Drehmoment wird schon bei 3300/min erreicht und hat die beträchtliche Höhe von 260 Nm.

Mehr Leistung, aber dafür weniger Drehmoment lieferte die sogenannte Leistungsversion dieses Brabus-Motors mit 2,6 Litern Hubraum. Zusätzlich werden noch eine Spezialnockenwelle und eine Sportauspuffanlage installiert. Die Leistung soll 190 PS bei 5200/min betragen, das maximale Drehmoment 242 Nm bei 4500/min.

Sechszylinder-Reihenmotor (2,6 bis 3,2 Liter)

Das mit Abstand beliebteste Tuning-Objekt war damals der Reihensechszylinder, der in allen Mercedes-Modellen, angefangen vom 190 E 2.6 bis zur S-Klasse, dort allerdings als Vierventiler mit 3,2-Liter-Hubraum, zu finden war.

Auch hier gab es die verschiedensten Methoden der Leistungssteigerung. Angefangen vom Spezialzylinderkopf der Firma Brabus (AB3 für den 190 E 2.6; AB4 für den 300 E), der für den Zweiventiler unter Anwendung klassischer Tuningmethoden ca. 15 Prozent Mehrleistung mobilisiert. Der Umbausatz umfasste folgende Teile: Zylinderkopf im Tausch mit Spezialbrennräumen, größere Ventile, angepasste und polierte Kanäle, Zündkerzen mit höherem Wärmewert, angepasste Saugrohre und Auspuffkrümmer sowie eine Brabus-Spezialnockenwelle.

Interessanter ist allerdings das Angebot an diversen Sechszylindern, die im Hubraum gesteigert werden. Nahezu alle Mercedes-Tuner hatten einen solchen Motor im Programm, dabei reichte das Hubraumspektrum von 3,2 Litern bis knapp über 3,6 Liter, wobei verschiedene Wege zur Hubraumvergrößerung gegangen wurden.

Beispiel für eine moderate Hubraumvergrößerung war der AMG-Motor mit 3,2 Litern für

Mercedes-Sechszylinder M 103 / M 104					
	Modelle	**Hubraum [cm³]**	**Bohrung x Hub [mm]**	**Verdichtung**	**Leistung [PS/min]**
Serie 2.6	190 E 2.6 260 E 260 SE	2597	82,9 x 80,2	9,2	160/5800
Serie 3.0	300 E/TE/CE 300 SE (alt) 300 SL	2960	88,5 x 80,2	9,2	180/5700 (SL: 190/5700)
Serie 3.0/24	300 E-24 300 TE-24 300 CE-24 300 Cabrio 300 SL-24	2960	88,5 x 80,2	10,0	220/6400 (SL: 231/6300)
Serie 3.2/24	300 SE neu	3199	89,9 x 84	10,0	231/5800
AMG 3.2 Hagmann 3.4/24 Carlsson 3.5 Brabus 3.6/24 Oettinger 3.6		3206 3390 3445 3588 3607	90 x 84 92 x 85 90 x 90 92 x 90 90 x 94,5	9,2 10,3 9,4 10,1 9,2	234/5750 300/6300 242/5800 285/6300 240/5800

Der Sechszylinder ist mit zwei (M 103) oder vier (M 104) Ventilen pro Zylinder der meistgetunte Mercedes-Motor. Im Bild ein Brabus-Zweiventiler 3,6 auf dem Leistungsprüfstand. Die Auspuffanlage glüht.

den 190 E 2.6. Unter Verwendung der Kurbelwelle des Mercedes 3,2-Liter-Motors, die einen Hub von 84 mm aufweist, wird die Hubraumsteigerung ermöglicht. Da ohnehin neue Kolben (geschmiedet) notwendig sind, was das Nachbohren der Zylinderlaufbahnen notwendig macht, wird die Bohrung geringfügig von 89,9 auf exakt 90 mm vergrößert. Das ergibt einen Hubraum von 3206 cm^3. Das Verdichtungsverhältnis bleibt bei moderaten

Um den Vierventiler in der Leistung deutlich zu steigern, sind neben der Hubraumvergrößerung auch zusätzliche Maßnahmen wie Fächerkrümmer notwendig. Im Bild der 3,6-Liter von Carlsson, der 282 PS bei 6400/min abgibt.

Leistungs- und Drehmomentverlauf des Brabus 3,6-Liter-Sechszylinders im Vergleich zum serienmäßigen 2,0-Liter-Motor. Die Nenndrehzahlen des getunten Triebwerks steigen nur unwesentlich, die Mehrleistung ist das Resultat des größeren Hubraums (mehr Durchsatz) und des höheren Mitteldrucks, der mit 12,6 bar (Serie: 11 bar) für einen Zweiventiler beachtlich ist.

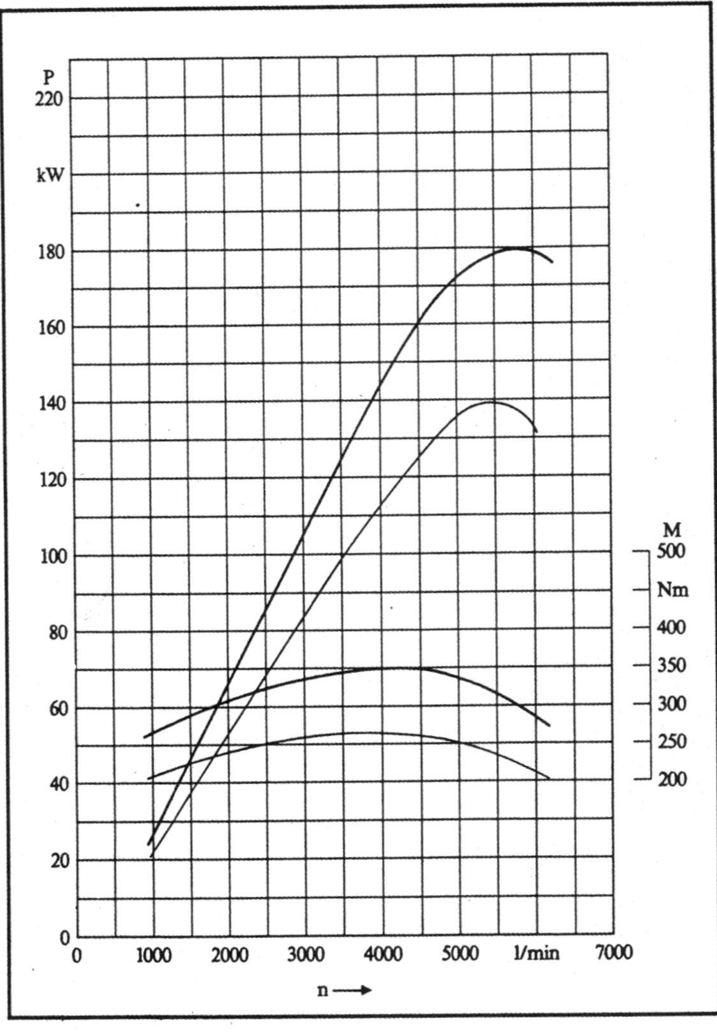

9,2:1, ausgelegt für Eurosuper mit 95 ROZ. Dennoch ist die Leistungsausbeute mit bearbeitetem Zylinderkopf (größere Ventile) und Spezialnockenwelle und in Verbindung mit widerstandsarmen Metall-Katalysatoren beachtlich: 235 PS werden bei 5750/min realisiert, das maximale Drehmoment steigt auf 305 Nm bei 4500/min. Damit liegt der von AMG getunte Zweiventiler in etwa auf dem Niveau des serienmäßigen Vierventilers mit gleichem Hubraum. Die Fahrleistungen des kleinen 190ers sind entsprechend: 0 bis 100 km/h wurden in nur 7,2 Sekunden ermittelt, die Höchstgeschwindigkeit beträgt 244 km/h. Da die Mittelklasse-Modelle und der SL ab Werk mit dem Vierventiler lieferbar sind, macht dieser AMG-Motor nur für die bereits vorhandenen Zweiventilmodelle Sinn.

Bei Brabus, Carlsson und Oettinger sind auf dieser Motorbasis noch hubraum- und leistungsstärkere Motoren entwickelt worden. Dabei blieben Carlsson und Oettinger mit 90 mm in etwa bei der Serienbohrung und hielten zwischen den Zylindern den üblichen Respektabstand von 7 mm. Bei Carlsson wurden 3445 cm^3 Hubraum durch eine Spezialkurbel-

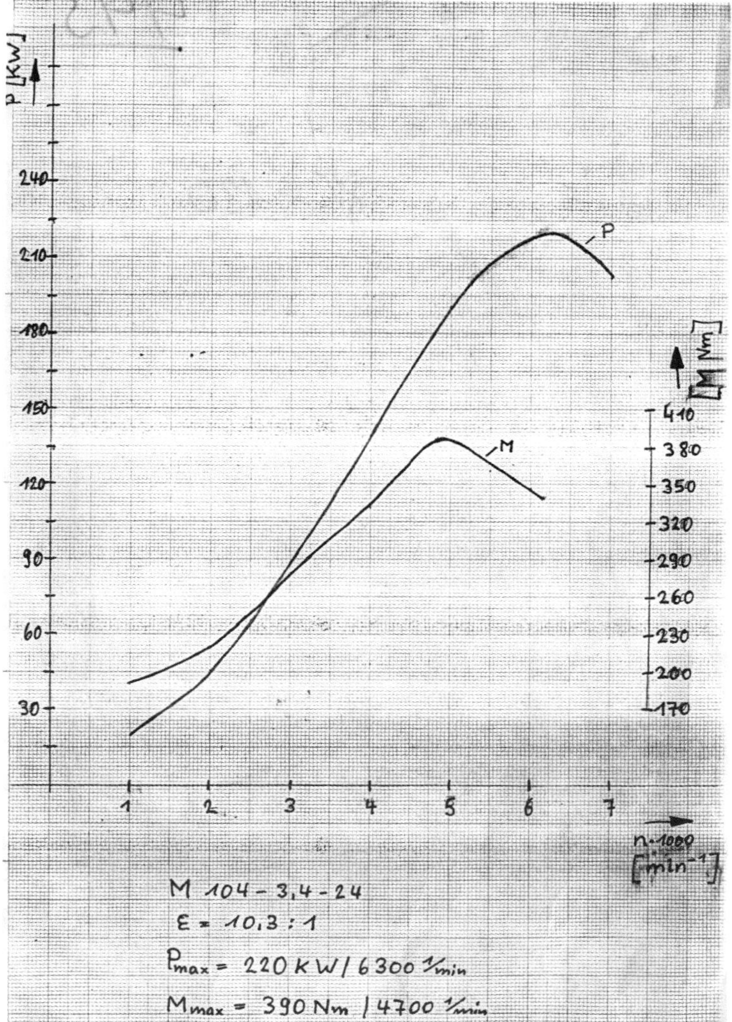

Faksimile des Original-Diagramms des Hagmann 3,4-Liter-24V-Motors. Die hohe Endleistung (220 kW/300 PS bei 6300/min) ist das Resultat sehr guter Füllung im oberen Drehzahlbereich.

welle mit 90 mm Hub erzielt, Oettinger arbeitete mit 94,5 mm noch langhubiger und kam so auf 3607 cm^3. Die Leistung stieg auf 240 PS bei 5800/min, (242 PS bei 5800/min bei Carlsson), beachtlich ist das Drehmoment des Oettinger-Sechszylinders, das mit 355 Nm bei 3900/min sein Maximum erreichte. Natürlich kamen bei beiden Motoren zu der Hubraumerweiterung noch die üblichen klassischen Tuningmaßnahmen.

Auch Brabus bot 3,6 Liter Hubraum an, wobei der Hub durch eine aus dem Vollen gedrehte Spezialkurbelwelle auf 90 mm erhöht wurde, die Bohrung aber auf 92 mm wuchs, was insgesamt 3588 cm^3 ergab. Der Umbau ist sowohl auf Basis 2,6 wie 3,0 Liter möglich. In Verbindung mit geschmiedeten Kolben (Verdichtungsverhältnis 10:1), optimierten Ein- und Auslasskanälen, größeren Ventilen (plus 1 mm) und einer Spezialnockenwelle ergibt sich eine Leistung von 245 PS bei 5750/min, das Drehmoment wächst auf 360 Nm bei 4300/min. Beachtlich war der maximale Mitteldruck des Brabus-Zweiventilers: 12,6 bar. Der Motor war sowohl für den 190E 2.6, als auch für den 300E/TE und 300 SL lieferbar.

Natürlich bot auch der Sechszylinder-Vierventiler interessante Tuning-Möglichkeiten. Dabei griffen nahezu alle Tuner zum Mittel der Hubraumvergrößerung, da ja der Ladungswechsel dank Vierventiltechnik nicht mehr allzu große Verbesserungsmöglichkeiten rein innermotorisch zulässt. Der größere Hubraum wurde dabei allerdings auf verschiedenen Wegen erreicht.

Die Firma Hagmann beispielsweise bescheidet sich mit 3390 cm^3, wobei der ursprüngliche Hub von 85 mm beibehalten wurde, die Bohrung auf 92 mm wuchs. Die Firma Carlsson wiederum behielt die Serienbohrung bei ihrem C 35-24 genannten Triebwerk bei und erhöhte den Hubraum auf 3445 cm^3 durch Einbau einer Spezialkurbelwelle mit 90 mm Hub. Oettinger geht sogar auf 94,5 mm Hub und kommt so auf 3607 cm^3 bei serienmäßigem Bohrungsdurchmesser. Bei so viel Hub kommt man allerdings schon bei 6500/min auf Kolbengeschwindigkeiten von über 20 m/s.

Aus der Sicht des Tuning-Interessenten besonders aufschlussreich ist der Hagmann-Motor, da hier außer der Hubraumerweiterung weitgehend alle klassischen Tuningmethoden angewendet wurden. Zunächst optimierte Hagmann den Kurbeltrieb unter Beibehaltung der Serienwelle (feingewuchtet) durch gewichtsreduzierte und kugelgestrahlte Pleuel. Geschmiedete Kolben (Nennmaß 92 mm) mit Spritzölkühlung von unten ergänzten diese Maßnahmen. Hinzu kommen ein erleichtertes und nachgewuchtetes Schwungrad und eine Spezialkupplung von Fichtel & Sachs.

Größere Ventile und zwei Nockenwellen mit geändertem Profil sorgten unter Beibehaltung des hydraulischen Ventilspielausgleichs für bessere Füllung. Natürlich wird auch die serienmäßige Nockenwellenverstellung (Phasenwandler auf der Einlassseite) beibehalten. Wesentlicher für die Verbesserung des Ladungswechsels dürfte allerdings der Ersatz des Seriensaugrohres mit einer Drosselklappe durch eine Sauganlage mit sechs Einzeldrosselklappen (ähnlich dem BMW M5) sein. Ergänzend hierzu wirkt sich die Fächerkrümmer-Auspuffanlage (zwei mal Drei-in-Eins) aus, die im weiteren Verlauf mit vier Edelstahlmonoliten (im Kat) bestückt war. Die eindrucksvollen angegebenen Leistungswerte sind in erster Linie das Ergebnis einer besseren Füllung im oberen Drehzahlbereich, ohne dass die Nenndrehzahlen in ihrer Größenordnung zu sehr angehoben wurden. So nennt Hagmann 300 PS (220 kW) bei 6300/min, noch beachtlicher ist das maximale Drehmoment von 390 Nm bei 4700/min, das einem Mitteldruck von 14,4 bar entspricht.

Alle anderen Anbieter von hubraumgesteigerten Sechszylindern auf Vierventilbasis blieben damals unter den Hagmann-Werten, unter anderem sicher auch wegen der weitgehend serienmäßigen Sauganlage. Bei Carlsson werden für den 3,5-Liter-Motor 275 PS bei 6500/min angegeben, Oettinger nennt 265 PS bei 6300/min für den 3,6 Liter und Brabus 285 PS bei 6300/min bei in etwa dem gleichen Hubraum (3588 cm^3).

Achtzylinder-V-Motor (4,2 bis 5,6 Liter)

Schon bevor der Achtzylinder mit Vierventiltechnik ausgestattet wurde, erfreute er sich als Tuningobjekt großer Beliebtheit. AMG entwickelte auf der Basis des 5,6-Liter-Zweiventilers einen aufwendigen und entsprechend teuren Vierventiler (bis zu sechs Liter Hubraum), der dann aber von der Serienentwicklung wieder überholt wurde.

Die Firma Brabus bot ebenfalls auf Basis 5,6 Liter einen Sechsliter-Zweiventiler an, der durch größere Bohrung (Spezialkolben, 100 mm Nennmaß) auf 5963 cm^3 Hubraum gebracht wurde. Der Kurbeltrieb wird bearbeitet, ausgewogen und feingewuchtet. Weitere Maßnahmen betreffen die Optimierung des Ansaug- und Einlasstraktes sowie den Einbau von Spezialnockenwellen. So gerüstet, entwickelt der Sechsliter-Zweiventiler (Verwendung in der alten S-Klasse W 126 und im SEC) die absolut beachtliche Leistung von 345 PS bei

Der auf 6 Liter Hubraum vergrößerte Brabus-Achtzylinder leistet über 400 PS. Er ist überall dort die höchste Leistungsstufe, wo der Zwölfzylinder nicht hineinpasst. Im Bild in dem Mittelklasse-Mercedes W 124.

Auch beim Zwölfzylinder ist der Tuner mit seinem Latein noch nicht am Ende. Brabus schafft mit mehr Hubraum (6,9 Liter) über 500 PS (507 PS / 373 kW) bei 5400/min.

Welches Leistungspotential im Mercedes V8 steckt, hat dieser Motor in der Gruppe C bewiesen. Bereits als Zweiventiler erreichte er mit zwei Abgasturboladern KKK K27 700 PS (515 kW) bei 7000/min. Das maximale Drehmoment lag bei 800 Nm bei 5500/min. Bohrung und Hub blieben mit 96,5 x 85,0 mm original, was einen Hubraum von 4973 cm^3 ergibt.

5250/min (Serie 279 PS bei 5200/min). Das Drehmoment steigt von 450 auf 535 Nm bei 3500/min. Spezifisch ist dieser Motor dennoch kein Hochleistunggerät. Die Literleistung beträgt nur 57,8 PS/Liter, der maximale Mitteldruck liegt unter 11 bar (10,97).

Da bot der neue Vierventiler weitaus bessere Möglichkeiten. Bei identischen Hub- und Bohrungsmaßen und auch sonst vergleichbaren Tuningmaßnahmen leistet der Brabus 6.0-32-Motor 405 PS (298 kW) bei 5500/min – fast so viel wie der ab Werk in der S-Klasse und im SL erhältliche Zwölfzylinder (408 PS). Auch im Drehmoment erreichte der leistungsgesteigerte V8 in etwa die Werte des Zwölfzylinders (560 Nm bei 3800/min, V12: 580 Nm bei 3800/min). Dennoch lohnt der Tuning-Aufwand für diesen Motor im Grunde nur dort, wo der Zwölfzylinder nicht zu haben oder zu schwer ist. Bei 6,0 Liter, wo auch die Firma Carlsson einen 400-PS-V8 (exakt 5963 cm^3) plaziert hatte, war allerdings der Aluminium-Achtzylinder noch nicht ausgereizt. Brabus bot darüber hinaus noch eine 6,3-Liter-Variante (6280 cm^3), die in einer Drehmoment-Version für die schwere S-Klasse lieferbar ist (405 PS bei 5500/min) und in einer Leistungsversion (441 PS bei 5600/min) für den leichteren SL.

Wem so viel Leistung immer noch nicht genügte, der konnte sogar den Zwölfzylinder bei Brabus tunen lassen. Nach bewährter Manier wird der Hubraum auf 6,9 Liter gesteigert (6867 cm^3), die dabei erzielbare Leistung liegt sicher jenseits dessen, was sich im Straßenverkehr sinnvoll umsetzen lässt: 507 PS oder 373 kW bei 5400/min. Das maximale Drehmoment des getunten Zwölfers beträgt 705 Nm bei 3700/min, ein Wert, der dem vorhandenen Automatikgetriebe sicher Probleme macht, wenn er häufig abgerufen wird.

Opel – Sportliche Autos zu günstigem Preis

Opel und Tuning, das waren früher einmal Begriffe, die sich gegenseitig ausschlossen. Doch spätestens Mitte der 60er Jahre, als Opel die für das Marken-Image wichtige Bedeutung von Sportmodellen erkannte, hat sich das geändert. Der Rallye-Kadett war das erste Auto dieser geänderten Philosophie, es folgten eine ganze Reihe leistungsstarker und dennoch preiswerter Sportmodelle, vom Manta 400 E bis zum Commodore GS/E, die sich auch beim Publikum mit Tuning-Ambitionen großer Beliebtheit erfreuten.

Inzwischen wurden alle Opel-Modellreihen erneuert und dabei technisch auf aktuellen Stand gebracht. Vierventiltechnik, Turboaufladung und Allradantrieb gehören dabei ebenso zum Programm wie interessante Karosserievarianten. Beliebtestes Tuning-Objekt ist allerdings nach wie vor der Kadett und sein Nachfolger, der Astra.

Am besten geeignet sind dabei die Modelle mit Zweiliter-Motor, der einmal als Zweiventiler mit 115 PS und dann als Vierventiler mit 150 PS zu haben ist. Diese Motoren sind im Übrigen auch in vielen anderen Opel-Modellen zu finden, so beispielsweise im Calibra, Vectra und Omega. Aber auch der Omega mit Dreiliter-Sechszylinder oder der Senator mit dem gleichen Triebwerk sind dankbare Tuning-Objekte.

Mit 204 PS (150 kW) war der Calibra Turbo eines der sportlichsten Angebote im Opel-Programm. Allradantrieb und 16-Zoll-Fahrwerk sorgen dafür, dass die hohe Leistung problemlos auf die Straße zu bringen ist. Der Turbo-Motor ist eine gute Basis für weitere Leistungssteigerungen.

Sechszylinder-Reihenmotor CIH/DOHC (2,5 bis 4 Liter)

Dieser Sechszylinder basiert auf einer relativ alten Konstruktion, wurde seinerzeit aber gründlich renoviert und als 3 Liter mit DOHC Vierventil-Technik sowie dem variablen Saugsystem »DUAL RAM« auf den neuesten Stand der Technik gebracht. Die serienmäßige Leistung von 204 PS bei 6000/min geht mit einem sehr günstigen Drehmomentverlauf einher, dessen Maximum von 270 Nm schon bei 3600/min erreicht wird.

Mit diesen Leistunswerten und drei Litern Hubraum ist der Opel-Sechszylinder jedoch bei weitem nicht ausgereizt. Denn mit 95 mm Bohrung und 69,8 mm Hub sind hier noch einige Hubraumreserven. Sie wurden von Irmscher zusammen mit der Opel-Vorausentwicklung ausgelotet. Das Ergebnis ist der Irmscher-Senator mit 4 Litern Hubraum. Der zusätzliche Hubraum ist die Folge einer auf 98 mm vergrößerten Bohrung und eines auf 90 mm verlängerten Kurbelwellenhubes, das Ergebnis sind exakt 3983 cm^3 statt 2969 cm^3 in der Serie. Daraus werden beachtliche 272 PS bei 5900/min geschöpft, noch eindrucksvoller ist das Drehmoment. Zwischen 2000 und 6000/min stehen 320 Nm zur Verfügung, bei bescheidenen 3300/min ist das maximale Drehmoment von respektablen 395 Nm erreicht. Derart gestärkt, nennt Irmscher für seinen Bitter SC 4.0 i eine Höchstgeschwindigkeit von 256 km/h, den Sprint von 0 auf 100 km/h absolviert die als Komplettfahrzeug verkaufte Limousine in 5,8 Sekunden. Der Irmscher-Senator war bereits ab Werk überaus komplett ausgestattet und unterscheidet sich von der Basis-Version durch seinen geänderten Kühlergrill, aerodynamische Seiten- und Frontverkleidungen, rechteckige Auspuffrohre sowie spezielle Leichtmetallräder der Dimension 7,5 x 16. Das überaus durchzugsstarke Vierliter-Aggregat war auch für den Omega Caravan zu haben.

Leistungsorientierte Omega-Fahrer waren bei der Firma Mantzel gut aufgehoben: Sie bot eine Vierliter-Vierventil-Version mit 290 PS (213 kW) oder eine mit identischem Hubraum agierende Zweiventil-Version mit ebenfalls 290 PS. Diese Power-Omegas sollen in 6,3 Sekunden Tempo 100 erreichen und maximal 270 km/h schnell sein, natürlich optimal abgasgereinigt mit Katalysator.

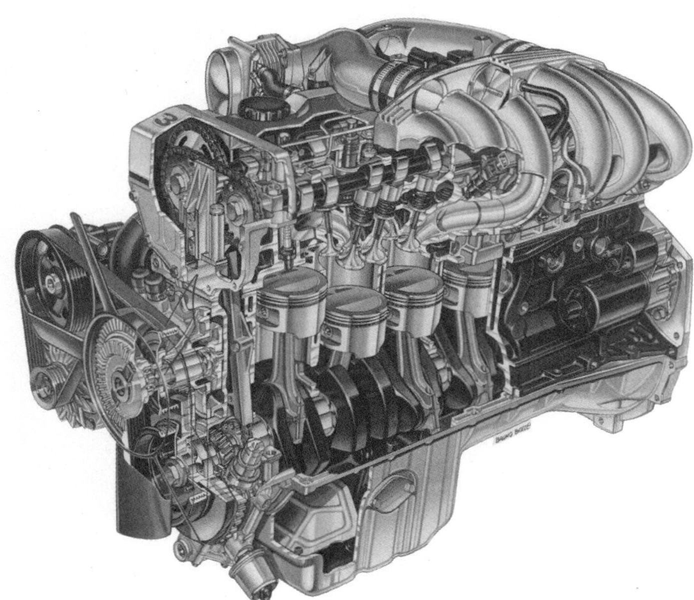

Der Dreiliter-Vierventiler (DOHC) leistet mit 150 kW (204 PS) exakt so viel wie der Zweiliter-Turbo des Calibra. Das Drehmoment des Reihensechszylinders wurde durch ein Schaltsaugrohr (DUAL RAM) verbessert. Im unteren Drehzahlbereich (unter 4000/min) ist die zentrale Saugrohrklappe geschlossen, so dass der Effekt der Resonanzaufladung genutzt wird. Über 4000/min ist bei geöffneter Klappe nur die effektive Saugrohrlänge wirksam.

Leistungs- und Drehmoment-Diagramm des Irmscher Vierliter-Motors. Abgesehen von der höheren Leistung (200 kW / 272 PS gegen 150 kW / 204 PS beim Dreiliter) liegt das Drehmoment nahezu im gesamten Drehzahlbereich über dem Maximalwert (270 Nm bei 3600/min) des Drei-Liter-Motors. Das ist natürlich in erster Linie eine Folge des größeren Hubraums.

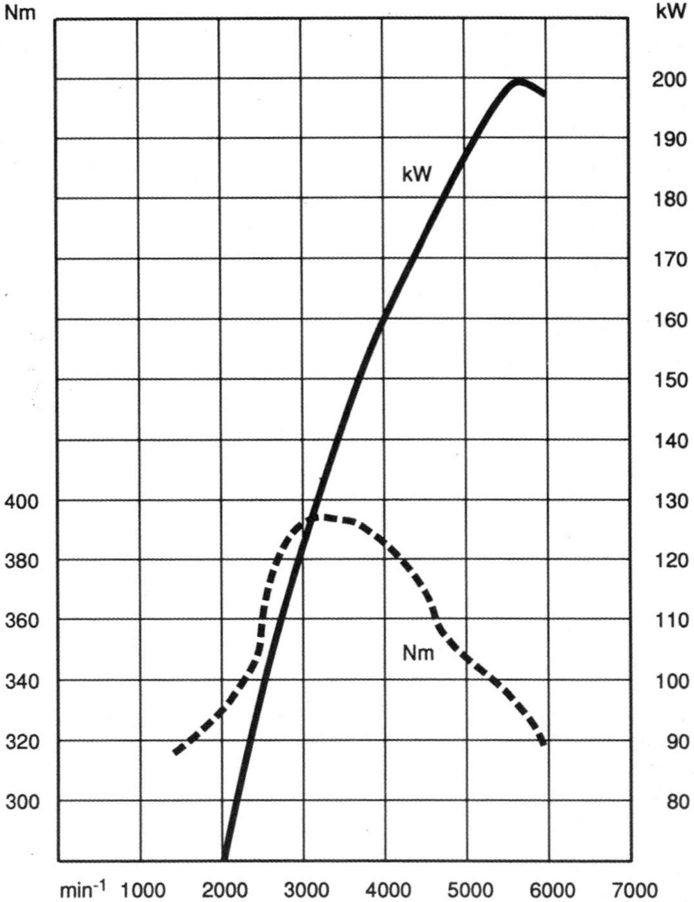

Unten:
Die Firma Mantzel bietet auch auf der Basis des Zweiventil-Sechszylinders einen Vier-Liter-Motor an.

Vierzylinder-Reihenmotor Family II (1,6 bis 2,0 Liter)

Der Vierzylinder-Reihenmotor aus der sogenannten Family-II-Serie war in fast allen Opel-Fahrzeugen zu finden. Kadett, Vectra, Omega, Astra und Calibra greifen in großer Stückzahl auf dieses Triebwerk zurück, das mit 1,6, 1,8 und 2 Litern Hubraum angeboten wird. Dabei bietet sich für für eine Leistungssteigerung vor allem die Zweiliter-Variante an, die wiederum in drei Leistungsstufen gebaut wurde:

- 2 Liter OHC mit 115 PS bei 5400/min (Zweiventiler)
- 2 Liter DOHC 16 V mit 150 PS bei 6000/min
- 2 Liter DOHC 16 V Turbo mit 204 PS bei 5600/min

Leistungssteigernde Maßnahmen im klassischen Sinne sind bei beiden Saugmotoren möglich. Da insbesondere der Vierventiler von Haus aus schon weitgehend ausgereizt wurde – so sind beispielsweise die Kanäle und Brennräume bearbeitet, die Verdichtung ist schon recht hoch und auf der Abgasseite sorgt bereits ein Fächerauspuffkrümmer für guten Ladungswechsel – sind allzu große Leistungssteigerungen leider nicht möglich.

Als leistungsbegrenzender Faktor erweist sich auch das auf Drehmoment ausgelegte Saugrohr. Freie und kürzere Einzelsaugrohre lassen eine wesentlich bessere Füllung bei hoher Drehzahl erwarten, mit entsprechenden Einbußen im unteren Drehzahlbereich. Da dies kein Weg für den Straßenbereich ist, haben verschiedene Tuner Spezialsaugrohre entwickelt, die ohne weitere Maßnahmen eine zwar geringfügige, aber dafür preiswerte Leistungssteigerung ermöglichen. Das Spezialsaugrohr der Firma Irmscher, ein Gussteil mit größeren Saugrohrdurchmessern und voluminösem Luftsammler, erhöht die Leistung des Zweiliter-OHC-Motors von 115 auf 121 PS bei 5500/min, ohne das Drehmoment im unteren Drehzahlbereich zu schmälern.

Als einfache und preiswerte Maßnahme zur Leistungssteigerung bietet sich ein geändertes Saugrohr an. Hier die Version von Irmscher für den 2-Liter-Zweiventiler. Es bringt ohne weitere Veränderung einen Leistungszuwachs von 6 PS im Opel Astra.

Eine einfache und preiswerte Maßnahme zur Leistungssteigerung stellt das Ram-Induction-Saugrohr von Lexmaul dar. Der Leistungszuwachs beträgt beim 115-PS-Motor (2 Liter OHC) ca. 6 PS.

Die Firma Lexmaul, etablierter Opel-Tuner im hessischen Rödermark, entwickelte Spezialsaugrohre nach dem sogenannten Ram-Induction-System. Neben dem Angebot diverser Nockenwellen sowie überarbeiteter Zylinderköpfe hatte der hessische Tuner bereits seit geraumer Zeit leistungsfördernde Saugrohre im Programm. Diese Lexmaul-Entwicklungen lassen sich verwenden an allen Opel-Zweiliter-Triebwerken mit zwei oder vier Ventilen und an älteren, sogenannten Zweiliter-CIH-Aggregaten, eingebaut im Ascona B und Manta.

Im Kadett GSi ergibt sich durch den Einbau des Ram-Induction-Saugrohres von Lexmaul eine Nennleistung von 122 Ps bei 5500/min. Dieses spezielle, optisch im attraktiven Rot lackierte Saugrohr arbeitet nach dem Prinzip der Resonanzaufladung. Dabei wird in diesem Fall die Resonanz der schwingenden Gassäule, verursacht durch das Öffnen und Schließen der Einlassventile, so genutzt, dass beim Öffnen des Einlassventils im Ansaugtrakt ein Überdruck herrscht. Das bringt vor allem bei höheren Drehzahlen eine bessere Zylinderfüllung mit Frischgasen und eine leichte Verbesserung des Drehmomentes. Ein mit dem Lexmaul-Ram-Induction-Saugrohr bestückter Opel-Kadett GSi erreichte in einem Test eine Nennleistung von 125 PS (92 kW) und eine um rund 10 km/h höhere Endgeschwindigkeit.

Dabei bleibt der Kraftstoffverbrauch nahezu unverändert. Da der Zweiliter-OHC-Vierzylinder mit zwei Ventilen pro Zylinder auch in den Opel-Modellen Vectra, Astra, Ascona C und Omega installiert ist, gelten die bereits genannten Vorteile auch für diese Modelle.

Lexmaul hatte zudem auch für die Vierventil-Version ein entsprechend abgestimmtes Saugrohr im Programm. Das Ergebnis sind 163 PS (117 kW) bei 6350/min, in Verbindung mit einer Lexmaul-Auspuffanlage lassen sich 170 PS realisieren. So gestärkt, soll der Kadett GSi 16 V knapp 230 km/h Höchstgeschwin-

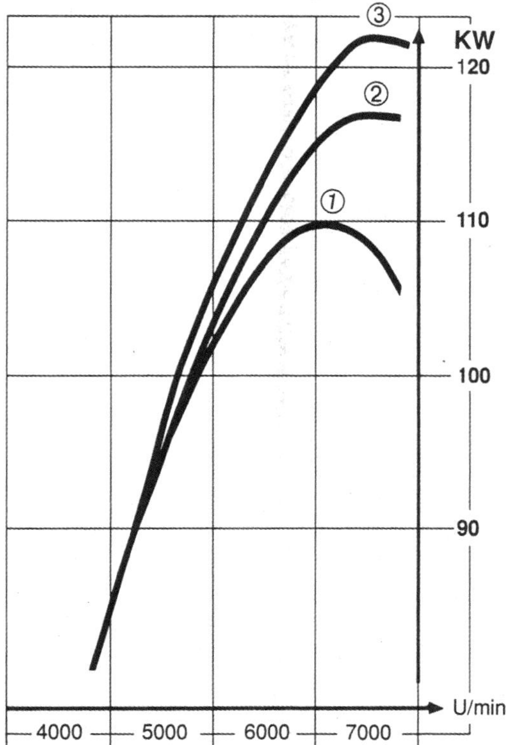

Die Serienleistung des 2-Liter-16V-Motors (Kurve 1) lässt sich durch das Lexmaul-Ram-Induction-System von 110 kW / 150 PS bei 6000/min auf 117 kW / 159 PS bei 6350/min (Kurve 2) anheben. Einen weiteren Leistungszuwachs von 4 kW bringt die Kombination mit einer Lexmaul-Spezialauspuffanlage (Kurve 3).

digkeit erreichen. Selbstverständlich war diese Tuning-Maßnahme auch für den Opel Astra zu haben.

Um beim 16V-Motor höhere Leistung zu mobilisieren, bot Opel-Tuner Mantzel aus Oberhausen klassische Frisierkunst auf. Die Verdichtung des 150 PS (110 kW) starken Zweiliter-Vierventilers wird von 10,5 : 1 auf 11 : 1 angehoben, zwei Sportnockenwellen mit längerem Ventilhub und längeren Öffnungszeiten ersetzen die Serienwellen, letztlich programmiert Mantzel die serienmäßige Motronic neu, entsprechend den geänderten Rahmenbedingungen. Ergebnis dieser Bemühungen sind eine Höchstleistung von 185 PS (136 kW) bei 6500/min und als maximales

Das Lexmaul-Ram-Induction-Saugrohr ist für alle Opel-Vierzylinder zu haben. Alle für die Montage notwendigen Teile wie Schläuche, Adapter, Gaszug-Kurvenscheibe und Dichtungen liegen dem Bausatz bei. Im Bild die Anlage für den 16V-Motor.

Das stärkste Serien-Triebwerk auf Family-II-Basis ist der 2-Liter-DOHC-16V-Turbo des Calibra. Ungewöhnlich ist die in den Auspuffkrümmer integrierte Turbine, die ein sehr gutes Ansprechverhalten garantiert.

Leistungs- und Drehmoment-Diagramm des Opel Calibra Turbo. Die von 2300/min bis 4500/min durch Begrenzung des Ladedrucks praktisch waagerecht verlaufende Drehmomentkurve macht deutlich, dass in diesem Bereich durch Erhöhung des Ladedrucks und ergänzende Maßnahmen noch ein hohes Potential zur Leistungssteigerung vorhanden ist.

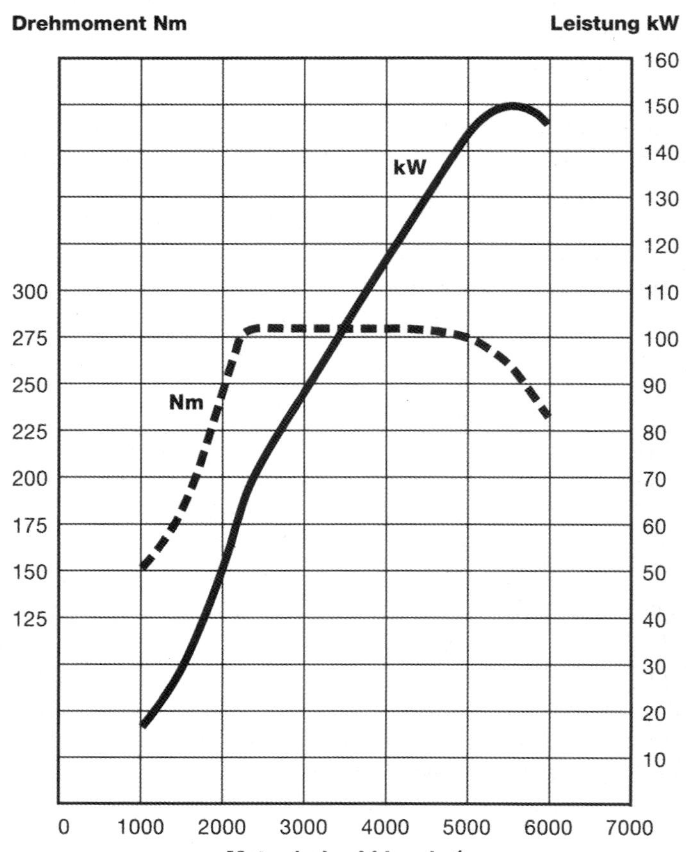

Drehmoment offeriert der Mantzel-Motor 220 Nm bei 4800/min. Der so erstarkte Mantzel-Astra beschleunigt in 7,9 Sekunden aus dem Stand auf 100 km/h, als Höchstgeschwindigkeit wurden respektable 225 km/h gegenüber 216 km/h beim Serienmodell registriert. In diesem Fall ist dem klassisch getunten Vierzylinder noch eine entsprechend abgestimmte Sportauspuffanlage nachgeschaltet, die sich optisch vor allem durch ihr armdickes Endrohr auszeichnet.

Noch mehr Power lässt sich für den von Haus aus schon ziemlich ausgereizten DOHC-16V-Motor durch Aufladung erreichen. So lässt sich der DOHC-16V-Turbomotor des Calibra ohne innere Eingriffe durch Chip-Tuning deutlich in der Leistung steigern. Hierzu wird das Zündkennfeld auf 98 ROZ (Super Plus) ausgelegt, der Ladedruck von serienmäßig 0,7 bar auf 1,1 Überdruck erhöht. Gleichzeitig muss die Software der Einspritzung auf den höheren Kraftstoffbedarf umprogrammiert werden. In den Einspritzdüsen liegt auch der leistungsbegrenzende Faktor, da sie nur eine bestimmte Maximalmenge abgeben. Immerhin steigt durch das Chip-Tuning die Leistung von 204 auf 250 PS, das maximale Drehmoment von 280 auf 320 Nm bei 2500/min. Voraussetzung für klopffreien und problemlosen Betrieb ist eine Rücknahme der Vorzündung an der Volllastlinie um ca. 5–6 Grad.

Vierzylinder-Reihenmotor CIH (2,0 bis 2,4 Liter)

Der alte »große« Vierzylinder mit der Bezeichnung CIH war früher der mit Abstand am meisten getunte Opel-Motor. Das war kein Wunder, denn er diente zur Motorisierung ganzer Opel-Modellgenerationen. Er war nicht nur jahrzehntelang Antriebsquelle für den Rekord sondern trieb auch in verschiedenen Hubraum- und Leistungsvarianten den Kadett, Ascona, und Manta an. Auch im Omege ist dieser Motor in abgewandelter Form als 2,4-Liter zu finden, ebenso im Geländewagen Frontera. Er ist auch heute noch bei Youngtimern ein beliebtes Tuningobjekt.

Fürs Tuning interessant sind aber vor allem die 2,0-Liter-Varianten des Kadett C, Manta B und Ascona B sowie die 2,2-Liter-Variante des Rekord E. Mit das umfangreichste Angebot an Spezialteilen und Komplettmotoren hatte die Firma Lexmaul. Angefangen vom Spezial-

CIH-Motorvarianten

Motorversion	Hubraum (cm^3)	Bohrung x Hub (mm)	Leistung PS 1/min	Drehmoment mkp bei 1/min
1,6 N[1]	1584	85 x 69,8	60/5000	10,5/3200
1,7 N[3]	1698	88 x 69,8	60/4800	11,4/2600
1,9 N[4]	1897	93 x 69,8	75/4800	13,5/2800
2,0 N[5]	1979	95 x 69,8	90/5200	14,5/3400
2,0 S[6]	1979	95 x 69,8	100/5200	15,6/3800
2,0 E[7]	1979	95 x 69,8	110/5400	16,2/3000
2,0 i[8]	1979	98 x 69,8	120/5500	16,8/4500
2,4[9]	2410	95 x 85	140/5500	20,6/3500
2,2 E[10]	2197	95 x 77,5	115/4800	18,6/2800
2,4 i[11]	2410	95 x 85	125/4800	19,9/2400

[1]Ascona, Manta; [3]Rekord; [4,5,6]Ascona, Manta, Rekord; [7]Manta, Rekord; [8]Ascona; [9]limitierte Sport-Sondermodelle; [10]Rekord E; [11]Omega, Frontera

CIH-Motorvarianten			
Motorversion	Verdichtungsverhältnis	Gemischaufbereitung	Ventilsteuerung
1,6 N	8,0 : 1	1 Solex 35 PDSI	ohc
1,7 N	8,0 : 1	1 Solex 35 PDSI	ohc
1,9 N	7,9 : 1	1 Solex 35 PDSI	ohc
2,0 N	8,0 : 1	1 GMF Varajet II	ohc
2,0 S	9,0 : 1	1 GMF Varajet II	ohc
2,0 E	9,4 : 1	Bosch L-Jetronic	ohc
2,0 i	9,0 : 1	2 Solex C 45 ADDHE	ohc
2,4	9,7 : 1	Bosch L-Jetronic	ohc
2,2 E	9,4 : 1	Bosch LE-Jetronic	ohc
2,4	9,2 : 1	Bosch Motronic	ohc

saugrohr mit RAM-Induction-Wirkung, das beim Zweiliter (2.0 E CIH 110 PS serienmäßig) eine Leistungsteigerung von 8 Prozent bringen soll, bis zum Komplettmotor mit 2,2 Litern Hubraum und 150 PS. Wer selbst basteln möchte, findet bei Lexmaul Spezialnockenwellen, erleichterte Schwungräder, größere Ventile, bearbeitete Zylinderköpfe, Sport-Auspuffanlagen und natürlich alles, was die alten Opel-Modelle auch im Fahrwerksbereich der gesteigerten Leistung anpasst.

Räder und Reifen mit Breitenwirkung

Für die verschiedenen Opel-Modelle gab und gibt es eine Vielzahl von Sonderrädern. Doch nicht alles, was breit und teuer ist, bietet im autmobilen Alltag auch Vorteile. Eine gewisse Selbstbeschränkung ist daher durchaus ratsam. Beim Opel Astra, Kadett Ascona C, Vectra und Calibra mit Saugmotor hat die Erfahrung gezeigt, dass selbst bei Motorleistungen bis rund 180 PS die Felgengröße 7 J x 15 mit 205/50-Reifen einen ausgewogenen Kompromiss darstellt. Diese Kombination bietet eine

Der Zwei-Liter-CIH-Motor ist eines der am meisten getunten Opel-Aggregate. Im Bild ein Irmscher Wettbewerbsmotor für den Ascona/Manta mit zwei Solex-Doppelvergasern.

satte Optik, verbunden mit deutlichen fahrdynamischen Verbesserungen gegenüber der Basisbereifung. Wenn nun noch die Optik dominieren soll, stellt die 7,5 J x 16-Felge mit 205/45er-Reifen das Maß aller Dinge dar. Noch üppigere Formate bringen auch hier keine nennenswerten Vorteile mehr, denn man will ja nicht auf dem Hockenheimring Rundenrekorde für Straßenautos brechen.

Der Calibra Turbo rollte bereits ab Werk auf 16- Zoll-Rädern, jedoch wirkt das Serienrad (6 J x 16) etwas schmalbrüstig. Hier empfiehlt sich ein 7- oder 7,5-J-x-16-Rad, allerdings sollte man bei den Reifen die Seriendimensionen 205/50 R 16 beibehalten. Omega und Senator sind schon werksseitig mit 195/65 oder 205/60 R 15 auf sechs oder sieben Zoll breiten Rädern gut bestückt, hier bietet sich als breiter Kompromiss das 7,5 J x 16-Rad mit 205/55- oder 225/50-R-16-Reifen an. Allenfalls bei besonders leistungsgesteigerten Versionen sollte man das 8-J-x-17-Rad mit 235/40-R-17-Pneus als oberste Grenze sehen. Noch üppigere Formate bringen eher Nachteile wie eingeschränkten Geradeauslauf, verstärkte Aquaplaningempfindlichkeit und deutlich schlechteren Komfort. Vor allem aber belasten sie das Konto über Gebühr.

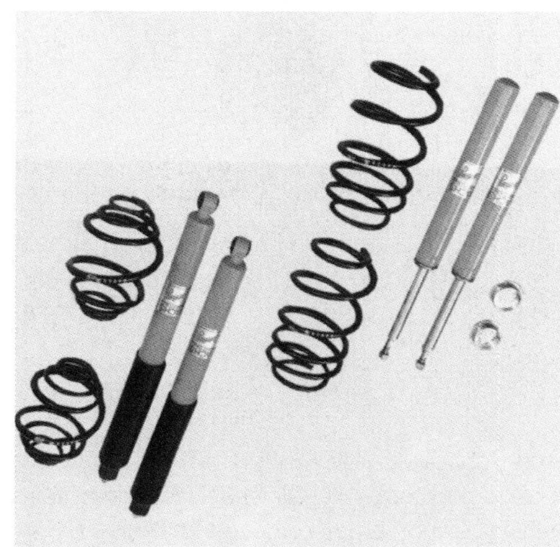

Bilstein, Koni und Sachs bieten für fast alle Opel-Modelle komplette Fahrwerkkits an. Im Bild der Sachs-Sporting-Set für den Opel Calibra, bestehend aus vier kürzeren Federn und vier Spezialstoßdämpfern.

Porsche – Mit Tuning zum Super-Sportwagen

Bei Porsche sind es fast ausschließlich der Typ 911 und seine Nachfolger (seit 1988/89 der Typ 964 als Carrera 2 und Carrera 4, später Typ 993, 996 und 997) sowie die darauf basierenden Turbomodelle, die Tuning-Ambitionen wecken. Inzwischen haben sich auch die neuen Mittelmotormodelle, der Porsche Boxster (Typ 986/987) und der Porsche Cayman, als Tuningobjekte etabliert. Was die Typologie angeht, so heißen zwar auch die neuen Carrera 2, Carrera 4 und die Turbos im Kundenkreis 911, intern wird jedoch streng unterschieden. Denn die Modelle (Typ 964/993) haben eine völlig neue Bodengruppe mit anderer Radaufhängung (Schraubenfedern statt Drehstäben), und Ähnliches gilt für deren Nachfolger (996/997). Gleichzeitig wurden die Bodengruppen so gestaltet, dass auch Allradantrieb, wie beim Carrera 4, realisiert werden kann.
Zum Tuning geeignet sind natürlich auch die alten 911-Modelle, nur sollte man in den Jahrgängen nicht bis in die 70er Jahre zurückgehen.
Die Firma Alois Ruf in Pfaffenhausen hat sich ganz auf das Porsche-Tuning spezialisiert und bietet sowohl für die neuen wie für die alten Modellreihen (auch 996/997) Umbauten an. Hier sollen typische Tuningbeispiele für den luftgekühlten Boxer beschrieben werden.

Mehr Power für den Sauger

Seit der Hubraumerhöhung auf 3600 cm^3 ist der Sechszylinder-Boxer in dieser Beziehung mit 100 mm Bohrung und 76,4 mm Hub ziemlich ausgequetscht. Auch das Verdichtungsverhältnis ist mit 11,3:1 an der Obergrenze und lässt sich nur deswegen in dieser Höhe mit 95 ROZ (Eurosuper) realisieren, weil die serienmäßige Doppelzündung die Brennwege in dem doch sehr großen Zylinderdurchmesser grob auf die Hälfte verkürzt. Die Leistung des luftgekühlten Zweiventilers ist ohnehin

Bei der Firma Ruf werden die Fahrzeuge komplett demontiert und neu aufgebaut. Hier der seinerzeit aufwendigste und stärkste Ruf-Porsche, der CTR mit Bi-Turbomotor.

Der Motor des Ruf BR 3,3 leistet 360 PS (265 kW). Man sieht, wie eng es um den Motor herum zugeht. Im Bild ist die Turboladerseite des Motors und das Bypass-Ventil zu erkennen, das den überschüssigen Abgasstrom durch ein eigenes Auspuffrohr ins Freie entlässt.

beachtlich: 250 PS (69,4 PS/Liter) werden bei 6100/min erzielt. Im werksseitig erleichterten Carrera RS werden 260 PS / 191 kW bei gleicher Nenndrehzahl angeboten. Maßnahmen für diese zehn Zusatz-PS: ausgewählte Motoren und Steuergerät auf 98 ROZ umgestellt (ca. 5 Grad mehr Vorzündung).
Wie schwierig die Leistungssteigerung bei diesem Motor inzwischen ist, wenn Zulassungs-Rahmenbedingungen eingehalten werden sollen, zeigt auch der sogenannte Cup-Carrera. Dort werden inzwischen 275 PS erzielt, das entspricht einer Leistungssteigerung von nur 10 Prozent, die der 993 (273 PS) später dann serienmäßig bekam. Leistungssteigernde Maßnahmen beim Cup-Carrera sind neben der Umstellung des Steuergerätes auf 98 ROZ ein innen glatter Kunststoffsammler (Ansaugrohr), Entfall des Mittelschalldämpfers sowie eine Feinbearbeitung der relevanten Motorteile (Lager, Kolbenspiel) und die Verwendung ausgesuchter Bauteile.
Die Firma Ruf bietet für den Carrera aus diesem Grund kein klassisches Motortuning mehr an. Man begnügt sich mit einer Umstellung des Motronic-Steuergerätes auf eine höhere Abregelzahl (6900/min statt 6500/min) unter Beibehaltung von 95 ROZ Eurosuper. Wer auf Superplus mit 98 ROZ umsteigt, kann bei Ruf ein im Zündungs- und Einspritzkennfeld optimiertes Steuergerät einbauen lassen, dass ebenfalls mit erhöhter Abregelzahl (6900/min) ein wesentlich besseres dynamisches Motorverhalten und spontanere Gaspedalreaktionen bewirkt. Leistungssteigerungen für diesen Umbau nennt die Firma Ruf nicht. Außerdem gibt es für den Carrera-Motor bei Ruf Doppelrohr-Schalldämpfer mit geringerem Gegendruck, Ausgleichsstücke für die Zwischenschalldämpfer – alles ohne TÜV-Zulassung wegen höherer Geräuschentwicklung. Fahrwerks- und Räder-Kits bis zu 18 Zoll Durchmesser und 8,5 (vorne) bzw. 10 Zoll (hinten) Breite sind erhältlich.

Mehr Möglichkeiten mit Turbo

Für den Porsche Turbo 3,3 bot Ruf ein Motortuning im klassischen Sinne an. Der Ruf BR 3,3 leistet 360 PS (265 kW) bei 5750/min, was einer spezifischen Leistung von 109 PS/Liter entspricht. Der serienmäßige Hubraum von 3299 cm^3 (Bohrung x Hub: 97 x 74,4 mm) wird dabei beibehalten, ebenso wie das relativ niedrige geometrische Verdichtungsverhältnis von

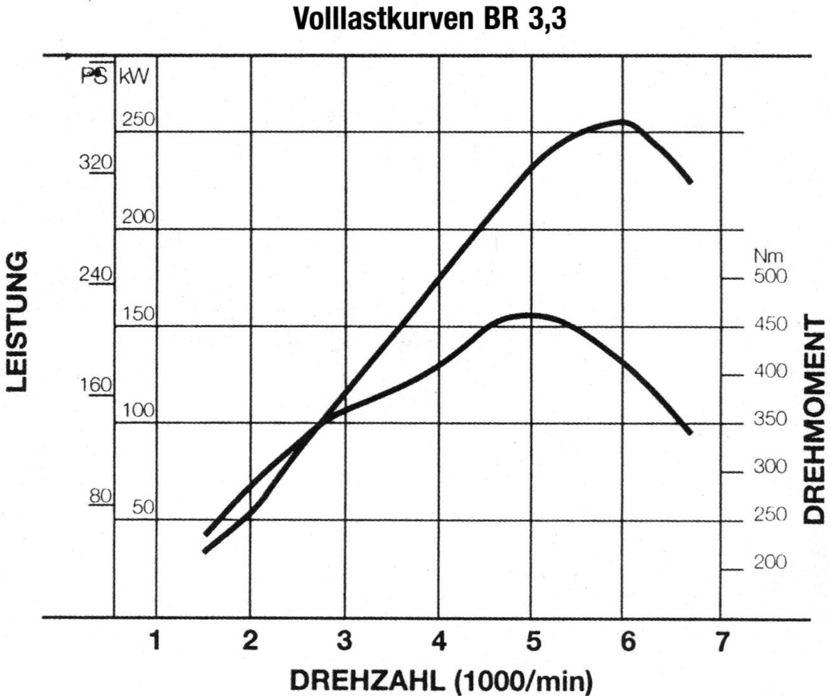

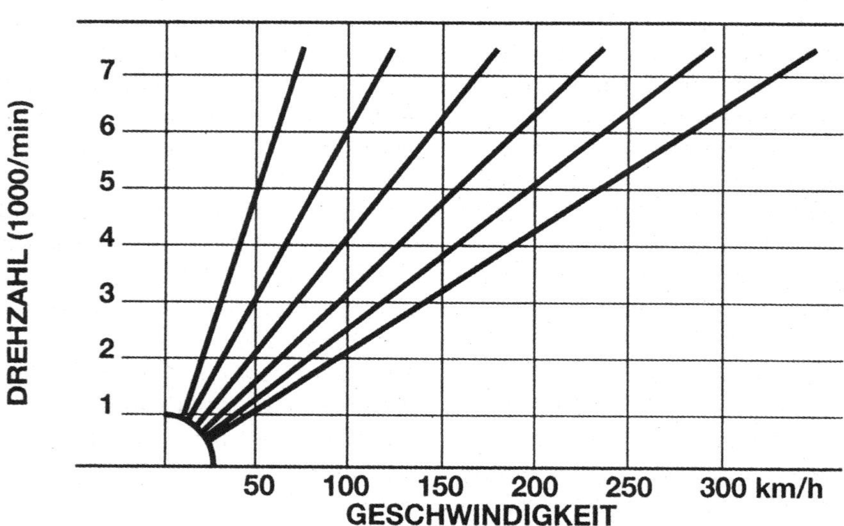

Leistungs- und Drehmoment-Diagramme des Ruf-BR-3,3-Motors. Darunter das Drehzahl-Geschwindigkeits-Diagramm für das Sechsganggetriebe. Die Übersetzungen lauten: 1. Gang 3,5, 2. Gang 2,0588, 3. Gang 1,4091, 4. Gang 1,0741, 5. Gang 0,8611, 6. Gang 0,7179. Als Achsantrieb wurde die Übersetzung 3,444 : 1 gewählt.

Der Ruf-CTR-Motor hat links und rechts je einen Turbolader, wodurch für Katalysatoren kein Platz mehr übrig bleibt.

7,0:1. Die Umbaumaßnahmen für den Motor umfassen von 32 mm auf 36 mm erweiterte Einlasskanäle, entsprechend muss auch das Sauggehäuse erweitert werden. Eine Nockenwelle mit größerem Öffnungswinkel (224° statt 218°) und höherem Ventilhub (Einlass 11,3 mm statt 9,5 mm; Auslass 10,5 mm statt 8,7 mm) sowie ein angepasstes Kennfeld des Zündsteuergerätes komplettieren die Maßnahmen. Wichtigste Kenngröße für die höhere Leistungsausbeute ist aber sicherlich der von 0,7 auf 0,8 bar erhöhte Ladedruck, der durch eine härtere Feder im Bypass-Ventil erreicht wird.

Als wesentliche Ergänzung zu diesem Motor lieferte Ruf seine Turbos (als Komplettfahrzeuge angeboten) mit einem eng gestuften Sechsganggetriebe aus. In Verbindung mit der schmalen Carrera-Karosserie (der Ruf-Porsche war auch im breiten Turbolook mit höherem Fahrwiderstand zu bekommen) werden exzellente Fahrleistungen erreicht: 0 bis 100 km/h werden in 4,4 Sekunden zurückgelegt, bis 200 km/h vergehen nur 15,5 Sekunden, die Höchstgeschwindigkeit liegt bei knapp über 300 km/h.

Noch höhere Fahrleistungen offerierte Ruf mit dem Modell CTR. Der CTR-Umbau kann nur auf Basis des alten 911 erfolgen und ist ziemlich umfangreich und kostspielig. Allein der Bi-Turbomotor kostete damals fast 100.000 Mark, hinzu kam der komplette Umbau der Karosserie, des Fahrwerks, des Getriebes (Sechsgang mit Sperre), der gesamten Peripherie und der Ausstattung.

Die Eckdaten des Bi-Turbomotors versprechen absolute Spitzenleistungen. Hubraum 3366 cm^3 (Bohrung x Hub: 98,0 x 74,4 mm), Verdichtung 7,5:1, Leistung 469 PS / 345 kW bei 5950/min, Drehmoment 553 Nm bei 5100/min. Das Leistungsgewicht des Ruf CTR

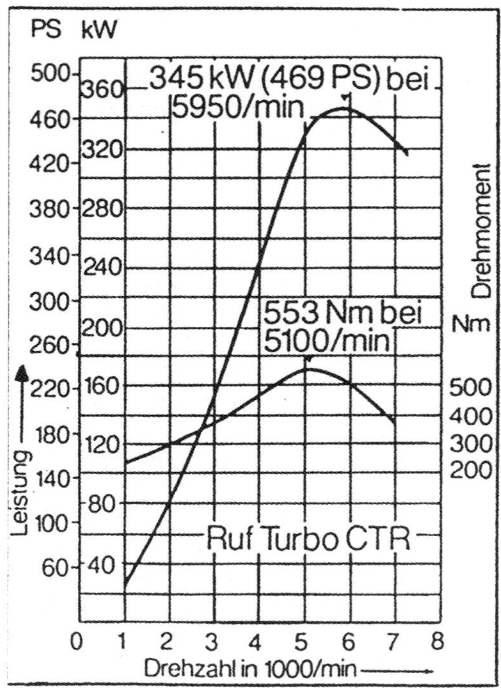

Leistung und Drehmoment des Ruf CTR markieren absolute Spitzenwerte für straßentaugliche Fahrzeuge.

liegt bei nur 2,5 kg/PS. Die Fahrleistungen sind entsprechend: 0 bis 100 km/h in 4,1 Sekunden, 200 km/h werden nach 10 Sekunden erreicht, die Höchstgeschwindigkeit liegt bei annähernd 340 km/h.
Auch heute noch liefert Ruf für neue und alte Porsche professionelles Tuning.

Porsche-Werkstuning

Wie andere Hersteller auch, hat Porsche erkannt, dass sich mit Tuning ab Werk gut Geld verdienen lässt. So hat man für den Typ 996, den wassergekühlten Nachfolger des luftgekühlten 993, sowohl für den Sauger wie für den Turbo einen Tuning-Kit entwickelt. Dabei erfolgte die Leistungssteigerung des normalen Carrera mit klassischen Tuningmethoden, wobei die Leistung von 320 PS (235 kW) auf 345 PS (254 kW) gesteigert wurde. Im Einzelnen wurde dies durch folgende Maßnahmen erreicht:

- Aluminium-Schaltsaugrohr mit kürzeren Rohrlängen
- Zylinderköpfe bearbeitet
- Strömungsoptimierter, CNC-bearbeiteter Ansaugkanal
- Abgaskrümmer strömungsoptimiert, größerer Querschnitt
- Einlassnockenwelle mit mehr Hub (11,5 statt 11,0 mm)
- Steuerzeiten Einlass 10° länger, Auslass 3° später
- Neue Einlassventilfedern
- Ölwanne mit geändertem Schottkasten
- Anpassung DME-Steuergerät
- Zusätzlicher Wasserkühler

Dies ist ein sehr gutes Beispiel für klassisches Tuning, zeigt aber auch, dass trotz umfangreicher Veränderungen bei von Haus aus weitgehend ausgereizten Motoren nicht mehr allzu viel zu holen ist. Die eigentliche Leistungssteigerung findet hier nicht durch höheren Mitteldruck, also eine Erhöhung des Drehmoments statt, sondern durch eine Verlagerung des »Drehmomentbuckels« in höhere Drehzahlbereiche. Entsprechend geringfügig sind die Auswirkungen auf die Fahrleistungen.
Auch für den Turbo bietet Porsche Leistungssteigerung ab Werk an. Beim 996 Turbo nannte sich der Leistungskit »Top«. Er umfasste einen Turbolader mit geänderter Turbine, höheren Ladedruck (0,9 statt 0,8 bar), einen wirkungsvolleren Ladeluftkühler sowie Katalysatoren mit geringerem Gegendruck. Eine Tandem-Ölpumpe ersetzte die vorhandene Einfach-Saugpumpe, da eine zusätzliche Absaugstelle bedient werden musste.
Man sieht, dass es Porsche auch hier nicht bei einer einfachen Ladedruckerhöhung beließ, sondern eine sorgfältige, auch auf Haltbarkeit bedachte Leistungssteigerung vornahm. Der »Top«-Turbo leistete 450 statt 420 PS, größer war der Zuwachs an Drehmoment, das von 560 auf 620 Newtonmeter stieg (siehe Leistungsdiagramm auf der übernächsten Seite). Aus diesem Grund musste auch das Getriebe verstärkt werden.

Vergleich 911 Carrera Serie und 911 Carrera mit Leistungssteigerung		
Fahrzeug	**996 C2 Coupe Serie**	**996 C2 Coupe Leistungssteigerung (X51)**
Leergewicht (EG) (kg)	1420	1420
Motor		
Hubraum (cm^3)	3.596	3.596
max. Leistung (kW (PS))	235 (320)	254 (345)
bei Drehzahl (1/min)	6.800	6.800
max. Drehmoment (Nm)	370	370
bei Drehzahl (1/min)	4.250	4.800
max. Literleistung (kW/l (PS/l))	65,4 (89,0)	70,6 (95,9)
Abgasanlage	Serie	Abgaskrümmer neu, Rest Serie
Motorsteuerung	Serie	angepasster Datenstand
Getriebe		
Schaltgetriebe	6-Gang	6-Gang
Fahrleistungen		
Höchstgeschwindigkeit (km/h)	285	290
Beschl. 0 – 100 km/h (s)	5	4,9
Beschl. 0 – 200 km/h (s)	17,5	16,5
0 – 1000 m (s)	23,8	23,3

Tuning per Aufpreisliste: Unter der Bestelloption X51 bot Porsche eine Werksleistungssteigerung für den Sportwagen 911 an.

Mit dem Werkstuning erstarkte der 911 Carrera von 235 kW (320 PS) auf 254 kW (345 PS). Das Drehmoment blieb mit 370 Nm unverändert. Die eigentliche Leistung der Ingenieure zeigt sich darin, dass trotz massiver Leistungszunahme die Nenndrehzahl gleich blieb.

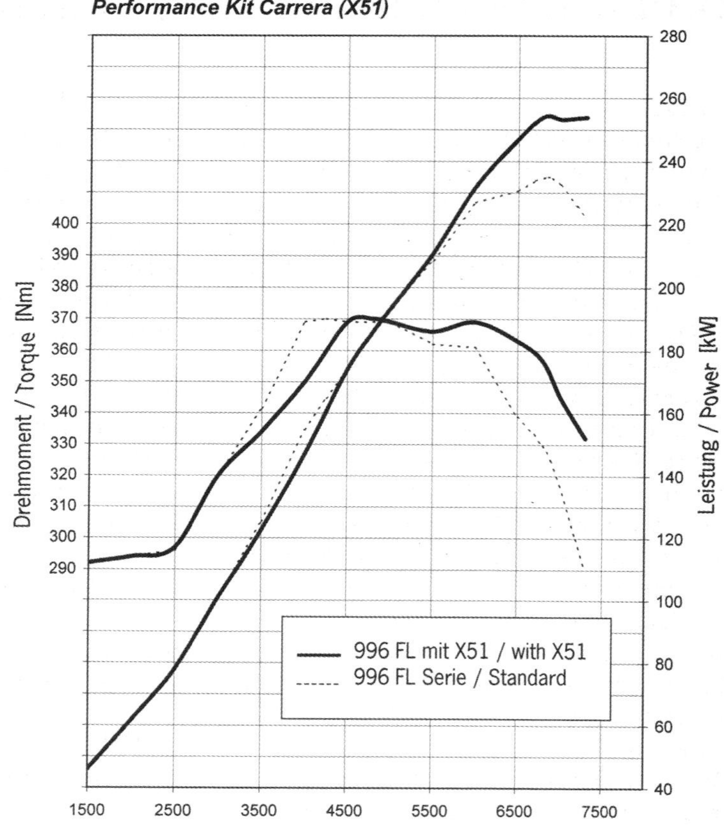

Diagramm zum Porsche »Top«-Turbo: Die Leistungssteigerung erforderte umfängliche Arbeiten am Motor. Auch das Getriebe musste verstärkt werden, um dem brachialen Drehmoment von 620 Nm gewachsen zu sein.

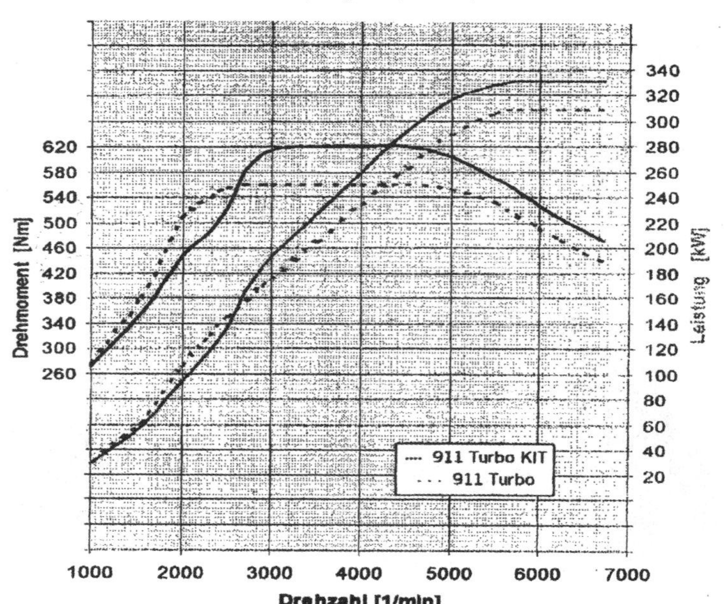

Große Möglichkeiten bei Volkswagen

Nahezu alle Wolfsburger Modelle sind für nachträgliche Verbesserungen gut geeignet. Sowohl der altgediente Käfer wie auch die Frontantriebsmodelle bieten eine Menge Variationsmöglichkeiten. Auch die Zubehörindustrie war bei so weit verbreiteten Automobilen nicht untätig: Für VW-Motoren aller Art gibt es montierfertige Vergaseranlagen, Spezialkurbelwellen, Zylinderköpfe und komplette Motorumbausätze (Abt, Hartmann, Müller, Nothelle, Oettinger, Riechert, Sauer, Schmidt, Sorgler, Zöllner). Ein Angebot also, wie man es bei anderen Autos selten findet. Natürlich sind die meisten der hier beschriebenen Tuningmaßnahmen durch die technische Entwicklung der neueren VW-Modelle überholt. Aber es fahren abgesehen vom Käfer noch unzählige alte VW-Modelle herum, die sowohl als Youngtimer als auch als Tuningobjekte viele Anhänger finden. Für aktuelles Tuning hilft ein Blick in das Internet.

Doch keine Frage, wohl kaum ein anderes Auto zuvor eroberte sich so schnell die Herzen passionierter Sportfahrer und Tuner wie der VW Golf GTI. Selbstredend, dass aus dem Hause VW recht zügig entsprechend gut motorisierte Sportversionen der übrigen Modelle nachgeschoben wurden. Neben dem Golf GTI, GTI 16V und G60 zählen dazu in erster Linie der kleine Polo G40, ebenfalls mit mechanischem Kompressor, das Coupé Corrado sowie die Familien-Limousine Passat und der Golf-Abkömmling Vento. Da Golf, Vento, Corrado und Passat über nahezu identische Motoren verfügen, treffen die in den folgenden Abschnitten beschriebenen Tuning-Maßnahmen im Grunde genommen für all diese VW-Modelle zu.

Gerade weil die Möglichkeiten bei VW so vielfältig sind und das Angebot so groß ist, lassen sich in diesem Kapitel kaum sämtliche an Motor und Fahrwerk durchführbaren Veränderungen unterbringen.

VW Käfer

Obwohl der Käfer seit Jahren nicht mehr gebaut wird, ist er nach wie vor ein dankbares Tuningobjekt und in der Oldtimerszene be-

Für den Motor des Typs 1 (VW-Käfer) sind Zweivergaser-Anlagen und Doppelvergaser-Anlagen Voraussetzung für eine wirksame Leistungssteigerung. Im Bild eine Anlage von Riechert mit zwei Solex-Doppelvergasern.

Einspritzmotor von Zöllner, der bei knapp 2 Litern Hubraum 95 straßentaugliche PS realisiert.

liebt. Und das besonders geschätzte und weit verbreitete Käfer-Cabrio erreicht dank guter Pflege sehr lange Laufzeiten. Die hier beschriebenen Tuning-Maßnahmen sind freilich mehr als grundsätzliche Beispiele dafür anzusehen, was beim Käfer möglich ist und war. Längst sind nicht mehr alle Tuning-Kits lieferbar. Doch gibt es neue Quellen in den USA, wo man sich immer noch intensiv damit beschäftigt. Und nach wie vor gibt es auch in Deutschland Tuning-Firmen, wie beispielsweise Riechert oder Klaus, die in erster Linie für den Käfer arbeiten.

Vergaser/Einspritzanlage

Serienmäßig besitzt der 1,2-Liter-Käfermotor einen Solex-Vergaser vom Typ 30 PICT, während der 1,6-Liter mit dem größeren 34 PICT gerüstet ist. Da die Saugwege sehr lang sind, empfiehlt sich zur wirksamen Entdrosselung eine Zweivergaseranlage. Entsprechende Kits lieferten Oettinger, Sauer und Zöllner. Ein anderer Verteiler mit Fliehkraftverstellung ist unbedingt zu empfehlen (Bosch Nr. 0 231 129 010), die Zündung kann ca. 2-5 Grad früher gestellt werden, falls kein übermäßiges Beschleunigungsklingeln auftritt. Die Leistungssteigerung beträgt mit diesen Anlagen ca. 5-8 PS.
Zöllner setzte bei neueren getunten Käfer-Motoren zudem auf die K-Jetronic von Bosch. Die vom Golf GTI übernommene mechanische Einspritzanlage soll dem auf zwei Liter Hubraum erweiterten Boxer-Triebwerk nicht nur zu mehr Leistung verhelfen, sondern vor allem dazu beitragen, strengere Abgas-Vorschriften einzuhalten. Der 8,5:1 verdichtete Zöllner-Einspritzer leistete 95 PS bei 4600 U/min und verfügte über ein maximales Drehmoment von 168 Nm bei 3000/min.

Zylinderkopf

Durch Bearbeitung der Zylinderköpfe, ihrer Einlass- und Auslasskanäle und der Ventile sowie durch eine Erhöhung des Verdichtungs-

Bei diesem Umbausatz mit zwei Zenith-Doppelvergasern werden die Zylinderköpfe des VW 1600 bzw. 1302/1303 S mit getrennten Einlässen verwendet (Riechert).

verhältnisses lassen sich weitere PS mobilisieren. Für größere Leistungssteigerungen unerlässlich sind dabei die Doppelkanalzylinderköpfe der 1,6-Liter-Motoren (Typ 1302/1303). Bei ihnen ist es möglich und sinnvoll, größere Einlassventile (38 oder 40 mm statt serienmäßig 35,5 mm) einzubauen, die mit eine Voraussetzung für hohe Literleistungen sind.

Für besonders hochbelastete Motoren empfiehlt sich die Verwendung natriumsalzgekühlter Auslassventile. Durch eine Bearbeitung der Gaskanäle, Ventile, Sitzringe und Brennräume sowie eine Erhöhung des Verdichtungsverhältnisses lässt sich eine Leistungssteigerung von etwa 4 bis 8 PS erreichen.

Kurbeltrieb und Kolben

Alle Maßnahmen zur Verbesserung des Kurbeltriebs sind bei stärker getunten Motoren möglich bzw. zweckmäßig. Auswuchten der Kurbelwelle, Ausbalancieren der Pleuel, Auswiegen der Kolben und Erleichtern des Schwungrades (bis zu maximal 2,5 kg).

Der Hubraum lässt sich bei allen VW-Boxermotoren durch den Einbau anderer Kolben, Zylinder und Kurbelwellen vergrößern. Durch die Verwendung der Kolben und Zylinder wie der Kurbelwelle des VW 1303 S (Bohrung 85,5 mm) lassen sich in den 1200-cm^3-Motor ohne großen Aufwand 1600 cm^3 zaubern. Die Zylinder müssen hierzu am oberen Bund auf das Originalmaß der 1200er-Zylinder abgedreht werden, damit sie in die Zylinderköpfe passen. Wenn man die Zylinderköpfe des 1303

Hubraumvergrößerung durch Serienteile ist vor allem für die 1,2- und 1,3-Liter-Motoren möglich. Empfehlenswert: eine verstärkte Kupplungsdruckplatte.

dazunimmt, erübrigt sich diese Maßnahme.
Noch mehr Hubraum und Leistung ermöglichen Spezial-Zylinder und geschmiedete Spezial-Kolben mit 90 mm Durchmesser von Oettinger. Mit ihnen wächst das Motorvolumen auf 1770 cm³, die Verdichtung erhöht sich dank gewölbter Kolbenböden von 7,5:1 auf 8,2:1. Schließlich kann der Boxer mit Hilfe dieser 90-mm-Bohrungskombination und einer langhubigen Oettinger-Kurbelwelle (78,4 mm) auf üppige 1998 cm³ Hubraum gebracht werden.
Pro 100 cm³ zusätzlichem Hubraum kann man mit einer Leistungssteigerung von ca. 2 bis 4 PS rechnen, je nach Literleistung und Füllung des vorhandenen Motors.
Für stark leistungsgesteigerte Motoren empfiehlt sich eine Verbesserung der Schmierung und der Kühlung. Eine größere Ölpumpe und ein Nebenstromölfilter mit Rücklaufkühlung bringen hier eine wesentliche Verbesserung. Unter Umständen ist der Einbau eines Porsche-Ölkühlers (Ersatzteil-Nr. 61 610 704 101) an Stelle des serienmäßigen VW-Ölkühlers zu erwägen. Die VW-Tuner liefern außerdem spezielle Ölkühler, die unter der vorderen Stoßstange oder hinter einem geschlitzten, unteren Abschlussblech montiert werden und eine Temperatursenkung von ca. 20° bewirken.

Ventiltrieb und Nockenwelle

Der Ventiltrieb und die Nockenwelle ist bei allen VW-Boxermotoren bis auf kleine Abweichungen gleich. Diese Abweichungen betreffen in erster Linie die unterschiedlichen Ventilgrößen und Federstärken (jetzt einheitlich). Wir können darum den Ventiltrieb und die Nockenwelle für alle VW-Motoren gemeinsam besprechen.

Fein gewuchtete, gleitgelagerte Spezialkurbelwelle mit 82 mm Hub und Spezial-Pleuel von Tuner Oskar Zöllner für den Boxermotor des VW Käfer.

Bei einem Spitzentuning werden praktisch alle beweglichen Teile des VW-Motors ersetzt. Die rollengelagerte Kurbelwelle bringt hauptsächlich Vorteile bei starker Überhitzung des Öls.

Zur Erleichterung der bewegten Ventiltriebmassen kann man die Stößel und die Kipphebel bearbeiten. Einfacher ist es, nur die Ventilfedervorspannung zu erhöhen. Die Federn können bedenkenlos bis zu 2 mm unterlegt werden. Als Ventilfedern kann man die bei allen VW-Boxermotoren einheitlichen, progressiv gewickelten Serienfedern benutzen. Unterschiede in der Federspannung treten nur durch natürliche Streuungen oder Fertigungstoleranzen auf. Für getunte Motoren sollte man sich die härtesten Federn heraussuchen, die Spannung sollte an allen Federn gleich groß sein, da die weichste Feder die obere Drehzahlgrenze bestimmt. Etwaige Differenzen lassen sich durch dünne Unterlegscheiben ausgleichen. Härtere Federn sind bei Oettinger und Zöllner erhältlich (ca. 20 % höhere Federkraft).

Alle VW-Boxermotoren besitzen die gleiche Nockenwelle, Unterschiede in den Steuerzeiten beim alten 34-PS-Motor gegenüber dem 50-PS-Aggregat (1,6 Liter) sind durch die geringere Kipphebelübersetzung bedingt. Diverse Spezial-Nockenwellen sind bei den VW-Tunern (Kumetat, Gelsenkirchen) und bei Nockenwellen-Spezialisten (Dr. Schrick, Schleicher) erhältlich.

Auspuffanlage

Die serienmäßigen Auspuffanlagen sind mit ihren kurzen Rohrlängen und guter Schalldämpfung für eine größere Leistungssteigerung nicht sonderlich geeignet. Man kann durch Auftrennen an der Rollenschweißnaht der Schalldämpfer die Dämpfkegel und Siebrohre im Innern des Schalldämpfers entfernen. Endrohre größeren Querschnitts sind vorteilhaft, jedoch müssen sie wie das serienmäßige Endrohr mit einem Absorptionsdämpfer versehen sein (Siebeinsätze).

Bringt rund 3 PS: Sauer-Spezialauspuffanlage mit exakt längenabgestimmten Rohren. Weitere Details: Ölsammeltopf gegen Druckabfall bei Kurvenfahrt.

Bessere Voraussetzungen bieten in den Rohrlängen abgestimmte Spezial-Auspuffanlagen. Der Leistungszuwachs mit solchen Anlagen liegt in der Gegend von ca. 3 PS.

Leistung

Dass die Leistungsgrenze bei VW-Motoren schneller erreicht wird als bei vergleichbaren anderen Motoren, ist eine bekannte Tatsache. Sie ist dadurch zu erklären, dass der VW-Motor nur eine begrenzte Steigerung der Drehzahl zulässt, keinen wirkungsvollen Ladungswechsel hat und auch in der Höhe des Verdichtungsverhältnisses durch thermische Schwierigkeiten sehr früh eine Grenze setzt. Die möglichen Literleistungen können darum nicht allzu groß sein und sind nur mit hohem Aufwand über 50 PS/Liter zu bringen, ein Wert also, der heute bei vielen Gebrauchsmotoren bereits serienmäßig üblich ist oder überschritten wird. Die erreichbaren Höchstdrehzahlen liegen beim VW-Motor zwischen 5600 U/min und – bei sorgfältiger Bearbeitung des Ventiltriebs – 6000 U/min. Das Verdichtungsverhältnis sollte nur in Ausnahmefällen höher als 9,5:1 liegen.

Für den 1200-cm^3-Motor dürfte die obere Leistungsgrenze mit zwei Vergasern, bearbeiteten Zylinderköpfen, Nockenwelle usw. bei ca. 55 PS liegen. Mehr sollte man ihm auch nicht zumuten. Mit 1600 cm^3 sind etwa 75 PS zu realisieren, doch muss dafür erheblicher Aufwand getrieben werden. Der gesündeste Weg zur Boxer-Mehrleistung ist die Hubraumerweiterung, wie von Oettinger und Zöllner exerziert. So lassen sich aus 1,8 Liter vergleichsweise problemlose 75 PS, aus 2,0 Litern sogar 95 PS holen.

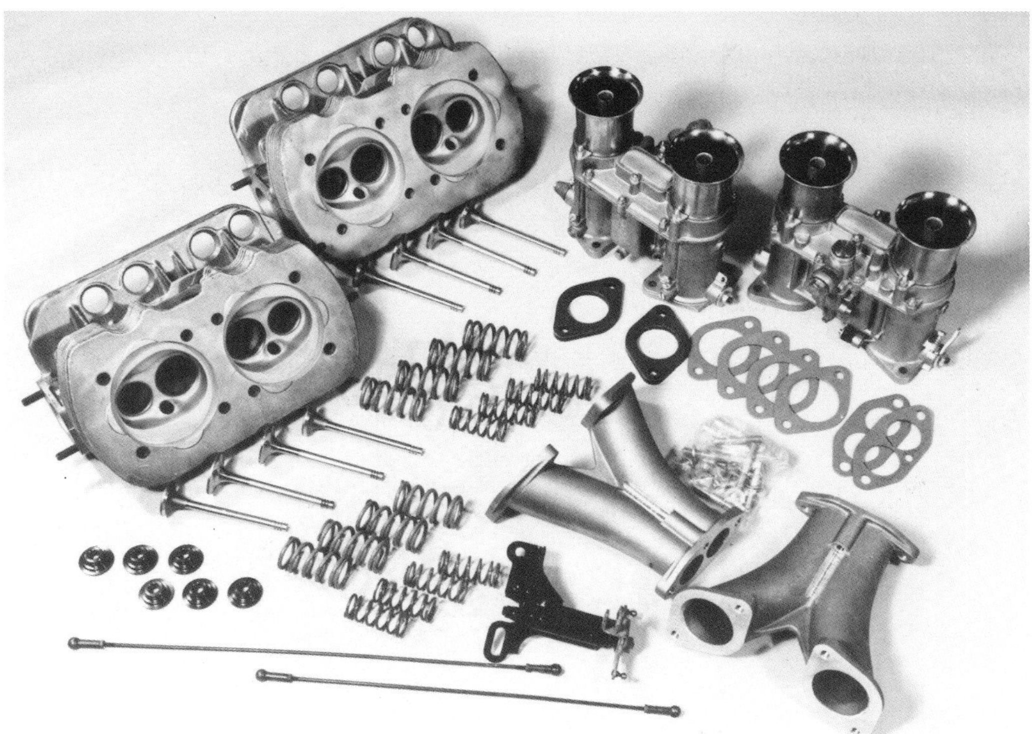

Ein Umbaukit für größtmöglichen Durchsatz. Er umfasst neben großen Weber-Fallstrom-Doppelvergasern (48 IDA) die dazu passenden Saugrohre, bearbeitete Zylinderköpfe, Ventile und Federn sowie die nötigen Kleinteile.

In dem Bemühen, für den Käfer einen kräftigen, aber dennoch zulassungsfähigen Antrieb anzubieten, adaptierte Oettinger den Wasserboxer des Transporters. Das WBX 4 genannte Triebwerk (2100 cm³) leistet in der Oettinger-Version 100 PS bei 5000/min und sorgt für entsprechend gute Fahrleistungen.

Die Firma Riechert, seit über 20 Jahren im VW-Tuninggeschäft tätig, hatte das umfangreichste Tuning-Angebot für den Käfer. Von der einfachen Zweivergaseranlage für Uralt-Käfer, sogar der alte 30-PS-Motor wird noch berücksichtigt, bis zum 150-PS-Motor auf Typ-4-Basis gab es bei Riechert alle möglichen Leistungssteigerungs-Varianten, wobei sowohl komplette Motoren als auch Umbausätze bezogen werden konnten. Aber auch Einzelteile bzw. Baugruppen wie Nockenwellen, Axialgebläse oder Ölkühlanlagen hat Riechert im Angebot. Es werden auch Gehäuse-, Zylinderkopf- oder Kurbelwellen-Bearbeitungen angeboten, zu durchweg fairen Preisen.

Der sogenannte Typ-4-Motor war im Porsche 914, im VW 411/412 und in den VW-Bus/Transporter-Typen eingebaut. Sein Hubraum reichte in der Serie von 1,7 bis 2,0 Liter, das Leistungsangebot ging von 68 PS (1,7-Liter/VW 411) bis 100 PS (2-Liter/Porsche 914). Der Typ-4-Motor passt grundsätzlich in den Motorraum des Käfers, wegen seiner Abmessungen sind allerdings Umbauten am Gebläse und an der Auspuffanlage notwendig. Grundsätzlich sind alle Rumpfmotoren des Typ-4-Motors verwendbar, die dann von Riechert oder in Eigenregie nach Beschaffung des Umbausatzes zum Riechert-VW-Porsche-Einbaumotor umgerüstet werden können. Bei Riechert ist eine Stückliste für den Umbau erhältlich, wobei es notwendig ist, den jeweiligen Kennbuchstaben des Rumpfmotors anzugeben. Da sich die Freigabe vom Volkswagenwerk für eine Höchstgeschwindigkeit von 165 km/h bei den S-Typen auch auf die Modelle 1302 und 1303 mit dem 1,3-Liter-44-PS-Motor erstreckt, kann der Riechert-VW-Porsche-Motor auch in diese Modelle eingebaut werden. Voraussetzung ist hier allerdings, dass vorn Scheibenbremsen eingebaut werden und

Vorzugsweise in USA, aber auch in der deutschen Rennkäfer-Szene tauchen Triebwerke mit mechanischen Ladern auf. Im Bild ein Motor mit zwei Ladern, die Vergaser arbeiten als Saugvergaser. Diese Tuningmaßnahme ist nur für kurzfristigen Hochleistungseinsatz, z. B. bei Dragster-Rennen, geeignet.

das auf Grund des schwächeren Drehmoments des 1,3-Liter-Motors kürzer übersetzte Getriebe fachmännisch auf Tellerrad und Triebling der 1,6-Liter-Modelle umgebaut wird.

Damit der Motor unter die Käfer-Haube passt, sind verschiedene Konstruktionsteile gegenüber dem Original-Motor von der Firma Riechert speziell maßgeschneidert auf diese Belange abgeändert. So wird z. B. zur Kühlung das Riechert-Axialkühlluftgebläse mit dem Lüfterrad vom 6-Zylinder-Porsche Typ 911 verwendet. Für den Axial-Antrieb des Lüfterrades wird der Keilriemen über zwei Riemenscheiben umgelenkt. Die Öltemperatur wird zusätzlich durch einen besonders langen Aluminium-Frontkühler (675 mm) thermostatgesteuert in recht niedrigen Bereichen (ca. 90°) gehalten.

Bei der Gemisch-Aufbereitung wurde auf die elektronische Einspritzanlage (Bosch D-Jetronic) des Originalmotors verzichtet und diese gegen eine Doppel-Vergaseranlage ausgetauscht. Dieser Schritt basiert nicht nur auf Preisgründen, sondern auch auf der Erkenntnis, dass diese elektronische Benzineinspritzung schwieriger in der Wartung und in der Anpassung für weitergehende Leistungssteigerungen ist. Früher verwendete Riechert zwei Solex-Doppelvergaser 40 PII-4, später kamen beim Riechert-VW-Porsche-Einbaumotor zwei Dellorto-Vergaser 40 DRLA zum Einsatz. In Verbindung mit einer geänderten Zentralluftfilteranlage und einem wesentlich verbesserten Auspuffsystem, das aus Vor- und Nachschalldämpfern besteht, konnten ein besserer Drehmomentverlauf und eine höhere Endleistung erzielt werden. Die neue Auspuffanlage hatte zudem den Vorteil, dass die Vorschalldämpfer zwecks Reduzierung der Schadstoffe durch ungeregelte Katalysatoren ersetzt werden konnten, was die Leistung nur geringfügig beeinträchtigte (knapp 2 PS

Leistungsverlust) und die Zulassung auch bei verschärfter Abgasgesetzgebung sicherstellte. Riechert nennt 100 PS Endleistung, die für eine Höchstgeschwindigkeit von ca. 165 km/h im Käfer ausreichend ist.

Alle zur TÜV-Zulassung erforderlichen Gutachten sind von der Forschungsstelle des TÜV Essen erstellt worden, und zwar Europa-Test-Gutachten, Leistungsgutachten, Gutachten über Geräuschentwicklung sowie Gutachten über die Höchstgeschwindigkeit.

Mit den verschiedenen im Lieferprogramm angebotenen Umrüstsätzen läßt sich der Typ-4-Motor unter anderem durch Hubraumvergrößerung (2368 cm^3) auf eine Leistung von 130 bis 150 PS (je nach Auspuffanlage) bringen.

VW Polo, Golf und Artverwandte

Kaum ein anderes Automobil zuvor eroberte sich so schnell die Herzen passionierter Sportfahrer und regte die Tuner zu so umfassenden Aktivitäten an wie der VW Golf und seine Artverwandten aus Wolfsburg und Ingolstadt. Schon von Haus aus leichtgewichtig, potent und munter, ist der Golf in der Tat eine ideale Ausgangsbasis für die Sorte Automobil, die seit jeher den speziellen Reiz der Getunten ausmacht: für einen Wolf im Schafspelz nämlich.

Ähnlich wie früher der Golf GTI setzte der Golf VR6 seit Beginn der 90er Jahre wieder die Maßstäbe für leistungsorientierte Fahrer in der Kompaktklasse. Sein 2,8-Liter-Sechszylinder-Kraftwerk mit engem 15-Grad-Zylinderwinkel leistete 174 PS. Damit war der Golf III mehr als ordentlich motorisiert, pflegte mit seinem dezenten Auftritt das wiederentdeckte Understatement und erfüllte sozusagen nebenher alle Bedürfnisse, die ein ambitionierter Fahrer an sein zeitgerechtes Auto stellte. Das Sechszylinder-Aggregat war natürlich auch im Passat und Corrado verfügbar, im Coupé sogar mit 2,9 Liter Hubraum und 190 PS.

Doch nicht nur die stärksten Modelle dieser Baureihe, auch der Golf GTI, der GTI 16V, der Golf G60 und sogar der kleine Polo sind leistungsfähige und interessante Tuning-Objekte.

Polo-Tuning mit dem G40

Leistungshungrige Polo-Fahrer konnten, bevor sie sich zu tiefgreifenden und entsprechend kostspieligen Tuning-Maßnahmen entschieden haben, am besten gleich zum (damals) stärksten Modell dieser Baureihe, dem 115 PS (85 kW) starken Polo G40 greifen. Das mit einem mechanischen Kompressor von VW (G-Lader) unter Druck gesetzte 1,3-Liter-Aggregat sorgt für überaus gute Fahrleistungen in dem kleinen Coupé, das in dieser Version sogar dynamischeres Vorwärtskommen garantierte als beispielsweise ein Golf GTI 16V mit serienmäßigen 129 PS.

Für den Polo boten zahlreiche Tuner (z. B. Abt, R & B, Dennert, Nothelle, Oettinger) entsprechende Leistungskits an. Die erste Stufe des G40-Tunings besteht im relativ einfachen Erhöhen des Ladedrucks. Dazu montiert man eine kleinere Riemenscheibe am G-Lader, der dadurch auf höhere Drehzahlen kommt und mehr komprimierte Frischluft in die Zylinder fördert. Mit entsprechend abgestimmter Zünd- und Einspritzelektronik lässt sich somit eine Mehrleistung von knapp 15 PS erzielen.

Noch mehr Leistung lässt sich beim G40-Triebwerk erreichen, wenn auch hier die Maßnahmen des klassischen Tunings greifen. Ein bearbeiteter Zylinderkopf mit erweiterten Kanälen, eine Sportnockenwelle mit längerem Ventilhub und geänderten Steuerzeiten lassen in Verbindung mit einem auf rund ein bar gesteigertem Ladedruck sowie einer exakt auf die neuen Bedingungen abgestimmten Zünd- und Einspritzanlage eine Höchstleistung von etwa 150 PS erwarten. Diese Leistungsstufe war unter anderem bei den Tunern Dennert, B & B und Abt im Programm. Ähnliche Leistungssteigerungen wurden auch von Nothelle und Hartmann angeboten.

Golf GTI 16V als Tuning-Basis

Was im vorigen Abschnitt zum Polo-Tuning gesagt wurde, gilt im Grunde genommen auch für den Golf. Bevor leistungsschwächere Versionen getunt werden sollten, ist der Kauf ei-

Mit Ladeluftkühlung, gesteigertem Ladedruck und zusätzlichen Tuningmaßnahmen lässt sich der G40-Motor auf bis zu 150 PS treiben.

nes auch gebrauchten GTI 16V in der Mehrzahl aller Fälle die sinnvollere Lösung.
Soll dann das 16V-Aggregat entsprechenden Tuning-Maßnahmen unterzogen werden, stehen eine Vielzahl von Möglichkeiten offen. Sozusagen Stufe eins repräsentiert der Einbau von anderen Nockenwellen. Diverse Tuner boten hier viele Varianten an – meist mit einem größeren Ventilhub (zwischen 9,8 und 10,6 mm) und längeren Öffnungszeiten (zwischen 272 Grad und 286 Grad). Mit dieser preisgünstigen Lösung lässt sich in der Regel eine Mehrleistung von maximal 15 PS erreichen, wenn die notwendige Anpassung von Zündung und Einspritzung auf dem Prüfstand erfolgt.
Ist noch mehr Leistung gefragt, kommen wieder klassische Frisierkünste zum Einsatz. Im Zylinderkopf werden die Serienventile (Einlass 30 mm, Auslass 26 mm Durchmesser) beibehalten und bearbeitet. Ganz weit ausgefräst werden insbesondere die Sitzringe. Daraus ergibt sich beim 45-Grad-Sitz eine Sitzfläche von nur einem mm. Entsprechend müssen dadurch die deutlich größeren Kanalquerschnitte angepasst werden. Nahezu serienmäßig bleiben die Auslasskanäle des Vierventil-Kopfes. Sie werden lediglich geglättet. Eine weitere Maßnahme ist die leichte Verdichtungserhöhung, erreicht entweder durch leichtes Planen des Zylinderkopfes (maximal 0,1 mm) oder den Einbau einer dünneren Zylinderkopfdichtung (1,35 mm statt 1,70 mm Stärke). Das Resultat ist eine Verdichtung von 10,2 bis 10,3 gegenüber 10,0 beim Serienmotor. Parallel dazu müssen noch die bereits erwähnten Nockenwellen zum Einsatz kommen, ebenso ist eine angepasste Einspritzanlage und Zündung eine weitere wichtige Voraussetzung für die Effizienz dieser Tuningstufe. Nimmt man den 129-PS-Katmotor als Basis, lassen sich nach dieser Bearbeitung rund 150 PS bei einer um rund 500 Umdrehungen höheren Nenndrehzahl erzielen.

Spezialnockenwellen und ein angepasstes Saugrohr bringen beim 16V ein Leistungsplus bis zu 15 PS.

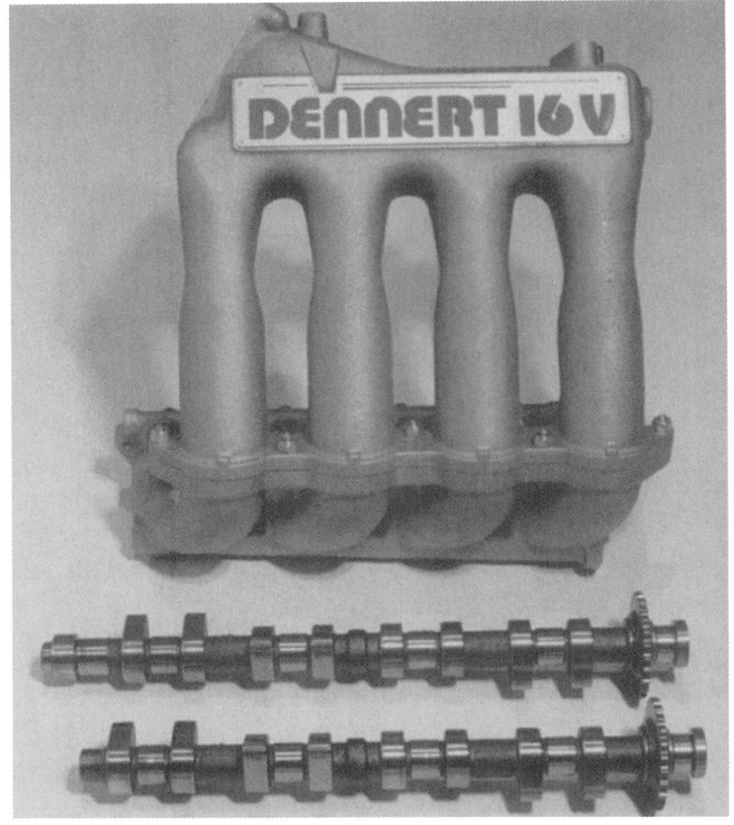

Unten:
Langhubige Kurbelwellen und spezielle Kolben lassen Hubraumsteigerungen bis auf über zwei Liter zu.

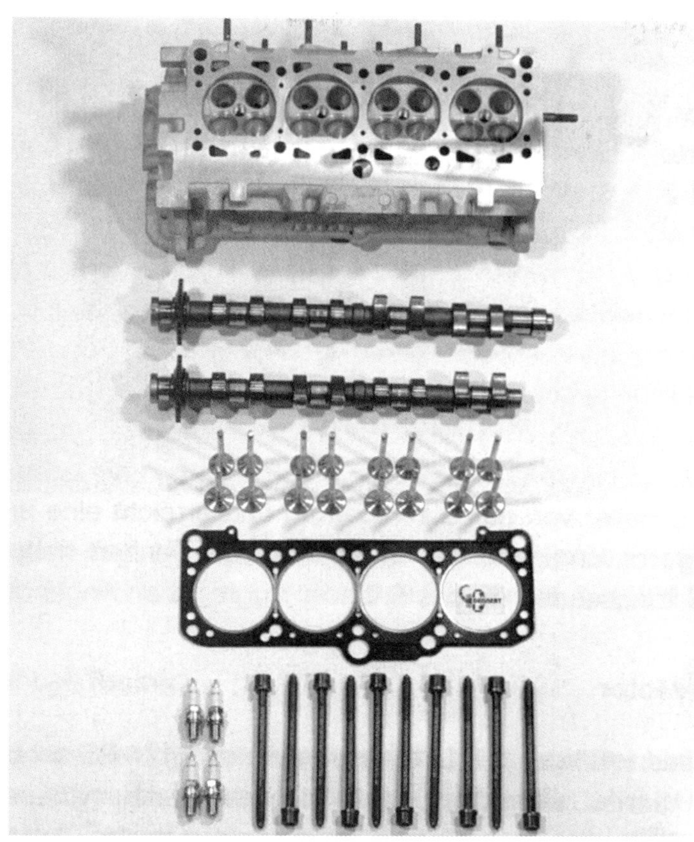

Ein Zylinderkopf-Kit von Dennert, der eine Leistungssteigerung von etwa 20 PS bringt. Er ist sowohl für den 1,8-Liter-Motor als auch für den neuen Zweiliter-16V-Motor erhältlich.

Mit relativ einfachen Maßnahmen lassen sich beim VR6-Motor rund 200 PS erzielen.

Sehr beliebt ist natürlich auch beim 1,8-Liter-Vierventil-Golf die Hubraumvergrößerung, denn schließlich stellt ein gesundes Maß an Basis-Hubraum eine entsprechend erfolgversprechende Grundlage dar. Als Freund des üppigen Hubraums war Altmeister Gerhard Oettinger einer der ersten, der auch für den Golf GTI 16V eine Zweiliter-Version auf den Markt brachte. Dabei bediente sich Oettinger einer Chrom-Molybdän-Kurbelwelle mit 94,5 mm Hub, einer erweiterten Bohrung (82 mm), geglätteter Kanäle und Nockenwellen mit anderen Steuerzeiten. Einen ähnlichen Weg beschritt der Duisburger Tuner Edgar Dennert. Er erweiterte die Bohrung auf 82,5 mm und installierte eine geschmiedete Kurbelwelle mit 92,8 mm Hub, daraus resultieren 1976 cm^3 Hubraum. Die Spezialwellen erfordern in jedem Falle eine Nachbearbeitung des Kurbelgehäuses. Dennert setzt diesem Zweiliter-Block einen mit klassischen Methoden bearbeiteten Zylinderkopf auf, passt Einspritzung und Zündung den neuen Verhältnissen an. Das Ergebnis sind 170 PS (125 kW) bei 6200/min und ein maximales Drehmoment von 220 Nm bei 4900/min. Dennert nennt für diese Tuningstufe im Golf II eine Beschleunigung von null bis 100 km/h in 7,7 Sekunden und eine Höchstgeschwindigkeit von 225 km/h.

Tuning am G60-Motor

Zunächst im Corrado, später auch im Golf Rallye und Golf GTI G60 legte das VW-Werk als letzte Evolutionsstufe im Golf II den G60-Motor auf. Das zweiventilige 1,8-Liter-Aggregat kam durch den Einsatz des G-Laders mit 60 mm Spiralenbreite auf eine Leistung von 160 PS. Dieses aufgeladene Triebwerk fand auch im Passat G60 und Passat Syncro Verwendung, und dementsprechend gelten die folgenden Tuninglösungen auch für die große Wolfsburger Limousine.
Eine milde Sorte beim G60-Tuning stellt auch hier die Ladedruckerhöhung dar. So boten einige Tuner hier Lösungen mit leicht erhöhtem Ladedruck (0,1 bar mehr), neu programmierter Zünd- und Einspritzelektronik sowie Prüfstandsabstimmung. Ergebnis dieser peripheren Eingriffe waren rund 20 Mehr-PS. Gut 50 PS Mehrleistung versprach Tuner Rolf Nothelle beim G60-Motor durch tiefgreifende Maßnahmen. Der Ex-Rennfahrer erhöhte den Ladedruck um 0,1 bar, bearbeitete den Zweiventil-Zylinderkopf in klassischer Manier (erweiterte und polierte Kanäle, bearbeitete Ventile) und baute eine Nockenwelle mit 272 Grad Öffnungszeiten sowie 10,4 mm Hub ein. Den serienmäßigen Ladeluftkühler ersetzte Nothelle durch ein größeres Exemplar. Dank dieser Maßnahme erreichte die mit 0,9 bar vorkomprimierte Ansaugluft die Brennräume rund 50 Grad stärker abgekühlt als beim Serienpendant. Letztlich zählt noch die exakte Abstimmung von Zündung und Einspritzung zum PS-Suchprogramm. Das Ergebnis sind bei Nothelle 210 PS bei 6200/min und ein maximales Drehmoment von 258 Nm bei 4500/min. Ist dieser Motor im Corrado eingebaut, beschleunigt das Coupé etwa 1,5 Sekunden schneller von null bis 100 km/h und erreicht eine um 20 km/h höhere Endgeschwindigkeit.
Die Tuner Abt und Dennert hatten ähnliche Leistungsstufen für das G-Lader-Aggregat im Angebot.

Der VR6-Motor

Obwohl mit seinen serienmäßigen 2,8 Litern Hubraum und 174 PS schon von Haus aus gut bei Kräften, stand auch der VR6-Motor aus dem Hause VW bei seinem Start vor einer langen Tuning-Karriere, bevor er in der Serie 3,6 Liter und 300 PS erreichte. Seinerzeit beschränkte sich das Tuning noch auf relativ einfache Maßnahmen. Nahezu alle namhaften Tuner boten Varianten an, die um 200 PS leisten. Meist erreichten sie diese Leistung durch klassische Bearbeitungsmaßnahmen des Zylinderkopfes und den Einbau anderer Nockenwellen sowie neuprogrammierter Elektronik. Im Corrado offerierte VW eine 2,9-Liter-Variante des VR6-Motors mit 190 PS. Durch Erweiterung der Bohrung um einen mm von 81,0

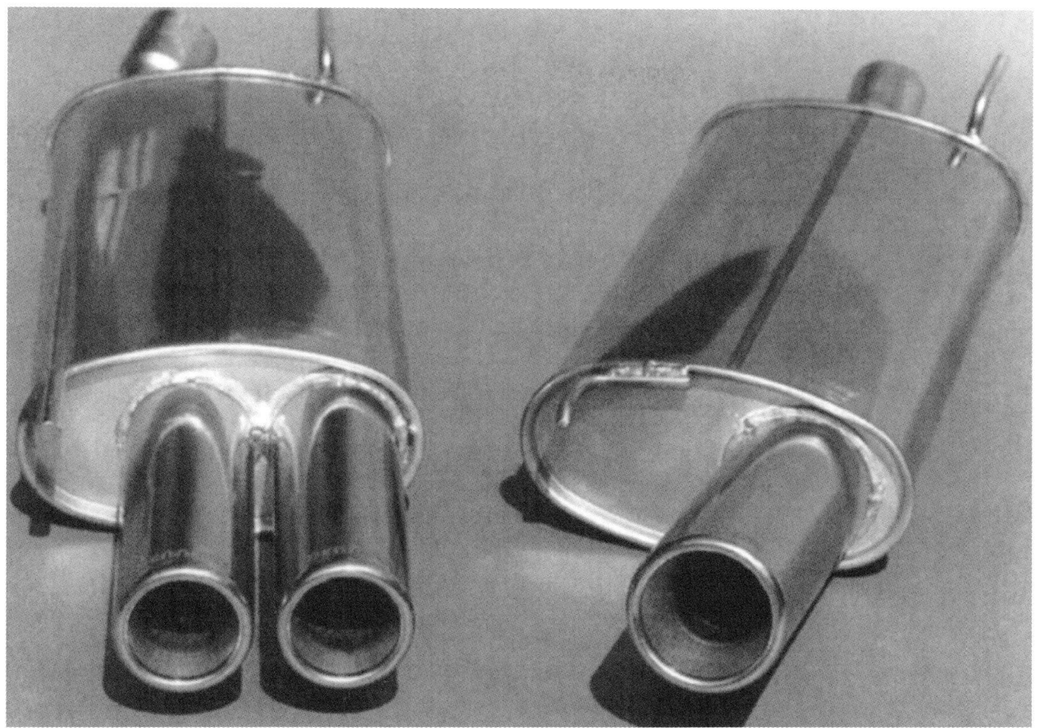

Widerstandsarme Endschalldämpfer (hier von Dennert) sind für alle Motorvarianten, sogar für den Diesel, lieferbar.

mm auf 82,0 mm erzielte das Werk den von 2792 cm^3 auf 2861 cm^3 gestiegenen Hubraum. Das maximale Drehmoment von 242 Nm erreicht der 2,9-Liter bei 4200/min, bei gleicher Drehzahl liefert der 2,8-Liter 240 Nm. Mit noch mehr Hubraum operierte eine Version von Tuner Wendland. Karl-Heinz Wendland erweiterte die Bohrung des VW-Sechszylinders von 81 auf 83 mm. Daraus ergaben sich 2931 cm^3. Pleuel und Kolben haben die Schwäbischen Tüftler bis auf ein Gramm Toleranz ausgewogen, die Kurbelwelle nebst Schwungscheibe feingewuchtet. Im Zylinderkopf haben sie die Kanäle erweitert und feinpoliert, die Verdichtung durch Planen des Zylinderkopfes und Einbau einer dünneren Zylinderkopfdichtung von 10,0 auf 10,8 erhöht. Im Zusammenspiel mit einer neuprogrammierten Motronic ergeben sich beim Wendland-Motor 212 PS bei 5800/min, das maximale Drehmoment erreicht 276 Nm bei 4200/min. Der so erstarkte Wendland-Golf beschleunigte in 7,1 Sekunden von null auf 100 km/h, die Höchstgeschwindigkeit lag bei rund 235 km/h. Nothelle bot einen 2,9-Liter-VR6-Motor mit 215 PS an, Abt hatte eine Dreiliter-Version mit 220 PS im Angebot.

Nützliche Adressen von A bis Z

Abt Sportsline GmbH, 87437 Kempten, T. 0831/571400; www.abt-sportsline.de
AC Schnitzer, 52078 Aachen, T. 0241/5688130; www.ac-schnitzer-de
ALPINA, 86807 Buchloe, T. 08241/50050; www.alpina.de
Arden, 47805 Krefeld, T. 0251/37230; www.arden.de
AMG, 71563 Affalterbach, T. 07144/3020; www.mercedes-amg.com
Audi quattro GmbH, 85045 Ingolstadt, T. 0841/2834737; www.audi.de
BBS, 77761 Schiltach, T. 07836/52-0; www.bbs.com
Bilstein (Thyssen-Krupp-B.), 58240 Ennepetal, T. 02333/791-0; www.bilstein.de
BMW M GmbH, 80809 München, T.089/2903-0; www.bmw-m.de
BorgWarnerTurbosystems, 67292 Kirchheimbolanden, T.06352/403-0; www.borgwarner.de
Bosal (Schalldämpfer), 41751 Viersen, T. 02262/959-0; www.bosal.de
Bosch, 70839 Gerlingen, T. 0711/811-0; www.bosch.de
Brabus, 46240 Bottrop, T. 02041/777-0; www.brabus.de
Carlsson, 66663 Merzig, T. 06861/93320; www.carlsson.de
Digi-Tec, 45711 Datteln, T. 02363/5660-0; www.digi-tec.net
D&W Autosport, 44844 Bochum, T. 023327/327-0; www.duw.de
Dunlop, 63450 Hanau, T. 06181/6801; www.dunlop.de
Gemballa, 71229 Leonberg, T. 07152/9799010; www. Gemballa.com
GKN Driveline (Viskosperren usw.), 51503 Rösrath, T. 02245/8068225; www.gkndriveline.com
Hartge, 66701 Beckingen, T. 06835/506-0; www.hartge.de
Hella, 59538 Lippstadt, T. 02941/387566; www.hella.de
Hörmann (Alfa), 87437 Kempten, T. 0831/72001; www.hörmann-motorsport.de
H&R (Federn, Gewindefahrwerke), 57368 Lennestadt; www.hr-spezialfedern.de
Irmscher, 73630 Remshalden, T. 07151/71356; www.irmscher.com
Kamei (Karosserieteile), 65025 Wiesbaden, T. 05363/804-0; www.kamei.de
Kelleners (BMW), 46539 Dinslaken, T. 02064/449980; www.kelleners-sport.com
Koni, 56235 Ransbach-Baumbach, T. 02623/602-0; www.koni.de
Kumetat (VW-Käfer), 45897 Gelsenkirchen, T. 0209/586741
Lexmaul (Opel), 63322 Rödermark, T. 06074/98898; www.lexmaul.de
Lorenz (BMW), 49525 Lengerich, T. 05481/80040; www.bmwlorenz.de
Lorinser, 71634 Winnenden, T. 07195/1814; www.lorinser.de
Mahle (Kolben), 70336 Stuttgart, T. 0711/501-0; www.mahle.com
Mantzel (Opel), 46049 Oberhausen, T. 0208/850590; www.mantzel.de
MK-Motorsport (BMW), 76470 Ötigheim, T. 07222/24022; www.mk.motorsport.de
Nothelle (Audi, VW), 47228 Duisburg, T. 02065/41970; www.nothelle.com
Nowack, 47475 Kamp-Lintfort, T. 02842/973377; www.nowack-tuning.de
Oettinger, 61381 Friedrichsdorf, T. 06172/95330; www.oettinger.de
OPC (Opel), 65423 Rüsselsheim, T. 06142/7-0; www.opel-performance.de
Papmahl (Diesel-Tuning), 85095 Denkendorf, T. 08466/904102; www.papmahl.eu
Rial (Aluräder), 67136 Fußgönheim, T. 06237/402-0; www.rial.de
Riechert (VW-Käfer), 39179 Barleben, T. 039203/62300; www.riechertmotorentechnik.de

Ronal (Aluräder), 76694 Forst, T. 07251/701-0; www.ronal.de
Ruf (Porsche), 87772 Pfaffenhausen, T. 08265/911911; www.ruf-automobile.de
Scherdel (Federn), 95615 Marktredwitz, T. 09231/603-0; www.scherdel.de
Schrick (Nockenwellen, Ventile, Saugrohre usw.), 42899 Remscheid, T. 02191/950-0; www.schrick.com
Spiess Motorenbau, 71254 Ditzingen, T. 07156/9561-0; www.spiess-tuning.de
Steinmetz (Opel), 52078 Aachen, T. 0241/5688777; www.steinmetz.de
Strosek (Design, Räder), 86917 Utting, T. 08806/1491; www.strosek.de
Tuner-Adressen: www.tuner-adressen.de
Volkswagen Motorsport, 30179 Hannover, T. 0511/7494-0; www.volkswagen-motorsport.net
Volkswagen/Audi Classic Parts Center, 38436 Wolfsburg, T. 05361/30857711; www.vw-classicparts.de
Wendland (Motortuning), 72414 Rangendingen, T. 07471/871150; www.wendland-tuning.de
Zender (Karosserieteile, Räder), 56218 Mülheim-Kärlich, T. 0261/286333; www.zender.de
ZF Sachs Race Engineering, 97424 Schweinfurt, T. 09721/984300; www.sachs-race-engineering.de